Günter Dietmar Roth (Hrsg.)

Handbuch für Sternfreunde

Wegweiser für die praktische
astronomische Arbeit

Band 1: Technik und Theorie

Unter Mitwirkung von Wilhelm J. Altenhoff,
Hilmar W. Duerbeck, Reinhold Häfner,
Wulff-Dieter Heintz, Martin Hoffmann, Bernd Koch,
Harald Nicklas, Felix Schmeidler, Norbert Sommer,
Herwin G. Ziegler

Vierte, überarbeitete und erweiterte Auflage

Mit 154 Abbildungen und 44 Tabellen

Springer-Verlag Berlin Heidelberg GmbH

Dipl.-Kfm. Günter Dietmar Roth
Ulrichstr. 43
Irschenhausen
8021 Icking/Isartal

Abbildung auf dem Einband.
Privatsternwarte Willi Grassl, Freising bei München. 2-m-GFK-Kuppel von
Baader, München, mit 6″ Refraktor

ISBN 978-3-662-35368-4   ISBN 978-3-662-35367-7 (eBook)
DOI 10.1007/978-3-662-35367-7

CIP-Kurztitelaufnahme der Deutschen Bibliothek
Handbuch für Sternfreunde: Wegweiser für die praktische astronomische Arbeit / Günter
Dietmar Roth (Hrsg.). – Berlin; Heidelberg; New York; London; Paris; Tokyo: Springer.
Engl. Ausg. u.d.T.: Astronomy

NE.: Roth, Günter D. [Hrsg.]
Bd. 1. Technik und Theorie / unter Mitw. von Wilhelm J. Altenhoff ... – 4., überarb. u.
erw. Aufl. – 1989

NE: Altenhoff, Wilhelm J. [Mitverf.]

Satz: Triltsch, Würzburg, Druck: Saladruck, Steinkopf & Sohn, Berlin.

2156/3020-543210 – Gedruckt auf säurefreiem Papier.

Verzeichnis der Autoren

Altenhoff, Wilhelm J., Dr.
Max-Planck-Institut für Radioastronomie, Auf dem Hügel 69,
5300 Bonn 1

Duerbeck, Hilmar W., Dr.
Astronomisches Institut der Universität Münster, 4400 Münster

Häfner, Reinhold, Dr.
Universitätssternwarte, Scheinerstraße 1, 8000 München 80

Heintz, Wulff-Dieter, Prof. Dr.
Department of Astronomy, Swarthmore College, Swarthmore,
Pennsylvania 19081, USA

Hoffmann, Martin, Dr.
Alter Weg 7, 5531 Weidenbach

Koch, Bernd, Dipl.-Phys.
Treugesell Verlag Dr. Vehrenberg KG, Schillerstraße 17,
4000 Düsseldorf

Nicklas, Harald, Dr.
Universitätssternwarte, Geismarlandstraße 11, 3400 Göttingen

Roth, Günter Dietmar, Dipl.-Kfm.
Ulrichstraße 43, Irschenhausen, 8021 Icking/Isartal

Schmeidler, Felix, Prof. Dr.
Mauerkircherstraße 17, 8000 München 80

Sommer, Norbert, Dipl.-Phys.
Treugesell Verlag Dr. Vehrenberg KG, Schillerstraße 17,
4000 Düsseldorf

Ziegler, Herwin, G., El.-Ing.
Ringstraße 1 a, CH-5415 Nussbaumen/Schweiz

Vorwort zur vierten Auflage

Kosmische Phänomene in ihren vielen Varianten mit objektiven Meßmethoden quantitativ zu erfassen, ist nicht nur Aufgabe der empirischen Astronomie. Es ist das wichtige Anliegen des Handbuches, auch
dem astronomisch interessierten Laien, dem Amateurastronomen
ebenso wie dem Lehrer in der Schule, Anleitungen für die praktische
astronomische Betätigung zu geben. Daran hat sich gegenüber der 1.
Auflage von 1960 nichts geändert.

Geändert haben sich dagegen die technischen und organisatori-
schen Voraussetzungen auf verschiedenen Gebieten. Teleskope sind
größer und leistungsfähiger geworden. Technische Hilfsmittel zum
Beispiel auf den Gebieten Photographie, Photometrie und Spektroskopie werden von manchen Amateurastronomen professionell ge-
handhabt. Elektronische Hilfsmittel findet man auf Privatsternwarten
ebenso wie auf Schulsternwarten. Solchermaßen ausgerüstet, sind
dem Sternfreund heute Beobachtungsaufgaben möglich, die beispielsweise von der lichtelektrischen Photometrie Kleiner Planeten und
Veränderlicher Sterne bis hin zu hochaufgelösten photographischen
Untersuchungen von Galaxien reichen.

Diese Entwicklung hat in der 4. Auflage in allen Kapiteln ihren
Niederschlag gefunden. Die Darstellung neuer Hilfsmittel, Methoden
und Aufgabenstellungen hat eine erhebliche Umfangserweiterung
notwendig gemacht. Das hat zur Herausgabe in zwei Bänden geführt.

Band 1 behandelt die instrumentellen Grundlagen für astronomische Beobachtungen und Messungen mit den Mitteln des Amateurs. Dazu gehören auch die wichtigsten Verfahren zur Aufzeichnung
von Lichtintensitäten und ihrer qualitativen Analyse: Photographie,
Photometrie und Spektroskopie. Neben den Beobachtungen im optischen Bereich werden die instrumentellen Grundlagen für die radioastronomische Beobachtung beschrieben. Zur Organisation von
Beobachtungen gehören deren Auswertung und rechnerische Bearbeitung sowie der Umgang mit Literatur und Nomenklatur ebenso
wie mit der Geschichte der Astronomie.

Völlig neu für Band 1 der 4. Auflage bearbeitet beziehungsweise
neu eingefügt worden sind folgende Kapitel: „Die Fernrohre und ihre
Zusatzgeräte" (H. Nicklas), „Teleskopmontierungen und ihre elektrischen Einrichtungen" (H. G. Ziegler), „Astrophotographie" (B.
Koch, N. Sommer), „Grundlagen der Photometrie" (H. Duerbeck,

M. Hoffmann) und „Geschichte der modernen Astronomie" (G. D. Roth).

Band 2 stellt die Objekte der astronomischen Beobachtung im einzelnen vor und erläutert Beobachtungsaufgaben und die Auswertung. Neben den Objekten des Sonnensystems ist die Darstellung der Fixsternwelt, der Milchstraße und den extragalaktischen Systemen gewidmet. Zu Band 2 gehören auch ein erweiterter Tabellenteil und ein Literaturverzeichnis für beide Bände. In diesem Anhang befindet sich auch der überarbeitete Beitrag „Astronomische Lehrmittel" (A. Kunert).

Völlig neu für Band 2 der 4. Auflage bearbeitet beziehungsweise neu eingefügt worden sind folgende Kapitel: „Die Sonne" (R. Beck und Mitarbeiter), „Mondfinsternisse" (H. Haupt), „Leuchtende Nachtwolken, Polarlichter, Zodiakallicht" (Ch. Leinert), „Sterne" (Th. Neckel), „Veränderliche und Neue Sterne" (H. Drechsel, T. Herczeg), „Die Milchstraße und ihre Objekte" (Th. Neckel) und „Extragalaktische Objekte" (J. V. Feitzinger).

Allen Autoren danke ich auch an dieser Stelle für die gute Zusammenarbeit. Als neue Mitarbeiter begrüße ich die Herren Dr. Rainer Beck und seine Mitarbeiter V. Gericke, H. Hilbrecht, C. H. Jahn, E. Junker, K. Reinsch und P. Völker von der Fachgruppe Sonne der „Vereinigung der Sternfreunde", Dr. Horst Drechsel, Dr.-Remeis-Sternwarte Bamberg, Priv.-Doz. Dr. Hilmar Duerbeck, Astronomisches Institut der Universität Münster, Professor Dr. Johannes V. Feitzinger, Astronomisches Institut der Ruhr-Universtität Bochum, Professor Dr. Hermann Haupt, Institut für Astronomie der Universität Graz, Professor Dr. Tibor J. Herczeg, Dr.-Remeis-Sternwarte Bamberg, Dr. Martin Hoffmann, Dipl.-Phys. Bernd Koch, Treugesell Verlag Düsseldorf, Dr. Christoph Leinert, Max-Planck-Institut für Astronomie Heidelberg, Dr. Thomas Neckel, Max-Planck-Institut für Astronomie Heidelberg, Dr. Harald Nicklas, Universitätssternwarte Göttingen, Dipl.-Phys. Norbert Sommer, Treugesell Verlag Düsseldorf.

Bei der Planung der 4. Auflage war mir der Rat der Herren Professor Dr. F. Schmeidler, München, und Dr. H. J. Staude, Chefredakteur der Zeitschrift für Astronomie Sterne und Weltraum, sehr wertvoll. Mein Dank gilt ihnen auch an dieser Stelle.

In dankenswerter Weise hat Herr Dr. Wolfgang Gruschel, Konstanz, aktuelles Daten- und Zahlenmaterial für den Tabellenteil im Anhang von Band 2 zur Verfügung gestellt. Für die Zurverfügungstellung von Abbildungen und Tabellen danke ich den Herren C. Albrecht, Freiburg, H. Haug und Mitarbeitern des Arbeitskreises Planetenbeobachter der Wilhelm-Foerster-Sternwarte Berlin und J. Meeus, Erps-Kwerps (Belgien).

Für den Verlag hat Herr Professor Dr. W. Beiglböck das umfangreiche Projekt betreut und zahlreiche Anregungen eingebracht. Frau Christine Pendl hat es übernommen, die Manuskripte für die Drucklegung vorzubereiten. Autoren und Herausgeber sind für diese mühevolle Arbeit sehr dankbar.

Irschenhausen, Sommer 1989   Günter D. Roth

Vorwort zur ersten Auflage

Seit dem Erscheinen der letzten ähnlichen deutschsprachigen Publikation sind Jahrzehnte vergangen. Der Mangel ist von den astronomisch Interessierten allgemein empfunden worden. Im Zeichen der Weltraumfahrt dringt astronomisches Wissen immer mehr in die Öffentlichkeit. Die praktische Beobachtung am Fernrohr bringt die wertvollste Vertiefung dieser Kenntnis für den Sternfreund. Der Lehrwert dieser Schulung ist von *hohem pädagogischem Nutzen*. Zum anderen kann die systematische Amateurarbeit auch Hilfsdienste für die Fachwissenschaft leisten.

Unter diesen Gesichtspunkten will das vorliegende Handbuch mit vielseitigen Ratschlägen dienen. Das Buch will gleichzeitig die *Vielseitigkeit der angewandten Astronomie* aufzeigen, so wie sie sich für den Sternfreund ergibt: auf mathematisch-physikalischem, feinmechanisch-optischem und nicht zuletzt auch sozialem Gebiet. Über den Kreis der Amateurastronomen hinaus wendet sich das Handbuch an Dozenten, Lehrer, Studenten und Schüler. Es will ihnen Leitfaden sein für das astronomische „Experiment", wie es im Unterricht an Grund-, Mittel-, Fach- und Oberschulen, sowie an Akademien und Volkshochschulen gepflegt werden soll.

Das weite Gebiet der Himmelskunde zwang notwendigerweise zu einer Beschränkung in der Stoffauswahl. Die Darstellung allgemeiner astronomischer Tatsachen ist bewußt zugunsten von Anleitungen zur selbständigen Arbeit zurückgestellt worden. Aber auch diese können aus einem reichen Stoff nur eine *Auswahl* bringen. Elementare astronomische, mathematische und physikalische Kenntnisse, wie sie die Oberschule vermittelt, müssen dabei als bekannt vorausgesetzt werden. Das Literaturverzeichnis und die Hinweise im Text geben genügen Anregungen, wie der Leser zu weiteren Quellen sachlicher Ergänzungen vorstoßen kann.

Die Benutzung wird durch die Gliederung im Inhaltsverzeichnis und das Sachwortregister erleichtert. Die Zweiteilung des Inhalts in Theorie und Praxis ist nicht streng wörtlich aufzufassen. Es werden mit ihr vor allem allgemeine und spezielle Abschnitte getrennt. Die Eigenart der Autoren ist bei den einzelnen Abschnitten erhalten geblieben; die zahlreichen Verweisungen im Text schaffen jedoch den notwendigen Zusammenhang zum Ganzen.

Die Stoffauswahl ist den *modernen* astronomischen Belangen angepaßt. Neuzeitliche Instrumente, Maksutow-Teleskop und Radio-Teleskop, werden ebenso erläutert wie das aktuelle Forschungsgebiet der künstlichen Erdsatelliten. Möglichkeiten der Himmelsphotographie werden ausführlich erörtert. Ein Kapitel über angewandte Mathematik für Amateurastronomen soll besonders Voraussetzungen zur selbständigen Reduktion der Beobachtungen schaffen. Wissenschaftlich ergiebige Arbeitsgebiete, Sonne, Sternbedeckungen, Planeten, Sternphotometrie, sind umfangmäßig reichhaltig ausgestattet worden. Die Verwendung eines astronomischen Jahrbuchs bzw. Kalenders als Ergänzung zum vorliegenden Handbuch, muß jedem Benutzer ebenso *selbstverständlich* nahegelegt werden wie der Gebrauch von astronomischen Karten und Katalogen. Auch muß der Benutzer astronomische Zeitschriften konsultieren, um den zeitloseren Rat des Handbuchs mit den neuen, fortschreitenden Tatbeständen zu vereinen.

Als Herausgeber statte ich auch an dieser Stelle meinen Herren Mitarbeitern für ihre verständnisvolle und freundschaftliche Mitwirkung während der Planung und Ausarbeitung des Handbuchs meinen aufrichtigen Dank ab. In zahlreichen Gesprächen zwischen Autoren und Herausgeber sind Form und Inhalt des Werkes gewachsen. Mit dem Dank an die Mitarbeiter verbinde ich das Gedenken an Herrn Professor Dr. Wilhelm Rabe, München, der von Anfang an das Vorhaben warm unterstützt hat. Ein tragisches Schicksal hat seine Mitarbeit unmöglich gemacht.

München, im Frühjahr 1960   Günter D. Roth

Inhaltsverzeichnis Band 1

Inhaltsverzeichnis Band 2

1 Einführung in die astronomische Literatur und Nomenklatur

W. D. Heintz

1.1 Astronomie und der Sternfreund

Gegenstand der Astronomie sind alle Phänomene außerhalb der Erde. Ihr Reich ist der gesamte Raum, über größte Entfernungen hinweg, und auch die gesamte Zeitskala bis zurück zur Entstehung des Universums, wie man nach den Fortschritten in der Altersbestimmung der Himmelskörper aussprechen kann. Abgesehen von den Meteoriten und den durch die Raumfahrt erreichten allernächsten Körpern, bleibt der Himmelsforscher von seinen Studienobjekten räumlich getrennt und kann nicht nach Belieben mit ihnen experimentieren. Er muß Beobachtungen oft zu den Zeiten und Bedingungen machen, wie sie die Natur vorschreibt. Insbesondere sind die zu messenden Gegenstände und Bewegungen (in der Astrometrie) und die zur Analyse verfügbaren Lichtmengen (in der Astrophysik) meist so klein, daß die Berücksichtigung und Bekämpfung der den Messungen anhaftenden natürlichen Unsicherheit ein vordringliches Anliegen der Forschung ist. Wie manche anderen mathematischen Methoden ist auch die Gaußsche „Fehlerrechnung" ursprünglich für Bedürfnisse entwickelt worden, die bei der Auswertung astronomischer Messungen entstanden waren, und das ist ein Kompliment für die Gründlichkeit unserer himmelskundlichen Vorfahren. Auf diese Weise, von der rechnerischen Beherrschung des Gestirnlaufes her und aufgrund einer Fülle beobachteter Daten und einer sorgfältigen Prüfung der in Frage kommenden Fehlerquellen, ist die astronomische Genauigkeit sprichwörtlich geworden.

Eng ist die Astronomie mit der Mathematik und mit den anderen „exakten" Naturwissenschaften verschwistert; ihre Ergebnisse und Methoden sind meist quantitativ, in Zahlen ausgedrückt. Die Reduktion von Beobachtungen, das heißt, die Verwertung des Rohmaterials bis zur Herleitung eines Ergebnisses, erfordert viel Rechenarbeit, Tabellenwerke, ja die Anwendung großer Rechenanlagen und komplizierter Theorien. Bei der sogenannten höheren Mathematik begegnen die meisten Amateurbeobachter einer Schwierigkeit, die wohl noch tiefer reicht als die Beschränkung auf ein nicht allzu kostspieliges und spezialisiertes Instrumentarium: Sie haben weder die Muße noch das Interesse, sich mit dem theoretischen Hintergrund der Arbeit am Fernrohr zu befassen. Den Erfolg der Beobachtung und die Freude daran braucht das aber nicht zu beeinträchtigen. An Probleme, die nur noch mit großen instrumentellen Mitteln voranzutreiben sind oder sich erledigt haben, wollen wir die kostbare Beobachtungszeit nicht verschwenden, und ebensowenig können wir in diesem der praktischen Arbeit angemessenen Rahmen und ohne umfangreichen mathematischen Apparat erwarten, relativistische Universen oder Schwarze Löcher zu diskutieren.

Trotzdem ist das Feld für den Sternfreund am Fernrohr noch weit gesteckt. Ganz ohne Zahlen und einfache Rechnungen kommt man allerdings nirgends aus. Außer speziellen Formeln und Daten in den meisten Kapiteln der beiden Bände dieses Buches sind daher grundlegende Rechenmethoden in zwei gesonderten Kapiteln enthalten (Kapitel 7 und 8, Band 1). Eigentlich führt doch schon der betrachtende Blick durch den Feldstecher, nur aus Freude am Sternhimmel, alsbald zu quantitativen Fragen: Wie groß und wie lichtstark ist das Objekt, woher wissen wir seine Entfernung und seine Bewegung, und auf wieviel Prozent genau dürften diese Zahlen sein? Besonders der Astronomielehrer wird sich ständig die Frage vorlegen, wieviel an Formeln er den Schülern zumuten soll, ohne ihnen den Spaß an den Sternen zu verderben. Denn Sachverhalte, die logisch plausibel gemacht, quantitativ erklärt und zu festsitzendem Verstandesbesitz gemacht werden können, wirken nicht mehr so als zusammenhangloser, bloß gedächtnisbelastender Lernstoff.

Der erste Band dieses Werkes will dem Sternfreund die nötigen Grundkenntnisse vermitteln und ihm einen Überblick darüber geben, welche Instrumente ihm als Hilfsmittel zur Verfügung stehen. Wir wollen hier mit der Literatur beginnen.

1.2 Die astronomische Bibliothek

Jeder Beobachter hat sicher ein paar leichtverständliche Bücher über das Gesamtgebiet der Astronomie gelesen; es herrscht kein Mangel daran. Sternkunde hatte schon immer eine eigene Faszination, und die Fortschritte im Wissen über den Weltraum haben das Interesse der Allgemeinheit gesteigert. Besonders in den Vereinigten Staaten ist der Markt für recht gründliche und doch relativ einfach geschriebene Astronomielehrbücher groß, denn ein Großteil der zahlreichen Hochschulen des Landes bietet in Astronomie wenigstens eine Einführungsvorlesung für Erstsemester aller Fachrichtungen an. An sachlicher Qualität vielleicht etwas ungleich, sind diese Bücher didaktisch großenteils sehr nützlich; jeder Lehrer kann daraus wohl gute Hinweise zu glatter Darstellung des Stoffes gewinnen. Die Lehrbücher haben oft den Vorteil, zwischen gesichertem Wissen und weniger zuverlässigen Ansichten zu unterscheiden; sie neigen weniger zur Sensationsmache als gelegentlich rein populäre Schriften. Ein Nachteil der meisten amerikanischen Bücher ist, daß sie sich fast völlig auf amerikanische Quellen stützen und wenig Notiz von ausländischen Forschungen nehmen.

Ein wichtiges Bindeglied zur Forschung sind die Zeitschriften, die in allgemein verständlicher Form über eine Auswahl neuer Arbeiten berichten und den Leser auf dem laufenden halten. Diese Zeitschriften, zum Beispiel in Deutschland *Sterne und Weltraum* und *Die Sterne*, in den USA *Sky and Telescope* und *Astronomy*, berücksichtigen daneben die speziellen Bedürfnisse der Amateurastronomen, geben beispielsweise Beobachtungsanleitungen und Hilfen für den Astronomieunterricht an Schulen.

Komplizierter ist die Lage in der Fachliteratur. Spezialisierung in allen Disziplinen und eine Flut von kurzlebigen Publikationen verschonen auch die Astronomie nicht. Es hat Standardwerke wie Unsölds „Physik der Sternatmosphären" gegeben, von denen ganze Studentengenerationen zehrten; aber Monographien, die die Verbindung zwischen Einführungs- und Forschungsschrifttum herstellen sollten, sind dünn gesät und veralten rasch, und auf vielen Gebieten kann kein Werk genannt werden, dessen Inhalt nicht wenigstens halb überholt ist. Noch stärker zeitgebunden und wenig zusammenhängend ist die Information aus zahlreichen Tagungspublikationen, welche in Vorträgen auf Spezialtagungen (Symposien) berichten, was auf den verschiedenen Gebieten gerade vor sich geht.

Ein paar weitere Hinweise mögen dem Leser dienlich sein, der sich vielleicht bisweilen in einer großen Fachbibliothek zurechtfinden und Originalquellen einsehen will. In der Anordnung der Titel wird oft die sog. Dezimal-Klassifikation der Sachgebiete befolgt, zum Beispiel Abteilung 52 = Astronomie. (Eine jetzt in Physikkreisen eingeführte, andersartige Klassifikation wird vielleicht dort Anwendung finden, wo die Astronomiebestände als Teil der Physik angeordnet sind; sie ist jedoch speziell für Astronomen weit unpraktischer.) Es mag überraschend klingen, daß die Neuzugänge in einer astronomischen Bücherei nur zum kleinen Teil aus Büchern im engeren Sinne bestehen.

Wissenschaftliche Zeitschriften (Periodica) enthalten den Großteil des neuen Schrifttums, „in laufenden Metern", wie die Bibliothekare zu sagen pflegen. Und die Meter laufen! *The Astrophysical Journal* druckt jährlich zwölf dicke Bände nebst etlichen Ergänzungsbänden; die aus der Fusion westeuropäischer Fachjournale hervorgegangene *Astronomy and Astrophysics* ist fast ebenso reichhaltig. Die sogenannte synoptische Literatur, die in Übersichtsreferaten zahlreiche Einzelbeiträge zu einem Thema kritisch zusammenfaßt, ist in der Astronomie weit weniger verbreitet als beispielsweise in der Chemie. Als Beispiele können die Zeitschrift *Scientific American* oder die Bände *Advances in Astronomy and Astrophysics* genannt werden. Kaum eine Bibliothek kann sich im Abonnement alle Fachzeitschriften leisten; ständig werden neue Journale gegründet (und gehen zum Teil auch bald wieder ein). Viele Arbeiten von astronomischem Interesse erscheinen zudem in Periodica der Geophysik (Planetenkunde), Technik (Instrumentation), Mathematik (Datenverarbeitung) und anderer Fächer.

Deshalb sind die Bibliographien ein Kernpunkt der Bibliotheksbenutzung. *Astronomy and Astrophysics Abstracts* werden halbjährlich in Heidelberg veröffentlicht und bieten den Überblick über die Literatur. Jeder Astronomiestudent und jeder Beobachter sollte mit diesem Werk Bekanntschaft schließen. Der Vorläufer war der bis 1899 zurückreichende *Astronomische Jahresbericht*. Das russische *Referatiwny Journal* dient als Schnellinformation.

Über den Büchereiverkehr kann von unzugänglichen Arbeiten oft aus Großbibliotheken eine Fotokopie zu bescheidenen Kosten bestellt werden. Autoren oder Institute haben von ihren Arbeiten häufig eine Anzahl Sonderabdrucke, die sie an Interessenten versenden, solange der Vorrat reicht. Schon heute kann man auch einige Journale in Mikrofilm beziehen, und vergriffene Bände werden mikro-nachgedruckt – ein Behelf, um den Platzbedarf der Büchereien etwas in Schranken zu halten.

Viele astronomischen Institute geben eigene Veröffentlichungsserien heraus, die im Wege internationalen Schriftenaustauschs an die anderen Observatorien gelangen, nicht über den Buchhandel. Dieser Publikationszweig hat durch die Ausbreitung der kommerziellen Periodica etwas an Bedeutung verloren, dient aber als Quelle für Abdrucke aus wenig verbreiteten Journalen und auch für umfangreiches Katalogmaterial, das nicht in Zeitschriften erscheinen kann. Der Großteil sowjetischer Forschungsarbeiten erscheint noch in Institutsserien. Manche ausführliche Beobachtungsreihen sind in älteren Veröffentlichungen enthalten und geben diesen Bänden unersetzliche Bedeutung.

Für Beobachtungen, deren rasche Verbreitung nötig ist, dienen die IAU-Zirkulare, die vom Smithsonian Observatory (Cambridge, Mass., USA) mit Luftpost versandt werden. Viele Sternwarten sind außerdem einem Telegrammdienst angeschlossen, um über Kometen- und Novaentdeckungen sofort unterrichtet zu sein.

Welche Forschungen an verschiedenen Instituten speziell gepflegt werden, geht aus deren Jahresberichten hervor. Mag man etwa Beratung in einer speziellen Frage suchen oder sich als Student über spezielle Studienrichtungen informieren wollen, die Mitteilungen der Astronomischen Gesellschaft und entsprechende Publikationen ausländischer Gesellschaften, die solche Berichte gesammelt drucken, sind nützliche Auskunftsquellen. Nicht begeistert sind die Astronomen von bibliographischen Suchdiensten, die Literaturzitate nach Schlüsselkategorien zum Computerabruf für Abonnenten bereithalten, aber sowohl an Vollständigkeit wie an zweckmäßiger Schlüssel-Indizierung recht zu wünschen übrig lassen. Ein gedrängter Überblick über die neue Forschung läßt sich aus den Transactions der Internationalen Astronomischen Union mit den dreijährlichen Berichten der Forschungskommissionen gewinnen. Vom Band XII C der Transactions (Astronomer's Handbook, 1966), der unter anderem eine Liste bibliographischer Abkürzungen, ein Manual zur Abfassung und Korrektur von Skripten sowie den Telegramm-Code enthält, wird 1989 eine Neubearbeitung erwartet.

1.3 Kataloge und Karten

Astronomische Kataloge halten große Mengen Beobachtungsergebnisse und andere numerische Daten bereit, und sie sind eine vielbenutzte Abteilung in den Sternwartbiliotheken. Sammelkataloge (Beispielsweise von veränderlichen Sternen, Kometenbahnen, Röntgenquellen) werden von Zeit zu Zeit neu bearbeitet und geben zuverlässig Auskunft über den Stand beim letzten Redaktionsschluß – wenigstens sofern sie auf vollständige Daten gegründet sind, worauf man sich nicht immer verlassen kann. Einige Kataloge (wie die Bonner Durchmusterung) sind im Nachdruck im Buchhandel oder von den herausgebenden Instituten käuflich zu erwerben, vereinzelt auch antiquarisch aufzutreiben.

Die Kataloge und andere astronomische Daten in der Literatur werden auch in Datenzentren gesammelt und maschinenlesbar bereitgehalten, insbesondere im Centre de Données Stellaires (11 rue de l'Université, Strasbourg, Frankreich). Seine allgemeine Datenbank heißt SIMBAD (Sammlung der Idenfikationen, Messungen, und der Bibliographie astronomischer Daten); sie schließt einen Bibliographical Stellar Index BSI und einen Catalog of Stellar Idenfications CSI ein. Alle Spezialkataloge, nach denen Nachfrage besteht, werden separat gelagert, darunter auch solche, die wegen ihres Umfangs (oder ihrer vorläufigen Art) gar nicht im Druck erscheinen. Das Material kann über die internationalen Datennetze abgerufen werden oder ist – zu bescheidenen Kosten – als Magnetband und Microfiche erhältlich, in kleinen Mengen auch ausgedruckt oder per Telex.

Korrektionen und Ergänzungen von Katalogen sind nicht Aufgabe der Datenzentren, sondern der ursprünglichen Bearbeiter, schon aus Gründen der Dokumentation und des Urheberrechts. Ein neuer Katalog, der einen früheren ersetzt, kommt als Ganzes in die Datenbank, und der alte wird bei Erlöschen des Bedarfs aus dem Gebrauchsregister gezogen.

Jeder Beobachter ist wohl von klein auf an den Gebrauch von Himmelsatlanten gewöhnt, die etwa die mit bloßem Auge sichtbaren Sterne zeigen. Am Fernrohr werden auch Kartenwerke für schwächere Sterne verwendet, wie die BD bis etwa zur Größe $9^{m}7$. Etwa zwei Größenklassen weiter reicht die vielbändige photographische Himmelskarte (Carte du Ciel), die jedoch nur zum kleineren Teil als Kartenwerk erschienen ist und im Katalog nur rechtwinklige Plattenkoordinaten angibt. Umgebungskarten zum Identifizieren sehr schwacher Objekte sind oft Ausschnitte aus Photographien, insbesondere aus der Palomar-Himmelskarte. Woher kommt nun die Vielfalt von Sternnamen und Nummern, die man im Himmelsatlas liest?

Die Einteilung des Himmels in Sternbilder ist teilweise schon sehr alt, wurde aber erst im 18. und 19. Jahrhundert vervollständigt und vereinheitlicht, besonders im Südhimmel. Heute sind 90 Gemarkungen anerkannt: 88 Sternbilder mit ihren lateinischen Namen und Abkürzungen (s. Tabelle 27, S. 620 im Anhang von Band 2) und ihren den Meridianen und Breitenkreisen anschließenden Grenzen, und die beiden Magellanschen Wolken, LMC und SMC.

Für helle Sterne ist die Bezeichnung durch kleine griechische Buchstaben nach Bayer gebräuchlich: α Leonis = Alpha im Löwen (= Regulus). Die Buchstaben stehen in jedem Sternbild im allgemeinen in der Reihenfolge nach Größenklassen, innerhalb einer Klasse aber nach der Position in der Sternbildfigur. Flamsteed hat die Sterne bis etwa 5. Größe in jedem Sternbild in der Reihenfolge der Rektaszension numeriert (z. B. 61 Cygni); eine entsprechende Zählung am Südhimmel rührt von Gould her und wird durch ein G. hinter der Nummer bedeutet – (z. B. 38 G. Puppis). Ältere Numerierungen (Hevelius, Bode) und lateinische Buchstaben sind zu vermeiden. Volkstümliche Namen – meist aus dem Arabischen und oft verstümmelt – gibt es nur für etwa 130 helle Sterne, überwiegend am Nordhimmel. Manchmal findet sich der gleiche Name für verschiedene Sterne oder verschiedene Namen beziehungsweise Schreibweisen für denselben Stern, und nur ein Teil dieser Namen wie Sirius, Arktur und Antares ist unverwechselbar und allgemein bekannt.

Die laufende Nummer in einem der großen Sammelkataloge ist die weitestverbreitete Kennzeichnung von Sternen. Als „Inventurlisten" des Himmels dienen besonders die Bonner Durchmusterung (BD), der Henry-Draper-Katalog (HD) und bisweilen der General Catalogue (GC); beispielsweise BD $+ 75°752$ (Stern 752 in der Deklinationszone $+ 75°$) oder HD 197 433 oder GC 28 804. Südlich von $-23°$ wird die BD durch die Cordoba- und Cape-Durchmusterungen ergänzt. Oft zitiert werden auch der Smithsonian Catalog für Positionen (SAOC) und der Catalogue of Bright Stars für Helligkeiten, Spektren und so weiter (BS oder HR = Harvard Revised). Sternhaufen und Nebel laufen unter ihrer Nummer in der Liste von Messier (M), vergleiche Tabelle 36 im Anhang, Band 2, oder im New General Catalogue (NGC) von Dreyer, zum Beispiel M 31 = NGC 224 = Andromedanebel. Veränderliche Sterne werden in jedem Sternbild durch einen oder zwei Großbuchstaben oder durch eine V-Nummer charakterisiert (U Gem, RR Lyr, V 444 Cyg); für die hellsten von ihnen, die schon in Bayers Katalog stehen (δ Cep, β Lyr), wird diese Bezeichnung beibehalten.

Katalognamen und Abkürzungen haben sich neuerdings fast chaotisch vermehrt; daneben gibt es Schwierigkeiten bei der Identifikation von Objekten innerhalb anderer Einheiten (Galaxien, Haufen), bei flächenhaften Objekten oder bei Radioquellen, deren Position gar von der Beobachtungswellenlänge abhängt. Die IAU (Internationale Astronomische Union) hat sich durch ihre Kommission 5 (Dokumentation und astronomische Daten) daher um Nomenklaturrichtlinien bemüht, denen sich auch die Mehrzahl der Fachjournale angeschlossen hat. Dazu gibt es das First Dictionary of the Nomenclature of Celestial Objects (1983); seine Zweitausgabe wird an der Sternwarte Meudon vorbereitet. Für die Namensgebung innerhalb des Planetensystems ist eine Spezialkommission (WGPSN) zuständig.

Nächst dem Namen wird ein Stern durch den Ort am Himmel (Rektaszension und Deklination) charakterisiert. Kenn-Nummern, die nach den Koordinaten gebildet sind, setzen sich neuerdings gegenüber laufenden Nummern mehr durch. Sie sind umständlicher, ändern sich aber nicht mit jedem neuen Katalog. PSR 0531 + 21 für den Pulsar im Krabbennebel ist eine unmißverständliche Bezeichnung.

Der Ort ändert sich beträchtlich durch Präzession; bisweilen ist auch die Eigenbewegung merklich – daher die Angabe, auf welchen Zeitpunkt (sog. Äquinoktium) er sich bezieht. Die BD-Karten gelten für 1855.0, HD und der Veränderlichen Katalog GCVS für 1900.0, und für die Gegenwart wird empfohlen, das Äquinoktium 2000.0 zu verwenden; zur Umrechnung vergleiche Seite 304 in diesem Band und Tabelle 10, S. 601 im Anhang, Band 2.

Damit Schreib- und Druckfehler nicht zu falscher Identifizierung und Datenablage führen, achte man darauf, Objekte durch zwei unabhängige Bezeichnungen zu bestimmen, etwa durch die genäherten Koordinaten zusammen mit einer Katalognummer.

Die im Anhang von Band 2 zu findenden Listen von Objekten werden für viele Zwecke ausreichen; darüber hinausführende Fachkataloge sind im bibliographischen Teil nachgewiesen.

1.4 Jahrbücher

Was alles an Änderungen am Himmel vorausberechnet werden kann, findet man in den astronomischen Jahrbüchern, den Lauf von Sonne, Mond und Planeten, Finsternisse, Daten zur Planetenbeobachtung (Zentralmeridiane, Achsenlage, Beleuchtung, Mondstellungen), Sternzeit und anderes. *The Astronomical Almanac* (seit 1981 vom Nautical Almanac Office und vom U.S. Naval Observatory gemeinsam herausgegeben; Vertrieb durch Government Bookshop, PO Box 276, London SW8 5DT) enthält umfangreiche Berechnungen von höherer Genauigkeit, als die Sternfreunde im allgemeinen benötigen; die bekannten Himmelskalender, die auf den gleichen Ephemeridengrundlagen beruhen, sind ebenso zuverlässig. Auch hat die Reorganisation des *Almanac* vor etlichen Jahren nicht gerade zur leichten Benutzung beigetragen, weshalb auf ihren Anhang mit Erläuterungen zu verweisen ist. Doch enthält das Jahrbuch auch Tafeln, deren Nutzung nicht an das betreffende Jahr gebunden ist, wie Dämmerungstabellen, Listen photometrischer Standardsterne, Verzeichnisse heller Galaxien mit Klassifikation und Radioquellen.

Für frühere Jahre sind die Vorgänger der Astronomical Ephemeris einzusehen: der 200 Jahre zurückreichende Nautical Almanac und das Berliner Jahrbuch. Spezielle Jahrbücher gibt es zum Beispiel für Kleinplaneten (*Efemeridy malych planet*, Leningrad) und Veränderliche (*Rocznik*, Krakau).

1.5 Verwertung von Beobachtungen

Sternfreunde, die Beobachtungsreihen mit Forschungsinteresse ausführen, werden sich schon vorher in Beratung mit erfahrenen Kollegen und aus der Literatur vergewissert haben, welches Instrumentarium vonnöten und welche Genauigkeit anzustreben sei, damit die Ergebnisse als „konkurrenzfähig" gelten können. In gleicher Weise werden sie feststellen, welche Datensammelstelle für das Material zuständig ist, ob es – vielleicht in gekürzter Form – publiziert werden soll, welche zusätzlichen Angaben das Manuskript enthalten soll und dergleichen technische Fragen mehr. Oft wird ein späterer Bearbeiter die Resultate mehrerer Beobachter zusammenfassen müssen, und den weiteren theoretischen Folgerungen, die er vielleicht darauf gründet, wäre das Außerachtlassen eines beträchtlichen und nützlichen Teiles des Materials sicher abträglich.

Von Interesse für die Auswertung sind Angaben über das Instrument (Öffnung, Vergrößerung, Brennweite). Aufzeichnungen über atmosphärische Bedingungen zur Zeit der einzelnen Beobachtungen werden, auch wenn sie keine Aufnahme in den Bericht finden, im Beobachtungsjournal für eventuelle spätere Bezugnahme aufbewahrt. Dabei unterscheidet man zwischen Durchsicht (transparency) des Himmels – von völlig klarem Hintergrund über Dunst und Nebel verschiedener Stärke bis zur Bewölkung – und Bildgüte (seeing), welche klare, ruhige beziehungsweise verwaschene und tanzende Sterne in einer Schätzungsskala bezeichnet. Diese zwei verschiedenen Einflüsse auseinanderzuhalten macht dem Anfänger erfahrungsgemäß Schwierigkeiten (s. auch S. 4 und 201 in Band 2). Die Uhrzeit wird später in Weltzeit sowie – in machen Fällen – in Tagesbruchteile umgerechnet. Bisweilen kann eine zahlenmäßige Schätzung der Unsicherheit gemacht werden (Fehlergrenze); zu einem aus mehreren Messungen gebildeten Mittelwert wird der mittlere Fehler berechnet, der als Anhaltspunkt für die Genauigkeit der einzelnen Messungen dient (s. Abschnitt 8.2 in diesem Band). In einigen Programmen, zum Beispiel bei Sternbedeckungen, gibt es Standardformate, die Inhalt und Anordnung des Beobachtungsberichtes festlegen.

Das für eine Sammelstelle oder Schriftleitung bestimme Manuskript soll die Resultate – und was dazu gehört – in knapper, aber vollständiger Form enthalten. Unsaubere Skripten verursachen zahlreiche Satzfehler, über die kein Herausgeber erfreut ist, und noch mehr Extrakosten würden entstehen, wollte der Autor in den Stehsatz nachträglich noch hineinflicken, was er vergessen hatte. Auch spätere Verbesserungen und Ergänzungen sind nur ein schwacher Behelf, denn sie werden oft genug übersehen.

In den seltenen Fällen eines wichtigen, unerwarteten Ereignisses – eine Nova oder ein Komet mag erscheinen – oder ein Meteorfall festgestellt werden – unterrichte man umgehend die nächste Universitätssternwarte – aber erst, nachdem man sich von der Richtigkeit der Sache so zweifelsfrei wie möglich überzeugt hat. Mit einem Wort der Warnung aus gegebenen Anlässen soll gewiß nicht die oft so wertvolle Unterstützung durch Amateurbeobachter und Publikum herabgesetzt werden, aber primitive Verwechslungen, deren Aufklärung endlose Mühe verursachen kann, kommen nun einmal nicht selten vor. Der Beobachter muß hinreichend präzise Angaben machen, damit die Sternwarte den Sachverhalt vielleicht bestätigen und jedenfalls einen genügend klaren Bericht darüber weiterleiten kann. Und die sofortige weitere Verfolgung mit geeigneten Instrumenten mag dann sehr wichtig sein – wie Entdeckung und Beobachtung der südlichen Supernova 1987 A gezeigt haben.

2 Die optischen Teleskope und ihre Zusatzinstrumente

H. Nicklas

2.1 Einleitung

Aufgabe der astronomischen Beobachtungsinstrumente ist in erster Linie, durch lichtsammelnde Flächen und bessere Bündelung die Beleuchtungsstärke auf der Fläche eines Nachweisgerätes, sei es Photoplatte, lichtelektrischer Detektor oder Auge, zu erhöhen. Damit einher geht die Forderung nach verbesserter Winkelauflösung zur Trennung eng benachbarter Objekte, nach großem Bildfeld, hoher Lichtstärke und anderem mehr. Es existiert kein ‚Universal'-Instrument, das alle Forderungen gleichzeitig erfüllen kann. So werden die Beobachtungsinstrumente auf ihren Einsatzzweck hin optimiert und tragen oft die Bezeichnung ihrer Bau- beziehungsweise Beobachtungsart (zum Beispiel Zenit-Teleskop, Meridiankreis, Feldstecher, Kometensucher, Koronograph, Astrograph, Schmidt-Kamera).

Eine andere Klassifizierungsart bezieht sich auf die Art und Weise, in der die optische Abbildung zustande kommt:

Die *dioptrischen* Systeme bedienen sich der Lichtbrechung (Refraktion),
die *katoptrischen* Systeme der Lichtspiegelung (Reflexion),
die *katadioptrischen* Systeme der Brechung *und* Spiegelung,

um Objekte optisch abzubilden.

Absicht dieses Kapitels ist es, dem astronomisch Interessierten einen Überblick über die Vielzahl der Beobachtungsgeräte und Teleskopsysteme der *optischen* Astronomie zu verschaffen. Dazu kann nicht allein die Beschreibung der Systeme gehören, sondern der Erörterung der unterschiedlichen Abbildungsfehler kommt gleichermaßen Bedeutung zu. Zu Beginn des Kapitels werden die Grundlagen der optischen Abbildung behandelt, einschließlich des Rechnens von Optiken zur Beurteilung der Abbildungsqualität. Dieses ist jedoch hier nur insofern von grundsätzlichem Interesse, als daß es die Bestimmung der Größe einzelner Abbildungsfehler erlaubt. Nach Erläuterung der verschiedenen Arten von Abbildungsfehlern und ihrer Prüfung erfolgt die Beschreibung der gebräuchlichsten Teleskopsysteme und ihrer Abbildungseigenschaften, die allerdings keinen Anspruch auf Vollständigkeit erheben kann, da die möglichen Varianten der Teleskoptypen außerordentlich vielfältig sind, so daß für spezielle Optiken auf weiterführende Literatur verwiesen werden muß. Wichtig sind natürlich die Leistungen, die sich mit dem jeweiligen Teleskop erzielen lassen, von denen die wichtigsten Größen hier genannt sind. Breiter Raum ist der Beschreibung von Zusatzinstrumenten belassen, durch deren Einsatz ein Teleskopsystem erst „Ergebnisse" liefert. Dazu zählen nicht nur die zwischengeschalteten optischen Glieder zur visuellen Beobachtung, sondern auch „postfokale" Instrumente, die zur objektiveren Messung des stellaren Lichtes (sowohl in quantitativer als auch qualitativer Art) eingesetzt werden. Schließlich wird auf den Nachweis des vom Teleskop gesammelten Lichtes mittels Detektoren (vom Auge bis zum modernen Halbleiterdetektor) eingegangen.

Bei der Behandlung der verschiedenen Fragen kann nicht auf die einzelnen Details tief eingegangen werden, was auch nicht Absicht dieses Buches ist, sondern die wichtigsten Beziehungen und Formeln sollen hier nachzuschlagen sein, deren Ableitung an entsprechender Stelle (s. Abschnitte 2.10, Literatur) angegeben ist, wobei darauf geachtet wurde, daß die Literatur dem Amateur leicht zugänglich ist. Das eine oder andere Werk sollte in Bibliotheken zu finden sein. Wer auf den Selbstbau von Teleskopoptiken oder anderer Instrumente angewiesen ist, der sei besonders auf die monatlich erscheinenden Rubriken *Tips für die Astropraxis* der Zeitschrift Sterne und Weltraum und *Gleanings for ATM's* der Monatszeitschrift Sky & Telescope hingewiesen. Diese sind ebenso wie die drei Bände von A. G. Ingalls *Amateur Telescope Making* eine wahre Fundgrube für den Amateur in bezug auf Herstellung, Prüfung, Justierung von Optiken und den Bau zahlloser Zusatzgeräte.

2.2 Grundzüge des Optik-Rechnens

2.2.1 Vorzeichenkonvention und Strahldurchrechnung

Das Rechnen von Optiken ist bei weitem nicht so kompliziert, wie es gemeinhin angenommen wird. Um die abbildende Wirkung eines optischen Systems zu untersuchen, wird der Verlauf verschiedener Lichtstrahlen durch das System verfolgt. Die Art und Weise, in der sich die Lichtstrahlen am Ende der Rechnung vereinigen, erlaubt, Aussagen über die Qualität eines Bildes zu machen, das von der Optik entworfen wird. Das Durchrechnen von Strahlen durch ein optisches System liefert brauchbare Ergebnisse, solange die maßgeblichen Dimensionen des abbildenden Systems (d. h. Durchmesser, Krümmungsradien etc.) sehr viel größer sind als die betrachtete Wellenlänge. In diesem Fall befindet man sich im Gültigkeitsbereich der Strahlenoptik, die elementare geometrische Beziehungen verwendet. Daher wird sie häufig auch geometrische Optik genannt. Die Strahlenoptik hat zwei physikalische Gesetze zur Grundlage, die aus dem *Fermatschen Prinzip* hergeleitet werden können: 1. die geradlinige Lichtausbreitung in homogenen Medien, 2. das Snelliussche-Brechungsgesetz $n \sin i = n' \sin i'$ mit den Brechungsindizes n, n' der beiden Medien und dem Winkel i bzw. i' zwischen den Flächennormalen und dem einfallenden bzw. ausfallenden Strahl. Außerdem liegen Flächennormale und ein- und ausfallender Strahl in einer Ebene, so daß die einfache Durchrechnung im ganzen System auf eine Ebene beschränkt bleibt. Diese Ebene wird Meridianebene genannt, wenn sie mit der optischen Achse des Systems zusammenfällt. Wir wollen uns hier nur auf die einfache Durchrechnung meridionaler Strahlen beschränken, da sie bereits wichtige Rückschlüsse auf Abbildungsfehler der Optik zuläßt. Optischen Systemen mit ausschließlich sphärischen Flächen kommt dabei eine besondere Stellung zu, da diese aus fertigungstechnischen Gründen für kommerzielle Optiken bevorzugt werden. Für ein zentriertes System, bei dem die Krümmungsmittelpunkte der Kugelflächen auf einer Geraden (der optischen

Achse) angeordnet sind, erleichtert sich die Rechnung zusehends. Bekanntlich ist eine Kugelfläche durch ihren Krümmungsradius und die Lage ihres Krümmungsmittelpunktes eindeutig bestimmt. Außerdem stellt der Radius, der an jeder Stelle senkrecht zur Oberfläche steht, bereits die Flächennormale dar.

Bevor wir uns der Rechnung zuwenden, muß eine Vorzeichenkonvention festgelegt werden, da in den Formeln orientierte Strecken und Winkel Verwendung finden. Grundsätzlich wird die Richtung der Lichtfortpflanzung positiv gezählt, die auf Zeichnungen normalerweise von links nach rechts verläuft. Strecken oberhalb der optischen Achse werden positiv (ähnlich der positiven Y-Achse), unterhalb negativ gezählt. Aus beiden Festlegungen folgt das Vorzeichen der Winkel. Ein von oben kommender Strahl schneidet die Achse mit positivem Winkel. Der Radius einer Kugelfläche wird positiv gerechnet, wenn der Krümmungsmittelpunkt auf den Flächenscheitel im Sinne der Lichtbewegung folgt; eine Fläche positiver Krümmung wendet also ihre *konvexe* Seite dem einfallenden Licht zu. Da die Reflexion an einer Spiegelfläche die Lichtfortpflanzungsrichtung umkehrt, ist es der Übersichtlichkeit halber vorteilhaft, nach der Reflexion den Spiegel im Scheitel umzuklappen, so daß die konventionelle Lichtrichtung von links nach rechts erhalten bleibt; entsprechend wechselt der Krümmungsradius nach der Reflexion sein Vorzeichen. Die Krümmungsradien einer Bikonvexlinse sind demnach $R_1 > 0$ und $R_2 < 0$, beim Hohlspiegel $R < 0$, nach der Reflexion $R' > 0$.

Ähnlich der Kugelfläche ist auch der Meridionalstrahl durch nur zwei Koordinaten charakterisiert, dem Schnittwinkel u mit der optischen Achse und der zugehörigen Schnittweise s (Abb. 1). Diese werden auf Grund der Brechung in die Koordinaten u', s' umgerechnet. Sämtliche Größen werden zur Kenntlichmachung nach der Brechung apostrophiert. In Abb. 1 sind zusätzlich zu den Strahlkoordinaten die Einfallshöhe h, Einfallswinkel i und die entsprechend gestrichenen Größen eingetragen. Aus ihr ergeben sich auch folgende Beziehungen:

$$r \sin i = (s - r) \sin u, \qquad r \sin i' = (s' - r) \sin u'. \tag{1}$$

Anhand der Winkelbeziehung $\varphi = u + i = u' + i'$ und des Brechungsgesetzes $n \sin i = n' \sin i'$ ergeben sich mit Hilfe von (1) die Koordinaten u', s' des gebrochenen

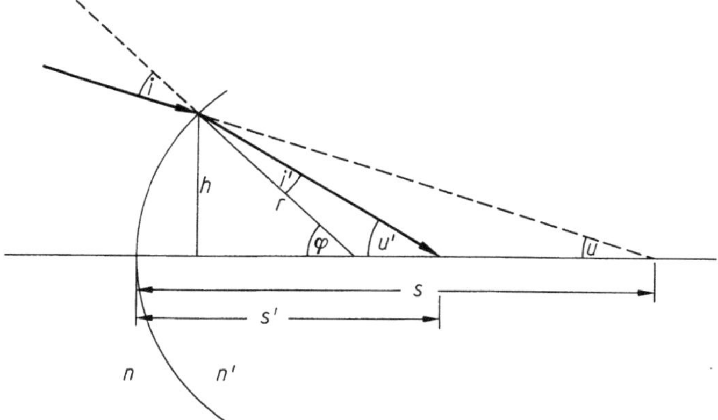

Abb. 1. Berechnung der Lichtbrechung an einer Kugelfläche

Strahls:

$$\sin i = \frac{s-r}{r}\sin u, \qquad \sin i' = \frac{n}{n'}\sin i, \tag{2}$$

$$u' = u + i - i', \qquad s' = r\left(1 + \frac{\sin i'}{\sin u'}\right). \tag{3}$$

Die Gleichungen (1), (2) und (3) bilden das Rechenschema, mit dem die Brechung an jeder einzelnen Fläche eines optischen Systems und der Verlauf des betrachteten Strahls berechnet werden kann. Dazu werden sämtliche Größen mit einem Index v versehen, die nun die Koordinaten, Winkel etc. vor beziehungsweise nach der Brechung an der $v$ten Fläche angeben. Da die Strahlrichtung im homogenen Medium erhalten bleibt, ändert sich der Winkel mit der optischen Achse nicht, so daß der aus der $v$ten Fläche austretende Strahl zum einfallenden Strahl der $v + 1$ten Fläche wird, das heißt

$$u_{v+1} = u'_v. \tag{4}$$

Die zweite Koordinate, die neue Schnittweite s_{v+1}, ändert sich nur insofern, daß sie sich um die Distanz der beiden Flächenscheitel $d_{v,\,v+1}$ verringert, also

$$s_{v+1} = s'_v - d_{v,\,v+1}. \tag{5}$$

Auf diese neuen Koordinaten wird obiges Rechenschema erneut angewendet. Auf diese Weise rechnet man sich Fläche für Fläche durch das optische System. Die Gleichungen (2–5) gelten für beliebige Strahlen mit Ausnahme der achsenparallelen Strahlen. Diese treten in dem speziell uns interessierenden Fall astronomischer Objekte auf, die auf der optischen Achse liegen. Da nun der objektseitige Winkel $u = 0$ und die Schnittweite $s = \infty$ ist, behält die erste Beziehung von (2) nicht mehr ihre Gültigkeit, sondern wird durch

$$\sin i = h/r \tag{6}$$

für achsenparallele Strahlen ersetzt. Mit Hilfe von (2–6) lassen sich nun alle beliebigen Strahlen durch ein System hindurchrechnen und lassen an der Konzentration der bildseitigen Strahlen die Abbildungsgüte der Optik erkennen. Traving [1] gibt ein einfaches Basic-Computerprogramm zur Durchrechnung meridionaler Strahlen an. Dort sind auch weitere Beziehungen zu finden, die beim Entwurf von Optiken von Bedeutung sind. Darunter fallen Freiheiten in der Wahl der Brechungsindices (Glassorten) und einiger Krümmungsradien, die vom Konstrukteur zur Hebung oder Verminderung von Abbildungsfehlern genutzt werden können. Im zweiten Teil dieses Artikels gibt Traving ein Rechenprogramm (Basic) zur *räumlichen* Durchrechnung schiefer Strahlenbündel an, das am Ende ein sog. Durchstoßdiagramm liefert, an dem die Lichtkonzentration in der Bildfeldebene direkt zweidimensional abgelesen werden kann. Wer sich eingehender mit optischem Rechnen befassen möchte, dem sei unter anderem Berek [2] und Flügge [3] empfohlen.

2.2.2 Die Kardinalpunkte eines Systems

Mit obigen Gleichungen ist es möglich, die charakteristischen Größen eines optischen Systems zu berechnen. Es muß jedoch besonders betont werden, daß diese Größen die

Optik nur in einem schmalen Gebiet um die optische Achse, dem sogenannten par-axialen Gebiet, charakterisieren. Nur dort erfolgt eine ideale, fehlerfreie Abbildung. In diesem Gebiet sind die auftretenden Winkel so klein, daß der Sinus des Winkels durch sein Argument im Bogenmaß ersetzt werden kann, also $\sin i = \tan i = i$ ist, so daß diese Betrachungsweise nicht mehr für große Öffnungen oder große Winkel zulässig ist. Die durch paraxiale Strahldurchrechnung erhaltenen Größen können aber zu einer nachfolgenden Bestimmung der Abbildungsfehler realer Systeme herangezogen werden.

Ein wichtiges Charakteristikum einer Optik ist deren Brennweite f, die zur Bild-findung unabdingbar ist. Sie ergibt sich aus der Rechnung eines achsenparallelen, paraxialen Strahls mit unendlicher Objektentfernung durch eine Optik mit k Flächen zu

$$f = \frac{n_1}{n_k'}\left(s_1' \cdot \prod_{v=2}^{k} \frac{s_v'}{s_v}\right) = \frac{n_1}{n_k'} \frac{s_1' \cdot s_2' \cdot s_3' \cdot \ldots \cdot s_k'}{s_2 \cdot s_3 \cdot \ldots \cdot s_k} \quad \text{für } s_1 = \infty. \tag{7}$$

Für eine Optik in Luft ($n_1 = n_k' = 1$) reduziert sich die Brennweite zu einem Produkt einzelner, relativer Schnittweiten s_k'/s_k. Für eine Einzellinse in Luft läßt sich die Brech-kraft, der reziproke Wert der Brennweite, auch ohne Strahldurchrechnung sofort angeben (d = Linsendicke):

$$F = \frac{1}{f} = (n-1)\left(\frac{1}{r_1} - \frac{1}{r_2}\right) + \frac{(n-1)^2}{n} \cdot \frac{d}{r_1 \cdot r_2}. \tag{8}$$

Daran ersieht man, daß eine Sammellinse ($1/r_1 - 1/r_2 > 0$) eine positive, eine Zer-streuungslinse ($1/r_1 - 1/r_2 < 0$) eine negative Brennweite besitzt. Die Kenntnis der Brennweite genügt zur Bestimmung des Bildortes mit Hilfe der Newtonschen Abbil-dungsgleichung

$$z \cdot z' = -f^2. \tag{9}$$

Diese ist auf Grund ihrer Einfachheit (s. Abb. 2) der altbekannten Linsenformel

$$\frac{1}{f} = -\frac{1}{g} + \frac{1}{g'} \tag{10}$$

sicherlich vorzuziehen, da einzig die Brennpunktabstände eingehen. Ebenso leicht

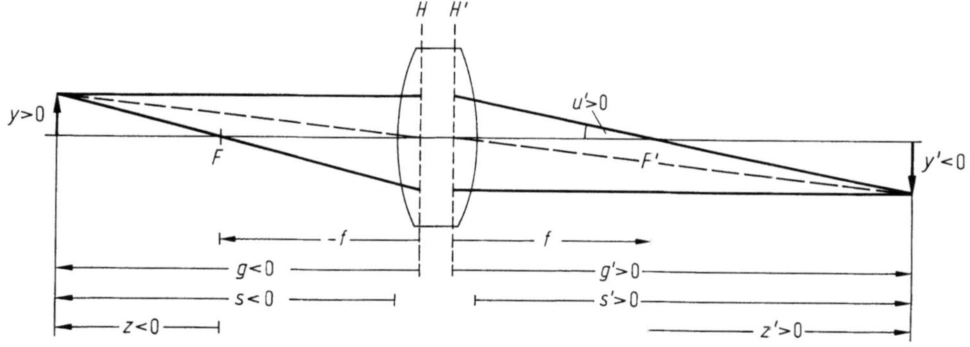

Abb. 2. Zeichnerische Bildkonstruktion im paraxialen Gebiet

errechnet sich der Abbildungsmaßstab m' zu

$$m' = \frac{y'}{y} = -\frac{z'}{f} = +\frac{f}{z}.$$ (11)

Man sieht sofort, daß ein Objekt im Abstand einer Brennweite vom Brennpunkt im Maßstab $1:(-1)$ auf dem Kopf stehend abgebildet wird. Die Kenntnis des Bildortes auf der Achse z' genügt nicht zur Bildkonstruktion, dazu werden die Hauptebenen H und H' benötigt. Diese sind die Ebenen durch die Hauptpunkte, zwischen denen definitionsgemäß der Abbildungsmaßstab $m' = +1$ besteht. Ihr Abstand vom zugehörigen Brennpunkt beträgt also

$$z = f \quad \text{beziehungsweise} \quad z' = -f.$$ (12)

Bei der zweifachen Strahldurchrechnung, einmal von links nach rechts mit $s_1 = \infty$, einmal von rechts nach links mit $s'_k = \infty$, erhält man aus den beiden letzten Schnittweiten $(s'_k)_{s_1 = \infty}$ und $(s_1)_{s'_k = \infty}$ die bild- und objektseitige Brennpunktlage, aus der man mit Kenntnis der Brennweite sofort die Hauptpunkte ermittelt.

Zu den Kardinalpunkten eines Systems gehören neben den Brenn- und Hauptpunkten die sogenannten Knotenpunkte. Sie sind als diejenigen Punkte der Achse definiert, bei denen der Objektstrahl ungebrochen hindurchtritt, das heißt Eintritts- und Austrittswinkel sind gleich. Diese Eigenschaft führt zu der Bedingung $m' = n_1/n'_k$, woraus für die Lage der Knotenpunkte folgt:

$$z = n'_k \cdot f, \quad z' = -n_1 \cdot f.$$ (13)

Man sieht sofort, daß die Knotenpunkte für Optiken in Luft ($n_1 = n'_k = 1$) mit den Hauptpunkten zusammenfallen und deshalb in der praktischen Optik kaum eine Rolle spielen. Alle in diesem Abschnitt angestellten Betrachtungen gelten, wie gesagt, ausschließlich für das paraxiale Gebiet.

2.2.3 Die Strahlenbegrenzung

Die Glieder eines optischen Systems (darunter fallen Linsen, Spiegel, Blenden, Prismen etc.) haben natürlich nur endliche Ausdehnung, so daß die Querschnitte der hindurchtretenden Strahlenbündel begrenzt sind. Diese sind von großer Bedeutung für die Bildhelligkeit und Bildfeldgröße und können zur Korrektion einzelner Abbildungsfehler beitragen. Welche Bedeutung hierbei der Blendenstellung zukommt, ist von Berek [2] behandelt worden. In der Gesamtbetrachtung der Abbildungseigenschaften eines optischen Systems tritt zusätzlich zu dem abbildenden Strahlengang, der durch die Kardinalpunkte repräsentiert wird, der beleuchtende Strahlengang hinzu, der von aller Art Blenden begrenzt wird.

Die Begrenzung der Strahlenbündel erfolgt stets durch zwei Blenden, die Apertur- und die Gesichtsfeldblende. Nur diejenige von der Vielzahl an möglichen Blenden, zu denen auch Linsenfassungen und Spiegelränder zählen, wird als Aperturblende bezeichnet, die vom Schnittpunkt der Achse mit Objekt- oder Bildebene unter dem kleinsten Sehwinkel erscheint. Dazu wird jede Blende und Linsenfassung durch die davor- beziehungsweise dahinterliegenden Glieder in den Objekt- beziehungsweise Bildraum abgebildet. Es kann Blendenbilder geben, die im Durchmesser kleiner sind,

aber näher an der Dingebene beziehungsweise Bildebene liegen und, da sie unter
größerem Sehwinkel erscheinen, nicht als Aperturblende anzusehen sind. Das Bild der
Aperturblende wird im Objektraum als Eintrittspupille, im Bildraum als Austrittspupille bezeichnet. Da beide Pupillen Bilder derselben Blende sind, ist die Austrittspupille zugleich das Bild der Eintrittspupille und umgekehrt. Bei teleskopischen Systemen
wirkt die Öffnung des Instruments im allgemeinen als Aperturblende, das heißt die
Eintrittspupille liegt bei Linsenfernrohren im Objektiv (bzw. in der Korrektionsplatte
katadioptrischer Systeme), bei Spiegelteleskopen im Hauptspiegelscheitel. Alle dahinter liegenden optischen Glieder (wie Sekundärspiegel, Feldlinsen, Okular etc.) entwer-
fen ein Bild von ihr im Bildraum, die Austrittspupille, die bei visuell benutzten Geräten
zugleich Augenort ist. Diese sollte in geeignetem Abstand hinter dem Okular liegen,
um Austritts- und Augenpupille zur Deckung bringen zu können. Liegt sie zu dicht
hinter der Linse, spricht man von *Schlüssellochbeobachtung* mit entsprechend einge-
schränktem Gesichtsfeld.

Die Schnittpunkte der Pupillen mit der optischen Achse nehmen eine herausragende Stellung ein. So wird jeder Strahl durch diese Achspunkte als Hauptstrahl bezeichnet, der für schräg einfallende Bündel die Bedeutung einer optischen Achse hat
(Abb. 3). Da Eintritts- und Austrittspupille Bilder voneinander sind, müssen sich
Hauptstrahlen in den Achspunkten beider Pupillen schneiden. Die Hauptstrahlneigung u zur optischen Achse wird durch das optische System in den Bildwinkel u'
übergeführt, der im teleskopischen System der Vergrößerung entsprechend größer ist.
Die Hauptstrahlneigung u ist von Bedeutung bei der nachfolgenden Behandlung der
Abbildungsfehler.

Eine Blende in der Bildfeldebene (wie z. B. Photoplattenformate oder Okularblen-
den) wirkt als Gesichtsfeldblende. Bilder der Gesichtsfeldblende werden als Luken
bezeichnet, das objektseitige als Eintritts-, das bildseitige als Austrittsluke. Ihre Größe

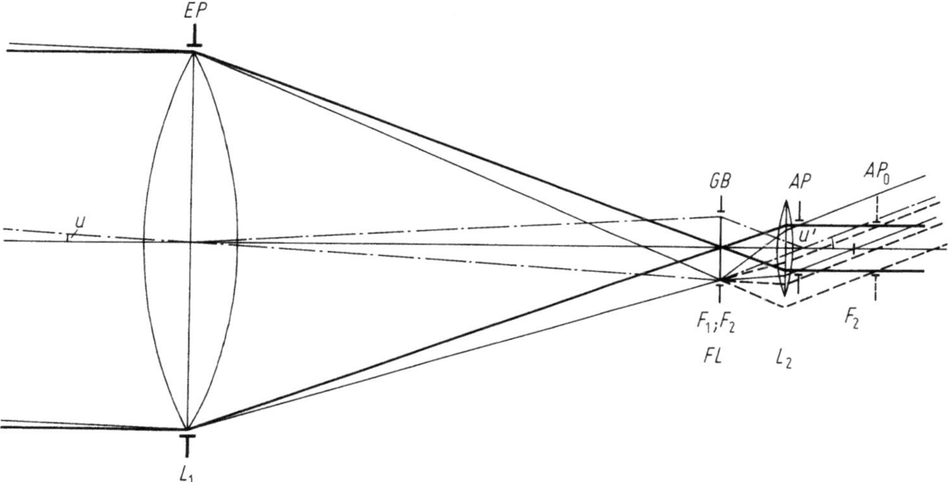

Abb. 3. Abbildungsstrahlengang (———) und Pupillenstrahlengang (-··-) im teleskopischen System. Objektiv L_1, Feldlinse FL, Nachvergrößerungslinse L_2, Gesichtsfeldblende GB, Eintrittspupille EP, Austrittspupille AP, Pupillenstrahlengang und auftretende Vignettierung (– – – –) mit
Austrittspupille AP_0 bei Fehlen der Feldlinse FL

und Lage ermittelt man wie die Pupillenbilder nach den Abbildungsgesetzen. Da Luken immer in der Bildebene oder zu ihr konjugierten Ebenen liegen, können Aperturblenden und Pupillen niemals in Lukenebenen liegen.

Um mögliche Abschattungen (Vignettierungen) im optischen System zu erkennen, ist es notwendig, beide Strahlengänge, sowohl Abbildungsstrahlengang, dessen Kegelspitzen in den Achspunkten der Luken liegen, als auch Pupillenstrahlengang, dessen Hauptstrahlkegel die Achse in den Pupillen schneidet, aufzuzeichnen (Abb. 3). Dazu bildet man sämtliche Fassungsränder, Blenden, Plattenformate etc. mit den davor beziehungsweise dahinter liegenden Elementen in den Objekt- beziehungsweise Bildraum ab und zeichnet deren Pupillen und Luken nach Lage und Größe maßstäblich ein. Dabei werden eventuell auftretende Vignettierungen sichtbar. Abbildung 3 zeigt den Strahlenverlauf im astronomischen (Keplerschen) Fernrohr mit drei sammelnden Linsen, der Objektivlinse L_1, der Feldlinse FL und der Nachvergrößerungs-(Okular-)Linse L_2. Die Eintrittspupille fällt mit der Aperturblende (Objektivfassung) zusammen, während die gestrichelt gezeichnete Austrittspupille AP_0 die Pupillenlage *ohne* Feldlinse angibt. Man sieht sofort die Abschattung an der Okularlinse L_2, die zu Lichtverlusten für außeraxiale Objekte mit großem Neigungswinkel u führt. Fügt man eine Feldlinse FL in den gemeinsamen Brennpunkt F_1', F_2 ein, so ändert sich der Abbildungsstrahlengang nicht, während die Austrittspupille $AP_0 \Rightarrow AP$ näher an die Okularlinse rückt und sich damit der Pupillenstrahlengang (strichpunktiert) ebenfalls verschiebt. Bei gleichem oder kleinerem Durchmesser der Okularlinse wird dadurch Vignettierung außeraxialer Objektpunkte vermieden. Die Austrittspupille AP ist für das Auge zugänglich, das, auf unendlich akkomodiert, also entspannt, die parallelen Strahlen auf die Netzhaut fokusiert.

2.3 Abbildungsfehler

2.3.1 Seidelsche Summen

Die Seidel-Theorie liefert den Zusammenhang zwischen der idealen, paraxialen Abbildung und den primären Abbildungsfehlern realer, weit geöffneter Systeme. Seidel konnte zeigen, daß man die notwendigen Koeffizienten aus der Durchrechnung nur *eines* paraxialen Strahles erhält.

In diesem Abschnitt soll nicht die Theorie der Abbildungsfehler dritter oder gar höherer Ordnung behandelt werden, sondern der Formalismus zur Berechnung der Teilkoeffizienten und der einzelnen Abbildungsfehler an die Hand gegeben werden. Diese sind weit weniger kompliziert, als sie aussehen, und mit Hilfe der inzwischen sehr weit verbreiteten, programmierbaren Rechner leicht zu bestimmen. Die Theorie sagt, daß jeder der fünf primären Abbildungsfehler sich aus der Summe der Einzelfehler jeder einzelnen Fläche zusammensetzt. Man berechnet also zunächst die fünf Koeffizienten für jede einzelne optische Fläche und addiert sie zum Schluß auf. Mit diesen Summen lassen sich die Beiträge der Abbildungsfehler sofort angeben. Man rechnet zunächst einen paraxialen Strahl nach dem Schema (1–6) des Abschnittes 2.2 durch das optische System hindurch. Damit sind alle notwendigen Größen, wie Einfallshöhe h_v und Schnittweite s_v, bekannt. Zusätzlich zu den Systemparametern Brechungsindex n_v, Krümmungsradius r_v und Flächenabstand d_v muß der Abstand der Eintrittspupille vom ersten Flächenscheitel d_{EP} (< 0, wenn Pupille *vor* Scheitel liegt) in eine der Formeln eingehen, da die Lage der Eintrittspupille auf einen Teil der Abbildungsfehler entscheidenden Einfluß nimmt. Die Formeln wurden Köhler [4] entnommen, während Berek [2] die Bedingungen für das Verschwinden einzelner oder mehrerer Koeffizienten behandelt. Letzterer sieht die Bedeutung der Seidel-Theorie weniger in der Berechnung der Aberrationsbeiträge, als vielmehr in ihrer Hilfe, die *Wirkung* der Einzelflächen systematisch zu studieren und zu beeinflussen. Der Übersichtlichkeit halber werden Hilfsgrößen zur Berechnung der eigentlichen Koeffizienten verwandt, die folgendermaßen aussehen:

$$Q_v = n_v\left(\frac{1}{r_v} - \frac{1}{s_v}\right) = n'_v\left(\frac{1}{r'_v} - \frac{1}{s'_v}\right) \quad \text{(Abbesche Invariante)},$$

$$\Delta\left(\frac{1}{n \cdot s}\right)_v = \frac{1}{n'_v \cdot s'_v} - \frac{1}{n_v \cdot s_v},$$

$$\frac{h_v}{h_1} = \frac{s_2 \cdot s_3 \cdot s_4 \ldots s_v}{s'_1 \cdot s'_2 \cdot s'_3 \ldots s'_{v-1}} = \prod_{j=2}^{v} \frac{s_j}{s'_{j-1}},$$

$$\vartheta_v = \sum_{k=2}^{v} \frac{d_k}{n_k (h_{k-1}/h_1)(h_k/h_1)} - d_{EP},$$

$$p_v = \frac{1}{(h_v/h_1)^2 \cdot Q_v} + \vartheta_v,$$

$$P_v = -\frac{1}{r_v}\left(\frac{1}{n'_v} - \frac{1}{n_v}\right) \quad \text{(Petzval-Summe)}.$$

$$(14)$$

Aus diesen Hilfsgrößen ergeben sich folgende Teilkoeffizienten jeder einzelnen optischen Fläche v, die jede für sich einen Abbildungsfehler repräsentieren:

Sphärische Aberration	I_v	$= \left(\dfrac{h_v}{h_1}\right)^4 \cdot Q_v^2 \cdot \Delta\left(\dfrac{1}{n \cdot s}\right)_v$
Koma	II_v	$= p_v \cdot \mathrm{I}_v$
Meridionaler Astigmatismus	III_v	$= 3\,p_v^2 \cdot \mathrm{I}_v + P_v = 3\,\mathrm{III}\,a_v + P_v$
Sagittaler Astigmatismus	IV_v	$= p_v^2 \cdot \mathrm{I}_v + P_v = \mathrm{III}\,a_v + P_v$
Verzeichnung	V_v	$= p_v^3 \cdot \mathrm{I}_v + p_v \cdot P_v = p_v \cdot (\mathrm{III}\,a_v + P_v)$
Astigmatische Differenz	$\mathrm{III}\,a_v$	$= p_v^2 \cdot \mathrm{I}_v = (\mathrm{III}_v - \mathrm{IV}_v)/2$
Mittlere Bildfeldkrümmung	$\mathrm{IV}\,a_v$	$= 2\,p_v^2 \cdot \mathrm{I}_v + P_v = (\mathrm{III}_v + \mathrm{IV}_v)/2$.

$$(15)$$

Die Interpretation der einzelnen Abbildungsfehler wird in Abschnitt 2.3.2 erfolgen. Diese Fehler lassen sich durch gezielte Deformation einzelner optischer Flächen ganz oder teilweise beheben. Eine allseits bekannte Deformation ist die Umformung des Kugelspiegels zum Parabolspiegel, wodurch die sphärische Aberration, auch Kugelgestaltfehler genannt, beseitigt wird. Deformiert man zusätzlich den Sekundärspiegel, können weitere Fehler behoben werden (s. Ritchey-Chrétien-System). Die Abweichung solch einer *asphärischen* Fläche von der Kugelgestalt wird durch die Deformationskonstante k festgelegt. Die Rotationsfläche eines Kegelschnittes beschreibt (16):

$$z(\varrho) = \frac{1}{k+1}\left(r - \sqrt{r^2 - (k+1)\cdot\varrho^2}\right)$$

$$= \frac{\varrho^2}{2r} + (k+1)\frac{\varrho^4}{8r^3} + (k+1)^2\frac{\varrho^6}{16r^5} + \dots . \tag{16}$$

Die Variable ϱ beschreibt den Abstand zur Rotationsachse (in unserem Fall die Einfallshöhe h über der optischen Achse), die Größe r den Krümmungsradius der Kugelfläche, die sich der Rotationsfläche im Scheitel anschmiegt. Die Meridiankurven entsprechen in Abhängigkeit der Deformationskonstante k folgenden Kegelschnitten:

$$
\begin{aligned}
&\text{Kreis} &&k = 0\,, \\
&\text{Ellipse} &&0 > k > -1\,, \\
&\text{Parabel} &&k = -1\,, \\
&\text{Hyperbel} &&k < -1\,.
\end{aligned}
\tag{17}
$$

Mit Hilfe dieser Konstanten ergeben sich weitere Summanden für die Seidelkoeffizienten, die für jede von der Kugelgestalt abweichende Fläche hinzuzuzählen sind. Die Teilkoeffizienten jeder einzelnen *deformierten* Fläche ergeben sich als (Köhler [4])

$$
\begin{aligned}
\mathrm{I}_v^* &= k \cdot \frac{1}{r_v^3} \cdot \left(\frac{h_v}{h_1}\right)^4 \cdot \Delta n_v\,, \\
\mathrm{II}_v^* &= \vartheta_v \cdot \mathrm{I}_v^*\,, \\
\mathrm{III}_v^* &= 3 \cdot \vartheta_v^2 \cdot \mathrm{I}_v^*\,, \\
\mathrm{IV}_v^* &= \vartheta_v^2 \cdot \mathrm{I}_v^*\,, \\
\mathrm{V}_v^* &= \vartheta_v^3 \cdot \mathrm{I}_v^*\,, \\
\mathrm{III}\,a_v^* &= \vartheta_v^2 \cdot \mathrm{I}_v^*\,, \\
\mathrm{IV}\,a_v^* &= 2\,\vartheta_v^2 \cdot \mathrm{I}_v^*\,,
\end{aligned}
\tag{18}
$$

wobei für Spiegelflächen $\Delta n = (n' - n) = (-n - n) = -2$ ist. In Tabelle 1 sind die Seidel-Summen für einige wenige, doch weit verbreitete Teleskop-Systeme aufgelistet. Bedeutend mehr (insgesamt für 36 Spiegelsysteme) sind bei Köhler [4] und bei Slevogt [5] zu finden. Es muß betont werden, daß sämtliche Längenangaben auf die Systembrennweite f *normiert* sind. Anhand der Seidel-Summen ersieht man sofort, welchen Betrag jede einzelne Fläche zu den Abbildungsfehlern beisteuert, und kann von daher das optische System gezielt verbessern. Der Korrektionszustand des Systems ist aus den Summen bereits ersichtlich, doch bestimmen diese nicht allein die Absolutgröße der Bildfehler. In diese gehen die Systembrennweite f, die Öffnungszahl $N = f/D$ (D = Objektiv- bzw. Spiegeldurchmesser) und die Hauptstrahlneigung u (Objektabstand von der Achse bzw. Bildfeldradius im Winkelmaß) ein. Nachfolgend sind die Beträge der wichtigsten Abbildungsfehler zusammengestellt, weitere sind bei Köhler [4] zu finden. Die Gleichungen gelten immer unter der Voraussetzung, daß die Seidel-

Tabelle 1. Seidel-Summen einiger Teleskop-Systeme: I sphärische Aberration, II Koma, IIIa astigmatische Differenz, IVa mittlere Bildfeldkrümmung, P Petzval Summe. Aus „Handbuch der Physik" [6]

	v	R_v	$e_{v-1,v}$	h_v/h_1	$p_v(\vartheta_v)$	I	II	IIIa	P	IVa
1. Kugelspiegel										
(Blende im Scheitel)	1	− 2,000	–	1,000	− 2,000	+ 0,250	− 0,500	+ 1,000	− 1,000	+ 1,000
2. Parabolspiegel										
(Blende im Scheitel)	1	− 2,000	–	1,000	− 2,000	+ 0,250	− 0,500	+ 1,000	− 1,000	+ 1,000
$b = -1,000$	1*	–	–	–	(0,000)	− 0,250	0,000	0,000	0,000	0,000
						Σ 0,000	− 0,500	+ 1,000	− 1,000	+ 1,000
3. Cassegrain-System										
Blende im Hauptspiegel	1	− 0,500	–	–	− 0,500	+ 16,000	− 8,000	+ 4,000	− 4,000	+ 4,000
$b_1 = -1,000$	1*	–	–	–	(0,000)	− 16,000	0,000	0,000	0,000	0,000
Sekundärvergrößerung $m=4$	2	+ 0,150	0,194	0,225	− 0,917	− 4,219	+ 3,867	− 3,545	+ 13,333	+ 6,224
$b_2 = -2,778$	2*	–	–	–	(+ 0,861)	+ 4,219	+ 3,633	+ 3,128	0,000	+ 6,256
						Σ 0,000	− 0,500	+ 3,583	+ 9,333	+ 16,480
4. Ritchey-Chrétien-System										
Blende im Hauptspiegel	1	− 0,667	–	–	− 0,667	+ 6,750	− 4,500	+ 3,000	− 3,000	+ 3,000
$b_1 = -1,081$	1*	–	–	–	(0,000)	− 7,296	0,000	0,000	0,000	0,000
Sekundärvergrößerung $m=3$	2	+ 0,267	0,244	0,267	− 0,958	− 2,133	+ 2,044	− 1,959	+ 7,500	+ 3,582
$b_2 = -5,023$	2*	–	–	–	(+ 0,917)	+ 2,679	+ 2,456	+ 2,251	0,000	+ 4,502
						Σ 0,000	0,000	+ 3,292	+ 4,500	+ 11,084
5. Schmidt-Kamera	0*	–	–		(0,000)	0,250	0,000	0,000	0,000	0,000
	1	− 2,000	2,000	1,000	0,000	+ 0,250	0,000	0,000	− 1,000	− 1,000
						Σ 0,000	0,000	0,000	− 1,000	− 1,000
6. Schmidt-Cassegrain-System										
nach Baker										
Sekundärvergrößerung	0*	–	–	–	(0,000)	− 0,622	0,000	0,000	0,000	0,000
$m = 1,538$	1	− 1,300	1,394	1,000	0,094	+ 0,910	+ 0.085	+ 0,008	− 1,538	− 1,522
$b_1 = +0,016_5$	1*	–	–	–	(1,394)	+ 0,015	+ 0,021	+ 0,029	0,000	+ 0,058
$b_2 = 0$	2	+ 1,300	$0,422_5$	0,350	0,350	− 0,304	− 0,106	− 0,037	+ 1,538	+ 1,464
						Σ 0,000	0,000	0,000	0,000	0,000

Bei Zwei-Spiegel-Systemen ist $h_2/h_1 = a$ wegen $f = 1$.

Summen $\sum\text{I} - \sum\text{V}$ mit auf Systembrennweite f normierten Dimensionsangaben gebildet wurden.

$$
\begin{aligned}
&\text{Sphärische Querabweichung (Radius des Zerstreuungskreises)} && S &&= \frac{1}{16}\cdot\frac{f}{N^3}\cdot\sum\text{I} \\[2ex]
&\text{Sphärische Längsabweichung} && \varDelta z_\text{s} &&= \frac{1}{8}\cdot\frac{f}{N^2}\cdot\sum\text{I} \\[2ex]
&\text{Komatische Querabweichung} && K &&= \frac{3}{8}\cdot\frac{f}{N^2}\cdot\tan u\cdot\sum\text{II} \\[2ex]
&\text{Komatische Längsabweichung} && \varDelta z_\text{K} &&= \frac{3}{4}\cdot\frac{f}{N}\cdot\tan u\cdot\sum\text{II} \\[2ex]
&\text{Astigmatische Querabweichung (auf der Schale mittlerer Bildfeldkrümmung)} && A &&= \frac{1}{4}\cdot\frac{f}{N}\cdot\tan^2 u\cdot\sum\text{III a} \\[2ex]
&\text{Astigmatische Längsabweichung (auf der Schale mittlerer Bildfeldkrümmung)} && \varDelta z_\text{A} &&= \frac{1}{2}\cdot f\cdot\tan^2 u\cdot\sum\text{III a} \\[2ex]
&\text{Krümmungsradius der mittleren Bildschale} && R_\text{m} &&= -\frac{f}{\sum\text{IV a}}
\end{aligned}
\tag{19}
$$

Den Vorzeichen der Seidel-Summen kommt folgende Bedeutung zu. Bei positiver Summe $\sum\text{I}$ schneiden die Randstrahlen die optische Achse *vor* den Paraxialstrahlen, es liegt sogenannte sphärische Unterkorrektion vor. Bei negativer $\sum\text{II}$ ist die Komafigur radial nach *außen* gerichtet. Der Astigmatismus heißt positiv ($\sum\text{III a} > 0$), wenn die Lichtrichtung erst die meridionale, dann die sagittale Bildschale durchstößt. Entsprechend haben wir positive Bildfeldkrümmung, wenn die Bildschale nach dem Objekt zu hohl ist, das heißt der Krümmungs*radius* ist in dem Fall negativ ($\sum\text{IV a} > 0$; $R_\text{m} < 0$). Die fünfte Summe steht bei positivem Wert für eine tonnenförmige Verzeichnung ($\sum\text{V} > 0$), im Gegensatz zu kissenförmiger, auf die jedoch später eingegangen werden soll. Was diese Summen insgesamt über den Korrektionszustand einer Optik aussagen, erläutert Wiedemann [7] anhand dreier Beispiele.

2.3.2 Primäre Abbildungsfehler

Nach Berechnung der Seidel-Koeffizienten und Bestimmung der Absolutbeträge soll hier auf die Bedeutung der verschiedenen Aberrationsarten eingegangen werden. Betrachtet werden die sogenannten primären Aberrationen (Abweichungen), die aus der Seidel-Theorie unter Einbeziehung von Polynomen dritten Grades hervorgehen. Wer sich eingehender mit dem theoretischen Hintergrund (einschließlich beugungstheoretischer Betrachtungen) der Abbildungsfehler befassen möchte, dem sei unbedingt das Standardwerk von Born und Wolf [8] empfohlen. Dagegen geben Cagnet, Francon und Thrierr [9] eine übersichtliche und leicht verständliche, besonders aber illustrative Darstellung der wichtigsten optischen Erscheinungen, wie Abbildungsfehler, Beugungsbilder, Interferogramme etc.

Die *sphärische* Aberration (auch Kugelgestalt- oder Öffnungsfehler genannt) tritt, wie der Name schon sagt, bei der Verwendung von Linsen oder Spiegeln mit Kugeloberflächen auf, denen auf Grund ihrer leichten Herstellbarkeit in der technischen Produktion optischer Systeme besondere Bedeutung zukommt. Der Fehler einer Kugelfläche liegt in ihrer grundsätzlichen Eigenschaft, daß sie die achsnahen und die randnahen Strahlen nicht in einem Punkt vereinigt. Jede ringförmige *Zone* auf der Kugeloberfläche weist ihre eigene Brennweite auf. Dieser Brennweitenunterschied der einzelnen Zonen heißt sphärische Aberration und führt zu der bekannten Kaustik sphärischer Flächen, die wie die Zonen rotationssymmetrisch zur optischen Achse ist (Abb. 4). Man sieht sofort die Abhängigkeit der Aberration von der Einfallshöhe (Öffnung) und der Brennweite, das heißt dem Öffnungsverhältnis $1/N = D/f$. Aus der Gleichung für die sphärische Querabweichung (19) geht hervor, daß der Durchmesser des Zerstreuungskreises mit der dritten Potenz ($S \propto D^3/f^2$) der Öffnung ansteigt. Die sphärische Aberration läßt sich also durch zwei Maßnahmen herunterdrücken, durch Abblenden der Objektivöffnung, was im Falle astronomischer Teleskope wenig sinnvoll ist, oder durch Wahl einer genügend großen Brennweite. Man kann zeigen, daß der Öffnungsfehler des optischen Systems (im Sinne des Rayleigh-Kriteriums) vernachlässigbar klein wird, wenn die Öffnungszahl den Wert

$$N \geqq 3{,}4 \cdot \sqrt[3]{D} \quad (D \text{ in cm}) \tag{20}$$

übersteigt. Man kann den Kugelgestaltfehler teilweise beheben, indem man zwei Linsen geeigneter Brechkraft kombiniert. Gänzlich behoben wird er aber erst durch Abweichen von der Kugelgestalt, das heißt durch *asphärische* Flächen. Für einen einzelnen Spiegel ergibt sich dann die Bedingung eines Rotationsparaboloiden. Man nutzt also die Eigenschaft der Parabel aus, daß sie diejenige Kurve darstellt, für die der Abstand zu einem Punkt und zu einer Geraden gleich ist. Die Gerade repräsentiert die ebene Wellenfront eines unendlich weit entfernten Objekts, die über die gesamte Öffnung in einen einzigen Punkt, dem Brennpunkt, reflektiert wird. Andere Möglichkeiten der Asphärisierung zur Behebung des Öffnungsfehlers sind im Abschnitt über die Teleskopsysteme beschrieben. Ob ein Objektiv oder Spiegel den Kugelgestaltfehler aufweist, kann auf verschiedene Art geprüft werden. Einmal kann man das Beugungsscheibchen in verschiedenen Abständen vom Paraxial-Fokus F_p betrachten. Ist das Objektiv (oder Spiegel) frei von sphärischer Aberration, so vergrößern sich die Beugungsscheibchen zu beiden Seiten des Paraxial-Fokus symmetrisch (Abb. 5a). Im gegenteiligen Fall – mit fehlerbehaftetem Objektiv – liegen nicht mehr gleiche Beugungsbilder diesseits und jenseits der Fokalebene vor (Abb. 5b). Diese Asymmetrie ist

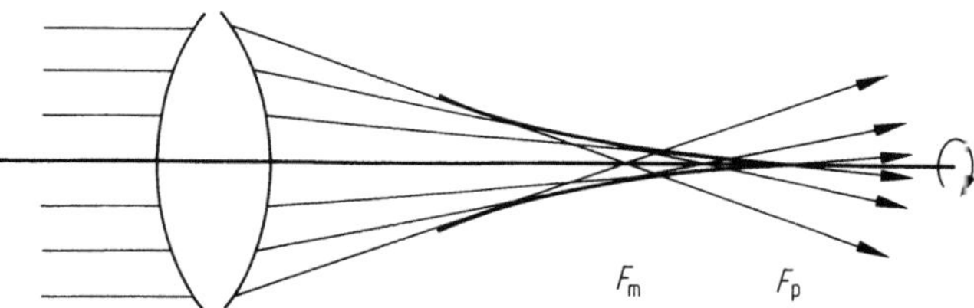

Abb. 4. Sphärische Aberration (Kugelgestaltfehler) mit Kaustik F_p Paraxial-Fokus, F_m Marginal-Fokus; Objektiv hier sphärisch unterkorrigiert, da $f_m < f_p$

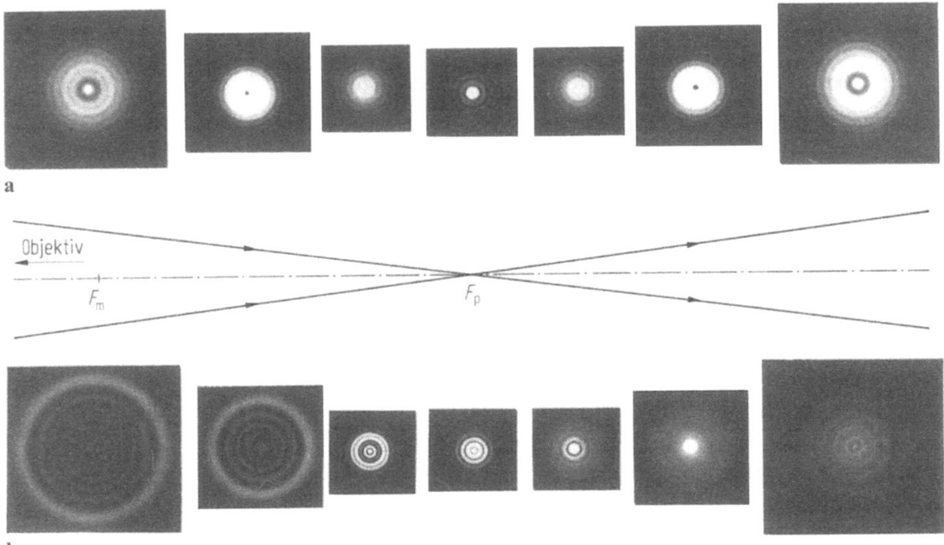

Abb. 5 a, b. Beugungsbilder eines idealen (**a**) und eines mit sphärischer Aberration (**b**) behafteten Objektivs (Erläuterungen s. Text). Aus [9]

für die sphärische Aberration charakteristisch. Andere Methoden sind in Abschnitt 2.4 genannt.

Die *Koma* ist ein reiner Asymmetrie-Fehler, der für geneigt einfallende Strahlenbündel, das heißt in unserem Fall, für Objekte im Bildfeld außerhalb der optischen Achse auftritt. Durch die Neigung des Strahlenbündels geht die Rotationssymmetrie bezüglich der optischen Achse verloren und reduziert sich auf eine Symmetrieebene, die sogenannte Meridionalebene, in der die optische Achse und der geneigt einfallende Hauptstrahl liegen. Da die Öffnungsblende (Eintrittspupille) in diesem Fall keine Rotationssymmetrie mehr aufweist, besitzt *kein* Strahl des meridionalen Strahlenbündels eine ausgezeichnete Stellung auf Grund irgendwelcher Symmetrieeigenschaften. Dieses Strahlenbündel weist im allgemeinen nicht nur den bereits für Achsenstrahlen auftretenden Öffnungsfehler, sondern zusätzlich eine Asymmetrie desselben auf. Diese äußert sich in einer Kometen ähnelnden Zerstreuungsfigur, deren Schweif radial von (bzw. zu) der optischen Achse gerichtet ist; vergleiche Abbildung 6. Man sieht deutlich die Zunahme der Koma mit wachsendem Abstand zur optischen Achse, die nach (19) proportional zum Neigungswinkel anwächst. Abbildung 7 zeigt stark vergrößert das Beugungsbild eines einzelnen Lichtpunktes bei Vorliegen *reiner* Koma, entnommen dem „Atlas optischer Erscheinungen" [9]. Wie die Koma (als Asymmetriefehler) durch einfache Wiederherstellung der Symmetrieverhältnisse für geneigt einfallende Strahlenbündel gehoben werden kann, ist im Abschnitt 2.5.6 (Schmidt-Kamera) behandelt. Optische Systeme, bei denen die sphärische Aberration und die Koma korrigiert sind, nennt man seit Abbe *aplanatisch* (nicht abweichend). Die aplanatischen Systeme nehmen aufgrund ihres relativ guten Korrektionszustandes eine herausragende Stellung unter den astronomischen Optiken ein; Köhler [4]. Zur Behandlung der sogenannten *Sinus-Bedingung* $f = h/\sin u'$, die, falls erfüllt und Öffnungsfehler beseitigt, bereits für

Abb. 6. Bildfehler im Feld eines Kleinbild-Kameraobjektivs mit 35 mm Brennweite. Deutliche Zunahme der Koma mit steigendem Abstand von der Bildmitte, Komafigur radial zur Bildfeldmitte ausgerichtet, Milchstraße im Gebiet um η Carinae, Kreuz des Südens und Kohlensack – Belichtungszeit 6 min ($f/2{,}8$) auf Agfachrome 1000

Abb. 7. Beugungsbild einer mit Koma behafteten Optik (runde Eintrittspupille). Aus [9]

axiale Strahlenbündel Komafreiheit erkennen läßt, sei auf Berek [2] oder Born und
Wolf [8] verwiesen.

Der *Astigmatismus* und die *Bildfeldkrümmung* müssen gemeinsam betrachtet werden, da sie untrennbar miteinander verflochten sind. Für schiefe Strahlenbündel geht
die punktförmige Abbildung verloren und spaltet sich in zwei Brennpunkte F_m und F_s
auf (Abb. 8). Dieser als Astigmatismus (Punktlosigkeit) bezeichnete Effekt tritt, im
Gegensatz zur Koma, auch für gering geöffnete Strahlenbündel auf. Durch die Neigung des Strahlenbündels bestehen in beiden, der *meridionalen* und der *sagittalen*
Ebene, unterschiedliche Brechungsverhältnisse. Betrachtet man der Einfachheit halber nur einmal die Brechungswinkel für die Randstrahlen des meridionalen und des
sagittalen Schnittes, so erkennt man, daß diese auf Grund ihrer unterschiedlichen
Neigungswinkel (relativ zur Linsenoberfläche) zu verschiedenen Schnittpunkten
geneigt einfallender Strahlen führen müssen. Da die sagittalen Strahlen in der meridionalen Brennweite noch nicht vereinigt sind beziehungsweise die meridionalen Strahlen
in der sagittalen Brennweite bereits wieder auseinanderlaufen, entarten die beiden
Brennpunkte F_m und F_s zu Brennlinien. In der Mitte zwischen den beiden Brennlinien
(auf der Schale mittlerer Bildfeldkrümmung) erhalten wir eine kreisförmige Lichtverteilung, während wir, außer in den drei genannten Punkten, eine mehr oder weniger
elliptische Lichtverteilung finden, deren Achsenverhältnis von der Position der Empfängerfläche in bezug auf die Brennlinien abhängt. Da diese Betrachtung auch für
Strahlenbündel geringster Öffnung gilt, müssen die beiden Brennpunkte auf der optischen Achse in einem Brennpunkt, dem paraxialen Fokus, zusammenfallen, während
ihr Abstand (astigmatische Differenz) außerhalb der Achse quadratisch mit dem Neigungswinkel zunimmt. Die wirksamen Krümmungsradien im Meridional- und Sagit-

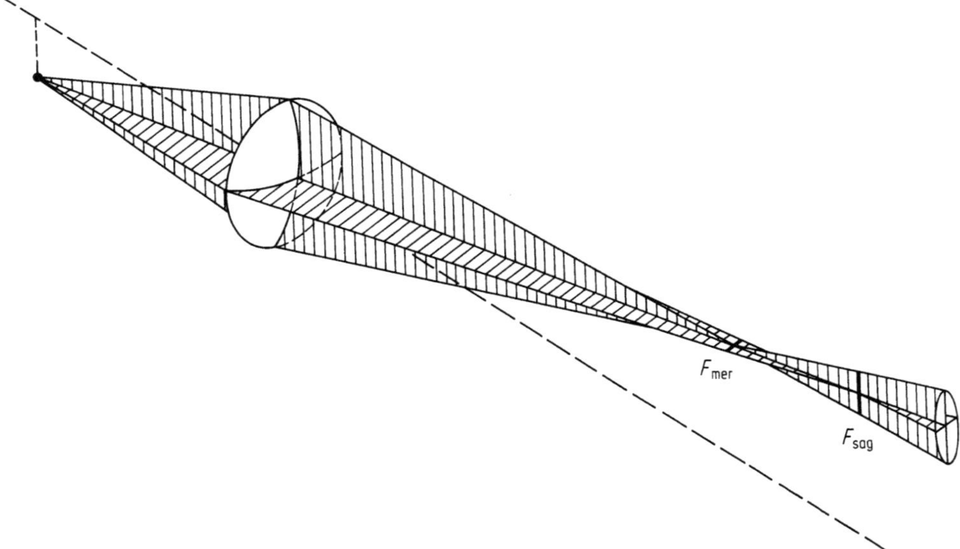

Abb. 8. Astigmatismus geneigt einfallender Strahlenbündel. Eingezeichnet sind die beiden
Hauptschnitte, die Meridional- (vertikal) und die Sagittalebene (horizontal) mit den zugehörigen
Brennlinien F_{mer}, bzw. F_{sag}

tal-Schnitt besitzen Rotationssymmetrie bezüglich der optischen Achse, so daß die beiden Brennpunkte in ihrer Gesamtheit zwei Schalen bilden, die sich im idealen Brennpunkt auf der optischen Achse berühren. Der Krümmungsradius der meridionalen Bildschale ist durch $\sum$ III, der der sagittalen Bildschale durch $\sum$ IV gegeben. Somit ist leicht einsichtig, daß der Teilkoeffizient der astigmatischen Differenz $\sum$ III a (15) den *halben Abstand* beider Bildschalen und $\sum$ IV a (15) die *mittlere* Bildfeldkrümmung repräsentieren. Beträgt die astigmatische Differenz gleich Null, so fallen meridionale und sagittale Bildschale wegen gleicher Krümmungsradien in eine Schale zusammen, und man spricht von einem anastigmatischen System. Um aber als *Anastigmat* bezeichnet zu werden, darf die Optik im allgemeinen keine merkliche Bildfeldkrümmung mehr zeigen.

Als *Verzeichnung* ist der fünfte Teilkoeffizient der Seidel-Theorie aufzufassen, der nicht die Bildschärfe, sondern die Bildform betrifft. Bei ihrem Auftreten fehlt der Abbildung die maßstabgetreue Wiedergabe des Objektes. Dies heißt nichts anderes, als daß sich die effektive Brennweite des Systems (verantwortlich für den Abbildungsmaßstab bzw. die Fernrohrvergrößerung) mit dem Bildwinkel ändert. Die Verzeichnung äußert sich darin, daß gerade Linien, die nicht die optische Achse kreuzen, nicht mehr als gerade, sondern als nach außen oder nach innen gekrümmte Linien abgebildet werden. Im einen Fall spricht man von tonnenförmiger oder negativer, im anderen von kissenförmiger oder (wegen Zunahme des Abbildungsmaßstabs) positiver Verzeichnung. Sehr gut wird dies sichtbar, wenn man als abzubildendes Objekt ein quadratisches Gitternetz verwendet. Zusammenfassend bleibt zu sagen, daß von den fünf Hauptabbildungsfehlern der Seidel-Theorie drei für die Bildschärfe verantwortlich sind (sphärische Aberration, Koma und Astigmatismus), während die übrigen zwei (Bildfeldkrümmung und Verzeichnung) den Ort des Bildes betreffen.

2.3.3 Chromatische Abbildungsfehler

Alle bisherigen Betrachtungen gingen von streng monochromatischem Licht aus. Da der Brechungsindex n, der in einer Vielzahl von Formeln auftaucht, sich mit der Wellenlänge λ ändert, sind die Schnittweiten der Strahldurchrechnung farbabhängig. Bei Linsensystemen treten neben den primären Abbildungsfehlern also auch noch sog. Farbfehler auf. Um den Brechungsindex $n(\lambda)$ und die daraus resultierenden chromatischen Fehler für einzelne Wellenlängen bestimmen zu können, wird monochromatisches Licht verschiedener Wellenlänge benötigt, wie es in den spektralen Emissionslinien der Atome bereits vorliegt. Von daher ist es naheliegend, sämtliche farbabhängigen Größen auf gewisse Spektrallinien zu beziehen, die von den gängigsten Spektrallampen geliefert werden. In Tabelle 2 sind die Wellenlängen der wichtigsten Spektrallinien mit ihrer von Fraunhofer eingeführten Bezeichnung aufgelistet.

Allgemein unterscheidet man zwischen zwei Klassen von Farbfehlern, den primären und den sekundären chromatischen Aberrationen. Zu den primären Farbfehlern zählen die *Farblängsabweichung* und die *Farbquerabweichung*. Die erstere führt zu einem Farbortsfehler auf der optischen Achse. Auf Grund von (8) ist die Brechkraft $F = 1/f$ einer Linse wellenlängenabhängig, das heißt eine Linse besitzt für jede Farbe eine unterschiedliche Brennweite f. Der paraxiale Brennpunkt spaltet sich also für zwei Wellenlängen in zwei Brennpunkte auf. Betrachtet man den Brennpunkt der

Tabelle 2. Die gebräuchlichsten Spektrallinien der technischen Optik

Bezeichnung	Wellenlänge	Farbe	Spektral-Lampe
A'	768,2 nm	tief rot	Kalium
B	686,7 nm	rot	Sauerstoff
C	656,3 nm	rot	Wasserstof (H_α)
D_1	589,6 nm	gelb	Natrium
D_2	589,0 nm	gelb	Natrium
d	587,6 nm	gelb	Helium
e	546,1 nm	grün	Quecksilber
F	486,1 nm	grünblau	Wasserstoff (H_β)
g	435,8 nm	blau	Quecksilber
h	404,7 nm	violett	Quecksilber
H	396,8 nm	violett	Calcium
K	393,3 nm	violett	Calcium
–	365,0 nm	ultraviolett	Quecksilber

einen Farbe, so ist dieser durch die Defokusierung vom Zerstreuungskreis der anderen Farbe (und umgekehrt) umgeben, dessen Durchmesser von der Öffnungszahl N der Optik und der Brennweitendifferenz abhängt. Man kann unter Verwendung von (8) zeigen, daß die Brennweitendifferenz zweier Farben annähernd

$$f_C - f_F = \frac{f_e}{v_e} \tag{21}$$

ist. Die Indizes C, F und e beziehen sich auf die entsprechenden Wellenlängen der Tabelle 2, während v_e eine wichtige neue Größe ist. Sie wird als

$$\text{Abbesche Zahl} \quad v_e = \frac{n_e - 1}{n_F - n_C} \tag{22}$$

bezeichnet und gibt die *relative Dispersion* (Farbzerlegung) des verwendeten Glases an. Heute zieht man die grüne e-Linie ($\lambda = 546,1$ nm) der gelben Natrium D-Linie als „mittlere" Wellenlänge des visuellen Spektralbereichs vor, da das Auge für grünes Licht seine größte Empfindlichkeit besitzt.

Im Falle des uns interessierenden unendlich weit entfernten Objekts gibt (21) bereits die *chromatische Längsabweichung* der betrachteten Wellenlängen C und F an. Will man diesen Farbortfehler auf der Achse beheben, so muß die Optik die

$$\text{Achromasie-Bedingung} \quad \frac{F_1}{v_1} + \frac{F_2}{v_2} + \ldots = \frac{1}{f_1 \cdot v_1} + \frac{1}{f_2 \cdot v_2} + \ldots = 0 \tag{23}$$

erfüllen. Es geht also nur die Brechkraft F_i beziehungsweise die Brennweite f_i und die „Materialkonstante" v_i jeder einzelnen Linse ein. Die Bedingung sagt nichts über die Form der einzelnen Linse aus. So kann zur Korrektion von Abbildungsfehlern über Krümmungsradien und Durchbiegung der Linsen frei verfügt werden. Da die Abbesche Zahl durchweg positive Werte aufweist, folgt aus (23), daß ein zweilinsiges Objektiv zwei Farben nur dann in einem Brennpunkt vereinigen kann, wenn es (wegen $f_1 \cdot v_1 = -f_2 \cdot v_2$) aus einer Sammel- und einer Zerstreuungslinse zusammengesetzt ist. Wenn die Längsabweichung im paraxialen Brennpunkt für zwei Wellenlängen behoben ist, so heißt das nicht, daß auch die Randstrahlen weitgeöffneter Bündel durch diesen Brennpunkt laufen. Selbst wenn die sphärische Aberration für eine Wellenlänge behoben ist, so ist dies für andere Wellenlängen im allgemeinen nicht der Fall, und man spricht vom Farbfehler des Öffnungsfehlers. Seine Korrektion ist schwierig bis unmöglich, so daß man oft die Farbkorrektur auf der Achse selbst aufgibt und statt dessen die Brennweite einer äußeren Zone chromatisch korrigiert.

Wie ein einzelnes Objektiv korrigiert ist, läßt sich aus den sogenannten Aberrations-Kurven ablesen. In diesen Diagrammen werden die Schnittweiten s' in Abhängigkeit von der Einfallshöhe h beziehungsweise Einfallswinkel w aufgetragen. Wegen der Wellenlängenabhängigkeit muß für jede Farbe (Spektrallinie) eine eigene Kurve gezeichnet werden, aus deren Verlauf die Farbfehler erkennbar werden. Die Aberrations-Kurven eines einfachen achromatischen Objektivs können beispielsweise wie in Abbildung 9 aussehen. Hier ist statt der Schnittweite die Schnittweitendifferenz $(\Delta s' = s'_\lambda - s'_0)$, gemessen gegen die paraxiale Schnittweite s'_0 einer „mittleren" Wellenlänge, gegen die Einfallshöhe h aufgetragen. Die Differenz $\Delta s'$ (oft auch die Einfallshöhe h) werden meist auf die Brennweite $f = 100$ bezogen, so daß die Abweichungen direkt in Prozent der Brennweite abgelesen werden können. Man sieht die Farbkorrektion für grünes und blaues Licht in Achsnähe, die für größere Achsabstände durch den Farbfehler des Öffnungsfehlers immer stärker abnimmt. Ganz allgemein versteht man unter einem *Achromaten* ein Linsensystem, bei dem für zwei Wellenlängen der Farbortfehler und für eine mittlere Wellenlänge der Öffnungsfehler behoben ist. Doch bei Korrektion dieses primären Farbfehlers bleibt ein Farbortfehler zweiter Klasse bestehen, das sogenannte *sekundäre Spektrum*. Es beruht auf dem unterschiedlichen Dispersionsverlauf einzelner Glassorten, deren Brechzahlen unproportional vom roten zum blauen Spektralbereich zunehmen. Als Maß für den Dispersionsverlauf im visuellen Spektralbereich dient die

$$\text{relative Teildispersion} \quad \vartheta_\mathrm{g} = \frac{n_\mathrm{g} - n_\mathrm{F}}{n_\mathrm{F} - n_\mathrm{C}}. \qquad (24)$$

Als Bedingung für das Verschwinden des sekundären Spektrums eines zweilinsigen Objektivs ergibt sich die Forderung nach gleicher Teildispersion ϑ bei gleichzeitig

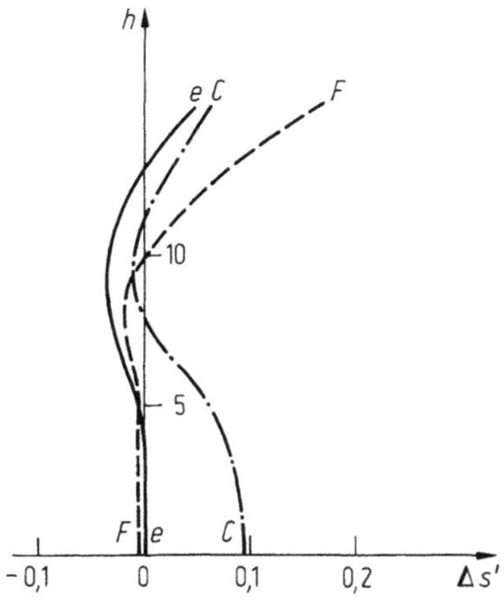

Abb. 9. Beispiel für Aberrations-Kurven eines einfachen, verkitteten Achromaten

unterschiedlichsten v-Werten beider Gläser. Dies läßt sich nur durch eine Kombination von Glas und Flußspat zufriedenstellend lösen. Ist man aus Kostengründen rein auf Gläser beschränkt, so läßt sich das sekundäre Spektrum eines zweilinsigen Achromaten nur vermindern. Durch Einfügen einer dritten Linse kann ein Objektiv für drei Wellenlängen korrigiert werden. Solch ein Objektiv trägt die Bezeichnung *Apochromat*, wenn bei ihm der Farbortfehler für drei Wellenlängen und außerdem der Öffnungsfehler für zwei Wellenlängen behoben ist. Die einzelnen Glasarten nehmen im Lageplan optischer Werkstoffe (Abb. 10) charakteristische Plätze ein, deren Koordinaten durch Brechungsindex und Abbesche Zahl des Glases gegeben sind. In Tabelle 7 (Seite 63) sind die wichtigsten Größen einiger Gläser exemplarisch aufgelistet.

Einen weiteren primären Farbfehler stellt die Farbquerabweichung (zuweilen auch chromatische Vergrößerungsdifferenz, laterale oder transversale Farbabweichung genannt) dar, die (im Gegensatz zum Farblängsfehler auf der Achse) zu einem Farbortsfehler seitlich von der Achse führt. Er kann auch bei gehobenem Farblängsfehler noch auftreten, vor allem bei Refraktionsoptiken mit fehlender Symmetrie zu einer Mittelblende zwischen den Komponenten. Aus diesem Grund zeigt sich die Farbquerabweichung in verstärktem Maße bei den Fernrohrokularen mit ihren zumindest zweilinsigen Ausführungen und meist vor der Feldlinse gelegenen Apertur-(Gesichtsfeld-)Blenden. Recht ausführlich behandelt Flügge [3] die chromatischen Abbildungsfehler, der auch Beispiele für Objektivberechnungen und Fehlerkurven angibt.

2.4 Optische Prüfmethoden

2.4.1 Herstellung optischer Flächen

An dieser Stelle soll nur auf die Bearbeitungsprinzipien zur Herstellung von Oberflächen mit optischer Qualität eingegangen werden. Die genaue Vorgehensweise und die zu beachtenden Details sind in der einschlägigen Literatur (Amateur Telescope Making Vol. I–III; siehe u. a. Anhang) nachzulesen. Von Amateuren werden vorzugsweise Spiegeloptiken geschliffen. Die Gründe liegen auf der Hand: Bearbeiten von nur einer Fläche pro optischem Element, kein Zentrieren beider Linsenflächen auf eine optische Achse während der Bearbeitung, größerer Spiegeldurchmesser leichter realisierbar.

Das Spiegelschleifen beginnt mit zwei planen Glasrohlingen gleichen Durchmessers und gleicher Dicke. Der untere Rohling wird auf einer Unterlage befestigt. Der zweite Rohling wird in die Hand genommen und über den unteren Rohling geführt, nachdem man ein Schleifmittel zwischen beide Glasplatten aufgetragen hat. Von entscheidender Bedeutung ist die Führung des oberen Rohlings. Man bewegt ihn aus der konzentrischen Lage in *geradem Strich* bis etwa 1/3 Scheibendurchmesser auf sich zu und wieder zurück in die konzentrische Position. Währenddessen umschreitet der Optiker die Unterlage und dreht die obere Scheibe zwischen den Händen. Dieser ganze Bewegungsablauf führt zu einer Abtragung des Randes der unteren Scheibe und einer Abnahme der oberen Scheibe in ihrer Mitte. Da alle hervorstehenden Unebenheiten zuerst abgetragen werden, entstehen so zwei Scheiben, die sich nahtlos aneinanderschmiegen: die untere (Schleifschale) mit konvexer, die obere (Werkstück) mit konkaver Oberfläche. Die Krümmung der beiden sphärischen Flächen nimmt mit

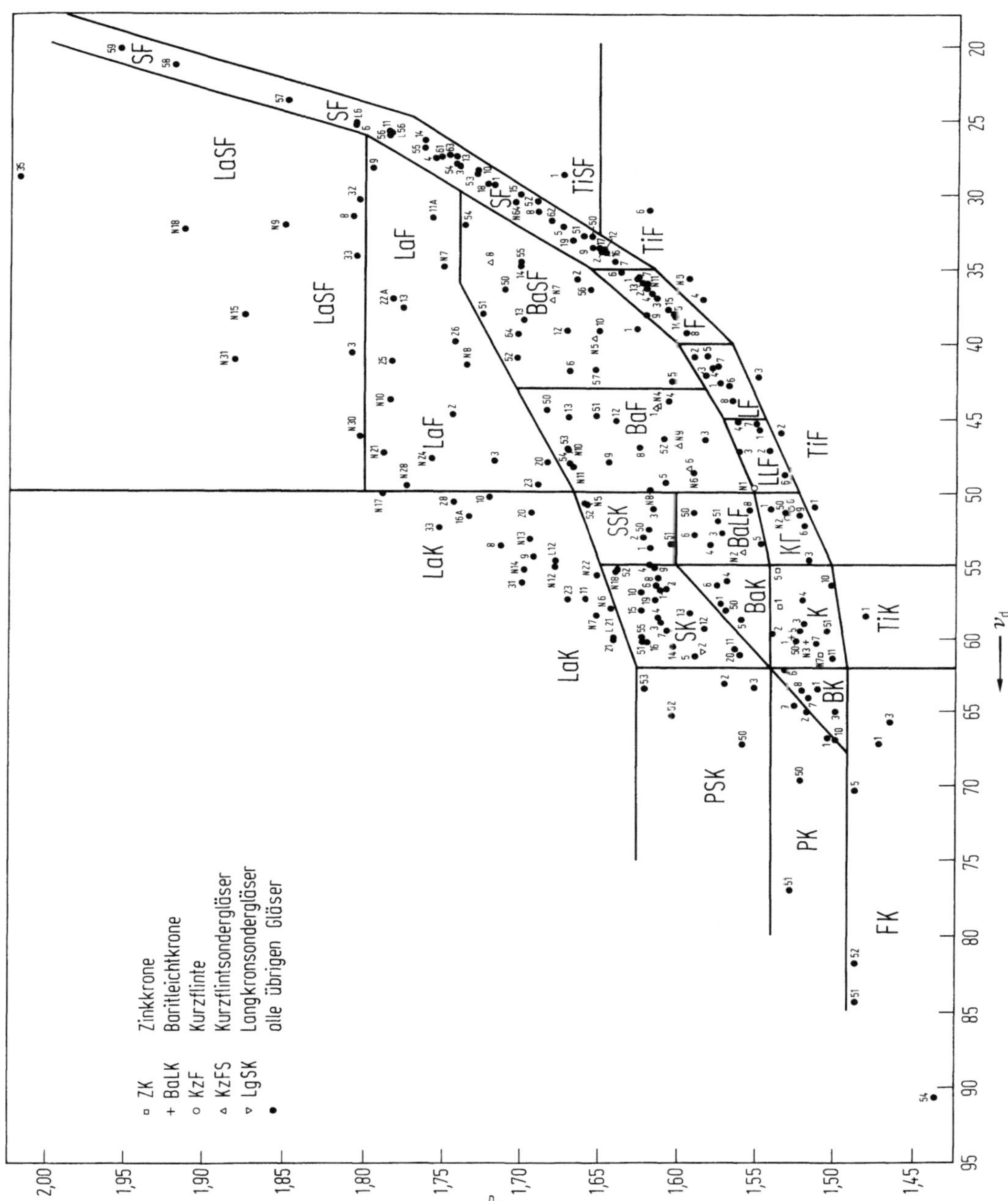

Abb. 10. Lageplan ($n - v$ Diagramm) optischer Werkstoffe (Übersichtsplan für die optischen Glasarten der Fa. Schott)

fortschreitender Bearbeitungszeit ständig zu, so daß frühzeitig genug vom Grob- zum Feinschleifen überzugehen ist. Sollte die Krümmung stärker als gewünscht ausgefallen sein, sind beide Scheiben auszutauschen, und es wird mit der Schleifschale auf dem festliegenden Spiegelstück der größere Krümmungsradius herausgearbeitet. Als Schleifmittel finden Karborund, Schmirgel und andere Materialien Verwendung. Man geht mit fortschreitendem Arbeitsprozeß zu immer feinerer Körnung über, bis am Ende des Feinschliffs die optische Fläche mit Unebenheiten von Bruchteilen eines μm vorliegt. Auf große Sauberkeit ist zu achten, da ein einzelnes grobes Schleifkorn die Arbeit von Stunden zunichte machen kann.

Auf den Feinschliff folgt der Poliervorgang. Zu diesem Zweck wird warmes Pech auf die Schleifschale (untere, konvexe Scheibe) aufgetragen und nach dem Erkalten durch Einritzen von Längs- und Querrillen in ein quadratisches Muster zerteilt. Zu beachten ist, daß kein Kreuzungspunkt der Rillen oder Mittelpunkt der Quadrate mit dem Zentrum der Polierschale zusammenfällt, da die Spiegelfläche sonst Zonenfehler erhält. Nach dem Auftragen von Polierrot und Wasser erfolgt das Polieren mit den gleichen Bewegungsabläufen wie das Schleifen. Über die Form des eingeritzten Pechmusters und über eine Änderung der Bewegungsrichtungen besteht die Möglichkeit, Fehler in der optischen Fläche zu beseitigen oder sphärische Flächen zu asphärisieren. Hierauf soll jedoch nicht näher eingegangen, sondern unter anderem auf Maksutow [10] verwiesen werden, der diese Fragen ausführlich behandelt und neben Prüfmethoden auch die Herstellung von Refraktionsoptik beschreibt. Während der ganzen Bearbeitung ist die Oberflächenform des Werkstücks zu kontrollieren, um so häufiger, je mehr man sich der gewünschten Fläche nähert. Für die ersten Messungen des Krümmungsradius kann ein Sphärometer dienen, doch müssen die Meßmethoden laufend empfindlicher werden. Reflektiert die Fläche genügend Licht, kann der Schneidentest von Foucault zur Brennweiten- und Flächenprüfung eingesetzt werden.

2.4.2 Brennweitenbestimmung

Den Brennpunkt einer Sammellinse bestimmt man am einfachsten durch Auffangen des reellen Bildes eines sehr (per definitionem ‚unendlich‘) weit entfernten Objektes mittels eines Schirms. Bei lichtschwachen Objekten kann eine Fadenkreuzlupe zum Betrachten des Bildes herangezogen werden. Werden beide, entferntes Objekt und Fadenkreuz, gleichzeitig scharf gesehen, so befindet sich der Objektivbrennpunkt am Ort des Fadenkreuzes. Die Messung der Linsenbrennweite kann auch im Laboratorium nach einem von Bessel angegebenen Verfahren erfolgen (Abb. 11). Besitzen Objekt und Auffangschirm (am besten eine Mattscheibe) konstanten Abstand l zueinander, so gibt es genau zwei Zwischenstellungen, in denen die Linse ein scharfes Bild des Objektes auf dem Schirm entwirft. Ist der Abstand zwischen beiden Linsenstellungen durch die Größe e gegeben, so errechnet sich die Brennweite zu

$$f = \frac{l^2 - e^2}{4\,l}.$$ (25)

Um zwei Zwischenstellungen zu erhalten, muß der Abstand zwischen Objekt und Schirm größer als das Vierfache der Linsenbrennweite sein. Ist er gleich $4f$, so erfolgt die 1:1 Abbildung ($z = -z' = f$ in der Newtonschen Abbildungsgleichung), und die

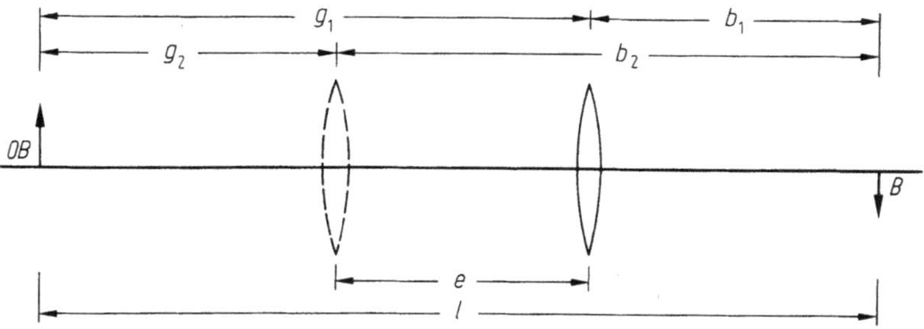

Abb. 11. Brennweitenbestimmung nach dem Bessel-Verfahren: $g_1 = b_2$; $g_2 = b_1$

Verschiebung e wird zu Null, das heißt in dem Fall ist $f = l/4$. Um die Brennweite nach (25) genauer zu bestimmen, empfiehlt es sich, eine Meßreihe mit anschließender Mittelwertbildung durchzuführen.

Die Brennweite einer Negativ- oder Zerstreuungslinse erhält man aus dem Zerstreuungskreis, den sie von einer weit entfernten Punktquelle entwirft. Bezeichnet D den Linsendurchmesser, b den Durchmesser des Zerstreuungskreises und l den Abstand des Auffangschirms von der Linse, so ergibt sich die Brennweite der Negativlinse zu

$$f = \frac{l \cdot D}{D - b}. \tag{26}$$

Als einfache Regel kann dienen: Die Linsenbrennweite ist gleich dem Abstand Schirm – Linse, wenn der Zerstreuungskreisdurchmesser das Doppelte des Linsendurchmessers beträgt. Bedient man sich bei diesem Verfahren der Sonnenscheibe, so ist wegen ihrer flächenhaften Ausdehnung das Korrekturglied $0,0095 \cdot l$ im Nenner (26) zu addieren. Die Brennweite von Objektiven und Okularen läßt sich auch über die Fernrohrvergrößerung (Abschnitt 2.6.2) berechnen, wenn nur eine von beiden bekannt ist. Die Fernrohrvergrößerung wird bestimmt, indem man einen bekannten Gegenstand (z. B. Meßlatte) mit dem Fernrohr anvisiert und gleichzeitig mit dem zweiten Auge direkt betrachtet und vergleicht. Die Brennweite eines Hohlspiegels bestimmt man am besten mit Hilfe der Messerschneidenmethode nach Foucault (Abschnitt 2.4.4).

In diesem Zusammenhang sei erwähnt, daß Spiegel bei Temperaturänderung ihre Form und Brennweite ändern. Diesbezüglich müßte das ideale Spiegelmaterial eine sehr hohe Wärmeleitfähigkeit besitzen, um bei Temperaturschwankungen sofort in thermischen Ausgleich zu gelangen. Im Vergleich zu Glas besitzt ein Metallspiegel nahezu diese Wärmeleitfähigkeit. Für ihn führt daher eine Temperaturänderung zu einer maßstabgerechten Vergrößerung oder Verkleinerung sämtlicher Abmessungen ohne Änderung der Flächenform, das heißt die sphärische Gestalt bleibt erhalten, während ein Paraboloid nur seine Brennweite ändert. Die Brennweitenänderung kann von Bruchteilen eines mm bis zu einigen mm/Grad Temperaturänderung betragen und wird von Maksutow [10] mit $\Delta f \simeq -2 f^2 \alpha \cdot \Delta T$/Spiegeldicke angegeben. Für den Glasspiegel mit seiner großen thermischen Trägheit führen dagegen die intern auftretenden Temperaturgradienten zu einer Verformung seiner Figur, am stärksten in der Randzone des Spiegels, deshalb auch Randeffekt genannt.

Hohe Wärmeleitfähigkeit kann jedoch kein alleiniges Kriterium für die Wahl des Spiegelmaterials sein. Entscheidend gehen Elastizitätsmodul E, Wärmeausdehnungskoeffizient α und Dichte ϱ ein. Ebenso sind Größen wie Materialhärte für das Polierverhalten, Transparenz zur Untersuchung innerer Spannungen, Alterungsprozesse, Langzeitverhalten unter anderem von Bedeutung. In Tabelle 3 sind die wichtigsten Materialkonstanten für derzeit in Frage kommende Spiegelmaterialien zusammengestellt. Stellvertretend für die Vielzahl der möglichen Gütefaktoren ist die von Maksutow bevorzugte Kombination der Materialkonstanten angegeben. Doch kann auch diese nur einen Anhaltspunkt geben, da sie eine mögliche Prioritätensetzung wichtiger Eigenschaften nicht berücksichtigt. Die Wahl des besten Spiegelmaterials kann auch heute nicht generell entschieden werden und bleibt dem Anwender nach dessen Möglichkeiten freigestellt.

Von großer Bedeutung ist zweifellos der Wärmeausdehnungskoeffizient α, den man seit jeher zu verringern suchte. Heute sind Materialien verfügbar, wie das Zerodur der Firma Schott & Gen. oder Cer-Vit von Owens-Illinois, die praktisch keine Wärmeausdehnung mehr zeigen und von daher derzeit die bevorzugten Spiegelmaterialien sind. Dabei handelt es sich nicht mehr um Gläser, sondern um sog. Glaskera-

Tabelle 3. Materialkonstanten und daraus abgeleitete Gütefaktoren möglicher Spiegelwerkstoffe: Kohlefaserverbundwerkstoffe (CFK) als Spiegelmaterial noch nicht erprobt

Material	Dichte	Elastizitätsmodul	Wärmeausdehnungskoeffizient	Wärmeleitfähigkeit	Spezifische Wärme	Temperaturleitfähigkeit	Gütezahl nach Makutsow
	ϱ	E	α	λ	c	$\dfrac{\lambda}{c \cdot \varrho}$	$\dfrac{E}{\alpha} \cdot \dfrac{\lambda}{c \cdot \varrho}$
	$[\mathrm{g/cm^3}]$	$[10^8\,\mathrm{p/cm^2}]$	$[10^{-6}\,\mathrm{K^{-1}}]$	$[\mathrm{cal/cm \cdot sec \cdot K}]$	$[\mathrm{cal/g \cdot K}]$		
Flintglas	4,4	5,0	8,5	0,0015	0,13	0,0026	0,15
Kronglas	2,5	7,5	7,5	0,0018	0,17	0,0042	0,42
Duran 50 (Pyrex)	2,23	6,3	3,2	0,0028	0,18	0,0070	1,4
Quarz (geschmolzen)	2,2	7,2	0,4	0,0033	0,18	0,0081	15
Zerodur (Cer-Vit)	2,53	9,1	$0 \pm 0,1$	0,0039	0,20	0,0077	> 100
Spiegelbronze	8,6	8,0	18,6	0,20	0,08	0,29	12
Stahl	7,8	21,0	12,0	0,12	0,11	0,14	24
Aluminium	2,7	7,1	23,8	0,49	0,22	0,82	25
Invar	7,9	14,0	0,9	0,0263	0,12	0,028	43
Silber	10,5	8,1	19,5	1,0	0,06	1,6	66
Kupfer	8,9	12,5	16,5	0,92	0,09	1,15	87
Beryllium	1,85	29,0	12,3	0,43	0,23	1,01	> 100
CFK (parallel zur Kohlefaser)	1,65	23,0	−0,8	0,013	0,20	0,039	> 100

mik, die eine Mischung aus Keramik (mit negativem) und einer Restglasphase (mit positivem Ausdehnungskoeffizient) darstellt. Der Herstellungsprozeß und die Eigenschaften des ausgezeichneten Spiegelmaterials Zerodur sind in einem Artikel von Petzoldt [11] eingehend beschrieben. Die Glaskeramik löste damit Borosilikatgläser wie Duran (Schott & Gen.) und Pyrex (Corning Glass Works), aus dem beispielsweise der Palomar-5 m Spiegel besteht, und auch geschmolzenen Quarz als Spiegelwerkstoff ab. Im Bestreben, sogenannte Leichtgewichtspiegel mit einer Art Honigwabenstruktur zu gießen oder zu schweißen, sind diese Materialien allerdings heute wieder ins Gespräch gekommen.

2.4.3 Hartmann-Test

Zur Prüfung astronomischer Optik nach der Hartmann-Methode wird vor das Objektiv (bzw. den Spiegel) eine Blende gestellt, auf der Lochpaare (symmetrisch zur optischen Achse) in radialer Richtung (oder auch auf einem quadratischen Punktgitter) angebracht sind. Die Methode basiert auf der geometrischen Optik, indem sie die Strahlen durch schmale Lichtbündel approximiert, die von den Lochpaaren erzeugt werden und jeweils eine bestimmte Einfallshöhe h repräsentieren (Abb. 12). Die bei Beleuchtung mit einer ebenen Wellenfront (z. B. künstlicher oder natürlicher Stern) entstehenden Strahlenbündel werden in zwei Einstellebenen E, einmal vor und einmal hinter dem Teleskopfokus, von einer Photoplatte aufgezeichnet. Aus der Geometrie der Abbildung 12 ergibt sich dann für die fokale Schnittweite s'_F, wenn die intra- beziehungsweise extrafokale Schnittweite s'_i, s'_e mit den zugehörigen Strahlabständen eines Lochpaares d_i, d_e aus den Photoplatten ermittelt wurden, folgende Formel:

$$s'_F(h) = s'_i + \frac{d_i}{(d_i + d_e)}(s'_e - s'_i).\qquad(27)$$

Die Abhängigkeit der Schnittweite s'_F von der Einfallshöhe h erlaubt Rückschlüsse auf Abbildungsfehler, wie sphärische Aberration oder Zonenfehler. Eine Änderung der Schnittweite für Lochpaare auf einem Kreisumfang (fehlende Rotationssymmetrie) läßt Astigmatismus erkennen. Aus den gemessenen und errechneten Schnittweiten läßt sich am Ende ein Durchstoßdiagramm für die Fokalebene berechnen, aus dem die

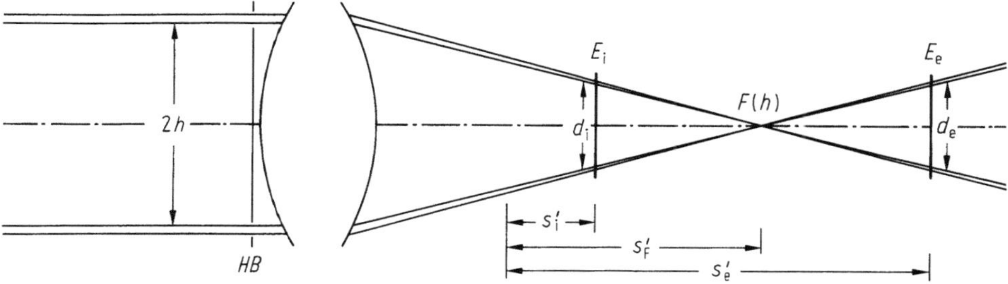

Abb. 12. Objektiv-Prüfung nach Hartmann [12]. Zur Verdeutlichung ist nur ein Lochpaar mit Einfallshöhe h eingezeichnet. Anordnung der Lochpaare im allgemeinen auf mehreren Durchmessern der Hartmann-Blende HB; intra- und extrafokale Schnittweiten s'_i, beziehungsweise s'_e von einem beliebigen Bezugspunkt aus gemessen

Lichtkonzentration des Systems direkt ersichtlich ist. Es gibt Vorschläge, den Hartmann-Test nicht nur zur Prüfung der Optik, sondern in einer modifizierten Form zur Regelung „aktiver" Optik (d. h. dünner, flexibler Spiegel) einzusetzen. Zur Behandlung dieser Problematik sei jedoch auf Ulrich und Kjär [26] verwiesen. Ebenso ist es möglich, aus den Abweichungen der Schnittweiten eine Höhenschichtlinienkarte zu erstellen, aus der die Unebenheiten der optischen Fläche zur gezielten Bearbeitung entnommen werden können. Die Hartmann-Methode liefert die Abweichungen direkt in zahlenmäßigen Werten, bleibt aber ihrer Natur nach auf die punktweise Abtastung der Spiegel-(Objektiv-)fläche beschränkt.

2.4.4 Foucaults Schneidentest

Der sogenannte Messerschneidentest nach Foucault erfaßt die gesamte optische Fläche auf einmal und ist auch für kleinräumige Abweichungen äußerst empfindlich, die zum Beispiel vom Hartmann-Test nicht mehr registriert werden können. Seine Wirkungsweise wird ebenfalls durch die geometrische Optik erklärt. Bringt man in den Krümmungsmittelpunkt C eines Kugelspiegels eine Punktlichtquelle, so werden sämtliche Strahlen von der Reflektorfläche in den Krümmungsmittelpunkt zurückgeworfen. Beim Testaufbau im Labor (Abb. 13) vertritt der Krümmungsmittelpunkt den Brennpunkt, der beim eigentlichen Test am unendlich weit entfernten Objekt (ebene Wellenfront) zur Anwendung kommt; daher auch nachfolgend die Bezeichnung intrabeziehungsweise extrafokal für Schneidenstellungen in der Nähe des Krümmungsmittelpunktes. Führt man seitlich einen Schirm mit scharfer Kante (z. B. Messerschneide, Rasierklinge) in den Strahlengang ein, so wandert der Schatten bei intrafokaler Stellung in gleicher Richtung wie die Schneidenbewegung. Führt man die Schneide hinter dem Krümmungsmittelpunkt (extrafokal) in den Strahlenkegel ein, so wandert der beobachtete Schatten entgegen der Schneidenbewegung. Im Bild der geometrischen Optik läßt sich dies durch Abfangen der einzelnen Strahlen erklären. Erfolgt das Einführen der Schneide genau in Entfernung des Krümmungsmittelpunktes C (bzw.

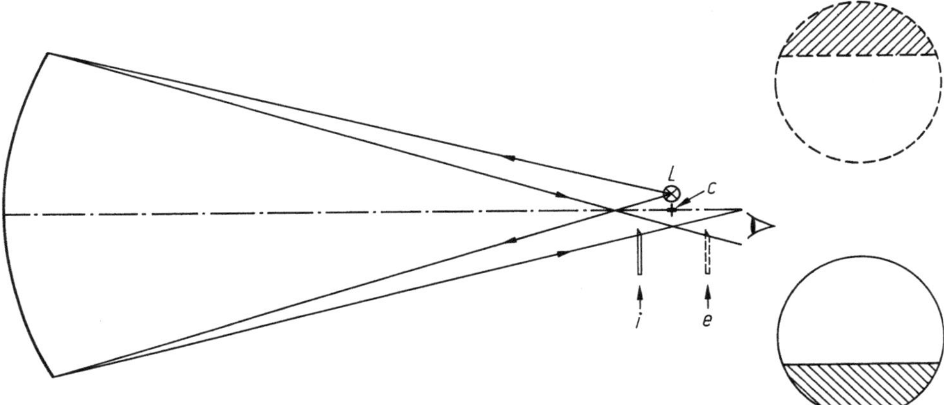

Abb. 13. Schneidenmethode nach Foucault. intrafokal (——): Schneiden- und Schattenlaufrichtung gleich; extrafokal (- - - -): Schneiden- und Schattenlaufrichtung gegensinnig

im Brennpunkt), so geschieht beim Durchgang die Verdunklung der hellerleuchteten Spiegelfläche schlagartig oder zumindest gleichmäßig über die ganze Fläche, da das Bild der Lichtquelle nicht punktförmig ist, sondern durch Beugung und andere Effekte eine gewisse Ausdehnung besitzt. Somit hat man zunächst eine *sehr* empfindliche Methode zur Hand, den Krümmungsmittelpunkt beziehungsweise die genaue Fokuslage zu ermitteln.

Besitzt die Spiegelfläche eine Abweichung von der idealen Form (z.B. Zonen, kleinräumige Vertiefungen oder Erhebungen), so werden diese als helle und dunkle Gebiete auf der Schatten- und der beleuchteten Seite sichtbar, da die Strahlen auf Grund der abweichenden Flächenneigung nicht mehr den Krümmungsmittelpunkt passieren. Die Spiegelfläche erscheint dann wie eine reliefartige Oberfläche, die von der Seite (der Schneide gegenüberliegend) beleuchtet wird. Der Foucault-Test ist somit in erster Linie ein qualitativer Test zur Feststellung kleinster Oberflächenfehler. Die Methode ist so empfindlich, daß Abweichungen bis hinab zu etwa $\lambda/100$ sichtbar werden. Um Objekt und Bild zu trennen, muß im realen Test im Labor die Lichtquelle aus dem Krümmungsmittelpunkt C leicht herausgerückt werden (Abb. 13). Der Bildpunkt liegt achsensymmetrisch zur Lichtquelle und wird damit zugänglich. Der Foucault-Test läßt ebenfalls Abbildungsfehler erkennen. Wenn ein fehlerfreier Kugelspiegel bei der Prüfung im Krümmungsmittelpunkt keinerlei Abweichungen zeigt (also hell erleuchtet ist), ist leicht einsichtig, daß ein Parabolspiegel in gleicher Anordnung Schatten zeigt, da die Kugelwelle nicht im Krümmungsmittelpunkt zusammenläuft. Werden dagegen beide Spiegel mit einer ebenen Wellenfront (Stern) beleuchtet, zeigt der Parabolspiegel im Fokus keine Abweichungen, während beim Kugelspiegel die sphärische Aberration deutlich zu Tage tritt (Abb. 14). Gleiches gilt für Zonenfehler.

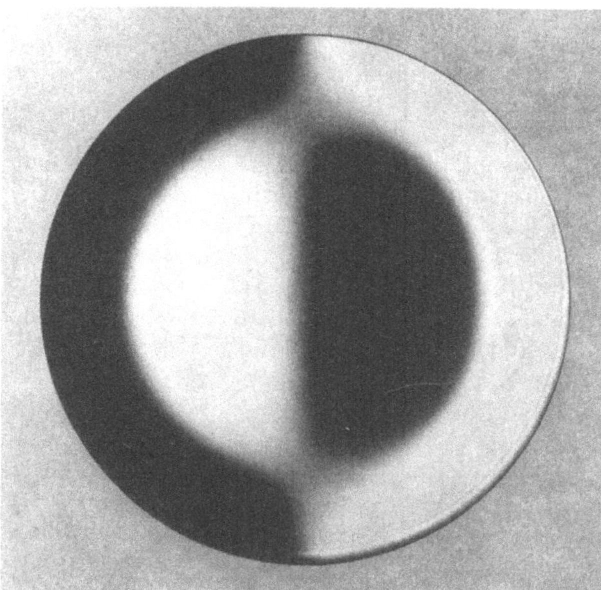

Abb. 14. Foucault-Aufnahme – Sphärische Aberration. Schneide zwischen paraxialem und marginalem Fokus in Strahlengang eingeführt. Aus [9]

Selbstverständlich lassen sich auch Linsen (Objektive) nach dieser Methode in Transmission testen.

Der ursprüngliche Testaufbau sah eine punktförmige Lichtquelle (Kugelwelle) vor, die jedoch durch einen Spalt nicht zu großer Ausdehnung ersetzt werden kann. Daraus resultiert eine starke Zunahme der Bildhelligkeit, die bei visueller Beobachtung von unschätzbarem Vorteil ist. Allerdings ist darauf zu achten, daß Beleuchtungsspalt und Schneide streng parallel zueinander stehen. Noch größere Gewinne an Bildhelligkeit lassen sich erzielen, wenn man eine ausgedehnte Lichtquelle verwendet, die von der Schneide selbst, an der vorbei beobachtet wird, teilweise abgedeckt wird. Damit ist gleichzeitig sichergestellt, daß beide Kanten, Messerschneide und Spaltkante, parallel verlaufen. Der Aufbau einer solchen Testeinheit ist bei Malacara [13] zu finden. Dort sind auch die Erscheinungsbilder der einzelnen Abbildungsfehler unter Verwendung des Foucault-Tests behandelt.

2.4.5 Interferometrische Tests

Die interferometrischen Tests gehen in ihrer Betrachtungsweise von Wellenfronten aus, auf denen die bisher betrachteten Lichtstrahlen orthogonal stehen. In diesem Sinne besitzt die ideale Wellenfläche nach Durchlaufen des optischen Systems Kugelform, deren Krümmungsmittelpunkt mit dem Bildpunkt (Fokus) zusammenfällt. Alle Abweichungen von dieser Wellenfläche werden als ‚Wellenaberrationen' bezeichnet. Das ‚Sichtbarmachen' dieser Abweichungen geschieht bei den interferometrischen Methoden durch Interferenz zweier Wellenfronten, der zu testenden Wellenfront der abbildenden Optik und einer Prüf-(Referenz-)Wellenfläche. Ihr Vorteil liegt darin begründet, daß sie die qualitative und quantitative Bestimmung der Abbildungsfehler gleichzeitig erlauben.

Die Fülle der interferometrischen Tests ist groß. Deshalb sollen hier nur wenige Typen stellvertretend angesprochen, jedoch nicht ausführlich behandelt werden. Dies würde den gesteckten Rahmen sprengen. Aus diesem Grund seien unter anderen Malacara [13] und De Vany [14] genannt, die sich speziell mit dieser Fragestellung befassen und ausführliche Anleitungen und Interpretationen der gewonnenen Testergebnisse geben. Der bekannteste Testaufbau dürfte der von *Twyman-Green* sein, der aus dem zweiarmigen Michelson-Interferometer hervorgeht, bei dem ein Planspiegel durch die zu prüfende Optik ersetzt wird. Die Überlagerung beider reflektierter Wellenfronten durch die Strahlteilerplatte führt zu ganz charakteristischen Streifenmustern. Eine Auflistung der verschiedenen Streifenmuster (für perfekte, defokusierte, mit sphärischer Aberration, Koma, Astigmatismus behafteter Optik) gibt Malacara [13]. Aus dem Abzählen der Streifen erfährt man die Größe der Abweichung in Einheiten der halben Prüfwellenlänge [$\lambda/2$]. Die interferometrischen Methoden sind jedoch recht aufwendig im Aufbau und empfindlich für Vibrationen, Luftturbulenzen im Lichtweg, in der Justage etc. Um diese Schwierigkeiten zu umgehen oder zumindest zu mildern, hat man den Typ des *Scherungs-Interferometers* entwickelt. Dieser basiert nicht mehr auf zwei getrennten Interferometerarmen, sondern erzeugt *beide* Wellenflächen, Prüf- und Referenzfläche, durch die zu prüfende Optik, die nach einer Verschiebung (Scherung) zur Überlagerung gebracht werden. Die Zahl der möglichen Variationen ist so groß (laterale, radiale, rotierte und umgeklappte Scherung), daß nur auf Malacara [13] und Bryngdahl [15] verwiesen werden kann. Einen relativ einfachen Aufbau mit Anleitung und Interferogrammen von Abbildungsfehlern gibt Bath [16] für den Amateur an.

Zum Schluß sei noch ein Verfahren, der sogenannte *Ronchi-Test*, genannt. Er gleicht dem Foucault-Test, außer daß die Schneide durch ein enges Gitter ersetzt ist. In der ursprünglichen Form wurde ebenfalls eine Punktlichtquelle im (in der Praxis nahe am) Krümmungsmittelpunkt zur Beleuchtung des Spiegels verwendet, der durch ein feines Strichgitter betrachtet wurde. Zur stärkeren Beleuchtung wurde die Punktquelle durch einen Spalt ersetzt, der heute ebenfalls weggefallen ist. Man setzt vor Beleuchtungsquelle und Beobachterauge ein und dasselbe Strichgitter (ähnlich der Schneidenmethode) und hat damit neben helleren Bildern die Parallelität von Mehrfach-Spalt und Gitter garantiert; bei dieser Methode ebenfalls von Bedeutung. Aus der Ähnlichkeit der Methoden läßt sich folgern, daß die gleiche Testeinheit durch Austausch von Schneide und Gitter Verwendung finden kann. Malacara [13] zeigt die Ronchigramme für sämtliche Abbildungsfehler und für asphärische Flächen und vergleicht sie mit den Interferogrammen eines Twyman-Green Interferometers. Dabei zeigt sich, daß das Ronchigramm für sphärische Aberration mit dem Koma-Interferogramm beziehungsweise für Koma mit dem Astigmatismus-Interferogramm übereinstimmt. Zwar kann die Bildentstehung im Ronchi Test durch geometrische Optik erklärt werden, doch geschieht die Deutung meist im interferometrischen Bild. Einen Vergleich zwischen Ronchigrammen und Foucaultgrammen gibt De Vany [14], der gleichfalls eine Beleuchtungseinheit für beide Tests zeigt. Um das Erscheinungsbild der Ronchigramme zur Erleichterung der Interpretation zu standardisieren, schlägt Schultz [17] ein Strichgitter vor, dessen Linienzahl sich nach dem Öffnungsverhältnis $1/N = D/f$ richtet. Seine Aufnahmen zeigen bei Strichgittern mit $12 \cdot N$ Linien pro Inch (z. B. $f/8$ => 100 L/Inch) die gleichen Ronchigramme für Spiegel unterschiedlichster Öffnung und Brennweite. Die feinen Gitter mit äquidistanten und gleich breiten hellen und dunklen Linien lassen sich auch von Amateuren auf photographischem Wege herstellen. Somit dürfte der Ronchi-Test zusammen mit dem Foucault-Test die attraktivste Prüfmethode astronomischer Optik für Amateure sein.

2.5 Teleskop-Systeme

2.5.1 Refraktionsoptiken

Eine spezielle Eigenschaft der Refraktionsoptiken sind ihre chromatischen Fehler aufgrund der Wellenlängenabhängigkeit des Brechungsindex n (in Abschnitt 2.3.3 behandelt). Ein Objektiv, das für zwei Wellenlängen korrigiert ist, wurde erstmals von Joseph Fraunhofer berechnet und geschliffen. Dieser achromatische Objektivtyp, auch als *Fraunhofer-Typ* bekannt, besteht aus einer sammelnden Vorderlinse aus Kronglas und einer zerstreuenden Hinterlinse aus Flintglas mit geringem Luftabstand dazwischen. Wie die Durchrechnung und Korrektion eines einfachen Achromaten erfolgt, zeigt zum Beispiel Klein [19] im Detail, der in diesem Zusammenhang auch die Feinkorrektion des Objektivs anspricht. Das achromatische Fraunhofer-Objektiv entspricht dem Zeiss-Typ E (Abb. 15) oder Lichtenknecker FH-Objektiv. Das sekundäre Spektrum (Abschnitt 2.3.3) der Achromate läßt sich durch geschickte Glaswahl mit geeigneten v- und ϑ-Werten vermindern. Diese etwas teureren Sondergläser führen zu den zweilinsigen *Halbapochromaten* vom Zeiss-Typ AS (Abb. 15). Durch Einsatz einer dritten Linse wird chromatische Korrektion für drei Wellenlängen erzielt. Dieser klassische *Apochromat*, etwa Zeiss-Typ B oder Lichtenknecker VA-Objektiv, besitzt nicht nur nahezu ideale chromatische Korrektion, sondern ist auch frei von Koma und sphärischer Aberration. Die Konstruktionsdaten und Aberrationskurven für verschiedene Wellenlängen (C, d, e, F, g) dieser und einer Vielzahl anderer Objektive geben König und Köhler [18] an. Dreilinsige, verkittete Apochromate (nur 2 Glas/ Luft-Flächen) werden heute mit $f/8$ oder $f/9$ gebaut, zum Beispiel Starfire Triplet Apochromat. Sie finden auch in der Astrophotographie Verwendung. Um die Baulänge des Refraktors zu verkürzen, wurden verschiedentlich von Amateuren Planspiegel zur Faltung des Strahlengangs eingesetzt. Die Baulänge reduziert sich entsprechend auf 1/2 beziehungsweise 1/3 der Brennweite. Verständlicherweise geht die Güte der Planspiegel in die optische Abbildungsqualität des Teleskops ein. Sind diese nicht plan, so führen sie zu verstärktem Astigmatismus. Auch werden hohe Forderungen an die Stabilität des Rohres und die Planspiegellagerung gestellt, die von Amateuren aber durchaus zu erfüllen sind.

Eine völlig neue Methode, Glassorten zur chromatischen Korrektion auszuwählen, beschreibt Robb [20]. Er gibt Kombinationen von Glassorten an, die für ein zweilinsiges Objektiv nicht nur die Korrektion von drei Wellenlängen auf der Achse erzielen, sondern die Vereinigung von bis zu fünf Wellenlängen auf der Achse eines Zweilinsers versprechen. Seine Methode beruht nicht mehr auf den bekannten Parametern Abbesche Zahl v und relative Teildispersion ϑ, nach denen zur besseren Farb-

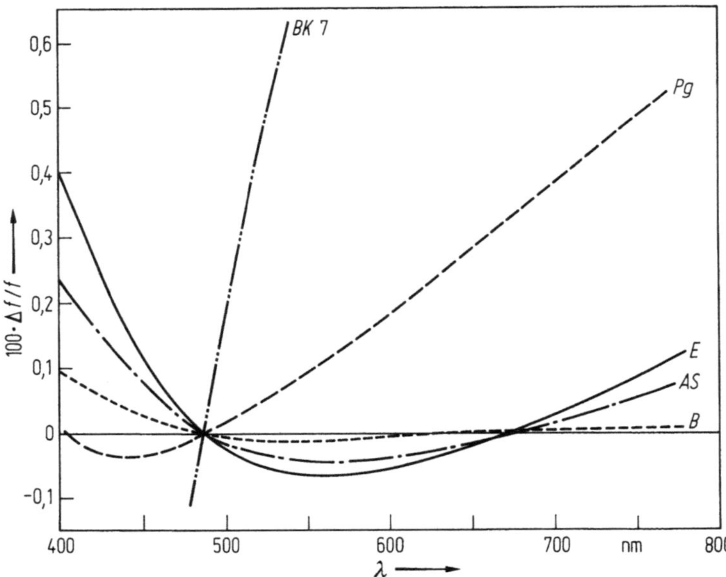

Abb. 15. Farbortfehler verschiedener Objektive. Einzellinse aus BK7, Fraunhofer-Achromat E, Halbapochromat AS, Apochromat B, Beispiel für photographisch korrigiertes Objektiv Pg. Aus [6]

korrektion die v-Werte möglichst unterschiedlich bei gleichem Dispersionsverlauf ϑ sein sollten, sondern auf einer neueren Beschreibung des dispersiven Verhaltens von Glas, die auf Buchdahl zurückgeht. Dieser führt statt der Wellenlänge λ einen neuen Parameter, die chromatische Koordinate ω, ein und kann damit den Brechungsindex n durch eine Potenzreihe ausdrücken. Aus der Anwendung dieses Models ergeben sich neue Dispersionskoeffizienten, die für jedes Glas charakteristisch sind. Robb gibt für 813 Gläser diese neuen Dispersionkonstanten und Bedingungen an, die diese erfüllen müssen, um Farbkorrektion für $\geq i + 1$ Wellenlängen unter Verwendung von i Glassorten zu erzielen. Zusätzlich zeigt er Farbfehlerkurven von Zweilinsern im Vergleich zu zwei klassischen Achromaten, die man nicht für möglich gehalten hätte.

Die Verwendung einer Linse aus Kalziumfluorit (CaF2) macht bereits aus zweilinsigen Refraktoren Apochromate, zum Beispiel Fluorit-Apochromat Vixen Superpolaris FL-102S bestehend aus einer äußeren Konkavlinse aus Kurzflintglas und, mit Luftabstand, einer inneren Konvexlinse aus Kalziumfluorit. Eine neuartige Fügetechnologie macht es möglich, Linsen aus Flußspat mit anderen Gläsern ohne Luftabstand zu verbinden. Es entstehen extrem reflexarme apochromatische Objektive mit sehr hoher Lichtdurchlässigkeit, zum Beispiel APQ-Objektive 100/1000 aus Jena [73].

Aus Abbildung 15 geht bereits hervor, daß photographische Objektive im allgemeinen für andere Wellenlängen korrigiert sind als die Objektive für visuelle Beobachtung. Der Scheitel der Farbkurve liegt bei kürzeren Wellenlängen, was zum Teil wohl durch die höhere Blauempfindlichkeit früherer Photoemulsionen begründet ist. Trotz der Schmidt-Kamera (Abschnitte 2.5.6) finden auch heute noch Linsenobjektive Verwendung als Astro-Kameras. Die Anforderungen an diese Kameraobjektive sind natürlich sehr viel höher als an die Objektive visueller Beobachtungsfernrohre, zumindest was Bildfeldgröße und -ebnung betrifft. An erster Stelle ist hier das alte *Petzval-Objektiv* (Konstruktionsdaten und Seidelsche Summen bei Berek [2]) zu nennen, das mit einem Öffnungsverhältnis von $f/3{,}4$ für damalige Verhältnisse sehr lichtstark war. Sein Bildfeld war mit 7° Durchmesser ausgesprochen groß, doch besaß es eine relativ starke Bildfeldkrümmung; zur Beseitigung der Bildfeldkrümmung durch eine Ebnungslinse siehe Abschnitt 2.5.6. Später folgte das *Taylor-Triplett* (bis $f/3$), aus dem sich die bekannten *Ross-* und *Sonnefeld-Vierlinser* entwickelten. Sie liefern brauchbare Bildfelder von bis zu 10° × 10° Größe. Diese Objektive besitzen als Mittelglied eine Negativlinse im Gegensatz zum Petzval-Objektiv, das aus zwei Achromaten (Zweilinsern) mit großem Luftabstand zusammengesetzt ist. Mehr über diese Objektive ist ebenfalls bei König und Köhler [18] zu erfahren. Moderne Formen lichtstarker Astrokameras (als katadioptrische Systeme ausgeführt) mit Öffnungsverhältnissen bis $f/1{,}5$ sind unter anderem bei Wiedemann [39] zu finden, der zudem die Seidelschen Summen und Farbfehlerkurven für die Objektive angibt. Die großen Öffnungsverhältnisse (mindestens $f/10$) machen die oben beschriebenen Apochromate sehr gut für astrophotographische Zwecke geeignet. Siehe auch Abschnitt 4.6 in diesem Band.

Im allgemeinen bedürfen Refraktoren keiner Nachjustierung ihrer Optik, da die mehrlinsigen Objektive üblicherweise verstellsicher gefaßt sind. Lediglich die Ausrichtung der optischen Achse auf die zentrale Achse der Okularhalterung kann von Zeit zu Zeit überprüft werden. Weicht der Durchstoßpunkt der optischen Achse nicht allzu sehr von der Okularmitte ab, so genügt ein Test am Stern. Dazu führt man eine leichte Defokussierung eines stark vergrößernden Okulars an einem zentrierten und möglichst hellen Stern ein, bis die ersten Beugungsringe sichtbar werden. Besitzen diese statt runder eine ovale Form, so sind die (hoffentlich vorhandenen) Justierschrauben der Objektivfassung mit aller Vorsicht zu verstellen, bis die Beugungsringe rund und konzentrisch im Okular zentriert erscheinen, falls keine Fertigungsfehler vorliegen. Für den Fall stärkerer Dejustierung gibt Valleli [72] zwei Methoden zur Ausrichtung des Objektives an. An das Zerlegen und Justieren gefaßter Objektive sollte man sich nicht leichtfertig heranwagen und besser Fachleuten überlassen, da die Orientierung der Linsen zur Kompensation von Abbildungs- und etwaigen Linsenfehlern unbedingt einzuhalten und ein Verspannen der Linsen durch die Fassung zu vermeiden ist.

2.5.2 Newton-Reflektor

Alle zuvor genannten Probleme der chromatischen Korrektion von Refraktionsoptiken treten bei reinen Spiegelsystemen naturgemäß nicht auf, da diese aufgrund des Reflexionsgesetzes wellenlängenunabhängig, das heißt absolut achromatisch abbilden. Für diese Systeme gilt es einzig, die geometrischen Aberrationen der Seidel-Theorie (Abschnitt 2.3) zu beseitigen oder auf ein akzeptables Maß zu reduzieren.

Eine einfache Anordnung von Spiegeloptik stellt die Kombination eines konkaven Hauptspiegels mit einem kleinen Fangspiegel zur Strahlauslenkung (Abb. 16) dar. Als einfachste Form des Hauptspiegels bietet sich eine konkave Kugeloberfläche an, die zwar leicht herzustellen ist, dafür aber einen schwerwiegenden Abbildungsfehler, die sphärische Aberration (Öffnungs- oder Kugelgestaltfehler), aufweist. Trotz dieses entscheidenden Nachteils läßt sich der Kugelspiegel zu astronomischer Beobachtung verwenden, indem man sein Öffnungsverhältnis genügend klein wählt (Abschnitt 2.3.2). Will man die dadurch bedingten Nachteile geringer Lichtstärke und großer Baulänge nicht in Kauf nehmen, so lassen sich durch einen zweilinsigen Korrektor die sphärische Aberration und Koma bis zu einem Öffnungsverhältnis von 1:2 nahezu ganz beseitigen. Näheres über Korrektortyp und Aberrationskurven sind bei Wiedemann [21] zu finden, der die Konstruktionsdaten zur Verfügung stellt.

Eine andere Form der Korrektur des Öffnungsfehlers ist die Parabolisierung des Kugelspiegels. Hier macht man sich die Eigenschaft der Parabel (als Kurve gleichen Abstands zu einem Punkt und einer Geraden) zunutze, die achsenparalleles Licht,

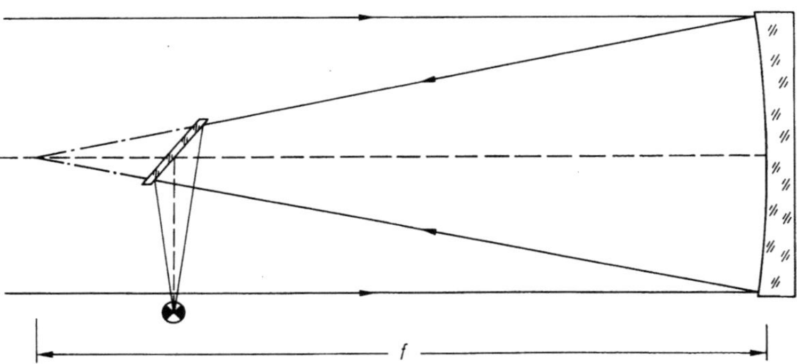

Abb. 16. Newton-Teleskop ($f/3$). Hauptspiegel – Rotationsparaboloid; Fangspiegel – ellipsenförmiger Planspiegel

gleich welcher Öffnung, in einem Brennpunkt konzentriert. Durch einen um 45 Grad gegen die optische Achse geneigten Fangspiegel wird der Brennpunkt außerhalb der Teleskopöffnung verlegt. Diese Konstruktion geht auf Newton zurück und trägt daher seinen Namen (Abb. 16). Die Parabolisierung des Kugelspiegels kann unter Anleitung (z. B. Rohr [22] u. a. siehe Anhang) von jedem mit Geduld Versehenen durchgeführt werden. Nach Beseitigung des Öffnungsfehlers bleibt als hauptsächlicher Abbildungsfehler des Newtonteleskops die Koma bestehen. Sie führt zu einer kometenförmigen Verzerrung der Sternbildchen, die zum Bildfeldrand immer stärker zunimmt (Abb. 6). Somit bestimmt die Koma die brauchbare Bildfeldgröße eines Parabolspiegels. Hier seien nur zwei Möglichkeiten zur Definition des brauchbaren Bildfeldes genannt. So kann man beispielsweise bei visueller Beobachtung eine maximale, komatische Querabweichung von 1″ (Bogensekunde) zulassen, die bei Teleskopöffnungen über 10 cm in etwa der durch die Erdatmosphäre bedingten Auflösungsgrenze entspricht (siehe hierzu Abschnitt 2.6.1). Setzt man diese Größe $K_{max} = 1″$ und die Seidel-Summe des Parabolspiegels $\sum II = 0,5$ in die entsprechende Gleichung (19) ein, ergibt sich der brauchbare Bildfelddurchmesser im Winkelmaß zu

$$\varnothing \simeq 0{.}003 \, N^2 \,. \tag{28}$$

Ein Newtonteleskop mit einem Öffnungsverhältnis $f/8$ liefert also bis zu einem Felddurchmesser von rund $0{.}2$ oder $11'$ (Bogenminuten) brauchbare Bilder. Bei photographischer Beobachtung wird man sich am Auflösungsvermögen der Filmemulsion, das heißt an der Korngröße, orientieren. Auch hier liefert (19) die folgende Beziehung, in der K der linearen Ausdehnung der Komafigur entspricht.

$$\varnothing = 2f \cdot \tan u \simeq 10{,}7 \cdot N^2 \cdot K \tag{29}$$

Belichtet man einen Film, dessen Auflösungsvermögen einmal mit 10 µm angenommen sei, so wird bei Verwendung eines $f/8$ Newtonteleskops die Komafigur erst außerhalb eines Bildfelddurchmessers von zirka 7 mm sichtbar. Der entsprechende Bildfeldwinkel kann über die Teleskopbrennweite ausgerechnet werden (bei $f = 1000$ mm rund $24'$). Für höher empfindliches Photomaterial mit seiner groberen Körnung steigt der brauchbare Bildfelddurchmesser entsprechend linear an. Die Bildfeldgröße wächst in beiden Fällen mit dem Quadrat der Öffnungszahl an. Wer sich dennoch nicht in der Lichtstärke beschränken will, der kann auf einen dreilinsigen Korrektor vom Typ Wynne zurückgreifen, der die Koma des Parabolspiegels bis zu einem Öffnungsverhältnis von 1:2,5 nahezu beseitigt. Näheres ist bei Wiedemann [21] zu finden. An anderer Stelle [23] gibt dieser eine Modifikation des Baker-Korrektors an, die den Wünschen des Amateurs weitgehend Rechnung trägt und bis zum Öffnungsverhältnis 1:5 eine sehr gute Korrektion erzielt.

Die Lage und Größe des Fangspiegels richtet sich nach Teleskopbrennweite und Öffnungszahl und kann zeichnerisch ermittelt werden. Die beiden Achsen des Planspiegels, der zur Verringerung der Abschattung meist ellipsenförmig gehalten ist, sind etwas größer zu wählen, um nicht nur die axialen Strahlen, sondern auch das gewünschte Bildfeld vignettierungsfrei aus dem Tubus herauszulenken. Der Verlauf dieser Randstrahlen ergibt sich aus dem Einzeichnen der Bildfeldgröße im Primärfokus. Zur Fixierung des Fangspiegels ist die vierblättrige Halterung einer dreiblättrigen vorzuziehen, da die Beugung des Lichts immer senkrecht zur störenden Kante erfolgt, wodurch bei der orthogonalen Halterung die Beugungsbilder je zweier Blätter aufeinanderfallen, während die dreiblättrige Halterung zu sechs radialen Strahlen im Beugungsbild führt. Auch sollte der Tubus hauptspiegelseitig nicht verschlossen sein, damit ein Wärmestau innerhalb des Rohres sich mit der hindurchstreifenden Umgebungsluft in kurzer Zeit abbauen kann, denn im Rohr aufsteigende Warmluft wird im Okular unübersehbar sein.

Die Justierung eines Newtonteleskops sollte in folgender Reihenfolge vorgenommen werden. Unter der Voraussetzung, daß die Okularhalterung senkrecht auf der Tubusachse und damit auf der optischen Achse steht, was beispielsweise durch Nachmessen geprüft werden kann, wird der 45° Fangspiegel eingesetzt und seine Halterung solange verstellt, bis der kreisrunde Rand des 45° Spiegels im Okulareinschub mittig erscheint. Als Justierhilfe kann eine Kleinbild-Filmpatrone mit einer kleinen zentralen Bohrung in den Okularstutzen eingeschoben werden. Die Justierung des Fangspiegels selber erfolgt über die drei Verstellschrauben, bis das Spiegelbild des Hauptspiegels konzentrisch zum Fangspiegelrand erscheint. Zum Schluß wird die Justierung des Hauptspiegels vorgenommen, bis das Bild des Fangspiegels mit seinem Haltekreuz konzentrisch zum Hauptspiegelrand erscheint. Dieser Grobjustierung bei Tageslicht, bei der alle sichtbaren Spiegelränder zueinander konzentrisch erscheinen müssen, folgt der Test am Stern. Er erfolgt in gleicher Weise wie am Refraktor durch leichte Defokussierung in einem stark vergrößernden Okular. Die Justierschrauben des Hauptspiegels werden solange verstellt, bis die anfangs ovalen Beugungsringe konzentrisch in der Bildfeldmitte des Okulars erscheinen. Läßt sich dies nicht erreichen, kann ein Fertigungsfehler des Hauptspiegels vorliegen. Um dies zu testen, verschiebt man das Okular von der einen Seite des Brennpunktes auf die gegenüberliegenden Defokussierstellung. Wechselt hierbei die Abweichung von der konzentrischen Form der Beugungsringe auf die gegenüberliegende Seite, liegt ein Optikfehler oder eine Verspannung des Spiegels in seiner Zelle vor. Eine sehr ausführliche Beschreibung dieser Methode und die Zuhilfenahme einfacher Zusatzokulare gibt Valleli [72].

2.5.3 Cassegrain-Teleskop

Die große Baulänge des Newtonreflektors von einer Teleskopbrennweite kann sich für manche Anwendung als nachteilig erweisen. Er ist wegen seiner Größe und seines Gewichts meist nicht mehr transportabel und erfordert bei größerer Windempfindlichkeit eine entsprechend stark ausgelegte Montierung. Durch das Einfügen eines konvexen anstelle eines planen Sekundärspiegels läßt sich bei gleicher Brennweite eine wesentlich verkürzte Tubuslänge bei gleichzeitig günstiger Brennpunktlage erzielen (Abb. 17). Der gekrümmte Sekundärspiegel S_2 bildet den Primärfokus F_1 in den Teleskopbrennpunkt F ab. Die Teleskopbrennweite entspricht jetzt nicht mehr der Hauptspiegelbrennweite f_1, sondern ergibt sich aus dem Abstand des Systembrennpunktes F zum Schnittpunkt des schlanken Strahlenbündels mit den einfallenden Randstrahlen. Bezeichnet man den Vergrößerungsfaktor der Primärbrennweite (die Sekundärvergrößerung) mit $m = f/f_1$, so beträgt die Baulänge des Cassegrainteleskops weniger als $1/m$ der Teleskopbrennweite. Es gelten folgende Beziehungen für das Cassegrain-System, die dem Handbuch der Physik [6] entnommen wurden:

$$f = m \cdot f_1 = \frac{f_1 \cdot f_2}{f_1 + f_2 - e}, \quad a = m \cdot c = \frac{(f_1 - e) \cdot f_2}{f_1 + f_2 - e}. \tag{30}$$

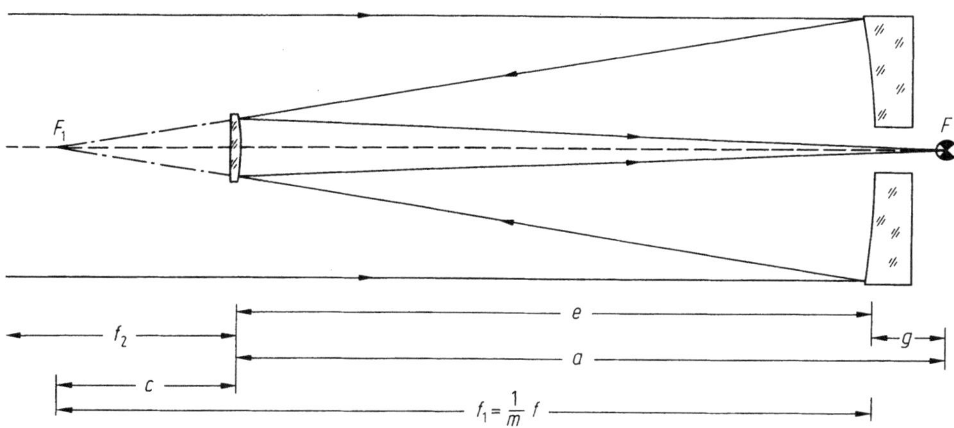

Abb. 17. Cassegrain-Teleskop ($f/12$). Hauptspiegel – Rotationsparaboloid; Sekundärspiegel – Rotationshyperboloid; Brennweitenverlängerung $m = 4$

Soll beispielsweise ein Newtonteleskop zum Cassegrain-System erweitert werden, so sind bei vorgegebenem f_1, m und g

$$e = \frac{m \cdot f_1 - g}{m + 1}, \quad f_2 = -\frac{m}{m^2 - 1}(f_1 + g). \tag{31}$$

Der Mindestdurchmesser des Sekundärspiegels ergibt sich nach dem Strahlensatz zu

$$D_2 = \frac{a}{f} D_1, \tag{32}$$

wobei ähnlich wie beim Planspiegel ein zusätzlicher Betrag ($2\,e\,\tan u$) für den Bildfeldwinkel u zu berücksichtigen ist. Das reine Cassegrain-System besteht aus einem parabolischen Hauptspiegel (Deformationskonstante $k_{1,\text{Cass}} = -1$) und dem konvex gekrümmten Sekundärspiegel. Will man die öffnungsfehlerfreie Abbildung des Hauptspiegels für den Cassegrain-Fokus erhalten, so muß der Sekundärspiegel eine Deformation erhalten, die die Konstanz des Lichtwegs für beide Foki F_1 und F gewährleistet. Diese Bedingung führt zu einer Hyperbelgleichung im Meridianschnitt, deren numerische Exzentrizität $\varepsilon = (m + 1)/(m - 1)$ folgende Deformationskonstante des Sekundärspiegels liefert (siehe dazu Abschn. 2.3.1):

$$k_{2,\text{Cass}} = -\varepsilon^2 = -\left(\frac{m + 1}{m - 1}\right)^2. \tag{33}$$

Unter diesen Bedingungen ist der Cassegrain-Fokus frei von sphärischer Aberration, behält jedoch die außeraxiale Koma des parabolischen Hauptspiegels (Tabelle 1), dessen Astigmatismus allerdings um den Faktor m vergrößert oder genauer

$$\sum \text{III}\, a = \frac{f - e}{a} = \frac{m \cdot f + g}{f + m \cdot g} \tag{34}$$

ist. Durch das Einfügen des Sekundärspiegels tritt als zusätzliche Fehlerquelle die *Dezentrierung* auf. Ihre Toleranz ist stark öffnungszahlabhängig und liegt im Bereich von mm bis 1/10 mm. Die Grobjustierung erfolgt durch die Festlegung der Mitte der

Eintrittsöffnung mittels zweier gekreuzter Fäden. Betrachtet man von diesem Mittelpunkt aus den Hauptspiegel, so muß das Spiegelbild von Sekundärspiegel und Haltestreben genau mittig gesehen werden, andernfalls ist der Hauptspiegel über Justierschrauben zu verschieben. Das gleiche gilt für die Betrachtung durch den Okulareinschub. Alle Spiegelumrisse müssen konzentrisch gesehen werden. Zur Feinjustierung kann das sehr leicht anzufertigende Okular von Cox [24] benutzt werden. Eine empfindliche Methode ist der Test mit dem *Ronchi-Gitter*, bei dem anstelle eines Okulars ein enges Strichgitter in den Brennpunkt gesetzt und durch einen parallelen Spalt beleuchtet wird. Das daneben befindliche Auge sieht dann bei richtiger Justierung parallele Streifen auf dem Sekundärspiegel. Einen Testaufbau zur Prüfung der Figur eines Cassegrain-Sekundärspiegels ohne zusätzliche Optik beschreibt Richter [25].

Eine andere bewährte Justiermethode beschreibt Valleli [72]. Beim Blick durch den Okulareinschub sollte das vom Tageshimmel aufgehellte Spiegelbild des Primärspiegels konzentrisch zum Sekundärspiegelrand erscheinen. Andernfalls wird der Sekundärspiegel über die Justierschrauben verstellt. Anschließend wird der Primärspiegel justiert, bis die dunkle Silhouette des Sekundärspiegels konzentrisch im hellen Spiegelbild des Hauptspiegels erscheint. Diese Grobjustierung kann auch mit einem sogenannten Schnelltest bei Tageslicht vorgenommen werden. Dazu tritt der Tester vor die Teleskopöffnung und sucht das Spiegelbild seines Gesichtes im Hauptspiegel. Daraufhin entfernt er sich vom Teleskop, bis sein offenes Auge den ganzen Hauptspiegel ausfüllt. Bei weiterem Entfernen wird das Bild der Augenpupille immer größer, bis es den gesamten Hauptspiegel ausfüllt, der daraufhin dunkel erscheint. Das offenen Auge befindet sich in diesem Moment im Krümmungsmittelpunkt des Hauptspiegels. Die einzelnen Teleskopkomponenten sind nun solange zu verschieben beziehungsweise zu verkippen, bis alle Begrenzungen (Tubus, Spiegelränder etc.) konzentrisch zueinander erscheinen und die Verbindungslinie Auge – Hauptspiegelmittelpunkt das Haltekreuz und den Sekundärspiegel zentrisch durchstößt. Dieser Schnelltest läßt sich auch bei vielen anderen Spiegelteleskopen anwenden. Die Feinjustierung des Cassegrain-Teleskops erfolgt ebenfalls wieder am Stern. Das leicht defokussierte Bild eines hellen Sterns wird in die Bildfeldmitte gestellt. Bei nichtkonzentrischen Beugungsringen wird der Hauptspiegel feinjustiert, wobei das Sternbild aus dem Feld driftet. Über die Feinjustierung des Sekundärspiegels wird dieses wieder in die Bildfeldmitte des Okulares zurückversetzt. Beide Schritte werden abwechselnd wiederholt, bis die Beugungsringe konzentrisch liegen. Wird dieses Ziel nicht erreicht, sind die Kippungen in entgegengesetzer Richtung vorzunehmen. Weist die Optik jedoch einen Bearbeitungsfehler auf, wird auch dies nicht zum Erfolg führen und es ist der Verschiebetest auf die andere Seite der Brennpunktslage vorzunehmen (siehe Newton-Teleskop).

Zusätzlich sei die *Gregory*-Bauweise erwähnt, die die Brennweitenverlängerung durch Einsetzen eines *konkaven* Sekundärspiegels hinter dem Primärfokus F_1 erzielt. Diese Position führt zu einer um den Betrag $2c$ (Abb. 17) vergrößerten Baulänge gegenüber dem Cassegrain-System. Dies mag einer der Gründe sein, weshalb sich das Gregory- gegenüber dem Cassegrain-System nicht durchsetzen konnte und bisher kaum Verwendung fand. Auch bei diesem System läßt sich die öffnungsfehlerfreie Abbildung des primären Parabolspiegels beibehalten, indem man den sekundären Hohlspiegel zu einem Spiegel mit elliptischer Kurve im Meridianschnitt deformiert. Erhalten bleiben dabei ebenso wie beim Cassegrain-System Koma und Astigmatismus.

Der sogenannte *Nasmyth-Fokus* geht aus dem Cassegrain-Fokus durch Einsetzen eines tertiären Planspiegels vor der zentralen Bohrung des Hauptspiegels hervor. Dieser Tertiärspiegel leitet das Strahlenbündel vom Sekundärspiegel kommend in der Elevationsachse aus dem Tubus heraus. Diese Fokuslage seitlich des Teleskoptubus zeichnet sich allerdings nur bei altazimutaler Montierung (das heißt bei Achsenlage im Horizontsystem) vor der Cassegrain-Position aus, da er in diesem Fall keine Lage-änderung im Schwerefeld der Erde ('quasi ortsfest') erfährt und den Tubus nicht durch Instrumentengewichte belastet. Auf den Nasmyth-Plattformen, die beiderseits des Tubus in Höhe der Elevationsachse Bestandteil des schweren Azimutteils sind, kann also schwere oder biegeempfindliche Instrumentierung (z. B. Spektrographen) untergebracht werden. Mögliche Nachteile sind der nur schwer auswechselbare Tertiärspiegel bei Umbau ins Cassegrain-System, die Reflexionsverluste und die Bildfelddrehung, die allerdings für die Alt-Azimut-Montierung systembedingt ist und in allen Foki auftritt. Eine weitere ausgezeichnete Fokuslage ist der *Coude-Fokus*. Dieser ist absolut ortsfest und liegt in der Stundenachse der Äquatorial-Montierung beziehungsweise Azimutachse der Alt-Azimut-Montierung. Der Strahlengang verläuft nach Reflexion am Cassegrain-Sekundärspiegel über mehrere Planspiegel, bis er in der Drehachse des Teleskops liegt. Hier werden normalerweise die schwersten Spektrographen aufgestellt, für die die Bildfelddrehung (auch bei äquatorialer Montierung) bei Spektroskopie von Punktquellen ohne Bedeutung ist. Diese kann jedoch gegebenenfalls durch Einfügen optischer Glieder kompensiert werden. Dieser Fokus wird auch durch das Zusammenschalten mehrerer Teleskope zu einem optischen Interferometer, wie sie neuerdings geplant werden, erneut an Bedeutung gewinnen. Doch diese neue Beobachtungsart bedarf noch zahlreicher, technischer Entwicklungen, nicht zuletzt wegen der Notwendigkeit neuer, höchstreflektierender Spiegelbeläge.

2.5.4 Ritchey-Chrétien-System

Bei den bisher betrachteten Spiegelsystemen wird die sphärische Aberration durch Parabolisierung des Hauptspiegels beseitigt. Um diesen Korrektionszustand im Systembrennpunkt, dem transformierten Primärfokus, beizubehalten, muß der Sekundärspiegel entsprechend deformiert, das heißt asphärisiert werden. Es werden also die Brennpunkteigenschaften der Kegelschnitte ausgenutzt. Man kann Korrektion der sphärischen Aberration jedoch auch erzielen, indem man beide Spiegel aufeinander abgestimmt deformiert, statt jeden Spiegel einzeln für sich zu korrigieren. Durch die zweite Fläche, die durch Einfügen des Sekundärspiegels hinzukommt, ergibt sich ein weiterer Freiheitsgrad, der zur Korrektion von Abbildungsfehlern genutzt werden kann. Dabei ergibt sich gerade *eine* Kombination von asphärischen Spiegeln, bei der gleichzeitig sphärische Aberration und Koma behoben sind. Bei diesem System (erstmals von Ritchey und Chrétien angegeben) werden die beiden Spiegel des Cassegrain-Systems mit der Sekundärvergrößerung m noch stärker deformiert, entsprechend den beiden Deformationskonstanten

$$k_{1,\text{RC}} = k_{1,\text{Cass}} - \frac{2a}{e \cdot m^3} = -1 - \frac{2(f - e \cdot m)}{e \cdot m^3}$$

$$k_{2,\text{RC}} = k_{2,\text{Cass}} - \frac{2f}{e(m-1)^3} = -\left(\frac{m+1}{m-1}\right)^2 - \frac{2f}{e(m-1)^3}, \tag{35}$$

so daß beide Spiegel Rotationshyperboloide ($k < -1$) darstellen. Naturgemäß weist der Hauptspiegel für sich allein genommen wieder sphärische Aberration auf, so daß bei Verwendung des Primärfokus der Einsatz eines speziellen Korrektors vonnöten ist. Der Systembrennpunkt dagegen ist frei von sphärischer Aberration und Koma. Der verbleibende Astigmatismus und die Bildfeldkrümmung sind dafür etwas stärker als beim vergleichbaren Cassegrain-System (s. u. a. Tabelle 1). Beide Abbildungsfehler nehmen für das Ritchey-Chrétien System (Handbuch der Physik [6]) folgende Größe an:

$$\text{Astigmatische Differenz}\quad \sum \text{III}\, a = \frac{2f - e}{2a} = \frac{(m + 1/2)\cdot f + g/2}{f + m\cdot g},$$

$$\text{Krümmungsradius der mittleren Bildschale}\quad R_\mathrm{m} = -\frac{a\cdot f}{(m^2 - 1)\cdot e + f}. \tag{36}$$

Sie begrenzen also die Größe des brauchbaren Bildfeldes. Als typischer Wert kann ein Bildfelddurchmesser von 1/2 Grad angesehen werden, bei dem der Astigmatismus eines Ritchey-Chrétien-Systems zu etwa $1''$ Durchmesser des Zerstreuungskreises am Bildfeldrand führt. Da das RC-System aus der Weiterentwicklung des Cassegrain-Systems hervorgeht, besitzt dieses aufgrund gleicher Spiegelanordnung (Abb. 17) die kurze Baulänge von weniger als $1/m$ der Teleskopbrennweite. Die Justierung nicht allzu großer Teleskope kann nach der gleichen Methode vorgenommen werden, wie sie beim Cassegrain-System beschrieben wurde. Der gute Korrektionszustand des Ritchey-Chrétien-Systems (farbfehler-, öffnungsfehler- und komafrei) unter Verwendung von nur zwei Spiegelflächen bei gleichzeitig geringer Baulänge führte dazu, daß viele der heute existierenden großen Teleskope als RC-Systeme ausgelegt sind, so etwa das Calar Alto 3,5 m-, ESO 3,6 m-, Anglo-Australische 3,9 m-, Kitt Peak 4 m- und ESO 3,5 m-New-Technology-Teleskop. Auch die Großteleskope der neuen Generation mit 8 bis 16 m effektivem Spiegeldurchmesser werden zu einem bedeutenden Teil als RC-Systeme geplant, so zum Beispiel das kalifornische 10 m-Keck-Teleskop, das 16 m-ESO-VLT und das von deutschen Universitätsinstituten geplante ‚Deutsche Großteleskop – DGT' mit zirka 12 m Hauptspiegeldurchmesser. Ausführliche Informationen zu diesen und anderen geplanten Großteleskopen sind unter anderem in den ESO-Proceedings on ‚Very Large Telescopes and their Instrumentation' [26] oder den Mitteilungen der Astronomischen Gesellschaft Nr. 67 und Nr. 70 [27] zu finden.

2.5.5 Schiefspiegler

Das zuvor genannte Ritchey-Chrétien-System wird dem Amateurbereich aufgrund seines Schwierigkeitsgrades in der gezielten Herstellung zweier stark deformierter, asphärischer Flächen nur begrenzt zugänglich sein. Gänzlich anders ist die Situation bei den Schiefspieglern, die fast ausschließlich von den Amateuren eingesetzt werden. Sie dürfen als eine Weiterentwicklung des Newton-Reflektors betrachtet werden. Die einfachste Variante eines Schiefspieglers stellt die Beobachtung mit konkavem Hauptspiegel und Okular an der Peripherie des oberen Tubusendes dar. Neben der großen Tubuslänge kommen die primären Abbildungsfehler verstärkt zum Tragen, da man ohne jegliche Korrektion nur außeraxial beobachtet und die Strahlneigung u entsprechend (19) in die Fehler eingeht. Setzt man statt dessen einen Fangspiegel neben den Tubus und wirft das vom Hauptspiegel kommende Licht nochmals zurück, so erzielt man bei verkürzter Baulänge eine größere Brennweite, die über die erhöhte Öffnungszahl N zu einer Abnahme der Abbildungsfehler führt. Zur weiteren Reduzierung der Abbildungsfehler kann der Sekundärspiegel deformiert oder eine geeignete Korrektionslinse eingesetzt werden (Abb. 18). Theorie und Praxis des Schiefspieglers ist von Kutter [28] umfassend dargestellt worden. Da die Herstellung der plankonvexen Korrektionslinse Schwierigkeiten bereiten kann, hat Kutter [29] diese durch einen dritten Spiegel ersetzt und damit den Tri-Schiefspiegler (Abb. 19) geschaffen. Die Besonderheit dieses Instruments liegt darin, daß alle drei Spiegel sphärische Flächen

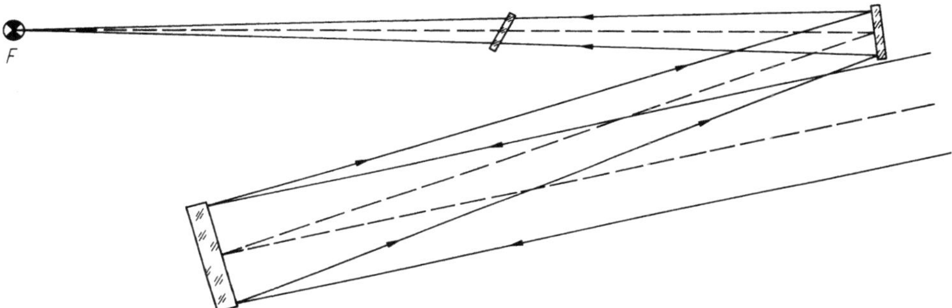

Abb. 18. Kutter-Schiefspiegler ($f/20$)

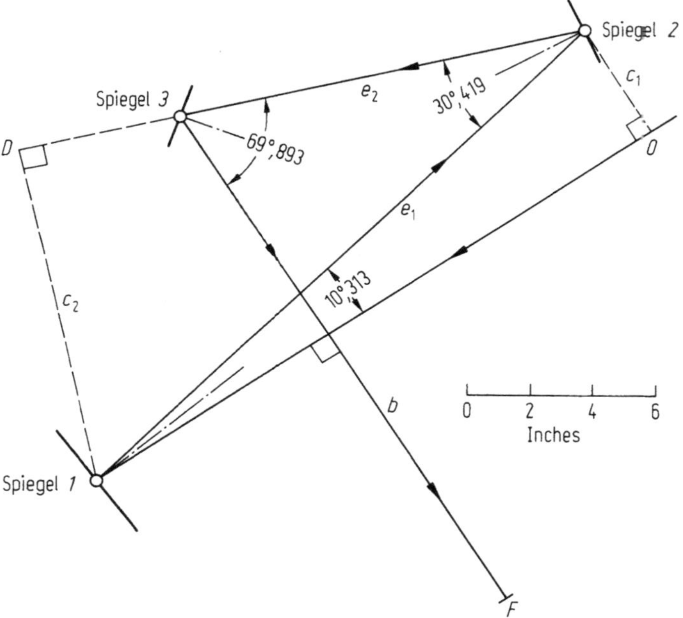

Abb. 19. Kutter-Tri-Schiefspiegler ($f/14{,}7$). Ausschließlich sphärische Spiegel; Konstruktionsdaten Tabelle 4

Tabelle 4. Konstruktionsdaten für den Kutter-Tri-Schiefspiegler. Alle Maße in Zoll bzw. (cm)

Hauptspiegel			Abstand e_1	21,77	(55,30)
freie Öffnung	4,30	(10,92)	Abstand e_2	13,19	(33,50)
Krümmungsradius R_1 .	+87,40	(+221,99)	Abstand M_3-Brennpunkt	18,90	(48,01)
Zweiter Spiegel			Abstand c_1	3,90	(9,91)
Durchmesser	2,40	(6,096)	Abstand c_2	11,02	(27,99)
Krümmungsradius R_2	−127,56	(−324,00)	Äquivalente Brennweite .	63,00	(151,19)
Dritter Spiegel			Gesamtlänge...........	25,00	(56,35)
Durchmesser	2,40	(6,096)	Öffnungsverhältnis.....	$f/14,7$	
Krümmungsradius R_3	+704,00	(+1788,15)			

besitzen und es von daher für den Selbstbau durch einen Amateur besonders interessant ist. In Tabelle 4 sind die notwendigen Daten zur Konstruktion des Tri-Schiefspieglers (Abb. 19) zusammengestellt. Die Vorzeichen entsprechen der Konvention des Abschnitts 2.2.1. Die Konstruktionsdaten können auch für größere Teleskopöffnungen verwendet werden. Dazu müssen die Werte der Tabelle 4 lediglich mit dem gewünschten Skalierungsfaktor multipliziert werden.

2.5.6 Schmidt-Kamera

Die bisher besprochenen Teleskope besitzen trotz unterschiedlicher Versuche zur Hebung der Abbildungsfehler ein recht kleines brauchbares Bildfeld von weniger als 1° Durchmesser und werden daher meist zur Beobachtung von Einzelobjekten eingesetzt. Der nachfolgend beschriebene Teleskoptyp dient einzig zur photographischen Aufnahme großflächiger Himmelsgebiete von mehreren Grad Durchmesser, kann aber durch Umbau eine andere Fokuslage erhalten und für andere Zwecke eingesetzt werden. Die geniale Idee des deutschen Optikers Bernhard Schmidt bestand darin, die Asymmetrie der bekannten optischen Systeme für geneigt einfallende Strahlenbündel (und die mit ihr verbundenen Abbildungsfehler) aufzuheben und die verbleibende sphärische Aberration durch eine Korrektionslinse zu beseitigen. Zur Aufhebung der Asymmetrie griff er auf einen sphärischen Spiegel zurück und verlegte die Eintrittspupille des Systems aus dem Spiegelscheitel in die Ebene durch den Krümmungsmittelpunkt des Kugelspiegels (Abb. 20). Durch diese Maßnahme verliert die optische Achse ihre besondere Stellung. Achsenparallel einfallende Strahlenbündel nehmen gegenüber geneigt einfallenden Bündeln, die ebenfalls symmetrisch zu ihrem Hauptstrahl bleiben, damit keine ausgezeichnete Stellung mehr ein, so daß die Asymmetriefehler (Abschnitt 2.3.2) Koma und Astigmatismus nicht auftreten können. Um die sphärische Aberration des Kugelspiegels zu beheben, setzte Schmidt eine Korrektionsplatte in die Eintrittspupille, die zwar immer noch die Abbildungsfehler einer Linse (wie z. B. chromatische Aberration) besitzt, doch bleiben diese unmerklich klein, da die Platte als nahezu brechkraftlos anzusehen ist. Diese Platte, auch Schmidt-Platte genannt, besitzt eine plane und eine asphärische Fläche. Wie die komplizierte asphärische Fläche (in Abb. 20 stark überhöht gezeichnet), die mit Höhenunterschieden von mehreren 10 μm bereits als stark deformiert gilt, hergestellt werden kann, wurde

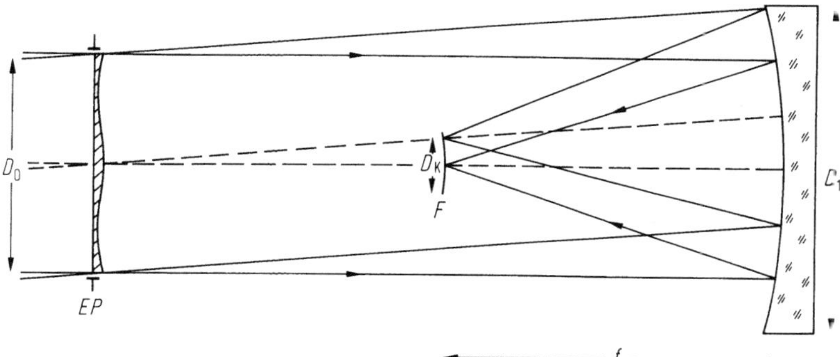

Abb. 20. Schmidt-Kamera ($f/1,5$). Freie Öffnung (Korrektor) D_0, Kugelspiegeldurchmesser D_1, Photokassetten-Durchmesser D_k, Bildfeldkrümmungsradius $= R/2 = f$; Deformation der Korrektions- (Schmidt-) Platte stark überhöht gezeichnet

ebenfalls von B. Schmidt gezeigt. Näheres über seine Technik (Abschleifen der über einem Zylinder mittels Unterdruck durchgebogenen Platte) und andere Verfahren ist in [30] zu finden. Eine detaillierte Anleitung zum Selberschleifen von Schmidtplatten mit Hilfe einer Vakuumanlage gibt Cox [31]. Die Justierung einer Schmidt-Kamera wird unter anderem in [32] beschrieben.

Die Bildfeldkrümmung, deren Krümmungsradius R_{Bf} dem halben Krümmungsradius des Kugelspiegels r_1, also der Teleskopbrennweite entspricht, bleibt als einziger Abbildungsfehler bestehen:

$$\text{Bildfeld-Krümmungsradius} \quad R_{Bf} = r_1/2 = f. \tag{37}$$

Diese ist ihrem Betrag nach recht hoch, doch lassen sich dünne Photoplatten bei größeren Instrumenten durch einen entsprechenden Stempel durchbiegen und der Krümmung anpassen. Bei kleineren Schmidt-Kameras muß auf Filmmaterial zurückgegriffen werden. Das Problem der starken Durchbiegung der Empfängerfläche läßt sich mit Hilfe einer Ebnungslinse umgehen. Die Ebnung des Bildfeldes wird durch eine einzelne, plankonvexe Linse erzielt, deren Krümmungsradius R_E der Teleskopbrennweite f angepaßt sein muß:

$$\text{Krümmungsradius der Ebnungslinse} \quad R_E = \frac{n-1}{n} \cdot f. \tag{38}$$

Die Größe n bezieht sich auf den Brechungsindex der Linse, die unmittelbar vor der Empfängerfläche anzubringen ist. Durch Verlegung der Eintrittspupille aus dem Scheitel in den Krümmungsmittelpunkt des Spiegels muß der Kugelspiegel gegenüber der Korrektionsplatte einen größeren Durchmesser aufweisen, da sonst Vignettierung für geneigt einfallende Strahlenbündel auftritt. Der Betrag hängt von der Größe des Bildfeldes, das heißt vom Durchmesser der verwendeten Photokassette D_K ab. Es läßt sich bereits anhand von Abbildung 20 leicht nachweisen, daß bei einer Korrektionsplattengröße D_0 der Spiegeldurchmesser

$$D_1 = D_0 + 2 D_K \tag{39}$$

sein muß. Der Winkeldurchmesser des abgebildeten Himmelsfeldes ($2\,u$) beträgt somit

$$\tan u = \frac{D_\mathrm{K}}{2f}.\tag{40}$$

Durch ihre unerreichte Abbildungsgüte können Schmidt-Systeme als sehr lichtstarke Teleskope ($f/3$ und darunter) konstruiert werden, so zum Beispiel das Schmidt-Teleskop in Tautenburg 134/200/400 cm ($D_0/D_1/f$) mit $3°4 \times 3°4$ Feld und auf dem Mount Palomar 122/183/307 cm mit $6°5 \times 6°5$ Bildfeldgröße. Letzteres lieferte die Aufnahmen für den bekannten und viel verwendeten photographischen Himmelsatlas der nördlichen Hemisphäre (POSS) des Palomar-Observatoriums.

Als nachteilig zeigt sich beim Schmidt-System die große Baulänge von zweifacher Brennweite, die Bildfeldkrümmung (kompensierbar) und die schlecht zugängliche Fokuslage. Es existieren zahlreiche Modifikationen der Schmidt-Kamera, die diese Nachteile aufzuheben suchen, sich dafür aber geringere Abbildungsqualität einhandeln. Ein Teil der verschiedenen Nebenformen und Weiterentwicklungen des Schmidt-Systems sind bei Köhler [4] und Slevogt [5] zu finden. Erwähnt sei nur das *Wright-Väisälä System* mit Korrektionsplatte und Eintrittspupille in der Ebene durch den Brennpunkt, das durch zusätzliche Deformation des Spiegels zwar komafrei abbildet, den Astigmatismus jedoch wieder einführt. Trotz Astigmatismus ($\sum \mathrm{III}\,a = +\,\frac{1}{2}$) ist die Schale mittlerer Bildfeldkrümmung eben, dennoch bleibt das brauchbare Bildfeld unter dem der reinen Schmidt-Kamera. Fabrikation und Test eines solchen Systems ist von Waineo [33] beschrieben worden. Wegen der hohen Herstellungskosten kann auch ein Einsatz von Schmidt-Systemen *ohne* Korrektionsplatte ins Auge gefaßt werden. Schmadel [34] gibt an, bis zu welchen Brennweiten und Öffnungsverhältnissen ein solches System noch brauchbare Bilder liefert.

2.5.7 Schmidt-Cassegrain-Systeme

Um die Nachteile des reinen Schmidt-Systems, die große Baulänge und die schlecht zugängliche Fokuslage, zu beseitigen, wurde schon bald der Ausbau zu einem Schmidt-Cassegrain-System durch Einfügen eines Sekundärspiegels vorgeschlagen. Eines dieser Schmidt-Cassegrain-Systeme, bei dem alle vier wesentlichen Abbildungsfehler (sphärische Aberration, Koma, Astigmatismus und Bildfeldkrümmung) behoben sind, geht auf Baker zurück. Diesen ausgezeichneten Korrektionszustand erzielte er durch Deformation eines der beiden Spiegel, während die Kugelfläche des zweiten erhalten blieb. Neben Beseitigung der Bildfeldkrümmung konnte so die Baulänge auf das 1,4- bis 1,7fache der Systembrennweite verkürzt und die Fokalfläche in die Nähe des Hauptspiegelscheitels verlegt werden. Als nachteilig erwies sich hier, daß die Brennweitenverlängerung durch den Sekundärspiegel auf Werte unter 2 beschränkt bleibt, woraus eine relativ starke Mittenabschattung (15%) resultiert.

Schmidt-Cassegrain-Systeme extrem kurzer Baulänge (ca. 1/4 Systembrennweite) wurden für den Amateurbereich entwickelt (Abb. 21). Diese Systeme, deren Öffnungsverhältnisse meist $f/10 - f/12$ betragen, erfreuen sich in letzter Zeit sehr großer Beliebtheit. Sie bilden einen Kompromiß zwischen Abbildungsgüte, sehr kurzer Baulänge und gut zugänglicher Fokalfläche außerhalb des optischen Systems. Die Systemdaten werden von den Herstellern nicht preisgegeben, so daß keine genauer spezifizierten

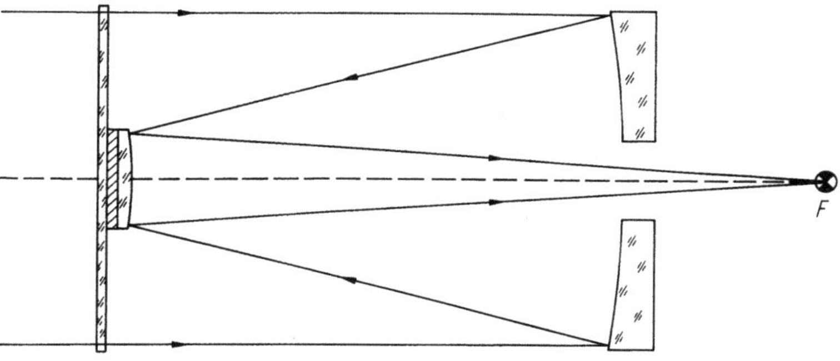

Abb. 21. Schmidt-Cassegrain-System ($f/8$)

Angaben zu einzelnen Abbildungsfehlern bekannt sind. Eine Bestimmung der Systemdaten eines solchen Schmidt-Cassegrain-Systems aufgrund von optischen Rechnungen wurde von Rutten und Van Venrooij [35] durchgeführt. Beide diskutieren auch die Abbildungsqualität, Justierempfindlichkeit und die unterschiedlichen Fokusiermechanismen dieser Systeme. Danach kann man von einem sphärischen Hauptspiegel mit einseitig deformierter Korrektionsplatte ausgehen, die innerhalb der Primärbrennweite liegend die Eintrittspupille des Systems festlegt. Der brennweitenverlängernde Sekundärspiegel ist zur weiteren Verringerung von Abbildungsfehlern zu einem Rotationsellipsoiden deformiert. Den bei weitem größten Beitrag zu den Abbildungsfehlern liefert die sehr starke Bildfeldkrümmung. Ist diese durch Krümmung der Empfängerfläche kompensiert, so bleiben die restlichen Abbildungsfehler weitgehend innerhalb des Beugungsscheibchens und somit unbemerkt.

Ein Schmidt-Cassegrain-System mit ebenem Bildfeld gibt De Vany [36] an. Es ist für den Selbstbau durch den Amateur besonders gut geeignet, da es auf zwei Kugelspiegeln gleicher Krümmung beruht. Hinweise zur Bearbeitung und zum Testen der optischen Flächen gibt De Vany ebenfalls. Das ebene Bildfeld resultiert aus der Petzval-Bedingung (14), nach der die Krümmungsradien von Primär- und Sekundärspiegel bis auf das umgekehrte Vorzeichen gleich sein müssen. Beide Spiegel gehen also aus einer einzigen Oberflächenbearbeitung hervor. Der kleine Sekundärspiegel wird aus der erhabenen Schleifschale herausgetrennt und mit einer Unterlage auf der Korrektionsplatte befestigt. Die als störend empfundene Beugungserscheinung des Sekundärspiegel-Haltekreuzes entfällt somit, eine Eigenschaft auch der kommerziell erhältlichen Schmidt-Cassegrain-Systeme. Gibt man die Bedingung eines ebenen Bildfeldes auf, zum Beispiel zur Verwendung als visuelles Beobachtungsinstrument mit einem Gesichtsfeld von $1°-2°$, so erhält man eine Vielzahl von möglichen Schmidt-Cassegrain-Systemen, die aplanatisch oder anastigmatisch abbilden. Formeln zur Berechnung der Systemdaten und der primären Abbildungsfehler solcher Systeme und zugehörige Diagramme gibt Sigler [37] an. Eine ebenso ausführliche Abhandlung über Cassegrain- und Gregory-Systeme mit ein- oder zweilinsigen Korrektoren in der Teleskopöffnung, die rein aus *sphärischen* Flächen aufgebaut sind, ist bei Sigler [38] zu finden. Dies schließt Maksutow-Cassegrain-Systeme mit ein. Auch hier sind die Aberrationsgleichungen in geschlossener Form mit den zu erwartenden Abbildungsfehlern verschiedenster Konfigurationen angegeben und dürften für den Amateur von großem Interesse sein.

Die Justierung eines Schmidt-Cassegrain-Systems erfolgt direkt am Stern, da bei den kommerziell erhältlichen Teleskopen keine Justiermöglichkeit für den Hauptspiegel vorgesehen ist. Zur Grobjustierung wird ein sehr heller Stern in einem schwach vergrößernden Okular so stark defokussiert, daß etwa ein Drittel des Bildfeldes durch das Sternscheibchen ausgefüllt wird. Nun sollte innerhalb des Sternscheibchens ein dunkler Punkt, die Silhouette des Sekundärspiegels sichtbar sein. Die drei Justierschrauben am Umfang der Sekundärspiegelhalterung werden entsprechend verstellt, bis der Schatten des Sekundärspiegels im hell erleuchteten Sternscheibchen zentrisch liegt. Das Teleskop ist zwischenzeitlich immer neu auf den Stern auszurichten, so daß das Sternscheibchen wieder in der Mitte des Bildfeldes steht. Die Feinjustierung geschieht, wie bereits mehrfach beschrieben, im stark vergrößernden Okular an den Beugungsringen eines hellen Sterns. Die Justierung der bisher beschriebenen Teleskope, einschließlich des Maksutow-Systems, ist sehr detailliert von Valleli [72] beschrieben worden und kann zum Nachschlagen nur empfohlen werden.

2.5.8 Maksutow-Systeme

Da die Herstellung der asphärischen Korrektionsplatte der Schmidt-Kamera recht schwierig ist, wurde bereits früh versucht, diese durch dioptrische Glieder mit sphärischen Flächen zu ersetzen. Das optische Prinzip wurde fast gleichzeitig, unabhängig voneinander, von K. Penning, A. Bouwers, D. Gabor und D. D. Maksutow gefunden. Es beruht auf der Verwendung eines einfachen Meniskus, der die sphärische Unterkorrektion des Kugelspiegels durch seine Überkorrektion kompensiert. Der Meniskus ist konzentrisch zum Krümmungsmittelpunkt des Kugelspiegels angeordnet, so daß er (abhängig von Dicke und Durchbiegung) näher an diesen heranrückt, wodurch sich die Baulänge deutlich verkürzt. Bringt man in der Ebene durch den gemeinsamen Krümmungsmittelpunkt eine Blende (Eintrittspupille) an, hat man ein streng konzentrisches System ohne jede ausgezeichnete Achse, so daß das Bildfeld symmetrisch aufgebaut wird. Dieses befindet sich ebenfalls innerhalb des Systems auf einer Kugelfläche. Trotz der großen Übereinstimmung ist die Abbildungsqualität der Maksutow-Kamera geringfügig schlechter als die der Schmidt-Kamera, weshalb sie sich gegenüber letzterer in der professionellen Großoptik nicht durchsetzen konnte. Auch hohen Amateuransprüchen kann sie sicher genügen, zumal sie durch ihre ausschließliche Verwendung von drei sphärischen Flächen in der Herstellung einfacher und in der industriellen Produktion preiswerter ist. Es existieren sehr viele Abwandlungen dieses Systems, von denen ein Teil wegen ihrer Attraktivität für Amateure von Wiedemann [39] beschrieben worden ist.

Die Maksutow-Kamera kann ähnlich wie die Schmidt-Kamera zu einem Cassegrain-System mit verbessertem Korrektionszustand umgebaut werden (mit den bekannten Vorteilen kurzer Baulänge und außerhalb des Systems liegender Fokalfläche). Der einfachste Weg, den konvexen Sekundärspiegel in das System einzuführen, ist die Belegung der Meniskenrückseite mit einer reflektierenden Schicht entsprechenden Durchmessers (Abb. 22). Systemdaten und Hinweise zum Bau eines Maksutow-Cassegrain-Teleskops ($f/15$) aus drei sphärischen Flächen gibt Gregory [40] an, dessen

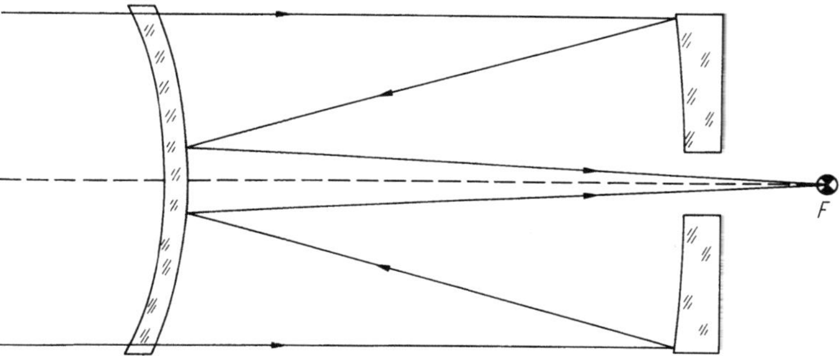

Abb. 22. Maksutow-Cassegrain-System ($f/15$). Sekundärspiegel hier auf Rückseite der Meniskuslinse aufgedampft

Vorzüge zum Teil in der Vermeidung des am Haltekreuz gebeugten Lichtes und des sekundären Spektrums eines dioptrischen Systems und der daraus resultierenden Kontrasterhöhung liegen, wie auch in der Unempfindlichkeit gegenüber Temperaturschwankungen durch den beidseitig geschlossenen Tubus. Der Korrektionszustand ist, selbst bei $f/15$, nicht außergewöhnlich gut, wie aus den Aberrationskurven bei Wiedemann [21] hervorgeht, so daß eine Trennung des Sekundärspiegels von der Meniskenrückseite anzuraten ist. Die dadurch entstehende Freiheit in der Wahl der Krümmung und der Position des Sekundärspiegels kann wiederum zur Abbildungskorrektur genutzt werden, so daß Maksutow-Cassegrain-Systeme mit sehr guten Abbildungseigenschaften bis zu Öffnungsverhältnissen von $f/7,5$ möglich sind. Ein Vergleich unterschiedlichster Cassegrain-Teleskoptypen mit Durchstoßdiagrammen ist bei Willey [41] zu finden.

2.5.9 Sonnenbeobachtungsinstrumente

Bei der Sonnenbeobachung besteht das Problem nicht in der Schwäche des Lichtstroms, wie sie die Stellarastronomie kennzeichnet, sondern das Gegenteil ist der Fall, daß die vom Instrument gesammelte Strahlung für den Empfänger, sei es Auge oder Photoplatte, zu intensiv ist und zu unerwünschter Aufheizung von Instrumententeilen führt. Hierin liegt einer der Hauptgründe, weshalb von Amateuren Refraktoren den Reflektoren meist vorgezogen werden. So kommt es beim Refraktor durch die beidseitige Geschlossenheit zu keinem Austausch der im Tubus aufgeheizten Luft mit der kühleren Außenluft. Bei den Spiegel-Systemen (ausgenommen Schmidt-Cassegrain- und Maksutow-Cassegrain-Systeme) kann der Wärmeaustausch ungehindert vonstatten gehen, so daß die im Strahlengang auftretenden Turbulenzen zu einer starken Beeinträchtigung der Abbildungsgüte führen. Zusätzlich heizt sich der Sekundärspiegel in der Nähe des Primärfokus auf, aus der sich durch die Verformung eine weitere Bildverschlechterung ergibt. Erwähnt sei auch die Erhöhung des Streulichts durch Beugung an Sekundärspiegel und Haltekreuz, die den Kontrast vermindert und beim Refraktor naturgemäß wegfällt. Trotz des höheren Preises und eventuell chromatischer Restfehler ist dem reinen Sonnenbeobachter der Kauf eines Refraktors anzuraten.

Die *Abschwächung* der intensiven Sonnenstrahlung kann auf verschiedene Weise geschehen. Eine Verringerung der Lichtsammelleistung durch bewußtes Abblenden der Teleskopöffnung führt zu nicht akzeptablen Auflösungsverlusten. Soll das Auflösungsvermögen der Erdatmosphäre von bestenfalls 1″ genutzt werden, darf die Teleskopöffnung nach dem Beugungskriterium 10 cm Durchmesser nicht unterschreiten. Kleinere Instrumente mit 6–8 cm Öffnung sind durchaus brauchbar, doch zur Beobachtung der Granulation (s. Kapitel 1, Band 2), die in der Größenordnung von 1″ liegt, erweisen sich Objektiv-(gegebenenfalls auch Spiegel-)durchmesser von bis zu 20 cm als vorteilhaft. Die günstigste, aber auch kostspieligste Abschwächung erzielt man mit *Objektivfiltern*. Bei diesen handelt es sich um planparallele Glasplatten hoher Oberflächengenauigkeit (damit die Abbildungsqualität nicht nachteilig beeinflußt wird), die mit einer teildurchlässigen Reflexionsschicht bedampft sind. Des weiteren stehen spezielle Reflexionsfolien zur Verfügung, die jedoch bei weitem nicht die optische Qualität der Glasfilter erreichen. Verschiedentlich wird auch die sog. Rettungsfolie als Abschwächer genannt, die jedoch mehr als einfacher Behelf anzusehen ist. Die Transmission solcher Objektivfilter ist recht unterschiedlich und reicht von 0,1– 0,001 %, entsprechend einer Abschwächung um 7,5 beziehungsweise 12,5 Größenklassen. Sie sollte nicht zu stark gewählt werden, da Möglichkeiten zur „Nachfilterung" bestehen. Bei der Objektivfilterung gelangt also keine überschüssige Strahlung ins Instrument, die zu einer Aufheizung führen könnte. Bei der Verwendung von *Okularfiltern* dagegen wird das Sonnenlicht innerhalb des Instrumentes abgeschwächt, nachdem es vom Objektiv erst gesammelt wurde. Neben einer Beeinträchtigung der Abbildungsqualität durch auftretenden Wärmestau besteht die Gefahr, daß Okularfilter durch die Aufheizung auch außerhalb des Brennpunktes zerspringen mit hohem Risiko für das Auge des Beobachters, das selbst bei kürzester Einwirkung des ungefilterten Strahlungstroms bleibende Schäden (bis zur Erblindung) davontragen kann. In diesem Zusammenhang sei besonders davor gewarnt, statt dieser speziellen Okularfilter rußgeschwärzte Gläser, überbelichtete Filme oder ähnliches zu verwenden, da diese im allgemeinen die „unsichtbare" Wärmestrahlung kaum abschwächen und Augenschäden (wie Bindehautentzündung) die Folge wären. Besser als die Okularfilter eignen sich Sonnenokulare, sogenannte *Helioskope*, für die Beobachtung. Ihre Wirkungsweise der Lichtabschwächung beruht auf Brechung, Reflexion, Polarisation oder einer Kombination dieser drei Eigenschaften. Eine Zusammenstellung der wichtigsten Varianten dieses Okulartyps ist im „Handbuch für Sonnenbeobachter" [42] zu finden, in dem auch die Gesamtfrage der Lichtabschwächung ausführlicher behandelt ist, als dies hier geschehen kann.

Ein Instrument, speziell auf die Sonnenbeobachtung ausgerichtet, ist das *Protuberanzenfernrohr*. Es basiert auf der Optik des Koronographen, der die lichtschwache Sonnenkorona jederzeit, nicht nur während einer totalen Sonnenfinsternis, zu beobachten erlaubt, indem die Sonnenscheibe mittels einer Kegelblende künstlich abgeschattet wird. Das Hauptproblem liegt für diesen Instrumententyp im Streulicht, das durch die Erdatmosphäre und das Beobachtungsinstrument selbst verursacht wird. Das irdische Streulicht kann nur durch die Wahl eines möglichst hoch gelegenen Teleskopstandortes mit optimalen atmosphärischen Bedingungen reduziert werden. Da dieser dem Amateur im allgemeinen nicht zur Verfügung steht, bleibt ihm das Gebiet der Koronaüberwachung verschlossen. Dennoch kann er mit dem Koronographen Beobachtungen des Sonnenrandes durchführen, die ihm die Auswürfe leuchten-

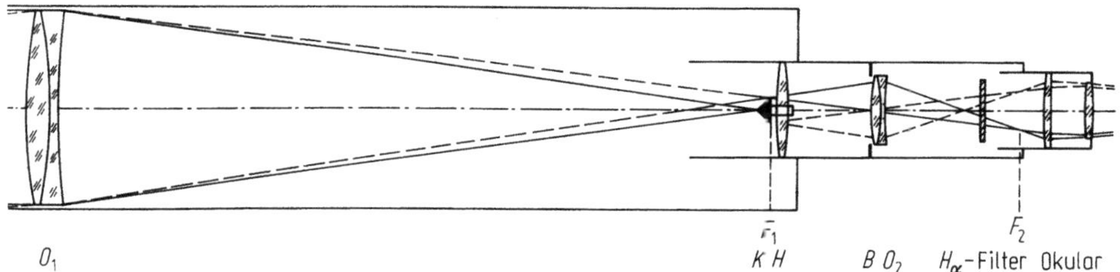

Abb. 23. Protuberanzenfernrohr. Teleskopobjektiv O_1, Kegelblende K, Hilfslinse H, Streulichtblende B, Objektiv des Protuberanzenansatzes O_2

der Sonnenmaterie zeigen werden, da diese sogenannten Protuberanzen sehr viel leuchtkräftiger als die Sonnenkorona sind. Doch auch diese Beobachtungen reagieren empfindlich auf Streulicht, so daß instrumentell verursachtes Streulicht nach Möglichkeit zu vermeiden ist. Dazu gehört ein Objektiv O_1 (Abb. 23) am Ende einer langen Taukappe, das keine Kratzer, Schlieren, Blasen oder Staub aufweisen sollte. In der Fokalebene dieses Objektivs befindet sich eine Kegelblende K, die die Sonnenscheibe abschattet und die aufheizende Sonnenstrahlung seitlich aus dem Tubus reflektiert. Das durch Beugung an der Objektivöffnung auftretende Streulicht wird verringert, indem eine Hilfslinse H das Objektiv O_1 auf eine Irisblende B abbildet. Alle bisher genannten Bauteile dienen der Beseitigung von direktem oder gestreutem Sonnenlicht. Anschließend wird der Sonnenrand, das heißt der Rand der Kegelblende und die nähere Sonnenumgebung mittels eines zweiten Objektivs O_2 erneut abgebildet und mit einem Okular Ok vergrößert betrachtet. Da das Wasserstoffgas der Protuberanzen hauptsächlich in den Balmer-Spektrallinien strahlt, kann ein H_α-Filter (656,3 nm) möglichst geringer Durchlaßbreite zur weiteren Kontrasterhöhung eingesetzt werden. Durch die Elliptizität der Erdbahn variiert der scheinbare Sonnendurchmesser zwischen 31,51 Bogenminuten im Sommer und 32,58 Bogenminuten im Winter. Dementsprechend ist die Kegelblende durch Auswechseln dem Durchmesser der Sonnenscheibe in der Fokalebene des Objektivs O_1 (entsprechend 0,00917 bzw. 0,00948 · Brennweite von O_1 in mm) anzupassen. Meist genügen drei Kegelblenden mit kleinstem (Sommer), mittlerem (Frühling, Herbst) und größtem (Winter) Durchmesser, doch sind zur optimalen Beobachtung Kegelblenden für eine Mehrzahl unterschiedlicher Scheibengrößen empfehlenswert, deren Durchmesser jedem astronomischen Jahrbuch entnommen werden können. Der Aufbau eines Protuberanzenfernrohrs und die Anforderungen an die einzelnen Bauteile wurden umfassend von O. Nögel [43] und in einer Artikelserie von G. Nemec [44] beschrieben.

Es besteht aber durchaus die Möglichkeit, einen bereits vorhandenen Refraktor mit einem sogenannten *Protuberanzenansatz* zur Sonnenrandbeobachtung umzurüsten. Er weist die gleichen optischen Komponenten wie das oben beschriebene Protuberanzenfernrohr auf, besitzt dagegen den Vorteil der Nachrüstbarkeit, kurzer Baulänge (25–30 cm), relativ geringen Gewichts (ca. 500 g) und verbesserter Zugänglichkeit zum Austausch der Kegelblende. Bauformen des Protuberanzenansatzes sind im „Handbuch für Sonnenbeobachter" [42] und von Hanisch [45] beschrieben worden. Eine weitere Verkürzung und Gewichtsreduzierung läßt sich mit einem sogenannten *Protuberanzenokular* erzielen. Es handelt sich nur noch um ein (Kellner-)Okular, auf dessen Feldlinse die Kegelblende angebracht ist. Zur Streulichtreduzierung werden zwei Blenden eingesetzt, die Gesichtsfeldblende in der Fokalebene des Objektivs O_1 (identisch mit der Ebene durch die Kegelblende) und eine Blende am Ort der Austrittspupille (also hinter dem Okular). Da dies zur Beseitigung des Streulichts nicht ausreicht, muß zusätzlich ein schmalbandiges $H\alpha$-Filter zwischen Feld- und Augenlinse eingesetzt werden. Die Qualität des Protuberanzenokulars hängt entscheidend von der Durchlaßbreite und Transmission des verwendeten Filters ab. Anleitungen zum Selbstbau dieses Spezialokulars sind ebenfalls im „Handbuch für Sonnenbeobachter" [42] und bei Richter [46] zu finden.

Ein weiteres Spezialgerät zur Sonnenbeobachtung ist das *Spektrohelioskop*. Es erlaubt, die Beobachtung der Chromosphäre vom Rand auf die gesamte Sonnenscheibe auszudehnen. Betrachtet wird diese im Licht einzelner Spektrallinien. Hervorgegangen ist das Instrument aus dem Spektroheliographen, bei dem die Sonne über den Eintrittsspalt eines Spektrographen wandert. Blendet man eine einzelne Linie mittels eines Austrittsspaltes aus dem Spektrum aus und führt die Photoplatte der Sonnenbewegung nach, entsteht ein monochromatisches Bild der Sonnenscheibe. Zur visuellen Beobachtung dagegen bewegt man den Eintrittsspalt über die Sonnenscheibe, welcher wiederum auf ein Spektralgitter abgebildet wird. Aus dem reflektierten Spektrum extrahiert man mit Hilfe eines Austrittsspalts eine einzelne Linie, die betrachtet wird. Da die Stellung von Eintritts- und Austrittsspalt miteinander korreliert sein müssen, bringt man beide zweckmäßigerweise auf einer Rotorscheibe an. Ist die Drehfrequenz des Motors genügend hoch, entsteht bei Bewegung des Spalts über die Sonnenscheibe (1/24 s) ein stehendes Bild der Sonnenoberfläche im Licht einer einzelnen Spektrallinie. Welche Linie herausgefiltert wird, hängt einzig von der Gitterstellung ab. Durch einfaches Ändern des Einfallswinkels am Gitter kann das Sonnenspektrum durchfahren und die Sonnenscheibe im Licht jeder einzelnen Linie nacheinander gesehen werden. Das Verdienst, dieses leistungsfähige Instrument dem Amateurbereich zugänglich gemacht zu haben, fällt F. N. Veio [47] zu. Das Spektrohelioskop bietet eine Vielzahl von Abänderungs- und Ausbaumöglichkeiten, die hier jedoch nicht beschrieben werden sollen. Erwähnt sei nur, daß die Verwendung eines Heliostaten, der das Licht über einen parallaktisch montierten Planspiegel in ein feststehendes Teleskop leitet, empfehlenswert ist, da die Apparatur (hinter der Fokalebene liegend) recht schwer ist und außerdem äußerst empfindlich auf Durchbiegungen reagiert.

Die Anwendungsmöglichkeiten der hier beschriebenen Instrumentarien und weiterer Spezialinstrumente sind in Band 2, Kapitel 1, über die Sonne detailliert beschrieben. Ansonsten sei als weiterführende Literatur auf das „Handbuch für Sonnenbeobachter" [42] verwiesen.

2.6 Die Teleskopleistungen

2.6.1 Auflösungsvermögen

Das Auflösungsvermögen einer guten Optik wird letztendlich durch die Beugung des Lichts an der Eintrittsöffnung des Teleskops beschränkt. Das Beugungsbild einer kreisrunden Öffnung ist in Abbildung 5 wiedergegeben. Führt man einen Schnitt

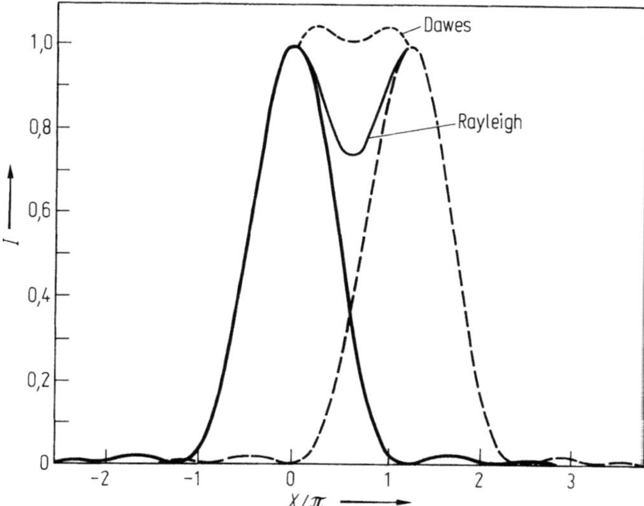

Abb. 24. Intensitätsverteilung im Beugungsbild eines Sterns bei kreisrunder Teleskopöffnung; überlagert ist das Bild eines gleichhellen Begleiters; der Abstand beider Doppelsternkomponenten entspricht dem Rayleigh-Kriterium; zusätzlich ist die Intensitätssumme bei Überlagerung nach dem Dawes Kriterium eingezeichnet (- - - -)

durch das Zentrum des Beugungsscheibchens, ergibt sich eine Intensitätsverteilung (Abb. 24), die mit Hilfe der Bessel-Funktion berechnet werden kann. Daraus ergeben sich bestimmte Werte für die Lage der Minima ($x = 3{,}83$, $7{,}02$, . . .) und der Nebenmaxima ($x = 5{,}24$, $8{,}42$, . . .). Diese wiederum hängen über folgenden funktionalen Zusammenhang

$$\varrho = \frac{x}{\pi} \cdot \frac{\lambda}{D} \quad \text{[radian]} \tag{41}$$

von der betrachteten Wellenlänge λ und der freien Öffnung D des Teleskops ab, wobei ϱ den Radius des entsprechenden Rings in Bogenmaß angibt. Als charakteristische Größe wird häufig der Radius des ersten Minimums

$$\varrho_0 = 1{,}22 \frac{\lambda}{D} \quad \text{[radian]}$$

$$= 1{,}22 \cdot 206264{,}8 \frac{\lambda}{D} \quad \text{[Bogensekunden]} \tag{42}$$

($2\varrho_0$ = Durchmesser des sog. Airy-Scheibchens) angegeben, den Rayleigh zur Definition des Auflösungsvermögens heranzog. Danach sind zwei Punktquellen noch getrennt zu sehen, wenn das Maximum der einen Beugungsfigur bereits im ersten Minimum der zweiten Beugungsfigur liegt. Da es sich bei einem Doppelstern um inkohärentes Licht handelt, addieren sich die Einzelintensitäten, wie es in Abbildung 24 angedeutet ist. Durch den steilen Flankenabfall bleibt das Minimum der Gesamtintensität mit 0,735 deutlich unterhalb der beiden Maxima. Diese Einsenkung bleibt trotz Überlappung beider Beugungsbilder sichtbar, so daß ein Doppelsternpaar in seine Komponenten aufgelöst werden kann, wenn deren Abstand $\geq \varrho_0$ ist und damit das sogenannte *Rayleigh-Kriterium* erfüllt. Setzt man für die visuelle Beobachtung die zentrale Wellenlänge von 500 nm ein, ergibt sich nach dem Rayleigh-Kriterium ein Mindestabstand von

$$\varrho_0 = \frac{12,5}{D\,[\mathrm{cm}]} \quad [\text{Bogensekunden}], \tag{43}$$

der von einem Teleskop der Öffnung D getrennt werden kann. Es können auch weniger strenge Kriterien angewendet werden, so das *Dawes-Kriterium*, das eine Einsenkung zwischen beiden Hauptmaxima von nur mehr 3 % fordert, wodurch sich die beiden Beugungsbilder noch mehr überlappen dürfen und sich der obige Wert des Mindestabstands von 12,5 auf 10,5 Bogensekunden verringert. Die Grenze der Auflösbarkeit ist dann erreicht, wenn die Überlappung der Beugungsbilder keine Einsenkung mehr ergibt und die beiden Maxima zu einem einzigen Maximum verschmelzen. In diesem Fall ist statt 12,5 der Grenzwert von 9,77 Bogensekunden in (43) einzusetzen.

Das so ermittelte Auflösungsvermögen gilt jedoch nur unter idealen Bedingungen, das heißt ohne störende Atmosphäre, ohne Abbildungsfehler der Optik und mit zwei gleichhellen Punktquellen. Aus Abbildung 24 ersieht man sofort, daß sich bei großen Helligkeitsunterschieden der Verlauf der Gesamtintensität drastisch ändert und die Trennbarkeit der beiden Komponenten abnimmt. Sollen also zwei unterschiedlich helle Sterne getrennt gesehen werden, so muß ihr Mindestabstand mit der Helligkeitsdifferenz ansteigen. Auch die im Abschnitt 2.3 besprochenen Abbildungsfehler führen zu einem verminderten Auflösungsvermögen. Ebenso erfährt die Beugungsfigur (Abb. 24) durch eine zentrale Abschattung, wie sie ein Sekundärspiegel oder eine Photokassette einer Schmidt-Kamera darstellt, eine Veränderung. Zwar verringert sich der Radius des ersten Minimums von $1{,}22 \cdot \lambda/D$ auf bestenfalls $0{,}73 \cdot \lambda/D$, doch wird dafür um so mehr Licht gebeugt, und es kommt zu einer deutlichen Aufhellung der Beugungsringe (Born und Wolf [8]). Diese Aufhellung führt zu einer Kontrastminderung, die sich speziell bei Planetenbeobachtung bemerkbar macht, weshalb auf diesem Gebiet im allgemeinen Refraktoren der Vorzug gegeben wird. Eine andere Möglichkeit, die Beugungsfigur zu beeinflussen, besteht in der Abnahme der Durchlässigkeit zum Objektivrand hin durch Aufbringen einer absorbierenden Schicht zunehmender Dicke. Dieses Verfahren, *Apodisation* genannt, führt zwar zu einer Vergrößerung des Airy-Scheibchens ($2\,\rho_0$), doch werden gleichzeitig die Beugungsringe (Nebenmaxima) zum Teil unterdrückt. Eine sehr ausführliche Abhandlung dieses Sachverhalts mit Beugungsfiguren für unterschiedliche Transmissionsverläufe geben Jacquinot und Roizen-Dossier [49].

Eine nahezu unumgängliche Einschränkung des Auflösungsvermögens stellt die Luftunruhe der irdischen Atmosphäre dar. Die ungeordnete Bewegung dieser Turbulenzen führt dazu, daß ein die Atmosphäre durchlaufender Lichtstrahl ständig seine Richtung ändert (Richtungs-Szintillation). Die Zeitskala dieser Änderung liegt im optischen Bereich bei mehreren Millisekunden, so daß bei längerbelichteten Aufnahmen und bei visueller Beobachtung das Beugungsscheibchen über einen Bereich von mehreren Bogensekunden Durchmesser verbreitert wird. Die Größe der Verbreiterung, auch häufig *Seeing* genannt, hängt vom Zustand der Atmosphäre ab. An den

besten Teleskopstandorten sind Werte von unter 1/2 Bogensekunde Verbreiterung
beobachtet worden. In exzellenten Nächten kann dagegen in unseren Breiten die
Verbreiterung auf Werte bis etwa 1 Bogensekunde heruntergehen. Setzt man das
Auflösungsvermögen der Erdatmosphäre größenordnungsmäßig mit 1 Bogensekunde
an, so bringen Teleskope mit mehr als 10 cm Öffnung keinen Auflösungsgewinn mehr,
während Teleskopöffnungen unter 10 cm das Auflösungsvermögen nach (43) begrenzen. Dennoch sind größere Teleskope (abgesehen von der höheren Lichtsammelleistung) wünschenswert, da deren theoretisches Auflösungsvermögen durch spezielle
Techniken erreicht werden kann, bei denen die atmosphärisch bedingten Bildbewe-
gungen durch entsprechend kurze Belichtungszeiten ‚eingefroren‘ werden. Wie diese
Verfahren der *Speckle-Interferometrie* ablaufen, die fast immer an der Grenze der
Lichtnachweisbarkeit arbeiten, haben unter anderem Reinecke et al. [48] beschrieben.

Um das Auflösungsvermögen der Atmosphäre oder des Instruments (je nach
Größe der Teleskopöffnung) zu bestimmen, muß der Durchmesser des Sternscheibchens gemessen werden. Dies geschieht am einfachsten mit Hilfe von Doppelsternen
mit bekannter Separation. Die beiden Doppelsternkomponenten sollten nach Möglichkeit etwa gleiche Helligkeit aufweisen, da andernfalls das erreichbare Auflösungsvermögen zu niedrig geschätzt wird. In Tabelle 5 sind 30 visuelle Doppelsterne der
scheinbaren Helligkeit m_1, m_2 nach abnehmender Separation aufgelistet, die für den
größten Teil der Nordhalbkugel als zirkumpolare Sterne immer am Himmel zu finden
sind (zugehörige Himmelskarte von Heintz [50]). Als weitere Quelle für Koordinaten
und Systemparameter von Doppelsternen kann unter anderem der Becvar-Katalog
[51] herangezogen werden.

Die anhand von Doppelsternbeobachtungen gewonnenen Sternbilddurchmesser
können in eine Bildgüte-Skala (Tabelle 6) übertragen werden, die von Tombaugh und
Smith [52] vorgeschlagen wurde und eine logarithmische Teilung aufweist. Neben der
Verbreiterung der Sternbildchen durch die Richtungs-Szintillation tritt auch eine
Helligkeits-Szintillation auf. Diese führt zu Helligkeitsschwankungen der Sternbild-

Tabelle 5. 30 visuelle Doppelsterne nördlich + 77.5 Deklination: Rektaszension α, Deklination δ, scheinbare Helligkeit m beider Komponenten, Winkeldistanz ϱ in Bogensekunden

Nr.	$\alpha_{(2000)}$	$\delta_{(2000)}$	m	ϱ	Nr.	$\alpha_{(2000)}$	$\delta_{(2000)}$	m	ϱ
1	12^h09^m	+82°0	6,5 − 8,5	67″	16	22^h48^m	+82°9	5,0 − 8,7	3″5
2	2 13	79,7	6,5 − 7,1	54	17	16 43	77,5	6,1 − 9,4	2,9
3	15	80,6	6,9 − 7,1	31	18	14 33	86,2	7,0 − 10	2,4
4	21 15	78,5	7,2 − 10	26	19	22 44	78,4	7,5 − 9,3	2,3
5	3 12	81,3	6,0 − 10	24	20	21 14	80,2	7,8 − 8,5	2,0
6	12 49	83,7	5,3 − 5,8	21,6	21	9 29	88,8	7,1 − 10	1,7
7	18 00	80,0	5,8 − 6,2	19,2	22	15 49	83,8	7,6 − 8,1	1,4
8	2 21	89,0	2,1 − 9,1	18,4	23	2 10	81,3	6,9 − 9,1	1,2
9	12 12	80,3	7,3 − 7,8	14,4	24	14 53	78,3	6,5 − 10	1,2
10	22 10	82,6	7,0 − 7,5	13,7	25	13 12	80,6	6,3 − 10	1,0
11	19 29	78,3	7,6 − 8,3	11,3	26	1 19	80,6	8,0 − 8,0	0,9
12	12 55	82,5	6,9 − 11	10,5	27	4 09	80,7	5,7 − 6,4	0,9
13	20 08	77,7	4,4 − 8,4	7,4	28	15 39	80,1	7,4 − 8,2	0,7
14	3 06	79,3	5,8 − 9,0	4,6	29	0 10	79,5	6,8 − 7,1	0,5
15	20 15	80,5	6,8 − 11	4,0	30	1 50	80,7	7,8 − 8,1	0,3

Tabelle 6. Bildgüte-Skala; nach Tombaugh und Smith [52]

Bildgüte	Bilddurchmesser in Bogensekunden	Bildgüte	Bilddurchmesser in Bogensekunden
− 4	50″	+ 3	2″,0
− 3	32	+ 4	1,3
− 2	20	+ 5	0,79
− 1	12,6	+ 6	0,50
0	7,9	+ 7	0,32
+ 1	5,0	+ 8	0,20
+ 2	3,2	+ 9	0,13

chen, deren Stärke von der Größe des verwendeten Instruments abhängt. Sie wird meist in einer fünfstufigen Skala (1 für besten, 5 für schlechtesten Luftzustand) angegeben, die mit dem Auge nicht so unabhängig gemessen werden kann, wie die Auflösung von Doppelsternen, und von daher stark subjektiven Eindrücken unterliegt.

2.6.2 Vergrößerung und Gesichtsfeld

Bei der visuellen Beobachtung mit teleskopischen Systemen werden die im Unendlichen liegenden Objekte durch das Objektiv (bzw. Spiegel) in der Fokalebene des Teleskops abgebildet. Es entsteht ein reelles Bild, das zum Beispiel mit einer Mattscheibe oder einer Photoplatte aufgefangen werden kann. Der Abbildungsmaßstab wird allein durch die Teleskopbrennweite f bestimmt, die den Blickwinkel u in die lineare Bildgröße

$$y' = f_{\text{Tel}} \cdot \tan u \tag{44}$$

abbildet. Dieses reelle Bild in der Fokalebene wird bei visueller Beobachtung durch ein Okular betrachtet, das als Lupe zur Nachvergrößerung dient (Abb. 3). Durch die Betrachtung mit dem Okular erscheint das Objekt unter dem vergrößerten Blickwinkel u'. Unter der Vergrößerung γ versteht man nun das Verhältnis dieser beiden Blickwinkel:

$$\gamma = \frac{\tan u'}{\tan u}. \tag{45}$$

Da das Auge, wenn es nicht akkomodiert, vollkommen entspannt auf unendliche Sehweite eingestellt ist, müssen die Strahlen eines Bildpunkts das Okular als paralleles Bündel verlassen, um ein ermüdungsfreies Sehen zu gestatten. Dazu bringt man das Bild in die Fokalebene des Okulars, woraus sich der vergrößerte Blickwinkel u' einfach aus der Bildgröße y' und der Okularbrennweite f_{Ok} zu $\tan u' = y'/f_{\text{Ok}}$ ergibt. Daraus folgt für die Vergrößerung der einfache Zusammenhang

$$\gamma = \frac{f_{\text{Tel}}}{f_{\text{Ok}}} \quad \text{oder (nach (11))} \quad \gamma = \frac{D}{A_{\text{p}}}, \tag{46}$$

bei dem D die Eintrittspupille (oder freie Teleskopöffnung), A_{p} den Durchmesser der Austrittspupille bezeichnet. Aus (46) folgt, daß der Durchmesser des aus dem Okular austretenden Parallel-Lichtbündels durch die Wahl der Vergrößerung bestimmt werden kann. Das teleskopische System dient also zur Bündeltransformation, um den großen Durchmesser des Eintrittsbündels auf den geringen Durchmesser der Augenpupille zu reduzieren. Daraus ergeben sich die Bedingungen für die stärkste und die schwächste anwendbare Vergrößerung.

Da alles vom Teleskopobjektiv (Spiegel) gesammelte Licht ins Auge fallen soll, darf der Durchmesser des austretenden Bündels, das heißt die Austrittspupille A_p, den Augenpupillendurchmesser nicht überschreiten. Der Grenzdurchmesser ergibt sich aus der maximalen Pupillengröße des Auges von etwa 8 mm (s. dazu Abschnitt 2.8.1). Die schwächste anwendbare Vergrößerung, die sogenannte *Normalvergrößerung*, und die entsprechend größte zulässige Okularbrennweite ergibt sich nach (46) mit der Systemöffnungszahl $N = f_{\mathrm{Tel}}/D$ zu

$$\gamma_{\min} = \frac{D \text{ in mm}}{8 \text{ mm}},$$

$$f_{\mathrm{Ok}}^{\max} = 8\,N \quad [\mathrm{mm}]. \tag{47}$$

Auf der anderen Seite bestimmt das Auflösungsvermögen des Auges, das mit rund 2 Bogenminuten angegeben wird, die stärkste zulässige Vergrößerung. Wegen Anpassung der Strahlungsempfänger auf der Augennetzhaut an das Beugungsscheibchen entspricht dies nach (43) einem Pupillendurchmesser von 1 mm. Die stärkste anwendbare oder *förderliche* Vergrößerung und die entsprechend kleinste zulässige Okularbrennweite ergeben sich demnach zu

$$\gamma_{\max} = D \quad \text{in mm},$$

$$f_{\mathrm{Ok}}^{\min} = N \quad [\mathrm{mm}]. \tag{48}$$

Treibt man die Vergrößerung durch kürzere Okularbrennweiten noch höher, so spricht man von *leerer Vergrößerung*. Das Beugungsscheibchen eines Bildelements überdeckt dann mehrere Empfängerelemente der Netzhaut, wodurch die Beugungsfigur sichtbar zu werden beginnt. Darüber hinaus wird das Bild durch die stärkere Vergrößerung noch lichtschwächer, ohne daß mehr Details zu sehen wären. Auch sind (selbst bei großen Teleskopöffnungen) Vergrößerungen weit über das 120fache nur mit Vorsicht einzusetzen, da das kleinste Seeingscheibchen von rund 1 Bogensekunde auf über 120 Bogensekunden ($\hateq 2'$) vergrößert und damit für das Betrachterauge sichtbar wird.

Das *Bildfeld* wird (bei Photographie) durch das Plattenformat oder durch eine Gesichtsfeldblende in der Fokalebene des Teleskops beschränkt. Das gesamte abgebildete Feld ergibt sich nach (44) zu

$$2\,u = 2 \arctan (b/f) \tag{49}$$

mit b als Blendenradius oder halber Plattendiagonalen. Dieses wird bei Okularbeobachtung auch als *wahrer Gesichtsfelddurchmesser* bezeichnet. Er läßt sich am Teleskop auch direkt bestimmen, indem man mit dem Okular ein Objekt bekannter Winkelausdehnung (z. B. Mond, Sternhaufen) betrachtet. Der *scheinbare Gesichtsfelddurchmesser* $2\,u'$, wie er dem Beobachterauge im Okular erscheint, berechnet sich aus der Fernrohrvergrößerung γ und dem wahren Gesichtsfeld $2\,u$ in guter Näherung zu $2\,u' = \gamma \cdot 2\,u$. Das scheinbare Gesichtsfeld der Okulare liegt im Durchschnitt bei 40°

(Weitwinkelokulare bis etwa 65°). Als Überschlagsrechnung mag gelten, daß

$$\text{Wahrer Gesichtsfelddurchmesser} \cong \frac{40°}{\text{Fernrohrvergrößerung}\,\gamma} \tag{50}$$

ist. Das überschaubare Himmelsfeld im Fernrohrokular verringert sich demnach mit wachsender Vergrößerung.

2.6.3 Bildhelligkeit und Grenzgröße

Der Begriff Helligkeit entbehrt ob seiner vielseitigen, unterschiedlichen Verwendung der Eindeutigkeit. Ein Objekt, das auf 1 cm^2 Fläche eine Strahlungsleistung von 1 Watt in den Raumwinkel 1 steradian aussendet, besitzt die *Leuchtdichte* 1 Stilb = Watt/cm^2/str, die wegen der unterschiedlichen spektralen Empfindlichkeit des Auges von der Wellenlänge abhängt. Die *Beleuchtungsstärke*, die eine Empfängerfläche erfährt, berechnet sich aus der Leuchtdichte der strahlenden Fläche, dem Abstand und der Größe der beiden Flächen in der Einheit Lux = Lumen/m^2 = Watt/str/ m^2. Die Beleuchtungsstärke ist ein physikalisches Maß für die Strahlungsenergie eines Bildes, die zur Reizung der Augennetzhaut führt, und ist damit die maßgebliche Größe für die Helligkeitsempfindung des Beobachterauges. Sie hängt bei abbildenden Systemen von einer Vielzahl von Faktoren ab: der scheinbaren Helligkeit (mag) und der Ausdehnung des Objekts am Himmel, der Teleskopöffnung D, der Teleskopbrennweite f, der Öffnungszahl $N = f/D$, der Lichtverluste aufgrund von Absorption und Reflexion an optischen Gliedern sowie von Abbildungsgüte und Streulicht von Instrument und Himmelshintergrund. Zur Behandlung dieser Fragen siehe auch Kapitel 10 über die Photometrie.

Der Lichtverlust in der Teleskopoptik hat mehrere Ursachen. Eine Glaslinse hat nur eine begrenzte Durchlässigkeit für Licht, die von der Dicke der Linse anhängt. Der Transmissionskoeffizient T wird meist für eine Materialdicke von 1 cm angegeben. Der Durchlässigkeitsgrad für andere Dicken errechnet sich durch Potenzieren zu $T(s\,\text{cm}) = T^s(1\,\text{cm})$. Der nicht hindurchtretende Teil des Lichts muß durch Absorption im Material verbleiben, so daß sich der Lichtverlust durch Absorption in einer Linse zu $A = 1 - T^s$ berechnet. In Tabelle 7 sind die Transmissionskoeffizienten für einige wichtige Glassorten zusammengestellt. Die Lichtverluste durch Reflexion an den Grenzflächen Glas/Luft sind nicht weniger gering und treten pro dioptrischem Element zweimal auf, beim Ein- und beim Austritt aus der Linse. Auf diese Weise kommen bei mehrlinsigen Systemen beachtliche Beträge zusammen. Der mittlere Reflexionskoeffizient ist in Tabelle 7 ebenfalls aufgeführt. Dieser berechnet sich für senkrechten Lichteinfall zu

$$R = \left(\frac{n_1 - n_2}{n_1 + n_2}\right)^2 = \left(\frac{1 - n}{1 + n}\right)^2. \tag{51}$$

So belaufen sich die Reflexionsverluste bereits (bei 4,2% pro Grenzfläche) für ein vierlinsiges Objektiv auf 30%. Diese lassen sich nur durch Beschichtung der Linsenflächen mit einem Anti-Reflexions-Belag auf unter 1% pro Grenzfläche herunterdrükken, was im vorangehenden Beispiel einer Reduzierung der Verluste von 30% auf

Tabelle 7. Transmission optischer Gläser (pro 1 cm Dicke) und Reflexion (pro unvergüteter Grenzfläche Luft/Glas)

Glasart		Brechnungs-index n_e [546,1 nm]	Abbesche Zahl $v_e =$ $(n_e-1)/(n_F-n_C)$	Relative Teildispersion $\vartheta_g =$ $(n_g-n_F)/(n_F-n_C)$	Reflexions-verluste $R\,[\%] =$ $100\cdot((n-1)/(n+1))^2$	Transmission/cm Wellenlänge [nm]						
						360	380	400	440	500	580	660
Kron	K3	1,5203	58,71	0,5443	4,3	0,971	0,986	0,992	0,995	0,997	0,997	0,997
Flint	F2	1,6241	36,11	0,5826	5,7	0,910	0,976	0,988	0,993	0,995	0,996	0,997
Schwerflint	SF6	1,8127	25,24	0,6097	8,3	0,067	0,515	0,793	0,971	0,997	0,998	0,998
Kurzflint	KzF2	1,5319	51,45	0,5505	4,4	0,887	0,967	0,980	0,992	0,996	0,998	0,998
Borkron	BK7	1,5187	63,96	0,5350	4,2	0,967	0,990	0,994	0,996	0,996	0,998	0,998
UV-Kron	UBK7	1,5187	64,08	0,5351	4,2	0,985	0,991	0,994	0,996	0,997	0,998	0,998
Quarzglas		1,4601	67,86	0,5162	3,5							
Flußspat		1,4355	96,77	0,6222	3,2							
Kalkspat		1,6634	49,10	0,6074	6,2							

unter 8 % entspricht. Eine weitere Möglichkeit ist, das Objektiv zu verkitten, wodurch allerdings Freiheiten in der Wahl der Krümmungsradien und der Linsenabstände zur Korrektion von Abbildungsfehlern verlorengehen. Man wird also bei guten Optiken um die kostspielige Vergütung nicht umhin kommen. Der Gesamttransmissionskoeffizient T eines n-linsigen Systems beläuft sich dann mit den Teiltransmissionen T_i^s und -reflexionen R_i der Einzellinsen (der Dicke s cm) auf

$$T = T_1^{s_1} \cdot T_2^{s_2} \cdot \ldots \cdot (1 - R_1)^2 \cdot (1 - R_2)^2 \cdot \ldots = \prod_{i=1}^{n} T_i^{s_i} \cdot (1 - R_i)^2 . \tag{52}$$

An Spiegelflächen treten nur Absorptionsverluste aufgrund mangelnder Reflektivität auf. Der *Reflexionskoeffizient* der Spiegelbeläge ist stark material- und wellenlängenabhängig (Abb. 25). Neben Silber und Aluminium sind noch andere Beläge verfügbar, die jedoch keine allzu große Bedeutung für astronomische Spiegel erlangt haben. Frisch aufgedampftes Silber besitzt zwar die höchste Reflektivität gängiger Materialien, hat jedoch zwei Nachteile. Es läuft, der Luft ausgesetzt, allmählich an und verliert dadurch drastisch an Reflektivität, was nur durch spezielle Schutzschichten (z. B. MgF_2 oder Al_2O_3) verhindert werden kann, die wiederum andere Nachteile mit sich bringen. Hinzu kommt der starke Abfall des Reflexionsvermögens für Wellenlängen kürzer als 400 nm. Dies kann toleriert werden, wenn man zugunsten höherer Reflektivität auf den Spektralbereich zwischen 400 nm und 330 nm, wo die Erdatmosphäre etwa ihre Durchlässigkeit verliert, verzichten will. Meist wird jedoch auf den altbewährten Aluminiumbelag zurückgegriffen, dessen Reflexionsvermögen über den gesamten optischen Spektralbereich bei etwa 90 % liegt. Die Gesamtreflektivität eines optischen Systems mit n Spiegeln errechnet sich analog zu (52):

$$R = R_1 \cdot R_2 \cdot \ldots = \prod_{i=1}^{n} R_i . \tag{53}$$

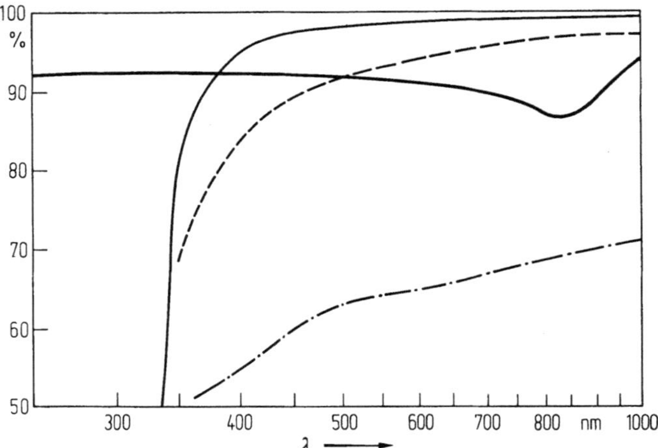

Abb. 25. Reflektivität der wichtigsten Spiegelbeläge. —— Aluminium, frisch aufgedampft; ——— Silber, frisch aufgedampft; - - - - Silber, chemisch niedergeschlagen; - · - · - Spiegelbronze, poliert. Aus [6]

Die folgenden Betrachtungen gelten nur für die visuelle Beobachtung. Die photographischen Größen sind in Abschnitt 2.9.1 behandelt. Die Helligkeit der Fernrohrbilder, die durch die Beleuchtungsstärke am Bildort gegeben ist, hängt zunächst von der
Größe der lichtsammelnden Fläche, also der freien Teleskopöffnung D ab. Der Lichtgewinn ergibt sich aus dem Verhältnis von Objektiv-(Spiegel-) zu Augenpupillenfläche
D^2/P^2. Diese Größe muß mit dem Gesamttransmissions- (bzw. Reflexions-) Koeffizienten der Optik multipliziert werden. Unter Vernachlässigung der Verluste sammelt
bereits ein 6 cm Teleskop über fünfzig mal mehr Licht als das unbewaffnete Auge mit
maximal 8 mm Pupillenweite, was einem Lichtgewinn von rund 4 ½ Größenklassen
($= 2,5 \cdot \log I_1/I_2$) entspricht. Damit wird die Grenzgröße des Auges von 6 auf 10,5
[mag] heraufgesetzt. Dieser Lichtgewinn entspricht einem Sprung von 6 cm auf rund
1/2 m Teleskopöffnung, einer bereits ganz beachtlichen Teleskopgröße. Für die visuelle Helligkeit der Fernrohrbilder ist wiederum die Austrittspupille A_P von Bedeutung.
Ist sie kleiner oder gleich dem Augenpupillendurchmesser P, dann führt der gesamte
Lichtstrom zur Reizung der Augennetzhaut. Ist die Austrittspupille dagegen größer
(geht man unter die Minimalvergrößerung), so wirkt die Augenpupille als Blende, und
die gesteigerte Lichtsammelleistung ist mit dem Faktor $P^2/A_P^2 < 1$ zu multiplizieren.

Anders ist die Situation für flächenhafte Objekte wie Nebel oder Kometen. Das
vom Instrument gesammelte Licht wird durch die Okularvergrößerung auf eine
größere Fläche verteilt. Man kann leicht zeigen, daß der Lichtgewinn bei flächenhaften Objekten proportional dem Verhältnis der Flächen von Austrittspupille und
Augenpupille (A_P^2/P^2) ist. Wählt man eine zu starke Vergrößerung, so daß die Austrittspupille kleiner als die Augenpupille ($A_P^2/P^2 < 1$) ist, dann erscheint das flächenhafte Objekt im Okular weniger hell als mit bloßem Auge. Sind beide Pupillen gleich
groß (Normalvergrößerung $A_P^2/P^2 = 1$), so erscheint das Bild durch das Instrument
ebenso hell wie ohne Instrument unter Vernachlässigung der instrumentellen Licht-

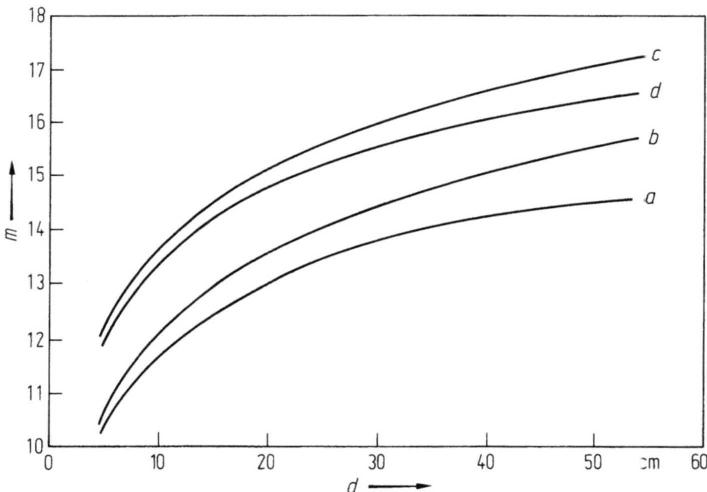

Abb. 26. Grenzgröße visuell beobachteter Sterne. **a** im Dunkelfeld nach H. Siedentopf; **b** mit
Augenpupille von 7,6 mm nach J. B. Sidgwick; **c** nach W. H. Steavenson; **d** unter Berücksichtigung der Lichtverluste in der Teleskopoptik nach J. B. Sidgwick

verluste durch Absorption und Reflexion. Ist die Austrittspupille größer als die Augenpupille ($A_P^2/P^2 = P^2/P^2 = 1$), erscheint das Bild im Okular nicht heller, sondern auch nur gleich hell, wie dem bloßen Auge, da erstere nur in der Fläche der Augenpupille genutzt wird, des weiteren verschenkt man an Vergrößerung. Am hellsten und unter dem größten Sehwinkel erscheinen ausgedehnte Objekte wie Kometen, Nebel jeder Art oder Galaxien demnach im Okular, wenn sich beide Pupillen, Austritts- und Augenpupille genau decken, also Normalvergrößerung ($\gamma = D/8$ in mm) vorliegt. Als Merksatz mag gelten, daß die Fläche der Austrittspupille die *relative* Helligkeit des flächenhaften Objekts maßgeblich bestimmt, auch bei terrestrischer Beobachtung am Tage.

Die *Grenzhelligkeit* von Sternen, die für das Auge gerade noch erkennbar sind, hängt von der Teleskopöffnung D und von der Helligkeit des nächtlichen Himmelshintergrunds ab. Nachfolgend bleiben die Lichtverluste in der Teleskopoptik unberücksichtigt. Gewöhnlich wird folgende Formel für die Grenzgröße m eines Teleskops der Öffnung D angegeben:

$$m = m_0 + 2{,}5 \cdot \log D^2 = m_0 + 5 \log D . \tag{54}$$

Der Wert für m_0 wird (D in [cm]) meist mit 6,5 bis 6,8 angegeben, was je nach Annahme von maximaler Pupillenweite einer Grenzgröße von 6 beziehungsweise 6,3 [mag] für das bloße Auge entspricht. Die Sichtbarkeit einer Punktquelle hängt jedoch entscheidend von der Hintergrundhelligkeit ab, und zwar mit der Quadratwurzel dieser Helligkeit, wie Lagmuir und Westdorp schon 1931 zeigen konnten. Dies heißt aber nichts anderes, als daß die Grenzgröße von der Fernrohrvergrößerung abhängig ist. Die Helligkeit des flächenhaften Himmelshintergrunds nimmt, wie bereits erwähnt, quadratisch mit dem Durchmesser der Austrittspupille A_P ab, der wiederum nach (46) von der Vergrößerung γ abhängt. Daraus ergibt sich statt (54) folgender neuer Zusammenhang für die Grenzgröße m:

$$m = m_0 + 5 \log D - 2{,}5 \cdot \log A_P$$
$$m = m_0 + 2{,}5 \cdot \log D + 2{,}5 \cdot \log \gamma . \tag{55}$$

Der Wert von m_0 entspricht 5,5 [mag] mit D und A_P in [cm]. Die Gültigkeit der Beziehung (55) ist von Bowen [53] an Teleskopen mit Öffnungen von 0,8–150 cm untersucht und bestätigt worden. Er zeigte auch, daß die optimale Vergrößerung gleich der stärksten anwendbaren Vergrößerung γ_{max} (48) ist und eine weitere Vergrößerung darüber hinaus keinen Gewinn in der Grenzgröße mehr bringt. Daraus ersieht man, daß kleinere Teleskope durch geschickte Wahl der Vergrößerung eine um eine Größenklasse schwächere Grenzhelligkeit erreichen, als es die Beziehung (54) erwarten läßt, während bei Normalvergrößerung ($A_P = 8$ mm) die Grenzhelligkeit um eine Größenklasse niedriger als (54) ist. In Abbildung 26 sind die Grenzgrößen m in Abhängigkeit der Teleskopöffnung D nach Angaben verschiedener Autoren eingetragen.

2.7 Zusatzinstrumente

2.7.1 Zur Einführung

Das Angebot von Zusatzgeräten für Amateurfernrohre ist sehr groß [73]. Zubehörteile wie zum Beispiel Zenitprisma oder Okularrevolver bedürfen keiner näheren Erläuterung. Einige spezielle Zubehörteile werden an anderer Stelle in diesem Band erläutert, zum Beispiel die Shapley-Linse in Abschnitt 4.3.2, Filter in Abschnitt 4.7.5 und Abschnitt 10.3 sowie bei der Beschreibung der einzelnen Beobachtungsobjekte in Band 2.

2.7.2 Okulare

Das reelle Bild in der Fokalebene des sammelnden Objektivs (Spiegels) kann mit dem Auge direkt betrachtet werden. Dies ist jedoch sehr unvorteilhaft, da man das Auge nur bis auf deutliche Sehweite an das zu betrachtende Bild heranführen kann. Will man mehr Einzelheiten erkennen, benötigt das Auge ein Okular als Hilfsoptik, ähnlich einer Lupe, zum Unterschreiten der deutlichen Sehweite. Im einfachsten Fall dient dazu im Keplerschen Fernrohr eine einzelne Sammellinse bzw. Zerstreuungslinse beim galileischen Fernrohrtyp (Abb. 27). Bei einlinsigen Okularen (Abb. 28 a) treten jedoch schwere chromatische Fehler auf, die im Extremfall stellare Lichtpunkte zu kleinen Spektren auseinanderziehen. Außerdem werden Bildwölbung und Verzeichnung merklich. Um diesen Fehlern Abhilfe zu schaffen, hat bereits Huygens ein zweilinsiges Okular eingeführt. Ein zweilinsiges System mit den Einzelbrennweiten f_1 und f_2 weist eine Gesamtbrennweite von

$$f = \frac{f_1 \cdot f_2}{f_1 + f_2 - e} \tag{56}$$

auf. Ungenügende Farbkorrektur der Okulare führt in erster Linie zu chromatischen Querabweichungen, das heißt, die Hauptstrahlneigung und damit die Okularvergrößerung werden wellenlängenabhängig. Daher rührt auch die Bezeichnung *chromatische Vergrößerungsdifferenz* für diesen Fehler. Die chromatische Längsabweichung tritt dagegen bei den üblichen Öffnungsverhältnissen weniger in Erscheinung. Die

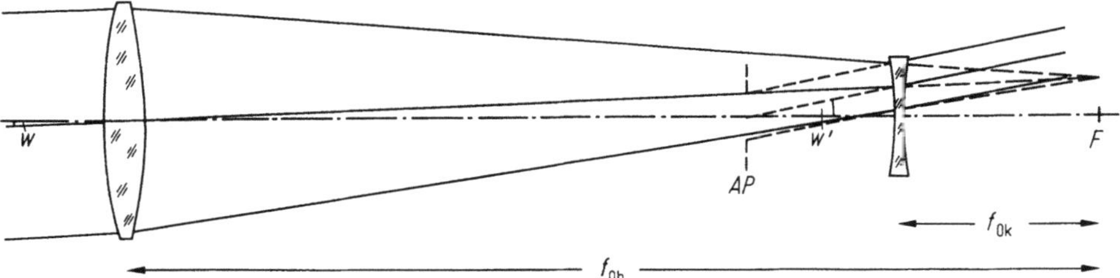

Abb. 27. Strahlenverlauf im Galileischen Fernrohr mit Zerstreuungslinse als Okular. Dieses Fernrohr liefert aufrecht stehende Bilder. Die zerstreuende Okularlinse liegt *vor* dem gemeinsamen Brennpunkt F und führt zu einer virtuellen, nicht zugänglichen Austrittspupille AP

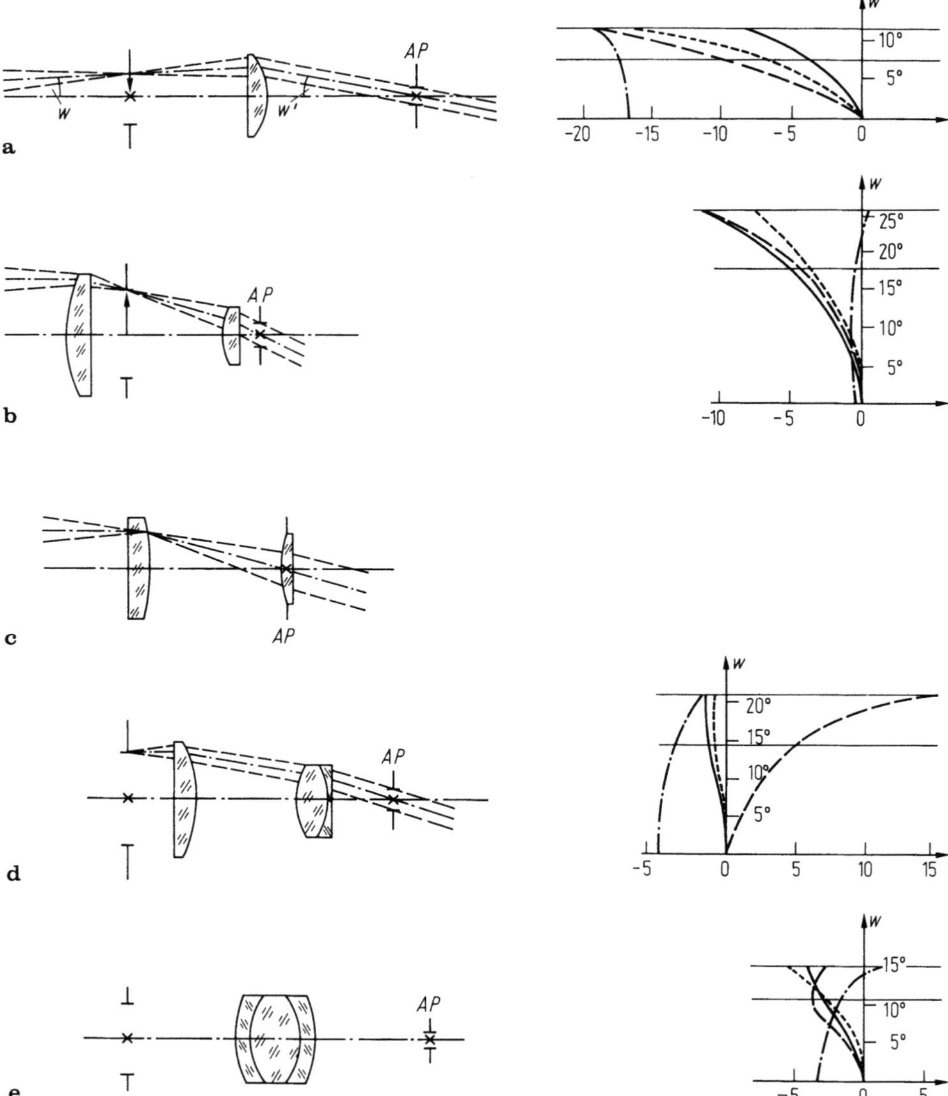

Abb. 28a–i. Die wichtigsten Okulartypen mit den zugehörigen Aberrationskurven. Eingezeichnet ist die Gesichtsfeldblende in der Fokalebene und die Lage der Austrittspupille AP. In den Aberrationskurven sind die ——— sagittale und ——— meridionale Abweichung (bezogen auf die Okularbrennweite f = 100) in Abhängigkeit des Hauptstrahlenwinkels w′ aufgetragen. Zusätzlich sind ---- Verzeichnung (in Prozent) und -·--- chromatische Vergrößerungsdifferenz (in Promille) angegeben. (aus [18]). **a** Plankonvexlinse; **b** Huygens-Okular; **c** Ramsden-Okular; **d** Kellner-Okular; **e** monozentrisches Okular nach Steinheil; **f** orthoskopisches Okular nach Abbe; **g** orthoskopisches Okular nach Plössl; **h** Astro-Planokular von Zeiss; **i** Weitwinkelokular nach Erfle

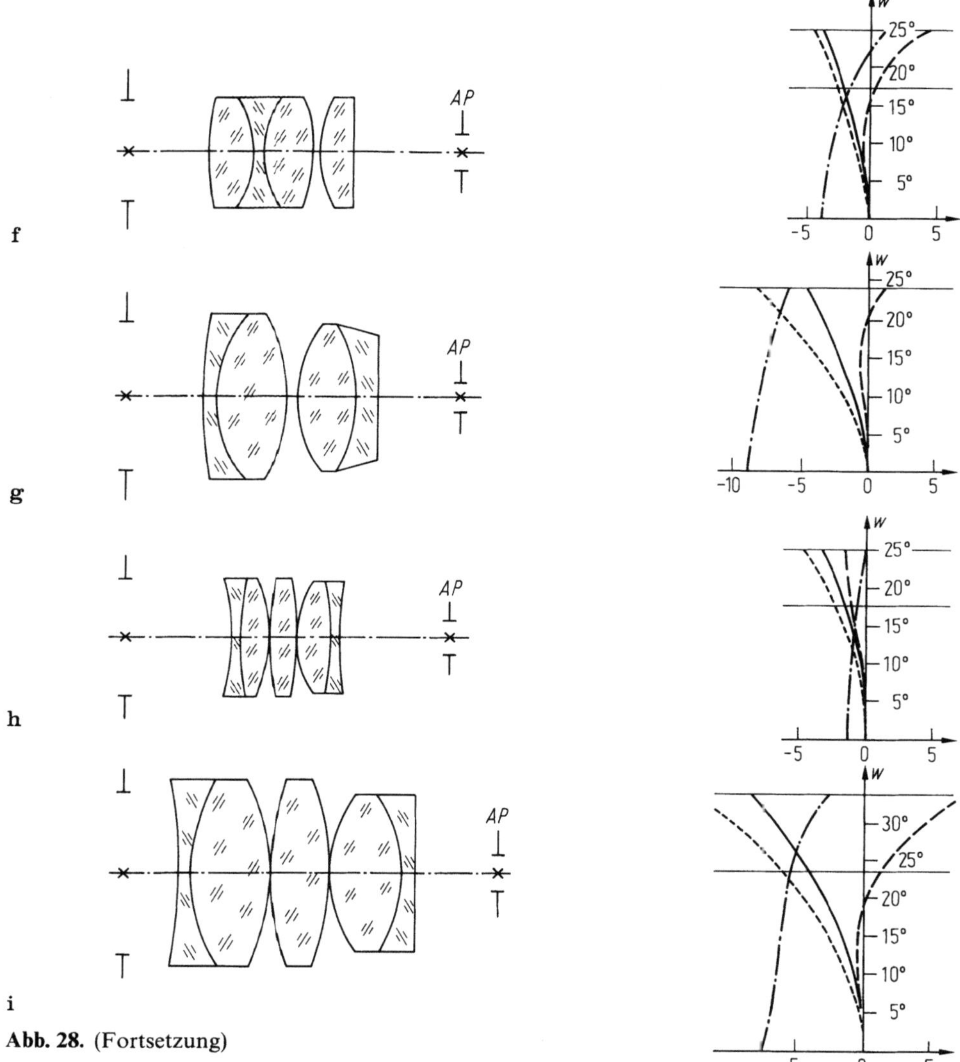

Abb. 28. (Fortsetzung)

Beseitigung der (lateralen) chromatischen Vergrößerungsdifferenz erfolgt durch das Abstimmen der Okularbrennweite für verschiedene Wellenlängen auf ein und denselben Wert mittels der Achromasie-Bedingung (57). Unter Verwendung von (56) ergibt sich als *Achromasie-Bedingung* für zwei Linsen gleichen Materials folgender Linsenabstand:

$$e = \frac{f_1 + f_2}{2}.$$

(57)

Sie ist bereits beim *Huygens-Okular* (Abb. 28 b) erfüllt. Es ist frei von Verzeichnung, chromatischer Vergrößerungsdifferenz und Reflexen. Aus diesem Grunde und wegen

seines einfachen Aufbaus aus zwei plankonvexen Linsen (meist mit Brennweitenverhältnis $f_1/f_2 = 2$) wird dieses Okular auch heute noch verwendet. Allerdings ist das
Bildfeld noch stark gekrümmt, doch können etwa 50° scheinbaren Gesichtsfelds genutzt werden. Ein modifiziertes Huygens-Okular ist der *Mittenzwey*-Typ, bei dem die
plankonvexe Feldlinse durch eine Meniskenlinse ersetzt ist. Doch beide Okulartypen
eignen sich nicht als Mikrometer, da die Fokalebene des Objektivs, zwischen beiden
Okularlinsen liegend, nur schlecht zugänglich ist, außerdem dort angebrachte Fadenkreuze oder Mikrometerfäden farbige Ränder zeigen und zu fehlerhaften Ablesungen
führen würden. Für Mikrometermessungen muß die Fokalebene außerhalb des Okulars zugänglich sein.

Ein Okular, das sich dafür eignet, ist der *Ramsden*-Typ (Abb. 28 c), das mit gleicher
Brennweite beider Linsen und mit $f_1 = f_2 = f = e$ ebenfalls der Bedingung (57) genügt. Die Fokalebene liegt also auf der Frontseite der plankonvexen Feldlinse, die die
Eintrittspupille auf die hintere Augenlinse abbildet. Dies führt zu zwei gravierenden
Nachteilen. Einmal werden sämtliche Kratzer und Staubkörner auf der Feldlinse, in
der Fokalebene liegend, sichtbar, und außerdem kann das Auge nicht an den Ort der
Austrittspupille gebracht werden (Schlüssellochbeobachtung). Aus diesen Gründen
rückt man beide Linsen etwas zusammen, wodurch die Verzeichnungsfreiheit erhalten
bleibt, doch chromatische Vergrößerungsdifferenz wegen Aufgabe der strengen Ab-
standsbedingung auftritt. Bei dem dreilinsigen *Kellner-Okular* (Abb. 28 d) erzielt man
die Korrektion der chromatischen Vergrößerungsdifferenz auch ohne Einhaltung der
Huygens-Bedingung durch Einsatz einer aus zwei Glassorten verkitteten Augenlinse.
Dieses Okular ist nahezu verzeichnungsfrei, doch bleibt Bildwölbung bestehen, weshalb dieser Typ meist mit 40° scheinbarem Gesichtsfeld ausgelegt ist. Ebenfalls ein
dreilinsiges Okular (bestehend aus zwei Glassorten) stellt das *monozentrische* Okular
(Abb. 28 e) nach Steinheil dar. Wie der Name schon sagt, besitzen alle sechs Flächen
den gleichen Krümmungsmittelpunkt, wobei die positiven Radien vor dem Mittelpunkt den nachfolgend negativen Radien entsprechen. Der gute Korrektionszustand
ist allerdings auf Felddurchmesser unter 30° beschränkt.

Weiterentwicklungen stellen die sogenannten *orthoskopischen* Okulare nach Abbe
(Abb. 28 f) und nach Plössl (Abb. 28 g) dar. Sie verdanken ihren Namen der guten
chromatischen Korrektion und der Verzeichnungsfreiheit. So war das orthoskopische
Okular nach Abbe lange Zeit in der Astronomie das Okular mit der geringsten
Verzeichnung. Beide Okulare sind wie das monozentrische praktisch frei von Reflexen.
Zudem sei der große Abstand der Austrittspupille von der Augenlinse hervorgehoben,
die dadurch für das Auge bequem zugänglich wird. Ihr scheinbares Gesichtsfeld
beträgt zwischen 40° und 50°. Auffallend ist bei den weiterentwickelten Okulartypen
die stetige Verringerung des Luftabstands zwischen den einzelnen Okularkomponen-
ten. Daraus resultiert eine Abnahme der Petzval-Summe, gleichbedeutend größeren
Bildfeldkrümmungsradien. Ein Okular, das neben hervorragender Korrektion über
ein ebenes Gesichtsfeld von 50° verfügt, ist das *Astro-Planokular* von Zeiss. Die
Aberrationskurven (Abb. 28 h) zeigen den ausgezeichneten Korrektionszustand dieses
Okulars. Die sogenannten Weitwinkelokulare sind meist vom Typ *Erfle* (Abb. 28 i), bei
dem eine einzelne Mittellinse zwischen zwei Kittgliedern steht. Man übersieht mit
diesen Okularen Gesichtsfelder bis zu 70° scheinbaren Durchmessers, muß dafür jedoch Einbußen im Korrektionszustand hinnehmen. Wen die Konstruktionsdaten
dieser und anderer Okulartypen interessieren, der sei auf König und Köhler [18]

hingewiesen. Dort sind weitere Aberrationskurven angegeben, die im allgemeinen entgegen der Lichtrichtung durchgerechnet werden, das heißt die Strahlen werden von der Austrittspupille ausgehend rückwärts durch das Okularsystem bis zur Fokalebene gerechnet.

Auf der Basis unter anderem der Erfle- und Plössl-Okulare sind neue Systeme in den Handel gekommen. Sie haben großes Gesichtsfeld, Schärfe bis zum Rand und guten Kontrast, zum Beispiel die eudiaskopischen Plössl-Okulare von Baader [74], die Nagler-Okulare von TeleVue oder die Super-Plössl-Okulare von Meade. Erwähnt werden muß an dieser Stelle das sehr entspannte binokulare Beobachten, das unter Zuhilfenahme eines Binokularansatzes gerade mit den modernen lichtstarken monokularen astronomischen Fernrohren wirkungsvoll ist [75, 76, 77].

2.7.3 Barlowlinse

Die Barlowlinse ist ein negatives (d. h. zerstreuendes) Linsensystem, das zur nachträglichen Verlängerung der Teleskopbrennweite eingesetzt wird. Sie wird (ähnlich wie in Teleobjektiven) als zweiteilige, achromatische Linse vor den Objektivbrennpunkt (Abb. 29) gesetzt. Die außeraxialen Farbfehler können klein gehalten werden, wenn die Barlowlinse auf das Objektiv abgestimmt ist. Dies ist um so leichter zu erreichen, je kleiner das Öffnungsverhältnis D/f und je geringer der Verlängerungsfaktor B ist. Dieser entspricht dem Verhältnis von $f'/f_{BL} = s_2/s_1$, so daß sich nach (56) die Gesamtbrennweite des Teleskops zu

$$f' = \frac{f_1 \cdot f_{BL}}{f_{BL} - s_1} \tag{58}$$

berechnet. Für die Abstände s_1, s_2 ergeben sich folgende Beziehungen:

$$s_1 = \frac{f_{BL} \cdot (B - 1)}{B}, \quad s_2 = f_{BL} \cdot (B - 1). \tag{59}$$

Der Systembrennpunkt liegt also bei doppelter Brennweite lediglich um den halben Betrag der Linsenbrennweite f_{BL} hinter dem Objektivbrennpunkt. Die Vergrößerung

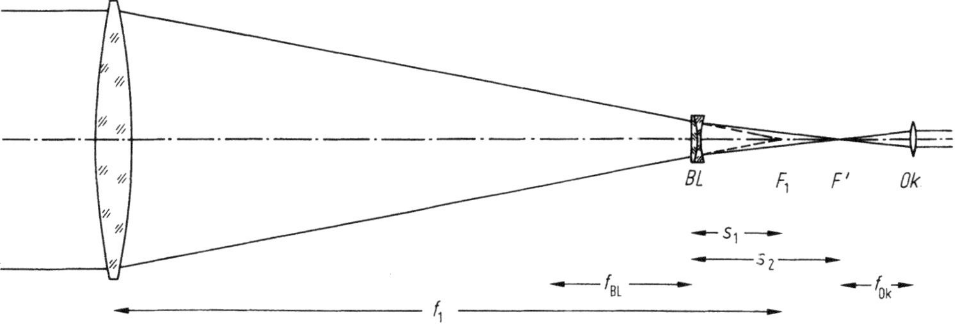

Abb. 29. Lage und Funktion der Barlowlinse. Verlängerung der Systembrennweite durch Barlowlinse BL; daraus resultiert vergrößerter Abbildungsmaßstab für visuelle als auch photographische Beobachtung

der Systembrennweite wird ohne wesentliche Verlängerung des Teleskoprohrs erreicht. Die Barlowlinse sollte jedoch nicht als Element zur Verkürzung der Tubuslänge (bei angestrebter Teleskopbrennweite) eingesetzt werden, da die Bildqualität gegenüber einem Teleskop gleicher Brennweite ohne Barlowlinse herabgesetzt ist. Auf keinen Fall sollte die Barlowlinse verschoben werden, um eine andere Gesamtbrennweite zu erzielen, da in diesem Fall die Korrektion verlorengeht. Optische Daten für korrigierte Barlowlinsen hat Hartshorn [54] angegeben. Wird eine Brennweitenverlängerung ohne Rücksicht auf die Bildqualität angestrebt, etwa zur Nachführung mit Leitrohren, so kann eine einzelne Zerstreuungslinse als verlängerndes optisches Element eingesetzt werden.

2.7.4 Teleskoptubus und Taukappe

Das Rohr hat die Aufgabe, die optischen Bauteile des Teleskops in ihrem Justierzustand zu halten. Zusätzlich dient es als Schutz vor schnellen Temperaturschwankungen, Feuchtigkeit und Streulicht. Die Rohrabmessungen sind durch Brennweite und freie Öffnung des Objektivs (Spiegels) vorgegeben und werden am einfachsten durch maßstabgerechtes Aufzeichnen des gesamten optischen Systems ermittelt. Dabei sind unbedingt die vergrößerten Durchmesser von Rohr, Fang- oder Sekundärspiegel und so weiter für das ‚wahre‘ Gesichtsfeld (entsprechend dem gewünschten Bildfeld) nach (49) zu berücksichtigen.

Ob ein geschlossener oder offener Teleskoptubus vorzuziehen ist, kann nicht generell beantwortet werden. Für Teleskope, die an *beiden* Tubusenden geschlossen sind (Refraktoren, Schmidt- und Maksutow-Systeme, Astro-Kameras), ist sicher ein geschlossenes Rohr angebracht, im Gegensatz zu einseitig offenen Systemen (Spiegelteleskopen), bei denen ein Wärmestau innerhalb des Tubus unbedingt zu vermeiden ist, da hier ein direkter Austausch mit der Umgebungsluft stattfinden kann. Entweder wählt man den Rohrdurchmesser um einiges größer als den Spiegel, damit Umgebungsluft am Spiegelrand vorbeistreichen und den Tubus außerhalb des Strahlengangs durchlaufen kann, oder löst diesen gleich ganz in Fachwerk auf. Dadurch geht der Temperaturausgleich mit der Umgebungsluft ungleich schneller vonstatten. Ab einer gewissen Teleskopgröße ist ohnehin zu einem offenen Tubus zu raten, da durch die großen Querschnitte die Windlasten für Teleskopmontierung und Antrieb steigen, wobei dem Unterdrücken von Schwingungen, verursacht durch Windböen, noch mehr Aufmerksamkeit geschenkt werden muß.

Ganz gleich für welche Bauart man sich entscheidet, der Tubus muß die Einhaltung des Justierzustands der Optik gewährleisten. Für kleinere und mittlere Teleskope läßt sich diese Biegesteifigkeit durchaus erreichen. Auf die Frage der Kompensation der unvermeidbaren Durchbiegungen (an Teleskopen > 1 m) durch eine Serrurier-Konstruktion kann an dieser Stelle nicht eingegangen werden. Da die Teleskopmasse ungefähr mit der dritten Potenz des Spiegeldurchmessers ansteigt, bleiben die Gewichtsbelastungen für kleinere Teleskope gering, so daß auf Biegungskompensation verzichtet werden kann. Die Wahl der Materialien bleibt den eigenen Neigungen und Möglichkeiten überlassen. Sie reichen von Metallen über Holz bis hin zu PVC, für das Schiffhauer [55] Konstruktionshinweise gibt.

Sämtliche optischen Komponenten müssen justierbar mit dem Tubus verbunden werden. Gleichzeitig sollte bei Lageänderung oder Temperaturwechsel keine Verspannung oder Verschiebung der Komponenten auftreten (besonders wichtig für Hauptspiegel). Objektive werden am Rand gefaßt, während kleinere Spiegel noch von einer elastischen Unterlage (z. B. Filzplatte) getragen werden können. Eine bessere Lagedefinition des Spiegels bietet die rückseitige Lagerung auf drei festen Punkten, die meist auf einem Kreis mit dem Radius $r = D/\sqrt{2}$ angeordnet sind. Für größere Spiegel reicht diese Drei-Punkt-Lagerung nicht mehr aus, da diese sich unter ihrem eigenen Gewicht verformen. Bei diesen muß eine sogenannte *astatische* Lagerung eine gleich große Gegenkraft zum Spiegelgewicht in einer Vielzahl von Punkten liefern, die sich auch bei einer Spiegelneigung während des Nachführens entsprechend anpassen muß. Mögliche Lagerungssysteme über astatische Gewichtshebel-Entlastung nach *Lassell* oder über Lastverteilung durch im Schwerpunkt gelagerte Dreiecksplatten nach *Grubb* sind unter anderem bei Maksutow [10] beschrieben.

Geeignete Blenden sind den optischen Komponenten hinzuzufügen, um zu verhindern, daß störendes Streulicht den Detektor (Auge, Photoplatte etc.) erreichen kann. Man sollte sie auch beim geschlossenen Rohr mit geschwärzter Innenseite einsetzen. Lage und Größe der Blenden lassen sich ebenfalls aus einer maßstabgerechten Zeichnung des Strahlenverlaufs entnehmen. Die rechnerische Ermittlung nach Wepner [56] verspricht eine etwas genauere Methode zu sein. Unabhängig vom Verfahren sollten die Streulichtblenden nicht in den direkten Strahlengang einschneiden (Achtung! Maximale Bildfeldgröße beachten). Um dies zu prüfen, richtet man den Refraktor mit dem Okular gegen den Tageshimmel und betrachtet die Okularpupille, die vom gesamten Objektivrand aus sichtbar sein sollte, durch das Objektiv; bei der offenen Tubuskonstruktion verwendet man andersartige Blenden, meist konische Rohre, die in der zentralen Bohrung des Hauptspiegels und an der Sekundärspiegelhalterung befestigt sind. Speziell für Teleskope vom Cassegrain-Typ sind diese Blenden wichtig, da bei ihnen Licht am Sekundärspiegel vorbei direkt auf die Empfängerfläche fallen kann. Wegen der konischen Ausbildung der Rohre kommt es hierbei zu etwas stärkerer Vignettierung als durch den Sekundärspiegel allein. Ein Verfahren zur Berechnung geeigneter Blenden für Refraktoren, insbesondere aber für Zwei-Spiegel-Systeme (Cassegrain und RC) wird von Schmidt [71] angegeben. Es erlaubt eine geschlossene Berechnung von Lage und Durchmesser der Blenden durch Formeln oder deren Bestimmung anhand der veröffentlichten Diagramme. Erstmals angewandt wurde das Verfahren am Ritchey-Chrétien-Teleskop des Observatoriums Hoher List und zeigte bei Tests eine ausgezeichnete Unterdrückung störenden Streulichtes.

Ähnlich wie die Blenden soll auch die Taukappe das Streulicht vermindern. Deshalb sollte sie als recht langer Zylinder gewählt werden, der jedoch nicht zur Abschattung im Gesichtsfeld führen darf. Gleichzeitig verhindert sie das Beschlagen des Objektivs. Diese Funktion kann durch eine gleichmäßige, äußerst geringe Erwärmung über eine elektrische Widerstandsheizung unterstützt werden, wie sie in Abschnitt 3.15.5 beschrieben ist. Hier ist allerdings äußerste Vorsicht angebracht, will man nicht verschlechterte Bildqualität durch aufsteigende Warmluft riskieren. Ist das ungeheizte Objektiv doch einmal beschlagen, sollte man dieses niemals trocken wischen, sondern durch Fächeln oder mit Hilfe eines Föns abtauen oder am nächsten Tag bei offener Kuppel der normalen Luftbewegung aussetzen und trocknen lassen. Nasse oder feuchte Optik nicht verschließen, sondern mit einem luftdurchlässigen Tuch abdecken! Trotz bester Pflege schlagen sich auf Objektiven und Spiegeln Verunreinigungen nieder, so daß diese von Zeit zu Zeit gereinigt werden sollten. Wie man dabei verfährt und welche Maßregeln einzuhalten sind, ist unter anderem von McRobert [57] beschrieben worden.

2.7.5 Sucher und Leitteleskop

Der *Sucher* stellt einen einfachen Refraktor mit wenigen cm Öffnung dar. Er dient dem Auffinden lichtschwacher Objekte und dem Ausrichten eines Teleskops, das über keine genauen Teilkreise oder Rechnersteuerung verfügt. Die Grenzgröße der noch sichtbaren Sterne ist in Abschnitt 2.6.3 behandelt. Das wahre Gesichtsfeld des Suchers sollte nicht unter 3° betragen, um das Auffinden nach grober Ausrichtung zu beschleunigen. Zweckmäßig ist es, zur Vermeidung umständlicher Bewegungsübungen den Sucher in der Nähe des Teleskopokulars anzubringen. Zur exakten Ausrichtung ist der Sucher mit einem Fadenkreuzokular versehen. Dazu muß der Sucher parallel zur optischen Achse des Teleskops ausgerichtet sein, was am sichersten über *zwei* justierbare Halterungen geschieht, die am ehesten auch nach einem Transport die exakte Ausrichtung garantieren. Die verschiedenen Möglichkeiten der Fadenkreuzbeleuchtung im Dunkelfeld und im Hellfeld sind ausführlich in Abschnitt 3.15.4 beschrieben. Als Sucher kann auch die Hälfte eines Feldstechers dienen, doch fehlt dann das Fadenkreuz zum Zentrieren, und das aufrecht stehende Bild kann zur Verwirrung über die Nachstellrichtung führen. Die sicherlich einfachste Vorrichtung ist eine Visiereinrichtung aus einem großen Ring mit Drahtkreuz und einem kleinen Ring als Einblick. Die Genauigkeit steigt mit dem Abstand der Ringe.

Die *Leitteleskope* dienen dem Nachführen bei photographischen Aufnahmen. An sie sind drei Forderungen zu stellen: a) keine allzu kleine Öffnung, um auch schwache Leitsterne noch zu sehen, b) große Brennweite, c) hohe mechanische Steifigkeit. Ist die Öffnung zu klein gewählt, kann es in sternarmen Himmelsfeldern (hoher galaktischer Breite) wegen geringer Grenzgröße Schwierigkeiten geben, einen geeigneten Leitstern zu finden. Die Brennweite des Leitteleskops muß um einiges größer sein als die des photographischen Teleskops. Dies hängt im Detail von der „Pixelgröße" des Detektors (d. h. im allgemeinen von der Korngröße der Photoemulsion) und der Effektivbrennweite des Systems ab. Entscheidend ist, daß die Abweichung im Fadenkreuzokular des Leitteleskops, die gerade noch wahrgenommen werden kann, unterhalb der Winkelauflösung des Detektors bleibt. Dies kann durch Brennweitenverlängerung mittels einer Barlowlinse und nachfolgender Okularvergrößerung erreicht werden. Für die Dunkelfeld- und Hellfeldbeleuchtung des Fadenkreuzokulars sei wiederum auf Abschnitt 3.15.4 hingewiesen. Entbehrt man jedoch jeglicher Fadenkreuzbeleuchtung, so kann man sich bei der Nachführung behelfen, indem man das defokusierte Scheibchen des Leitsterns zur Beleuchtung des Fadenkreuzes heranzieht und die Zentrierung über Flächenvergleich der vier Sektorscheiben vornimmt. Mit dieser Methode lassen sich gute Nachführgenauigkeiten erzielen, sie setzt allerdings die Grenzgröße des Leitsterns herab.

2.7.6 Okularmikrometer

Mit dem Okularmikrometer werden Abstand und Positionswinkel zweier Objekte (z. B. Doppelsterne) im scheinbaren Gesichtsfeld gemessen. Dazu bedient man sich eines Fadenkreuzokulars mit einem zusätzlichen dritten Faden. Dieser steht senkrecht auf einem der Kreuzfäden und wird mittels einer Mikrometerschraube über diesen bewegt. Die ganze Fadenkreuzeinheit ist drehbar gelagert, so daß ihre Stellung an einem außerhalb des Okulars liegenden Positionskreis abgelesen werden kann. Durch Zentrieren zweier Objekte auf beide Fadenkreuze (festes und bewegliches) kann deren Positionswinkel direkt am Positionskreis abgelesen werden, während die Mikrometerstellung (jede Einheit entspricht einer bestimmten Verschiebung in Grad an der Himmelssphäre) nach Umrechnung den Abstand der Komponenten angibt. Es versteht sich von selbst, daß hier höchste mechanische Präzision gefordert ist. Die Beleuchtung der Fäden geschieht zweckmäßigerweise im Hellfeld. Dazu bringt man ein schwaches Glühbirnchen (am besten veränderbarer Helligkeit) vor dem Objektiv beziehungsweise Hauptspiegel an und schirmt es gegen das Okular ab. Die Fäden heben sich dunkel gegen das aufgehellte Gesichtsfeld ab. Zur Dunkelfeldbeleuchtung ist anzumerken, daß die Lichtquelle für die Fadenbeleuchtung wegen der chromatischen Fehler der Okulare eine ähnliche spektrale Energieverteilung besitzen sollte wie das zu vermessende Objekt, das heißt daß dunkelrotes Licht zu Meßfehlern führen kann.

Auch ohne Mikrometer lassen sich diese Messungen mit einfachen Fadenkreuzokularen durchführen. Dazu wird einer der Fäden exakt in Rektaszension ausgerichtet, indem man den Teleskopantrieb abstellt und das Okular so lange dreht, bis einer der Sterne infolge der Himmelsdrehung genau am Faden entlangläuft. Anschließend stoppt man die Zeitdifferenz Δt zwischen dem Durchlauf beider Sterne durch den gekreuzten (Deklinations-)Faden. Diese Zeitdifferenz liefert den Winkelabstand beider Sterne in Rektaszension. Dazu muß Δt von mittlerer Sonnenzeit in Sternzeit $\Delta t_{\mathrm{ST}} = 1{,}002738 \cdot \Delta t$ (s. Abschnitt 2.7.9) umgerechnet und die Deklination δ des Sterns berücksichtigt werden. Der Abstand in Rektaszension $\Delta \alpha$ beträgt dann

$$\Delta \alpha = 15\, \Delta t_{\mathrm{ST}} \cdot \cos \delta \quad [\text{Bogensekunden}], \tag{60}$$

da ein Äquatorstern $15''$ pro Sternzeitsekunde am Himmel zurücklegt. Den Positionswinkel erhält man aus der Winkeldifferenz, wenn man das Okular, bei eingeschaltetem Teleskopantrieb und einer Sternkomponente im Fadenkreuz, aus der oben genannten „Null-Position" herausdreht, bis der zweite Stern ebenfalls auf dem (vorigen Rektaszensions-)Faden liegt. Der notwendige Positionskreis am Okularaufnahmestutzen kann selbst gefertigt werden, ebenso das Fadenkreuz für ein Okular mit Fokalebene vor der Feldlinse. Verwendung finden Fäden aus Spinnenkokons, Quarzfäden oder andere genügend kleinen Querschnitts (kein menschliches Haar), da diese mit dem Okular betrachtet sehr stark vergrößert erscheinen. Die Deklinationsdifferenz und der Gesamtabstand der Doppelsternkomponenten können über trigonometrische Beziehungen aus dem Positionswinkel und $\Delta \alpha$ ermittelt werden. Der Fehler in der Abstandsbestimmung steigt für Positionswinkel nahe $0°$ beziehungsweise $180°$ stark an. In Rektaszension lassen sich Genauigkeiten von 1/10 Zeitsekunde ($= 1'' - 2''$) erzielen.

2.7.7 Photometer

Die Helligkeitsschätzung von Sternen durch das Auge bleibt naturgemäß subjektiv, auch wenn die Genauigkeit durch Methodik (z. B. Argelandersche Stufenschätzmetho-

de oder Pickeringsche Bruchmethode) zu erhöhen versucht wird. Zur objektiven
Messung von Sternhelligkeiten bedient man sich eines Photometers, das heute meist
photoelektrisch ausgelegt ist. Bei diesem werden die aufgesammelten Photonen in
elektrischen Strom umgewandelt und gemessen, der ein lineares Maß für die Beleuchtungsstärke im Teleskopfokus bietet. Um die Hintergrundhelligkeit des Nachthimmels herunterzudrücken, werden in der Fokalebene des Teleskops geeignete Blenden
eingebracht, deren Durchmesser sich nach dem Luftzustand der Erdatmosphäre (d.h.
dem Seeingscheibchen) richtet. Diese Lochblende wird durch eine Linse (Linsen- oder
Spiegelsystem) auf die Photokathode eines Photomultipliers abgebildet, der für die
Umwandlung der Lichtquanten in elektrische Impulse sorgt. Vorsicht ist bei der
Spannungsversorgung (ca. 1000 V Hochspannung) der Photomultiplier angebracht,
deren Wirkungsweise unter anderem in Abschnitt 2.9.2 beschrieben ist. Wichtig ist der
Filtereinschub für das Photometer, da die Sternhelligkeiten im allgemeinen nicht im
integralen Licht, sondern in genau definierten breit- oder schmalbandigen Spektralbe-
reichen gemessen werden, aus denen sich sogenannte Farben und andere physikalische Größen für Sterne ableiten lassen. Ein vielbenutztes Farbsystem ist das UBV-
System von Johnson. Es ist definiert durch die Kombination eines Spiegelteleskops
(spektrale Reflektivität eines Aluminiumbelages) mit einer Photomultiplierröhre vom
Typ RCA1P21 mit folgenden Filtern:

U: 2 mm Schott/UG2; max. Transmission bei 360 nm mit zirka 55 nm Bandbreite
B: 1 mm Schott/BG12 + 2 mm GG13; max. Trans. 440 nm; Bandbreite zirka 100 nm
V: 2 mm Schott/GG11; max. Transmission 550 nm; Bandbreite zirka 80 nm

Jedem photometrischen System entspricht ein eigener Filtersatz. In Abhängigkeit von
Transmissionsmaximum und Filterbreite lassen sich unterschiedliche stellare Größen
bestimmen; doch mehr dazu, welche Fragestellungen photometrisch untersucht werden können, im Kapitel 10 dieses Bandes.

Neben Blenden- und Filterrad besitzt ein Photometer zusätzliche Einrichtungen,
wie Übersichts- und Einstell-Okular. Mit ersterem geschieht das Aufsuchen des Objektes im Bildfeld des Teleskops, mit letzterem das Zentrieren auf die Lochblende.
Beide werden über Klappspiegel in den Strahlengang eingebunden. Über die Details,
die beim Bau eines Photometers zu beachten sind, wird in Kapitel 10 eingehend
berichtet, so auch über die astronomische Helligkeitsskala, die Durchführung geeigneter Meßsequenzen und die anschließende Reduktion der Daten.

2.7.8 Spektrograph und Spektroskop

Der Spektrograph dient der *qualitativen* Analyse des Lichts durch die charakteristischen Spektrallinien. Drei Bauteile sind von Bedeutung: der Kollimator, das dispergierende Element und die Spektrographenkamera. Der Kollimator transformiert den
Strahlenkegel des abbildenden Teleskops in ein paralleles Strahlenbündel, das unter
einem bestimmten Winkel auf das dispergierende Element trifft. Nach Durchlaufen
dieses Elements tritt das Strahlenbündel (je nach Wellenlänge unter einem anderen
Winkel) wieder parallel aus und muß durch eine Spektrographenkamera auf die
Empfängerfläche (Photoplatte, photoelektrischer Detektor) abgebildet werden. Der
Kollimator wird eingesetzt, damit alle Strahlen unter dem gleichen Winkel auf das

dispergierende Element treffen, da Brechungswinkel, Auflösungsvermögen und Abbildungsqualität von diesem Einfallswinkel abhängen (Näheres in Kapitel 9). Verwendung finden sowohl Linsen- als auch Spiegeloptiken, die als ‚umgekehrte‘ Teleskopsysteme betrachtet werden können. Als dispergierende Medien werden Prismen oder Beugungsgitter eingesetzt. Beim Prismenspektrographen wird also die dispergierende Wirkung des Glases genutzt, die bei den abbildenden Systemen als Farbfehler unerwünscht ist, während beim Beugungsgitter die Interferenzerscheinungen der einzelnen Strahlen zur spektralen Auffächerung führen. Die Wirkungsweise beider Elemente soll hier nicht näher erläutert werden, lediglich angemerkt sei, daß das Gitter ein sog. *Normalspektrum* liefert, da der Beugungswinkel *linear* von der Wellenlänge abhängt, während das Prisma (wegen Nichtlinearität) den blauen Spektralbereich stärker auffächert als den langweiligen, roten Spektralbereich. Als Spektrographenkamera werden Linsenoptiken und lichtstarke Schmidt-Kameras verwandt.

Auch bei den Objektivprismenaufnahmen treten die drei genannten Elemente in Erscheinung. Das Sternlicht kommt von Natur aus (durch die große Objektentfernung als ebene Wellenfront) bereits kollimiert an der Teleskopöffnung an und tritt durch ein keilförmiges Prisma hindurch, das *vor* der Teleskopöffnung angebracht ist. Die nachfolgende Teleskopoptik bildet in diesem Fall die Spektrographenkamera, die die zu kleinen Spektren auseinandergezogenen Sternpunkte abbildet und eine erste Klassifizierung der Sterntypen zuläßt. Will man größere spektrale Auflösung erzielen, ist der Spektrograph mit einem Spalt in der Fokalebene des Teleskops einzusetzen. Wie das Auflösungsvermögen von Spaltbreite, Gitterwinkel und anderen Größen abhängt, ist in Kapitel 9 behandelt. Zur Spektroskopie ist in der Hauptsache eine hohe Lichtsammelleistung erforderlich, da das Sternlicht durch spektrale Zerlegung und Spektrenverbreiterung auf eine relativ große Empfängerfläche verteilt wird. Einzige Ausnahme stellt die Sonne dar. Ihre Strahlung reicht auch nach spektraler Zerlegung noch aus, um die farbempfindlichen Stäbchen der Augennetzhaut zu reizen.

Um das Sonnenspektrum mit seiner Vielzahl an Absorptionslinien mit dem Auge zu betrachten, ist der Einsatz eines *Spektroskops* zweckmäßig. Meist verwendet man dazu ein Geradsichtprisma (Abb. 30), erstmals von Amici angegeben, als dispergierendes Medium. Dieses besteht aus bis zu fünf Einzelprismen zweier Glasarten, die zu *einem* Prisma zusammengekittet sind. Ein Lichtstrahl mittlerer Wellenlänge (z. B. $e = 546{,}1$ nm) tritt am Ende dieses Prismas geradlinig aus, während die Strahlen kürzerer oder größerer Wellenlänge nach rechts beziehungsweise links abgelenkt werden. Die parallelen Lichtbündel werden anschließend über ein Okular nachvergrößert und dem Auge als Spektrum sichtbar (oder auf eine Filmebene) abgebildet. Anleitung zum Bau eines solchen Spektrographen mit Geradsichtprisma geben Gebhardt und Helms [58]. Eine Verbreiterung des Spektrums quer zur Dispersionsrichtung braucht

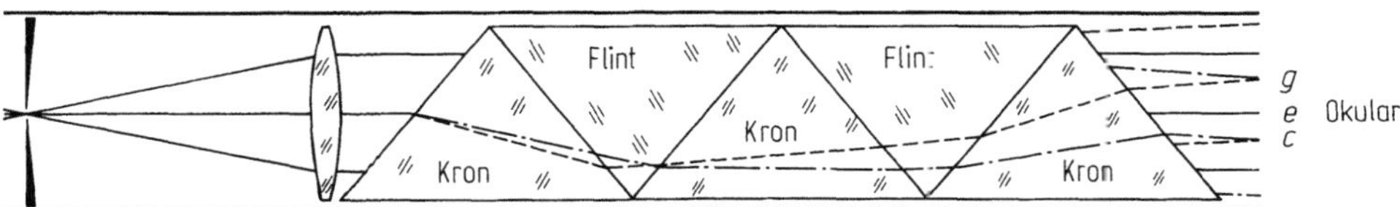

Abb. 30. Spektroskop mit Geradsichtprisma nach Amici. Spalt im Teleskopfokus und Brennpunkt der Kollimatorlinse

nicht zu erfolgen, da die Sonnenscheibe den Spalt über seine Längsrichtung ausleuchtet. Beim Betrachten einer Punktquelle (Stern) erfolgt die Verbreiterung über eine vorgeschaltete Zylinderlinse, während die photographische Verbreiterung am einfachsten durch Bewegen des Teleskops in Rektaszension oder Deklination (je nach Spaltrichtung) geschieht.

2.7.9 Sonnenprojektionsschirm

Instrumente zur direkten Sonnenbeobachtung wurden bereits in Abschnitt 2.5.9 beschrieben. Besitzt man keines der dort genannten Bauteile (wie etwa Sonnenfilter, Dämpfgläser, Helioskope etc.) zur Abschwächung des Sonnenlichts, so kann die Sonne durch Projektion auf einen weißen Schirm vergrößert abgebildet werden. Der Schirm muß im Schatten einer größeren Blende liegen, die das Teleskoprohr umschließt. Vorteilhaft ist es, den Schirm mit dem Teleskoprohr starr zu verbinden und so der Teleskopbewegung nachzuführen. Für eine gute Verbindung sollte man sorgen, will man die Sonnenphänomene (Band 2, Kapitel 1) nicht nur betrachten, sondern auf Papier zeichnerisch fixieren. Wegen der Nähe zum Teleskop*brenn*punkt (!) und der damit verbundenen Aufheizung dürfen *keine* verkitteten Okulare, sondern nur solche vom Typ Huygens, Mittenzwey oder Ramsden zur Sonnenprojektion verwandt werden. Auch für *verkittete Objektive* besteht die Gefahr der Aufheizung und Beschädigung bei langandauernder Sonnenbeobachtung.

Der Durchmesser der projizierten Sonnenscheibe P_S hängt von der Okularbrennweite f_{Ok} und dem Abstand A des Projektionsschirms ab. Als Näherungsformel kann dienen $P_S = D_S \cdot A \cdot f_{Obj}/f_{Ok} = D_S \cdot A \cdot \gamma$, in der D_S den Winkeldurchmesser der Sonnenscheibe angibt. Infolge der Elliptizität der Erdbahn schwankt der scheinbare Sonnendurchmesser zwischen 0,00917 und 0,00948 radian, so daß für Zeichnungen hoher Genauigkeit der Abstand des Projektionsschirms verstellbar sein muß. Ein projizierter Durchmesser von 15 cm kann für das Aufzeichnen der Sonnenscheibe als ausreichend angesehen werden, zudem ist es ein anerkanntes Normmaß, für das Schablonen mit Gradnetzen erhältlich sind, die die unterschiedliche heliographische Breite des Sonnenmittelpunkts infolge Kippung der Sonnenachse gegen die Ekliptik im Laufe des Jahres berücksichtigen. Neben einer guten Befestigung ist darauf zu achten, daß der Schirm rechtwinklig zur optischen Achse steht, um eine Verzerrung der Abbildung zu vermeiden. Es lassen sich selbstverständlich auch beliebig große Sonnenbilder projizieren, doch dazu muß das Okularende mit Projektionsschirm in einem abgedunkelten Raum liegen, da die Lichtstärke bei großen Bildern sehr rasch abnimmt. Um den Kontrast zu steigern, kann man sich eines ‚Wedels‘ bedienen, dessen eine Teilfläche mit halbglänzendem, ausfixiertem Photopapier faltenlos beklebt ist, und dessen andere Teilfläche als Handgriff dient. Durch leichtes Hin- und Herwedeln über die Sonnenscheibe lassen sich ungeahnte Kontraste erzielen.

2.7.10 Uhr

Der Zeitpunkt einer Beobachtung, sei sie visuell oder photographisch, sollte immer festgehalten werden. Das schließt vorausberechenbare Phänomene wie Finsternisse

Tabelle 8. Verzeichnis einiger Zeitzeichensender

Groß-Britannien	MSF				Tschechoslowakei	OMA	2,5 MHz	1,0 kW
		2,5 MHz	50	kW	USA	WWV	2,5 MHz	2,5 kW
		5,0 MHz	50	kW			5,0 MHz	10,0 kW
		10,0 MHz	50	kW			10,0 MHz	10,0 kW
Hawaii	WWVH	2,5 MHz	2,0 kW				15,0 MHz	10,0 kW
		5,0 MHz	2,0 kW				20,0 MHz	10,0 kW
		10,0 MHz	2,0 kW				25,0 MHz	10,0 kW
		15,0 MHz	2,0 kW					

oder Sternbedeckungen, aber auch unvorhersehbare Ereignisse wie Sternschnuppen oder Sternhelligkeitsausbrüche ein. So gesehen besitzt jede photographische Aufnahme dokumentarischen Wert (aktuellstes Beispiel: die Supernova 1987 A in der Großen Magellanschen Wolke LMC), so daß es Routine sein sollte, den Zeitpunkt (Anfang und gegebenenfalls auch Ende bzw. Belichtungszeit) einer Aufnahme zu notieren. Die Ansprüche an die Ganggenauigkeit der verwendeten Uhr sind sehr unterschiedlich und richten sich nach der Beobachtungsaufgabe. Für die meisten Zwecke genügt eine gutgehende Taschen- oder Quarzuhr, die vor (gegebenenfalls auch nach) einer Beobachtung mit einem Zeitzeichen verglichen werden sollte, das (falls erforderlich) wesentlich höhere Genauigkeiten als die Zeitansagen des Rundfunks oder der Post erlaubt. Eine Vielzahl von Zeitzeichensendern ist auf dem Kurzwellenband untergebracht (Tabelle 8), die unter Umständen schon mit einfachen Rundfunkempfängern gehört werden können. So lassen sich die Beobachtungszeitpunkte und das Zeitzeichen simultan auf einem Magnetband (z. B. über Mikrophon, Tonbandgerät und Mischer) abspeichern und nach erfolgter Beobachtung auswerten. Auch die photographische Fixierung eines Zeitpunkts ist denkbar, zu der Boulet [59] eine technische Anleitung gibt.

Neben den Kurzwellensendern gibt es auch Zeitzeichen auf Langwelle, so ein Prager Sender auf 50 kHz, ein britischer auf 60 kHz, ein schweizerischer auf 75 kHz und schließlich der deutsche Sender Mainflingen (DCF77) auf 77,5 kHz. Dieser Sender basiert auf Atomuhren der Physikalisch-Technischen Bundesanstalt und legt das Zeitmaß der Bundesrepublik Deutschland gesetzlich fest. Zum Empfang dieses Senders sind Bausätze oder komplette Decoder erhältlich, deren Preis nicht allzu hoch liegt, so daß das Abdrucken von Schaltplänen und der komplette Eigenbau wenig sinnvoll erscheinen. Die DCF77-Empfangsstationen liefern, je nach Ausführung, entweder einfach nur die Empfangssignale oder bringen die Weltzeit (UT), Datum, Wochentag zur Anzeige. Nebenbei bemerkt kann die DCF77 auch als Frequenznormal benutzt werden. Ihre Trägerfrequenz ist mit einer relativen Frequenzabweichung $< 10^{-12}$ eine *Normalfrequenz*. Die Stationen können von einem Rechner abgefragt und zur Nullpunktfestlegung einer internen Uhr verwendet werden. Die Codierung des Signals an dieser Stelle zu erläutern würde den Rahmen sprengen. Ansprechbar für diese und andere Fragen ist die Physikalisch-Technische Bundesanstalt, Labor 1.21 in Braunschweig.

Am Himmel beobachtete Phänomene wird man fast immer in Weltzeit (Universal Time UT) angeben, die über die Zeitzeichensender zu beziehen ist. Für den Antrieb der Stundenachse benötigt man allerdings Sternzeit (Kapitel 6). Diese unterscheidet sich (von der Abbremsung der Erdrotation abgesehen) durch einen konstanten Faktor von der Sonnenzeit. So entspricht 1 Zeitsekunde Sonnenzeit 1,002 737 909 34 Sekunden Sternzeit. Wie man auf der Grundlage der DCF77 an die Sternzeit gelangt, beschreibt Scheucher [60] recht eingehend und gibt Informationen über Teleskopsteuerung und erzielbare Genauigkeiten an die Hand. Elektronische Schaltungen zum Selbstbau einer einfachen Sternzeituhr sind unter anderem bei Newton [61] zu finden.

2.8 Visuelle Beobachtung

2.8.1 Das Auge

Die Eigenschaften des Auges wurden bereits mehrfach angesprochen, insbesondere dort, wo sie die Grenzen in der Leistungsfähigkeit der Teleskope bestimmen. So ist der Pupillendurchmesser eine sehr wichtige Größe, die Auflösungsvermögen und Bildhelligkeit entscheidend mitbestimmt. Ihre Weite paßt sich den bestehenden Lichtverhältnissen an, doch interessiert uns nur ihr Maximalwert, da der Astronom unter einem beständigen Lichtmangel leidet, so daß die Pupillen bei der Beobachtung immer weit geöffnet sind. Für die maximal erreichbare Pupillenweite werden häufig unterschiedliche Werte (6–8 mm) angegeben, doch kann man ohne allzu große Ungenauigkeit von einem linearen Abfall von 8 mm im Alter von 20 Jahren auf rund 2 ½ mm im Alter von 80 Jahren ausgehen. Entsprechend ist die Mindest- oder Normalvergrößerung anzupassen, um nicht das Lichtbündel der Austrittspupille durch eine zu kleine Augenpupille abzublenden. Ihr Einfluß auf die Flächenhelligkeit der Fernrohrbilder ist in Abschnitt 2.6.3 behandelt. Um die Augenpupille mit der Austrittspupille zur Deckung zu bringen, sollten Brillenträger bei teleskopischer Betrachtung ihre Brille abnehmen, da die Fehlsichtigkeit des Auges durch Verschieben des Okulars ausgeglichen werden kann.

Eine weitere wichtige Größe ist das Auflösungsvermögen des Auges, das für hohen Bildkonstrast, wie er bei Doppelsternen vorliegt, mit rund $120'' = 2$ Bogenminuten angegeben wird. Dieser Wert stimmt erstaunlich gut mit der Beugungsgrenze des kleinsten Pupillendurchmessers von 1–2 mm überein, was auf eine Anpassung der Netzhautelemente an die physikalischen Gesetzmäßigkeiten schließen läßt. Dies hat zur Folge, daß Fernrohrvergrößerungen mit Austrittspupillen unter 1 mm keinen Auflösungsgewinn mehr erzielen, da das kleinste Beugungselement mehrere Netzhautelemente überdeckt. Ebenso sind Vergrößerungen weit über das 100fache kaum mehr sinnvoll, da dann das maximale Auflösungsvermögen der Erdatmosphäre mit rund $1''$ an die Wahrnehmungsgrenze gelangt.

Die Empfindlichkeit des Auges für Lichtreize ist spektralabhängig. Das Auge verfügt über zwei Arten von lichtempfindlichen Netzhautelementen. Entsprechend existieren zwei spektrale Empfindlichkeitskurven (Abb. 31), auf die man sich international geeinigt hat. Die größte Hellempfindlichkeit für Tagsehen liegt demnach bei 555 nm, während die lichtempfindlicheren Stäbchen ihr Maximum bei 507 nm erreichen. Letztere sind für das Nachtsehen verantwortlich und besitzen einen Schwellenwert für die Lichtreizung, der im Idealfall einem Stern achter Größenklasse entspräche. Doch wegen der Hintergrundsaufhellung durch den Nachthimmel wird die

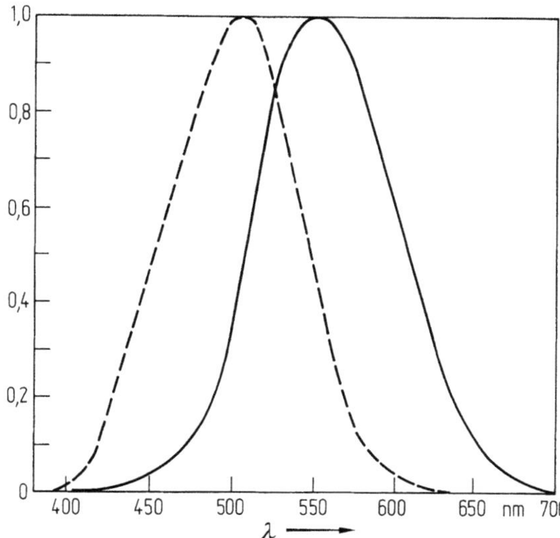

Abb. 31. Spektrale Empfindlichkeitskurve des Auges, normiert auf jeweiligen Maximalwert. Nachtsehen ———, Tagsehen ———

Grenzgröße für das bloße Auge auf etwa $6 \pm \frac{1}{2}$ Magnitude herabgesetzt. Über die Abhängigkeit der Grenzgröße von Teleskopöffnung und Vergrößerung handelt Abschnitt 2.6.3. In diesem Zusammenhang ist die Anpassungsdauer an die Dunkeladaption des Auges von Interesse. Die Netzhautempfindlichkeit nimmt innerhalb der ersten 10 Minuten sehr wenig zu, steigt aber von der 15. bis zur 25. Minute sehr steil von rund 25% auf etwa 80% der Maximalempfindlichkeit an und nähert sich diesem dann nahezu asymtotisch, so daß nach größenordnungsmäßig einer Stunde die Maximalempfindlichkeit der Netzhaut erreicht ist.

Wichtig für die visuelle Beobachtung ist die Verteilung der beiden Empfängerarten auf der Netzhaut. So konzentrieren sich die farbempfindlichen Zäpfchen auf deren Mitte, der Netzhautgrube. Die lichtempfindlicheren Stäbchen, die keine Farbwahrnehmung gestatten, sind dort nicht zu finden, sondern nehmen in den Außenbereichen der Netzhaut immer mehr zu. Dies erklärt, weshalb sehr schwache Lichtquellen (wie z.B. kosmische Nebel) bei gezielter Beobachtung ‚unsichtbar' sind, während sie durch indirektes Sehen (‚Danebenschauen') wahrgenommen werden können. Wer eine umfassende Beschreibung des menschlichen Auges sucht, der sei auf Fry [62] verwiesen.

2.8.2 Der Feldstecher

Die Feldstecher sind sicher die am weitest verbreiteten optischen Instrumente zur visuellen Beobachtung. Je nach Ausführung (dies betrifft die Größe der Eintritts- und Austrittspupille) eignen sie sich mehr oder weniger gut zur astronomischen Beobachtung. Der Feldstecher (oder Fernglas) ist vom Teleskoptyp her ein Refraktor. Da er im allgemeinen zur terrestrischen Beobachtung eingesetzt wird, muß das um 180° gedrehte Bild des Refraktors aufgerichtet werden. Die Erzeugung aufrechter und seitenrichtiger Bilder geschieht mit den unterschiedlichsten Prismenarten, von denen die Kombination zweier rechtwinkliger Prismen, der Prismenumkehrsatz nach *Porro*, am weitesten verbreitet ist und durch die Faltung des Lichtwegs eine erhebliche Reduzierung der Baulänge mit sich bringt. Von den anfangs verkitteten Achromaten ist man inzwischen zu zweilinsigen Achromaten mit großem Luftabstand übergegangen, die als abgerücktes, zweites Glied eine Zerstreuungslinse enthalten und damit ein sogenanntes Teleobjektiv (ähnlich der Kombination Objektiv-Barlowlinse) darstellen, wodurch die Baulänge weiter verkürzt wurde. Die Objektive mit Öffnungsverhältnissen bis 1:3 sind für Fehler (sphärische und chromatische Aberration, Koma) auf der Achse und in Achsnähe korrigiert. Den außeraxialen Fehler der Bildfeldwölbung gleicht das Auge durch seine Akkomodationsfähigkeit zu einem gewissen Teil aus.

Auf den Gehäusen ist immer eine Angabe, wie beispielsweise 8×21, 7×50 oder 10×50, zu finden. Die erste Zahl gibt den Vergrößerungsfaktor γ, die zweite den freien Objektivdurchmesser D in mm an. Damit sind alle charakteristischen Größen für das Fernglas festgelegt. Die Größe der Austrittspupille, entscheidend für Bildhelligkeit flächenhafter Objekte, errechnet sich durch Division zu $A_P = D/\gamma$. Ferngläser mit ca. 2 mm Austrittspupille besitzen maximale oder förderliche Vergrößerung, das heißt das Auflösungsvermögen des Auges von $2'$ ist erreicht und fällt mit dem Auflösungsvermögen des Fernglasobjektivs D zusammen. Eine weitere Steigerung der Vergrößerung auf 1 mm, höchsten aber 0,5 mm Austrittspupille ist zulässig und dient der bequemeren Beobachtung. Diese Vergrößerungen sind in der astronomischen Beobachtung allenfalls zur Auflösung von Fixsternpaaren und Haufen (evtl. von Planeten) und zur Erniedrigung der Grenzgröße (Abschnitt 2.6.3) angebracht. Gerade der letztgenannte Effekt führt aber dazu, daß zur Beobachtung flächenhafter Objekte (wie Kometen, Gasnebel oder Galaxien) die Minimalvergrößerung des Feldstechers zu wählen ist, die durch eine rund 8 mm große Austrittspupille gegeben ist. Ferngläser mit dieser Vergrößerung ($D/\gamma = 8$) werden gewöhnlich als Nachtgläser bezeichnet. In diesem Zusammenhang sei die Dämmerungszahl

$$Z_D = \sqrt{\gamma \cdot D} \tag{61}$$

erwähnt, die als relatives Maß für erzielbare Sehschärfen in der Dämmerung ($L_D \approx 0{,}3 \cdot Z_D$) als sehr verläßlich angesehen werden kann. Unter anderen hat Gera [63] zwei Feldstecher (7×50 und 15×80) einem astronomischen Beobachtungstest unterzogen und diskutiert ihre Eignung auch im Hinblick auf die charakteristischen Feldstechergrößen.

Die Fernrohrleistung L wird durch das Verhältnis der Sehschärfen mit bloßem Auge S_A und mit Hilfe des Fernglases S_F charakterisiert:

$$L = \frac{S_F}{S_A} = \frac{1/u_F'}{1/u_A'}. \tag{62}$$

Hier bezeichnet u_A' die gerade noch erkennbare Objektgröße in Bogenminuten für das unbewaffnete Auge, u_F' für das fernrohrunterstützte Auge. Angemerkt sei, daß die Fernrohrleistung L durch physiologische Effekte des Auges nicht mit der Vergrößerung γ übereinstimmt, sondern bestenfalls etwa 90 % erreicht. Sehr drastische Unterschiede zeigen sich in der Fernrohrleistung für befestigte und freihändige Feldstecherbeobachtung. Eine Untersuchung dieser Fragestellung ist bei König und Köhler [18] zu finden, die die gesamte Thematik der Leistungsfähigkeit unterschiedlichster Fernrohrtypen behandeln. Danach ist für freihändige Beobachtung eine 8fache (höchsten

jedoch 10fache) Vergrößerung zulässig, die 80 % (bzw. 60 %) der Sehschärfe eines fest
montierten Feldstechers erreicht. Außer für plötzlich eintretende Phänomene, wie
Meteore oder Satelliten, sollte das Fernglas bei astronomischer Beobachtung möglichst fest aufgestellt sein. Es genügen unter Umständen schon Eigenkonstruktionen;
günstiger ist ein (oft bereits vorhandenes) Photostativ, auf dem der Feldstecher mittels
eines speziellen Halters für den Mittelbetrieb (im Photohandel erhältlich) aufge-
schraubt wird (Abb. 32). Auf diese Weise läßt sich das Fernglas leicht und schnell auf
jede Himmelsgegend ausrichten und zeigt durch das feststehende Bild eine Vielzahl
von kosmischen Objekten in all ihrer Schönheit. Viele Beobachter haben sich eigens
Fernglashalterungen mit Liegestuhl (dreh- und kippbar) konstruiert, die eine bequeme
Körperhaltung in allen Richtungen, vor allem in Zenitnähe, erlauben. Diese sind
mehrfach in Amateurzeitschriften beschrieben. Es kann nur jedem empfohlen werden,
der mit der Beobachtung des Nachthimmels beginnt, vor dem Kauf eines Teleskopes
den meist schon vorhandenen Feldstecher erschütterungsfrei aufzustellen und gegen
den Himmel zu richten. Dieses Instrument wird dem Anfänger unser Firmament ein
entscheidendes Stück ‚näher' bringen. So ist der Sprung vom bloßen Auge zur Feldstecherbeobachtung gleichbedeutend dem Übergang vom Feldstecher zu einem 35 cm
Teleskop. Für die Beobachtung flächenhafter Himmelsobjekte eignen sich die Feldstecher wegen ihrer Lichtstärke und großen Gesichtsfeldes von einigen Grad sehr gut,
ganz zu schweigen von dem visuellen Eindruck des beidäugigen Sehens. Ein Buch
voller Anregungen zu astronomischen Beobachtungen mit dem Feldstecher hat
R. Brandt [64] geschrieben.

Abb. 32. Der auf ein Photostativ (hier
mittels Mitteltrieb-Befestigung) montierte
Feldstecher erlaubt bereits erste Durchmusterungen des Himmels. Der Lichtgewinn
und die damit einhergehende Vergrößerung der Reichweite gegenüber der Beobachtung mit bloßem Auge ist ganz erheblich

2.9 Photoplatte und photo-elektrische Detektoren

2.9.1 Photographische Astroaufnahmen und deren Reichweite

Die Photoplatte ist ein hervorragendes Hilfsmittel zur Objektivierung von Meßvor-
gängen. Besondere Bedeutung besitzt sie für die Astronomie wegen ihrer additiven
Wirkung auf schwache Beleuchtungsstärken, seitdem Henry Draper sie erstmals 1863
zur astronomischen Beobachtung eingesetzt hatte. Ihre Nachteile sollten jedoch nicht
verschwiegen werden. Als ‚Einmalempfänger‘ erfolgen Registrierung und Speicherung
bei der Photoplatte an ein und derselben Stelle und sind nur einmal möglich. Daher
ist ein direktes Eichen über ihre gesamte Flächenausdehnung nicht möglich; mehr
dazu in Kapitel 10 über die Photometrie. Außerdem besitzen selbst die lichtempfindlichen Astro-Emulsionen mit weniger als 1 % noch eine geringe Quantenausbeute.
Durch neue Emulsionen und Techniken (Hypersensibilisierung etc.) versucht man
diese zu erhöhen. Neben dem Schwellenwert, der zur Erzielung einer photographischen Wirkung überschritten werden muß, besitzt die Photoplatte einen verhältnismäßig geringen Dynamikbereich. Auch fehlt ihr die eindeutige Linearität zwischen
aufgefallener Beleuchtungsstärke und photographischer Wirkung, die außerdem noch
von vielen weiteren Faktoren, wie Temperatur, Entwicklerlösung, Entwicklungsvor-
gang und so weiter, abhängt. Diese Erläuterungen sollen zeigen, welche Vorsicht bei
kalibrierten Messungen angebracht ist.

Die Photoplatte besitzt trotz ihrer Nachteile auch heute noch ihre Einsatzbereiche
in der Astronomie. So ist ihre Speicherkapazität aufgrund ihrer großen Abmessungen
enorm groß, so daß sie für großflächige Direktaufnahmen, speziell mit Schmidt-
Kameras, unersetzlich ist. Ebenso findet sie in einigen Spektrographenkameras weiterhin Verwendung. Während die Photoplatte gegenüber anderen Detektoren für die
streng wissenschaftliche Photographie nur mehr bedingt eingesetzt wird, besitzt sie für
die Aufnahme astronomischer Objekte im Amateurbereich weiterhin ihre volle Be-
rechtigung. Welch hervorragende Astro-Photographien (unter Umständen bereits mit
einfachen Mitteln) von Amateuren erzielt werden, zeigt sich in nahezu jeder Ausgabe
einschlägiger Zeitschriften. Diese bleiben nicht nur auf Schwarzweißaufnahmen
beschränkt, sondern der Übergang zur Farbphotographie ist bereits vollzogen. Auf
die speziellen Probleme der farbigen Astro-Photographie (sei es direkt auf chromatische Filme oder mittels des Dreifarben-Kompositverfahrens) gehen Malin und Murdin [65] in ihrem Buch ‚Colours of the Stars‘ sehr ausführlich ein. Dort sind auch
andere Techniken, wie ‚unscharfe Maskentechnik‘ und Kontraststeigerungsverfahren
der Schwarzweißphotographie, beschrieben. Dem Thema Astrophotographie ist im
vorliegenden Band Kapitel 4 gewidmet, so daß hier nicht weiter darauf eingegangen
wird. Es soll statt dessen der Zusammenhang zwischen der Reichweite photographischer Beobachtung und den Teleskop- (bzw. Kamera-) Parametern erläutert werden.
Die Beschreibung und die Bestätigung erfolgte durch Knapp [66], dem die wichtigsten
Beziehungen entnommen sind (s. auch Abschnitt 4.9 in diesem Band).

Das photographische System wird durch folgende Größen beschrieben: freie Öffnung D, Systembrennweite f, Öffnungsverhältnis $D/f = 1/N$, linearer Sternscheib-
chendurchmesser b, Filmempfindlichkeit im logarithmischen DIN-Maß und dem
Schwarzschild-Exponenten $\alpha \simeq 0.8$ für Langzeitbelichtungen. Entscheidend geht die
Hintergrundshelligkeit des Himmels m_H in die erreichbare Grenzgröße m_{lim} ein. In den

nachfolgenden Beziehungen ist die Hintergrundshelligkeit m_H in Grad^2 ($\square°$) einzusetzen. Als bester Wert ist sicher $4^m/\square°$ (entsprechend $22^m/\square''$) anzunehmen, während man sich im allgemeinen mit etwa $3^m/\square°$ ($21^m/\square''$) für m_H begnügen muß, der in Stadtnähe auf Werte von $2^m/\square°$ und darunter sinkt; astronomische Größenklassenskala siehe Kapitel 10. Ausgangspunkt aller Betrachtungen ist die Größe des Sternbildscheibchens b, die von vier Parametern abhängt:

a) Auflösungsvermögen der Photoplatte
$$b = \frac{1}{A \text{ Linienpaare/mm}},$$

b) Auflösungsvermögen der Kamera
$$b = 2{,}44 \cdot \frac{\lambda}{D} \cdot f,$$

c) atmosphärische Seeing-Scheibchendurchmesser
$$1'' \leqq \frac{b}{4{,}8 \cdot 10^{-6} \cdot f} \leqq 5'',$$

d) optische Abbildungsfehler
siehe Abschnitt 2.3.

Welche der vier Komponenten die limitierende Größe für den Sternbilddurchmesser b darstellt, muß für jedes photographische System von Fall zu Fall geklärt oder mit Hilfe von Strichspuraufnahmen unter dem Mikroskop ausgemessen werden. Die erreichbare Grenzgröße eines Sterns $m_{\lim}$, die in der Flächenhelligkeit des Sternscheibchens gleich dem Himmelshintergrund m_H [mag/$\square°$] gesetzt ist, ergibt sich dann zu

$$m_{\lim} = m_H + 5 \log\,(f/b) - 8{,}5 \text{ [mag]}. \tag{63}$$

Hier hat eine Brennweitenverlängerung einen ähnlichen Einfluß auf die Grenzgröße wie die Steigerung der Vergrößerung bei visueller Beobachtung. Die zugehörige Belichtungszeit zum Erreichen der Grenzgröße $m_{\lim}$ errechnet sich nach (66), indem man als Flächenhelligkeit die Helligkeit des Himmeslhintergrunds m_H einsetzt. Ganz allgemein berechnet man die Belichtungszeit, um eine bestimmte Sternhelligkeit m_* auf der Photoplatte zu registrieren, zu

$$t = \left(4 \cdot 10^6 \,\frac{2{,}512^{m*}}{10^{\text{DIN}/10}\,(D/b)^2}\right)^{1/\alpha} \text{ [Sekunden]}, \tag{64}$$

beziehungsweise die in der Belichtungszeit t erreichbare Sternhelligkeit m_* zu

$$m_* = 2{,}5 \cdot \alpha \cdot \log t + 5 \cdot \log\,(D/b) + \text{DIN}/4 - 16{,}5 \text{ [mag]}.$$

Verschieden sind die Verhältnisse bei der Photographie flächenhafter Objekte. Dort geht statt der Abbildungsgüte D/b das Öffnungsverhältnis D/f entscheidend ein. Die Flächenhelligkeit $m_\square$, die innerhalb t Sekunden Belichtungszeit erreicht werden kann, ergibt sich zu

$$m_\square = 2{,}5 \cdot \alpha \cdot \log t + 5 \cdot \log\,(D/f) + \text{DIN}/4 - 8 \text{ [mag/}\square°\text{]}. \tag{65}$$

Die Grenze ist wiederum durch die Himmelshelligkeit m_H (in $\square°$) gegeben. Umgekehrt läßt sich auch die notwendige Belichtungszeit t angeben, um die Flächenhelligkeit $m_\square$ auf der Photoplatte festzuhalten:

$$t = \left(1585 \,\frac{2{,}512^{m_\square}}{10^{\text{DIN}/10} \cdot (D/f)^2}\right)^{1/\alpha} \text{ [Sekunden]}. \tag{66}$$

Man beachte, daß $m_\square$ als Größenklasse pro Grad^2 [mag/$\square^\circ$] einzusetzen ist, die aus der Gesamthelligkeit und Gesamtfläche (meist in $\square'$ angegeben) des Nebels abgeleitet werden muß. Neben Diagrammen zu den genannten Beziehungen, aus denen sich die gewünschten Größen leicht ablesen lassen, gibt Knapp [66] für eine ganze Reihe von Photoobjektiven und photographischen Teleskopen die charakteristischen Parameter b, f/b, D/b und $m_{\lim}$ an. Siehe auch Abschnitt 4.9.2 in diesem Band.

Von Interesse mag ebenfalls die zulässige Belichtungszeit t_{St} und die damit erreichbare Größenklasse m_{St} einer nicht nachgeführten, feststehenden Kamera sein. Als Kriterium dient die Zeit, die ein Stern benötigt, um seinen eigenen Bilddurchmesser b auf der Photoplatte zurückzulegen. Für äquatornahe Sterne beträgt diese Zeit

$$t_{St} = 13800\, b/f \ \text{[Sekunden]}, \tag{67}$$

die für Sterne der Deklination δ um den Faktor $1/\cos\delta$ zunimmt. Die in dieser Zeit erreichbare Sterngröße bei feststehender Kamera beträgt

$$m_{St} = 2{,}5 \cdot \alpha \cdot \log(b/f) + 5 \cdot \log(D/b) + \text{DIN}/4 + 10{,}4 \cdot \alpha - 16{,}5\ \text{[mag]}. \tag{68}$$

Sehr ausführlich diskutiert Rotter [70] den Einfluß verschiedener Faktoren auf die photographischen Belichtungszeiten, die notwendig sind, um flächenhafte und punktförmige Objekte bestimmter Helligkeit auf dem Film festzuhalten. Er gibt erprobte Belichtungsformeln für die Planeten- und Mondphotographie, aber auch die stellare Photographie an die Hand, die allerdings hier nicht aufgeführt sind, da der Raum zur Erläuterung der eingehenden Größen fehlt.

2.9.2 Photomultiplier

Der Photomultiplier besteht im wesentlichen aus einer Photokathode, einer Reihe von Vervielfachungselektroden (Dynoden genannt) und einer Anode, die allesamt in einer Vakuumröhre untergebracht sind. Auf die Photokathode (meist ein Alkalimetall oder eine Alkaliverbindung) auftreffendes Licht löst aufgrund des Photoeffekts Elektronen aus dieser heraus, die, dem angelegten elektrischen Feld folgend, auf die erste Dynode treffen. Die Dynoden sind mit einer speziellen Schicht bedampft, damit die auftreffenden Elektronen weitere, sogenannte sekundäre Elektronen, freisetzen, die ihrerseits auf die nächste Dynode aufprallen und weitere Elektronen freisetzen. Damit die Elektronen einem festen Weg folgen, liegt jeweils die folgende Dynode auf einem etwas höheren elektrischen Potential, indem man die Versorgungsspannung über eine Widerstandskette an die Dynoden anlegt. Mit Gesamtspannungen von 1000–2000 Volt (ca. 100 Volt Spannungsdifferenz zwischen den einzelnen Dynoden) liegt also Hochspannung an den Photomultiplierröhren (auch Photomultipliertube PMT oder Sekundärelektronenverfielfacher SEV genannt) an. Die SEV-Typen unterscheiden sich unter anderem in der geometrischen Anordnung und der Form der Dynoden, je nach Anwendungsbereich (z.B. Kurzzeitmessungen in der Kernphysik). Für die astronomische Anwendung ist hohe Quanten- und Elektronenausbeute von Bedeutung. So kann mit den heutigen S-20 Photokathoden eine Lichtquantenausbeute von bis zu 20% erzielt werden. Das nachgeschaltete Dynodensystem führt durch lawinenartiges Anwachsen der Elektronenzahl zu Verstärkungsfaktoren von 10^6–10^8 der ursprünglich an der Photokathode freigesetzten Elektronen. Dieser Elektronenstrom gelangt auf die Anode und führt zu einem Spannungsimpuls am Ausgang des SEV, der weiterverarbeitet wird. Näheres hierzu und über andere Lichtelektrische Detektortypen (wie z.B. CCD) ist in Kapitel 10 dieses Bandes über die Photometrie zu erfahren.

2.9.3 CCD – Charge Coupled Device

Die neuen Halbleiterdetektoren (zu Beginn der 70er Jahre entwickelt) basieren auf einem Siliziumchip, auf dem sich eine Vielzahl kleiner Photodioden befinden. Jede einzelne Photodiode definiert ein Bildelement (Pixel) mit Kantenlängen zwischen 30 µm und 15 µm. Die Herstellung dieser Pixel geschieht nach Art der Maskentechnik hochintegrierter Schaltkreise und ermöglicht heute Chips mit bis zu 2000×2000 Bildelementen. Der hohe Speicherplatzbedarf und die Zeitaufwendung bei der Bildverarbeitung sind ersichtlich.

Die Wirkungsweise der Halbleiterdetektoren basiert auf der Freisetzung von Ladung durch auffallendes Licht. Diese durch die Lichtquanten freigesetzten Photoelektronen sammeln sich in den einzelnen Pixel, die durch geeignete Dotierung und elektrische Potentialwälle voneinander getrennt sind. Nach Beendigung des Belichtungsvorgangs liegt ein in Elektronen umgesetztes, gespeichertes Bild auf dem Chip vor. Beim Ausleseprozeß werden die von den einzelnen Bildelementen aufgesammelten Ladungen mittels elektrischer Potentiale von einem Element zum benachbarten Element verschoben (ähnlich einem seriellen Schieberegister), bis sie am Rande des Chips den Eingang eines empfindlichen Vorverstärkers erreichen. Dort erfolgt eine Verstärkung der auf dem einzelnen Pixel akkumulierten Ladung. Die Digitalisierung über einen AD-Wandler schließt sich zur Weiterverarbeitung an. Zur genaueren Beschreibung der Techniken und Eigenschaften der CCDs sei unter anderem auf einen Artikel in Scientific American [67] hingewiesen.

Die hervorstechendsten Merkmale der CCDs sind: a) die hohe Quantenausbeute, die je nach Spektralbereich bis zu 80% erreichen kann, b) die Linearität zwischen Beleuchtungsstärke und Meßgröße (die registrierte Ladung ist ähnlich dem SEV direkt proportional der aufgefallenen Lichtmenge), c) der hohe Dynamikbereich von 10^4 und darüber (gegenüber 100 bei der Photoplatte), d) die photometrische Genauigkeit, da sie als Mehrfachempfänger in ihrer Empfindlichkeit eichbar sind, e) das niedrige Detektorrauschen, das beim Ausleseprozeß durch die Elektronik entsteht, f) die hohe geometrische Stabilität, da die Pixel durch physikalische Strukturen auf dem Chip festgelegt sind (im Gegensatz zu möglichen Schichtverzerrungen bei der Entwicklung von Photoemulsionen).

Trotz all dieser Vorteile kann die Entwicklung der Halbleiterdetektoren nicht als abgeschlossen angesehen werden. So erreichen CCDs ihr Empfindlichkeitsmaximum vornehmlich im roten Spektralbereich. Der starke Empfindlichkeitsabfall im blauen und UV-Spektralbereich läßt sich heute nur durch spezielle Beschichtungen kompensieren, die die kurzwellige Strahlung in langwelligere transformiert, aber dennoch weit unterhalb der Maximalempfindlichkeit bleibt. Die Probleme der Ladungsfreisetzung durch die kosmische Strahlung (speziell bei Langzeitbelichtungen) versucht man durch herstellungs- und beobachtungstechnische Maßnahmen zu lösen. Schließlich bleibt noch die geringe Detektorfläche von nur wenigen cm^2 anzumerken, die allerdings jetzt schon zu erheblichem Zeitaufwand in der rechnerischen Bildverarbeitung führt. Daß diese hochempfindlichen, modernen Detektoren aber bereits Einzug in die Amateurastronomie gehalten haben, beweisen die Artikel von Bickel [68] und Buil [69].

2.10 Bezugsquellen von Teleskopen und Zusatzinstrumenten

Über den aktuellen Stand informieren die meisten astronomischen Zeitschriften, zum Beispiel Sterne und Weltraum, Sky and Telescope, mit der Veröffentlichung von Anzeigen der Lieferfirmen.

Neben neuen Geräten werden auch in diesen Zeitschriften zum Beispiel in Form von Gelegenheitsanzeigen gebrauchte Teleskope und Zusatzinstrumente angeboten.

In den meisten astronomischen Zeitschriften erscheinen immer wieder Erfahrungs- und Testberichte, die bestimmte Konstruktionen und Neuentwicklungen vorstellen, auch für den Selbstbau geeignete.

Einzelne Zeitschriften veröffentlichen sogenannte Specials, die Adressen von Lieferfirmen und von Händlern zusammengefaßt für ein Land veröffentlichen, zum Beispiel Astronomy Equipment Directory 1987 in Astronomy Vol. 15, No. 10 (1987) oder Popular Astronomy Handbook in Sky and Telescope Vol. 74, No. 3 (1987).

Materialzentralen und Arbeitsgemeinschaften im Rahmen von Volkssternwarten, Planetarien und astronomischen Vereinen bieten Bauelemente für den Fernrohrselbstbau an. Informationsbörsen sind die zahlreichen nationalen und internationalen Sternfreundetreffen, zum Beispiel Fachmesse für Amateur-Astronomie in Laupheim (Bundesrepublik Deutschland) oder Stellafane (USA). Die Termine der Veranstaltungen werden in den astronomischen Zeitschriften veröffentlicht.

2.11 Literatur

1 Traving, G.: Einiges über optisches Rechnen I u. II. Sterne und Weltraum *24*, 661 (1985) u. *25*, 274 (1986)
2 Berek, M.: Grundlagen der praktischen Optik. Berlin: de Gruyter 1970
3 Flügge, J.: Leitfaden der geometrischen Optik und des Optikrechnens. Göttingen: Vandenhoeck & Ruprecht 1956
4 Köhler, H.: Die Entwicklung der aplanatischen Spiegelsysteme. Astron. Nachrichten *278*, 1 (1949)
5 Slevogt, H.: Über eine Gruppe von aplanatischen Spiegelsystemen. Zeitschrift für Instrumentenkunde *62*, 312 (1942)
6 Bahner, K.: Teleskope, Handbuch der Physik, Band XXIX. Berlin: Springer 1967
7 Wiedemann, E.: Über die Interpretation der Korrektionsdaten von Astro-Amateur-Optiken. Sterne und Weltraum *18*, 268 (1979)
8 Born, M., Wolf, E.: Principles of Optics, 6th ed. Oxford, New York, Toronto: Pergamon Press 1980
9 Cagnet, M., Francon, M., Thrierr, J. C.: Atlas optischer Erscheinungen. Berlin: Springer 1962
10 Maksutow, D. D.: Technologie der astronomischen Optik. Berlin: VEB Verlag Technik 1954
11 Petzoldt, J.: „Zerodur" – ein neuer glaskeramischer Werkstoff für die reflektierende Optik. Sterne und Weltraum *15*, 156 (1976)
12 Hartmann, J.: Objektivuntersuchungen. Zeitschrift für Instrumentenkunde *24*, 1, 33, 97 (1904)

13 Malacara, D.: Optical Shop Testing. New York: J. Wiley & Sons 1978
14 De Vany, A. S.: Master Optical Techniques. New York: J. Wiley & Sons 1981
15 Bryngdahl, O.: Applications of Shearing Interferometry. In: Wolf, E. (Ed.): Progress in Optics IV, 37. Amsterdam: North Holland Publ. Company 1965
16 Bath, K. L.: Ein einfaches Interferometer zur Prüfung astronomischer Optik. Sterne und Weltraum *12*, 177 (1973)
17 Schultz, S. W.: Standardizing the Ronchi Test Pattern. Sky & Telescope *67*, 272 (1984)
18 König, A., Köhler, H.: Die Fernrohre und Entfernungsmesser. Berlin: Springer 1959
19 Klein, W.: Bemerkungen zur Korrektion und Durchrechnung von optischen Systemen. In: Jahrbuch für Optik und Feinmechanik 1983. Berlin: Fachverlag Schiele & Schön GmbH 1983
20 Robb, P. N.: Selection of optical glasses. Applied Optics *24*, 1864 (1985)
21 Wiedemann, E.: Verfeinerte Optiken für Astroamateure. Sterne und Weltraum *15*, 366 (1976)
22 Rohr, H.: Das Fernrohr für Jedermann, 5. Aufl. Zürich: Rascher Verlag 1972
23 Wiedemann, E.: Verfeinerte Optiken für Astroamateure II, Sterne und Weltraum *17*, 374 (1978)
24 Cox, R. E.: Notes on telescope making from here and there. Sky & Telescope *35*, 319 (1968)
25 Richter, J. L.: A Test for Figuring Cassegrain Secondary Mirrors. Sky & Telescope *39*, 49 (1970)
26 Ulrich, M. H., Kjär, K. (Hrsg.): Proceedings of the ESO-Conference on 'Very Large Telescopes and their Instrumentation', ESO Garching 1988
27 Fricke, K. J. (Hrsg.): Workshop on Large Telescopes. Mitteilungen der Astron. Gesellschaft Nr. *67*, 193 (1986) und Mitteilungen der Astron. Gesellschaft Nr. *70*, 250 (1987)
28 Kutter, A.: Der Schiefspiegler. Biberach: F. Weichardt 1953
29 Kutter, A.: A New Three-Mirror Unobstructed Reflector. Sky & Telescope *49*, 46 u. 115 (1975)
30 Ingalls, A. G.: Amateur Telescope Making III. New York: Scientific American Inc. 1953
31 Cox, R. E.: The Vacuum Method of Making Correktor Plates. Sky & Telescope *43*, 388 (1972)
32 Weigel, W.: Justieren einer Schmidt-Kamera. Sterne und Weltraum *18*, 272 (1979)
33 Waineo, T.: Fabrication of a Wright telescope. Sky & Telescope *38*, 112 (1969)
34 Schmadel, L. D.: Schmidt-Systeme ohne Korrektionsplatte. Sterne und Weltraum *16*, 214 (1977)
35 Rutten, H., van Venrooij, M.: Die optischen Eigenschaften eines 200 mm Schmidt-Cassegrain-Teleskops. Sterne und Weltraum *23*, 274 (1984)
36 De Vany, A. S.: A Schmidt-Cassegrain Optical System with a Flat Field. Sky & Telescope *29*, 318 u. 380 (1965)
37 Sigler, R. D.: Compound Schmidt telescope designs with nonzero Petzval curvatures. Applied Optics *14*, 2302 (1975)
38 Sigler, R. D.: Compound catadioptric telescopes with all spherical surfaces. Applied Optics *17*, 1519 (1978)
39 Wiedemann, E.: Optiken für die Amateur-Astronomie. Sterne und Weltraum *19*, 411 (1980)
40 Gregory, J.: A Cassegrainian-Maksutov telescope design for the amateur. Sky & Telescope *16*, 236 (1957)
41 Willey, R.: Cassegrain-Type Telescope. Sky & Telescope *23*, 191 u. 226 (1962)
42 Völker, P. et al.: Handbuch für Sonnenbeobachter. Berlin: Veröffentlichung der Vereinigung der Sternfreunde e. V. 1982
43 Nögel, O.: Ein Fernrohr zur Beobachtung der Protuberanzen für den Amateur. Die Sterne *28*, 135 (1952) u. *31*, 1 (1955)
44 Nemec, G.: Das Protuberanzenfernrohr als Hochleistungsinstrument. Sterne und Weltraum *10* (1970) u. *11* (1971)
45 Hanisch, H. D.: Protuberanzenansatz für kleine Refraktoren. Sterne und Weltraum *14*, 370 (1975)
46 Richter, G.: Ein vereinfachtes Protuberanzenfernrohr. Die Sterne *50*, 105 (1974)
47 Veio, F. N.: An Inexpensive Spectrohelioscope by a Californian Amateur. Sky & Telescope *37*, 45 (1969)
48 Reinecke, M. et al.: Speckle – Interferometrie. Sterne und Weltraum *16*, 246 u. 284 (1977)

49 Jacquinot, P., Roizen-Dossier, B.: Apodisation. In: Wolf, E. (Ed.): Progress in Optics III, 31. Amsterdam: North Holland Publ. Company 1964

50 Heintz, W. D.: Doppelsterne in der Polumgebung. Sterne und Weltraum *4*, 118 (1965)

51 Becvar, A.: Atlas of the Heavens – II, Catalogue 1950.0. Cambridge, Massachusetts: Sky Publishing Corporation 1964

52 Tombaugh, C. W., Smith, B. A.: A Seeing Scale for Visual Observers. Sky & Telescope *17*, 449 (1958)

53 Bowen, I. S.: Limiting Visual Magnitude. Publication of the Astronomical Society of the Pacific *59*, 253 (1947)

54 Hartshorn, C. R.: Amateur Telescope Making III, p. 277. In: A. G. Ingalls (Ed.) New York: Scientific American Inc. 1953

55 Schiffhauer, H.: Die Verwendung von Kunststoffrohren im Fernrohrbau. Sterne und Weltraum *1*, 158 (1962)

56 Wepner, W.: Berechnung der Blenden eines Refraktors. Sterne und Weltraum *15*, 289 (1976)

57 MacRobert, A.: Caring For Optics. Sky & Telescope *73*, 380 (1987); *74*, 573 (1987) und *76*, 5 (1988)

58 Gebhardt, W., Helms, B.: Ein Selbstbau-Prismenspektrograph zum Gebrauch am C8. Sterne und Weltraum *15*, 58 (1976)

59 Boulet, D. L.: A Simple Photochronograph. Sky & Telescope *68*, 76 (1984)

60 Scheucher, E.: Sternzeituhr hoher Genauigkeit. Sterne und Weltraum *23*, 473 (1984)

61 Newton, R. J.: An Easy, Inexpensive Sidereal Clock. Sky & Telescope *66*, 453 (1983)

62 Fry, G. A.: The Eye and Vision. In: Kingslake (Ed.): Applied Optics and Optical Engineering Vol. II. New York, London: Academic Press 1965

63 Gera, H. D.: Welches Nachtglas? Sterne und Weltraum *26*, 167 (1987)

64 Brandt, R.: Himmelswunder im Feldstecher, 7. Aufl. Leipzig: J. A. Barth 1964

65 Malin, D., Murdin, P.: Colours of the stars. Cambridge, London, New York: Cambridge University Press 1984

66 Knapp, H.: Über die Reichweite von Objektiven bei Astroaufnahmen mit kleinen Montierungen. Sterne und Weltraum *3*, 262 (1964)

67 Kristian, J., Blouke, M.: Charge Coupled Devices in Astronomy. Scientific American *247*, 48 (1982)

68 Bickel, W.: Ein CCD – Versuch. Sterne und Weltraum *25*, 40 (1986)

69 Buil, C.: A Charge-Coupled-Device for Amateurs. Sky & Telescope *69*, 71 (1985)

70 Rotter, F.: Über die Belichtung astronomischer Objekte (Formeln und Tabellen). Sterne und Weltraum *26*, 280 (1987)

71 Schmidt, H.: Berechnung von Blenden in Teleskopen. Feinwerktechnik & Messtechnik *96*, 19 (1988)

72 Valleli, P.: Collimating your Telescope I & II. Sky & Telescope *75*, 259 und 363 (1988)

73 Karnapp, A., Pudenz, J.: Das APQ-Objektiv 100/1000 – eine neue Qualität in der astronomischen Optik. Jenaer Rundschau *31*, 140 (1986)

74 Miller, G.: Die Eudiaskopischen Okulare von Baader – Planetarium. Sterne und Weltraum *27*, 672 (1988)

75 Wichmann, H.: Die Verwendung von Binokularen insbesondere für das Celestron 5. Sterne und Weltraum *20*, 27, 69, 110 und 224 (1981)

76 Miller, G.: Erfahrungen mit dem Baader-Binokular. Sterne und Weltraum *26*, 716 (1987)

77 The Top 10 Telescope Ideas of 1988. Sky and Telescope *76*, 608 (1988)

78 Remmert, E.: Zusatzgeräte für Amateurfernrohre. Sterne und Weltraum *27*, 112 (1988)

3 Teleskopmontierungen und ihre elektrischen Einrichtungen

H. G. Ziegler

3.1 Einleitung

An den mechanischen Grundlagen der Teleskopmontierungen hat sich seit der 3. Auflage nichts geändert. Fortschritte wurden einzig bei den Berechnungsmethoden gemacht. Mit der Methode der *finiten Elemente* und leistungsfähigen Computern kann heute die Steifigkeit von komplizierten Teilen und ganzen Strukturen berechnet werden. Damit läßt sich ein Teleskop so konzipieren, daß es bei geringem Materialaufwand den hohen Anforderungen der Astronomen genügt. Am Grundkonzept der 3. Auflage waren daher keine prinzipiellen Änderungen erforderlich. Die einzelnen Abschnitte wurden jedoch teilweise ergänzt und hinsichtlich Systematik und Klarheit verbessert. Komplett neu gefaßt wurde hingegen der Abschnitt „Elektrische Einrichtungen". Auch hier wurde versucht, die Grundlagen der Teleskopantriebe und Steuerungen in klarer, systematischer Weise zu behandeln. Damit soll eine weitere Lücke in der Literatur geschlossen werden. Noch eine Anmerkung dazu: In diesen Abschnitten werden vorwiegend *Blockschaltpläne* ohne schaltungstechnische Details gezeigt. Da die moderne Elektronik ebenfalls mit abgeschlossenen *Funktionsblöcken* und *Modulen* arbeitet, sollten solche Blockschaltbilder auch für die praktische Realisation ausreichen. Die äußere Beschaltung von Funktions- und IC-Modulen ist in der Regel sehr einfach und kann den Applikationsschriften der Hersteller entnommen werden.

Dem Streben der Amateure nach großen und leistungsfähigen Instrumenten werden in der Regel durch die Montierung und nicht durch die Optik Grenzen gesetzt. Eine Montierung ist eine komplexe Struktur, die aus vielen Teilen besteht. Sie ist bei weitem nicht so einfach durchschaubar wie der Strahlengang einer Teleskopoptik, und viele Teile sind für den Amateur schwieriger herstellbar als ein Spiegel. Das große Problem ist für den Amateur seit eh und je die Herstellung der mechanischen Komponenten. Bedauerlicherweise kann dazu keine Hilfe geboten werden, denn eine mechanische Werkstätte läßt sich hier nicht vermitteln. Der Amateur ist da allein auf seine Findigkeit gestellt.

Der Schwerpunkt des Kapitels liegt auf den konstruktiven Grundlagen, und dies hat seinen guten Grund. An praxisorientierten Publikationen herrscht kein Mangel. In „Amateur Telescope Making", „Sky and Telescope", „Telescope Making" und vielen anderen Amateurzeitschriften wurden bereits unzählige Montierungen vorgestellt. Es gibt keinen Typ, kein Konzept, keine Ausführung, kein Detail, das da nicht schon beschrieben wurde. Woran es hingegen vollkommen mangelt, ist eine systematische Behandlung der konstruktiven Grundlagen. Dies mag ein Grund dafür sein, daß der Amateur bis heute seine Instrumente rein pragmatisch und gefühlsmäßig baute.

Bestenfalls schwebte ihm als Maxime vor, daß eine Montierung *stabil* sein muß. Dies versuchte er durch *massiv* ausgeführte Teile zu erreichen. Für eine fundierte Konstruktion sind jedoch die Begriffe „stabil" und „massiv" *wertlos*, da sich ihnen keine Zahlen-„Werte" zuordnen lassen. In der Technik zählen jedoch nur meßbare Größen, mit denen man rechnen kann. Ähnlich vage sind die Vorstellungen über Teleskopschwingungen und die Grundlagen der Kinematik. Hier soll daher dem Amateur erstmals systematisch gezeigt werden, daß sich auch eine Montierung streng gesetzmäßig behandeln läßt. Ausgangspunkt dafür sind *Grundkriterien* für die Statik, die Kinetik (Schwingungen) und die Kinematik ihrer Struktur. Von diesen ausgehend werden die technischen Grundlagen abgeleitet, die für die Dimensionierung und Konstruktion maßgeben sind. Nun ist es sicherlich nicht jedermanns Sache, für sein Instrument umfangreiche Berechnungen anzustellen. Um auch dem mehr praktisch orientierten Amateur eine fundierte Wegleitung zu geben, werden die wichtigsten Folgerungen aus der Theorie in einprägsamen *Grundsätzen* (Gs.) zusammengefaßt. Eine ähnlich systematische Behandlung der grundlegenden Aspekte wurde bei den elektrischen Einrichtungen angestrebt. Ein wesentlicher Unterschied zwischen der Teleskopmechanik und den elektrischen Einrichtungen ist, daß sich mit letzteren wesentlich einfacher basteln läßt. In einer elektrischen Schaltung können einfach und mit geringen Kosten Komponenten ausgewechselt oder sogar die ganze Schaltung geändert werden. Eine mechanische Struktur mit gravierenden Fehlern und Schwachstellen läßt sich hingegen kaum mehr korrigieren. Aus diesem Grund ist gerade bei Montierungen eine sorgfältige Planung und eine gut durchdachte und fundierte Konstruktion so wichtig.

3.2 Typen und Grundausführungen der Teleskopmontierungen

Die elementaren Grundelemente eines Teleskops sind das optische System und eine mechanische Tragstruktur mit zwei drehbaren Achsen, die unter einem rechten Winkel angeordnet sind. Mit diesen Achsen läßt sich die Teleskopoptik auf jeden Beobachtungspunkt der Himmeslphäre richten, der über dem Horizont liegt. Es gibt zwei ausgezeichnete Orientierungen oder Aufstellungsarten eines solchen Achssystems:

a) *Azimutale Aufstellung (Horizontalsystem)*
Bei dieser Aufstellung hat eine Achse die Richtung des Lotes und steht daher senkrecht zur *Horizontebene*. In der Horizontebene liegt der *Azimutkreis* mit dem *Azimut Az*, auf der anderen Achse der *Elevations-* oder *Höhenkreis* mit der *Höhe h*. Die azimutale Aufstellung findet man bei Theodolithen, großen Radioteleskopen und auch bei großen optischen Teleskopen der neueren Generation. Aus mechanischen Gründen ist diese Aufstellung für Großteleskope günstiger. Ein typisches Amateurteleskop in azimutaler Aufstellung ist die bekannte *Dobson-Montierung* (Abb. 8).

Wegen der Erdrotation muß die Teleskopoptik der scheinbaren Sternbewegung nachgeführt werden. Ein Nachteil der azimutalen Aufstellung ist, daß dafür drei komplizierte, nichtlineare Bewegungen notwendig sind. Es sind dies Drehungen um die Azimut- und Elevationsachse sowie eine Drehung der Bildebene um die optische Achse. Bei Großteleskopen werden diese komplexen Bewegungsabläufe von einem Leitrechner gesteuert.

b) *Parallaktische Aufstellung (bewegtes Äquatorialsystem)*
Bei dieser Aufstellung ist eine Achse, die als *Pol-* oder *Stundenachse* bezeichnet wird, parallel zur Rotationsachse der Erde ausgerichtet. Sie weist auf den Himmelspol und trägt den *Stundenkreis* mit dem *Rektaszensionswinkel* α oder *AR*. Im rechten Winkel zur Polachse steht die *Deklinationsachse* mit dem *Deklinationskreis* und *Deklinationswinkel* δ. Bei dieser Anordnung muß nur die Polachse mit konstanter Winkelgeschwindigkeit ω_p gedreht werden, um die Optik der Sternbewegung nachzuführen. ω_p ist die Winkelgeschwindigkeit der Erdrotation.

Eine zweifach gelagerte Welle kann entweder zwischen den beiden Lagerstellen oder außerhalb dieser die Last aufnehmen. Dieser Sachverhalt ist in Abbildung 1 schematisch dargestellt. Im ersten Fall spricht man von Mittenbelastung und im zweiten von Kragbelastung. Aus den Kombinationen dieser beiden Belastungsfälle ergeben sich die vier Grundtypen der Teleskopmontierungen, wie dies Tabelle 1 zeigt. Bei Montierungen mit Kragbelastung der Deklinationsachse ist das um die Polachse drehbare System nicht *ausbalanciert*, da der Rohrschwerpunkt nicht mit dem Schnittpunkt der Pol- und Deklinationsachse zusammenfällt. Bei der Deutschen Montierung

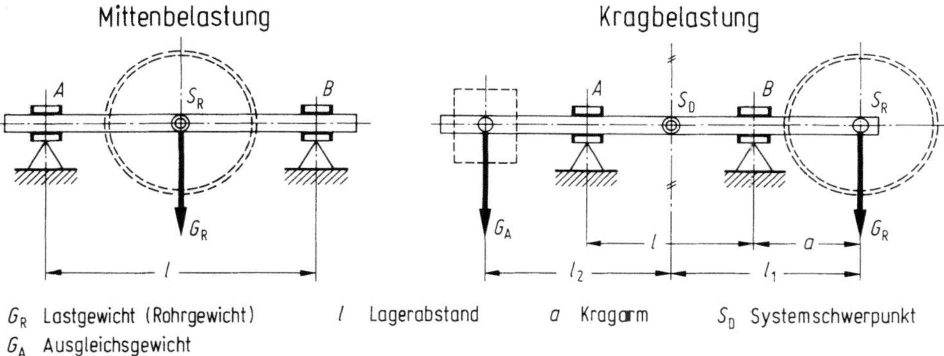

Abb. 1. Anordnung der Last auf einer zweifach gelagerten Welle. Die Last G_R, zum Beispiel das Rohr mit der Optik, kann entweder zwischen den beiden Lagern A, B, oder außerhalb dieser angeordnet werden. Nach diesen beiden Belastungsfällen lassen sich die verschiedenen Montierungstypen systematisch ordnen. Bei der *Kragbelastung* ist ein Ausgleichsgewicht G_A erforderlich, wenn das System in bezug auf die Symmetrieachse (-·-·-) ausbalanciert sein muß. Diese Bedingung muß bei der Deklinationsachse erfüllt sein

Momentensatz: $\quad G_R \cdot l_1 = G_A \cdot l_2$ [1]

Tabelle 1. Typisierung der Achssysteme von Teleskopmontierungen

Montierungstyp	Polachse	Deklinationsachse	Ausgleichsgewicht
Deutsche Montierung	Kragbelastung	Kragbelastung	erforderlich
Gabelmontierung	Kragbelastung	Mittenbelastung	nicht erforderlich
Englische Achsmontierung (Balkenmontierung)	Mittenbelastung	Kragbelastung	erforderlich
Rahmenmontierung (Horseshoe-Montierung)	Mittenbelastung	Mittenbelastung	nicht erforderlich

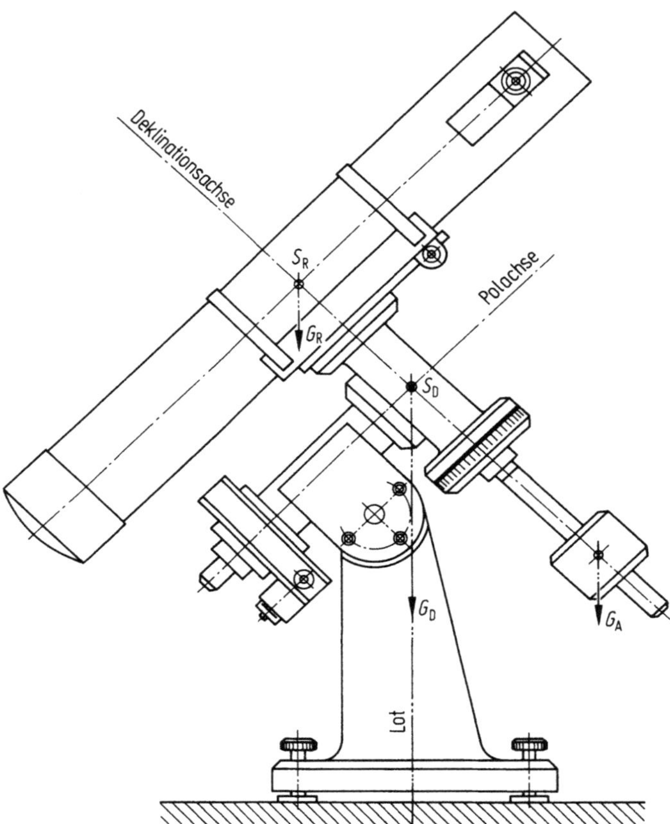

Abb. 2. Deutsche Montierung. Klassische Amateurmontierung mit breitem Anwendungsspektrum, die sich sowohl für langbrennweitige Refraktoren und Newton-System als auch für Systeme mit kurzem Tubus wie Cassegrain-Spiegel, Maksotow-Systeme, Astrographen usw. vorteilhaft einsetzen läßt und den ganzen Größenbereich der Amateurinstrumente überstreicht. Gute statische Konfiguration für mittlere geographische Breiten, weniger günstig für kleine Polhöhen. Das Achsensystem läßt sich sehr kompakt und steif konzipieren, so daß die Nachteile des Ausgleichsgewichts aufgewogen werden. Zudem sind die Achsen und Achsgehäuse fertigungstechnisch einfache Strukturen, die sich unproblematisch herstellen und mit jeder gewünschten Genauigkeit bearbeiten lassen. Von Nachteil ist, daß ein nach unten weit ausladendes Rohr in der Zenitgegend durch die Säule behindert wird. Es muß von der Ost- in die Westlage *umgeschlagen* werden

Anmerkungen zu den Texten der **Abb. 2 bis 7.**
1. Diese beziehen sich in erster Linie auf Amateurmontierungen und berücksichtigen die dem Amateur in der Regel zugänglichen Herstellungsmöglichkeiten. Bei den Kommentaren war nicht an einfache Ausführungen und Konstruktionen, etwa aus Holz, gedacht.
2. Von professionellen Großteleskopen sind dem Amateur nur äußere Formen bekannt. Zu Konstruktionszeichnungen und Fabrikationshinweisen hat er keinen Zugang. Der Nachbau von Formen, die dem Großteleskopbau entlehnt werden, ist daher problematisch, da dem Amateur die wichtigsten Angaben dazu fehlen. Der Nachbau liefert nur in Ausnahmefällen Amateurinstrumente, die das halten, was man sich von einem solchen Nachbau versprach. Diese möge bei der Gabel-, Rahmen- und Horseshoe-Montierung bedacht werden.

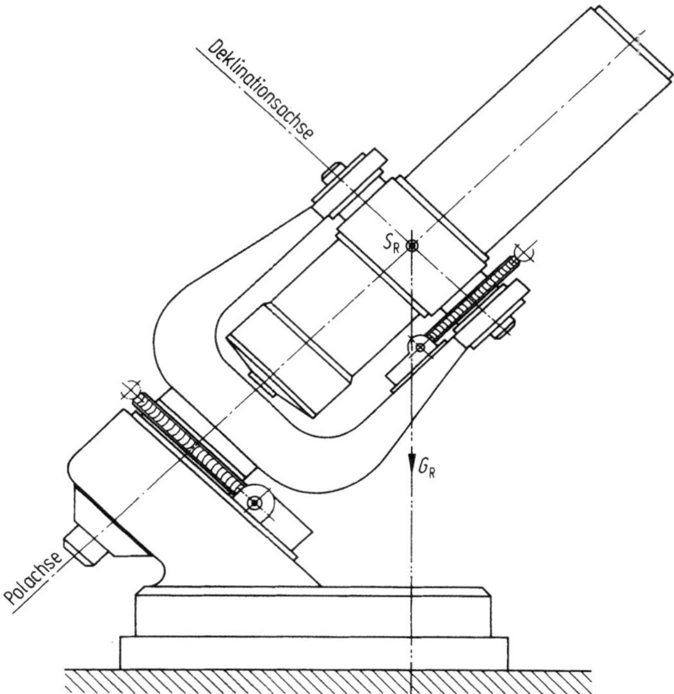

Abb. 3. Gabelmontierung. Ihr Einsatz bei Großteleskopen hat dazu geführt, daß dieser Montierungstyp heute, trotz seiner Nachteile und Problematik, vermehrt bei Amateurmontierungen anzutreffen ist. Sie weist nur in hohen geographischen Breiten (Polarregion) oder als Azimutalsystem eine günstige statische Konfiguration auf. Schon bei mittleren geographischen Breiten stehen dem Wegfall des Ausgleichsgewichts recht ungünstige Belastungsverhältnisse an der Polachse und Gabel, eine geringe Standsicherheit (transportable Geräte!) und in der Herstellung sehr problematische Teile gegenüber. Die biegesteife Konstruktion der Gabel und ihre genaue Bearbeitung (Deklinationsachslager!) sind schwierig. In den Rohrlagen 6^h und 18^h muß die Kraftkomponente $F_D = G \cdot \cos \varphi$ von einem Gabelarm allein aufgenommen werden, und zudem ist eine genau fluchtende und steife Montage der beiden Achszapfen am Rohr schwer realisierbar. Die Gabelmontierung kommt in erster Linie für kleine, leicht transportable Instrumente mit kurzer Rohrlänge in Frage, an die keine hohen Anforderungen hinsichtlich Steifigkeit und Präzision gestellt werden. Die einwandfreie Konstruktion großer Gabelmontierungen setzt sehr gute Kenntnisse der Elastomechanik und ihre Herstellung umfangreiche Fabrikationseinrichtungen voraus

und der Englischen Achsmontierung ist daher ein Ausgleichsgewicht G_A notwendig, das die Achsen und die Struktur zusätzlich belastet und auch das Schwingungsverhalten nachteilig beeinflußt. Daraus darf jedoch nicht der Schluß gezogen werden, daß diese beiden Montierungen in jeder Hinsicht ungünstige Achsanordnungen wären. Bei einem eingehenden Vergleich aller vier Achssysteme zeigt sich, daß bei jedem Typ gewissen Nachteilen andere Vorteile gegenüberstehen, die nicht immer auf den ersten Blick ersichtlich sind. Nicht diese Vor- und Nachteile sind letztendlich für die Qualität einer Montierung maßgebend, sondern einzig ihre sorgfältig durchdachte und fundier-

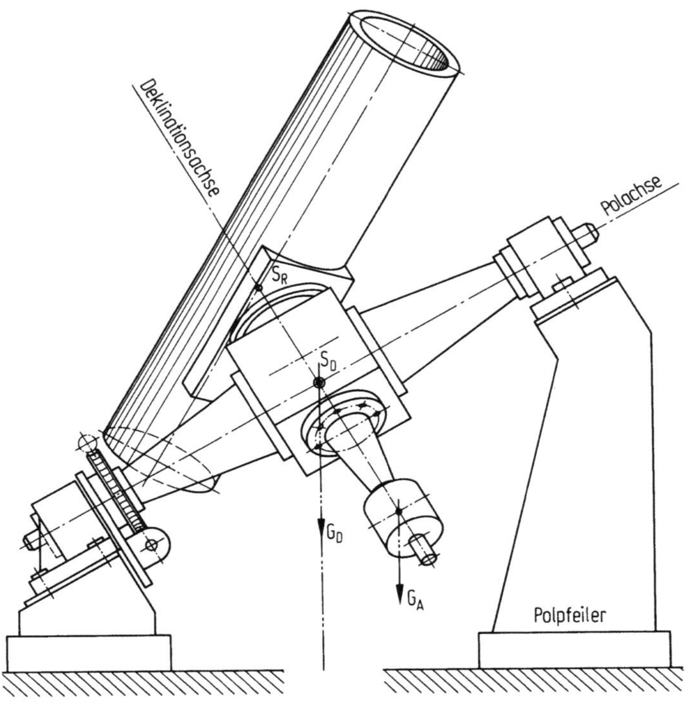

Abb. 4.
Balkenmontierung

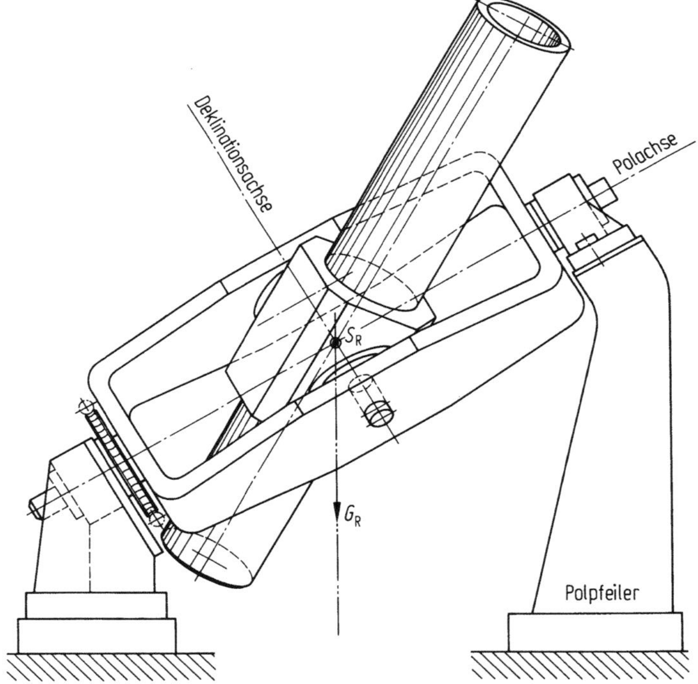

Abb. 5.
Rahmenmontierung

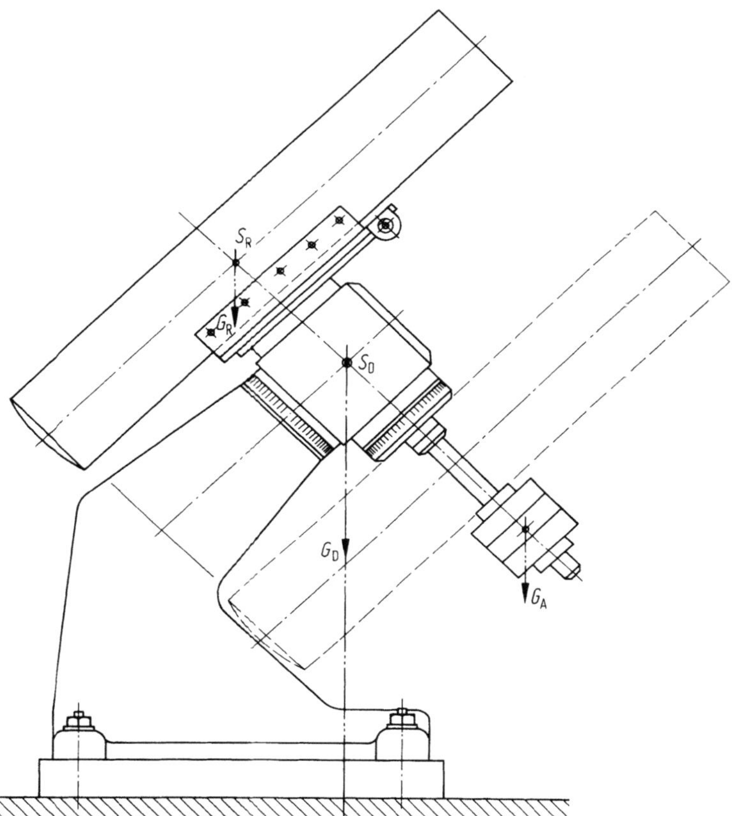

Abb. 6. Deutsche Knicksäulenmontierung. Diese Variante der Deutschen Montierung wurde erstmals von Repsold angegeben. Die kinematische Behinderung des Rohrs in der Zenitgegend wird durch die abgewinkelte Säule umgangen. Diese Anordnung ist bei vorwiegend photographischen Arbeiten mit kurzbrennweitigen Newton-Systemen sowie Maksutow- und Schmidtspiegeln angebracht. Weniger sinnvoll erscheint ihre Anwendung bei Teleskopoptiken mit Einblick am hinteren Rohrende (Refraktoren und Cassegrain-Systeme) und bei Systemen mit nach unten weit ausladendem Rohr. Die abgewinkelte Säule ist hinsichtlich Steifigkeit, Standsicherheit und Herstellung problematischer als die gerade Säule der klassischen Ausführung. Sie muß daher sorgfältig konstruiert und ausgeführt werden. Zudem ist in der Regel eine Verankerung der Säule am Fundament (Schwerpunktlage!) erforderlich, so daß dieser Montierungstyp für transportable und frei aufgestellte Instrumente weniger in Frage kommt. Ihre statische Konfiguration wird mit steigender Polhöhe günstiger

zu Abb. 4 und 5.. Balkenmontierung und Rahmenmontierung. Beide Montierungstypen sind Konfigurationen für niedere geographische Breiten und für große, nicht zu langbrennweitige Amateurspiegeloptiken. Rahmen und Balken lassen sich kaum integral bearbeiten. Der Amateur muß sie aus Einzelteilen zusammensetzen. Dadurch wird die Steifigkeit (Verbindungsstellen!) und die Genauigkeit beeinträchtigt. Der auf zwei Pfeilern gelagerte Balken oder Rahmen beansprucht einen wesentlich größeren Platz und damit Schutzbau als eine vergleichbare Deutsche Montierung. Der beträchtliche Gesamtaufwand, die nicht ganz problemlose Herstellung und die eingeschränkte Anwendung machen diese beiden Typen und Varianten davon (Horseshoe-Montierung) für den amateurmäßigen Instrumentenbau weniger attraktiv

te Konstruktion. Welchen Typ man wählt, ist somit belanglos, denn es gilt die alte Konstrukteur-Regel: „Es führen viele Wege nach Rom. Einen Königsweg gibt es jedoch nicht! Man kann aber auf jedem Weg viele Fehltritte machen". Den Amateur vor solchen Fehltritten zu bewahren ist das Ziel der folgenden Abschnitte.

In den Abbildungen 2 bis 5 sind die Grundtypen dargestellt. Diese Grundtypen können auf mannigfache Weise abgewandelt werden. Schon die Gestaltung der Lager führt zu einer ganzen Reihe beachtenswerter Varianten. Auch Säule, Gabel und Rahmen können auf verschiedene Weise variiert werden, wobei sich in der einen oder

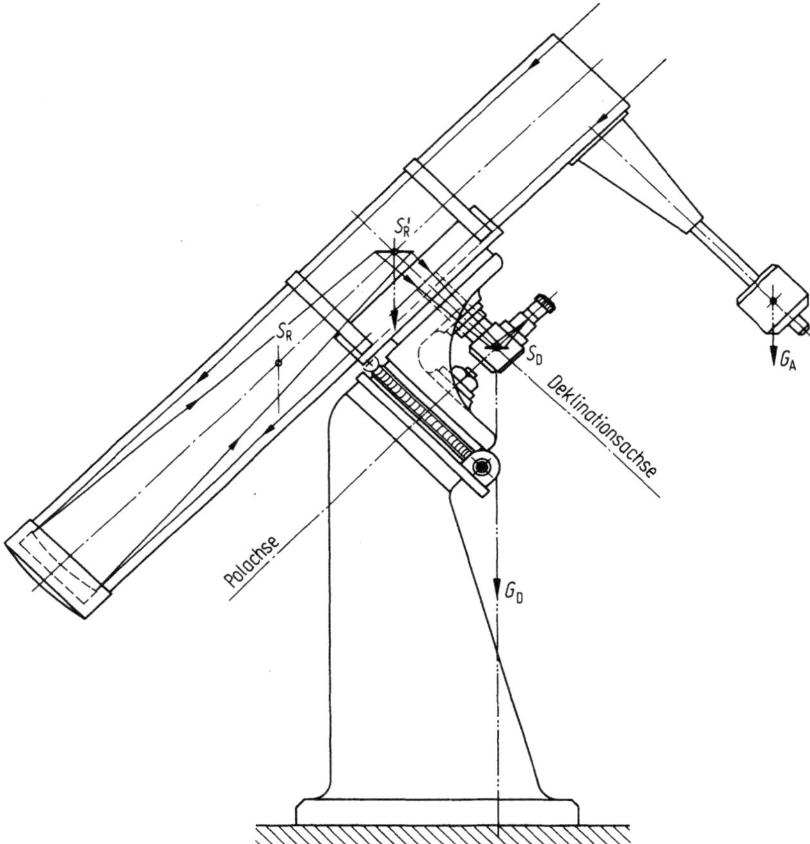

Abb. 7. Springfield-Montierung. Modifikation der Deutschen Montierung, deren Anwendung auf langbrennweitige Newton-Systeme (Ö > 1:10) und allenfalls Schär-Refraktoren begrenzt ist. Die Deklinationsachse fällt mit der herausgespiegelten optischen Achse zusammen. Der Strahlengang wird im Schnittpunkt der Deklinations- und Polachse ein zweites Mal umgelenkt (Coude-Prinzip). Das Okular bleibt dadurch in allen Rohrlagen am selben Ort, und für den Beobachter ergibt sich eine bequeme Körperhaltung. Das Achsensystem basiert auf der Scheibenanordnung nach Abb. 10e, f oder 10h und läßt sich in Guß-, Schweiß- oder Metallklebetechnik sehr kompakt und steif ausführen. Durch das eigenartig angeordnete Ausgleichsgewicht muß nicht nur das auskragende Rohrgewicht kompensiert, sondern auch der Rohrschwerpunkt von S_R nach S_R' verschoben werden. Die zweimalige Strahlumlenkung und die etwas größere Abschattung oder Vignettierung sind optische Nachteile dieser interessanten Amateurmontierung. Ihr Bau erfordert Konstruktionserfahrung und handwerkliche Versiertheit

anderen Hinsicht interessante Konstruktionen ergeben. Zwei bekannte Abwandlungen der Deutschen Montierung sind die *Knick-* oder *Kniesäulenmontierung* nach *Repsold* (Abb. 6) und die *Springfield-Montierung* nach *W. Porter* (Abb. 7).

Namentlich genannt seien ferner die *Folly-Montierung* und die *Horseshoe-Montierung*, die ebenfalls von W. Porter angegeben wurden. Die letztere ist durch das Hale-Teleskop auf dem Mount Palomar berühmt geworden. Sie ist eine Montierung für Großteleskope, die für Amateurinstrumente weniger in Frage kommt. Hingegen wurde von *J. Dobson* eine einfach herstellbare Gabelmontierung angegeben, die in neuerer

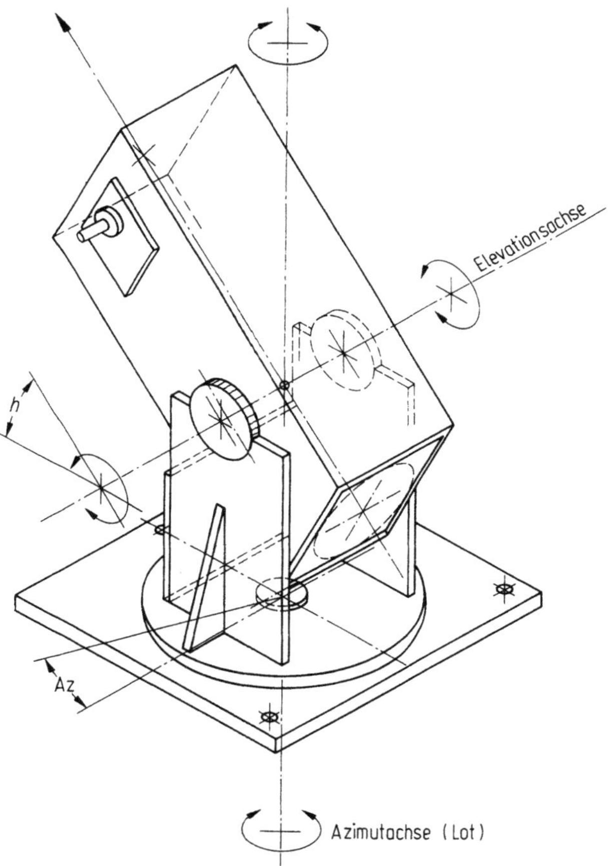

Abb. 8. Dobson Montierung. Es ist eine Gabelmontierung in *azimutaler* Aufstellung, in statischer Hinsicht die günstigste Orientierung dieser Achskonfiguration. *J. Dobson* gibt ein gutes Beispiel für eine werkstoffgerechte Holzkonstruktion. Als Holzmontierung ist sie mit einfachen Mitteln und geringem Aufwand, selbst für vergleichsweise große Newton-Spiegel (> 300 mm), herstellbar. Andererseits setzt der Werkstoff Holz und die azimutale Aufstellung ihrem Einsatz Grenzen. Ihr Einsatzgebiet sind vorwiegend visuelle Beobachtungen.
Die *Elevationsachse* ruht in einfachen Sattellagern, und der *Azimutkreis* dreht um einen Zapfen. Die Lagerstellen sind mit *Teflon* belegt. Dadurch werden weiche und *stick-slip* freie Schwenkbewegungen erreicht. Das Achsensystem erfordert keine räumliche Ausrichtung. Die Einstellung der Beobachtungsobjekte und die Nachführung erfolgen manuell

Zeit in Amateurkreisen sehr populär wurde (Abb. 8). Es ist ein Montierungskonzept, das auf den Werkstoff Holz zugeschnitten ist.

Allgemein kann man sagen, daß von den Grundtypen beträchtlich abweichende Achsanordnungen in konstruktiver Hinsicht nicht unproblematisch sind. Sie gehören daher eher in die Hand des versierten Konstrukteurs und fortgeschrittenen Instrumentenbauers. Der Amateur, der über wenig Erfahrung im Montierungsbau verfügt, wird mit Vorteil die Deutsche Achsanordnung wählen. Diese ist am besten bekannt und am weitesten verbreitet, läßt sich relativ einfach kompakt und steif bauen und ist sowohl für optische Systeme mit kurzem Rohr als auch für Optiken mit größerer Baulänge gut geeignet. Weniger bekannt ist, daß die für Großteleskope viel verwendete Gabelmontierung in einigen Punkten sehr problematisch ist und dem Amateur kaum ein steiferes und schwingungsärmeres Instrument als der Deutsche Montierungstyp liefert.

3.3 Allgemeine Konstruktionsgrundlagen

3.3.1 Rahmenbedingungen und das Konstruktionspflichtenheft

Ausgangspunkte für die Konstruktion einer Montierung sind in erster Linie die Hauptmaße des optischen Systems sowie die Gewichte, die sie aufzunehmen hat. Neben diesen Daten sind alle Rahmenbedingungen zu berücksichtigen, die sich aus der Anwendung des Instruments, der Aufstellung, dem Schutzbau und so weiter ergeben. Wichtige Punkte in diesem Konstruktionspflichtenheft sind ferner die Grenzen, die durch

1. die verfügbaren finanziellen Mittel,
2. die erreichbaren Bezugsquellen für Werkstoffe, Rohmaterialien und Komponenten,
3. die Bearbeitungs- und Herstellungsgegebenheiten und die handwerklichen Fähigkeiten

gesetzt werden und manchen Amateur vor nicht einfach zu lösende Probleme stellen. Beim Zusammenstellen dieser Konstruktionsunterlagen ist darauf zu achten, daß die einzelnen Punkte ganz konkret festgelegt und mit Zahlenwerden belegt werden. Ferner müssen sie realistisch sein und mit den individuell gegebenen Mitteln verwirklicht werden können. Es ist keineswegs vertane Zeit, wenn man sich mit diesen Rahmenbedingungen eingehend auseinandersetzt, bevor man mit der Konstruktion beginnt.

3.3.2 Statische, kinetische und kinematische Basiskriterien der Teleskopmontierungen

Nach dem Amateursprachgebrauch muß eine Montierung stabil und massiv sein. Die Worte *stabil* und *massiv* werden dabei in einer umgangssprachlichen Bedeutung verwendet, die kaum präzise definierbar ist. Da diesen Begriffen keine Zahlenwerte zugeordnet werden können und sie zudem keinen konstruktiven Aussagewert besitzen, scheiden sie als Kriterien für die Konstruktion aus. An ihre Stelle müssen genau definierte mechanische Größen treten, die sich aus Aussagen über die zulässige Auslenkung und Abwanderung der Sternbilder in der Bildebene ableiten lassen.

Wenn auf ein Teleskop keine Kräfte einwirken, dann wird das Bild eines ruhenden Gegenstands in der Bildebene keine Auslenkung erfahren. Auf ein Instrument wirken aber immer das Eigengewicht und verschiedene äußere Kräfte. Zudem muß die Optik der Sternbewegung nachgeführt werden. Neben den kinematischen Drifteffekten ändert sich dabei auch die Lage der Teile bezüglich dem Vektor der Gewichtskraft. All dies führt dazu, daß die Sternbilder in der Bildebene abwandern, schwingen und auf mannigfache Weise ausgelenkt werden.

Bei der Planung eines Teleskops für ein gegebenes Arbeitsgebiet ist daher zuerst festzulegen, wie groß die noch tolerierbaren Auslenkungen sein dürfen. Dabei darf jedoch nicht vergessen werden, daß die konstruktiven Probleme, der mechanische Aufwand und die Kosten exponentiell mit den Genauigkeitsansprüchen wachsen. Mit der tolerierbaren Auslenkung x_0 lassen sich die statischen, kinetischen und kinematischen Grundkriterien einer Teleskopmontierung einfach formulieren:

I. Statisches Grundkriterium

> Die durch statische und quasistatische Kräfte in der Bildebene verursachten Auslenkungen dürfen einen gewissen Wert x_0 nicht überschreiten.

In kinetischer Hinsicht brauchen nur Schwingungen betrachtet zu werden, da außer der Nachführbewegung an einer Montierung keine rotorischen und translatorischen Bewegungen zulässig sind. Es wäre falsch, eine Montierung als *frei bewegliche Masse* anzusehen, um dann aus dem Newtonschen Aktionsprinzip oder dem Impulssatz den Schluß zu ziehen, daß sie *schwer* sein muß. Auch eine nicht verankert aufgestellte Montierung muß als ein *ruhendes System* betrachtet werden. Ihre Orientierung im Raum muß erhalten bleiben. Die Minimalforderung ist, daß sie bei einer Auslenkung genau in ihre Ausgangslage zurückkehrt.

II. Kinetisches Grundkriterium

> Die durch gegebene Anregungsmechanismen verursachten Schwingungen dürfen in der Bildebene keine größere Amplitude als $x_0/2$ aufweisen und müssen so rasch wie möglich abklingen.

III. Kinematisches Grundkriterium

> Die durch kinematische Fehler verursachte Abwanderung der Sternbilder in der Bildebene darf während einer gegebenen Beobachtungszeit t_b einen gewissen Betrag x_0 nicht überschreiten.

In den folgenden Abschnitten wird gezeigt, von welchen Größen diese Auslenkungen abhängen und wie sie durch die Konstruktion und Dimensionierung der Einzelteile in den angegebenen Grenzen gehalten werden können.

3.4 Statische Grundlagen der Teleskopmontierungen

3.4.1 Steifigkeit als statische Kenngröße der Teleskopmontierungen

In den Grundkriterien I und II ist bereits implizit die für Teleskopmontierungen wichtige Größe *Steifigkeit* enthalten. Wenn auf einen elastischen Körper[1] eine Kraft einwirkt, dann tritt immer am Kraftangriffspunkt eine Auslenkung x, oder *Deformation* auf. Die Steifigkeit ist der Widerstand[2], den ein Körper oder eine Struktur einer elastischen Deformation entgegensetzt. Zwischen der Kraft F, der Auslenkung x und der Steifigkeit c besteht die einfache Beziehung, die auch als *Federgesetz* bekannt ist:

$$F = c \cdot x \tag{2}$$

F = Kraft [N], x = Auslenkung [m], c = Steifigkeit [N m^{-1}].

Die Steifigkeit ist aus zwei Gründen für die Konstruktion von Teleskopmontierungen von zentraler Bedeutung:

1. Mit ihr läßt sich ganz konkret jedes Teil so auslegen und konstruieren, daß dem Grundkriterium I Genüge getan wird.
2. Sie spielt auch bei den Teleskopschwingungen eine wichtige Rolle. Mit ihr kann das Schwingungsverhalten gezielt beeinfluß werden (Abschnitt 3.9).

Eine für Teleskopmontierungen zweckmäßige Einheit für die Steifigkeit ist das MN/m. Eine Montierung hat eine Steifigkeit von 1 MN/m, wenn eine Kraft von 10 N eine Auslenkung von 0,01 mm, zum Beispiel der Sternbilder auf der Fotoplatte, verursacht.

Eine Teleskopmontierung ist eine Struktur. Eine Struktur besteht aus einer größeren Anzahl diskreter Teile oder Elemente, die über diskrete Verbindungen wie Verschraubungen, Schweißnähte, Schrumpfsitze, Lager usw. miteinander verbunden sind. Jedem Element und jeder Verbindung kann eine individuelle Steifigkeit c_{kn} zugeordnet werden. Werden die Elemente in Serie, das heißt in aneinandergereihter Folge miteinander verbunden, dann kann die Systemsteifigkeit c_s nach dem *Steifigkeits-Additionsgesetz*[3] aus den individuellen Steifigkeiten c_{kn} berechnet werden.

$$\frac{1}{c_s} = \frac{1}{c_{k1}} + \frac{1}{c_{k2}} + \frac{1}{c_{k3}} + \ldots + \frac{1}{c_{kn}}. \tag{3}$$

---

[1] Elastizität ist, wie Masse, eine Elementareigenschaft der Materie. Es gibt keine realen Körper ohne Elastizität.

[2] Genau gesagt ist die Steifigkeit ein *Tensor*, der durch eine *kubische Matrix* dargestellt wird. In der Elastizitätstheorie ist die Steifigkeitsmatrix über die elastischen Materialkonstanten *Elastizitätsmodul E* und *Poissonzahl v* mit dem *Spannungstensor* verknüpft. Anstelle von Steifigkeit findet man in der Literatur auch die Ausdrücke *Steife* oder *Federzahl* und der Ausdruck $1/c$ wird *Nachgiebigkeit* genannt.

[3] Korrekterweise sind die Steifigkeits-Matrizen der Elemente zu summieren. In (2) werden die Terme der *Quersteifigkeiten* nicht berücksichtigt. Da in der Regel ihr Einfluß klein ist, ist dies zulässig. Eine Ausnahme machen allenfalls Lager, bei denen der Einfluß der Quersteifigkeit erheblich sein kann.

Dabei ist zu beachten, daß die Einzelsteifigkeiten c_{kn} dem gleichen System-Belastungs-zustand k angehören müssen. Dazu betrachte man eine Kraft, die in einer angenommenen Richtung das Instrument in der Bildebene belastet. Die Kraftwirkung wird sich von Element zu Element bis zur Basis (Fundament) fortpflanzen und dabei jedes Element auf falltypische Weise belasten. Entsprechend der Richtung der Kraft ergeben sich verschiedene Systemsteifigkeiten. Für eine Montierung relevant ist jedoch nur die Richtung der kleinsten Systemsteifigkeit. Aus folgenden Gründen:

- Bei der Arbeit am Instrument ist jede Manipulation mit Krafteinwirkungen verbunden. Diese Kräfte und Stöße sind an keine vorgegebene Richtung gebunden. Es wäre ein Zufall, wenn sie genau in Richtung der größten Systemsteifigkeit fielen. Dasselbe gilt für Windkräfte bei frei aufgestellten Instrumenten.
- Auch Teleskopschwingungen sind an keine vorgegebene Richtung gebunden. Vorzugsweise treten sie in Richtung der kleinsten Systemsteifigkeit auf, wobei ihre störende Wirkung am größten ist.

Aus dem Steifigkeits-Additionsgesetz lassen sich für die Konstruktion von Teleskopmontierungen zwei wichtige Konsequenzen ziehen:

> *Gs.* 1. Die Steifigkeiten der n einzelnen Teile und Verbindungsstellen einer Montierung müssen n-mal größer sein als die geforderte Systemsteifigkeit.

> *Gs.* 2. Die Steifigkeiten der Teile sollten annähernd gleich groß sein. Das Gesetz zeigt, daß eine einzige *Schwachstelle* mit geringer Steifigkeit im Verband genügt, um die Systemsteifigkeit nachhaltig zu beeinflussen, während überdimensionierte Teile nur einen unbedeutenden Beitrag zur Gesamtsteifigkeit leisten.

Ein Beispiel soll die beiden Grundsätze anschaulich machen:

Es werde eine Montierung angenommen, die aus 10 Elementen und 10 Verbindungsstellen besteht. Es wäre dabei falsch die Steifigkeiten der Verbindungselemente zu vernachlässigen. Gerade im Verband spielt die Steifigkeit der Verbindungselemente eine wichtige Rolle.

Fall A
Alle Teile und Verbindungsstellen sollen eine Steifigkeit von 10 MN/m haben. Nach (2) errechnet sich eine Systemsteifigkeit von 0,5 MN/m, die angestrebt wurde

Fall B
Wie Fall A, von den 10 Teilen wurden jedoch die beiden Achsen und die Säule mit 100 MN/m massiv überdimensioniert. Für c_s erhält man 0,58 MN/m. Die drei massiv überdimensionierten Teile erbrachten nur eine unwesentliche Verbesserung der Systemsteifigkeit.

Fall C
Wie Fall B mit drei überdimensionierten Elementen, von den 10 Verbindungsstellen mögen jedoch zwei Verschraubungen eine Steifigkeit von 0,5 MN/m haben. Hier findet man eine Systemsteifigkeit von 0,18 MN/m, das heißt die beiden Schwachstellen haben die Systemsteifigkeit (vorher 0,58) um 79% hinuntergedrückt, und die drei überdimensionierten Teile vermochten die beiden zu schwachen Verschraubungen nicht zu kompensieren.

Es ist dies der bekannte Sachverhalt, daß eine Kette nur so stark ist wie ihr schwächstes Glied.

In Tabelle 2 sind Richtwerte für die Systemsteifigkeit von Amateurmontierungen angegeben.

Tabelle 2. Richtwerte für die Systemsteifigkeit von Amateurmontierungen. Werte in MN/m

Einsatzgebiet	Spiegeldurchmesser [mm]		
	120–150	150–200	200–300
Anspruchsvolle Arbeiten, lichtelektrische Photometrie, Langzeitphotographie, robuste Instrumente für Volkssternwarten, Montierung auf schwerem Fundament verankert	2–6	5–15	15–45
Allgemeine, hinsichtlich Bildstand weniger kritische Arbeiten, sorgfältige Bedienung erforderlich Montierung auf Fundament verankert	0,5–2	2–6	5–15
Leichte und transportable Instrumente, auf Dreibeinstativ oder lose aufgestellt, subtile Bedienung erforderlich, wind- und vibrationsempfindlich	< 0,5	0,5–2	2–6

Steifigkeit gemessen am Rohr, etwa in der Höhe der Bildebene. Nach Konstruktion und Berechnungen des Autors.

3.4.2 Steifigkeit als Konstruktionsgröße

Die Steifigkeit eines Elements hängt von seiner geometrischen Form, den elastischen Werkstoffeigenschaften (Elastizitätsmodul E, Poissonzahl v) sowie den Randbedingungen an der Einspannstelle ab. Sie ist jedoch nicht von der Größe der belastenden Kraft abhängig. Mit der Methode der *finiten Elemente* und leistungsfähigen Computern läßt sich die *Steifigkeits-Matrix*, selbst für komplizierte Formen und Strukturen, berechnen. Dieses Verfahren ist jedoch sehr aufwendig und wenig anschaulich und daher dem Amateur kaum zugänglich. Die einfachen, klassischen Deformationsformeln für *stabförmige Elemente*[4] zeigen dagegen sehr anschaulich, worauf es bei der steifen Konstruktion einer Teleskopmontierung ankommt. Mit ihnen lassen sich auch die wichtigsten Teile so berechnen, daß diese den Steifigkeitsanforderungen gerecht werden. In Tabelle 3 sind für die vier elementaren Belastungsfälle und einseitig eingespannte Stäbe beliebiger Querschnittsform die Formeln für die Steifigkeit angegeben. In technischen Handbüchern[5] findet man für zahlreiche weitere Belastungsfälle und Einspannbedingungen die entsprechenden Steifigkeitsformeln.

Die Formeln der Tabelle 3 zeigen, daß bei gegebener Stablänge und gegebenem Stabquerschnitt die *Biegesteifigkeit* am kleinsten ist. Für Teleskopmontierungen sind daher in erster Linie die Biegesteifigkeiten relevant. Nach ihnen hat sich die Dimensionierung der Teile zu richten. Wenn alle Elemente eine genügende Biegesteifigkeit

---

[4] Wesentliche Teile von Teleskopmontierungen wie Rohr, Achsen, Säule und so weiter fallen bereits in die Kategorie „*stabförmige Elemente*". In der Regel lassen sich auch kompliziertere Teile so in stab- oder plattenförmige Abschnitte unterteilen, daß deren Steifigkeiten mit diesen einfachen Formeln berechnet und mit dem Steifigkeits-Additionsgesetz summiert werden können.

[5] Zum Beispiel: „*Hütte*" Des Ingenieurs Taschenbuch, Band 1 Mechanik. „*Dubbel*" Taschenbuch für den Maschinenbau, Band 1. Dabei ist zu beachten, daß die *Durchbiegungen* f und nicht die Steifigkeiten c angegeben sind ($f \cdot c = F$).

Tabelle 3. Die Steifigkeit eines einseitig eingespannten stabförmigen Elements

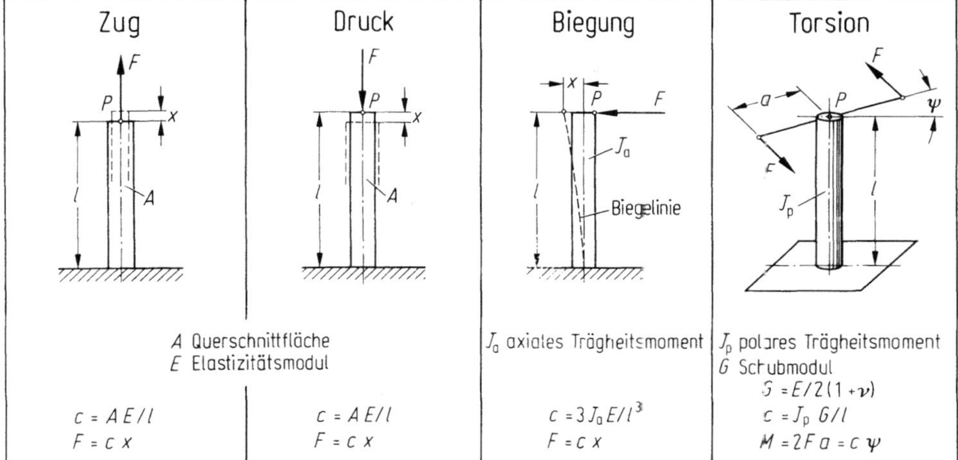

aufweisen, dann werden sie auch bei Zug-, Druck- oder Torsionsbelastung nicht zu Schwachstellen im System. Damit ergibt sich der wichtige Grundsatz:

> *Gs.* 3. Das A und O bei der Konstruktion von Teleskopmontierungen ist eine hohe Biegesteifigkeit der Struktur.

Es gilt nun zu zeigen, wie eine hohe Biegesteifigkeit erreicht wird. In den Biegesteifigkeits-Formeln (Tabelle 4) erscheinen drei konstruktive Gestaltungsgrößen:

1. die Biegelängen l
2. das Flächenträgheitsmoment J $\}$ als geometrische Gestaltungsgrößen,
3. der Elastizitätsmodul E als Werkstoffeigenschaft.

Die Größen E und J stehen in den Biegeformeln im Zähler. Bei der Konstruktion sind daher möglichst große Werte anzustreben. Die Biegelängen stehen dagegen im Nenner und zudem in der 3. Potenz! Sie verdienen daher eine besondere Beachtung. Jede Verkürzung eines Teiles, die sich bei der Konstruktion realisieren läßt, führt zu einer wesentlichen Erhöhung seiner Steifigkeit. Eine Struktur mit möglichst kurz konzipierten Elementen wird gesamthaft kompakt und gedrungen aussehen. Kompakt und gedrungen sind zwar keine exakten physikalischen Begriffe, es sind jedoch sehr anschauliche Begriffe für den Gesamteindruck einer gut konzipierten Teleskopmontierung. Damit ergibt sich als weiterer Grundsatz:

> *Gs.* 4. Alle Krag- und Biegearme in der tragenden Struktur einer Montierung müssen so kurz wie möglich ausgeführt werden.

Tabelle 4. Biegesteifigkeit einiger für Teleskopmontierungen wichtiger Belastungsfälle. Man beachte, daß in der *Mechanik stabförmiger Tragwerke* der Ausdruck $E \cdot J$ als *Biegesteifigkeit* bezeichnet wird und nicht mit dem hier verwendeten allgemeinen Steifigkeitsbegriff verwechselt werden darf

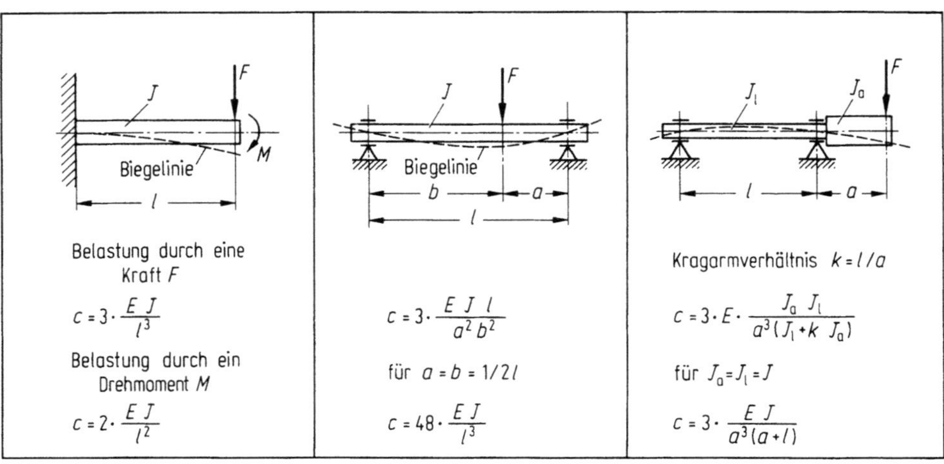

Belastung durch eine Kraft F

$$c = 3 \cdot \frac{E J}{l^3}$$

Belastung durch ein Drehmoment M

$$c = 2 \cdot \frac{E J}{l^2}$$

$$c = 3 \cdot \frac{E J l}{a^2 b^2}$$

für $a = b = 1/2\,l$

$$c = 48 \cdot \frac{E J}{l^3}$$

Kragarmverhältnis $k = l/a$

$$c = 3 \cdot E \cdot \frac{J_a J_l}{a^3 (J_l + k\,J_a)}$$

für $J_a = J_l = J$

$$c = 3 \cdot \frac{E J}{a^3 (a + l)}$$

Tabelle 5. Das Flächenträgheitsmoment

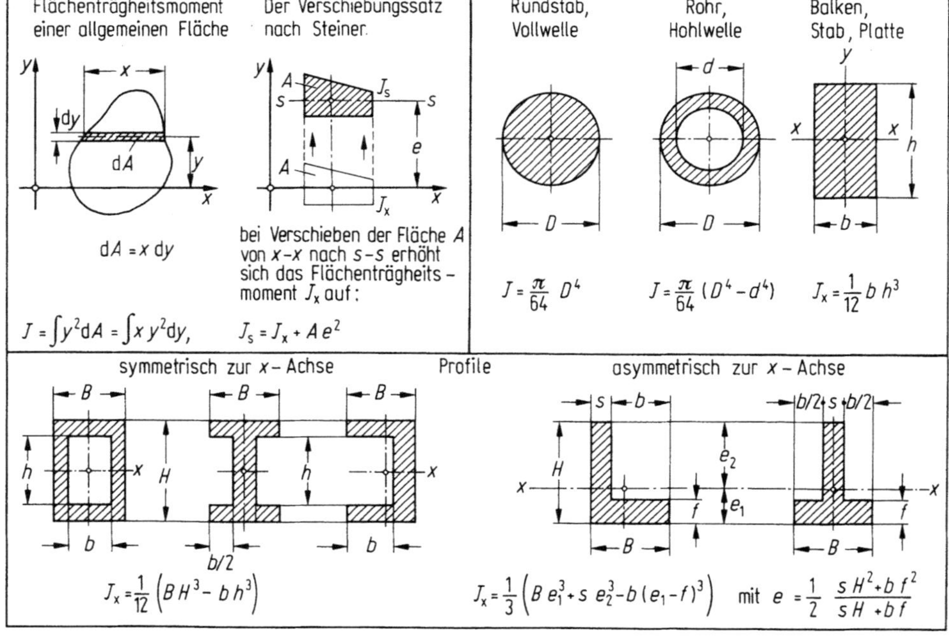

Flächenträgheitsmoment einer allgemeinen Fläche

$dA = x\,dy$

$$J = \int y^2 dA = \int x\,y^2 dy,$$

Der Verschiebungssatz nach Steiner.

bei Verschieben der Fläche A von x–x nach s–s erhöht sich das Flächenträgheitsmoment J_x auf:

$$J_s = J_x + A e^2$$

Rundstab, Vollwelle

$$J = \frac{\pi}{64}\,D^4$$

Rohr, Hohlwelle

$$J = \frac{\pi}{64}\,(D^4 - d^4)$$

Balken, Stab, Platte

$$J_x = \frac{1}{12}\,b\,h^3$$

symmetrisch zur x-Achse — Profile

$$J_x = \frac{1}{12}\left(B H^3 - b h^3\right)$$

asymmetrisch zur x-Achse

$$J_x = \frac{1}{3}\left(B\,e_1^3 + s\,e_2^3 - b\,(e_1 - f)^3\right) \quad \text{mit} \quad e = \frac{1}{2}\,\frac{s H^2 + b f^2}{s H + b f}$$

Dieser Sachverhalt läßt sich auch auf andere Weise ausdrücken: In einer biegestei-
fen Struktur liegen die Schwerpunkte der einzelnen Elemente eng beisammen.

In Tabelle 5 sind für geläufige Querschnitte die Flächenträgheitsmomente J angegeben.

Die Definitionsgleichung $J = \int y^2 \cdot dA$ zeigt, daß es beim Flächenträgheitsmoment
nicht auf die gesamte Querschnittsfläche A, sondern auf große Abstände y (im Quadrat!) der Flächenelemente dA von der Biegeachse $x-x$ ankommt. Anschaulich ausgedrückt heißt dies: Material, das nahe an der Biegeachse und im Zentrum angeordnet
ist, liefert keinen nennenswerten Beitrag zum Trägheitsmoment und damit zur Biegesteifigkeit. Bei allen Vollprofilen sind erhebliche Materialanteile unwirk-
sam. Läßt man das Material um die Biegeachse weg, dann ergeben sich die Hohlprofile
. Eine Reduktion der achsnahen Flächenelemente auf schmale Stege führt
zu den bekannten I T C Profilen. Diese Beispiele zeigen, wie man mit geringem
Materialaufwand und Gewicht zu Querschnittsformen mit großen Flächenträgheits-
momenten gelangt.

> *Gs.* 5. Alle Teile der tragenden Struktur einer Teleskopmontierung müssen mit
> möglichst großen Flächenträgheitsmomenten ausgeführt werden.

> *Gs.* 6. Eine Teleskopmontierung muß in statischer Hinsicht nicht schwer, son-
> dern steif sein. Wieviel Gewicht dazu benötigt wird, hängt nur von der Ge-
> schicklichkeit des Konstrukteurs ab, kurze Biegearme und hohe Trägheitsmo-
> mente zu realisieren.

3.4.3 Elastizitätsmodul

Der E-Modul darf nicht mit der *Zugfestigkeit, Streckgrenze* oder *Härte* eines Werk-
stoffs verwechselt werden. Es ist daher wichtig, daß man streng zwischen technischen
Objekten unterscheidet bei denen es einerseits auf Festigkeit und Bruchsicherheit
(Brücke, Kran, Radachse, Tragseil usw.), andererseits auf Steifigkeit (Drehbank, Teleskopmontierung, Feinmeßgeräte usw.) ankommt.

Bei zahlreichen technisch wichtigen Metallen, zum Beispiel Eisen und Aluminium,
haben Legierungszusätze, die die Festigkeit und Härte stark erhöhen, praktisch keinen Einfluß auf den E-Modul. Es ist überraschend, daß im elastischen Bereich weiches
Eisen und hochfester Chromnickelstahl, oder weiches Aluminium und die sehr festen
Leichtmetallegierungen, dengleichen E-Modul besitzen und daher gleiche Durchbiegungen zeigen. Vom Standpunkt der Steifigkeit her gesehen sind daher keine Werkstoffe mit hoher Festigkeit und Härte erforderlich. Andererseits sprechen gegen die
Verwendung weicher Werkstoffe, wie Reinaluminium, die geringe *Kratz-, Schlag- und
Verschleißfestigkeit* sowie schlechte *Bearbeitbarkeit*. In der Regel lassen sich etwas
härtere und festere Werkstoffe besser spanabhebend bearbeiten als weiche. In Tabelle
6 sind die wichtigsten Eigenschaften einiger Werkstoffe zusammengestellt, die für
Teleskopmontierungen von Interesse sind. Betrachtet man den E-Modul, dann ergibt
sich, daß bei gleicher Steifigkeit eine Leichtmetallkonstruktion dreimal so große Flä-

Tabelle 6. Materialeigenschaften einiger für den Montierungsbau wichtiger Werkstoffe

Werkstoff Bezeichnung	Art Handelsname	Halbzeugform	Dichte ϱ $kg \cdot m^{-3}$	E-Modul E $10^3 N \cdot mm^{-2}$	Streckgrenze R_e $N \cdot mm^{-2}$	Zugfestigkeit R_n $N \cdot mm^{-2}$	E/ϱ $10^4 N \cdot g^{-1} \cdot mm$	Brinell-Härte BH	Bearbeitbarkeit Schneiden, Drehen, Bohren, spanende Formung
St 37	normaler Baustahl	gewalzte Stangen ∅ □ ▢ alle Walzprofile	7850	206	215	365−440	26,2	140	gut
C 35, CK 35	normaler Wellenstahl	gewalzte Stangen ∅	7850	206	295	490−635	26,2	160	gut
ST 34 BK	blanke gezogene Stangen	∅ □ ▢ u. Profile	7850	211	390	490	26,9	140	sehr gut
St 35 BK	blanke gezogene Präzisionsstahlrohre		7850	211	295	440	26,9	150	sehr gut
9 S Mn Pb 28 K	gezogener Automatenstahl	Stangen ∅ □ ▢	7850	211	225	370	26,9	140	extrem gut
X 12 Cr Mo S 17	rostfreier Automatenstahl	gezogene Stangen ∅	7750	206	440	690−835	26,6	210	sehr gut
X 10 Cr Ni Ti 189	rostfreier Stahl (St S 18/8)	Stangen ∅ □, Bleche	7900	196	205	490−735	24,8	180	schlecht
GG 20	Grauguß	versch. Formen u. Teile	7200	110	−	196	15,3	160	gut
Cu Zn 40 Pb 3 h	Messing kalt gezogen	alle Profile u. Rohre	8500	93	290	390−460	10,9	100−125	sehr gut
Al Mg Si 1 hbh	Anticorodal	Stangen ∅ □ ▢ Rohre, Profile, Bleche u. Platten	2700	69	95	195−265	25,6	60	sehr gut
G Al 12 Si unvergütet	Leichtmetall-Gußlegierung Silafont 1, Silumin		2650	73	75−90	165−215	27,6	50	mäßig gut
G Al 10 Si Mg vergütet	Leichtmetall-Gußlegierung Silafont 3, Silumin untereutektisch		2650	73	175−245	235−295	27,6	75	sehr gut
	Nichtmetallische Werkstoffe				Biegefestigk.				
Hp 2065	Bakelite, Pertinax, Delit, Resocel 81 Phenolharz-Hartpapier	Platten u. Rohre	1100−1200	5−8	100	50	5,7	−	gut
Hp 2066, Hp 2067	Bakelite, Pertinax, Delit, Resocel 82 Phenolharz-Hartpapier (dichte Qualität)	Platten u. Rohre	1100−1300	7−9	120−140	40−60	6,7	−	gut
Hgw 2375	Vetresit 52 Epoxy-Glasgewebe	Platten, Rohre u. Formteile	1700−1900	13−15	300	180−220	7,8	−	schlecht Glasgewebe!
Fichte	Fasern in Längsrichtung belastet bei 12% Feuchte (lufttrocken) Bretter u. Leisten		470 330−680	10,8	76 48−133	88 22−240	23,0	−	gut
Birke	Fasern in Längsrichtung belastet bei 12% Feuchte (lufttrocken) Bretter u. Leisten		650 510−830	16,2	144 75−152	134 34−265	25,0	−	sehr gut
Rotbuche	Fasern in Längsrichtung belastet bei 12% Feuchte (lufttrocken) Bretter u. Leisten		720 540−910	15,7	120 73−206	132 56−176	22,0	−	sehr gut

chenträgheitsmomente und eine Montierung aus Holz sogar fünfzehnmal so große wie eine Ausführung aus Stahl besitzen muß. Eine Stahlkonstruktion weist daher die kleinsten Wandstärken auf. Beachtung verdient auch der sehr niedrige E-Modul von Bakelite (Teleskoprohre!) und von *Holz-Spanplatten*, die wegen des geringen *Verzugs* gerne in Holzkonstruktionen verwendet werden.

Es ist kaum möglich, einen Vorzugswerkstoff für Amateurinstrumente anzugeben, da zu viele technische und individuelle Rahmenbedingungen die Werkstoffwahl beeinflussen. In Tabelle 7 (s. Seite 110 und 111) sind verschiedene Faktoren angeführt, die Denkanstöße dazu geben sollen.

3.5 Die Achsen und ihre Lager

3.5.1 Lagersteifigkeit

Kritische Teile jeder Montierung sind die Achsen mit ihren Lagern. Neben der Steifigkeit sind bei diesen Elementen Genauigkeit und Spielfreiheit wichtige Kriterien. Genauigkeit und Spielfreiheit sind Forderungen aus dem III. Kinematischen Grundkriterium. Sie gehen aber auch als Parameter in die innere Lagersteifigkeit ein.

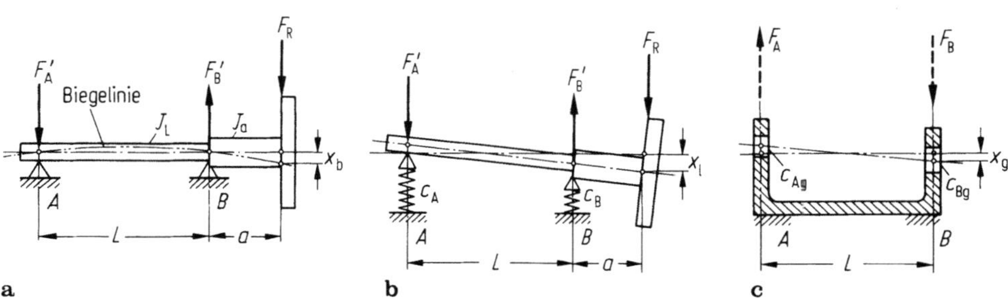

$$k = \frac{L}{a} \text{ Kragarmverhältnis, Lagerreaktionskräfte } F_A = F_R \cdot \frac{a}{L}, \quad F_B = F_R \cdot \frac{(L+a)}{L} \tag{4}$$

Biegesteifigkeit der Welle c_b	Lagersteifigkeit c_1	Steifigkeit des Lagergehäuses c_g

$$c_b = \frac{3 \cdot E}{a^3} \cdot \frac{J_L \cdot J_a}{(J_L + k \cdot J_a)} \qquad \frac{1}{c_1} = \frac{1}{c_B} \cdot \left(1 + \frac{1}{k}\right)^2 + \frac{1}{c_A} \cdot \left(\frac{1}{k}\right)^2 \qquad \frac{1}{c_g} = \frac{1}{c_{Bg}} \cdot \left(1 + \frac{1}{k}\right)^2 + \frac{1}{c_{Ag}} \cdot \left(\frac{1}{k}\right)^2 \tag{5}$$

$$\text{Gesamtsteifigkeit } c_s: \quad \frac{1}{c_s} = \frac{1}{c_b} + \frac{1}{c_1} + \frac{1}{c_g} \tag{6}$$

Abb. 9a–c. Die Steifigkeit einer gelagerten Welle. Die Gesamtsteifigkeit einer Welle wird durch die Biegesteifigkeit c_b, die inneren Lagersteifigkeiten c_A, c_B und die Steifigkeiten des Lagergehäuses c_{Ag}, c_{Bg} bestimmt. Die inneren Lagersteifigkeiten sind in **b** symbolisch durch Federn dargestellt. Die Formeln zeigen die Bedeutung des Kragarmes a nicht nur für die Durchbiegung der Welle, sondern auch für die Lager- und Gehäusesteifigkeit. Amateurmontierungen weisen vielfach reichlich oder sogar überdimensionierte Achsen auf, während die Lager- und Gehäusesteifigkeiten in der Regel zu wenig beachtet werden

Tabelle 7. Hinweise zur Werkstoffauswahl

Gebiet	Aspekte, Faktoren	Hinweise, Beispiele, Werkstoffe, anwendungseinschränkende Werkstoffeigenschaften
Hauptanforde-rungen an den Werkstoff	Steifigkeit, E-Modul	hohe Ansprüche: Langzeitfotografie, Le. Photometrie, Instrumente für Vereine (Massenbenützung), schwere Zusatzgeräte ⎰hoher E-Modul, Festigkeit, Härte (Verschleiß!), ⎱Metalle, Stahl, Leichtmetallegierungen
	Genauigkeit	geringe Ansprüche: einfache Beobachtungen, Dobson-Teleskope und ähnliche Instrumente geringer Genauigkeit ⎰Holz, Spanplatten, Kunststoffe
	Robustheit, Strapazierfähigkeit	wenig schonende Benutzung: Vereins- und Volkssternwarten, transportable Instr.: höhere Festigkeit notwendig, Metalle, Stahl
		schonende Individualbenützung: andere günstige Eigenschaften weicherer Werkstoffe können ausgenützt werden
	Gewicht, Transportierbarkeit	höheres Gewicht zulässig: stationär aufgestellte Instrumente, große Instrumente: Stahl, Metalle, Säulen aus Beton
		geringes Gewicht gefordert: transportable Reiseinstrumente, leichte Kleininstrumente: Holz, Leichtmetalle, Kunststoffe
	Preis	darf was kosten: rostfreier Stahl, Aluminium-Legierungen, Messing, Bronze, Harthölzer, hochwertige Kunststoffe
		muß billig sein: normaler Stahl, Weichhölzer, Holz-Spanplatten (geringer E-Modul!), billige Kunststoffe, Beton
	Lebensdauer	Prototypen, Inprovisationen: Holz, Karton, billige Kunststoffe/lange Lebensdauer: korrosionsbeständige Metalle
Werkstoff-Bezugsquellen	breites Bezugsquellen-Spektrum	Großstadt, Zugriff zu Grossisten, weitgespannte Beziehungen zu Firmen und Lieferanten: frei in optimaler Werkstoffwahl
	eingeschränkte Bezugs-möglichkeiten	ländliche Gebiete, keine Beziehungen zu Bezugsquellen: eingeschränkt in der Werkstoffwahl und konstruktiven Freiheit
verfügbare Bearbeitungs-einrichtungen	für Holz, Kunststoffe	Zugriff zu Holzbearbeitungsmaschinen u. Holzbearbeitungs-Werkzeugen entsprechend der Werkstoffwahl:
	für Metalle	Zugriff zu Metallbearbeitungsmaschinen, Drehbank, Fräsmaschine usw. werkstoff- und bearbeitungsgerechte
	für Schweißverbindungen	Zugriff zu Autogen- und/oder Elektro-Schweißeinrichtungen Konstruktion sowie Schweißbarkeit beachten
Kenntnisse, handwerkliche Fähigkeiten	Ingenieur-Kenntnisse	grundsätzlich die Werkstoffe wählen – deren konstruktionsbestimmende Eigenschaften man am besten kennt
	Werkstoff-Kenntnisse	– deren Verarbeitungs- und Bearbeitungs-Technologien man am besten kennt
	handwerkliche Kenntnisse	– deren handwerkliche Bearbeitung man am besten beherrscht
Witterungs-einflüsse und Korrosion	Klima, Feuchte, Schadstoffe	Aufstellung: im Freien, im Schutzbau, Schutzgrad des Schutzbaues, Luftfeuchte: Korrosion, Rosten, Quellen und Schwinden bei Holz und vielen Kunststoffen erhöhte Korrosion bei Luftschadstoffen (Küstengebiete!), Handschweiß (Griffe!)

allgemeine physikalische Werkstoff-Verträglichkeit	thermische Ausdehnung	stark unterschiedliche thermische Ausdehnungen können zu einem Verzug der Struktur, Dejustage, Beeinträchtigung optischer Komponenten (Spiegel- und Linsenfassungen!), Lockerung von Paßsitzen (Schrumpfsitzen) führen
	zwischenmetallische Korrosion	bei Paarung von Metallen mit unterschiedlichen elektrochemischen Potentialen kann zwischenmetallische Korrosion auftreten. Der korrosionsgefährdete Partner sollte „elektronegativ" sein (auf der Spannungsreihe links vom anderen liegen). galvanische Spannungsreihe: Ag – Bronze – Messing – Cu – Ni – AlCuMg – O – V2A Stahl – AlMgSi – Al – Sn – Pb – Stahl – Zn – ←——·|——→ +
	Reib- und Gleiteigenschaften Verschleiß	die Reib- u. Gleiteigenschaften sind sehr verschieden (zu beachten bei Lagern und aufeinandergleitenden Teilen) gute Gleiteigenschaften: Stahl – Bronze, Stahl – Messing, Metalle auf gewissen Kunststoffen (Teflon, Delrin usw.) schlechte Gleiteigenschaften: Stahl – Leichtmetalle, Leichtmetalle – Leichtmetalle, rostfreier Stahl, Nickelschichten
	Kriecheigenschaften	ausgeprägt bei Kunststoffen, gering bei Stahl und Gußlegierungen (Grauguß, Al-Guß)
	Hafteigenschaften für Überzüge	gewisse Leichtmetallegierungen sind schlecht eloxierbar, auf vielen Kunststoffen haften Anstriche schlecht, Holz erfordert spezielle Imprägnierungen und Anstriche, wenn es der Witterung oder Feuchte ausgesetzt ist
Werkstoff-Verträglichkeit bei Verbindungen	Steifigkeit, unterschiedliche E-Module, stark unterschiedliche Festigkeiten	Verbindung Metall – Holz, Metall – Kunststoff sind steifigkeitsmäßig sehr problematisch, Schrauben in Holz, Kunststoffen und sehr weichen Stoffen (Reinaluminium) haben eine ungenügende Steifigkeit und Festigkeit „reißen aus" Schrumpfsitze halten schlecht (z. B. Stahl auf Al), Paßsitze unterschiedlicher Werkstoffe können problematisch sein
	Schweißverbindungen	nicht alle Stahlsorten sind gut schweißbar (Aushärtungen , Versprödung, Risse usw.), verschiedene Metall sind nur mit Spezialverfahren (Leichtmetalle, rostfreier Stahl) oder überhaupt nicht schweißbar (gewisse Gußlegierungen!) vergütete Legierungen erweichen an der Schweißnaht
	Lötverbindungen	verschiedene Werkstoffe sind nur schwer oder nur mit Spezialloten und speziellen Flußmitteln hartlötbar (Bronze, rostfreier Stahl, Grauguß), Stähle, Messing werden beim Hartlöten weich, erhöhte Korrosionsanfälligkeit (Flußmittel!)
	Klebeverbindungen	verschiedene Werkstoffpaarungen sind schlecht klebbar (z. B. verschiedene Kunststoffe, Metalle mit Holz), die Klebepartner sollten nicht zu stark unterschiedliche Festigkeitswerte und Ausdehnungskoeffizienten haben (Wärmedehnung Sommer–Winter kann zur Ablösung führen!), chemische Verträglichkeit Kleber – Klebeteile (Kunststoffe!)

Die Gesamtsteifigkeit einer gelagerten Welle setzt sich wieder nach dem $1/c$-Gesetz aus der Steifigkeit der Welle, der inneren Steifigkeit der Lager und der Steifigkeit des Lagergehäuses zusammen. In Abbildung 9 sind die Einzelsteifigkeiten einer gelagerten Welle schematisch dargestellt. Dabei zeigt sich neuerlich, wie wichtig eine kleine Kragarmlänge ist, da sie nicht nur die Biegesteifigkeit der Welle mit der Dritten Potenz herabsetzt, sondern auch in die Formel der Lagersteifigkeit quadratisch eingeht. Bei den Lagergehäusen sind die Biegesteifigkeit und die *Beulsteifigkeit* zu beachten. Die innere Lagersteifigkeit c_1 ist eine recht komplexe Größe, die von folgenden Faktoren abhängt:

1. von der Lagerart (Kugellager, Kegelrollenlager, Gleitlager, hydrostatische Lager),
2. von den Lagerdimensionen und der Lagergeometrie,
3. von der inneren Lagergenauigkeit und dem Lagerspiel,
4. von der äußeren Genauigkeit der Wellensitze und der Gehäusebohrungen,
5. von der axialen und radialen Vorspannung bei Wälzlagern.

In Abbildung 10 (s. Seite 114 und 115) sind verschiedene Varianten für die Lageranordnung der Polachse gezeigt. Die schematisch mit Gleitlagern dargestellten Varianten (Abb. 10a, b, d, e) lassen sich auch mit entsprechenden Wälzlagern ausrüsten, wie dies in Abbildung 10g und h gezeigt ist. Für die Gesamtsteifigkeit der Lageranordnung sind die in Abbildung 9 angegebenen Steifigkeiten der Welle (Scheibe in Abb. 10h) und der Lagergehäuse sowie die innere Steifigkeit der Lager maßgebend. Diese Einzelsteifigkeiten haben bei den dargestellten Anordnungen eine sehr unterschiedliche Größe. So ist beispielsweise bei der Porterschen Folly-Montierung (Abb. 10c) die Steifigkeit des Polachskegels und allenfalls auch jene der tragenden Basisstruktur sehr groß. Hingegen sind die Rollen, auf denen der Polachskegel aufliegt, ein schwaches Glied in der Kette, das sich kaum mit adäquater Steifigkeit ausführen läßt, es sei denn, daß anstelle der Rollen, wie bei Großteleskopen, *hydrostatische Lagereinheiten* eingesetzt werden. Eine in jeder Richtung steife Konstruktion ist die Scheibenausführung mit Vierpunkt-Kugellager (Abb. 10h). Bei jeder Lageranordnung kommt es darauf an, die für die Steifigkeit kritischen Punkte zu erkennen und die Konstruktion entsprechend auszuführen.

3.5.2 Belastungsverhältnisse an der Deklinationsachse

Bei ausbalanciertem System ist das Gewicht G der drehenden Teile ein im Raum feststehender Vektor, der in die Kraftkomponenten

$$F_\mathrm{P} = G \cdot \sin\varphi \quad \text{und} \quad F_\mathrm{D} = G \cdot \cos\varphi \tag{7}$$

φ = Polhöhe, F_P = Komponente in Polachsrichtung, F_D = Komponente in der Äquatorialebene zerlegt werden kann. Es ist ersichtlich, daß sich mit dem Stundenwinkel die Lage der Deklinationsachse relativ zur Kraftkomponente F_D ändert. Bei waagrechter Deklinationsachse, entsprechend Stundenwinkeln von 12^h und 24^h, gibt F_D Radiallasten an den Deklinationslagern, und die Achse wird auf Biegung beansprucht. In den Lagen 6^h und 18^h wird hingegen das Biegemoment der Kraftkomponente F_D Null (nicht jedoch jenes von $G \cdot \sin\varphi$!), und die Lager werden axial belastet. Diese unterschiedlichen Belastungsverhältnisse haben auch unterschiedliche Deformationen zur Folge.

Bei alten Teleskopkonstruktionen wurde dieser Effekt durch ausgeklügelte *Gewicht/Hebel-Entlastungssysteme* kompensiert [6]. Die moderne Konstruktionsphilosophie ist, durch eine sehr biegesteife Struktur die Deformationen klein zu halten und die Restfehler durch den Steuercomputer automatisch zu korrigieren.

Besonders ausgeprägt sind die lageabhängigen Deformationen bei Gabelmontierungen, wenn nicht gezielte Maßnahmen dagegen ergriffen werden. Dazu folgende Hinweise:

Bei waagrechter Deklinationsachse wird jeder Gabelarm mit $F_D/2$ auf Biegung belastet. In 6^h und 18^h muß jedoch das gesamte Biegemoment von nur einem Gabelarm aufgenommen werden. Grundsätzlich kann ein Kraftvektor nicht auf zwei Punkten seiner Wirkungslinie abgestützt werden (*statisch unbestimmter Fall!*). Daher kann in dieser Lage ein Gabelarm unbeschadet weggelassen werden. Man erhält so die „*Halbgabelmontierung*". Sie ist statisch bestimmt und einwandfrei berechenbar. Eine hinreichende Steifigkeit läßt sich durchaus auch mit nur einem Gabelarm realisieren. Außerdem kann ein Gabelarm so ausgeführt werden, daß die Biegesteifigkeiten in allen Rohrlagen gleich sind (*Steifigkeitsisotropie*).

Es gibt jedoch auch konstruktive Möglichkeiten, um beide Gabelarme gleichmäßig zu belasten beziehungsweise eine hohe Steifigkeit in allen Rohrlagen zu erreichen. Sie können hier nur stichwortartig genannt werden:

Ein kräftiges Vorspannen der Gabelarme ($F_{vor} > 5 \div 10 \cdot F_D$) Dazu sind an den Achsstummeln besonders ausgebildete Lageranordnungen erforderlich.

Durch Ausbilden eines *starren Rahmenverbandes* kann eine hohe Integralsteifigkeit erreicht werden. Auch hierzu sind besonders ausgebildete Lager und ein steifes Rohrmitteljoch erforderlich.

Soweit bekannt, wurden diese Konstruktionen bei Amateur-Gabelmontierungen und den im Handel erhältlichen Instrumenten noch nicht angewendet.

3.5.3 Gleitlager

Ein Vorteil der Gleitlager gegenüber Wälzlagern sind die etwas besseren Schwingungsdämpfeigenschaften. Hingegen ist es mit Gleitlagern schwieriger, eine hohe Lagersteifigkeit und Spielfreiheit zu erzielen, da dazu sehr kleine Schmierspalte und eine hohe Genauigkeit der Gleitflächen erforderlich sind. Damit eng und genau gepaßte Lager nicht *anfressen*, sind geeignete Werkstoffe für die Welle und die Lagerbüchsen und Spezialschmiermittel erforderlich. Gute Gleiteigenschaften haben Stahl auf Bronce, während rostfreier Stahl (St S 18/8), die meisten Leichtmetallegierungen und vernickelte Flächen zum *Anfressen* neigen. Ein gutes Schmiermittel für alle Gleitflächen an Montierungen, inklusive der Schneckentriebe, ist das auf Molykotebasis aufgebaute Fett „Molykote Longterm 2" von Dow Corning.

Bei Großteleskopen werden heute die Achsen auf *hydrostatischen Lagereinheiten gelagert*. Solche Lagerkonstruktionen haben eine sehr hohe Steifigkeit, sind jedoch dem Amateur kaum zugänglich.

---

[6] Bei alten Teleskopmontierungen und Meridiankreisen wurde von solchen Gewicht/Hebel-Entlastungssystemen ausgiebig Gebrauch gemacht. Beachtenswert waren die raffinierten Entlastungsmechaniken von *F. Meyer*, der Firma Zeiss. Ein bekanntes Beispiel war der alte *Treptower Refraktor* auf einer Gabelmontierung mit Entlastungssystemen auf beiden Achsen.

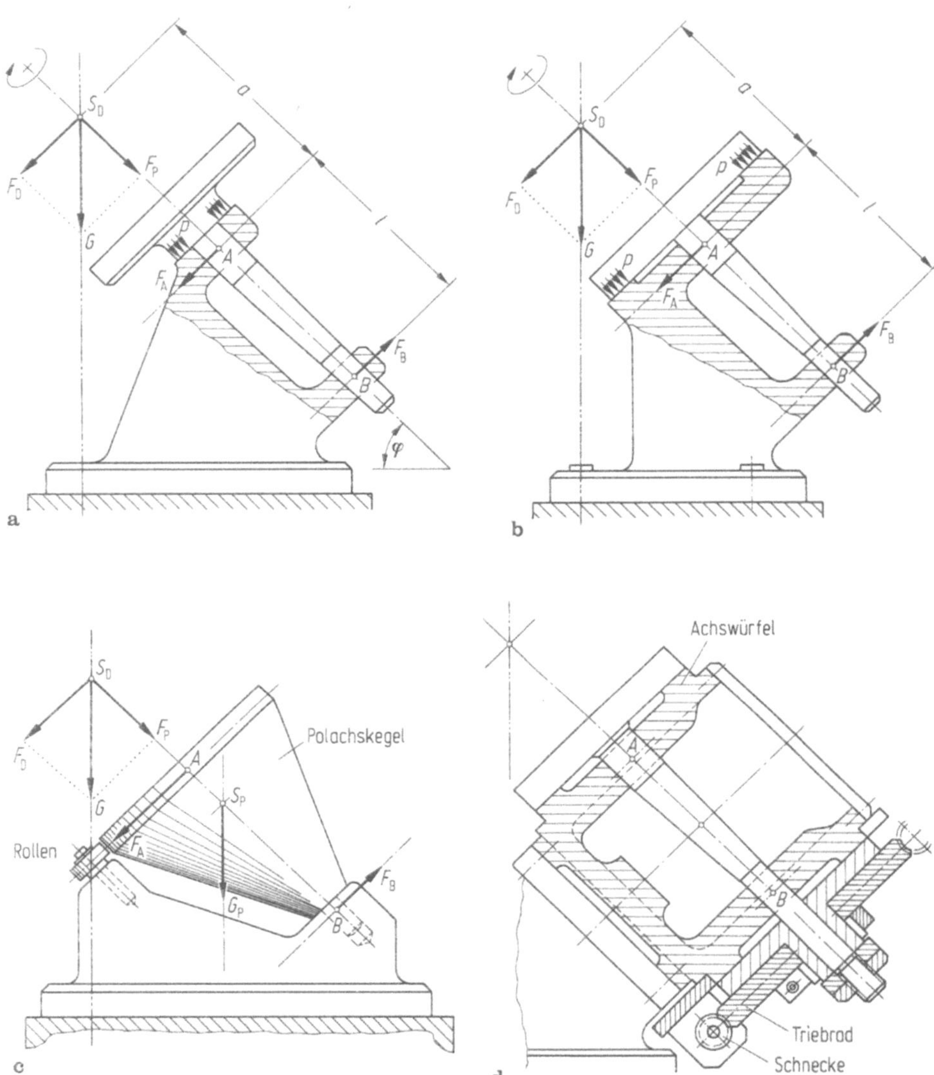

Abb. 10a–d. Ausführungsformen der Polachse. Die Lageranordnung wird durch die Axialkraft $F_p = G \cdot \sin\varphi$ und durch das Moment $M = a \cdot G \cdot \cos\varphi$ belastet. Primär ist M für die Steifigkeit relevant. In **a** wird F_p durch die Wellenschulter auf den Lagerbock übertragen. Das Moment muß von der Welle aufgenommen werden. Bei peripherer Abstützung des Wellenflansches **(b)** wird auch von diesem ein Teil des Moments übernommen. Dadurch wird die Steifigkeit erhöht. Bei der *Porterschen Folly-Montierung* **(c)** ist die Steifigkeit des Polachskegels sehr groß. Schwachstellen dieses Konzepts sind die Abstützrollen. Die *Kugellager-Steifigkeit* ist bei einer solchen Belastung klein. Hinzu kommen *Herzsche Deformationen*, Biegungen und kinematische Verlagerungen. Die Gesamtsteifigkeit ist daher nicht größer als bei anderen optimal konzipierten Achsanordnungen. In **d** und **g** sind würfelförmige Gehäusestrukturen gezeigt (*Badener-Würfelmontierung*). Der Hohlwürfel besitzt in allen Richtungen eine hohe Steifigkeit, und seine fertigungstechnisch günstige Form trägt dem rechtwinkeligen Achssystem in idealer Weise Rechnung

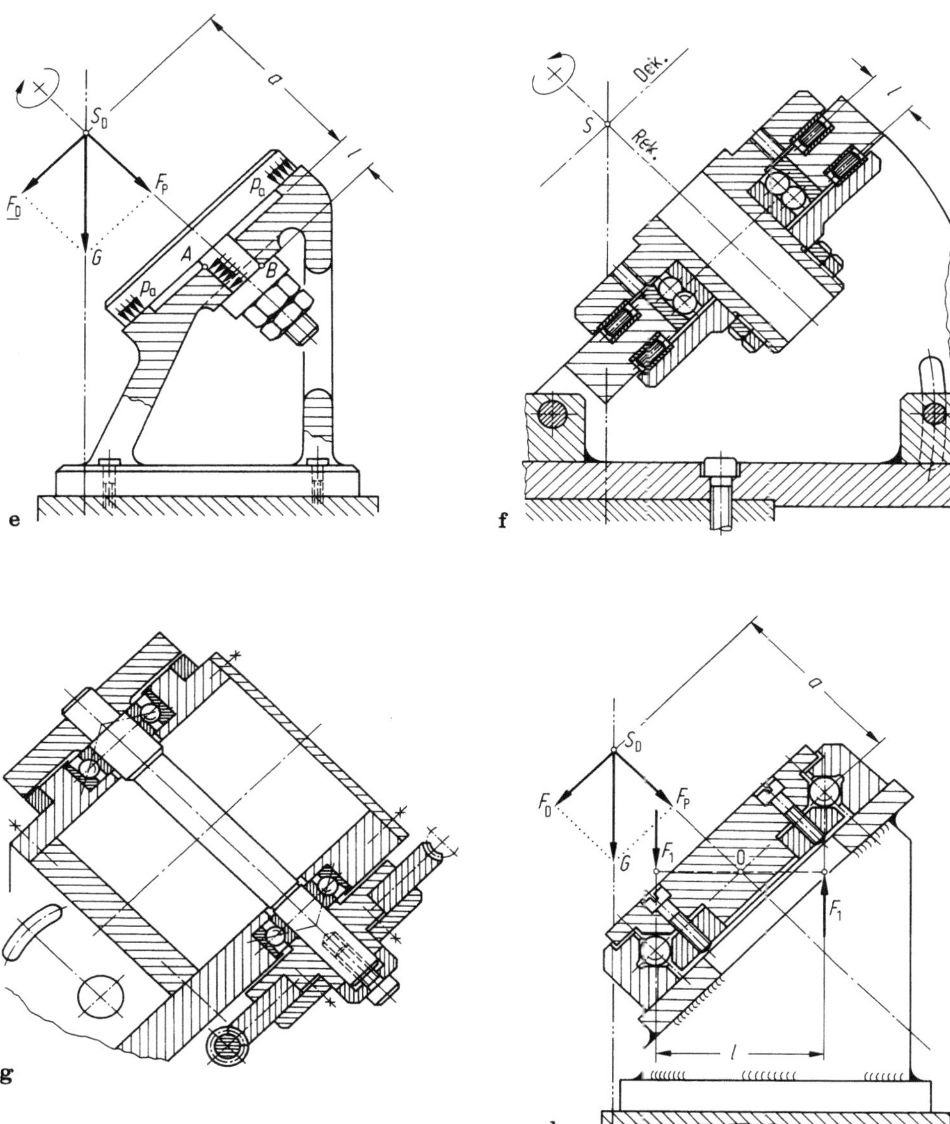

Abb. 10e–h. Ausführungsformen der Polachse. Ein steifigkeitsoptimaler Lagerabstand l ist relativ kurz. Er läßt sich jedoch darüber hinaus sukzessive verkleinern, was zu den Scheibenanordnungen **e, f** und **h** führt. Bei diesen wird das Moment und die Axialkraft vorwiegend oder ganz von der Scheibe auf die Tragstruktur übertragen. Da sich Scheiben sehr steif ausführen lassen, sind mit solchen Anordnungen hohe Gesamtsteifigkeiten erreichbar.
Alle Achsanordnungen lassen sich auch mit Wälzlagern ausführen. **g** ist eine Würfelanordnung in Klebetechnik mit vorgespannten Schrägkugellagern und 10f ein Scheibenkonzept mit zwei Axial-Nadellagern und einem Pendelkugellager. **h** zeigt ein selbst herstellbares 4-*Punktkugellager*. Ein solches weist eine hohe Steifigkeitsisotropie auf und kann beliebig gerichtete Kräfte und Momente aufnehmen. Es ist bei kleinstem Gewicht und Raumbedarf die steifste und schwingungsärmste Lageranordnung, die zudem mit sehr hoher Präzision herstellbar ist

3.5.4 Wälzlager

Wälzlager sind interessante Elemente für Amateurmontierungen. Es gibt eine ganze Reihe von Wälzlagerbauformen mit unterschiedlichen Eigenschaften. Für die Lagerauswahl sind folgende Kriterien maßgebend:

1. die erforderliche Lagersteifigkeit in radialer und axialer Richtung,
2. die Spielfreiheit,
3. die erforderliche Genauigkeit, zum Beispiel der Rundlauffehler,
4. der Lagerpreis und der konstruktive Aufwand der Anordnung.

Eine Teleskopachse läßt sich so lagern, daß:

— die radialen und die axialen Kräfte durch getrennte Lagereinheiten aufgenommen werden [7]
— oder Wälzlager eingesetzt werden, die sowohl radiale als auch axiale Kräfte aufnehmen können. Es sind dies normale *Rillenkugellager* bei nicht zu großen Axialkräften oder bei größeren Axiallasten *Schrägkugellager und Kegelrollenlager* [7].

Lageranordnungen der ersten Art sind recht aufwendig und daher für Amateurmontierungen kaum angebracht. Bei der zweiten, wesentlich einfacheren Variante stellt sich die Frage, welchen Lagern der Vorzug zu geben ist. Dazu folgende Hinweise:

1. Die Lagergröße d wird durch den Wellendurchmesser und nicht durch die radialen und axialen Lagerlasten (Gewichte und axiale Vorspannkräfte) bestimmt. Die Biegesteifigkeit der Welle ist die auslegungsbestimmende Größe. Die sich so ergebenden Lager werden in der Regel weder hinsichtlich ihrer *statischen Tragzahl* C_0 (siehe Lagerkataloge) noch hinsichtlich ihrer Steifigkeit ausgelastet. Bereits ein normales, axial vorgespanntes Rillenkugellager besitzt eine für Amateurinstrumente ausreichende Steifigkeit. Man kann sogar auf die *leichten* Lagerreihen mit den Bezeichnungen 160 .. und 60 .. zurückgreifen und muß keinesfalls die *schweren* Lagerreihen wählen. Vom Steifigkeitsstandpunkt sind auch Kegelrollenlager nicht erforderlich, da es ausgesprochene *Schwerlastlager* sind.
2. Genauigkeit und Preis. Alle Wälzlagerbauformen sind in der Genauigkeitskasse *normal* (ISO-0) erhältlich. Sie ist sicherlich für die meisten Amateurmontierungen ausreichend, da die Lagergenauigkeit in der Regel wesentlich größer sein wird als die Genauigkeit, mit der der Durchschnittsamateur die übrigen Teile des Achsensystems bearbeiten kann (siehe hierzu Abschnitt 3.10.2). Rillenkugellager der Genauigkeitsklasse normal sind die billigsten Lagerelemente überhaupt und Kegelrollenlager die teuersten. Sollte tatsächlich eine hohe Präzision erforderlich sein, dann wird man Schrägkugellager der Reihe 72 .. BECBP oder der Hochgenauigkeitsreihe 719 .. CD in den Genauigkeitsklassen P6, P5 und P4A einsetzen [8]. Mit dem Kauf von Hochgenauigkeitslagern ist es jedoch nicht getan. Solche Lager erfordern ein sehr sorgfältig durchkonstruiertes Gesamtkonzept (Welle – Lager – Lagergehäuse), Wellen- und Gehäusesitze, die mit der gleichen Präzision wie die Lager ausgeführt sind, sowie genau fluchtende Sitze in den Lagergehäusen. Die letzte Bedingung ist in der Regel am schwierigsten zu realisieren.

---

[7] Die erste Variante wird heute bei sehr genauen, steifen und schwingungsarmen Werkzeugmaschinen-Spindeln (z. B. Drehbänken, Fräsmaschinen und Bohrwerken) angewendet, während Schrägkugellager-Anordnungen vorzugsweise bei Hochpräzisions-Schleifspindeln anzutreffen sind. Schrägkugellager zählen zu den genauesten heute hergestellten Wälzlagern.
[8] Genauigkeitsklassen nach SKF-Nomenklatur.

3.5.5 Steifigkeit von Wälzlagern

Die Steifigkeit einer mechanischen Struktur ist im *elastischen Bereich* von der Kraft unabhängig, bei Wälzlagern dagegen eine von der radialen Lagerbelastung F_r und der Lagervorspannung abhängige, nichtlineare Größe. Die radialen Auslenkungen δ der Wälzlager lassen sich mit hinreichender Genauigkeit mit den *Lundberg/Stribeck-Formeln* berechnen. Die Lagersteifigkeit c_l ist dann F_r/δ. Für ein Rillenkugellager gilt:

$$\delta = \frac{1{,}28 \cdot 10^{-3}}{\beta} \cdot \sqrt[3]{\frac{F_r^2}{D_0 \cdot z^2}} \tag{8}$$

δ [mm] = radiale Auslenkung des Achszentrums, z = Kugelanzahl, F_r [N] = radiale Lagerbelastung, D_0 [mm] = Kugeldurchmesser, $1{,}28 \cdot 10^{-3}$ = ein von der Lagerform abhängiger Faktor (dimensionsbehaftet!), β = dimensionsloser Federungsbeiwert ($\beta = 0{,}42$ für ein axial optimal vorgespanntes Rillenkugellager).

Ein nicht vorgespanntes Rillenkugellager hat eine geringe Lagerluft (*positives Lagerspiel*). Durch eine axiale Vorspannung werden die Kugeln leicht elastisch zusammengedrückt (*negatives Spiel!*). Dadurch kommen alle Kugeln zum Tragen, während beim nicht vorgespannten Lager nur einige wenige Kugeln in Kraftrichtung tragen. Der *Federungsbeiwert* β berücksichtigt implizit die Vorspannung beziehungsweise das negative Spiel, das die Vorspannung verursacht. Auch der Federungsbeiwert ist stark nichtlinear, das heißt ein Vorspannen über einen gewissen Wert erhöht die Steifigkeit nur noch wenig, wohl aber die Reibung, setzt die Laufgenauigkeit herab und kann sogar die Lager beschädigen. Rillenkugellager dürfen daher nie mit Gewalt axial vorgespannt werden. Bei normalen Rillenkugellagern darf die axiale Belastung $0{,}5 \cdot C_0$ nicht überschreiten. C_0 ist die aus den Lagerkatalogen für das Lager entnommene *statische Tragzahl*.

3.5.6 Steifigkeit und Lagerabstand

Die Meinung ist weit verbreitet, daß man bei der Deutschen Montierung, also einer Lageranordnung nach Abb. 10a, b, die Lagerdistanz l möglichst groß machen muß. Bei vielen Amateurmontierungen (z. B. den Montierungen von *A. Staus*) ist dies der Fall. Eine große Lagerdistanz ist jedoch vom Steifigkeitsstandpunkt aus ungünstig. Aus der Gleichung (6) läßt sich durch Differenzieren nach dl und Null setzen die optimale Lagerdistanz berechnen. Auch hier führt eine steifigkeitsoptimale Konstruktion auf überraschend kurze Lagerabstände und so auf sehr kompakte Lagergehäuseformen, wie sie etwa bei der Würfelmontierung der Abbildung 10 d und g realisiert sind.

Für eine größere Lagerdistanz könnten allenfalls Überlegungen über den Rundlauffehler der Achsanordnung sprechen. Jedes Wälzlager hat einen gewissen Rundlauffehler Δr, der dazu führt, daß die Polachse um den Himmelspol einen Kegel mit dem Öffnungswinkel ξ beschreibt. Im ungünstigsten Fall ist

$$\tan \xi/2 = \frac{\Delta r_A + \Delta r_B}{l} \cdot . \tag{9}$$

Es ist jedoch wenig sinnvoll, diesen Fehler auf Kosten der Steifigkeit durch einen großen Lagerabstand herabsetzen zu wollen. Schon bei Lagern der normalen Genauigkeitsklasse ist dieser Winkelfehler so klein, daß er bei Amateurmontierungen kaum stört beziehungsweise gegenüber den anderen Fehlern nicht ins Gewicht fällt. Wenn trotzdem hohe Genauigkeitsanforderungen gestellt werden, dann ist es zweckmäßiger, Präzisions-Schrägkugellager der Reihe 72.. BECBP zu verwenden, wobei noch einmal darauf verwiesen sei, daß ihr Einsatz nur dann sinnvoll ist, wenn auch alle anderen für die Genauigkeit relevanten Teile mit derselben Genauigkeit hergestellt werden können.

3.6 Fundament und Standsicherheit

Die Verbindung zwischen Montierung und Fundament ist das letzte Glied in der Steifigkeitskette. Dieses Glied darf nicht zur Schwachstelle im System werden, wie dies bei Amateurinstrumenten oft der Fall ist. Vielfach sind es drei mickrig dimensionierte *Fußschrauben*, auf denen die Instrumente ruhen. Man muß bei diesen Ausführungen nur die Querschnitte der Achsen mit jenen der Fußschrauben vergleichen, um dies einzusehen. Dabei ist noch zu bedenken, daß an diesen Verbindungselementen die größten Momente auftreten. Um eine steife Verbindung zwischen Montierung und Fundament zu erhalten, sind daher reichlich dimensionierte Fußschrauben und genaue, plane Auflageflächen erforderlich. An das Fundament werden folgende Anforderungen gestellt:

1. Es muß genügend tief, mindestens unter die Frostgrenze, in den Boden reichen.
2. Es muß eine genügend große Masse aufweisen.
3. Es sollte an einem Ort errichtet werden, der frei von Bodenschwingungen und Erschütterungen ist.

Kleine Instrumente können vielfach nicht auf einem Fundament verankert werden, da sie auf einem Balkon, einer Dachterrasse oder im Freien mobil aufgestellt werden müssen. Bei solchen Instrumenten ist auf eine genügende *Standsicherheit* zu achten. Dies ist der Fall, wenn die *Kipparbeit* W_k des Systems groß ist. Ein Gebilde weist eine große Kipparbeit auf, wenn der Schwerpunkt S tief liegt (h_s klein) und gleichzeitig der Abstand zu den möglichen *Kippkanten* l_k groß ist (s. Abb. 11). Grundsätzlich sollte bei einer Montierung der *Systemschwerpunkt* so tief wie nur möglich liegen [9]. Dazu müssen alle hoch liegenden Teile wie die Optik mit Rohr und Zubehör, das Achsensystem und die oberen Partien der Säule möglichst leicht ausgeführt werden. Es wurde gezeigt, daß dies nicht im Widerspruch zu den Steifigkeitskriterien stehen muß. Große Massen sind bei einer Montierung nur in Bodennähe, das heißt in den unteren Partien der Säule, zulässig (s. auch Abschnitt 3.9.2: Schwingungen).

---

[9] Es ist wenig sinnvoll ein Instrument hoch zu bauen, um dann bei der Beobachtung hohe Podeste und Leitern zu benötigen. Die tiefste Okularlage sollte auf Augenhöhe gelegt werden, die sich in leicht gebückter Haltung ergibt.

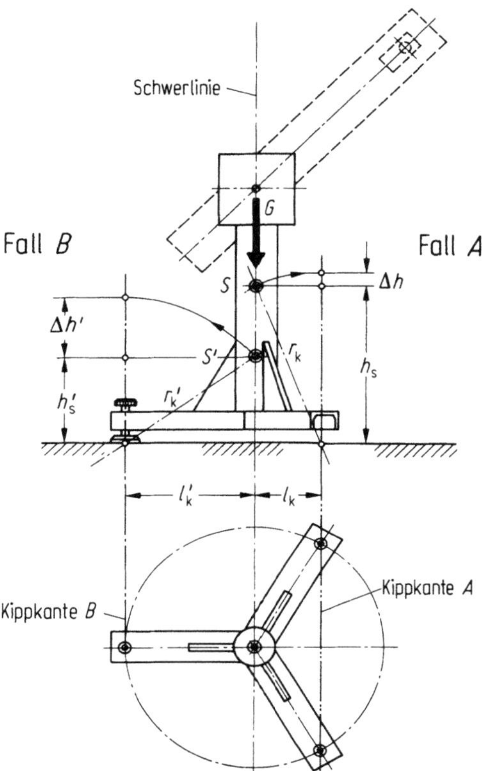

Abb. 11. Standsicherheit einer frei aufgestellten Struktur. Ein Maß für die Standsicherheit einer nicht verankerten Struktur ist die Arbeit W_k, die erforderlich ist, um sie umzukippen.

$$W_k = \Delta h \cdot G \tag{10}$$

$$\Delta h = r_k - h_s = \sqrt{h_s^2 + l_k^2} - h_s. \tag{11}$$

Die beiden dargestellten Fälle sollen den Sachverhalt anschaulich machen. Es ist ersichtlich, daß eine „*kopflastige*" Montierung eine geringe Standsicherheit hat. Große Massen sind daher nur in Bodennähe zulässig (tief liegender Schwerpunkt S, h_s möglichst klein). Zudem ist ersichtlich, daß bei einer Dreipunktauflage (Dreibeinstativ!) eine Kippkante nahe an der Schwerlinie liegt.

Ein typisches Gegenbeispiel sind Instrumente auf hohem Dreibeinstativ. Bei diesen liegt der Schwerpunkt immer hoch. Außerdem läßt sich ein Dreibeinstativ nur schwer mit genügend großer Steifigkeit herstellen. Daher weisen solche Instrumente vielfach einen unruhigen Bildstand auf. Das unbefriedigende Schwingungsverhalten läßt sich etwas verbessern, wenn in Bodennähe zwischen den Stativbeinen Verstrebungen angebracht und mit Zusatzgewichten (z. B. Steinen) beschwert werden. Der Schwerpunkt wird dadurch nach unten verlagert und durch die Streben wird die Steifigkeit erhöht.

3.7 Verbindungselemente

Die Teile einer Montierung müssen mit Verbindungselementen zum Verband zusammengefügt werden. Übliche Verbindungselemente sind: *Schrauben, Schweißnähte, Klebeverbindungen, Schrumpfverbindungen sowie Lager.* Verbindungen zwischen Teilen sind immer potentielle *Schwachstellen,* die besondere Beachtung verdienen. Eine Verbindung ist eine Störung im *Kraftfluß.* Der Kraftfluß wird verzerrt, umgelenkt, auseinandergezogen und eingeschnürt. Dies ist gleichbedeutend mit verlängerten Biegearmen und reduzierten Querschnitten. Die Steifigkeitsberechnung von Verbindungen ist nicht einfach, und ihre optimale Gestaltung erfordert viel Konstruktionserfahrung. Man tut daher gut, wenn man Verbindungsstellen, wenn immer möglich, vermeidet. Generell läßt sich sagen:

> *Gs. 7.* Die tragende Struktur einer Montierung soll aus möglichst wenigen, integralen Teilen bestehen, so daß sich nur wenige Verbindungsstellen ergeben. Alle nicht vermeidbaren Verbindungsstellen müssen überdacht konzipiert und sehr sorgfältig ausgeführt werden.

Für eine steife Verbindung sind folgende Punkte wichtig:

1. Die zu verbindenden Teile müssen an der Verbindungsstelle eine genügende Steifigkeit (Wandstärke) aufweisen.
2. Die Kontaktflächen der beiden Teile müssen satt aufliegen, das heißt, sie müssen genau bearbeitete Sitze, Passungen und Zentrierflächen besitzen.
3. Die kraftschlüssige Berührungsfläche muß genügend groß sein. Die Verbindungsstelle darf keine Einschnürung oder Engstelle im Kraftfluß sein.
4. Die Kraft muß sich gleichmäßig über die Verbindungsfläche verteilen.

Besonders kritisch sind Schraubverbindungen. Sie besitzen in der Regel eine geringe Steifigkeit. Auch eine mit Gewalt angezogene Schraube gibt keine steifere Verbindung. Im Gegenteil, wird eine Schraube über ihren *elastischen Bereich* gedehnt, dann sinkt die Steifigkeit ab. Hingegen kann die Steifigkeit verschraubter Teile durch Verkleben der Flächen mit einem Metallkleber erheblich verbessert werden. Überhaupt sind Klebeverbindungen für den Montierungsbau interessant. Sie sind einfach herzustellen und ergeben bei sorgfältiger Ausführung recht steife Verbindungen.

Dagegen darf man von landläufigen Schweißverbindungen keine allzu hohen Steifigkeiten erwarten. Dafür sind sorgfältig durchgeschweiße *V- und X-Nähte* erforderlich. Außerdem ist bei Schweißverbindungen der starke thermische Verzug ein Problem.

Besonders kritisch sind an einer Montierung folgende Verbindungen:

- Rohr mit Rohrsattel sowie Rohrsattel mit Deklinationsachse,
- Polachse mit Lagergehäuse der Deklinationsachse,
- Lagergehäuse der Polachse mit Säule,
- Säule mit Fundament,
- ferner die Verbindungsstellen, die durch die Justierelemente für Polhöhe und Azimut im Kraftfluß eingeführt werden.

Es sind dies Schlüsselstellen im Verband. Bei diesen ist sehr darauf zu achten, daß sie nicht zu dominierenden Schwachstellen des Instrumentes werden.

3.8 Messung der Steifigkeit

Mit dem Begriff „*Stabilität*" steht man bei Teleskopmontierungen vor der gleichen Situation wie bei Teleskopspiegeln vor *Foucault*. Immerhin wußte man schon vor Foucault genau, welche geometrische Form ein Spiegel haben muß. Man konnte sie jedoch nicht messen. Dies hat Foucault mit der genial einfachen *Messerschneiden-Methode* möglich gemacht. Der *Stabilitätsbegriff* weist hingegen weder einen Weg für die Dimensionierung und Konstruktion einer Montierung, noch läßt sich Stabilität messen. Die *Steifigkeit* leistet beides. Sie legt die Konstruktion eindeutig fest und ist einfach zu bestimmen.

Aus der Steifigkeitsformel (2) $c = F/x$ ergibt sich, daß die Struktur mit einer bekannten Kraft F zu belasten und die Auslenkung x zu messen ist. Die Meßeinrichtung ist das Teleskop selbst. Dazu kann die Teleskopoptik mit einem Fadenkreuzokular als Zieleinrichtung benützt werden. Als Maßstab dienen die genau bekannten Sternörter. Eine andere Möglichkeit ist, einen hellen Stern zu photographieren und die Auslenkung am Film auszumessen. Die Meßkraft wird durch ein Gewicht, zum Beispiel 1 kg $\cong$ 9,81 N, aufgebracht. Die Kraft wird über eine Schnur und ein kleines Seilröllchen an die Meßstelle angekoppelt. Auf diese Weise läßt sich die Steifigkeit in verschiedenen Richtungen messen [10]. Dies ist wichtig, da erst aus der Richtungsabhängigkeit von c (*Tensor!*), Rückschlüsse auf Schwachstellen der Montierung möglich sind. Wird die Steifigkeit anhand der Winkelauslenkung ε bestimmt, dann ergibt sich die lineare Auslenkung x aus

$$x = f \cdot \tan \varepsilon \tag{12}$$

f (mm) = Brennweite der Optik, x (mm) = Auslenkung.

Jede Messung erfordert gewisse Konventionen, das heißt festgelegte Rahmenbedingungen für die Meßprozedur. Da solche Konventionen für die Messung der Steifigkeit an Teleskopmontierungen noch nicht vorliegen, seien hier einige elementare Rahmenbedingungen zur Diskussion gestellt.

- Die Steifigkeit ist in der Bildebene des Teleskops zu messen beziehungsweise auf die Bildebene umzurechnen.
- Die Steifigkeit ist vorzugsweise in Zenitlage des Rohrs zu messen. Ergänzende Messungen in anderen Rohrlagen sind möglich und vervollständigen das Steifigkeitsbild.
- Da die Verbindungssteifigkeit *Instrument – Fundament* eine wesentliche Komponente der Gesamtsteifigkeit ist, ist die Messung bei betriebsmäßigen Aufstellungsbedingungen durchzuführen. Bei einem Dreibeinstativ soll die Aufstellung auf ebenem, starrem Boden erfolgen.
- Die Steifigkeit ist über 360° in mindestens 12 Punkten zu messen.
- Gemäß Definition ist die Auslenkung am Ort des Kraftangriffs zu messen. Es ist jedoch nicht sinnvoll, die Kraft am Fadenkreuzokular oder Fotoapparat anzusetzen. Es sind dies heikle Elemente von geringer Steifigkeit. Die Meßkraft ist daher am Ende des festen Rohrs zu applizieren und auf die Bildebene umzurechnen (nach dem Hebelgesetz mit Fixpunkt Fundament bzw. Bodenniveau).

Damit sollten die wichtigsten Rahmenbedingungen abgedeckt sein.

---

[10] Detailliertere Hinweise zur Messung der Steifigkeit sind zu finden: Orion 36. Jg. (1978) No. 165 u. 166.

3.9 Teleskopschwingungen

3.9.1 Grundlagen mechanischer Schwingungen

Der Bildstand von Amateurmontierungen wird nicht so sehr durch statische Effekte, als vielmehr durch Schwingungen gestört. Dabei handelt es sich fast ausschließlich um Biegeschwingungen. Schwingungen lassen sich nur schwer anschaulich und mathematisch elementar behandeln, da jede Aussage auf ein Randwertproblem von Differentialgleichungen führt.

Ein physikalischer Schwinger enthält notwendigerweise drei Elemente, die sein Verhalten bestimmen. Es sind dies

1. mindestens zwei unabhängige, jedoch beliebige Energiespeicher,
2. eine Kopplung der Energiespeicher, die einen Energiefluß in beiden Richtungen zuläßt,
3. eine Anregequelle, die dem System wenigstens einmal Energie in geeigneter Form zuführt.

Bei einer Montierung ist die Masse m, als Trägerin der kinetischen Energie, der eine Energiespeicher, und die durch die Steifigkeit c repräsentierte Elastizität der Werkstoffe, als Trägerin der potentiellen Energie, der andere. In Abbildung 12 ist ein einfacher mechanischer Schwinger, bestehend aus Masse und Feder, dargestellt. So-

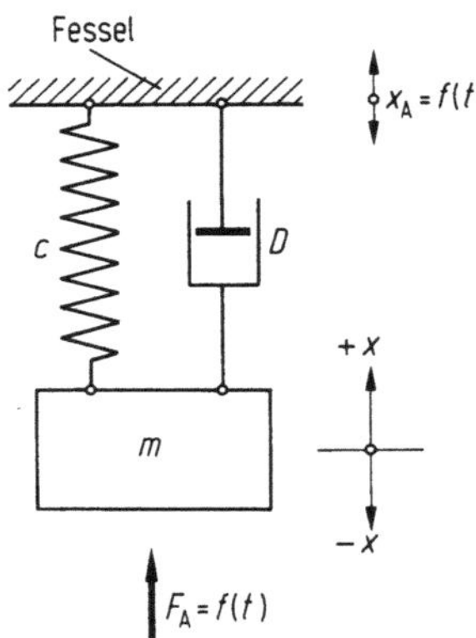

Abb. 12. Schematische Darstellung des einfachen Feder-Masse-Schwingers mit einem Freiheitsgrad. Die Anregung kann an der Fessel (Fall A) oder an der Masse m (Fall B) durch beliebige Zeitfunktionen $f(t)$ erfolgen

Fall A: Anregung an der Fessel durch eine Verschiebung $x_A = f(t)$, zum Beispiel: Fundamentschwingungen

$$m \cdot \ddot{x} + D \cdot \dot{x} + c \cdot x = D \cdot \dot{x}_A(t) + c \cdot x_A(t) \tag{13}$$

Fall B: Anregung an der Masse durch eine Kraft $F_A = f(t)$, zum Beispiel: Manipulationsstöße

$$m \cdot \ddot{x} + D \cdot \dot{x} + c \cdot x = F_A(t) \tag{14}$$

$m \cdot \ddot{x} + D \cdot \dot{x} + c \cdot x \dots$ linearer-homogener Term der Differentialgleichung

$D \cdot \dot{x}_A(t) + c \cdot x_A(t)$ und $F_A(t) \dots$ partikuläre Integrale

wohl die Anregung an der Masse durch eine Kraft $F_A(t)$ als auch die Anregung an der Fessel durch eine Verschiebung $x_A(t)$ führen auf *lineare-nichthomogene* Differential-gleichungen. Die Lösung einer solchen Differentialgleichung setzt sich aus dem Lö-sungsansatz der homogenen Differentialgleichung[11] $m \cdot \ddot{x} + D \cdot \dot{x} + c \cdot x = 0$ und dem partikulären Integral der rechten Gleichungsseite zusammen. Die Lösung der partiku-lären Integrale ist nicht immer leicht, besonders bei Stoßfunktionen. Der linear-homo-gene Teil liefert als wichtige Kenngröße die Eigenfrequenz ω_0 des Systems:

$$\omega_0 = \sqrt{\frac{c}{m} - D^2}. \tag{15}$$

c = Federsteifigkeit [N/m], m = Masse [kg], D = Dämpfungsmaß.

Diese Frequenzgleichung enthält zwei wichtige Aussagen, die ganz allgemein für elastische und massebehaftete Strukturen gelten:

> 1. Die Masse und die Steifigkeit einer mechanischen Struktur sind bezüglich der Eigenfrequenz komplementäre Größen.

> 2. Eine Erhöhung der Steifigkeit erhöht die Eigenfrequenz des Systems, und eine Erhöhung der Masse setzt diese herab.

Die Eigenfrequenz des Biegeschwingers, zum Beispiel des Kragbalkens mit End-masse, erhält man, wenn in (15) die Biegesteifigkeit (Tabelle 4) eingesetzt wird:

$$\omega_0 = \sqrt{\frac{3 \cdot E \cdot J}{l^3} \cdot \frac{1}{m} - D^2} \quad \text{für } c_b = 3 \cdot E \cdot J/l^3. \tag{16}$$

Diese Formel zeigt, wie die Eigenfrequenz von den einzelnen Konstruktionspara-metern abhängt. Wenn bei einer Struktur jedoch Aussagen über die Schwingungsam-plitude irgendeines Punktes, zum Beispiel der Bildebene, gemacht werden sollen, dann müssen die partikulären Integrale in die Betrachtungen einbezogen werden. Mit ande-ren Worten, eine Montierung kann hinsichtlich Schwingungen erst dann richtig ausge-legt werden, wenn der Ort und die Art der Anregung definiert sind.

3.9.2 Die Montierung als Schwingerkette und „mechanischer Tiefpaß"

Eine Montierung ist ein sehr kompliziertes, dreidimensionales Schwingungsgebilde mit einer großen Zahl von Freiheitsgraden. Sie wäre exakt kaum berechenbar. Für die Konstruktion lassen sich jedoch relevante Aussagen auch von vereinfachten Schwin-germodellen ableiten. Die Montierung wird dazu wieder in diskrete Teilelemente, bestehend aus Biegebalken und Masse, aufgegliedert, so daß sich eine Kette solcher aneinandergereihter Elemente ergibt. Für solche Schwingerketten existieren eine Reihe allgemeiner Sätze, die Anhaltspunkte für die Dimensionierung geben, ohne daß das System numerisch durchgerechnet werden muß.

---

[11] In der Schwingungslehre wird die Differentiation nach der Zeit in der Newtonschen Schreib-weise durch Punkte angezeigt. $\dot{x}$ ist die Geschwindigkeit dx/dt und $\ddot{x}$ die Beschleunigung d^2x/dt^2.

Hier soll jedoch von einer anderen Betrachtungsweise ausgegangen werden, die auf der strengen Analogie zwischen beliebigen mechanischen Ketten und elektrischen Netzwerken beruht. Nach dieser Analogie kann eine Montierung als ein *mechanischer Vierpol* mit Tiefpaßeigenschaften aufgefaßt werden (Abb. 13c). Der Punkt, an dem die Anregung erfolgt, und die Fessel sind die *Klemmen* dieses Vierpols, dessen Frequenzcharakteristik durch die *mechanische Impedanz* Z_{mech} bestimmt wird.

$$F_A = Z_{mech} \cdot \dot{x} = Z_{mech} \cdot v, \quad Z_{mech} \text{ in } [N \cdot s \cdot m^{-1}], \tag{17}$$

F_A = anregende Kraft [N], v = Schwinggeschwindigkeit [m/s],

elektrische Analogie: $Z_{el} = k^2/Z_{mech}, \quad k$ = Analogiekonstante. (18)

Die mechanische Impedanz Z_{mech} ist eine komplexe, richtungs- und frequenzabhängige Größe [12], deren elektrisches Analogon die *Admittanz*, das heißt der Kehrwert

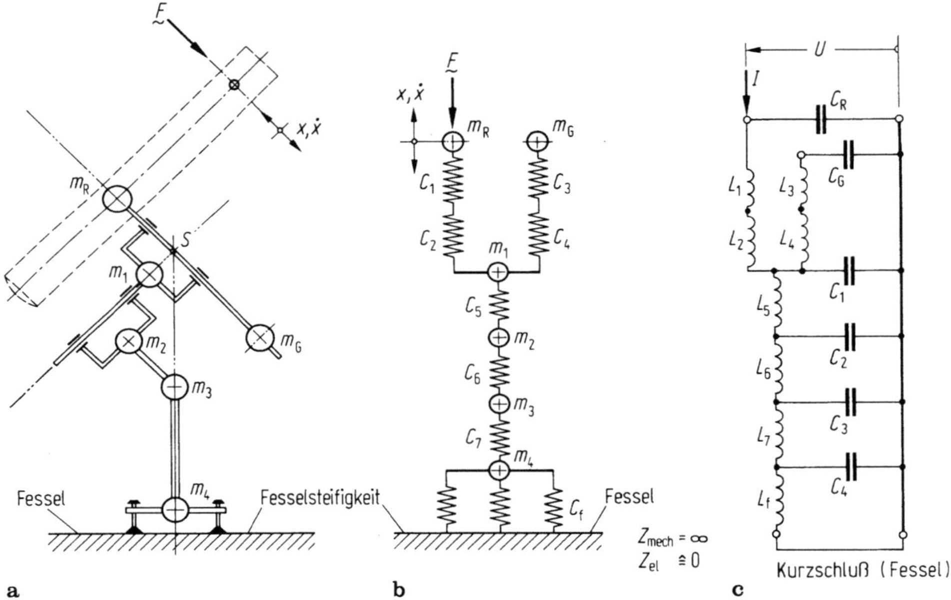

Abb. 13a−c. Die Teleskopmontierung als Biegeschwinger, Schwingerkette und ihr elektrisches Analogon. Eine Teleskopmontierung läßt sich auf Biegebalken mit der Steifigkeit c und Punktmassen m reduzieren. Vereinfacht kann ein solcher Biegeschwinger als *verzweigte Schwingerkette* mit Fessel aufgefaßt werden **(b)**. Ihr elektrisches Anlogon ist eine *LC*-Kette mit Tiefpaßcharakteristik **(c)**. Es gelten die Analogiebeziehungen:

$$I \cong \frac{F}{k}, \quad U \cong k \cdot \dot{x}, \quad C \cong \frac{m}{k^2}, \quad L \cong \frac{k^2}{c}, \quad R \cong \frac{k^2}{D}, \quad Z_{el} \cong k^2 \cdot \frac{\dot{x}}{F} = \frac{k^2}{Z_{mech}} \tag{19}$$

k = Analogiekonstante

---

[12] Während der Amateur die Steifigkeit mit einfachen Mitteln an jeder Montierung messen kann, erfordert die Messung der mechanischen Impedanz einen beträchtlichen apparativen Aufwand.

der elektrischen Impedanz ist. Das Kennzeichen eines Tiefpasses ist, daß Schwingungen unter einer Grenzfrequenz ω_s die Kette weitgehend unbeeinflußt durchlaufen, während Schwingungen über dieser Grenzfrequenz von der Struktur nicht weitergeleitet werden. Diese Analogie zeigt, daß eine Montierung, die an der Fessel durch Bodenschwingungen angeregt wird, anders dimensioniert werden muß als eine Montierung, die am Rohr durch Manipulationsstöße oder Windeinflüsse angeregt wird.

Fall 1. Bodenschwingungen können sehr tiefe Frequenzen haben. Damit sie nicht zur Bildebene weitergeleitet werden, muß der Tiefpaß im *Sperrbereich* betrieben werden. Die Grenzfrequenz der Montierung muß daher wesentlich unter der tiefsten Anregefrequenz ω_A liegen. Das bedeutet, daß alle Teile mit großer Masse und möglichst kleiner Steifigkeit auszuführen sind, damit die Struktur eine kleine mechanische Impedanz aufweist. Eine solche Montierung bliebe bei Bodenschwingungen in Ruhe, würde aber bei der geringsten Anregung am Rohr langanhaltende, niederfrequente Schwingungen ausführen. Zudem würde die geringe Steifigkeit den statischen Anforderungen widersprechen. Sie wäre unbrauchbar.

Fall 2. Manipulationsstöße und Windschwingungen haben ein Frequenzspektrum von 0 bis etwa 25 Hz. Damit diese vorzugsweise am Rohr angreifenden Kräfte nur kleine Schwingungsamplituden auslösen, müssen sie im *Kurzschluß* über die Struktur auf die Fessel, das heißt das Fundament, weitergeleitet werden. Der Tiefpaß muß demnach im *Durchlaßbereich* $\omega_A < \omega_s$ betrieben werden. Dazu muß die Struktur eine große mechanische Impedanz besitzen, und die ergibt sich, wenn jeder Teil bei größtmöglicher Steifigkeit mit möglichst kleiner Masse ausgeführt wird. Damit wird auch den statischen Anforderungen Genüge geleistet. Zudem hat eine hochfrequente Struktur den Vorteil, daß Schwingungen rasch abklingen. Bei gegebener Werkstoffdämpfung D besteht zwischen der Frequenz und der Abklingzeit ein logarithmischer Zusammenhang.

Da eine Struktur niemals für den *Fall 1* und für den *Fall 2* gleichzeitig optimal ausgelegt werden kann, ergeben sich für den Montierungsbau die beiden wichtigen Grundsätze:

> *Gs.* 8. Bei der Konstruktion von Teleskopmontierungen sind möglichst hohe Systemeigenfrequenzen und eine hohe mechanische Impedanz anzustreben.

> *Gs.* 9. Diese Systemeigenschaften werden erreicht, wenn jeder Teil mit einer möglichst großen Steifigkeit und einer möglichst kleinen Masse ausgeführt und alle Totgewichte vermieden werden.

Andererseits erfordert eine auf diese Art ausgelegte Montierung eine Aufstellung des Instrumentes an einem möglichst schwingungsfreien Ort.

Die Aussage über die Totgewichte legt einen beachtenswerten Hinweis nahe: Man sieht immer wieder Amateurmontierungen, die mit ganzen *Fernrohrbatterien* und allen nur denkbaren Zusatzgeräten behängt sind. Daß diese Praxis hinsichtlich Teleskopschwingungen wenig sinnvoll ist, dürfte nach dem Gesagten klar sein.

> *Gs.* 10. Eine Montierung soll prinzipiell nur mit *der* Optik und mit *den* Zusatzgeräten behängt werden, die die gerade durchzuführende Beobachtungsaufgabe erfordern.

3.10 Kinematische Aspekte der Teleskopmontierungen

3.10.1 Allgemeine Kriterien und Instrumentenfehler

Die Kinematik behandelt alle Bewegungsvorgänge an den Teleskopmontierungen. Schon der Sachverhalt von drehbaren Achsen verweist auf die Kinematik. Dazu gehören demzufolge die Einstell- und Nachführeinrichtungen in Deklination und Rektaszension sowie alle Justiereinrichtungen. Es sind dies:

- die Justiereinrichtungen für die optischen Komponenten sowie
- die Justierelemente, mit denen das Achsensystem auf den Himmelspol ausgerichtet wird.

Entsprechend dem Einsatzgebiet des Teleskops legt das *Grundkriterium III* die kinematische Genauigkeit für die Einstellung und Nachführung der Beobachtungsobjekte fest. Dabei ist zu beachten, daß in diese implizit auch die Fehler des Achsensystems (Rundlauffehler, Rechtwinkeligkeit und Deformationen) und die Justierfehler in Polhöhe und Azimut eingehen.

Die Nachführgenauigkeit wird durch die Fehler der verschiedenen Triebelemente bestimmt. Man kann daher in Analogie zur Steifigkeit von einer *Fehlerkette* sprechen. Wenn man von Fehlern spricht, dann ist zwischen *systematischen Fehlern* und *zufälligen Fehlern* zu unterscheiden, da diese beiden Fehlerarten unterschiedlich zu behandeln sind. Systematische Fehler lassen sich durch eine genaue Untersuchung und Ausmessung des Systems aufdecken. Sie können im Prinzip immer durch direkte Korrekturen am System verkleinert werden, wenn auch vielfach nur mit großem Aufwand und erheblichen Kosten. Nicht so die zufälligen Fehler. Diese lassen sich nur mit der Fehlertheorie behandeln. Diese gibt Aufschluß über den mittleren Fehler der Kette und zeigt, welche Fehlerterme den größten Beitrag zum Gesamtfehler leisten.

Beispiele für zufällige und systematische Fehler:

1. Mit einer Schieblehre und einem Mikrometer werden Teile gemessen, die zu einer Struktur zusammengefügt werden. Jede Messung ist mit zufälligen Fehlern behaftet (Teilungsfehler der Skala, Ablesefehler, Parallaxefehler). Diese Fehler sind den gemessenen Längen zuzuordnen. Der mittlere Fehler der zusammengesetzten Struktur läßt sich mit der Fehlertheorie berechnen. Selbstverständlich könnte der Gesamtfehler auch direkt mit einer genaueren Meßeinrichtung, zum Beispiel einer Meßmaschine gemessen werden. Solche Meßeinrichtungen werden jedoch nur wenigen Amateuren zur Verfügung stehen. Es ist ja gerade der Sinn der Fehlerrechnung, über die Genauigkeit von Messungen plausible Aussagen zu machen, die einer direkten Verifikation nicht zugänglich sind.

2. In der Bildebene zeigt ein Stern eine regelmäßige Oszillation mit der Rotationsperiode der Schnecke. Es liegt ein systematischer *Taumelschlagfehler* der Schnecke vor. Eine Korrektur der Schnecke oder ihrer Lagerung ist notwendig. Würden jedoch die Auslenkungen durch stochastische Teilungsfehler des Schneckenrades verursacht, dann wäre dafür die Fehlerrechnung zuständig.

Das interessierende Endglied y einer Fehlerkette ist in der Regel eine Funktion $\varphi(\ )$ der Glieder $x_1, x_2, x_3, \ldots$, geschrieben $y = \varphi(x_1, x_2, x_3, \ldots)$. Die Glieder sind mit den mittleren Fehlern $\mu_1, \mu_2, \mu_3, \ldots$ (s. Fehlerrechnung Abschnitt 8.2 in diesem

Band) behaftet. Nach dem Fehler-Fortpflanzungsgesetz ist dann der mittlere System-fehler μ_y

$$\mu_y = \sqrt{\left(\frac{\partial \varphi}{\partial x_1} \mu_1\right)^2 + \left(\frac{\partial \varphi}{\partial x_2} \mu_2\right)^2 + \left(\frac{\partial \varphi}{\partial x_3} \mu_3\right)^2 + \ldots} \tag{20}$$

Zwei Beispiele sollen zeigen, wie Fehler an Teleskopmontierungen zu behandeln und zu bewerten sind.

1. *Zufällige Fehler gemäß dem oben angeführten Fall 1.*
Die Längen l_1, l_2, l_3, l_4 werden teils mit Schieblehre, teils mit Mikrometer gemessen und zu einer Struktur zusammengefügt:

$l_1 = 12{,}0$ mm, $\quad \mu_1 = \pm\,0{,}010$ mm, $\quad l_2 = 172{,}4$ mm, $\quad \mu_2 = \pm\,0{,}09$ mm,
$l_3 = 20{,}0$ mm, $\quad \mu_3 = \pm\,0{,}012$ mm, $\quad l_4 = 80{,}6$ mm, $\quad \mu_4 = \pm\,0{,}07$ mm,

$$y = \varphi(l_1, l_2, l_3, l_4) = l_1 + l_2 + l_3 + l_4 = 285{,}0 \text{ mm}, \frac{\partial \varphi}{\partial l_1} \cdots \frac{\partial \varphi}{\partial l_4} = 1$$

$$\mu_y = \sqrt{\mu_1^2 + \mu_2^2 + \mu_3^2 + \mu_4^2} = \sqrt{1 \cdot 10^{-4} + 8{,}1 \cdot 10^{-3} + 1{,}44 \cdot 10^{-4} + 4{,}9 \cdot 10^{-3}} = \pm\,0{,}115 \text{ mm}$$

Die beiden mit der Schieblehre gemessenen Längen l_2 und l_4 bestimmen die Fehlersumme. Vernachlässigt man die beiden Mikrometermessungen, dann ändert dies an der Fehlersumme praktisch nichts ($\pm\,0{,}114$ mm anstatt $0{,}115$ mm).

2. *Systematischer Fehler an einem Schneckentrieb*
Der Taumelschlag ist ein bei Schneckentrieben häufiger Fehler. Er wird durch eine Kippung der Schneckengewinde-Achse verursacht. Dies kann bei der Herstellung der Schnecke passie-ren oder durch Rundlauffehler der Schneckenlager verursacht werden. Sind die Rundlauffeh-ler der Lager Δx_1 und Δx_2 und der Lagerabstand l, dann ist ihr Beitrag zum Taumelschlag im ungünstigsten Fall $\tan \psi = (\Delta x_1 + \Delta x_2)/l$[13]. Durch den Taumelschlag ψ wird der gleich-förmigen Schnecken-Winkelgeschwindigkeit ω_S eine $\psi \cdot \omega_S \cdot \cos \omega_S t$-Oszillation überlagert. Die dadurch gestörte Winkelgeschwindigkeit ω_P an der Polachse ist dann

$$\omega_P = \frac{\omega_S}{u_1}(1 + \psi \cdot \cos \omega_S t) \tag{21}$$

mit $u_1 = $ Untersetzung des Schneckenrades, $\omega_S = $ Winkelgeschwindigkeit der Schnecke. Obwohl der Taumelschlagfehler durch die Untersetzung des Schneckenrades dividiert wird, kann er, bei ungenauen Schnecken und einer nicht sehr sorgfältigen Lagerung der Schnecke, die Nachführung erheblich stören. Teilungsfehler $\Delta \tau$ des Schneckenrades werden hingegen ungeschwächt auf die Polachse übertragen.

Fehlerbetrachtungen zeigen, daß in einer fehlerbehafteten Struktur oder Meßkette das Glied mit dem größten Fehler fehlerbestimmend für das Gesamtsystem ist. Es ist daher wenig sinnvoll, ein Glied besonders genau auszuführen oder eine Größe beson-ders genau zu messen. In Analogie zum Grundsatz Gs. 2. über die Steifigkeit gilt für eine Fehlerkette:

Gs. 11. Die Genauigkeiten der Glieder einer fehlerbehafteten Struktur oder Meßkette sollen etwa gleich groß sein. Zu verbessern sind jene Glieder, die die größten Fehler aufweisen.

---

[13] Aus diesem Grund müssen Präzisionsschnecken sehr sorgfältig gelagert werden. Am besten sind dafür *Präzisions-Schrägkugellager* der *Reihe*: 72 . . geeignet.

Dazu ein Beispiel, in dem einige wichtige Größen eingeführt werden:

Der mechanische Gesamtfehler einer Nachführung sei $\pm 30 \star''$. Es ist dies eine für Amateurinstrumente recht hohe Genauigkeit. Dieser Restfehler muß beim Nachführen durch manuelle Eingriffe korrigiert werden. Die zulässige Frequenzdrift Δf am Antriebsmotor für eine Nachführzeit von 1 h soll etwa gleich groß sein.

Die Winkelgeschwindigkeit ω_P der Polachse ist

$$\omega_P = \frac{360 \cdot 60 \cdot 60''}{86164,09 \text{ s}} = 15,041 \ [''/\text{s}] . \tag{22}$$

Der Frequenz f einer Wechselspannung ist eine *„elektrische Winkelgeschwindigkeit"* ω_e zugeordnet, die in der Elektrizitätslehre *Kreisfrequenz* heißt.

$$\omega_e = 2 \pi f \ [\text{rad/s}] \quad \text{mit} \ 2 \pi \text{ rad} = 360° = 1,296 \cdot 10^{6}'' . \tag{23}$$

Die mechanische Winkelgeschwindigkeit ω_m eines Synchronmotors ist

$$\omega_m = \frac{\omega_e}{p} = \frac{2 \pi f}{p} \ [\text{rad/s}] , \tag{24}$$

wenn p die Polpaarzahl des Motors ist. Die Speisefrequenz muß durch einen Untersetzungsfaktor $\Omega = 1,296 \cdot 10^{6}/u \cdot p \ ['']$ auf die Winkelgeschwindigkeit ω_p der Polachse reduziert werden, wobei u das Untersetzungsverhältnis der mechanischen Triebstufen ist. Somit ist

$$\omega_p = \Omega \cdot f \ [''/\text{s}] \cdot . \tag{25}$$

$$\Omega \text{ ist für 50 Hz} \dots 0,30082'' \text{ und für 60 Hz} \dots 0,25068'' . \tag{26}$$

Die Winkelverdrehung α während einer Zeit t ist $\alpha = \omega \cdot t$. Für obiges Beispiel ergibt sich somit:

$$\Delta\alpha = \pm 30'' = \Omega_{50} \cdot \Delta f \cdot t = 0,30082 \cdot 3600 \cdot \Delta f, \quad \Delta f = \pm 2,77 \cdot 10^{-2} \text{ Hz} .$$

Es ist dies etwa der Frequenzfehler des europäischen Lichtnetzes bei Nacht. Diese Frequenzgenauigkeit wird bereits von einem einfachen *Wien-Oszillator* erreicht. Bei Amateurmontierungen ist daher die Speisung des Motors aus einem hochgenauen Quarz-Oszillator gar nicht nötig [14]. Hingegen sind Überlegungen über jene Glieder anzustellen, die die größten Fehlerbeiträge in der Struktur liefern. Bei diesen Gliedern haben Verbesserungen anzusetzen. In der Regel sind dies bei Amateurinstrumenten das Achsensystem, die Justage und die Teile der Triebmechanik und nicht der Nachführmotor und die ihn speisende Elektronik.

„Dem Amateur werden durch die Mechanik Grenzen gesetzt."

3.10.2 Aspekte der Herstellungsgenauigkeit mechanischer Teile

Für die Herstellung eines Teiles mit vorgegebener Genauigkeit müssen eine Reihe genauigkeitsbestimmender Faktoren und Rahmenbedingungen erfüllt sein. Die Annahme, daß es dafür nur einer gut eingerichteten Werkstätte bedarf, hat nur einen dieser Faktoren im Auge. Genauigkeitsbestimmende Faktoren sind:

---

[14] Hierzu wäre anzumerken, daß die Amateurtätigkeit ein Hobby ist. In einem Hobby muß streng rationalen Überlegungen nicht sklavisch nachgelebt werden. Wer Freude an einer hochgenauen Quarzsteuerung hat, soll sich eine solche ruhig bauen. Hier sollen nur die technischen Grundlagen aufgezeigt werden.

A. Ideelle Faktoren
1. Eine genauigkeitsgerechte Konstruktion.
2. Eine gute Kenntnis der Bearbeitungstechnologien, handwerkliche Geschicklichkeit und große praktische Erfahrung in der Handhabung der Maschinen und Werkzeuge.
3. Eine überlegte Planung der Bearbeitungsschritte. Für die Genauigkeit eines Teiles ist es keineswegs gleichgültig, in welcher Reihenfolge Bearbeitungsoperationen ausgeführt werden.
4. Ein gehöriges Maß an genauigkeitsorientierter Kreativität. Damit ist gemeint, daß man sich Hilfsmittel und Vorrichtungen ausdenkt, mit denen aus den vorhandenen Einrichtungen und Werkzeugen ein Maximum an Genauigkeit herausgeholt werden kann. Man denke an die große Steigerung der Spiegelgenauigkeit durch die genial einfache Meßeinrichtung *L. Foucaults.*
5. Viel Zeit. Eine hohe Genauigkeit läßt sich nie in Eile und ohne erheblichen Denkaufwand realisieren.

B. Materielle Faktoren und Rahmenbedingungen
1. Die Verfügbarkeit oder der Zugriff zu den nötigen Werkzeugen, Maschinen und Meßgeräten. Die genaue Herstellung eines Teiles setzt auch eine genaue Messung voraus.
2. Es müssen eine Reihe genauigkeitsbestimmender Rahmenbedingungen gegeben sein, zum Beispiel keine hohen Erwärmungen bei der Bearbeitung, keine genauigkeitsmindernden Deformationen beim Ein- und Aufspannen der Werkstücke, eine dem Werkstoff angepaßte Schneidengeometrie (Form) und scharfe Schneiden an den Zerspanwerkzeugen und so weiter.
3. Geld. Hohe Genauigkeit ist immer ein erheblicher Kostenfaktor.

Es ist nicht Raum, die angeführten Punkte im Detail zu behandeln. Nur zur genauigkeitsgerechten Konstruktion seien einige praktische Hinweise gegeben: Die konstruktive Gestaltung eines Teiles hat einen großen Einfluß auf die realisierbare Genauigkeit. In dieser Hinsicht sind folgende Regeln zu beachten:

1. Die Teile sind so zu konstruieren, daß sich alle genauigkeitsrelevanten Flächen, Passungen und Sitze auf einfache und präzise Weise herstellen lassen. Nicht jede beliebige Form ist mit der gleich hohen Genauigkeit herstellbar.
2. Es ist ein Minimum an genauigkeitsbestimmenden Passungen und Sitzen anzustreben. *Stockwerkpassungen* = mehrere übereinander oder aneinander gereihte Sitze sind zu vermeiden (Fehler-Fortpflanzungsgesetz!).
3. Die Teile sind so auszubilden, daß sie möglichst in einer Aufspannung bearbeitet werden können. Ein jedes Umspannen beeinträchtigt die Genauigkeit.
4. Die Teile sind einspann- und aufspanngerecht zu konzipieren. Die Einspanndeformationen dürfen keine Genauigkeitseinbuße zur Folge haben.

3.11 Triebe in Rektaszension und Deklination

3.11.1 Allgemeine Aspekte

Ganz allgemein lassen sich die Triebe in die Baugruppen

1. Triebmechanik,
2. Antriebsmotor,
3. Speisequelle und Steuereinrichtung

aufgliedern. Die Baugruppen 2 und 3 werden zum elektrischen Antriebssystem zusammengefaßt. Mit den Trieben und der Nachführung wird die Optik auf die Beobach-

Tabelle 8. Winkelgeschwindigkeiten an den Trieben

stellare Nachführgeschwindigkeit	ω_p	$\dfrac{360 \cdot 60 \cdot 60}{86164,09} = 15,04$	$''/s$	–
Korrekturbewegungen	ω_{kor}	$\pm 20 \div 30\,\% \; \omega_p$	$''/s$	$1:0,2 \div 1:0,3$
Feineinstellbewegungen	ω_f	$120 \div 300$	$''/s$	$1:9 \div 1:20$
Grobeinstellung (Schwenkbewegung)	ω_g	$1 \div 2°/s = 3600 \div 7200$	$''/s$	$1:240 \div 1:480$
Geschwindigkeitsverhältnis bezogen auf ω_p				

$$\text{Drehzahl } n = \omega \cdot \frac{30}{\pi} = 9,55 \cdot \omega \tag{27}$$

tungsobjekte eingestellt und der Sternbewegung nachgeführt. Die Bewegungsfunktionen sind dabei:

a) Die Grobeinstellung (ω_g) und Feineinstellung (ω_f) in Deklination und Rektaszension der Beobachtungsobjekte.
b) Die Nachführung (ω_p), die bei parallaktisch aufgestellten Instrumenten auf die Polachse wirkt. Bei azimutal aufgestellten Teleskopen ist hingegen eine Nachführung in *Azimut* und *Elevation* (Höhe) sowie eine Drehung der Bildebene erforderlich.
c) Feinkorrekturen (ω_{kor}) an beiden Achsen, die zum Beispiel bei photographischen Aufnahmen mit langer Belichtungszeit notwendig sind.

Werte für diese Winkelgeschwindigkeiten ω sind in der Tabelle 8 zusammengestellt. Diese Winkelgeschwindigkeiten bestimmen den Antriebsmotor, die mechanische Untersetzung u, Ω der Triebe und den Regelbereich der elektronischen Steuerung.

Bei vielen Amateurinstrumenten ist die menschliche Hand immer noch das Antriebssystem für die Schwenk-, Einstell- und Korrekturbewegungen. Diese werden über die manuellen Feintriebe ausgeführt. Das Triebkonzept, vom manuell geschwenkten Kometensucher oder Dobson-Teleskop bis zum integral computergesteuerten Instrument, ist eine Frage des Einsatzgebiets, des technischen Aufwands und der Kosten. Der Grundsatz Gs. 11 legt nahe, daß die Genauigkeit und damit auch der technische Aufwand für die Steuerelektronik etwa gleich groß sein sollte, wie jener für den mechanischen Teil. Die fast unbegrenzten Möglichkeinen der modernen Elektronik verleiten zu einer einseitigen Bevorzugung der Baugruppe 3 und zu einer Vernachlässigung der Mechanik. Sehr wichtig ist auch, daß die drei Baugruppen gut aufeinander abgestimmt sind. Sie dürfen nicht isoliert voneinander konzipiert werden. Für die Projektierung der Triebe empfiehlt sich folgendes Vorgehen:

1. Wahl des Antriebssystems. Antrieb durch Synchron-, Schritt- oder Gleichstrommotor, festlegen, welche Bewegungen noch manuell ausgeführt werden.
2. Abklären, welche Motorfabrikate und Typen dafür erhältlich sind, sowie zusammenstellen der mechanischen und elektrischen Daten, zum Beispiel Anlauf- und Betriebsdrehmoment, Drehmomentkennlinien, obere und untere Drehzahlgrenzen, Strom, Regeldynamik, Anforderungen an die Speisequelle und Steuerung.

3. Abklären, welche Untersetzungsgetriebe zum gewählten Motortyp erhältlich sind. Dabei ist zu beachten, daß die Getriebe zu solchen Kleinmotoren oft sehr schwach gebaut und daher für den direkten Antrieb der Hauptschnecke ungeeignet sind (Getriebe für Uhren und Kleinapparate!). Die Getriebe sollten für ein Drehmoment von 0,1 Nm oder mehr ausgelegt sein. Bei lieferbaren Getrieben zu Gleichstrom- und Schrittmotoren ist zudem die maximal zulässige Getriebedrehzahl oft erheblich niedriger als jene der Motoren.
4. Synchron- und Schrittmotoren können nicht mit beliebig tiefer Drehzahl betrieben werden (Sättigung, ruckweise Bewegung). Die niedrigste Motordrehzahl $\omega_{m\,min}$ und ω_P legen das erforderliche Untersetzungsverhältnis $u = \omega_{m\,min}/\omega_P$ des Triebes fest. Die maximal mögliche Schwenkgeschwindigkeit ω_g wird dann durch die maximal zulässige Motor- bzw. Getriebedrehzahl bestimmt. Allenfalls ist für den Schnellgang ein separater Antrieb über ein *Summiergetriebe* (Differential- oder Planetengetriebe) vorzusehen.
5. Die Speisequelle und Steuerung muß auf die Motorcharakteristik und Dynamik des Triebes (*Massenträgheitsmomente*) gut abgestimmt sein. Dies gilt besonders für Schrittmotoren.

3.11.2 Mechanik der Triebe

Der Trieb wird meistens über eine *Klemmung* mit der Polachse oder Deklinationsachse kraftschlüssig verbunden. Anstelle solcher Klemmungen empfiehlt sich, zwischen Trieb und Achse eine feinfühlig einstellbare *Reibkupplung* anzuordnen. Sie hat zwei Funktionen: Das Rohr kann manuell rasch in jede Richtung geschwenkt werden, viel rascher, als dies auf einfache Weise mit einem motorischen Antrieb möglich wäre. Zweitens schützt sie die genauen und heiklen Triebteile vor gefährlichen Kräften und Drehmomenten.

Bei der Arbeit mit dem Instrument wirken auf das Rohr immer Manipulationskräfte und Stöße. Durch den großen Hebelarm werden diese vielfach verstärkt auf die Radverzahnung, Schnecke und anderen Triebteile übertragen. Eine Beeinträchtigung der Genauigkeit und sogar Beschädigungen können die Folge sein.
Eine einfache Kupplungsausführung ist die Axial-Scheibenkupplung. Bei dieser wird das als Scheibe ausgeführte Schneckenrad von zwei axial angepreßten Kupplungsscheiben mitgenommen. Bei Reibkupplungen sind sorgfältig bearbeitete Reibflächen und eine richtige Werkstoffpaarung wichtig. Gute Reib-Gleiteigenschaften hat die ohnehin für Schneckenräder verwendete *Räderbronze* gegen Kupplungsscheiben aus härterem, besser noch aus gehärtetem Stahl.

Für die eigentliche Triebmechanik gibt es zahlreiche konstruktive Lösungen. Einige bekannte Anordnungen sind:

a) *Schneckenradtriebe.* Diese sind wohl die bekanntesten Triebausführungen für Teleskope.
b) *Tangentialspindeltriebe.* Bei diesen wird ein Hebel oder ein Segment durch eine tangential angeordnete Gewindespindel geschwenkt. Mit einem Tangentialspindeltrieb lassen sich hohe Untersetzungsverhältnisse realisieren.
c) *Bandtriebe.* Bei diesen ist ein Stahlband um eine Scheibe gewickelt. Das Band kann ebenfalls durch eine Gewindespindel bewegt werden. Auch hydraulische Bandantriebe sind schon ausgeführt worden. Bei Bandtrieben ist die Reibkupplung schon durch das Triebprinzip Band-Scheibe gegeben.
d) *Reibradtriebe.* Eine große, genau bearbeitete Scheibe wird durch Rollen angetrieben.

Bei der Triebanordnung b) ist der Schwenkbereich limitiert. Am Ende muß die Mutter der Gewindespindel in die Ausgangsposition zurückgedreht werden.

Tabelle 9. Richtwerte für das Hauptschneckenrad

Refraktor $\varnothing$ [mm]	Reflektor $\varnothing$ [mm]	Hauptschneckenrad Teilkreis-$\varnothing$ [mm]	Modul der Verzahnung
60–100	150	130–170	0,70–0,90
100–120	200	180–220	0,80–1,25
120–150	250	220–270	1,00–1,50
150–200	300	270–350	1,50–1,75

Teilkreis-$\varnothing$ = Modul × Zähnezahl.

Für die Konstruktion und Ausführung dieser Triebanordnungen gibt es einige allgemeine Regeln:

1. Die mit der Achse gekuppelte erste Triebstufe soll eine möglichst große Untersetzung $u_1 > 150$ aufweisen. Dazu müssen das Schneckenrad, der Hebel bei Tangentialspindeltrieben sowie die Band- oder Reibscheibe möglichst groß ausgeführt werden. Richtwerte für das Schneckenrad sind in Tabelle 9 angegeben.
2. Die erste Triebstufe ist für die Triebmechanik in hohem Maße genauigkeitsbestimmend. Teilungsfehler der Verzahnung, Rundlauffehler, Unregelmäßigkeiten und Spiele der nachgeschalteten Triebstufen werden durch das Untersetzungsverhältnis der vorgeschalteten Triebstufen dividiert. Wenn vom Trieb eine hohe Genauigkeit gefordert wird, dann ist das Augenmerk auf die erste Triebstufe zu richten.
3. Bei der Konstruktion der Triebmechanik darf der Steifigkeitsaspekt nicht vernachlässigt werden. Auch in der Bewegungsrichtung der Triebe dürfen keine ungewollten, elastischen Auslenkungen oder Schwingungen auftreten.

Bei Schneckentrieben wird die Triebgenauigkeit in erster Linie durch die Teilungs- und Rundlaufgenauigkeit der Verzahnung sowie durch eine präzise geschliffene und rundlaufende Schnecke bestimmt. Außerdem muß der *Eingriff* Schnecke–Schneckenrad sehr sorgfältig eingestellt werden. Dazu muß die Schnecke in bezug auf die Verzahnung zentrisch, winkelgenau (nicht verkantet) und radial spielfrei einjustiert werden. An der Schneckenlagerung sind die dafür notwendigen Einstellmöglichkeiten vorzusehen. Band- und Reibradtriebe erfordern genau bearbeitete Scheiben. Ein Problem bei Reibradtrieben sind Schmutzpartikel zwischen der treibenden Rolle und Scheibe. Eine gekapselte Anordnung und Abstreifer sind hier angebracht.

Die Steifigkeit bei Schneckentrieben hängt vom nicht zu kleinen *Modul* der Radverzahnung und von der steifen Lagerung der Schnecke ab. Aus diesem Grund ist eine mit Federn an das Rad angepreßte Schnecke eher eine Notlösung bei nicht rund laufender Radverzahnung. Die Steifigkeit wird dadurch erheblich herabgesetzt.

Bei manuell betätigten Trieben ist zu beachten, daß die *Motorik* der menschlichen Hand keine beliebig feinen Bewegungen zuläßt. Der kleinste erforderliche Manipulationswinkel σ_{man}, mit dem ein Bedienungsknopf zu verdrehen ist, sollte nicht kleiner als $1–2°$ sein. Bei Betätigung über eine biegsame Welle ist, wegen der *Torsionselastizität*, sogar mit noch größeren Werten zu rechnen. Ist $\Delta\sigma$ die erforderliche Winkeleinstellgenauigkeit der Achse, dann errechnet sich das Untersetzungsverhältnis u_f zwischen Bedienungsknopf und Achse zu

$$u_f = \frac{\sigma_{man}}{\Delta\sigma}. \tag{28}$$

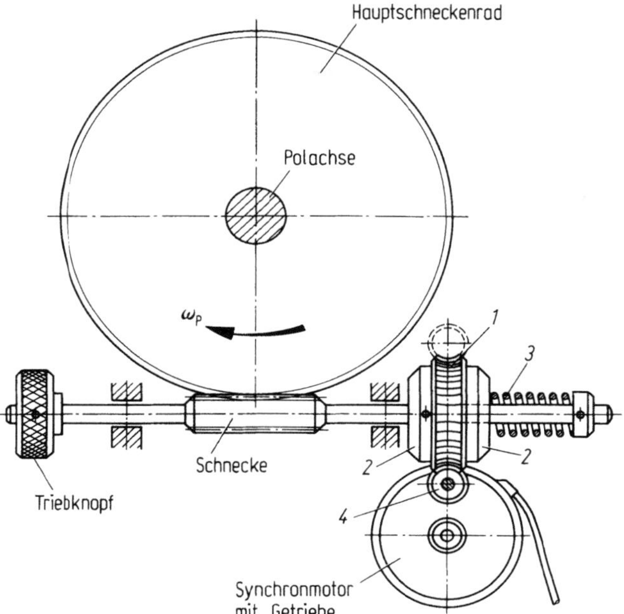

Abb. 14. Einfache Triebanordnung mit zwei Schneckenradstufen (Badener-Montierung nach H. Ziegler). Das Wesentliche dieser Triebanordnung ist die Axial-Reibkupplung an der zweiten Schneckenradstufe. Das kleine, vom Synchronmotor angetriebene, Schneckenrad (1) nimmt über die beiden Kupplungsscheiben (2) die Hauptschnecke mit. Das Reibmoment kann durch die Feder (3) feinfühlig eingestellt werden. Durch diese Kupplungsanordnung können bei laufendem Nachführmotor manuelle Einstellbewegungen ω_f ausgeführt werden. Die Feinkorrekturen ω_kor werden hingegen über die variable Frequenz ausgeführt

In den Abbildungen 14 und 15 sind eine einfache Triebanordnung mit zwei Schneckenradstufen und eine Variante mit einem *Differential-Summiergetriebe* schematisch dargestellt. Beim Summiergetriebe kann an die Stelle des Einstellknopfes auch ein Stellmotor treten.

3.11.3 Antriebsmotoren

Für Teleskopantriebe kommen in erster Linie *Synchron-*, *Schritt-* und *Gleichstrom-Kleinmotoren* in Frage. Diese werden von zahlreichen Firmen in einem breiten Daten- und Typenspektrum angeboten. Viele Hersteller liefern zu diesen Motoren passende Untersetzungsgetriebe, die dem Amateur den Bau der Triebmechanik sehr erleichtern.

Synchronmotoren und Schrittmotoren
Es sind dies *Drehfeldmaschinen*. Im Stator sind Wicklungen angeordnet, die mit Wechselstrom oder Stromimpulsen gespeist werden. Durch diese wird ein mit der Winkelgeschwindigkeit ω_m oder in diskreten Winkelschritten Γ umlaufendes, magnetisches *Drehfeld* induziert.

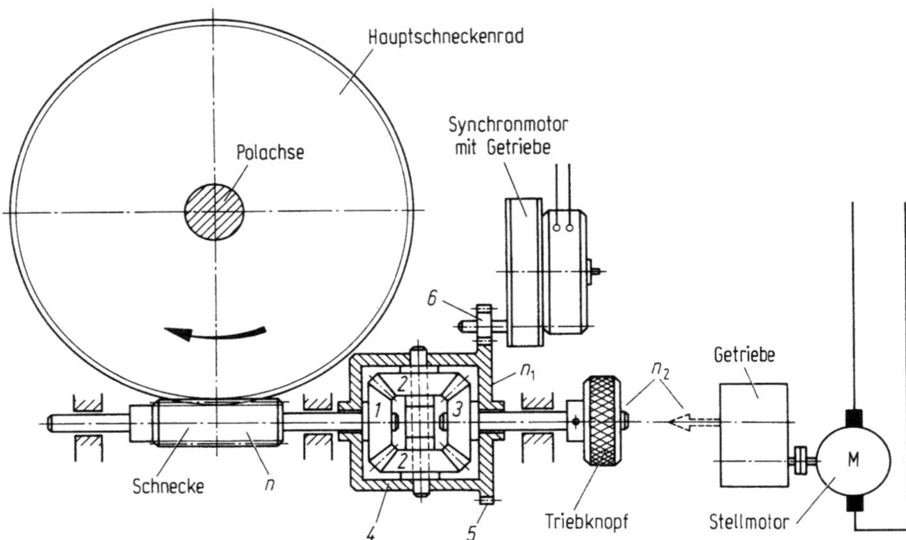

Abb. 15. Triebanordnung mit Differentialgetriebe. Das Differential- und das Planetengetriebe sind richtige Summiergetriebe, bei denen zwei Eingangsdrehzahlen n_1 und n_2 zu einer Ausgangsdrehzahl n_0 summiert werden. n_1, n_2 und n_0 können funktionell beliebig vertauscht werden. Für das Differentialgetriebe gilt $n_0 = (n_1 \pm n_2)$. Auf der Hauptschneckenwelle sitzt das Abtriebskegelrad (1), das über die beiden Sternkegelräder (2) angetrieben wird. Die zu summierenden Drehzahlen n_1 und n_2 werden über das Kegelrad (3) und über den Differentialstern (4) zugeführt. Der Antrieb des Differentialsterns erfolgt über das Zahnrad (5) und das Motorritzel (6). Anstelle des manuell betätigten Triebknopfes lassen sich Einstellbewegungen auch über einen Stellmotor ausführen. Besonders geeignet sind dafür kleine Gleichstrommotoren

$$\omega_{\mathrm{m}} = \omega_{\mathrm{e}}/p = 2\pi f/p \qquad (24)$$

p ist die *Polpaarzahl* des Motors. Ein 2poliger Motor hat $p = 1$, ein 16poliger $p = 8$ und so weiter. Bei Schrittmotoren ist zu beachten, daß oft einer 2poligen Statorwicklung ein vielpoliger Rotor zugeordnet ist. Bei diesen ist mit dem Schrittwinkel Γ zu rechnen. Das Drehfeld nimmt einen weichmagnetischen Rotor oder Permanentmagnetrotor mit. Im ersten Fall spricht man von *Reluktanz-Motoren*, im zweiten von *Permanentmagnet-Motoren*. Bei allen diesen Motoren ist die Drehzahl starr, das heißt *synchron* mit der Frequenz verknüpft. Über die Frequenz kann daher die Drehzahl geregelt werden. Beim Schrittmotor noch mehr: jedem Schritt ist eine genau definierte Winkeldrehung zugeordnet. Durch einfaches Zählen der Schrittimpulse läßt sich die Winkelposition digital anzeigen und weiterverarbeiten. Schrittmotoren sind in gewissem Sinne Antriebselement und Winkelenkoder zugleich.

Klein-Synchronmotoren haben folgende Betriebseigenschaften:

- Das Belastungsmoment hat keinen Einfluß auf die Drehzahl, solange es das *Kippmoment* nicht überschreitet. Bei diesem bleibt der Motor einfach stehen.
- Das Drehmoment ist vom Drehfeld und dieses vom Strom abhängig. Wird an einer Spule mit der Induktivität L die Frequenz geändert, dann muß bei gleichbleibendem Strom auch die Spannung proportional zur Frequenz geändert werden. Fast alle frequenzgeregelten Nach-

führsteuerungen gehen jedoch von Netzgeräten mit konstanter Spannung aus. Wird an einem Synchronmotor bei konstanter Spannung die Frequenz abgesenkt, dann gelangt der magnetische Kreis rasch in die *Sättigung*, und bei Erhöhung der Frequenz sinkt die Feldstärke des Drehfeldes und damit das Drehmoment ab.

- Bei diesen preiswerten Kleinsynchronmotoren sind meistens auch die magnetischen Kreise nicht für höhere Frequenzen und die mechanischen Rotorkomponenten nicht für höhere Drehzahlen ausgelegt.
- Vielfach erfolgt die Anspeisung nicht mit *sinusförmiger* Spannung, sondern mit Rechteckimpulsen. Die *Oberwellen* der Impulse erzeugen im *Gegensinn umlaufende Drehfelder*, die den Rotor bremsen, Pulsationsmomente und Geräusche entwickeln und hohe Verluste verursachen.

Werden Kleinsynchronmotoren nicht mit sinusförmiger Spannung betrieben, dann läßt sich die Drehzahl kaum mehr als $\pm\,25\%$ vom Nennwert variieren. Für reine Nachführtriebe ist dies ausreichend.

Schrittmotoren haben in der Regel eine 2polige Statorwicklung, die alternierend mit um $90°$ phasenverschobenen Rechteckimpulsen wechselnder Polarität gespeist werden (*Bipolarbetrieb*). Neben diesem Bipolarbetrieb gibt es noch den *Halbschritt*- und den *Mikroschrittbetrieb*. Schrittmotoren sind sehr komplexe Systeme. Wenn immer einem aus magnetischen Feldern, Massenträgheitsmomenten und Reibung bestehenden System Impulse (Stöße!) aufgeprägt werden, ist ein hochgradig nichtlineares Verhalten, Resonanzen und ein komplizierter Frequenzgang gegeben. Hinzu kommt noch, daß der Schrittmotor nicht isoliert betrachtet werden kann. Sein Verhalten ist in hohem Maß von der Speisequelle und der angetriebenen Mechanik (*Massenträgheitsmoment und Reibmoment*) abhängig. Aus diesem Grunde lassen sich aus den Listenwerten solcher Motoren kaum für das tatsächliche Betriebsverhalten relevante Aussagen ableiten. In Tabelle 10 sind einige für Teleskoptriebe wichtige Eigenschaften der gebräuchlichen Antriebsmotoren zusammengestellt[15].

Gleichstrom-Motoren (*DC-Motoren*)
Moderne DC-Kleinmotoren für Regel- und Steuerzwecke haben meist einen eisenlosen *Trommel*- oder *Scheibenrotor* mit kleinem Massenträgheitsmoment und sehr kleiner Induktivität. Ihre Betriebseigenschaften unterscheiden sich stark von jenen der Schrittmotoren. Ihr Drehmoment ist hoch, über den sehr großen Drehzahlbereich konstant und pulsationsfrei. Für die Nachführbewegung ω_P können sie daher mit sehr niedriger *Schleichdrehzahl* ($n < 20$ UpM) betrieben werden. Die meisten haben einen Drehzahlbereich von 0 bis 5000 UpM, einige sogar bis 10 000. Sie können sehr rasch hochlaufen und stoppen und haben keine *Eigenfrequenzen* oder Neigung zu Schwingungen. Die Drehzahl ist der Ankerspannung proportional, über die sie auch geregelt wird. Nachteile gegenüber Schrittmotoren sind:

- Der *Kommutator* und die *Bürsten* haben einen gewissen Verschleiß, besonders wenn sie dauernd im hohen Drehzahl- und Drehmomentbereich betrieben werden.
- Die Drehzahl ist vom Belastungsmoment abhängig. Wird der Motor belastet, dann sinkt die Drehzahl etwas ab. Auch die Temperatur hat über den Ankerwiderstand einen gewissen Einfluß auf die Drehzahl. Wenn vom Motor eine sehr konstante Drehzahl gefordert wird, dann muß er in einem geschlossenen Drehzahlregelkreis betrieben werden.

---

[15] Eine gute Einführung in die Grundlagen der Schrittmotoren und der Schrittmotor-Antriebe vermittelt die Druckschrift *Schrittmotor-Antriebe* der Firma Portescap in CH-2300 La Chaux-de-Fonds, Schweiz. Weitere Literatur dazu: siehe Literaturverzeichnis.

Tabelle 10. Eigenschaften von Synchron-, Schritt- und Gleichstrom-Kleinmotoren [a, b]

	Synchronmotor	Schrittmotor [c]	Gleichstrommotor [d]
Motorprinzip	Drehfeldmaschine, Feldvektor mit $\omega_{\mathrm{m}} = 2\pi \cdot f/p$ umlaufend	Drehfeldmaschine, Feldvektor in Winkelschritten umlaufend	Maschine mit innerer Zwangskommutierung
Drehzahlbereich, ausnützbarer Regulierbereich	Einsatz als Konstant-Drehzahlmotor, Regelbereich etwa $\pm 20\% \, n_{\mathrm{nen}}$, bei sinusförmiger, frequenzproportionaler Spannung erheblich größer. ω_{max} wird durch die magnetische und mechanische Auslegung des Motors begrenzt.	groß: 0 bis einige 1000 UpM, niedriger Drehzahlbereich wegen Drehmoment-Pulsation und Teleskopschwingungen, oberer Bereich wegen gegen 0 abfallendem Drehmoment nicht ausnützbar.	sehr groß: 0–5000 UpM (teilweise 10 000 UpM und mehr) ganzer Drehzahlbereich ausnützbar (bei Dauerbetrieb mit hohen Drehzahlen und großen Drehmoment erhöhter Verschleiß von Bürsten und Kommutator)
Drehzahlkonstanz	Drehzahl = frequenzsynchron, Frequenz bestimmt Konstanz und Genauigkeit der Drehzahl, kein Drehmoment-Einfluß.	Drehzahl = schrittfrequenz-synchron, Schrittfrequenz bestimmt Konstanz und Genauigkeit der Drehzahl.	Drehzahl ist von Spannung, Drehmoment und Temperatur abhängig, ohne Regelung ist die Drehzahlkonstanz gering.
Drehmoment-Verhalten	konstant, wenn Spannung frequenzproportional und sinusförmig, andernfalls bei höheren und tieferen Frequenzen stark abfallend. Bis zum Kippmoment belastbar, bleibt dann stehen	stark nichtlinear, bei hohen Schrittraten gegen 0 abfallend, bei niedrigen stark pulsierend, ausgeprägte Resonanzen und Drehmomentinstabilitäten, stark von der Speiseelektronik und angetriebenen Mechanik abhängig	über ganzen Drehzahlbereich konstant und pulsationsfrei, hohe Spitzenmomente (Beschleunigungen) möglich. Moment linear vom Rotorstrom abhängig
Systemverhalten	im Arbeitsbereich linear, System 1.-Ordnung $M_{\mathrm{kip}} = k_{\mathrm{T}} \cdot I \cdot \Phi$, $\quad \omega = k_{\omega} \cdot f = 2\pi \cdot f/p$ $U_{\mathrm{n}} = I \cdot \omega_{\mathrm{e}} \cdot L \cdot \Phi$, $\quad \Phi =$ mag. Fluss	hochgradig nichtlinear, System 2. Ordnung mathematisch komplexe Zusammenhänge	streng lineares System 1.-Ordnung $M = k_{\mathrm{T}} \cdot I$, $E = k_{\mathrm{e}} \cdot n$, $U_{\mathrm{n}} = E + I \cdot R_{\mathrm{i}}$, $(E \ldots EMK(EMF))$
Regelkreisverhalten	wird im offenen Kreis mit vorgegebener Frequenz f betrieben.	wird im offenen Kreis betrieben, Offenkreisverhalten von Speiseelektronik und angetriebenem System abhängig.	lineares Glied mit sehr guter Dynamik
Positionier-Eigenschaften	kein typischer Motor für Positioniertriebe	typischer Positioniermotor, kein Enkoder erforderlich, da Antrieb in abzählbaren Winkelschritten erfolgt. In den Drehmoment-Instabilitätsbereichen ist ein Überspringen von Schritten möglich.	kein typischer Positioniermotor, für Positionierung sind Enkoder und ein Positionsregelkreis erforderlich. Positioniergenauigkeit nur vom Enkoder und Regelkreis abhängig
Einsatzgebiet	sehr guter Nachführmotor, die Korrekturbewegungen $\pm\omega_{\mathrm{kor}}$ liegen in seinem Arbeitsbereich, ω_{f} und ω_{g} sind bei etwas größerem Mechanikaufwand über ein Summiergetriebe mit einem separaten Stellmotor realisierbar.	guter Nachführ- und Positioniermotor, Nachführbetrieb im nicht pulsierenden Drehzahlbereich oder im Mikroschritt-Mode, Grobverstellung ω_{g} ist bei nicht sehr raschen Schwenkgeschwindigkeiten möglich.	den gesamten Bereich $\omega_{\mathrm{p}} - \omega_{\mathrm{g}}$ überstreichend, für drehzahlkonstante Nachführung und Positionierung sind Tachodynamo, Enkoder und entsprechende Regelkreise erforderlich
Aufwand für Elektronik	relativ klein, wenig problematisch	mittel bis hoch, besonders wenn der ganze Drehzahlbereich ausgenützt und das System optimal betrieben werden soll. Die Optimierung ist wegen des komplexen Verhaltens des Systems nicht unproblematisch	Aufwand für Tachodynamos, Enkoder und Regelkreise sehr hoch, die Auslegung, Optimierung und Einstellung der Regelkreise ist relativ anspruchsvoll

[a] In Betracht gezogen wurden handelsübliche Kleinmotoren (keine Sonderausführungen).
[b] Die Bewertung erfolgt mit Sicht auf Teleskoptriebe.
[c] Permanentmagnet-Schrittmotoren: bei diesen ist zu beachten, daß ihre Eigenschaften von Fabrikat zu Fabrikat sehr unterschiedlich sein können. Ihre Eigenschaften hängen zudem stark von der Treiberelektronik ab. Obige Angaben gelten für Vollschritt- und Halbschritt-Betrieb.
[d] Moderne DC-Motoren mit eisenlosem Trommel- oder Scheibenläufer (keine Billigmotoren der Spielzeugbranche).

– DC-Motoren sind keine direkten Positionsstellglieder wie Schrittmotoren. Für Positionieraufgaben ist ebenfalls ein geschlossener Positionsregelkreis mit einem Enkoder erforderlich.

Wegen des großen Drehzahlbereichs und der exzellenten Regeldynamik werden heute professionelle Großteleskope vielfach mit DC-Scheibenläufermotoren angetrieben. Der etwas größere, regeltechnische Aufwand fällt dabei nicht ins Gewicht.

3.11.4 Steuerelektronik von Teleskoptrieben

Die Steuerelektronik besteht aus folgenden elementaren Funktionseinheiten:

– einer Einheit, die den *Sollwert* der Frequenz beziehungsweise den Sollwert für die Drehzahl liefert;
– einer Verstärkereinheit, die für die Leistungsendstufe die erforderlichen Steuerspannungen liefert oder im geschlossenen Regelkreis für die nötige *Schleifenverstärkung* sorgt;
– der Leistungsendstufe oder *Treiberstufe*, die den Motor speist.

Dazu kommen noch die Netzgeräte oder die Spannungsquellen für diese Funktionseinheiten. Dies sind die Basisbausteine offener Steuerkreise, wie sie bei Synchronmotoren oder Schrittmotoren üblich sind. Bei geschlossenen Regelkreisen kommen weitere Funktionseinheiten dazu:

– Istwertgeber (*Winkelenkoder, Tachodynamo*), die den Istwert der Position und der Drehzahl liefern;
– eine *Komparatoreinheit*, die den Istwert mit dem Sollwert vergleicht und die Differenz als Regelabweichung an die Verstärker- und Treiberstufen weiterleitet;
– allenfalls Einheiten, in denen die Regelgrößen mathematisch aufbereitet werden, wie Integratoren, Filter, Begrenzer und so weiter.

Gewisse Funktionen lassen sich digitalisieren und in *Mikroprozessoren* (μP) ausführen. Es sind dies jene Funktionen, in denen Signale generiert, verarbeitet, logisch verknüpft und angezeigt werden. Analoge Schaltungsbausteine sind hingegen die Verstärker und die Leistungsendstufen. Für diese digitalen und analogen Funktionseinheiten gibt es heute fertige IC-Module, die nur noch einer geringen, äußeren Beschaltung bedürfen. Sie werden von zahlreichen IC-Herstellern angeboten und erleichtern den Bau der Steuerelektronik sehr. Für die meisten dieser IC-Module sind ausführliche Applikationsschriften erhältlich. Sie enthalten detaillierte Daten, Angaben über die äußere Beschaltung und Anwendungshinweise[16].

3.11.5 Steuerelektronik für Synchronmotor-Nachführtriebe

Für die Nachführung ω_P wird der Synchronmotor im offenen Kreis betrieben. Wegen der absoluten Synchronizität zwischen Frequenz und Drehzahl bedarf es keiner Istwert-Rückmeldung und geschlossener Regelstrecke. Die von einem Oszillator oder

---

[16] Eine ausführliche Behandlung der Teleskoptriebe gibt: K. Güssow, Elektrische Fernrohrantriebe, Sterne und Weltraum 26 (1987) 7/8.

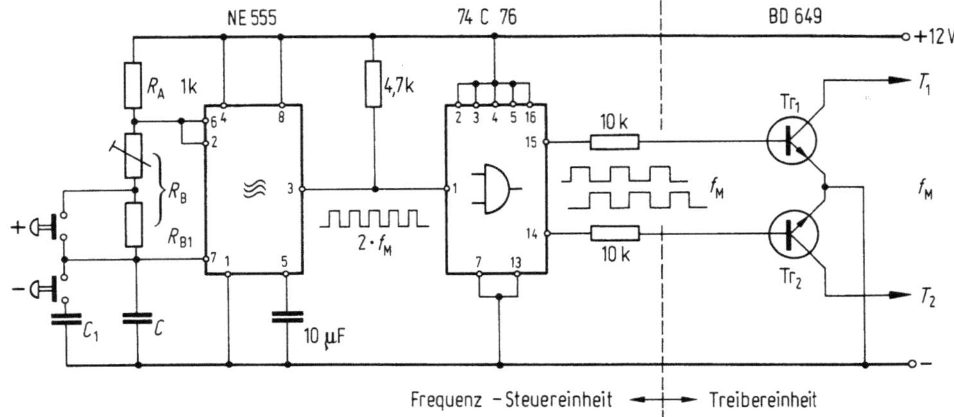

Abb. 16. Steuereinheit für Synchronmotor-Triebe, Frequenz-Steuereinheit (nach S. Witzigmann und K. Güssow). Die Hauptelemente eines frequenzregelbaren Nachführtriebes sind ein IC, in dem die Frequenz generiert wird, und eine Leistungs-Endstufe oder Treibereinheit. Von der Treibereinheit sind nur die beiden Transistoren Tr1/Tr2 gezeichnet. Die Frequenz wird im bekannten *Timer-IC* 555 erzeugt (neuere Ausführung ICM 7555). Frequenzbestimmend sind die Widerstände R_A und R_B und die Kapazitäten C, C_1. Die Frequenz kann auch durch eine Spannung an der Klemme 5 des IC's gesteuert werden, wie dies zum Beispiel bei einer lichtelektrischen Nachführsteuerung notwendig ist. Die Gegentakt-Endstufe benötigt zwei um 180° phasenverschobene Steuersigale, die durch Invertierung im Logikbaustein IC 74C76 gewonnen werden

Taktgeber generierte Frequenz steuert direkt die Leistungsstufe. Abbildung 16 zeigt die Grundschaltung, die den Taktgeberbaustein IC-NE 555 benützt. Die frequenzbestimmenden Glieder für die Impulsfolge am IC-Ausgang sind: R_a, R_b, und C. Wenn dafür hochwertige Komponenten, wie gute *Metallfilmwiderstände, Präzisions-Drahtpotentiometer* und *Polystyren-Kondensatoren* verwendet werden, dann ist der durch die Frequenzdrift verursachte Fehler kleiner als die mechanischen Fehler der Triebe und die ohnehin notwendigen Korrekturen für die Refraktion.

Für R in kΩ und C in µF ist die Impulsfrequenz am NE 555 Ausgang

$$f = \frac{10^3}{\ln 2} \cdot \frac{1}{R \cdot C} = \frac{1443}{R \cdot C} \quad \text{mit } R = (R_a + 2\,R_b). \tag{29}$$

Beispiel:

Die Triebuntersetzung wurde für einen 60 Hz Synchronmotor ausgelegt. Wegen der Frequenzteilung 1:2 in der Inverterlogik muß die Taktfrequenz 120 Hz sein.

Wählt man $R_a = 1$ kΩ und $C = 0{,}5$ µF, dann ergibt sich aus (29) ein R_b von 11,53 kΩ. Soll für die Nachführkorrekturen ω_{kor} die Frequenz um $\pm 20\%$ variierbar sein, dann muß ca. 10% von R_b durch einen Taster kurzgeschlossen und durch einen zweiten Taster zu C eine Kapazität C_1 von 0,125 µF zugeschaltet werden. C_1 kann ein billiger Kondensator sein, da für ω_{kor} die Frequenzkonstanz belanglos ist. Für die Feineinstellung von f wird R_b in einen Festwiderstand R_{b1}, zum Beispiel von 10 kΩ und in ein 2,5 kΩ 10-Gangpotentiometer aufgeteilt.

Die Leistungstransistoren der Gegentakt-Endstufe werden im On/Off-Betrieb (Schaltbetrieb) geschaltet. Dafür sind zwei invertierte Steuersignale erforderlich, die der IC-74C76 aus der Eingangs-Impulsfolge generiert. Dabei tritt eine Frequenzteilung von 1:2 auf. Bei On/Off-Betrieb treten in den Transistoren nur geringe Verluste auf. In der Regel erübrigen sich daher besondere Kühlmaßnahmen (Kühlelemente). Die einfachste Ausführung einer solchen Gegentakt-Endstufe (Abb. 17a) hat jedoch für den Motor erhebliche Nachteile und ergibt einen schlechten Gesamtwirkungsgrad. Dies aus folgenden Gründen:

– Die Motorspannung ist konstant. Konstant sein sollte hingegen der Motorstrom.
– Der Motor wird mit einer Rechteckspannung gespeist anstatt mit einer sinusförmigen.

Die sich daraus ergebenden Nachteile wurden bereits behandelt (Abschnitt 3.11.3). Erheblich besser ist die Schaltung nach Abbildung 17b.

– Die Endstufe wird aus einem Serie-Resonanzkreis, bestehend aus L_1 und C_1 gespeist, wie dies Abbildung 17c schematisch zeigt.
– Die *reaktive Stromkomponente* (Blindstrom des Motorkreises) wird durch die Kondensatoren C_2 kompensiert. Dadurch werden die Schalttransistoren und der Speisekreis strommäßig entlastet.

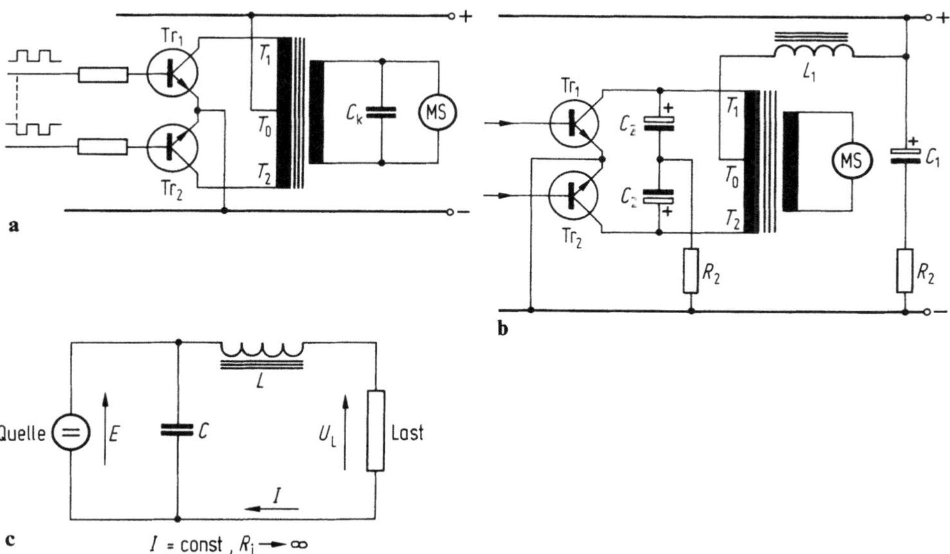

Abb. 17a–c. Gegentakt-Motortreiberstufen. Im einfachsten Fall **(a)** besteht die Endstufe aus den beiden in Gegentakt angesteuerten Transistoren Tr1/Tr2, dem Transformator T mit Mittelpunktanzapfung und dem Kompensations-Kondensator C_k. Als Transistoren kann auch ein *Darlington-Paar* verwendet werden. Die starre, nicht sinusförmige Ausgangsspannung ist für den Motor nachteilig und läßt nur eine kleine Frequenzvariation zu. Wesentlich besser ist eine Treiberstufe nach **b**. Die Ausgangsspannung ist frequenzproportional und besser sinusförmig. Der in c hervorgehobene Serieresonanzkreis wirkt als *Konstantstrom-Quelle* und erzwingt so eine der Frequenz proportionale Spannung. Die beiden Elcos C_2 übernehmen die Oberwellen und entlasten den Ausgangskreis von der induktiven Blindlast

– Die Oberwellen[17], die der Schaltbetrieb verursacht, schließen sich nicht über den Motor (inverse Drehmomente!), sondern werden von C_2 aufgenommen.

Ein Serie-Resonanzkreis hat im Resonanzpunkt die Eigenschaft einer *Konstant-strom-Quelle* ($R_i \to \infty$). Der Motorstrom stellt sich daher automatisch auf den erforderlichen Wert ein. Für einen Resonanzkreis gilt:

$$\omega_0 = 2\pi f_0 = \sqrt{1/L \cdot C}, \tag{30}$$

wobei f_0 die Betriebsfrequenz des Motors für ω_P ist.

Die Kompensationskondensatoren C_2 werden auf der Primärseite angeordnet. Hier können Elektrolyt-Kondensatoren eingesetzt werden, die kleine Abmessungen haben. C_2 muß versuchsmäßig bestimmt werden. Für handelsübliche Synchronmotoren wird C_2 etwa im Bereich $100-200\,\mu F$ liegen. Für R_2 sind etwa $200-300\,\Omega$ zu setzen. Die Optimierung erfolgt auf Strom-Minimum und eine möglichst sinusförmige Motorspannung. Für die ω_{kor}-Frequenzen ist die Kompensation nicht mehr optimal. Aber auch da ergeben sich noch wesentlich bessere Betriebsbedingungen für den Motor als ohne Kompensationsmaßnahmen.

Wenn eine höhere Frequenzkonstanz gefordert wird, dann läßt sich die Taktfrequenz auch aus einem *Quarzoszillator* gewinnen. Man sollte jedoch immer an die elementaren Grundsätze der Fehlertheorie im Rahmen der Gesamtstruktur denken, um nicht an einem wenig relevanten Punkt überspitzten Genauigkeitsansprüchen nachzujagen. Auch für Taktgeber auf Quarzbasis gibt es fertige IC-Module. Meistens

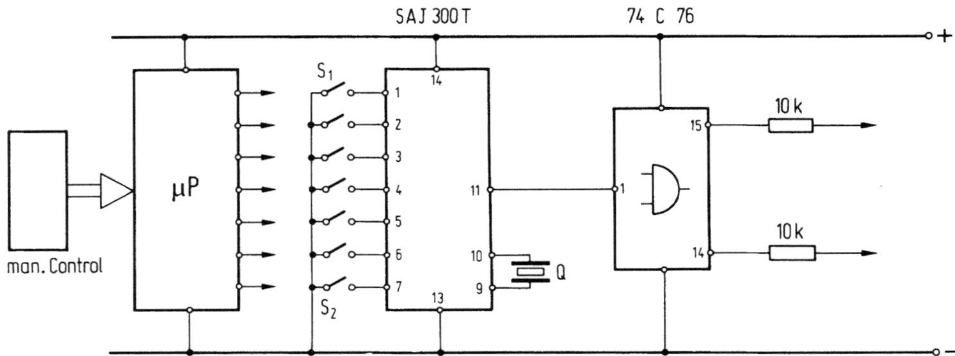

Abb. 18. Taktgeber mit Quarzoszillator. Ein Nachführtrieb hoher Frequenzkonstanz läßt sich mit einem *Uhren-* oder *Taktgeber-IC bauen.* Solche Module werden von verschiedenen IC-Herstellern angeboten. Sie enthalten die Oszillatorstufe für den externen Quarz und die *Frequenzteilerkaskaden.* Über die Schalter $S_1 - S_7$ wird das Frequenz-Teilungsverhältnis und damit die erforderliche Ausgangsfrequenz eingestellt. Die Schalterstellung entsprechen den Logikpegeln H (high) und L (low). Diese Logikpegel können auch von einem µP oder Computer vorgegeben werden. Invertierung und Endstufe sind gleich wie in Abbildung 16 oder 17

---

[17] Nach *Fourier* gilt für eine Rechteckwelle die Reihe:

$$U_\Pi = U_0 \sin \omega t + U_0/3 \sin 3\omega t + U_0/5 \sin 5\omega t + \dots \tag{31}$$

mit den Oberwellen:

$$\sin 3\omega t, \ \sin 5\omega t, \ \sin 7\omega t, \ \sin 9\omega t, \dots$$

weisen diese bereits integrierte Frequenzteilerstufen auf. In Abbildung 18 ist eine solche Schaltung gezeigt. Mit den Schaltern S_1 bis S_7 wird das erforderliche Frequenzteilungsverhältnis von der Quarzfrequenz auf die Taktfrequenz eingestellt. Schalter geschlossen gibt den Logikpegel H und Schalter offen den Logikpegel L. Diese Pegel werden vom μP ensprechend ω_P, ω_{kor} und auch für allfällige Nachführgeschwindigkeiten nichtstellarer Objekte gesetzt.

3.11.6 Steuerelektronik für Schrittmotor-Triebe

Schrittmotor-Triebe kommen in erster Linie für Instrumente in Frage, die digital positioniert werden sollen. Bei solchen Teleskoptrieben muß jedoch mit erheblichen Kosten gerechnet werden. Schon der Schrittmotor ist wesentlich teurer als ein Synchron-Kleinmotor. Die große Drehzahlspanne ($\omega_p \rightarrow \omega_g$) und die charakteristischen Eigenheiten der Schrittmotoren erfordern gut aufeinander abgestimmte Triebkomponenten. Um einer optimalen Zusammenarbeit zwischen Schrittmotor und Steuerelektronik sicher zu sein, empfiehlt sich mit dem Motorhersteller Kontakt aufzunehmen oder sogar *Indexer* und *Treiber* vom selben Hersteller zu verwenden [18]. Die Betriebsart des Schrittmotors (*Vollschritt, Halbschritt, Mikroschritt*), die Grenzdrehzahlen für ω_p, ω_g sowie die mechanische Triebuntersetzung u sind korrelierte Größen. An zwei Triebvarianten soll dies gezeigt werden.

Variante 1. Schrittmotor im Vollschritt- oder Halbschrittbetrieb
Es ist dies die übliche Betriebsart. Im Handel sind Schrittmotoren mit Schrittwinkeln von $1,8 - 3,6 - 6°$ erhältlich. Die Motordrehzahl n_p für ω_p sollte bei dieser Betriebsart nicht unter 100 UpM liegen. Unter 100 UpM weisen die meisten Schrittmotorfabrikate ausgeprägte Eigenresonanzen auf. Außerdem würde das Teleskop durch das stark pulsierende Drehmoment zu sehr störenden Schwingungen angeregt:

$$\omega_{mp} = \frac{\pi \cdot n_p}{30} \quad \text{für} \quad n_p = 100 \text{ UpM}, \qquad \omega_{mp} = 10,5°/\text{s} = 3,77 \cdot 10^4 \text{''/s}$$

$$u = \frac{\omega_{mp}}{\omega_p} = \frac{3,77 \cdot 10^4}{15,04} = 2500 : 1 .$$

Für eine angenommene Schwenkgeschwindigkeit $\omega_g = 0,5°/\text{s}$ errechnet sich eine Schrittmotordrehzahl n_g von

$$n_g = u \cdot \omega_g \cdot \frac{30}{\pi} = 2500 \cdot 0,5 \cdot \frac{30}{\pi} = 11\,936 \text{ UpM} .$$

Bei einer solchen Drehzahl haben die meisten Schrittmotoren kein nennenswertes Drehmoment mehr. Außerdem gibt es kaum Untersetzungsgetriebe, die für so hohe Drehzahlen ausgelegt sind. Konsequenz: ω_g muß etwa um den Faktor 5 zurückgenommen werden. Der Komforteinbuße steht ein etwas kleinerer Aufwand bei der Steuerelektronik gegenüber.

Variante 2. Schrittmotor im Mikroschrittbetrieb
Im *Mikroschrittbetrieb* wird jeder Vollschritt treppenförmig in Teilschritte zerlegt. Dies bringt, wie noch gezeigt wird, eine ganze Reihe Vorteile. Für das Beispiel wichtig ist, daß in dieser Betriebsart der Motor für ω_p ohne weiteres mit $10-20$ UpM gefahren werden kann. Es wird ein

---

[18] Viele Schrittmotor-Hersteller liefern auch komplette Antriebssysteme.

3,6°-Schrittmotor mit 12 Mikroschritten und einer Nachführdrehzahl von 15 UpM angenommen. Mit den gleichen Beziehungen wie oben errechnen sich

$$\omega_{pm} = 5,66 \cdot 10^3\,''/s, \qquad u = 376:1, \qquad n_g \cong 1800\ \text{UpM}.$$

Hier ergibt sich eine für Untersetzungsgetriebe akzeptable Drehzahl, und jedem Mikroschritt entspricht an der Polachse eine Drehung von 2,87″. Die Triebmechanik könnte aus einem Hauptschneckenrad mit 180 Zähnen und einer vorgeschalteten Zahnradstufe 2:1 bestehen. Erkauft wird dieses vorteilhafte Triebkonzept mit einem größeren Elektronikaufwand. Für ω_g müssen 36 000 Schrittimpulse/s mit genau definierten Impulshöhen aufgebracht werden.

3.11.7 Schaltungselemente des Mikroschrittbetriebes

Beschränkt man sich auf die Bewegungen ω_p und ω_f, dann lassen sich diese noch recht gut mit dem *Voll-* oder *Halbschrittbetrieb* beherrschen. Für den ganzen Geschwindigkeitsbereich und eine fehlerfreie Positionierung sollte jedoch im *Mikroschrittmode* gearbeitet werden. Er ist bei weitem die beste Betriebsart für Teleskoptriebe. Seine Vorteile sind:

- eine geringe Pulsation des Drehmomentes;
- eine stark reduzierte Neigung zu Resonanzen und Eigenschwingungen. Der Schrittmotor wird praktisch zu einem System 1. Ordnung;
- ein in einem großen Drehzahlbereich konstantes Drehmoment;
- eine erhöhte Winkelauflösung beim Positionieren;
- ein besserer Motorwirkungsgrad.

Für den Mikroschrittbetrieb sind allerdings nicht alle Schrittmotoren geeignet. Das Motordrehmoment M in Funktion des Drehwinkels φ muß streng der Formel

$$M = k_T \cdot I \cdot \sin\varphi \tag{32}$$

genügen. Dies ist nicht bei allen Fabrikaten der Fall.

Abbildung 19 zeigt das Blockschema einer Schrittmotor-Steuerung. Es weist folgende Baugruppen auf:

- Die *Treibereinheit*, die die beiden Motorphasen sequentiell erregt.
- Den *Indexer* oder *Translator*, der die Steuerimpulse für den Treiber erzeugt und noch weitere Steuerfunktionen wahrnimmt.
- Einen Mikroprozessor, der die nötigen Funktionen und Pegelwerte generiert und die zeitlichen Abläufe festlegt und koordiniert. Er erhält von einer manuellen Kontrolleinheit (man Control) oder von einem PC die Kommandos wie: *„schneller"*, *„langsamer"*, *„Rechtslauf"*, *„Linkslauf"*, *„mit ω_g auf die Position xy fahren"* und so weiter.

Auch für diese Funktionseinheiten gibt es fertige IC-Module oder komplette Schrittmotor-Steuerungen, die alle Funktionseinheiten enthalten. Ein Eigenbau ist selbst für den versierten Elektroniker wenig sinnvoll.

Die Treiberstufe (Abb. 20)
Für jede Motorphase ist eine Transistorbrücke mit *Freilaufdioden D1–D4* vorhanden. Im Vollschrittbetrieb werden die Brücken alternierend und sequentiell nach Abbildung 21 a durchgeschaltet. Wegen der Wicklungsinduktivität folgt der Motorstrom jedoch nicht diesem Schema. Er steigt exponentiell an und klingt auch wieder expo-

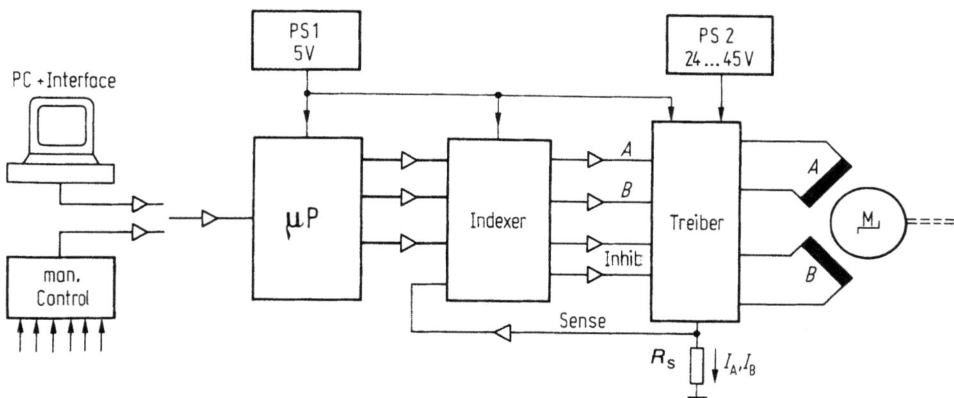

Abb. 19. Blockschema einer Schrittmotor-Steuerung. Die Motorphasen *A* und *B* werden sequentiell vom Treiber mit den Schrittimpulsen erregt. Die Steuersingale dafür liefert der sogenannte *Indexer*, der noch weitere Funktionen hat. Er begrenzt den Motorstrom und sperrt über die Inhibit-Logik die Brückentransistoren (Treiberstufe) in der Stromabbauphase. Das dem Strom proportionale Signal fällt am R_s-Widerstand an und wird über „sense" dem Indexer zugeführt. Die eigentliche Steuerfunktion übernimmt ein μP. Um einen raschen Stromanstieg in den Motorphasen zu erzwingen, ist eine Treiberspannung erforderlich, die um ein Vielfaches höher als die Motornennspannung ist. Der Treiber muß daher aus einem eigenen Netzgerät PS2 gespeist werden

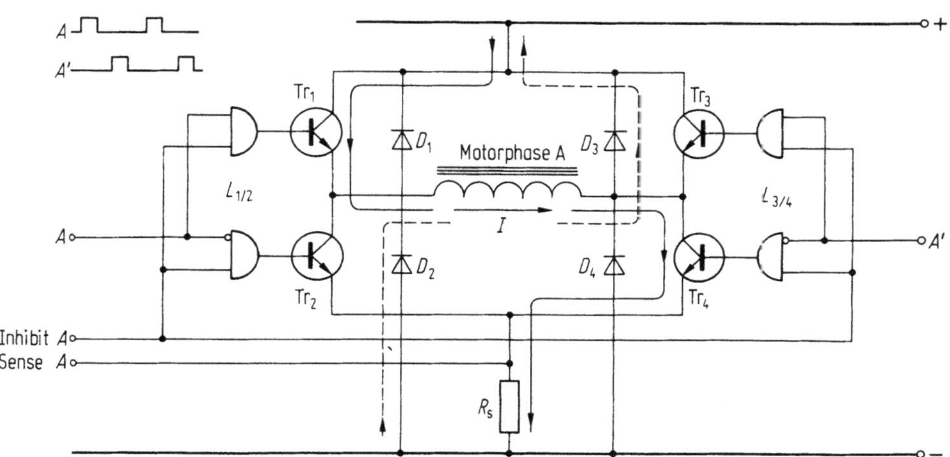

Abb. 20. Brücken-Treiberstufe für Schrittmotoren. Jede Motorphase wird über eine volle Transistorbrücke mit den zugehörigen Freilaufdioden angespeist. Für einen positiven Impuls sind die Transistoren Tr 1/Tr 4 durchgeschaltet (Stromfluß ausgezogene Linie), für einen negativen Impuls Tr 2/Tr 3. Um einen raschen Stromabbau zur erzwingen, werden über die *Inhibit-Logik* alle vier Transistoren gesperrt. Der Strom fließt dann über die Freilaufdioden D 2/D 3 in die Spannungsquelle zurück (gestrichelte Linie). Diese wirkt dabei als *Stromsenke*

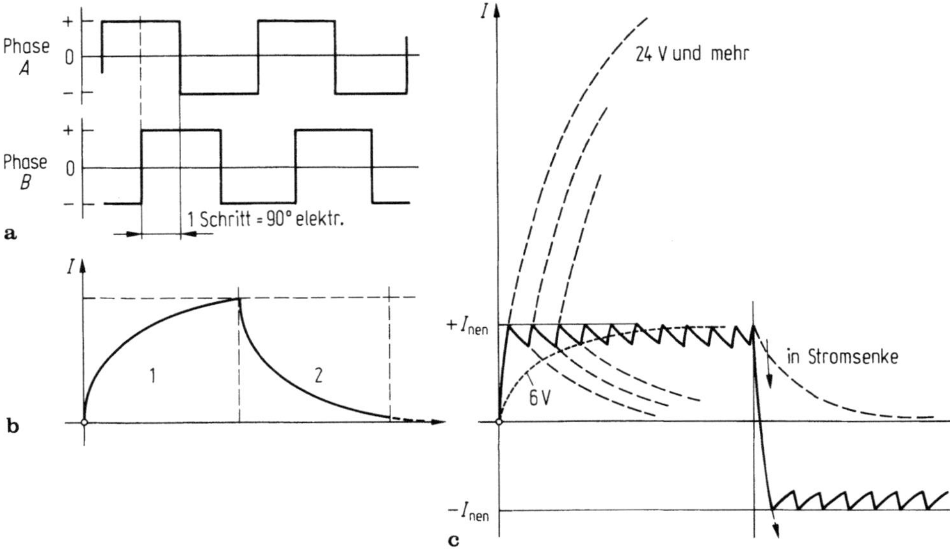

Abb. 21 a–c. Treiberstufe, Impulsform und Chopperbetrieb. Für *Vollschrittbetrieb* werden die Brückentreiberstufen mit einer Impulssequenz nach **a** angesteuert. Wegen der Wicklungsinduktivität baut sich der Strom jedoch nach einer Exponentialkurve langsam auf und klingt ebenso wieder ab **(b)**. Ein rascher Stromanstieg läßt sich nur erzwingen, wenn die Wicklungen an eine entsprechend hohe Spannung gelegt werden. Wenn der Motor-Nennstrom erreicht ist, wird über „*sense*" der Chopper getriggert **(c)**. Ein rascher Feldabbau wird hingegen durch eine *Stromsenke* erreicht, auf die die Wicklung durch „*inhibit*" geschaltet wird

nentiell ab (Abb. 21 b). Da das Drehmoment ein kräftiges Magnetfeld erfordert, kann die Phaseninduktivität nicht beliebig klein gemacht werden. Aus diesem Grund läßt eine solche Schaltung nur sehr beschränkte Schrittfrequenzen zu. Durch eine hohe Speisespannung und *Chopper-Taktung* des Stromes läßt sich jedoch ein rascher Stromanstieg und durch eine sogenannte *Inhibit-Schaltung* der Brückentransistoren und eine *Stromsenke* ein rascher Stromabbau erzwingen (Abb. 20 und Abb. 21 c). Für die Stromanstiegsphase werden zum Beispiel die Transistoren Tr 1 und Tr 4 durchgeschaltet. Die 6-Volt-Motorwicklung wird dabei an eine Spannung von 45 V und mehr gelegt. Der rasch ansteigende Phasenstrom wird über einen *Sense-Widerstand* R_s erfaßt und in einem Komparator mit einem Sollstrompegel, entsprechend dem Motor-Nennstrom, verglichen. Bei Erreichen des Sollwertes beginnt der *Chopper* zu arbeiten und hält den Strom auf diesem Pegel konstant. Bei Schrittende werden über die *Inhibit-Logik* alle vier Brückentransistoren gesperrt. Der Phasenstrom fließt jetzt sehr rasch über die Freilaufdioden *D*2 und *D*3 in die Spannungsquelle zurück, die als *Stromsenke* wirkt. Die Inhibit-Funktion wird auch bei stillstehendem Motor aktiviert, damit kein unnötiger Strom über diesen fließt.

Der *Indexer* liefert für die Treiber die Schrittimpulse in richtiger Sequenz und Phase, aktiviert zur rechten Zeit die Inhibit-Eingänge, gibt die Chopper frei und ihren Takt vor, enthält die Komparatoren mit ihrer Folgelogik und hat noch weitere Steuerfunktionen wie: *Reset, Rechtslauf, Linkslauf, Synchronisation* und so weiter.

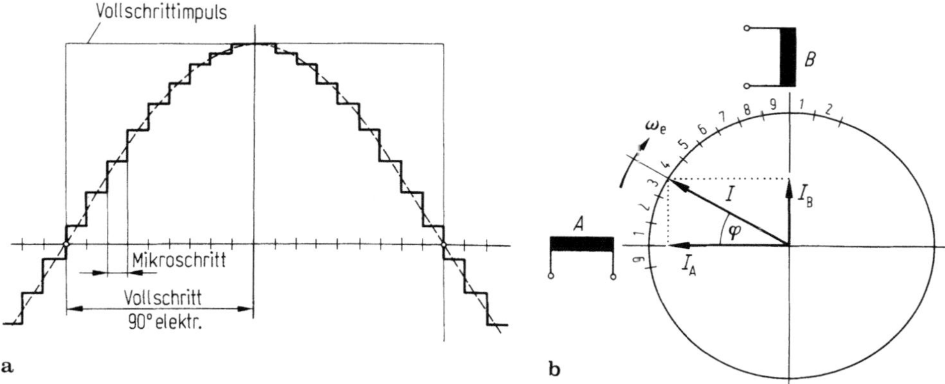

Abb. 22 a, b. Mikroschrittbetrieb, Treppenkurve und Zeigerdiagramm. Die Drehmoment-Anomalien der Schrittmotoren im Vollschrittbetrieb lassen sich durch einen Betrieb im Mikroschrittmode umgehen. Der Drehfeldvektor I im Zeigerdiagramm **b** bewegt sich jeweils um einen Mikroschritt weiter. Das Diagramm ist für neun Mikroschritte gezeichnet. Die Motorphasen A und B werden mit den Stromkomponenten I_A und I_B erregt. Der zeitliche Stromverlauf in den Phasenwicklungen ist dann eine Treppenkurve **(a)**, die sich dem idealen Sinusverlauf anschmiegt

Beim *Mikroschrittbetrieb* wird jeder Vollschritt (1 Vollschritt = 90° elektr.) in N Mikroschritte treppenförmig unterteilt, in Abbildung 22 zum Beispiel in neun. Den beiden Stromkomparatoren wird hier nicht ein fester Nennstrompegel vorgegeben, sondern für jeden Einzelschritt Werte, die der Drehfeldgleichung

$$\underbrace{\sin^2 \varphi_i}_{\text{Phase A}} + \underbrace{\cos^2 \varphi_i}_{\text{Phase B}} = \text{const} \quad \text{mit } i = 1 \rightarrow N, \quad\quad \varphi = \omega_e \cdot t \qquad (33)$$

$$N = \text{Anzahl Mikroschritte}$$

entsprechen. Wie aus Abbildung 22 a ersichtlich ist, wird der Phasenstrom durch eine Treppenkurve der idealen Sinusform angeglichen. Je größer die Stufenanzahl, umso besser die Angleichung. Für einen Teleskoptrieb wird bereits mit 12 – 20 Mikroschritten ein hinreichend pulsationsfreies Drehmoment erreicht.

Es gibt zwei Möglichkeiten für die Bereitstellung der Strompegel:

– Für jeden Einzelschritt werden die sin φ_i- und cos φ_i-Werte berechnet und in einem EPROM gespeichert. Von hier werden sie für jeden Schritt zyklisch abgerufen und den beiden Stromkomparatoren zugeführt.
– Es werden kontinuierliche sin/cos-Funktionen generiert, die an den Komparatoreingängen verfügbar sind.

Im μP werden diese Funktionen generiert oder die entsprechenden Werte gespeichert. Er gibt auch die Taktfrequenz für die erforderliche Drehzahl und enthält die Rampen für die Beschleunigungsphasen des Motors. Der Motor kann nicht plötzlich von ω_p auf ω_g hochgefahren werden. Dies muß über Beschleunigungsrampen geschehen, sonst fällt er außer Tritt. Diese Rampenfunktionen sind so einzustellen, daß in den Beschleunigungsphasen (Verzögerungsphasen) etwa 40% des Motor-Kippmoments nicht überschritten wird. Nur so ist man sicher, daß keine Schrittverluste und damit eine Fehlpositionierung auftreten. Auf Schaltungs- und Programmierdetails des Indexers und Mikroprozessors kann hier nicht eingegangen werden.

3.11.8 Steuerelektronik für Gleichstromtriebe

Bei professionellen Teleskopen werden heute vielfach alle Bewegungsabläufe (Positionieren, Nachführen, Korrigieren, Scannen) von einem einzigen DC-Scheibenläufermotor ausgeführt. Die Steuerung erfolgt über eine Regelkaskade. Dies ist eine Kette hintereinander geschalteter Regelkreise (Abb. 23). Die übergeordneten Leitfunktionen werden von einem Rechner wahrgenommen. Ein so großer Steuerungsaufwand kommt für Amateurteleskope kaum in Frage. Bei weniger hohen Ansprüchen lassen sich jedoch auch recht einfache DC-Teleskopantriebe realisieren. Da einzig ω_p mit einer gewissen Genauigkeit gefahren werden muß, ist nur dafür ein geschlossener Regelkreis mit Tachodynamo erforderlich. Alle anderen Einstellbewegungen ω_g, ω_f können über offene, ungeregelte Kreise ausgeführt werden. Dazu wird der Motor direkt an die entsprechenden Spannungen

$$U \cong \omega \cdot k_e \qquad (27)$$

mit k_e = EMF-Konstante des DC-Motors, $n = 9{,}549 \cdot \omega$ gelegt. Bei DC-Motoren ist jedoch zu beachten, daß sie einen sehr kleinen Innenwiderstand R_i besitzen. Die Gegenspannung EMF wird erst durch die Drehzahl aufgebaut. Bei plötzlichen Spannungsänderungen nimmt daher der Motor einen sehr hohen Strom auf, der den Kommutator und die Bürsten beschädigen kann. Im Regelkreis muß daher immer eine Strombegrenzung (I_{sense}) und in offenen Kreisen ein Strombegrenzungswiderstand R_{lim} vorgesehen werden. Diese sind so auszulegen, daß der Motornennstrom nicht überschritten wird. Das Prinzipschema einer solchen Schaltung ist in Abbildung 24 gezeigt. Auch dafür sind fertige IC-Module im Handel erhältlich.

Einer noch einfacheren DC-Nachführung, ohne Tacho und mit nur einem OPAMP und Serietransistor, liegt folgender Gedanke zugrunde (Abb. 25): Bei einem DC-Motor werden die größten Drehzahlschwankungen durch das nicht konstante Antriebsdrehmoment verursacht. Jede Drehmomentänderung ΔM hat eine Stromänderung $\Delta I = \Delta M / k_T$ zur Folge, die über R_i eine Drehzahländerung nach sich zieht.

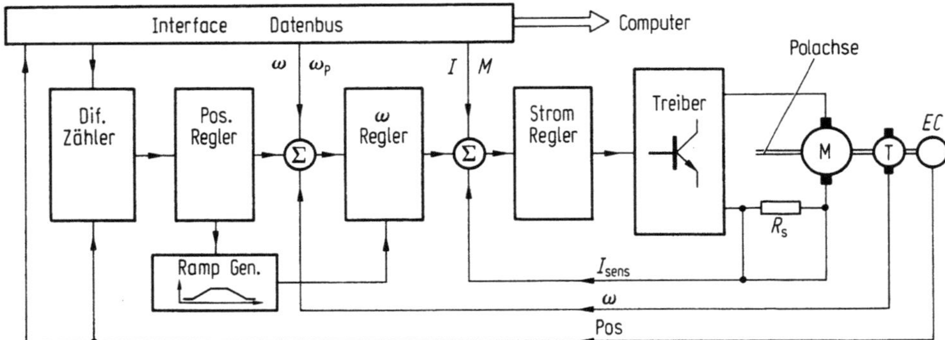

Abb. 23. Professionelle Teleskopsteuerung mit DC-Scheibenläufermotor. Professionelle Großteleskope werden vielfach durch einen DC-*Scheibenläufermotor* über eine Regelkaskade angetrieben. Die Abbildung zeigt das Blockschema eines solchen Antriebs. Regelgrößen sind: der Motorstrom beziehungsweise das Motordrehmoment, die Winkelgeschwindigkeit und die Position des Instruments. Die Koordination und Steuerung erfolgen von einem Leitrechner

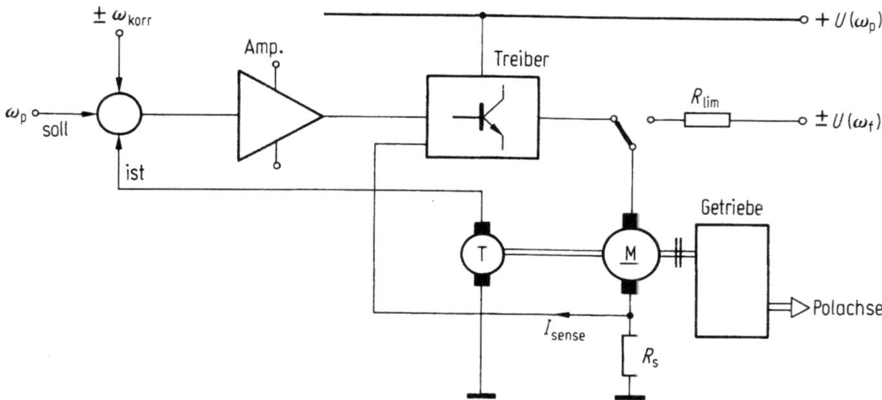

Abb. 24. DC-Teleskopnachführung mit Tachodynamo. Eine präzise Regelung ist nur für ω_p erforderlich. Die Bewegungen ω_f und allenfalls ω_g können ungeregelt über entsprechende Spannungen $U = \omega \cdot k_e$ ausgeführt werden. Die Abbildung zeigt den ω_p-Regelkreis mit Tachodynamo. Über einen Umschalter werden dem Motor die ungeregelten Stellspannungen zugeführt. Erforderlich ist noch eine Strombegrenzung als Schutz für den Motor. Sie wird in bereits bekannter Weise über R_s und „*sense*" abgeleitet

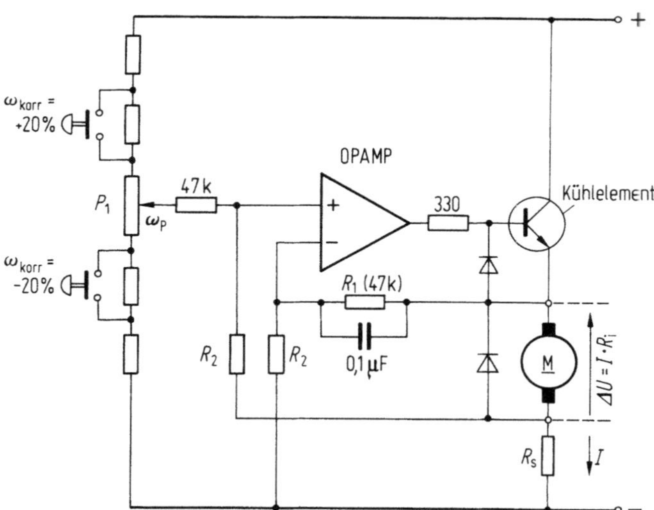

Abb. 25. Einfache DC-Teleskopnachführung. Bei DC-Scheiben- und Trommelläufermotoren werden die größten Drehzahlschwankungen durch das nicht konstante Antriebsmoment verursacht. Durch Kompensation des $I \cdot R_i$-Spannungsabfalls können diese Drehzahlschwankungen ausgeregelt werden. Das an R_s anfallende Stromsignal wird dazu dem $+$-Eingang des OPAMP zugeführt. Die Sollwerteinstellung für ω_p erfolgt an P1, und mit den Drucktasten können die Korrekturbewegungen ω_{korr} ausgeführt werden. Für die Kompensationsbedingung $\Delta U = I \cdot R_i$ gilt die bekannte OPAMP-Beziehung

$$\frac{R_1}{R_2} = \frac{R_i + R_s}{R_s}. \tag{34}$$

Dieser R_i-Einfluß läßt sich über eine Zusatzspannung ΔU kompensieren. Dazu steuert der stromabhängige Spannungsabfall am Meßwiderstand R_s über den Differenz- und Schleifenverstärker den Serietransistor so aus, daß die Beziehung $\Delta U = \Delta I \cdot R_i$ erfüllt ist. Mit einer solchen laststromabhängigen Regelschaltung ist eine Nachführgenauigkeit erreichbar, die für viele Anwendungen vollauf genügt.

Noch ein Hinweis zum Wirkungsgrad: Dieser wird in erster Linie durch die im Serietransistor verheizte Leistung bestimmt. Man wird daher die Batterie- oder Netzspannung und die Motorspannung so aufeinander abstimmen, daß im vorgegebenen Regelbereich diese Verlustleistung möglichst klein ist.

3.12 Lichtelektrische Nachführsysteme

Bei Langzeitaufnahmen und Kälte ist das Nachführen am Fadenkreuzokular keine attraktive Beschäftigung. Mit moderner Elektronik läßt sich diese Aufgabe automatisieren und erheblich genauer ausführen. An die Stelle des Auges tritt ein lichtelektrischer Sensor (Empfänger), und die Korrekturen werden von Regelkreisen ausgeführt. Für die lichtelektrische Nachführung gibt es zwei Grundanordnungen:

a) Der Leitstern wird mit einem eigenen *Leitfernrohr* erfaßt. An diesem ist der *Nachführkopf* angebracht, der die Signale für die Regelkreise liefert.
b) Das photographische Teleskop wird gleichzeitig zum Nachführen verwendet (*Off axis guiding OAG*). Dabei wird am Rand des photographisch genützten Bildfeldes das Licht eines Leitsterns mit einem kleinen Prisma herausgespiegelt und über eine Transferoptik dem Nachführkopf zugeführt.

Die Vor- und Nachteile der beiden Anordnungen sind in Tabelle 11 zusammengestellt. Ein Problem ist vielfach, einen genügend hellen Leitstern zum Nachführen zu finden, denn selbst bei relativ hellen Sternen sind die von den lichtelektrischen Empfängern abgegebenen Signale außerordentlich klein. Aus diesem Grund muß die lichtsammelnde Öffnung des Leitfernrohres möglichst groß sein. Etwa 100−120 mm sind die untere Grenze, bei der der Aufwand für eine lichtelektrische Nachführung noch sinnvoll ist.

Besondere Beachtung verdient bei Langzeitaufnahmen die deformationsbedingte Verlagerung der optischen Achsen von Leitrohr und Teleskop. Die Verbindung zwischen beiden Systemen muß sehr steif sein. Zudem müssen die optischen Komponenten in ihren Fassungen verlagerungsfrei gehalten und der Nachführkopf starr am Leitrohr angeflanscht sein.

Bei der OAG-Anordnung haben das Aufnahmesystem und das Leitsystem den gleichen Strahlengang. Dadurch werden die nur schwer vermeidbaren mechanischen Verlagerungen optisch nicht wirksam. Sie werden ebenfalls ausgeregelt. Selbstverständlich dürfen auch hier keine Flexibilitäten im Strahlengang ab dem Prisma und im Nachführkopf auftreten. Bei der OAG ist die Mechanik für die Filmkassette, das Prisma und den Anbau des Nachführkopfes komplizierter und aufwendiger als bei einem eigenen Leitrohr. Dafür wird nur ein Teleskopsystem benötigt.

Tabelle 11. Lichtelektrische Nachführsysteme (LEG)

Eigenes Leitfernrohr	Off Axis Guiding OAG
Vorteile:	
– Leitfernrohr und photographisches System sind eigenständige Einheiten. Sie können optimal für ihre Aufgabe ausgelegt werden.	– Nur ein optisches System. Montierung muß nur für dieses ausgelegt sein.
– Für Systeme einsetzbar, bei denen OAG nicht möglich oder wenig sinnvoll ist (Schmidt-, Maksutov-Kameras, Teleskope < 300 mm usw.)	– Gleiche Öffnung und Lichtsammelwirkung für den Leitstern (schwächere Leitsterne erfaßbar).
– Keine Eingriffe in der Filmebene des Photosystems, einfacher Anbau des Nachführkopfes am Leitrohr.	– Gemeinsamer Strahlengang, daher keine Nachführfehler durch flexible Achsverlagerungen (optische Drift!).
Nachteile	
– Es sind zwei optische Systeme erforderlich (das Leitrohr darf nicht zu klein sein > 100 mm!).	– Ist erst bei größeren Teleskopen sinnvoll einsetzbar (> 300 mm).
– Größerer Optik- und Montierungsaufwand, größeres Gegengewicht.	– Nicht einsetzbar bei Schmidtkameras und ähnlichen Systemen.
– Deformationsbedingte Verlagerungen der beiden optischen Achsen können problematisch sein. Eine sehr steife Kopplung beider Systeme ist erforderlich.	– Systembedingte Einschränkungen und eine komplizierte Mechanik sind im Bereich der Filmebene gegeben (spezielle Filmkassette, Prismaansatz, Nachführkopf).
	– Das abgebildete Feld ist im Nachführkopf nicht überblickbar.

Der Nachführkopf

Die Abweichung $\varDelta$ eines Sterns von der Sollposition (Fadenkreuz-Mitte) ist ein Vektor mit den beiden Komponenten $\varDelta_\alpha$ und $\varDelta_\delta$ in *Rektaszension* (*Rek*) und *Deklination* (*Dek*). Dieser Sachverhalt ist in der Abbildung 26a dargestellt. Es gibt drei elementare Methoden für die Gewinnung der Regelsignale in *Rek* und *Dek*:

a) *Die direkte Positionsmethode*
   Die Koordinaten für $\varDelta_\alpha$ und $\varDelta_\delta$ werden von einem lichtelektrischen *Positionssensor* (*PSD*) als Analog- oder Digitalwerte (*Bildpunktwerte*, *Pixels*) direkt geliefert (Abb. 26b).
b) *Die Gleichlichtmethode mit positionsselektiver Strahlaufspaltung*
   Im Strahlengang ist ein kleines *Tetraederprisma* angeordnet (Abb. 26c). Die Orientierung des Prismas legt die Winkelposition fest. Es teilt das Licht des Leitsterns in drei Teillichtströme auf, die von den Sensoren $S_1 - S_3$ erfaßt und in der Regelelektronik weiterverarbeitet werden.
c) *Die phasenselektive Wechsellichtmethode* (*Lichtchopper-Methode*)
   Bei dieser wird der Lichtstrahl durch optische Choppereinrichtungen periodisch unterbrochen (moduliert). In der Abbildung 26d und e ist gezeigt, daß dies zum Beispiel durch eine rotierende Kreissektorblende oder durch eine ruhende Sektorblende und eine rotierende Planplatte (*Taumelscheibe*) gemacht werden kann. Für die Lichtmodulation sind noch eine ganze Reihe weiterer Chopperanordnungen

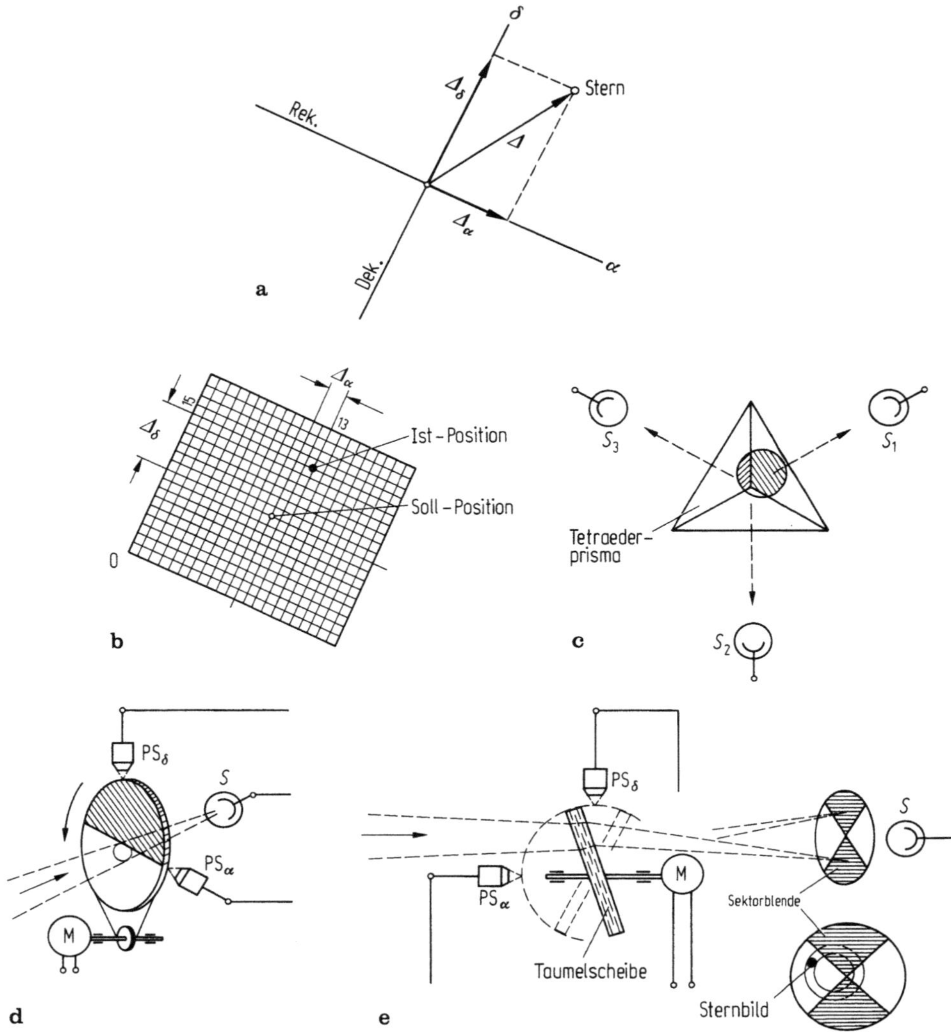

Abb. 26a–e. Lichtelektrische Nachführung, Grundmethoden (nach P. Höbel und H. Ziegler). Die Abwanderung eines Sterns ist ein Vektor Δ mit den Komponenten $\Delta\alpha$ und $\Delta\delta$ **(a)**. Die Grundmethoden ergeben sich aus der Art, wie für diese beiden Komponenten Regelsignale gewonnen werden. **b)** Ein PSD (*position sensitive detector*) liefert für den abgewanderten Bildpunkt direkte Matrixwerte (im dargestellten Fall 15/13), die digital weiterverarbeitet werden; **c)** Bei der *positionsselektiven Strahlaufspaltung* wird der Lichtstrahl durch ein Tetraederprisma in drei Teillichtströme aufgespalten. Mit einem Vektoralgorithmus lassen sich die Komponenten aus den drei Teillichtströmen berechnen; **d, e)** Bei der *phasenselektiven Wechsellichtmethode* wird das Licht durch einen optischen Chopper moduliert. Aus der Chopperphase und dem modulierten Lichtsignal lassen sich die Regelgrößen für α und δ gewinnen

angegeben worden. Bei den dargestellten Anordnungen werden die *Phasensignale* an den rotierenden Chopperelementen durch Phasendetektoren PS_α und PS_δ abgegriffen. Es sind einfache *Lichtschranken*.

Jede dieser Methoden hat gewisse Vor- und Nachteile, auf die hier nicht näher eingegangen werden kann [19]. Beim derzeitigen Stand der Technik dürften die Wechsellichtmethoden für den Amateur am interessantesten sein. Wesentliche Aspekte der Wechsellichtmethoden sind:

- Sie benötigt nur einen empfindlichen Lichtdetektor, dem der gesamte Lichtstrom des Leitsterns zugeführt wird. Dadurch sind schwächere Leitsterne erfaßbar als mit der Methode b.
- Es ist nur ein *Elektrometerverstärker* erforderlich. *Elektrometerverstärker* sind Verstärker für die Verstärkung sehr kleiner Ströme ($< 10^{-9}$ A). Dieser ist weniger heikel, und Drifteffekte fallen nicht ins Gewicht, da mit Wechselstromsignalen gearbeitet wird.
- Die Signalverarbeitungs-Elektronik ist allerdings etwas komplexer, und der Nachführkopf mit dem Lichtchopper weist etliche feinmechanische Komponenten auf, die sehr genau gefertigt sein müssen. Besonders sorgfältig müssen die rotierenden oder schwingenden Chopperelemente hergestellt sein, damit keine Vibrationen auf das Teleskop übertragen werden.

Ganz allgemein ist anzumerken, daß photoelektrische Nachführungen nicht nach der *Kochbuchmethode* zusammengebastelt werden können. Es braucht dazu etliche feinmechanische und elektronische Handfertigkeiten und Kenntnisse sowie die dafür unerläßlichen Einrichtungen und Geräte.

Lichtempfänger

Die im optischen Fenster der Erdatmosphäre durchgelassene Strahlungsleistung eines Sterns ist außerordentlich klein. Dementsprechend klein sind auch die von den Lichtempfängern abgegebenen Signale. Wenn man schwache Sterne erfassen will, dann müssen die Lichtempfänger die verfügbare Strahlung sehr effizient umwandeln und ein möglichst großes Ausgangssignal liefern. Für die Auswahl und Bewertung der Lichtempfänger sind daher folgende Kriterien maßgebend:

a) Die Strahlungsempfindlichkeit S muß im Wellenlängenbereich des optischen Fensters (400–700 nm mit Schwerpunkt bei 560 nm) möglichst groß sein. Gewisse Lichtempfänger haben ihr Empfindlichkeitsmaximum außerhalb dieses Bereichs, zum Beispiel Photodioden. Für erdgebundene Instrumente ist daher mit der Empfindlichkeit bei 560 nm zu rechnen.
b) Strahlungsempfänger geben auch ohne Lichteinwirkung ein Signal ab. Dieser *Dunkelstrom* wird durch *Rauscheffekte* verursacht. Ein Lichtsignal läßt sich nur dann erfassen, wenn es erheblich über diesem Rauschpegel liegt. Strahlungsempfänger für schwache Lichtsignale müssen daher nicht nur eine hohe Empfindlichkeit, sondern auch einen sehr kleinen Dunkelstrom aufweisen. Ein Bewertungskriterium für diese Relation ist der NEP-Wert. (NEP = *noise equivalent power*). Es ist die Strahlungsleistung, die dem Dunkelstrom äquivalent ist. Für sie gilt die Beziehung:

$$\text{NEP} = \frac{\sqrt{2\,q \cdot I_\text{d} \cdot G \cdot B}}{S} \quad [\text{W}/\sqrt{\text{Hz}}] \qquad (34)$$

---

[19] Siehe dazu: Höbel P., „Photoelektrische Nachführsysteme". Sterne und Weltraum, 7/8 u. 12 (1973) S. 225–227 u. 372–375.

q = Ladung des Elektrons ($1{,}6 \cdot 10^{-19}$ As), I_d = Dunkelstrom (A), G = Strom-Ver-
fielfachungsfaktor bei Photomultipliern, bei Photodioden ist $G = 1$ zu setzen,
B = Frequenzbandbreite des Systems (Hz), S = Strahlungsempfindlichkeit (A/W);
im vorliegendem Fall ist sie auf 560 nm zu beziehen.

Geeignete Strahlungsempfänger für Nachführsteuerungen und *lichtelektrische
Photometer* sind *Photomultiplier-Röhren* und *Halbleiter-Photodioden.* Der in der
Astronomie am meisten benützte und bereits klassische Lichtempfänger ist der Photomultiplier 1P21. Er hat eine Strahlungsempfindlichkeit $S_{560} = \sim 5 \cdot 10^4$ A/W und
einen NEP-Wert von $\sim 6 \cdot 10^{-16}$ W/$\sqrt{\text{Hz}}$. Zu den lichtempfindlichsten Photodioden
zählen die S-2386-18K von Hamamatsu und die BPW32 von Siemens. Diese haben
Empfindlichkeiten von 0,3 A/W und NEP-Werte von $1-5 \cdot 10^{-15}$ W/$\sqrt{\text{Hz}}$[20]. Mit
einem guten Photomultiplier sind daher etwa um $1{,}5-2^m$ schwächere Sterne erfaßbar.
Bei der Wahl des Lichtempfängers sind jedoch noch folgende wichtige Eigenschaften
und Aspekte zu berücksichtigen:

Photodioden:
- Sehr kleine Abmessungen. Der Nachführkopf läßt sich daher kompakt und leicht bauen. Dies
  ist als Platz- und Belastungskriterium für kleine Instrumente wichtig.
- Photodioden werden bei kleinen Spannungen betrieben. Sie sind in der Handhabung vollkom-
  men ungefährlich und mit Halbleiterschaltungen kompatibel.
- Sie sind mechanisch robust, nicht heikel und einfach handhabbar.
- Sie sind im Vergleich zu Photomultipliern billig.

Photomultiplier:
- Es sind vergleichsweise große Röhren aus Glas. Der Nachführkopf wird erheblich größer und
  damit auch schwerer.
- Sie benötigen sehr hohe Spannungen (1000 V) und die dafür erforderlichen Hochspannungs-
  Netzgeräte. Mit so hohen Spannungen zu hantieren ist für den Nichtfachmann sehr gefährlich.
- Photomultiplier sind mechanisch fragil und auch in elektrisch-physikalischer Hinsicht recht
  anspruchsvolle Elemente, deren Handhabung etliche Kenntnisse voraussetzt.
- Gute Photomultiplier mit zugehörigem Hochspannungs-Netzgerät sind teuer.

Für den Amateur kommen daher wohl nur Photodioden in Frage. Die angeführten Vorteile wiegen die etwas geringere Grenzhelligkeit bei weitem auf.

Signalverarbeitungs- und Regelkreiselektronik
Die Weiterverarbeitung der Licht- und Phasensignale hängt vom Modulationsverfahren des Optochoppers ab. Übliche Modulationsverfahren sind:

- *Amplitudenmodulation*
  Bei der rotierenden Sektorblende (Abb. 25 d) ist für kleine Sternauslenkungen die
  Signalamplitude der Auslenkung proportional. Dies ist der eigentliche *Regelbereich.*
  Außerhalb dieses Nahbereichs liegt der *Fangbereich,* in dem der Regler voll ausge-
  steuert ist.

---

[20] Bekannte Hersteller von Photomultipliern sind: *Hamamatsu, RCA, EMI,* Philips. Hamamatsu
ist eine auf dem Gebiet der Strahlungsempfänger spezialisierte und führende Firma.

– Modulation des Tastverhältnisses

Bei der Taumelscheibe und Quadrant-Sektorblende der Abbildung 25e wird das *Tastverhältnis*, das heißt das Verhältnis der *Impulsbreite* zur *Impulsperiode*, durch die Auslenkung verändert.

Neben diesen gibt es noch andere Modulationsverfahren, auf die hier nicht eingegangen werden kann.

Eine komplette Nachführsteuerung zeigt Abbildung 27[21]. Die Sektorblende rotiert mit etwa 5 UpM. Mit einer höheren Chopperfrequenz ließe sich die Regelgeschwindigkeit erhöhen. Der Regelkreis würde dabei jedoch in stärkerem Maße durch die Sternszintillation beeinflußt. Der Lichtempfänger ist hier eine hochempfindliche Photodiode. Sie ist direkt auf dem Print des Elektrometer-Verstärkers (EA) und unmittelbar hinter der Sektorblende angeordnet. Mit dem Elektrometer-Verstärker wird der Signalstrom im nA-Bereich auf einen gut handhabbaren Wert vorverstärkt. Dieser Vorverstärker muß sehr sorgfältig aufgebaut und gut abgeschirmt sein. Ein weiterer, kapazitiv gekoppelter Verstärker (V_2) ist nachgeschaltet. Wichtige Elemente sind die beiden *Phasengleichrichter (PhGl)*. Sie leiten aus dem Lichtsignal und den beiden Phasensignalen die den beiden Abweichungskomponenten Δ_χ und Δ_δ proportionalen Istwertsignale für die Regelstrecken ab. Nachgeschaltet ist je ein Filter zur Glättung der Signale. Die *Dek*-Korrekturen werden durch einen DC-Motor ausgeführt. In *Rek* wird durch das Regelsignal die Oszillatorfrequenz um $\pm 10\,\%$ verstellt. Die Verstellgeschwindigkeit in *Dek* beträgt $\pm 2''/\mathrm{s}$.

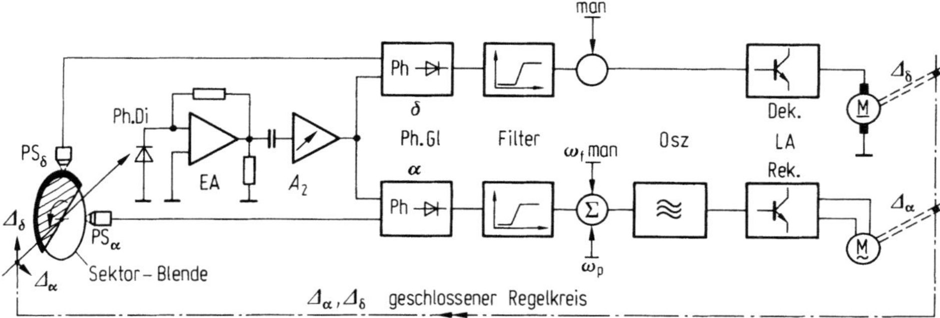

Abb. 27. Lichtelektrische Nachführung, Blockschaltschema (nach H. Blikisdorf). Die gezeigte Schaltung arbeitet nach der *phasenselektiven Wechsellichtmethode* (Abb. 26d). Es ist nur ein Lichtempfänger erforderlich, dessen Ausgangssignal in den Verstärkern EA und A verstärkt wird. Das verstärkte Signal wird den *phasenselektiven Gleichrichtern* PhGl zugeführt. Diese bilden mit den Chopper-Phasensignalen die Komponenten α und δ. Nach einer weiteren Konditionierung (Filterung) werden diese den Regelstrecken für Rek und Dek zugeführt

---

[21] Nach Schaltungsunterlagen und Hinweisen von *H. Blikisdorf*. Ausführliche Unterlagen dazu Orion 202 (1984) S. 121–126; H. Blikisdorf, Eine optoelektrische Nachführung für die Langzeitfotografie.

3.13 Justierelemente und das Ausrichten des Instruments auf den Himmelspol

3.13.1 Justierelemente

Für das Ausrichten des parallaktischen Achsensystems auf den Himmelspol müssen in der Meridian- und Horizontebene der Montierung Justierelemente vorhanden sein. In der Meridianebene wird die Polhöhe φ und in der Horizontebene das Azimut Az eingestellt. Diese wichtigen Elemente sind vielfach bei Amateurmontierungen recht mangelhaft ausgeführt und ausgesprochene Schwachstellen. Ein genaues Ausrichten wird mit solchen Justierelementen ein mühsames Unterfangen.

Die Justierelemente können entweder zwischen der Säule und dem Fundament (Basisjustage) oder zwischen der Säule und dem Lagergehäuse der Polachse (Kopfjustage) angeordnet werden. Bei Instrumenten auf Dreibeinstativen ist es naheliegend und zweckmäßig, einen über 360° schwenkbaren Azimutkreis vorzusehen. Auch für die Konstruktion der Justierelemente lassen sich einige elementare Kriterien angeben.

1. Die Justierelemente müssen genügend feinfühlig sein und dürfen kein Spiel aufweisen.
2. Die Justierelemente für Azimut und Polhöhe müssen kinematisch entkoppelt sein.
3. Die Justierelemente sollten nicht im Hauptkraftfluß liegen, das heißt sie sollten kein Glied der Steifigkeitskette sein.
4. Die Justierelemente sollten blockierbar sein, so daß eine unbeabsichtigte Verstellung nicht möglich ist.

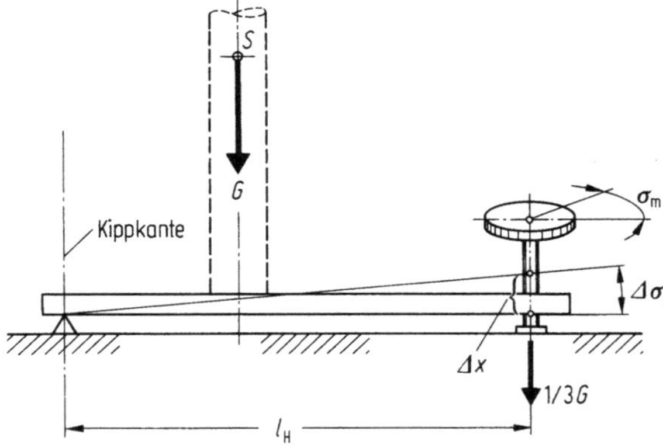

Abb. 28. Fußjustage für Polhöhe bei Dreipunktauflage. Für eine feinfühlige Justage ist ein langer Hebelarm l_H und eine feingängige Justierschraube mit kleiner Gewindesteigung τ wesentlich:

$$\tan \Delta\sigma_\mathrm{j} = \frac{\Delta x}{l_\mathrm{H}} = \frac{\tau \cdot \sigma_\mathrm{m}}{360 \cdot l_\mathrm{H}}. \tag{35}$$

Andererseits ist ersichtlich, daß hier die Justierelemente im Hauptkraftfluß liegen. Sie sind somit ein Glied in der Steifigkeitskette. Den Justieranforderungen stehen die Steifigkeitsanforderungen (kurzer Hebelarm l_H, dicke Schraube mit nicht zu kleiner Steigung τ) entgegen. Im Kraftfluß liegende Justierelemente bedürfen einer besonderen Beachtung

Zu 1.:
Das Einsatzgebiet des Instruments legt die Ausrichtgenauigkeit $\Delta\sigma_j$ fest. In Abschnitt 3.11.2 wurde gesagt, daß die menschliche Hand eine begrenzte Motorikgenauigkeit σ_m hat. Die Justierelemente müssen daher eine Untersetzung u von mindestens $\sigma_m/\Delta\sigma_j$ (28) aufweisen. In der Regel wird diese Untersetzung durch eine Kombination von Schraube und Hebel realisiert. In Abbildung 28 ist schematisch die Funktion einer solchen Justieranordnung gezeigt.

Zu 2.:
Unter kinematischer Entkopplung ist zu verstehen, daß beim Justieren der einen Koordinate sich die andere Koordinate nicht mitverstellt. Diese triviale Forderung ist keineswegs bei allen Amateurmontierungen gegeben.

Zu 3.:
Aus Abbildung 28 ist ersichtlich, daß bei dieser weit verbreiteten Basis-Justieranordnung der Kraftfluß über den Hebel und die Justierschraube geht. Diese beiden Elemente sind daher ein Glied in der Steifigkeitskette und beeinflussen die Gesamtsteifigkeit nachhaltig. Die Justiergenauigkeit und die Steifigkeit stellen jedoch Forderungen an die Konstruktion, die sich weitgehend ausschließen. Für eine feinfühlige Justierung sind feingängige Schrauben und lange Hebelarme erforderlich, beides Elemente, die vom Steifigkeitsgesichtspunkt denkbar ungünstig sind. Man muß daher den Hauptkraftfluß auf Parallelpfaden an den Justierelementen vorbeiführen oder diese kraftmäßig entlasten.

3.13.2 Das Ausrichten des Achssystems nach der Methode von Scheiner

Vor dem Ausrichten der Montierung muß die optische Achse zur Deklinationsachse im rechten Winkel stehen. Man wird dies nach dem *Durchschlagverfahren* kontrollieren und nötigenfalls korrigieren. Das Ausrichten des Instrumentes nach *Scheiner* erfolgt in vier Schritten, wobei die Schritte 3 und 4 alternativ so lange zu wiederholen sind, bis die gewünschte Genauigkeit erreicht ist. Zum Einstellen wird ein Fadenkreuzokular mit nicht zu kleinem Gesichtsfeld benötigt. Die Montierung sollte mit der Hauptoptik oder dem Leitfernrohr und nicht mit dem Sucher justiert werden.

Schritt 1. Montierung grob in Nord-Süd-Richtung ausrichten. Dies kann bei Tag anhand von in Südrichtung gelegenen Geländepunkten, mit dem Kompaß, nach der Sonne oder bei Nacht nach dem Polarstern durchgeführt werden.

Schritt 2. Einstellen des *Deklinationsfadens*: Ein Faden des Okulars dient im Gesichtsfeld als Referenzspur für das instrumentelle Koordinatensystem. Dieser *Deklinationsfaden* wird wie folgt eingestellt: Anvisieren eines beliebigen Sterns als Zielpunkt – Stern auf den Faden einstellen – Deklinationsachse festklemmen – Polachse mit dem Feintrieb leicht hin und herschwenken – Okular im Tubus solange verdrehen, bis sich dabei der Stern genau am Faden entlangbewegt – Okular nicht mehr verstellen. Der zum *Deklinationsfaden* senkrecht stehende Faden heißt *Stundenfaden*.

Schritt 3. Ausrichten des Instruments im Azimut: Aufsuchen eines Sterns im Zenit in der Nähe des Meridians – Stern auf den *Deklinationsfaden* einstellen – Deklinationsachse festklemmen – bei laufender Nachführung wird der Stern mit der Zeit vom *Deklinationsfaden* nach oben oder unten abwandern – Instrument im Azimut so lange verstellen, bis der Stern nicht mehr vom Faden abwandert.

Schritt 4. Ausrichten des Instruments in Polhöhe: Aufsuchen eines Sterns mit δ etwa 70° in der Nähe des Ostpunktes (s. Orion *38* (1980) 176, S. 18, M. Schürer, „Der Einfluß der Refraktion auf die Aufstellung und Nachführung äquatorealer Montierungen") – Stern auf den *Deklinationsfaden* einstellen – Deklinationsachse festklemmen – bei laufender Nachführung wird der Stern mit der Zeit nach Ost oder West vom Faden abwandern – Polhöhe so lange nachstellen, bis der Stern nicht mehr vom Faden abwandert – Schritt 3 wiederholen. Wenn das Instrument einwandfrei ausgerichtet ist, Justierelemente blockieren.

Die Montierung ist einwandfrei im Raum orientiert, wenn nach einer hinreichend langen Beobachtungszeit ein Stern vom Deklinationsfaden nicht mehr abwandert. Ein langsames Abdriften des Sterns kann auch durch die Nachführgeschwindigkeit und nicht durch Aufstellungsfehler verursacht werden. Diese kaum vermeidbaren Abweichungen werden beim „Pointieren" korrigiert. Es soll noch erwähnt werden, daß das instrumentelle Achsensystem gegen das Himmels-Koordinatensystem in Polhöhe um den Refraktionswinkel R_z verdreht ist, da das Instrument über den realen *Sehstrahl* und nicht über eine ideale geometrische Zielgerade ausgerichtet wurde.

3.14 Teilkreise und ihre Justierung

3.14.1 Teilkreise

Die Teilkreise sind ein wertvolles Hilfsmittel, um die Himmelsobjekte einzustellen. Sie sollten daher an keinem größeren Instrument fehlen. Da es sich bei den Teilkreisen an parallaktischen Amateurmontierungen um Einstellkreise und nicht um Meßkreise, wie bei einem Theodolit oder Meridiankreis, handelt, sind keine große Teilgenauigkeit und Winkelauflösung erforderlich. Hingegen müssen die Kreise auch bei stark gedämpftem Licht einwandfrei abgelesen werden können. Für die Ausführung der Kreisteilungen mögen folgende Hinweise dienen:

1. Als Teilungsschritt oder Winkelabstand Δ zweier Teilstriche sind zu emfpehlen:
   Deklinationskreis (360°-Kreisteilung): $\Delta = 1°$ oder $2°$, Beschriftung: ... $+ 90° ... 0° ...$ $- 90° ..$
   Stundenkreis (24 h-Stundenteilung): $\Delta = 2$ oder 5 min, Beschriftung: ... $1^h ... 12^h ... 24^h .. -$
   Bei der Beschriftung sind die Drehrichtung der Polachse (Nord- und Südhemisphäre), die Zählrichtung der Deklination und die Anordnung der Kreise am Instrument zu beachten. Der Beschriftungssinn kehrt um, wenn anstelle eines drehbaren Kreises mit feststehendem Index ein drehender Index mit feststehendem Kreis verwendet wird.
2. Der Teilstrichabstand $a = 0,5 \cdot D_K \cdot \text{arc}\, \Delta$ soll keinesfalls kleiner als 1 mm, besser 2 bis 3 mm sein. Damit ist der mindestens erforderliche Kreisdurchmesser D_K festgelegt.
3. Es ist zweckmäßig, kräftige Striche (Strichstärke $> 0,25$ mm) zu verwenden. Die Teilstriche können auch als Balken Strichstärke $= 0,5 \cdot a$ ausgeführt werden. Eine solche Balkenteilung läßt sich auch bei ungünstigen Beleuchtungsverhältnissen gut ablesen, und nach dem Balkennonius-Prinzip können Zwischenwerte von $\Delta/4$, $\Delta/2$, $3\,\Delta/4$ genau erfaßt werden.
4. Weiße Striche und Zahlen auf schwarzem Grund entsprechen der Kontrastanpassung des Auges am Sternhimmel.

Die Teilungen können als Radialteilung, Zylinderteilung oder Kegelteilung ausgeführt werden. Bei der ersten sind die Teilstriche radial auf einer flachen Scheibe, bei den beiden anderen Teilungen auf dem Mantel eines Zylinders oder Kegels angeordnet. Fertige Teilkreise sind bei den Astro-Materialzentralen und im einschlägigen Fachhandel erhältlich. Außerdem bieten sich zahlreiche Möglichkeiten, um billige und doch recht brauchbare Teilkreise selbst herzustellen.

3.14.2 Justieren der Teilkreise

Um die Teilkreise auf das *Instrumenten-Koordinatensystem* einstellen zu können, müssen entweder die Kreise oder ihre Indexe relativ zu den Achsen feinfühlig verdreht werden können. Vielfach werden bei Amateurmontierungen die Teilkreise mit Stiftschrauben direkt auf den Achsen festgeklemmt. Eine solche Befestigung führt immer zu beschädigten Wellensitzen, und zudem ist eine genaue Justage kaum möglich. Die bei den Feintrieben erwähnten Tangential- und Radialklemmen erweisen sich auch bei den Teilkreisen als die besten Verbindungselemente zwischen Kreis und Achse.

Das Einstellen der Kreise nach dem Kolbow-Verfahren. Dazu muß das Instrument nach Abschnitt 3.13.2 auf den Himmelspol ausgerichtet sein. Wenn das Instrument auf den Zenit gerichtet wird, liegt die Deklinationsachse horizontal (waagrecht). In dieser Lage muß der Deklinationskreis die Polhöhe φ des Aufstellungsortes anzeigen. Da das Instrument zudem in der Meridianebene liegt, muß der Stundenkreis 12 h anzeigen, wenn das Rohr auf der Westseite steht, und 24 h, wenn es auf der Ostseite steht. Einstellprozedur: Instrument in Ost- und Westlage, oder vor und nach dem *Durchschlagen* bei der Gabelmontierung, auf den Zenit einstellen – in beiden Lagen die Kreise ablesen – diese Schritte mehrmals wiederholen – die Differenzen der Ablesungen von den Sollwerten von φ und 12 h beziehungsweise 24 h bestimmen – die Mittelwerte der Abweichungen bilden und die Kreise danach korrigieren.

Das Problem des Kolbow-Verfahrens ist, daß im Zenit kein fester Zielpunkt existiert und die Zenitlage daher mit mechanischen Hilfsmitteln beschränkter Genauigkeit, wie Wasserwaage und Lot, eingestellt werden muß. Außerdem sind nicht an jeder Teleskopoptik jene Referenzflächen vorhanden, die zur optischen Achse genau $\perp$ und $\parallel$ stehen und sich gleichzeitig zum Anlegen einer Wasserwaage oder eines Lotes eignen. Nach dem Kolbow-Verfahren können daher die Kreise in der Regel nur mit beschränkter Genauigkeit eingestellt werden.

Das Einstellen der Kreise nach bekannten Sternörtern. Mit diesem Verfahren können die Kreise mit beliebiger Genauigkeit eingestellt werden. Der Einstellvorgang entspricht dem Aufsuchen eines Sterns nach den Koordinaten δ und α, die aus einem Sternatlas entnommen werden, nur die Reihenfolge ist vertauscht. Von mehreren zenitnahen Sternen werden mit den voreingestellten Kreisen und der Uhr die Örter bestimmt. Diese werden mit den wahren Örtern aus dem Sternatlas verglichen und aus den Differenzen die Korrekturen für die Kreise bestimmt. Wer es genau machen will, kann dazu die Fehlerrechnung in Abschnitt 8.2 in diesem Band beiziehen.

3.14.3 Digitale Positionsanzeigen

Professionelle Teleskope werden heute nur noch mit digitalen Positionsanzeigen und computergesteuerten Positionier-Einrichtungen ausgerüstet. Die dafür notwendigen Positionssignale werden von *Winkel-Encodern* geliefert, die mit der Pol- und Deklinationsachse gekuppelt sind. Die Winkelencoder, auch *Inkrementalgeber* genannt, treten dabei an die Stelle der Teilkreise. Ihre Präszision und Winkelauflösung bestimmen die Genauigkeit der nachgeschalteten Anzeige und Steuerung. Es gibt zwei Encoder-Systeme:

1. *Code-Winkelgeber* (Absolut-Winkelgeber)
   Jeder Winkelposition entspricht eine kodierte Zahl. Diese Zahlen sind auf einem Glaskreis als *Strichcode* aufgebracht. Sie werden über eine Leseoptik gelesen. Nach dem Umsetzen in den Binär-Code kann der Winkel direkt auf einer einfachen Anzeigeeinheit angezeigt oder über eine *Schnittstelle* (*Interface*) dem Computer zugeführt werden. Code-Winkelgeber sind sehr teure Geräte, besonders wenn sie eine hohe Winkelauflösung besitzen.

2. *Impuls-Encoder* (Inkremental-Drehgeber, Relativ-Winkelgeber)
Sie geben keine absoluten Winkelwerte, sondern eine definierte Anzahl Impulse für eine Winkelverdrehung $\Delta\beta$. Der Elektronik muß daher die Ausgangsposition β_0 der Impulsfolge manuell eingegeben werden. Diese Bezugskoordinate geht beim Ausschalten oder bei Stromausfall verloren. Sie muß daher immer wieder neu gesetzt werden.
Inkremental-Drehgeber haben einen Glaskreis mit einem Strichgitter. Dieses wird von Photodioden abgetastet. In der Regel haben diese Geber drei Ausgänge. Eine Spur liefert ein Signal U_1, eine weitere Spur ein elektrisch um 90° phasenverschobenes Signal U_2, und am dritten Ausgang ist das Signal einer Referenzmarke U_0 verfügbar. Das zu U_1 um 90° phasenverschobene Signal wird für den *Drehrichtungs-Diskriminator* DRL benötigt. Dieser weist den Zähler an, ob er die Winkelinkremente zum Bezugswinkel β_0 addieren oder von ihm subtrahieren muß. Dafür ist ein Vor-Rückwärtszähler VRC erforderlich. Das phasenverschobene Signal erhöht gleichzeitig die Winkelauflösung um den Faktor zwei. Inkrementalencoder sind vergleichsweise billig. Am Markt sind zahlreiche Fabrikate und eine Vielzahl von Gebertypen erhältlich. Sie decken das gesamte Anforderungsspektrum ab. Schon aus Preisgründen kommen für den Amateur wohl nur diese Winkelgeber in Frage.

In Abbildung 29 sind die Ausgangssignale und das Blockschema einer digitalen Positionserfassung gezeigt. Besitzt das Strichgitter Z Striche, dann ist das Winkelinkrement $\Gamma = 360/Z$. Die Eingangslogik IL kann von beiden Signalen entweder nur die Frontflanken oder die Frontflanken und die Rückflanken erfassen und als Impulsfolge dem Zähler weiterleiten. Dementsprechend ergibt sich eine Winkelauflösung von $\Gamma/2$ oder $\Gamma/4$. Ein Encoder mit einem 1800-Strichgitter hat demnach eine Winkelauflösung von 3'.

Auch bei einer digitalen Positionserfassung sollten realistische Fehlerbetrachtungen des gesamten Instruments angestellt werden. Es hat wenig Sinn, genaue und damit teure Encoder mit einer Winkelauflösung im Sekundenbereich einzusetzen, wenn die Justage des Teleskops und seine mechanische Genauigkeit im Bereich von Winkelminuten liegt.

Das Blockschaltschema ist einfach und bedarf keiner weiteren Beschreibung. Die Positionsanzeige kann auf zwei Arten an das astronomische Koordinatensystem angeschlossen werden:

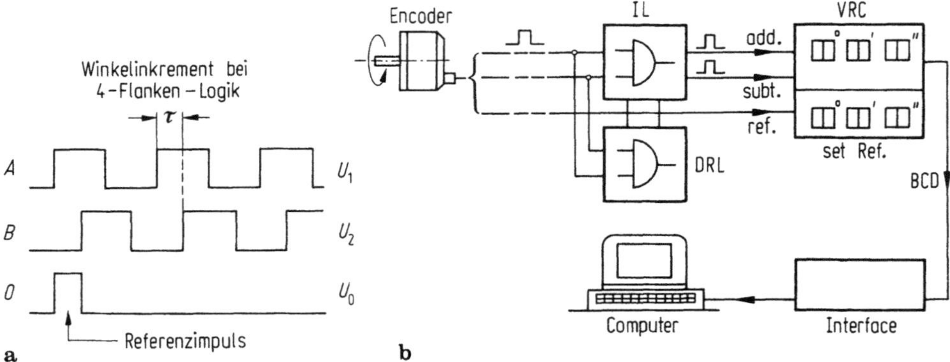

Abb. 29a, b. Digitale Positionsanzeige mit Winkelenkoder. In **a** sind die Impulsfolgen gezeigt, die ein Winkelenkoder abgibt. Das gegenüber A um 90° phasenverschobene Signal B wird benötigt, um die Drehrichtung zu diskriminieren. Über die Impulslogik IL/DRL weist es den Zähler an, ob er vor- oder zurückzählen muß. Wenn der Zähler VRC mit einem BCD-Ausgang versehen ist, dann läßt sich das Positionssignal einer Datenerfassungs-Anlage zuführen

1. Nach dem Einschalten der Elektronik wird das Teleskop auf einen Stern gerichtet. Die Positionswinkel des Sternes werden dann den beiden Zählern als Bezugswinkel eingegeben.
2. Eine zweite Möglichkeit bietet die Referenzmarke U_0. In einem ersten Schritt werden die Encoder mechanisch wie Teilkreise justiert. Den Referenzmarken sind dann definierte Winkelpositionen zugeordnet. Vor dem Einsatz wird das Teleskop auf die Referenzposition gefahren. Den Zählern werden dann die zugeordneten Winkelwerte eingegeben.

3.15 Allgemeine elektrische Einrichtungen

3.15.1 Stromquellen und Sicherheitsaspekte

Die Speisung der elektrischen Teleskopeinrichtungen kann aus dem öffentlichen Lichtnetz (220 V/50 Hz oder 115 V/60 Hz) oder aus einer Batterie erfolgen. Batterien sind für mobile Instrumente und Beobachtungsstände erforderlich, die über keinen Netzanschluß verfügen. Dafür kann auch die Batterie des Autos angezapft werden. Die Art der Speisequelle ist ein wichtiger Auslegungsfaktor für alle angeschlossenen Verbraucher. Schon bei der Projektierung der Teleskopinstallationen und bei der Anschaffung der elektrischen Geräte müssen die Eigenschaften der vorgesehenen Speisequelle berücksichtigt werden. So ist bei einem Batterienetz auf batteriekonforme Spannungen und einen möglichst kleinen Stromverbrauch aller angeschlossenen Geräte zu achten.

Sowohl das Lichtnetz als auch Batterien sind potentielle Gefahrenquellen. Die Gefahren werden vom Laien meistens unterschätzt oder sind ihm sogar unbekannt. Es ist daher notwendig, hier auf sie einzugehen.

Die Gefahren des Lichtnetzes
In Amateurkreisen ist es üblich, elektrische Geräte und Einrichtungen selbst zu bauen und direkt am Netz anzuschließen oder sogar elektrische Installationen zu erstellen. Die Gefahren an Amateurinstrumenten sind besonders groß: An diesen wird im Dunkeln und vielfach bei Taufeuchtigkeit hantiert, man steht selten auf einem gut isolierenden Boden, und die elektrischen Einrichtungen sind nur zu oft improvisiert und aus billigen Komponenten „zusammengebastelt"! Die Wahrscheinlichkeit, mit dem Stromkreis in Berührung zu kommen, ist hier sehr groß. Für die physiologische Wirkung des Stroms auf den Körper gelten:

Ströme über 10 mA lösen bereits so starke Muskelkrämpfe aus, daß ein Loslassen der spannungsführenden Teile aus eigener Kraft nicht mehr möglich ist. Ströme über 40–50 mA wirken tödlich. Bei gegebener Spannung ist der über den Körper fließende Strom praktisch nur vom Hautwiderstand an den Berührungsstellen abhängig. Dieser hängt von verschiedenen Hautfaktoren ab und liegt etwa zwischen einigen hundert und 2000 Ω. Damit ist bei den üblichen Netzspannungen von 220 oder auch 115 V die Bedingung für einen tödlichen Strom immer erfüllt.

Daher sollte jeder Amateur, der elektrische Einrichtungen an seinem Instrument bauen und betreiben möchte, den Grundsatz beherzigen:

> *Gs. 12.* An Amateurinstrumenten mit Netzspannungen von 115 oder 220 V zu arbeiten ist in hohem Grade leichtsinnig! Zulässig, sicher und sinnvoll ist nur der Betrieb der Einrichtungen mit Spannungen unter 48 V. Die Speisung des Teleskopnetzes muß über einen einwandfreien *Kleinspannungs-Isoliertransformator* erfolgen.

Bedauerlicherweise werden auch von kommerziellen Herstellern Instrumente mit direktem Netzanschluß unter die Amateure gebracht, die zudem den vorgeschriebenen Sicherheitsbedingungen und Vorschriften in keiner Weise entsprechen. Dem Autor sind Fälle bekannt, wo solche Instrumente über eine Kabelrolle frei im Gelände aufgestellt wurden!!! Auch vom technischen Standpunkt gibt es kein einziges Argument, das für die direkte Verwendung der Netzspannung sprechen würde.

Eine zweckmäßige Spannung für das *Teleskop-Bordnetz* sind 12 V. Es ist eine weitverbreitete Normspannung, für die alle erforderlichen Komponenten im Handel erhältlich sind (*Autoelektrik*). Auch IC-Module und Digitalschaltungen lassen sich nach Gleichrichtung daraus betreiben. Die Installationen sind nicht kritisch, auch wenn sie nicht ganz fachgerecht ausgeführt wurden. Ja selbst bei Kurzschlüssen kann nicht viel passieren. Trotzdem sollten die einzelnen Abgänge und Verbraucher durch richtig bemessene Apparate-Sicherungen (Glasröhrchen-Sicherungen) geschützt wer-

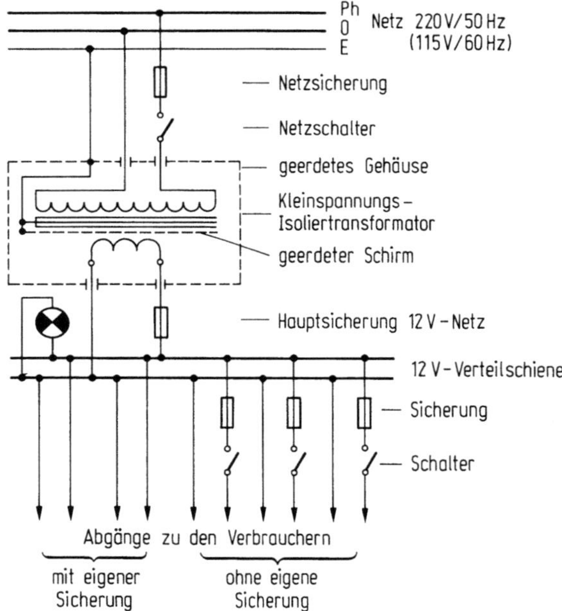

Abb. 30. Kleinspannungsnetz für einen Beobachtungsstand. Sämtliche elektrischen Kreise des Beobachtungsstands oder Teleskops werden über einen Isoliertransformator mit 6 oder 12 V gespeist. Nur so ist eine genügende Sicherheit des Beobachters gewährleistet, und die Schaltungen können ohne Risiko selber gebastelt werden. Apparate, die keine eigene Sicherung aufweisen, sind an der Verteilschiene abzusichern

den. Der Isoliertransformator muß ein hochwertiges und geprüftes Produkt sein und eine gewisse Leistungsreserve besitzen. Ein Kleinspannungsnetz ist in Abbildung 30 dargestellt. Bei Kleinspannungs-Installationen ist auf reichlich dimensionierte Leitungs-Querschnitte zu achten, damit die Spannungsabfälle nicht zu stark ins Gewicht fallen. Der Spannungsabfall ΔU einer mit einem Strom I [A] belasteten zweiadrigen Kupferleitung ($\varrho = 0{,}017\ \Omega\,\text{mm}^2/\text{m}$) ist

$$\Delta U = 0{,}043 \cdot \frac{I \cdot L}{D^2}, \tag{36}$$

wenn L [m] die einfache Leitungslänge und D [mm] der Drahtdurchmesser sind. Er sollte unter $5\,\%$ liegen.

3.15.2 Batterien, Eigenschaften und Gefahrenquellen

Für Amateurinstrumente kommen in erster Linie wiederaufladbare *Blei-* oder *Nickelkadmium-Batterien* (NiCd-Batterien) in Frage. Beide Grundtypen werden in zwei Ausführungsformen angeboten; in offenen (halboffenen) Zellen mit flüssigem Elektrolyt (Beispiel: Autobatterie), oder als gasdicht gekapselte Ausführung. Gasdichte Batterien sind heute in vielen elektronischen Geräten eingebaut. Sie enthalten nur geringe Mengen Elektrolyt, der von einem saugfähigen Separator zwischen den Elektroden aufgenommen wird. Sie sind in jeder Gebrauchslage einsetzbar, laufen nicht aus und sind daher für transportable Geräte besonders geeignet. Blei-Batterien enthalten Schwefelsäure ($H_2SO_4 + H_2O$) als Elektrolyt und die alkalischen NiCd-Batterien Kalilauge ($KOH + H_2O$). Auch beim Umgang mit Batterien ergeben sich Gefahren:

- Gefahren durch den stark ätzenden Elektrolyt
- Explosionsgefahr durch Knallgasbildung und Überladung
- Verbrennungsgefahr bei Klemmenkurzschlüssen.

Gefahren durch den Elektrolyt
Sowohl H_2SO_4 als auch KOH sind stark ätzende Substanzen. Bei Hautkontakt treten rasch Verätzungen auf, die sehr schmerzhaft sind und schwer heilen. Besonders gefährlich ist ein Kontakt mit den Augen. Durch ausgelaufene Schwefelsäure werden aber auch viele Metalle, Textilien und Stoffe angegriffen, durch Kalilauge Textilien, Farben, Anstriche, Holz und Kunststoffe. *Bleiverbindungen* und *Kadmium* sind zudem *Gifte* und starke *Umweltschadstoffe*. Batterien sind daher sorgfältig zu behandeln. Beim Transport dürfen offene Zellen nicht gekippt oder beschädigt werden. Bei Manipulationen (Elektrolytwechsel) sind Gummihandschuhe, Schutzbrillen und ein Schurz zu tragen. Der Elektrolyt darf auf keinen Fall in die Kanalisation oder in Gewässer gelangen. Alte Batterien sind an den offiziellen Sammelstellen abzugeben (Auskunft bei Behörden, Apotheken und Drogerien). Bei Kontakt mit dem Elektrolyt ist sofort mit reichlich Wasser zu spülen und bei

- *Schwefelsäure (Bleibatterien) mit Seifenlösung* bei
- *Kalilauge (NiCd-Batterien) mit Essigwasser*

zu neutralisieren.

Explosionsgefahr
Beim Ladevorgang wird der Elektrolyt gespalten. Es entwickelt sich das hochexplosive *Knallgas*, das bei offenen Zellen durch die Zellverschlüsse entweicht. Bei gasdichten Zellen wird der sich

bildende Sauerstoff in der Zelle chemisch gebunden. Dies ist jedoch nur eingeschränkt möglich. Bei hohen Ladeströmen und langdauernder Überladung kann die Zelle, trotz vorhandener Überdrucksicherung, explodieren.

Beim Laden offener Zellen ist nicht mit offenem Feuer zu hantieren, und bei gasdichten Zellen ist eine langdauernde Überladung zu vermeiden. Eine solche setzt auch die Lebensdauer der Zellen herab.

Klemmenkurzschlüsse
Akkumulatoren haben sehr kleine Innenwiderstände. Bei entsprechend niederohmigem Außenkreis können sie kurzzeitig einige hundert Ampere abgeben. Bei Kurzschlüssen kann man sich daher arge Verbrennungen zuziehen. An den Klemmen der Batterien sind daher nie Kurzschlüsse zu provozieren, etwa durch Prüfen mit einem Kabel, ob sie noch geladen sind.

Die wichtigsten Kenndaten und Eigenschaften von Blei- und NiCd-Akkumulatoren mit flüssigem Elektrolyt sind in Tabelle 12 zusammengestellt. Am billigsten sind Blei-Autobatterien. Sie sind jedoch recht problematisch und weisen gegenüber NiCd-Batterien erhebliche Nachteile auf. Wenn sie nicht ständig geladen werden, ist ihre Lebensdauer gering. Gasdichte Bleibatterien haben in etlichen Punkten bessere Eigenschaften als Autobatterien. Sie sind jedoch auch erheblich teurer. Bei gasdichten NiCd-Batterien liegen die Verhältnisse eher umgekehrt: Sie weisen eine geringere Lebensdauer als Zellen mit flüssigem Elektrolyt auf und sind in mancher Hinsicht problematisch[22]. Berücksichtigt man die lange Lebensdauer, die Robustheit und die vorteilhaften Eigenschafter der NiCd-Batterien mit flüssigem Elektrolyt, dann sind sie die weitaus günstigste und auf lange Sicht auch preiswerteste Lösung. Ihr einziger Nachteil ist die eingeschränkte aufrechte Gebrauchslage. Moderne Konstruktionen weisen jedoch Zellenverschlüsse auf, bei denen der Elektrolyt nicht sofort ausläuft, wenn die Zelle umkippt. Die einzige Unterhaltsmaßnahme ist eine Erneuerung des Elektrolyts etwa alle 4 bis 5 Jahre. Dafür sind die vom Akkumulator-Hersteller vorgeschriebenen Elektrolyte zu verwenden und das Wechselprocedere genau einzuhalten.

Wenn die Antriebe und die übrigen elektrischen Einrichtungen sehr stromsparend ausgelegt wurden, dann ist eine Speisung aus Trockenbatterien (Kohle/Zink- oder Lithiumbatterien) durchaus möglich und in Betracht zu ziehen.

3.15.3 Speisegeräte für elektronische Schaltungen

Elektronische Schaltungen müssen mit definierten und stabilisierten DC-Spannungen gespeist werden. Bei Digitalschaltungen mit TTL-Logik sind diese + 5 V. Gewisse IC-Module besitzen bereits einen integrierten Spannungsregler, der die Schaltkreise mit der erforderlichen Spannung versorgt. Solche Module können in einem größeren Spannungsbereich, zum Beispiel 5 bis 18 V, betrieben werden. Er ist den Applikationsschriften zu entnehmen. Operationsverstärker benötigen eine mittelpunktsymmetrische Spannung von ± 15 V, und für die Treiberstufen von Schrittmotoren werden sogar Spannungen bis zu 45 V gebraucht. Alle diese Spannungen sind vollkommen gefahrlos handhabbar. Eine Ausnahme machen nur *Photomultiplier-Röhren*. Diese

---

[22] Dazu zählen der *Memory-Effekt*, die reduzierte Lebensdauer, und die Empfindlichkeit auf Überladung. Dem Autor sind, trotz sachgerechter Handhabung, bereits einige Zellen explodiert!

Tabelle 12. Kenndaten und Eigenschaften von Akkumulatoren (offene Zellen mit flüssigem Elektrolyt)

Kenngröße, Eigenschaft	Blei-Akkumulator	Nickelkadmium-Akkumulator
Elektroden: Anode + Kathode −	PbO_2 (Bleioxyd) Pb (metallisches Blei)	$Ni(Oh)_3$ (höheres Nickelhydrooxyd Cd (metallisches Kadmium)
Elektrolyt	$H_2SO_4 + H_2O$ (Schwefelsäure) an der elektrochemischen Reaktion beteiligt	$KOH + H_2O$ (Kaliumhydrooxyd = Kalilauge) elektrochemisch inaktiv, nur als Stromleiter tätig
Lade−Entladereaktion	$PbO_2 - H_2SO_4 + H_2O - Pb$ geladen $PbSO_4 - H_2O - PbSO_4$ entladen	$2\,Ni(OH)_3$ $(KOH + H_2O)$ Cd geladen $2\,Ni(OH)_2$ $Cd(OH)_2$ entladen
Zellen-Ruhespannung (in V)	2,05	1,36
mittlere Entladespannung (in V)	1,9−2,0	1,1−1,2
mittlere Ladespannung (in V)	2,3	1,45−1,55
Lade-Endspannung (in V)	2,7	1,65−1,75
Ah-Wirkungsgrad (in %)	ca. 85	ca. 70−85
Selbstentladung	hoch, ca. 1% pro Tag	klein, ca. 0,05−0,1% pro Tag (bei 25°)
Kapazitäts/Lastabhängigkeit	starker Kapazitätsabfall bei hoher Strombelastung	Kapazität nur gering vom Entladestrom abhängig
Kurzschlußempfindlichkeit	hoch, Lebensdauer wird herabgesetzt	unempfindlich, ausgesprochene Stoßlastzellen sind im Handel erhältlich
Tiefentladung, Überladung	empfindlich auf längere Überladung und Tiefentladung, Lebensdauer wird herabgesetzt	unempfindlich, Entladung bis 0 Volt möglich, Überladung für Zellen-regeneration sogar erforderlich[a]
Temperaturabhängigkeit	sehr ausgeprägt, starker Kapazitätsabfall bei tiefen Temperaturen, stark reduzierte Lebensdauer bei hohen Temperaturen (Autokorrosion der Zellen)	wenig ausgeprägt, gute Tieftemperatur-Batterie, keine Lebens-dauerbeeinträchtigung bei erhöhter Temperatur
Lagerungsfähigkeit	schlecht, geht im ungeladenen Zustand sehr rasch kaputt (Sulfatierungseffekt)	sehr gut lagerbar (geladen oder ungeladen), vorteilhafte Lang-zeitlagerung. entladen auf 0,6 V/Zelle
Service-Ansprüche	hoch, muß ständig geladen sein. Elektrolytkontrollen sind notwendig	anspruchsloser, robuster Batterie-Typ, Elektrolytwechsel etwa alle 4−5 Jahre
Korrosion äußerer Gegenstände	stark, bei Laden entweichen sehr aggressive Säuredämpfe und Knallgas	keine, beim Laden entweicht trockenes Knallgas
Lebensdauer	klein, Zellen bauen sich selbst ab (Autokorrosion)	sehr hoch
Gewicht	groß	mittel
Preis	Autobatterien sind sehr billig (Massenprodukt)	sehr teuer, jedoch bezogen auf Lebensdauer, Robustheit und vorteilhafte Eigenschaften: preiswert
Lademethode	mit Konstantspannungs-Ladegerät, Schnelladung nicht empfehlenswert, Lebensdauerbeeinträchtigung	mit Konstantstrom-Ladegerät, Schnelladung mit mehrfachem Zellennennstrom möglich

[a] Überladung bei gasdichten Zellen nicht angebracht.

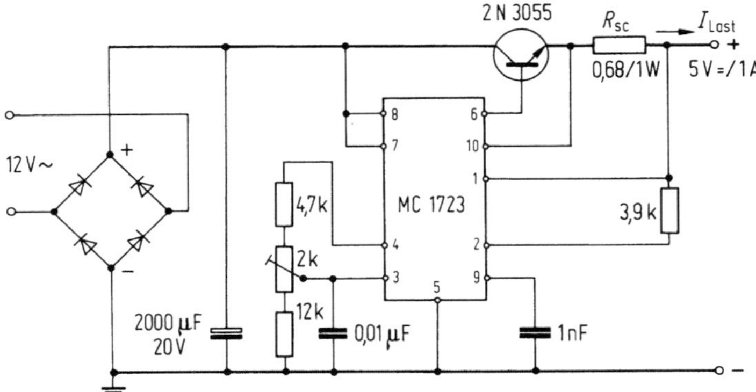

Abb. 31. Stabilisiertes Netzgerät für die Speisung von TTL-Schaltungen. In der Schaltung wird ein Speisemodul MC 1723 und ein Serietransistor 2N 3055 von Motorola verwendet. Der Modul wird über eine Diodenbrücke direkt aus dem 12 V ~ Netz gespeist. Mit dem 2 kΩ-Trimer kann die Ausgangsspannung eingestellt werden. Die Strombegrenzung erfolgt über den Widerstand R_{sc} und ergibt einen kurzschlußsicheren Betrieb. Bei entsprechender Kühlung des 2N 3055 ($I_c = 15$ A) kann die Schaltung auch für höhere Ströme ausgelegt werden

benötigen stabilisierte Spannungen von 1000 V und mehr. Für Photomultiplier sind heute Hochspannungsmodule erhältlich, die im Röhrensockel integriert und hermetisch vergossen sind. Trotzdem ist das Basteln mit Photomultipliern eine gefährliche und zudem sehr anspruchsvolle Sache. Sie gehört in die Hand des versierten Elektronikers.

Stabilisierte Netzgeräte selbst zu bauen ist nicht lohnend, da fertige Speisemodule oder komplette Netzgeräte zu günstigen Preisen erhältlich sind. Die äußere Beschaltung der Module ist recht einfach und kann den Datenblättern und Applikationsschriften der Hersteller entnommen werden[23]. In Abbildung 31 ist ein solches Netzgerät gezeigt. Durch einen äußeren Leistungstransistor läßt sich der Strombereich solcher Module erweitern. Damit lassen sich Netzgeräte mit variabler Spannung und Strombegrenzung für allgemeine Laborarbeiten, aber auch automatische Ladegeräte für NiCd-Batterien bauen. Auch für $\pm$ 15 V sind Speisemodule erhältlich. Damit die Module ihre Regelfunktion erfüllen können, muß die Eingangsspannung U_{in} etwa um 25% höher als die benötigte Ausgangsspannung U_{out} sein. Die Sekundärspannung (*Leerlaufspannung U_{eff}*) am Netztransformator muß dann noch einmal um den Faktor 1,15 höher als U_{in} sein. Damit werden die Umrechnung $U_{DC} \rightarrow U_{eff}$ und die Spannungsabfälle erfaßt.

3.15.4 Beleuchtungseinrichtungen

Die allgemeine Beleuchtung des Beobachtungsstandes kann durchaus aus einem 12 V ~ Netz mit Kleinglühlampen erfolgen. Dafür ist keineswegs das 115 oder 220 V

---

[23] Z. B. „Voltage Regulator Handbook. Theory and Practice" von Motorola. Dieser Broschüre wurde auch die dargestellte Schaltung mit freundlicher Genehmigung entnommen.

Netz erforderlich. Durch die einfachen und von jedem Amateur ohne Risiko selbst erstellbaren Installationen lassen sich erhebliche Kosten einsparen. Niederspannungs-Glühlampen sind durch ihren höheren Wirkungsgrad effizienter als normale Glühlampen. Noch effizienter sind *Niederspannungs-Halogenlampen*. Einige 6–10 W Kleinglühlampen genügen für die Beleuchtung eines Beobachtungsstandes. Mit einem *Dimer-Modul*, einem Thyristor mit Phasenanschnitt-Steuerung, läßt sich die Helligkeit verlustfrei den Erfordernissen anpassen. Es empfiehlt sich, die Lampen so anzuordnen, daß sich eine indirekte, blendfreie Beleuchtung ergibt.

Für Fadenkreuz- und Teilkreisbeleuchtungen, für Signallampen an elektronischen Geräten und Installationen sowie für Leselampen sind nur geringe Lichtpegel erforderlich. Die Helligkeit dieser Beleuchtungseinrichtungen muß an das dunkeladaptierte Auge angepaßt sein. Für diese Beleuchtungszwecke kann man vorteilhaft Leuchtdioden einsetzen, die einen kleineren Stromverbrauch als Kleinglühlampen haben. *Leuchtdioden* (LED) sind in den Farben Rot, Gelb und Grün erhältlich. Rot ist für das dunkeladaptierte Auge besonders günstig. Normale LEDs haben Lichtstärken von 2–12 mcd [24]. Es sind aber auch Leistungs-LEDs mit 40–1000 mcd am Markt zu haben. Damit wird der Helligkeitsbereich von Fadenkreuzbeleuchtungen bis zu den Leselampen abgedeckt. Der Betriebsstrom von LEDs liegt zwischen 5 und 30 mA bei Durchlaßspannungen von 1,8 bis 2,8 V. In Abbildung 32 sind die typischen Strom/Spannungskennlinien von Kleinglühlampen und Leuchtdioden dargestellt. Die sehr steile Kennlinie macht LEDs empfindlich auf Spannungsschwankungen. Sie müssen daher immer über einen richtig dimensionierten Vorwiderstand betrieben werden. Mit einem zweiten, in Serie geschalteten Drehwiderstand kann die Helligkeit dem Auge angepaßt werden.

Fadenkreuz und Fadenkreuzbeleuchtung

Ein für nächtliche Arbeiten eingesetztes Fadenkreuz kann auf zwei Arten sichtbar gemacht werden. Bei der Dunkelfeldbeleuchtung wird die Strichplatte so beleuchtet, daß die eingravierten Fadenmarken im dunklen Gesichtsfeld hell erscheinen. Bei der Hellfeldbeleuchtung wird hingegen das gesamte Bildfeld leicht aufgehellt, so daß sich die Fäden dunkel abheben. Für die Dunkelfeldbeleuchtung sind spezielle Fadenkreuzokulare mit eingebauter Strichplattenbeleuchtung erforderlich. Solche Okulare sind sehr teuer. Wesentlich billiger läßt sich ein Fadenkreuzokular für die Hellfeldbeleuchtung selbst bauen. Man kann dafür auf ganz gewöhnliche Okulare vom Kellner- oder Ramsdentyp zurückgreifen. In den Okulartubus wird eine Hülse mit feinen, aufgespannten Fäden eingeschoben. Die Fäden müssen im Brennpunkt des Okulars liegen. Die Feldbeleuchtung ist eine vom Okular getrennte Einheit, die im Strahlengang des Teleskops angeordnet wird. Sie sollte möglichst weit vor dem Okular liegen. Bei einem Refraktor kann dies vor der Taukappe sein, bei einem Reflektor an der Fangspiegelhalterung oder am Frontende des Rohres [25]. Bei der Hellfeldbeleuchtung ergeben sich

---

[24] mcd = Millicandela, das *Candela* ist die photometrische Einheit für die *Lichtstärke*.
[25] Eine genaue Anleitung zum Bau von Fadenkreuzokularen und ihren Beleuchtungseinrichtungen findet der Amateur im „Orion" 14 (1969) No. 113 und (1970) No. 117.

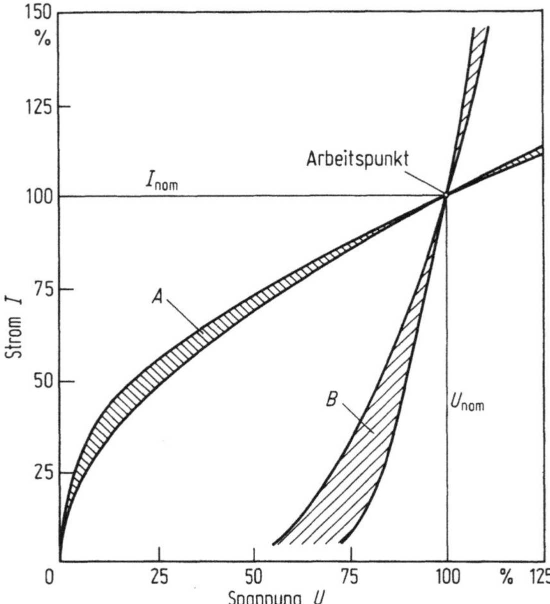

Abb. 32. Strom/Spannungskennlinien von Kleinglühlampen und Leuchtdioden. Kleinglühlampen (*A*) und Leuchtdioden (*B*) haben sehr unterschiedliche Strom/Spannungskennlinien. Dieses unterschiedliche Verhalten muß bei der Dimensionierung der Vor- und Regelwiderstände beachtet werden. Insbesondere ist bei Leuchtdioden (LED) der sehr steile Kennlinienverlauf zu beachten. Er macht LED empfindlich auf Überspannungen. Die normierte Kennliniendarstellung überdeckt praktisch alle Fabrikate und Leistungsgrößen

sehr günstige Kontrastverhältnisse. Die dunklen Fäden heben sich gut gegen das helle Sternscheibchen ab (leicht extrafokale Einstellung). Allerdings verliert man bei dieser Beleuchtungsart etwa 1/2 Größenklasse durch das etwas aufgehellte Gesichtsfeld.

3.15.5 Die Taukappe und ihre Heizung

In Sommernächten kann sich an Gegenständen ein Taubelag bilden, der besonders an optischen Flächen sehr stört. Dieser Tauniederschlag tritt vorzugsweise an den Frontlinsen von Photoobjektiven und Refraktoren, an Menisken von Maksutow-Systemen und an Schmidt-Platten auf, wenn sich diese Flächen bei hoher Luftfeuchtigkeit durch Abstrahlung gegen den kalten Himmel unter den Taupunkt abkühlen. Die Abkühlung unter die Temperatur der Umgebungsluft ist ein reiner Strahlungseffekt[26], der an Newton- und Cassegrain-Spiegeln kaum auftritt. Die Gründe dafür sind der kleine Emissionswert ε der verspiegelten Oberfläche und das als effizienter *Strahlungsschirm*

---

[26] Messungen des Autors zeigten, daß bei Taubeschlag der Optik die Temperatur der Umgebungsluft immer 2–3° über dem Taupunkt liegt. Wäre dies nicht der Fall, dann würde dichter Nebel den Beobachter umgeben und er würde sein Instrument nicht gegen den Himmel richten.

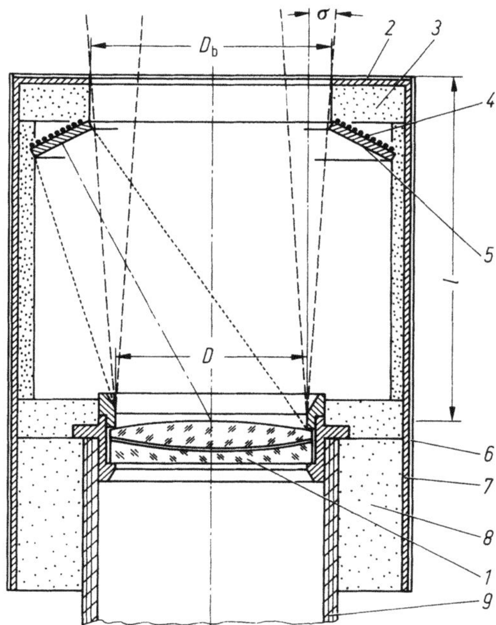

Abb. 33. Taukappe mit Heizung. Die Strahlungsblende mit der Öffnung D_b soll das Objektiv (1) einen möglichst kleinen Himmelsausschnitt exponieren.

$$D_b = D + 2\,l \cdot \tan\sigma \quad \text{mit } l \geqq 2\,D \tag{37}$$

Die Frontseite der Strahlungsblende (2) und die Außenseite der Taukappe (6) sind mit einer hoch reflektierenden Alufolie belegt. Die Innenflächen der Taukappe (3) und das Objektiv sind mit Styropor (8) thermisch isoliert. (7) Taukappenrohr aus Karton. (9) Rohr der Optik. (4) Heizwicklung. (5) Strahlungsfläche der Heizung. (σ) Apertur der Fernrohroptik

wirkende Rohr. Um ein Betauen der optischen Oberflächen zu verhindern, muß die Taukappe in zwei Richtungen wirken:

a. Sie muß die Abstrahlung gegen den kalten Himmelshintergrund auf ein Minimum reduzieren.
b. Sie muß die verbleibende Abstrahlung durch geeignete Energiezufuhr kompensieren.

zu a.
Die Frontfläche aus Glas sieht nicht nur das relativ kleine optische Beobachtungsfeld, sondern strahlungsmäßig einen sehr großen Raumwinkel. Da Glas im vorliegenden Temperaturbereich ein ausgezeichneter Strahler ist ($\varepsilon = 0{,}93$), ist die Abstrahlung in diesen Raumwinkel sehr groß (etwa $5-10$ mW pro cm^2 Glasoberfläche). Die Taukappe muß daher den Raumwinkel, in den abgestrahlt wird, so klein wie nur möglich machen. Dies ist mit einem weit vor dem Objektiv liegenden *Strahlungsschirm* möglich, dessen Öffnung nicht größer als die Apertur der Optik ist. Gegen den Himmel muß die Abstrahlung des Strahlungsschirmes klein sein (Alufolie), und nach innen muß er eine gute thermische Isolation aufweisen (Styropor).

zu b.
Durch die Öffnung im Strahlungsschirm wird nach wie vor Energie von der Glasoberfläche abgestrahlt. Die abgestrahlte Energie muß durch gezielt zugeführte Energie gedeckt werden. Nun

ist Glas zwar ein exzellenter Wärmestrahler, aber ein sehr schlechter Wärmeleiter. Es ist daher wenig sinnvoll, über den Wärmeleitmechanismus im Glas der Oberfläche die Energie zuzuführen, wie dies bei beheizten Taukappen oft der Fall ist. Der große Temperaturgradient, der dafür erforderlich ist, begünstigt Luftschlieren. Abbildung 33 zeigt, wie man die abgestrahlte Energie durch eingestrahlte Energie kompensiert. Die dafür nötigen Heizleistungen sind sehr klein, und die beheizte Strahlungsfläche muß nur geringfügig über der Umgebungstemperatur liegen.

3.16 Hinweise zu Literatur und Literaturverzeichnis

In der Einleitung wurden bereits einige ergiebige Literaturquellen genannt, in denen unzählige Montierungen vorgestellt wurden. Eine individuelle Aufzählung ist hier nicht möglich. Ein Großteil der vorgestellten Entwürfe hat ein beachtliches kreatives Niveau. Bei einer kritischen Analyse stellt man jedoch bei vielen dieser Konstruktionen Verstöße gegen die elementaren Grundlagen der Mechanik fest. Man sollte sich durch solche Entwürfe durchaus anregen lassen, aber sie nicht unbesehen nachbauen, sondern technische Unstimmigkeiten und Schwachstellen zu eliminieren versuchen.

Wo findet der Leser weiterführende Literatur zu den gebrachten Grundlagen? Wie bereits erwähnt, gibt es kein Werk, das die Mechanik der Teleskopmontierungen elementar behandelt. Der interessierte Leser ist daher gezwungen auf die allgemeinen Lehrbücher der Mechanik, der Schwingungslehre, der Maschinenelemente usw. zurückzugreifen. Unterlagen und Zahlenwerte sind auch in den Ingenieur-Handbüchern zu finden. Das Problem für den technisch weniger geschulten Amateur ist, sich diese allgemeine Literatur in objektbezogener Weise dienstbar zu machen. Es gibt allerdings ein Fachgebiet, in dem gleiche oder sehr ähnliche Grundkriterien den konstruktiven Rahmen abstecken. Es ist der Werkzeugmaschinenbau. Auch bei diesen technischen Objekten geht es um kleine Deformationen, eine hohe Schwingungsfreiheit, präzise gelagerte Wellen und eine hohe kinematische Genauigkeit. Auf diesem Gebiet findet man verschiedene Publikationen, die auch für den Montierungsbau relevant und interessant sind. Siehe dazu im Literaturverzeichnis Band 1, S. 470.

3.17 Literaturverzeichnis

Literatur mit direktem Bezug auf Teleskopmontierungen

Astro Amateur. Fernrohr Selbstbau für fortgeschrittene, Beobachtungsprobleme und Möglichkeiten. Zürich-Stuttgart: Rascher 1962. *Verschiedene Autoren behandeln Themen des Amateur-Instrumentenbaues wie: Schmidt-Kamera, Schiefspiegler, Protuberanzen-Fernrohr, Montierungsbau und anderes mehr.*

Brand, R.: Das Fernrohr des Sternfreundes. Stuttgart: Franck'sche Verlagshandlung 1958. *Einführung in die Grundlagen einfacher Instrumente für den Amateur.*

Dimitroff, G.; Baker, J.: Telescopes and Accessories. The Harvard Book on Astronomy. Philadelphia: The Blakiston Comp. 1945. *Umfassendes Werk, grundlegend, auf dem konstruktiven Gebiet veraltet.*

ESO/CERN: Procedings of Conference of Large Telescope Design. 1976. *Verschiedene Autoren behandeln Konstruktionsprobleme moderner Großteleskope.*

Horward, E. G.: Handbook for Telescope Making. London: Faber & Faber 1969.

Ingalls, A. G.: Amateur Telescope Making, Book I, II, III. New York: Scientific American 1953/1961. *Umfassendes Werk über den ganzen Amateur Instrumentenbau. Bringt unzählige Bauhinweise und Tips zum Selbstbau, von der Optik bis zum Amateurobservatorium. Grundle-*

gende Betrachtungen von W. Porter zum Montierungsbau und zahlreiche Montierungsbeispiele. Dieses Werk sollte jeder Amateur zur Hand haben.

Kuiper, G. P.: Middlehurst, B. M.: Telescopes, Volume I of Stars and Stellar Systems. Chicago, London: The University of Chicago Press 1960. *Verschiedene Autoren behandeln Großteleskope und ihre Hilfseinrichtungen.*

Rieker, R.: Fernrohre und ihre Meister. Berlin: VEB Verlag Technik 1957. *Behandelt lebendig die Geschichte des Fernrohrbaues. Ein Nachschlagewerk auf dem Gebiet des historischen Fernrohrbaues. Sollte jeder Amateur kennen.*

Rohr, H.: Ziegler, H. G.: Das Fernrohr für jedermann, 5. Aufl. Zürich: Orell-Füssli 1972. *Neben ausführlicher Behandlung des Spiegelschliffes werden die mechanischen Grundlagen des Montierungsbaues in elementarer Weise gestreift. Mit zahlreichen Maßzeichnungen zu Montierungsdetails.*

Sidgwick, S. B.: Amateur Astronomers Handbook, 3rd ed., London: Faber&Faber 1958. *Ausführliches Handbuch (über 500 S.), das sich der Fernrohrkunde und dem Instrumentarium des Amateurs widmet. Standardwerk des englischen Sprachgebietes mit umfangreichen Literaturregister.*

Staus, A.: Fernrohrmontierungen und ihre Schutzbauten für Sternfreunde, 3. Aufl. München: UNI-Druck 1971. *Bekanntes deutschsprachiges Werk mit Bauhinweisen und Konstruktionszeichnungen für 4 leicht herstellbare Amateurmontierungen („Flori-", „Ronny-", „Staku-" und „Siegfried-Montierung"). Behandelt zudem verschiedene Schutzbauten. Mit Ergänzungen von A. Kutter.*

Grundlegende Literatur zur Technischen Mechanik und über Maschinenelemente

Hütte, „Des Ingenieurs Taschenbuch", Physikhütte Band I Mechanik, 29. Aufl.: Ernst&Sohn 1971. *Standard-Nachschlagewerk des Ingenieurs mit Formelsammlung, zahlreichen Tabellen und Berechnungshinweisen. Sehr komprimierter Stoff, umfangreiches Literaturregister.*

Holzmann, G.: Meyer, H., Schumpich, G.: Technische Mechanik in 3 Bänden, 3. Aufl. Stuttgart: Teubner 1976. *Gute und nicht zu komplizierte Einführung in die technische Mechanik.*

Szàbo, I.: Einführung in die technische Mechanik. Berlin: Springer 1959. *Bekanntes Werk zur technischen Mechanik.*

Roloff, H.: Matek, W.: Maschinenelemente, Normung – Berechnung – Gestaltung, 7. Aufl. Braunschweig: Vieweg&Sohn 1976. *Bekanntes Standardwerk mit vielen Tabellen, Zahlenwerten und praktischen Berechnungsbeispielen. Gutes Nachschlagewerk für den Konstrukteur und ernsthaften Montierungsbauer.*

Grundlegende Literatur über mechanische Schwingungen

Grammel, R.: Über Schwingerketten. Ing. Archiev Bd. 14 (1943) S. 213–232. *Grundlegende Arbeit über Schwingerketten.*

Hübner, E.: Technische Schwingungslehre in ihren Grundzügen. Berlin: Springer 1957. *Gute Einführung in die technische Schwingungslehre. Behandelt eingehend die elektrischen Analogien mechanischer Schwinger.*

Klotter, K.: Technische Schwingungslehre, 2 Bände. Berlin: Springer 1960. *Deutschsprachiges Standardwerk über mechanische Schwingungen.*

Meier-Dörnberg, K. E.: Abschätzung von Schwingungsausschlägen bei stoßartiger Einwirkung. VDI-Berichte Nr. 113 (1967) S. 35–39. *Behandelt das Verhalten einfacher Schwinger bei Stoßanregung.*

Timoshenko, S.: Vibration Problems in Engineering, 3rd ed. New York: Van Nostrand 1955. *Bekanntes englischsprachiges Werk über mechanische Schwingungen.*

Grundlegende Literatur zur steifen und genauen Lagerung von Wellen

Pittroff, H.: Beitrag zur Theorie und Konstruktion von Hauptspindellagerungen spanender Werkzeugmaschinen. Werkstatt und Betrieb Jg. 96 (1963) 4, S. 221–231. *Grundlegende Arbeit über alle Aspekte der genauen und steifen Lagerung von Werkzeugmaschinenspindeln. Zahlreiche auch für den Amateurmontierungsbau relevante Hinweise.*

Pittroff, H.; Wiche, E.: Laufgüte von Werkzeugmaschinenspindeln. Werkstatt und Betrieb Jg. 102 (1969) 8, S. 547–559. *Grundlegende Arbeit mit Nomogrammen und Berechnungshinweisen für die steife Lagerung von Wellen.*

Pittroff, H.: Auslegung von Werkzeugmaschinenspindeln. Maschinenmarkt Jg. 76 (1970) 74, S. 1675–1679. *Arbeit über die steife Gestaltung und Lagerung von Werkzeugmaschinenspindeln.*
Wiche, E.: Radiale Federung von Wälzlagern bei beliebiger Lagerluft. Konstruktion Jg. 19 (1967) 5, S. 184–192. *Grundlegende Arbeit über die radiale Steifigkeit von Wälzlagern, in der der Einfluß des Lagerspieles und der radialen Vorspannung auf die Steifigkeit von Wälzlagern behandelt wird. Eine für wälzgelagerte Teleskopachsen wichtige Arbeit.*
Schreiber, H. H.: Die Steifigkeit des vorgespannten Zylinderrollenlagers. Wälzlagertechnik Nr. 1 (1963), 10–16
Druckschriften über Wälzlager:
SKF im Werkzeugmaschinenbau, Sonderdruck aus der Kugellagerzeitschrift Nr. 214–216/221
SKF-Hochgenauigkeits Schrägkugellager, Reihe 719
SKF-Hauptkatalog
SKF-Katalog Genaugkeitslager
SKF-Katalog Nadellager

Periodisch erscheinende Zeitschriften mit Beiträgen zum Montierungsbau.
Hier kann nicht auf die zahlreichen Beiträge im einzelnen verwiesen werden, die in den angeführten Zeitschriften erschienen sind. Der Leser ist gehalten die Jahrgänge selber auf einschlägige Artikel durchzusehen.
Orion, Zeitschrift der Schweizerischen Astronomischen Gesellschaft. *In dieser Zeitschrift wurden unzählige praktische Beiträge zum Thema Instrumentenbau publiziert. Verwiesen sie auf die ab Heft 162 erscheinende Rubrik „Das Instrument" in der von H. Ziegler die theoretischen Grundlagen des Montierungsbaues ausführlich behandelt werden.*
Sterne und Weltraum, Verlag Sterne und Weltraum, Dr. H. Vehrenberg, Düsseldorf. *In verschiedenen Nummern sind Beiträge zum Amateur-Instrumentenbau erschienen.*
Sky and Telescope, Sky Publishing Corporation, Cambridge Mass. *In dieser weltweit bekannten Zeitschrift sind unter "Gleanings For ATM's" in jeder Nummer Beiträge zum Instrumentenbau zu finden. Es gibt kein Detail der astronomischen Beobachtungsinstrumente, das hier nicht schon behandelt worden wäre. Eine Fundgrube für den Instrumentenbastler.*
Teleskope Making, published by Kalmbach Publishing Co., 1027 N, Milwaukee. *The magazine for, by and about telescope makers. Für den Amateur-Instrumentenbau wichtiges Periodical mit zahlreichen Montierungsbeispielen (Dobson-Teleskope), Beiträgen zur Optik und allen zugeordneten Gebieten.*

Elektrische Einrichtungen und Teleskopantriebe
Antriebsmotoren:
Sequenz, H.: Klein- und Kleinstbauarten elektrischer Maschinen. E u. M, Jg. 95 (1977) H. 1, 11–23
Synchronmotoren:
Schemann, H.: Stabilität kleiner Einphasen-Synchronmotoren. Philips Tech. Rundschau Jg. 33 (1973) H. 8/9, 248–257
Ziegler, H. G.: Synchronmotoren für Teleskopnachführungen. Orion Jg. 12 (1976) No. 103, 143–145
Beigezogene Prospekte, Druckschriften und Datenblätter der Firmen: AEG, Philips, SAIA-AG (Landis u. Gyr), Siemens
Gleichstrommotoren (DC-Motoren):
Weissmantel, H.: Grundlagen zur Berechnung bei der Anwendung trägheitsarmer Gleichstrom Kleinmotoren mit Glockenläufer. Feinwerktechnik u. Meßtechnik Jg. 84 (1976) H. 44, 165–174
Jucker, E.: Über das Verhalten kleiner Gleichstrommotoren mit eisenlosem Läufer. Portescap-Handbuch (1974), Portescap SA, CH-2300 La Chaux-de-Fonds, Schweiz
Beigezogene Prospekte, Druckschriften und Datenblätter der Firmen:
– Portescap SA, La Chaux-de-Fonds, Schweiz
– Brown Boveri Normelec, Dietikon, Schweiz (Axem-Gleichstrom-Scheibenläufermotoren)

- Interelectronic AG. Sachseln, Schweiz (Maxon Präzisions Kleinmotoren)
- Dunkermotoren, Präzisions-Kleinmotoren GmbH, Bonndorf, BR Deutschland

Schrittmotoren:
Masakazu Kojima/Yoshihisa Niimura: Stepping Motored System Dynamics. Transactions ASME, Vol. 108 (1986) 108, 354–361
Mäser, W.: Einführung in die Probleme des Schrittmotorantriebes. Schweiz. Tech. Zeitschrift, Nr. 48 (1973) Nov., 969–975
Kuo, B. C. (Ed.): Theory and Application of Step Motors. (1974) St. Paul, Minn. West Publishing Corp. USA
Gupta, R. K.; Mathur, R. M.: Transient Performance of Variable-Reluctance Stepping Motors. University of Manitoba, Winnipeg, Canada
Schneider, S. M. O. L.: Elektronik umgeht Resonanzen. Elektrotechnik 68 (1986) H. 7, 15–19
Gasser, F.: Schrittmotoren, dienstfertige, aber eigenwillige Helfer. Neue Technik, 1 (1976) 5–7
ohne Autorenangabe: Der Schrittmotor, das Antriebselement der Zukunft. Elektrotechnik Nr. 9/10 (1985) 103–107 und 51–54
Think-escap-Druckschrift Nr. 5: Schrittmotor-Antriebe. Portescap SA, La Chaux-de-Fonds/ Schweiz. Sehr gute Einführung in die Grundlagen und Eigenschaften der Schrittmotoren und Schrittmotor-Antriebe
Beigezogene Prospekte, Durchschriften und Datenblätter der Firmen:
- Portescap SA, La Chaux-de-Fonds/Schweiz
- SAIA AG (Landis u. Gyr), Murten/Schweiz
- Selectron Lyss AG. Lyss/Schweiz
- Compumotor (Parker Div.); Petaluma, CA/USA
- Slo-Syn, Superior Electric, Den Haag/Niederlande
- Sanio Denki Co. Ltd.. Tokyo/Japan

Steuerelektronik für Teleskopantriebe:
Gelder, E., Hirschmann, W.: Schaltungen mit Halbleiter Bauelementen. Band I, 6. Aufl. Verlag Siemens AG, Berlin/München
Gewecke, I.: Elektrischer Fernrohrantrieb über Wechselrichter mit stufenlos einstellbarer Frequenz. Sterne u. Weltraum (1964) H. 2, 44–46
Saxon, V.: An Electric Speed Control for Clock Drives. Sky a. Telescope (1975) Jan., 50–52
Bailey, J. R.: A Basic RC-Drive Corrector. Telescope Making No. 10 (1980/81), 36–37
Mulford, B.: A Simple Cristal Controled Drive Corrector. Telescope Making No. 10 (1980/81), 38–40
Müller, G.: Fernrohrantrieb mit Gleichstrommotoren. Orion 183 (1981), 63–65
Güssow, K.: Elektrische Fernrohrantriebe. Sterne u. Weltraum (1987) H. 7/8, 440–443
Baumwolf, P.: Schrittmotorsteuerung auf einem Chip. Elektronik (1984) H. 7, 57–62
Schwager, B.: Ein IC als Verbindungsglied zwischen Mikroprozessor und Schrittmotor. Bulletin des SEV/VSE 77 (1986) H. 11, 1232–1237
Schwager, B.: Betrieb und Ansteuerung von Schrittmotoren. Siemens Components 24 (1986) H. 4, 147–152
ohne Autor: Schrittmotoren im Mikroschrittbetrieb. Antriebstechnik 25 (1986) H. 4, 142–143
Kocherscheidt, G.: Gleichstrom- oder Schrittmotor? Elektronik 6 (1985) 81–83

Photoelektrische Nachführsysteme:
Höbel, P.: Photoelektrische Nachführsysteme. Sterne u. Weltraum (1973) H. 7/8, 225–227; (1973) H. 12, 372–375
Campiche, P.: Un systèm de guidage automatique pour l'astrophotographie. Orion 163 (1977), 214–218
Blikisdorf, H.: Eine optoelektronische Nachführung für die Langzeitfotografie. Orion 202 (1984), 121–126

Lichtelektrische Empfänger:
Beigezogene Prospekte, Druckschriften und Datenblätter der Firmen:
- Philips (Valvo), Niederlande
- RCA, USA
- EMI, Großbritannien
- Hamamatsu, Japan

Siemens-Datenbuch „Si-Fotodetektoren und IR-Luminiszenzdioden" Ausg. 1985/86, Siemens
      AG/BR Deutschland
Winkelenkoder:
Beigezogene Prospekte, Druckschriften und Datenblätter der Firma
 —   Dr. Johannes Heidenheim GmbH, Traunreut/BR Deutschland
Allgemeine elektrische Einrichtungen:
Koeppen, S., Tollazzi, H.: Elektrounfälle und ihre Einflußgrößen aus medizinischer Sicht. ETZ-
      B, Bd. 18, H. 6, 168–174
Feitknecht, J.: Fehlerstromschutz gestern, heute, morgen. Elektronik (1982) H. 10/11, 2–7
Dehmelt, H.: Gasdichte Nickel-Cadmium Akkumulatoren. ETZ-B, Bd. 12 (1960) H. 1, 7–9
Penabene, S. F.: Unwanted Memory Spooks Nickel-Cadmium Cells. IEEE-Spectrum (1976)
      Sept., 33–36
Zindler, D. A.: Fast Charging System for Nickel-Cadmium Batteries. Motorola Semiconductor
      Inc. Druckschrift/USA

Beigezogene Prospekte, Druckschriften und Datenblätter der Firmen:
 —   Alkalische Nickel-Akkumulatoren (1965). Nickel Informationsbüro, Zürich/Schweiz
 —   SAB-NIFE, Soneson Group/Schweden (Nickel-Cadmium Batterien)
 —   SAFT-Lechlance, France/Schweiz (Alkalische Akkumulatoren)
 —   Sonnenschein-Batterien, Sonnenschein GmbH/BR Deutschland (Dryfit und andere Batte-
      rien)
 —   General Electric GE/USA (Gasdichte Nickel-Cadmium Batterien)
Voltage Regulator Handbook, Ausg. 1976 Theorie und Praxis. publ. Motorola Semiconductor
      Inc./USA

4 Astrophotographie

B. Koch und N. Sommer

4.1 Einleitung

Gegenüber der visuellen Beobachtung hat die Photographie den Vorteil, vermöge der lichtsammelnden Eigenschaft der photographischen Emulsion auch lichtschwache, dem Auge verborgene Objekte sichtbar zu machen. Zudem stellen Aufnahmen ein bleibendes Dokument dar, das jederzeit wieder objektiv beurteilt, in Ruhe am Schreibtisch ausgewertet werden und nicht zuletzt dem Autor Freude machen kann.

Seit der letzten Auflage dieses Buches hat der Bereich der Astrophotographie eine Entwicklung erfahren, die nicht abzusehen war und nicht nur in der allgemein stärkeren Verbreitung der Photographie begründet sein kann. Vielmehr scheint eher die Verfügbarkeit immer empfindlicherer Emulsionen, noch lichtstärkerer Objektive und die damit erhöhte Erfolgsquote vielen den Anreiz gegeben zu haben, sich diesem Gebiet der Astronomie intensiver zuzuwenden. So ist es nicht verwunderlich, daß die Zahl der Amateure, deren Ergebnisse „Profiqualität" haben, größer geworden ist. Dies ist sicherlich auch eine Folge entsprechender Vorbilder aus der jüngeren Vergangenheit. Die angewandten Techniken unterscheiden sich in keiner Weise von denen der Berufsastronomen und sind offensichtlich nicht vom instrumentellen, sondern nur noch vom finanziellen Aufwand begrenzt. Ein Ziel dieses Kapitels soll es daher auch sein, dem Eindruck entgegenzuwirken, Astrophotographie wäre mit einfachen Geräten nicht sinnvoll oder insgesamt zu schwierig. Es soll jedoch nicht verschwiegen werden, daß, mit welchem Gerät auch immer, auf Dauer erfolgreiche Astrophotographie auf persönlicher Ausdauer, überlegtem Einsatz der vorhandenen Mittel, Experimentierfreude und, nicht zuletzt, Erfahrung basiert.

4.2 Kameras und Objektive

4.2.1 Kleinbild-Spiegelreflexkameras

Prinzipiell unterscheidet sich die Astrophotographie von der visuellen Beobachtung nur darin, daß anstelle des Auges ein anderer Sensor getreten ist, die photographische Emulsion. Insofern sind alle astronomischen Optiken, sobald die mechanischen Voraussetzungen dies zulassen, auch als Aufnahmeobjektive zu benutzen. Für bestimmte Zwecke sind sie sogar unerläßlich. Die weit verbreiteten Weitwinkel- und Teleobjektive haben jedoch den Vorteil, daß sie oft bereits vorhanden und auch für mehr normale

Photographie zu gebrauchen sind. Zudem können sie große Gebiete des Himmels abbilden; eine Eigenschaft, die sonst nur meist kostspieligen Spezialoptiken vorbehalten ist. Der verfügbare Brennweitenbereich von Kleinbildkameras beginnt etwa beim 16 mm-Fisheye und reicht meist bis zum 500 mm-Teleobjektiv. Damit werden Bilddiagonalen von 180° bis 5° abgedeckt (Format 24 × 36 mm). Optische Kunstwerke mit asphärischen Linsen oder solchen aus speziellen Materialien, wie CaF_2 oder Gläsern niedriger Dispersion, bieten hohe Abbildungsqualität bei gleichzeitig enormer Lichtstärke, werden aber auch zukünftig kaum zum Werkzeug des durchschnittlichen Astrophotographen gehören. Hierzu sind eher „Normalobjektive" um 50 mm, Weitwinkel um 28 bis 35 mm und Teleobjektive bis 200 mm Brennweite zu rechnen. Leider weisen Weitwinkelobjektive bei voller Blendenöffnung eine starke Vignettierung auf. Sie macht sich durch einen Helligkeitsabfall zu den Bildecken hin bemerkbar und entsteht zum einen durch schräg zur optischen Achse einfallende Lichtbündel, denen nur eine perspektivisch verkleinerte Objektiveintrittsöffnung zur Verfügung steht; dieser Effekt wächst mit $\cos^4 \alpha$, wobei α der Winkel zwischen optischer Achse und einfallendem Lichtstrahl ist. Zum anderen sind oft die Front- und Hinterlinsen unterdimensioniert und tragen so, vornehmlich bei hochlichtstarken Objektiven, zu einer verstärkten Randabschattung bei. Das Ausmaß der Vignettierung läßt sich durch Abblenden verringern, allerdings auf Kosten der Lichtstärke. Dabei wird jedoch gleichzeitig bei allen Objektiven die Abbildungsqualität in den Bildecken verbessert [1, 3]. Hingewiesen werden muß auch auf die gute Verwendbarkeit von Objektiven für Kameras größerer Filmformate an Kleinbild-Kameragehäusen unter Ausnutzung des meist besonders gut korrigierten Zentrums des Bildfeldes.

4.2.2 Mittel- und Großformatkameras

Wenn bislang nur von Kleinbildkameras die Rede war, bedeutet das nicht, daß andere Systeme unbrauchbar wären, sondern nur, daß diese wegen ihrer geringeren Verbreitung eine kleinere Rolle in der Amateur-Astrophotographie spielen. Mittelformatkameras (6 × 4,5, 6 × 6, 6 × 7, 9 × 12 cm) und Großformatkameras haben ihre Vor- und Nachteile, die, je nach Benutzer, unterschiedlich gewichtet werden. Die Auswahl an Filmmaterial ist geringer, und es muß entweder selbst oder in Fachlabors verarbeitet werden, die Objektive sind meist weniger lichtstark und sehr viel teurer. Es kommt hinzu, daß, abgesehen von seltenen, speziell daraufhin konstruierten Ausnahmen, Teleskope diese Formate nicht vignettierungsfrei ausleuchten. Es gibt aber Aufgabenstellungen, bei denen die Vorteile überwiegen. Diese sind detailreiche Abbildungen sehr großer Himmelsareale oder in bezug auf Plattenkameras die Maßhaltigkeit der Emulsion auf Glas, ein wichtiger Faktor für die spätere Auswertung auf dem Meßtisch.

Groß- und Mittelformatkameras stellen keine unüberwindbaren Probleme für den Selbstbau dar. Wichtig ist, daß die unverrückbare Senkrechtstellung der Filmebene zur optischen Achse sichergestellt ist. Durch gekonterte Schrauben wird die einmal gefundene Scharfeinstellung arretiert (Abb. 1).

Da die meisten Werkstoffe „arbeiten", sei es durch Temperaturveränderungen (Metall) oder durch Materialalterung und Feuchtigkeit (Holz), muß die Einstellung nachjustierbar bleiben.

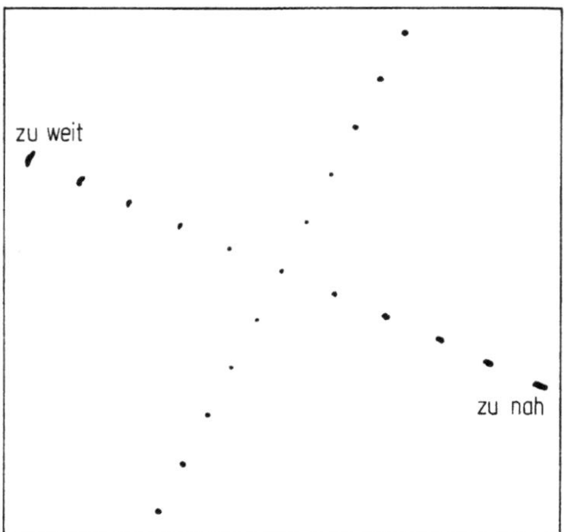

Abb. 1. Die Kassettenebene muß senkrecht zur optischen Achse stehen. Die Skizze zeigt anhand der Abbildung von Sternen wie sich eine fehlerhafte Justierung auswirkt. In radialer Richtung verzerrte Sternbildchen bedeuten, daß die Film- bzw. Plattenebene an dieser Stelle dem Objektiv zu nahe ist, konzentrische Abbildungen, daß der Abstand zu groß ist

4.2.3 Sonstige Kameras

Der Besitzer einer Sucher- oder einer alten Faltkamera, selbst der einer etwas komfortableren Pocketkamera, braucht ebenfalls nicht darauf zu verzichten, den Himmel zu photographieren. Benutzer von Faltkameras sollten auf stabile und spielfreie Mechanik des Klappmechanismus achten. Die ∞-Einstellung sollte unbedingt überprüft werden. Der oft nur sehr einfache Sucher stellt bei der Ausrichtung der Kamera keinen großen Nachteil dar, schließt aber die Benutzung der Kamera für Aufnahmen durch das Teleskop praktisch vollständig aus.

4.2.4 Refraktoren

Wer jemals versucht hat, mit einem 135 mm-Teleobjektiv den Mond zu photographieren, wird vielleicht überrascht sein über dessen enttäuschend geringe Abbildungsgröße. Ein Refraktor mit 1500 mm Brennweite erzeugt demgegenüber schon einen Monddurchmesser von 13,6 mm. Als Faustregel gilt: Je 1000 mm Brennweite ergeben ~ 10 mm Mond- oder Sonnendurchmesser auf dem Film. Wie bereits an anderer Stelle beschrieben wurde, bieten Refraktoren höchsten Kontrast, jedoch muß bei lichtstarken Fraunhofer-Versionen durch ein schwaches Gelbfilter das sekundäre Spektrum eliminiert werden, wodurch Aufnahmen im integralen Licht auf Farbfilmen farbstichig würden. Diesen Nachteil vermeiden die apochromatischen (z.B. Fluorit-) Refraktoren (s.a. Abschnitt 2.5.1 in diesem Band).

4.2.5 Reflektoren

Spiegelteleskope in ihren verschiedenen Bauarten verfügen im allgemeinen über eine höhere Lichtstärke und größeres Lichtsammelvermögen als Refraktoren. Das macht sie besonders geeignet für die sogenannte „Deep-Sky"-Photographie, also die Aufnahme von sehr lichtschwachen Objekten, vornehmlich außerhalb des Sonnensystems, nicht zu vergessen aber auch die der schwachen Planetenmonde. Ihre zum Teil äußerst kompakte Bauweise (Maksutov-, Schmidt-Cassegrain-Teleskope) prädestiniert sie, anders als Refraktoren gleicher Öffnung, zum Transport an für die Astrophotographie besonders geeignete Orte, fernab vom aufgehellten Himmel in Stadtnähe.

4.2.6 Spezielle astrophotographische Optiken

Wenn es um die Photographie extrem schwacher, weit ausgedehnter Objekte geht, die zudem noch nur mit Filtern zugänglich werden, ist höchste Lichtstärke der Aufnahmeoptik erforderlich. 1931 erstmals beschrieben, gibt es inzwischen an nahezu allen großen Sternwarten ein Standardgerät, die *Schmidt-Kamera*. Heute sind die nur photographisch nutzbaren Teleskope der Original-Version von verschiedenen Herstellern in Amerika, Japan und Belgien zu auch für Amateure erschwinglichen Preisen lieferbar. Von den zahlreichen Varianten, wie *Wright-Schmidt-*, *Baker-Schmidt-*, *Schmidt-Cassegrain-* und *Wright-Väisälä*-Teleskope, können einige zusätzlich auch visuell genutzt werden. Ihre Lichtstärke erreicht bei Spezialversionen für die Meteor- und Satellitenüberwachung $f/0,7$, während die gebräuchlicheren Geräte im Bereich von $f/1,5$ bis $f/4$ liegen, bei Brennweiten von etwa 200–760 mm. Eine Eigenheit vieler Systeme ist ihre, verglichen mit der Brennweite, etwa doppelt so große Baulänge. Die Korrekturplatten sind recht anfällig für Taubeschlag, aber mit Taukappen und deren eventueller Beheizung problemlos davor zu schützen. Da bei der hohen Lichtstärke und den außerordentlich guten Abbildungseigenschaften die Fokussierungstoleranzen sehr gering sind (etwa 1/100 mm), werden die Kassettenhalterungen meist temperaturunempfindlich auf Invar-Stäben montiert.

Sollen Gesichtsfelder aufgenommen werden, die noch größer sind, als die von Superweitwinkel-Objektiven ($f \approx 21$ mm), bieten sich als preiswerte Alternative zu Fisheye-Optiken entsprechende *Weitwinkelvorsätze* an. Sie werden mit unterschiedlichen Verkürzungsfaktoren angeboten und erreichen, wenn sie vor ein Objektiv mit höchstens 28 mm Brennweite gesetzt werden, etwa 180° abgebildetes Gesichtsfeld. Ihre leider meist ungenügende Abbildungsqualität muß durch starkes Abblenden soweit wie möglich verbessert werden. Sie leuchten ein Bildfeld von etwa 20–22 mm Durchmesser auf dem Film aus. Ebenfalls der Aufnahme größter Gesichtsfelder dienen *Kugelspiegelkameras*. Hier wird eine Kamera mit Tele- oder Normalobjektiv über einem konvexen Spiegel (teilweise werden auch entsprechende Auto-Radkappen verwendet) so befestigt, daß sie das in diesem reflektierte Sternenlicht aufnehmen kann. Das gesamte Instrument wird in einer Gabel montiert und parallaktisch nachgeführt [4, 5, 6].

4.2.7 Video, Bildverstärker, CCDs

Die Elektronik hält auch bei der Aufnahme astronomischer Objekte ihren Einzug. Mitte der 80er Jahre wurde bereits vereinzelt über erste Ergebnisse mit immer lichtempfindlicher werdenden Video-Kameras und CCDs (Charge Coupled Device) berichtet, die zu der Vermutung Anlaß geben, daß diese Techniken, aufgrund der schnellen Entwicklung auf diesem Gebiet, in Verbindung mit Personal-Computern (PC) in Zukunft nichts Ungewöhnliches mehr sein werden. Detailliertere Aussagen darüber sind jedoch hauptsächlich Spekulation und können schon innerhalb kurzer Zeit Makulatur werden. Einzeilige CCDs sind bereits erschwinglich und verlangen zur Verarbeitung der mit ihnen anfallenden Datenmengen für PCs übliche Speicherkapazitäten. Ihr Vorteil gegenüber photographischen Emulsionen ist zum einen die überlegene Fähigkeit, empfindlicher auf einfallende Photonen zu reagieren. Während normale Astro-Emulsionen etwa 0,6 % aller Lichtquanten verarbeiten, liegt der Wert für hypersensibilisierte Filme bei etwa 4 %, für CCDs bei bis zu 80 %! Zum anderen können Intensitätsunterschiede von 5000 : 1 registriert werden; der Film „schafft" nur maximal 300 : 1. Und letztlich fällt die Bildinformation direkt in einer für den Computer nutzbaren Form an [167]. Solange aber die Pixelgröße nicht deutlich kleiner wird, sollte die photographische Emulsion mit ihrem großen Informationsgehalt pro Flächeneinheit zumindest bei kürzeren, nicht seeing-begrenzten Brennweiten den CCDs überlegen sein. Bildverstärker/-wandler/Intensifier erhöhen die Anzahl der von den Photonen auf einer lichtempfindlichen Schicht erzeugten Elektronen. Da sie zumeist im infraroten Spektralbereich ihr Empfindlichkeitsmaximum haben und die Bildinformation im visuellen Bereich sichtbar wird, nennt man sie auch Bildwandler. Das mit ihnen beobachtbare Bild unterscheidet sich oft total von dem im sichtbaren Spektralbereich. Daraus resultieren zum Teil Identifikationsprobleme. Der Betrieb erfolgt mit zum Beispiel netzunabhängig aus Batterien erzeugter Hochspannung. Auch aus der Tatsache, daß sie recht teuer sind, erklärt sich ihre geringe Verbreitung. Zudem müssen photographische Ansätze im Selbstbau erstellt werden [7, 8]. Siehe auch in diesem Band die Abschnitte 2.9.3 und 10.1.3.

4.3 Allgemeine Gesichtspunkte

4.3.1 Fokussierung

Da sich sämtliche Objekte der Astrophotographie für die Kamera in gleicher, nämlich unendlicher Entfernung befinden, werden für die Arbeit mit normalen Kameraobjektiven keine besonderen Kontrollmechanismen für die Fokussierung verlangt. Es darf zunächst darauf vertraut werden, daß die ∞-Markierung beziehungsweise der Endanschlag des Objektivs werksseitig korrekt justiert wurde. Sollten darüber Zweifel aufkommen, gibt eine Kontrollaufnahme weiteren Aufschluß. Sie kann entweder in einer Stern-Strichspuraufnahme bestehen, die aus mehreren, einzeln belichteten Teilstücken mit jeweils geringfügig veränderter Entfernungseinstellung zusammengesetzt ist. Das Segment mit der geringsten Strichbreite ist der Idealeinstellung zumindest am nächsten (Abb. 2). Oder es werden mehrere Aufnahmen von sehr weit entfernten, möglichst

Abb. 2. Sternfeldaufnahme zur Bestimmung der optimalen Scharfeinstellung. Mit veränderter, jeweils genau vermerkter Fokussierung wurde abwechselnd 30 Sekunden belichtet und 30 Sekunden das Objektiv abgedeckt. Die letzte Belichtung dauerte 1 Minute, um Irrtümer über die Reihenfolge auszuschließen. Die beste Schärfe über das gesamte Format zeigt Einstellung 2

punktförmigen Lampen (Lampenentfernung mehr als 1000mal Brennweite!) mit wieder nur wenig veränderter Entfernungseinstellung gemacht und die zur besten Aufnahme notierte Einstellung beibehalten.

Die Notwendigkeit, Fokussieraufnahmen zu machen, ist in besonderem Maße bei der Verwendung von Filtern gegeben. Objektive bieten mit ihrer teilweise enormen Anzahl von Linsenelementen zwar viele Möglichkeiten der chromatischen Korrektur; diese bezieht sich aber hauptsächlich auf einen eingeschränkten visuellen Spektralbereich. Werden Filter sehr kurz- bzw. langwelliger Transmission (Blau- bzw. Rot-/Infrarotfilter) vor das Objektiv geschraubt, muß eine Korrektur der veränderten Fokallage über die Fokussierung erfolgen. Dazu wird wie oben angegeben verfahren. Dies kann auch dann gelten, wenn eingebaute Filter ständig im Objektiv bleiben und als Glieder des optischen Systems nur gegeneinander ausgetauscht werden können. Die modernen einäugigen Spiegelreflex-Kameras sind mit *Einstellscheiben* ausgerüstet, die eine schnelle und für viele Zwecke ausreichend genaue Fokussierung erlauben. Sollte die Möglichkeit bestehen, sie auszutauschen, haben sich für die Aufnahme stellarer Objekte feinkörnige Mattscheiben ohne weitere Einstellhilfen bewährt, während das Fadenkreuz entsprechender Klarscheiben vor dem dunklen Hintergrund unsichtbar bleibt. Für die Sonnen-, Mond- und Planetenphotographie im Okularprojektionsverfahren sind diese Klarscheiben jedoch optimal geeignet. Die Anfertigung einer Mattscheibe für den Selbstbau wird in [36] beschrieben. Unverzichtbar ist in jedem Falle die Verwendung eines Winkelsuchers, einer Sucherlupe oder, besser, einer Kombination beider. Sie sollte eine 3- bis 5fache Vergrößerung liefern und muß zuvor der Sehschärfe des Auges angepaßt werden. Dazu wird das Kameragehäuse ohne Objektiv auf eine Lichtquelle gerichtet und das Lupenokular auf optimale Sichtbarkeit der Mattierung bzw. Schärfe des Fadenkreuzes der Einstellscheibe eingestellt. Eine angebrachte Markierung macht auch „vor Ort" diese Einstellung überprüfbar. Die so bestmögliche Fokussierung am Teleskop ist dann erreicht, wenn bei mehrmaligem langsamen „Überfahren" des Bereiches erstens die Sterne subjektiv am kleinsten aussehen und zweitens schwächste Sterne sichtbar werden. Im Falle einer Klarscheibe mit Fadenkreuz ist die Fokussierung beendet, wenn sich das eingestellte Objekt bei geringer seitlicher Bewegung des Auges nicht mehr gegen das Fadenkreuz verschiebt. Ist ein Austausch der Einstellscheibe nicht möglich, muß deren Mikroprismen- oder besser Mattscheibenteil benutzt werden. Die Prismen der Schnittbild-Entfernungsmesser dunkeln meist schon bei Blenden um 3,5 bis 4 ab und sind insofern unbrauchbar.

Bei der Benutzung von Nonien am Fokussiertrieb ist darauf zu achten, daß die Einstellung jeweils aus der gleichen Richtung erfolgt, um toten Gang auszugleichen. Gegebenenfalls ist eine Tabelle über die Veränderung der Fokallage bei unterschiedlichen Temperaturen zu erstellen. Liller, Mayer [9] beschreiben die erfolgreiche Methode, nach mehrmaliger Fokussierung die jeweilig am Nonius abgelesenen Werte zu mitteln und den errechneten Mittelwert einzustellen.

Eine weitere Methode der Scharfstellung, die sicherlich die genaueste, aber leider auch unbequemste ist, erfolgt mit einer „Messerschneide" direkt in der Filmebene. Dazu wird bei angesetztem Kameragehäuse (Film noch nicht eingelegt und Rückwand geöffnet!) ein Stern eingestellt, der, zumindest bei Optiken, die durch Bewegen des Hauptspiegels fokussiert werden, in unmittelbarer Nähe des später zu photographierenden Objektes liegen sollte, damit sich die einmal gefundene Einstellung beim Schwenken des Teleskops nicht wieder verändert. Aus dieser Voraussetzung ergibt sich leider eine oft sehr verkrümmte Haltung des Beobachters, da dieser, an der Messerschneide vorbei, Richtung Objektiv blicken muß. Ein einseitig angeschliffener, dünner Metallstreifen (die Messerschneide), der sich nicht durchbiegen darf, wird auf die Gleitbahnen der Filmauflage gelegt und durch Verändern der Fokussierung eine Einstellung gesucht, in der der eingestellte Stern beim Verschieben des Metallstreifens *schlagartig* hinter der Kante der Messerschneide verschwindet, so daß das ansonsten gleichmäßig ausgeleuchtet erscheinende Objektiv für das bloße Auge *plötzlich* abgedunkelt wird. Liegt die Fokalebene zwischen dem Auge und der Messerschneide, wird das Objektiv durch einen Schatten langsam von der gleichen Seite verdeckt, aus der die Messerschneide kommt. Sind die Bewegungsrichtungen von Schatten und Messerschneide entgegengesetzt, liegt die Fokalebene, vom Beobachter aus gesehen, hinter der Messerschneide (Abb. 3) [2, 3]. Der Film wird erst nach dieser Prozedur in das Kameragehäuse eingelegt, oder es muß für die Fokussierung ein separates Kameragehäuse verwendet werden. In einer Variante dieser Methode wird anstelle des Gehäuses ein Adapter mit eingebauter Messerschneide benutzt, der das gleiche Auflagemaß wie das Gehäuse besitzt, und der Stern wird durch Verstellen des Fernrohres in einer Koordinate zum Verschwinden gebracht [10]. Unter Auflagemaß versteht man den Abstand vom objektivseitigen Abschluß des Kamerabajonetts zur Filmebene.

Allgemein ist anzumerken, daß, zumindest bei der Photographie durch Teleskope, auf sorgfältige Fokussierung in oder zumindest nahe der Bildmitte ebenso viel Wert

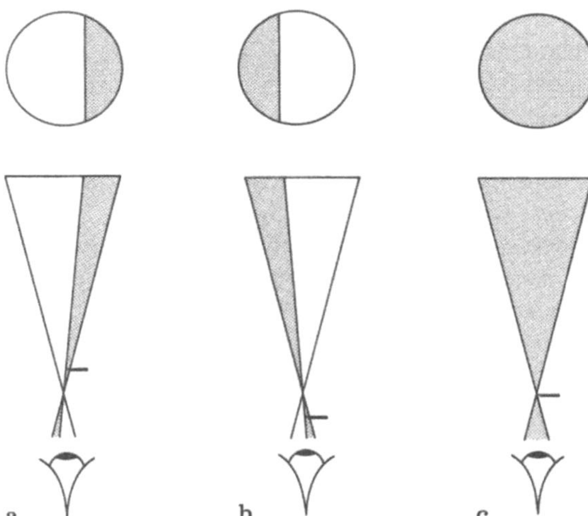

Abb. 3a–c. Mit einer Messerschneide wird das Strahlenbündel eines Sterns in oder nahe der Fokalebene durchfahren. Nur im genauen Brennpunkt der Optik wird sämtliches Licht des Sterns schlagartig blockiert, während vor und hinter diesem Punkt das Strahlenbündel kontinuierlich eingeengt wird

gelegt werden muß, wie anschließend auf eine korrekte Nachführung, und daß es in diesen Fällen immer sinnvoll ist, jede Aufnahme neu scharfzustellen.

4.3.2 Veränderung der primären Brennweite

Ausschließlich für die Photographie heller Objekte kommen Methoden zur Verlängerung der primären Brennweite der Optik in Frage. Dabei stehen verschiedene Möglichkeiten offen. Jedem Photographen bekannt sind Konverter mit 2- oder 3fachem Verlängerungsfaktor. Ihre Abbildungsqualität ist auch bei mehrlinsigen Systemen oft nicht gut genug, doch sind Versuche lohnend. Die Lichtstärke des Gesamtsystems wird auf 1/4 beziehungsweise 1/9 reduziert. Durch Vergrößerung des Abstandes Konverter–Kameragehäuse steigt auch der angegebene Faktor, allerdings auf Kosten der Bildqualität. Die visuelle Variante des Konverters heißt Barlowlinse. Das Linsensystem kann im gleichen Maße wie der Konverter benutzt werden, sofern ein Adapter dies ermöglicht. Ist eine noch weitergehende Brennweitenverlängerung bis maximal 20fach gewünscht, muß auf die Methode der Okularprojektion zurückgegriffen werden. Andererseits soll der Verlängerungsfaktor hier auch nicht weniger als etwa 5 sein, um gute Abbildungsqualität bis zum Rand des KB-Formates zu gewährleisten. Sofern es sich um hochwertige Okulare handelt, scheint keine Bauart besonders bevorzugt zu sein. Gute Erfolge werden von Erfle-, orthoskopischen, Plössl- und anderen Okularen, ja sogar von Mikroskop-Objektiven berichtet. Beachtet werden muß, daß bei kleinen Verlängerungsfaktoren optische Fehler, wie die Bildfeldwölbung, verstärkt sichtbar werden [51].

Was der Konverter beziehungsweise die Barlowlinse für die Brennweitenverlängerung ist, bewirkt die Shapley-Linse für die Brennweitenverkürzung. Mit diesem Effekt
ist eine Erhöhung der geometrischen Lichtstärke verbunden. Der Nachteil der Verringerung des Abbildungsmaßstabes wird meist durch die kürzere Belichtungszeit kompensiert, die weniger Gelegenheiten für Nachführfehler und sonstiges Unvorhersehbares läßt. Wenn zum Beispiel der Verkürzungsfaktor 0,6 ist, verkürzt sich die
Belichtungszeit auf 36 % (0,6 · 0,6 = 0,36), und zwar ohne Berücksichtigung des
Schwarzschild-Effekts. Leider muß dieser Vorteil bei manchen Shapley-Linsen mit
starker Vignettierung erkauft werden, die auf zu kleiner Dimensionierung der Linsen
oder zu geringen Durchlaßweiten irgendwo im Strahlengang beruht [52, 53].

4.3.3 Nachführungskontrolle

Eine Grundvoraussetzung einwandfrei nachgeführter Aufnahmen ist die Einhaltung
einer von verschiedenen Faktoren abhängigen Nachführungstoleranz. Das Gesamtsystem Erdatmosphäre-Optik-Film-Beobachter bestimmt eine Auflösung, die von jedem der vier Faktoren begrenzt werden kann. Das Seeingscheibchen ist fast immer
größer als das Beugungsscheibchen der Optik, bis etwa 1000 mm Brennweite aber
meist kleiner als die Auflösung der Emulsion. Eine Aufnahme würde in diesem Fall
also bezüglich der Auflösung durch den Film begrenzt sein. Wird die Brennweite
größer, stellt das Seeing [33, 34] die Grenze dar (Abb. 4). Zu den sehr seltenen Gelegenheiten extrem ruhiger Luft kann ein langbrennweitiges System von nicht mehr als etwa
300 mm Objektivöffnung optisch begrenzt sein, wenn Seeing und Filmauflösung besser als die Auflösung der Optik sind. Der Astrophotograph wird also sinnvollerweise
versuchen, die Genauigkeit der Nachführung seines Teleskops so zu steuern, daß der
dadurch bedingte Fehler kleiner als der die Auflösung begrenzende Faktor bleibt.

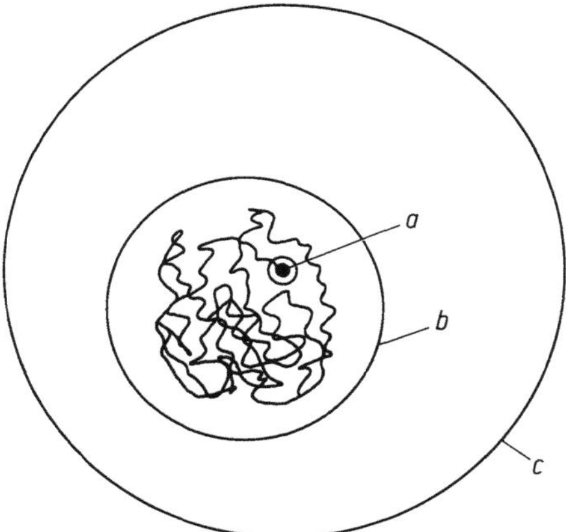

Abb. 4a−c. Das größenmäßig durch den Objektivdurchmesser begrenzte Bild des Sterns **(a)**
bewegt sich durch die Luftunruhe statistisch im Seeingscheibchen **(b)**. Dieses wiederum darf
aufgrund der Nachführungsungenauigkeiten nur soweit von der Sollposition abweichen, daß es
innerhalb des Streuscheibchens auf dem Film **(c)** bleibt

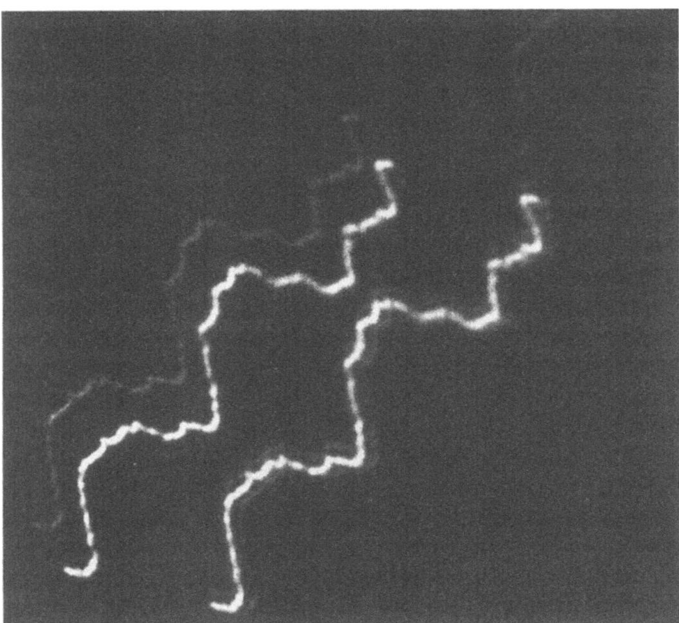

Abb. 5. Eine Fehlausrichtung der Stundenachse des Teleskops bewirkt, daß die Sterne in Deklination auswandern. Dieser Bewegung überlagert sich der periodische Fehler des Antriebs, dessen
Größe durch Vergleich mit bekannten Sternabständen bestimmt werden kann

Abgesehen von Aufstellungsfehlern haben praktisch alle von Amateuren benutzten
Teleskopantriebe periodische und unperiodische Fehler, die eine Kontrolle und eventuelle Korrektur der Nachführungsgeschwindigkeit notwendig machen. Zu den unpe-
riodischen gehören zum Beispiel Staubkörner, die sich irgendwo, vielleicht in den
letzten Stufen des Getriebes, festgesetzt haben und plötzliche Abweichungen hervorrufen. Und selbst eingeschliffene Schnecken und Schneckenräder bilden bezüglich eines
gleichwohl minimierten periodischen Fehlers keine Ausnahme. Die Ermittlung dessen
Größe und Periodendauer auf photographischem Wege wird in [11] beschrieben
(Abb. 5).

Eine Korrektur muß zu einem Zeitpunkt erfolgen, an dem sich die Abweichung
noch nicht als strichförmige Verlängerung des Sternscheibchens auf dem Film bemerkbar machen würde. Der Berechnung des Wertes Δ der tolerablen Abweichung
dient Gleichung (1). Die Gleichung beruht auf den Annahmen, daß eine Verlängerung
des Sternbildchens von 20 % in einer Richtung akzeptabel ist und die kleinsten Sternbildchen einen Durchmesser von 0,02 mm haben.

$$\Delta = 7200 \cdot \arctan (0{,}002/f) \tag{1}$$

mit Δ in Bogensekunden, wobei f die effektive Brennweite der Aufnahmeoptik in
Millimetern und 0,002 die 20%ige Radiusvergrößerung der kleinsten Sternbildchen,
ebenfalls in Millimetern, sind.

Beispiel: Brennweite 225 mm; dann wird $\Delta = 3,6''$, die erlaubte Abweichung mithin $\pm 1,8''$.

Minimale Sterndurchmesser von etwa 0,02 mm lassen nur wenige Spezialoptiken zu. Auch die Filme sind meist nicht derart feinkörnig.

Die Annahmen zu (1) sind streng. Sie werden ab etwa 1 m Brennweite praktisch immer durch die vorherrschende Luftunruhe ad absurdum geführt. Da an der Luftunruhe nichts Entscheidendes verbessert werden kann, kann nur dafür gesorgt werden, daß die *mittlere* Abweichung des Leitsterns vom Fadenkreuzschnittpunkt des Okulares im errechneten Rahmen bleibt und eventuelle „Ausreißer" des Leitsterns so schnell wie möglich korrigiert werden. Zu große Abweichungen sind zumindest bei den helleren Sternen als diesen benachbarte Punkte oder Striche sichtbar; bei schwachen Sternen wirken sie sich kaum aus. Große Luftunruhe macht sich bei Sternen eines mittleren Helligkeitsbereichs als Vergrößerung ihrer Scheibchen bemerkbar. Die hellen Sterne werden, zumindest bei kürzeren Brennweiten, stärker durch Überstrahlungseffekte in der Emulsion vergrößert, während schwache Sterne vergleichsweise klein bleiben, weil nur der zentrale Teil der vom Seeingscheibchen überdeckten Fläche zur Abbildung kommt, solange die Belichtung der äußeren Teile einen Grenzwert nicht überschreitet.

Damit eine Kontrolle der Nachführungsgenauigkeit erfolgen kann, müssen verschiedene Voraussetzungen erfüllt sein. Zunächst muß ein Okular zur Verfügung stehen, das dem Beobachter eine Markierung im Gesichtsfeld zeigt. Diese Markierung kann ein einfaches oder doppeltes Fadenkreuz sein, aus Ringen verschiedenen Durchmessers bestehen, die Gesichtsfeldbegrenzung des Okulars oder einfach zwei Lichtpunkte sein, zwischen denen der Leitstern gehalten wird [10, 32]. Vorzuziehen sind alle Varianten, die eine direkte Abschätzung der erlaubten Abweichung gestatten. Welche Art der Markierung die vorteilhafteste ist, muß dem Urteil des Benutzers überlassen bleiben. Am einfachsten ist das Unscharfstellen eines Sterns, bis sein Scheibchen fast das gesamte Gesichtsfeld eines hochvergrößernden Okulars ausfüllt. Die Grenzgröße der nutzbaren Sterne ist so naturgemäß sehr eingeschränkt, doch findet man im Gesichtsfeld eines kurzbrennweitigen Objektivs immer einen geeigneten Stern im Leitfernrohr (s. Abschnitt 4.3.4). Markierungen beziehungsweise Fäden sollten so dünn sein, daß ein sehr schwacher Leitstern nicht verdeckt wird; insofern sind einprojizierte Ringe sehr bequem, die nichts verdecken können. Über die Technik des „Einprojizierens" informiert [35], über den Selbstbau eines Fadenkreuzokulares [27]. Der Abstand der Fäden eines Doppelfadenkreuzes, der Durchmesser einer Ringmarkierung oder des Okulargesichtsfelds kann an Doppelsternen bekannten Abstands bestimmt oder nach (2) dadurch gemessen werden, daß die Zeit gestoppt wird, die ein Stern zum Durchlaufen der Strecke s bei abgeschaltetem Antrieb benötigt.

$$s = 15,04'' \cdot t \cdot \cos \delta \qquad (2)$$

mit s in Bogensekunden, der gestoppten Zeit t in Sekunden und der Deklination δ des Sterns.

Um die Markierung bei Nacht sehen zu können, muß eine Beleuchtung vorhanden sein. Entweder wird das Gesichtsfeld aufgehellt (Feldbeleuchtung); sehr einfach zu bewerkstelligen durch Einbau eines Lämpchens in die Taukappe. Der Nachteil liegt in der deutlich reduzierten Grenzgröße der verwendbaren Leitsterne. Oder die Markierung wird beleuchtet, was nur bei geritzten Strichen auf einem Glasplättchen oder richtigen Fäden (Spinnweben/Schirmseidefäden) geht. Die Helligkeit der Beleuchtung sollte in jedem Falle regelbar sein, am besten auch während der Belichtung, ohne das Teleskop berühren zu müssen. Für extrem schwache Leitsterne oder für diffuse Objekte (Kometenkerne) hat sich eine elektronische Schaltung bewährt, die die Beleuchtung zeitlich regelbar periodisch ein- und ausschaltet, möglichst mit jeweils einstellbaren Hell- und Dunkelphasen, und so abwechselnd Leitobjekt und Fadenkreuz sichtbar werden läßt.

Ein zur Photographie benutztes Teleskop kann nicht ohne weiteres nebenher auch zur Nachführungskontrolle benutzt werden. Dies ermöglicht nur ein sogenanntes *Off-Axis-System*. Es lenkt einen Teil des nicht bis zur Kamera gelangenden Lichts seitlich ab, wo es über das Fadenkreuzokular für Kontrollzwecke zur Verfügung steht. Nur wenn keine andere Möglichkeit besteht, sollte mit gleichen Brennweiten photographiert und nachgeführt werden; ansonsten ist ein Brennweitenverhältnis von 1:2 vorzuziehen, also im Falle des Off-Axis-Systems eine Barlowlinse zu benutzen, um die Notwendigkeit zur Benutzung sehr kurzbrennweitiger Nachführokulare zu umgehen. Der Vorteil, daß keinerlei unmerkliche Abweichungen zwischen Kamera und Leitstern eintreten können, die zu Nachführfehlern führen würden, wird durch ein für die Suche nach einem geeigneten Leitstern eingeschränktes verfügbares Himmelsareal erkauft; ein Punkt, der bei größeren Teleskopen an Gewicht verliert. *Leitfernrohre* haben den Vorzug, daß, unter Beachtung der Gesichtspunkte des folgenden Abschnitts, zur Leitsternsuche ein wesentlich größeres Areal benutzt werden kann, sofern die Möglichkeit der gezielten und unverrückbaren Ausrichtung auf Leitsterne abseits der optischen Achse des photographisch genutzten Hauptrohrs besteht. An die Stabilität der dazu notwendigen sogenannten Tangentialverstellung werden höchste Ansprüche gestellt. Zum Test setzt man in Leitfernrohr und Aufnahmeteleskop jeweils ein Fadenkreuzokular ein, richtet sie an einem Stern zum Beispiel in $\delta = 0°$ im Südosten genau parallel aus, schwenkt dann *über den Meridian* nach Südwesten auf eine stark

Abb. 6. Die Verbindung zwischen Leitfernrohr und Hauptoptik muß äußerst stabil und verwindungsfrei sein, um in allen Beobachtungspositionen die unveränderliche Lage beider Optiken zueinander zu gewährleisten. Trotzdem muß die Möglichkeit bestehen, das Leitrohr auf einen Stern abseits des Bildzentrums der Hauptoptik einzustellen (Tangentialverstellung)

abweichende Deklination und überprüft, ob dort ein Stern immer noch in beiden Fernrohren genau genug auf beiden Fadenkreuzschnittpunkten steht. Das Leitrohr sollte mit dem Tubus des Hauptrohrs eine kompakte Einheit bilden (Abb. 6) und nicht, wie es sich eigentlich anbieten würde, anstelle des Gegengewichts auf der Deklinationsachse befestigt werden. Die Nachteile von Leitrohren sind ebenso unübersehbar. Sie sind nur aufwendig so zu montieren, daß keine Flexibilität zwischen beiden optischen Achsen auftritt, zudem sind sie so schwer, daß sie bei der Bemessung der Montierung von Anfang an berücksichtigt werden müssen und letztlich sind sie für größere Teleskope zu teuer.

Es stellt sich die Frage nach der Vergrößerung und, davon abhängig, die nach der Brennweite des Leitokulars und dem Objektivdurchmesser des Leitfernrohrs. Die Vergrößerung muß so hoch gewählt werden, daß die maximale erlaubte Abweichung des Leitsterns von der Markierung sicher erkannt werden kann, in unserem Beispiel ($\pm 1,8''$), also $180/1,8 = 100$mal, da $180''$ gut erkennbar sind. $1,8''$ löst ein Fernrohr mit einem Objektivdurchmesser von ≥ 70 mm auf; bei $f/15$ (Brennweite 1050 mm) reicht ein 10 mm-Okular beziehungsweise 20 mm und Barlowlinse. Eine 300fache Vergrößerung stellt offensichtlich eine praktische Obergrenze dar [32]. Wie ersichtlich ist, muß für realistische Okularbrennweiten das Leitrohr eine größere Brennweite als das Aufnahme-Teleskop haben, bei Off-Axis-Systemen eine leicht, mit Leitrohr zunehmend schwerer zu erfüllende Forderung. In diesem Zusammenhang sei an die Brennweitenverkürzung des photographisch genutzten Fernrohrs mittels Shapley-Linse erinnert.

4.3.4 Polachsenjustierung

In der Literatur sind diverse Methoden zur schnellen [11] und exakten [12] Polachsenjustierung beschrieben worden. Die für den mobilen Astrophotographen bequemste und schnellste ist die mit einem in die Stundenachse eingebauten oder zu ihr parallel montierten Polsucherfernrohr [19]. Die Genauigkeit liegt bei etwa $2-3'$. Bei einigen Ausführungen sind die Markierungen auf deren Strichplatten auf der Nord- und der Südhemisphäre der Erde verwendbar. Ansonsten hilft die *Scheiner-Methode* [20] (s. a. Abschnitt 3.13.2 in diesem Band). Zu ihr soll nur bemerkt werden, daß es manchmal eine enorme Zeitersparnis bedeutet, den azimutalen Verstellbereich sofort voll auszunutzen und zu testen, ob er ausreicht, als sich langsam an dessen Grenze heranzutasten, um dann festzustellen, daß von vorn begonnen werden muß, weil der Verstellbereich nicht ausreicht und das Teleskop insgesamt versetzt werden muß. Nachfolgend soll auf die erforderliche Genauigkeit eingegangen werden, die für einwandfrei nachgeführte Aufnahmen notwendig ist.

Angenommen der Beobachter hat sich allergrößte Mühe gegeben, sein stabil montiertes 300 mm-Objektiv auf $\pm 3''$ genau nachzuführen, so kann es ihm dennoch passieren, daß sein Photo unerwartet Strichspuren um einen hellen Stern in einer Ecke des Bildfelds zeigt. Der Grund liegt in unzureichender Polachsenjustierung. Dieser Effekt ist umso eher zu beobachten, je weiter die Instrumenten-Stundenachse von der Erdrotationsachse abweicht, je höher die Deklination der abgebildeten Sterne, je größer das Filmformat und je feinkörniger die Emulsion ist. Diese Bildfelddrehung ist unabhängig von der Brennweite. Ungleichung (3) wurde von Riepe [13] angegeben

Tabelle 1. Mindest-Justiergenauigkeit

Format	Film 103 a-E/F/O	Film TP 2415
24 × 36 mm	9′	3′
6 × 9 cm	3.6′	1.2′

Tabelle 2. Maximal zulässiger Winkel φ zwischen Erdrotationsachse und Stundenachse unter Berücksichtigung von Deklination und Belichtungszeit

Deklination	Belichtungszeit	
	30 min	90 min
20°	$\varphi = 13.7′$	$\varphi = 4.5′$
40°	11.4′	3.8′
60°	7.4′	2.5′
80°	2.6′	0.9′
90°	0	0

und gilt für eine Belichtungszeit von ≤ 2 Stunden und einen Nachführstern nahe der Bildfeldmitte:

$$b \leqq r/2 \cdot \sin \varphi . \tag{3}$$

Für eine Belichtungszeit $t \leq 2^{\mathrm{h}}$ ist dann b die Bogenlänge eines beliebigen Sterns auf der Aufnahme, r der Radius des Kreisbogens dieses Sterns um den Leitstern und φ der Winkel zwischen Instrumenten-Stundenachse und Erdrotationsachse. Aus Tabelle 1 [13] ergibt sich, daß für KODAK TP2415 etwa 3mal genauer zu justieren ist als mit 103 a-E/F/O, damit im ungünstigsten Fall (Leitstern genau in einer, betrachteter Stern in der entgegengesetzten Ecke des Bildformats) keine Bildfelddrehung auftritt. Die größere Bilddiagonale beim 6 × 9 cm-Format muß ebenfalls berücksichtigt werden.

Unter anderen Randbedingungen (zulässige Verlängerung 0,02 mm eines Sterns in 40 mm Abstand vom Leitstern) gilt Tabelle 2. Daraus wird ersichtlich, daß es günstig ist, den Leitstern möglichst nahe der Bildfeldmitte zu wählen und die Poljustierung für Aufnahmen in hohen Deklinationen so genau wie möglich auszuführen [14, 15]. Es wird darauf hingewiesen, daß diese Anforderungen unabhängig sind von der Nachführungsgenauigkeit (Abschnitt 4.3.3) und sich etwaige Fehler addieren.

4.3.5 Sonstiges

Jede Kamera kann verwendet werden, sofern sie die Möglichkeit bietet, mit einem Drahtauslöser über einen längeren, vom Benutzer zu bestimmenden Zeitraum den Verschluß offenzuhalten. Dazu muß er auf B oder T einzustellen sein; eine Funktion, die bei ausschließlich elektronisch gesteuerten Kameras nicht immer gegeben und zum Teil mit erhöhtem Stromverbrauch verbunden ist, was besonders im Winter zum

Versagen der Batterie und damit der Kamera führen kann. Selbstgebaute Verlängerungskabel, die es gestatten, den Batteriehalter in die Hosentasche zu stecken, sind dann die einzige Abhilfe. Man achte darauf, in das Kabel eine leicht lösbare Steckverbindung einzubauen, damit bei spontanen Bewegungen des Beobachters keine Schäden auftreten können. Siehe auch Abschnitt 11.3 in diesem Band.

Aufnahmen in geringer Höhe über dem Horizont zeigen oftmals eine strichförmige Deformation der Sterne senkrecht zum Horizont. Dies ist eine Auswirkung der differentiellen atmosphärischen Refraktion. Sie wird bei einigen Großteleskopen durch eine veränderte Neigung der Stundenachse minimiert. Die beiden Enden dieser kleinen Striche sind oben blaugrün und unten rot (atmosphärische Refraktion), ein Effekt, der sich besonders bei hellen Sternen und an den Kanten heller Planeten gut beobachten läßt und nur durch strenge Filter beziehungsweise spezielle optische Hilfsmittel reduziert werden kann [16, 17, 18]. Siehe auch Abschnitt 11.3 in diesem Band.

Astrophotographen, die ihr Fernrohr auf einem Balkon oder einer Terrasse aufstellen, die mit Platten oder Holz ausgelegt sind, sollten eventuell gezielt die Verbesserung der Stabilität des Untergrunds betreiben. Allein durch die Veränderung der Position des Beobachters zum einen beim Justieren, zum anderen beim Nachführen der Aufnahme, kann sich der Untergrund so unterschiedlich durchbiegen, daß sich die Lage der Stundenachse verschiebt und bei der Verwendung eines Leitsterns in einiger Entfernung vom photographierten Objekt im Leitrohr nicht erkennbare Nachführfehler auftreten.

4.4 Nicht nachgeführte Kamera

4.4.1 Strichspuraufnahmen, Sternbilder, Planeten-Konjunktionen

Die einfachste Art der Astrophotographie kommt ganz ohne jede astronomische Montierung aus. Die Kamera wird auf einem stabilen Photostativ befestigt und der Verschluß in Stellung B oder T mit einem Drahtauslöser offengehalten. Je nach Belichtungszeit erhält man mehr oder weniger lange Sternstrichspuren. Die bekannten Himmelspolaufnahmen mit kreisförmigen Spuren und viele andere ästhetisch ansprechende Aufnahmen entstanden so. Auch hier darf nicht vergessen werden, die Belichtungszeit so kurz zu halten, daß sich der Himmelshintergrund nicht störend aufhellt. Die Länge l in mm der Spuren ist nach (4) leicht zu berechnen. Sie beträgt

$$l = \frac{t \cdot f \cdot \cos \delta}{13\,714}, \tag{4}$$

wobei t die Belichtungszeit in Sekunden, f die Objektivbrennweite in Millimetern und δ die Deklination des Sterns ist. 13 714 ist ein Umrechnungsfaktor für die Länge des Bogens bei $t = 1^\text{s}$. Wird t so kurz gewählt, daß l kleiner als die Auflösungsgrenze des Films ist, erhält man punktförmig erscheinende Sternabbildungen. Der Wert von t in Sekunden kann nach (5) ermittelt werden:

$$t < \frac{450 \text{ mm}}{f \cdot \cos \delta}. \tag{5}$$

Wenn alle Sterne auf dem Photo noch punktförmig abgebildet sein sollen, muß für δ die betragsmäßig niedrigste im Bild sichtbare Deklination eingesetzt werden. Es ergibt sich, daß Sterne mit einem hochempfindlichen Film und einem 50 mm-Objektiv am Himmelsäquator bei einer Belichtungszeit von weniger als 9^s noch punktförmig abgebildet werden, in $\delta = 45°$ wird $t < 13^s$, für $\delta = 70°$ gilt $t < 26^s$. Für feinkörnige Filme muß der Wert 450 durch etwa 140 ersetzt werden, womit sich t entsprechend reduziert.

Ein hochempfindlicher Film erlaubt es, mit einem lichtstarken Normalobjektiv schon Sterne und Galaxien bis etwa 10. Größe aufzunehmen und einen eigenen Himmelsatlas anzufertigen. Farbveränderungen des Monds bei seinem Auf- und Untergang, Planeten-Konjunktionen, selbst die zwar seltenen, aber eindrucksvollen hellen Kometen können so aufgenommen werden.

Zwei Fehlerquellen bei dieser Art der Astrophotographie sind Erschütterungen des Stativs und Taubeschlag des Objektivs. Gegen ersteres hilft eine Abschirmung des Stativs gegen Wind und die sogenannte *Hutmethode*, das heißt das Objektiv wird abgedeckt und erst nach Abklingen der durch das Auslösen des Verschlusses hervorgerufenen Erschütterungen wird die Belichtung begonnen. So vermeidet man die kleinen Häkchen am Beginn heller Sternspuren. Dem bei langen Belichtungszeiten fast unvermeidbaren Taubeschlag ist nur durch eine schwache Heizung der Objektivfassung beziehungsweise der Taukappe (z.B. über eine Autobatterie) oder einen Fön beizukommen. Eine Taukappenheizung wird aus Widerstandsdraht (Constantan-Draht) gebaut, der in Elektronik-Fachgeschäften erhältlich ist. Er wird mäanderförmig so in die Taukappe eingeklebt, daß seine einzelnen Windungen gegeneinander isoliert sind. Die Länge d des Drahts in Metern wird wie folgt berechnet:

$$d = \frac{U^2}{P \cdot \varrho}. \tag{6}$$

Es sind U die verwendete Spannung in Volt, P die gewünschte Leistung in Watt, ϱ der spezifische Widerstand des Drahtes in Ohm/m.

Beispiel:

$$U = 12 \text{ Volt}, P = 5 \text{ Watt}, \varrho = 25 \text{ Ohm/m},$$

$$d = \frac{12 \cdot 12}{5 \cdot 25} = \frac{144}{125} = 1{,}15 \text{ m}.$$

Für eine 5-Watt-Heizung durch einen Widerstandsdraht (25 Ohm/m) muß demnach ein 1,15 m langes Drahtstück eingeklebt werden. Die Heizleistung in Watt sollte etwa Tabelle 3 entsprechen. Spannungen erheblich über 12-Volt-Autobatterie, insbesondere der Betrieb über das 220-Volt-Netz sind unbedingt Angelegenheit für Fachleute auf diesem Gebiet!

Tabelle 3. Heizleistung und Objektivdurchmesser

Objektivdurchmesser	10 cm	20 cm	30 cm
Heizleistung	4 W	10 W	16 W

4.4.2 Atmosphärische Phänomene

Unter den Begriff der atmosphärischen Phänomene fallen viele verschiedene Effekte, die nicht direkt mit astronomischen Objekten zusammenhängen, aber auch an diesen sichtbar werden können. Die „Blaue Sonne" [38], der „Grüne Blitz", Farbveränderungen von Objekten in Horizontnähe, Halo-Erscheinungen an Sonne und Mond [37] und Leuchtende Nachtwolken [166] sind nur einige. So kann zum Beispiel sowohl das atmosphärische Spektrum als auch die Orts-, Farb- und Intensitäts-Szintillation auf Strichspuraufnahmen bei großer Brennweite sichtbar gemacht werden. Die ovale Verzerrung der Sonne und des Monds durch die differentielle atmosphärische Refraktion ist ebenso eindrucksvoll wie das partielle oder totale Abschnüren von Teilen ihrer Scheiben in Horizontnähe durch Luftschichten unterschiedlicher Dichte. Zur Erinnerung: bis etwa 2000 mm Brennweite passen Sonne und Mond gut ins KB-Format.

4.4.3 Meteore

Ein Spezialgebiet der Astrophotographie ohne Nachführung ist die Aufnahme von Meteoren. Die äußerst schnelle Bewegung bedingt die Verwendung hochempfindlicher Emulsionen in Verbindung mit lichtstarken Weitwinkelobjektiven [22, 27]. Da der Filmverbrauch erheblich ist, ist S/W-Meterware vorteilhaft. Die Belichtungszeiten richten sich nach der Helligkeit des Himmelshintergrunds und werden 10^{min} (Blende 1,8 und ISO 400/27°) kaum überschreiten dürfen. Wird keine Nachführung verwendet, sind für spätere Auswertungen unbedingt die Zeitpunkte von Beginn und Ende der Belichtung sowie der des Auftretens von Meteoren im Gesichtsfeld der Kamera zu notieren. Das aufgenommene Himmelsareal sollte ca. 30°–60° vom Radianten entfernt liegen; näher an diesen heran werden die Spuren der Meteore immer kürzer, bis sie endlich nur noch punktförmig erscheinen und nur noch die Bestimmung des Radianten ermöglichen, bei gleichwohl größter photographischer Reichweite. Die Verwendung einer rotierenden Blende vor dem Objektiv gestattet die Bestimmung der Geschwindigkeit des Meteoriten und deren Veränderung auf seiner Bahn durch die Erdatmosphäre und die Berechnung der Elemente seiner Bahn um die Sonne [23]. Die Meteorphotographie eignet sich besonders zur Teamarbeit. Hierzu werden simultane Aufnahmen von mindestens zwei, 30 bis 50 km voneinander entfernten Beobachtungsorten aus gemacht, die anschließend zur Radianten- und Bahnbestimmung des Meteors ausgewertet werden. Dabei ist eine einwandfreie Zeitkontrolle Voraussetzung für den Erfolg [24, 25, 50]. Es sei bemerkt, daß die Chance, daß ein „photographierbarer" Meteor irgendwo am Himmel aufleuchtet, etwa bei fünf Stück pro Stunde (Perseiden) liegt. Anders ausgedrückt: Beobachter berichten von 20 belichteten Filmen mit insgesamt 15 Spuren [21]. Die Bestimmung der Helligkeit eines photographierten Meteors beschreibt Jahn [26]. Boliden hinterlassen entlang ihrer Bahn am Himmel manchmal Leuchtspuren, die schnell zerfasern. Sie sind sehr unterschiedlich hell und können teilweise schon mit 40^s bei Blende 2,8, ISO 100/21°-Film aufgenommen werden. In anderen Fällen sind erst 4^{min} bei Blende 1,8, ISO 1000/33°-Film ausreichend. Wichtig ist sofortiges Ausrichten der Kamera mittels Kugelkopf, der auf einer nachgeführten Montierung befestigt ist oder auf einem separaten Stativ steht (Sternstrichspuren).

4.4.4 Finsternisse

Sonnen- und Mondfinsternisse sind Ereignisse, die sich für die Photographie mit nicht nachgeführter Kamera geradezu anbieten. Weitwinkelaufnahmen auf hochempfindlichem Filmmaterial zeigen zum Beispiel den tiefrotverfärbten Mond vor einem sternenbedeckten Hintergrund oder, als Serie von Momentaufnahmen, den Ablauf der fortschreitenden Bedeckung durch Erdschatten oder Mond. Die Scheiben von Sonne und Mond werden etwa 110,5mal kleiner abgebildet, als der Brennweite der verwendeten Optik entspricht; mit einem 300 mm-Teleobjektiv also $300/110,5 = 2,7$ mm groß.

Bei der Planung einer Aufnahme mit Mehrfachbelichtung ist zusätzlich zu berücksichtigen, daß Sonne und Mond etwas mehr als 2 ½ Stunden brauchen, um durch die scheinbare Drehung des Himmels diagonal durch das Gesichtsfeld einer Kleinbild-Kamera mit 50 mm-Objektiv zu wandern. Aufnahmen mit einem solchen Objektiv sollten demnach gut 1 Stunde vor Finsternismitte begonnen und eben so lange danach beendet werden. Findet die Mitte der Finsternis nicht in der Nähe des Südmeridians statt, ist bei der Ausrichtung der Kamera auf einem möglichst stabilen Stativ auch die sich verändernde Höhe von Sonne beziehungsweise Mond zu bedenken [59]. Die Einzelbilder liegen, wenn sie in 5–6 Minuten Abstand belichtet wurden, nicht zu eng beieinander.

Die nachfolgend angegebenen Belichtungszeiten sind als ganz grober Anhaltspunkt zu betrachten und bewegen sich für eine Mondfinsternis bei Blende 5,6 und ISO $400/27°$-Film im Bereich von $1/500^s$ für die partielle und $2–10^s$ für die „totale" Phase. 10^s entsprechen etwa der Grenzbelichtungszeit für ein 50 mm-Objektiv ohne Nachführung. In jedem Fall ist es vorteilhaft, jeweils längere und kürzere Belichtungszeiten zusätzlich anzuwenden, da die Helligkeit des Kernschattens von Finsternis zu Finsternis großen Schwankungen unterliegt.

Die Photographie der partiellen Phasen einer Sonnenfinsternis gestaltet sich etwas aufwendiger. Aufgrund ihrer enorm großen Helligkeit kann die Sonne, auch wenn sie bereits teilweise verfinstert ist, nur unter Abschwächung durch Filter photographiert werden. Mit einem Filter der Dichte 5 (Transmission 1/1000%) und einer Filmempfindlichkeit von ISO $64/19° – 100/21°$ ist bei Blende 8 $1/125^s$ zu belichten. Für die bei Totalitätsbeginn sichtbar werdenden Protuberanzen ist erstens das Filter abzunehmen und zweitens die Blende auf 5,6 zu öffnen; die innere Korona muß etwa $1/15^s$, deren äußere Teile zirka $1/2^s$ belichtet werden. Wieder der Hinweis, daß es sich nur um Anhaltswerte handeln kann [60].

Unmittelbar nach dem zweiten Kontakt und kurz vor dem dritten Kontakt ist für einige Sekunden die Chromosphäre der Sonne als schmale Sichel sichtbar. Sie kann dann mit einem einfachen Objektivprisma spektrographiert werden. Dieses sogenannte „Flash-Spektrum" zeigt eine Vielzahl von hellen Emissionslinien, besonders auch die D_3-Linie, die zur Entdeckung des Heliums führte.

Der Gesamtverlauf einer Mondfinsternis kann bis zu 3,8 Stunden dauern und in Form einer Strichspur aufgenommen werden. Da sich der Mond in dieser Zeit etwa $50°$ bewegt, ist ein 28 mm-Objektiv notwendig. Mit ISO $100/21°$-Film wird bei Blende 22 belichtet.

Begleiterscheinungen einer Sonnenfinsternis sind auch auf der Erde selbst zu beobachten und photographieren. Neben dem Herannahen und Wiederabziehen des Kernschattens oder, in der Mitte der Finsternis, dem farbigen Horizontsaum sind es

zum einen die „fliegenden Schatten", sehr kontrastarme, dunkle, sich bewegende
Streifen, die schwierig nur auf völlig unstrukturiertem, hellem Hintergrund mit einer
Belichtungszeit von weniger als $1/100^s$ aufzunehmen sind. Die Blende ist, je nach
Filmempfindlichkeit, entsprechend einzustellen. Zum anderen entwirft jedes kleine
Loch ein Abbild der partiell bedeckten Sonnenscheibe auf dem Erdboden. Vom Menschen in Form der *Lochkamera* nachempfunden, ist dieser Effekt oft unter Bäumen zu
sehen. Der Selbstbau einer Lochkamera ist einfach. Bezüglich der Abbildungsgröße
gilt das oben Gesagte. Die „Brennweite" entspricht der Baulänge einer Röhre, die an
ihrem vorderen Ende mit einer Öffnung versehen ist, die 500- bis 800mal kleiner ist
als die Baulänge. Den rückwärtigen Abschluß bildet eine Mattscheibe oder das Gehäuse einer Spiegelreflexkamera. Die notwendigen Belichtungszeiten sind sicherlich
sehr lang, doch lohnt der Versuch.

4.4.5 Satelliten

Jeder Astrophotograph wird im Laufe der Zeit einige Aufnahmen finden, die mit
Spuren von während der Belichtungszeit durchs Gesichtsfeld gezogenen Satelliten
„verziert" sind. Sie sind als Strich konstanter oder periodisch veränderlicher Helligkeit
aufgezeichnet. Wenn der Satellit, und dazu sind auch die Shuttles in der Erdumlauf-
bahn zu rechnen, aus dem Erdschatten auftaucht, wird die Spur auf relativ kurzer
Strecke kontinuierlich heller, eventuell unter Überlagerung eines Rotationslichtwechsels. Auf Farbfilm ist unter Umständen die Veränderung seiner Farbe, die normal der
des Sonnenlichts entspricht, von Tiefrot nach Weiß zu erkennen; eine Folge der
Rötung des Lichts beim Durchgang durch die Atmosphäre (s. Abschnitt 4.4.4). Wer
auf solche oft unerwünschten und bis zu -4^m hellen Beigaben zu seinen Photos
verzichten möchte, muß besonders in den Monaten des Sommerhalbjahrs gezielt nach
sich dem Aufnahmefeld nähernden Satelliten Ausschau halten und gegebenenfalls
kurzfristig das Objektiv abdecken. Andererseits kann aus an zwei weit auseinanderlie-
genden Orten ($d \approx 100$ km) simultan aufgenommenen Photos, analog zur Bahnbestimmung der Meteore, die Subsatellitenbahn berechnet werden [28]. Für den Zweck
der Bahnverfolgung werden spezielle optische Systeme verwendet, wie die *Baker-
Nunn-*, *Hewitt-* oder AFU-75-Kameras. Seit 1982 arbeitet das GEODSS-System mit
1,02 m-Öffnung und einer vorgesehenen Genauigkeit von 2″. Mit einem 50 mm-Objektiv bei Blende 1,8 und auf einem ISO 1000/33°-Film werden Satelliten etwa vierter
bis fünfter Größe erreichbar. Mit zunehmender Höhe des Satelliten nimmt dessen
Winkelgeschwindigkeit am Himmel ab, und schwächere Objekte können photographiert werden. Da es schwierig ist, sich bewegenden Satelliten mit der Kamera zu
folgen, bilden sie sich praktisch immer als Strichspuren ab. Ganz anders ist dies bei
den geosynchronen Satelliten. Sie befinden sich in ungleich größerer Entfernung, sind
daher viel lichtschwächer (hellste etwa 11^m, Stand 1987) und erfordern schon Teleobjektive ab etwa 50 mm Objektivdurchmesser oder besser ein Teleskop. Wenn ihre
Position am Himmel erst einmal bekannt ist [29], steht einem Photo nichts mehr im
Wege [30]. Kamera mit Drahtauslöser auf Photostativ, ISO 400/27°-Film, 5^{min} Belichtungszeit mit 57 mm-Objektivdurchmesser genügen.
    Tabelle 4 gilt streng für Düsseldorf (6.8° ö. L./51.21° n. Br.) und kann, mit für Tele-
objektive bis etwa 200 mm Brennweite ausreichender Genauigkeit, für andere Be-

Tabelle 4. Aufsuchephemeride für geosynchrone Satelliten

λ_s	θ_s	δ_s	H_s
280°	$18^h45.8^m$	$-6°51.0'$	1.79°
290	$19^h26.9^m$	$-6°57.7'$	7.87
300	$20^h\ 8.7^m$	$-7°\ 4.2'$	13.70
310	$20^h51.2^m$	$-7°10.1'$	19.09
320	$21^h34.2^m$	$-7°15.2'$	23.82
330	$22^h17.8^m$	$-7°19.2'$	27.63
340	$23^h\ 1.7^m$	$-7°21.9'$	30.27
350	$23^h45.8^m$	$-7°23.2'$	31.51
360/0	$0^h30.0^m$	$-7°22.9'$	31.23
10	$1^h14.1^m$	$-7°21.1'$	29.47
20	$1^h57.9^m$	$-7°17.9'$	26.38
30	$2^h41.2^m$	$-7°13.5'$	22.20
40	$3^h24.1^m$	$-7°\ 8.0'$	17.21
50	$4^h\ 6.3^m$	$-7°\ 1.9'$	11.64
60	$4^h47.9^m$	$-6°55.3'$	5.70

Es bedeuten λ_s die geozentrische Länge des geosynchronen
Satelliten, θ_s seinen Stundenwinkel, δ_s seine Deklination und
H_s seine Höhe über dem Horizont

obachtungsorte in Deutschland durch Berücksichtigung der Koordinatendifferenzen
in Länge umgerechnet werden. Bahndaten werden in [31] angegeben.

4.5 Nachgeführte Kamera

4.5.1 Brennweitenbereich bis etwa $f \approx 500$ mm

Ohne Nachführung sind Aufnahmen mit einer Brennweite von mehr als zirka 85 mm
so wenig aussagekräftig, daß sie sinnlos werden, wenn nicht Spezialeffekte erzielt
werden sollen. Bei der Befestigung der Kamera auf einer Montierung sollte darauf
geachtet werden, daß keinerlei Gegenstände, wie Fernrohrtubus, Taukappe oder Ge-
gengewichtsstange ins Bildfeld ragen und einen Teil des Himmels verdecken. Die
Befestigung muß gegen Durchbiegung und Torsion stabil sein, damit die Kamera mit
einem schweren und langbrennweitigen Teleobjektiv nicht während der Belichtung
kippen oder sich gar gegen ihre unter Umständen zu glatte Unterlage verdrehen kann;
ein Effekt, der vornehmlich bei Aufnahmen weitab des Meridians zu berücksichtigen
ist.

4.5.2 Mondhalos

Mondhalos sind sehr viel lichtschwächer als ihr Gegenstück bei Tageslicht. Aus diesem Grund und weil Amateurastronomen an zirrusbedecktem Himmel wenig interessiert sind, sind kaum Photos von ihnen zu sehen. Dennoch ist ihr Anblick am mit
Sternen verzierten Himmel eine Aufnahme wert. Belichtungszeit bei $f/2{,}8$, ISO 100/
21°-Film etwa 20^s. Also nur ganz kurze Sternstriche mit 35 mm-Weitwinkel ohne

Nachführung. Da die Durchmesser der häufigsten Halos 44° beziehungsweise 92° betragen, sind Brennweiten von 35–20 mm notwendig, um sie einigermaßen vollständig aufnehmen zu können. Dem bloßen Auge erscheinen nur die „Neben-Monde" farbig. Die Benutzung von Polfiltern macht unerwartete Effekte sichtbar. So werden einige Arten von Halos kontrastreicher, andere verändern sich nicht. 22°-Halos sind nur wenig polarisiert, erscheinen aber mit Polfilter 15′ kleiner! 46°-Halos sind bis zu 20% polarisiert. Kränze/Coronen sind ineinandergeschachtelte, farbige Ringe, je nach Wolkenstruktur bis zu mehr als ein halbes Dutzend. Sie passen ins Gesichtsfeld eines 50 mm-Objektivs und sind oft sehr viel heller als die oben erwähnten Halos. Bei sonst gleichen Bedingungen reichen 5^s Belichtungszeit aus.

4.5.3 Planetenmonde

Der Saturnmond Titan steht in mittlerer Opposition bis zu 3′17.3″ von seinem Planeten entfernt, das heißt, er ist auf einem Photo mit einem 135 mm-Tele zirka 1/8 mm seitlich von Saturn zu finden. Japetus hat unter gleichen Bedingungen schon 1/3 mm Abstand. Auch seitens ihrer Helligkeit kein Problem für heutige mittelempfindliche Filme. Mit $f = 300$ mm werden zusätzlich Rhea und Dione, mit $f = 500$ mm auch Thetys erreichbar. Ähnliches gilt für die Jupitermonde. Io ist mit 135 mm-Brennweite 1/11 mm, Europa 1/7 mm, Ganymed 1/4 mm und Callisto knapp 1/2 mm von Jupiter entfernt. Hier sind wegen zu geringer Helligkeit keine weiteren Monde mit Teleobjektiven zugänglich. Die angegebenen Werte gelten für die Elongationen. Mehr Aufwand in instrumenteller Hinsicht erfordern die Uranusmonde und der hellere des Neptun. 150–200 mm Objektivöffnung dürften eine untere Grenze darstellen.

4.5.4 Kometen und Planetoiden

Während die mit bloßem Auge beobachtbaren Kometen selten sind, stehen nahezu ständig einer oder sogar mehrere dieser Objekte am Himmel und dies mit einer photographisch erreichbaren Helligkeit. Diesbezügliche Angaben lassen kaum Voraussagen über die tatsächliche Flächenhelligkeit, insbesondere der des Schweifes zu. Außerdem werden Ausbrüche um bis zu 9^m beobachtet, wodurch einige Kometen erst in Reichweite des verwendeten Instrumentariums gelangen. So wird der Astrophotograph seine Aufnahmen praktisch immer „ausbelichten", das heißt so lange belichten müssen, bis der Himmelshintergrund sichtbar wird [55]. Oft kann das nur kurz sein, da Kometen häufig am Dämmerungshimmel sichtbar werden. Strukturen in den helleren Teilen der Kometen sind bei kürzerer Belichtungszeit besser erkennbar, so daß sich Serien mit unterschiedlichen Aufnahmedaten lohnen. Wo die Verwendung von Farbfilmmaterial die Farbunterschiede innerhalb eines Kometen sichtbar macht, erlaubt auf S/W-Emulsionen die besondere Art des Spektrums die gezielte Hervorhebung bestimmter Details durch Filter. So werden der Ionen- beziehungsweise Gas-Schweif durch einen Blaufilter (z.B. KODAK Wratten 47A), der Staubanteil durch einen Gelbfilter (z.B. Wratten 9 bzw. 21) verstärkt [54, 56] (Abb. 14).

Lohnend sind Aufnahmeserien mit Polfiltern unterschiedlicher Orientierung. Die Photographie von Jets und anderen, teilweise rasch veränderlichen Strukturen in der intensiv grün leuchtenden Koma erfordert mindestens 1000 mm Brennweite. Die Belichtungszeiten sollten kurz gehalten werden (ca. $1-10^{min}$) und auf kontrastreich arbeitenden Emulsionen erfolgen, zum Beispiel hypersensibilisiertem KODAK TP2415. Während für die Photographie von Kometen, also flächenhaften Objekten, die Lichtstärke der Optik von ausschlaggebender Bedeutung ist, hängt die Reichweite, hier die erzielte Grenzgröße, bei Planetoidenaufnahmen hauptsächlich von Objektivdurchmesser und -brennweite ab. Beiden Objekt-Kategorien gemeinsam ist, daß einzelne, oft die besonders interessanten Exemplare, hohe Eigenbewegung haben können. Abgesehen davon, daß die kurze Strichspur eines Planetoiden manches Photo enorm aufwertet, wird dadurch die erreichbare Grenzgröße reduziert und bei Kometen viele Details verwischt. Sofern der Komet einen gut erkennbaren Kern hat beziehungsweise der Planetoid hell genug ist, kann direkt auf sie nachgeführt werden. Lichtschwache Objekte hoher Eigenbewegung machen eine *indirekte Nachführung* notwendig. Dazu läßt man einen Leitstern jeweils nach berechneten Zeiträumen um kleine Strecken auf dem Fadenkreuz des Nachführokulares entgegengesetzt zur Bewegung des photographierten Objekts wandern. Für das Teleskop steht damit der Komet scheinbar still, während die Sterne kleine Striche bilden. Die gewählte „Schrittweite" muß knapp unter der Winkelauflösung A der Film/Teleskop-Kombination liegen. Die Länge des Zeitraums und die Richtung der Bewegung werden folgendermaßen ermittelt [57]. Aus den Ephemeriden errechnet man die Bewegungen pro Minute in Rektaszension $\Delta\alpha$ (in Sekunden) und Deklination $\Delta\delta$ (in Bogensekunden). Es folgt die Eigenbewegung EB in Bogensekunden pro Minute aus (7):

$$\text{EB} = \sqrt{(15 \cdot \Delta\alpha \cdot \cos\delta)^2 + (\Delta\delta)^2} \tag{7}$$

mit der Deklination δ (in Grad) des Kometen. Der Positionswinkel P_{EB} der Eigenbewegung wird nach (8) bestimmt

$$P_{EB} = 90° + \arctan\left[\Delta\delta/(15 \cdot \Delta\alpha \cdot \cos\delta)\right]. \tag{8}$$

Das Zeitintervall, innerhalb dessen sich der Komet beziehungsweise Planetoid um den Betrag des instrumentellen Auflösungsvermögens A weiterbewegt, kann nun berechnet werden, indem man dieses durch EB dividiert.

Beispiel: Es sei A = 8.3" (1/50 mm bei f = 500 mm) und EB = 1.85" pro Minute, dann muß alle 8.3/1.85 = 4.48^{min} = $4^{min}\,29^s$ der Leitstern um 8.3" verschoben werden.

Bei Kometen stört die *stufenweise* Verschiebung um den vollen Wert von A nicht, und zu kleine Schrittweiten sind ohne Automatisierung nicht praktikabel. Die Richtung P_{EB} der Verschiebung wird mittels einer im Gesichtsfeld oder außen am Okular angebrachten Winkelteilung eingestellt und liegt, wie bereits angemerkt, entgegengesetzt zur Bewegung des Objekts. Über die korrekte Lage des Quadranten von P_{EB} vergewissert man sich durch Tippen *auf* das Okular (Stern bewegt sich nach Süden/ PW 180°) beziehungsweise Abstellen des motorischen Antriebs (Stern bewegt sich nach Westen/PW 270°) (Anmerkung: der Positionswinkel PW wird von Norden über Osten gemessen). Die Benutzung eines Timers mit direkter Wiederholung des eingestellten Zeitraums oder eines Walkmans mit entsprechend vorbereiteter Cassette erleichtert die Einhaltung des errechneten Zeitintervalls [58].

Kometen- und Planetoiden-Aufnahmen lassen sich vielfältig auswerten (s. Band 2, Kapitel 7 und 8). Die Entwicklung von Schweifstrukturen, insbesondere Schweifablösungen und Gegenschweife, zum Teil leider auch deren Nichtvorhandensein kann mit lichtstarker Optik verfolgt werden. Der Rotationslichtwechsel von Planetoiden ist auf Serienaufnahmen nachweisbar. Sollte ein Stern von einem weniger hellen Planetoiden bedeckt werden, so wird seine Strichspur kurzzeitig schwächer oder unterbrochen sein [64]. Eine zweite Lücke würde entweder auf eine weitere Bedeckung hinweisen, was äußerst unwahrscheinlich wäre, oder für einen Planetoidenmond sprechen, sofern ein Emulsionsfehler ausgeschlossen ist.

4.5.5 Finsternisse

Die Photographie des Mondes beim Eintritt in den Kernschatten und der Protuberanzen bzw. der Korona der Sonne werden durch die zu berücksichtigenden, sehr großen Helligkeitsgradienten erschwert. Daher und weil sowohl viele Farbnuancen als auch manche Details der Helligkeitsverteilung in Kernschatten oder Korona nur bei genau „getroffener" Belichtung sichtbar werden, sind Belichtungszeitangaben nur als Richtwerte zu betrachten und durch kürzere beziehungsweise längere Werte „einzuklammern".

Mond, partielle Phase: ISO 100/21°, $f/11$, $1/30^s$
      totale Phase: 40^s

Sonne, partielle Phase: Filter Dichte 4, ISO 25/15°, $f/11$, $1/500^s$
      Protuberanzen: ohne Filter,   ISO 100/21°, $f/11$, $1/30^s$
      innere Korona: $1/4^s$
      äußere Korona: 2^s

Um direkt bei der Aufnahme gleichzeitig die innere und die äußere Korona aufzunehmen, sind mit bestem Erfolg spezielle Filter mit radial nach außen abnehmender Dichte angewandt worden. Für die Verarbeitung im Photolabor wird auch auf die im Abschnitt 4.8.4.5 beschriebene Methode der unscharfen Maske verwiesen. Da das Licht der Korona stark (bis zu 40%) polarisiert ist, lohnen sich Photoserien mit unterschiedlicher Orientierung eines vor dem Objektiv angebrachten Polfilters [65].

Der Erdschatten hat in Mondentfernung einen Durchmesser von 83′, und somit ist es mit einem Teleobjektiv von maximal 500 mm Brennweite möglich, die Bewegung des Mondes durch ihn hindurch sehr eindrucksvoll darzustellen. Bei Nachführung der Kamera auf einen Stern (siderische Geschwindigkeit) scheint der Erdschatten, der sich mit solarer Geschwindigkeit bewegt, nahezu stillzustehen, während der Mond seine Position relativ zu ihm verändert. Der Effekt ist schön auf mehrfach- oder dauerbelichteten Aufnahmen zu sehen. Letztere erfordern starke Filterung [61]. Kombiniert man zwei Aufnahmen des verfinsterten Mondes, die in etwa 10 Minuten Abstand gemacht und auf einen Stern nachgeführt wurden, in einem Stereobetrachter, so sieht man dreidimensional den Mond vor dem Hintergrund der Sterne „schweben".

4.5.6 Deep-Sky

Unter der Bezeichnung „Deep-Sky" (im weiteren DS), was, sinngemäß übersetzt, soviel wie „weit draußen im Weltraum" bedeutet, faßt man die Beobachtung all der Objekte zusammen, die sich außerhalb unseres Sonnensystems befinden. Sternbilder

(Konstellationen), Sternhaufen und Assoziationen, HII-Regionen, Planetarische Nebel und Supernova-Reste, aber auch Dunkelwolken sowie Galaxien und Haufen davon, nicht zu vergessen Veränderliche Sterne fallen unter das Thema dieses Abschnitts. Nicht zum ersten Mal muß eine Einteilung in punktförmige und flächenhafte Objekte erfolgen. Die sich daraus ergebenden Konsequenzen bezüglich des Einflusses von geometrischer Lichtstärke und Objektivdurchmesser der Optik wurden bereits im Abschnitt 4.5.4 angesprochen. Die Objekte der DS-Photographie sind oft extrem lichtschwach, weswegen der Kontrast zum Himmelshintergrund so gering ist, daß diese nicht ausschließlich durch Verlängerung der Belichtungszeit erreichbar werden. Verschiedene Maßnahmen können die Situation verbessern. Erstens die Wahl eines günstigeren Be-obachtungsstandorts mit deutlich dunklerem Himmel bei optimalem Wetter. Zweitens das Benutzen eines konstrastreicher arbeitenden Films, wie er unter anderem in den für ausgewählte Farbbereiche sensibilisierten (spektroskopischen) Emulsionen der KODAK 103 a-Serie oder im KODAK TP2415 verfügbar ist. Am stärksten wirkt sich das Benutzen von Filtern aus, die das störende Hintergrundleuchten (Nightglow, $\lambda = 557,7/630,0/636,4/589,0/589,6$ nm; künstliche Lichtquellen) abschwächen, das Licht der jeweiligen Objekte aber fast unvermindert durchlassen. Das kann naturgemäß nur dann optimal funktionieren, wenn die Spektren beider Lichtquellen sich ausreichend voneinander unterscheiden. Die Spektrallinien von Niederdruck-Metalldampflampen (Hg bzw. Na), wie sie zur Straßen- und Gebäudebeleuchtung verwendet werden, liegen in Bereichen ($\lambda = 366/404,6/435,8/546,1/589,0/589,6$ nm), in denen auch Sterne, Reflexionsnebel und Galaxien relativ hell sind. Sie könnten also nur gemeinsam „weggefiltert" werden. Viel ist so nicht zu verbessern. Anders sieht das bei Emissionsnebeln aus, wie dem Orion- und Helix-Nebel. Ihre Hauptintensität liegt im blaugrünen und tiefroten Bereich des Spektrums ($\lambda = 500,7/495,9$ bzw. $656,3$ nm) in ausreichend großem Abstand zu den hellsten Stellen des Spektrums des Himmelshintergrunds (s. o.), so daß bei geschickter Wahl der Film/Filter-Kombination (s. Abschnitt 4.7.5) der Kontrast enorm zu steigern ist [62, 63]. Bei Na-Hochdrucklampen, die an ihrem weniger gelben, ganz leicht grünstichigen Licht erkennbar sind, ist diese Art der Filterung weit weniger effektiv, weil beiderseits einer Na-Absorption sehr breite Emissionsbänder auftreten, die mit normalen Farbfiltern nicht ohne gleichzeitigen Verlust bei den Nebellinien auszufiltern sind. [O III]-*Interferenzfilter* separieren diese besonders intensive Emission vieler Supernova-Reste, Planetarischer und Gasnebel hervorragend vom Himmelshintergrund, jedoch sind die meisten S/W-Filme im Grünen leider ziemlich unempfindlich. Mit Farbmaterial ergeben *Nebelfilter* einen so starken Farbstich, daß sie nur als letzter Ausweg zu betrachten sind. Auf das Dreifarben-Kompositverfahren zur farbstichfreien Wiedergabe auch schwacher Nebelregionen wird in Abschnitt 4.8.4.6 näher eingegangen. Sehr viel einfacher und im Ergebnis vom optischen Eindruck her zum Teil gleichwertig ist die Benutzung von Farb-(stich)korrekturfiltern, die es in großer Vielfalt unterschiedlicher Farbe und Dichte gibt. Der abhängig von Emulsion, Belichtungszeit und Beobachtungsort am besten geeignete Filter ist durch eigene Versuche herauszufinden. Magentafilter zum Beispiel lassen Rot und Blau fast unverändert durch, während Grün abgeschwächt wird. Die Helligkeit des Himmelshintergrunds ist im blauen größer als im roten Bereich. Da es keine in der Intensität mit $H\alpha$ oder [O III] vergleichbaren blauen Spektrallinien gibt, ist das Filtern im kurzwelligen Bereich weit weniger effektiv. So ist auch unter besten Bedingungen die längste sinnvolle Belichtungszeit immer

Abb. 7. Der Scorpius-Ophiuchus-Nebelkomplex ist aufgrund des Farbenreichtums der zahlreichen Reflexions- und einiger weniger Emissionsnebel bemerkenswert. Westlich des hellen Sterns Antares befindet sich der Kugelsternhaufen M 4. Der heißeste Stern der Region ist σ Sco (Spektraltyp B 1), rechts im Bild, der einen Teil des ihn umgebenden Nebels zum typisch roten Hα-Leuchten (656,28 nm) anregt. Die nördlich gelegenen Nebel reflektieren das Licht des blauen Sterns ρ Oph. Eine gelblich-rötliche Farbkomponente steuert der Reflexionsnebel nördlich des roten Riesensterns Antares bei, unten ragt ein Teil der rot leuchtenden HII-Region um τ Sco ins Bild. Die Aufnahme wurde mit einer 5½''-Schmidtkamera f/1,65 (140/140/225 mm) 45 Minuten auf dem Farbdiafilm Fujichrome RD100 durch ein Magenta-Farbkorrekturfilter (Kodak CC10M) belichtet. Das Originaldia wurde sodann zur Kontraststeigerung mit einem Diakopiergerät auf den Farbdiafilm Ektachrome 64 mit Kunstlicht umkopiert (Farbtemperatur ca. 3400 K). Aufnahme: Bernd Koch in Namibia/SWA

kürzer als mit einem strengen, das heißt Störlicht direkt an der kurzwelligen Seite von Hα abschneidenden Rotfilter.

Je nach Objekt kommen alle verfügbaren Brennweiten zum Einsatz: Superweitwinkel- beziehungsweise Fisheye-Objektive für Gesamtaufnahmen der Milchstraße und 300–500 mm Teleobjektive für kleine Planetarische Nebel ($\varnothing \approx \; \geqq 5''$) und die näheren Galaxienhaufen. Dazwischen ist alles verwendbar, was zur Verfügung steht und unter Umständen für Filterphotographie lichtstark genug ist.

4.5.7 Spektrographie

Um es gleich vorweg zu sagen, die Spektrographie ist kein einfaches Gebiet der Astrophotographie. Spektrographische Zusatzgeräte bergen baulich keine übermäßigen Schwierigkeiten. Verwendet werden Prismen und Gitter oder Kombinationen von beiden. Weil sie am besten in parallelem Strahlengang stehen, bringt man sie meistens vor dem Objektiv an. Da auch hier der Preis mit der Größe überproportional wächst, werden sie relativ klein sein, die Öffnung der Optik einschränken und so deren Lichtstärke reduzieren. Zudem haben diese dispergierenden Elemente die Eigenschaft, Licht so zu verschwenden, daß es nicht mehr der Aufnahme zugute kommt. So wird die Lichtstärke weiter verringert. Das Licht, das endlich in seine Farben zerlegt wurde, ist auf einen mehr oder weniger kurzen Strich verteilt, der, zumindest bei punktförmigen Objekten (siehe unten), noch aufgeweitet werden muß, damit die spektralen Einzelheiten sichtbar werden. Das bedeutet eine weitere Verminderung der Beleuchtungsstärke des Films. Der Kontrast zum Himmelshintergrund nimmt ab, da dieser nicht in gleicher Weise abgedunkelt wird. Präzisierend muß gesagt werden, daß das oben Aufgeführte für die sogenannte „spaltlose Spektrographie" gilt, bei der das Licht einer punkt- oder strichförmigen Lichtquelle untersucht wird. Strichförmige Lichtquellen sind zum Beispiel Sterne, die durch das Gesichtsfeld einer nicht nachgeführten Kamera ziehen, Meteore und Satelliten. Gleich behandelt werden müssen aber auch flächenhafte Emissionslinien-Objekte (Planetarische und Gasnebel, Kometen), deren Durchmesser entweder so klein ist, daß er unter der Auflösungsgrenze der verwendeten Optik/Film-Kombination liegt, oder deren farbige Einzelbilder sich nicht so stark überlappen, daß kein Spektrum mehr zu sehen ist (Abb. 8). Im Gegensatz dazu als punktförmige Lichtquellen gelten Sterne beziehungsweise Planetoiden für eine nachgeführte Kamera und geosynchrone Satelliten bei stillstehender Kamera.

Das Prisma oder Gitter wird mit seiner Halterung vor dem Objektiv so gedreht, daß es ein senkrecht zur Bewegungsrichtung der Objekte orientiertes Spektrum erzeugt. Das ist bei Meteoren nicht immer optimal möglich. Die nach obiger Definition strichförmigen Objekte sorgen durch ihre Bewegung für die Verbreiterung ihrer Spektren. Scheint das Objekt für die Kamera stillzustehen (nachgeführte Kamera), muß durch Hin- und Herfahren in Rektaszension, Abschalten des Antriebs oder Veränderung der Antriebsgeschwindigkeit eine geringfügige Aufweitung (auf $d \approx 0{,}3$ mm) erfolgen, wobei jegliche Abweichungen in Deklination zu korrigieren sind, da sie das Spektrum „verschmieren" würden. Der der Aufweitung d entsprechende Winkel β wird nach (9) bestimmt:

$$\beta = 206\,265 \cdot d/f \tag{9}$$

mit β in Bogensekunden beziehungsweise d und der Brennweite f in Millimetern.

Schwache Objekte werden durch mehrfaches Überlagern ihrer Spektren sichtbar gemacht [39, 40, 41, 43]. Bei 50–60 mm Objektivdurchmesser werden auf hochempfindlichen Filmen nach 30–40^{min} Belichtungszeit Sterne 5. Größe erreichbar. Bau und Anwendung eines Gitter-Spektrographen beschreibt [42]. Mit 135 mm-Teleobjektiv und einem Gitter mit 630 Furchen/mm erzielt man etwa 25 mm lange Spektren (380–680 nm), die, außer mit apochromatischen oder Spiegel-Optiken, nicht im gesamten Bereich scharf sein werden. Da Prismen und Gitter Licht um viele Winkelgrade ablenken, ist ein Spektrograph entweder auf dem Teleskop gekippt zu befestigen oder mit einem separaten Sucherfernrohr auszustatten, um die Einstellung der Objekte zu erleichtern. Spaltlose Spektrographen sind normalerweise ab etwa 1000 mm Brennweite seeing-begrenzt. Soll dieser Nachteil vermieden beziehungsweise flächenhafte Objekte (u. a. Kometen, Orion-Nebel, Nachthimmel) spektrographiert werden, muß ein Spalt mit Kollimator zwischen Objektiv und Prisma/Gitter eingesetzt wer-

Abb. 8. Spaltloses Spektrum des Ringnebels M 57. Während sich der kontinuierliche Anteil des Spektrums der Feldsterne als konturlose Linie abbildet, erscheinen die diskreten Emissionen des Planetarischen Nebels in Form einer Folge von monochromatischen Bildern des Nebels. Am linken, langwelligen Ende des Spektrums erkennt man das Hα-Bild (656 nm), in der Bildmitte dominiert die [OIII]-Emission (500 nm). Im kurzwelligen schließen sich die Linien von Hβ (486 nm) bis Hγ (434 nm) an. Deutlich erkennt man die unterschiedliche Größe und Struktur des Ringnebels in Hα und [OIII]. Aufnahmedaten: Das konvergente Strahlenbündel eines 14″-Schmidt-Cassegrain-Teleskops wurde nach Durchgang durch einen Kollimator (Achromat, $f \approx 150$ mm) parallel durch ein dreiteiliges Amiciprisma geschickt und anschließend mit einem 50 mm-Objektiv auf der Filmebene einer KB-Kamera fokussiert. Belichtung 30 Minuten auf KODAK 103 a-F. Aufnahme: Bernd Koch

den. Eine weitere Optik (z. B. ein 50 mm-Normalobjektiv) bildet das Spektrum auf dem Film ab. Das Prisma beziehungsweise Gitter kann an dieser Stelle des Strahlengangs bedeutend kleiner sein, als wenn es vor der Optik angebracht werden soll. Diese aufwendigere Bauweise ermöglicht es, durch Ausnutzung des großen Fernrohrobjektivs sehr viel schwächere Objekte zu spektrographieren [44, 45, 46]. „Blaze"-Gitter konzentrieren zudem das Licht hauptsächlich in der 1. Ordnung des Spektrums und verbessern so die Grenzgröße.

4.5.8 Zodiakallicht und Gegenschein

Obwohl auch Zodiakallicht-Aufnahmen mit feststehender Kamera möglich sind, empfiehlt es sich, eine Nachführung zu benutzen, damit dessen diffuse Grenzen nicht noch stärker verwischt werden. Nur lichtstarke Weitwinkelobjektive (Blende ≤ 4) ab ca. 28 mm Brennweite ergeben genug Bildwinkel (KB-Format), so daß sich seine äußere Begrenzung vom Himmelshintergrund abheben kann. Auf ISO 400/27°-Film reichen etwa 15^{min} Belichtungszeit [47]. Über die Berechnung des wichtigen, zum Aufnahmezeitpunkt aktuellen Winkels zwischen Ekliptik und Horizont informiert Meeus [168].

Der Gegenschein ist sehr viel schwächer und somit schwieriger zu photographieren. Weitwinkelobjektive ab 21 mm sollten so eingestellt werden, daß er nicht in der genauen Bildmitte, wo er sich der Vignettierung überlagern würde, sondern etwas zum Gesichtsfeldrand verschoben aufgenommen wird. Aufnahmen in 10 Tagen Abstand zeigen seine Wanderung auf der Ekliptik. Von Mitte Januar bis Mitte März und Ende September bis Ende November steht er in günstiger Lage am Himmel [48, 49].

4.6 Langbrennweitige Astrophotographie

4.6.1 Gerätetechnische Voraussetzungen

Unter langbrennweitiger Astrophotographie soll hier die Benutzung von Teleskopen mit mehr als 1000 mm Brennweite verstanden werden. Etwa ab dieser Brennweite wird der Einfluß des Seeings fast ständig merklich. Das photographische Auflösungsvermögen wird dann auf KODAK TP2415 durchschnittlich etwa bei $4''$, in Sonderfällen seeingbegrenzt bei etwa $1,5''$ liegen. Es muß unterschieden werden zwischen der Photographie verhältnismäßig heller Objekte (Mond, Sonne, Planeten) und der DS-Photographie. Im ersten Fall ist für die Aufnahme von teilweise sehr kleinen Einzelheiten bei langer Brennweite (im allgemeinen mit einem ungünstigen Öffnungsverhältnis von $f/20$ bis $f/100$ verbunden) ausreichend Licht vorhanden, so daß technisch beherrschbare Belichtungszeiten bis ca. 10^s genügen. Gerade in diesem Bereich ist die visuelle Beobachtung der Photographie überlegen, da das Auge in der Lage ist, die meist sehr kurzen Phasen absolut ruhiger Luft auszunutzen. DS-Objekte sind hingegen um Größenordnungen lichtschwächer und müssen daher mit photographisch günstigeren Öffnungsverhältnissen bis $f/20$ aufgenommen werden. Trotzdem liegen die Belichtungszeiten im Bereich von $1-100^{min}$. Hier übertrifft die lichtsammelnde Fähigkeit der photographischen Emulsion die Lichtempfindlichkeit des Auges. Allerdings werden über den gesamten Belichtungszeitraum alle atmosphärischen Störungen akkumuliert, so daß die photographische Auflösung immer schlechter ist als die theoretische.

Die oben angesprochenen Öffnungsverhältnisse oberhalb von $f/20$ werden mit der *Okularprojektionsmethode* erreicht. Ein kurz hinter die Fokalebene des Objektivs eingesetztes Okular projiziert ein stark vergrößertes Bild auf die Filmebene. Über die Veränderung des Abstands bzw. die Wahl der Okularbrennweite läßt sich die effektive Brennweite f_{eff} (Äquivalentbrennweite) in weiten Grenzen steuern. Sie wird nach (10) berechnet:

$$f_{eff} = (p - f_{Ok}) \cdot f_{Ob}/f_{Ok} \tag{10}$$

Mit p wird der Projektionsabstand bezeichnet, das ist der Abstand zwischen der Hauptebene des Okulars und der Filmebene, während f_{Ob} die Objektiv- und f_{Ok} die

Okularbrennweite bedeuten. Meist ist p nicht genau bestimmbar [51], doch ist eine geringe Unsicherheit ohne Belang. Für eine gegebene Kombination von Okularbrennweite und Projektionsabstand kann die effektive Brennweite für Winkelabstände unter einem Grad experimentell nach (11) bestimmt werden:

$$f_{\text{eff}} = 206\,265 \cdot d/\varnothing \tag{11}$$

Es bedeuten d die auf dem Film gemessene Distanz (in Millimetern) zweier Punkte mit bekanntem Winkelabstand $\varnothing$ in Bogensekunden. Die effektive Brennweite ergibt sich ebenfalls in Millimetern. Zweckmäßigerweise verwendet man die Aufnahme eines Doppelsterns oder eines Planeten.

4.6.2 Mond, Sonne, Planeten

Vielleicht wegen der bereits in kleinen Instrumenten kaum abzuzählenden Details wird der Mond- und Sonnenbeobachter bald den Wunsch haben, diese Objekte auch zu photographieren. Der Mond ist für erste Versuche deshalb besonders geeignet, da er hell, aber nicht zu hell ist, somit kurz belichtet werden kann und weniger Schwierigkeiten bei der Fokussierung der Kamera zu erwarten sind. Das Scharfstellen erfolgt an einem kontrastreichen Detail, sei es der Mondrand oder ein Krater am Terminator. Da der Mond praktisch nur geringste Farbnuancen aufweist, sind Aufnahmen auf Farbmaterial nicht sinnvoll, weil lediglich Farbstiche des Films wiedergegeben werden. Es wurde jedoch vorgeschlagen, mit entsprechenden Interferenzfiltern die zum Leuchten angeregten Gaswolken eventueller Ausbrüche vulkanischer Aktivität (TLP's) photographisch nachzuweisen. *Sternbedeckungen* durch den Mond werden analog der Deep-Sky-Photographie behandelt, wobei bezüglich der Belichtungszeit Rücksicht auf Überstrahlungseffekte durch seine große Helligkeit und die hohe Eigenbewegung relativ zu den Sternen zu nehmen ist. Letztere muß bei langen Brennweiten und dementsprechend längeren Belichtungszeiten durch Anpassung der Nachführgeschwindigkeit, unter Umständen auch in Deklination, berücksichtigt werden.

Der Planet mit dem größten scheinbaren Durchmesser ist die Venus. Sie erreicht maximal gut $60''$ und wird dann bei $f = 10$ m mit 2,9 mm Durchmesser (Jupiter $47''/2{,}3$ mm, Saturn $42''/2$ mm) abgebildet. Der Durchmesser des Mars schwankt sehr; er wird bei gleicher Brennweite zwischen 1,2 und 0,7 mm groß. Abgesehen von Merkur, bei dem maximal die Phasengestalt festgehalten werden kann, bieten die restlichen Planeten bestenfalls kleine, strukturlose Scheibchen. Da Amateurteleskope nicht 10 m oder mehr Primärbrennweite haben, muß demnach im Okularprojektionsverfahren gearbeitet werden.

Tabelle 5. Belichtungszeiten für Objekte am Terminator bei $f/50$

Mondphase	Filmempfindlichkeit	
	ISO 64/19°	ISO 100/21°
2 Tage nach Neumond	6ˢ	4ˢ
6 Tage nach Neumond	3	2
10 Tage nach Neumond	½	¼

Tabelle 6. Belichtungszeiten für Planeten bei $f/50$

Planet	Filmempfindlichkeit	
	ISO 64/19°	ISO 100/21°
Merkur/Mars	½ ˢ	¼ ˢ
Venus	1/15	1/30
Jupiter	2	½
Saturn	6	4

Was für die visuelle Beobachtung gilt, hat auch für die Photographie ihre Bedeutung. Filter heben Details in den Komplementärfarben hervor. Grundsätzlich sollten alle Filter an allen Planeten ausprobiert werden, bestimmte Objekte werden in ausgewählten Farben jedoch optimal photographierbar. Die äußerst zarten Schattierungen der Venusatmosphäre sind mit UV-Filtern aufzunehmen. Da diese Filter fast *schwarz* sind, muß vorher mit einem Filter gleicher Dicke, aber hoher Transmission im visuellen Bereich (z. B. Grünfilter) fokussiert werden. Reflektoren sind in diesem Farbbereich bevorzugt, da sie absolut achromatisch sind. Mit Blaufilter aufgenommene Photos zeigen Vorgänge in der Atmosphäre (Blue Clearing) und Wolkenschicht des Mars, während die Oberflächenstrukturen mit Orange- und Rotfiltern beobachtet werden. Der Durchmesser des Mars ist wegen der Atmosphäre im blauen Bereich etwas größer als auf Rotaufnahmen. Jupiters Großer Roter Fleck wird mit Blau- oder Grünfiltern besonders betont. Saturn selbst zeigt wenig Wirkung gegenüber Filtern, doch lohnen sich Versuche bei seinen Ringen. Die Photographie der Merkur- beziehungsweise Venusdurchgänge vor der Sonne entspricht der Vorgehensweise bei der Sonnenphotographie.

Die Sonne ist ein ebenfalls sehr ergiebiges Photoobjekt. Schon mit 60 mm-Refraktoren können Sonnenflecken und Fackeln aufgenommen werden. Für die Granulation sind Objektivdurchmesser ab etwa 100 mm notwendig [69, 70]. Die immense Lichtfülle unseres Sterns erfordert erhebliche Filterung. Metallbedampfte Glas-Objektivfilter erhalten am besten den teleskopeigenen Kontrast. Es sollte aber auf eine nicht zu hohe Dichte geachtet werden, damit die Belichtungszeiten im Bereich von 1/250ˢ bis 1/1000ˢ bleiben. Bei einem Öffnungsverhältnis von $f/50$, einer Filmempfindlichkeit von ISO 50/18° und mit einem Objektivfilter der Dichte 3 (Transmission 1/1000) beträgt die Belichtungszeit ca. 1/250ˢ [91]. Wer nicht über ein geeignetes Objektivsonnenfilter verfügt, kann die Sonne auch vom Projektionsschirm abphotographieren (Achtung: wegen zur starker Erwärmung des Sekundärspiegels im geschlossenen Tubus keine Sonnenprojektion mit Schmidt-Cassegrain-Systemen!). Der Nachteil dieser Methode liegt in der Verzerrung des Sonnenbilds. Für Sonnenaufnahmen in anderen Farben kommt die Hα-Linie und der Bereich um die H- und K-Linien des Calcium II in Frage. In Hα wird mit Interferenzfiltern für die Protuberanzen bei $f/10$ auf KODAK TP2415 mit ISO 100/21° ½ bis 1ˢ, für Oberflächenstrukturen 1/250ˢ belichtet. Mit Protuberanzenansätzen muß die Belichtungszeit wegen der unterschiedlichen Gesamttransmission des optischen Systems jeweils selbst ermittelt werden. Mit einer Kombination von UG1- und BG38-Filter können die sehr großräumigen CaII-Strukturen der oberen Chromosphäre aufgenommen werden [2]. Bei $f/11$ wird ebenfalls auf KODAK TP2415 etwa 1/125ˢ belichtet. Siehe auch Band 2, Kapitel 1.

4.6.3 Planetenmonde

Im Sonnensystem sind fast vier Dutzend Planetenmonde bekannt; dazu kommen einige nicht gesicherte Exemplare und eventuell sogar noch Monde von Planetoiden – insgesamt genug Objekte für heutige Astrophotographen. Ihre zum Teil geringe Helligkeit und große Nähe zum jeweiligen Zentralplaneten bedingt die Verwendung größerer Teleskope, was sowohl Objektivdurchmesser *als auch* Brennweite betrifft. 150–200 mm Objektivöffnung dürften eine untere Grenze darstellen. Langbrennweitige Reflektoren mit minimaler Zentralabschattung und Refraktoren sind sicher bevorzugt, wenn es um die Aufnahme von Monden geht, die sehr eng bei ihrem Planeten stehen. Zur Verringerung von Überstrahlungseffekten durch den Planeten hilft ein auf die Gesichtsfeldblende eines langbrennweitigen Okulares geklebter sehr schmaler Streifen Neutralfilterfolie. Im Projektionsverfahren wird auf diese Weise der dahinter plazierte Planet abgedunkelt, und die Monde werden bei unverminderter Helligkeit leichter photographierbar. Da ein großer Teil der Überstrahlung durch mehrfache Reflektion des Lichts in der Emulsion entsteht, dient ein kleines, in den Film gestanztes Loch dem gleichen Zweck, ist jedoch viel schwieriger zu handhaben. Ein vorher exakt parallel justiertes Leitfernrohr gewährleistet bei der Positionierung die erforderliche Genauigkeit. Nicht alle Planetenmonde verlangen diese speziellen Maßnahmen. Die Jupitermonde VI und VII mit m_v = 14,8 und 16,7 oder der Saturnmond Phoebe mit m_v = 16,5 stehen in größter Elongation zu Zeiten der mittleren Opposition des jeweiligen Planeten in 62.8′ und 64.2′ beziehungsweise 34.9′ Abstand von diesen und sind insofern nicht übermäßig schwierig zu photographieren. Die entsprechenden Werte für die Marsmonde sind 24.7″ und 64.4″ beziehungsweise 14.5″ bis 44.2″ für die vier hellsten Monde des Uranus [66]. Es versteht sich von selbst, daß besonders die inneren Monde am günstigsten zu Zeiten ihrer größten Elongationen photographiert werden können. Der „Astronomical Almanac" enthält die entsprechenden Daten.

4.6.4 Kometen

Zusätzlich zu dem bereits im Abschnitt 4.5.4 Gesagten werden mit längerer Brennweite ($f \geq 1000$ mm) Vorgänge und Strukturen in der den Kometenkern umgebenden Koma beobachtbar. Dazu gehören sowohl kurzzeitig veränderliche Jets und Enveloppen als auch Kernteilungen, wie sie verschiedentlich registriert wurden. Auf der der Sonne gegenüberliegenden Seite der Koma ist zum Teil ein langer „Schatten" feststellbar. All diese Details sind sehr kontrastarm und erfordern zu ihrer Wiedergabe hart arbeitendes Filmmaterial und kontraststeigernde Weiterverarbeitung. Der Kern selber ist zumeist sehr lichtschwach. Aufnahmen können zur Bestimmung von Position und Rotationsdauer des Kerns herangezogen werden.

4.6.5 Deep-Sky

Die hellen, inneren Teile von Nebeln, Spiralarme und Dunkelwolken in Galaxien, mittelgroße und kleine Planetarische und bipolare Nebel, aber auch Veränderliche Sterne in offenen und Kugelsternhaufen fordern zum Erproben des technisch Machbaren heraus, und so führt einwandfreie Mechanik des Teleskops, Erfahrung mit dessen Handhabung und ausgefeilte Labortechnik immer wieder zu beeindruckenden Ergebnissen [67, 68]. Da Grundsätzliches bereits oben besprochen wurde, soll hier nur ein Hinweis bezüglich des Gebrauchs von Filtern hinzugefügt werden. Aufgrund bestimmter Eigenschaften photographischer Emulsionen (Abschnitt 4.7.3) muß zum Aufbau eines verwertbaren Bildes ein Schwellenwert des Grundschleiers überschritten werden. Dieser Wert wird um so später erreicht, je lichtschwächer die Optik und je dunkler der Himmelshintergrund sind. Nun werden Filter zumeist zur Verringerung der Hintergrundshelligkeit eingesetzt. Wenn zudem die eingesetzte Optik (beispielsweise mit $f/10$) nicht sonderlich lichtstark ist, kann es sein, daß unter sehr guten Beobachtungsbedingungen die oben genannte Schwelle nicht erreicht wird und auf dem Negativ keine Spur der Galaxie zu finden ist, während jemand anderer mit gleichartigem Instrumentarium und Film und gleicher Belichtungszeit in einer sehr viel ungünstiger erscheinenden Gegend in Stadtnähe das Objekt aufgenommen hat. Quintessenz: Filter müssen mit lichtstarker Optik am geeigneten Objekt eingesetzt werden und sind sicher kein „Allheilmittel". Das Licht einiger Objekte, wie speziell bipolarer Nebel (z. B. der „Egg-Nebel"), ist so stark polarisiert, daß der Effekt unterschiedlicher Polfilterorientierung schon visuell beobachtet werden kann [165]. Das ist sicher auch für Astrophotographen interessant.

4.7 Filme in der Astrophotographie

4.7.1 Filmformate

Die Bandbreite der angebotenen Schwarz/Weiß-Filme (S/W), die für die Selbstverarbeitung vor allem als Kleinbildfilme, Roll- und Planfilme Verwendung finden, ist so umfangreich, daß wir uns darauf beschränken, die in der Astrophotographie gebräuchlichsten zu behandeln. Der Kleinbildformat-(KB-)Film ist in einer Patrone um einen Kern aufgespult, beidseitig perforiert und enthält 12, 24 oder 36 Aufnahmen beziehungsweise ist als preiswertere Meterware erhältlich. Der Rollfilm (Breite 60 mm) ist zusammen mit Papier um einen Kern gewickelt und läßt je nach Aufnahmeformat 8 bis 16 Aufnahmen zu (Rollfilm 120). Doppelt so lange Rollfilme tragen die Bezeichnung „220". Für Einzelaufnahmen gibt es den Planfilm (bzw. Glasplatten) im Format 6×9 cm bis 18×24 cm.

4.7.2 Aufbau des Films und Entstehung des latenten Bildes

4.7.2.1 Filmaufbau. Die *Emulsion* ist die lichtempfindliche Schicht des Films und besteht aus Silberhalogenid-Mischkristallen (Silberchlorid AgCl, Silberbromid AgBr, Silberjodid AgJ), die in Gelatine-Bindemittel eingebettet sind. Anhäufungen der Kristalle bezeichnet man als *Körner*. Ihre Zusammensetzung, Größe und Verteilung bestimmen die photographische Eigenschaft des Films, wobei die Art des Bindemittels und sonstiger Zusätze eine weitere Rolle spielt. Die Dicke der Emulsionsschicht beträgt weniger als 1/100 mm. Ein Quadratmeter Film enthält zwischen 1 und 10 g Silber. Die Emulsion befindet sich auf einem Schichtträger aus Cellulose-Acetat oder Polyester, dessen Dicke je nach Film zwischen 7/100 und 20/100 mm beträgt (Abb. 9).

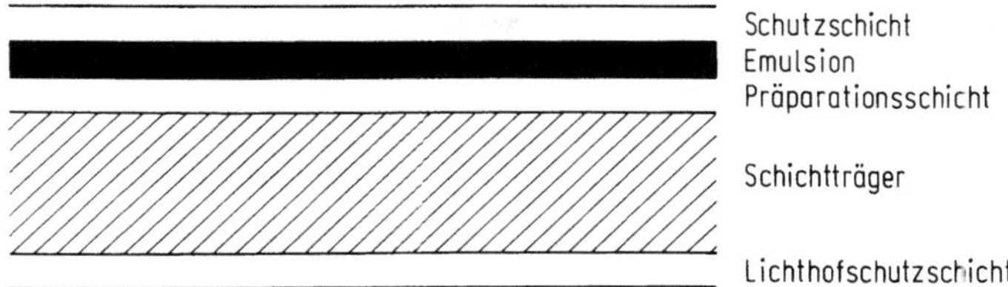

Abb. 9. Prinzipieller Schichtaufbau eines Schwarzweißfilms (nicht maßstabsgerecht) [32]

Eine Präparationsschicht sorgt für eine gute Haftung der Emulsion auf dem Träger. Eine Schutzschicht auf der Emulsion schützt diese vor mechanischen Schäden. Die Rückseite des Films ist mit einem *Lichthofschutz* eingefärbt, der verhindert, daß Lichtsäume um helle Objekte entstehen, die den Kontrast und die Bildschärfe mindern. Diese Einfärbung verschwindet bei der Entwicklung [32].

Die *spektroskopischen Filme* der 103 a-Serie von KODAK besitzen als Lichthofschutz zusätzlich eine Kohleschicht auf der Rückseite des Filmträgers, der vor der Entwicklung oder nach der Fixierung entfernt wird (s. Abschnitt 4.7.10).

4.7.2.2 Entstehung des latenten Bildes. Unter Lichteinwirkung wandelt sich Silberhalogenid in dunkles, metallisches Silber um. Indessen gehen die modernen Emulsionen diesen Schritt nicht bis zum Ende. Es genügt bereits eine sehr kurze Belichtungszeit, um die Silberhalogenidkristalle atomar zu verändern. Die Emulsion trägt nach der Belichtung ein latentes (unsichtbares) Bild, das im Entwickler millionenfach verstärkt wird. Das Fixierbad überführt alle verbleibenden, unentwickelten Silberhalogenide in den löslichen Zustand. Sie werden bei der anschließenden Wässerung ausgewaschen, so daß nur das schwarze Silber zurückbleibt. Die dunklen Partien des Films repräsentieren nun die Lichter des Originalmotivs.

Wie ist der Prozeß zu deuten? Wird die Emulsion einem Lichtstrom ausgesetzt, so formiert sich ein latentes Bild, welches durch den Entwicklungsprozeß sichtbar gemacht wird. Zur Deutung des Prozesses ziehen wir das physikalische Bändermodell heran [71], das aber nur eine der möglichen Beschreibungsformen, neben der chemischen Erklärung der Vorgänge, darstellt:

a) Absorption eines Photons durch ein Elektron im Valenzband des Silberhalogenidkristalls. Das Elektron nimmt genügend Energie auf, um in das Leitungsband gehoben zu werden.
b) Es bleibt ein positives Loch an der Stelle des Elektrons im Valenzband zurück.
c) Elektron und Loch sind im Kristallgitter beweglich, das heißt, beim Aufeinandertreffen können beide unter Aussendung eines Photons rekombinieren. Um die Rekombination, das heißt Auslöschung der Bildinformation zu verhindern, müssen Elektron und Loch durch jeweilige Reaktionen getrennt werden. Elektronen werden von Verunreinigungen oder Kristalldefekten chemisch oder physikalisch eingefangen. Höchstreine Silberhalogenidkristalle sind nicht in der Lage, ein permanentes, latentes Bild zu speichern, denn Elektron und Loch würden binnen 1 µs rekombinieren. Das positive Loch kann an die Oberfläche des Korns wandern und mit der Gelatine reagieren.

d) Das eingefangene Elektron neutralisiert mobile Ag-Ionen und läßt Ag-Atome in der Kristallstruktur zurück.

e) Der Effekt der Elektronenfalle wird nun durch die Anwesenheit des Ag-Atoms verstärkt, und dieses kann weitere Leitungselektronen einfangen. So können sich Silberatome im Silberhalogenid zu Hunderten bilden und anreichern.

f) Der Entwickler reduziert die silberhaltigen Körner zu reinem Silber. Das im Silberhalogenidkristall vorhandene atomare Silber dient als Katalysator, das heißt Körner, die mehr atomares Silber enthalten als andere, werden schneller reduziert. Körner, die zuwenig atomares Silber enthalten, reagieren mit einer langsameren Entwicklungsrate.

g) Zur Reduktion des Korns sind 3 bis 6 Silberatome ausreichend, weniger empfindliche Filme benötigen mehr. Bei der Entwicklung wird das latente Bild in ein sichtbares überführt, indem man so lange entwickelt, bis alle silberhaltigen Körner reduziert sind, aber alle anderen Körner, die kein atomares Silber enthalten, nicht beeinflußt werden. Die zufällige Reduktion eines unbelichteten Filmkorns geschieht durch andere, zum Teil statistische Prozesse und ist verantwortlich für den *Grundschleier*.

Einige moderne, „silberlose" *chromogene S/W-Filme* sind völlig anders aufgebaut [72]. Der typische chromogene S/W-Film (z. B. ILFORD XP1 400) setzt sich aus verschiedenen Emulsionsschichten unterschiedlicher Empfindlichkeit zusammen. Jede Emulsionsschicht enthält zwischen den Silberhalogenidkristallen farblose Farbkuppler, die sich bei der Belichtung an einen latent belichteten Kristall anlagern. Im Farbentwickler entsteht in den belichteten Ag-Kristallpartien schwarzes, neutrales Silber. Die Oxydationsprodukte der Farbentwicklung färben nun die Farbkuppler ein. Sie erscheinen je nach Fabrikat rötlich oder braun. Im Bleichfixierbad werden das gesamte schwarze Silber und die nicht belichteten Silberhalogenide entfernt. Nur die farbaktiven Farbmoleküle bleiben unverändert und bilden das fertige Negativ. Die meisten „silberlosen" S/W-Filme werden mit den gleichen Chemikalien und nach dem gleichen Schema wie Farbnegativfilme entwickelt. Die Bezeichnung „silberlos" bezieht sich also nicht auf den unbelichteten Film, sondern auf das belichtete und entwickelte Negativ.

4.7.3 Schwärzungskurve

Die Art, in der ein Film auf einfallendes Licht reagiert, drückt sich in seiner charakteristischen *Schwärzungskurve* aus. Ein Negativ sollte sowohl in den Schattenpartien als auch in den Lichtern gut durchzeichnen und dazwischen eine breite Skala von Grauwerten haben. Das Endergebnis ist abhängig von der Kombination von Film und Entwickler. Um quantitative Aussagen machen zu können, wird ein Stufengraukeil mit definierten Belichtungszeiten aufbelichtet. Die Schwärzungskurve stellt also ein meßbares Kriterium dar, Eigenschaften von Filmen zu verstehen und zu vergleichen. In doppeltlogarithmischer Darstellung wird die Dichte des Negativs (Positivs), die ein Maß für die Schwärzung darstellt, gegen den Logarithmus der Belichtungszeit aufgetragen (Abb. 10).

Auf den Film auftreffendes Licht erzeugt eine Schwärzung (Negativfilm), die, entsprechend der Belichtung, unterschiedlich sein kann. Im Idealfall wären Ursache

(Licht) und Wirkung (Schwärzung) zueinander proportional, das heißt eine doppelte Belichtung führt zu einer doppelten Schwärzung. In der Realität existiert diese Proportionalität nur genähert im linearen Teil der Schwärzungskurve. Nach einer Schwellenempfindlichkeit (Grundschleier) schließt sich ein näherungsweise linearer Kurvenverlauf an, der in den Bereich der Sättigung bei hoher Belichtung mündet. Wie ist dieses Verhalten zu erklären?

Fangen wir zunächst mit dem Bereich des Grundschleiers, also sehr geringer Schwärzung an. Warum nimmt bei einer sehr geringen Lichtintensität die Schwärzung nicht proportional zu?

Photonen treffen bei einer geringen Lichtintensität nur „gelegentlich" auf ein Silberhalogenidkristall, so daß die Information bereits „vergessen" wurde, bevor ein weiteres Photon denselben Kristall trifft. Im allgemeinen ist dieser Effekt ganz nützlich, denn der Film ist unempfindlich gegenüber sehr schwachen Lichtquellen, ionisierender Strahlung, etc. Oder einfach ausgedrückt: Eine Lichtquelle, die den Film nicht binnen weniger Stunden schwärzt, vermag es niemals zu tun!

Warum nimmt andererseits auch bei starker Belichtung (hohe Intensität) die Schwärzung nicht zu? Der Grund ist, daß der Auffangquerschnitt (Wirkungsgrad) zu gering ist, alle Photonen registrieren zu können.

Der mittlere, genähert durch eine Gerade dargestellte Bereich gibt Auskunft über die Kennwerte eines Films. Ist die Steigung flach (weiche Gradation), so wird ein Bereich großer Belichtungsunterschiede durch nur geringe Schwärzungsunterschiede wiedergegeben. Dies wird zum Beispiel von einem Film für Mond und Planetenaufnahmen verlangt. Ist der lineare Bereich sehr steil (harte Gradation), so werden geringe Helligkeitsunterschiede über einen großen Schwärzungsbereich wiedergegeben. Gerade bei Deep-Sky-Aufnahmen ist das wichtig.

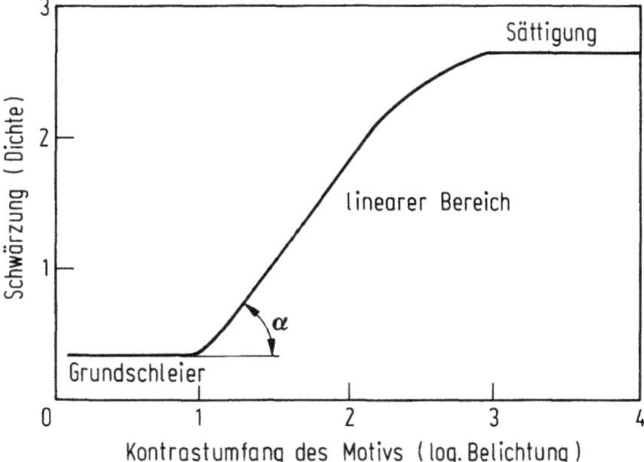

Abb. 10. Verlauf der Schwärzungskurve eines S/W-Negativfilms. Auf der Abszisse ist der Logarithmus der Belichtung (= Beleuchtungsstärke × Belichtungszeit, Einheit L × s) aufgetragen. Jede Einheit repräsentiert eine 10fach höhere Belichtung als die vorhergehende. Ein Sprung um eine Blendenstufe (doppelte oder halbe Belichtung) entspricht 0.3 logarithmischen Belichtungseinheiten. Auf der Ordinate ist die Dichte ($\lg(1/T)$, T = Transmission) aufgetragen. Die Schwärzungskurve läßt sich grob in die drei Teilbereiche Grundschleier, linearer Bereich und Sättigung gliedern. Die Steigung des linearen Kurventeils, der sog. Gammawert ($\gamma = \tan\alpha$), ist ein Maß für den Kontrastumfang des Films

Je kontrastreicher das Negativ, desto steiler der lineare Teil der Schwärzungskurve. Seit F. Hurtler und V. C. Driffield im Jahre 1890 die Ergebnisse ihrer Forschungsarbeiten über charakteristische Eigenschaften photographischer Platten bekanntgaben, bildet der von ihnen aufgestellte Entwicklungsfaktor, der sogenannte *Gammawert* γ, die universelle Maßeinheit für den Entwicklungsgrad. Als γ wird der Schwärzungsanstieg ($\tan \alpha$) des geradlinigen Teils der Schwärzungskurve photographischen Materials bezeichnet (Abb. 10).

$$\gamma = 0{,}7 \qquad \text{bildmäßige Photographie,}$$
$$\gamma = 1{,}0-1{,}5 \qquad \text{Planetenphotographie,}$$
$$\gamma = 4 \qquad \text{Deep-Sky-Objekte.}$$

Der Wert von γ ist sehr stark abhängig von der Art des Entwicklers und der Entwicklungszeit. In neuerer Zeit hat sich der *Kontrast-Index* durchgesetzt, der eine Durchschnittsneigung des tatsächlich beim Vergrößern benötigten Kurvenbereichs angibt. Der Kontrast-Index, auf den hier nicht weiter eingegangen werden soll, ist aber nur für die Anfertigung geeigneter Vergrößerungen von Relevanz.

4.7.4 Filmempfindlichkeit

4.7.4.1 Absolute Filmempfindlichkeit. Die *International Standards Organization* (ISO) gibt die Filmempfindlichkeit in ASA/DIN° an und löst damit die alte ASA- oder DIN-Bezeichnung ab. Beispiel: KODAK T-MAX 400:ISO 400/27°. ASA und DIN hängen über die folgenden Beziehungen zusammen [73]:

$$ASA = 25 \cdot 2^{(DIN-15)/3}, \tag{12}$$

$$DIN = 15 + 3 \cdot \lg(ASA/25)/\lg 2 \approx 1 + 10 \cdot \lg(ASA). \tag{13}$$

Die angegebene Filmempfindlichkeit dient in der Astrophotographie nur als Anhaltspunkt, hängt sie doch von verschiedenen Faktoren ab: Zum einen ist der verwendete Entwickler zu beachten, denn Entwickler, die Phenidone enthalten (z.B. ILFORD Microphen), erhöhen die effektive Filmempfindlichkeit, wohingegen Feinkornentwickler (z.B. KODAK Technidol, TETENAL Ultrafin etc.) die Filmempfindlichkeit reduzieren. Zum anderen spielt gerade im Langzeitbereich der *Schwarzschild-Effekt* eine große Rolle, so daß ein ISO 100/21°-Film nach einer bestimmten Belichtungszeit empfindlicher sein kann als ein ISO 400/27°-Film bei gleicher Belichtungszeit des gleichen Motivs (s. Abschnitt 4.7.6).

4.7.4.2 Spektrale Filmempfindlichkeit. Die fortschreitende technische Entwicklung von photographischen Emulsionen in bezug auf die Steigerung der absoluten und Ausweitung der spektralen Empfindlichkeit hängt eng mit der Entdeckung und Entwicklung chemischer Substanzen zusammen. Ursprünglich ist jede „unsensibilisierte" photographische Schicht, die ausschließlich aus Silberhalogeniden als lichtempfindliche Schicht besteht, bis knapp 500 nm rein blauempfindlich. Durch Beimischung von Farbstoffen wird eine „sensibilisierte" Schicht bis zirka 600 nm Wellenlänge auf Licht reagieren. Der Film verhält sich *orthochromatisch* und ist blau/grünempfindlich. Kann ein Film bis ins Rote hinein (650 nm) sensibilisiert werden, so verhält er sich *panchro-*

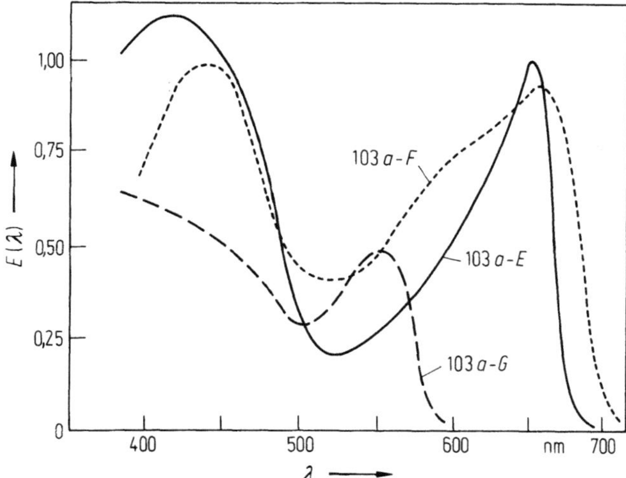

Abb. 11. Spektrale Empfindlichkeiten der drei spektroskopischen Filme KODAK 103 a-E, 103 a-G und 103 a-F. Die relative Empfindlichkeit E (λ) wurde zur besseren Übersicht linear aufgetragen [62]

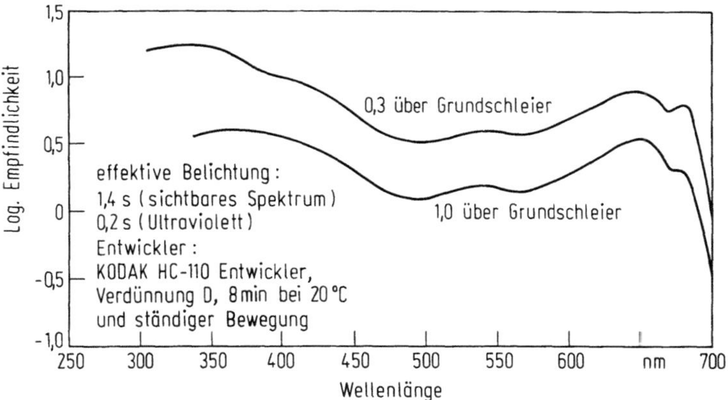

Abb. 12. Spektrale Empfindlichkeit des KODAK TP2415. Man beachte das relative Maximum im Roten bei der Hα-Wellenlänge 656,28 nm [157]

matisch. Filme, die bis zu 900–1000 nm im nahen Infrarot empfindlich sind, werden als *Infrarotfilme* bezeichnet. Als Beispiele sind die spektralen Empfindlichkeitskurven dreier spektroskopischer Filme (Abb. 11) und des TP2415 (Abb. 12) von KODAK ausgewählt worden [62, 75, 137, 157].

Der 103 a-G ist als orthochromatischer Film noch bis knapp 600 nm empfindlich, wohingegen die panchromatische Sensibilisierung der Filme 103 a-E/F knapp über H_α hinausgeht. Allen Filmen ist die „Grünlücke" gemeinsam, die nur vom 103 a-D (ohne Abbildung) ausgeglichen wird. Der Übersichtlichkeit halber wurde in Abbildung 11 eine lineare Aufteilung der Ordinate gewählt.

4.7.5 Film/Filterkombinationen

Farbfilter lassen die gezielte Photographie in speziellen Farbbereichen zu, um einerseits spezifische Informationen über das zu photographierende Objekt zu erhalten und andererseits Störlichteinflüsse zu vermindern.

Spezielle Techniken, wie das *Dreifarbenverfahren* (Abschnitt 4.8.4.6), arbeiten mit Filtern, die drei verschiedene Spektralbereiche bei der Aufnahme herausfiltern. Der photographierende Amateur ist aber auf eine ganz wesentliche Eigenschaft der Filterungstechnik angewiesen, die in den letzten Jahren an Bedeutung zugenommen hat: die Unterdrückung von Streulicht durch geeignete Filterung. Nach *Rayleigh* ist die Streulichtintensität infolge Lichtstreuung an Sauerstoffmolekülen der Atmosphäre proportional zu λ^{-4} (λ = Lichtwellenlänge). Kurzwelliges Licht (blauer Spektralbereich) wird bis zu 16mal stärker an Sauerstoffmolekülen gestreut als langwelliges (roter Spektralbereich).

Bei ideal dunklem Nachthimmel ist das natürliche Nachthimmelsleuchten sehr gering. Viel dramatischer hingegen verhält es sich mit dem künstlichen Streulicht, der sogenannten *Lichtverschmutzung*, bedingt durch übermäßige Abstrahlung von Licht in die Atmosphäre. Mit diesem Problem haben nicht nur die Amateure zu kämpfen, sondern mittlerweile auch große, renommierte Sternwarten, wie die auf dem Mount Wilson und Mount Palomar. Nicht umsonst werden die modernen Sternwarten in einsamen Gegenden (Berglagen) mit fehlendem Streulicht, staubfreier Atmosphäre und trockener Luft errichtet.

Wenn auch der Kontrast bei Aufnahmen mit Filtern gesteigert werden kann, so kommt das doch vornehmlich der S/W-Photographie zugute. Farbaufnahmen auf Color-Diafilm oder -Negativfilm können aufgrund von Farbverschiebungen nicht gefiltert und somit nur unter dunklen Nachthimmelsbedingungen befriedigend angefertigt werden. Abbildung 13 zeigt die Transmissionskurven und Kantenlagen einiger

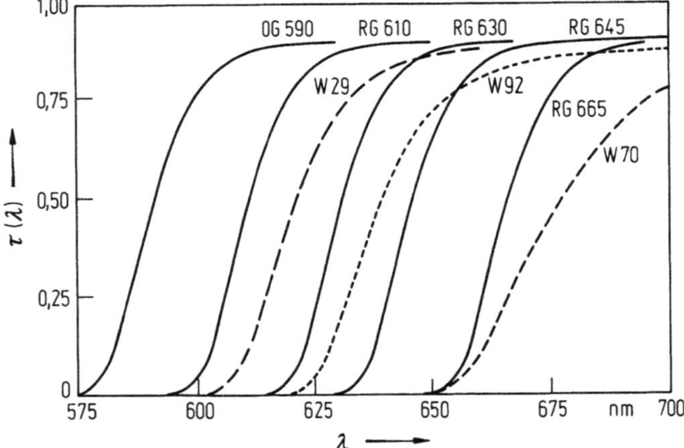

Abb. 13. Transmissionskurven und Kantenlagen verschiedener SCHOTT-Glasfilter und KODAK-Wratten-Gelatinefilter. $\tau(\lambda)$ ist die auf 1 normierte Transmission ohne Filter. OG = Orangeglas, RG = Rotglas, W = Wrattenfilter. Die Bezeichnung OG 590 bedeutet, daß es sich um ein SCHOTT-Glasfilter handelt, dessen Transmission $\tau = 0{,}5$ bei 590 nm Wellenlänge liegt [62]

ausgewählter SCHOTT- und KODAK-Wrattenfilter zur Ausfilterung der roten Wasserstoff-Hα-Linie (656,28 nm) [62, 76, 77]. Diese Wellenlänge ist dominant in HII-Regionen, von denen die bekanntesten sicher der Orionnebel und der Nordamerikanebel sind.

Zur Streulichtunterdrückung in der Stadt [74] oder in Stadtnähe empfiehlt sich die Verwendung des 103a-E in Kombination mit einem leichten (W29, OG590) bis starken (RG630, RG645, W92) Rotfilter. Sehr gute Erfahrungen liegen vor mit dem RG645 [62] in Verbindung mit lichtstarken Objektiven (bis Blende 2,8, 90^{min} Belichtungszeit). Die optimale Filterdicke, die den höchsten Kontrast ergibt, liegt bei 6 mm. Wer mit mittleren Öffnungsverhältnissen (f/5,6) arbeitet, wird bei diesem dunklen Filter unakzeptable Belichtungszeiten benötigen und auf leichtere Rotfilter ausweichen müssen. Für den grünen Spektralbereich verwendet man den 103a-G in Kombination mit dem Filter W44 und im blauen den 103a-O (ohne Filter) beziehungsweise den 103a-F mit W47B. Abbildung 14 zeigt eine Aufnahme des Halleyschen Kometen,

Abb. 14. Komet HALLEY am 14. April 1986 um 23:13 MEZ. Aufnahme mit 5½″-Schmidtkamera f/1,65 (140/140/225 mm) auf gashypersensibilisiertem KODAK TP2415 mit Blaufilter W47B. Belichtungszeit 60 Minuten. Aufnahme: Norbert Sommer in Namibia/SWA

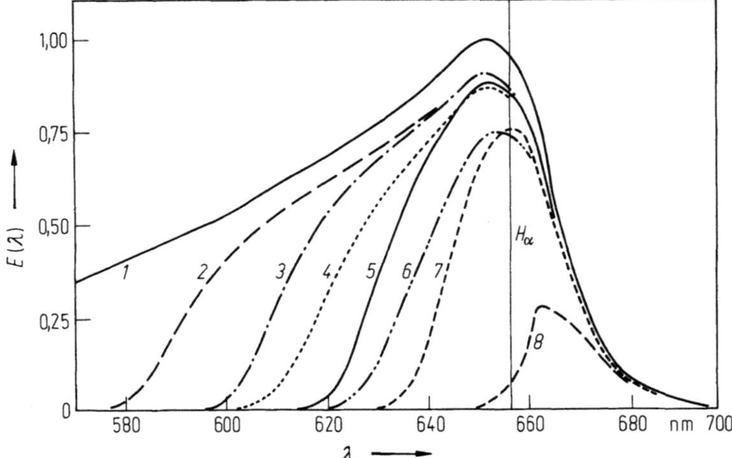

Abb. 15. Die Faltung einer Filmempfindlichkeitskurve mit einer Filterkurve ergibt die spektrale Empfindlichkeitskurve der gewählten Film/Filter-Kombination [62]. Die Kurve (1) wurde auf $E(\lambda) = 1$ normiert. *(1)* 103 a-E ohne Filter, *(2)* mit OG590, *(3)* mit RG610, *(4)* mit W29, *(5)* mit RG630, *(6)* mit W92, *(7)* mit RG645 und *(8)* mit RG665. Standarddicke aller SCHOTT-Glasfilter ist 3 mm

Tabelle 7. Kontrastwerte der in Abbildung 15 angegebenen Kombinationen 103 a-E + Filter

Filter	Kante λ/nm	Kontrast	t_{max}/min (f/2,4)
OG 590	590	1,00	ca. 30
RG 610	610	1,21	37
W 29	620	1,41	44
RG 630	630	1,69	52
W 92	638	1,93	68
RG 645	645	2,40	83
RG 665	665	0,87	> 330

die auf KODAK TP2415 mit Blaufilter W47B angefertigt wurde. Deutlich ist der markante Ionenschweif zu erkennen, wohingegen der Staubanteil verblaßt.

Die mathematische Faltung einer Filmempfindlichkeitskurve mit einer gewählten Filterkurve führt zur normierten Darstellung der Empfindlichkeit der entsprechenden Film/Filterkombination (Abb. 15).

Je enger die Kurve um die in diesem Beispiel gewählte Hα-Linie liegt, desto kontrastreicher wird das Negativ. Zur Ausbelichtung muß mit einem RG645-Filter allerdings sehr viel länger belichtet werden als zum Beispiel mit dem Filter OG590, der noch relativ viel Streulicht durchläßt und die gleiche Schwärzung in sehr viel kürzeren Zeiten unter Kontrastverlust erreicht. In Tabelle 7 sind Kontrastwerte [62] des Films KODAK 103 a-E mit ausgesuchten Filtern von SCHOTT [77] und KODAK [76] wiedergegeben. Spalte 2 gibt die Lage der 50%-Transmission des Filters an (Kantenlage). Spalte 3 enthält den Kontrast der Kombination 103 a-E/Filter, bezogen auf $k = 1$

für 103 a-E/OG590. Spalte 4 gibt die maximale Belichtungszeit an, wobei $t_{max} = 30^{min}$ für 103 a-E/OG590 und Objektivblende 2,4 als Bezug gewählt wurde. Die t_{max}-Werte sind nur Anhaltswerte, die unter extrem dunklen Nachthimmelsbedingungen um zirka 30% verlängert werden können.

4.7.6 Schwarzschildeffekt

Das photochemische Reziprozitätsgesetz nach Roscoe und Bunsen sagt aus, daß eine bestimmte Belichtung immer die gleiche Schwärzung erzeugt; oder anders ausgedrückt:

$$I_1 \cdot t_1 = I_2 \cdot t_2. \tag{14}$$

Die doppelte Intensität bei der halben Belichtungszeit ergibt die gleiche Belichtung wie die halbe Intensität bei der doppelten Belichtungszeit. Alle photographischen Emulsionen reagieren jedoch abweichend von diesem Verhalten, sobald der Belichtungszeitenbereich der Normalphotographie von $1/1000^s - 1^s$ über- oder unterschritten wird. Aufgrund des *Schwarzschildeffekts* „ermüdet" der Film, das heißt, es sinkt die Filmempfindlichkeit bei langer Belichtungszeit (ab ca. 1^s). Gleichung (14) erweitert sich nach Einführung des *Schwarzschildexponenten p* zu

$$I_1 \cdot t_1^p = I_2 \cdot t_2^p. \tag{15}$$

Weitere Effekte bei der Belichtung, wie der *Intermitting-Effekt*, *Clayden-Effekt*, *Villard-Effekt*, *Herschel-Effekt*, *Sabattier-Effekt* und die *Solarisation*, sind für Abweichungen vom idealen Verhalten verantwortlich. Verschiedene Vorgänge, wie der *Kanten-Effekt*, *Eberhard-Effekt* und *Kostinsky-Effekt*, spielen sich bei der Entwicklung ab [75].

Der Schwarzschildexponent p vieler Filme liegt bei 0,6 bis 0,7 und kann bei Spezialfilmen oder nach einer besonderen Behandlung (Tiefkühlung und Hypersensibilisierung, s. Abschnitt 4.7.11) durchaus $p = 0,9 - 0,99$ erreichen. Tabelle 8 enthält p-Werte einiger in der Astrophotographie gebräuchlicher Filme.

Was bedeutet (15) in der Praxis? An einem kleinen Rechenbeispiel möge veranschaulicht werden, daß von einer bestimmten Belichtungszeit an aufwärts ein niedrigempfindlicherer Film empfindlicher sein kann als ein hochempfindlicher Film, wenn erstgenannter einen größeren Schwarzschildexponenten p besitzt:

$$\text{Film 1:} \quad E_1(t) = E_1(t_a) \cdot t^{p_1}/t$$

$$\text{Film 2:} \quad E_2(t) = E_2(t_a) \cdot t^{p_2}/t$$

E = Filmempfindlichkeit in ASA am Belichtungsanfang (t_a) und zur Zeit (t), t = Belichtungszeit in Sekunden, p = Schwarzschildexponent.

Ab welcher Zeit t ist Film Nr. 1 (103 a–E, $E_1(t_a) = 125$ ASA, $p_1 = 0,9$) empfindlicher als Film Nr. 2 (Tri X, $E_2(t_a) = 400$ ASA, $p_2 = 0,72$).

Aus $\quad E_1(t) = E_2(t) \quad$ folgt $\quad t \geqq (E_2(t_a)/E_1(t_a)^{1/(p_1 - p_2)}$.

In unserem Beispiel ergibt sich: $t \geqq 640^s \approx 10^{min}$. Das heißt, schon nach 10 Minuten hat der vermeintlich „langsamere" Film 1 den empfindlicheren eingeholt. Das bedeu-

Tabelle 8. Filmdaten

Film	Empfindlichkeit ISO (ASA/DIN°)	Auflösungs- vermögen Linien/mm	Schwarz- schild- exponent p	Literatur
S/W-Film				
AGFA				
AGFA Ortho 25	25/15°	350	0,85	[32]
AGFA Pan 100	100/21°	145	0,64	[32]
AGFA Pan 400	400/27°	110	0,70	[32]
ILFORD				
Pan F	50/18°		0,73	[32]
HP 5	400/27°		0,73	[32]
XP1 400	50/18° bis 1600/33°		0,70	[32]
FP4	100/21°			
KODAK				
T-Max 100	100/21°	63/200		
T-Max 400	400/27°	50/125	0,90[a]	
TP2415	100/21°	125/320	0,75	[86]
HSIR 2481	25/15°	32/80	0,79	
103 a-Serie	$\approx$ 125/22°	80	0,98	[86]
Farbdiafilm (Tageslicht)				
FUJI				
Fujichrome RD100	100/21°	50/125		
Fujichrome RH400	400/27°	40/125	0,72	
Fujichrome P1600	800/30° bis 3200/36°			
KODAK				
Ektachrome 100	100/21°			
Ektachrome 400	400/27°	40/80	0,71	[75]
Ektachrome P800/1600	800/30° bis 1600/33°	40–60	0,73	[150]
3M				
3M 1000	1000/31°		0,82	[78, 148]
AGFA				
Agfachrome 1000 RS	1000/31°		0,70	[56, 163]

[a] Eigene Messung. Bemerkungen: Das Auflösungsvermögen wird von manchen Herstellern für die Kontrastwerte 1,6:1 bzw. 1000:1 angegeben.

tet aber auch umgekehrt, daß bis zu einer Belichtungszeit von 10 Minuten der Tri X empfindlicher, also „schneller" ist als der 103 a-E!

Daran kann man erkennen, daß die Angabe der Empfindlichkeit allein noch keine Aussagen über die Eignung im Langzeitbereich zuläßt.

Was die Farbfilme betrifft, so liegt die Situation komplizierter. Ein Farbdiafilm besteht aus drei farbempfindlichen Schichten mit jeweils unterschiedlichem Schwarzschildverhalten. Daraus resultiert, daß zum einen bei fast allen Filmen eine Farbverschiebung auftritt, je länger man belichtet, und daß zum anderen dieser Effekt auch ganz nützlich sein kann. Ist zum Beispiel die grünempfindliche Schicht weniger empfindlich als die rotempfindliche, so wird durch diesen Effekt der Einfluß des städtischen Streulichts ein wenig gedämpft, und gleichzeitig werden die roten Wasserstoffnebel mit besserem Kontrast abgebildet. Farbstiche können im übrigen mit Farbkompensationsfiltern (KODAK CC-Filter) [76] korrigiert werden.

4.7.6.1 Ein einfaches Verfahren zur Messung des Schwarzschildexponenten. Die folgenden beiden Beziehungen beschreiben den Zusammenhang zwischen Stern-intensität I, Sternhelligkeit m und Belichtungszeit t zweier Aufnahmen, die unter gleichen apparativen Bedingungen, aber mit verschiedenen Belichtungszeiten angefertigt wurden.

$$I_1 \cdot t_1^p = I_2 \cdot t_2^p \tag{16}$$

$$I_1/I_2 = 10^{-0,4\,(m_1 - m_2)}. \tag{17}$$

Auflösung von (16) und (17) nach Δm:

$$\Delta m = m_2 - m_1 = 2,5 \cdot p \cdot \lg t_2/t_1. \tag{18}$$

Wie nun sind die beiden Helligkeitswerte m_1 und m_2 zu verstehen? Wir wählen dazu die *Grenzgrößen* (Grenzhelligkeiten) der beiden Aufnahmen mit den Belichtungszeiten t_1 beziehungsweise t_2. Die Auflösung nach p ergibt:

$$p = 0,4 \cdot \frac{m_2^{gr} - m_1^{gr}}{\lg(t_2/t_1)}. \tag{19}$$

Beispiel:

Aufnahme Nr. 1: Belichtungszeit $t_1 = 1^{min}$, Grenzgröße $m_1^{gr} = 9,0^m$

Aufnahme Nr. 2: Belichtungszeit $t_2 = 10^{min}$, Grenzgröße $m_2^{gr} = 11,3^m$

Nach (19) folgt: p = 0,92.

In der Praxis werden die Grenzgrößen mehrerer Aufnahmen als Funktion der jeweiligen Belichtungszeit aufgetragen und im Sinne eines *Least Squares Fit* ausgeglichen. Aus der Steigung der Funktion $m_{gr}(\lg(t))$ wird der Schwarzschildexponent p ermittelt.

4.7.7 Auflösungsvermögen

Die Parameter Größe, Dichte, Form und Anordnung der Silberhalogenidkristalle bestimmen das *Auflösungsvermögen* und die *Filmempfindlichkeit*. Je größer die Körner, desto empfindlicher ist die Schicht. Die Größe eines entwickelten Silberkorns ist nicht identisch mit der des Kristalls, aus dem es entwickelt wurde. Während der Entwicklung verändern die Kristalle ihre Form, und mehrere Kristalle können sich zu Konglomeraten zusammenballen. Je nach Schwärzung können die Silberkörner in mehreren, das Licht in alle Richtungen streuenden Schichten liegen. Bei vergrößerter Betrachtung fällt die unregelmäßige Anordnung der geschwärzten Körner als *Körnigkeit* auf, die die Vergrößerungsfähigkeit eines Negativs begrenzt. Ausschlaggebend für den Grad der Körnigkeit ist auch die Belichtung. Eine reichliche Belichtung führt zu dichten Negativen, bei denen das Bild bis in die Tiefe der Schicht aufgebaut ist. Energiereiche Entwickler (KODAK D19, TETENAL Dokumol) erzeugen körnigere, aber höher ausentwickelte, also effektiv empfindlichere Negative als ausgesprochene Feinkornentwickler (KODAK D76, TETENAL Ultrafin).

Ein Maß für das *Auflösungsvermögen* eines Films ist die Zahl der Linienpaare/mm, die noch getrennt werden. Die Messung erfolgt durch Aufnahme von Testkarten mit verschiedenen Hell-Dunkel-Mustern (Siemensstern, Balken). Die Testtafeln können von KODAK, TETENAL über den Fotofachhandel bezogen werden. Das Auflösungsvermögen ist des weiteren abhängig vom Motivkontrast. Gewöhnlich wird das Auflösungsvermögen von allen Filmherstellern für einen Motivkontrast von 6:1 und 1000:1 angegeben.

Tabelle 8 enthält Werte für das Auflösungsvermögen und das Schwarzschildverhalten einiger Filme.

4.7.8 Empfohlene Filme

Unter den zahlreichen S/W- und Farbdiafilmen bieten sich besonders die nachfolgenden an [176], wobei für Farbnegativfilme auf [143] verwiesen sei. Schwarz/Weiß-Filme: KODAK T-MAX 100 und T-MAX 400 [162], ILFORD HP 5, Agfapan 400, TP2415 und AGFA Ortho 25. Farbdiafilme: Ektachrome 100, Fujichrome 400 [151], Ektachrome 400 [149, 151], Agfachrome 1000RS, 3M 1000 [148, 151] und Fujichrome P1600. Gerade die ISO 400/27°-Filme sind aufgrund ihrer hohen Anfangsempfindlichkeit zu empfehlen. Eine standardisierte Entwicklung ermöglicht es dem Anfänger, einen Einstieg in die Astrophotographie zu finden. Der TP2415 hingegen gilt als Allround-Film mit moderater Empfindlichkeit und höchster Auflösung, ging aus den Vorläufern SO115 und SO410 hervor und ersetzt heute den High-Contrast-Copy von KODAK für Reprozwecke. Das Pendant zum TP2415 im Kleinbildformat ist der 120/220-Rollfilm TP6415 mit den gleichen charakteristischen Eigenschaften. Selbst bei 25facher Vergrößerung ist praktisch kein Korn zu sehen. Der Film kann einerseits in Technidol und POTA für die bildmäßige Photographie sehr weich, andererseits in HC110, Microphen, Dektol und Dokumol (Dokumentenentwickler) sehr hart entwickelt werden [81]. Seine Empfindlichkeit schwankt je nach Entwicklung zwischen ISO 25/15° und ISO 200/24°. Gashypersensibilisiert hält sich der Film über ein Jahr tiefgefroren ($\approx -20\,°C$), ohne einen nennenswert höheren Grundschleier zu bekommen. Die spektroskopischen Emulsionen von KODAK der 103a-Serie werden von feinkörnigeren Emulsionen langsam verdrängt. Gerade der 103a-E hat Konkurrenz im gashypersensibilisierten TP2415 bekommen, der zwar etwas unempfindlicher ist, aber dafür die Details wesentlich feiner zeichnet und die Grenzgröße deutlich erhöht.

4.7.9 Haltbarkeit photographischer Emulsionen

Das auf jeder Filmpackung abgedruckte Garantiedatum gibt Auskunft über das Alter des Films, ist aber nicht als ein Verfalldatum zu verstehen. Ein Film kann über dieses Datum hinaus Verwendung finden, aber durch den natürlichen Alterungsprozeß können sich Empfindlichkeit und Gradation verändern und man muß mit einem Anstieg des Grundschleiers rechnen. Bei Farbfilmen kann eine Störung des Farbgleichgewichts eintreten, die sich als störender Farbstich bemerkbar macht. Wie schnell ein Film altert, hängt von den verschiedenen Einflüssen ab, denen er im Laufe der Lagerung ausgesetzt wurde. Wird das belichtete Bild nicht sofort entwickelt, so kann sich das latente Bild in der Zwischenzeit verändern, die Filmempfindlichkeit sinken, der Grundschleier zunehmen und dadurch die Gradation verflachen.

Hohe Temperaturen beschleunigen den Alterungsprozeß, daher sollten Filme möglichst in der Originalverpackung unter + 20 °C gelagert werden. Im Kühlschrank unter + 10 °C gelagerte Filme benötigen 1 bis 2 Stunden, in der Tiefkühltruhe gelagerte Filme ca. 6 Stunden Zeit zur Anpassung an die Raumtemperatur. Auf sofort in das Kameragehäuse eingelegte Filme schlägt sich Feuchtigkeit nieder, daher Filme immer in der Plastikdose „auftauen".

Zu hohe Luftfeuchtigkeit ist noch schädlicher als zu hohe Temperatur. Die meist in Plastikdöschen originalverpackten Filme sind hinreichend geschützt, andere Filme können in gut verschlossenen Polyethylen-Kunststoffbeuteln gegebenenfalls unter Beigabe eines Trockenmittels (Silicagel) aufbewahrt werden. Nicht originalverpackte Filme können eine begrenzte Zeit einer relativen Luftfeuchtigkeit von 50 bis 60% ausgesetzt werden.

Ausgasende imprägnierte Hölzer sowie Lacke, Desinfektions- und Reinigungsmittel, Formaldehyd aus Preßspanplatten etc. können den ungeschützt lagernden Film (auch in der Kamera) schädigen. Belichtete Filme sollten daher bis zur Entwicklung nicht zu lange gelagert werden [79].

Wenn Dias starkem Licht (besonders UV-Licht), hohen Temperaturen oder Luftfeuchtigkeit ausgesetzt werden, verfärben sie sich oder werden blaß. Um dies zu vermeiden, sollte man bei der Lagerung folgendes beachten:

- Lagerung von belichtetem Filmmaterial unter 20 °C bei weniger als 60% relativer Luftfeuchte.
- Dias müssen vor direkter Sonneneinstrahlung geschützt an dunklen Orten aufbewahrt werden. Trotzdem können sich die Farbstoffe im Laufe der Zeit verändern.

4.7.10 Filmentwicklung

4.7.10.1 Schwarzweißfilmentwicklung. Es sind sehr viele Rezepte im Umlauf, deren Angaben über die Entwicklungsparameter allerdings in der Praxis immer nur als Richtwerte zu verstehen sind, wenn es darum geht, eine Film/Filterkombination für den eigenen astrophotographischen Einsatz einzueichen. Es würde zu weit führen, an dieser Stelle alle Film/Entwicklerkombinationen angeben zu wollen, denn hier Vollständigkeit anzustreben ist fast unmöglich.

Unabhängig von der Art des gewählten Entwicklers sollte man bei der Verarbeitung der spektroskopischen Filme der 103 a-Serie auf eine sorgfältige Entfernung des Lichthofschutzes achten. Dieser kann vor der Entwicklung durch Baden des Films in einem alkalischen Bad entfernt werden. Dies hat den Vorteil, daß abgelöste Kohlepartikel sich im Entwicklungsgang nicht auf der Emulsionsseite festsetzen können. Die andere Möglichkeit ist die, den Lichthofschutz nach der Wässerung durch Reiben mit dem Finger auf der Filmvorderseite (ggf. auch auf der Emulsion, falls sich dort etwas festgesetzt hatte) zu entfernen. Dies muß in jedem Fall äußerst vorsichtig geschehen.

Für die astrophotographisch am häufigsten eingesetzten S/W-Filme sind die Standardentwickler in Tabelle 9 kurz angegeben.

Tabelle 9. Schwarzweißfilme und Entwickler

Film	Entwickler	Konzen-tration	Zeit/min bei 20 °C	Kipp-rhyth-mus/s	Lite-ratur
Deep-Sky					
103 a-Serie	ILFORD Microphen	unverdünnt	12	30	[74]
103 a-E	ILFORD Microphen	unverdünnt	15 (14 °C)	30	[62]
TP2415	ILFORD Dokumol	1 + 9	4–8	30	
Sonne					
Agfaortho 25	KODAK HC110	1 + 25	10	10	
TP2415	KODAK HC110	1 + 25	8	10	
Agfaortho 25	Neofin-Blau	1 + 10	12	10	[80]
TP2415	Neofin-Blau	1 + 10	8	10	
Agfaortho 25	Rodinal	1 + 50	12	10	
TP2415	Rodinal	1 + 50	10	10	
Mond (in Klammern) und Planeten					
Agfapan 25	KODAK HC110	1 + 31 (42)	8	10	
Pan F	KODAK HC110	1 + 31 (42)	8	10	
TP2415	KODAK HC110	1 + 42 (50)	6	10	[80]
Agfapan 25	Neofin-Blau	1 + 10	8 (7)	10	
Pan F	Neofin-Blau	1 + 10	10 (8)	10	
TP2415	Neofin-Blau	1 + 10	7 (6)	10	

Bemerkungen: Konzentration 1 + 9 bedeutet: 1 Teil Entwickler auf 9 Teile Wasser. Beispiel: 250 ml Lösung setzt sich aus 250 ml/(1 + 9) = 25 ml Entwickler und 225 ml Wasser zusammen.

Tabelle 10. Auflösungsvermögen des KODAK TP2415 [81]

Kontrastumfang	KODAK HC110 Verdünnung D, 8^min bei 20 °C	KODAK Technicol LC 15^min bei 20 °C
	Auflösung:	Auflösung:
1000:1	320 Linien/mm	400 Linien/mm
1,6:1	125 Linien/mm	125 Linien/mm

Tabelle 11. Kontrastwerte des KODAK TP2415 [81]

Kontrast	Grada-tion γ	KODAK-Entwickler	Entwicklungs-zeit in min bei 20 °C	Empfindlichkeit ISO
Hoch	2,50	Dektol	3	200/24°
	2,25–2,50	D19	2–8	100/21°–200/24°
	1,20–2,10	HC110 (B)	4–12	100/21°–250/25°
	1,00–2,10	D76	6–12	50/18°–125/22°
	0,80–0,95	HC110 (F)	6–12	32/16°–64/19°
Niedrig	0,40–0,80	Technidol LC oder POTA	7–18	25/15°–32/16°

4.7.10.2 Farbfilmentwicklung. Die meisten der in der Astrophotographie gebräuchlichen Farbdiafilme sind zur Entwicklung nach dem E6-Prozeß (KODAK, TETENAL) vorgesehen, den man ohne viel Aufwand zur Selbstentwicklung heranziehen kann. Der Vorteil des E6-Prozesses gegenüber anderen ist der, daß das nach der Erst- und Farbentwicklung nötige Umkehren des Bildes nicht durch eine Zwischenbelichtung, sondern chemisch in einem Bleichbad erfolgt. Die Filmentwicklung kann in einer Entwicklungsdose, die sich in einem Wasserbad befindet, mit der Hand oder durch Einsetzen der Entwicklungsdose in einen Prozessor erfolgen. Der TETENAL-Entwicklungssatz *Color Kit Diafilm* beispielsweise enthält die Gebrauchslösungen Erstentwickler, Farbentwickler, Bleichfixierbad und Stabilisierungs- bzw. Netzmittel. Nur bei der Erstentwicklung muß man darauf achten, daß die im Wasserbad befindliche Erstentwicklerlösung auf 38 °C $\pm$ 0,5 °C gehalten wird. Alle weiteren Bädertemperaturen sind mit einer Toleranz von $\pm$ 1 °C bis $\pm$ 3 °C unkritisch [32].

4.7.11 Empfindlichkeitssteigerung von Filmmaterial

Die Empfindlichkeitssteigerung bei der Herstellung von Filmmaterial bezeichnet man allgemein als *Sensibilisierung,* wobei die chemische von der optischen Sensibilisierung unterschieden wird. Die *chemische Sensibilisierung* wird durch den Reifungsprozeß (Kornvergrößerung, Bildung von Reduktions- = Reifekeimen) erzielt. Die optische, auch *Farbsensibilisierung* genannt, macht die photographische Schicht empfindlich für langwellige Strahlung. Man erhält so orthochromatische (gelb/grünempfindliche) und panchromatische (zusätzlich rotempfindliche) Schichten.

Von diesen emulsionstechnischen Sensibilisierungsverfahren sind die verarbeitungstechnischen Verfahren zur Steigerung der Empfindlichkeit zu unterscheiden. Werden derartige Verfahren vor der Aufnahme angewendet, so spricht man von *Hypersensibilisierung.* Bei diesen Verfahren wird nicht die Grundempfindlichkeit des Filmmaterials erhöht, sondern vielmehr die Geschwindigkeit der Abnahme der Empfindlichkeit mit der Zeit verlangsamt. Der Erfolg liegt in der Beibehaltung der ursprünglichen Empfindlichkeit, also der Verringerung des Schwarzschildeffekts [130, 137].

F. Dersch und H. H. Dürr entwickelten 1937 eine Methode, die Empfindlichkeitssteigerung nach der Belichtung durchzuführen, und man bezeichnete ab dem Jahre 1946 diesen Effekt, dessen Anwendung heutzutage in dem Hintergrund getreten ist, als *Latensifikation* (abgeleitet von latent image intensification). Ein weiteres Verfahren, die Empfindlichkeit während der Aufnahme zu steigern, ist die *Tiefkühlphotographie,* die zu den Hypersensibilisierungsverfahren zu rechnen ist.

Insgesamt entwickelten sich die folgenden Verfahren zur Empfindlichkeitssteigerung:

- Badeverfahren ($AgNO_3$) vor/nach der Aufnahme [123, 127, 128],
- Trockenverfahren (Gashypersensibilisierung, Hg-Dämpfe vor der Aufnahme),
- Diffuse Belichtung (Vorbelichtung, auch heute noch üblich),
- Tiefkühlung während der Aufnahme.

4.7.11.1 Tiefkühlphotographie. Die Wirkung der Kühlung hängt mit Veränderungen im intermolekularen Gefüge der lichtempfindlichen Schicht zusammen. Bei geringen Lichtintensitäten, wie sie bei astronomischen Objekten üblich sind, bilden sich überwiegend sogenannte Subkeime, die nur eine geringe Lebensdauer haben und im Entwicklungsprozeß nicht festgehalten werden können. Mit fallender Temperatur nimmt die Ionenleitfähigkeit des Silberbromids ab, und die instabilen Subkeime werden beständiger. Je nach Emulsionsart liegt der optimale Wert der Kühlung zwischen $-40\,°C$ und $-70\,°C$.

Eine Verringerung der Temperaturen von 293 K auf 194 K ($-78,5\,°C$, Trockeneistemperatur) bewirkt schon eine Verlängerung der Lebensdauer um den Faktor 1000, was die Bildung eines Ag-Konglomerats aus 2 Ag-Atomen begünstigt und zu einer höheren effektiven Empfindlichkeit bei niedriger Intensität führt [82, 83].

4.7.11.2 Tiefkühltechnik. Die Tiefkühltechnik hat in der Praxis nur noch bei Farbaufnahmen Bedeutung, da S/W-Filme in ihrem Empfindlichkeitsverhalten von der einfach auszuführenden Gashypersensibilisierung vor der Aufnahme profitieren.

E. S. King hat bereits um die Jahrhundertwende darauf hingewiesen, daß Astroaufnahmen in kalten Winternächten eine höhere Grenzhelligkeit aufweisen, die bis zum Gewinn einer halben Größenklasse reichen kann.

Der Einsatz der Tiefkühlkamera (TK) bei Farbaufnahmen geht auf Untersuchungen zurück, die von A. A. Hoag am U.S. Naval Observatory in Flagstaff zu Beginn der sechziger Jahre unternommen und durch vielseitige Untersuchungen, auch von Amateuren, verbessert worden sind. Nur Astrophotographen, die die Grundlagen der Astrophotographie bereits beherrschen, sollten sich auf dieses technisch aufwendige Gebiet vorwagen. Außer der Anhebung des Schwarzschildexponenten bringt die Tiefkühlung auch eine Verbesserung der Farbbalance mit sich. Als TK können keine

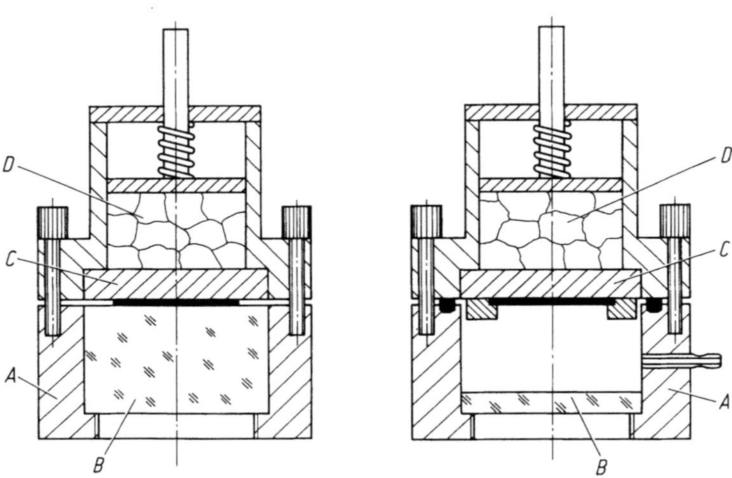

Abb. 16. Zwei Konstruktionsmöglichkeiten einer Tiefkühlkamera nach Stättmayer [82] mit Glaszylinder (links) oder Vakuumkammer (rechts). *A* Kunststoffgehäuse; *B* Glaszylinder bzw. Fenster; *C* Kühlplatte; *D* Kühlmittel (Trockeneis)

normalen Kleinbild- oder Mittelformatkameras verwendet werden, da ohne entsprechende Vorsichtsmaßnahmen jeder von der Rückseite her gekühlte Film sofort beschlagen würde. Zudem bricht der gekühlte Film leicht, und der Transport in einer Kleinbildkamera ist unmöglich. Die TK besteht deshalb aus einem Kamera-Vorraum mit Fenster und einem Ansatz zur Kühlung, die die Aufgabe haben, Kondensation von Wasser auf der Filmoberfläche zu verhindern. In letzterem besteht die ganze Kunst der Tiefkühlphotographie.

Man unterscheidet daher zwei grundsätzliche Konstruktionen. Einmal die TK mit evakuiertem beziehungsweise gasgefülltem Vorraum, und zum anderen die Konstruktion, bei der der Film mit der Schichtseite auf einen dicken Glaszylinder gepreßt und somit die Luft vor der Emulsion verdrängt wird. Die erforderliche Temperatur (unter − 40 °C) wird durch elektrische Kühlung (*Peltier-Effekt*) oder durch Kühlmittel erzeugt. Der einfachste Weg ist die Kühlung mit *Trockeneis* (gefrorenes Kohlendioxid), das leicht zu beschaffen und recht einfach einzusetzen ist. Kameras, bei denen das Vakuum durch eine trockene Gasfüllung ersetzt wird, haben sich nicht bewährt. Auch bei guter Isolation muß eine schwache Heizung das Beschlagen des vorderen Endes des Glaszylinders verhindern. Die Vor- und Nachteile beider Konstruktionen sind gegeneinander abzuwägen. Verunreinigungen zwischen Glas und Film können bei der Glaszylinderkonstruktion die Schicht beschädigen; andererseits liegt der Film optimal plan und er muß nicht in einzelne Stückchen zerschnitten werden [84]. Abbildungen 16 und 17 zeigen den Aufbau einer Tiefkühlkamera nach Stättmayer [82].

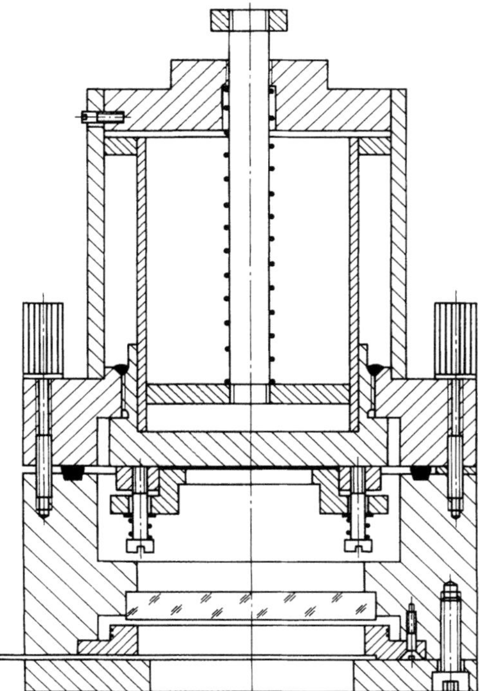

Abb. 17. Schnittzeichnung der Vakuum-Tiefkühlkamera nach Stättmayer. Die Materialkosten betragen etwa 100,– DM. Maße 90 × 135 cm [82]

4.7.11.3 Die Tiefkühlkamera in der Praxis. Besonders in der Farbphotographie ist die TK der Gashypersensibilisierung hinsichtlich einer besseren Farbbalance überlegen, was aber mit einem höheren Aufwand bei der Aufnahme erkauft wird, da die Gashypersensibilisierung vor, aber die Tiefkühlung während der Aufnahme erfolgen muß. Die Belichtungszeit kann im Verhältnis zu gashypersensibilisierten Emulsionen um die Hälfte verkürzt werden.

Alles in allem ist die TK-Technik nur etwas für Amateure mit handwerklichem Geschick. Wie sehr manche der bei uns so raren klaren Nachtstunden durch technische Vorbereitungen bei diesem Verfahren verlorengehen, zeigt die Zusammenstellung der Arbeitsvorgänge für eine Aufnahme mit der weniger komplizierten TK mit Glasblock:

1. Einstellen des Objekts im Teleskop,
2. Anschluß der TK,
3. Fokussieren,
4. TK abnehmen,
5. im Dunkeln Film einlegen und verschließen,
6. Kühlkammer anschließen,
8. 2 Minuten kühlen lassen,
9. Teleskopdeckel auflegen,
10. TK an das Teleskop anschließen,
11. Nachführung überprüfen,
12. TK-Verschluß öffnen und Teleskopdeckel abnehmen,
13. Aufnahme belichten,
14. Teleskopdeckel auflegen und TK-Verschluß einschieben,
15. TK abnehmen und in Dunkelkammer bringen,
16. Trockeneisreste entfernen,
17. Film entnehmen,
18. TK gründlich reinigen und trocknen.

4.7.11.4 Gashypersensibilisierung. Wer sich in dieses Gebiet einarbeiten möchte, dem seien die Literaturstellen [86, 101, 102, 103] empfohlen. Fortgeschrittene finden wichtige Anregungen in [86, 108, 109].

Die Behandlung von Filmen in reinen Gasen beziehungsweise fertig gelieferten Gasmischungen gehört heutzutage zum Standardrepertoire eines jeden fortgeschrittenen Astrophotographen; versierte Bastler können recht einfach einen druck- und vakuumsicheren Tank selbst bauen. Wer nicht die technischen Möglichkeiten hat, kann eine betriebsfertige Anlage erwerben. Die Gasgemische können verhältnismäßig preiswert bei deutschen Herstellern bezogen werden. Es handelt sich um sogenannte Prüfgase von Messer Griesheim und Linde. Verwendet werden reiner Wasserstoff (H_2) oder das weniger gefährliche *Formiergas* (engl. forming gas), das 92% N_2 und 8% H_2 enthält (Linde: 90% N_2 und 10% H_2). Da bereits ein H_2-Anteil von 4% in Luft brennbar ist, sollte auf jeden Fall offenes Feuer in der Nähe des Gasaustritts vermieden werden. Der Vorteil reinen Wasserstoffs ist, daß bei einer erträglichen Behand-

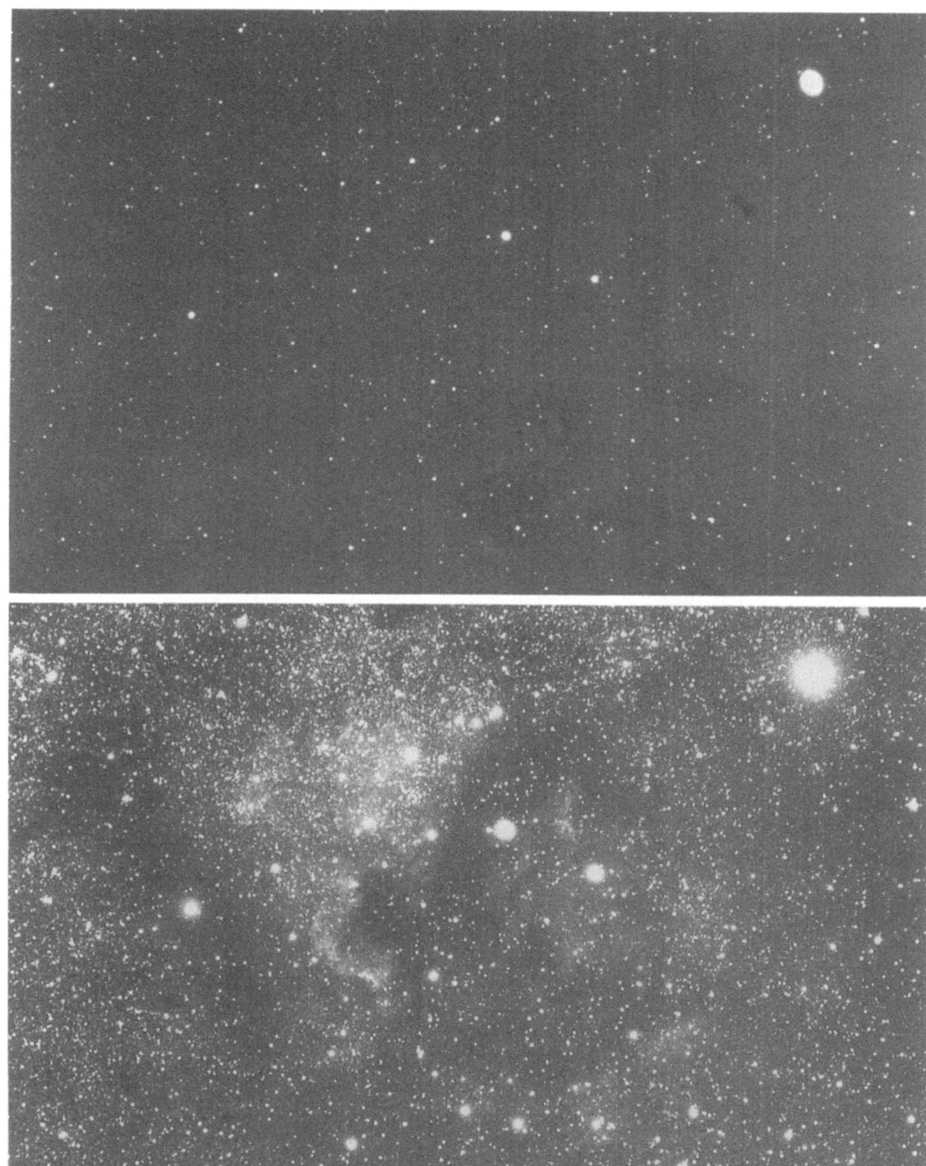

Abb. 18 a, b. Vergleichsaufnahmen der Milchstraßenregion östlich von Deneb mit unbehandeltem (a) und gashypersensibilisierten TP2415 (b). Beide Aufnahmen wurden unter gleichen Bedingungen nacheinander mit einem Teleobjektiv 2,8/180 mm jeweils 10 Minuten belichtet. Während **a** nur das Sternfeld zeigt, zeichnen sich auf **b** deutlich die Konturen des Nordamerikanebels NGC 7000 und des Pelikannebels IC5067 ab. Aufnahmen: Peter Stättmayer

lungstemperatur von zirka 30 °C behandelt werden kann, die jedoch auch konstant gehalten werden muß. Die Behandlung mit Formiergas findet bei 55 °C bis 60 °C zwischen 4^h und 24^h Einwirkdauer statt, je nach Film und Fülldruck, wobei letzterer 3 bar selten überschreitet. Die Höhe des Restdrucks Luft ist in der Praxis unkritisch [86]. Bei 24 mbar Restdruck Luft behandelte Filme sind nur wenige Prozent unempfindlicher als solche bei zirka 0,03 mbar Restdruck. Wie geht man in der Praxis vor? Der Film wird im Dunkeln (Wechselsack, Dunkelkammer, lichtdichtes Zimmer) auf eine Entwicklungsspirale gespult und letztere in den Gastank eingelegt. Mit einer Hand- oder Wasserstrahlpumpe wird die Kammer bis auf wenige mbar Restdruck evakuiert und anschließend mit dem Gas geflutet (ggf. einmal mit dem Gas spülen). Nun wird der Tank eine definierte Zeit lang beheizt (interne Heizung mit Regelung oder Backofen). Man berücksichtige eine Aufheizphase von 30−60 Minuten bei der Zeitnahme. Danach läßt man den Tank auf Zimmertemperatur abkühlen und spult ihn anschließend wieder auf den Kern der Kleinbild-Filmspule auf. Wird der Film nicht binnen weniger Stunden belichtet, sollte er in seinem Filmdöschen im Kühlschrank oder Eisfach lagern. Abbildung 18 zeigt deutlich den Unterschied zwischen behandeltem und unbehandeltem TP2415. Während auf der linken Aufnahme nur Sterne sichtbar sind, tritt auf der rechten Aufnahme der Nordamerikanebel deutlich hervor.

Jeder Film spricht unterschiedlich auf die Einstellung der Parameter Wasserstoffanteil, Temperatur und Druck an, so daß die in Tabelle 12 vorgestellten Behandlungsdaten nur Richtwerte darstellen können und es eigener Versuche bedarf, die optimalen Werte zu finden.

Der TP2415 ist derzeit der Film in der Astrophotographie [103, 122]. Bei einer Grundempfindlichkeit von ISO 25/15° bis ISO 200/24° (je nach Entwicklung, s. Tabelle 11) ist er unbehandelt aufgrund seiner Rotempfindlichkeit [157] hervorragend für Sonnenphotographie im Hα-Licht geeignet, im Integrallicht für die Mond- und Planetenphotographie. Die Erhöhung des Schwarzschildexponenten auf $p \approx 0,99$ läßt ihn

Tabelle 12. Gashypersensibilisierungsdaten

Film	Behandlungszeit	Druck [in bar]	Temperatur [in °C]	relative Empfindlichkeit bezüglich unbehandeltem 103 a-E, $p = 0,98$	Schwarzschildexponent [p]
TP2415[7]	3^d	0,7	30	1,0	−
TP2415[1]	7^d-10^d	1,0	30	−	−
TP2415	24^h	1,2	60	0,8[2]	0,99[4]
TP2415	11^h	2,5	60	1,3[2]	0,99[4]
Agfapan 400	7^h	1,2	60	0,8[2]	0,85[4]
Ilford HP5	5^h	1,2	60	0,8[2]	−
103 a-E	2^h	1,2	60	2,0[2]	−
103 a-F	2^d-4^d	1,0	20	2,0[6]	−
103 a-O	4^d-5^d	1,0	20	2,0[6]	−
Ektachrome 200	6^h	1,2	60	0,7[3]	−
Ektachrome 400	$2-3^d$	1,0	30	0,5[6]	−
Fujichrome RF50	2^h	2,0	60	−	−
Fujichrome RD100[5]	2^h	1,3[5]	60[5]	0,7[6]	−

[1] 8 % H_2 [103], [2] 10 % H_2 [108], [3] 8 % H_2 [108], [4] [86], [5] 10 % H_2 [117], [6] [136], [7] 100 % H_2 [124]

zum idealen Film der Deep-Sky-Photographie werden. Der Film ist mit $\gamma = 2,5 \ldots 4$ (4 Minuten in D19 entwickelt bei 20 °C) außerdem sehr kontrastreich entwickelbar.

Einzig nachteilig wirkt sich aus, daß der Film nach der Gasbehandlung spröde und knickempfindlich ist, was sich in Form von Druckbelichtungen auf dem entwickelten Negativ zeigen kann. Weiterhin neigt der Film aufgrund seines dünnen Trägermaterials zur Wölbung im Kameragehäuse, die in der Bildmitte bis zu 0,2 mm ausmachen kann. Auch manche Farbfilme zeigen dieses Verhalten nach der Hypersensibilisierung [108]. Erst nach längerer Lagerung verbessert sich die Planlage. Gashypersensibilisierter TP2415 verliert bei einer Lagerzeit von 3 Monaten im Kühlschrank bei 8 °C zirka 10 % seiner Empfindlichkeit unter Zunahme des Grundschleiers. In der Tiefkühltruhe bei -20 °C ist praktisch kein Empfindlichkeitsverlust nach einem Jahr Lagerung festzustellen. Farbdiafilme sind lagerungsempfindlicher. Der Ektachrome 200 hält bei 8 °C seine Empfindlichkeit 1 Monat konstant ohne Farbveränderungen [108].

4.7.11.5 Konstruktion einer Gashypersensibilisierungsanlage. Bei der Konstruktion eines Tanks sollte man sich Gedanken über dessen Stabilität machen, da leicht über 1000 N auf dem Deckel lasten können. Aus Stabilitätsgründen und auch wegen einer höheren Wärmekapazität sollte die Wandstärke bei 5 bis 10 mm liegen. Auch sollte man die Vorschriften beachten, die es für den Umgang mit reinem Wasserstoff oder Wasserstoffgemischen gibt. Wasserstoff ist ein brennbares, leicht entzündliches und

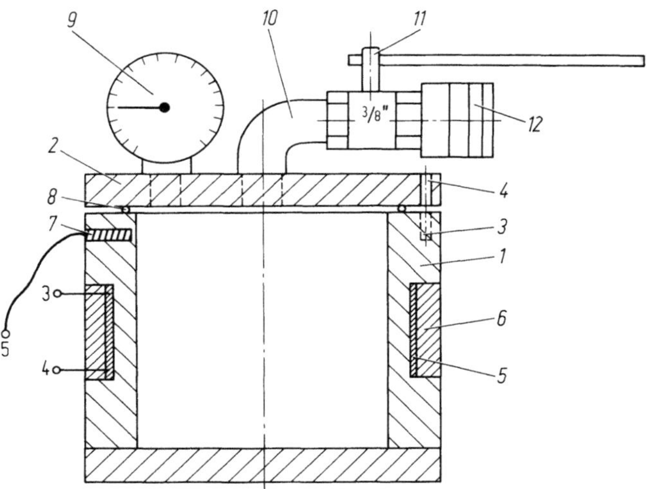

Abb. 19. Konstruktionszeichnung eines Gashypersensibilisierungstanks mit elektronischer Temperaturregelung nach Stahlhut [164]. Zur Absicherung gegen Drücke über 3 bar empfiehlt sich der Einbau eines Überdruckventils. *1* Filmkammer aus Stahl oder Aluminium, $\varnothing\ 140 \times 100$ mm, Innenmaß $\varnothing\ 100 \times 70$ mm. Der Tank faßt zwei KB-Filmspiralen oder eine für Mittelformat. *2* Deckel: $\varnothing\ 140 \times 15$ mm; Zwei Mittelbohrungen für Absperrhahn ⅜" und Manometer ⅜". *3* Gewinde $3 \times M6$, 120 °C, 15 mm tief, Lochkreis 120 mm. *4* Deckel-Durchgangsloch $\varnothing\ 6,5$ mm, 120 °C, Lochkreis 120 mm. *5* Heizung: Widerstandsdraht $\varnothing\ 0,3$ mm, 0,9750 Ω/m, Länge 3 m, Leistungsaufnahme 50 Watt (12 Volt). *6* Isolation. *7* Meßfühler für Temperatur. *8* O-Ring $\varnothing\ 110 \times 2$ mm. *9* Manometer; ⅜"-Gewinde, Druckanzeige $0 \ldots 3$ bar. *10* Krümmer ⅜". *11* Absperrhahn ⅜". *12* Schnellkupplung ⅜"

explosives Gas. Bei Arbeiten in reinem Wasserstoff ist höchste Vorsicht geboten, da der Zündbereich mit Luft bei 4 bis 70% H_2-Anteil liegt. Da H_2 aber leichter als Luft ist, kann das Gas schnell entweichen und sich nicht am Boden gefährlich ansammeln. Abbildung 19 zeigt die Konstruktion eines Gashypersensibilisierungstanks nach Stahlhut [164], und Abbildung 20 skizziert die äußere Beschaltung des Tanks.

Folgende Teile werden benötigt: Vakuumpumpe (Wasserstrahl-, Hand- oder Vorvakuumpumpe), Manometer (0 bis 3 bar), 2 Ventile, Schlauchmaterial, Schlauchschellen, Schaltthermometer (Temperatur einstellbar), Isolationsmaterial. Gasdruckdosen:

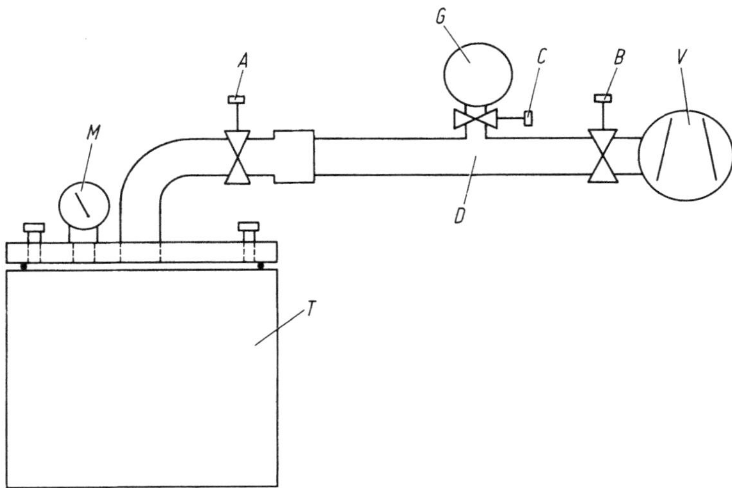

Abb. 20. Anlage zur Gashypersensibilisierung mit Schlauchverbindungen. *T* Filmkammer; *D* Dreifachschlauchverbindung; *G* Gasflasche: *V* Vakuumpumpe (Wasserstrahl- oder Handpumpe); *A* und *B* sind Ventile (Absperrhähne, Schlauchklemmen); *C* Feinregelventil bei der Minican-Druckdose von LINDE oder Druckminderer bei Kleinstahlflaschen; *M* Manometer

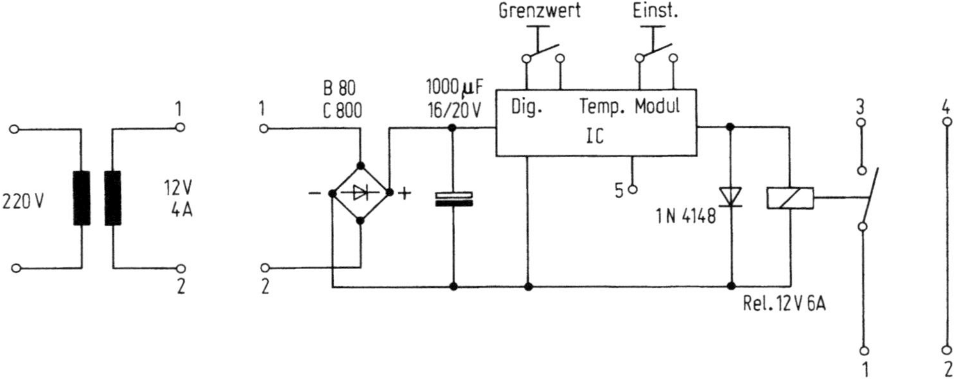

Abb. 21. Schaltplan der elektronischen Temperaturregelung mit Trafo 220V/12V, Gleichrichter, digitalem Temperaturmodul und Schaltrelais nach Stahlhut [164]. *(5)* Temperaturmeßfühler, *(3)* und *(4)* sind mit dem Heizdraht verbunden (Anschluß siehe Abb. 19)

Linde Minican, 12 l (in 1,2 l-Flasche unter 10 bar Druck) mit Feinregelventil. Abbildung 21 gibt Auskunft über die elektronische Temperaturregelung.

Der eindeutige Vorteil gegenüber Tanks ohne Heizung und Temperaturregelung ist der, daß die Hypersensibilisierung zum Beispiel auch unterwegs von der Autobatterie, in einer Sternwarte etc. vorgenommen werden kann. Natürlich kann der Tank auch in einen Backofen gestellt werden. Bei einer Wandstärke von ca. 10 mm ist die Wärmekapazität ausreichend hoch, daß bei technisch bedingten Temperaturschwankungen im Backofen von $\pm 10\,°C$ die Temperatur im Tank um max. ca. $\pm 1\,°C$ schwankt. Dies ist im allgemeinen ausreichend. Eine Anleitung zum Bau und Betrieb einer ähnlichen Anlage findet man in [108].

4.8 Photolabortechniken

4.8.1 Photolaborausstattung

Ein Ziel des Photographierens liegt in der Darstellung des Motivs, das heißt in der optimalen Ausarbeitung des Motivs im Photolabor. Nicht nur eine gute Photoausrüstung und perfekte Filmentwicklung sind entscheidend, vielmehr kommt es darauf an, die S/W-Negative auch optimal zu vergrößern [32].

Räumliche Voraussetzung ist ein gut verdunkelbarer Raum mit elektrischem Anschluß und fließendem Wasser. Benötigt werden Tische für Vergrößerer und (getrennt davon) Schalen für die Bäder beziehungsweise Wässerung. Steht kein fließendes Wasser zur Verfügung, so muß das Wasser in den Schalen öfters gewechselt werden. Aber auch die Badewanne kann gute Dienste leisten [100].

Der Vergrößerer ist das Herzstück des Labors. Seine tragende Säule sollte so stabil sein, daß keine Erschütterungen auf Objektiv und Lampenkopf übertragen werden können. Grundsätzlich sollte das Vergrößerungsobjektiv die gleiche Qualität wie das Kameraobjektiv haben, um keine zusätzlich verschlechterte Randabbildung zu erhalten. Großformatige Vergrößerungen können auf den Boden oder bei einem schwenkbaren Vergrößerungskopf an die Wand projiziert werden; eine automatische Scharfeinstellung ist nicht wichtig. Entscheidend ist, daß die Filmführung völlig glatt ist und eine Andruckplatte, am besten aus *Anti-Newton-Glas*, die Filmplanlage garantiert.

Nur wenn auch das Photopapier plan liegt, ist eine gleichmäßige Schärfe über das ganze Bildfeld gewährleistet. Es gibt Vergrößerungsrahmen mit verstellbaren Abdeckblechen, die das Papier nur am Rand erfassen und einen weißen Rahmen erzeugen. Möchte man hingegen randlose Vergrößerungen, so empfiehlt sich die Verwendung von Vergrößerungsrahmen mit beweglicher Glasabdeckscheibe. Dabei muß aber auf peinliche Sauberkeit geachtet werden, da sich jeder Fussel oder jedes Staubkorn zwischen Glasplatte und Papier scharf abbildet. Großformatiges kunststoffbeschichtetes Photopapier ab 30×40 cm liegt in der Regel sehr plan und kann auch ohne Vergrößerungsrahmen gut verwendet werden. Wer dennoch Probleme mit der Planlage hat, kann alternativ auch einen Vergrößerungsrahmen mit Ansaugplatte einsetzen.

Die Belichtungsschaltuhr, die mit dem Vergrößerer gekoppelt wird, ermöglicht die Einstellung der Belichtung des Photopapiers. Analyser sind bei der Ausarbeitung von Astronegativen zweitrangig.

Mindestens drei Schalen und eine Wässerungswanne sind nötig, die ihrerseits zur besseren Unterscheidung auch noch unterschiedlich gefärbt sein sollten. Für jede Flüssigkeit steht immer dieselbe Schale zur Verfügung, die am besten über einen geformten Ausgießer am Rand verfügt. Große Schalen müssen sehr dickwandig sein, damit sie sich beim Ausgießen nicht verbiegen und somit Flüssigkeit verlorengeht.

4.8.2 Schwarzweißphotopapier

Herkömmliche Photopapiere verwenden Papierfilz als Schichtträger, der mit einer Barytschicht aus Bariumsulfat und Gelatine überzogen ist. Sie verhindert das Eindringen der Emulsion in den Papierfilz und bildet eine hochreflektive Fläche für brillante Bilder. Auf dieser Barytschicht befindet sich die eigentliche Emulsion.

Die modernen kunststoffbeschichteten (PE-) Papiere sind in ihrem Aufbau dem Filmmaterial weitaus ähnlicher. Ein dünner Papierfilz ist von beiden Seiten mit einer Polyethylenschicht bedeckt, die feuchtigkeitsundurchlässig ist. Die Rückseite ist zum Beschriften häufig mattiert, während die Vorderseite zur Aufnahme der Emulsionsschicht besonders präpariert ist: Unterschiedliche Mengen von Silberchlorid, Silberbromid oder auch Mischungen beider Salze sind je nach Papiertyp in Gelatine eingebettet. Die äußere Photopapierschicht besteht aus einem dünnen Überzug von harter Gelatine mit Zusätzen und hat die Aufgabe, das Bild vor mechanischen Verletzungen zu schützen. Zirka 2 bis 4 g Silberbromid sind pro Quadratmeter enthalten, davon werden aber nur 10 bis 20% für den Bildaufbau genutzt. Im Fixierbad wird das ungenutzte Silber ausgeschwemmt.

4.8.2.1 Papiergradationen. Die *Gradation* (Härtegrad) eines Photopapiers ist ein Maß für die Differenz der Schwärzung bei einem gegebenen Belichtungsunterschied zweier Aufbelichtungen. Ein Papier wird als „hart" bezeichnet, wenn ein kleiner Belichtungssprung einen großen Schwärzungsunterschied auf dem Papier erzeugt. Man spricht von „weicher" Gradation, wenn das Papier mit nur einem geringen Schwärzungsunterschied reagiert. Die Gradation ist ein Maß für eine abgestufte Wiedergabe eines vorgegebenen Kontrast-umfangs des Originalnegativs (Negativumfang). Optimal wird ein Negativ vergrößert, wenn der Negativumfang gleich dem Schwärzungsumfang des Papiers ist. Bei einem hohen Negativumfang muß daher ein weiches Papier, bei einem geringen Negativumfang hingegen ein hartes Papier verwendet werden. In der Astrophotographie verwendet man bei der Mond- und Sonnenphotographie in

Tabelle 13. S/W-Papiergradationen

Bezeichnung	Abkürzung	Gradation
extraweich	EW	0
weich	W	1
spezial	SP	2
normal	N	3
hart	H	4
extrahart	EH	5
ultrahart	UH	6

der Regel weiche Papiere, während in der Deep-Sky-Photographie, wo es auf die Darstellung auch der schwächsten Details ankommt, harte Papiere den Vorzug genießen (s. Tabelle 13).

Im Gegensatz zu Filmemulsionen ist die Papierempfindlichkeit nicht genormt und in der Praxis auch nur von untergeordneter Bedeutung. Was jedoch ins Gewicht fällt, ist das extrem ungünstige Schwarzschildverhalten von Photopapier, was sich besonders bei der Vergrößerung von stark gedeckten Negativen bemerkbar macht.

Der von warm-schwarz über neutral-schwarz bis blau-schwarz variierende Papierton ist in erster Linie fabrikationsbedingt. Nun muß man sich nicht unbedingt von jeder Papiergradation Vorratsmengen beschaffen, da es sogenannte *Gradationswandelpapiere* gibt, deren Gradation durch Filterung der Farben Gelb und Purpur eingestellt werden kann.

4.8.2.2 Codierung der Papiereigenschaften. Zur Kennzeichnung der Papiereigenschaften werden dreistellige Zahlen verwendet. Die letzte Stelle im Zahlencode (Einerstelle) bezeichnet die Oberfläche:

0 = selbst aufziehender Hochglanz
1 = glänzend (bei Hochglanztrocknung)
2 = halbmatt
2a = velvet (samt)
3 = matt
4 = Perle
5 = rauhmatt
6 = Leinen
7 = Seidenraster
8 = filigran matt (Feinkorn)
9 = filigran glänzend (Kristall)

Die vorletzte Stelle (Zehnerstelle) gibt die Oberflächenfärbung an:

1 = weiß
2 = chamois
3 = elfenbein

Die drittletzte Stelle (Hunderterstelle) bezeichnet die Emulsionsunterlage und die Materialstärke:

– = entfällt bei Papierstärke
1 = kartonstark
2 = extrastarker Karton
3 = mittlerer, PE-beschichteter Karton

Beispiel einer dreistelligen Codierung:

PE 310 EH: PE-Papier mit weißer, hochglänzender Oberfläche, extrahart.

Dieses Beispiel ist bewußt gewählt worden, da es eine in der Deep-Sky-Astrophotographie häufig gewählte Kombination darstellt. Das Papier liefert das tiefste Schwarz und den höchsten Kontrast.

4.8.3 Farbverarbeitung

Die Verarbeitung von Color-Materialen, seien es Negativ- oder Positivfilme beziehungsweise Papiere, ist in der Regel zeit- und materialaufwendiger als die S/W-Verarbeitung. Das liegt an der Vielzahl der im Farbprozeß erforderlichen Schritte, denn zusätzlich zur Beurteilung der „Schwärzung" muß außerdem die Farbwiedergabe geprüft werden. Gerade dabei sind Color-Analyser unentbehrlich. Außer der Anfertigung von Farbvergrößerungen ist auch die Entwicklung von Farbfilmen mit den im Handel angebotenen Entwicklungssätzen nach dem *E6-Prozeß* (KODAK, TETENAL) recht einfach und sicher.

Als Beispiel wird die Farbentwicklung eines Farbdiafilms behandelt. Das Farbbild entsteht auf die folgende Weise: Der *Erstentwickler*, der bei Colorumkehrprozessen eingesetzt wird, hat die gleiche Funktion wie ein S/W-Entwickler. Er erzeugt ein S/W-Negativ in allen drei Schichten des Films, das aus metallischem Silber aufgebaut ist. Er reduziert nur die Silberkristalle, geht jedoch keine Reaktion mit den Farbkupplern ein. Der *Farbentwickler* hat zwei Funktionen. Er reduziert die Silberkristalle und wird gleichzeitig oxidiert. Das Oxidationsprodukt der Farbentwicklersubstanz ist in der Lage, mit den in den drei farbgebenden Schichten eingelagerten Farbkupplern Farbstoffe zu bilden: eine Schicht mit gelbem, eine mit purpurnem und eine mit grünem Farbstoff. Im *Bleichfixierbad* wird das von den beiden vorhergenannten Entwicklern gebildete metallische Silber herausgelöst, denn das Silber verdeckt das Farbstoffbild. Nur das Farbstoffbild bleibt erhalten. Das Silber wird in ein Halogensilbersalz überführt und mittels eines Fixierers aus der Schicht entfernt. Das *Umkehrbad* macht die bei manchen Prozessen noch notwendige Zweitbelichtung zur Umkehr des Bildes überflüssig.

4.8.4 Bildsteuerung

4.8.4.1 Abwedeln und Nachbelichten. Das größte Problem beim Vergrößern besteht darin, den vollen Schwärzungsumfang des Negativs weitmöglichst auf Photopapier, das immer einen geringeren Tonumfang hat, zu übertragen. Damit nicht zuviel Bildinformation verlorengeht, können in einzelnen Fällen bestimmte Bereiche des Negativs weniger, andere stärker belichtet werden. In einem der nächsten Abschnitte wird gezeigt, daß nur das Verfahren der unscharfen Maske dies hinlänglich erfüllen kann.

Relativ einfach ist es, *Vignettierung*, das heißt den radial nach außen zunehmenden Lichtverlust, durch zusätzliche Belichtung der Randpartien aufzuhellen. Bildecken sind weniger gedeckt als der zentrale Teil und erscheinen auf dem Abzug dunkler. Eine gleichmäßige Belichtung kann durch Abwedeln mit den Händen oder mit einem Kartonstück erfolgen. Durch geeignetes Abblenden des Vergrößerungsobjektivs kann die Belichtung so weit verlängert werden, daß das Abwedeln mit Gefühl und ohne Hast ausgeführt werden kann. Außerdem erreicht man durch Abblenden, daß nicht zusätzlich eine Vignettierung durch das Vergrößerungsobjektiv hinzukommt. Nachbelichten zu dichter Negative ist bei hohem Kontrastumfang nötig. Gerade die hellen Partien von Gasnebeln wirken auf den Vergrößerungen wie ausgebrannt. Meist wird man sich ein passend geformtes Kartonstück anfertigen, das an einem dünnen Draht befestigt und während der Belichtung so im Unschärfebereich des Lichtstrahls bewegt wird, daß auf der Vergrößerung keine scharfen Konturen entstehen.

4.8.4.2 Kompositverfahren. Bei hohen Vergrößerungen tritt das Korn so stark hervor, daß feine Details (z. B. in der Planetenphotographie) verschwinden. Das Prinzip des *Kompositverfahrens* besteht darin, zwei oder mehrere Negative des gleichen Objekts auf ein einziges Blatt Photopapier übereinander zu belichten [113]. Der Einfluß des Korns, das auf jedem Negativ statistisch verteilt ist, wird unterdrückt. Die einzelnen Negative sollten möglichst gleich gedeckt sein. Man benötigt nun einen Teilbelichtungsrahmen mit aufklappbarem Deckel, auf dem ein weißes Blatt Papier befestigt wird. Zunächst wird ein Blatt Photopapier in den Vergrößerungsrahmen gelegt und der Deckel geschlossen. Der Vergrößerer wird eingeschaltet, und man markiert auf dem Blatt Papier einige Sterne oder markante Punkte des eingelegten Negativs. Dann erfolgt die erste Teilbelichtung. Anschließend werden die übrigen Negative eingelegt und nacheinander auf das gleiche Blatt Photopapier belichtet, nachdem der Vergrößerungsrahmen jeweils exakt in die durch die Markierungen gegebene Lage gebracht worden ist. Die richtige Belichtungszeit wird wie folgt ermittelt: Zunächst bestimmt man die Belichtungszeit für ein Einzelnegativ. Diese wird durch die Anzahl der Negative geteilt. Die Teilbelichtungszeit wird für das erste Negativ um 25 %, für die übrigen Negative um 10 % erhöht. Erfahrungsgemäß wählt man das nächst härtere Papier, als für die Vergrößerung des einzelnen Negativs richtig wäre.

4.8.4.3 Sandwich-Methode. Diese Methode bietet sich besonders dann an, wenn man Positionsänderungen von bewegten Objekten, wie Kleinplaneten, Kometen und so weiter, darstellen möchte. Dazu werden zwei in zeitlichem Abstand belichtete Negative des gleichen Sternfelds mit geringer Verschiebung übereinander montiert und anschließend vergrößert.

4.8.4.4 Kontrastverstärkung. Feinste Flächenhelligkeitsunterschiede, wie sie bei Kometen- und Gasnebelaufnahmen auftreten, können mit den herkömmlichen Vergrößerungsmethoden kaum sichtbar gemacht werden. Es ist allgemein bekannt, daß Negative beziehungsweise Diapositive schon durch einfaches Umkopieren mit einem Diakopiergerät auf hartes Filmmaterial deutlich in ihrem Kontrast verstärkt werden können [92]. Der Nachteil des Verfahrens besteht darin, daß alle in der Emulsion geschwärzten Körner, das heißt sowohl die eigentliche Bildinformation als auch der Hintergrundschleier, gleichmäßig verstärkt werden.

Der australische Photograph D. F. Malin entwickelte am Anglo-Australian-Telescope-Board eine Methode [91, 93, 94, 97, 156], extrem schwache Objekte auf Negativen sichtbar zu machen und dabei den größten Teil des Grundschleiers zu unterdrükken. Nimmt man an, daß bei geringer Intensität des Himmelsobjekts praktisch nur die oberste Emulsionsschicht geschwärzt wird, so entsteht dort auch das zu entwickelnde, latente Bild. Der Grundschleier ist aber durch zufällig verteilte, geschwärzte Filmkörner in der ganzen Tiefe der Filmschicht gegeben. Je grobkörniger das Filmmaterial, in desto tieferen Schichten wird die Emulsion geschwärzt. Der ideale Aufnahmefilm verbindet eine hohe Empfindlichkeit mit feinstem Korn und einem Lichthofschutz zur Verminderung der Lichtstreuung in tieferen Schichten. Gashypersensibilisierter TP2415 kommt diesen Forderungen am nächsten.

Der Vorgang der Kontraststeigerung geschieht nun durch Umkopieren des Originalnegativs auf einen extrahart arbeitenden Dokumentenfilm im Kontaktverfahren: Das Originalnegativ liegt dabei mit seiner Emulsionsseite auf der des Kopierfilms.

Eine Streuglasscheibe drückt beide fest aneinander. Nun wird der Kopierfilm durch das Originalnegativ hindurch diffus belichtet. Nur ein enger Dichtebereich um den Dichtewert des Signals (der eigentlichen Bildinformation) an der Emulsionsoberfläche wird erfaßt, ohne die Hintergrundschwärzung aus tiefer liegenden Schichten zu berücksichtigen. Wichtig ist dabei eine diffuse Belichtung, die mit einer Opalglasscheibe als Streuglas erreicht wird.

Das Verfahren in der Praxis: Als Lichtquelle dient ein Vergrößerer mit Belichtungsschaltuhr. Der orthochromatische Kopierfilm ist als Planfilm der Größen 9 × 13 cm, 13 × 18 cm und größer im Fotohandel erhältlich. Hervorragend eignen sich der KODAK HDU1P, AGFA O811P und FUJI Fujilith RO100. Die Planfilme können bei roter Dunkelkammerbeleuchtung verarbeitet werden, so daß ihre Handhabung sehr einfach ist. Die Emulsionsseite reflektiert das Dunkelkammerlicht stärker, ist also heller und damit auch ohne Test mit feuchtem Finger leicht identifizierbar. Das Material wird wie normales Photopapier in drei Schalen verarbeitet. Nach der Belichtung der Kontaktkopie erfolgt die Entwicklung in Standard-Dokumentenfilmentwicklern wie zum Beispiel TETENAL Dokumol, 1 bis 2 Minuten bei 20 °C, wobei die Einhaltung der Entwicklungsdauer unkritisch ist. Handelsübliche Stopp- und Schnellfixierbäder schließen sich an. Ist der Film nach der Entwicklung (bei Rotlicht) noch milchig weiß, so wird er mit zunehmender Fixierdauer schnell klar und durchsichtig. Damit ist der Fixiervorgang abgeschlossen. Obwohl die Verwendung eines Densitometers ratsam ist, um die Gradation des Kopierfilms voll auszunutzen, hat die Praxis gezeigt, daß man mit etwas Übung das richtig belichtete Kontaktpositiv nach Augenmaß auswählen kann. In jedem Fall ist der Belichtungsspielraum sehr eng. Das entwickelte Kontaktpositiv wird nun auf extrahartem Papier vergrößert oder aber zu Vorführzwecken ein weiteres Mal auf das gleiche Filmmaterial umkopiert. In beiden Fällen resultiert ein Negativ. Mehrfaches Umkopieren ist nicht empfehlenswert, da der Kontrast kaum weiter zunimmt, aber das Filmkorn immer stärker in Erscheinung tritt. Abbildung 22 enthält als Beispiel der Kontrastverstärkung eine Aufnahme des sehr lichtschwachen Supernovarests Simeis 147 im Sternbild Stier.

4.8.4.5 Technik der unscharfen Maske. Das Verfahren der *unscharfen Maske* erleichtert die Vergrößerung von Negativen, die über einen Kontrastumfang von 30:1 bis 1000:1 verfügen. Einige Motive, wie sehr helle Nebel, verfügen über einen so großen Kontrastumfang, daß das Fotopapier nicht in der Lage ist, diesen voll wiederzugeben. Werden zum Beispiel die schwachen Ausläufer des Orionnebels gut herausgebracht, so „brennt" das Zentrum völlig aus. Nicht selten umfaßt der Kontrastunterschied 4 Dichtestufen [89].

Die Dichte D hängt mit der Transmission T (genormter Bereich 0 . . . 1) über die Beziehung $D = \lg(1/T) = -\lg(T)$ zusammen.

$$\begin{aligned}
\text{Transmission } 100\% &: \quad T = 1{,}00 -> D = 0 \\
\text{Transmission } 10\% &: \quad T = 0{,}10 -> D = 1 \\
\text{Transmission } 1\% &: \quad T = 0{,}01 -> D = 2 \text{ usw.}
\end{aligned}$$

Das Verfahren der unscharfen Maske ermöglicht die Herstellung einer Kopiermaske, die, zusammen mit dem Original vergrößert, es erlaubt, den Kontrastumfang des ursprünglichen Negativs dem des Photopapiers anzugleichen. Zunächst wird durch Umkopieren vom Negativ ein sehr zartes (weiches) S/W-Diapositiv hergestellt. Nega-

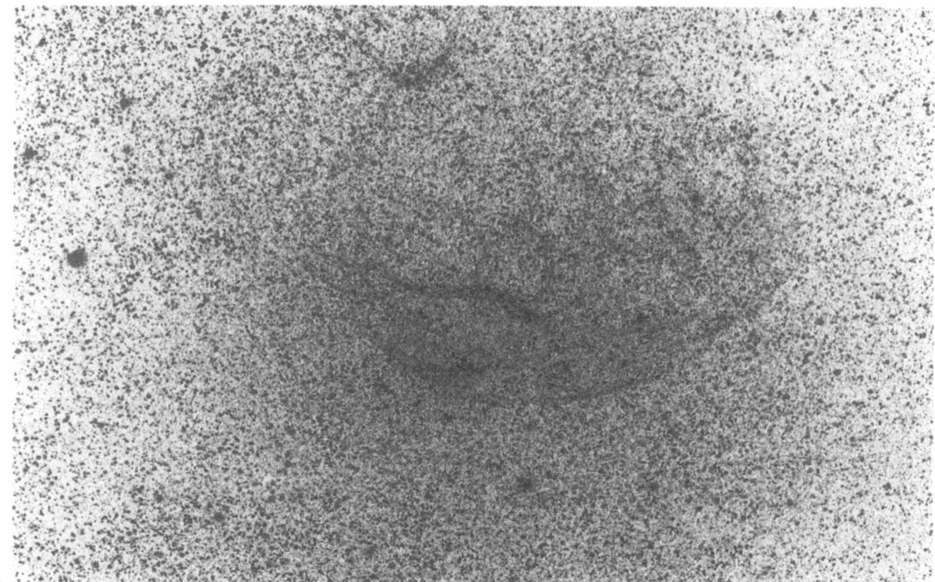

Abb. 22a, b. Kontrastverstärkung einer Aufnahme des Supernovarests S147 in Taurus. Der Kontrastgewinn ist evident. Eine leichte Vignettierung der Optik wird sichtbar.
Aufnahmedaten: Belichtung 60 Minuten auf 103a-E mit Rotfilter W92 mit 5½″-Schmidtkamera f/1,65 (140/140/225 mm) am Observatorium INAG/CERGA (Südfrankreich). Aufnahme: Bernd Koch und Norbert Sommer

tiv und Positiv werden sodann deckungsgleich in die Negativbühne des Vergrößerers gelegt, und hiernach wird eine Vergrößerung angefertigt. Der Effekt zeigt sich darin, daß die Dichte in den helleren Zonen erhöht wird, ohne die dichteren Gebiete zu beeinflussen. Die Unschärfe der Maske dient lediglich dazu, Doppelkonturen zu vermeiden. Eine geringe Unschärfe kann schon dadurch erreicht werden, daß Negativ und Positiv durch eine dünne Glasplatte beim Kopieren voneinander getrennt werden. Beispiel: Negativ mit $D = 4,0$ in den dichtesten Partien und $D = 0,8$ im Himmelshintergrund. Daraus folgt für den Dichteumfang des Motivs: $D = 3,2$. Die Maske, die nun angefertigt wird, sollte in den dichtesten Partien des Motivs völlig transparent sein ($D = 0$) und die Hintergrundsdichte $D = 1,7$ annehmen. Das Komposit aus Maske und Original hat demnach $D = 4,0$ in den dichtesten Partien und $D = 0,8 + 1,7 = 2,5$ im Hintergrund. Der Dichteumfang beträgt also nur noch $D = 4,0 - 2,5 = 1,5$ (Kontrastumfang 32:1), was auf weichem Papier gut vergrößert werden kann.

4.8.4.6 Dreifarben-Kompositverfahren. Die Anwendung des *Dreifarbenverfahrens* ermöglicht die farbige Darstellung sehr schwach leuchtender Himmelsobjekte, die auf Farbdiafilm aufgrund zu geringer Empfindlichkeit kaum oder gar nicht abgebildet werden können [114, 115, 160]. Dabei wird die Tatsache ausgenutzt, daß ein Farbbild aus drei S/W-Auszügen, die in den Grundfarben Blau, Grün und Rot gefiltert sind, aufgebaut werden kann. Die gefilterten S/W-Aufnahmen eines Objekts werden nacheinander auf den drei spektroskopischen Filmen 103 a-O (blauempfindlich), 103 a-G (grünempfindlich) und 103 a-E (rotempfindlich) angefertigt. Die Film/Filterkombinationen lautet wie folgt: 103 a-O + Wrattenfilter 2B (UV-Sperrfilter), 103 a-G + Wrattenfilter 8, 103 a-E + Wrattenfilter 29. Die Belichtungszeiten der drei Aufnahmen müssen auf einen identischen Grauschleier abgestimmt werden. Die Verlängerungsfaktoren in Verbindung mit den oben genannten Wrattenfiltern betragen 1 für 103 a-O, $1,2 \times$ für 103 a-G und $1,8 \times -2 \times$ für 103 a-E, stellen aber nur Anhaltswerte dar, die je nach Lagerung und Emulsions-Charge variieren.

Nach der Entwicklung der Negative in KODAK D19 werden diese zur bequemeren Weiterverarbeitung zunächst 3- bis 5fach auf weich arbeitendes Repro-Diapositivmaterial vergrößert. Anschließend werden die vergrößerten Negative bei Tageslicht in einem Bleichfixierbad gebleicht und durch chromogene Entwicklung mit Farbkupplern in die komplementären Farben umgesetzt. Aus dem 103 a-O-Negativ entsteht so ein gelber, aus dem 103 a-G-Negativ ein purpurfarbener und aus dem 103 a-E-Negativ ein blaugrüner Farbauszug. Die Verarbeitungsvorschriften für die chromogene Entwicklung von S/W-Negativen können von AGFA angefordert werden. Für die Umwandlung zum positiven Farbbild stehen verschiedene Wege offen. Wird eine größere Anzahl von Farbbildern benötigt, so montiert man am besten die drei Farbauszüge sorgfältig zu einem Sandwich zusammen. Aus Colorpositivmaterial können nun Kontaktkopien im Maßstab 1:1 angefertigt werden. Etwas aufwendiger aber dafür flexibler ist das Kompositverfahren, bei dem die drei Farbauszüge nacheinander auf demselben Blatt Photopapier in gleichem, frei wählbarem Maßstab vergrößert werden. Wie steht es mit der Farbtreue, das heißt, kann man den Himmelsobjekten überhaupt eine bestimmte Farbe zuordnen? Viele Nebel, wie HII-Regionen und Planetarische Nebel, leuchten häufig im monochromatischen Licht, das nicht farbgetreu wiedergegeben werden kann. Aber was ist schon real? Es liegt im allgemeinen im

Geschmack desjenigen, der die Farbaufnahme komponiert, welche Farbtöne er seinem Motiv verleiht.

4.9 Photographische Grenzgröße

4.9.1 Abgebildete photographische Grenzgröße m

Die abgebildete Grenzgröße m „punktförmiger" Objekte (deren Winkelgröße unter der Auflösung der Teleskop/Film-Kombination liegt, also Sterne, kleine Planetarische Nebel etc.) ist in erster Linie eine Funktion des Objektivdurchmessers D, der Belichtungszeit t, des Schwarzschildexponenten p, der Filmempfindlichkeit E, eines möglichen Filterfaktors k und einer Konstanten c, die experimentell ermittelt werden muß:

$$m = 5 \cdot \lg(D) + 2{,}5 \cdot \lg(t^p) + 2{,}5 \cdot \lg(E) - 2{,}5 \cdot \lg(k) + c. \tag{20}$$

In die Konstante c gehen das Auflösungsvermögen des Films, die Abbildungsqualität der Optik und die atmosphärische Transparenz ein. Nach Stättmayer [56] gilt $c = 2^m$ unter idealen Voraussetzungen, wenn D in cm, t in Minuten und E in ASA angegeben werden. Im folgenden beziehen wir uns auf Sterne als punktförmige Objekte, und der Einfachheit halber wird $k = 1$ angenommen (kein Filter).

4.9.2 Maximale photographische Grenzgröße m_{gr}

Nicht nur die instrumentellen Faktoren, wie Öffnung D und Brennweite f, bestimmen die Parameter der Aufnahme; auch die Angabe, auf welchen Streuscheibchendurchmesser die Sterne auf dem Film abgebildet werden, spielt eine Rolle. Jeder Stern wird auf dem Film zu einem Scheibchen mit dem Durchmesser b vergrößert abgebildet. Als Ursachen kommen in Frage:

- Beugung des Lichts an der Öffnung des Fernrohrs $- > b_0$,
- das nur endliche Auflösungsvermögen des Films (Filmkörnung) $- > b_1$,
- bei langer Brennweite Einfluß des Seeings $- > b_2$,
- Nachführgenauigkeit $- > b_3$,
- Verzeichnung des Objektivs $- > b_4$.

Für den gesamten auf dem Film registrierten Bildkreisdurchmesser b erhält man näherungsweise

$$b = b_0 + b_1 + b_2 + b_3 + b_4. \tag{21}$$

- Nach *Airy* ist der Durchmesser des Beugungsscheibchens b_0 nur abhängig von der Lichtwellenlänge λ und dem Öffnungsverhältnis f/D: $b_0 = 2{,}44 \cdot \lambda \cdot f/D$.
- Das endliche Auflösungsvermögen A des Films mit Werten zwischen 50 und 320 Linien/mm ergibt für den Streukreisdurchmesser $b_1 \approx 1/A$ und die Werte im Bereich $3-20$ μm.
- Bei längerer Brennweite wird der Einfluß der Luftunruhe sichtbar. Bei ruhiger Luft liegt das *Seeing* unter $1''$, bei unruhiger Luft oder in Horizontnähe $5-10''$. Der

Durchmesser des Seeing-Sternscheibchens beträgt $b_2 = k \cdot \alpha \cdot f$ (mit $k = 5 \cdot 10^{-6}$, wenn α in Bogensekunden gemessen wird).

– Ebenso gilt für das nachführungsbegrenzte Sternscheibchen $b_3 = k \cdot \beta \cdot f$, wobei β die Nachführgenauigkeit in Bogensekunden angibt.

– Sphärische Aberration und Koma bei Reflektoren sowie sphärische und chromatische Aberration bei Refraktoren bewirken nicht ideal abgebildete Sterne, besonders in den Bildecken.

Das Kriterium dafür, daß ein Stern nicht mehr abgebildet wird, ist, daß die Helligkeit des verschmierten Sternscheibchens kleiner oder gleich der Helligkeit des Grundschleiers ist, der sich wiederum aus natürlichem Nachthimmelsleuchten, Lichtverschmutzung etc. zusammensetzt. Dieses Kriterium ist den weiteren Beziehungen zugrunde gelegt. (Wird das Negativ kontrastverstärkt, so ist schon eine Sternhelligkeit von 1 % des Grundschleiers hinreichend.)

Nach Knapp [99] findet man für die Grenzgröße

$$m_{\mathrm{gr}} = 5 \cdot \lg(f/b) - 8.5^{\mathrm{m}} + m_{\mathrm{H}} \tag{22}$$

mit b = Durchmesser des Sternscheibchens auf dem Film, f = Brennweite der Aufnahmeoptik, m_{H} = Helligkeit des Himmelshintergrunds in mag/$\Box^\circ$, m_{gr} = Grenzgröße in mag. Siehe auch Abschnitt 2.9.1 in diesem Band.

Die Helligkeit m_{H} beträgt bei sehr dunklem Himmel mindestens 4^{m} pro $\Box^\circ$, in Stadtnähe steigt sie bis auf 2^{m} oder mehr an. Auch alle anderen Faktoren, unter dem Begriff *Transparenz* einzuordnen, sind in m_{H} berücksichtigt. Dieser Wert muß für einen gegebenen Aufnahmeort experimentell ermittelt werden.

Die erreichbare Grenzgröße m_{gr} hängt weiterhin noch von f/b, also vom Auflösungsvermögen der Aufnahmeoptik ab, wobei $b = \Sigma(b_i)$ mit $i = 0, 1, 2, 3, 4$ gilt. Man erkennt, daß die Grenzgröße weder von der Filmempfindlichkeit noch vom Objektivdurchmesser direkt abhängig ist. Über alle Einflüsse aufsummiert erhält man somit

$$f/b = \frac{1}{b_1/f + 2{,}44 \cdot \lambda/D + k \cdot (\alpha + \beta) + b_4/f} \tag{23}$$

wobei α und β in Bogensekunden angegeben werden ($k = 5 \cdot 10^{-6}$).

Interessante Grenzfälle

1) *Kurzbrennweitige Objektive* (Weitwinkel- oder Normalobjektiv) und grobkörnige Filme mit geringer Auflösung, ideale Nachführung, verzeichnungsfreies Objektiv: $b_1 \gg b_0, b_2, b_3, b_4$

$$m_{\mathrm{gr}} = 5 \cdot \lg(f/b_1) - 8.5^{\mathrm{m}} + m_{\mathrm{H}}. \tag{24}$$

Bei vorgegebenem Film (b_1 = const) hängt die Grenzgröße logarithmisch von der Brennweite ab.

Beispiel: $f = 50$ mm, $f/D = 1{,}8$, $A = 50$ L/mm (Diafilm oder 103 a-E), $\lambda = 500$ nm, Seeing $\alpha \leqq 5''$, ideale Nachführung ($b_3 = 0$), verzeichnungsfreies Objektiv ($b_4 = 0$). Man erhält: $b_0 = 2\ \mu\mathrm{m}$, $b_1 = 20\ \mu\mathrm{m}$, $b_2 = 1\ \mu\mathrm{m}$. Bei ideal dunklem Nachthimmel ($m_{\mathrm{H}} = 4^{\mathrm{m}}$) folgt für die Grenzgröße $m_{\mathrm{gr}} = 12.5^{\mathrm{m}}$ – ein Grenzwert, der durchaus erreichbar ist.

2) *Langbrennweitiges Instrument* ($f = 2000$ mm, $f/D = 10$), feinkörniger Film mit hoher Auflösung ($A = 300$ L/mm), verzeichnungsfreies Objektiv ($b_4 = 0$), ideales Seeing ($\alpha = 0.5''$), Nachführtoleranz $\beta \approx \pm 1''$. Daraus folgt: $b_0 = 12$ µm, $b_1 = 3$ µm, $b_2 = 5$ µm, $b_3 \approx 5 \cdot 10^{-6} \cdot 2000$ mm $\cdot 2 = 20$ µm. Man erkennt, daß der Durchmesser des Scheibchens im wesentlichen von der Nachführgenauigkeit β (b_3) abhängt und bei hoher Nachführgenauigkeit auch fast beugungsbegrenzt photographiert werden kann, sofern Überstrahlungseffekte in der Emulsion durch einen Lichthofschutz verhindert werden.

Bei einer Nachthimmelshelligkeit von 4^m ergibt sich somit für die Grenzgröße $m_{\mathrm{gr}} \approx 19^m$. Führt man zum Beispiel wesentlich schlechter nach ($\beta = \pm 5''$), so geht die Grenzgröße auf 16.6^m zurück.

3) *Abhängigkeit vom Seeing, wenn* $b_2 \gg b_0, b_1, b_3, b_4$

$$m_{\mathrm{gr}} - m_{\mathrm{H}} = 18.1^m - 5 \cdot \lg \alpha'', \tag{25}$$

α'': Seeing in Bogensekunden.

Bei $m_{\mathrm{H}} = 4^m$ ergibt sich in Abhängigkeit vom Seeing α:

α	m_{gr}
$1''$	18.1^m
$5''$	14.6^m
$10''$	13.1^m
$20''$	11.6^m

4.9.3 Die maximale Belichtungszeit $t_{\max}$

Es stellt sich nun die Frage, bei welcher maximalen Belichtungszeit $t_{\max}$ die maximale photographische Grenzgröße m_{gr} erreicht werden kann. Durch Gleichsetzen von (20) und (22) erhält man

$$t_{\max} = \frac{\mathrm{const} \cdot (f/D)^{2/p}}{E}, \tag{26}$$

$t_{\max}$ in Minuten, E in ASA, p = Schwarzschildexponent. Die Konstante „const" wird durch das Streulicht bestimmt und kann unter idealen Bedingungen den Wert const = 500 annehmen [56].

4.9.4 Helligkeitssequenz zur Bestimmung der Grenzgröße

Zur Bestimmung der Grenzgröße wird das Sternfeld Nr. 51 der *Selected Areas* [119] herangezogen. Als Aufsuchhilfe dient eine Umgebungskarte (Abb. 23) aus dem SAO-Sternatlas [118], dessen Grenzgröße bis 9^m reicht. Abbildung 24 zeigt das Feld SA 51 in einer Größe von $60' \times 60'$; die photographische Grenzgröße beträgt $m_{\mathrm{gr}} = 12.5^m$ (Blauhelligkeit).

Der gestrichelt eingezeichnete Bereich ist in Abbildung 25 vergrößert dargestellt [120], wobei die Grenzgröße 20.5^m beträgt (photovisuelle Helligkeit).

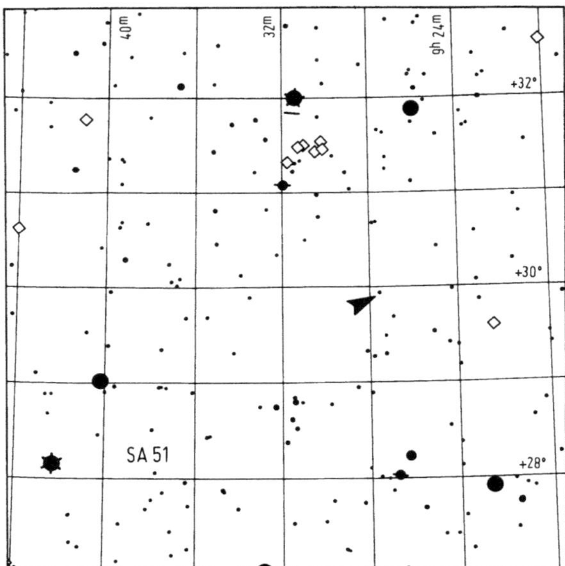

Abb. 23. Das Selected-Area-Feld SA 51 in einem Ausschnitt aus dem SAO-Sternatlas [118]. Das Feld ist ca. 5° × 5° ausgedehnt. Der helle Stern nahe der Bildfeldmitte ist SAO 79445, 9.1ᵐ hell (visuell). Seine Koordinaten lauten: 7ʰ 27.5ᵐ/ + 29°56′ (1950.0) bzw. 7ʰ 30.6ᵐ/ + 29°50′ (2000,0)

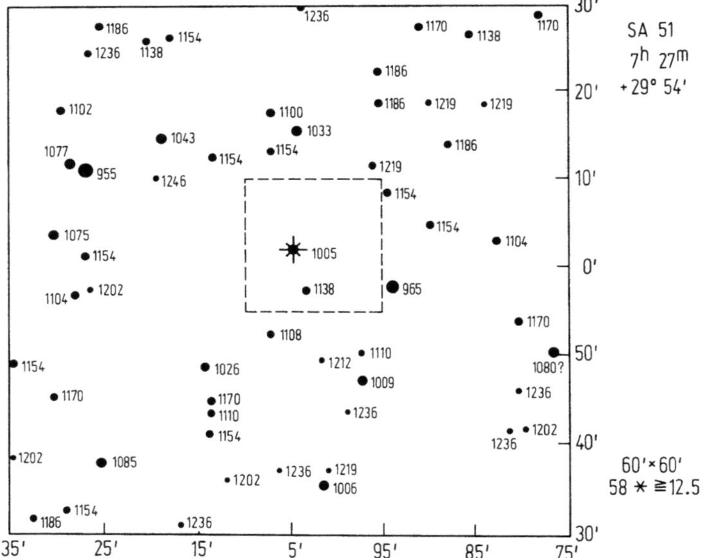

Abb. 24. Das Sternfeld SA 51 aus dem Atlas der Selected Areas [119]. In diesem 60′ × 60′ großen Feld sind 58 Sterne heller als m_{pg} = 12.5ᵐ enthalten (Blauhelligkeit). Der gestrichelt eingezeichnete Bereich ist in Abb. 25 dargestellt. Nordrichtung oben. Die Sternhelligkeiten sind ohne Dezimalpunkt angegeben. Beispiel: 1005 = 10.05ᵐ. Der helle Stern im Zentrum ist SAO 79445

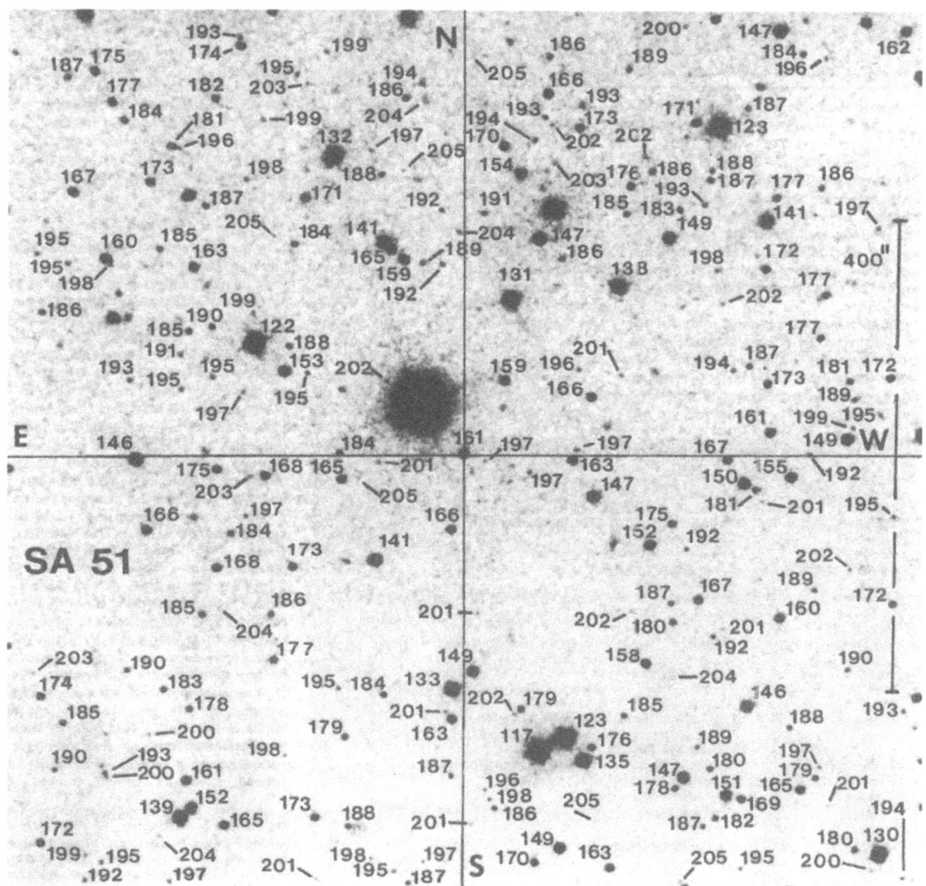

Abb. 25. Das Sternfeld SA 51 nach einer Aufnahme von E. Everhart [120] mit einem $\varnothing$ 40 cm-Newton-Teleskop, f/5,5, auf gashypersensibilisierten TP2415. Die mit einem Irisblendenphotometer ermittelten Sternhelligkeiten reichen bis ca. 20.5^m (photovisuell). Der helle Stern nahe der Bildmitte ist SAO 79445. Die Abbildung mißt 12′ × 12′. Nordrichtung oben. Die Sternhelligkeiten sind ohne Dezimalpunkt angegeben. Beispiel: 201 = 20.1^m

Anhand der Sterne, die sowohl in Abbildung 24 als auch in Abbildung 25 enthalten sind, wird der Unterschied zwischen der Blauhelligkeit m_{pg} und photovisuellen Helligkeit m_{pv} deutlich. Welche Helligkeiten am ehesten auf die eigene Aufnahme zutreffen, hängt davon ab, in welchem Spektralbereich die Aufnahme angefertigt wurde. Panchromatischen Filmen, die bis in den roten Spektralbereich hinein empfindlich sind, sollte eher die photovisuelle Helligkeit zugrunde gelegt werden, wohingegen bei der Photographie auf rein orthochromatischem Film (KODAK 103 a-O) die Blauhelligkeiten („photographische" Helligkeit) verwendet werden.

4.10 Literatur

Nachfolgend sind die wichtigsten Literaturstellen zur Astrophotographie aufgeführt, die in englisch- und deutschsprachigen astronomischen Zeitschriften erschienen sind, soweit sie Beiträge zur Astrophotographie enthalten.

Astronomy, Astro Media Corp., 625 East St. Paul Ave., Milwaukee, WI 53502, USA
Sky & Telescope, Sky Publishing Corporation, 49 Bay State Road, P.O.Box 9102, Cambridge, Mass. 02238-9102, USA
Deep Sky, Astro Media Corp., 625 East St. Paul Ave., Milwaukee, WI 53502, USA
Orion, Zeitschrift der Schweizerischen Astronomischen Gesellschaft, Zentralsekretariat der SAG, Hirtenhofstr. 9, 6005 Luzern, Schweiz
Sterne und Weltraum, Verlag Sterne und Weltraum, Dr. Vehrenberg GmbH, Portiastr. 10, 8000 München 90
AAS Photo Bulletin, American Astronomical Society, c/o A. G. Smith, 211 Space Sciences Building, University of Florida, Gainesville, FL 32611, USA
Ciel et Espace, L'Association Francaise d'Astronomie, Observatoire du Parc Montsouris, 17 rue Émile-Deutsch-de-la-Meurthe, 75014 Paris, Frankreich

Firmenanschriften:
KODAK AG, Postfach 369, 7000 Stuttgart 60
AGFA GEVAERT AG, 5090 Leverkusen 1
ILFORD GmbH, Postfach 124, 6078 Neu-Isenburg
TETENAL Fotowerk GmbH & Co., Postfach 2029, 2000 Norderstedt
SCHOTT GLASWERKE, Hattenbergstr. 10, 6500 Mainz
MESSER GRIESHEIM GmbH, Lärchenstr. 131, 6000 Frankfurt 80
LINDE AG, Werksgruppe Technische Gase, Seitnerstr. 70, 8023 Höllriegelskreuth

 1 Riepe, P.: Kleinbildoptiken in der Astrophotographie. Sterne und Weltraum *24*, 280 (1985)
 2 Martinez, P.: *Astrophotographie* (Verlag Darmstädter Blätter, Darmstadt 1985)
 3 Dragesco, J.: Images stellaires obtenues en photographie du ciel profond. Ciel et Espace *215*, 62 (1987)
 4 Schur, C.: Experiments with All-Sky Photography. Sky & Telescope *63*, 621 (1982)
 5 Schur, C.: The Zodiacal Light in Color. Sky & Telescope *64*, 199 (1982)
 6 Sloan, J.: More on All-Sky Photography. Sky & Telescope *66*, 70 (1983)
 7 Vielmetter, H.: (1627) Ivar am laufenden Band. Sterne und Weltraum *24*, 536 (1985)
 8 Vielmetter, H.: Halley am Stadtlicht-Himmel. Sterne und Weltraum *25*, 608 (1986)
 9 Liller, B., Mayer, B.: *The Cambridge Astronomy Guide* (Cambridge University Press, Cambridge, New York 1985)
10 Karkoschka, E., Merz, R., Treutner, H.: *Astrofotografie* (Franckh'sche Verlagshandlung, Stuttgart 1980)
11 Di Cicco, D.: Photography Through A Telescope. Sky & Telescope *72*, 569 (1987)
12 Schaefer, H. H.: Feinjustierung der Polachse einer parallaktischen Montierung. Sterne und Weltraum *25*, 604 (1986)
13 Riepe, P.: Astrophotographie mit transportablen Geräten. Sterne und Weltraum *22*, 89 (1983)
14 Del Vo, P.: Conviene guidare su una stelle equatoriale? L'astronomia *35*, 65 (1984)
15 Sidgwick, J. B.: *Amateur Astronomer's Handbook* (Enslow Publishers, Hillside 1980)
16 Gleanings for ATM's: Neutralizing Atmospheric Dispersion. Sky & Telescope *43*, 388 (1967)
17 Wedel, B.: Das atmosphärische Spektrum und seine Beseitigung. Sterne und Weltraum *10*, 339 (1971)
18 Paul, H. E.: *Outer Space Photography for the Amateur* (American Photographic Book Publishing Co., Inc., Garden City 1976), S. 118
19 Rummel, W.: Der Polsucher, ein neues Justierinstrument. Sterne und Weltraum *7*, 186 (1968)
20 Ahnert, P.: *Kalender für Sternfreunde 1970* (J. A. Barth, Leipzig 1969)

21 Filimon, E.: Meteorstrombeobachtung: Amateurprogramm. Astro-Magazin, 140 (1986)
22 Jahn, J.: Vergleich der Meteoranzahl bei verschiedenen Astrokameras. Kometen, Planetoiden, Meteore *2*, Nr. 4, 36 (1987)
23 L'Équipe „Perseïdes 80": Le Météorographe: Ciel et Espace *182*, 46 (1981)
24 Dannemann, A.: Fotografische Meteorbeobachtung und deren Auswertung. Kometen, Planetoiden, Meteore *1*, Nr. 1, 15 (1986)
25 Reimann, I.: Anmerkungen zum Artikel von A. Dannemann in KPM 1. Kometen, Planetoiden, Meteore *1*, Nr. 2, 19 (1986)
26 Jahn, J.: Bestimmung der wahren Helligkeit eines Meteors auf einer Aufnahme. Kometen, Planetoiden, Meteore *2*, Nr. 4, 29 (1987)
27 Knapp, W., Hahn, H. M.: *Astrofotografie als Hobby* (VWI-Verlag Gerhard Knülle, Herrsching 1980)
28 Bohrmann, A.: *Bahnen künstlicher Satelliten* (Bibliographisches Institut, Mannheim 1966)
29 Welch, D. L.: Observing Geosynchronous Satellites. Sky & Telescope *71*, 606 (1986)
30 Maley, P. D.: Photographing Earth Satellites. Sky & Telescope *71*, 563 (1986)
31 Koch, B., Jurriens, T., Meeus, J.: *Sternführer 1987* (Treugesell-Verlag, Düsseldorf 1986)
32 TETENAL: *Richtig entwickeln*. 34. Auflage 1984
33 Lovi, G.: A Look At Seeing. Sky & Telescope *70*, 577 (1985)
34 Walker, M. F.: How Good Is Your Observing Site? Sky & Telescope *71*, 139 (1986)
35 Cox, R. E.: Some New Illuminated Finders. Sky & Telescope *49*, 183 (1975)
36 Röhr, T.: „Richtig" fokussierte Astro-Fotos: Eine neue Lösung für ein altes Problem. Mittlg. der VStW Köln *30*, Nr. 3, 15 (1986)
37 Greenler, R.: *Rainbows, Halos, & Glories* (Cambridge University Press, Cambridge, New York 1980)
38 Meinel, A., Meinel, M.: *Sunsets, Twilights, and Evening Skies* (Cambridge University Press, Cambridge, New York 1983)
39 Pollmann, E.: Spektroskopische Veränderlichenbeobachtung. Sterne und Weltraum *24*, 340 (1985)
40 Wagner, B.: Astrospektrographie mit einfachen Mitteln. Sterne und Weltraum *25*, 218 (1986)
41 Waber, R., McPherson, R.: Photographing Star Spectra. Sky & Telescope *33*, 322 (1967)
42 Bourge, P., Dragesco, J., Dargery, Y.: *La Photographie Astronomique D'Amateur* (Publications Photo-Cinéma P. Montel, Paris 1979)
43 Patterson, J., Michaud, P.: Photographing Stellar Spectra. Astronomy *8*, 39 (1980)
44 Gebhardt, W., Helms, B.: Ein Selbstbau-Prismenspektrograph zum Gebrauch am Celestron-8. Sterne und Weltraum *15*, 58 (1976)
45 Sorensen, B.: A Simple Slit Spectrograph. Sky & Telescope *73*, 98 (1987)
46 Albrecht, C.: Astrospektrographie mit Spiegelteleskopen. Sterne und Weltraum *11*, 195 u. 243 (1972)
47 Solberg, H. G., Jr.: Photographing The Zodiacal Light. Sky & Telescope *29*, 323 (1965)
48 Solberg, H. G., Jr., Minton, R. B.: Photographing The Gegenschein. Sky & Telescope *31*, 380 (1966)
49 Viewing The Zodiacal Light And Gegenschein. Sky & Telescope *23*, Observer's Page (1962)
50 Boney, W. H.: Depths Of Space. Sky & Telescope *70*, 503 (1985)
51 Hückel, P.: Nützliche Tips für die Okularprojektion. Sterne und Weltraum *24*, 42 (1985)
52 Valleli, P. A.: The Focal Reducer as a Telescope Accessory. Sky & Telescope *46*, 405 (1973)
53 Gee, A. E.: How To Design Telecompressors. Sky & Telescope *67*, 367 (1984)
54 Edberg, S. J.: *IHW Amateur Observers' Manual for Scientific Comet Studies*, p. 6-4, (Enslow Publishers, Hillside, NJ/Sky Publishing Corporation, Cambridge, Mass. 1983)
55 Di Cicco, D.: Shooting Halley. Sky & Telescope *71*, 23 (1986)
56 Stättmayer, P.: Hinweise zur Kometenphotographie. Sterne und Weltraum *24*, 476 (1985)
57 Stättmayer, P.: Eine einfache Methode zur indirekten Kometennachführung. Sterne und Weltraum *13*, 132 (1974)
58 Lüthen, H., Schröder, K.-P.: Nachführung auf den Kometen mit dem GA-2 Nachführansatz. Kometen, Planetoiden, Meteore *1*, Nr. 2, 29 (1986)
59 An Observer's Kit for This Month's Lunar Eclipse. Sky & Telescope *49*, 280 (1975)
60 Dorst, F.: Photographie von Sonnenfinsternissen. Sterne und Weltraum *21*, 261 (1982)

61 A Midsummer's Night Eclipse. Sky & Telescope *62*, 391 (1981)
62 Celnik, W. E., Riepe, P.: Photographie extrem schwacher HII-Regionen. Sterne und Weltraum *23*, 458 (1984)
63 Celnik, W. E., Riepe, P.: Photographie extrem schwacher HII-Regionen. Sterne und Weltraum *24*, 100 (1985)
64 Dunham, D. W.: May's Pallas Occultation A Success. Sky & Telescope *66*, 270 (1983)
65 The Polarized Corona in Color. Sky & Telescope *63*, 210 (1982)
66 Beatty, J. K.: Planetary Satellites: An Update. Sky & Telescope *66*, 405 (1983)
67 Riepe, P. et al.: Galaxienphotographie Teil 1. Sterne und Weltraum *26*, 34 (1987)
68 Riepe, P. et al.: Galaxienphotographie Teil 2. Sterne und Weltraum *26*, 155 (1987)
69 Remmert, E.: Die Sonnenphotographie und ihre Probleme Teil 1. Sterne und Weltraum *24*, 158 (1985)
70 Remmert, E.: Die Sonnenphotographie und ihre Probleme Teil 2. Sterne und Weltraum *24*, 606 (1985)
71 Kitchin, C. R.: *Astrophysical Techniques* (Adam Hilger Ltd., Bristol 1984)
72 Langford, M.: *Die große Fotoenzyklopädie* (Christian-Verlag, München 1983)
73 Beck, R., Hänel, A.: Grundlagen der Astrophotographie. Festschrift Sternwarte Bonn, S. 45
74 Dreyhsig, J., Leder, N.: Astrophotographie in der Großstadt. Sterne und Weltraum *22*, 438 (1983)
75 KODAK-Broschüre P-315 *„Plates and Films for Scientific Photography"*
76 KODAK-Broschüre B-3 *„Kodak Filters for Scientific and Technical Uses"*
77 SCHOTT-Broschüre *Optische Glasfilter*
78 Di Cicco, D.: Skyshooting with the fastest Color Film. Sky & Telescope *74*, 558 (1987)
79 AGFA-GEVAERT (Fototechnische Information): Die Haltbarkeit fotografischer Filme
80 Hornung, H., Hückel, P.: Sonnen-, Mond- und Planetenphotographie mit Amateurteleskopen. Sterne und Weltraum *23*, 393 (1984)
81 Martinez, P.: Aide-toi et le film t'aidra. Ciel et Espace *199*, 39 (1984)
82 Stättmayer, P.: Tiefkühlphotographie. Sterne und Weltraum *22*, 144 (1983)
83 Leue, H. J., Tomoscheit, D.: Zur Praxis der Tiefkühlphotographie. Sterne und Weltraum *12*, 473 (1973)
84 Newton, J.: A Cold Camera for Astrophotography. Astronomy *9*, 39 (1981)
85 Iburg, B.: The Shoot Out: Cold Camera vs. Gas Hypering. Astronomy *9*, 61 (1981)
86 Höbel, P.: Theorie und Praxis der Hypersensibilisierung von Filmemulsionen. Sterne und Weltraum *22*, 430 (1983)
87 Lightfood, D.: Making the Most of Black- and White Astronegatives. Astronomy *10*, 51 (1982)
88 Garner, W., Meaburn, J.: The Combination of Unsharp Masking and High Contrast Copying. AAS Photo-Bulletin *20*, 3 (1979)
89 Malin, D. F., Zealy, W. J.: Astrophotography with Unsharp Masking. Sky & Telescope *57*, 355 (1979)
90 Kriete, A.: Kontrastverstärkung durch lichtoptische Filterung und photochemische Kantendifferenzierung an Astroaufnahmen. Sterne und Weltraum *17*, 296 (1978)
91 Malin, D. F.: Photographic Amplification of Faint Astronomical Images. Nature *276*, 591 (1978)
92 Baumgardt, J.: Enhancing Astronomical Photographs with a Slide Copier. Sky & Telescope *66*, 574 (1983)
93 Koch, B.: Photographische Hochkontrastverstärkung astronomischer Negative. Sterne und Weltraum *24*, 156 (1985)
94 Koch, B., Sommer, N.: Capturing Faint Nebulae with Contrast Enhancement. Sky & Telescope *69*, 83 (1985)
95 Coco, M. J.: Enhancing Color Photographs With Filters. Sky & Telescope *70*, 215 (1986)
96 Mette, V.: Eine alternative Methode der Kontrastverstärkung. Sterne und Weltraum *25*, 598 (1986)
97 Malin, D. F.: Photographic Enhancement of Direkt Astronomical Images. AAS Photo-Bulletin *21*, 4 (1981)
98 Gorski, A. B.: Enhancing Astronomical Photographs. Sky & Telescope *58*, 184 (1979)

  99 Knapp, H.: Über die Reichweite von Objektiven bei Astroaufnahmen mit kleinen Montierungen. Sterne und Weltraum *3*, 262 (1964)

100 TETENAL: *Die Schwarzweiß-Positiv-Technik*

101 Vehrenberg, H.: Hypersensibilisierung. Sterne und Weltraum *20*, 193 (1981)

102 Vehrenberg, H.: Hypersensibilisierung von S/W- und Farbfilmen. Sterne und Weltraum *20*, 246 (1981)

103 Becker, P., Bojarra, U.: Erste Erfahrungen mit hypersensibilisierten Filmen. Sterne und Weltraum *21*, 34 (1982)

104 Sliva, R.: Hypersensitizing, Part 1. Astronomy *9*, 39 (1981)

105 Sliva, R.: Hypersensitizing, Part 2. Astronomy *9*, 48 (1981)

106 Healy, D.: Experiments with Gashypered Film. Sky & Telescope *61*, 174 (1981)

107 Di Cicco, D.: Notes on Gas Hypersensitizing. Sky & Telescope *61*, 176 (1981)

108 Stättmayer, P.: Gashypersensibilisierung von Filmmaterial. Sterne und Weltraum *21*, 532 (1982)

109 Höbel, P.: Untersuchungen von Filmemulsionen. Sterne und Weltraum *13*, 205 (1974)

110 Smith, A. G., Hoag, A. A.: Advances in Astronomical Photography at Low Light Levels. Ann. Rev. Astron. Astrophys. *17*, 43 (1979)

111 Babcock, T. A.: A Review of Methods and Mechanism of Hypersensitization. AAS Photo-Bulletin *24*, 3 (1976)

112 Babcock, T. A., Ferguson: A Novel Form of Chemical Sensitization Using Hydrogen Gas. Photographic Science and Engineering *19*, (1975)

113 Jones, S. E.: Methods, Advantages, and Limitations of Compositing Photographic Images. AAS Photo-Bulletin *11*, 15 (1976)

114 Vehrenberg, H.: Photographs of Deep-Sky Objects. Sky & Telescope *55*, 295 (1978)

115 Alt, E., Rusche, J.: Indirekte Astrofarbenphotographie nach dem modifizierten Dreifarbenverfahren. Orion *33*, Nr. 148, 67 (1975)

116 Marling, J. B.: Advances in Astrophotography. Sky & Telescope *67*, 582 (1984)

117 Laepple, L.: Astrophotographie in der Schule. Sterne und Weltraum *25*, 586 (1986)

118 *Smithsonian Astrophysical Observatory Star Atlas* (Smithsonian Institution, Washington, D.C. 1966, 1971)

119 Brun, A., Vehrenberg, H.: Atlas of Selected Areas, 3. Auflage (Treugesell-Verlag, Düsseldorf 1980)

120 Everhart, E.: Finding your Telescope's Magnitude Limit. Sky & Telescope *68*, 28 (1984)

121 Everhart, E.: Adventures in Fine Grain Astrophotography. Sky & Telescope *61*, 100 (1981)

122 Everhart, E.: Hypersensitization and Astronomical Use of Kodak Technical Pan Film 2415. AAS Photo-Bulletin *24*, 3 (1980)

123 Walker, P. E.: Hypersensitization of Kodak Technical Pan Film 2415 by Bathing in Silver Nitrate Solution. AAS Photo-Bulletin *24*, 7 (1980)

124 Marling, J. B.: Gas Hypersensitization of Kodak Technical Pan Film 2415. AAS Photo-Bulletin *24*, 9 (1980)

125 Vidal, N. V.: Hypersensitization of Kodak III a-J and 103 a-D Emulsions with Forming Gas. AAS Photo-Bulletin *21*, 3 (1979)

126 Schumann, J. D.: A Hypersensitization Process Faster than Nitrogen Soaking. AAS Photo-Bulletin *20*, 13 (1979)

127 Jenkins, R. L., Franell, G. C.: The Hypersensitization of Infrared Emulsions by Bathing Treatments. AAS Photo-Bulletin *17*, 3 (1978)

128 Schoening, W. E.: Hypersensitizing Infrared Plates with Silver Nitrate Solution. AAS Photo-Bulletin *17*, 12 (1978)

129 Lapointe, M.: Which Films are Worth Hydrogenating? Sky & Telescope *55*, 401 (1978)

130 Mutter, E.: Die Technik der Negativ- und Positivverfahren. *Die wissenschaftliche und angewandte Fotografie*, Band. V, (Wien 1955)

131 Barral, C.: Hypersensibilisation des films à l'hydrazote. Ciel et Espace *209*, 29 (1986)

132 Dragesco, J.: Progrès spectaculaires en astrophotographie d'amateur. Ciel et Espace *185*, 44 (1982)

133 Heudier, J. L., Sim: *Astronomical Photography 1981.* (CNRS INAG.)

134 Heudier, J. L.: Le renouveau de la photographie astronomique I. L'Astronomie *91*, 313 (1977)

135 Heudier, J. L.: Le renouveau de la photographie astronomique II. L'Astronomie *91*, 341 (1977)
136 Marling, J. B.: Gas Hypersensitization of 35 mm B&W and Color Film – III. Deep Sky Monthly *3*, (1981)
137 Heudier, J. L.: Astronomical Photography: Its Present Status. AAS Photo-Bulletin *26*, 3 (1981)
138 Brandt, L.: Zur Geschichte der Himmelsphotographie. Sterne und Weltraum *19*, 122 (1980)
139 ILFORD: *Labortechnik*
140 VDS-Arbeitsgruppe Astrophotographie: Astrophotographie – Eine Einführung in die Himmelsphotographie (1986)
141 Conrad, C. M. et al.: Evaluation of Nine Developers for Hypersensitized Kodak Technical Pan Film 2415. AAS Photo-Bulletin *38*, 3 (1985)
142 Smith, A. G.: Reprocity Failure of Hypersensitized and Unhypersensitized Kodak Technical Pan Film 2415. AAS Photo-Bulletin *31*, 9 (1982)
143 Everhart, E.: Color Negative Films for Astrophotography. AAS Photo-Bulletin *30*, 9 (1982)
144 Smith, A. G.: Comparison of the Absolute Sensitivity of Kodak Technical Pan Film 2415 with Standard Astronomical Emulsions. AAS Photo-Bulletin *30*, 6 (1982)
145 Becker, K.: Der Farbdiafilm Fujichrome RH400. Sterne und Weltraum *25*, 106 (1986)
146 Jacobs, G.: Der Farbnegativfilm Fujicolor HR1600. Sterne und Weltraum *25*, 107 (1986)
147 Di Cicco, D.: Film Notes for Astrophotographers. Sky & Telescope *68*, 371 (1984)
148 Celnik, W. E. et al.: Der 3M 1000 in der Astrophotographie. Sterne und Weltraum *24*, 218 (1985)
149 Riepe, P., Celnik, W. E.: Astrophotographie mit dem Kodak Ektachrome 400. Sterne und Weltraum *21*, 317 (1982)
150 Riepe, P., Ransburg, W., Celnik, W. E.: Im Astrotest: Der Kodak Ektrachrome P800/1600. Sterne und Weltraum *24*, 542 (1985)
151 Di Cicco, D.: Another Superspeed Color Film. Sky & Telescope *66*, 506 (1983)
152 Di Cicco, D.: ASA 1000 and Color Too. Sky & Telescope *65*, 215 (1983)
153 Gordon, B.: *Astrophotography* (Willmann-Bell, Inc., Richmond 1985)
154 Griesser, M.: *Himmelsfotografie* (Hallwag-Verlag, Stuttgart/Bern 1982)
155 Covington, M.: *Astrophotography for the Amateur* (Cambridge University Press, Cambridge 1985)
156 Malin, D. F., Murdin, P.: *Farbige Welt der Sterne* (VCH-Verlagsgesellschaft mbH, Weinheim 1986)
157 KODAK Datenblatt P-A4
158 KODAK Datenblatt P-B8
159 KODAK Datenblatt P-B6
160 Brodkorb, H. et al.: Das Dreifarbenverfahren. Orion *31*, 55 (1973)
161 Healy, D.: Films for Deep Sky Photography. Deep-Sky *2*, No. 3, 16 (1984)
162 KODAK Datenblatt T-MAX-Filme (Stuttgart)
163 Celnik, W. E. et al.: Der Farbdiafilm Agfachrome 1000 RS in der Astrophotographie. Sterne und Weltraum *26*, 287 (1987)
164 Stahlhut, J.: Priv. Mitteilung
165 Ney, E. P.: The Mysterious „Egg Nebula" in Cygnus. Sky & Telescope *49*, 21 (1975)
166 Dorst, F.: Die Leuchtenden Nachtwolken am 7./8. Juni 1976. Sterne und Weltraum *15*, 328 (1976)
167 Janesick, J., Blouke, M.: Sky on a Chip: The Fabulous CCD. Sky & Telescope *74*, 238 (1987)
168 Meeus, J.: *Astronomical Formulae for Calculators* 3. Edition, S. 48 (Willmann-Bell, Inc., Richmond 1985)

5 Radioastronomie für Amateurastronomen

W. J. Altenhoff

5.1 Einleitung

Vor mehr als hundert Jahren hatte C. Maxwell gezeigt, daß das Spektrum der elektromagnetischen Strahlung nicht auf das sichtbare Licht beschränkt ist, sondern sich weit zu infraroten und ultravioletten Wellenlängen ausdehnt. 1887 gelang es H. Hertz, elektromagnetische Wellen im Radiobereich zu erzeugen und nachzuweisen. Es war naheliegend zu untersuchen, ob auch die Sonne solche Strahlung aussendet. Derartige Versuche sind von T. Edison (1890) in Amerika, O. Lodge (1900) in England, E. Nordmann (1902) in Frankreich und J. Scheiner und J. Wilsing (1896) in Deutschland durchgeführt worden – mit negativem Ergebnis. So schien zum Anfang dieses Jahrhunderts festzustehen, daß keine Radiostrahlung aus dem All zur Erde kommt.

Im Jahre 1932 untersuchte K. G. Jansky für Bell Laboratories in Holmdel, New Jersey, mit einer speziell dafür gebauten Richtantenne mögliche Störquellen für den Funkverkehr im Wellenlängenbereich um 14,6 m; sie ist in Abbildung 1 wiedergegeben. Er identifizierte drei natürliche Störquellen: 1. nahe Gewitter, 2. ferne, tropische Gewitter, 3. ein konstantes Rauschen unbekannter Herkunft. Jansky vermutete zuerst, daß irgendwie die Sonne diese Störung unbekannter Herkunft verursache; er konnte später feststellen, daß sie ihren Ursprung im Milchstraßenzentrum hat. Obwohl diese Entdeckung in Presse und Funk verbreitet wurde, wurde sie von den Astronomen kaum wahrgenommen.

Abb. 1. Nachbau der Antenne, mit der K. G. Jansky die kosmische Radiostrahlung entdeckte. Sie steht am Eingang zum Gelände des National Radio Astronomy Observatory, Green Bank, West Virginia

Abb. 2. G. Rebers Radioteleskop. Das historische Instrument ist auf dem Gelände des National Radio Astronomy Observatory in Green Bank, West Virginia, wiederaufgebaut

Einzig ein junger Radioingenieur, Grote Reber aus Wheaton in Illinois, erkannte die Bedeutung dieser Entdeckung. Er baute sich 1937 ein Radioteleskop von 9,6 m Durchmesser in seinem Garten. Abbildung 2 zeigt dieses Teleskop, das offensichtlich zum Modell für alle modernen Radioteleskope wurde. Reber ging von der Annahme aus, daß die Radiostrahlung der Milchstraße ebenso thermischen Ursprungs (s. u.) sei wie die optische Strahlung der Sterne. Er baute sich deshalb einen Empfänger für die Wellenlänge 9,1 cm. Weil der Beobachtungserfolg ausblieb, ging er zu den Wellenlängen 33 cm und 1,87 m über. Erst bei der längsten Wellenlänge gelang es ihm im Jahre 1939, die Entdeckung von Jansky zu bestätigen. Seine eigene Vermutung über den Strahlungsursprung hatte er gleichzeitig widerlegt.

Seine Mitteilung darüber in The Astrophysical Journal fand anscheinend ebensowenig Resonanz wie Janskys Entdeckung acht Jahre zuvor. Reber verbesserte seinen Empfänger und beobachtete systematisch den sichtbaren Himmel; vier Jahre später veröffentlichte er eine Radiokarte der Milchstraße und die ersten Radiomessungen der Sonne. Diese Arbeit markiert den Beginn der radioastronomischen Forschung, sie initiierte die Vorhersage der Spektrallinie des Wasserstoffs bei $\lambda = 21$ cm durch H. van de Hulst noch 1944 und die Deutung der soeben gefundenen nicht-thermischen galaktischen Radiostrahlung als Synchrotronstrahlung, hervorgerufen durch die Elektronenkomponente der kosmischen Strahlung (O. Kiepenheuer, 1950). Die rasche Weiterentwicklung sei an Hand einiger hervorragender Meilensteine gezeigt: 1954 gelang es W. Baade und R. Minkowski, die Radioquelle Cygnus A mit einer optischen Galaxie zu identifizieren, 1962 zeigte A. Sandage die Übereinstimmung der Radioposition von 3C48 mit einem sternähnlichen Objekt, 1963 konnten M. Schmidt die Entfernung von 3C273 und J. L. Greenstein und T. A. Matthews die von 3C48 aus den rotverschobenen Spektrallinien herleiten und damit die kosmologische Entfernung der Quasare nachweisen, 1965 fanden A. Penzias und R. Wilson die 3 K Hintergrundstrahlung, die als Indiz für die Big-Bang-Theorie gilt, 1967 wurden die Pulsare von J. Bell und A. Hewish entdeckt, und 1968 wiesen L. Snyder, P. Palmer und B. Zuckerman das erste organische Molekül (Formaldehyd, H_2CO) im All nach.

Die technische Entwicklung verlief ebenso rasant: war bei Rebers Messungen die Sonne gerade noch an der Grenze der Empfindlichkeit und die erreichte Winkelauflösung etwa 14°, so kann man mit modernen Instrumenten Intensitäten messen, die um 7 bis 8 Zehnerpotenzen schwächer sind, und durch Zusammenschalten von Teleskopen über Kontinente hinweg erreicht man jetzt ein Winkelauflösungsvermögen von 0,0001 Bogensekunden! Wie später gezeigt wird, setzt solche Leistung in etwa einen jeweils gleichen Aufwand von Teleskop, Empfänger und Rechner voraus. Wie ernsthaft diese Anforderungen zum Beispiel an Teleskope sind, sieht man daran, daß unter anderem das 30-m-Teleskop in Berlin-Adlershof (Grenzwellenlänge 30 cm) und das in eine Talmulde gebaute zylindrische Teleskop von der Größe 122 m × 183 m in Urbana (Grenzwellenlänge 75 cm) bereits verschrottet wurden.

Anders als in der optischen Astronomie, wo bekanntlich „jedes Teleskop seinen Himmel hat", wo mit mittleren und kleinen Teleskopen noch ernsthafte Forschung betrieben werden kann, ist in der Radioastronomie der notwendige Aufwand, um konkurrenzfähige Ergebnisse zur professionellen Forschung zu erhalten, so groß, daß einzelne Amateure auf sich selbst gestellt keine Chancen haben.

Sinnvolle Aufgaben für einen Amateurradioastronomen scheinen mir:

a) Aufbau eines Empfangssystems für didaktische Zwecke,
b) Langzeitkontrolle der veränderlichen Strahlung von Sonne oder Jupiter,
c) Beobachtung der Ausbreitung der Radiowellen in der Atmosphäre.

Ziel dieses Beitrags ist es, nach einer kurzen Einführung in die Grundlagen der Radioastronomie Kriterien zur Abschätzung zu liefern, mit welchem Aufwand welche Beobachtungsergebnisse erreicht werden können. Für direkte Bauanleitungen wird auf die Literatur verwiesen.

Für eine umfassende Darstellung der Radioastronomie sei auf die Lehrbücher von K. Rohlfs [1] und J. D. Kraus [2] verwiesen.

Die technischen Grundlagen der Radioastronomie sind von O. Hachenberg und B. Vowinkel [34] beschrieben.

5.2 Die Radiostrahlung

Das langwellige Ende des elektromagnetischen Spektrums oberhalb von 1 mm Wellenlänge (Frequenz v kleiner als 300 GHz) wird von Radiowellen belegt. Drei wesentliche Eigenschaften dieser Strahlung lassen sich aus der wesentlich größeren Wellenlänge im Vergleich zu den Lichtwellen abschätzen:

a) Die Winkelauflösung wird durch das Verhältnis von Instrumentendurchmesser D [m] und Wellenlänge λ [m] bestimmt. Im Radiobereich nimmt man die Halbwertsbreite der Antennenkeule Θ ['], die sehr gut durch eine Gaussverteilung angenähert wird, als Maß der Auflösung; es gilt:

Halbwertsbreite Θ ['] $\approx 4300 \, \lambda/D$.   (1)

Abb. 3. Luftbild des 100 m-Teleskops in Effelsberg aus dem Jahr 1973. Seither sind viele Verbesserungen am Instrument durchgeführt (weißer Anstrich zur Vermeidung von Temperaturspannungen, Austausch der inneren Oberflächenpaneele, Austausch des Subreflektors), die aber in diesem Gesamtbild kaum sichtbar wären. Luftaufnahme: Hamburger Aero-Lloyd, freigegeben: Reg.-Präsident Düsseldorf 73/360

Beispielsweise hat das 100-m-Teleskop in Effelsberg (Abb. 3) bei der Wellenlänge 6 cm eine Antennenkeule mit der Halbwertsbreite $2',6$.

b) Die Energie pro Photon ist entsprechend der Quantentheorie um die Größenordnungen schwächer, um die die Radiowellen länger als die des Lichts sind. Entsprechend ist die Einheit des Strahlungsflusses, nach dem Begründer der Radioastronomie Jansky (Jy) benannt und auf typische Radioquellen abgestimmt, extrem klein:

$$1 \text{ Jy} = 10^{-26} \text{ Wm}^{-2} \text{ Hz}^{-1}. \tag{2}$$

Zur Veranschaulichung: Das Radioteleskop in Effelsberg mit seiner sammelnden Oberfläche von 7854 m^2 und einer Empfangsbandbreite von 500 MHz empfängt von solcher typischen Quelle eine Strahlungsleistung geringer als 10^{-12} Watt! Um wie viele Größenordnungen die empfangene Strahlungsleistung eines nahen Radar- oder Rundfunksenders größer ist, kann man sich leicht aus Sendeleistung und Entfernung ausrechnen. Offensichtlich lohnt es sich nicht, in Wellenlängenbereichen mit nahen Sendern Radioastronomie zu betreiben.

c) Aus dem Verhältnis von der Größe eines Streupartikels zur Wellenlänge kann man abschätzen, ob und wie stark eine Streuung eintritt. Die Erfahrung zeigt, daß die interstellaren Staubteilchen so klein sind, daß alle Radiowellen sie ungestört durchdringen, Regentropfen und Hagelkörner im Mm-Wellenbereich dagegen (Partikelgröße vergleichbar zur Wellenlänge) Mie-Streuung und Dämpfung verursachen und im Zentimeterwellenbereich (Partikelgröße wesentlich kleiner als die Wellenlänge) Rayleigh-Streuung und vernachlässigbare Dämpfung bewirken. Regen- und Eiswolken erzeugen Streustrahlung, die in der Eigenstrahlung der Erdoberfläche ihren Ursprung hat. Für längere Radiowellen sind die Regentropfen so vernachlässigbar klein im Verhältnis zur Wellenlänge, daß die Rayleigh-Streuung vernachlässigbar ist.

Als Ursache der kontinuierlichen Radiostrahlung kommen hauptsächlich drei Mechanismen in Frage: die Strahlung eines schwarzen Körpers, die thermische Strahlung eines ionisierten Gases und die nichtthermische Synchrotronstrahlung.

5.2.1 Thermische Strahlung

Die Eigenstrahlung eines idealen, schwarzen Körpers wird im Radiobereich durch die Rayleigh-Jeans-Näherung beschrieben. Für die Flächenhelligkeit gilt

$$B_v = 2\,k\,T_b\,\lambda^{-2}\,[\mathrm{W\,m^{-2}\,rad^{-2}\,Hz^{-1}}] \tag{3}$$

mit der Boltzmann-Konstanten $k = 1{,}38 \cdot 10^{-23}\,[\mathrm{J\,K^{-1}}]$ und der Strahlungstemperatur T_b. Durch Integration der Helligkeitsverteilung über den Raumwinkel der Quelle erhält man den Strahlungsfluß. Ist die Strahlungstemperatur über die Quelle konstant, so vereinfacht sich die Beziehung zu

$$S_v = 2\,k\,T_b\,\lambda^{-2}\,\Omega\,[\mathrm{Jy}], \tag{4}$$

wobei Ω der Raumwinkel der Quelle ist. Für kleine Winkel gilt: $\Omega = \pi \cdot R^2$, wobei R der Radius der Quelle in Radian ist. Der Strahlungsfluß der Venus beträgt bei einer Frequenz von 43 GHz, dem scheinbaren Radius der Planetenscheibe von 8″17 und der Strahlungstemperatur von 405 K beispielsweise 114 Jy mit einem Raumwinkel von $4{,}93 \cdot 10^{-9}$. Wie nach Gleichung (4) zu erwarten, ist die Eigenstrahlung der meisten Körper des Sonnensystems proportional zum Quadrat der Frequenz, siehe Abbildung 4.

Der Zusammenhang von Strahlungstemperatur und Strahlungsfluß gilt natürlich nur für den Idealfall der schwarzen Strahlung; inzwischen ist es üblich, Gleichung (4) als Definition einer äquivalenten Strahlungstemperatur zu benutzen. Vielfach überlagern sich Beiträge von verschiedenen Quellen, so daß Einzelflüsse und die jeder Quelle zugeordneten Raumwinkel nicht trennbar sind. Dann benutzt man die über die Hauptkeule der Antenne gemittelte äquivalente Strahlungstemperatur $\bar{T}_b$, diesem Wert entspricht formal ein Strahlungsfluß pro Hauptkeule.

Wie realisiert man diese Flächenhelligkeits- oder Strahlungsflußskala? H. Nyquist hatte um 1928 aufgrund thermodynamischer Überlegungen gefunden, daß ein elektrischer, ohmscher Widerstand der Temperatur T_a dieselbe Rauschleistung abgibt, wie eine Antenne empfangen würde, die in einem scharzen Hohlraum derselben Temperatur aufgestellt wäre. Zur Eichung wird deshalb der Empfänger mit einem Widerstand abgeschlossen, den man auf verschiedene Temperaturen T_a aufheizt. Den so gefundenen Zusammenhang zwischen T_a und der Rauschspannung des Empfängers kann man

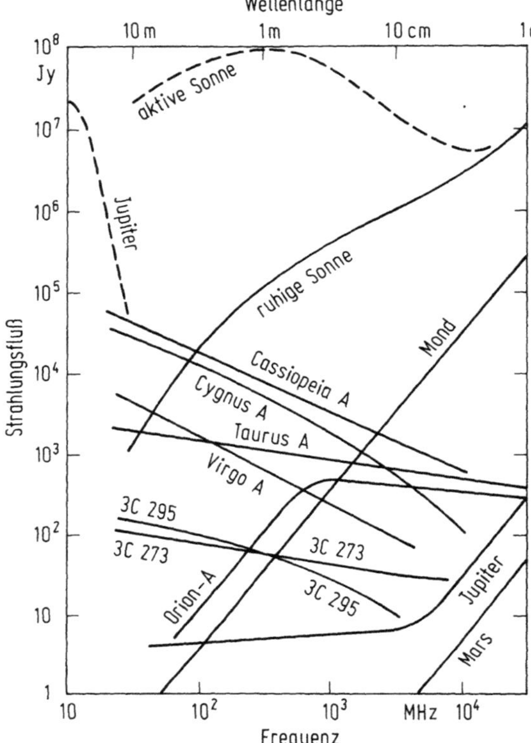

Abb. 4. Die Intensität einiger starker Quellen in Abhängigkeit von der Frequenz. Durch Strichelung ist die Strahlung bei einem Strahlungsausbruch gekennzeichnet

zu kleineren Werten, in den Bereich der radioastronomischen Beobachtungen, extrapolieren.

Neuerdings erfolgt die thermische Eichung oft dadurch, daß das Eingangshorn des Empfängers von einem Metallgefäß umgeben wird, in dem Absorbermaterial auf die Temperatur von Flüssiggas (z. B. Stickstoff, Argon, Helium) gekühlt ist. Der gekühlte Absorber macht das Metallgefäß zu einem schwarzen Hohlraum mit der Strahlungstemperatur des siedenden Gases. Da die Verdampfungstemperaturen der oben genannten Gase sehr niedrig sind, ist nur eine geringe Extrapolation der Eichung notwendig. In dem scharzen Hohlraum gilt: $T_a = T_b$.

Häufig ist die Quelle nicht viel größer als die Antennenkeule, dann gilt:

$$T_a = \eta_b \, T_b;$$

dabei ist η_b der Hauptkeulenwirkungsgrad. Ein typischer Zahlenwert dafür ist etwa 75 %.

In der Nähe früher Sterne werden Wasserstoffwolken fast vollständig ionisiert, das heißt, die energiereichen UV-Photonen lösen die Elektronen aus den Wasserstoffatomen. Wenn nun freie Elektronen an Protonen vorbeigehen, werden sie in deren elektrischen Feldern abgebremst; dabei senden sie Coulomb-Bremsstrahlung aus. Da die Elektronen vor und nach der Abbremsung (Stoß) ungebunden und nicht auf bestimmte Energieniveaus festgelegt sind, nennt man diese kontinuierliche Strahlung auch frei-frei-Strahlung.

Der Betrag der Strahlung oder der Absorption wird durch die optische Tiefe, das Integral über die Absorption entlang der Sichtlinie, beschrieben. Sie ist für ionisiertes Gas

$$\tau = 1{,}3 \cdot 10^{-11}\, T_{\mathrm{e}}^{-1{,}5}\, v^{-2} \int_0^l N^2\, \mathrm{d}s\,,$$

dabei ist T_{e} die Elektronentemperatur, N die Elektronendichte. Setzt man $T_{\mathrm{e}} = 10\,000$ K und drückt v in MHz und l in pc aus, so wird

$$\tau = 0{,}4\, v^{-2} \int_0^l N^2\, \mathrm{d}s = 0{,}4\, v^{-2}\, \mathrm{EM}\,; \tag{5}$$

EM bedeutet Emissionsmaß. Für die beobachtete, äquivalente Helligkeitstemperatur gilt:

$$T_b = T_{\mathrm{e}}\,(1 - \mathrm{e}^{-\tau})\,. \tag{6}$$

Für große Werte von τ (bei großer Wellenlänge) wird $T_b = T_{\mathrm{e}}$, für kleine Werte von τ wird $T_b = \tau\, T_{\mathrm{e}}$. Ist der Raumwinkel bekannt, so erhält man durch Einsetzen dieser Grenzwerte in Gleichung (4) eine Abschätzung des Spektrums einer HII-Region: für $\tau \gg 1$ ist der Fluß der HII-Region proportional zum Quadrat der Frequenz – wie es für einen schwarzen Körper gilt; für $\tau \ll 1$ dagegen ist der Fluß praktisch unabhängig von der Frequenz. Die Radiostrahlung des Orion-Nebels (Orion A) ist beispielhaft in Abbildung 4 aufgetragen.

Ist die Entfernung einer HII-Region bekannt, so läßt sich mit einigen plausiblen Annahmen (z. B. Ausdehnung in der Sichtlinie so groß wie die meßbare, senkrecht dazu) aus der optischen Tiefe die Elektronendichte und Masse herleiten. So ergibt sich für Orion A eine Elektronendichte $N = 1700$ cm^{-3} und eine Masse $M_{\mathrm{HII}} = 13$ M$_{\odot}$.

Hat ein Elektron durch viele Stöße mit Protonen genügend Energie verloren und als frei-frei-Strahlung abgegeben, kann es mit einem Proton zu einem neutralen Atom rekombinieren. Von Niveaus hoher Energie fällt das Elektron kaskadenförmig zu niedrigeren, jeweils unter Aussendung von Rekombinationslinien. Die Vorhersage der Intensität der Rekombinationslinien und vieler anderer Spektrallinien im Radiobereich ist schwierig, weil die Gaswolken häufig nicht im thermischen Gleichgewicht sind, deshalb kann es zu stimulierter oder Maser-Strahlung kommen.

5.2.2 Nichtthermische Strahlung

Als nichtthermisch bezeichnen wir die Strahlung, deren äquivalente Strahlungstemperatur unerklärbar hoch ist ($\gg 10^6$ K) oder deren Wellenlängenabhängigkeit nicht durch ein thermisches Spektrum erklärt werden kann. Ein Kriterium dafür ist der Spektralindex α, der durch die Bezeihung $S \propto v^{\alpha}$ definiert ist. Eine genaue Analyse des thermischen Spektrums ergibt, daß die Bedingung $\alpha \geq -0{,}1$ erfüllt sein muß und daß $\alpha < -0{,}1$ konsequenterweise nichtthermische Strahlung bedeutet.

Als Strahlungsmechanismus dafür wird allgemein die Magneto-Bremsstrahlung – auch Synchrotronstrahlung genannt – angenommen: Bewegt sich ein relativistisches

Elektron im Magnetfeld, so wird es auf eine Spiralbahn senkrecht zu den Feldlinien gezwungen. Dabei sendet es in einen engen Konus tangential zur Spiralbahn eine polarisierte Strahlung aus, deren Intensität und Frequenz von der Elektronengeschwindigkeit und dem Magnetfeld abhängt. Durch das Zusammenwirken vieler relativistischer Elektronen verschiedener Energie entsteht das beobachtete kontinuierliche Spektrum; für die meisten nichtthermischen Quellen gilt, daß ihr Fluß mit der Wellenlänge zunimmt. Ein typisches Spektrum dieser Art zeigt der Supernovaüberrest Cassiopeia A in Abbildung 4.

Bei geringen Geschwindigkeiten der Elektronen, die der Temperaturbewegung des Gases entsprechen, tritt eine niederfrequente gyromagnetische Strahlung bei der Lamorfrequenz auf. Diese Strahlung wird im kHz-Bereich in der Ionosphäre beobachtet.

Als weitere nichtthermische Strahlungsmechanismen sind die Plasmaschwingungen zu nennen, die entstehen, wenn in einem ionisierten Medium eine Abweichung vom Gleichgewichtszustand eintritt, oder die Čerenkov-Strahlung, die durch Abbremsung hochenergetischer Teilchen in einem Plasma entstehen. Beide Strahlungsarten sind schmalbandig und kommen anscheinend nur gelegentlich im Spektrum der Sonne vor.

5.3 Einfluß der Atmosphäre

Die Ausbreitung von Radiowellen erfolgt je nach Wellenlänge überwiegend durch die Bodenwelle oder die Raumwelle. Im Bereich der Lang- und Mittelwellen wird die Bodenwelle ausgenutzt, die über Hunderte von Kilometern der Erdoberfläche folgt. Bei Kurzwellen ist die Bodenwelle wegen der Dämpfung nur noch über wenige Kilometer brauchbar; statt dessen wird die Raumwelle ausgenutzt, die nach Reflexionen in der hohen Atmosphäre, der Ionosphäre und am Erdboden erdumspannende Verbindungen ermöglicht. Für noch kürzere Wellen (UKW, VHF, UHF) ist die Ionosphäre durchsichtig; da die Ausbreitung dieser Wellen ebenso als Raumwelle erfolgt, müssen Sender und Empfänger praktisch in Sichtverbindung stehen.

5.3.1 Ionosphäre

In Höhen oberhalb von 50 km wird ein Teil der Sauerstoff- und Stickstoffmoleküle und Atome durch die UV-Strahlung der Sonne ionisiert; die so entstandene Ionosphäre kann bis in Höhen weit über 500 km reichen. Sie ist aus verschiedenen Schichten aufgebaut – Maxima der Ionisation –, die mit Buchstaben gekennzeichnet werden: D um 50 km, E_1 um 100 km, E_2 um 150 km, F_1 um 190 km und F_2 über 250 km. Die Stärke der Ionisation hängt direkt von der Stärke und Dauer der UV-Strahlung an dem Ort in der Ionosphäre ab, das heißt von der Sonnenhöhe, der Tageszeit, der Jahreszeit und der Sonnenaktivität – ausgedrückt etwa durch die Sonnenfleckenrelativzahl. Hinzu kommt die Abhängigkeit von der geographischen Breite und Länge und der Einfluß des Erdmagnetfelds, der die Ionosphäre doppelbrechend werden läßt. Deshalb ist eine quantitative Vorhersage des Aufbaus der Ionosphäre und folglich der Kurzwellenausbreitung schwierig. Gemessen wird der Aufbau der Ionosphäre ständig an ca. 60 Stationen der Erde durch Messung der Reflexionshöhe als Funktion der Frequenz: die Wurzel aus der Grenzfrequenz der Reflexion ist direkt proportional der Elektronendichte. Bei diesen Messungen zeigt sich, daß die F_1- und F_2-Schichten nur tagsüber getrennt vorkommen, sich nachts aber vereinen, daß die E-Schicht in der Dämmerung um 50 bis 80 km oberhalb der Mittagshöhe liegt, etc. Die Grenzfrequenz beschreibt auf der anderen Seite auch die Grenze, von der aus kosmische Radiostrahlung auf der Erde empfangen werden kann. Im Winter treten die extremen Werte für diese Grenzfrequenz auf: mittags liegt die Grenzfrequenz über 12 MHz, nachts dagegen um 2 MHz (entsprechend Elektronendichten von $2 \cdot 10^6$ und $5 \cdot 10^4$ pro cm^3). Quantitative radioastronomische Messungen sind nahe der Grenzfrequenz wenig zuverlässig, weil die Refraktion mehrere Grad betragen kann, die Quellen wegen der Inhomogenität der Ionosphäre szintillieren und die Extinktion schwer abschätzbar ist. Erdgebundene Beobachtungen sind etwa ab 20 MHz sinnvoll. Da die Refraktion und Extinktion durch das Elektronengas proportional zum Quadrat der Wellenlänge ist, ist ihr Einfluß bei cm-Wellen vernachlässigbar.

Gelegentlich treten Störungen der Ionosphäre auf, die beachtenswert sind:

5.3.1.1 Mögel-Dellinger-Effekt. Er bewirkt eine starke Zunahme des atmosphärischen Rauschens im kHz-Bereich, bei Kurzwellen setzen die Echos aus der Ionosphäre aus, die erhöhte UV-Strahlung der Sonne verstärkt die Ionisation der unteren Atmosphäre, die zu einer starken Absorption der Kurzwellen führt. Die Dauer geht von wenigen Minuten bis zu wenigen Stunden; dieser Effekt ist meist mit chromosphärischen Eruptionen (flares) begleitet.

5.3.1.2 Ionosphärensturm. Er wird verursacht durch solare Korpuskularstrahlung, die heftige Bewegungen in der Ionosphäre auslöst. Die Höhe der F_2-Schicht nimmt stark zu, während die Grenzfrequenz abnimmt und die Reflexion schwächer wird. Bei einem starken Sturm kann die Höhe der F_2-Schicht bis zu 1000 km betragen und die Reflexion an ihr durch starke Dämpfung unterdrückt werden. Diese Stürme sind meist mit Nordlichtern und erdmagnetischen Stürmen verbunden, sie treten ca. 20 bis 40 Stunden nach chromosphärischen Eruptionen auf; ihre Zeitskala ist von der Größenordnung einige bis viele Stunden. Im Bereich der Aurora treten anscheinend starke Ionisationen auf, die Funkverkehr im UKW-Band erlauben.

5.3.1.3 Meteor-Ionisation. Meteore, die in der oberen Atmosphäre verglühen, können eine so starke Ionisation hinterlassen, daß UKW-Wellen reflektiert werden. Ein Einzelobjekt kann eine Radioreflexion von 0,1 bis einige Sekunden ermöglichen; bei Meteorschauern können bis zu 100 solcher Reflexionen pro Minute eintreten.

5.3.2 Troposphäre

Während am langwelligen Ende das „Radiofenster" der Atmosphäre durch die Ionosphäre begrenzt ist, ist es am anderen Ende im mm-Bereich durch eine Vielzahl von Linien des Wasserdampfs und Sauerstoffs begrenzt. Oberhalb von 2 cm Wellenlänge tritt nur eine schwache, kontinuierliche Absorption durch Wasserdampf und Sauerstoff ein, die im Zenit typischerweise weniger als 1% beträgt. Da die Atmosphäre im thermischen Gleichgewicht steht, entspricht dieser Dämpfung eine schwache Eigenstrahlung. Ist τ_0 die Absorption im Zenit und T_{At} die mittlere Temperatur der Atmosphäre, so kann man, analog zu Gleichung (6), die Eigenstrahlung abschätzen:

$$T_b = T_{At}(1 - e^{-\tau_0 \sec z});$$

dabei ist $\sec z$ eine Näherung an die Luftmassenfunktion für die Zenitdistanz z. Bei kürzeren Wellenlängen steigt die Absorption stark an. Aus dem beobachteten Intensitätsverhältnis einer Quelle bei verschiedenen Zenitdistanzen kann man die Absorptionskonstante τ_0 berechnen. Da die Atmosphärentemperatur T_{At} bekannt ist, kann man so die Emission der Atmosphäre eichen. Diese Beziehung kann man natürlich auch umkehren. Ist die Eichung durchgeführt, kann man aus der Strahlung der Atmosphäre die Absorptionskonstante τ_0 herleiten. Sie setzt sich aus dem wenig variablen Beitrag des Sauerstoffs und aus dem stark variablen Beitrag des Wasserdampfs entlang des Sehstrahls durch die Atmosphäre zusammen. So erlaubt die Beobachtung der Eigenstrahlung der Atmosphäre eine Bestimmung des gesamten Wasserdampfs, die sonst nur durch aufwendige Ballonaufstiege möglich ist.

Für normale Beobachtungen kann man davon ausgehen, daß die Refraktion im optischen und Radiobereich gleich ist. Betrachtet man sie genauer, so ergibt sich, daß die optische Brechung von trockener Luft und Wasserdampf fast gleich sind. Die Radiorefraktion dagegen ist für trockene Luft etwas geringer und für Wasserdampf wesentlich stärker als für Licht; sie ist nicht abhängig von der Wellenlänge. Der starke Brechungsindex von Wasserdampf begünstigt die Möglichkeit, daß bei Inversionsschichten in der unteren Atmosphäre die Radiowellen total reflektiert werden; durch vielfache Reflexionen an Boden und Inversionsschicht wird die Radiowelle wie in einem Hohlleiter geführt: so entstehen die (vom Fernsehen bekannten) Überreichweiten. Derselbe Effekt wird häufig ebenfalls bei Auf- und Untergängen der Sonne beobachtet; diese „Fata Morgana" tritt besonders häufig über ausgedehnten Wasserflächen auf. Siehe auch Abschnitt 11.3.1 in diesem Band.

5.3.3 Interferenzen – geschützte Frequenzen

Neben lokalen und fernen Gewittern sind elektrische und elektronische Geräte aller Art Ausgangspunkt von Interferenzen. Trotz aller vorgeschriebenen Entstörungsmaßnahmen sind häufig die verbleibenden Interferenzen zu hoch, um radioastronomische Beobachtungen durchzuführen. Es gilt also, einen geeigneten Beobachtungsstandort zu finden.

Um weltweit einen geregelten Funkverkehr zu ermöglichen, sind von der Internationalen Fernmeldeunion (*International Telecommunication Union*, ITU) die Frequenzbänder auf die verschiedenen Funkdienste aufgeteilt; die Radioastronomie ist seit 1959 als Funkdienst anerkannt. In der Bundesrepublik Deutschland ist die Bundespost für die Zuteilung und Überwachung der Frequenzen zuständig. Nach Auskunft des Fernmeldetechnischen Zentralamts gelten für Amateurastronomen grundsätzlich dieselben Regelungen wie für Institute, Sternwarten u. ä. Das „Errichten und Betreiben einer Radioastronomiefunkstelle des Radioastronomiefunkdienstes" ist jedoch genehmigungs- und gebührenpflichtig; zuständig ist die jeweilige Oberpostdirektion.

Tabelle 1. Für die Radioastronomie reservierte Frequenzbänder

Band	Schutz[a]	Nutzung
13,360 – 13,410 MHz	(2)	Kontinuum
25,550 – 25,670 MHz	(1)	Kontinuum
37,750 – 38,250 MHz	(2)	Kontinuum
406,100 – 410,000 MHz	(2)	Kontinuum
1400,000 – 1427,000 MHz	(1)	H
1660,000 – 1670,000 MHz	(2)	OH
1718,800 – 1722,200 MHz	(2)	OH
2655,000 – 2690,000 MHz	(2)	Kontinuum
2690,000 – 2700,000 MHz	(1)	Kontinuum
4800,000 – 5000,000 MHz	(2)	H_2CO & Kontinuum
10,600 – 10,700 GHz	(2)	Kontinuum
14,470 – 14,500 GHz	(2)	H_2CO
15,350 – 15,700 GHz	(1)	Kontinuum
22,210 – 22,500 GHz	(2)	H_2O
31,500 – 31,800 GHz	(1)	Kontinuum
42,500 – 43,500 GHz	(2)	SiO & Kontinuum
51,400 – 54,250 GHz	(1)	Kontinuum
64,000 – 65,000 GHz	(1)	Kontinuum
89,000 – 92,000 GHz	(1)	CH_3OH, CH_3CH_2OH, HNC, HC_3N, ...
105,000 – 116,000 GHz	(1)	CO
150,000 – 151,000 GHz	(2)	NO, H_2CO
164,000 – 168,000 GHz	(1)	Kontinuum
174,500 – 176,500 GHz	(2)	
182,000 – 185,000 GHz	(1)	H_2O
217,000 – 231,000 GHz	(1)	CO
250,000 – 252,000 GHz	(2)	NO
261,000 – 400,000 GHz	(–)	offen

[a] (1) Sendeverbot im Band, (2) eingeschränkter Sendebetrieb zum Schutz der Radioastronomie vor Interferenzen.

Von der ITU sind mehr Frequenzbänder für die Radioastronomie völlig oder teilweise geschützt, als in Deutschland zugeteilt wurden; Einzelheiten sind bei V. Pankonin [3, 4] zu finden. In Tabelle 1 sind die für die Radioastronomie in der Bundesrepublik reservierten Frequenzbänder nach Angaben des Fernmeldetechnischen Zentralamts aufgelistet.

Selbstgebaute Empfänger können, sofern nur die reservierten Frequenzen empfangen werden können, ohne DBP-Zulassungszeichen verwendet werden. Aus Kostengründen kann es angeraten sein, auf Frequenzbänder auszuweichen, für die serienmäßig Empfänger gebaut werden und die für den allgemeinen Empfang (Amateurfunk, Rundfunk, Fernsehen) freigegeben sind. Nach Mitteilung des Fernmeldetechnischen Zentralamts können selbstverständlich solche Empfänger „mit DBP-Zulassungszeichen für die Aufnahme von Aussendungen kosmischen Ursprungs eingesetzt werden". Die Radioastronomie kann sich auch deshalb nicht auf die zugeteilten Frequenzbänder beschränken, weil sonst eine Suche nach neuen Molekülen und nach rotverschobenen Linien bekannter Atome und Moleküle unmöglich wäre.

5.4 Instrumente

5.4.1 Antennen

Bei vorgegebener Beobachtungswellenlänge wird die Empfindlichkeit eines Radioteleskops von der sammelnden Fläche und die Winkelauflösung von dem Durchmesser bestimmt. Bei gleicher geometrischer Fläche A_g kann man die Flächenelemente in sehr verschiedener Weise zueinander anordnen, etwa in einem gefüllten Kreis – wie beim 100 m-Teleskop in Effelsberg (s. Abb. 3), oder in einem Rechteck – wie beim 40 × 200 m-Teleskop in Nancay, oder in einem schmalen Ring – wie beim 600 m-Radioteleskop des Speziellen Astrophysikalischen Observatoriums im Kaukasus (Abb. 5), oder in viele zusammengeschaltete Einzelteleskope – wie bei den zwölf 25 m-Teleskopen des Interferometers in Westerbork mit einer Basislänge von 1,6 km.

Die maximale Winkelauflösung der Instrumente kann man mit Formel (1) aus dem maximalen Durchmesser abschätzen. Aus der so gewonnenen Reihenfolge eine Wertigkeit abzuleiten wäre falsch. So ist zum Beispiel das Teleskop in Effelsberg ein Universalinstrument, das besonders geeignet ist für spektroskopische Untersuchungen, während das Syntheseteleskop in Westerbork spezialisiert ist auf höchste Auflösung. Die hier angedeutete Vielfalt von Teleskopsystemen ist typisch für die Radioastronomie; sie reflektiert eine starke Anpassung des Teleskopentwurfs an das Forschungsvorhaben.

Zunächst sei eine Antenne mit parabolischem Reflektor betrachtet, dessen Oberfläche aus einer leitend-verbundenen Metallschicht besteht. Wenn nun eine ebene Wellenfront entlang der Parabelachse auf den Reflektor fällt, wird sie nach der Reflexion phasengleich im Fokus zusammengeführt. Dort sitzt ein Empfangselement (Dipol, Helix, Horn), das die kohärente Strahlung an den Empfänger weiterleitet.

Zeigt jedoch der Reflektor viele kleine, statistisch verteilte Abweichungen von der Parabelform, so wird die reflektierte Welle nicht mehr phasengleich zum Fokus gebracht: die Antennenkeule wird verbreitert und die empfangene Intensität vermindert. J. Ruze hat die Genauigkeitsanforderungen an Antennen untersucht. Er hat einen

Abb. 5. Das ringförmige Radioteleskop von 600 m Durchmesser des Speziellen Astrophysikalischen Observatoriums (S.A.O.) im Kaukasus

Wirkungsgrad η_s hergeleitet, der die Leistungsminderung gegenüber einem idealen Teleskop beschreibt. Ist σ die mittlere quadratische Abweichung von der Parabel, so gilt für die Wellenlänge λ

$$\eta_s = e^{-(4\pi\sigma/\lambda)^2}. \tag{7}$$

Für die Konstruktion eines neuen Teleskops fordert man, daß die Grenzwellenlänge λ_0, bis zu der beobachtet werden soll, einen Wirkungsgrad $\eta_s = 67\%$ erfüllen muß, das entspricht einer quadratischen Abweichung $\sigma = \lambda_0/20$. Läßt man ein $\sigma = \lambda_0/10$ zu, so verringert sich η_s zu 20% – dann ist die Antennenkeule meist so verbreitert oder durch Nebenkeulen ergänzt, daß sich eine Beobachtung nicht lohnt.

Zur Charakterisierung der Teleskopeigenschaften brauchen wir weitere Begriffe: als Gewinn G bezeichnen wir das Verhältnis des Raumwinkels der Sphäre (gedachter isotroper Strahler) zum Raumwinkel der Antenne Ω_A bei gleicher Energieaufnahme:

$$G = 4\pi/\Omega_A. \tag{8}$$

Die wirksame, effektive Fläche A_e ist geringer als die geometrische Fläche A_g eines Teleskops wegen der Flächenungenauigkeiten, der Abschattung durch die Stützbeine im Instrument und so weiter; das Verhältnis beider Flächen wird Flächenwirkungsgrad η_a genannt. Zwischen der effektiven Fläche und dem resultierenden Raumwinkel besteht der einfache Zusammenhang

$$A_e = \lambda^2/\Omega_A, \tag{9}$$

den man durch Proportionalitätsüberlegungen verifizieren kann. Kombiniert man die beiden letzten Formeln, so erhält man

$$G = 4\pi A_e/\lambda^2. \tag{10}$$

Beispielsweise hat das 100 m-Teleskop in Effelsberg bei der Wellenlänge 3 cm einen Gewinn $G \approx 5 \cdot 10^7$. Es ist in der Technik üblich, den Gewinn in logarithmischer Form, in Dezibel (dB) anzugeben:

$$G\,[dB] = 10\lg G \approx 10 \cdot \lg 5 \cdot 10^7 \approx 77\ dB.$$

Die Bestimmung der effektiven Fläche ist wesentlich zur Beurteilung eines Instruments; man benutzt dazu Punktquellen mit bekanntem Fluß. Unter Benutzung von (4) und (9) erhält man für das in T_a geeichte System

$$S_\nu = 2k\,T_a/A_e = 2k\,T_a/(\eta_a A_g). \tag{11}$$

Für Beobachtungen oberhalb der Grenzwellenlänge liegt der Flächenwirkungsgrad um 50%. Ist dagegen die Wirkfläche bekannt, so kann man aus dem Strahlungsfluß die Antennentemperatur abschätzen.

Das Teleskop in Effelsberg hat bei 3 cm Wellenlänge einen Wirkungsgrad um 47%; damit ergibt eine Radioquelle von 1 Jy eine Antennentemperatur von 1,3 K – dieselbe Radioquelle würde bei einem 1 m-Spiegel ein Signal von 0,0001 K hervorrufen! Dies mag bereits andeuten, daß man schnell in eine Empfindlichkeitsgrenze hineinläuft, wenn man zu kleinen Antennen übergeht.

Als Empfangsantennen werden im UKW- und Kurzwellenbereich die Yagi-Antennen und im Dezimeter- und Zentimeterbereich die Parabolantennen bevorzugt, die beide kommerziell gebaut werden. Andere preisgünstige Antennen, wie Winkelreflektor, Dipolarrays, lassen sich nach Bauanleitungen zum Beispiel des Antennenbuchs der American Radio Relay League [5] erstellen.

5.4.1.1 Parabolspiegel. Diese Antennenart wird inzwischen in Großserie mit Durchmessern von 1 bis 4 Meter für den Satellitenempfang gebaut. Üblicherweise wird diese Antenne auf einen Satelliten fest ausgerichtet; es gibt jedoch kommerzielle Montierungen mit einem elektronisch geregelten Verfahrbereich von 180° in Azimut und 40° in Elevation.

Die meisten Parabolantennen im Einsatz für die Amateurradioastronomie sind ausgediente Antennen von Funkübertragungsstrecken der Fernmeldeämter, die zum Schrottpreis verkauft wurden. Die Anfertigung einer sturmsicheren und doch leicht einstellbaren Montierung der Antenne ist ein nicht zu unterschätzendes Problem.

5.4.1.2 Yagi-Antennen. Sie sind die typischen Fernsehantennen. Die Hersteller solcher Antennen geben den Gewinn G häufig in dB gegenüber einem $\lambda/2$-Dipol an. Derartige Werte müssen um 2,1 dB erhöht werden, will man sie entsprechend Gleichung (8) auf einen isotropen Strahler beziehen. Sie haben den Vorteil, daß sie sich leicht montieren und ausrichten lassen, und den Nachteil einer relativ geringen Antennenfläche und eines beschränkten Wellenlängenbereichs.

5.4.1.3 Zusammengesetzte Antennen, Interferometer. Ein offensichtlicher Weg der Erhöhung der Antennenfläche ist der starre Zusammenbau mehrerer Yagi-Antennen oder Parabolspiegel, wobei die Signale der Einzelantennen phasengenau zusammengeführt werden. So wird eine größere Antenne synthetisiert.

Bei einem Interferometer ist jede Einzelantenne getrennt montiert; für jeden Zeitpunkt und jede Antenne rechnet und schaltet der Computer eine Verzögerungsleitung, damit die Signale gleichzeitig ankommen. Die Signale aller einzelnen Antennenpaare werden korreliert; dabei wird alternierend eine Verzögerungsleitung von einer halben Wellenlänge eingeschaltet zwecks Unterdrückung von Störungen. Jedes Antennenpaar mißt nur dann ein korreliertes Signal, wenn die Quelle kleiner ist als die nach Gleichung (1) berechnete Auflösung; es mißt also die Raumwinkelkomponenten der Helligkeitsverteilung entlang der Richtung der Basislinie. Da sich die Basislinie wegen der Erddrehung relativ zur Quelle dreht, kann die Quelle vollständig gemessen werden. Aus diesen Messungen kann die Helligkeitsverteilung berechnet beziehungsweise ein Bild der Quelle erzeugt werden. Nach diesem Meßprinzip arbeitet zum Beispiel das Interferometer in Westerbork oder das in Form eines „Y" gebaute Very Large Array (VLA) in Socarro, New Mexico, das mit seiner Ausdehnung bis zu 27 km und einer kürzesten Wellenlänge von 1 cm ein Auflösungsvermögen von 0,06 Bogensekunden erreicht. Offensichtlich ist dafür der technische und Rechneraufwand sehr groß. Deshalb sind Amateurinterferometer Durchgangsinstrumente mit oder ohne Phasenschaltung. Zur Interferometrie sei auf die Fachbücher von R. Wohlleben und H. Mattes [29] und R. A. Thompson et al. [30] verwiesen.

5.4.2 Empfänger

Zum Verständnis der Empfängereigenschaften ist es notwendig, sich die Eigenschaften der kosmischen Strahlung vorzustellen – sie ist weder moduliert noch einer festen, kohärenten Trägerfrequenz zuzuordnen, sondern sie entspricht einem Rauschen, das in Zeit und Frequenz statistisch verteilt ist. Zur Veranschaulichung sei an die Definition der Antennentemperatur erinnert: die Wärmebewegung der Elektronen in dem Widerstand erzeugte die Rauschleistung. Auf dem Weg vom Empfangsteil – etwa einem Dipol – über einen Wellenleiter zum Empfänger erleidet die Strahlung Widerstandsverluste; entsprechend den Verlusten addiert jedes Teil eine Rauschtemperatur zu dem Signal, wobei der größte Beitrag vom Eigenrauschen des Empfängers kommt; das Ergebnis aller Rauschbeiträge nennt man die Systemtemperatur T_s, die wesentlich die Empfindlichkeit des Empfängers bestimmt.

In der Radioastronomie verwendet man üblicherweise Superheterodynempfänger (Überlagerungsempfänger); dasselbe Prinzip wird auch für Rundfunkgeräte angewandt: das von der Antenne kommende Signal mit der Frequenz v_s wird in einem rauscharmen Vorverstärker verstärkt, das immer noch schwache Signal wird in der Mischerstufe mit einem Signal eines lokalen Oszillators L. O. der Frequenz v_0 gemischt; das Ergebnis ist ein Signal bei der Zwischenfrequenz $(v_s - v_0)$, das proportional dem Eingangssignal ist. Die verstärkte Zwischenfrequenz wird dann an einen quadratischen Gleichrichter weitergeleitet (bei einem Radio würde hier der Demodulator stehen). Nach dem Gleichrichter folgt entweder für eine direkte Anzeige ein Niederfrequenzverstärker mit Integrierglied (Zeitkonstante), an den ein Schreiber angeschlossen ist, oder ein Analog-Digitalwandler, der die Ausgangsspannungen des Gleichrichters für einen Rechner lesbar macht.

Dieses Superheterodynprinzip hat zwei erhebliche Vorteile: 1. die wesentliche Verstärkung des Signals kann bei der Zwischenfrequenz erfolgen, die technisch leichter zu handhaben ist und 2. bei einer Serie von Empfängern kann man die Zwischenfrequenz immer so wählen, daß sie für alle Empfänger gleich ist. Das bedeutet eine wesentliche Vereinfachung, denn alle Auswertegeräte wie Spektrometer, Polarimeter, digitales Backend usf. werden an die gemeinsame Zwischenfrequenz angeschlossen. Bei einer Änderung der Beobachtungswellenlänge braucht also „nur" der Vorverstärker mit Mischer und L. O. ausgetauscht zu werden.

Als Vorverstärker werden im cm-Wellenbereich gekühlte FETs, HEMTs, parametrische Verstärker oder Maser eingesetzt, die technisch und finanziell extrem aufwendig sind; sie sollen deshalb hier nicht näher behandelt werden. Zur Verdeutlichung der Bedeutung der Vorverstärker für ein Empfangssystem sei ein Verstärkerzug von zwei Vorverstärkern und Mischer mit Zwischenfrequenzverstärker betrachtet. Jedem Verstärker ist eine Rauschtemperatur T_i und eine Verstärkung V_i zugeordnet. Dann gilt folgende Abschätzung für die Systemtemperatur:

$$T_s = T_1 + T_2/V_1 + T_3/(V_1 V_2) \tag{12}$$

Falls also die Verstärkung des ersten Vorverstärkers hinreichend groß ist, wird die Systemtemperatur praktisch durch seine Rauschtemperatur bestimmt.

Die Anforderungen an einen Empfänger sind im Amateur- und Rundfunk wesentlich verschieden von denen der Radioastronomie; dementsprechend sind die Maßzahlen für die Güte und Empfindlichkeit, die von den Herstellern angegeben werden, verschieden. Gebräuchlich ist der Rauschfaktor F. Es gilt:

$$T_s = (F - 1) T_0; \tag{13}$$

Tabelle 2.

Frequenz [MHz]	T_s [K]	Δv [MHz]	ΔT_{RMS} [K]	Bemerkungen
30	5 500	0,01	55,0	Amateurstation
470	1 100	5,00	0,5	TV-Empfänger, Kanal 21
790	2 000	5,00	0,9	TV-Empfänger, Kanal 60
2 321	100	2,00	0,07	Amateur-Sat., GaAs FET
11 325	220	100,00	0,02	Satellitenempfänger
1 400	40	30,00	0,015	gekühlter FET, 2 Kanal
2 700	50	80,00	0,006	gekühlter FET, 3 Kanal
4 600	40	500,00	0,002	gekühlter parametrischer Verstärker
23 000	35	100,00	0,004	Maser
31 000	210	1 000,00	0,007	gekühlter Mischer

dabei ist T_0 die Umgebungstemperatur (290 K). Ein idealer Empfänger ohne eigenen Rauschbeitrag hat den Rauschfaktor 1. Häufig wird F in Dezibel ausgedrückt, dann beträgt die Rauschzahl

$$F\,[\mathrm{dB}] = 10 \lg F.$$

Die Empfindlichkeit eines Empfängers wird als mittlere quadratische Abweichung (*Root Mean Square*) des Rauschens definiert. Für die RMS Temperaturdifferenz gilt:

$$\Delta T_{RMS} = T_s\,(t\,\Delta v)^{-0,5}; \tag{14}$$

dabei ist t die Integrationszeit. In Tabelle 2 sind die für radioastronomische Zwecke berechneten Empfindlichkeiten pro Sekunde von Empfängern des 100-m-Teleskops in Effelsberg verglichen mit Amateur- und Rundfunkempfängern. Die angegebenen Werte gelten für überdurchschnittliche, kommerzielle Geräte. Bei den Amateurempfängern läßt sich durch Vergrößerung der Bandbreite, bei den Fernsehempfängern gegebenenfalls durch Vorschalten eines Vorverstärkers die Empfindlichkeit verbessern.

Es ist schwierig, aus den meist dürftigen Herstellerangaben zu Radio- und Fernsehempfängern die Empfindlichkeit herzuleiten. Es gibt jedoch erhebliche Unterschiede in der Systemtemperatur. Auch die im Handel erhältlichen Antennenverstärker haben nicht selten eine hohe Rauschtemperatur; sie sind üblicherweise nicht gedacht, die Empfindlichkeit zu verbessern, sondern die Kabelverluste auszugleichen. Mit Gleichung (12) kann man die Wirkung eines Vorverstärkers auf die Empfindlichkeit abschätzen. Mit einem Breitbandantennenverstärker mit der Rauschzahl von $F = 2,5$ und einer Leistungsverstärkung von $V = 16$ würde man die Empfindlichkeit des 470-MHz-Empfängers verdoppeln, bei einer Rauschzahl von $F = 5$ dagegen würde man die Empfindlichkeit bereits verschlechtern.

Daß die nach (14) errechneten Empfindlichkeiten selten erreicht werden, liegt an Unstabilitäten und Verstärkungsschwankungen der Empfänger, die beispielsweise durch Änderung der Umgebungstemperatur und der Netzspannung eintreten. Die Stabilisierung von Temperatur und Spannung reicht nicht aus, um die Grenzempfindlichkeit zu erreichen. Dafür hat sich die Dicke-Schaltung bewährt: vor dem Empfänger befindet sich ein Schalter, der periodisch zwischen Antenne und einem Vergleichssignal hin und her schaltet (load switching). Da das Vergleichssignal im selben Maße von Verstärkungsänderungen betroffen ist wie das Signal der Antenne, wird bei der Differenzbildung die Verstärkungsänderung unterdrückt. Bedingung für die Wirksamkeit ist natürlich, daß die Dicke-Frequenz größer ist als die der Verstärkungsänderungen. Erfahrungsgemäß haben sich Schaltfrequenzen zwischen 1 und 50 Hz bewährt. Dieser Vorteil wird erkauft durch eine Verringerung der theoretischen Empfindlichkeit um den Faktor 2 – verursacht durch die Halbierung der Integrationszeit und durch Differenzbildung.

Eine weitere Variante der Dicke-Schaltung ist das „beam switching", ein Schalten zwischen zwei Hörnern in der Fokusebene, die etwa drei Halbwertsbreiten voneinander entfernt sind. Im Nahfeld der Antenne – in der Atmosphäre – durchsetzen beide Keulen fast den identischen Weg durch die Atmosphäre. Im Fernfeld sind dann die Keulen drei Halbwertsbreiten getrennt. Bei der Differenzbildung fallen dann sowohl die Verstärkungsänderungen als auch die atmosphärischen Störungen heraus. Eine quantitative Diskussion dieser und weiterer Methoden ist in dem „RF Radiometer Handbook" von G. Evans und C. W. Leish [6] durchgeführt.

5.4.3 Rechner

Nach den bisherigen Ausführungen könnte der falsche Eindruck entstehen, daß die Größe des Teleskops und die Qualität des Empfängers allein die Winkelauflösung und die Empfindlichkeit bestimmen und daß der Rechner nur ein schmückendes Beiwerk ist. In Wirklichkeit läßt sich ein modernes Teleskop ohne Rechner nicht betreiben: Er liest die Atomuhr, errechnet die Sternzeit, bestimmt die geforderte Teleskopposition, überwacht die Nachführung, steuert die Empfängerfunktionen und gibt die erhaltenen Daten auf Analogschreiber, Bildschirm und auf Magnetspeicher aus.

Am Beispiel einer „beam-switching"-Messung von 3 C 120 in Abbildung 6 soll der Vorteil der Rechnersteuerung gezeigt werden. Der Dicke-Schalter arbeitet mit einer Frequenz von 31,25 Hz, wobei alternierend je 16 ms ein Signal vom Haupthorn und Referenzhorn empfangen und getrennt abgespeichert werden. Das Teleskop wurde so gesteuert, daß es nacheinander mit beiden Hörnern über die Eichquelle 3 C 120 fuhr. Abbildung 6a zeigt das mit dem Haupthorn beobachtete Signal, Abbildung 6b das vom Referenzhorn gelieferte Signal. Beide Hörner sehen synchron ein veränderliches Signal, das auf die oben beschriebene Streustrahlung der Wolken zurückzuführen ist; ihm überlagert ist das Signal der Quelle, das dem Hornabstand entsprechend in beiden Kanälen verschoben ist. In Abbildung 6c ist die Differenz der beiden Kanäle aufgetragen: die Störungen der Atmosphäre und die Verstärkungsschwankungen sind unterdrückt. Haupt- und Referenzkeule lassen sich gut durch Gausskurven annähern, wie in der Abbildung zu sehen ist.

Ebenso ermöglichte der Rechner eine Steigerung der Empfindlichkeit. Nach Gleichung (14) ist zu erwarten, daß ΔT_{RMS} proportional zu $t^{-0,5}$ ist. In praxi ist diese Beziehung für kurze Integrationszeiten bis zu etlichen Sekunden erfüllt. Ab einer bestimmten Integrationszeit ist die Grenzempfindlichkeit erreicht.

Mit dem Rechner kann man die gute Kurzzeitstabilität ausnutzen: man beobachtet die Strahlung entlang einer Schnittlinie durch die schwache Quelle mit nicht zu geringer Geschwindigkeit. Der Rechner ermöglicht es, diese Beobachtung genau und

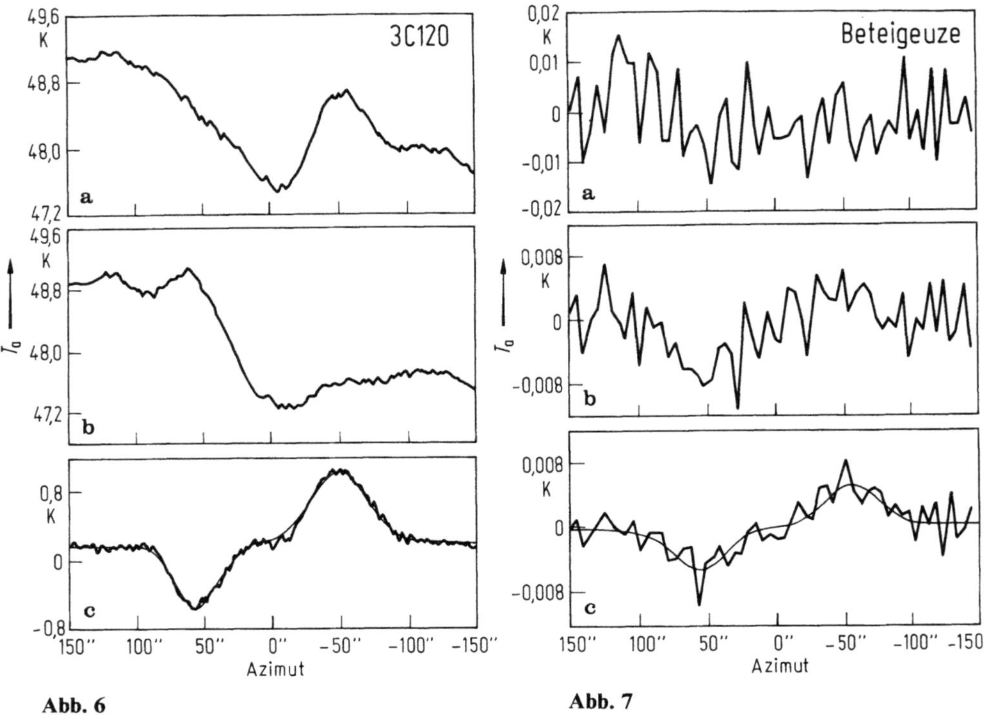

Abb. 6

Abb. 7

Abb. 6. Erläuterung einer „beam-switching" Beobachtung bei 1,3 cm Wellenlänge mit dem 100 m Teleskop im Mai 1987. Erläuterung im Text

Abb. 7. Beobachtung eines Radiosterns mit der „beam-switching" Methode bei 1,3 cm Wellenlänge im Anschluß an die Eichmessung in Abbildung 6. Erläuterung im Text

beliebig oft zu wiederholen. Dadurch ist es möglich, die Schnitte punktweise zu mitteln und so hohe Integrationszeiten zu erreichen. In Abbildung 7 ist das an einer Messung von Beteigeuze gezeigt, die in derselben Art – wie die Eichmessung in Abbildung 6 – durchgeführt wurde. Beteigeuze ist im Radiobereich ein schwaches Objekt. Nach zehn Beobachtungen ist noch kein Signal nachweisbar (a). Nach Mittelung von 40 Beobachtungen in b) ist ein Signal andeutungsweise zu sehen, nach 160 gemittelten Messungen in c) – das entspricht einer Beobachtungszeit von 2 Stunden – ist die Radiostrahlung deutlich nachgewiesen. In die Messung eingetragen ist die vom Rechner bestimmte Position und Amplitude des Radiosterns.

Wie bei diesen Messungen der kontinuierlichen Strahlung kann man auch für Linienbeobachtungen mit Hilfe digitaler Techniken die Empfindlichkeit durch Verlängerung der nützlichen Integrationszeit verbessern.

Inzwischen ist der Preis für Heimrechner mit Anschlußmöglichkeiten von Nebengeräten so erschwinglich geworden, daß man sich überlegen könnte, sie zur Datenerfassung und gegebenenfalls zur Steuerung zu verwenden.

5.5 Beobachtungsobjekte

Die nachfolgende Übersicht orientiert sich an den instrumentellen Möglichkeiten eines Amateurs; deshalb werden die meisten modernen Forschungsrichtungen wie Very Long Baseline-Interferometrie (VLBI), Apertursynthese, mm-Beobachtungen, Molekularspektroskopie etc. unberücksichtigt bleiben. Eine aktuelle Übersicht über die galaktische und extragalaktische Radioastronomie ist von G. L. Verschuur und K. I. Kellermann [35] vorgelegt.

5.5.1 Kontinuum

5.5.1.1 Milchstraße. Jansky hatte aus seiner Entdeckung zwei bemerkenswerte Schlüsse gezogen, nämlich daß die Strahlung, deren Maximum am galaktischen Zentrum lag, von der interstellaren Materie in der Milchstraße komme, und daß es sich wegen der starken kosmischen Radiostrahlung nicht lohne, empfindliche Empfänger zu bauen. Zur Verdeutlichung sei die Radiokarte des ganzen Himmels bei 150 MHz von T. L. Landecker und R. Wielebinski [7] herangezogen, die in Abbildung 8 wiedergegeben ist.

Die beobachtete Strahlung ist deutlich zum galaktischen Äquator konzentriert, mit einem Maximum am galaktischen Zentrum. Für die Hypothese, daß die Strahlung von den Spiralarmen kommt, spricht die enge Verteilung in galaktischer Breite und die Intensitätsstufen in Länge, die (teilweise) die Grenzen der inneren Spiralarme markieren. Die Strahlung bei höherer Breite setzt sich aus einem Anteil des lokalen Spiralarms, aus der Vielzahl extragalaktischer Quellen, die von der Antennenkeule verschmiert sind, und möglicherweise von einem Beitrag des Halo (ein hypothetisches, kugelförmiges Strahlungsgebiet, das die Galaxie umgibt) zusammen.

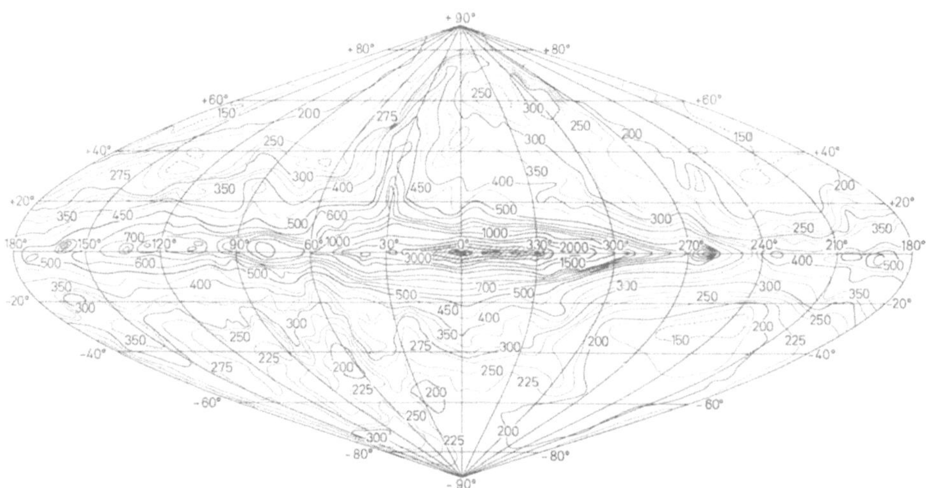

Abb. 8. Radiokarte des gesamten Himmels bei 150 MHz in galaktischen Koordinaten; die Isophoten sind in Strahlungstemperatur [K] beschriftet (nach T. L. Landecker, R. Wielebinski)

Dieser großflächigen Verteilung sind einige Loops überlagert, deren ringförmiges Aussehen die Vermutung nahelegt, daß sie alte Überreste von Supernovaexplosionen sind. Besonders auffällig ist Loop I mit dem Mittelpunkt bei $l = 329°$, $b = 17°5$ und einem Durchmesser von $116°$; zu ihm gehört der Nordpolsporn, der bei $30°$ Länge vom Äquator zum Pol zeigt.

Der Spektralindex der ausgedehnten Kontinuumsstrahlung ist: $\alpha \approx -0,8$. Ausgehend von der Radiokarte kann man abschätzen, welche Strahlungstemperaturen bei anderen Frequenzen zu erwarten sind:

$$\overline{T}_b = \overline{T}_{b(150\ \mathrm{MHz})}\,(\nu/150\ \mathrm{MHz})^{\alpha - 2,0}\,,$$

wobei der Wert $-2,0$ im Exponenten von der Umrechnung von Fluß zur Strahlungstemperatur (Gleichung (4)) kommt. Extrapoliert man mit dieser Gleichung die Strahlungstemperaturen zu den cm-Wellen, so sollte die Strahlung bis auf den inneren Teil der Milchstraße unbeobachtbar sein, zu 20 MHz dagegen extrapoliert ist die mittlere Temperatur des Himmels größer als 30 000 K. Jede Kurzwellenantenne „sieht" also mindestens diese Temperatur, die für die Systemtemperatur nicht unterschritten werden kann. Dies bedeutet zweierlei, einmal die Bestätigung für Janskys Feststellung, daß die Empfindlichkeit für irdischen Kurzwellenfunk durch die kosmische Radiostrahlung begrenzt ist, zum andern aber auch, daß diese Strahlung wegen ihrer Stärke leicht beobachtbar ist – wenn man von Interferenzen absieht. In diesem Zusammenhang sei auf die vielzitierte Radiokarte des gesamten Himmels bei 200 MHz von F. Dröge und W. Priester [28] verwiesen, die mit einem Dipol-Array von 5 m × 5 m gewonnen wurde.

5.5.1.2 Diskrete galaktische Quellen.

Betrachtet man die galaktische Ebene bei kürzeren Wellenlängen und besserer Winkelauflösung genauer, so wird das Strahlungsfeld in eine Vielzahl von diskreten Quellen aufgelöst, die einer ausgedehnten Hintergrundstrahlung überlagert sind, die ihrerseits aus einer thermischen und einer nichtthermischen Komponente besteht. (Diese nichtthermische Komponente bestimmt die Strahlungskonzentration am Äquator bei langen Wellenlängen, wie in Abbildung 8 sichtbar ist.)

Die meisten diskreten Quellen sind HII-Regionen. Da sie nur von frühen Sternen angeregt werden können, sind sie Indikatoren für Orte der Sternentstehung. Sie befinden sich fast ausschließlich in den Spiralarmen; deshalb sind viele HII-Regionen wegen der Absorption durch Staub optisch nicht sichtbar. Aber anhand von Radiospektren sind sie leicht identifizierbar, und ihre physikalischen Parameter sind aus den Beobachtungen (s. o.) ableitbar. Gegenwärtig sind ca. 1200 HII-Regionen katalogisiert.

In Tabelle 3 (a) sind 10 starke Objekte aufgeführt, die von der nördlichen Hemisphäre sichtbar sind. Als Radioname ist entweder die Nummer im Westerhout-Katalog (W) oder die des dritten Katalogs aus Cambridge (3 C) oder die Abkürzung des Sternbildes mit nachgestelltem Buchstaben, der die relative Helligkeit innerhalb der Konstellation angibt, angeführt. Ori A, die stärkste Radioquelle im Orion, wird häufig als Modell für eine HII-Region angenommen.

Ein kleinerer Teil der Emissionsnebel stellt sich bei näherer Betrachtung als Supernovaüberrest (SNR) mit nichtthermischer Strahlung heraus. Sie haben häufig im optischen und Radiobereich eine Ringstruktur wie der Zirrusnebel oder wie Cassio-

Tabelle 3.

Name	Rektas-zension J 2000.0	Deklina-tion J 2000.0	Fluß[a] (Jy)	z[c]	Kali-bra-tion[d]	Identifikation – Bemerkungen
a) HII-Regionen/Emissionsnebel						
W 3	$02^h25^m42^s$	$62°05'30''$	61			IC 1795
Ori A	$05^h35^m18^s$	$-05°23'46''$	382			NGC 1976, 3C145
Ori B	$05^h41^m44^s$	$-01°54'19''$	54			NGC 2024, 3C147.1
W 28	$18^h00^m38^s$	$-24°04'46''$	23			M 20
W 29	$18^h03^m45^s$	$-24°23'10''$	85			M 8, NGC 6523
W 33	$18^h14^m10^s$	$-17°56'06''$	50			IC 4701
W 37	$18^h18^m44^s$	$-13°46'16''$	108			M 16, NGC 6611
W 38	$18^h20^m29^s$	$-16°10'54''$	535			M 17, NGC 6618
W 49 A	$19^h10^m17^s$	$+09°05'59''$	50			NRAO 598
W 51	$19^h23^m41^s$	$+14°30'22''$	117			3C400
b) Supernova-Überreste (SNR)						
3C10	$00^h25^m36^s$	$+64°07'28''$	21			Tychos SNR von 1572
3C58	$02^h05^m27^s$	$+64°52'20''$	27			
Tau A	$05^h34^m32^s$	$+22°01'00''$	687		A	M 1, Crabnebel, SNR v. 1054
3C157	$06^h17^m10^s$	$+22°42'29''$	75			IC 443
3C358	$17^h30^m43^s$	$-21°30'17''$	7			Keplers SNR von 1064
W 41	$18^h34^m20^s$	$-08°54'48''$	24			
3C391	$18^h49^m18^s$	$-00°52'56''$	10			NRAO 583
W 44	$18^h56^m08^s$	$+01°18'58''$	149			3C392
W 49B	$19^h11^m07^s$	$+09°05'13''$	20			3C398
Cas A	$23^h23^m27^s$	$+58°49'16''$	1084		A	3C461, SNR von etwa 1700
c) Radiogalaxien[b]						
3C84	$03^h19^m48.2^s$	$+41°30'42''$	46,3	0,018	V	NGC 1275, Seyfert Galaxie
3C123	$04^h37^m04.4^s$	$+29°40'15''$	16,5	—	R	
3C218	$09^h18^m06.0^s$	$-12°05'45''$	13,5	0,053	R	D Galaxie
3C270	$12^h19^m23.9^s$	$+05°49'21''$	8,8	0,007		E Galaxie
Vir A	$12^h30^m49.6^s$	$+12°23'21''$	71,9	0,004	R	M 87, E Galaxie
3C295	$14^h11^m20.7^s$	$+52°12'09''$	6,4	0,460	R	D Galaxie
Her A	$16^h51^m08.3^s$	$+04°59'26''$	11,8	0,157	R	3C348, D Galaxie
3C353	$17^h20^m29.5^s$	$-00°58'52''$	21,2	0,031	R	D Galaxie
3C390.3	$18^h42^m17.1^s$	$+79°45'56''$	4,4	0,057		N Galaxie
Cyg A	$19^h59^m28.2^s$	$+40°45'42''$	459	0,057	A	3C405, D Galaxie
d) Quasare						
3C48	$01^h37^m41,3^s$	$+33°09'35''$	5,2	0,367	R	
3C138	$05^h21^m09.8^s$	$+16°38'22''$	4,1	0,759		
3C147	$05^h42^m36.1^s$	$+49°51'07''$	8,0	0,545	R	
3C196	$08^h13^m36.0^s$	$+48°13'02''$	4,4	0,871		
3C273	$12^h29^m06.7^s$	$+02°03'09''$	5,8	0,158	V	
3C279	$12^h56^m11.2^s$	$-05°47'22''$	14,9	0,536		
3C286	$13^h31^m08.3^s$	$+30°30'33''$	7,3	0,849	R	
3C309.1	$14^h59^m07.5^s$	$+71°40'20''$	3,4	0,904		
3C380	$18^h09^m31.7^s$	$+48°44'46''$	6,2	0,691		
3C454.3	$22^h53^m57.7^s$	$+16°08'54''$	17,4	0,859	V	

[a] Für die Wellenlänge 6 cm.
[b] Klassifizierung der Galaxien im Yerkes System, E und D sind elliptische und Dumbbell Galaxien, eine N Galaxie hat eine kleinen, aber hellen Kern.
[c] Die Rotverschiebung ist definiert als $z = \Delta\lambda/\lambda_0$.
[d] Die Eichquellen sind nach Intensität und Konstanz in absolute (A) und relative (R) Kalibratoren eingeteilt; die stark variablen (V) Quellen sind zur Eichung ungeeignet. Für Einzelheiten und andere Frequenzen s. Baars et al. [32].

peia A, jedoch ist diese Ringstruktur nicht hinreichend, wie man am Beispiel des Rosettennebels sieht, der eine HII-Region ist.

Weitere Unterscheidungsmerkmale sind der nichtthermische Spektralindex und das Fehlen von Rekombinationslinienstrahlung. In Tabelle 3 (b) sind zehn starke Supernovaüberreste von den zirka 170 katalogisierten aufgeführt.

Man erwartet zirka drei Supernovaexplosionen pro Jahrhundert in unserer Galaxie; diese Häufigkeit könnte in etwa ausreichen, die beobachtete kosmische Strahlung und die nichtthermische Hintergrundstrahlung zu erklären. Solche statistischen Erwartungswerte, abgeleitet aus der Häufigkeit in anderen Galaxien, sind natürlich ungenau. Trotzdem muß dieser Wert nicht total falsch sein, obwohl seit 280 Jahren keine galaktische Supernovaexplosion beobachtet wurde.

Der Crabnebel ist wohl der exotischste Überrest: er hat eine außergewöhnlich große Expansionsgeschwindigkeit (30 000 km/s) für seine Hülle, sein Licht ist stark polarisiert – offenbar handelt es sich um optische Synchrotronstrahlung, im Ausgangspunkt der Explosion befindet sich ein Radiopulsar mit der sehr kurzen Periodenlänge von 0,033 s, der auch (als einziger Pulsar) optisch sichtbar ist. Die Radiostrahlung dieses Pulsars ist extrem variable, sie reicht bei 430 MHz von praktisch null bis über 20 000 Jy in einem Puls, genug, um von Fernsehzuschauern als Interferenz wahrgenommen zu werden! Leider sind solche starken Pulse selten. Selbst an den größten Radioteleskopen werden die meisten der 440 bekannten Pulsare erst nach Mittelung über viele Pulsperioden, die von 0,001 s bis 5 s reichen, sichtbar. Ebenso wie diese Neutronensterne liegen auch die etwa 280 bekannten Radiosterne nur im Empfindlichkeitsbereich der Großinstrumente.

5.5.1.3 Extragalaktische Quellen. Nachdem es Reber gelungen war, die Radiostrahlung der Milchstraße zu bestätigen, versuchte er vergeblich, auch den Andromedanebel als Radioquelle nachzuweisen. Auch die Versuche anderer Beobachter, optische Objekte im Radiobereich zu finden, scheiterten. Erst die umgekehrte Methode, die Radioquellen optisch zu identifizieren, hatte Erfolg. So wurde 1954 die Radioquelle Cyg A mit einer schwachen D-Galaxie identifiziert. Zur Unterscheidung von den „normalen" Galaxien wie M 31, M 33 usw., die man bis dahin nicht im Radiobereich beobachten konnte, nannte man die identifizierten Objekte Radiogalaxien. Jedoch blieb ein großer Prozentsatz von Radioquellen unidentifizierbar.

Erst als man nach 1960 Interferometerpositionen mit Bogensekundengenauigkeit erhielt, fand man die Positionskoinzidenz mit sternähnlichen Objekten (Quasaren). Diese Quasare, die optisch durch ihre blaue Farbe und durch einen UV-Exzeß auffallen, zeigen Rotverschiebungen, die auf Fluchtgeschwindigkeiten von der Größenordnung der Lichtgeschwindigkeit hinweisen. Sie sind nach dem Hubbleschen Gesetz die Objekte mit den größten bekannten Entfernungen. In Tabelle 3 (c) und (d) sind jeweils zehn der stärksten Radiogalaxien und Quasare aufgeführt. Der Vergleich der Entfernungen von Radiogalaxien und Quasaren zeigt, daß zwischen beiden Gruppen ein gleitender Übergang stattfindet. Die größte bis jetzt beobachtete Rotverschiebung von $z = 4,43$ wurde an dem Quasar $0051-279$ gemessen.

Das Interesse an den extragalaktischen Quellen beruht darauf, daß man mit ihrer Hilfe die Lösung einiger kosmologischer Probleme erwartete, da die Radiostrahlung nicht von Staub behindert ist. Wichtigste Frage ist die nach der Art des Weltalls, ist es statisch oder expandierend, unendlich oder begrenzt? Diese Problemstellungen kann man im Prinzip mit Quellenzählungen als Funktion der Intensität lösen: sind die Quellen gleichmäßig im Raum verteilt, dann ist die Quellenzahl N proportional zur dritten Potenz der Entfernung R (d.h. zum Kugelvolumen); andererseits ist der beobachtete Strahlungsfluß umgekehrt proportional zum Quadrat der Entfernung. Zusammengefaßt bedeutet das für die Quellenanzahl pro Steradian

$$N = K S_\nu^{-1,5},$$

die Konstante K, die frequenzabhängig ist, muß aus Beobachtungen abgeleitet werden. Für ein statisches Universum muß diese Gleichung für alle Flußwerte erfüllt sein, für andere Weltmodelle müssen systematische Abweichungen bei kleinen Flußwerten (d.h. bei großen Entfernungen) auftreten. Die Frage nach dem Weltmodell konnte noch nicht entschieden werden. Das liegt daran, daß die weiter entfernten Objekte ein geringeres Alter haben. Wenn aber die Quellen eine zeitliche Entwicklung durchlaufen – wie möglicherweise von energiereichen Quasaren zu energieärmeren Radiogalaxien –, so sind die Voraussetzungen für die Quellenstatistik nicht erfüllt.

Kann also gegenwärtig so die Form unseres Weltalls noch nicht bestimmt werden, sind derartige Messungen doch geeignet, eine Abschätzung der Zahl der beobachtbaren Quellen zu geben. Die Konstante K hat für $\lambda = 6$ cm den Wert 60, für 20 cm 150 und für 170 cm den Wert 2000. Beispielsweise sind bei 20 cm am ganzen Himmel 1885 Quellen mit einem Fluß größer oder gleich einem Jansky, jedoch 666 400 für eine Empfindlichkeitsgrenze von 20 mJy. Dagegen sind gegenwärtig nur ca. 20 000 Quellen in Katalogen erfaßt.

5.5.1.4 Sonne. In dem größten Teil des Radiospektrums ist die Sonne die stärkste diskrete Quelle. Ihre Strahlung besteht schematisch aus vier Komponenten, der Strahlung der ruhigen Sonne, der langsam variablen Fleckenkomponente, der Rauschstürme in m-Wellenbereich und der Strahlungsausbrüche (outbursts). Die Strahlung der ruhigen Sonne ist der konstante Anteil, der von der Korona und der Photosphäre kommt. Bei Frequenzen unter 200 MHz ist die Korona optisch dick, man sieht deshalb ihre Strahlungstemperatur von 10^6 K. Bei höheren Frequenzen wird die Korona optisch dünn, die Photosphäre scheint hindurch, und bei Frequenzen über 10 GHz ist der Strahlungsbeitrag der Korona so gering, daß nur noch die Photosphäe wirksam bleibt. In Abbildung 4 ist der Fluß der ruhigen Sonne aufgetragen: oberhalb von 10 GHz und unterhalb von 150 MHz zeigt sie das Spektrum eines schwarzen Körpers.

Die langsam variable Strahlung aus den Fleckengebieten ist additiv zu der der ruhigen Sonne, sie ist nur in dem Übergangsgebiet zwischen 150 MHz und 10 GHz beobachtbar mit einem Maximum um 2 GHz. Hier kann die Fleckenkomponente die Gesamtstrahlung der ruhigen Sonne um etwa einen Faktor 5 übertreffen. Ihre Strahlung ist sehr stark mit der Sonnenfleckenrelativzahl korreliert, ebenso wie mit der Grenzfrequenz der Ionosphäre und mit Veränderungen des erdmagnetischen Feldes.

Die Rauschstürme im m-Wellenbereich sind aus vielen einzelnen Strahlungsstößen aufgebaut, wobei jeder Strahlungsstoß nur eine Dauer von der Größenordnung Sekunden und eine Bandbreite von einigen MHz hat. Die gesamte Aktivität eines solchen Sturms ist auf einen Frequenzbereich von weniger als 100 MHz beschränkt, wobei seine Dauer von einigen Stunden bis zu einigen Tagen reichen kann. Zentren der Rauschstürme werden nur in der Nähe des Sonnenmeridians beobachtet, anschei-

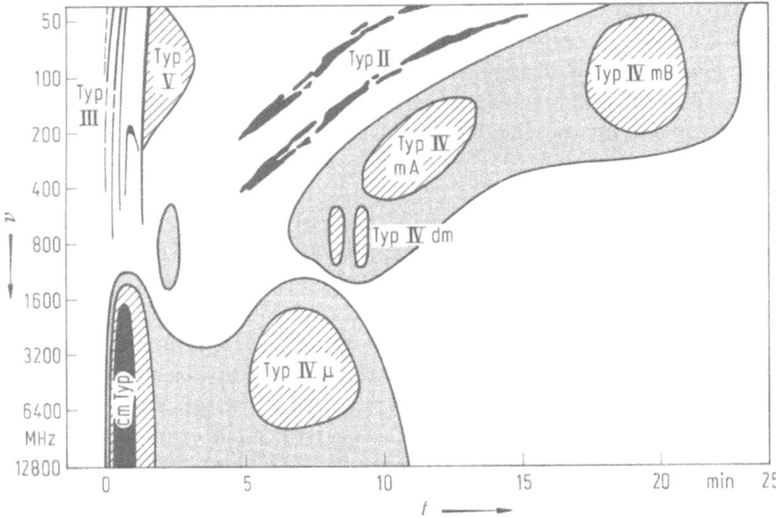

Abb. 9. Schematischer Verlauf von Strahlungsausbrüchen in Abhängigkeit von der Frequenz (nach O. Hachenberg)

nend wird diese Strahlung in Richtung senkrecht zur Sonnenoberfläche gebündelt. Die beobachtbaren Strahlungstemperaturen können größer sein als 10^7 Grad, wobei die Strahlung stark polarisiert ist; beides läßt auf einen nichtthermischen Strahlungsmechanismus schließen. Die Korrelation von Rauschstürmen und Sonnenflecken ist gering; zwar ist jeder Sturm mit einem Fleckengebiet verbunden, aber nicht jedes Fleckengebiet ist mit einem Rauschsturm verbunden. Während des Sonnenfleckenmaximums kann man erwarten, daß zu mehr als 10 % der Zeit Rauschstürme auftreten.

Die Strahlungsausbrüche der Sonne überdecken den gesamten Radiobereich, sie sind üblicherweise mit sichtbaren Eruptionen (Flares oder Subflares) verbunden. Ausgehend von der thermischen Strahlung der Sonne einschließlich der Fleckenkomponente kann sich der Strahlungsfluß bei cm-Wellen um den Faktor 10 bis 20, im Meterwellenbereich gar um vier Größenordnungen erhöhen. Die gestrichelte Linie für die aktive Sonne in Abbildung 4 gibt eine Vorstellung für die mögliche Steigerung der Strahlung. Die Zeitdauer eines Ausbruchs kann von mehreren Sekunden bis mehreren Stunden betragen. Abbildung 9 zeigt schematisch nach O. Hachenberg [8] das dynamische Radiospektrum eines großen Strahlungsausbruchs.

Zur Unterscheidung der Einzelerscheinungen wird ein Strahlungsausbruch in sechs verschiedene Typen von Ausbrüchen unterteilt: den cm-Bursts, den oben angeführten Strahlungsstößen oder Rauschsturmbursts (Typ I), den langsam driftenden Bursts (Typ II), den schnell driftenden Bursts (Typ III), den Bursts mit kontinuierlicher Emission im ganzen Radiobereich (Typ IV) und den Bursts mit kontinuierlicher Emission im m-Wellenbereich (Typ V).

Die erste Phase eines Ausbruchs beginnt nach dem optischen Flare: bei etwa 500 MHz setzen mehrere Typ-III-Bursts mit einer Bandbreite von zirka 5 MHz ein, deren Frequenz sich um 20 bis 50 MHz pro Sekunde zu kleineren Werten verschiebt, gleichzeitig setzt ein cm-Wellenburst ein; sie werden nach kurzer Zeit von Typ-V-Bursts bei langen und Typ-IV-Bursts bei kurzen Wellenlängen abgelöst. Bei kleineren Ausbrüchen kann damit die Beobachtbarkeit enden.

Bei größeren Ausbrüchen schließt sich die zweite Phase an: im Bereich um 300 MHz entstehen Typ-II-Bursts mit Bandbreiten um 50 MHz, die langsam mit Driftraten von 0,3 MHz pro Sekunde zu kleinen Frequenzen wandern. Gleichzeitig gewinnt der Typ-IV-Burst an Stärke, er erreicht sein Maximum zuerst bei den Mikrowellen (Typ IV μ), dann bei Dezimeter- und endlich bei Meterwellen (s. Abbildung 9). Die Strahlungstemperatur kann bei den einzelnen Bursts 10^{11} Grad erreichen, sie weist eindeutig auf nichtthermische Strahlung hin.

Da der elfjährige Sonnenfleckenzyklus eine so wichtige Rolle in der Stärke der Radiostrahlung spielt, sei angeführt, daß das letzte Maximum 1979,9 und das letzte Minimum 1986,7 eintrat. Danach wäre das nächste Maximum um 1991 zu erwarten. Für detaillierte Information über die solare Radiostrahlung sei auf die Monographien von M. Kundu [9] und A. Krüger [10] verwiesen. Im zweiten Band dieses Handbuchs befindet sich ein Beitrag von R. Beck et al. [11] über die Sonne.

5.5.1.5 Mond und Planeten. Im cm-Wellenbereich läßt sich die Strahlung Mond und Planeten als thermische Eigenstrahlung erklären; dabei ist die effektive Strahlungstemperatur aus der Balancierung von Sonneneinstrahlung und Abstrahlung entstanden. Die Eigenstrahlung von Mond, Merkur oder Mars (den Körpern ohne oder mit transparenter Atmosphäre) kommt aus einer Tiefe von der Größe der Wellenlänge. Bei 1 mm Wellenlänge mißt man deshalb die aktuelle Oberflächentemperatur. Optische und Radio-Phase sind fast gleich. Da die Wärmeleitfähigkeit des Bodens dieser Objekte gering ist, breitet sich die Temperatur nur langsam ins Innere aus. Zu längeren Wellenlängen verspätet sich die Radiophase gegenüber der optischen Phase immer mehr, und die Amplitude nimmt ab, bis dann bei einer Wellenlänge von etwa 20 cm keine Radiophase mehr erkennbar ist.

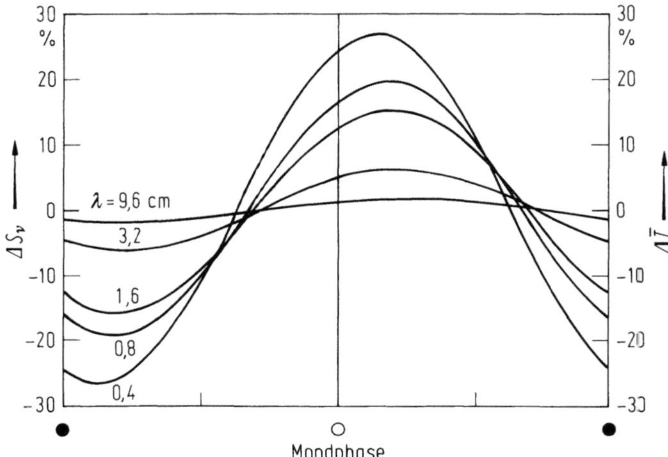

Abb. 10. Änderung der Radiostrahlung des Mondes für verschiedene Wellenlängen als Funktion der optischen Phase

Tabelle 4.

λ	$\bar{T}_b$	S_ν
[cm]	[K]	[Jy]
0,4	203	$2{,}25 \cdot 10^6$
0,8	205	$5{,}68 \cdot 10^5$
1,6	207	$1{,}43 \cdot 10^5$
3,2	210	$3{,}64 \cdot 10^4$
9,6	218	$4{,}19 \cdot 10^3$

In Abbildung 10 ist die Änderung der Durchschnittstemperatur $\bar{T}_b$ beziehungsweise des Strahlungsflusses des Mondes als Funktion der optischen Mondphase für verschiedene Wellenlängen nach Kuzmin und Salomonovich [31] aufgetragen. Die mittlere Strahlungstemperatur beziehungsweise der mittlere Strahlungsfluß des Mondes bei diesen Wellenlängen ist in Tabelle 4 zu sehen.

Nur bei der Venus ist diese Gleichgewichtstemperatur wesentlich höher als erwartet – das wird durch den Glashauseffekt der Atmosphäre erklärt, der die Wärmeabstrahlung vermindert. Im Radiobereich zeigt die Venus keine Phasen. Bei Wellenlängen im Dezimeterbereich setzt beim Jupiter eine nichtthermische Strahlungskomponente ein, die bei ausreichender Winkelauflösung als Doppelquelle in der Äquatorebene neben dem Planeten erscheint. Offensichtlich sind relativistische Elektronen im Magnetfeld des Jupiters (nach der Art des van Allen-Gürtels der Erde) gefangen, die Synchrotronstrahlung aussenden. Wie aus Abbildung 4 ersichtlich, ist diese Komponente relativ schwach.

Die langwellige Strahlung des Jupiters ist äußerst komplex; sie ist vorwiegend auf den Spektralbereich unterhalb 30 MHz beschränkt. Die Stärke der beobachteten Strahlung hängt von der Frequenz, von der Längenkoordinate des Jupiters, der Deklination der Erde vom Jupiter aus gesehen und von der Stellung des Satelliten Io ab. Da die Rotationsdauer des Jupiters breitenabhängig ist, ist für die Radiostrahlung das System III mit der Rotationszeit $09^h 55^m 29^s.7$ definiert. Für die periodisch wiederkehrenden Quellen seien folgende Längen in diesen Koordinaten genannt: A bei 240°, B bei 145°, C bei 325° und D bei 58°. Die Strahlung erfolgt in Rauschstürmen, in denen zwei Arten von Bursts auftreten, die L-Bursts, die ca. eine Sekunde dauern, und die S-Bursts, die ca. 10 ms lang sind. Die häufige, fast periodische Wiederkehr der Bursts in einem Rauschsturm ist typisch für Jupiter. Die Quelle B zeigt die stärksten Bursts, die Quelle A ist am häufigsten aktiv, D dagegen nur sehr selten; die Strahlungsausbrüche von B und C gelten als vorhersehbar. Eine neuere Zusammenfassung ist bei J. D. Kraus [1] zu finden. Eine ausführliche Übersicht über das gegenwärtige Wissen von dem Planeten Jupiter ist von T. Gehrels [12] herausgegeben. Siehe auch Band 2, Kapitel 7.

5.5.2 Linien

Wie schon vorher erwähnt, ist die Atom- und Molekülspektroskopie eines der modernen Arbeitsgebiete. Bislang sind im Radiobereich ca. 60 verschiedene Moleküle (Isotope nicht mitgerechnet) nachgewiesen, darunter organische Moleküle wie Formaldehyd, Ameisensäure und Methylalkohol. Die Gesamtzahl der verschiedenen beobachteten Übergänge beziehungsweise Linien beträgt über 2300, nicht mitgezählt die vielen Rekombinationslinien. Leider sind die meisten Linien im mm-Bereich, außerdem recht schwach und nur mit aufwendigen Spektrometern zu beobachten. Mit einem schmalbandigen Empfänger, der auf die jeweilige Linie abgestimmt ist, ist es möglich, die Strahlung des neutralen Wasserstoffs (HI) und des Wasserdampfs (H_2O) quasi im Kontinuum zu beobachten.

5.5.2.1 Linie des neutralen Wasserstoffs. Atomarer Wasserstoff ist der am weitesten verbreitete Bestandteil des interstellaren Mediums. Deshalb konnten 1951 H. I. Ewen und E. M. Purcell die von H. van de Hulst vorausgesagte „verbotene" Linie nachweisen, indem sie ein Horn aus dem Laborfenster heraussehen ließen. Das zeigt, wie intensiv und weitverbreitet die HI-Strahlung ist. Die Mittenfrequenz dieser Linie ist $v_0 = 1420,406$ MHz, typische Strahlungstemperaturen liegen zwischen 50 und 100 K mit einer Linienbreite von 8 kHz, die der Temperatur entspricht.

Da der neutrale Wasserstoff in den Spiralarmen konzentriert ist, kann aus der beobachteten Frequenzverschiebung nach dem Doppler-Effekt auf die relative Geschwindigkeit der Spiralarme zur Sonne geschlossen und damit die Dynamik der Milchstraße untersucht werden. Die aus solchen Beobachtungen hergeleiteten Bilder unseres Milchstraßensystems demonstrieren überzeugend die Spiralstruktur. Derartige Messungen mit einem selbstgebauten Spektrometer werden gegenwärtig von Amateuren in den USA durchgeführt.

5.5.2.2 Linie des Wasserdampfs. Die langwelligste Linie des Wasserdampfs bei $v_0 = 22,235$ GHz war schon seit Jahrzehnten bekannt und im Labor und in der Atmosphäre gemessen worden, als 1969 A. C. Cheung, D. H. Rank, C. H. Townes, W. J. Welch sie in der Milchstraße nachweisen konnten. Die Besonderheiten dieser Strahlung sind die hohen beobachteten Strahlungsflüsse, die extrem kleinen Quellendurchmesser und die starke Veränderlichkeit der Strahlung. Beispielsweise hat die Quelle W 49 A einen Strahlungsfluß von etwa 10^5 Jy, eine scheinbare Ausdehnung von etwa $0''.001$ und damit eine äquivalente Strahlungstemperatur um 10^{15} K. Das deutet natürlich auf einen nichtthermischen Strahlungsmechanismus hin; man vermutet, daß der Masereffekt dafür verantwortlich ist. Der Ursprung dieser Strahlung liegt in Dunkelwolken, nahe bei kompakten HII-Regionen oder Infrarotquellen. (Weitere starke Maseremission wird von den Molekülen SiO und OH beobachtet.) Man vermutet, daß die Maserstrahlung Orte der Entstehung von O- oder B-Sternen kennzeichnet. Das begründet das starke Interesse an der Beobachtung von Dunkel- und Molekülwolken.

5.6 Erprobte Beobachtungssysteme

Radio und Fernsehgeräte sind so sehr Gebrauchsgegenstände des täglichen Lebens, daß man nicht mehr wahrnimmt, daß sie gleichzeitig hochempfindliche Meßgeräte sind. Würde man mit ihnen regelmäßig eine Reihe von fernen Sendern einstellen und die empfangene Signalstärke als Funktion von meteorologischen Daten, Uhrzeit und

Datum (Jahreszeit) notieren, so erhielte man wichtige Erfahrungen über die Wellenausbreitung in der Atmosphäre. Solche systemtischen Beobachtungen sind bei Kurzwellenamateuren üblich.

Die Anzahl der Veröffentlichungen zum Thema Amateurastronomie hat sich in der letzten Dekade vervielfacht; es ist hier nicht möglich, einen Gesamtüberblick zu geben. Einschlägige Bücher sind von F. W. Hyde [13], J. Heywood [14], D. Heiserman [15], J. P. Shields [16] und R. M. Sickels [17] veröffentlicht worden; von ihnen gefällt mir das Werk des letztgenannten Autors am besten. In Zeitschriften sind folgende interessante Artikelserien in Sky and Telescope von G. W. Swenson [18, 19], im Orion von C. Monstein [20] und in der Reihe Sirius einige Sonderhefte von J. P. Riese, herausgeben von A. Sturm et al. [21]. Seit 6 Jahren gibt es in den USA eine Vereinigung SARA (Society of Amateur Radio Astronomers) mit einer eigenen monatlichen Zeitschrift „Radio Astronomy", Herausgeber J. Lichtman [22]. Seit kurzer Zeit erscheint eine weitere Zeitschrift „The Radio Observer", herausgegeben von R. M. Sickels [33].

Aus den vielen veröffentlichten Vorschlägen sind hier einige ausgewählt, die erprobt und allgemein akzeptiert sind.

5.6.1 Sonnenflare-Monitor

Bekanntlich besteht zwischen Sonnenaktivität und dem Zustand der Ionosphäre ein direkter Zusammenhang; so steigt bei Ausbruch eines Flares das Rauschen der unteren Atmosphäre im Längstwellenbereich (VLF) etwa um den Faktor 2. Diese Rauscherhöhung wird schon seit Jahrzehnten als indirekter Nachweis von Flareaktivität benutzt. Bereits 1959 beschrieb P. J. Del Vecchio [23] eine erprobte Empfangsanlage bei 27 kHz mit beispielhaften Meßresultaten. Bauanleitungen für diese einfachen Empfänger sind zum Beispiel von C. H. Hossfield [24], R. C. Maag [25] und R. M. Sickels [17] veröffentlicht worden. Meine Erfahrung mit eigenen Beobachtungen war weniger befriedigend. Die lokalen Störungen sind so stark, daß eine direkte Identifizierung der Flares nicht möglich ist. Erst der Vergleich mit zeitgleichen Messungen an einem entfernten Ort oder mit optischen Beobachtungen läßt erkennen, welche Ausschläge Flares und welche normale Interferenzen sind. In den USA gibt es ein Netz von Beobachtern, die sich in der „Very Low Frequency Experimenter's Group" zusammengeschlossen haben. Eine alternative Möglichkeit der Flarebeobachtung ist von J. Hudak [26] und R. M. Sickels [17] beschrieben worden; sie nutzt die Tatsache, daß bei einem Flare die Ionosphäre stärker ionisiert wird und Kurzwellen „fadeout" (SWF) eintritt.

5.6.2 Jupiterbursts

Wie oben beschrieben, ist die Strahlung der Rauschstürme und Bursts von Jupiter auf Frequenzen unterhalb 30 MHz beschränkt, mit dem Maximum zwischen 10 und 20 MHz – dem Bereich der Kurzwellenstationsempfänger. Im AM-Betrieb und mit ausgeschalteter Verstärkungsregelung (AGC) arbeiten sie wie radioastronomische Empfänger. Man kann sie also direkt für die Beobachtung der Jupiterbursts einsetzen und die Strahlung auf Tonband oder Schreiber registrieren. Die Empfindlichkeit eines jeden Stationsempfängers (d. h. seine Systemtemperatur) ist sicherlich ausreichend. Bereits Jansky hatte festgestellt, daß die kosmische Strahlung bei diesen Wellenlängen so stark ist, daß es sich nicht lohnt, die Empfindlichkeit der Empfänger zu verbessern. Um sicher zu sein, daß man einen Jupiterburst beobachtet hat, ist wiederum ein Vergleich mit Messungen an einem entfernten Ort sinnvoll.

5.6.3 Modellinterferometer

G. W. Swenson [18, 19] hat für die Frequenz von 73,8 MHz ein phasengeschaltetes Interferometer entworfen und die Schaltpläne mit Bauanleitung veröffentlicht. Da viele wesentliche Komponenten aus den Einzelteilen, die zuerst zu beschaffen sind, zusammengebaut werden müssen, ist dieses Projekt zeitlich aufwendig; es setzt einige elektronische Grundkenntnisse voraus. Dafür verspricht es ein sehr interessantes und empfindliches Instrument zu werden, das inzwischen vielfach nachgebaut wurde. Wegen der geringen effektiven Antennenfläche können jedoch nur wenige Quellen beobachtet werden.

5.6.4 FM- und Fernsehempfänger

Bereits vor einem Vierteljahrhundert hatte D. Downes [27] beschrieben, wie man einen UKW-Empfänger modifizieren muß, um einfache Sonnenmessungen zu machen. Diese Änderungen beinhalten die Umstellung auf Amplitudenmodulation und das Ausschalten der automatischen Verstärkungsregelung. Bei modernen, miniaturisierten Schaltungen kann es schwierig sein, diese Modifikation durchzuführen.

Seit vielen Jahren liefert R. M. Sickels [17] ein Empfangssystem, bestehend aus einer 3,6 m Antenne mit Dipol und Vorverstärker (oder mehreren Parabolantennen für ein Interferometer), einem Mischer und Tuner für den Bereich 500 bis 750 MHz mit Zwischenfrequenzverstärker und Detektor, einem Gleichspannungsverstärker mit einer Anzahl von verschiedenen Zeitkonstanten und einem Analogschreiber. Nach meinem Wissen ist das das einzige im Handel erhältliche Empfangssystem der Amateurradioastronomie. Dieses System läßt sich jedoch für einen geringeren Preis nach dem Buch von R. M. Sickels [17] selbst herstellen. Ich habe 1982 das von Sickels produzierte System als Einzelteleskop und als Interferometer aufgebaut und die Sonne erfolgreich beobachtet. Da kein Platz zum permanenten Aufbau zur Verfügung stand, mußte das Instrument zu jeder Beobachtung neu aufgebaut werden. Dabei erwiesen sich die Parabolspiegel als unhandlich und nicht leicht einstellbar. Unter Verlust von Antennengewinn und Beschränkung auf eine feste Frequenz wurde eine Yagi-Antenne (Astro UPX42) mit einem rauscharmen Vorverstärker für den Fernsehkanal 38 (USV-G, Ch38 der Fa. SSB-Electronic, Iserlohn) eingesetzt. Der reduzierte Gewinn wurde teilweise durch die Verbesserung der Rauschzahl von 2 dB auf 0,9 dB kompensiert; das Ergebnis war befriedigend. Mit diesem System ist die ruhige Sonne und natürlich die aktive Sonne mit Rauschstürmen und den verschiedenen Arten von Flares (s. o.) zu beobachten, außerdem vielleicht 5 bis 10 weitere Quellen. Im Gegensatz zu dem Modellinterferometer (s. o.) sind diese Systeme empfindlichkeitsbegrenzt.

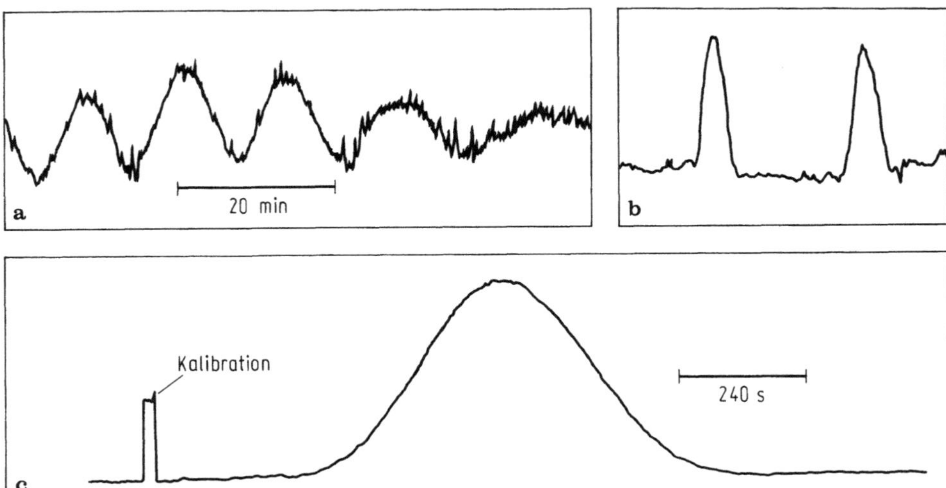

Abb. 11a–c. Messungen der Sonne. **a** Driftscan mit dem Radiointerferometer bei einer Wellenlänge $\lambda = 50$ cm am 15. Mai 1982, Basislänge 14 m; **b** Manuell kontrollierte Azimutscans eines Einzelteleskops (Yagi-Antenne) bei $\lambda = 50$ cm am 25. Mai 1982; **c** Driftscan mit einem Satellitenempfänger bei $\lambda = 3$ cm mit einer Parabolantenne von 1,2 m Durchmesser am 21. Aug. 1987

5.6.5 Satellitenempfänger

Rauscharme Empfänger und massengefertigte Parabolspiegel gibt es für die Amateurbänder um 1,3 GHz, 2,3 GHz und 10 GHz sowie für die Fernsehsatelliten bei 11 GHz. Nach den Spezifikationen (s. Tabelle 2) sind die lieferbaren Empfänger für die Amateurradioastronomie geeignet. Eigene Testmessungen eines 2,3 GHz und eines 11 GHz Systems ergaben, daß die Empfindlichkeit ausreicht, um neben der Sonne auch noch die thermische Strahlung des Mondes zu beobachten. Wahrscheinlich können auch die stärksten Punktquellen „entdeckt" werden. In Abbildung 11 sind Analogregistrierungen von verschiedenen Testmessungen wiedergegeben.

Dieser Wellenlängenbereich ist deshalb so interessant für Sonnenbeobachtungen, weil die Radiostrahlung hier mit den Sonnenflecken, beziehungsweise mit der Sonnenfleckenrelativzahl korreliert ist. Es ist abzusehen, daß in naher Zukunft der Wellenlängenbereich unter 2 cm von der Empfängertechnologie für Radioamateure erreicht wird. Dann wird es möglich sein, die oben angedeuteten meteorologischen Messungen durchzuführen oder die Eigenstrahlung der Planeten zu messen.

5.6.6 Wertung und Alternativen

Vorstehend sind einige Meßmöglichkeiten aufgezeigt, die für einzelne Amateure durchführbar sind. Es ist sicherlich sehr reizvoll, solche Beobachtungen durchzuführen, wenn die entsprechenden Geräte (z. B. Stationsempfänger, Satellitenempfänger) bereits vorhanden sind. Es ist sicher einsehbar, daß eine Einzelmessung nur einen geringen wissenschaftlichen Wert hat. Wissenschaftlich interessant werden solche

Messungen, wenn sie regelmäßig durchgeführt, kalibriert und sorgfältig ausgewertet werden – am besten in einer etablierten Beobachtergruppe. Nach meiner Einschätzung sind diese einfachen Empfängersysteme besonders wertvoll und geeignet für didaktische Zwecke – zum Beispiel für die Einführung in die Radioastronomie.

Für anspruchsvollere, wissenschaftliche Projekte sind größere Teleskope und aufwendigere Instrumente notwendig, die an einigen Volkssternwarten und an den Radioobservatorien vorhanden sind. Für diesen Interessentenkreis war meine Einführung nicht gedacht – er sei auf die Fachliteratur verwiesen.

Für wertvolle Hinweise und Hilfe möchte ich mich bei den Herren K. H. Hoesgen, Dr. R. Beck, Dr. J. Schmidt und Dr. R. Wohlleben und bei Mr. R. M. Sickels bedanken.

5.7 Anschriften von Amateurradioastronomiegruppen

Astronomischer Arbeitskreis der Starkenburg-Sternwarte, D-6148 Heppenheim

Astronomische Vereinigung Kreuzlingen, c/o Chr. Monstein, Wiesenstr. 13, CH-8807 Freienbach

Deutsch-Schweizer Vereinigung solarer Amateurradioastronomen, c/o K. Steger, D-7580 Bühl-Balzhofen

The Society of Amateur Radio Astronomers, In., SARA Membership Services, P.O. Box 329, Hanover, PA 17331, USA

5.8 Literatur

1 Kraus, J. D.: Radio Astronomy, 2nd ed. Powell, Cygnus Quasar Books 1986
2 Rohlfs, K.: Tools of Radio Astronomy. Springer, Berlin 1986
3 Pankonin, V.: Sky and Telescope *61* (1981) 308
4 Pankonin, V.: IEEE Transaction on electromagnetic compatibilitiy, *EM-23* (1981) 308
5 American Radio Relay League: The A.R.R.L. Antenna Book. Newington 1964
6 Evans, G., Leish, C. W.: RF Radiometer Handbook. Ottawa, Artech House 1977
7 Landecker, T. L., Wielebinski, R.: Austr. J. Phys. Suppl. No. 16 (1970)
8 Hachenberg, O. In: Landolt-Börnstein, NS: VI/1. Springer, Berlin, Heidelberg 1965
9 Kundu, M. R.: Solar Radio Astronomy. Wiley, New York 1965
10 Krüger, A.: Introduction to Solar Radio Astronomy and Radio Physics. Reidel, Dordrecht 1979
11 Beck, R. et al.: Dieses Handbuch, 4. Aufl., Bd. 2, Kapitel 1
12 Gehrels, T. (ed.): Jupiter. The Univ. of Arizona Press, Tucson 1976
13 Hyde, F. W.: Radio Astronomy for Amateurs. Lutterworth, London 1962
14 Heywood, J.: Radio Astronomy: And How to Build Your Own Telescope. ARC Books, New York 1964
15 Heiserman, D.: Radio Astronomy for the Amateur. TAB Books, Blue Ridge Summit 1975
16 Shields, J. P.: The Amateur Radio Astronomer's Handbook. Crown Publ., New York 1986
17 Sickels, R. M.: Radio Astronomy Handbook. Bob's Electronic Service, Ft. Pierce 1987
18 Swenson, G. W.: Sky & Telescope *55* (1978) 385; *55* (1978) 475; *56* (1978) 28; *56* (1978) 114; *56* (1978) 201; *56* (1978) 290

19 Swenson, G. W.: An Amateur Radio Telescope. Pachart Publ. House, Tucson 1980
20 Monstein, C.: Orion *179,* 127, *182,* 15, *189,* 43, *204,* 190 (1984)
21 Sturm, A. et al. (ed.): Reihe: Sirius. Heppenheim, Nr. 15 (1981), Nr. 22 (1984)
22 Lichtman, J. (ed.): Radio Astronomy. 37 Crater Lake Dr., Coram, N.Y. 11727
23 Del Vecchio, P. J.: Sky & Telescope *45* (1973) 392
24 Hossfield, C. H.: Sky & Telescope *37* (1969) 254
25 Maag, R. C.: Sky & Telescope *45* (1973) 392
26 Hudak, J.: Sky & Telescope *68* (1984) 452
27 Downes, D.: Sky & Telescope *24* (1962) 75
28 Dröge, F., Priester, W.: Zeitschrift f. Astrophys. *37* (1955) 125
29 Wohlleben, R., Mattes, H.: Interferometrie in Radioastronomie und Radartechnik. Vogel, Würzburg 1973
30 Thompson, R. A. et al.: Interferometry and Synthesis in Radio Astronomy. Wiley, New York 1986
31 Kuzmin, A. D., Salomonovich, A. E.: Radioastronomical Methods of Antenna Measurements. Academic, New York 1966
32 Baars, J. W. M. et al.: Astron. Astrophys. *61* (1977) 99
33 Sickels, R. M. (ed.): The Radio Observer. Anschrift wie Ref. 17
34 Hachenberg, O., Vowinkel, B.: Technische Grundlagen der Radioastronomie. Bibliographisches Institut, Mannheim 1982
35 Verschuur, G. L., Kellermann, K. I. (ed.): Galactic and Extragalactic Radio Astronomy. Springer, Berlin 1988

6 Sonnenuhren

F. Schmeidler

6.1 Einleitung

Moderne Sonnenuhren an Häusern und in Gärten sind heute ein sehr beliebter Schmuck. Ihre Berechnung und Konstruktion ist nicht schwierig für den, der einige Kenntnisse der sphärischen Astronomie besitzt. Auch in der Fachliteratur tauchen von Zeit zu Zeit Vorschläge für verbesserte Konstruktionen auf[1].

Die beiden Hauptbestandteile einer Sonnenuhr sind der schattenwerfende Stab, *Gnomon* genannt, und das *Zifferblatt*. Grundsätzlich kann das Zifferblatt auf jeder beliebigen Fläche angebracht werden; wir wollen uns jedoch auf einige wichtige und einfache Fälle ebener Zifferblätter beschränken.

Das Gnomon liegt in allen Fällen in der Meridianebene und ist so geneigt, daß die Verlängerung seiner Richtung immer zum Himmelspol zeigt. Es ist also gegen die Horizontalebene um einen Winkel geneigt, der gleich der geographischen Breite φ ist.

Es gibt einige Sonderformen von Sonnenuhren, bei denen das Gnomon nicht parallel zur Erdachse steht und deswegen nicht zum Himmelspol weist. Nähere Einzelheiten gibt H. Lippold [7].

Jede Sonnenuhr vermag zunächst nur die *wahre* Sonnenzeit anzugeben, denn der Schatten des Stabs wird durch die Stellung der wahren Sonne bedingt. Die wahre Sonnenzeit ist aber eine wahre Ortszeit, während die im täglichen Leben gebräuchliche Zeit immer eine Zonenzeit ist. Letztere ist die mittlere Ortszeit des Zonenmeridians, bei uns also die mittlere Zeit des 15. Längengrades östlich von Greenwich (= MEZ). An der Ablesung der Sonnenuhr sind daher grundsätzlich zwei Korrekturen anzubringen:

1. Die Zeitgleichung, durch welche die wahre Sonnenzeit auf eine mittlere, gleichförmig verlaufende Zeit reduziert wird, die sogenannte mittlere Sonnenzeit.
2. Die Berücksichtigung des Längenunterschieds gegen den Normalmeridian; dadurch wird die nach Anbringung der Zeitgleichung erhaltene mittlere Sonnenzeit in die gesetzliche Zonenzeit verwandelt. Im Gegensatz zur Zeitgleichung bedeutet die Korrektion wegen Längenunterschied bei einer ortsfesten Sonnenuhr einen konstanten Betrag, der an jede Ablesung des Zifferblatts anzubringen ist. Das legt den Gedanken nahe, die Längenkorrektion schon bei der Beschriftung des Zifferblatts zu berücksichtigen; dies ist in Abschnitt 6.5 näher besprochen.

---

[1] Siehe u.a. Brunner [1]. Es gibt einen „Fachkreis Sonnenuhren", der eng mit dem „Arbeitskreis alter Uhren" innerhalb der Deutschen Gesellschaft für Chonometrie zusammenarbeitet. Näheres von Dipl.-Ing. H. Behrendt, 7847 Badenweiler, Unterer Kirchweg 10.

Zur Festlegung der genauen Himmelsrichtung bei der praktischen Ausführung einer Sonnenuhr wird oft empfohlen, sich eines Kompasses oder eines Bauplans zu bedienen. Von dieser Methode ist abzuraten; die Richtungsangaben in Bauplänen sind oft sehr ungenau und die Angaben einer Kompaßrichtung sind mindestens dann unbrauchbar, wenn man die magnetische Mißweisung nicht kennt. Hinzu kommt, daß unbekannte lokale magnetische Störungen die Richtung der Kompaßnadel stark verfälschen können und daß die Ablesung auf dem Kompaß meist nicht genau genug ist. Aus diesen Gründen sollte ein Amateurastronom zur genauen Richtungsbestimmung nur astronomische Beobachtungen benutzen.

Die Probleme, die bei der Konstruktion einer Sonnenuhr auftreten, sind sehr ausführlich in dem Buch von H. Schumacher [2] dargestellt; in ihm sind auch zahlreiche Konstruktionszeichnungen und andere Abbildungen enthalten. Jedem, der eine Sonnenuhr tatsächlich konstruieren will, kann dieses Buch sehr empfohlen werden.

6.2 Die Äquinoktialuhr

Am einfachsten ist die sogenannte Äquinoktial- oder Polaruhr. Man kann hierbei eine Art Armillarsphäre benutzen. Der Schatten der zum Himmelspol gerichteten Achse wird dabei auf einem im Himmelsäquator liegenden Ring abgelesen. Auf diesem Ring ist eine gleichförmige durchlaufende Teilung angebracht, die von 0^h bis 24^h läuft, wobei 12^h dort stehen muß, wo der Schatten der Achse hinfällt, wenn wahrer Mittag ist, das heißt wenn die wahre Sonne im Meridian steht. Berücksichtigt man die geographische Länge des Ortes, an welchem die Armillarsphäre aufgestellt ist, so wird die Skala entsprechend verschoben. Solche Äquinoktialuhren werden am besten auf einem Pfeiler im Garten aufgestellt.

6.3 Horizontale Uhren und vertikale Ost-West-Uhren

Verhältnismäßig einfach sind auch die Probleme bei Sonnenuhren, deren Zifferblatt in einer horizontalen Ebene oder an einer ost-westlich ausgerichteten Wand ist. Solche Uhren nennt man horizontale Uhren beziehungsweise Ost-West-Uhren.

6.3.1 Berechnung

In Abbildung 1 sind die drei Ebenen eingezeichnet: Horizontalebene, senkrecht hierzu die West-Ost-Ebene und die Ebene, welche parallel zum Himmelsäquator verläuft. Letztere geht zugleich durch die Schnittlinie $A\,B$ der beiden anderen.

Die Gleichungen für die Einteilung des Zifferblatts auf der horizontalen und auf der vertikalen Ost-West-Ebene sind dann leicht abzuleiten.

Der schattenwerfende Stab $N\,S$ steht senkrecht auf der Äquatorebene, die er in O trifft. Ferner sei P derjenige Punkt, in welchem der zum Stundenwinkel t gehörige Schatten des Stabs auf der Äquinoktialuhr die West-Ost-Linie $A\,B$ oder ihre Verlänge-

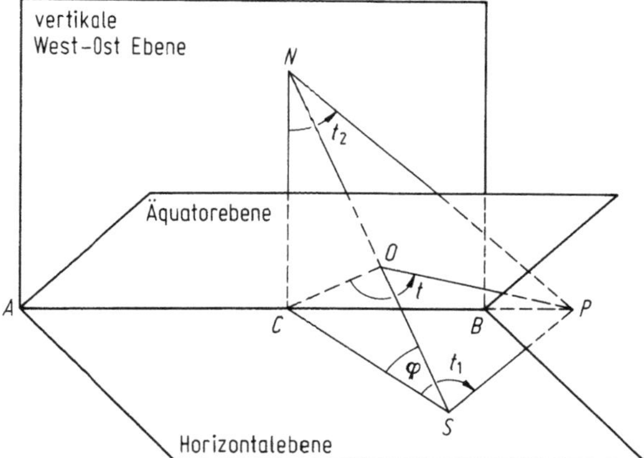

Abb. 1. Beziehungen zwischen den Schattenlinien einer Äquinoktialuhr, einer horizontalen und einer West-Ost-Uhr

rung trifft. Dann ist SP der zu diesem Stundenwinkel gehörige Schatten auf der Horizontalebene und NP derjenige auf der vertikalen Ost-West-Ebene.

Die Neigung des Stabs ist gleich der geographischen Breite, und für den Stundenwinkel $t = 0^h$ fällt der Schatten auf die Linien SC und NC der beiden Hauptebenen. Die drei Dreiecke OCP, SCP und NCP sind alle bei C rechtwinklig und haben die Linie CP gemeinsam.

Es ist also

$$COP = t \text{ der Stundenwinkel auf der Äquinoktialuhr,}$$
$$CSP = t_1 \text{ der entsprechende Winkel in der Horizontalebene,}$$
$$CNP = t_2 \text{ der entsprechende Winkel in der vertikalen Ost-West-Ebene.}$$

Man hat dann

$$\text{im Dreieck } OCP \qquad CP = OC \cdot \tan t,$$
$$\text{im Dreieck } SCP \qquad CP = SC \cdot \tan t_1,$$
$$\text{im Dreieck } NCP \qquad CP = NC \cdot \tan t_2.$$

Durch paarweise Division dieser Gleichungen erhält man

$$\tan t_1 = \frac{OC}{SC} \tan t,$$

$$\tan t_2 = \frac{OC}{NC} \tan t.$$

Nun aber ist weiter in den rechtwinkligen Dreiecken COS und CON

$$\frac{OC}{SC} = \sin \varphi,$$

$$\frac{OC}{NC} = \cos \varphi.$$

Mithin wird jetzt

$$\tan t_1 = \sin \varphi \tan t,$$

$$\tan t_2 = \cos \varphi \tan t.$$

Dies sind die beiden Grundgleichungen, nach denen für einen beliebigen Stundenwinkel t auf der Äquinoktialuhr die zugehörigen Winkel t_1 auf der horizontalen beziehungsweise t_2 auf der vertikalen Ost-West-Uhr zu berechnen sind.

6.3.2 Konstruktion durch Zeichnung

Zieht man die zeichnerische Lösung aus irgendeinem Grund vor, so ist auch diese sehr leicht aufzuführen (Abb. 2 und 3).

Man zeichne einen Kreis mit dem Radius $M\,C = 1$ und verlängere diesen Radius über C hinaus bis zum Punkt O derart, daß $O\,C = \sin \varphi$ wird. Um O wird dann ein Halbkreis geschlagen mit dem Radius $O\,C$ und in C die gemeinsame Tangente gezogen. Auf dem kleineren Kreis werden jetzt, von $O\,C$ ausgehend, zunächst die Winkel 15°, 30°, 45° und so weiter abgetragen, entsprechend den vollen Stundenwerten. Eine notwendige Unterteilung läßt sich gleich oder auch später ergänzen. Dann zieht man von O aus die zu diesen Winkeln gehörenden Radien und verlängert sie bis zum Schnitt mit der Tangente. Die auf der Tangente erhaltenen Schnittpunkte werden dann alle mit dem Punkt M verbunden und ergeben auf dem Kreis um M das Zifferblatt der horizontalen Sonnenuhr. Bei C wird 12^h eingetragen und im Uhrzeigersinn herum die anderen Stunden der horizontalen Sonnenuhr. Der schattenwerfende Stab wird so eingesetzt, daß er seinen Fußpunkt in M hat und mit der 12^h-Richtung den Winkel φ bildet.

Beim Justieren hat man das Zifferblatt mit Hilfe einer Libelle waagrecht auszurichten und so aufzustellen, daß 12^h genau nach Norden zeigt. Letzteres geschieht am besten dadurch, daß man an einem beliebigen Tag ausrechnet, welcher mittleren Ortszeit die wahre Sonnenzeit 12^h entspricht; die Uhr wird dann entsprechend gedreht. Die Längenkorrektion ist hierbei zunächst nicht berücksichtigt. Abbildung 2 zeigt die Konstruktion eines solchen Zifferblatts für die Breite $\varphi = 50°$.

Bei der Konstruktion einer vertikalen Ost-West-Uhr ist der einzige Unterschied der, daß das Stück $O\,C = \cos \varphi$ ist (s. Abb. 3). Die Ziffern laufen dann anders herum. Die Stundenstriche für 6^h und 18^h laufen in beiden Fällen parallel zur Tangente.

Die Aufstellung der vertikalen Sonnenuhr in der Ost-West-Ebene ist nicht ohne astronomische Beobachtungen möglich. Man kann jede beliebige Stellung der Sonne hierzu wählen, indem man die zugehörige wahre Sonnenzeit ausrechnet und die Uhr hiernach ausrichtet. Am genauesten ist es wohl, wenn man denjenigen Zeitpunkt berechnet, zu welchem die Sonne genau im 1. Vertikal steht, und die Uhr dann so ausrichtet, daß die Sonne in diesem Zeitpunkt gerade streifend einfällt. Dies ist natürlich nur im Sommerhalbjahr möglich.

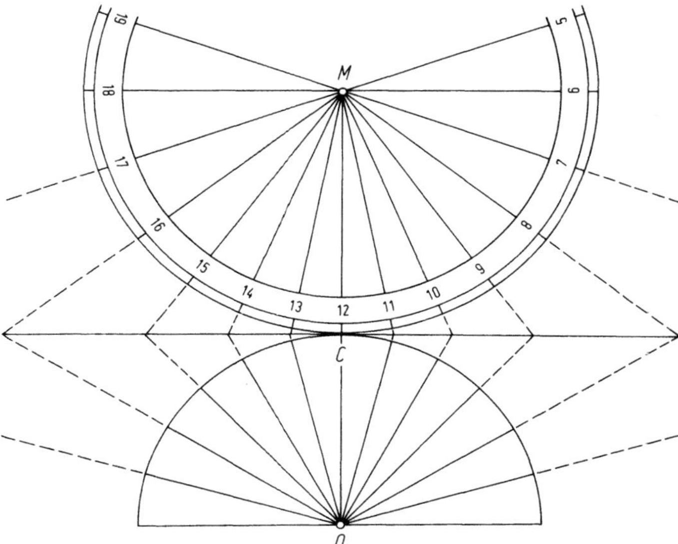

Abb. 2. Konstruktion einer *horizontalen* Sonnenuhr für die geographische Breite $\varphi = 50°$

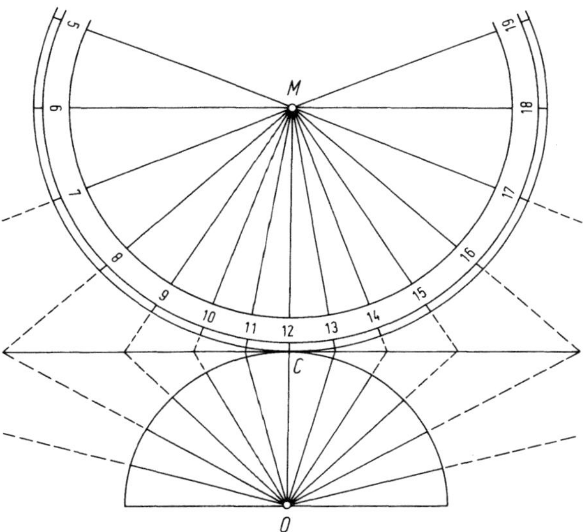

Abb. 3. Konstruktion einer *vertikalen* Sonnenuhr in West-Ost-Richtung für die geographische Breite $\varphi = 50°$

6.4 Die abweichende Vertikaluhr

Meist wird man eine vertikale Sonnenuhr nicht in der Ost-West-Ebene einrichten können, sondern die Sonnenuhr soll an einer gegebenen Wand eingerichtet werden. Diese Wand wird in der Regel nicht genau in der Ost-West-Ebene gelegen sein. Eine Vertikaluhr, die nicht in der Ost-West-Ebene liegt, nennt man eine abweichende Uhr.

6.4.1 Bestimmung der Wandrichtung

Zunächst sei vorausgesetzt, daß die Wand wirklich vertikal ist. Man darf in der Regel annehmen, daß diese Bedingung beim Bau eingehalten wurde. Daß wegen der Richtung der Wand auf Baupläne und Kompaß kein Verlaß ist, wurde schon gesagt. Am besten ist es daher, die Richtung der Wandebene durch streifenden Sonneneinfall zu ermitteln. Zu diesem Zweck stelle man sich im Westen oder Osten in der verlängerten Wandebene auf und beobachte durch ein geeignetes Blendglas mit einem Auge denjenigen Zeitpunkt, in welchem die halbe Sonnenscheibe gerade schon (oder noch) von der Wand verdeckt wird. Man notiere möglichst genau die Zeitangabe nach einer guten Uhr, die man mit einem Zeitsignal verglichen hat.

Mit einiger Übung läßt sich der geschilderte Augenblick auch ohne Instrumente auf etwa 10^s genau erfassen; man wiederhole die Beobachtung an verschiedenen Tagen, um die Genauigkeit zu erhöhen. Dabei darf man sich nicht dadurch täuschen lassen, daß die beobachteten Zeiten mehr oder weniger voneinander abweichen. Dies muß sogar sein, denn die inzwischen eingetretene Änderung der Sonnendeklination und Zeitgleichung verändern den Zeitpunkt des Durchgangs durch den Vertikal der Wand.

Jede der einzelnen Beobachtungen gibt das Azimut der Wand nach der bekannten Formel

$$\tan A_0 = \frac{\sin t}{\sin \varphi \cos t - \cos \varphi \tan \delta}.$$

Darin bedeuten

φ: geographische Breite,
t: Stundenwinkel der Sonne im Augenblick der Beobachtung,
δ: Deklination der Sonne im Augenblick der Beobachtung,
A_0: gesuchtes Azimut der Sonne und damit der Wand.

Man kann die Beobachtungen unter günstigen Bedingungen sowohl morgens als auch nachmittags durchführen, allerdings oft nur im Sommerhalbjahr.

Derartige Beobachtungen ergeben, wenn der Beobachter nicht ganz ungeübt ist, Azimutwerte, die untereinander bis etwa 20′ differieren können, so daß aus mehreren Beobachtungen ein ausreichend genauer Mittelwert erhalten werden kann.

Selbstverständlich muß auch bei der abweichenden Vertikaluhr der schattenwerfende Stab wieder genau parallel zur Rotationsachse der Erde eingesetzt werden; wie dies am besten geschieht, werden wir im Abschnitt 6.4.4 sehen.

6.4.2 Berechnung des Zifferblatts für die Wand

Dies ist hier natürlich merklich komplizierter als in den bisherigen Fällen. Um die hierzu notwendigen Formeln abzuleiten, betrachten wir die Abbildung 4.

Sei NS wieder der schattenwerfende Stab, der in S die Horizontalebene, in N sowohl die vertikale Ost-West-Ebene als auch die Wandebene trifft. Es ist also außer der horizontalen Ebene und der Wandebene auch noch diejenige vertikale Ost-West-Ebene eingezeichnet, welche die Wandebene in einer Senkrechten schneidet, die durch N geht. Zeichnet man noch die durch S gehende Südrichtung ein, so trifft ihre Verlängerung nach Norden zu die beiden anderen Ebenen im Punkt M. Die Richtung der Wand ist durch ihre Spur in der horizontalen Ebene gegeben. Der Winkel $SMT_o = A_0$ gibt somit das Azimut der Wand an, wie es oben definiert und bestimmt worden ist.

Auf der Spur, die die Wandebene auf der Horizontalebene gibt, liegen die beiden zunächst willkürlichen Punkte T_o und T_w, von denen der erstere auf der Vormittagsseite (Stundenwinkel Ost), der andere auf der Nachmittagsseite (Stundenwinkel West) gelegen ist. M ist derjenige Punkt, in welchem sich alle drei Ebenen schneiden. Dann ist zunächst

$$\sphericalangle\, S\, M\, T_o = A_0 \quad \text{und} \quad \sphericalangle\, S\, M\, T_w = 180° - A_0 .$$

Wir bezeichnen weiter in der Horizontalebene

$$\sphericalangle\, M\, S\, T_o = x_1 \quad \text{und} \quad M\, S\, T_w = x_2 .$$

Der Winkel $N\, S\, M$ ist wiederum gleich φ.

x_1 und x_2 sind nichts anderes als die Richtungen der Schattenlinien des Stabs in der Horizontalebene, entsprechend den Stundenwinkeln t_1 und t_2. Bezeichnen wir nun die Winkel bei N in der Wandebene wie folgt:

$$\sphericalangle\, M\, N\, T_o = y_1 \quad \text{und} \quad \sphericalangle\, M\, N\, T_w = y_2 ,$$

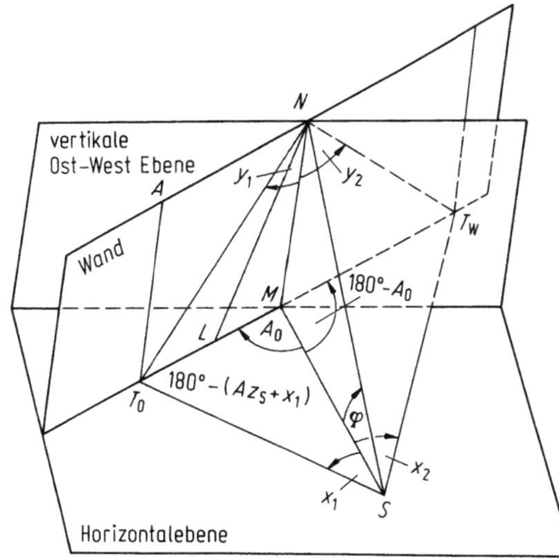

Abb. 4. Zur Berechnung des Zifferblatts einer abweichenden Vertikaluhr

so sind dies die zugehörigen Winkel auf der um den Winkel A_0 gedrehten Wand. $N\,T_o$ und $N\,T_w$ sind die entsprechenden Schattenlinien auf dieser Wand für die Stundenwinkel t_1 und t_2. Um diese Schattenlinien zu finden, ist es also nur notwendig, die Strecken $M\,T_w$ und $M\,T_o$ oder die Winkel y_1, y_2 zu berechnen.

Für $M\,T_o$ findet man in dem ebenen Dreieck $M\,S\,T_o$

$$M\,T_o = \frac{M\,S \cdot \sin x_1}{\sin(A_0 + x_1)} = \frac{N\,S \cdot \cos\varphi}{\cos A_0 + \sin A_0 \cot x_1}.$$

Nun ist aber

$$\cot x_1 = \frac{\cot t_1}{\sin\varphi} \quad \text{(wie bei der Horizontaluhr)}.$$

Damit wird, wenn der letzte Ausdruck in die Gleichung für $M\,T_o$ eingesetzt wird,

$$\cot y_1 = \frac{M\,N}{M\,T_o} = \frac{N\,S \cdot \sin\varphi}{N\,S \cdot \cos\varphi}\left(\cos A_0 + \frac{\sin A_0}{\sin\varphi}\cot t_1\right)$$

Die Länge des Stabs $N\,S$ fällt heraus, und es wird

$$\cot y_1 = \cos A_0 \tan\varphi + \frac{\sin A_0}{\cos\varphi}\cot t_1.$$

Bequemer ist es, wenn man schreibt

$$\tan y_1 = \frac{\cos\varphi}{\cos A_0 \sin\varphi + \sin A_0 \cot t_1}.$$

Diese Gleichung gilt für jede beliebige wahre Sonnenzeit in den Vormittagsstunden.

Für westliche Stundenwinkel, also für Nachmittagsstunden, ist A_0 durch $180° - A_0$ und x_1 durch x_2 zu ersetzen. Dann ergibt sich

$$\tan y_2 = \frac{\cos\varphi}{-\cos A_0 \sin\varphi + \sin A_0 \cot t_2}.$$

Da wir für die Lage der Punkte T_o und T_w auf der Spur $T_o \to M \to T_w$ keinerlei Voraussetzung gemacht haben außer der, daß der eine links von M, der andere rechts davon gelegen ist, erhalten wir so auf der horizontalen Linie $T_o\,T_w$ jeden beliebigen Punkt der Zeitskala.

Da die horizontale Linie $T_o\,T_w$ nicht beliebig lang sein kann, geht man zweckmäßig an geeigneter Stelle, zum Beispiel in T_o selbst, auf die Senkrechte zu $T_o\,T_w$ über; diese sei $A\,T_o = N\,M$. Der Winkel $A\,N\,T_o$ ist gleich $90° - y_1$. Man braucht also, um die entsprechenden Punkte der Zeitskala auf $A\,T_o$ zu finden, nur auf die cos-Funktion überzugehen.

6.4.3 Übertragung des berechneten Zifferblatts auf die Wand

Der nächste Schritt wäre, die berechneten Werte des Zifferblattes auf die Wand zu übertragen. Man kann hierbei am besten wie folgt verfahren:

Man lege zunächst den Durchstoßpunkt für die Mitte der Stabachse fest, etwa im Punkt *N*. Sodann wird mit Hilfe eines Lotes durch *N* möglichst genau die Senkrechte festgelegt und eingezeichnet. Im allgemeinen genügt es, diese genau 1,000 m lang zu machen, bis zum Punkt *M* (wie in Abb. 4). In *M* wird man nun mit Hilfe einer guten Libelle wieder möglichst genau die Waagrechte festlegen und nach beiden Seiten einzeichnen. Man mache sie nach beiden Seiten ebenfalls genau 1,000 m lang und errichte in den beiden Endpunkten mit Hilfe des Lotes die Senkrechten nach oben. So entstehen zu beiden Seiten der Mittellinie *N M* zwei Quadrate von je 1,000 m Seitenlänge, deren Seiten paarweise genau waagrecht und genau senkrecht orientiert sind.

Man trägt nun die Lage der als $\tan y_1$ und $\tan y_2$ nach den obigen Formeln berechneten Punkte, von *M* ausgehend, waagrecht nach links und nach rechts ab und verfährt ganz entsprechend mit den Werten von $\cot y_1$ und $\cot y_2$ auf den beiden Senkrechten ($\tan y_1 = \tan y_2 = 0$ liegt im Punkt *M*, $\cot y_1 = 0$ und $\cot y_2 = 0$ liegen *M* diagonal gegenüber).

Auf diese Weise hat man nun alle berechneten Punkte für das Zifferblatt auf die Wand übertragen; wie weit man hierbei in der Unterteilung geht, etwa alle halben Stunden oder gar von 10 zu 10 Minuten, richtet sich nur nach der Größe der Uhr und den persönlichen Wünschen.

Das Schriftband selbst kann nun eine ganz *beliebige* Form haben. Um auf ihm die Punkte der Zeitskala zu erhalten, hat man weiter nichts mehr zu tun, als die entsprechenden Punkte auf unserem rechtwinkligen Rahmen jeweils mit dem Durchstoßpunkt *N* des (noch nicht eingesetzten) Stabs zu verbinden. Dort, wo diese Verbindungslinien das Schriftband treffen (gegebenenfalls auch auf der Verlängerung nach außen), ist die entsprechende Stundenbezeichnung einzutragen.

Später, wenn alles fertig ist und die Wand gestrichen wird, kann der rechteckige Rahmen mit der Zeitskala wieder entfernt werden.

6.4.4 Einsetzung des Stabs

Das Einsetzen des Stabs muß ebenso sorgfältig ausgeführt werden wie die Herstellung der Zeitskala. Von dem genauen Sitz des Stabs hängt die Genauigkeit der Zeitangabe der Sonnenuhr ab. Man hat beim Einsetzen des Stabs vor allem auf zwei Dinge zu achten:

1. Beim Einzementieren des Stabs soll seine Mittellinie die Wand möglichst genau im Punkt *N* treffen, denn auf den letzteren bezieht sich ja die ganze Zeitskala. (Man vergleiche hierzu nochmals Abb. 4.)
2. Die Richtung des Stabs soll mit der horizontalen Ebene den Winkel φ bilden; außerdem muß der Stab genau in der Meridianebene liegen.

Um die zweite Bedingung zu erfüllen, verfährt man am besten wie folgt:

Denken wir uns durch den Stab eine um diesen als Achse drehbare Ebene gelegt und betrachten den Winkel, den die Schnittlinie dieser Ebene auf der Wand mit dem Stab bildet, so wird dieser Winkel je nach der Lage der drehbaren Ebene ganz verschieden sein. Es gibt aber eine Stelle, wo dieser Winkel ein Minimum hat, und zwar dann, wenn die drehbare Ebene genau senkrecht auf der Wand steht. Die Spur

(Schnittlinie), die diese drehbare Ebene dann auf der Wand gibt, nennt man *Substilare*; dies sei die Strecke NL Abbildung 4.

Die verlängerten Richtungen von NM, Stab NS und Substilare NL zeigen auf drei verschiedene Punkte an der Sphäre und bilden ein sphärisches Dreieck MSL (s. Abb. 5), das bei L rechtwinklig ist.

In diesem sphärischen Dreieck ist der Bogen $MS = 90° - \varphi$ und der Winkel $LMS = A_0$. Bezeichnen wir nun den Bogen SL mit γ, so ist dies der Winkel zwischen Gnomon und Substilare. In dem rechtwinkligen Dreieck MSL ist nach der für das rechtwinklige sphärische Dreieck gültigen Formel

$$\sin \gamma = \cos \varphi \sin A_0$$

und

$$\tan \psi = \cot \varphi \cos A_0 ;$$

dabei ist ψ derjenige Winkel, den die Substilare mit der Senkrechten NM in der Wandebene bildet (s. Abb. 6).

Bezeichnet man mit X_s den Abstand ML des Punktes L, in dem die Substilare die Horizontale durch M schneidet, und macht NM wieder gleich 1,000 m, so wird

$$X_s = \tan \psi = \cot \varphi \cos A_0.$$

Ist $A_0 < 90°$, so liegt X_s links von M (nach Westen), im anderen Fall rechts von M (nach Osten). Die Lage der Substilare ist also durch X_s bekannt.

Um den Stab genau und richtig einsetzen zu können, läßt man sich jetzt ein nicht zu kleines rechtwinkliges Dreieck anfertigen (am besten aus Sperrholz). Der eine der beiden Winkel zwischen Hypotenuse und Kathete wird gleich γ gemacht.

Beim Einsetzen des Stabs, dessen Länge wohl überlegt sein soll, wird das Sperrholzdreieck zur Unterstützung des Stabs mit der einen Kathete senkrecht auf die Substilare gesetzt, wobei der Winkel γ zwischen Stab und Substilare zu liegen kommt. Der Stab wird dann auf die Hypotenuse des Holzdreiecks gelegt und kann nötigenfalls auf dieser leicht befestigt werden. Man macht also das Holzdreieck zweckmäßig so groß, daß seine Hypotenuse ungefähr der Länge des Stabs entspricht. Ist der Stab, wie

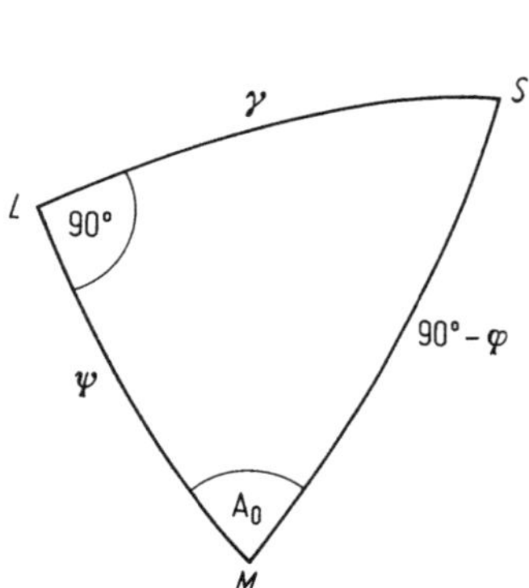

Abb. 5. Zur Bestimmung der Substilare

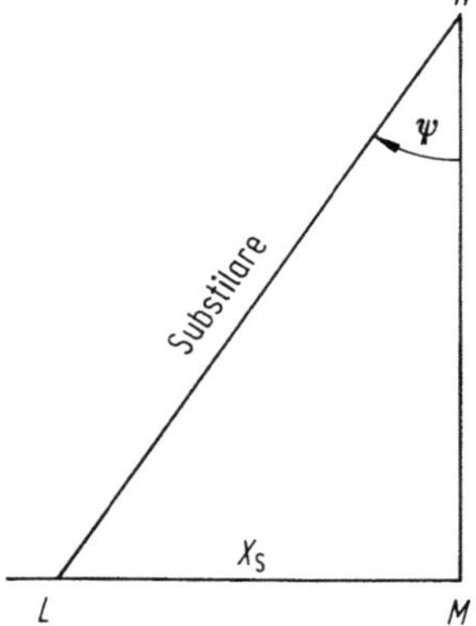

Abb. 6. Bestimmung der Lage der Substilare A

wohl meistens, etwas konisch, so kann dies leicht berücksichtigt werden, entweder durch eine entsprechende Veränderung des Winkels γ im Holzdreieck oder durch eine kleine Unterlage, die ausgleichend zwischen Hypotenuse und Stab gebracht wird. Meistens hält sich das Holzdreieck durch das Gewicht des Stabs von selbst; vorsorglich kann man es durch Einschlagen eines kleinen Nagels sichern. Es ist aber immer sorgfältig darauf zu achten, daß das Holzdreieck genau senkrecht auf der Wandebene steht.

Jetzt kann der Stab einzementiert werden und sitzt genau richtig, wenn man das Holzdreieck nach ungefähr zwei Tagen entfernt.

6.5 Einrichtungen für höhere Genauigkeit

Die bisher besprochenen Verfahren gestatten die Konstruktion von Sonnenuhren, deren Ablesung von der wirklichen Zeit bis zu einer Viertel- oder halben Stunde abweichen kann. Es ist aber möglich, durch spezielle Zusatzkonstruktionen eine höhere Genauigkeit zu erzielen.

6.5.1 Berücksichtigung der geographischen Länge

Will man die geographische Länge berücksichtigen, so kann das von vornherein bei der Beschriftung der Skala geschehen. Ist zum Beispiel die geographische Länge des Ortes, an welchem sich die Sonnenuhr befindet, 10° östlich von Greenwich, also 5° oder 20 Minuten westlich des mitteleuropäischen Meridians, so wird man an allen Stellen des Zifferblatts gegenüber der ursprünglichen Beschriftung 20 Minuten addieren. Die Bezeichnung 12^h, die bei einer vertikalen Sonnenuhr senkrecht unter dem Durchstoßpunkt N des Stabs zu finden ist, wird jetzt nach links kommen und dort, wo sich die Bezeichnung 12^h befand, kommt jetzt 12^h20 zu stehen. Denn letzteres ist ja die Ortszeit bei der Kulmination der wahren Sonne im Normalmeridian der Zone für die mitteleuropäische Zeit.

Das Schriftband zeigt nun die wahre Zeit + Längenkorrektion; zur Bestimmung der gesetzlichen MEZ ist bei der Ablesung des Schattens nur noch die Zeitgleichung zu berücksichtigen. Man erkennt eine Sonnenuhr, bei der die Längenkorrektion angebracht ist, auf den ersten Blick daran, daß die Angabe 12^h nicht mehr genau unter dem Durchstoßpunkt des Stabs steht, sondern etwas seitlich davon.

6.5.2 Berücksichtigung der Zeitgleichung

Da die Zeitgleichung nur sehr langsamen Schwankungen und Veränderungen unterworfen ist, dürfte es nicht notwendig sein, ihren Wert in jedem Einzelfall dem astronomischen Jahrbuch zu entnehmen. Die Veränderungen der Zeitgleichung von Jahr zu Jahr und von Tag zu Tag sind merklich geringer als die Unsicherheit der Zeitangabe einer Sonnenuhr, die im günstigsten Fall eine Minute beträgt. Man kann daher unter Vernachlässigung des 29. Februar ein immer gültiges Diagramm der Zeitgleichung

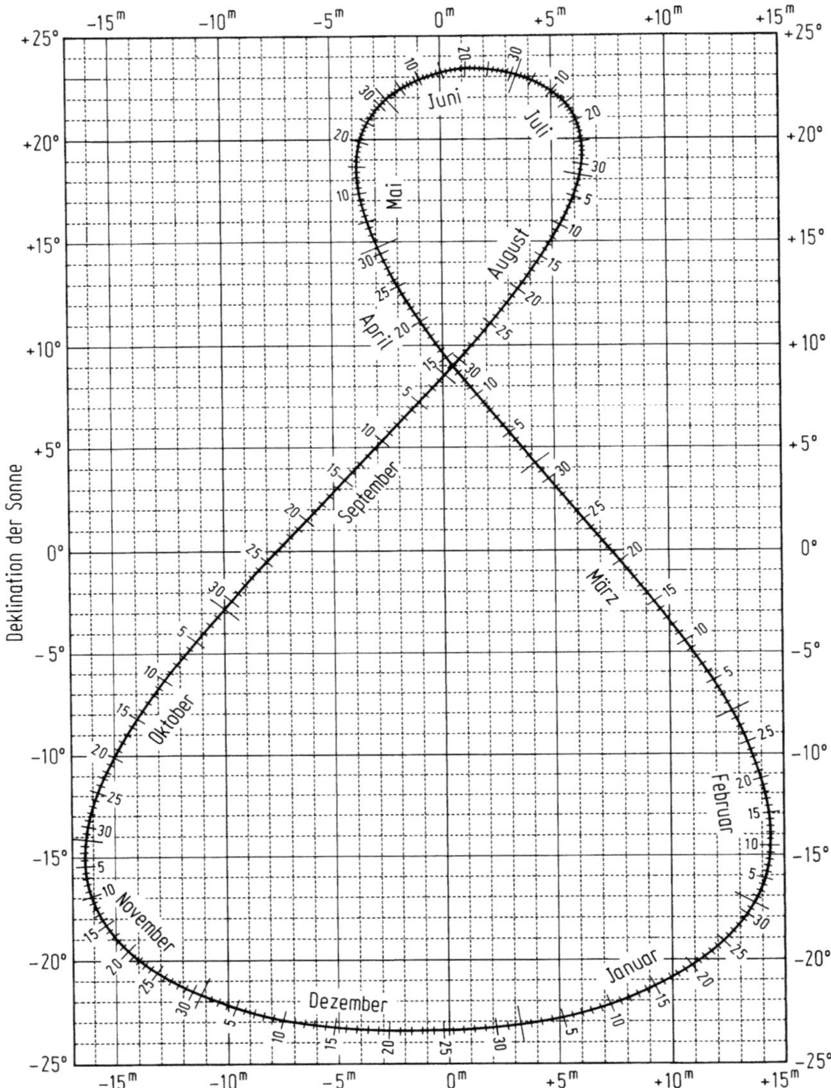

Abb. 7. Korrektion der Ablesung einer Sonnenuhr wegen der Zeitgleichung

benutzen, das deren Wert für jeden Tag angibt (Abb. 7). Man hat hierzu auf der achterartigen Kurve nur das Datum aufzusuchen und dann am oberen oder unteren Rand denjenigen Wert abzulesen, der mit dem im Diagramm gegebenen Vorzeichen an die Ablesung der Sonnenuhr anzubringen ist, um die MEZ zu erhalten.

Die Vernachlässigung des 29. Februar in dem Diagramm bedeutet maximal einen Fehler von einem Tag. Die Änderung der Zeitgleichung beträgt an einem Tag höchstens 30 Sekunden; das ist Ende Dezember der Fall. Der Fehler, der durch diese Vernachlässigung begangen wird, beträgt also im ungünstigsten Fall eine halbe Minute.

In neuerer Zeit sind Versuche unternommen worden, die Korrektion wegen Zeitgleichung in Sonnenuhren einzubauen. Das gelingt selbstverständlich nur durch entsprechende konstruktive Maßnahmen. Einige gut gelungene Versuche in dieser Richtung sind in einem Artikel in der Zeitschrift Sky and Telescope [3] berichtet. Das Prinzip, nach dem vorgegangen wird, läuft in jedem Fall darauf hinaus, daß entweder das Gnomon oder das Zifferblatt oder beide in geeigneter Weise so gekrümmt werden, daß die Ablesung der Sonnenuhr bereits die wegen der Zeitgleichung notwendige Korrektion enthält.

In diesem Zusammenhang darf auch auf einen Artikel im Journal of the British Astronomical Association [4] hingewiesen werden, in dem erörtert wird, in welchen Fällen das Zifferblatt einer Sonnenuhr gleichförmig (englisch „equiangular") in dem Sinn ist, daß immer gleichen Zeitintervallen gleiche Abstände auf der Skala mit der Beschriftung entsprechen. Es leuchtet ein, daß eine Sonnenuhr, die diese Bedingung erfüllt, genauer und bequemer abgelesen werden kann als eine Uhr, die diese Eigenschaft nicht hat. Andererseits ist selbstverständlich auch die Konstruktion einer solchen Sonnenuhr komplizierter als die einer gewöhnlichen Sonnenuhr. Eine vereinfachte Theorie solcher Sonnenuhren hat H. Lippold [7] gegeben.

6.6 Literatur

1 Brunner, W.: Neuartige Sonnenuhr-Konstruktionen. Orion *35*, 44 (1975)
2 Schumacher, H.: Sonnenuhren (Callwey, München 1973)
3 Sky and Telescope *32*, 256 (1966)
4 Journal of the British Astronomical Association *86*, 7 (1976)
5 Peitz, A.: Sonnenuhren, Tabellen und Diagramme zur Berechnung (Callwey, München 1978)
6 Hanke, W.: Ermittlung der Wandrichtung für eine deklinierende Vertikal- (Süd-) Sonnenuhr durch Sonnenzeitazimutbeobachtung. Astronomie und Raumfahrt *3* (1975)
7 Lippold, H.: Zur Theorie der homogenen Sonnenuhr. Die Sterne *61*, 228 (1985)
8 Meier, L., Steinbach, M., Weßlau, K. H.: Grundlagen der Konstruktion von Sonnenuhren. Feingerätetechnik *30*, Heft 10 (1981)

7 Grundbegriffe der sphärischen Astronomie

F. Schmeidler

7.1 Einleitung

Die sphärische Astronomie hat die Aufgabe, alle Aussagen über die Erscheinungen, die auf der Himmelskugel (daher der Name des Gebiets!) vor sich gehen, zu beschreiben und mindestens phänomenologisch zu verstehen. Auch der Amateurastronom stößt in der praktischen Arbeit immer wieder auf Probleme dieser Art: wenn er zum Beispiel ein bestimmtes astronomisches Objekt beobachten will, muß er wissen, wie er es an der Himmelskugel findet, und diese Aufgabe führt in der Regel zu Fragen, die in das Gebiet der sphärischen Astronomie gehören. Auf den folgenden Seiten wird versucht, einen kurzen Überblick über die Grundbegriffe der sphärischen Astronomie zu geben. Dieses heute etwas vernachlässigte Gebiet bildet noch immer die Grundlage für viele astronomische Arbeiten, auch wenn es nicht immer deutlich erkannt wird.

So wird auch der Liebhaberastronom Vorteile davon haben, wenn ihm die Grundlagen geläufig sind, sofern er sich nicht nur darauf beschränkt den Himmel gelegentlich ohne weiteren Sinn und Zweck zu beobachten. Sobald er nur an irgendeine Reduktion oder weitere Verwertung seiner Beobachtungen denkt, kann er ohne Kenntnis der Grundlagen nicht auskommen.

Sehr schwierig ist die Entscheidung, wo man beginnen soll und was noch zum Gebiet der sphärischen Astronomie gehört. In dem hier zur Verfügung stehenden Rahmen mußte auf Manches verzichtet werden. Auch eine Ableitung der Formeln mußte unterbleiben; sie gehört in die ausführlichen Lehrbücher der sphärischen Astronomie. Somit wurde vorausgesetzt, daß der Benutzer dieses Kapitels vertraut ist

a) mit Kenntnis des numerischen Rechnens, sei es mit Logarithmentafeln oder mit Taschenrechner,
b) mit Kenntnis der trigonometrischen Funktionen und
c) mit Kenntnis der Grundlagen der Fehlerrechnung und der Methode der kleinsten Quadrate.

Siehe dazu auch Kapitel 8 in diesem Band. Hinweise auf weitere Literatur finden sich in Abschnitt 7.8. Einige in der sphärischen Astronomie wichtige Tafeln sind in den Tafelanhang des Buches aufgenommen, so daß im Text nur ein Hinweis nötig war.

7.2 Die Koordinaten

Ein Punkt auf einer Kugel ist festgelegt, wenn seine Koordinaten angegeben werden können: Voraussetzung ist dabei, daß das Koordinatensystem als solches eindeutig definiert ist. Es gibt mehrere Koordinatensysteme, die in der sphärischen Astronomie verwendet werden; die wichtigsten von ihnen sollen hier näher erläutert werden.

7.2.1 Geographische Koordinaten

Solange man nicht mit dem Raumfahrzeug die Erde verläßt, beobachtet man im allgemeinen von der Erdoberfläche aus. Ein Punkt auf der Erdoberfläche ist durch die Angaben von drei Daten bestimmt:

$$\text{die geographische Breite} = \varphi,$$
$$\text{die geographische Länge} = \lambda,$$
$$\text{die Seehöhe über NN} = h.$$

Die geographische Breite wird vom Erdäquator aus von 0° bis 90° bis zu den Polen gezählt, nach Norden positiv, nach Süden negativ. Alle Kreise parallel zum Erdäquator heißen *Breitenparallele*; diese sind kleiner als der Äquator.

Jede Ebene durch die gedachte Erdachse steht senkrecht auf dem Äquator und schneidet die Erdoberfläche in den *Meridianen* (Abb. 1). Mit ihrer Hilfe wird die geographische Länge gezählt, wobei der durch die Sternwarte Greenwich gehende Meridian international als *Nullmeridian* angenommen wird. Von hier aus zählen die Längen von 0° bis 180°, und zwar westlich von Greenwich positiv, östlich negativ.

Die Bestimmung der geographischen Koordinaten, der Figur und Größe der Erde ist eine Aufgabe der Astronomie und Geodäsie. In Wirklichkeit ist die Erde aber keine genaue Kugel, sondern genähert ein etwas abgeplattetes Ellipsoid. Aus praktischen rechnerischen Gründen wählt man als Bezugsfläche ein sogenanntes *Referenzellipsoid*, das ist ein solches Ellipsoid, auf dem die Richtung der Senkrechten (Normalen) am besten mit der Lotrichtung auf der wirklichen Erdoberfläche übereinstimmt. Gemäß

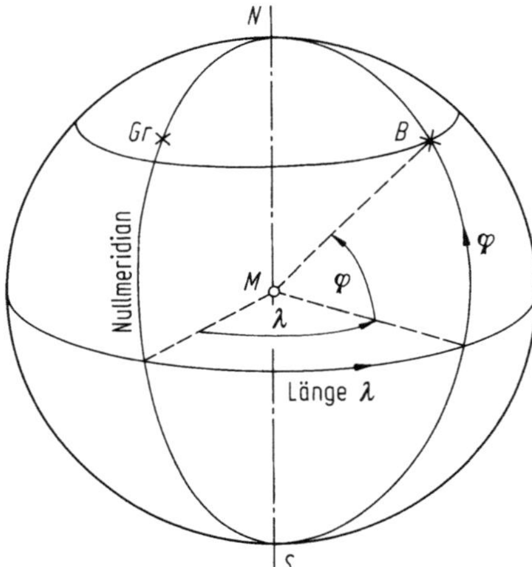

Abb. 1

internationaler Übereinkunft wird heute allgemein mit den folgenden Dimensionen dieses Referenzellipsoids gerechnet:

$$a = \text{große Halbachse} = \text{Äquatorradius} = 6378{,}140 \text{ km},$$

$$f = \text{Abplattung} = \frac{1}{298{,}259},$$

woraus sich für die kleine Halbachse b des Erdellipsoids aus der Gleichung

$$f = \frac{a - b}{a}$$

der Wert

$$b = \text{kleine Halbachse} = \text{Polarradius} = 6356{,}755 \text{ km}$$

ergibt. Der Polarradius ist also um 21,4 km kleiner als der Äquatorradius. Die wirkliche (physische) Erdoberfläche weicht überall mehr oder weniger vom Referenzellipsoid ab. Im Gegensatz zu ihr bezeichnet man als „Geoid" eine Niveaufläche, die durch die Meeresoberfläche definiert ist und deren Verlauf im Bereich der Kontinente man sich durch den Wasserspiegel schmaler Kanäle realisiert denken kann, die die Ozeane verbinden.

Als Folge der ellipsoidischen Gestalt der Erde besteht ein Unterschied zwischen der durch das Lot bestimmten geographischen Breite φ und der durch die Richtung nach dem Erdmittelpunkt gegebenen geozentrischen Breite φ'. Er ist gegeben durch

$$\varphi - \varphi' = 695{,}''65 \cdot \sin 2\varphi - 1{,}''17 \cdot \sin 4\varphi + \ldots$$

Entsprechend ist der Abstand r' eines Punktes der Erdoberfläche im Meeresniveau vom Erdmittelpunkt gegeben durch

$$r' = a\,(0{,}998320 + 0{,}001684 \cos 2\varphi - 0{,}000004 \cos 4\varphi + \ldots),$$

wobei a den Äquatorradius der Erde bedeutet.

7.2.2 Das Koordinatensystem des Horizonts

Denkt man sich durch den Beobachtungsort eine Ebene senkrecht zur Lotrichtung gelegt, dann schneidet diese das scheinbare Himmelsgewölbe in einem Kreise, dem *Horizont* (genauer gesagt dem *scheinbaren Horizont*). Senkrecht über dem Beobachter liegt das *Zenit*, die Richtung senkrecht nach unten weist nach dem *Nadir* (Abb. 2).

In jedem beliebigen Punkt des Horizonts kann man sich einen Kreis errichtet denken, der senkrecht auf dem Horizont steht. Ein solcher Kreis heißt *Höhenkreis*, und alle Höhenkreise schneiden sich im Zenit (und unter dem Horizont im Nadir). Auf dem Höhenkreis wird die *Höhe* eines Gestirns über dem Horizont von 0° bis 90° (Zenit) gezählt. Alle über dem scheinbaren Horizont gemessenen Höhen sind sogenannte *scheinbare Höhen* (h). Sie sind durch die astronomische Strahlenbrechung gegenüber der wahren Höhe etwas vergrößert. Statt der Höhe h wird oft auch die *Zenitdistanz* $z = 90° - h$ verwendet.

Eine Ebene, die parallel zum scheinbaren Horizont durch den Erdmittelpunkt gelegt wird, schneidet die Sphäre im *wahren Horizont*. Die auf ihn bezogenen Höhen

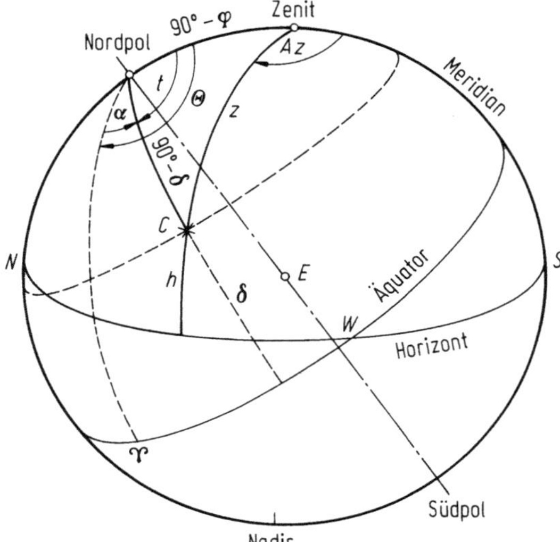

Abb. 2

heißen *wahre Höhen*. Ist die Entfernung eines Gestirns endlich, so sind die wahre und die scheinbare Höhe verschieden; der Unterschied beider kann zum Beispiel beim Mond den Betrag von ungefähr 1° erreichen.

Die zweite Koordinate im System des Horizonts ist durch die Himmelsrichtung des Gestirns gegeben. Diese erhält man, wenn man die Richtung des Fußpunktes des Höhenkreises durch den Stern im Horizont angibt. Diese Richtung heißt das *Azimut* (*A*); es wird in der Astronomie von Süden über Westen, Norden und Osten von 0° bis 360° gezählt. In der Geodäsie beginnt dagegen die Zählung im Norden und läuft im gleichen Sinne herum. Die vier Hauptpunkte des Horizonts mit den Azimuten 0°, 90°, 180° und 270° heißen *Südpunkt*, *Westpunkt*, *Nordpunkt* und *Ostpunkt*. Der Höhenkreis, der durch Südpunkt, Zenit und Nordpunkt geht, ist der *Ortsmeridian*, der senkrecht darauf stehende Höhenkreis, der durch Westpunkt, Zenit und Ostpunkt geht, heißt *1. Vertikal*.

Jedes Gestirn überquert infolge der Rotation der Erde zweimal während eines Tages den Meridian, einmal in höchster Stellung (obere Kulmination, O. K.) meistens im Süden, und einmal im Norden in tiefster Stellung (untere Kulmination, U. K.). Für Sterne, die nicht allzuweit vom Pol entfernt sind, liegen beide Kulminationen über dem Horizont; man nennt diese Gestirne zirkumpolar. Die Bedingung, daß ein Gestirn zirkumpolar ist, lautet

$$\delta \geqq 90° - \varphi,$$

wobei φ die geographische Breite und δ die Deklination des Gestirns bedeuten.

Alle Gestirne, die diese Bedingung nicht erfüllen, gehen auf und unter, sofern sie am Beobachtungsort überhaupt sichtbar sind. Die Lage ihrer Auf- und Untergangspunkte am Horizont und die Art und Weise ihrer Bewegung über dem Horizont hängen von der geographischen Breite und der Deklination des Gestirns ab.

Für einen Punkt auf dem Erdäquator gehen alle Gestirne senkrecht zum Horizont auf. Je mehr man sich vom Erdäquator entfernt, umso flacher wird der Winkel, den

die Bewegungsrichtung der Gestirne beim Auf- oder Untergang mit dem Horizont
bildet. An den Polen der Erde beschreiben alle Gestirne Kreise parallel zum Horizont;
sie gehen infolgedessen entweder nie auf oder nie unter. Ausgenommen davon sind
Sonne, Mond, Planeten und Kometen, die wegen ihrer eigenen Bewegung auch an den
Polen auf- und untergehen können. Den Abstand eines Gestirns beim Auf- oder
Untergang vom Ost- oder Westpunkt des Horizonts nennt man Morgen- beziehungsweise Abendweite.

7.2.3 Das System des Äquators, Frühlingspunkt und Sternzeit

Der Hauptnachteil des Horizontsystems ist, daß die Koordinaten jedes Gestirns sich
im Lauf des Tages dauernd verändern und daß sie von Ort zu Ort verschieden sind.
Dieser Nachteil fällt beim System des Äquators zum großen Teil fort. Denkt man sich
die Ebene des Erdäquators verlängert, so schneidet sie die scheinbare Himmelskugel
im *Himmelsäquator*. Die auf dieser Ebene senkrecht stehende Rotationsachse der Erde
schneidet die Himmelskugel im Nord- und Südpol des Himmels. In dem so definierten
System können wir ebenfalls die Koordinaten eines Sterns angeben, in direkter Analogie zu den geographischen Koordinaten auf der Erdoberfläche.

Zunächst zählt man den Abstand eines Sterns vom Himmelsäquator nach Norden
und Süden bis zum Himmelspol von $0°$ bis $90°$ und nennt ihn *Deklination δ*. Sie wird
nach Norden positiv nach Süden negativ gezählt. Jeder durch einen Stern senkrecht
zum Äquator gehende Großkreis heißt *Deklinationskreis*.

Entsprechend der geographischen Länge erfolgt die Zählung der anderen Koordinate auf dem Äquator. Als Nullpunkt hierfür nimmt man den sogenannten *Frühlingspunkt*, auch *Widderpunkt* (♈) genannt an, einen der beiden Schnittpunkte des Him-
melsäquators mit der Sonnenbahnebene, die als Ekliptik bezeichnet wird. Wenn die
Sonne in diesem Punkt steht, ist es Frühlingsanfang. Der diametral gegenüberliegende
Schnittpunkt der beiden Ebenen ist der Herbstpunkt. Vom Frühlingspunkt an zählt
man – entsprechend der geographischen Länge – auf dem Himmelsäquator die zweite
Koordinate eines Sterns bis zum Fußpunkt des durch ihn gehenden Deklinationskreises und zwar von Westen über Süden nach Osten von $0°$ bis $360°$ (also im Sinn der
jährlichen Bewegung der Sonne). Diese Koordinate heißt

$$\text{Rektaszension} = \text{gerade Aufsteigung} = AR = \alpha.$$

Der Frühlingspunkt selbst hat somit die Koordinaten $\alpha = 0°$ und $\delta = 0°$. Die Lage
eines Sterns an der Sphäre ist durch die Angabe von Rektaszension und Deklination
eindeutig bestimmt.

Infolge der langsamen Verlagerungen des Frühlingspunktes, von denen später
noch die Rede sein wird, sind die Koordinaten α und δ langsamen, teils periodischen
und teils fortschreitenden Veränderungen unterworfen (s. Abschnitt 7.4).

Zwischen den beiden Koordinatensystemen des Horizonts und des Äquators kann
man leicht eine Beziehung finden, wenn man noch den Begriff des *Stundenwinkels t*
einführt. Darunter wird der jeweilige Abstand des Deklinationskreises durch den
Stern vom oberen Meridian verstanden. Er wird von Süden über Westen, Norden und
Osten von $0°$ bis $360°$ oder auch von 0^h bis 24^h gezählt. Auch die Rektaszension wird

meist im Zeitmaß von 0^h bis 24^h statt im Gradmaß von $0°$ bis $360°$ gezählt. Da eine Umdrehung von $360°$ in 24 Stunden erfolgt, gilt für die Umrechnung immer

$$1^h = 15°,$$
$$1^m = 15',$$
$$1^s = 15'' \text{ und so weiter.}$$

In der oberen Kulmination hat jeder Stern den Stundenwinkel $0°$ (0^h), in der unteren Kulmination den Stundenwinkel $180°$ (12^h). Natürlich hat auch der Frühlingspunkt zu jeder Zeit – wie ein Stern – einen Stundenwinkel; diesen nennt man *Sternzeit* (Θ). Jedesmal, wenn sich der Frühlingspunkt in oberer Kulmination befindet, ist die (Orts)Sternzeit gleich 0^h. Zwischen Sternzeit, Rektaszension und Stundenwinkel besteht die einfache Beziehung (vgl. Abb. 2)

$$\Theta = t + \alpha \quad \text{oder auch} \quad t = \Theta - \alpha.$$

Diese Beziehung ist von größter praktischer Bedeutung, zum Beispiel wenn man ein Objekt am Himmel sucht oder am Fernrohr einstellen will. Man merke sich dafür:

Ist $\Theta > \alpha$, so ist der Stundenwinkel West,
$\Theta < \alpha$, so ist der Stundenwinkel Ost.

7.2.4 Umwandlung der Horizontkoordinaten in Äquatorkoordinaten und umgekehrt

Die Umrechnung von Horizontkoordinaten in äquatoriale Koordinaten und umgekehrt wird durch Anwendung der Formeln der sphärischen Trigonometrie ausgeführt. Die Ableitung dieser Formeln, die hier nur referiert werden können, ist in den Lehrbüchern der sphärischen Astronomie zu finden. Für die Umwandlung von Horizontkoordinaten in äquatoriale Koordinaten gilt:

Gegeben sind: $z = 90° - h, \varphi, A$;
Gesucht sind: t, δ.

Die Formeln sind:

$$\cos \delta \sin t = \sin z \sin A,$$
$$\sin \delta = \sin \varphi \cos z - \cos \varphi \sin z \cos A,$$
$$\cos \delta \cos t = \cos \varphi \cos z + \sin \varphi \sin z \cos A.$$

In vielen Fällen ist die folgende Umformung der Gleichungen bequem; man führt eine Hilfsgröße M ein durch

$$\tan M = \cos A \tan z$$

und erhält die bequemen Formeln

$$\tan t = \frac{\sin M}{\cos(\varphi - M)} \tan A,$$

$$\tan \delta = \cos t \tan(\varphi - M).$$

Die umgekehrte Aufgabe der Umwandlung von äquatorialen Koordinaten in horizontale wird in der folgenden Weise gelöst:

Gegeben sind: φ, δ, $t = \theta - \alpha$;

Gesucht sind: A, z.

Die Formeln sind:

$$\sin z \sin A = \cos \delta \sin t,$$
$$\cos z = \sin \varphi \sin \delta + \cos \varphi \cos \delta \cos t,$$
$$\sin z \cos A = - \cos \varphi \sin \delta + \sin \varphi \cos \delta \cos t.$$

Auch diese Formeln können vereinfacht werden. Wenn eine Hilfsgröße N eingeführt wird durch

$$\cos t \tan N = \tan \delta,$$

dann erhält man

$$\tan A = \frac{\cos N}{\sin(\varphi - N)} \tan t,$$

$$\cot z = \cos A \cot(\varphi - N).$$

Beispiel: Ein Stern habe die Deklination $\delta = + 10°36\!'3$ und stehe im Stundenwinkel $t = + 2^{\mathrm{h}}12^{\mathrm{m}}8$. Welche Zenitdistanz und welches Azimut hat er, wenn die Polhöhe des Beobachtungsortes $\varphi = + 48°8\!'9$ ist?

Im Gradmaß ausgedrückt, ist der Stundenwinkel $t = + 33°12\!'0$: damit wird

$$\cos t = + 0{,}8368, \quad \tan \delta = + 0{,}1872, \quad \text{folglich}$$

$$\tan N = + 0{,}2237 \quad \text{und daraus} \quad N = + 12°36\!'7.$$

Für $\varphi - N$ ergibt sich demnach $+ 35°32\!'2$. Die weitere Rechnung ergibt

$$\cos N = + 0{,}9759, \quad \tan t = + 0{,}6544, \quad \text{folglich}$$

$$\tan t \cos N = + 0{,}6386.$$

Division durch $\sin(\varphi - N) = + 0{,}5812$ ergibt

$$\tan A = + 1{,}0988, \quad \text{also} \quad A = + 46°41\!'8.$$

Um die Zenitdistanz zu finden, muß

$$\cot z = \cos A \cot(\varphi - N) = + 0{,}6730 \text{ mal } 1{,}4000$$

gebildet werden, da $\cot(\varphi - N) = + 1{,}4000$ ist; man findet so

$$\cot z = + 0{,}9422, \quad \text{also} \quad z = 46°42\!'4.$$

womit die Rechnung beendet ist.

7.2.5 Andere Koordinatensysteme

Außer den Systemen des Horizonts und des Äquators gibt es noch zwei andere Systeme, die in der Astronomie Bedeutung haben, das sind die ekliptikalen und die galaktischen Koordinaten.

Für die ekliptikalen Koordinaten ist die Ekliptik die Grundebene. Senkrecht zu ihr werden nach Norden und Süden die (ekliptikale) Breite β von 0° bis 90° gezählt und vom Frühlingspunkt an im gleichen Sinn wie die Rektaszensionen die ekliptikalen Längen λ von 0° bis 360°. Da ε, die Neigung der Ekliptik, bekannt ist, können die äquatorialen Koordinaten in ekliptikale und umgekehrt umgerechnet werden. Die Schiefe der Ekliptik ist langsam veränderlich und ist durch die Formel

$$\varepsilon = 23°26'21{,}''448 - 46{,}''82\,T - 0{,}''0006\,T^2 + 0{,}''0018\,T^3$$

(T in julianischen Jahrhunderten ab 2000)

gegeben.

Umwandlungsformeln für die logarithmische Rechnung:

Übergang: Ekliptik → Äquator

Übergang: Äquator → Ekliptik

$$\tan\alpha = \frac{\sin(P-\varepsilon)}{\sin P}\tan\lambda, \qquad\qquad \tan\lambda = \frac{\sin(Q+\varepsilon)}{\sin Q}\tan\alpha,$$

$$\tan\delta = \cot(P-\varepsilon)\sin\alpha, \qquad\qquad \tan\beta = \cot(Q+\varepsilon)\sin\lambda,$$

$$\text{wobei}\quad \tan P = \cot\beta\sin\lambda; \qquad\qquad \text{wobei}\quad \tan Q = \cot\delta\sin\alpha.$$

Als numerisches Beispiel soll die in Abschnitt 8.5 in diesem Band mitgeteilte Angabe über den Ort des Kometen Kohoutek am 3. Januar 1974 um 0^h Weltzeit verwendet werden. Die dortige Rechnung hatte die ekliptikalen Koordinaten

$$\lambda = 297°39{,}'8 \quad\text{und}\quad \beta = +\,3°16{,}'0$$

ergeben. Sie sind in Rektaszension und Deklination umzuwandeln, wobei für die Schiefe der Ekliptik der Wert $\varepsilon = 23°26{,}'7$ zu verwenden ist. Zunächst ist der Hilfswinkel P zu berechnen: mit

$$\cot\beta = +\,17{,}5206 \quad\text{und}\quad \sin\lambda = -\,0{,}8857$$

ergibt sich

$$\tan P = -\,15{,}5180, \quad \text{daraus}\quad P = -\,86°18{,}''8 \quad\text{und}\quad P - \varepsilon = -\,109°45{,}''5.$$

Die weitere Rechnung benötigt den Quotienten

$$\frac{\sin(P-\varepsilon)}{\sin P} = \frac{0{,}9411}{0{,}9979} = +\,0{,}9431;$$

aus ihm erhält man

$$\tan\alpha = \frac{\sin(P-\varepsilon)}{\sin P}\tan\lambda = -\,0{,}9431 \cdot 1{,}9077 = -\,1{,}7992,$$

und daraus folgt $\alpha = 299°3{,}''9$. Zur Berechnung von δ hat man zu bilden

$$\tan\delta = \cot(P-\varepsilon)\sin\alpha = -\,0{,}3592 \cdot 0{,}8741 = -\,0{,}3140.$$

Damit ist δ bekannt. Wandelt man noch den oben erhaltenen Wert für α in Zeitmaß um, dann ist das Endresultat der Rechnung

$$\alpha = 19^h56{,}^m3, \quad \delta = -\,17°26{,}''0.$$

Für stellarastronomische Untersuchungen wird oft ein Koordinatensystem verwendet, dessen Grundebene die Milchstraße ist. Man spricht dann von galaktischen Koordinaten und zählt:

Die *galaktische Breite b* von 0° bis 90° nördlich (positiv) und südlich (negativ) der galaktischen Ebene.

Die *galaktische Länge l* von 0° bis 360°, beginnend im Schnittpunkt (aufsteigenden Knoten) der galaktischen Ebene auf dem Äquator. Dieser aufsteigende Knoten hat auf dem Äquator die Länge 280°.00.

Der galaktische Pol hat die Äquatorkoordinaten

$$\alpha = 191°3, \qquad \delta = +27°7 \ (1900).$$

Gerechnet wird gewöhnlich mit den abgerundeten Werten

$$\alpha = 190°, \qquad \delta = +28° \ (1900).$$

Die Neigung der galaktischen Ebene gegen den Äquator wird zu 62°.00, die gegen die Ekliptik zu 60°.55 angenommen.

Diese Koordinaten wurden von etwa 1932 bis 1960 allgemein verwendet. Gemäß Beschluß der IAU von 1959 werden jetzt als Koordinaten für den galaktischen Pol benutzt

$$\alpha = 12^{h}49^{m}, \qquad \delta = +27°4 \ (1950.0).$$

Ferner wurde beschlossen, den Nullpunkt der galaktischen Koordinaten künftig in die Richtung zum galaktischen Zentrum (Koordinaten im alten galaktischen System $l = 327,7°$, $b = -1,4°$) zu verlegen.

Da es bei den galaktischen Koordinaten meist nicht auf größte Genauigkeit ankommt, stehen für die Übertragung eine Reihe von Hilfstafeln zur Verfügung, die für fast alle Fälle eine ausreichende Genauigkeit geben [1].

7.3 Die Zeit und die Erscheinungen der täglichen Bewegung

Da die meisten astronomisch wichtigen Größen zeitlich veränderlich sind, muß zu jeder Messung die Zeit angegeben werden, zu der sie gemacht wurde. Der einfachste Vorgang, der zur astronomischen Messung der Zeit verwendet werden kann, ist der Wechsel von Tag und Nacht; für längere Zeiträume eignet sich die Folge der Jahreszeiten. Deswegen sind die Rotation der Erde und ihr Umlauf um die Sonne wesentliche Grundlagen der astronomischen Zeitrechnung.

Vor einigen Jahrzehnten wurde erkannt, daß die Dauer der Drehung der Erde um ihre Achse, also die Länge des Tages, nicht in voller Strenge konstant ist. Aus diesem Grund ist der in 24 Stunden unterteilte Tag kein zweckmäßiges Zeitmaß mehr, wenn höchste Genauigkeit benötigt wird. Für die Bedürfnisse der Amateurastronomen ist das jedoch meist nicht der Fall. Aus diesem Grund sollen hier die Methoden der Zeiterfassung und Zeitmessung so dargelegt werden, wie sie in der Astronomie verwendet wurden, ehe die Veränderlichkeit der Tageslänge erkannt wurde. Diese Methoden haben auch heute noch ihre Bedeutung nicht verloren, obgleich uns inzwischen genauere Zeiteinheiten zur Verfügung stehen, die durch die Dauer der Schwingungen von Atomen definiert sind. Diejenigen Modifikationen der Definition des Zeitbegriffs, die aus diesen Gründen an den bisher verwendeten Begriffen angebracht werden müssen, werden in Abschnitt 7.6 zusammenfassend erläutert werden.

7.3.1 Wahre und mittlere Sonnenzeit

Ursprünglich gab die Sonne unsere Tageseinteilung. Wenn man aber die Zeiten zwischen zwei aufeinanderfolgenden oberen Kulminationen der Sonne an einem festen

Ort genauer beobachtet, so wird man bemerken, daß diese Zwischenzeiten nicht unbeträchtlichen Schwankungen unterworfen sind. Somit ist die durch den Stundenwinkel der wahren Sonne von der Natur gegebene *wahre Sonnenzeit* (wOZ) ungleichförmig und für eine genaue Zeiteinteilung im praktischen Leben ungeeignet. Die Gründe für diese Ungleichförmigkeit sind zweierlei:

1. Die Erdbahn um die Sonne ist kein Kreis, sondern eine Ellipse. Nach dem zweiten Keplerschen Gesetz kann somit die Sonne in gleichen Zeitabschnitten nicht die gleichen Bahnbögen am Himmel zurücklegen.
2. Selbst wenn die Sonne in der Ekliptik in gleichen Zeitabschnitten gleichgroße Bahnbögen zurücklegte, so würde dennoch die Projektion derselben auf den Himmelsäquator, auf dem wir die Zeit messen, infolge der gegenseitigen Neigung Äquator–Ekliptik ungleichförmige Abschnitte ergeben.

Man führt aus diesem Grund eine gedachte (*fingierte*) *mittlere Sonne* ein, die sich mit gleichförmiger Geschwindigkeit auf dem Äquator bewegt. Die so definierte *mittlere Sonnenzeit* (mOZ) ist dann ein gleichförmiges Zeitmaß.

Der Stundenwinkel dieser mittleren Sonne heißt *mittlere Ortszeit* (MOZ) und ist von Ort zu Ort verschieden. Die mittlere Sonnenzeit und auch die wahre Sonnenzeit sind also Ortszeiten.

Die Differenz

$$\text{mittlere} - \text{wahre Sonnenzeit} = z$$

heißt *Zeitgleichung*. Bis zum Jahre 1930 wurde sie in dem eben gegebenen Sinne $m - w = z$ gebraucht. Ab 1930 wurde durch eine Festsetzung der Internationalen Astronomischen Union (IAU) das Vorzeichen umgekehrt in

$$w - m = z \quad \text{(ab 1930)}.$$

Beim Gebrauch der Jahrbücher vergewissere man sich stets, in welchem Sinne die Zeitgleichung gegeben ist, da nicht alle Jahrbücher den Vorzeichenwechsel mitgemacht haben.

Im *wahren Mittag* ist somit

$$w = 0,$$
$$\text{also} \quad m = -z.$$

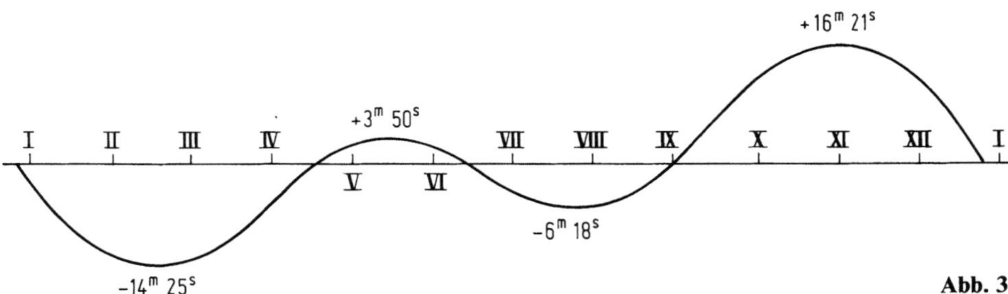

Abb. 3

Viermal im Jahr wird die Zeitgleichung Null, nämlich am 16. April, 14. Juni, 2. September und 25. Dezember. Die Extrema dagegen sind:

Extrema der Zeitgleichung, w — m

11. Februar	$- 14^m3$
14. Mai	$+\ \ 3^m7$
26. Juli	$-\ \ 6^m4$
3. November	$+ 16^m4$

Den Verlauf der Zeitgleichung während des ganzen Jahres zeigen Abbildung 3 und Abbildung 7 in Beitrag 6.

7.3.2 Die Sternzeit und ihre Beziehung zur mittleren Zeit

Die Sternzeit wurde schon als der Stundenwinkel des Frühlingspunktes definiert (s. S. 296). Sie ist strenggenommen kein ganz gleichförmiges Zeitmaß, weil der Frühlingspunkt wegen der Nutation (s. S. 305) eine geringe periodische Schwankung ausführt. Für die Praxis ist aber die Sternzeit als gleichförmig anzusehen.

Ein Sterntag, der gleich 24 Stunden Sternzeit ist, entspricht der Zeit zwischen zwei oberen Kulminationen des Frühlingspunktes. Die Sternzeit ist auch eine Ortszeit. Es ist

$$\Theta = t + \alpha.$$

Im Meridian ist $t = 0°$, als $\Theta = \alpha$.

Im Meridian ist bei der oberen Kulmination eines Sternes seine AR somit gleich der Sternzeit. Man kann also auch sagen, die Sternzeit ist nichts anderes als die AR aller Sterne, die im gleichen gegebenen Moment gleichzeitig in oberer Kulmination sind. Natürlich hat auch die fingierte mittlere Sonne bei ihrer oberen Kulmination eine bestimmte AR; diese wird bezeichnet als die

Sternzeit im mittleren Mittag. In den astronomischen Jahrbüchern findet man im allgemeinen die Sternzeit für 0^h *Weltzeit* von Tag zu Tag angegeben. Diese gilt nur für den Meridian von Greenwich, und da die Sternzeit eine Ortszeit ist, muß man, um die Sternzeit in mittlerer Mitternacht für einen anderen Erdort mit der Längendifferenz $\Delta \lambda$ (in Stunden) gegen Greenwich zu erhalten, die Korrektion

$$\text{Korrektur der Sternzeit} = \pm\ 9^s8565 \cdot \Delta \lambda \quad \text{für} \quad \genfrac{}{}{0pt}{}{\text{westliche}}{\text{östliche}}\ \text{Länge}$$

anbringen.

Ein Sterntag ist etwas kürzer als ein mittlerer Tag, weil die Sonne täglich ein Stück nach Osten weiterwandert und so jeden Tag etwas *später* in O.K. gelangt als zum Beispiel ein fester Stern, mit dem sie einen Tag vorher gleichzeitig in O. K. war. Wenn man zweckmäßig einen Sterntag ebenfalls in 24^h zu je 60^m zu je 60^s einteilt, so ergibt sich, daß jede Einheit der Sternzeit etwas kürzer sein wird als die entsprechende Einheit mittlerer Zeit. Während eines tropischen Jahres [1] bewegt sich die Sonne von

---

[1] Erklärung des Begriffes tropisches Jahr, s. Abschnitt 7.5.2.

Frühlingspunkt zu Frühlingspunkt. Dies erfolgt in 365,2422 mittleren Sonnentagen. In dieser Zeit ist die Sonne einmal herum gewandert, ein Fixstern kommt also in einem Jahr einmal mehr zur oberen Kulmination (O. K.) als die Sonne. Infolgedessen ist

$$\text{ein mittlerer Sonnentag} = \frac{366,2422}{365,2422} \text{ Sterntage}$$

$$\text{oder ein Sterntag} = \frac{365,2422}{366,2422} \text{ mittlere Sonnentage}.$$

Daraus folgt:

$$24^{\mathrm{h}}0^{\mathrm{m}}0^{\mathrm{s}} \text{ mittlere Zeit} = (24^{\mathrm{h}} + 3^{\mathrm{m}}56\overset{\mathrm{s}}{.}555) \text{ Sternzeit},$$

$$24^{\mathrm{h}}0^{\mathrm{m}}0^{\mathrm{s}} \text{ Sternzeit} \quad = (24^{\mathrm{h}} - 3^{\mathrm{m}}55\overset{\mathrm{s}}{.}909) \text{ mittlere Zeit}.$$

Oder auf eine Stunde umgerechnet:

$$1^{\mathrm{h}} \text{ mittlere Sonnenzeit} = (1^{\mathrm{h}} + 9\overset{\mathrm{s}}{.}856) \text{ Sternzeit},$$

$$1^{\mathrm{h}} \text{ Sternzeit} = (1^{\mathrm{h}} - 9\overset{\mathrm{s}}{.}829) \text{ mittlere Sonnenzeit}.$$

Für die Umrechnung gibt es auch bequemere Tabellen (s. in Band 2, Anhang, Tabellen 6 und 7 auf Seite 597 f). Für sehr viele Zwecke wird eine einfache genäherte Regel genügen, die Börgen 1902 gegeben hat:

Auf je 1^{h} mittlere Zeit *gewinnt* die Sternzeit $(10 - {}^{1}/_{7})^{\mathrm{s}}$.

Auf je 1^{h} Sternzeit *verliert* die mittlere Zeit $(10 - {}^{1}/_{6})^{\mathrm{s}}$.

Der Fehler dieser Näherung ist im ersten Fall nur $0\overset{\mathrm{s}}{.}00067$, im zweiten $0\overset{\mathrm{s}}{.}00379$ pro Stunde.

7.3.3 Besondere Erscheinungen der täglichen Bewegung

Im Lauf der 24 Stunden des Tages treten in der Bewegung der Himmelskörper einige besondere Erscheinungen auf, die nähere Erläuterung erfordern. Die Kulmination wurde schon erwähnt: weiterhin gehören zu diesen Erscheinungen Auf- und Untergang, Durchgang durch den 1. Vertikal und größte Digression. In Formeln sind diese Erscheinungen in folgender Weise definiert:

Obere Kulmination: $z_{\mathrm{s}} = (\varphi - \delta)$ Stern südlich Zenit,

$\qquad\qquad\qquad z_{\mathrm{n}} = (\delta - \varphi)$ Stern nördlich Zenit.

Untere Kulmination: $z = 180° \mp (\varphi + \delta)$ für $\begin{matrix}\text{nördliche}\\\text{südliche}\end{matrix}$ Breite,

Sterne sind circumpolar, wenn $\delta \geqq 90° - \varphi$.

Auf- und Untergang (ohne Refraktion):
Stundenwinkel: $\cos t_0 = - \tan \delta \tan \varphi$, t_0 heißt *halber Tagebogen* (s. Band 2 im Anhang, Tabelle 4).

Abend- beziehungsweise Morgenweite A_0:

$$\cos A_0 = -\frac{\sin \delta}{\cos \varphi} \quad (A_0 \leqq 90°, \text{ wenn } \delta \leqq 0°).$$

Durchgang durch den 1. Vertikal ($A_1 = \pm 90°$):

$$\text{Zenitdistanz:} \quad \cos z_1 = \frac{\sin \delta}{\sin \varphi},$$

$$\text{Stundenwinkel:} \quad \cos t_1 = \tan \delta \cot \varphi.$$

Bemerkung: Ein Durchgang durch den 1. Vertikal findet oberhalb des Horizonts nur dann statt, wenn δ und φ gleiches Vorzeichen haben und wenn $|\delta| < |\varphi|$ ist.

Größte Digression (größtmögliches Azimut):

$$\text{Zenitdistanz:} \quad \cos z' = \frac{\sin \varphi}{\sin \delta},$$

$$\text{Stundenwinkel:} \quad \cos t' = \cot \delta \tan \varphi.$$

Bemerkung: Eine größte Digression findet oberhalb des Horizonts nur dann statt, wenn δ und φ gleiches Vorzeichen haben und wenn $|\delta| > |\varphi|$ ist. Größte Digression und Durchgang durch den 1. Vertikal schließen sich gegenseitig aus.

7.4 Die Veränderungen der Koordinaten

Während die Koordinaten eines Gestirns im Horizontsystem meist sehr schnellen Veränderungen mit der Zeit unterworfen sind, erleiden die Koordinaten in den anderen Systemen ganz langsame Veränderungen, deren Kenntnis auch für den Sternfreund nützlich ist.

7.4.1 Eigenbewegung

Schon Halley erkannte 1718, daß die Fixsterne ihren Ort am Himmel relativ zueinander verändern. Sie führen nämlich – wie auch die Sonne – Bewegungen im Raume aus, deren Komponente senkrecht zur Blickrichtung uns als eine Ortsveränderung erscheint, die man *Eigenbewegung* (EB) nennt. Infolge der sehr großen Entfernung der Fixsterne ist diese EB sehr klein und wurde erst so spät entdeckt. Seit Halley, der nur die EB einiger weniger Sterne nachweisen konnte, kennt man heute mehr als 500 000 EB. Die größte bekannte jährliche EB von $10\overset{''}{.}27$ besitzt ein schwaches Sternchen $9\overset{m}{.}7$. Nur wenige Sterne haben eine jährliche EB von mehr als $1\overset{''}{.}0$. So findet man zum Beispiel im neuen Generalkatalog von L. Boss unter über 33 000 Sternen nur etwa 100, deren jährliche EB $> 0\overset{''}{.}10$ ist. Die jährliche EB wird in die beiden Komponenten in Richtung der AR und der Deklination zerlegt; man nennt diese μ_α und μ_δ. Im allgemeinen wird der Amateurastronom, von Ausnahmen abgesehen auf die jährliche EB keine Rücksicht zu nehmen brauchen.

7.4.2 Präzession und Nutation

Die Präzession ist von größter Bedeutung, da sie eine sehr bald merkliche Veränderung der Koordinaten α, δ zur Folge hat. Die Anziehung von Sonne und Mond auf den Äquatorwulst der rotierenden Erde bewirkt eine Bewegung der Polachse derart, daß diese in rund 26 000 Jahren einen Umlauf um den Pol der Ekliptik vollführt. Die Erde verhält sich also wie ein Kreisel. Diese Umlaufzeit von 25 725 Jahren heißt auch das *platonische Jahr*, und die Bewegung der Polachse des Äquators um den Pol der Ekliptik heißt *Präzession*. Sie wurde schon im 2. Jahrhundert v. Chr. von Hipparch erkannt und äußert sich in einem der Zeit proportionalen (säkularen) Rückwärtswandern des Frühlingspunktes. Der größte Teil der Präzession, die sogenannte *Lunisolarpräzession*, hängt ab von der Ungleichheit der Trägheitsmomente der Erde und kann *nur* empirisch bestimmt werden. Sie ist gegeben durch jährliche *Lunisolarpräzession*

$$p_0 = 50\overset{''}{.}3878 + 0\overset{''}{.}000\,049\,t \quad (t = \text{Zahl der Jahre ab 2000}).$$

Zu dieser kommt eine entsprechende Wirkung der Planeten hinzu, die jährliche Planetenpräzession:

$$p_1 = -\,0\overset{''}{.}1055 + 0\overset{''}{.}000\,189\,t\,.$$

Die Gesamtwirkung ist die sogenannte allgemeine Präzession:

$$p = p_0 + p_1 \cos\varepsilon = 50\overset{''}{.}2910 + 0\overset{''}{.}000\,222\,t\,.$$

Die Präzession hat zur Folge, daß die Länge eines Sterns dauernd zunimmt.

$p_0 \cdot \sec\varepsilon$ heißt nach Newcomb *Präzessionskonstante*.

Um den Einfluß der Präzession auf die Koordinaten α, δ zu erhalten, führt man zweckmäßig die beiden Komponenten m, n der jährlichen Präzession in Richtung der Rektaszension und Deklination ein:

$$m = +\,46\overset{''}{.}124 + 0\overset{''}{.}000\,279\,t$$
$$= \quad 3\overset{s}{.}0749 + 0\overset{s}{.}000\,186\,t\,,$$
$$n = +\,20\overset{''}{.}043 - 0\overset{''}{.}000\,085\,t\,.$$

Für einen beliebigen Stern mit den Koordinaten α, δ sind die jährlichen Veränderungen derselben dann

$$p_\alpha = m + n\sin\alpha\tan\delta\,,$$
$$p_\delta = n\cos\alpha\,.$$

Man erkennt, daß p_α meistens positiv ist, während p_δ das gleiche Vorzeichen hat wie $\cos\alpha$. Die hiernach gerechneten Werte p_α und p_δ finden sich in Tabelle 10 auf Seite 601 in Band 2, Anhang.

Zur Zeit steht dem Himmelspol der Stern α im Kleinen Bären ziemlich nahe; er wird ihm im Jahre 2115 am nächsten kommen und dann nur noch 28' von ihm entfernt sein. Um 14 000 wird die helle Wega (α Lyrae) „Polarstern" sein.

Um die Wirkung der Präzession auf die Sternörter auf einige Jahre, Jahrzehnte oder Jahrhunderte zu berechnen, benutzt man in der Regel eine Reihenentwicklung der Form

$$\alpha, \delta = \alpha_0, \delta_0 + \tau\,\mathrm{I} + \frac{\tau^2}{200}\,\mathrm{II} + \frac{\tau^3}{100}\,\mathrm{III},$$

wobei die Zeiteinheit von τ ein Jahr ist. Die Glieder I, II, III sind gewöhnlich in den Sternkatalogen angegeben und werden meist wie folgt bezeichnet:

I = variatio annua (= jährliche Präzession + EB),
II = variatio saecularis,
III = drittes Glied.

Für sehr große Zeiträume und für polnahe Sterne ist eine Übertragung *nur* nach den strengen Formeln der sphärischen Trigonometrie ausreichend genau.

Die Umlaufbewegung der Erdachse um den Pol der Ekliptik geht nicht völlig gleichförmig vor sich. Der Präzession, unter der der gleichförmige Teil dieser Bewegung verstanden wird, sind kleine Schwankungen überlagert, die als Nutation bezeichnet werden. Der englische Astronom Bradley entdeckte 1747 eine Schwankung der Polachse mit einer Periode von 18,6 Jahren, die das Hauptglied der Nutation ist. Infolge der Nutation allein beschreibt der Himmelspol eine Ellipse an der Sphäre. Die Erscheinung wird dadurch verursacht, daß die Mondbahn nicht in der Ebene der Ekliptik verläuft und daß die Schnittlinie zwischen der Ebene der Mondbahn und der Ekliptik, die sogenannte Knotenlinie, in 18,6 Jahren einen Umlauf vollendet. Die Konstante der Nutation beträgt $9{,}''202$.

7.4.3 Aberration

Die Erscheinung der Aberration entsteht dadurch, daß die Bahngeschwindigkeit der Erde in einem endlichen Verhältnis zur Lichtgeschwindigkeit steht. Die Sterne erscheinen infolge der Aberration ein wenig in Richtung der Bewegung des Beobachters verschoben. Auch diese Erscheinung wurde von Bradley entdeckt; er fand sie 1728 anläßlich von Beobachtungen, die er aus anderen Gründen machte.

Man unterscheidet eine jährliche Aberration, die durch die Bewegung der Erde in ihrer Bahn um die Sonne zustandekommt, und eine tägliche Aberration, die durch die Drehung der Erde um ihre Achse verursacht wird. Die jährliche Aberration hat zur Folge, daß ein Stern seinen Ort periodisch im Laufe eines Jahres ändert und eine kleine Ellipse beschreibt.

Das Maximum der durch die jährliche Aberration bedingten Ortsveränderung wird auch als Aberrationskonstante bezeichnet; ihr Wert ist

$$k = 20{,}''496.$$

Der durch die jährliche Aberration veränderte Ort eines Sterns in ekliptikalen Koordinaten ist gegeben durch die Koordinaten λ', β'; für sie gelten die Beziehungen

$$\lambda' - \lambda = -20{,}''496 \cos(\lambda - \Theta)\sec\beta,$$

$$\beta' - \beta = +20{,}''496 \sin(\lambda - \Theta)\sin\beta,$$

wobei λ, β die von der Aberration befreiten Koordinaten des Sterns und Θ die ekliptikale Länge der Sonne bedeuten.

Die Halbachsen der Aberrationsellipse sind

$$a = 20{\rlap{.}''}496 \quad \text{und} \quad b = 20{\rlap{.}''}496 \sin \beta \,.$$

Am Pol der Ekliptik ($\beta = 0°$) geht also die Aberrationsellipse in einen Kreis über, in der Ekliptik artet sie zu einer Geraden aus.

Die tägliche Aberration entsteht durch die Drehung der Erde um ihre Achse. Aus der Geschwindigkeit, mit der sich infolge dieser Bewegung ein Punkt auf dem Erdäquator bewegt, kann man die Konstante der täglichen Aberration berechnen; es ergibt sich der Betrag von $0{\rlap{.}''}31$. Für den Einfluß der täglichen Aberration auf Rektaszension und Deklination gelten die Formeln

$$\alpha' - \alpha = 0{\rlap{.}''}31 \cos \varphi \cos t \sec \delta \,,$$

$$\delta' - \delta = 0{\rlap{.}''}31 \cos \varphi \sin t \sin \delta \,,$$

in denen α', δ' die durch die tägliche Aberration verfälschten Koordinaten bedeuten.

7.4.4 Parallaxe und Refraktion

Die tägliche Parallaxe entsteht dadurch, daß die Winkel zu einem Gestirn etwas verschieden sind, je nachdem ob es von einem Beobachtungsort auf der Erdoberfläche oder vom Erdmittelpunkt aus beobachtet wird. Ist in Abbildung 4 z_0 die vom Erdmittelpunkt aus gesehene Zenitdistanz zum Beispiel des Mondmittelpunkts, z dagegen die gleichzeitig von einem Punkt B auf der Erdoberfläche aus beobachtete Zenitdistanz, so entsteht ein kleiner Winkel p beim Mondmittelpunkt, den man Parallaxe nennt. Je größer der Abstand d der Mittelpunkte beider Gestirne ist, um so kleiner wird p sein. Für $z = 90°$ erhalten wir das Maximum von p, die *Äquatorial-Horizontal-Parallaxe* p_0''.

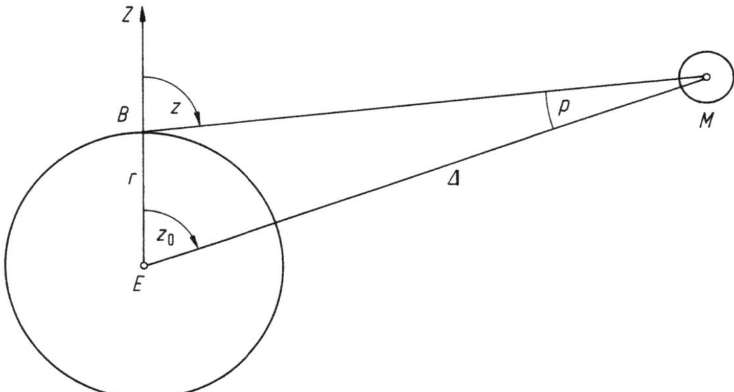

Abb. 4

Diese ist $p_0'' = r/(\sin l'' \cdot \Delta)$, wobei Δ den Abstand der Gestirne bedeutet. Für eine beliebige Zenitdistanz z ist dann

$$p'' = p_0'' \cdot \sin z \,.$$

Die Äquatorial-Horizontal-Parallaxen von Sonne und Mond sind

$$\pi_\mathrm{M} = 3422{,}''44 = 57'2{,}''44$$

$$\pi_\odot = 8{,}''794 \,.$$

In Strenge ist noch darauf Rücksicht zu nehmen, daß die Erde abgeplattet ist. Der Unterschied zwischen der geographischen und der geozentrischen Breite $\varphi - \varphi'$ und der zugehörige Radius r' wurden schon in Abschnitt 7.2.1 gegeben. Für alle Körper des Sonnensystems, mit Ausnahme des Mondes und anderer naher Körper, gelten dann zur Berücksichtigung der täglichen Parallaxe in α, δ die Näherungsformeln

$$\alpha' - \alpha = - \frac{r'\,\pi \cdot \cos\varphi'}{\Delta \cos\delta} \sin t \,,$$

$$\delta' - \delta = - \frac{r'\,\pi \sin\varphi'}{\Delta} \cdot \frac{\sin(\gamma - \delta)}{\sin\gamma} \,,$$

wobei $\tan\gamma = \tan\varphi' \cos t$ ist und π die Äquatorial Horizontalparallaxe des Gestirns bedeutet.

Hierbei sind ferner

α, δ, Δ	die *geozentrischen* Koordinaten des *Himmelskörpers*,
$t = \Theta - \alpha$, φ', r'	die *geozentrischen* Koordinaten des *Beobachtungsorts*,
α', δ', Δ'	die Koordinaten des Himmelskörpers, bezogen auf den Beobachtungsort.

Für den Mond und andere nahe Himmelskörper, wie künstliche Satelliten, müssen die strengen Formeln verwendet werden.

Ganz entsprechend ist die *jährliche Parallaxe* definiert. Nur ist die Basis jetzt der Erd*bahn*halbmesser. Die jährliche Parallaxe des nächsten Fixsterns ist $0{,}''765$; der Amateurastronom wird kaum in die Lage kommen, sie berücksichtigen zu müssen.

Die astronomische Refraktion (auch Strahlenbrechung genannt) entsteht dadurch, daß der von einem Stern kommende Lichtstrahl in der Atmosphäre abgelenkt wird. Als Folge davon erscheint er uns in bezug auf den Horizont gehoben. Jede Beobachtung ist vor einer weiteren Verwendung von der Refraktion zu befreien. Nähere Einzelheiten sind in Abschnitt 11.3.1 in diesem Band behandelt.

7.4.5 Die Reduktion vom mittleren auf den scheinbaren Ort

Als *mittleren* Ort eines Sterns bezeichnet man denjenigen Ort, den er bei Jahresanfang hat, aber behaftet mit dem konstanten Teil der Aberration. Unter *scheinbarem Ort* $\alpha_\mathrm{app.}$, $\delta_\mathrm{app.}$ versteht man dagegen denjenigen Ort, den der Stern in einem gegebenen Augenblick hat; der scheinbare Ort ist also mit der EB, der Präzession und Nutation behaftet. Bedeuten α_0, δ_0 den mittleren, $\alpha_\mathrm{app.}$, $\delta_\mathrm{app.}$ den scheinbaren Ort, so kann man die Reduktion vom mittleren auf den scheinbaren Ort in der folgenden Form darstellen:

$$\alpha_{\text{app.}} = \alpha_0 + t\,\mu_\alpha + f + 1/15\,g\sin(G + \alpha)\tan\delta + 1/15\,h\sin(H + \alpha)\sec\delta$$

Präzession + Nutation   Aberration

$$\delta_{\text{app.}} = \delta_0 + t\,\mu_\delta + g\cos(G + \alpha) + h\cos(H + \alpha)\sin\delta + i\cos\delta$$

Präzession + Nutation   Aberration

t ist der Jahresbruchteil seit Anfang des Jahres.

Für eine sehr genaue Rechnung sind noch die sogenannten kurzperiodischen Nutationsglieder hinzuzufügen; diese sind:

$$\text{in } \alpha: \quad + f' + (1/15)\,g'\sin(G' + \alpha)\tan\delta,$$

$$\text{in } \delta: \quad + g'\cos(G' + \alpha).$$

Diese Form der Reduktionsformeln nennt man die trigonometrische Form. Statt ihrer verwendet man auch häufig die sogenannte algebraische Form, die die folgenden Ausdrücke benutzt:

$$\alpha_{\text{app.}} = \alpha_0 + t\,\mu_\alpha + A\,a + B\,b + C\,c + D\,d + E + [A'\,a + B'\,b],$$

$$\delta_{\text{app.}} = \delta_0 + t\,\mu_\delta + A\,a' + B\,b' + C\,c' + D\,d' + [A\,a' + B\,b'].$$

Dabei sind

$$a = m + (1/15)\,n\sin\alpha\tan\delta, \qquad a' = n\cos\alpha,$$

$$b = (1/15)\cos\alpha\tan\delta, \qquad b' = -\sin\alpha,$$

$$c = (1/15)\cos\alpha\sec\delta, \qquad c' = \tan\varepsilon\cos\delta - \sin\alpha\sin\delta,$$

$$d = (1/15)\sin\alpha\sec\delta, \qquad d' = \cos\alpha\sin\delta.$$

Die Größen A, B, C, D, E sowie A' und B' sind in den astronomischen Jahrbüchern für jeden Tag des Jahres tabuliert. Die in eckigen Klammern hinzugefügten Glieder sind die Terme der kurzperiodischen Nutation.

7.5 Kalenderprobleme und Zonenzeiten

Zwischen verschiedenen Maßeinheiten, in denen die Zeit gemessen wird, gibt es in manchen Fällen Schwierigkeiten, wenn von einer Einheit in die andere umgerechnet werden muß. Das gilt sowohl für Unterschiede der Zeitbegriffe als auch für örtliche bedingte Unterschiede der Feststellung der Zeit. Schon die alten Kulturvölker erkannten das Problem, daß das Jahr kein ganzzahliges Vielfaches der Tageslänge und des Monats ist. Hingegen ist die Tatsache, daß Beginn, Mitte und Ende des Tages örtlich verschieden stattfinden, erst in der Neuzeit aktuell geworden.

7.5.1 Der Kalender und die Zählung der Jahre

Die alten Kulturvölker sind bei der Schaffung eines zweckmäßigen Kalenders verschiedene Wege gegangen.

Die Ägypter, bei denen Anfänge der Zeitrechnung bis ins 4. Jahrtausend v. Chr. zurückgehen, hatten zunächst ein *Naturjahr* von 360 Tagen. Es begann mit der jährlichen Nilüberschwemmung; als sich aber eine merkliche Abweichung gegenüber dem Sonnenstand ergab, legte man 5 Tage zu. Aber auch jetzt zeigte sich bald eine langsame Verschiebung, die nach je 4 Jahren ungefähr einen Tag ausmachte. So fanden die Ägypter als Jahreslänge 365,25 Tage.

Den willkürlichen Schaltungen durch die Priester im alten Rom bereitete Julius Caesar im Jahr 46 v. Chr. ein Ende durch die Einführung des nach ihm benannten *julianischen Kalenders*, in welchem auf 3 Jahre mit 365 Tagen eines mit 366 Tagen folgte. Dieser julianische Kalender war bis 1582 im Gebrauch, jedoch fiel dann die Tag- und Nachtgleiche schon merklich vor den 21. März. Daraus folgte, daß die Zeit von einem Durchgang der Sonne durch den mittleren Frühlingspunkt bis zum nächsten, das sogenannte *tropische Jahr*, kürzer sein mußte als 365,25 Tage. Die somit abermals notwendige Reform wurde durch Papst Gregor XIII. (1572–1585) durchgeführt, indem er durch eine Bulle vom 24. Februar 1582 verfügte, daß

1. auf den 4. Oktober 1582 gleich der 15. Oktober 1582 folgen sollte (damit fiel der Frühlingsanfang wieder auf den 21. März);
2. alle Jahre, die durch vier teilbar sind, Schaltjahre mit 366 Tagen sind, ausgenommen die Jahrhunderte. Letztere sind nur dann Schaltjahre, wenn sie durch 400 teilbar sind. (So sind also 1700, 1800, 1900 *keine* Schaltjahre, 1600 und 2000 dagegen Schaltjahre.)

Der nach Gregor XIII. eingeführte und nach ihm benannte *gregorianische Kalender* hat also in einem 400jährigen Zyklus drei Schalttage weniger als der julianische Kalender. Somit ist

die Länge des mittleren *gregorianischen* Jahres = 365,2425 Tage,

die Länge des *tropischen* Jahres (s. unten)　　= 365,2422 Tage.

Die Differenz von 0,0003 Tagen = 26^s wächst erst nach 3000 Jahren auf einen Tag an.

Die heute gebräuchliche Durchzählung der Jahre ab Christi Geburt wurde von dem römischen Abt Dionysius Exiguus (um 525 n. Chr.) vorgeschlagen; er irrte sich bei der Festlegung des Anfangsjahres, Christus wurde wahrscheinlich 7 Jahre früher geboren, als Exiguus annahm.

Später zählte man die Jahre *vor* Christi auch durch, übersah aber, daß zwischen 1 n. Chr. und 1 v. Chr. eigentlich die Zahl 0 hätte gezählt werden müssen. Daher sind die historische und die astronomische Zählung der Jahre teils verschieden. Es ist zum Beispiel

1959 n. Chr. (historisch)　　= + 1959 (astronomisch),

aber 1 v. Chr. (historisch)　　= 　 0 (astronomisch),

also 300 v. Chr. (historisch) = − 299 (astronomisch).

7.5.2 Länge und Beginn des Jahres

Da die Präzession geringfügig variabel ist, sind auch die verschiedenen Jahreslängen langsam veränderlich. Man kann jetzt strenger definieren, wenn T die Zeit in julianischen Jahrhunderten von je 36 525 Ephemeriden Tagen seit 1900, Januar 0,5 bedeutet, dann ist:

1. das *tropische Jahr* die Zwischenzeit zwischen zwei Durchgängen der mittleren Sonne durch den mittleren Frühlingspunkt. Hierbei nimmt die mittlere Länge der mittleren Sonne um 360° zu. Infolge der Rückwärtsbewegung des Frühlingspunkts vollführt aber hierbei die mittlere Sonne keinen vollen Umlauf. Es ist:

$$1 \text{ mittleres tropisches Jahr} = 365{.}^{\mathrm{d}}242\,198\,79 - 0{.}^{\mathrm{d}}000\,006\,14\ T.$$

Das Wandern des Frühlingspunkts erfolgt nicht ganz gleichmäßig, da die Präzession langsam zunimmt; infolgedessen nimmt die Länge des tropischen Jahres im Jahrtausend um 5,36 Sekunden ab.

2. das *siderische Jahr* die Zwischenzeit bis zur Rückkehr zum gleichen Stern in der Ekliptik. Es muß also länger sein als das tropische Jahr;

$$1 \text{ siderisches Jahr} = 365{.}^{\mathrm{d}}256\,360\,42 + 0{.}^{\mathrm{d}}000\,000\,111\ T.$$

Das siderische Jahr wird für die Zeitrechnung *nicht* benutzt.

3. das *anomalistische Jahr* die Zeit von einem Durchgang der Erde durchs Perihel bis zum nächsten. Da das Perihel der Erdbahn vorrückt, ist es etwa 4 ½ Minuten länger als das siderische Jahr.

$$1 \text{ anomalistisches Jahr} = 365{.}^{\mathrm{d}}259\,641\,34 + 0{.}^{\mathrm{d}}000\,003\,04\ T.$$

4. das *julianische Jahr* wurde schon oben definiert:

$$1 \text{ julianisches Jahr} = 365{.}^{\mathrm{d}}25.$$

Es ist zur Zeit $11^{\mathrm{m}}14^{\mathrm{s}}$ *länger* als das tropische Jahr.

5. das *gregorianische Jahr* oder bürgerliche Jahr (s. o.). Es enthält 365,2425 Tage und ist unser gebräuchliches Kalenderjahr.

Der Beginn des astronomischen Jahres wird nach Bessel auf den Augenblick gelegt, in welchem die Rektaszension der mittleren Sonne (behaftet mit dem konstanten Teil der Aberration)

$$\mathrm{AR} = 18^{\mathrm{h}}40^{\mathrm{m}} = 280°$$

ist. Dieser Augenblick fällt sehr nahe mit dem bürgerlichen Jahresanfang zusammen, und man nennt den Beginn dieses Besselschen fingierten Jahres auch *annus fictus*.

Die *Länge des annus fictus* beträgt $365{.}^{\mathrm{d}}242\,198\,79 - 0{.}^{\mathrm{d}}000\,007\,86\ T$ mittlere Tage; es weicht also nur ganz geringfügig vom tropischen Jahr ab. Das Besselsche Jahr ist unabhängig vom Beobachtungsort und beginnt daher für die ganze Erde im selben Augenblick. Es wird dezimal unterteilt; der Beginn des Besselschen Jahres 1959 wird also mit 1959.0 bezeichnet.

Die Differenz:

$$\text{bürgerlicher Jahresanfang} - \text{Anfang des annus fictus} = k$$

heißt der *dies reductus.*

7.5.3 Das julianische Datum und der Beginn des mittleren Tages

Wenn größere Zeiträume überbrückt werden sollen, ist die Berechnung der verflossenen Zahl von Tagen unbequem. Daher bedient man sich in diesen Fällen fast immer, besonders bei der Beobachtung von Veränderlichen, des sogenannten *Julianischen Datums*. Hierbei findet nach einem Vorschlag von Joseph Justus Scaliger (1540–1609) eine nach seinem Vater Julius Cäsar Scaliger benannte Periode von

$$19 \cdot 28 \cdot 15 \text{ Jahren} = 7980 \text{ Jahren}$$

Anwendung. Der Beginn dieser julianischen Periode wurde auf Januar 1.0 des Jahres − 4712 festgesetzt.

Bis Ende 1924 galt als Beginn des mittleren Tages der Moment der O.K. der mittleren Sonne, das ist der mittlere Mittag (Beginn des astronomischen mittleren Tages). Ab 1925 wird als Beginn des mittleren Tages nicht mehr die O.K. der mittleren Sonne, sondern die *vorangehende untere Kulmination* (U.K.), also die mittlere Mitternacht, gewählt. Die bürgerliche Zeit Greenwich heißt seit 1925 *Weltzeit* (Universal Time, Temps Universel).

Die Tage der julianischen Periode (julianisches Datum innerhalb der julianischen Periode) werden *stets* astronomisch gezählt und beginnen auch nach 1925 am mittleren Mittag, also um 12^h Weltzeit.

Es ist also

$$1924, \text{Dez } 31, 12^h \text{ mittlere Zeit Greenwich} = 1925, \text{Jan } 1, 0^h \text{ Weltzeit und}$$

$$1947, \text{Jan } 18, 3^h 5^m \text{ MEZ} = \text{julianisches Datum } 24\,32203^d{.}587.$$

In Band 2 im Anhang gibt Tabelle 8 auf Seite 599 die Tage der julianischen Periode von 1000–2000 und Tabelle 9 auf Seite 600 die Verwandlung von Tagen, Stunden und Minuten in Dezimalteile des julianischen Jahres an.

7.5.4 Zonenzeiten und Datumsgrenze

Die Ortszeit ist im praktischen Leben unzweckmäßig, weil sie von Ort zu Ort wechselt. Die Einführung einer *Eisenbahnzeit* zum Beispiel innerhalb eines Landes konnte nur vorübergehend Abhilfe schaffen. In Nordamerika gab es bis 1882 zum Beispiel mehr als 70 verschiedene Eisenbahnzeiten. An ihre Stelle traten 1883 fünf verschiedene Zonenzeiten, die sich um volle Stunden von der mittleren Greenwicher Zeit (MGZ) unterschieden; es sind dies:

$$
\begin{aligned}
\text{Pacific Standard Time} \quad &= \text{MGZ} - 8^h, \\
\text{Mountain Standard Time} &= \text{MGZ} - 7^h, \\
\text{Central Standard Time} \quad &= \text{MGZ} - 6^h, \\
\text{Eastern Standard Time} \quad &= \text{MGZ} - 5^h, \\
\text{Colonial Standard Time} \quad &= \text{MGZ} - 4^h.
\end{aligned}
$$

Die Zonenzeiten haben die Ortszeit ihres mittleren Meridians.

In Europa folgten später

$$\text{Westeuropäische Zeit (WEZ)} = \text{MGZ},$$
$$\text{Mitteleuropäische Zeit (MEZ)} = \text{MGZ} + 1^{h},$$
$$\text{Osteuropäische Zeit (OEZ)} = \text{MGZ} + 2^{h}.$$

Die MEZ wurde in Deutschlang am 1. April 1893 als gesetzliche Zeit eingeführt. Fast alle Länder haben sich jetzt einer Zonenzeit angeschlossen.

Wandert man einmal in der Richtung von Ost nach West um die Erde, so wird man auf je 15° Längendifferenz eine Stunde an Zeit verlieren, bei einem ganzen Umlauf also einen Tag. Wandert man in entgegengesetzter Richtung, also von West nach Ost, so wird man einen Tag gewinnen. Bei 180° Längendifferenz gegen Greenwich wird also auf diese Weise das Datum um 1 Tag verschieden sein. Man nennt daher diese Linie die *Datumsgrenze*. Aus Zweckmäßigkeitsgründen weicht die tatsächliche Datumsgrenze von der idealen an einigen Stellen etwas ab. Für die Praxis ergibt sich: Überschreitet man die Datumsgrenze von der Ostseite nach der Westseite, so ist ein Tag auszulassen. Beim Übergang von der Westseite auf die Ostseite ist ein Tag doppelt zu zählen.

7.6 Veränderungen des Zeitmaßes

Seit einigen Jahrzehnten ist bekannt, daß die Umdrehungsgeschwindigkeit der Erde geringen Veränderungen unterworfen ist; bei genauen Untersuchungen muß auf diese Tatsache Rücksicht genommen werden. Eine eingehende Darstellung des Themas hat F. Gondolatsch [2] gegeben.

7.6.1 Verschiedene Arten von Veränderungen der Tageslänge

Die durch astronomische Zeitbestimmungen festgelegte Zeit nennt man die empirische Zeit; sie ist bezogen auf die mittlere Sonne und den mittleren Frühlingspunkt. Wenn die Erde nicht gleichförmig rotiert, ist die empirische Zeit nicht identisch mit einer der Newtonschen Mechanik zugrundeliegenden, völlig gleichförmig verlaufenden Inertialzeit, welche die Grundlage für die Ephemeriden der astronomischen Jahrbücher bildet. Beim strengen Vergleich der Beobachtungen der Körper des Sonnensystems mit den Ephemeriden muß dieser Unterschied berücksichtigt werden.

Man unterscheidet drei Arten von Veränderungen der Rotationsgeschwindigkeit der Erde:

1. Eine *säkulare Verlangsamung der Rotationsgeschwindigkeit der Erde* durch die *Gezeitenreibung*. Durch sie wird die Tageslänge um $4{,}5 \times 10^{-8}$ s/Tag ständig vergrößert. Das sind $0{,}^{s}0016$ pro Jahrhundert. Infolge der Aufsummierung in den mittleren Längen der Gestirne – die säkulare Akzeleration ist proportional T^{2} – ist der Effekt beträchtlich. Die Theorie der Gezeitenreibung ist ein Teilgebiet der dynamischen Ozeanographie; eine Reihe von theoretischen Untersuchungen von Jeffreys und anderen haben ergeben, daß der Energieverbrauch durch Flutreibung,

besonders in den Nebenmeeren, der beobachteten säkularen Beschleunigung der Mondlänge entspricht.

2. Unregelmäßige, positive und negative Beschleunigungen der Rotationsgeschwindigkeit der Erde. Sie werden *Fluktuationen* genannt. Die wahre Ursache ist noch unbekannt, vermutlich ist sie in Massenverlagerungen im Erdinnern zu suchen. Die Fluktuationen werden aus einer Analyse der Mondbeobachtungen erhalten. Die größten Abweichungen der Tageslänge in den letzten 250 Jahren fand man mit

$$- 0\overset{s}{.}005 \text{ (etwa 1871)},$$
$$+ 0\overset{s}{.}002 \text{ (1907)}.$$

Auch dieser Effekt kann sich merklich aufsummieren und ergibt erhebliche „Uhrstände", wenn man die Erde als Uhr betrachtet. Die Fluktuationen können *nicht* im voraus berechnet werden, sondern müssen erst nachträglich aus den Mondbeobachtungen abgeleitet werden.

3. *Jahreszeitliche Schwankungen* der Rotationsgeschwindigkeit der Erde. Diese sind sehr klein und haben ihre Ursache in meteorologischen Vorgängen. Diese Schwankungen, die erst in den Jahren 1934–1937 mit Hilfe der Quarzuhren entdeckt wurden, können im allgemeinen vernachlässigt werden.

7.6.2 Astronomische Auswirkungen der Veränderungen der Erdrotation

In der astronomischen Praxis wird man immer die mittlere Sonnenzeit als Beobachtungszeit verwenden. Daraus ergibt sich die Notwendigkeit, eine gegebene mittlere Sonnenzeit in ein Zeitmaß zu überführen, das nicht von den Schwankungen der Erdrotation beeinflußt ist. Um dies durchzuführen, sind neuerdings in der Astronomie zusätzliche Begriffe eingeführt worden.

Die fundamentale Einheit einer gleichförmigen Zeit kann atomphysikalisch begründet werden. Danach ist

1 Sekunde = 9 192 631 770 Schwingungen des Caesiumatoms 133
im Grundzustand.

Ein Tag besteht aus 86 400^s dieser Art. Die so definierte Zeit ist das Zeitmaß der astronomischen Ephemeriden und wird aus diesem Grund die „terrestrische dynamische Zeit" genannt (englisch „terrestrial dynamical time" oder abgekürzt TDT). Daneben wird auch TDB verwendet, bei der die Ephemeriden nicht auf die Erde, sondern auf den Schwerpunkt (Baryzentrum) des Sonnensystems bezogen sind.

Beobachungstechnisch kann diese dynamisch definierte Zeit am besten durch Atomuhren festgestellt werden. Die auf diese Weise definierte Zeit wird „internationale Atomzeit" genannt (abgekürzt TAI); ihre Beziehung zur dynamischen Zeit ist festgelegt durch die Gleichung

$$\text{TDT} = \text{TAI} + 32\overset{s}{.}184.$$

Außerdem kommt auch der Begriff der Ephemeridenzeit vor. Sie benutzt als Einheit die Länge des tropischen Jahres am 1. Januar 1900 und ist aus diesem Grund ebenfalls unabhängig von den Unregelmäßigkeiten der Erdrotation. Sie hat von 1950 bis 1972 als fundamentale Zeitdefinition gegolten, ist aber dann von der Atomzeit abgelöst worden.

Die Beziehung zwischen der dynamischen Zeit und der mittleren Sonnenzeit kann nur aus Beobachtungen abgeleitet werden; sie ist aus diesem Grund nur nachträglich feststellbar, wenn auch vorläufige Werte beschränkter Genauigkeit durch Extrapolation aus den Ergebnissen der jeweils vorhergehenden Jahre ermittelt werden können. Die übliche Greenwicher Zeit, auch als Weltzeit oder englisch als „Universal Time" (= UT) bezeichnet, enthält die Unregelmäßigkeiten der Erdrotation; sie wird direkt durch Sternbeobachtungen festgestellt. Wenn von ihr noch die geringfügigen Beträge subtrahiert werden, um die sie wegen der Polhöhenschwankungen verfälscht ist, erhält man die als UT 1 bezeichnete Zeit; für Zwecke höchster Genauigkeit benutzt man in manchen Fällen sogar eine Zeit UT 2, die aus UT 1 dadurch entsteht, daß auch noch die jahreszeitlichen Schwankungen der Erdrotation abgezogen werden.

Für die weitaus meisten Fälle kommt bei astronomischen Beobachtungen die Zeit UT 1 in Frage. Die Differenz zwischen der dynamischen Zeit und der durch die Schwankungen der Erdrotation entstellten Zeit UT 1 ist

$$\Delta T = \text{TDT} - \text{UT 1}.$$

Zahlenwerte dieser Differenz über längere Zeiträume hinweg werden regelmäßig in den astronomischen Jahrbüchern angegeben. In der folgenden Tabelle sind Werte für die Zeit von 1950 bis 1985 gegeben.

1950.0	$\Delta T = + 29^{\text{s}}15$
1955.0	$\Delta T = + 31.07$
1960.0	$\Delta T = + 33.15$
1965.0	$\Delta T = + 35.73$
1970.0	$\Delta T = + 40.18$
1975.0	$\Delta T = + 45.48$
1980.0	$\Delta T = + 50.54$
1985.0	$\Delta T = + 54.34$

Die von den Rundfunksendern durch Zeitzeichen (s. auch Abschnitt 2.7.9 in diesem Band) angegebene Zeit ist nicht genau identisch mit der Zeit UT 1. Sie wird als koordinierte Weltzeit (UTC) bezeichnet und unterscheidet sich von der Atomzeit TAI um eine ganze Anzahl von Sekunden. Der empirischen Weltzeit UT 1 wird sie regelmäßig, wenn nötig durch Einführung von Schaltsekunden, so angeglichen, daß der Unterschied zwischen UTC und UT 1 nie größer als $0^{\text{s}}9$ Sekunden ist. Schaltsekunden werden immer zum Ende oder in der Mitte eines Jahres eingeführt; seit dem 30. 6. 1972 sind vierzehn solcher Einschaltungen von je einer Sekunde vorgenommen worden. Sie sind jeweils bei Bedarf eingeführt worden, und dabei wird es auch in Zukunft bleiben. Erst wenn einmal ein genaues Gesetz gefunden werden sollte, nach dem die Unregelmäßigkeiten der Erdrotation vorausberechnet werden können, wird es möglich sein, eine feste Schaltregel einzuführen.

7.7 Sphärische Trigonometrie

In einem sphärischen Dreieck mögen die Seiten mit a, b und c bezeichnet werden; der Seite a möge der Winkel α, der Seite b der Winkel β und der Seite c der Winkel γ gegenüber liegen. Dann gelten die folgenden Beziehungen:

7.7.1 Grundformeln

$$\sin a \sin \beta = \sin \alpha \sin b \qquad \text{(Sinus-Satz)},$$
$$\cos a = \cos b \cos c + \sin b \sin c \cos \alpha \qquad \text{(Cosinus-Satz)},$$
$$\sin a \cos \beta = \cos b \sin c - \sin b \cos c \cos \alpha \qquad \text{(Sinus-Cosinus-Satz)}.$$

Zwei entsprechende Sätze gelten, wenn statt der Seiten die Winkel auftreten; sie werden als der Cosinus-Satz der Winkel und der Sinus-Cosinus-Satz der Winkel bezeichnet:

$$\cos \alpha = - \cos \beta \cos \gamma + \sin \beta \sin \gamma \cos a,$$
$$\sin \alpha \cos b = \cos \beta \sin \gamma + \sin \beta \cos \gamma \cos a.$$

7.7.2 Abgeleitete Formeln

Die Cotangentenregel ist nützlich, wenn vier aufeinanderfolgende Stücke bekannt sind; sie lautet:

$$\cos c \cos \alpha = \sin c \cot b - \sin \alpha \cot \beta.$$

In Worten kann man sie sich durch folgende Regel merken:

Das Produkt der cos der inneren Stücke ist gleich dem sinus der inneren Seite $\times$ cot der äußeren Seite minus dem sinus des inneren Winkels $\times$ cot des äußeren Winkels.

Für die Halbwinkelsätze und die Halbseitensätze benötigt man die beiden Abkürzungen

$$s = \tfrac{1}{2}(a + b + c) \quad \text{und} \quad \sigma = \tfrac{1}{2}(\alpha + \beta + \gamma).$$

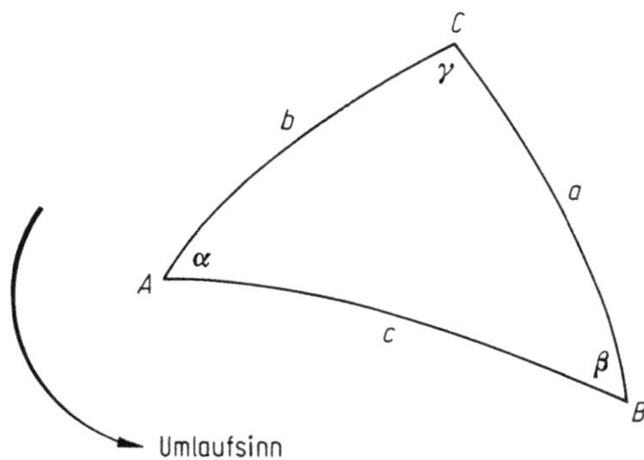

Abb. 5

Dann lauten die Halbwinkelsätze

$$\sin\frac{\alpha}{2} = \sqrt{\frac{\sin(s-b)\sin(s-c)}{\sin b \sin c}},$$

$$\sin\frac{\beta}{2} = \sqrt{\frac{\sin(s-c)\sin(s-a)}{\sin c \sin a}},$$

$$\sin\frac{\gamma}{2} = \sqrt{\frac{\sin(s-a)\sin(s-b)}{\sin a \sin b}}$$

und die Halbseitensätze:

$$\cos\frac{a}{2} = \sqrt{\frac{\cos(\sigma-\beta)\cos(\sigma-\gamma)}{\sin\beta\sin\gamma}},$$

$$\cos\frac{b}{2} = \sqrt{\frac{\cos(\sigma-\gamma)\cos(\sigma-\alpha)}{\sin\gamma\sin\alpha}},$$

$$\cos\frac{c}{2} = \sqrt{\frac{\cos(\sigma-\alpha)\cos(\sigma-\beta)}{\sin\alpha\sin\beta}}.$$

Auch die Gauß-Delambreschen Gleichungen können in vielen Fällen mit großem Nutzen angewendet werden:

$$\sin\frac{\alpha}{2}\sin\frac{b+c}{2} = \sin\frac{a}{2}\cos\frac{\beta-\gamma}{2},$$

$$\sin\frac{\alpha}{2}\cos\frac{b+c}{2} = \cos\frac{a}{2}\cos\frac{\beta+\gamma}{2},$$

$$\cos\frac{\alpha}{2}\sin\frac{b-c}{2} = \sin\frac{a}{2}\sin\frac{\beta-\gamma}{2},$$

$$\cos\frac{\alpha}{2}\cos\frac{b-c}{2} = \cos\frac{a}{2}\sin\frac{\beta+\gamma}{2}.$$

Durch Division können daraus die Napierschen Gleichungen abgeleitet werden:

$$\tan\frac{\beta+\gamma}{2} = \cot\frac{\alpha}{2}\,\frac{\cos[(b-c)/2]}{\cos[(b+c)/2]},$$

$$\tan\frac{\beta-\gamma}{2} = \cot\frac{\alpha}{2}\,\frac{\sin[(b-c)/2]}{\sin[(b+c)/2]},$$

$$\tan\frac{b+c}{2} = \tan\frac{a}{2}\,\frac{\cos[(\beta-\gamma)/2]}{\cos[(\beta+\gamma)/2]},$$

$$\tan\frac{b-c}{2} = \tan\frac{a}{2}\,\frac{\sin[(\beta-\gamma)/2]}{\sin[(\beta+\gamma)/2]}.$$

Man kann das Verfahren, wie sphärische Dreiecke berechnet werden können, in einem allgemeinen Schema darstellen. Es müssen stets drei von den sechs Stücken gegeben sein. Dann sind sechs verschiedene Fälle möglich, die wie folgt gelöst werden können:

Gegeben	Gesucht	Anzuwendendes Formelsystem
a, b, c	α, β, γ	Cosinus-Satz der Seiten oder Halbwinkelsätze
α, β, γ	a, b, c	Cosinus-Satz der Winkel oder Halbseitensätze
a, b, γ	α, β, c	Grundgleichungen oder Gauß-Delambresche Gleichungen oder Napiersche Gleichungen
α, β, c	a, b, γ	Grundgleichungen für Winkel oder Napiersche oder Gauß-Delambresche Gleichungen
a, b, α	β, γ, c	β aus Sinus-Satz; c und γ aus Napierschen Gleichungen
α, β, a	b, c, γ	b aus Sinus-Satz; c und γ aus Napierschen Gleichungen

7.7.3 Das rechtwinklige sphärische Dreieck

Sei a die Hypotenuse, also $\alpha = 90°$.

Dann gilt die Napiersche Regel, wobei der rechte Winkel fortgelassen wird und statt der Katheten ihre Komplemente zu setzen sind, in der folgenden Form:

Der *cosinus* eines Stückes = Produkt der *sinus* der getrennt liegenden Stücke,

oder = Produkt der cot der *anliegenden* Stücke.

Man bedient sich dabei zweckmäßig des nebenstehenden Schemas (Abb. 6) (in welchem a die Hypotenuse ist) und erhält:

$$\cos a = \cos b \cdot \cos c = \cot \beta \cdot \cot \gamma,$$

$$\sin b = \sin a \cdot \sin \gamma = \tan c \cdot \cot \beta,$$

$$\sin c = \sin a \cdot \sin \beta = \tan b \cdot \cot \gamma,$$

$$\cos \beta = \cos c \cdot \sin \gamma = \tan b \cdot \cot \alpha,$$

$$\cos \gamma = \cos b \cdot \sin \beta = \cot a \cdot \tan c.$$

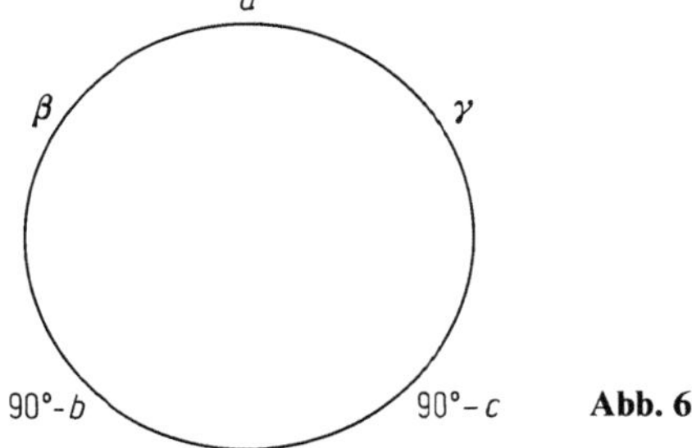

Abb. 6

7.8 Literatur

1 Schütte, K.: Die Transformation beliebiger sphärischer Koordinatensysteme mit einer einzigen immerwährenden Hilfstafel. Astron. Nachr. *270*, 76 (1940)
2 Gondolatsch, F.: Erdrotation, Mondbewegung und das Zeitproblem der Astronomie. Veröffentl. des Astronom. Recheninstituts zu Heidelberg 5 (1953)
3 Sigl, R.: Ebene und sphärische Trigonometrie. Frankfurt/Main 1969

8 Mathematik für Amateurastronomen

F. Schmeidler

8.1 Grundsätzliche Bemerkungen zu astronomischen Rechnungen

Die praktische astronomische Arbeit erfordert in weitem Umfang die Auswertung mathematischer Formeln durch numerische Rechnung. Aus diesem Grund hat die Astronomie bis weit in das 19. Jahrhundert hinein als ein Teilgebiet der Mathematik gegolten. Noch heute ist die Behandlung vieler astronomischer Probleme ohne Benutzung mathematischer Hilfsmittel undenkbar. Auch der Amateurastronom benötigt häufig ein gewisses Minimum an mathematischen Kenntnissen. Die wichtigsten Dinge aus diesem Gebiet sollen hier zusammengestellt werden. Dabei werden durchweg keine mathematischen Beweise oder Ableitungen der Formeln gegeben; diese muß der daran interessierte Leser in der mathematischen Fachliteratur nachlesen.

Einige Kenntnisse mathematischer Grundbegriffe müssen vorausgesetzt werden; zum Beispiel wird vom Benutzer dieses Artikels erwartet, daß er weiß, was Wurzeln, was Logarithmen und was trigonometrische Funktionen sind. An einigen Stellen wird die Kenntnis der Begriffe des Differentialquotienten und des Integrals vorausgesetzt.

Für die numerische Durchführung von Rechnungen waren bis vor zwei oder drei Jahrzehnten Rechenschieber und Logarithmentafeln die meistverwendeten Hilfsmittel. Inzwischen haben sich weitgehend Taschenrechner eingebürgert, die in zahlreichen Varianten im Handel angeboten werden. Auch die Fälle, in denen Amateurastronomen Zugang zu großen elektronischen Rechenmaschinen haben, sind nicht mehr als seltene Ausnahmen zu betrachten.

Zur Verwendung der Taschenrechner sind einige Überlegungen grundsätzlicher Art anzustellen. Der Vorrat an ausführbaren Rechenoperationen ist von Fabrikat zu Fabrikat sehr unterschiedlich. Selbstverständlich können mit jedem Taschenrechner die vier Grundrechenarten der Addition, Subtraktion, Multiplikation und Division ausgeführt werden. Für Verwendung bei astronomischen Problemen ist es aber dringend erwünscht, daß der Rechner auch Wurzeln, Logarithmen und trigonometrische Funktionen angibt; auch die Umkehrungen dieser Funktionen sollten erfaßbar sein. Die Existenz eines Speichers, in welchem Zwischenresultate vorübergehend abgelegt und bei späterem Bedarf wieder entnommen werden können, ist sehr wichtig. Wenn ein solcher fehlt oder nicht genügend Aufnahmekapazität besitzt, müssen Zwischenresultate auf Papier niedergeschrieben werden, was nicht nur Zeitverlust bedeutet, sondern auch zu Irrtümern führen kann. Die meisten Taschenrechner besitzen nur Speicher mit einem Platz; selbstverständlich sind solche mit größeren Speichermöglichkeiten vorzuziehen. Es ist allerdings auch selbstverständlich, daß größere Speicherkapazität nur bei teureren Fabrikaten erwartet werden kann.

Die großen elektronischen Rechenanlagen arbeiten durchweg mit Programmen. Das bedeutet, daß nicht jeder einzelne Rechenvorgang für sich allein behandelt wird, sondern daß der Maschine ein allgemeines Programm eingegeben wird, das beliebig oft mit jeweils verschiedenen Zahlen durchgerechnet werden kann. Deswegen ist die Verwendung solcher Maschinen in der Regel nur dann sinnvoll, wenn zahlreiche Rechenvorgänge gleichartiger Natur für viele Einzelfälle ausgeführt werden müssen. Ein sehr einfaches Beispiel ist die Addition von Zahlen; der Anlage wird das Programm eingegeben, daß zwei Zahlen a und b zu addieren sind und das Ergebnis entweder auszudrucken oder in den Speicher zu übertragen ist. Für a und b werden dann der Reihe nach alle in Frage kommenden Zahlen eingegeben.

Aus diesen Gründen bestehen die elektronischen Rechenanlagen aus zwei wesentlichen Bestandteilen, dem Steuerwerk und dem Speicher. Im Steuerwerk werden die vom Programm vorgeschriebenen Operationen ausgeführt, wie zum Beispiel Aufnahme und Ausdruck von numerischen Zahlen, Additionen, Multiplikationen und andere Prozesse. Jede solche Anweisung ist durch ein bestimmtes Symbol bezeichnet, das in das Programm hineingeschrieben wird. Der Speicher übernimmt auf entsprechende Anweisung Zahlenwerte und gibt sie später an das Steuerwerk zurück, wenn sie benötigt und abgerufen werden.

In Einzelheiten sind diese Vorgänge und die entsprechenden Einrichtungen sowohl bei den Taschenrechnern als auch bei den programmgesteuerten Maschinen von Fabrikat zu Fabrikat sehr unterschiedlich. Aus diesem Grund müssen in jedem Einzelfall die Bedienungsanweisungen genau studiert werden. Wenn einmal ein Programm hergestellt ist, muß es auf Fehler überprüft werden, ehe es verwendet werden kann. Deswegen lohnt sich die Benutzung großer Maschinen meist nur dann, wenn umfangreiche Rechnungen gleichartigen Charakters auszuführen sind.

8.2 Fehlertheorie

Jede Messung ist mit Fehlern behaftet, weil unsere Instrumente und unsere Sinnesorgane unvollkommen sind. Man unterscheidet systematische Fehler und zufällige Fehler. Systematische Fehler hängen in bekannter Weise von irgendwelchen äußeren Umständen ab und können, wenn auch oft nur nach mühsamen Untersuchungen, bestimmt werden. Zufällige Fehler wirken sich manchmal in der einen und manchmal in der anderen Richtung aus und sind prinzipiell nicht im voraus bestimmbar; nur mit ihnen befaßt sich die Fehlertheorie. Ihre Aufgabe ist es, die Gesetze der Fehlerhäufigkeit aufzustellen und die Genauigkeit des Resultats einer Messung oder einer Rechnung zu beurteilen.

Das grundlegende Prinzip der Fehlerrechnung wurde von Gauß aufgestellt und drückt aus, daß der wahrscheinlichste Wert einer gesuchten Größe, für welche eine Reihe von Messungen vorhanden ist, einen solchen Betrag hat, daß die Summe der Fehlerquadrate ein Minimum ist. Dieser Satz ist nicht ein Naturgesetz, sondern eine, wenn auch sehr plausible, Definition.

8.2.1 Ausgleichung direkter Beobachtungen

Der einfachste Fall liegt vor, wenn eine einzige Größe direkt gemessen werden kann. Es mögen n Meßwerte $l_1, l_2, \ldots, l_n$ vorliegen, die bei völliger Fehlerfreiheit der Messungen identisch sein müßten, es aber in der Praxis nie sind. Dann lehrt die mathematische Fehlertheorie unter Verwendung des Prinzips der kleinsten Fehlerquadratsumme, daß der „wahrscheinlichste Wert" der gesuchten Größe gleich dem arithmetischen Mittel

$$L = \frac{1}{n}(l_1 + l_2 + \ldots + l_n)$$

ist. Den „mittleren Fehler" kann man finden, wenn man die Differenzen $v_i = l_i - L$ der Einzelmessungen gegenüber dem Mittelwert L bildet; bezeichnet man unter Anwendung einer in der Fehlertheorie gebräuchlichen Symbolik die Summe der Fehlerquadrate mit $[vv]$, dann ist

$$\text{der mittlere Fehler einer Einzelmessung} \quad \mu = \sqrt{\frac{[vv]}{n-1}},$$

$$\text{der mittlere Fehler des Mittelwerts} \quad \mu_L = \frac{\mu}{\sqrt{n}} = = \sqrt{\frac{[vv]}{n(n-1)}}.$$

Man kann also durch Mittelbildung aus n Einzelmessungen die Genauigkeit des Resultats um den Faktor $\sqrt{n}$ steigern.

Bei diesen Formeln ist aber vorausgesetzt, daß alle Messungen gleich zuverlässig sind. Das ist sehr oft nicht der Fall. Zum Beispiel wird ein Beobachter mit einem kleinen Fernrohr und schwacher Vergrößerung die Distanz eines Doppelsterns weniger genau messen können als ein Beobachter mit einem großen Instrument. Man berücksichtigt das, indem man jeder Messung ein „Gewicht" zuerteilt, welches um so größer ist, je mehr Zuverlässigkeit der Messung von Natur aus innewohnt. Die Bestimmung dieser Gewichtsfaktoren hängt im Einzelfall von einer Beurteilung, oft sogar nur von einer Abschätzung der Qualität der Beobachtungen ab. Wenn aber die Gewichtsfaktoren einmal bestimmt sind, dann ist der Mittelwert gegeben durch den Ausdruck

$$L = \frac{1}{[p]}(l_1 p_1 + l_2 p_2 + \ldots + l_n p_n) = \frac{[l\,p]}{[p]}.$$

Die Formeln für die mittleren Fehler lauten in diesem Fall

$$\text{mittlerer Fehler einer Einzelmessung} \quad \mu = \sqrt{\frac{[vvp]}{n-1}},$$

$$\text{mittlerer Fehler des Mittelwerts} \quad \mu_L = \sqrt{\frac{[vvp]}{[p](n-1)}}.$$

Sehr oft ist die gesuchte Größe nicht unmittelbar meßbar, sondern eine bekannte Funktion von anderen Größen, die gemessen werden können. Zum Beispiel kann man die absolute Helligkeit eines Fixsterns nicht unmittelbar messen, aber man kann sie berechnen, wenn man seine scheinbare Helligkeit und seine Entfernung kennt. Da aber beide Größen nur mit einem gewissen mittleren Fehler gemessen werden können, möchte man wissen, welche Unsicherheit die berechnete absolute Helligkeit hat. Die Antwort auf diese Frage gibt das „Gesetz der Fehlerfortpflanzung".

Eine gesuchte Größe x sei eine (bekannte) mathematische Funktion von n anderen Größen $x_1, x_2, \ldots, x_n$, also

$$x = \varphi(x_1, x_2, \ldots, x_n).$$

Wenn jede der Größen x_i auf Grund der Messungen einen mittleren Fehler μ_i aufweist, dann ist der mittlere Fehler von x gegeben durch die Formel

$$\mu_x^2 = \left(\frac{\partial \varphi}{\partial x_1}\right)^2 \mu_1^2 + \left(\frac{\partial \varphi}{\partial x_2}\right)^2 \mu_2^2 + \ldots + \left(\frac{\partial \varphi}{\partial x_n}\right)^2 \mu_n^2.$$

Der mittlere Fehler ist ein Maß für die Genauigkeit von Beobachtungen. Man muß aber beachten, daß die wahre Unsicherheit größer ist, als der mittlere Fehler angibt. Als Faustregel gilt, daß in ungünstigen Fällen eine Einzelmessung bis zum 2,5fachen, manchmal bis zum 3fachen Betrag des mittleren Fehlers vom Mittelwert abweichen kann. Wenn also ein schon vorher bekannter Zahlenwert durch neue Messungen nachgeprüft werden soll und sich ein abweichender Betrag ergibt, ist die Differenz nur dann verbürgbar, wenn sie den mittleren Fehler der Messung mindestens um den Faktor 2,5 übersteigt; andernfalls ist das Resultat der neuen Messung als Bestätigung des alten Werts zu interpretieren.

8.2.2 Ausgleichung vermittelnder Beobachtungen

Wenn aus Messungen mehrere unbekannte Größen, deren mathematischer Zusammenhang mit den Meßwerten bekannt ist, bestimmt werden müssen, spricht man von Ausgleichung vermittelnder Beobachtungen. In den meisten Fällen ist die Abhängigkeit der gemessenen Größen von der Unbekannten ohnehin linear; wenn sie es nicht ist, kann man die Rechnung durch Einführung von Näherungswerten der Unbekannten linearisieren. Der Einfachheit halber soll angenommen werden, daß nur drei Unbekannte vorliegen; wenn es mehr Unbekannte sind, verläuft die Rechnung in prinzipiell gleicher Weise. Die gemessene Größe l sei eine Funktion $\varphi(x, y, z)$ von drei Unbekannten x, y, z. Führt man aufgrund irgendeiner plausiblen Hypothese für die Unbekannten die Näherungswerte x_0, y_0, z_0 ein, dann seien die wahren Werte der Unbekannten gleich $x_0 + \xi, y_0 + \eta, z_0 + \zeta$, und man hat die „Verbesserungen" ξ, η, ζ zu bestimmen.

Nach dem Taylorschen Lehrsatz kann man eine Entwicklung nach Potenzen ansetzen:

$$f = \varphi(x_0 + \xi, y_0 + \eta, z_0 + \zeta) = \varphi(x_0, y_0, z_0) + \zeta \frac{\partial \varphi}{\partial x} + \eta \frac{\partial \varphi}{\partial y} + \zeta \frac{\partial \varphi}{\partial z} + \ldots.$$

Die numerischen Werte der Differentialquotienten sind dabei so zu berechnen, daß man für die (vorläufig noch unbekannten) Werte von x, y, z die Näherungswerte x_0, y_0, z_0 einsetzt. Mit den Abkürzungen

$$\frac{\partial \varphi}{\partial x} = a, \qquad \frac{\partial \varphi}{\partial y} = b, \qquad \frac{\partial \varphi}{\partial z} = c, \qquad f - \varphi(x_0, y_0, z_0) = l$$

erhält man dann eine lineare Beziehung zwischen den Meßgrößen und die Unbekannten:

$$a\,\xi + b\,\eta + c\,\zeta = l.$$

Natürlich muß man mindestens drei solche Gleichungen haben. In der Regel hat man aber mehr Gleichungen als Unbekannte und hat aus den mit zufälligen Meßfehlern behafteten l_i die wahrscheinlichsten Werte der Unbekannten ξ, η, ζ zu bestimmen.

Selbstverständlich müssen die verschiedenen Messungen so ausgeführt werden, daß die Werte der Funktion φ beziehungsweise ihrer Differentialquotienten sich möglichst stark unterscheiden. Hat man n verschiedene Meßgrößen, dann liegen n „Bedingungsgleichungen" vor:

$$a_1\,\xi + b_1\,\eta + c_1\,\zeta = l_1,$$
$$a_2\,\xi + b_2\,\eta + c_2\,\zeta = l_2,$$
$$\cdot \quad \cdot \quad \cdot \quad \cdot \quad \cdot \quad \cdot \quad \cdot$$
$$a_n\,\xi + b_n\,\eta + c_n\,\zeta = l_n, \quad n > 3.$$

Aus diesen Bedingungsgleichungen gewinnt man durch Bildung der „Normalgleichungen" die wahrscheinlichsten Werte der Unbekannten. Die Normalgleichungen lauten

$$[a\,a]\,\xi + [a\,b]\,\eta + [a\,c]\,\zeta = [a\,l],$$
$$[b\,a]\,\xi + [b\,b]\,\eta + [b\,c]\,\zeta = [b\,l],$$
$$[c\,a]\,\xi + [c\,b]\,\eta + [c\,c]\,\zeta = [c\,l].$$

Aus diesen drei Gleichungen können durch algebraische Auflösung die im Sinne der Fehlertheorie wahrscheinlichsten Werte der Unbekannten gefunden werden.

Die Normalgleichungen haben die Eigenschaft, daß die Koeffizienten symmetrisch zur Hauptdiagonale ihrer Determinante sind, weil $[a\,b] = [b\,a]$ und so weiter ist. Diese Eigenschaft erleichtert den algebraischen Prozeß der Auflösung der Gleichungen. Man multipliziert die erste Gleichung erst mit $-[a\,b]:[a\,a]$ und addiert das Resultat zur zweiten Gleichung; danach multipliziert man die erste Gleichung mit $-[a\,c]:[a\,a]$ und addiert das Resultat zur dritten Gleichung. Durch beide Operationen erhält man je eine Gleichung, in der die erste Unbekannte ξ nicht mehr vorkommt. Mit den beiden erhaltenen Gleichungen für η und ζ verfährt man genauso und erhält schließlich eine Gleichung, aus der man ζ bestimmen kann. Mit Hilfe des bekannten Werts von ζ können dann η und ξ aus den bereits vorher vorhandenen Gleichungen ermittelt werden.

Zur Bestimmung des mittleren Fehlers der drei Unbekannten benötigt man den „mittleren Fehler der Gewichtseinheit" und die „Gewichtskoeffizienten". Den mittleren Fehler der Gewichtseinheit erhält man nach der Formel

$$m^2 = \frac{[v\,v]}{n-\mu} \quad (\mu = \text{Zahl der Unbekannten, hier also } \mu = 3),$$

in der $[v\,v]$ die Quadratsumme über die Restfehler ist. Man kann sie entweder bilden, indem man die rechten Seiten der Bedingungsgleichungen ausrechnet und die Differenzen gegen die beobachteten Werte l_i bildet, oder aus der leicht verifizierbaren Formel

$$[vv] = [ll] - [al]\xi - [bl]\eta - [cl]\xi.$$

Die Gewichtskoeffizienten Q_{1i} erhält man aus den Normalgleichungen, indem man die rechten Seiten durch die Zahlen 1, 0, 0 ersetzt:

$$[aa]Q_{11} + [ab]Q_{12} + [ac]Q_{13} = 1,$$

$$[ba]Q_{11} + [bb]Q_{12} + [bc]Q_{13} = 0,$$

$$[ca]Q_{11} + [cb]Q_{12} + [cc]Q_{13} = 0,$$

In analoger Weise findet man die Koeffizienten Q_{2i}, indem man die Normalgleichungen mit den rechten Seiten 0, 1, 0 auflöst und schließlich die Q_{3i}, indem man die rechten Seiten der Normalgleichungen gleich 0, 0, 1 setzt. Daß man das System der Normalgleichungen dreimal (bei μ Unbekannten μ-mal) auflösen muß, ist meistens der größte Arbeitsaufwand, der bei einer vollständigen Ausgleichung erforderlich ist. Die mittleren Fehler μ_x, μ_y und μ_z der drei Unbekannten findet man aus den Formeln

$$\mu_x^2 = m^2 Q_{11}, \qquad \mu_y^2 = m^2 Q_{22}, \qquad \mu_z^2 = m^2 Q_{33}.$$

Damit ist die Aufgabe der Bestimmung der wahrscheinlichsten Werte der Unbekannten und ihrer mittleren Fehler vollständig gelöst.

In allen diesen Formeln ist stillschweigend die Voraussetzung gemacht, daß alle Bedingungsgleichungen das gleiche Gewicht haben. Wenn die vorhandenen Messungen verschieden genau sind, ist diese Annahme nicht mehr erfüllt, und in diesem Fall muß den einzelnen Bedingungsgleichungen verschiedenes Gewicht erteilt werden. Die Koeffizienten der Normalgleichungen lauten dann nicht mehr $[a,a]$, $[ab]$ und so weiter, sondern sind durch die Summen $[aap]$, $[abp]$ und so weiter zu ersetzen. In der Praxis kann man die Gewichtsfaktoren sehr einfach dadurch berücksichtigen, daß man jede Bedingungsgleichung mit dem Faktor $\sqrt{p}$, also mit der Quadratwurzel des ihr erteilten Gewichts, multipliziert; die dann vorliegenden Bedingungsgleichungen dürfen wie Gleichungen mit gleichem Gewicht behandelt werden, auf welche die erläuterten Rechenvorschriften ohne Änderung anwendbar sind.

Ein Beispiel einer Ausgleichung mit zwei Unbekannten soll das Verfahren erläutern. Dabei darf aber nicht vergessen werden, daß keine noch so ausführliche Anleitung allein den Leser befähigen wird, die Methode sofort zu beherrschen; mehr als auf irgendeinem anderen Gebiet ist hier Routine erforderlich, die man erst nach einiger Übung erwirbt.

Am 8. März 1987 wurden mit einem Meridianinstrument in München die Zenitdistanzen von sechs Fixsternen gemessen. Dabei ergaben sich gegenüber den Werten, die für diese Sterne unter Benutzung der in Katalogen angegebenen Koordinaten rechnerisch abgeleitet wurden, kleine Differenzen, die auf drei Ursachen zurückzuführen waren:

1. Selbstverständlich hatte jede dieser sechs Messungen zufällige Fehler.
2. Es war zu erwarten, daß das Instrument eine systematische Abweichung der Meßresultate von konstantem Betrag ergab.

3. Es war bekannt, daß das Fernrohr einer Biegung unterlag, die Meßfehler zur Folge hatte, die in guter Näherung proportional zum Sinus der Zenitdistanz verliefen.

Wegen der beiden Fehlerquellen 2. und 3. konnte für die Unterschiede $z - z_0$ zwischen den gemessenen Zenitdistanzen z und den theoretischen Werten z_0 der Ansatz

$$z - z_0 = x + y \sin z \tag{1}$$

gemacht werden; die unter 1. genannten zufälligen Fehler der Einzelmessungen sind dann die Restfehler v.

Die Resultate sind in der nachfolgenden Zusammenstellung gegeben, in der in der ersten Spalte der Name des beobachteten Sterns, in der zweiten Spalte die Zenitdistanz und in der dritten Spalte die Differenzen $z - z_0$ angegeben sind:

35G Columbae	$z = + 75°$	$z - z_0 = - 1{,}''78$
10 Orionis	$+ 38$	$- 0.48$
51 Geminorium	$+ 32$	$- 0.40$
κ Aurigae	$+ 19$	$- 0.85$
ι Aurigae	$+ 15$	$- 0.12$
o Draconis	$- 72$	$+ 1.19$

Setzt man die jeweiligen Werte des $\sin z$ ein, dann erhält man nach (1) die folgenden Bedingungsgleichungen für die beiden Unbekannten x und y.

$$x + 0{,}97\,y = - 1{,}78$$
$$x + 0{,}62\,y = - 0{,}48$$
$$x + 0{,}53\,y = - 0{,}40$$
$$x + 0{,}32\,y = - 0{,}85$$
$$x + 0{,}26\,y = - 0{,}12$$
$$x - 0{,}95\,y = + 1{,}19\,.$$

Die Koeffizienten a_i der Unbekannten x haben in diesem Beispiel alle den Wert 1, was die numerische Rechnung entsprechend erleichtert. Nun bildet man die Produktsummen; als Beispiel möge die Summe $[b\,l]$ ausführlich angeschrieben werden; man findet

$$[b\,l] = - 0{,}97 \cdot 1{,}78 - 0{,}62 \cdot 0{,}48 - 0{,}53 \cdot 0{,}40 - 0{,}32 \cdot 0{,}85$$
$$- 0{,}26 \cdot 0{,}12 - 0{,}95 \cdot 1{,}19 = - 3{,}6699\,.$$

Entsprechend werden die anderen Produktsummen berechnet; man achte auf Vorzeichenfehler! Wer sichergehen will, rechnet die Summen zweimal, einmal von vorn und einmal von hinten.

In unserem Beispiel ergeben sich die folgenden beiden Normalgleichungen:

$$+ 6{,}000 \times + 1{,}7500\,y = - 2{,}4400 \quad \Big| \quad - 0{,}291\,667$$
$$+ 2{,}6787\,y = - 3{,}6699 \quad \Big|$$

in denen (unter Benutzung der üblichen Schreibweise) der erste Koeffizient der zweiten Gleichung nicht mehr angeschrieben ist, weil er nach Definition dem rechts oben stehenden Koeffizienten ($+$ 1,7500) numerisch gleich ist. Die erste der beiden Normalgleichungen wird mit dem rechts angegebenen Faktor multipliziert, der, wie leicht nachgerechnet werden kann, gleich dem Resultat der Division $-$ 1,7500:6 ist. Die mit diesem Faktor multiplizierte erste Normalgleichung wird zur zweiten addiert: dann ergibt sich eine Gleichung, in der die Unbekannte x nicht mehr vorkommt. Sie lautet:

$$+ 2,1683\, y = - 2,9582.$$

Aus ihr kann y und dann mit Hilfe des Werts von y aus der ersten Normalgleichung die Unbekannte x ausgerechnet werden. Es ergibt sich:

$$y = - 1\rlap{.}''3643,$$
$$x = - 0\rlap{.}''0088.$$

Für den mittleren Fehler der Gewichtseinheit und für die Gewichtskoeffizienten ergibt sich

$$m^2 = 0,1710,$$
$$Q_{11} = + 0,2060,$$
$$Q_{22} = + 0,4612,$$

so daß das endgültige Ergebnis der Ausgleichung unter Abrundung von x und y auf zwei Dezimalen lautet:

$$x = - 0\rlap{.}''01 \pm 0\rlap{.}''19,$$
$$y = - 1\rlap{.}''36 \pm 0\rlap{.}''28.$$

Die Unbekannte x ist praktisch gleich Null, während y fast fünfmal so groß wie sein mittlerer Fehler und aus diesem Grund sicher verbürgt ist. Selbstverständlich sind beide Unbekannte nicht gleich ihren wirklichen Werten; es sind vielmehr mit ihnen nur diejenigen Zahlen gefunden, die die Beobachtungen eines Abends optimal darstellen. Wirklich zuverlässige Werte können nur aus längeren Beobachtungsreihen abgeleitet werden.

8.3 Interpolation und numerische Infinitesimalrechnung

Wenn eine mathematische Funktion numerisch tabuliert ist, wünscht man häufig ihren Wert für Zwischenargumente zu wissen. Zum Beispiel sind die Koordinaten der Himmelskörper in den Jahrbüchern meist täglich für 0^{h} Weltzeit gegeben, so daß die Werte für eine beliebige Tageszeit nur durch Interpolation erhalten werden können. Wenn die Änderung des Funktionswerts pro Intervall mit genügender Genauigkeit als konstant angenommen werden kann, ist die Interpolationsrechnung trivial. Wenn die

Funktion sich nicht genügend gleichförmig ändert, bildet man das sogenannte „Differenzenschema" (w = Intervallänge)

$$
\begin{array}{lll}
f(a - 2w) & & \\
& f'(a - 3w/2) & \\
f(a - w) & & f''(a - w) \\
& f'(a - w/2) & & f'''(a - w/2) \\
f(a) & & f''(a) \\
& f'(a + w/2) & & f'''(a + w/2) \quad \text{und so weiter.} \\
f(a + w) & & f''(a + w) \\
& f'(a + 3w/2) & & f'''(a + 3w/2) \\
f(a + 2w) & & f''(a + 2w) \\
& f'(a + 5w/2) & \\
f(a + 3w) & &
\end{array}
$$

Sämtliche Differenzen sind im Sinne „unterer minus oberer Wert" zu bilden. Wird nun der Wert der Funktion f für irgendeine Zwischenstelle $a + nw$ ($n < 1$) gesucht, dann kann man die folgenden Formeln benutzen

$$
f(a \pm nw) = f(a) \pm n f'(a \pm w/2)
$$

$$
+ \frac{n(n-1)}{1 \cdot 2} f''(a \pm w) \pm \frac{n(n-1)(n-2)}{1 \cdot 2 \cdot 3} f''(a \pm 3w/2) + \ldots
$$

(Newton),

$$
f(a \pm nw) = f(a) \pm n f'(a) + \frac{n^2}{1 \cdot 2} f''(a) \pm \frac{(n+1)n(n-1)}{1 \cdot 2 \cdot 3} f'''(a) \ldots
$$

(Stirling).

Die Newtonsche Formel wendet man an, wenn der Ausgangswert am Beginn oder am Ende der Tabelle steht, in den anderen Fällen ist die Stirlingsche Formel bequemer. In ihr sind unter den Differenzen ungerader Ordnung an der Stelle a die Mittelwerte aus den benachbarten Werten zu verstehen, also zum Beispiel

$$
f'(a) = \tfrac{1}{2}[f'(a - w/2) + f'(a + w/2)],
$$

$$
f'''(a) = \tfrac{1}{2}[f'''(a - w/2) + f'''(a + w/2)].
$$

Für die Interpolation in die Mitte (n genau gleich 0,5) gilt die einfache Formel

$$
f(a + w/2) = \tfrac{1}{2}(f(a) + f(a + w)) - \tfrac{1}{8} f''(a + w/2) + \ldots,
$$

nach welcher der Funktionswert an der Stelle $a + w/2$ gleich dem arithmetischen Mittel der beiden benachbarten Werte minus dem achten Teil der auf gleicher Höhe stehenden mittleren zweiten Differenz ist; der begangene Fehler ist wesentlich kleiner als die (fast immer vernachlässigbare) vierte Differenz. Man kann diese Formel sehr vorteilhaft verwenden, wenn die Differenzen unbequem groß sind und durch Übergang auf das halbe Intervall verkleinert werden sollen.

Als numerisches Beispiel soll die Rektaszension des Mondes am 6. 10. 1977 um 3^h12^m Weltzeit berechnet werden. Aus „The Astronomical Ephemeris" für das Jahr

1977 kann man die Koordinaten des Mondes für jeden Tag von Stunde zu Stunde entnehmen; die Rektaszensionen sind:

$$
\begin{array}{llll}
0^{\mathrm h} & 7^{\mathrm h}20^{\mathrm m}42\overset{\mathrm s}{.}139 \\
& & +124\overset{\mathrm s}{.}594 \\
1^{\mathrm h} & 22\ \ 46.733 & & -0\overset{\mathrm s}{.}005 \\
& & +124\overset{\mathrm s}{.}589 \\
2^{\mathrm h} & 24\ \ 51.322 & & -0.005 \\
& & +124.584 \\
3^{\mathrm h} & 26\ \ 55.906 & & -0.005 \\
& & +124.579 \\
4^{\mathrm h} & 29\ \ \ 0.485 & & -0.004 \\
& & +124.575 \\
5^{\mathrm h} & 31\ \ \ 5.060 & & -0.004 \\
& & +124.571 \\
6^{\mathrm h} & 33\ \ \ 9.631
\end{array}
$$

Neben den Werten der Rektaszension sind auch die Werte der ersten und zweiten Differenzen angeschrieben; die dritten Differenzen sind vernachlässigbar klein. Als Ausgangspunkt a wählt man zweckmäßig den Wert für $3^{\mathrm h}$, weil der dem Zeitpunkt $3^{\mathrm h}12^{\mathrm m}$, für den die Rektaszension gerechnet werden soll, am nächsten liegt. Mit der Stirlingschen Formel erhält man, wenn man $n = 0{,}2$ setzt, weil 12 Minuten der fünfte Teil einer Stunde sind,

$$
\begin{aligned}
f(3^{\mathrm h}\overset{}{.}12) &= f(3^{\mathrm h}) + 0{,}2\,f'(3^{\mathrm h}) + 0{,}5 \cdot (0{,}2)^2\ f''(3^{\mathrm h}) \\
&= 7^{\mathrm h}26^{\mathrm m}55\overset{\mathrm s}{.}906 + 0{,}2 \cdot 124\overset{\mathrm s}{.}582 - 0{,}02 \cdot 0\overset{\mathrm s}{.}005 = 7^{\mathrm h}27^{\mathrm m}20\overset{\mathrm s}{.}822\,.
\end{aligned}
$$

Mit Hilfe des Differenzenschemas kann man auch Rechenfehler in berechneten Funktionswerten auffinden. Der durch Rechnung bestimmte Funktionswert $f(a)$ sei um den Betrag ε falsch, die benachbarten Werte seien richtig; dann ergeben sich folgende Fehler im Differenzenschema:

$$
\begin{array}{ccccc}
0 \\
& 0 \\
0 & & +\varepsilon \\
& +\varepsilon & & -3\varepsilon \\
\varepsilon & & -2\varepsilon & & +6\varepsilon \quad \text{und so weiter.} \\
& -\varepsilon & & +3\varepsilon \\
0 & & +\varepsilon \\
& 0 \\
0
\end{array}
$$

In den höheren Differenzen macht sich der begangene Fehler immer stärker bemerkbar, und zwar am meisten in derjenigen Zeile, in welcher der fehlerhafte Ausgangswert vorliegt. Wenn also in einer bestimmten Zeile besonders starke Sprünge im Differenzenschema auftreten, ist eine Nachprüfung des Funktionswerts auf Rechenfehler ratsam.

Aus dem Differenzenschema kann man auch die Zahlenwerte der Differentialquotienten und des Integrals über die tabulierte Funktion ableiten. Für die numerische Differentiation gelten folgende Formeln

$$
\frac{\mathrm{d}f(a)}{\mathrm{d}a} = \frac{1}{w}\left(f'(a + w/2) - \frac{1}{2}f''(a + w) + \frac{1}{3}\,f'''(a + 3\,w/2) + \dots\right),
$$

$$
\frac{\mathrm{d}f(a)}{\mathrm{d}a} = \frac{1}{w}\left(f'(a) - \frac{1}{6}\,f'''(a) + \dots\right),
$$

aus denen man die (ohnehin naheliegende) Faustregel erkennt, daß die erste Differenz ungefähr gleich dem ersten Differentialquotienten, multipliziert mit der Intervallänge w ist. Entsprechende Formeln gelten natürlich für die höheren Differentialquotienten.

Das Integral über die tabulierte Funktion findet man aus den sogenannten „Summenreihen". Darunter versteht man diejenigen Werte, für welche die tabulierten Funktionswerte die Rolle der ersten Differenzen spielen. Es liegt in der Natur der Sache, daß diese summierten Werte bis auf eine willkürlich wählbare, additive Konstante unbestimmt sind; wenn die untere Grenze der Integration die Stelle a sein soll, berechnet man einen ersten Wert für die Summenreihe nach der Formel

$${}^{I}f\,(a - w/2) = -\frac{1}{2}\,f(a) + \frac{1}{12}f'(a) - \frac{11}{720}f'''(a) + \ldots$$

Die weiteren Werte der ersten Summenreihe ergeben sich daraus durch einfache Addition der entsprechenden Funktionswerte. Der Wert des Integrals über die tabulierte Funktion für beliebige Argumente kann aus der Formel

$$\int_{a}^{a+iw} f(x)\,\mathrm{d}x = w\left({}^{I}f(a + i\,w) - \frac{1}{12}f'(a + i\,w) + \frac{11}{720}f'''(a + i\,w) + \ldots\right)$$

berechnet werden. Die Methoden der numerischen Integration sind von größtem Wert vor allem in denjenigen Fällen, wo ein analytischer Ausdruck für das Integral nicht bekannt ist, oft aber auch dann, wenn die analytische Formel für das Integral zwar bekannt, aber sehr umständlich ist.

Außer den hier angegebenen Formeln gibt es noch viele andere Ausdrücke, die teilweise nur Umformungen, teilweise aber auch unabhängige Formeln sind. In großer Ausführlichkeit sind sie in dem von der Greenwicher Sternwarte herausgegebenen Heft „Interpolation and allied tables" zusammengestellt; allerdings ist dort eine andere Bezeichnungsweise verwendet, deren Beziehung zu der hier verwendeten Symbolik aber leicht zu erkennen ist. Das Gleiche gilt von dem Artikel von W. Wepner [6], wo die Grundbegriffe der Interpolation und weitere numerische Beispiele ausgeführt sind.

8.4 Photographische Astrometrie

Aus photographischen Aufnahmen einer bestimmten Himmelsgegend kann man durch Vermessung die Koordinaten der abgebildeten Sterne bestimmen. Voraussetzung ist, daß eine genügende Anzahl (mindestens drei) Sterne mit bekannten Koordinaten auf der Platte vorhanden sind, mit deren Hilfe die Orientierung des Systems festgelegt werden kann. Für die Zwecke des Amateurastronomen wird dabei in allen Fällen das Verfahren von Turner in Frage kommen, dessen vollständige Ableitung der Leser in dem Lehrbuch von W. M. Smart: „Text-book on Spherical Astronomy" findet; hier sollen die wichtigsten Formeln referiert werden, die für die Anwendung benötigt werden. Vorausgesetzt wird bei dem Verfahren, daß alle Einflüsse, welche die Koordinaten der Sterne an verschiedenen Stellen des Himmels in verschiedenem Betrag verändern (z. B. Refraktion, Aberration etc.), im Bereich des erfaßten Himmelsgebiets linear variieren; diese Voraussetzung ist fast immer erfüllt, die abweichenden Fälle sind für Amateurastronomen ohne Bedeutung.

Auf einer photographischen Aufnahme wird ein Teil der Himmelskugel auf eine Ebene, nämlich die Ebene der photographischen Platte, abgebildet. Wenn der Punkt in der Mitte der Platte die Rektaszension A und die Deklination D hat, dann sind die rechtwinkligen Koordinaten X, Y eines beliebigen Sterns der Rektaszension α und der Deklination δ gegeben durch die Formeln

$$X = \frac{\tan(\alpha - A)\cos q}{\cos(q - D)}, \quad Y = \tan(q - D),$$

wobei $\cot q = \cot \delta \cos(\alpha - A)$ ist.

Dabei ist angenommen, daß die positive Y-Achse zum Nordpol des Himmels zeigt. Diese Koordinaten werden als „Standardkoordinaten" bezeichnet und können berechnet werden, wenn die sphärischen Koordinaten des Sterns bekannt sind.

Aus dem Vergleich der Standardkoordinaten der Anhaltsterne mit den in linearem Maß gemessenen Koordinaten der gleichen Sterne kann man die Plattenkonstanten ermitteln. Die Vermessung der Platte möge die rechtwinkligen Koordinaten x, y ergeben, wobei der Nullpunkt des Systems der x, y möglichst nahe der Plattenmitte, die Richtung der positven y-Achse möglichst parallel zur Richtung nach Norden gewählt sei. Wenn man für eine gewisse Anzahl von Anhaltsternen sowohl die aus den sphärischen Koordinaten berechneten X, Y als auch die aus der direkten Messung resultierenden x, y kennt, folgen die Plattenkonstanten aus den Gleichungen

$$X = ax + by + c,$$
$$Y = dx + ey + f.$$

Da in jeder Koordinate drei Konstanten auftreten, benötigt man mindestens drei Anhaltsterne; wenn mehr Anhaltsterne vorhanden sind, werden die wahrscheinlichsten Werte der sechs Plattenkonstanten mit der Methode der kleinsten Quadrate bestimmt (s. S. 322).

Die sphärischen Koordinaten der übrigen Sterne können leicht bestimmt werden, wenn die Plattenkonstanten abgeleitet sind. Die Werte von x und y sind für jeden dieser Sterne aus der Vermessung der Platte bekannt; aus ihnen können die Standardkoordinaten aus den Formeln

$$X = ax + by + c, \quad Y = dx + ey + f$$

berechnet werden. Aus den X und Y findet man dann die sphärischen Koordinaten durch Umkehrung der oben gegebenen Formeln und erhält

$$q = D + \arctan Y,$$

$$\tan(\alpha - A) = X \cos(q - D)\sec q,$$

$$\tan \delta = \tan q \cos(\alpha - A).$$

Selbstverständlich wird die Rechnung um so sicherer, je mehr Anhaltsterne man benutzt. Andererseits zeigt die Erfahrung, daß es nur selten Sinn hat, mehr als sechs Anhaltsterne zu benutzen, weil dem erheblich größeren Rechenaufwand nur ein geringer Gewinn an Genauigkeit gegenübersteht. Wesentlich ist allerdings, daß die Anhaltsterne gleichmäßig über die Platte verteilt sind.

8.5 Bestimmung des Ortes und der Helligkeit von Planeten und der planetographischen Koordinaten

Obgleich die Ephemeriden der Planeten in den Jahrbüchern veröffentlicht werden, kann es doch manchmal erwünscht sein, sie selbst zu berechnen, wenn etwa eine höhere Genauigkeit angestrebt wird oder die Rechnung für einen nicht in den Jahrbüchern enthaltenen kleinen Planeten notwendig ist. Gebraucht werden die sechs Bahnelemente

T = Durchgangszeit durch das Perihel der Bahn,
μ = mittlere tägliche Bewegung,
e = Exzentrizität,
Ω = ekliptikale Länge des aufsteigenden Knotens,
ω = Abstand des Perihels vom Knoten in der Bahn,
i = Neigung der Bahn gegen die Ekliptik.

Die große Halbachse a der elliptischen Bahn kann aus der mittleren Bewegung μ mit Hilfe der Formel

$$\mu\, a^{3/2} = k\,\sqrt{m_1 + m_2} \quad \text{mit } k = 3548{,}''18761$$

ermittelt werden; in ihr ist μ in Bogensekunden pro Tag anzugeben. Unter der Wurzel auf der rechten Seite bedeuten m_1 und m_2 die Massen des Zentralkörpers und des umlaufenden Körpers, beide in Sonnenmassen als Einheit; wenn man also, was die Regel ist, die Bahn eines um die Sonne laufenden Planeten von kleiner Masse betrachtet, kann der Wurzelausdruck auf der rechten Seite der Formel gleich 1 gesetzt werden. Die große Halbachse a der Bahn ergibt sich dann in Einheiten der mittleren Entfernung Erde–Sonne.

Wenn der Ort des Planeten für einen vorgegebenen Zeitpunkt zu berechnen ist, bestimmt man zunächst aus der „Keplerschen Gleichung"

$$E - e \sin E = \mu\,(t - T) = M$$

die exzentrische Anomalie E. Da die Gleichung transzendent ist, kann man sie nur durch Näherungsverfahren auflösen. Mit Hilfe eines plausibel erscheinenden Ausgangswerts E_0 ermittelt man einen verbesserten Wert E_1 nach der Formel $E_1 = M + e \sin E_0$. Wenn E_1 mit E_0 übereinstimmt, ist die Rechnung fertig, andernfalls wird mit E_1 ein verbesserter Wert $E_2 = M + e \sin E_1$ ermittelt und das Verfahren so lange fortgesetzt, bis Übereinstimmung eintritt. Solange die Exzentrizität nicht extrem groß ist, kann man immer $E_0 = M$ als brauchbare erste Näherung benutzen. Nach einiger Übung findet man meist die Lösung der Keplerschen Gleichung mit wenigen Schritten.

Aus der exzentrischen Anomalie kann man den Radiusvektor und die wahre Anomalie mit den Formeln

$$r \cos v = a\,(\cos E - e),$$
$$r \sin v = a\,\sqrt{1 - e^2}\,\sin E$$

finden. Aus ihnen folgen sofort die rechtwinkligen heliozentrischen Koordinaten des Planeten, bezogen auf die Ekliptik:

$$x = r(\cos\Omega\cos(v+\omega) - \sin\Omega\sin(v+\omega)\cos i),$$

$$y = r(\sin\Omega\cos(v+\omega) + \cos\Omega\sin(v+\omega)\cos i),$$

$$z = r\sin(v+\omega)\sin i.$$

Zur Umwandlung der heliozentrischen Koordinaten in geozentrische benötigt man die heliozentrischen Koordinaten der Erde, welche den geozentrischen Koordinaten der Sonne entgegengesetzt gleich sind. Bezeichnet man mit λ, β die ekliptikalen Koordinaten des Planeten, mit L, B die ekliptikalen Koordinaten der Sonne für die Zeit t und schließlich mit R beziehungsweise Δ die Abstände Erde–Sonne beziehungsweise Erde–Planet, dann gelten folgende Beziehungen:

$$\Delta\cos\beta\cos\lambda = x + R\cos B\cos L,$$

$$\Delta\cos\beta\sin\lambda = y + R\cos B\sin L,$$

$$\Delta\sin\beta \qquad = z + R\sin B.$$

Damit ist die Rechnung abgeschlossen. Beachtet werden muß, daß selbstverständlich die Bahnelemente, welche die Lage der Bahn im Raum kennzeichnen (Ω, ω und i), sich das gleiche Äquinoktium wie die Sonnenkoordinaten beziehen müssen.

Die Berechnung der Orte von Kometen mit parabolischen Bahnen verläuft im Prinzip in gleicher Weise, nur tritt an die Stelle der Keplerschen Gleichung eine andere Gleichung, aus der sofort die wahre Anomalie als Funktion der Zeit bestimmt werden kann. Sie lautet

$$\tan\frac{v}{2} + \frac{1}{3}\tan^3\frac{v}{2} = \frac{k(t-T)}{\sqrt{2}\,q^{3/2}}.$$

In ihr ist ebenso wie im Fall der elliptischen Bahn die Zeitdifferenz $t-T$ in Tagen zu rechnen. Unter q ist die „Periheldistanz" verstanden, das heißt die kleinste Entfernung, die der Komet von der Sonne im sonnennächsten Punkt der Parabel hat. Sie ist in astronomischen Einheiten, das heißt in Einheiten der Entfernung Erde–Sonne auszudrücken und ist eines der Bahnelemente, die für die Rechnung als bekannt vorausgesetzt werden müssen. Wenn die wahre Anomalie ermittelt ist, erhält man den Radiusvektor aus

$$r = q\sec^2(v/2);$$

die restliche Rechnung verläuft ebenso wie im Fall einer elliptischen Bahn.

Als Anwendungsbeispiel soll der Ort des Kometen Kohoutek für den 3. Januar 1974 um 0^{h} Weltzeit berechnet werden. Für den im Frühjahr 1973 entdeckten Kometen wurden im Monat Oktober 1973 folgende Bahnelemente veröffentlicht:

$$T = 1973,\ \text{Dezember } 28.463,$$
$$\omega =\ \ 37°\!.874,$$
$$\Omega = 257°\!.715\quad \text{Äquinoktium } 1950.0,$$
$$i =\ \ 14°\!.297,$$
$$q =\ \ \ \ 0{,}14242\ \text{astronomische Einheiten}.$$

Die Zwischenzeit $t - T$ zwischen dem Periheldurchgang und der Zeit, für die der Ort berechnet werden soll, ist 5,537 Tage; man erhält also wegen $k = 0,017\,2021$ das Resultat:

$$\frac{k\,(t - T)}{\sqrt{2}\,q^{3/2}} = 1,253\,096$$

im Bogenmaß. Zur Bestimmung der wahren Anomalie v besteht also die Gleichung

$$\tan(v/2) + (1/3)\tan^3(v/2) = 1,253\,096\,.$$

Man erkennt sofort durch Ausrechnung der linken Seite dieser Gleichung, daß das Resultat mit der Hypothese

$$\tan(v/2) = 1 \qquad \text{zu groß und mit der Hypothese}$$

$$\tan(v/2) = 0,9 \quad \text{zu klein}$$

ausfällt; der wahre Wert liegt also zwischen 0,9 und 1,0. Einige weitere Versuchsrechnungen ergeben dann als Lösung

$$\tan(v/2) = 0,95905$$

$$(v/2) = 43°48\!.\!1 \quad \text{und daraus}$$

$$v = 87°36\!.\!2 \quad \text{bzw.} \quad 87\!.\!603\,.$$

Mit diesem Wert von v ergibt sich $r = 0,2734$ astronomische Einheiten. Die weitere Rechnung ergibt dann mit den oben angegebenen Werten der Bahnelemente

$$\cos\Omega\cos(v + \omega) - \sin\Omega\sin(v + \omega)\cos i = +\,0,89\,434\,,$$

$$\sin\Omega\cos(v + \omega) + \cos\Omega\sin(v + \omega)\cos i = +\,0,39\,916\,,$$

$$\sin(v + \omega)\sin i = +\,0,20\,110\,.$$

Diese drei Zahlen ergeben durch Multiplikation mit dem oben gefundenen Wert von r die rechtwinkligen heliozentrischen Koordinaten x, y, z des Kometen; man erhält

$$x = +\,0,24457\,,$$

$$y = +\,0,10913\,,$$

$$z = +\,0,05498\,.$$

Für die Koordinaten der Erde (resp. der Sonne) findet man im astronomischen Jahrbuch für den 3. Januar 1974 um 0^h Weltzeit die Angaben

$$R = 0,983267 \text{ astronomische Einheiten}\,,$$

$$L = 281°\,53'\,27\!''\!.\!2\,,$$

$$B = +\,11''\,,$$

wobei die Angaben auf das Äquinoktium 1950.0 bezogen sind, für das auch die Bahnelemente des Kometen gelten. Mit diesen Werten findet man

$$\Delta\cos\beta\cos\lambda = +\,0,44716\,,$$

$$\Delta\cos\beta\sin\lambda = -\,0,85303\,,$$

$$\Delta\sin\beta = +\,0,05498\,,$$

wobei die Sonnenbreite B, die nur wenige Bogensekunden beträgt, vernachlässigt wurde; das bedeutet einen Fehler von nur wenigen Einheiten der letzten Dezimale. Aus den zuletzt angegebenen Zahlen findet man die geozentrische Entfernung Δ, die ekliptikalen Koordinaten λ, β und aus ihnen durch Anwendung der auf Seite 298 angegebenen Umwandlungsformeln die äquatorialen Koordinaten α, δ; es ergibt sich

$$\Delta = 0{,}9647 \text{ astronomische Einheiten},$$
$$\lambda = 297° 39\!.8,$$
$$\beta = + 3° 16\!.0,$$
$$\alpha = 299\!.068 = 19^{h} 56^{m}3,$$
$$\delta = - 17° 26\!.0.$$

Damit ist die Rechnung abgeschlossen. Führt man sie über einen gewissen Zeitraum hinweg für jeden Tag (oder auch für jeden zweiten oder jeden vierten Tag o. ä.) aus, dann erhält man für diesen Zeitraum eine Ephemeride, aus der Zwischenwerte der Koordinaten durch Interpolation abgeleitet werden können. Siehe auch [10].

Die scheinbare Helligkeit der Planeten ändert sich erheblich mit ihrer Entfernung sowohl von der Erde als auch von der Sonne; außerdem hat wegen der verschieden vollständigen Beleuchtung der Scheibe auch der Phasenwinkel einen Einfluß. Man versteht unter ihm den Winkel, den vom Planeten aus die Richtungen zur Sonne beziehungsweise zur Erde bilden, und er folgt aus der Formel

$$\tan \frac{p}{2} = \sqrt{\frac{(\sigma - r)(\sigma - \Delta)}{\sigma(\sigma - R)}} \quad \text{mit} \quad \sigma = \frac{1}{2}(R + r + \Delta).$$

Die Änderungen der Helligkeiten der Planeten infolge der Veränderungen der Abstände von Erde und Sonne folgen streng dem geometrischen Gesetz von der Abnahme der Helligkeit umgekehrt zum Quadrat der Entfernung und führen bei Übertragung auf die astronomische Größenklassenskala auf die Formel

$$m = m_0 + 5 \log r + 5 \log \Delta,$$

in welcher die „Konstante" m_0 für jeden Planeten einen anderen Wert hat und außerdem noch vom Phasenwinkel abhängt. Nach photometrischen Messungen ist

$$\text{für Merkur} \quad m_0 = + 1^{m}16 + 0^{m}0284\,(p - 50°) + 0^{m}0001023\,(p - 50°)^2,$$
$$\text{für Venus} \quad = + 4^{m}00 + 0^{m}0132\,p + 0^{m}000000425\,p^3,$$
$$\text{für Mars} \quad = - 1^{m}30 + 0^{m}0149\,p,$$
$$\text{für Jupiter} \quad = - 8^{m}93,$$
$$\text{für Uranus} \quad = - 6^{m}85,$$
$$\text{für Neptun} \quad = - 7^{m}05.$$

Für Planeten, deren Entfernung größer als die des Mars ist, kann der Einfluß der Phase vernachlässigt werden. In der Liste fehlt Saturn, dessen scheinbare Helligkeit in komplizierter Weise von der Stellung des Rings relativ zur Erde abhängt.

Sehr oft steht der Beobachter vor der Aufgabe, die Koordinaten eines Punkts auf der beobachteten Scheibe eines Planeten relativ zu dessen Äquatorebene festzulegen. In den meisten Fällen läßt sich diese Aufgabe mit genügender Genauigkeit graphisch lösen. Dennoch geht es nicht ganz ohne Rechnung. Man benötigt die Rektaszension

A und die Deklination D desjenigen Punktes an der Sphäre, nach welchem das Nordende der Rotationsachse des Planeten weist; für diese Größen gilt

bei	$A =$	$D =$
Merkur	$281\overset{\circ}{.}0 - 0\overset{\circ}{.}033\ T$	$+ 61\overset{\circ}{.}4 - 0\overset{\circ}{.}005\ T$
Venus	272.8	+ 67.2
Mars	317.7 − 0.108 T	+ 52.9 − 0.061 T
Jupiter	268.0 − 0.009 T	+ 64.5 + 0.003 T
Saturn	40.7 − 0.036 T	+ 83.5 − 0.004 T
Uranus	257.4	− 15.1
Neptun	295.3	+ 40.6
Pluto	311.6	+ 4.2;

die Angaben gelten für das Jahr 2000, wobei T der Zeitunterschied gegen 2000 in Jahrhunderten ist.

Für die weitere Behandlung der Aufgabe benötigt man zwei Größen b_0 und β, die man aus den Formeln

$$\sin b_0 = -\cos \delta \cos D \cos (\alpha - A) - \sin \delta \sin D,$$

$$\tan \beta = \frac{\sin (\alpha - A)}{\sin \delta \cos (\alpha - A) - \cos \delta \tan D}$$

erhält. Wenn man dann auf Papier die Planetenscheibe als Kreis vom Radius s aufzeichnet, befindet sich der sichtbare Pol des Planeten in einem Punkt P, der von der Kreismitte den Abstand $s \cos b_0$ hat und im Positionswinkel β liegt, letzterer Winkel von Nord über Ost, Süd und West positiv von 0° bis 360° gezählt. Im übrigen werden die Größen b_0 und β in den meisten Jahrbüchern tabuliert. Seiner geometrischen Bedeutung nach ist b_0 die planetographische Breite der Erde über dem Äquator des Planeten.

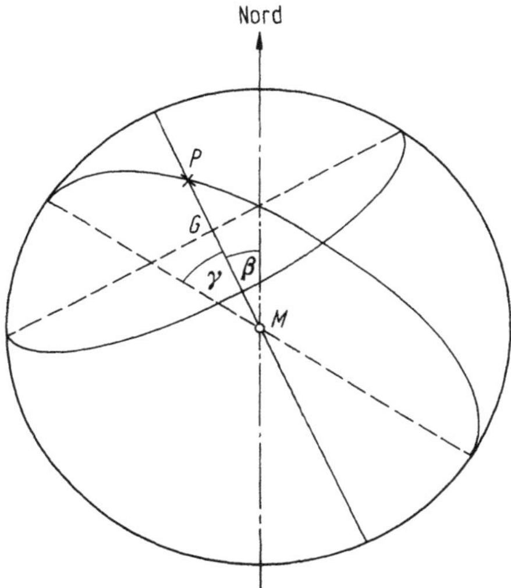

Abb. 1. Koordination auf einer Planetenscheibe

Wenn die Lage des sichtbaren Pols auf der Planetenscheibe festliegt, zeichnet man auf dieser am besten ein Gradnetz ein, das je nach den Genauigkeitsansprüchen in planetographischer Länge und Breite mehr oder weniger engmaschig ist. Der Scheibendurchmesser MP, der den Mittelpunkt mit dem sichtbaren Pol verbindet (Abb. 1), ist die Projektion des Zentralmeridians im Augenblick der Beobachtung; alle anderen Meridiane werden nicht als gerade Linien, sondern als Ellipsen projiziert, die durch den Punkt P gehen. Will man zum Beispiel einen Meridian einzeichnen, dessen Länge sich vom Zentralmeridian um den Betrag $l - l_0$ unterscheidet (s. Abb. 1), dann hat man durch den Mittelpunkt M einen Scheibendurchmesser zu ziehen, dessen Richtung mit MP den Winkel γ bildet, der aus

$$\tan \gamma = \sin b_0 \tan (l - l_0), \qquad l_0 = \text{Länge des Zentralmeridians,}$$

folgt. Dieser Durchmesser ist die große Achse einer Ellipse, die im übrigen durch den sichtbaren Pol P geht und den gewünschten Meridian darstellt.

Auch die Breitenkreise projizieren sich auf die Planetenscheibe als Ellipsen. Will man einen Kreis der planetographischen Breite b einzeichnen, dann hat man zunächst auf der Geraden MP einen Punkt G aufzusuchen, der von M den Abstand $s \cos b_0 \sin b$ hat. Die große Achse derjenigen Ellipse, die den gewünschten Breitenkreis darstellt, steht auf MP senkrecht und hat die Länge $s \cos b$; die kleine Achse ist gleich $s \cos b \sin b_0$.

Hat man nach dieser Vorschrift ein genügend enges Netz von Längen- und Breitenkreisen gezogen, dann legt man es einfach auf die am Fernrohr angefertigte Zeichnung der Planetenoberfläche auf und liest für die einzelnen gezeichneten Gebilde die planetographischen Koordinaten ab. Notwendig ist dann nur noch die Kenntnis der planetographischen Länge l_0 des Zentralmeridians. Sie ist in den Jahrbüchern von Tag zu Tag angegeben, bezüglich der Formeln für ihre Berechnung vgl. *Handbuch der Astrophysik* [7].

8.6 Die Reduktion von Sternbedeckungen

Obgleich es in der Regel zu empfehlen ist, daß die Beobachter von Sternbedeckungen ihre Resultate unreduziert an das Nautical Almanac Office (vgl. Band 2, Kapitel 5) einsenden, besteht gelegentlich doch das Bedürfnis, die Reduktion selbst auszuführen. Für diesen Zweck sollen die Formeln hier kurz zusammengestellt werden.

Die Bedeckung eines Sterns sei zur Zeit t in Weltzeit beobachtet worden; dann ist zunächst aus t durch Anbringung der in Tabelle 6 auf Seite 597, Band 2, Anhang, angegebenen Korrektion das entsprechende Sternzeit-Intervall t_s zu bilden. Wenn weiter μ_0 die aus dem astronomischen Jahrbuch zu entnehmende „Sternzeit um 0^h", korrigiert um den in Abschnitt 7.3.2 in diesem Band angegebenen Betrag $9{.}^{\mathrm{s}}8565 \, \Delta\lambda$ ist, dann bildet man den Winkel

$$h = \mu_0 + t_s - \lambda - \alpha;$$

dabei ist λ die geographische Länge des Beobachtungsorts, östlich von Greenwich negativ gezählt; α und δ sind Rektaszension und Deklination des Sterns.

Jetzt werden die Größen

$$\xi = \frac{r' \cos \varphi' \sin h}{k},$$

$$\eta = \frac{r' \sin \varphi' \cos \delta}{k} - \frac{r' \cos \varphi' \cos h \sin \delta}{k} \quad \text{mit} \ \ k = 0{,}2724953$$

berechnet; dabei sind die geozentrischen Koordinaten r' und φ' des Beobachtungsortes mit den Formeln in Abschnitt 7.2.1 in diesem Band zu berechnen. Ferner ist δ die Deklination des bedeckten Sterns. Die Koordinaten des Mondes sind

$$x = \frac{\cos \delta' \sin (\alpha' - \alpha)}{k \sin \pi}, \qquad y = \frac{\sin \delta' \cos \delta - \cos \delta \sin \delta \cos (\alpha' - \alpha)}{k \sin \pi};$$

dabei sind α', δ' Rektaszension und Deklination des Mondes im Augenblick der Bedeckung. Diese Größen müssen aus der Ephemeride des Mondes im Jahrbuch entnommen und mit hoher Genauigkeit interpoliert (Formeln in Abschnitt 8.3 in diesem Kapitel) werden. π ist die Mondparallaxe, die ebenfalls für den Augenblick der Bedeckung durch Interpolation dem Jahrbuch zu entnehmen ist.

Das eigentliche Resultat der an einem einzelnen Ort gemachten Beobachtung ist dann eine Größe $\Delta \sigma$, die mit der Formel

$$\Delta \sigma = \frac{k \sin \pi}{\sin 1''} \left(\sqrt{(x - \xi)^2 + (y - \eta)^2} - 1 \right)$$

berechnet wird. Sie ist gleich der Differenz des Abstands Mondmittelpunkt zu Stern minus Radius der scheinbaren Mondscheibe. Wenn die Ephemeride genau richtig wäre, müßte $\Delta \sigma$ den Wert Null (abgesehen von Beobachtungsfehlern) haben. Da aber die aus der Ephemeride folgenden Werte der mittleren Länge L und der Breite B des Mondes wegen unserer unvollkommenen Kenntnis der Gesetze der Himmelsmechanik mit Fehlern ΔL und ΔB behaftet sind, ist $\Delta \sigma$ meist nicht gleich Null. Es gilt dann die Gleichung

$$\Delta \sigma = \cos (\varrho - \chi) \Delta L + \sin (\varrho - \chi) \Delta B,$$

in welcher χ der Positionswinkel des Sterns in bezug auf den Mondmittelpunkt und ϱ der Positionswinkel der Richtung der Mondbewegung ist.

Aus Beobachtungen, die an einer Station gemacht worden sind, kann man nur eine Größe $\Delta \sigma$, also nicht ΔL und ΔB getrennt ermitteln. Falls aber Beobachtungen von mehreren Orten, an denen die Werte von χ wesentlich verschieden sind, vorliegen, können die wahrscheinlichsten Werte von ΔL und ΔB und damit die Fehler der Mondephemeride mit der Methode der kleinsten Quadrate berechnet werden.

8.7 Literatur

1 Brandt, L.: „Einführung in die numerische Behandlung astronomischer Probleme durch Kleincomputer" in: Roth, G. D. (Hrsg.): Astronomische Zusatzgeräte für Sternfreunde. München: Uni-Druck 1978

2 Müller, D.: Programmierung elektronischer Rechenanlagen. Mannheim: Bibl. Institut 1964
3 Komarnicki, O.: Programmiermethodik. Berlin: Springer 1971
4 Scholze, H.: Die Sterne 34, 233 (1958)
5 Paperlein, D.: Die Sterne 41, 27 (1965)
6 Wepner, W.: Mehrere Aufsätze in den Bänden 15 bis 20 von „Sterne und Weltraum" über astronomische Rechnungen mit dem Taschenrechner; es sind auch numerische Beispiele durchgerechnet
7 Wepner, W.: Mathematisches Hilfsbuch für Studierende und Freunde der Astronomie. Düsseldorf: Treugesell-Verlag 1981
8 Handbuch der Astrophysik, Band 4, S. 363. Berlin 1929
9 Wirth, N.: Systematisches Programmieren. Stuttgart 1978
10 Montenbruck, O.: Grundlagen der Ephemeridenrechnung, 4. Aufl. München: Verlag Sterne und Weltraum 1989

9 Grundlagen der Spektralanalyse

R. Häfner

9.1 Zur Einführung

Unsere Kenntnisse über die Himmelskörper rühren fast ausschließlich aus der Analyse der Strahlung, die sie emittieren, absorbieren oder reflektieren. Sie besteht neben der (hier nur erwähnten) Partikelstrahlung vor allem aus elektromagnetischen Wellen, für die der bekannte Zusammenhang $c = \lambda \cdot v$ gilt. Dabei ist $c = 2,9979250 \cdot 10^8$ m/s die Lichtgeschwindigkeit im Vakuum, λ die Wellenlänge und v die Frequenz. Das elektromagnetische Spektrum reicht von der γ-Strahlung über den ultravioletten, sichtbaren und infraroten Bereich bis hin zu den Radiowellen. Den größten Teil dieses Spektrums kann man auf der Erdoberfläche nicht beobachten, da die irdische Atmosphäre nur für bestimmte Wellenlängenbereiche („Fenster") durchsichtig ist. Hier soll nur die Strahlung betrachtet werden, die den Beobachter durch das klassische optische Fenster zwischen $\lambda\lambda$ 300 nm und zirka 1000 nm erreicht (das sehr viel breitere „Radiofenster" ist in Kapitel 5 in diesem Band erörtert). Diese Strahlung kann mit Hilfe geeigneter Vorrichtungen in ihre spektralen Bestandteile zerlegt und das Spektrum studiert werden. In den folgenden Abschnitten soll ein Überblick über die Theorie der Spektren sowie über die Objekte, Instrumente und einige Methoden der Analyse gegeben werden, die auch dem Amateur zugänglich sind.

9.2 Theorie der Spektren

9.2.1 Die Strahlungsgesetze

Die drei fundamentalen Gesetze der Spektroskopie, die G. Kirchhoff (1859) zugeschrieben werden, lauten:

a) Ein glühender fester oder flüssiger Körper oder ein Gas mit hinreichendem Absorptionsvermögen emittiert ein kontinuierliches Spektrum, das alle Wellenlängen enthält.

b) Ein glühendes Gas unter niedrigem Druck emittiert ein nichtkontinuierliches Spektrum, das heißt Licht in einer begrenzten Anzahl unterschiedlicher Wellenlängen, die für das Gas charakteristisch sind.

c) Wenn weißes Licht (kontinuierliches Spektrum) ein kühles Gas durchsetzt, absorbiert das Gas diejenigen Wellenlängen aus dem kontinuierlichen Spektrum heraus, die es selbst emittieren würde, wenn es genügend heiß wäre. Diese Wellenlängen fehlen also im kontinuierlichen Spektrum oder sind zumindest geschwächt, so daß der Eindruck dunkler Linien entsteht.

Die Sonne und die meisten Sterne besitzen ein kontinuierliches Spektrum. Da die Temperaturen dieser Objekte für die Existenz von flüssigem oder festem Material zu hoch sind, müssen sie also aus Gas bestehen. Daneben finden sich in den Spektren meist dunkle Linien, die darauf hindeuten, daß die Sterne von einer kühleren, gasförmigen „Atmosphäre" umgeben sind. Diese absorbiert aus der kontinuierlichen Strahlung bestimmte Teile heraus, die für die Zusammensetzung des Gases charakteristisch sind. Schließlich beobachtet man bei einer Reihe von Objekten Emissionslinienspektren und kann daraus folgern, daß diese Objekte aus verdünntem Gas bestehen oder zumindest davon umgeben sind.

Die Tatsache, daß Sterne verschieden farbig erscheinen, das heißt die maximale Emission bei verschiedenen Wellenlängen erfolgt, findet ihre qualitative und quantitative Deutung im Planckschen Strahlungsgesetz und den daraus abgeleiteten Relationen, die an sich nur für den sogenannten „Schwarzen Körper" Gültigkeit haben. Dieser besitzt eine Reihe idealisierter Eigenschaften. So soll er sich im thermischen Gleichgewicht befinden, das gesamte isotrope Strahlungsfeld soll durch thermische Anregung der Atome (vgl. später) erzeugt werden und Strahlung weder von außen eindringen noch dorthin entweichen können. Einerseits haben die Gase, aus denen ein Stern aufgebaut ist, eine große Opazität, das heißt sie absorbieren sehr gut die Strahlung, die tief im Innern durch thermo-nukleare Reaktionen erzeugt wird und langsam nach außen gelangt. Andererseits steht die Temperaturabnahme nach außen und die Strahlungsabgabe – sonst könnte man Sterne ja überhaupt nicht beobachten – im Gegensatz zur Forderung des thermischen Gleichgewichts. Trotzdem kann man in erster Näherung Sterne als schwarze Körper ansehen.

Die theoretische Interpretation des Strahlungsfeldes des schwarzen Körpers gelang M. Planck (1900) mit der Annahme, daß die Lichtenergie gequantelt ist, das heißt in diskreten Paketen, den Photonen, existiert, die die Energie $h \cdot c/\lambda = h \cdot v$ besitzen (Plancksche Konstante $h = 6{,}626196 \cdot 10^{-34}$ [J · s]). Die Strahlungsenergie, die von 1 cm² der Oberfläche eines schwarzen Körpers pro s und pro Wellenlängeneinheit bei der Temperatur T in die Raumwinkelheinheit austritt, beträgt

$$E(\lambda, T) = \frac{2 \cdot h \cdot c^2}{\lambda^5 \cdot (e^{h \cdot c/\lambda \cdot k \cdot T} - 1)} \quad \text{beziehungsweise} \quad \frac{2 \cdot h \cdot v^3}{c^2 \cdot (e^{h \cdot v/k \cdot T} - 1)}, \quad (1)$$

wobei $k = 1{,}380622 \cdot 10^{-23}$ [J · K⁻¹] die Boltzmann-Konstante ist. Abbildung 1 zeigt diese Energieverteilung für verschiedene astrophysikalisch relevante Temperaturen. Man sieht, daß ein gewisser, aber in Abhängigkeit von der Temperatur verschiedener Energiebetrag bei allen Wellenlängen emittiert wird. Je höher die Temperatur, desto höher ist der Energiebetrag, wobei sich das Strahlungsmaximum zu kürzeren Wellenlängen verschiebt (heiße Sterne erscheinen also blau, kühle rot). Diese letzte Eigenschaft findet ihre gesetzmäßige Formulierung im Wienschen Verschiebungsgesetz

$$\lambda_{\text{max}} = C \cdot T^{-1}. \quad (2)$$

Dabei ist λ_{max} diejenige Wellenlänge, bei der das Strahlungsmaximum liegt. Die Konstante C ergibt sich zu 0,2898, wenn λ in cm und T in K gemessen werden. Summiert man die Beiträge aller Teile des Spektrums auf, so erhält man die Gesamt-

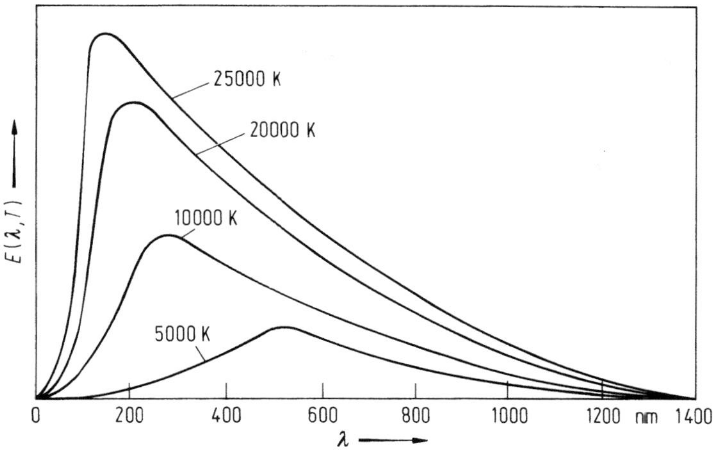

Abb. 1. Plancksche Energieverteilung

energie, die pro s und cm² über alle Wellenlängen und bei einer bestimmten Temperatur T emittiert wird:

$$E(T) = \sigma \cdot T^4 \quad \text{(Stefan-Boltzmannsches Gesetz).} \tag{3}$$

Dabei ist $\sigma = 5{,}66961 \cdot 10^{-8}$ [J · m^{-2} · s^{-1} · K^{-4}] die Strahlungskonstante. Beide Gesetze können mathematisch exakt aus dem Planckschen Strahlungsgesetz hergeleitet werden; sie waren schon früher empirisch gefunden worden. Zwei Näherungen des Planckschen Strahlungsgesetzes sollen noch erwähnt werden, die ebenfalls schon vor Planck bekannt waren. Für kurze Wellenlängen ($h \cdot v/k \cdot T \gg 1$) gilt mit hinreichender Genauigkeit das Wiensche Gesetz

$$E(v, T) = \frac{2 \cdot h \cdot v^3}{c^2} \cdot e^{-(h \cdot v/k \cdot T)} \tag{4}$$

und für den langwelligen Spektralbereich ($h \cdot v/k \cdot T \ll 1$) das Rayleigh-Jeanssche Gesetz

$$E(v, T) = 2 \cdot v^2 \cdot k \cdot T/c^2. \tag{5}$$

9.2.2 Das Linienspektrum

J. Fraunhofer (1814) war der erste, der die nach ihm benannten dunklen Linien im Sonnenspektrum und dann auch in den Spektren der Venus und einiger heller Sterne im Detail untersuchte. Er bestimmte ihre Position im Spektrum und bezeichnete die stärksten Linien mit Buchstaben, die teilweise noch heute neben der exakten wissenschaftlichen Beschreibung benutzt werden. Eine physikalische Deutung jedoch war erst möglich, nachdem die Atomphysik die theoretischen Grundlagen geliefert hatte. Es genügt hier zur Erklärung der wichtigsten Tatsachen ein Atommodell heranzuziehen, das von N. Bohr (1913) entwickelt wurde. Ein Atom besteht aus einem Kern und einem System von Elektronen. Die Gesamtmasse ist praktisch im Kern konzentriert, der aus Protonen, den Trägern der positiven elektrischen Elementarladung und meist zusätzlich aus ladungsfreien Neutronen aufgebaut ist. Die Anzahl der Protonen bestimmt dabei das chemische Element. Das einfachste Atom, das Wasserstoffatom, besitzt zum Beispiel ein Proton, das Sauerstoffatom acht und das Uranatom 92 Protonen. Das nichtionisierte (vgl. später) Atom hat die Gesamtladung Null. Wenn daher der Kern Z Protonen besitzt, müssen Z Elektronen, die Träger der negativen Elementarladung, irgendwie um den Kern verteilt sein. Dabei ist die Masse eines Elektrons zirka 1/1836 der Masse des Protons beziehungsweise Neutrons. Der Radius des Kerns liegt mit zirka 10^{-15} m ungefähr fünf Zehnerpotenzen unter dem des Atoms. Das Studium des relativ einfachen Wasserstoffatoms (1 Proton, 1 Elektron) hilft beim Verständnis der komplexeren Atome, deswegen soll etwas näher auf die Verhältnisse beim Wasserstoffatom eingegangen werden. Seine Spektrallinien erscheinen in bestimmten Serien, deren Gesetzmäßigkeit schon früh durch eine von Rydberg (1890) stammende Formel dargestellt werden konnte:

$$\frac{1}{\lambda} = R \cdot \left(\frac{1}{n^2} - \frac{1}{m^2} \right). \tag{6}$$

Dabei ist $R = 1{,}09737312 \cdot 10^{-2}$ [nm^{-1}] die Rydbergkonstante und n beziehungsweise m sind ganze Zahlen, wobei m immer größer als n ist. Eine Serie entsteht nun, wenn bei festem n alle möglichen Werte von m durchlaufen werden. Die bekannteste Serie (weil sie im sichtbaren Teil des Spektrums liegt) enthält man für $n = 2$. Sie ist nach Balmer (1885) benannt, dem es als erstem gelang, diese spezielle Serie formelmäßig zu erfassen. Nach Bohr kann nun dieses Verhalten erklärt werden, wenn man annimmt, daß das Elektron in bestimmten erlaubten Bahnen in verschiedenem Abstand vom Kern ohne Abgabe von Strahlung diesen umlaufen kann, wobei kernferne Bahnen mit einem höheren Energiezustand des Elektrons verbunden sind und umgekehrt. Eine Möglichkeit für Übergänge des Elektrons zwischen diesen erlaubten Bahnen oder Niveaus ist die Absorption oder Emission elektromagnetischer Strahlung. Da diese aus Photonen besteht, deren Energie von ihrer Wellenlänge abhängt, können nur solche Wellenlängen absorbiert oder emittiert werden, deren Energie gleich der Energiedifferenz der erlaubten Zustände sind. Numeriert man diese erlaubten Energieniveaus, beginnend mit dem kernnächsten, von 1 bis n durch, so produzieren alle Übergänge, die vom ersten Niveau ausgehen beziehungsweise dort enden, die sogenannte Lyman-Serie in Absorption beziehungsweise Emission, die Übergänge, die vom zweiten Niveau ausgehen beziehungsweise dort enden, die Balmer-Serie (Hα, Hβ etc.) und so fort (vgl. Abb. 2). Natürlich sind auch bei einem so einfachen Atom die wahren Verhältnisse etwas unanschaulicher, wie die Quantenmechanik zeigt. Schon wenn man das Heliumatom mit zwei Protonen und normalerweise zwei Neutronen im Kern sowie zwei „Leuchtelektronen" betrachtet, reicht die Bohrsche Theorie zur Beschreibung der Beobachtungen nicht mehr aus. Sie bildet jedoch noch eine ausgezeichnete Näherung an die konsequente Theorie, wenn man nur Einelektronensysteme (z. B. Alkalien oder Ionen (vgl. später) mit nur einem ausgezeichneten Leuchtelektron) betrachtet.

Bei komplexen Atomen werden die Verhältnisse etwas komplizierter. Mit wachsender Kernladungszahl und demnach zunehmender Elektronenzahl werden allmählich die verschiedenen Energieniveaus mit Elektronen aufgefüllt. Dabei ist die maxi-

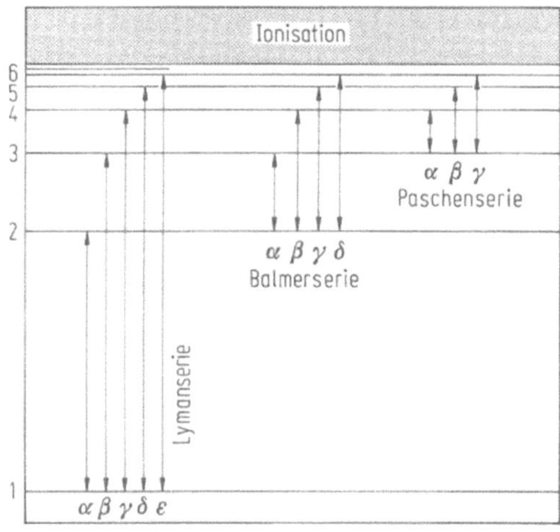

Abb. 2. Energieniveaus des Wasser
stoffatoms (schematisch)

male Anzahl von Elektronen z, die in ein bestimmtes Niveau „passen", abhängig von der Nummer dieses Niveaus. Es gilt nämlich $z = 2 \cdot n^2$, das heißt das innerste Niveau ($n = 1$) kann maximal mit zwei Elektronen besetzt sein, das nächste ($n = 2$) mit 8 Elektronen usw. Dieses sogenannte „Ausschlußprinzip" wurde empirisch von W. Pauli (1925) hergeleitet. Bei schwereren Atomen, zum Beispiel Eisen, brauchen die einzelnen Niveaus nicht sukzessive aufgefüllt zu werden, sondern vor dem Abschluß eines Niveaus kann schon mit dem Aufbau des nächsten begonnen sein. Die äußeren Elektronen können nun komplizierte Übergänge zwischen den nicht oder nur teilweise besetzten Niveaus und manchmal auch innerhalb des gleichen Niveaus machen und so die verschiedensten Spektrallinien erzeugen, die charakteristisch für das betrachtete Atom sind. Dabei treten oft spezielle Gruppen zusammengehörender Linien auf. So zeigt zum Beispiel Natrium immer zwei nahe beieinanderliegende Linien (Dubletts) – am bekanntesten sind die D-Linien im gelben Spektralbereich –, und Magnesium besitzt Singulett- und Triplettlinien.

Viele astronomische Objekte zeigen in ihrem Spektrum sogenannte verbotene Linien, bei deren Entstehung Energieniveaus mit hoher Lebensdauer beteiligt sind. Normalerweise wird ein Elektron, das in einen höheren Energiezustand gekommen ist, diesen nach etwa 10^{-8} s spontan wieder verlassen und einen tieferen Zustand aufsuchen. Es gibt aber auch Zustände, wo es Sekunden, Minuten oder Jahre verweilen kann. Unter „normalen" Bedingungen jedoch kann das Elektron in einem solchen Zustand seine Anregungsenergie (vgl. später) vor Ablauf dieser Zeit durch Wechselwirkung mit anderen Teilchen oder Photonen loswerden, ohne daß es zur Abstrahlung der verbotenen Linien kommt. Nur bei der ungeheuren Verdünnung, in der Gase im Weltraum vorkommen können, sind die Wechselwirkungen manchmal so minimal, daß in diesen Fällen die verbotene Linie letztlich doch entsteht. Zur Unterscheidung von den erlaubten Linien setzt man dann die Elementindikation (vgl. Band 2, Anhang S. 651) in eckige Klammern.

Am kompliziertesten jedoch werden die Spektren, wenn sich zwei oder mehr Atome zu einem Molekül zusammenschließen. Neben Elektronensprüngen in der gemeinsamen Hülle können die Kerne Schwingungen gegeneinander ausführen und um bestimmte Achsen rotieren. Die Quantentheorie fordert auch in diesen Fällen eine Quantisierung der entsprechenden Schwingungs- und Rotationsenergien. Da die entsprechenden Energieunterschiede sehr gering sind, erhält man eine Vielzahl nahe beieinanderliegender Niveaus, deren Übergänge Linien im Ultraroten erzeugen. Erst wenn sich Elektronensprung, Rotation und Kernschwingung überlagern, wird das endgültige Molekularspektrum im sichtbaren und UV-Bereich erzeugt. An Stelle einer einzigen Linie, die dem Elektronensprung entsprechen würde, entsteht eine sogenannte Bande aus sehr vielen nahe beieinanderliegenden Einzellinien, die oft nicht völlig aufgelöst werden können. Meist häufen sich die Linien einer Bande, in Abhängigkeit von der Art des Moleküls und des Elektronensprungs, an ihrem kurzwelligen oder langwelligen Ende und bilden den sogenannten Bandenkopf.

9.2.3 Anregung und Ionisation

Bei niedrigen Temperaturen befinden sich praktisch alle Atome eines Gases im Grundzustand, das heißt sie haben ihr Leuchtelektron im niedrigstmöglichen Energieniveau. Durch Absorption geeigneter Photonen oder durch Kollision mit anderen Teilchen können die Elektronen jedoch in höhere Energieniveaus gebracht werden. Man bezeichnet dann die Atome als angeregt. Wenn man zum Beispiel die Balmerserie betrachtet, so muß zu deren Erzeugung zumindest bei einem Teil der vorhandenen Wasserstoffatome das Elektron im Niveau $n = 2$ sein. Bei wie vielen Atomen das der Fall sein wird, hängt im wesentlichen von der Temperatur des Gases ab.

Die formelmäßige Darstellung dieses Zusammenhangs basiert auf Untersuchungen von L. Boltzmann und ist unter dem Namen Boltzmannsche Formel bekannt:

$$N_{\mathrm{s}} \sim N_0 \cdot e^{-(\chi_{\mathrm{s}}/k \cdot T)}. \tag{7}$$

Dabei bedeutet N_0 die Anzahl der Atome im Grundzustand, N_{s} die Anzahl im angeregten Zustand und χ_{s} die entsprechende Anregungsenergie. T ist die Anregungstemperatur, die im Falle des thermischen Gleichgewichts mit der gaskinetischen (entsprechend der Bewegungsenergie der Teilchen) und der Strahlungstemperatur zusammenfällt, was durchaus nicht immer der Fall zu sein braucht. Selbstverständlich kann man in diesem Zusammenhang nur statistische Angaben machen. Jedes Elektron versucht nach der üblichen Verweilzeit im angeregten Niveau in das Grundniveau zurückzukehren, während bei anderen Atomen entsprechende Niveaus gerade besetzt werden. Wie man sieht, kann auch bei höherer Temperatur N_{s} niemals größer als N_0 werden. Erst bei sehr hohen Temperaturen sind beide Werte etwa gleich groß. In der Sonnenatmosphäre mit einer Temperatur von zirka 6000 K ist zum Beispiel nur ein Wasserstoffatom unter 10^8 im zweiten Niveau angeregt und so in der Lage, eine Balmerlinie zu erzeugen, das heißt, die allermeisten Wasserstoffatome tragen nicht zur Entstehung der Balmerserie bei.

Mit zunehmender Temperatur kann also ein Atom in immer höhere Zustände angeregt werden, bis schließlich das Elektron ganz vom restlichen Atom abgetrennt wird. Man bezeichnet dann das Atom als ionisiert. Die Minimum-Energie, die nötig ist, um ein Atom vom Grundzustand aus zu ionisieren, nennt man Ionisationsenergie. Darüberliegende Energien gehen nach dem Ionisationsprozeß als kinetische Energie an das freie Elektron. Die Anzahl N_{i} der ionisierten Atome (Ionen) einer Atomart, die bei einer bestimmten Temperatur vorhanden sind, liefert die Boltzmannstatistik in Verbindung mit der Quantentheorie und kann mit der von M. N. Saha (1920) stammenden Gleichung beschrieben werden:

$$N_{\mathrm{i}} \sim T^{3/2} \cdot \mathrm{e}^{-(\chi_{\mathrm{i}}/k \cdot T)} \cdot N_0/N_{\mathrm{e}} \, . \tag{8}$$

N_0 ist die Anzahl der neutralen Atome χ_{i} die Ionisationsenergie, N_{e} die Anzahl der freien Elektronen des Gases und T die Ionisationstemperatur, die nur wieder im thermischen Gleichgewicht mit den übrigen Temperaturen zusammenfällt. Der Ausdruck $T^{3/2}$ hat zur Folge, daß mit steigender Temperatur N_{i} immer mehr ansteigt, ohne sich einem Grenzwert zu nähern, das heißt bei genügend hoher Temperatur kann die Mehrzahl der Atome ionisiert sein. Neben der Temperatur spielt die Elektronendichte bei der Ionisation eine bedeutende Rolle. Ist die Anzahl der in einem Gas schon vorhandenen freien Elektronen gering, so ist bei gegebener Temperatur die Ionisation stärker und umgekehrt. Die Ionisationsenergien sind für verschiedene Atomarten verschieden; so sind zum Beispiel Natrium oder Kalium leichter zu ionisieren als Magnesium oder Silizium. Es kann also durchaus vorkommen, daß bei vorgegebenem T und N_{e} ein Element schon mehrfach ionisiert ist (d. h. schon mehrere Elektronen abgegeben hat), während ein anderes im wesentlichen noch neutral ist. Die Energieniveaus eines Ions unterscheiden sich völlig von denen des neutralen Atoms, das heißt in jedem Ionisationszustand existieren spezifische Niveaus, die dann bei entsprechenden Übergängen der verbliebenen Elektronen Spektrallinien ergeben, die für die betreffende Ionensorte charakteristisch sind.

9.3 Die Objekte

Wir müssen grundsätzlich zwischen solchen Objekten unterscheiden, die als Sitz von Energiequellen selbst elektromagnetische Strahlung erzeugen (Sterne), und solchen, die im wesentlichen Strahlung anderer Energiequellen reflektieren (Planeten und Monde ohne Atmosphäre) oder durch Wechselwirkung mit solcher Strahlung (Emissionsnebel, Planeten und Monde mit Atmosphäre, Kometen) oder mit der Erdatmosphäre (Meteore) zur Strahlungsemission oder Absorption veranlaßt werden. Im folgenden soll ein kurzer Überblick über grundlegende spektroskopische Merkmale astronomischer Objekte gegeben werden, an denen sich auch der Amateur versuchen kann. Für Detailfragen sei auf Band 2 dieses Handbuchs verwiesen.

9.3.1 Sterne

Neben der Verschiebung des Maximums der Energieabstrahlung zeigen vor allem die Absorptionslinien in den Spektren der Sterne erhebliche Unterschiede in ihrer Anzahl, Intensität und Position. Da die Verschiebung des Maximums schwieriger zu bestimmen ist, liegt es nahe, Sterne nach gewissen Merkmalen ihrer Spektrallinien zu klassifizieren.

Man mag sich vielleicht wundern, daß gemäß der im vorherigen Abschnitt entwikkelten Konzeption überhaupt dunkle Linien im Sternspektrum zu sehen sind, denn jedes angeregte Atom gibt ja nach einer normalerweise sehr kurzen Zeitspanne die absorbierte Energie wieder ab. Vor allem bei den Resonanzlinien (Übergänge zwischen dem Grundniveau und dem ersten angeregten Niveau) bleibt dem Elektron nur die Möglichkeit, wieder in den Grundzustand zurückzukehren unter Aussendung der gleichen Spektrallinie, die es vorher absorbiert hat. (Es sei denn, es wird nochmals während der kurzen Verweilzeit im angeregten Zustand durch Absorption eines Photons oder durch Stoß mit einem anderen Teilchen noch weiter angeregt, was man aber nicht immer voraussetzen kann.) Diese spontane Reemission geschieht aber für verschiedene Atome in dieser Situation isotrop in alle Richtungen, also nur zu einem gewissen Teil in Richtung Beobachter. Sieht man von Resonanzlinien ab, so bleibt dem Elektron auch noch der Weg über verschiedene Zwischenniveaus unter Aussendung völlig anderer Spektrallinien, so daß in jedem Falle als Nettoeffekt eine Schwächung im Kontinuum bei der Absorptionswellenlänge auftritt, nämlich eine „dunkle Linie". Temperatur, chemische Zusammensetzung und in weit geringerem Maße der Gasdruck der Sternatmosphäre – die eine Ausdehnung von einigen Promille bis Prozent des Sternradius hat – sind die entscheidenden Faktoren, die das Aussehen des Sternspektrums bestimmen. Nimmt man an, daß die chemische Zusammensetzung der Atmosphäre aller Sterne in etwa die gleiche ist, so bleibt zunächst als bestimmende Größe die Oberflächentemperatur.

Eine Klassifikation gemäß der Stärke der Linien verschiedener Elemente wurde schon sehr frühzeitig durchgeführt und ist unter dem Namen „Harvard-Klassifikation" bekannt. Aber erst mit Hilfe der Ionisationstheorie von Saha war es möglich, die Intensitäten der verschiedenen Spektrallinien auch quantitativ zu deuten. Abbildung 3 zeigt für einige Elemente die nach (7) und (8) ermittelte Anzahl der Atome in einem bestimmten angeregten Zustand relativ zur jeweiligen Gesamtanzahl als Funktion der Temperatur bei einer mittleren Elektronendichte. Das Spektrum neutraler Atome ist, wie in der Astrophysik üblich, durch eine hinter die Elementindikation gesetzte römische I und das höherer Ionisationsstufen durch entsprechend höhere Zahlen gekennzeichnet (z. B. neutrales Kalzium: CaI, einfach ionisiertes Kalzium: CaII etc., vgl. Band 2, Anhang S. 651). Das Erreichen einer neuen Ionisationsstufe ist natürlich

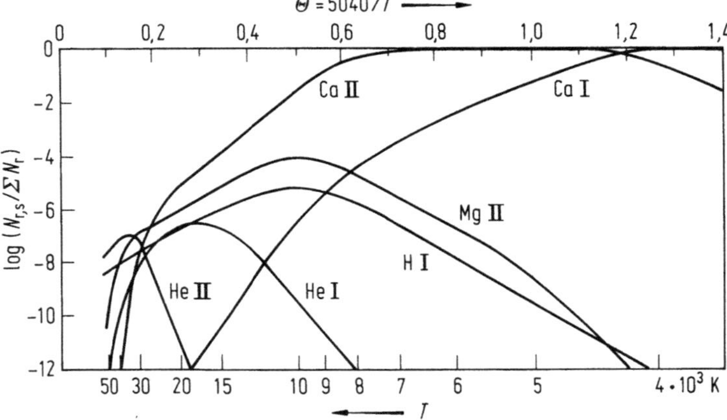

Abb. 3. Ionisation und Anregung in Abhängigkeit von der Temperatur (nach Unsöld)

auch, wie schon erwähnt, eine Funktion der für die verschiedenen Elemente verschiedenen Ionisationsenergie (Ca: niedrige Ionisationsenergie, He: hohe Ionisationsenergie). Da die Buchstabenbezeichnungen der alten Spektralklassen beibehalten wurden, erhielt man, nun nach fallenden Temperaturen geordnet (ca. 30 000 K bis 3000 K), folgende Sequenz:

$$O - B - A - F - G - K - M$$

Zur Verfeinerung wird noch jede Klasse dezimal unterteilt.

Historisch bedingt ist auch die Bezeichnung der heißen Sterne O, B, A als „frühe" und die der kühlen Sterne K, M als „späte" Spektraltypen. Sie hat natürlich nichts mit dem Alter dieser Sterne zu tun.

Die wichtigsten spektralen Unterscheidungsmerkmale und die dazugehörenden Oberflächentemperaturen sind in Tabelle 1 zusammengefaßt.

Tabelle 1

Spektral-klasse	Farbe	Atmosphären-temperatur (K)	Kriterien	Typische Vertreter	
O	blau	> 25 000	Linien hochionisierter Atome, vor allem He II, Si IV, N III, Balmerserie sehr schwach	ζ Pup 10 Lac	O 5 O 9
B	blau	11 000 – 25 000	Zwischen B 0 und B 5 verschwindet He II, He I wird stärker und verschwindet bei B 9. Außerdem Linien von Si II, Si III, O II, Mg II, Balmerserie von O nach A zunehmend	α Vir (Spica) β Ori (Rigel)	B 1 B 8
A	blau	7 500 – 11 000	Maximum der Balmerserie bei A 2, He I fehlt, Linien einfach ionisierter Elemente wie Mg II, Si II, Fe II, Ti II, Ca II etc. (Maximum bei A 5), Linien neutraler Elemente schwach	α Lyr (Wega) α CMa (Sirius)	A 0 A 1
F	blau/weiß	6 000 – 7 500	Balmerserie abnehmend, Linien ionisierter und neutraler Metalle etwa gleich stark, Ca II stark	α Car (Canopus) α CMi (Prokyon)	F 0 F 5
G	weiß/gelb	5 000 – 6 000	Balmerserie weiter abnehmend, CA II sehr stark, Linien neutraler Metalle sehr stark, erstes Auftreten von CH-Banden	α Aur (Capella) Sonne	G 0 G 2
K	orange/rot	3 500 – 5 000	Linien neutraler Metalle (vor allem mit geringer Anregungsenergie) sehr stark, CN- und CH-Banden, ab K 5 TiO-Banden, Balmerserie sehr schwach	α Boo (Arktur) α Tau (Aldebaran)	K 2 K 5
M	rot	< 3 500	TiO-Banden sehr stark, ebenso Linien neutraler Metalle mit geringer Anregungsenergie, z. B. Ca I	α Sco (Antares) α Ori (Beteigeuze)	M 1 M 2

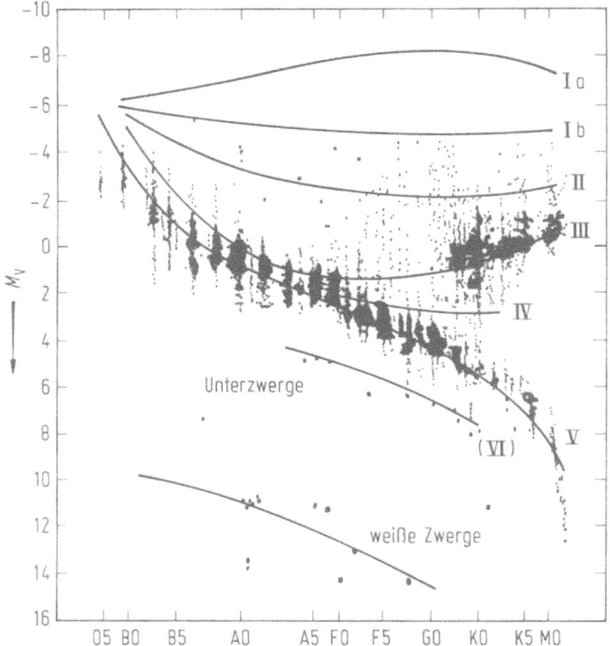

Abb. 4. Hertzsprung-Russel-Diagramm (nach Scheffler, Elsässer)

Trägt man die absoluten Helligkeiten der Sterne gegen ihren Spektraltyp auf, so sieht man, daß die überwiegende Mehrzahl aller Sterne nur ein schmales Band, die sogenannte Hauptreihe, bevölkern, das sich diagonal von den absolut helleren O-Sternen zu den absolut schwächeren M-Sternen zieht. Diesem Diagramm gab man den Namen Hertzsprung-Russell-Diagramm, nach den beiden Astronomen, die 1907 und 1913 zum ersten Male solche Untersuchungen durchführten. Abbildung 4 zeigt das Ergebnis für zirka 6700 Sterne. Die vertikale Streuung rührt zum Teil von unsicheren Bestimmungen der absoluten Helligkeit her. Vor allem oberhalb der Hauptreihe finden sich weitere Sternanhäufungen. Das bedeutet, daß Sterne derselben Spektralklasse, aber verschiedener absoluter Helligkeit, bei derselben Oberflächentemperatur verschieden große Energiemengen abstrahlen. Dies ist aber nur möglich, wenn der absolsut hellere Stern eine größere Oberfläche und somit einen größeren Radius hat. In diesem Sinne sind die folgenden Bezeichnungen zu verstehen, die von Morgan und Keenan bei der feineren Einteilung der Sterntypen entsprechend ihrer Größe in sogenannte Leuchtkraftklassen vorgenommen wurde und die durch römische Ziffern gekennzeichnet werden:

I b, I ab, I a, I a-O	Überriesen mit hoher bis höchster Leuchtkraft	V	Hauptsequenzsterne (Zwerge)
II	helle Riesen	VI	Unterzwerge
III	Riesen	VII	weiße Zwerge, oft auch durch
IV	Unterriesen		ein vorgestelltes D gekennzeichnet

Beispiele für diese MK-Klassifikation: β Ori (Rigel) B 8 Ia, Sonne G 2 V, α Boo (Arktur) K 2 III, α Ori (Beteigeuze) M 2 Iab (vgl. auch Objektivprismen-Spektren von Hauptreihensternen und Beispiele verschiedener Leuchtkraftklassen in Band 2, Anhang S. 652 f!).

Die Spektren der Zwerge, Riesen und Überriesen der gleichen Spektralklasse unterscheiden sich in kleinen, aber durchaus merklichen Details. Als Leuchtkraftkriterien dienen vor allem die Breiten der Balmerlinien (schmaler bei Überriesen) und das Intensitätsverhältnis der Linien bestimmter Ionen zu denen neutraler Atome (Linien der Ionen stärker und Linien neutraler Atome schwächer bei Überriesen). Da beim Übergang von Zwergen zu Überriesen die Materiedichte in der Atmosphäre abnimmt, wird einerseits die sogenannte Druckverbreiterung geringer (H-Linien) und andererseits der Ionisationsgrad höher (Metallinien, Saha-Gleichung).

Über 99 % aller bekannter Sterne passen in dieses erweiterte Schema. Die übrigen besitzen entweder eine anomale Häufigkeit bestimmter Elemente in ihren Atmosphären, oder die Physik der Linienbildung ist anders, das heißt die Sterne haben zum Beispiel starke Magnetfelder oder zeigen hohe Rotationsgeschwindigkeiten verbunden mit Massenverlust etc. Am heißen Ende der Spektralsequenz treten die sogenannten Wolf-Rayet-Sterne, die Be- und Hüllensterne und Sterne mit anomalem He-Gehalt sowie solche mit Stickstoffanomalien auf. Im Bereich der A-Sterne kommen solche mit starken Magnetfeldern sowie solche mit Metallanomalien hinzu. Bei den späteren Typen erfolgt eine Verzweigung bei K in S- und C (R, N)-Sterne, die eine Nebensequenz mit Häufigkeitsanomalien bilden.

Auf die große Gruppe der physisch veränderlichen Sterne, die teilweise auch nicht in die normale Sequenz passen, soll hier nicht näher eingegangen werden. Diese Objekte sind oft zu schwach, um mit den Hilfsmitteln des Amateurs mit der nötigen Zeitauflösung spektroskopiert werden zu können. Nur die Novae sollen noch kurz betrachtet werden, da sich hier durchaus auch dem Amateur hin und wieder die Möglichkeit bietet, interessante spektroskopische Beobachtungen zu machen. Novae sind weiße Zwerge in einem engen Doppelsternsystem, deren Helligkeit in sehr kurzer Zeit (Stunden bis Monate) um bis zu 16^m ansteigt, um dann im Verlauf von Jahren zum Ausgangswert zurückzukehren. Trotz Unterschiede in der zeitlichen Entwicklung sind die Spektren der einzelnen Novae in den verschiedenen Ausbruchstadien so ähnlich, daß man sie in einer gesonderten Klasse Q mit der Sequenz 0 bis 9 zusammenfassen kann.

Im Praenovazustand Spektrum meist A VI. Nach dem Praemaximumhalt (ca. 2^m unterhalb des Maximums) im flacheren Anstieg Spektrum Q 0: A-Spektrum mit stark blau verschobenen Absorptionslinien (vgl. später), die in einer rasch expandierenden (bis ca. 1000 km/s) Hülle entstehen. Im Helligkeitsmaximum und kurz danach (Q 1, Q 2): in etwa F-Überriesen-Charakter. In der ersten Abstiegsphase bis etwa $3^m_\cdot5$ unterhalb des Maximums: Q 3: Kräftige Emission des H und ionisierter Metalle mit Absorptionskanten am kurzwelligen Rand; Q 4, Q 5: Breite, diffuse Absorptionslinien von H, O II, N II, N III aus einer zweiten (manchmal mehreren) mit höherer Geschwindigkeit abgestoßenen Hülle (bis einige 1000 km/s); Q 6: Emissionen von He und [N II]. Das anschließende Übergangsgebiet verläuft für jede Nova individuell. Es können starke Helligkeitsschwankungen oder auch ein Minimum auftreten. Alle Novae kehren anschließend zu einer Helligkeit zirka 6^m unterhalb des Maximums zurück. In diesem Übergangsstadium entwickelt sich das „Nebelspektrum" (Q 7): Reines Emissionslinienspektrum (He I, Fe II, Fe III, C II, O II etc.). Erscheinen der bekannten verbotenen grünen Sauerstofflinien des [O III]. In der langsamen Abstiegsphase erreicht [O III) ein Maximum (Q 8, Q 9). Die Postnova schließlich zeigt ein kontinuierliches O-Spektrum, überlagert von schmalen Emissionen des H, He I und [O III].

9.3.2 Die Sonne

Die Nähe der Sonne gestattet es, spektroskopische Untersuchungen gewisser Detailer-scheinungen vorzunehmen, die auf diese Art bei allen anderen Sternen nicht möglich sind. Die „ungestörte" Sonne besitzt ein normals G2V-Spektrum mit einem sehr großen Linienreichtum. In der Rowland Tables (Moore, Minnaert u. Houtgast [1]) sind im Bereich $\lambda\lambda$ 293,5–877 nm ca. 24 000 Linien aufgelistet. Davon sind ca. 20 000 identifiziert und ihre wichtigsten Daten, wie Intensität und Anregungsenergie, zusammengestellt. Im roten Spektralbereich macht sich zunehmend die Absorption der Erdatmosphäre bemerkbar. Die so entstehenden sogenannten tellurischen Linien machen zwischen $\lambda\lambda$ 600 und 900 nm zirka 60% der Linien im Sonnenspektrum aus. Ebenfalls aufgeführt sind die Linien der Sonnenflecke, die als Gebiete tieferer Temperaturen (ca. 1600 K kühler als die Umgebung) ein Spektrum ähnlich eines K0-Sterns aufweisen, das heißt die Linien neutraler Elemente, vor allem von Ca, V, Cr und Ti, sind gegenüber dem normalen Sonnenspektrum verstärkt und die Linien der Ionen sowie die Balmerserie geschwächt. Zusätzlich treten Molekülbanden vor allem von MgH, TiO und CaH sowie Linien von Li, Ru und In auf. Manchmal, vor allem wenn sich Lichtbrücken über die Flecken ziehen, können die Balmerlinien auch in Emission erscheinen. Auch die Spektren des Sonnenrands zeigen jene Charakteristiken, die für die Sterne niedrigerer Temperaturen typisch sind.

Im Verlauf einer totalen Sonnenfinsternis beobachtet man das sogenannte Flash-Spektrum der Chromosphäre. Es besteht nur aus Emissionslinien, da wegen der tangentialen Sicht am Sonnenrand die Absorption wegfällt und nur die Reemission übrigbleibt. Zirka 3000 Linien sind bekannt, die jedoch nicht einfach eine Umkehrung des normalen Sonnenspektrums darstellen. So treten Linien der Ionen und Linien neutraler Atome mit hoher Anregungsenergie verstärkt und Linien neutraler Atome mit niedriger Anregungsenergie geschwächt auf. Daneben bebachtet man starke He I-Linien, insbesondere die sogenannte D 3-Linie (587,6 nm). Dies alles deutet auf eine erhöhte Temperatur der Chromosphäre hin. Genaue Untersuchungen zeigen, daß die Temperatur vom Sonnenrand unstetig bis auf zirka 10^6 K bei etwa 10^4 km Höhe ansteigt, wo der Übergang in die Korona beginnt. Diese erscheint bei totalen Finsternissen als ein ausgedehnter weißlicher Strahlenkranz mit einer Ausdehnung von einigen 10^6 km und bildet den äußersten Teil der Sonnenatmosphäre. Im optischen Spektrum ist die Strahlung aus der K-, L- und F-Korona überlagert. Während das F-Spektrum ein normales, an interplanetarem Staub weitab von der Sonne reflektiertes Sonnenspektrum darstellt (Übergang in das Zodiakallicht), besteht das K-Spektrum aus einem reinen Kontinuum, das durch Streuung des Sonnenlichts an freien Elektronen direkt über der Chromosphäre entsteht. Die thermischen Geschwindigkeiten der Elektronen sind dabei wegen der hohen Temperaturen (Aufheizung durch Stoßwellen aus der Chromosphäre) so groß, daß die Linien aufgrund des Dopplereffekts (vgl. später) völlig verschmiert werden. Das Spektrum der L-Korona schließlich stellt das „Eigenlicht" der Korona dar. Es besteht aus verbotenen Emissionslinien hochionisierter (9- bis 15fach) Elemente, zum Beispiel Fe, Ca, V, Cr, Mn, K, Co. Über 30 Linien, vor allem im kurzwelligen Spektralbereich, konnten identifiziert werden. Die bekanntesten sind die grüne ([Fe XIV], 530,3 nm), die gelbe ([Ca XV], 596,4 nm) und die rote Koronalinie ([Fe X], 637,4 nm). Die hohe Ionisation wird dabei durch Stöße mit den schnellen Elektronen erzeugt, und infolge der äußerst geringen

Dichte können dann, ähnlich wie bei Emissionsnebeln, verbotene Linien abgestrahlt werden.

Auf andere spektrale Eigenarten von Sonnenphänomenen soll hier nicht eingegangen werden, da zu ihrer Beobachtung meist ein zu großes und kostspieliges Instrumentarium nötig wäre.

9.3.3 Planeten und Monde

Alle Planeten, außer Merkur und eventuell Pluto, besitzen gasförmige Atmosphären. Meist reflektieren dichte Wolken das Sonnenlicht, das dabei einen Teil der äußeren Atmosphäre durchsetzt. Ein Planetenspektrum setzt sich also aus einem Sonnenspektrum und zusätzlichen Absorptionsbanden zusammen, die von den Gasen der Planetenatmosphäre herrühren. Da diese teilweise ähnlich unserer Erdatmosphäre aufgebaut sind, können sich die tellurischen Linien sehr störend bemerkbar machen. Die beobachteten Planetenbanden liegen meist im roten und infraroten Spektralbereich und können folgenden Molekülen zugeschrieben werden: *Venus*: CO_2, H_2O, HCl, HF, *Mars*: CO_2, H_2O, *Jupiter* und *Saturn*: H_2, CH_4, NH_3, *Uranus* und *Neptun*: H_2, CH_4. Nicht alle Gase können spektroskopisch ermittelt werden, da bei den Temperaturen der Planetenatmosphären viele Linien von Elementen, die möglicherweise vorhanden sein könnten, im beobachteten Spektralbereich nicht auftreten.

Unter den Monden besitzt scheinbar nur der Saturnmond Titan eine permanente Atmosphäre, in der CH_4 nachgewiesen ist. Alle anderen Monde, unser Erdmond und die Saturnringe eingeschlossen, zeigen, nach Eliminierung der tellurischen Linien, ein reines Sonnenspektrum, reflektieren also lediglich das Sonnenlicht.

9.3.4 Kometen

Befindet sich ein Komet in größerer Entfernung von der Sonne, so ist allein der Kern vorhanden, dessen Spektrum aus reflektiertem Sonnenlicht besteht. Bei Annäherung an die Sonne verdampfen Teile aus dem Kern. Durch photochemische Prozesse werden diese weiter zerkleinert und bilden so eine diffuse Hülle, die Koma, die durch das Sonnenlicht zu Fluoreszenz- oder Resonanzleuchten angeregt wird. Im Spektrum findet man dann neben dem Sonnenlicht Emissionsbanden der folgenden Moleküle, Radikale und Radikalionen: OH, NH, NH_2, CH, CN, C_2, C_3, OH^+, CH^+ sowie in nächster Sonnennähe Atomlinien von Na und teilweise von Ni, Fe und O. Kommt der Komet etwa in den Bereich der Marsbahn, dann bildet sich, verursacht durch den Strahlungsdruck der Sonne und den solaren Wind (Ionen und Elektronen mit Geschwindigkeit von ca. 400 km/s in Erdabstand), der charakteristische Kometenschweif. Man unterscheidet im wesentlichen zwei Typen: Die langgestreckten, schmalen Schweife des Typ I zeigen in ihren Spektren Emissionsbanden in erster Linie von CO^+ und daneben solche von CO_2^+, CH^+, CN^+, C^+, OH^+, N_2^+ und H_2O^+, die aufgrund weiterer Ionisation durch kurzwellige Sonnenstrahlung entstehen. Die breiten, diffusen Schweife von Typ II bestehen aus kolloidalen Teilchen, die lediglich das Sonnenlicht reflektieren.

9.3.5 Meteore

Als Meteor bezeichnet man die Leuchterscheinung, die entsteht, wenn kleine feste Partikel (Masse meist zwischen 10^{-3} und 10^{-5} kg) in die Erdatmosphäre eindringen. Durch Kollision mit atmosphärischen Teilchen (die dabei ionisiert werden) verdampft das Material des eingedrungenen Körpers an seiner Oberfläche (oder auch der ganze Körper) und wird zum Leuchten angeregt. Das charakteristische Spektrum, das dabei entsteht, hängt etwas von der Bahn und der Eindringgeschwindigkeit ab. Im wesentlichen erhält man ein Linienemissionsspektrum, dem ein schwaches Kontinuum unterlagert sein kann. Meist treten niedrig angeregte Linien von Fe I, Na I, Ca I, Mg I und Ca II H und K auf, aber auch Linien von Al I, Si I, Cr I, Mn I, Ni I und sogar H_α und H_β sind beobachtet worden. Linien von Ionen sind bei schnelleren Meteoren mit Relativgeschwindigkeiten > zirka 30 km/s oder auch bei langsameren am Ende ihrer Bahn vorhanden. Gelegentlich findet man auch N_2-Banden, die aber tellurischen Ursprungs sind. Die verbotene grüne O I-Linie bei 557,7 nm, die manchmal kurz nach dem Eintauchen in die Erdatmosphäre für zirka 1 bis 2 s auftritt, hat noch keine Erklärung gefunden. Man kann die Meteorspektren entsprechend ihrer dominierenden Linien und der Linienanzahl in vier Typen und Klassen einteilen:

Typ X:	entweder Na-D oder Mg I (518,4 nm oder 383,8 nm) dominierend,
Typ Y:	Ca II H und K dominierend,
Typ Z:	Fe I- oder Cr I-Linien dominierend,
Typ W:	keiner der vorhergehenden Fälle zutreffend,
Klasse a:	> 49 Linien,
Klasse b:	20–49 Linien,
Klasse c:	10–19 Linien,
Klasse d:	1–9 Linien.

Die meisten der bis jetzt erhaltenen Meteorspektren sind vom Typ Z und der Klasse d.

9.4 Die Instrumente

Es sollen hier im wesentlichen allgemeine Gesichtspunkte erörtert werden. Auf spezielle Vorrichtungen wird nur eingegangen, soweit diese im Rahmen der Amateurastronomie möglich sind. Siehe auch Abschnitt 2.7.7 in diesem Band.

9.4.1 Die Mittel der spektralen Zerlegung

Der wesentliche Bestandteil eines Spektralapparats ist ein dispergierendes Element. Einfallendes Licht verläßt dieses separiert, gemäß seinen verschiedenen Wellenlängen in verschiedene Richtungen. Gewöhnlich werden Prismen und verschiedene Typen von Gittern dazu verwendet. Die Möglichkeit des Interferometers soll nur erwähnt werden.

9.4.1.1 Das Prisma. Trifft Licht schräg auf eine Glasfläche, so erfährt es wegen der unterschiedlichen Ausbreitungsgeschwindigkeit in Luft und Medium eine Richtungsänderung, es wird gebrochen. Das Brechungsgesetz (Snelliussches Gesetz) lautet:

$$\frac{\sin \alpha}{\sin \beta} = \frac{c_1}{c_2} = \frac{n_2}{n_1} = n \, . \tag{9}$$

Dabei sind α und β Einfalls- und Brechungswinkel bezüglich der Normalen, c_1 und c_2 die Ausbreitungsgeschwindigkeiten in Luft und Medium und n_1 und n_2 die entsprechenden Brechungsindizes. Meist gibt man nur den gegen Luft gemessenen relativen Brechungsindex n an. Beim Durchgang durch ein Prisma sind also zwei solche Richtungsänderungen vorhanden. Die Größe des Ablenkungswinkels φ ändert sich dabei mit dem Einfallswinkel und dem Winkel γ an der brechenden Kante des Prismas. Die Ablenkung ist am kleinsten, wenn der Lichtstrahl das Prisma symmetrisch, also parallel zur Basis B durchläuft und so einfallender und abgelenkter Strahl bezüglich der jeweiligen Normalen auf die Prismenfläche den gleichen Winkel einschließen. Bei kleinem Einfallswinkel und kleinem γ gilt allgemein für die Abhängigkeit des Ablenkungswinkels

$$\varphi \approx (n - 1) \cdot \gamma \, . \tag{10}$$

Bei symmetrischem Durchgang ergibt sich exakt für beliebige γ

$$\varphi = 2 \arcsin \left(n \cdot \sin \left(\gamma/2 \right) \right) - \gamma \, . \tag{11}$$

Da der Brechungsindex wellenlängenabhängig ist ($n_{\text{rot}} < n_{\text{blau}}$), wird blaues Licht mehr abgelenkt als rotes. Die Änderung von φ mit der Wellenlänge λ bezeichnet man als die Winkeldispersion des Primas. Sie ist wie der Brechungsindex eine Materialeigenschaft und hängt zusätzlich noch von γ ab. Für symmetrischen Durchgang ergibt sie sich zu:

$$\frac{\mathrm{d}\varphi}{\mathrm{d}\lambda} = \frac{2 \sin \left(\gamma/2 \right)}{\left(1 - n^2 \cdot \sin^2 \left(\gamma/2 \right) \right)^{1/2}} \frac{\mathrm{d}n}{\mathrm{d}\lambda} \, . \tag{12}$$

Diese Beziehung vereinfacht sich bei einem 60°-Prisma aus herkömmlichen Prismenmaterial mit $1,4 < n < 1,6$ zu

$$\frac{\mathrm{d}\varphi}{\mathrm{d}\lambda} \approx n \cdot \frac{\mathrm{d}n}{\mathrm{d}\lambda} \, . \tag{13}$$

Die Änderung des Brechungsindex mit der Wellenlänge $\mathrm{d}n/\mathrm{d}\lambda$ läßt sich berechnen (Daten betreffend optischer Gläser liefert zum Beispiel Schott in Mainz). Selbstverständlich nimmt die Winkeldispersion bei vorgegebenem Prisma zu, wenn man keinen symmetrischen Durchgang wählt. Das hat aber den Nachteil, daß sich dann die Abbildungsqualität verschlechtert und das Auflösungsvermögen A verringert wird. Letzteres gibt an, welche Wellenlängendifferenz $\Delta\lambda$ bei einer bestimmten Wellenlänge λ noch getrennt werden kann und sollte natürlich möglichst groß sein. Beim voll ausgeleuchteten Prisma (symmetrischer Strahlengang) ergibt es sich zu

$$A = \frac{\lambda}{\Delta\lambda} = B \cdot \frac{\mathrm{d}n}{\mathrm{d}\lambda} \, . \tag{14}$$

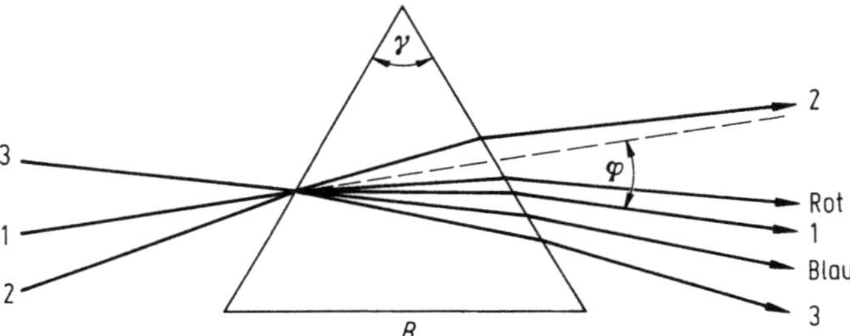

Abb. 5. Strahlengang und Dispersion beim Prisma (schematisch)

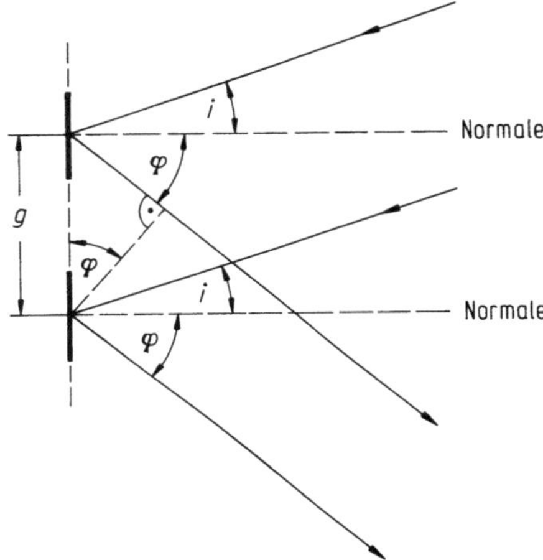

Abb. 6. Geometrie des Reflexionsgitters

Es hängt also insbesondere nicht vom Winkel γ, sondern neben $dn/d\lambda$ nur von der Basislänge des Prismas ab, die bei nichtsymmetrischem Durchgang effektiv verringert wird. Für ein herkömmliches Prisma von 10 cm Basislänge ergibt sich A in der Größenordnung von 10^4.

Möchte man bei geringer Ablenkung eine möglichst große Dispersion erreichen, so verwendet man ein geradsichtiges Prisma, das gewöhnlich aus drei oder fünf Prismen, jeweils mit entgegengesetzter Orientierung und unterschiedlichem Brechungsindex, zusammengesetzt ist. Das unterschiedliche Verhalten von Materialien (z. B. Kronglas und Flintglas) bezüglich Brechung und Dispersion ermöglicht solche Spezialkonstruktionen.

9.4.1.2 Beugungsgitter. Unter einem Beugungsgitter versteht man eine große Anzahl feiner Furchen, die mit jeweils gleichem Abstand parallel auf einer ebenen oder konkaven Oberfläche (z. B. Glas) eingeritzt sind. Den Abstand zweier Furchen beziehungsweise unverletzter Streifen bezeichnet man dabei als Gitterkonstante g. Man unterscheidet zwischen Durchlaß- und Reflexionsgittern; für die Theorie jedoch ist es gleichgültig, welcher Gittertyp betrachtet wird. In der Praxis haben Reflexionsgitter eine weitere Verbreitung gefunden. Trifft nun auf ein solches Gitter paralleles Licht, so wirken die unverletzten Streifen zwischen den Furchen als lichtdurchlässige beziehungsweise reflektierende beugende Spalte. Durch das Zusammenwirken vieler solche Spalte wird das Licht einer bestimmten Wellenlänge nur in ganz bestimmte Richtungen durch Interferenz verstärkt. Die Lage dieser Intensitätsmaxima ist durch die Bedingung

$$g \cdot (\sin i + \sin \varphi) = m \cdot \lambda \tag{15}$$

gegeben, wobei i der Einfallswinkel, φ der Beugungswinkel und λ die Wellenlänge des Lichts ist. Die Ordnungszahl m kann die Werte 0, ± 1, ± 2 etc. annehmen, das heißt wenn man vom Fall $m = 0$ absieht (ungebeugt reflektiert bzw. durchgelassen für $i = \varphi$), so muß der Gangunterschied benachbarter Strahlen ein ganzzahliges Vielfaches der Wellenlänge sein, damit sich das Licht in Richtung φ ausbreiten kann. Ein negativer Wert von m tritt auf, wenn einfallender und gebeugter Strahl nicht auf der gleichen Seite der Normalen liegen und $|\varphi| > i$ ist.

Da die Maximumbedingung für beliebige λ gilt, erhält man bei Verwendung von weißem, das heißt mehrfarbigem Licht eine Trennung nach Wellenlängen. Im Unterschied zum Prisma ist hier die Ablenkung direkt proportional zur Wellenlänge (sog. Normalspektrum), für rotes Licht also stärker als für blaues. Die Winkeldispersion ist dabei nahezu unabhängig von λ und ergibt sich als

$$\frac{\mathrm{d}\varphi}{\mathrm{d}\lambda} = \frac{m}{g \cdot \cos \varphi}, \tag{16}$$

das heißt sie ist umso größer, je höher die Ordnung, in der man beobachtet, und je kleiner die Gitterkonstante. In jeder Ordnung entsteht ein ganzes Spektrum mit praktisch konstanter Dispersion (bis auf die Änderung von $\cos \varphi$), wobei aber mit zunehmender Ordnungszahl eine immer größere Überlappung eintritt, das heißt das violette Ende des folgenden dem roten Ende des vorhergehenden Spektrums überlagert ist. So koinzidiert zum Beispiel 800 nm in der 1. Ordnung mit 400 nm in der 2. Ordnung. Um das hohe Auflösungsvermögen des Gitters dennoch ausnutzen zu können, kann man eine Vorzerlegung des interessierenden Spektralbereichs mit einem Prisma oder Filter vornehmen. Daneben kann m natürlich nicht beliebig groß werden, die maximale Zahl ist durch $m_{\max} = 2 \cdot g/\lambda$ gegeben. In der Praxis begnügt man sich meist mit der 1. oder 2. Ordnung.

Das Auflösungsvermögen ergibt sich beim Gitter zu

$$A = \frac{\lambda}{\Delta \lambda} = m \cdot Z, \tag{17}$$

wobei Z die Gesamtzahl der Furchen ist. Mit handelsüblichen Gitterdimensionen erreicht man ein Auflösungsvermögen in der Größenordnung 10^4 bis 10^5. Hierbei ist jedoch immer vorausgesetzt, daß die Qualität des Gitters nicht zu schlecht ist, denn zum Beispiel ergeben unregelmäßige Furchen keine deutlichen Interferenzen, und periodische Teilungsfehler produzieren störende Nebenmaxima, sogenannte Gittergeister.

Theoretisch sollte die Intensität des Spektrums mit zunehmender Ordnung geringer werden. Dies ist aber nicht bei jedem Gitter der Fall und hängt von der Form der eingeritzten Furchen ab. Durch geeignete Formgebung kann man sogar erreichen, daß fast die gesamte Intensität (wie beim Prisma) in einer Richtung, das heißt also in *einem* Spektrum bestimmter Ordnung erscheint und so zusätzlich noch ein hohes Auflösungsvermögen vorliegt. Ein solches Gitter bezeichnet man als Blaze-Gitter. Das Echelle-Gitter, bei dem man die schmalen Seiten von rechtwinkeligen Furchen mit großer Gitterkonstante benutzt, soll ebenfalls nur erwähnt werden. Hohes Auflösungsvermögen (bis zu 10^6) wird hierbei durch einen äußerst geringen überlappungsfreien Spektralbereich erkauft.

9.4.2 Die Anordnung im Spektralapparat

In diesem Abschnitt sollen die wesentlichen Anordnungen der Spektralapparate in ihren Grundzügen beschrieben werden. Wichtige, spezielle Montierungen werden nur kurz erwähnt.

9.4.2.1 Die spaltlose Anordnung. Den einfachsten Spektralapparat, das Objektivprisma, erhält man, indem vor das Objektiv eines Teleskops am Tubusende ein Prisma mit kleinem brechenden Winkel montiert wird. Der große Vorteil der Anordnung liegt darin, daß gleichzeitig die Spektren aller Objekte im Gesichtsfeld erhalten werden können, wenn nur das Prisma das gesamte Objektiv abdeckt. Aus der Winkelbeziehung für symmetrischen Durchgang läßt sich der Winkel $\beta = \varphi/2$ zwischen der Prismenbasis und der optischen Achse des Fernrohrs errechnen. Ist f die Brennweite des Objektivs, dann ergibt sich die wellenlängenabhängige Dispersion d der Spektren in der Fokalebene zu

$$d = f \cdot \frac{\mathrm{d}\varphi}{\mathrm{d}\lambda} \tag{18}$$

$$= f \cdot \frac{2\sin(\gamma/2)}{(1 - n^2 \cdot \sin^2(\gamma/2))^{1/2}} \frac{\mathrm{d}n}{\mathrm{d}\lambda}. \tag{19}$$

Gewöhnlich gibt man jedoch den reziproken Wert von d an, den man nicht ganz korrekt auch als „Dispersion" (normalerweise in nm/mm) bezeichnet. Durch Kombination der Gleichungen für das Auflösungsvermögen und die Winkeldispersion des

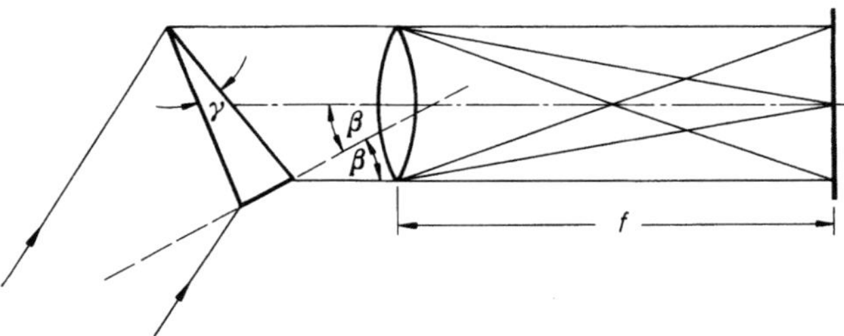

Abb. 7. Prinzip des Objektivprismas

Prismas ergibt sich die Auflösung Δl der Gesamtanordnung in der Fokalebene bei der Wellenlänge λ:

$$\Delta l = \frac{2f \cdot \lambda \cdot \sin(\gamma/2)}{B \cdot (1 - n^2 \cdot \sin^2(\gamma/2))^{1/2}}. \tag{20}$$

Die Verwendung eines Objektivgitters ist wegen der schwachen Intensität der Beugungsbilder normalerweise nur in Kombination mit einem Objektivprisma üblich (vgl. später).

9.4.2.2 Die Anordnung mit Spalt

a) *Generelle Gesichtspunkte.* Etwas aufwendiger, aber in vieler Hinsich vorteilhafter ist die Anordnung mit Spalt, deren prinzipiellen Aufbau Abbildung 8 zeigt. Im Brennpunkt des Fernrohrobjektivs (Durchmesser D, Brennweite f) befindet sich der Spalt S, auf den das Seeing- beziehungsweise Beugungsscheibchen des zu beobachtenden Objektes abgebildet wird. Der Kollimator (D_1, f_1) sorgt dafür, daß das Licht parallel auf das dispergierende Element E fällt, das aus einem Gitter oder einem oder auch mehreren Prismen bestehen kann. Der Spalt muß dabei senkrecht zur Dispersionsrichtung orientiert sein. Die Kameralinse (D_2, f_2) schließlich bildet das spektral zerlegte Licht in die Kamerabrennebene ab. Der Spektralapparat ist an das Teleskop angepaßt, wenn gilt

$$f/D = f_1/D_1, \tag{21}$$

wenn also das dispergierende Element optimal ausgeleuchtet ist. Bei der Abbildung des Spalts in die Fokalebene der Kamera machen sich meist auch die abbildenden Eigenschaften des dispergierenden Elements in Dispersionsrichtung bemerkbar, das heißt ein monochromatischer Lichtbündeldurchmesser Φ_1 hat sich nach dem Durchgang durch das Element in der Dispersionsrichtung geändert. Der entsprechende Faktor V ergibt sich zu

$$V = \frac{\Phi_1}{\Phi_2} = \frac{\cos i}{\cos \varphi}, \tag{22}$$

wobei die Winkel die übliche Bedeutung haben und Φ_2 der Durchmesser nach dem Durchgang ist. V ist beim Gitter meist in der Größenordnung von 1 und beim Prisma mit symmetrischem Durchgang exakt 1. Damit ergibt sich nun für die Spaltabbildung

$$b' = b \cdot V \cdot f_2/f_1, \tag{23}$$

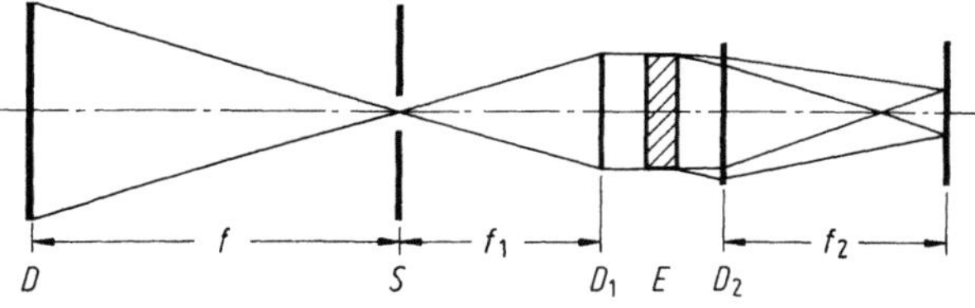

Abb. 8. Prinzip der Spaltanordnung

wobei b die Spaltbreite und b' die Breite des Spaltbilds in der Fokalebene der Kamera ist. Für die Dispersion d und die Auflösung Δl in der Fokalebene erhält man für das Prisma die gleichen Ausdrücke wie bei der Objektivanordnung (19) und (20), wobei f durch f_2 ersetzt werden muß. Für ein 60°-Prisma und $1,4 < n < 1,6$ vereinfachen sich die Beziehungen zu

$$d \approx f_2 \cdot n \cdot \frac{\mathrm{d}n}{\mathrm{d}\lambda} \quad \text{und} \tag{24}$$

$$\Delta l \approx f_2 \cdot n \cdot \lambda/B. \tag{25}$$

Die entsprechenden Formeln für das Gitter lauten:

$$d = f_2 \cdot m/g \cdot \cos\varphi \quad \text{und} \tag{26}$$

$$\Delta l = f_2 \cdot \lambda/g \cdot Z \cdot \cos\varphi, \tag{27}$$

Bei senkrechtem Einfall ist der Kosinus des Ablenkungswinkels durch die einfache Beziehung $\cos\varphi = (1 - \sin^2\varphi)^{1/2} = (1 - (m \cdot \lambda/g)^2)^{1/2}$ gegeben.

b) *Spezielle Montierungen.* Eine kompakte Anordnung bildet die Littrow-Montierung. Dabei wird meist ein halbes 60°-Prisma mit verspiegelter Rückseite oder aber auch ein ebenes Reflexionsgitter in der Weise benutzt, daß Einfalls- und Ablenkungswinkel gleich sind und so der Kollimator gleichzeitig als Kameralinse wirken kann (Autokollimation). Der Spalt befindet sich bei dieser Anordnung seitwärts, und das zu untersuchende Licht wird mit Hilfe eines 90°-Prismas in den Spektralapparat eingeblendet.

Die Ebert-Montierung (ebenfalls eine Autokollimationsanordnung) zeichnet sich durch kleine Abbildungsfehler, nämlich geringe Koma und verschwindenden Astigmatismus, aus. Das vom Spalt kommende Licht fällt auf einen Konkavspiegel, der ein Reflexionsgitter ausleuchtet. Das spektral zerlegte und vom Gitter reflektierte Licht wird dann vom gleichen Spiegel in seiner Brennebene fokussiert. Spalt und Fokus sind dabei gewöhnlich übereinander angeordnet.

Die meisten Montierungen mit Konkavgittern benutzen die bekannte Anordnung des Rowland-Kreises in verschiedenen Abarten. Es werden weder Kollimator noch Kameraobjektiv gebraucht, da das Gitter selbst die Abbildung übernimmt. Das hat den Vorteil, daß ein großer Wellenlängenbereich gleichzeitig abgebildet werden kann. Der starke Astigmatismus kann mittels einer Zylinderlinse zum Teil behoben werden. Spalt, Gitter und (gekrümmtes) Spektrum befinden sich auf einem Kreis, dessen Durchmesser gleich dem Krümmungsradius des Gitters ist. Die kompakteste derartige Anordnung, die Eagle-Montierung, erhält man bei Autokollimation, ist also eine modifizierte Littrow-Montierung. Eine Sekante des Rowland-Kreises bildet dann die Achse des Spektralapparats, wobei sich Gitter und Spektrum an den entgegengesetzten Enden befinden. Der Spalt ist entweder leicht unter- oder oberhalb der Stelle angebracht, wo das Spektrum entsteht, oder der Lichteintritt erfolgt von der Seite mittels eines 90°-Prismas. Eine ausführliche Diskussion spezieller Montierungen findet sich zum Beispiel bei Thorne [2].

9.4.3 Strahlungsempfänger

Je nachdem, mit welchem Detektor das Spektrum aufgenommen wird, tragen die einzelnen Spektralapparate unterschiedliche Bezeichnungen. Bei visueller Inspektion spricht man von einem Spektroskop und beim Vorhandensein eines Fadenkreuzes mit der Möglichkeit, Skalenablesungen durchzuführen, von einem Spektrometer. Die einfachste Anordnung ist dabei das Okularspektroskop, das aus einem Geradsichtprisma und einer Zylinderlinse besteht und anstelle des Okulars am Fernrohr angebracht wird. Die Zylinderlinse dient zur Verbreiterung des fadenförmigen Spektrums, das vom Brennpunktbild des Objekts erhalten wird. Der ernsthafte Amateur wird sich mit dem bloßen Betrachten eines Spektrums nicht zufriedengeben und sich eher mit einem Spektrographen beschäftigen, bei dem als Detektor meist Filmmaterial oder besser Photoplatten verwendet werden. Die Benutzung der photographischen Schicht bietet erhebliche Vorteile: a) Im Gegensatz zum Auge kann Information kumulativ gesammelt werden, das heißt dadurch ist ein Vordringen zu schwächeren Objekten bei längeren Belichtungszeiten möglich. b) Ein größerer Wellenlängenbereich kann gleichzeitig aufgenommen werden. c) Die belichtete Schicht bildet ein langlebiges Dokument, das für spätere Analysen gut geeignet ist. Der größte Nachteil ist jedoch, daß die photographische Schicht nicht linear auf Lichtintensitäten reagiert und deshalb für bestimmte Analysen eine vorherige Kalibrierung nötig wird. In Kapitel 4 dieses Buches wird etwas näher auf die spezifischen Eigenschaften der photographischen Schicht eingegangen, und Begriffe wie Empfindlichkeit, Schwärzungskurve, Gradation etc. werden erklärt. Erwähnt werden soll hier noch das „Scanning"-Spektrometer oder Monochromator, bei dem sequentiell das Spektrum in der Fokalebene der Kamera photoelektrisch abgetastet und die Information auf Magnetband oder Diskette gespeichert wird. Dieses Verfahren, ebenso wie andere moderne elektronische Entwicklungen (Imagetube, Diodenarray etc.), waren lange Zeit für den Amateur zu aufwendig, vor allem auch im Hinblick auf die Reduktion der so erhaltenen Daten. Seit aber Heimcomputer ihren Siegeszug angetreten haben und Rechner erschwinglich geworden sind, die auch Bildverarbeitung erlauben, nutzen in zunehmendem Maße auch Amateure diese Möglichkeiten. So berichtet zum Beispiel Buil [3] über erste Erfahrungen mit dem Einsatz eines CCD (charge-coupled device) als Detektor in der Spektroskopie. CCDs werden schon längere Zeit in der professionellen Astronomie benutzt, da sie wegen ihrer hohen Quantenausbeute, ihrer Linearität und Dynamik der photographischen Schicht überlegen sind. In der folgenden Diskussion soll aber als Detektor stets die Photoplatte beziehungsweise der Film zugrunde gelegt werden (s.a. Kapitel 4 in diesem Band).

9.4.4 Bauvorschläge, Betriebshinweise und Hilfsgeräte

9.4.4.1 Objektivprisma. Die Benutzung des Objektivprismas bietet dem Amateur die einfachste und billigste Art, Spektren zu erzeugen. Es können hierzu Spiegelteleskope, Refraktoren oder einfach auch Teleobjektive verwendet werden. Die obere Grenze der Öffnung ist erreicht, wenn das erforderliche Prisma, das ja das Objektiv völlig überdecken soll, aufgrund seiner Dimension für die Gesamtanordnung zu schwer wird und Probleme mit der Stabilität, Durchbiegen etc. auftreten. Parallaktische Montierung und automatische Nachführung sind sehr von Nutzen und bei längeren Belichtungszeiten unerläßlich. Da das Seeing-Scheibchen sozusagen den Eintrittspalt bildet, hat man zwar den Vorteil einer hohen Lichtausbeute, gleichzeitig aber auch den Nachteil, daß Seeing-Schwankungen im Verein mit schlechter Nachführung die Qualität der Spektren beträchtlich verringern. Der größte Vorteil dieser Anordnung liegt jedoch, wie schon erwähnt, darin, daß gleichzeitig Spektren aller Objekte im Gesichtsfeld erhalten werden, die sich aber in ungünstigen Fällen überlagern können. Da man praktisch immer unterschiedlich helle Objekte simultan spektroskopiert, wird man neben gut belichteten Spektren auch über- und unterbelichtete in Kauf nehmen müssen. Zur Erfassung aller Objekte bis zur Grenzgröße des Instruments sind also unter Umständen mehrere Aufnahmen erforderlich. Wenn die spezifischen Daten der Anordnung und des Photomaterials festgelegt sind, hängt diese Grenzgröße vor allem noch von der Höhe des Spektrums ab. Man erhält:

$$m_{\mathrm{gr}} \approx 18,5 + 5\log f - 2,5\log(h' \cdot \Delta\lambda/d^{-1} \cdot (\Delta P)^2). \tag{28}$$

Dabei ist f die Objektivbrennweite (in m einzusetzen), h' die Spektrumshöhe, $\Delta\lambda$ der aufgenommene Wellenlängenbereich (normalerweise bei Blauplatten zwischen $\lambda\lambda$ 400 nm und 500 nm), d^{-1} die reziproke Dispersion und ΔP die Auflösung der photographischen Schicht (Mittelwert 0,02 mm). Die Beziehung gilt nur, wenn ΔP der bestimmende Faktor für die Auflösung der Anordnung ist und nicht das Seeing. In unseren Breiten muß man wohl meist für das Seeing-Scheibchen mit mindestens $2 \cdot 10^{-5}$ rad rechnen, was einem Scheibchen mit einem Durchmesser von $f \cdot 2 \cdot 10^{-5}$ in der Fokalebene entspricht. Die Objektivbrennweite sollte also nicht zu groß sein und möglichst die Forderung $\Delta P \geqq f \cdot 2 \cdot 10^{-5}$ erfüllen. Der Durchmesser des Beugungsscheibchens ist bei den vom Amateur meistens benutzten Teleskopen ca. eine Größenordnung kleiner und braucht in diesem Zusammenhang nicht berücksichtigt zu werden.

Da zunächst ohne weitere Maßnahmen nur fadenförmige Spektren (Höhe ca. $f \cdot 2 \cdot 10^{-5}$) erzeugt werden, müssen sie verbreitert werden, da sonst keine Detailuntersuchungen möglich sind. Dies geschieht am einfachsten dadurch, daß man bei parallaktischer Montierung die brechende Kante des Prismas parallel zur Rektaszension justiert (die Spektren also ihre Dispersionsrichtung parallel zur Deklination haben) und dann die Nachführung kurzzeitig abschaltet, in die Ausgangsposition zurückkehrt, wieder abschaltet etc. Die Führung geschieht am besten durch ein Suchfernrohr, indem man das Objekt oder einen Vergleichsstern zwischen zwei Marken auf dem Fadenkreuz hin- und herlaufen läßt. Um das Objekt selbst zum Nachführen benutzen zu können, muß allerdings der Sucher um den Winkel $\varphi = 2\beta$ in Deklinationsrichtung gedreht sein, da ja das Teleskop mit der Basis des Prismas den Winkel β einschließen muß, worauf bei der Montage unbedingt zu achten ist.

Die Wahl des Prismenmaterials richtet sich etwas nach der vorgegebenen Brennweite des Teleskops. Bei kleinerer Brennweite wird man neben einer nicht immer möglichen Vergrößerung des brechenden Winkels vor allem auch einen größeren Brechungsindex sowie einen höheren Wert von $\mathrm{d}n/\mathrm{d}\lambda$ wählen. Liegen die Daten der gesamten Anordnung vor, so ergibt sich für die tatsächliche Wellenlängenauflösung

$$\Delta\lambda = \Delta P \cdot d^{-1} \tag{29}$$

und für die Länge L des Spektrums genähert

$$L \approx f \cdot \Delta n \cdot \frac{2 \sin (\gamma/2)}{(1 - \bar{n}^2 \cdot \sin^2 (\gamma/2))^{1/2}}, \tag{30}$$

wobei Δn die Differenz der Brechungsindizes für die Grenzwellenlängen und $\bar{n}$ ihr Mittelwert ist.

Nicht in jedem Falle kann die eingangs betrachtete Grenzgröße der Helligkeit erreicht werden, da die effektive Belichtungszeit wegen der Schleierbildung, verursacht durch die Nachthimmelhelligkeit, begrenzt ist. Deshalb ist die Lichtstärke I des Spektrographen eine wichtige Größe. Sie ist formal definiert als das Verhältnis der Energie, die auf die Fläche $h' \cdot \Delta x$ ($\Delta x = 0{,}1$ nm) der Photoschicht trifft, zu derjenigen, die im gleichen Wellenlängenintervall durch das Teleskopobjektiv eintritt:

$$I = D^2/d \cdot h', \tag{31}$$

wobei wieder D der Objektivdurchmesser, d die Dispersion und h' die Höhe des Spektrums ist und angenommen wurde, daß $f < \Delta P/2 \cdot 10^{-5}$. Die Belichtungszeit ist nun umgekehrt proportional dieser Größe und wird am besten durch das Experiment bestimmt. Denn da sie natürlich auch noch von den Lichtverlusten infolge Absorption, Reflexion und Brechung an den optischen Elementen oder Hindernissen im Strahlengang (z. B. Plattenhalter bei Schmidtkamera) sowie von der Empfindlichkeit der photographischen Schicht abhängt, ist sie formelmäßig schlecht zu erfassen. Zur ersten Orientierung kann man eine Beziehung von Gramatzki [4] verwenden:

$$\log t = 4{,}2 + 0{,}4\,m - \log(O/F), \tag{32}$$

wobei m die Helligkeit des Objektes, O die wirksame Öffnung des Teleskops und F die Fläche des Spektrums ist. Die Belichtungszeit t ergibt sich in Sekunden.

Über Amateurerfahrungen in der Sternspektroskopie mit verschiedenen Prisma-Teleskop- beziehungsweise Teleobjektiv-Kombinationen wird unter anderem von Waber und McPherson [5], Albrecht [6], Pollmann [7], Sorensen [8] und Wagner [9] zum Teil ausführlich berichtet.

Wer sich auf dem beobachtungstechnisch schwierigen Gebiet der Meteorspektroskopie betätigen möchte, benötigt dazu äußerst lichtstarke Anordnungen mit großem Gesichtsfeld und Platten oder Filme mit sehr empfindlichen Emulsionen. Denn, obwohl die Meteorerscheinung durchschnittlich eine Dauer von zirka 1 s hat, ist die effektive Belichtungszeit wegen der schnellen Bewegung meist weniger als 10^{-2} s. Die Meteorbahn sollte dabei möglichst senkrecht zur Dispersionsrichtung, das heißt parallel zur brechenden Kante des Prismas verlaufen und ergibt dann Spektrumshöhen, entsprechend der aufgenommenen Bahnlänge. Um wegen der Unvorhersehbarkeit der Meteorerscheinung Probleme mit der Nachthimmelhelligkeit zu vermeiden, ist es sehr nützlich, einen photoelektrischen Meteordetektor zu benutzen, der den Verschluß der Kamera erst öffnet, wenn ein Meteor im Gesichtsfeld erscheint (Kontaktadresse für Meteorspektren: NASA Langley Research Center, Hampton, Virginia, USA).

Zur Kometenspektroskopie sind wegen der normalerweise geringen Flächenhelligkeit ebenfalls lichtstarke Anordnungen erforderlich. Die brechende Kante des Prismas sollte in etwa parallel zum Kometenschweif ausgerichtet sein, um eine mögliche Überlagerung von Koma- und Schweifspektrum zu vermeiden. Die Belichtungszeiten müssen gegenüber (32) erheblich verlängert werden.

Die Aufnahme von Chromosphärenspektren ist nur im Verlauf einer totalen Sonnenfinsternis möglich. Kurz vor dem 2. und nach dem 3. Kontakt blitzt für einige Sekunden die Chromosphäre als schmale Sichel auf. Ist die brechende Kante des Objektivprismas einer lichtstarken Anordnung parallel dazu ausgerichtet, so kann man das „Flash"-Spektrum mit den typischen gekrümmten Emissionslinien erhalten, da in den entsprechenden Wellenlängen monochromatische Bilder der als unendlich ferner Eintrittsspalt wirkenden Sichel erscheinen. Falls infolge des unregelmäßigen Mondrandes an manchen Stellen noch Photosphärenlicht durchkommt, wird sich dies durch schmale, von Absorptionslinien durchsetzte kontinuierliche Streifen im Spektrum bemerkbar machen. Verwendet man eine senkrecht zur Dispersionsrichtung verschiebbare Kassette mit einem Spalt, der nur den zentralen Teil der sichelförmigen Linien durchläßt, so kann man versuchen, durch kontinuierliche oder schrittweise Bewegung der Kassette während der Belichtung den Übergang vom Photosphären- in das Chromosphärenspektrum zu erhalten, das heißt die Umkehr von Absorptions- zu Emissionslinien.

Das Koronaspektrum kann während der Totalität nur mit Hilfe eines lichtstarken Spaltspektrographen aufgenommen werden.

9.4.4.2 Spaltspektrographen. Spaltspektrographen sind in mancher Hinsicht nicht so ökonomisch wie die Objektivprisma-Anordnung. So erzeugen sie nur das Spektrum desjenigen Objekts, mit dem der Spalt ausgeleuchtet wird, und erfordern bei voller Ausnutzung des spektralen Auflösungsvermögens lange Belichtungszeiten. Diese sind dann auch praktisch möglich, da bei der Benutzung eines Spalts der größte Teil des Einflusses der Nachthimmelhelligkeit eliminiert wird. Die Spaltbreite sollte einerseits wegen der besseren Auflösung möglichst klein, andererseits aber so groß sein, daß das Seeing-Scheibchen im Spalt verschwindet, um so kürzere Belichtungszeiten zu erzielen. Also: $b \lesssim f \cdot 2 \cdot 10^{-5}$. Um das Objekt während der Belichtungszeit auf dem Spalt führen zu können, ist die Benutzung eines Spaltfernrohrs erforderlich, mit dem man das von den etwas geneigten Spaltbacken reflektierte Licht beobachten kann. Besser als Spaltbacken aus poliertem Metall eignet sich ein mit Aluminium bedampftes Glas, bei dem ein entsprechend schmaler Streifen frei gelassen wird. Die Verbreiterung kann durch Feinbewegung in Rektaszension beziehungsweise Deklination oder auch auf Kosten der Belichtungszeit durch eine motorgetriebene planparallele Glasplatte im parallelen Strahlengang erfolgen, die bei Neigungsänderung eine Parallelverschiebung des Lichtbündels verursacht. Aus Stabilitätsgründen weniger zu empfehlen ist hier eine Bewegung der Kassette auf einem Schlitten senkrecht zur Dispersionsrichtung. Die benötigte Mindestspalthöhe h kann man aus der Beziehung $h = h' \cdot f_1/f_2$ bestimmen, wobei h' die gewünschte Höhe des Spektrums und f_1/f_2 das Verhältnis von Objektiv- und Kameraabrennweite ist.

Bei den folgenden Überlegungen wird davon ausgegangen, daß schon ein lichtstarkes Teleskop ($D \approx f/2$) zur Verfügung steht und ein dispergierendes Element gemäß den vorangegangenen Überlegungen, dem Beobachtungsprogramm und natürlich den finanziellen Möglichkeiten, von einer der zahlreichen Spezialfirmen erworben wird (z. B. Spindler & Hoyer, Phywe, Ealing, Edmund Scientific Co.). Gitter wird man normalerweise nur zur Sonnenspektroskopie benutzen, da in diesem Falle genügend Intensität zur Verfügung steht. Sie erfordern ja wegen der Verteilung der Intensität auf verschiedene Ordnungen große Belichtungszeiten, die für viele Belange ungeeignet sind. Andererseits dürften gute Blaze-Gitter oft zu kostspielig sein. Möchte man trotzdem mit Gittern Spektroskopie betreiben, so genügen preiswerte Replikas gröberer Gitter (z.B. 100 Linien/mm entsprechend $g = 10^4$ nm, Dimension 2,5 cm entsprechend $Z = 2,5 \cdot 10^3$). Auch dann wird man meist noch vom theoretischen Auflösungsvermögen etwas verschenken. Die in neuerer Zeit angebotenen Gitterfolien sind weniger zu empfehlen, da sehr oft die Abstände der Gitterfurchen unregelmäßig sind. Wegen der besseren Lichtausbeute (gesamte Intensität in ein Spektrum) und vor allem auch wegen des günstigen Preises ist das Prisma für den Amateur zur Sternspektroskopie geeigneter. Um höhere Dispersion und besseres Auflösungsvermögen zu erhalten, kann man eventuell mehrere Prismen, jedes im Minimum der Ablenkung, hintereinander anordnen, muß dann allerdings wieder längere Belichtungszeiten in Kauf nehmen.

Liegen also Teleskop und dispergierendes Element fest, so kann man darangehen, die übrigen Größen des Spektrographen zu berechnen. Der Kollimatordurchmesser D_1 ergibt sich zu

$$D_1 = Z \cdot g \cdot \cos i = Z \cdot g \qquad \text{(für senkrechten Einfall)} \qquad \text{Gitter,} \qquad (33)$$

$$D_1 = \frac{B \cdot \cos((\gamma/2) + \beta)}{2 \sin(\gamma/2)} \qquad \text{(Minimum der Ablenkung)} \qquad \text{Prisma.} \qquad (34)$$

Aus der Bedingung der optimalen Ausleuchtung folgt für die Brennweite f_1 des Kollimators

$$f_1 = \frac{f}{D} \cdot D_1. \qquad (35)$$

Die Forderung, daß das Spaltbild b' größenordnungsmäßig gleich der Plattenauflösung ΔP sein soll, führt zur Brennweite f_2 des Kameraobjektivs (normalerweise gilt dann $\Delta l < \Delta P$, vgl. (20), (27))

$$f_2 = \Delta P \cdot f_1/f \cdot 2 \cdot 10^{-5} \cdot V_{\lambda_{\max}}, \qquad (36)$$

wobei $\lambda_{\max}$ das rote Ende des Spektrums darstellt. Beim Prisma mit symmetrischem Strahlengang gilt: $V = 1$.

Die Kameralinse sollte möglichst nahe am dispergierenden Element sein, da ihr Durchmesser $D_2 \gtrsim D_1$ mit dem Abstand anwächst. Bei Reflexionsgittern ist darauf zu achten, daß sie sich zur Vermeidung von Vignettierung außerhalb des einfallenden Lichtbündels befinden muß. Ihren Durchmesser bestimmt man am einfachsten graphisch, indem man die Gittergleichung auf die Grenzwellenlängen anwendet, die noch aufgenommen werden sollen.

Für die tatsächliche Wellenlängenauflösung gilt wieder Beziehung (29). Die Länge des Spektrums beim Prisma ist durch (30) gegeben, wobei f durch f_2 ersetzt werden muß. Für ein 60°-Prisma mit $1,4 < n < 1,6$ vereinfacht sich die Beziehung zu

$$L \approx f_2 \cdot \bar{n} \cdot \Delta n, \qquad (37)$$

wobei wieder Δn die Differenz der Brechungsindizes für die Grenzwellenlängen und $\bar{n}$ ihr Mittelwert ist. Beim Gitter erhält man

$$L \approx m \cdot f_2 \cdot \Delta \lambda/g \cdot \cos \varphi_{\bar{\lambda}}, \qquad (38)$$

wobei $\Delta\lambda$ die Differenz der Grenzwellenlängen und $\varphi_{\bar\lambda}$ der Beugungswinkel bei der mittleren Wellenlänge $\bar\lambda$ bedeutet.

Solange das Seeing-Scheibchen $f\cdot\alpha$ (α in rad) völlig im Spalt verschwindet, gilt für die Lichtstärke das gleiche wie für das Objektivprisma (31). Lediglich die Lichtverluste werden wegen der normalerweise größeren Anzahl optischer Teile und insbesondere bei der Benutzung eines Gitters größer sein. Ist die Spaltbreite b kleiner als $f\cdot\alpha$, dann ergibt sich

$$I = \frac{D^2\cdot b}{d\cdot h'\cdot f\cdot\alpha}. \tag{39}$$

Entsprechend dem in Kombination mit dem verwendeten dispergierenden Element benutzten Abbildungssystem können sich geneigte (Refraktor) oder gekrümmte (Schmidt-Kamera, sphärischer Spiegel, Konkavgitter) Fokalflächen ergeben. Im letzten Fall müssen dann Photoplatten gegen eine entsprechend geformte Unterlage gepreßt werden. Problemloser ist daher die Benutzung von Filmmaterial. Die Justierung geschieht am besten durch Testaufnahmen.

Ein einfacher Spaltspektrograph mit Geradsichtprisma, ausgelegt für ein Celestron 8, wird von Gebhardt u. Helms [10] beschrieben. Etwas aufwendigere kompakte Gitterkonstruktionen werden von Schroeder [11] und von Sorensen [12] vorgestellt. Ein Blaze-Gitter-Spektroskop zur visuellen und photographischen Beobachtung mit Refraktoren und Spiegelteleskopen hat Baader, München, entwickelt. Wegen der hohen Intensität der Sonnenstrahlung genügt zur Erzeugung von Sonnenspektren die Anordnung Spalt-Kollimator-Gitter-Kamera oder Okular. Zwei sehr einfache und leicht nachzubauende Konstruktionen (Durchlaßgitter und Reflexionsgitter in Littrow-Anordnung) beschreibt Christlein [13]; Lukas [14] berichtet über einen erfolgreichen Nachbau. Eine einfache Anordnung mit Geradsichtprisma wird von Schmiedeck [15] angegeben, eine solche mit Gitter von Delvo [16]. Bietet ein solcher Spektrograph die Möglichkeit, die Spaltbreite zu variieren, so können bei weit geöffnetem Spalt Protuberanzen im Licht zum Beispiel von H_α beobachtet werden. Entsprechende Bauvorschläge und Erfahrungen werden zum Beispiel von Newton [17] wiedergegeben.

9.4.4.3 Hilfsgeräte. Es sollen nun einige Hilfsgeräte und Maßnahmen besprochen werden, die teilweise unerläßlich sind, wenn man nicht auf der Stufe der reinen Beobachtung und Datensammlung stehenbleiben möchte und an eine erste, vergleichsweise bescheidene Auswertung der Spektren denkt.

Um später sogenannte Radialgeschwindigkeiten bestimmen zu können, müssen sich im oder besser neben dem Spektrum Vergleichslinien irdischen Ursprungs befinden. Das einfachste Verfahren beim Objektivprisma besteht darin, daß man vor dem Prisma eine Küvette mit einer wäßrigen Lösung von Neodymchlorid anbringt. Man erhält dann in jedem Spektrum eine Absorptionslinie bei λ 477,28 nm, unabhängig von der Temperatur der Lösung. Das Mischungsverhältnis sollte 1:6 sein, bei stärkerer Konzentration wird die Linie asymmetrisch. Bei Spaltspektrographen benutzt man am besten eine Blendenvorrichtung, die, unmittelbar hinter oder vor den Spalt geschoben, die Stelle des Spalts abdeckt, durch die das Objektspektrum erzeugt wurde und ober- und unterhalb ausreichend Platz für das Vergleichsspektrum läßt. Man belichtet dann am einfachsten mit dem diffusen Licht einer Spektrallampe, die genügend Linien erzeugt (z. B. He oder Hg), und zwar am besten zweimal, nämlich vor und nach der Objektaufnahme. Die Linienschärfe des Vergleichsspektrums gibt dann einen ersten Hinweis auf eventuelle Fehler, die während der Objektbelichtung aufgetreten sein könnten.

Zur Linienvermessung sollte ein Mikroskop mit Mikrometerschlitten benutzt werden, der leicht – falls nicht vorhanden – mit einer handelsüblichen Meßuhr versehen, selbst hergestellt werden kann (Albrecht [18]).

Die für viele Belange nötige Gewinnung einer Schwärzungskurve geschieht mit Hilfe einer Kalibrierungseinrichtung. Dabei werden zunächst Schwärzungsmarken bekannter relativer Intensität entweder auf die gleiche Platte oder zumindest auf eine aus der gleichen Packung aufgebracht, die dann natürlich zusammen mit den Spektren entwickelt werden muß. Die Belichtungszeiten sollten dabei größenordnungsmäßig gleich der der Spektren sein.

Am einfachsten ist die Benutzung eines sogenannten Keils. Er kann zum Beispiel aus einer Glasplatte bestehen, die in einer Richtung kontinuierlich zunehmend oder auch in Stufen mit Platin bedampft ist. Durch diesen vor einer Lichtquelle homogen ausgeleuchteten Keil wird die Photoplatte belichtet, evtl. unter Zwischenschaltung eines breitbandigen Filters entsprechend dem gewünschten Spektralbereich. Die benötigte Belichtungszeit kann dann entweder durch variable Lampenspannung oder auch durch Zwischenschaltung eines Neutralfilters erreicht werden. Der Zusammenhang zwischen den Transparenzen (Verhältnis von durchgehender zu auftreffender Lichtintensität, vgl. Band 2, Abschnitt 3.4.1.3) der so erhaltenen Schwärzungsmarken und den bekannten Intensitätsverhältnissen liefert eine Pseudo-Schwärzungskurve, die zur Bestimmung der relativen Intensitäten des Objektspektrums ausreicht.

Etwas aufwendiger, aber billiger, ist der Bau eines Röhrensensitometers. Es besteht aus einer Metallplatte mit verschieden großen, kreisrunden Öffnungen, deren Durchmesser bekannt sein müssen. Homogen und diffus (Mattscheibe) ausgeleuchtet, wird dann das Licht im Verhältnis der Größe dieser Öffnungen abgeschwächt. Von den einzelnen Öffnungen führen gleich weite, innen geschwärzte Röhren zu einer zweiten Metallplatte mit untereinander gleich großen, runden Öffnungen, an die die Photoplatte angepreßt wird (auf gute Parallelität der Röhren ist zu achten, ebenso darauf, daß ihre Länge groß sein muß, verglichen mit den Dimensionen der Öffnungen). Nach der Belichtung erhält man so gleich große, aber verschieden geschwärzte, kreisrunde Scheibchen.

Beim Objektivprisma hat vor allem die Kombination mit dem Objektivgitter Bedeutung erlangt, da sie es gestattet, mit dem Sternlicht selbst zu kalibrieren. Dabei ist ein grobes Gitter aus Draht oder ähnliches vor dem Prisma so angeordnet, daß die Dispersionsrichtung von Gitter und Prisma senkrecht zueinander stehen. Man erhält dann, allerdings auf Kosten der Belichtungszeit, für jedes Objekt im Gesichtsfeld beiderseits des zentralen Spektrums eine Reihe von Nebenspektren, deren Intensität gesetzmäßig abnimmt. In Größenklassen ausgedrückt, ergibt sich, bezogen auf eine Referenzwellenlänge λ

$$m_n - m_0 = 2,5 \log\left[\left(\frac{b \cdot n \cdot \pi}{b + a}\right)^2 \middle/ \sin^2\left(\frac{b \cdot n \cdot \pi}{b + a}\right)\right] \quad n = 1, 2, 3, \ldots \tag{40}$$

Dabei bezieht sich der Index 0 auf das zentrale Spektrum und n auf das Spektrum n-ter Ordnung; a und b sind die Breite der Gitterstäbe und des Zwischenraums.

Gewöhnlich macht man a und b gleich groß, dann heben sich durch Interferenz die Spektren gerader Ordnungszahl auf, und die obige Formel vereinfacht sich entsprechend. Meist sind (neben dem zentralen Spektrum) nur die Nebenspektren 1. Ordnung ausgeprägt, deren Abstand vom zentralen Spektrum durch $f \cdot \lambda/(a + b)$ gegeben ist. Normalerweise wird man jedoch das Intensitätsverhältnis beziehungsweise die Helligkeitsdifferenz empirisch bestimmen, da der theoretische Wert infolge herstellungsbedingter Fehler des Gitters selten erreicht wird. Dazu benötigt man Spektren von Sternen mit bekannten Helligkeiten und möglichst gleichen Spektraltyps (z. B. die Plejaden). Bestimmt man die Transparenzen von Haupt- und ersten Nebenspektren bei einer bestimmten Wellenlänge und trägt sie gegen die Helligkeiten der Sterne auf, so erhält man zwei Kurvenzüge, die gegeneinander genau um den gesuchten Betrag Δm verschoben sind. Man bezeichnet Δm auch als Gitterkonstante K des Objektivgitters. Erhält man nicht genügend Meßpunkte, so müssen unter Umständen mehrere Aufnahmen mit verschiedenen Belichtungszeiten gemacht werden. Bei bekanntem K kann nun die Schwärzungskurve für ein Objekt folgendermaßen bestimmt werden: Man trägt die bei mehreren Wellenlängen im Haupt- und Nebenspektrum ermittelten und deshalb unterschiedlichen Differenzen der Transparenzen $\Delta_i = T_i^1 - T_i^0$ gegen die Transparenzen T_i^0 auf und gleicht die erhaltene Kurve graphisch aus (Abb. 9a). Die Meßstellen sollten sich dabei wegen der Wellenlängenabhängigkeit der Schwärzungskurve nicht über einen zu großen Spektralbereich erstrecken. Gegebenenfalls muß man, um genügend Meßpunkte zu erhalten, mehrere, auf der Platte nahe beieinanderliegende Spektren mit einbeziehen. Darauf ordnet man einer beliebig gewählten Transparenz T_1^0 eine willkürliche Helligkeit m_1 zu (der Nullpunkt ist ja unbestimmt). In der Δ_i-Kurve gehört dann zu T_1^0 eine Differenz Δ_1, die wiederum der Gitterkonstanten K entspricht, und man erhält so ein zweites Wertepaar $(T_{1+\Delta_1}^0/m_1 + K)$. Trägt man diese Wertepaare in einem Diagramm (T_i^0/m_i) auf und verbindet die beiden Punkte, so kann man auf der Verbindungslinie einen beliebigen Zwischenpunkt (T_2^0/m_2) wählen, zu dem sich wieder ein zweiter Punkt $(T_{2+\Delta_2}^0/m_2 + K)$ bestimmen läßt. Das Verfahren wird so lange fortgesetzt, bis eine glatte Punkteschar vorliegt, die dann die gesuchte Pseudo-Schwärzungskurve $T^0(m)$ darstellt (Abb. 9b).

Um Transparenzen zu messen, benutzt man ein Photometer. Im Prinzip durchleuchtet dabei das Licht der Photometerlampe (auf Konstanz ist zu achten!)

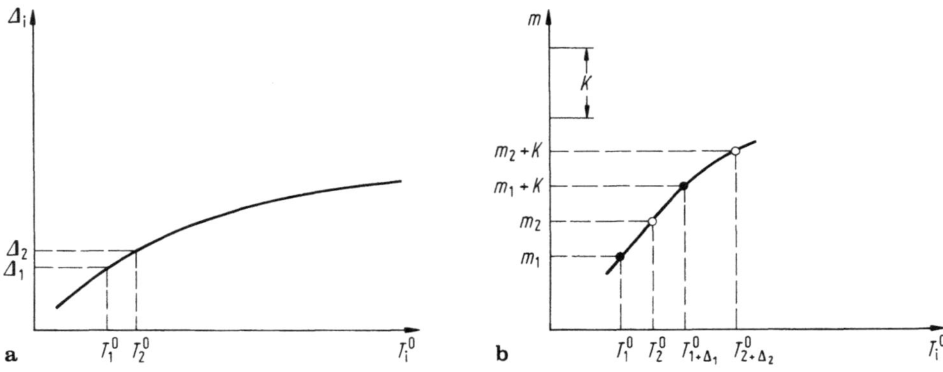

Abb. 9. **a** Differenzenkurve; **b** Pseudeo Schwärzungskurve

über Kondensor und Beleuchtungsobjektiv die zu photometrierende Plattenstelle. Das Projektionsobjektiv bildet dann diese Plattenstelle auf einen (in Höhe und Breite verstellbaren) Meßspalt ab, hinter dem sich eine Feldlinse und in deren Brennpunkt zum Beispiel ein Photoelement befindet. Dort wird ein der aufgefallenen Lichtintensität proportionaler Strom erzeugt, den man zum Beispiel mit einem empfindlichen Mikroamperemeter messen kann. Die Stromstärke ist dann ein Maß für die Transparenz. Der Bau eines etwas komfortableren Registrierpohotometers, bei dem der Plattentisch von einem Synchronmotor angetrieben wird und die Transparenzen kontinuierlich von einem Schreiber aufgezeichnet werden, wurde zum Beispiel von Pollmann [19] beschrieben.

Bei bekannter Pseudo-Schwärzungskurve kann man nun registrierte Linienprofile in relative Intensitäten überführen. Die Flächen, die von den Linien aus dem Kontinuum herausgeschnitten werden, sind dann proportional der Linienstärke. Zum Ausmessen eignet sich am besten ein Planimeter, aber man kann sich auch behelfen, indem man die Linienprofile auf Millimeterpapier zeichnet und die Kästchen innerhalb der Linienkontur auszählt.

9.5 Die Analyse

In diesem Abschnitt sollen Anregungen für eine erste Analyse der aufgenommenen Spektren gegeben werden, wobei zunächst die Möglichkeiten diskutiert werden, die keine Intensitätskalibrierung erfordern.

9.5.1 Klassifizierung

Zur Klassifizierung von Sternspektren reicht eine verhältnismäßig geringe Dispersion aus, so wie man sie gewöhnlich bei Objektivprismen-Aufnahmen erhält (20–30 nm/ mm bei H_γ). Als erstes muß man sich mit dem Aussehen von Sternspektren vertraut machen, am einfachsten, indem man einen A-Stern mit den charakteristischen Balmerlinien im blauen Spektralbereich spektroskopiert. Mit Hilfe der bekannten starken Balmerlinien kann die Bestimmung der Dispersionskurve erfolgen, die die Beziehung zwischen der Wellenlänge einer Linie und ihrer Lage im Spektrum angibt und ja beim Prisma stark wellenlängenabhängig ist. Am geeignetsten ist die Benutzung eines Meßmikroskops, notfalls können auch photographische Vergrößerungen oder Projektionen an eine Wand (optische Achse des Projektors senkrecht zur Wand!) ausgemessen werden. Liegt die Dispersionskurve (evtl. abhängig vom Plattenort) fest, kann man auch schwächere Linien unter Heranziehung der Tafeln von Moore [20] oder Zaidel' et al. [21] identifizieren. Durch Vergleich der Linienstärken mit denen von Standardsternen (Seitter [22]), die mit der gleichen Anordnung aufgenommen wurden, kann dann bei den zu untersuchenden Sternen die Klassifizierung nach Typ und eventuell Leuchtkraftklasse vorgenommen werden. Hat man genügend Erfahrung, so kann man daran gehen, mit Hilfe der in Abschnitt 9.3 besprochenen Merkmale und der aufgeführten Literatur die Spektren von Kometen und Meteoren einzuordnen und Linienidentifizierungen in Chromosphären- und Koronaspektren vorzunehmen.

9.5.2 Linienänderungen

Starke Linienänderungen, so zum Beispiel der Übergang von Absorptions- auf Emissionslinien im Verlaufe eines Nova-Ausbruchs, können leicht visuell oder besser mit dem Registrierphotometer verfolgt werden. Die Beobachtung von periodischen Linienaufspaltungen bei spektroskopischen Doppelsternen erfordert meist schon eine etwas höhere Dispersion. Das objektive Studium solcher Vorgänge ist allerdings erst mit Hilfe einer Intensitätskalibrierung beziehungsweise durch Bestimmung der Radialgeschwindigkeiten möglich.

9.5.3 Radialgeschwindigkeiten

Unter der Radialgeschwindigkeit eines Sterns versteht man die Geschwindigkeitskomponente seiner tatsächlichen Raumbewegung in Richtung auf den Beobachter. Sie wird gewöhnlich in km/s ausgedrückt und positiv gezählt, wenn sich der Stern vom Beobachter wegbewegt, und negativ, wenn er auf ihn zukommt. Gemessen wird sie über die Verschiebung der Linien im Spektrum, die diese aufgrund des Doppler-Effekts relativ zu den Linien des Vergleichsspektrums erfahren. Ist die Geschwindigkeit klein im Vergleich zur Lichtgeschwindigkeit, so kann die Beziehung

$$\Delta\lambda = \lambda \cdot v/c \tag{41}$$

benutzt werden, wobei v die Radialgeschwindigkeit, c die Lichtgeschwindigkeit, λ die Laborwellenlänge und $\Delta\lambda$ die entsprechende Linienverschiebung ist. Da sowohl die Sternbewegung als auch die Bewegung des Beobachters eine Verschiebung verursacht, muß man die gemessenen Radialgeschwindigkeiten noch vom Einfluß der Erdbewegung befreien, das heißt man bezieht sie auf die Sonne als ruhendes System. Der Radialgeschwindigkeit, verursacht durch die Raumbewegung, können dann noch Geschwindigkeiten aufgrund von Relativbewegungen innerhalb des beobachteten Systems überlagert sein, zum Beispiel Bewegungen der Atmosphäre bei Pulsationsveränderlichen oder Bahnbewegungen bei Doppelsternen. Bei periodischen Vorgängen führen wiederholte Beobachtungen in geeigneten Abständen zur Radialgeschwindigkeitskurve, die die relativen Änderungen in bezug auf die Systemgeschwindigkeit darstellt. In diesem Zusammenhang sollen auch die komplexen Bewegungsvorgänge in den Hüllen der WR-, Be-, P Cyg-Sterne und so weiter erwähnt werden.

Bei solchen Sternen mit hoher Expansionsgeschwindigkeit der Hülle und bei Doppelsternen mit genügend großer Radialgeschwindigkeitsamplitude (Band 2, S. 632, Tabelle 34) kann man auch mit Objektivprismen-Aufnahmen relative Radialgeschwindigkeiten bestimmen, das heißt die Differenzen der Radialgeschwindigkeiten von Absorptions- und Emissionslinien beziehungsweise Doppellinien. Hat man die Neodymlinie als Bezugspunkt, so kann man versuchen, absolute Radialgeschwindigkeiten zu messen. Dabei darf allerdings die Dispersion nicht zu gering sein, und die Dispersionskurve sollte genauer bestimmt werden als für den Fall bloßer Linienidentifizierung. Man kann sie herleiten mit Standardsternen bekannter Radialgeschwindigkeit. Mit ausgeklügelten, komplizierten Verfahren (Reversionsmethode, Fehrenbachprisma) kann man Genauigkeiten von 5–30 km/s (abhängig vom Spektraltyp) erreichen. Der Amateur wird sich bei der Neodym-Methode allerdings mit weniger zufriedengeben müssen. Allgemein wird die Genauigkeit um so besser, je höher die Dispersion, je größer die Verbreiterung der Spektren und je öfter die Messung, eventuell mit verschiedenen Aufnahmen (gleicher Phasenlage bei Veränderlichen), durchgeführt wird. Oft wird man jedoch auch hier wegen der erforderlichen Belichtungszeiten Kompromisse schließen müssen, unter anderem jetzt auch aufgrund des zeitlichen Verhaltens des Objekts. So sollte die Expositionszeit zum Beispiel nicht mehr als 1/10 der Periode bei Veränderlichen betragen.

Am besten geeignet für solche Messungen sind jedoch Spaltaufnahmen mit Vergleichsspektrum. Benutzt man zur Auswertung ein Meßmikroskop, so kann bei Prismenaufnahmen mit der Dispersionsformel

$$a - a_0 = C/(\lambda - \lambda_0)^k \tag{42}$$

gearbeitet werden, wobei a die Anzeige der Meßuhr beziehungsweise die Ablesung der Schraube des Meßmikroskops ist. Sind die Konstanten a_0, λ_0, C und k mit Hilfe der bekannten Wellenlängen im Vergleichsspektrum bestimmt, so können die (verschobenen) Wellenlängen des Sternspektrums ermittelt werden. Bei Gitteraufnahmen genügt eine lineare oder quadratische Interpolation. Es ist darauf zu achten, daß jede Messung mehrfach durch Annähern des Meßfadens an das Linienzentrum, und zwar immer von der gleichen Seite her, erfolgt und das Spektrum wegen möglicher periodischer Fehler der Schraube auch in einer um $180°$ gedrehten Position vermessen wird. Die Raumtemperatur sollte während der gesamten Meßdauer konstant bleiben. Die Differenzen – gemessene Wellenlängen, bekannte Laborwellenlängen – ergeben dann über die Dopplerbeziehung die gesuchten Radialgeschwindigkeiten, die jetzt nur noch auf die Sonne reduziert werden müssen. Die Komponente der Erdbahngeschwindigkeit in Richtung Stern, die den gemessenen Radialgeschwindigkeiten hinzuaddiert werden muß, ist gegeben durch

$$v_E = - ((\cos\alpha \cdot \cos\delta) \cdot \Delta x + (\sin\alpha \cdot \cos\delta) \cdot \Delta y + \sin\delta \cdot \Delta z) \cdot A , \tag{43}$$

wobei α und δ Rektaszension und Deklination des Sterns und Δx, Δy, Δz die zum Beispiel aus Jahrbüchern zu ermittelnden täglichen Veränderungen der rechtwinkligen, äquatorialen Koordinaten der Sonne sind, die als Geschwindigkeitskomponenten der Erde, ausgedrückt in Einheiten des mittleren Erdbahnhalbmessers, angesehen werden können. Der Faktor $A = 1{,}731 \cdot 10^3$ bewirkt den Übergang auf km/s (mittlerer Erdbahnhalbmesser/Sekunden pro Tag). Der Einfluß der Rotation der Erde beträgt maximal zirka 0,5 km/s und braucht, ebenso wie die äußerst geringe Korrektur aufgrund des Mondeinflusses, hier nicht berücksichtigt zu werden.

Die nun im folgenden behandelten Reduktionsmethoden erfordern eine vorherige Intensitätskalibrierung.

9.5.4 Farbtemperaturen

Hat man mit der gekreuzten Objektivgitter-Prisma-Kombination Sternspektren aufgenommen, so bietet sich die Möglichkeit, die Farbtemperatur zu bestimmen. Sie ist definiert als diejenige Temperatur, die ein schwarzer Körper gleicher relativer Intensitätsverteilung im betrachteten Spektralgebiet hat. Um die Verfälschung der Energieverteilung durch Extinktion, Optik und Platteneigenschaften zu eliminieren, ist es

Tabelle 2

$\lambda\lambda$ [nm]	T [K]	$\lambda\lambda$ [nm]	T [K]
420–465	17 700	420–670	17 900
420–550	17 500	465–550	17 600

zweckmäßig, auf der gleichen Platte noch einen Vergleichsstern mit bekannter Farbtemperatur aufzunehmen. Benutzt man zur Beschreibung der Energieverteilung die Wiensche Näherung (sie ist auf 1 % genau, wenn $\lambda \cdot T \leqq 0{,}3$ [cm $\cdot$ K] gilt), so ergibt sich die gesuchte Farbtemperatur T_* zu

$$T_* = \left(\frac{1}{T_\mathrm{v}} + \frac{\Delta\Phi}{c_2} \right)^{-1}, \tag{44}$$

wobei T_v die Farbtemperatur des Vergleichssterns, $c_2 = h \cdot c/k = 1{,}4388$ [cm $\cdot$ K] und $\Delta\Phi$ der Differentialquotient $0{,}921 \cdot d\,(m_* - m_\mathrm{v})/d\,(1/\lambda)$ ist. Man bestimmt nun bei verschiedenen Wellenlängen im Stern- und Vergleichsspektrum die Transparenzen des Kontinuums und führt sie mittels der Pseudo-Schwärzungskurve in Größenklassen über. Trägt man dann die entsprechenden Größenklassendifferenzen gegen $1/\lambda$ (λ in cm!) in einem Diagramm auf, so sollte sich eine Gerade ergeben, deren Steigung multipliziert mit $0{,}921$ die gesuchte Größe $\Delta\Phi$ darstellt, mit der dann die Farbtemperatur des fraglichen Sterns bestimmt werden kann. Der Einfluß von Extinktionsschwankungen der Erdatmosphäre während der Aufnahmezeiten ist vernachlässigbar, solange man bei Zenitdistanzen $< 30°$ arbeitet. Unterschiedliche interstellare Extinktion jedoch muß selbstverständlich immer berücksichtigt werden. Ist die Wiensche Näherung nicht anwendbar, so ergibt sich mit der Planckfunktion die Beziehung

$$T_* \cdot (1 - \mathrm{e}^{-(c_2/\bar\lambda \cdot T_*)}) = \left(\frac{1}{T_\mathrm{V} \cdot (1 - \mathrm{e}^{-(c_2/\bar\lambda \cdot T_\mathrm{V})})} + \frac{\Delta\Phi}{c_2} \right)^{-1}, \tag{45}$$

die durch Iteration zu lösen ist. $\bar\lambda$ ist die mittlere Wellenlänge des Bereichs, der bei der Bestimmung von $\Delta\Phi$ verwendet wurde. Als Anschlußstern kann α Lyr dienen, dessen Farbtemperaturen in Abhängigkeit von einigen Wellenlängenbereichen im folgenden zusammengestellt sind (Tabelle 2).

9.5.5 Äquivalentbreiten und Linienprofile

Zur Bestimmung von Äquivalentbreiten der Spektrallinien sollte die Dispersion möglichst hoch sein. Bei Objektivprismenaufnahmen wird man also nur die stärksten Linien, meist die Balmerlinien, dazu verwenden können. Unter dem Begriff Äquivalentbreite versteht man die Breite eines rechteckigen Absorptionsstreifens mit der zentralen Intensität Null, dessen Fläche gleich der von der Kontur der betrachteten Spektrallinie begrenzten Fläche ist. Formelmäßig ergibt sie sich zu $W = F/(d \cdot I_0)$, wobei F die gemessene Fläche, I_0 der Abstand Schleierschwärzung – ungestörtes Kontinuum am Ort der Linie – und $1/d$ wieder die reziproke Dispersion ist. Die Äquivalentbreite, die gewöhnlich in der Wellenlängenskala angegeben wird, charakterisiert also die Stärke beziehungsweise Intensität der Spektrallinie, die wiederum im wesentlichen eine Funktion der Anzahl der Atome sowie der Anregungsverhältnisse

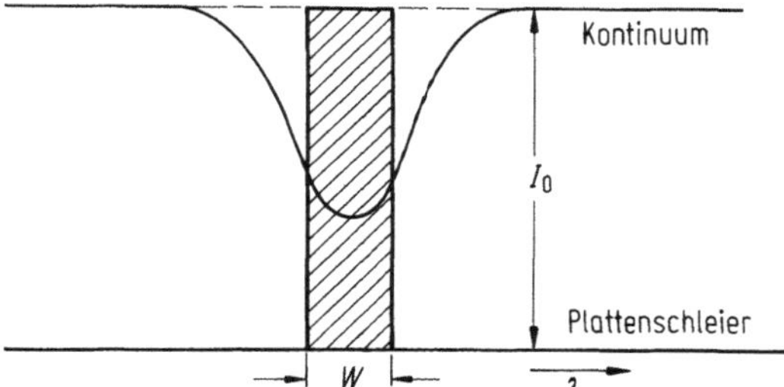

Abb. 10. Zur Definition der Äquivalentbreite

in der Sternatmosphäre ist. Für den Amateur bietet sich die Möglichkeit, zum Beispiel auch Änderungen von Äquivalentbreiten, vor allem der Balmer- und stärkeren Metalllinien, zu verfolgen, die bei vielen Veränderlichen (z. B. δ Cep-Sterne) auftreten. Das Messen von Äquivalentbreiten ist einfacher und sicherer als die Festlegung von wahren Linienprofilen, da sie unabhängig vom sogenannten Apparateprofil sind. Unter diesem Begriff faßt man alle Einflüsse zusammen, die das wahre, ursprüngliche Profil der Spektrallinie verfälschen. Das sind vor allem die Spalte bei Spektrograph und Photometer, deren Bilder sich den wahren Profilen überlagern. Man hat also, am besten empirisch, zu ermitteln, wie das Profil einer praktisch unendlich schmalen Linie letztlich auf dem Registrierstreifen aussieht. In praxi photometriert man dazu eine sehr schwache Linie des Vergleichsspektrums und kann dann damit das gemessene Sternlinienprofil mathematisch entzerren. Mit Hilfe solcher entzerrter Profile kann man sehr viel mehr Information über den Aufbau der Sternatmosphären erhalten als über die Äquivalentbreiten. Doch dies geht über den Rahmen der Möglichkeiten eines Amateurs hinaus, da hierzu ein großer mathematischer Aufwand sowie große ComputerAnlagen erforderlich sind. Relativ starke Effekte können aber auch ohne Entzerrung rein qualitativ betrachtet werden. Man denke hierbei an die teilweise sehr hohen Rotationsgeschwindigkeiten (bis 500 km/s), die man vor allem bei vielen B-Sternen findet und die aufgrund des Doppler-Effekts zu sehr breiten, schüsselförmigen Linienprofilen führen. Dabei ist dann die Breite der Linien eine Funktion der Rotationsgeschwindigkeit des Sterns beziehungsweise der Projektion dieser Geschwindigkeit in Beobachterrichtung, wenn man nicht direkt auf den Äquator schaut. Hat man die Möglichkeit, Spektren mit hoher Dispersion (besser als 3 nm/mm) zu bearbeiten, so kann die Analyse auch quantitativ vorangetrieben werden. Nach der Bestimmung der Äquivalentbreiten auch schwacher Linien möglichst vieler Elemente kann man mit diesen sogenannten Wachstumskurven konstruieren. Diese gestatten auf relativ einfache Art, durch Vergleich mit theoretischen Kurven, Größen wie die Häufigkeiten entsprechender Elemente, Anregungs- und auch Ionisationstemperaturen, Mikroturbulenzgeschwindigkeiten sowie Dämpfungsparameter herzuleiten. Allerdings sind hierzu umfangreiche, atomphysikalische Informationen, zum Beispiel Anregungsenergie (Moore [20]) und Übergangswahrscheinlichkeiten (Kurucz u. Peytremann [23]) erforderlich. Eine auch nur summarische Abhandlung dieser Dinge würde über den Rahmen dieses Einführungsartikels hinausgehen. Der interessierte Amateur, der sich einen Einblick in dieses Gebiet verschaffen möchte, sei auf Voigt [24] verwiesen, wo unter anderem auch dieser Problemkreis in einer überschaubaren Weise dargestellt ist.

9.6 Literatur

1 Moore, C. E., Minnaert, M. G. J., Houtgast, J.: The Solar Spectrum 2935 Å to 8770 Å. National Bureau of Standards Monograph 61, Washington 1966

2 Thorne, A. P.: Spectrophysics. London: Chapman and Hall Ltd. 1974

3 Buil, C.: A charge-coupled device for amateurs. Sky and Telescope 69, 71 (1985)

4 Gramatzki, H. J.: Hilfsbuch der astronomischen Photographie. Berlin, Bonn: Ferd. Dümmlers Verlag 1930

5 Waber, R., McPherson, R.: Photographing star spectra. Sky and Telescope 33, 322 (1967)

6 Albrecht, C.: Astrospektrographie mit Spiegelteleskopen. Sterne und Weltraum 11, 195 (1972)

7 Pollmann, E.: Sternspektroskopie. Sterne und Weltraum 16, 296 (1977)

8 Sorensen, B.: An objective-prism spectrograph. Sky and Telescope 65, 460 (1983)

9 Wagner, B.: Astrospektroskopie mit einfachen Mitteln. Sterne und Weltraum 25, 218 (1986)

10 Gebhardt, W., Helms, B.: Ein Selbstbau-Prismenspektrograph zum Gebrauch am Celestron 8. Sterne und Weltraum 15, 58 (1976)

11 Schroeder, D. J.: A grating spectrograph for a college observatory. Sky and Telescope 47, 96 (1974)

12 Sorensen, B.: A simple slit spectrograph. Sky and Telescope 73, 98 (1987)

13 Christlein, G.: Physikalische Experimente im Bild. München: Bayer. Schulbuchverlag 1968

14 Lukas, R.: Bauanleitung für ein Gitterspektroskop. VdS-Nachrichtenblatt 15, 39 (1966)

15 Schmiedeck, W.: A simple technique for recording the Sun's spectrum. Sky and Telescope 57, 395 (1979)

16 Delvo, P.: A spectroscope with a holographic grating. Sky and Telescope 54, 65 (1977)

17 Newton, J. B.: A spectroscope attachment for viewing solar prominences. Sky and Telescope 39, 120 (1970)

18 Albrecht, C.: Astrospektrographie mit Spiegelteleskopen II. Sterne und Weltraum 11, 243 (1972)

19 Pollmann, E.: Spektroskopische Veränderlichenbeobachtung. Sterne und Weltraum 24, 340 (1985)

20 Moore, C. E.: A multiplet table of astrophysical interest. U.S. Department of Commerce, NBS Technical Note 36, Washington 1959

21 Zaidel', A. N., Prokof'ev, V. K., Raiskii, S. M., Slavnyi, V. A., Shreider, E. Y.: Tables of spectral lines. New York, London: IFI-Plenum 1970

22 Seitter, W. C.: Atlas für Objektivprismenspektren. Bonn: Dümmler 1970

23 Kurucz, R. L., Peytremann, E.: A table of semiempirical gf-values. Smithonian Astrophysical Observatory, Special Report 362, Cambridge Mass. 1976

24 Voigt, H. H.: Abriss der Astronomie. Mannheim, Wien, Zürich: B.I.-Wissenschaftsverlag 1980

10 Grundlagen der Photometrie

H. W. Duerbeck und M. Hoffmann

10.1 Einführung

10.1.1 Allgemeiner und historischer Überblick

Dem beobachtenden Astronomen steht als nahezu einzige Informationsquelle die Strahlung aus dem Weltall zur Verfügung. Die einfallende Strahlung wird durch den Strahlungsstrom, die Einfallsrichtung, die Farbe (Wellenlänge), die Polarisation und den Zeitpunkt des Eintreffens völlig beschrieben, in besonderen Fällen auch durch den Ort, an dem sich der Empfänger befindet. Die Messung der über einen mehr oder weniger großen Wellenlängenbereich summierten Strahlung wird als Lichtmessung oder Photometrie bezeichnet. Je nach Strahlungsempfänger und Beobachtungsmethode können wir zwischen visueller, photographischer oder photoelektrischer Photometrie, Punkt- oder Flächenphotometrie, Schmalband- oder Breitbandphotometrie, Photometrie hoher Zeitauflösung und so weiter unterscheiden.

Die eingesetzten Meßgeräte werden als Photometer bezeichnet. Das lichtempfindliche Teilstück eines solchen Geräts, bei dem das zu messende Licht in eine andere Meßgröße, zum Beispiel eine elektrische Ladung, umgewandelt wird, heißt Detektor. Einem Detektor können noch zahlreiche Geräte beziehungsweise Signalumwandlungen folgen, bis das Meßergebnis registriert, das heißt permanent gespeichert ist. Für astronomische Beobachtungen steht eine ganze Reihe von Detektoren zur Verfügung: das Auge, die Photoemulsion, die Photomultiplier-Röhre (engl. photomultiplier tube, im folgenden als PMT abgekürzt), die Halbleiterphotodiode, Fernsehbilddetektoren (Vidicon u. ä.), Festkörperbilddetektoren (charge-coupled device, CCD), Bildverstärker und elektronographische Detektoren. Diese werden, soweit ihr Einsatz in der Amateurastronomie nicht allzu aufwendig erscheint, in Abschnitt 10.1.3 beschrieben.

Die Lichtmessung kann in der Astronomie auf eine lange Tradition zurückblicken: der griechische Astronom Hipparch führte im 2. Jahrhundert v. Chr. als erster die „Größenklassen" ein und verwendete sie als Maß für die Sternhelligkeiten. Diese nahezu logarithmische Skala wird heute als rein logarithmische Skala in der optischen und zum großen Teil auch in der Ultraviolett- und Infrarot-Astronomie benutzt.

Das Aufkommen der Astrophysik und die Beobachtung veränderlicher Sterne im 19. Jahrhundert führten zu einer Photometrie, die über die bloße Einordnung der Sterne in die sechs Größenklassen hinausging. Die Stufenschätzmethode wurde entwickelt, visuelle Photometer wurden konstruiert und eingesetzt. In der zweiten Hälfte des 19. Jahrhunderts kam der Einsatz der Photographie, der Photowiderstände und der Photozellen hinzu.

Die visuelle Photometrie veränderlicher Sterne fand seit dem „Aufruf an Freunde der Astronomie" von F. W. A. Argelander im Jahr 1844 immer mehr Anhänger, die heute in zahlreichen Amateurvereinigungen des In- und Auslandes zusammengeschlossen sind. Mehr als hunderttausend visuelle Helligkeitsschätzungen veränderlicher Sterne werden in jedem Jahr durchgeführt. Seit einigen Jahren hat die lichtelektrische Photometrie immer mehr Freunde gewonnen, da Photometer durch die Verwendung fortschrittlicher Bauelemente robust und preiswert geworden sind. Sie sind oft kommerziell erhältlich und einfach zu bedienen. Auch der Selbstbau bereitet keine unüberwindlichen Schwierigkeiten. Für eine ganze Reihe relativ heller Sterne sind lichtelektrische Messungen hoher Genauigkeit von großem Wert, und da Berufsastronomen heutzutage nur noch selten visuelle Schätzungen durchführen und immer weniger Zeit finden, wochen- oder monatelang mit einem kleinen Teleskop lichtelektrische Messungen durchzuführen, eröffnet sich hier dem Amateurastronomen ein Gebiet, auf dem er wichtige Beiträge liefern kann. In der Astronomie werden Beobachtungen dieser Art benötigt – und wer soll in Zukunft solche Beiträge liefern, wenn nicht die Amateurastronomen?

Die Erkenntnis, daß die Amateurastronomie auch auf dem Gebiet der lichtelektrischen Photometrie wesentliche Beiträge liefern kann, hat in den letzten Jahren zu einer Flut von Veröffentlichungen geführt. Besonders eine Gruppe mit dem Namen I.A.P.P.P., die International Amateur-Professional Photoelectric Photometry, bringt Bücher und eine Zeitschrift zu diesem Thema heraus. Wir werden versuchen, einen allgemeinen Überblick über das Thema zu geben, Möglichkeiten der Photometrie verschiedener Himmelsobjekte aufzuzeigen, und Grundlegendes zum Photometerbau zu sagen. Einzelheiten, wie Bau- und Schaltpläne für Photometer und Zusatzgeräte, sind der weiterführenden Literatur zu entnehmen.

10.1.2 Meßgrößen der Helligkeit

In diesem Abschnitt werden wir Zusammenhänge zwischen astronomischen und physikalischen Meßgrößen aufzeigen. Seine Kenntnis ist für das Verständnis der folgenden Abschnitte nützlich, aber nicht notwendig.

Eine Lichtquelle (z. B. ein Stern) strahlt eine bestimmte Energiemenge in den Weltraum; seine Strahlungsleistung L (in der Astronomie Leuchtkraft genannt) gibt an, welche Energiemenge pro Sekunde durch eine den Stern umhüllende Fläche nach außen strömt. Es ist zu beachten, daß unabhängig von der Größe der durchstrahlten Fläche die Strahlungsleistung des Sterns gleich bleibt: die Vergrößerung der Fläche (bei zunehmender Entfernung) ist mit einer entsprechenden Abnahme der Beleuchtungsstärke des Sterns verknüpft, die beide mit dem Quadrat der Entfernung des Beobachters von der Lichtquelle zu- beziehungsweise abnehmen.

Die nicht in den ganzen Raum, sondern in einen Einheitsraumwinkel (den man sich als unendlich großen Kegel mit dem Öffnungswinkel von etwa 65.5° vorstellen kann) pro Zeiteinheit gestrahlte Lichtmenge wird als Lichtstrom Φ bezeichnet. Er wird in Lumen (lm) gemessen. 1 lm wird von einer Lichtquelle der Lichtstärke $I = 1$ Candela (1 cd) in den Einheitsraumwinkel gestrahlt. 1 cd ist die Lichtstärke, die senkrecht von der Oberfläche von 1/600 000 m² eines schwarzen Körpers bei der Temperatur des erstarrenden Platins (2042 K) abgegeben wird.

Da Lichtquellen im allgemeinen räumlich ausgedehnt sind, hat die von ihrer Oberfläche ausgehende Strahlung eine Leuchtdichte B. Sie ist das Verhältnis der Lichtstärke I eines strahlenden Körpers zu dessen Fläche F,

$$B = I/F, \tag{1}$$

und wird in cd/m^2 gemessen. Früher war auch die Einheit Stilb (sb) in Gebrauch: 1 sb = 1 cd/cm^2; die Leuchtdichte des klaren Himmels beträgt 0,2 ... 0,6 sb.

Was den Astronomen zunächst interessiert, ist die Beleuchtungsstärke E. Sie hängt in der Astronomie direkt mit dem Begriff der Größenklasse zusammen und ist definiert als der Lichtstrom Φ, der auf die Fläche F auftrifft, also

$$E = \Phi/F. \tag{2}$$

Fällt 1 lm senkrecht auf 1 m^2 auf, ist die Beleuchtungsstärke 1 Lux (lx).

Die in der Astronomie gebräuchlichen Größenklassen müssen mit dem System der physikalischen Einheiten in Beziehung gebracht werden. Ein absoluter Anschluß der Sterne α Lyr und 109 Vir an einen Platinofen wurde von H. Tüg und Mitarbeitern durchgeführt [1]. Ein Stern der scheinbaren visuellen Größe $0\overset{m}{.}0$ besitzt eine Beleuchtungsstärke $E = 2,54 \cdot 10^{-6}$ lx (bei vernachlässigter Absorptionswirkung der Erdatmosphäre). Ein Stern der absoluten visuellen Größe $0\overset{m}{.}0$ hat eine Lichtstärke $I = 2,45 \cdot 10^{29}$ cd. Die Leuchtdichte eines Himmels mit jeweils einem Stern der 0. scheinbaren visuellen Größe pro Quadratgrad beträgt $B = 0,84 \cdot 10^{-10}$ cd/m^2.

Da Sterne oder andere Objekte, wie zum Beispiel Radio- oder Röntgenquellen, Strahlung zur Erde senden, die man nur schwer als Beleuchtung begreifen kann, ist in der Astronomie auch der „monochromatische Strahlungsstrom" Φ_λ (Flux), das heißt die Beleuchtungsstärke pro Wellenlängen- oder Frequenzeinheit in Gebrauch. Tüg und andere fanden, daß der Strahlungsstrom Φ_λ, der bei der Wellenlänge 555,6 nm (grünes Licht [1]) von α Lyr and der Erde eintrifft,

$$\Phi_\lambda = 3,47 \cdot 10^{-11} \text{ Joule m}^2\text{s}^{-1}\text{nm}^{-1} \tag{3}$$

beträgt. Diesem Strahlungsstrom entspricht ein Photonenstrom von

$$N = 9,7 \cdot 10^7 \text{ Photonen m}^2\text{s}^{-1}\text{nm}^{-1}. \tag{4}$$

Diese Relationen sind wichtig, wenn man physikalische Parameter aus astronomischen Beobachtungen ableiten will; im allgemeinen ist jedoch die astronomische Photometrie eine Methode des Vergleichens von „Beleuchtungsstärken E" oder „Strahlungsströmen Φ_λ" unterschiedlicher Sterne.

Wenn zwei mit dem gleichen Photometer gemessene Sterne die Strahlungsströme Φ_1 und Φ_2 liefern, ist ihre Größenklassendifferenz

$$\Delta m = m_1 - m_2 = - 2,5 \log_{10}(\Phi_1/\Phi_2), \tag{5}$$

mit anderen Worten: eine Größenklassendifferenz entspricht einem Verhältnis der Strahlungsströme von 2,512. Das Minuszeichen in der Formel berücksichtigt die Tatsache, daß kleineren Strahlungsströmen größere Sterngrößenklassen zugeordnet sind.

---

[1] 1 nm (Nanometer) = 10^{-9} m; wir sollten erwähnen, daß in der Astronomie noch häufig die Einheit 1 Å = 0,1 nm = 10^{-10} m bei der Wellenlängenmessung in Gebrauch ist.

10.1.3 Die Empfänger

Als Strahlungsempfänger sollen hier das menschliche Auge, die photographische Schicht und verschiedene photoelektrische Empfänger besprochen werden. Einzelheiten findet man in der weiterführenden Literatur.

a) Das Auge

Eine sehr große Zahl von photometrischen Beobachtungen – Schätzungen genannt – werden in der Amateurastronomie mit dem Auge ausgeführt. Eine Kenntnis der Eigenschaften dieses Strahlungsempfängers ist also am Platze. Eine gute Beschreibung der im Auge ablaufenden Prozesse findet sich in [2].

Das Auge ist nahezu kugelförmig. Licht durchdringt die Linse, die von der Regenbogenhaut (Iris) begrenzt wird, und gelangt in das Innere, den Glaskörper. Das Bild entsteht auf der rückwärtigen Netzhaut (Retina), die zwei verschiedene Sorten von Sehzellen, etwa 125 Millionen Stäbchen und 6 Millionen Zapfen, enthält. Mit den weniger lichtempfindlichen Zapfen sehen wir bei Tage und bei starker Beleuchtung farbig (Tagsehen, Farbsehen, direktes oder foveales Sehen). Diese Empfänger sind am stärksten in der zentralen Zone der Netzhaut, dem Gelben Fleck (Fovea), vertreten. Die Winkelauflösung beträgt etwa 1/2 Bogenminute. Die Empfindungsstärke S für Licht verschiedener Intensität hängt innerhalb bestimmter Grenzen vom Logarithmus der Reizstärke E ab (Weber-Fechnersches Gesetz):

$$\text{const}\,(S - S_0) = \log_{10}(E/E_0). \tag{6}$$

Die Stäbchen sind rund 10 000mal so empfindlich wie die Zapfen; mit ihnen ist nur ein Schwarz-Weiß-Sehen möglich (indirektes Sehen, extrafoveales Sehen). Lichtschwache astronomische Objekte erkennt man am besten durch indirektes Sehen, das heißt, indem man an den Objekten vorbeisieht und somit die Stäbchen zum Einsatz bringt. Man darf zwei Sterne zum Zwecke der Schätzung nie gleichzeitig anschauen, da die verschiedenen Stellen der Netzhaut verschieden empfindlich sind.

Die Adaptionszeit des Auges von hell nach dunkel beträgt zirka 15 bis 45 Minuten. Beim Beobachten sorge man für Dunkelheit oder gedämpftes rotes Licht, das die Protokollführung beziehungsweise das Studium von Sternkarten gerade noch ermöglicht.

Die Ansprechbarkeit des menschlichen Auges für rotes Licht ist unterschiedlich zu dem anderer Farben. Werden Helligkeitsdifferenzen zwischen weißen und roten Sternen bei verschiedenen Intensitäten (z. B. in unterschiedlich großen Instrumenten) bestimmt, kann es zu größeren Abweichungen kommen (Purkinjesches Phänomen). Bei visuellen Helligkeitsschätzungen roter Sterne sollten möglichst auch rote Vergleichsterne verwendet werden.

Um einen Vergleich mit anderen Strahlungsempfängern zu ermöglichen, sei bemerkt, daß von einem Stern 6^m pro zwanzigstel Sekunde etwa 200 Photonen in ein dunkel adaptiertes Auge eindringen. Die Quantenausbeute[2] des menschlichen Auges, das in der Tat auch einzelne Photonen nachweisen kann, liegt bestenfalls bei 15 % [3]

---

[2] Die Quantenausbeute ist definiert als der Prozentsatz der auf dem Empfänger eintreffenden Photonen, die nachweisbar Ereignisse hervorrufen.

und übertrifft die Effizienz der Photoemulsion, besitzt aber nicht deren Speichereigenschaft.

Die Grenzen des visuellen Sehens werden auch bei Lukas [4] untersucht. Dort finden sich auch Hinweise auf weiterführende Literatur.

Das menschliche Auge besitzt bei Flächenhelligkeiten von 2^m pro Quadratbogensekunde eine Kontrastempfindlichkeit, die für eine einzelne Kontrastschwelle unter $0\overset{m}{.}05$ liegt. Diese Schwelle sinkt bei einer Flächenhelligkeit von 16^m pro Quadratbogensekunde auf $0\overset{m}{.}2$ ab. Für eng benachbarte Hell-Dunkel-Sequenzen geht das Auflösungsvermögen in Form der Modulations-Transfer-Funktion (MTF) in die Kontrastempfindlichkeit ein. Da sich mit unterschiedlicher Flächenhelligkeit auch der Pupillendurchmesser ändert, ist die MTF helligkeitsabhängig. Bei Doppelsternbeobachtungen hängt das Auflösungsvermögen (der kleinste auflösbare Abstand d in Bogensekunden) für beste Kontrastverhältnisse (gegeben durch geeignete Primärsternhelligkeiten) und bestem Seeing bei Verwendung der besten irdischen Teleskope vom Helligkeitsunterschied der Komponenten nach P. Brosche wie folgt ab:

$$\log_{10} d'' = -0{,}914 + 0{,}1913 \cdot \Delta m. \tag{7}$$

Hierbei wird davon ausgegangen, daß die Erkennbarkeit zweier benachbarter Lichtpunkte nur noch von den Eigenschaften des Auges abhängt, nicht mehr von den Beugungseigenschaften des benutzten Teleskops.

Der dem Auflösungsvermögen der Pupille entsprechende effektive Pupillendurchmesser beträgt 1,8 mm für Pupillendurchmesser größer als 2,5 mm, entsprechend einem Auflösungsvermögen des bloßen Auges von 70''. Unterhalb 1,5 mm entspricht der effektive Pupillendurchmesser dem tatsächlichen.

Der maximal bei bester Dunkeladaption erreichte Pupillendurchmesser hängt vom Lebensalter ab. Als Faustregel gilt: zwischen 20 und 70 Jahren nimmt der maximale Pupillendurchmesser von 8 mm alle 10 Jahre um 1 mm ab.

b) Die photographische Emulsion

Die Strahlungsempfänger sind etwa 1 μm große Silberhalogenidkristalle, die im allgemeinen in eine dünne Gelatineschicht eingelagert sind. Die Schicht befindet sich auf einem Träger (Film, Glasplatte). Die Belichtung bewirkt die Bildung von Keimen metallischen Silbers; während der Entwicklung werden die belichteten Kristalle vollständig in metallisches Silber umgewandelt, das in der vorliegenden feinverteilten Form schwarz ist (photographische Schwärzung; Negativ). Die Keimbildung erfolgt nur, wenn die Strahlung energiereich genug ist (blaues Licht); die Zugabe bestimmter organischer Substanzen bewirkt eine Sensibilisierung der Emulsion für längerwelliges Licht. Ausführlichere Informationen bietet Kapitel 4 in diesem Band. James [6] gibt eine ausführliche Darstellung der allgemeinen photographischen Prozesse.

In der Astronomie wurden bisher Emulsionen, die für Licht beziehungsweise Infrarotstrahlung bis zu einer Wellenlänge von 1100 nm empfindlich sind, eingesetzt (Kodak I-Z); Emulsionen bis 1500 nm sind bereits getestet worden. Zum kurzwelligen Bereich hin liegt die Beschränkung in der UV-absorbierenden Wirkung der Erdatmosphäre und der Gelatine (manchmal auch der Optik), UV-empfindliche Photomaterialien sind deshalb nicht in Gelatine eingebettet. Generell liegt die Quantenausbeute unter 1 %.

Tabelle 1. Streuung der diffusen Dichte bei verschiedenen in der Astronomie gebräuchlichen blauempfindlichen Emulsionen. Das nominale Auflösungsvermögen beträgt bei der 103 a-O Emulsion 80 Linienpaare pro Millimeter, bei der II a-O 87 und bei III a-J Emulsion 200 Linienpaare pro Millimeter (nach [7])

diffuse Dichte	Streuung (rms) für eine Fläche von 1000 μm^2		
	103 a-O	II a-O	III a-J
0,2	–	0,017	0,007
0,4	0,037	0,023	0,011
0,6	0,039	0,028	0,014
0,8	0,041	0,033	0,017
1,0	0,046	0,038	0,019
1,2	0,051	0,042	0,022
1,5	0,060	0,048	0,025
2,0	0,079	0,058	0,031
2,5	0,101	0,068	0,036
3,0	0,129	0,075	0,038

Bei einer photographischen Emulsion wird die Helligkeitsinformation in einer Schwärzungsskala festgehalten. Ein Schwärzungsintervall entspricht einem um so kleineren Helligkeitsintervall, je steiler die Gradation der Emulsion ist. Dies ist für die erreichbare photometrische Genauigkeit von Bedeutung. Sie hängt von der Streuung der Schwärzung und der Größe der Meßblende ab. Die Streuung hängt ihrerseits vom Emulsionstyp und dem Schwärzungswert ab. Die Schwärzung, die man erhält, wenn man alle möglichen Streurichtungen des Lichts (Kegel mit 180° Öffnung) betrachtet, wird als diffuse Dichte bezeichnet. Im Gegensatz dazu nennt man die Schwärzung, die man bei senkrechtem Durchtritt des Strahlungsbündels in einem Kegel von 7° Öffnung mißt, spekulare (= spiegelnde) Dichte. Letztere ist stets größer als die diffuse Dichte. Das gilt besonders für grobkörnige Emulsionen. Wie Tabelle 1 zeigt, sind feinkörnige Emulsionen nicht nur durch eine steilere Gradation, sondern auch durch eine geringere Streuung der diffusen Dichte ausgezeichnet, so daß die mit ihnen erreichbare photometrische Genauigkeit erheblich über der von „schnelleren", aber grobkörnigeren Emulsionen liegt. Wenn möglich, sollte man im Hinblick auf die höhere erreichbare photometrische Genauigkeit bevorzugt feinkörnige Emulsionen benutzen. Dies macht häufig eine Sensibilisierung der Emulsion vor ihrer Belichtung durch Backen oder Baden in bestimmten Lösungen nötig.

c) Die Photomultiplierröhre (PMT)
Fällt Licht auf die in einer Vakuumröhre befindliche Kathode, die im allgemeinen aus Alkalimetallen besteht, so werden Elektronen freigesetzt (äußerer Photoeffekt). Diese Elektronen werden durch eine Potentialdifferenz auf eine Dynode gelenkt, wo sie weitere Elektronen freisetzen, die zu einer zweiten Dynode gelenkt werden usw. (Abb. 1). Durch Verwendung von etwa 10 Dynoden werden Verstärkungen von etwa 10^6 erreicht. Die Quantenausbeute kann bis zu 20% betragen. Die PMTs sind vorzugsweise im Blaubereich empfindlich, spezielle Kathoden erweitern die Empfindlichkeit bis 1,1 μm (S-1 Photokathode). In Abbildung 2 sind die Empfindlichkeitsverläufe typischer Kathoden dargestellt. Während die PMT in der professionellen Astronomie

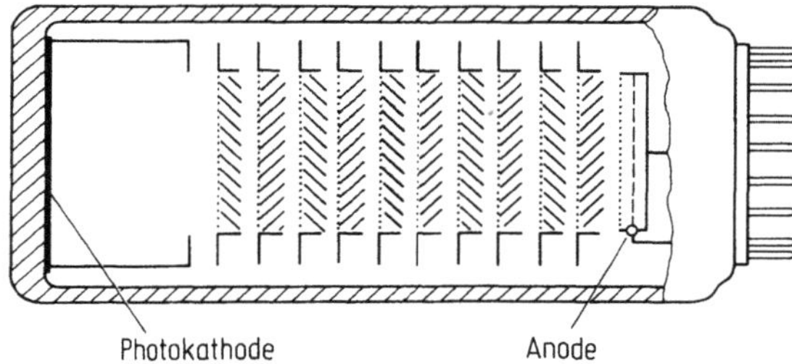

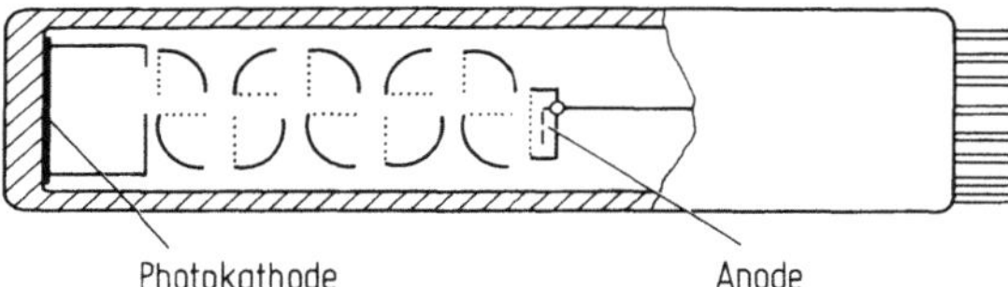

Abb. 1. Aufbau einer Photomultiplierröhre. Das auf die Photokathode fallende Licht setzt ein Elektron frei, das mittels einer Potentialdifferenz zur ersten Dynode hin beschleunigt wird und weitere Elektronen freisetzt. An der Anode wird die „Elektronenlawine" als Stromimpuls nachgewiesen. Je nach Anordnung der Dynoden unterscheidet man verschiedene Typen von PMTs, zum Beispiel „Jalousien-Typ" (oben) und „Kasten und Gitter-Typ" (unten). Aus [11]

seit über 40 Jahren eingesetzt wird, ist sie auch bei den Amateurastronomen in den letzten Jahren immer mehr zur Anwendung gekommen.

PMTs benötigen für ihren Betrieb eine stabilisierte Hochspannung (meist über 1000 V). Sie sind empfindlich gegen Überbelichtung und mechanische Beanspruchung. Die Empfindlichkeit im blauen und sichtbaren Spektralbereich ist gut, die Zeitauflösung im photonenzählenden Betrieb hervorragend.

Eine ausführliche Darstellung der Eigenschaften von PMTs wird in [8, 9, 10] gegeben.

PMTs werden von verschiedenen Herstellern (RCA, EMI, ITT, Hamamatsu) angeboten; die Preise sind je nach Qualität unterschiedlich. Die „klassische" Multiplierröhre 1P21 der Firma RCA kostet etwa $ 100; eine qualitativ etwas schlechtere Röhre, die 931A, etwa $ 20. Interessant sind auch „Miniatur-PMTs" der Firma Hamamatsu; die R869 hat eine der RCA 1P21 ähnliche spektrale Empfindlichkeit, der Kathodendurchmesser beträgt etwa 5 mm, was für die Photometerverwendung ausreicht und den Dunkelstrom im Vergleich mit anderen PMTs reduziert. Oft wird als Zubehör ein PMT-Sockel mit eingebautem Spannungsteiler geliefert.

PMTs können sowohl bei Raumtemperatur als auch gekühlt verwendet werden, wodurch der Dunkelstrom um mehrere Größenordnungen herabgesetzt wird. Die Kühlung erfolgt durch Trockeneis oder die Verwendung eines Peltier-Elements. Das Kühlen bringt neben höheren Betriebskosten oft Probleme durch Kondenswasserbildung und Beschlagen von optischen Teilen mit sich.

d) Die Photodiode

Ein Halbleiter wie Silizium oder Germanium, der mit speziellen anderen Atomsorten „dotiert" wurde, kann durch die dadurch freigesetzten Elektronen (n-Typ) oder

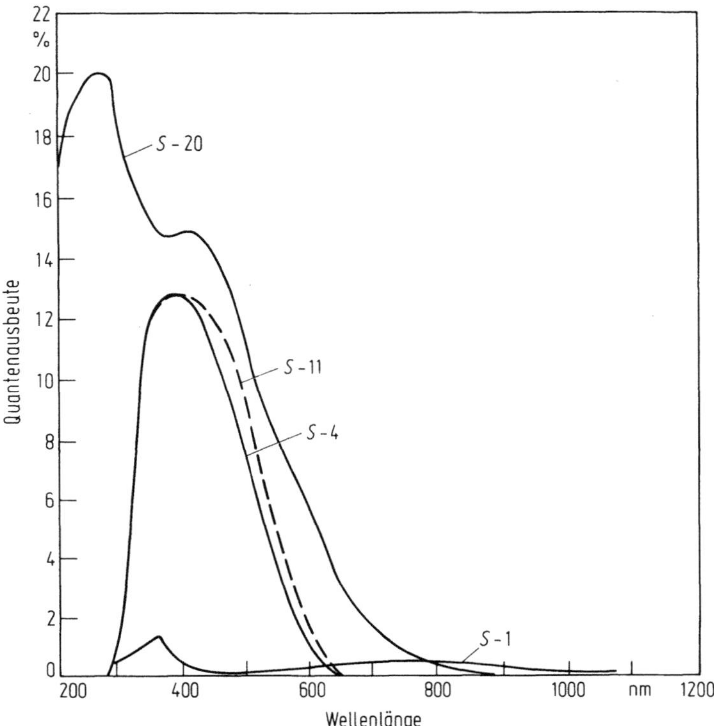

Abb. 2. Spektrale Empfindlichkeit verschiedener Photokathoden. Die Quantenausbeute gibt an, wieviel Prozent der einfallenden Photonen bestimmter Wellenlänge ein Elektron freisetzen. Die S-20-Kathode ist hier mit einem UV-durchlässigen Eingangsfenster versehen, das sie bis weit in den Ultraviolettbereich empfindlich macht. Die S-1-Kathode hat eine geringe Quantenausbeute, ist dafür aber bis ins nahe Infrarot hin empfindlich. Aus [8]

„Löcher" (p-Typ) leitend werden. Eine Diode besteht aus einer Kombination einer p- und n-Schicht und kann Strom im wesentlichen nur in einer Richtung durchlassen.

Licht, das in der p-n-Grenzschicht absorbiert wird, setzt Elektronen frei und ändert den Widerstand. Spezielle Dioden zur Lichtmessung weisen eine Schicht (I) zwischen dem p- und n-Gebiet auf, in der das Licht absorbiert wird und die die Bildung von Elektron-Loch-Paaren durch thermische Effekte unterdrückt. Man bezeichnet solche Dioden als PIN-Dioden.

Die Verwendung von PIN-Photodioden ist relativ einfach. Die Spannungsversorgung kann durch eine Batterie erfolgen, die Anschaffungskosten sind niedrig, der Detektor ist unempfindlich gegen Überbelichtung. Die Empfindlichkeit im roten und infraroten Spektralbereich ist gut. Nachteile sind: schwache Ausgangssignale müssen hoch verstärkt werden; die Empfindlichkeit im blauen Spektralbereich ist gering; die Zeitauflösung ist schlecht. Der Einsatz von Photodioden ist in Amateurkreisen weit verbreitet. Eine umfassende Darstellung des Einsatzes von Halbleiterdetektoren findet sich in [12].

Der Empfindlichkeitsverlauf einer auch im blauen Wellenlängenbereich empfindlichen PIN-Photodiode ist in Abbildung 3 gezeigt.

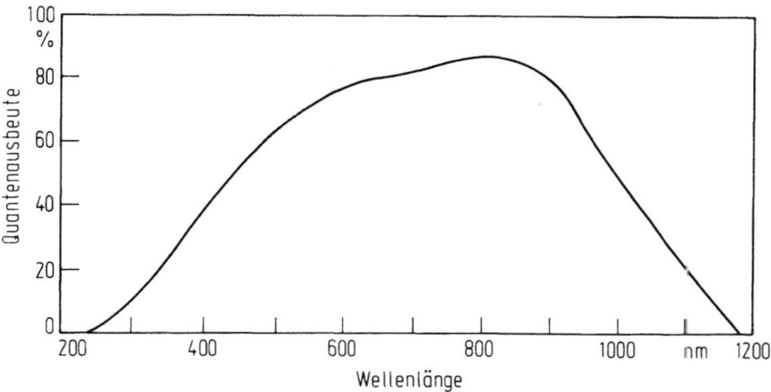

Abb. 3. Spektrale Empfindlichkeit einer (für den Blau-Bereich sensibilisierten) Photodiode, die bis ins nahe Infrarot empfindlich ist. Aus [8]

e) Zweidimensionale Strahlungsempfänger
Halbleiterbildaufnehmer (Ladungsverschiebe-Elemente, Charge-Coupled-Devices, CCDs) für ein- oder zweidimensionale Bilderfassung sind in den letzten Jahren für photometrische Zwecke in der Astronomie eingesetzt worden. Im zweidimensionalen Fall ist auf einem Siliziumchip der Größe $100\,mm^2$ ein Raster von etwa 250 000 lichtempfindlichen Elementen aufgebracht. Die Belichtung führt zur Bildung von Elektronen-Löcher-Paaren in der Siliziumschicht. Die freigesetzten Elektronen können gespeichert und nach der Belichtung auf elektronischem Wege über eine Ausgangsdiode ausgelesen werden [13, 14]. Die dort erzeugten Spannungen werden digitalisiert und als Bildwerte zum Beispiel auf Videoband oder in einem Computer gespeichert. Die CCDs sind ebenso wie die Photodioden vorzugsweise rotempfindlich und lassen sich nur in Spezialfällen für kurzwelligere Strahlung verwenden. Die Quantenausbeute beträgt maximal 80%.

Anwendungen von CCDs in der Amateurastronomie werden in [15, 16, 17] vorgestellt.

10.2 Grenzen und Fehler photometrischer Messungen

Die Strahlung der Himmelskörper wird auf dem Weg zum Beobachter auf verschiedenartige Weise beeinflußt. Die Strahlung der Fixsterne wird beim Durchgang durch die interstellare Materie teilweise gestreut und absorbiert. Diese interstellare Absorption wirkt bei verschiedenen Wellenlängen verschieden stark (selektiv) und führt zu einer Verfärbung (Rötung) des Lichts. In der Erdatmosphäre treten ähnliche Effekte auf; hier spricht man von Extinktion. Ein Teil der einfallenden Strahlung wird über den ganzen Himmel zerstreut (die blaue Farbe des Taghimmels ist auf gestreutes Sonnenlicht zurückzuführen, s. Abb. 4). Das Streulicht des Mondes vergrößert die Himmelshelligkeit um einige Größenordnungen und macht dadurch die Photometrie schwacher Sterne unmöglich (Abb. 5). Die Helligkeit des dunklen Nachthimmels nimmt um 10% zu, wenn Venus über dem Horizont steht.

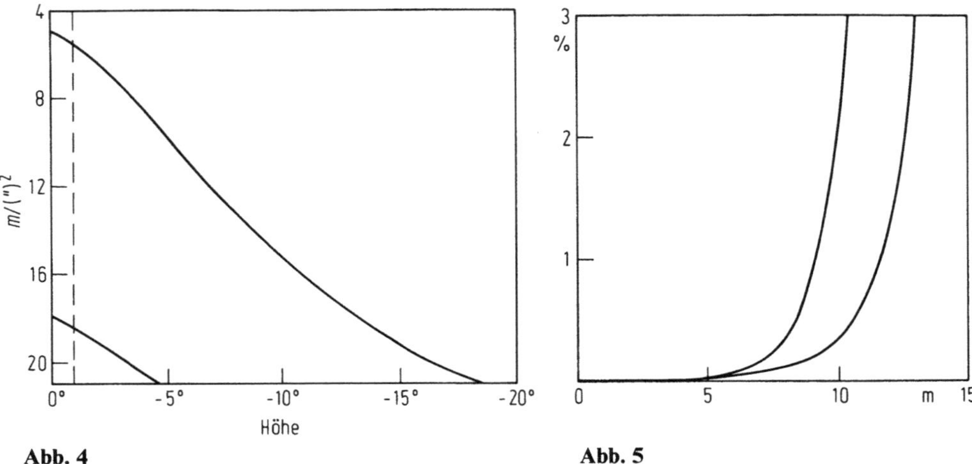

Abb. 4. Visuelle Flächenhelligkeit des Himmels in Zenitnähe, in Größenklassen pro Quadratbogensekunde, bei verschiedenen Sonnen- und Vollmonddistanzen vom Horizont. Die gestrichelte Linie gibt den bezüglich Refraktion und Durchmesser korrigierten Horizont an

Abb. 5. Photometriergenauigkeit (in %) für Sterne unterschiedlicher Helligkeit mit einem Teleskop von 200 mm Öffnung für eine Integrationszeit von etwa 15 Sekunden bei dunklem Himmel (rechte Linie) und bei Vollmond (linke Linie)

Durch Luftturbulenzelemente wird die Strahlung aus ihrer ursprünglichen Richtung abgelenkt und das Strahlenbündel aufgeweitet. Da sich die Elemente rasch gegeneinander verschieben, beobachtet man wellenlängenabhängige Intensitäts- und Richtungsszintillation. Die normale Lichtbrechung in der Atmosphäre (Refraktion) führt zu einer Aufweitung des einfallenden Strahlenbündels, und bei großen Zenitdistanzen wird jedes punktförmige Sternbildchen zu einem merklichen Spektrum aufgeweitet.

Das mit einem Teleskop gesammelte Licht wird durch die optischen Bauteile weiter verändert. An Spiegeln treten wellenlängenabhängige Reflexionsverluste auf, beim Durchgang durch Glas wird Strahlung absorbiert und an den Grenzflächen von Linsen geht ein weiterer Teil durch Reflexion verloren.

Nach einer weiteren Abschwächung und teilweisen Blockierung in Farbfiltern gelangt der Rest des Lichts auf einen Detektor, der je nach Effektivität nur einen Bruchteil der einfallenden Information registriert. Bis das endgültige Meßergebnis vorliegt, muß die Information aufbereitet werden, wobei noch einmal, zum Beispiel durch zusätzliches Empfängerrauschen, Informationsverluste auftreten können.

Wie man diese Einflüsse berücksichtigen kann, wird im Abschnitt 10.5 (Reduktionsmethoden) beschrieben. Viele Effekte werden dadurch kompensiert, daß man das Licht zweier Sterne, das den gleichen Weg durch die Meßapparatur nimmt, vergleicht.

Die natürlichen und apparativen Fehlerquellen lassen sich im Spezialfall des lichtelektrischen Photometers wie folgt zusammenfassen:

Natürliche Fehlerquellen:
Schwankungen der Himmelshelligkeit und der Himmelstransparenz,
Einschluß schwacher Hintergrundsterne in der Meßblende,
„Überfließen des Sternbildes" bei schlechter Bildruhe und zu kleiner Meßblende.

Apparative Fehlerquellen:
Vignettierung im Strahlengang von Fernrohr und Photometer,
Nichtlinearitäten in der Verstärker-Elektronik, insbesondere auch Totzeiten im Empfänger oder in der Elektronik,
fehlende magnetische und elektronische Abschirmungen,
veränderliche Temperatur des Detektors,
Schwankung der Versorgungsspannung,
Polarisationseffekte in der Optik,
Meßfehler durch unterschiedliche Sternzentrierung auf der Blende (wenn keine Fabry-Linse vorhanden).

10.3 Astronomische Farbsysteme

Der aufmerksame Leser wird bemerkt haben, daß in Abschnitt 10.1.2 von visuellen Größen oder Helligkeiten die Rede war und davon, daß Strahlungsströme bei verschiedenen Wellenlängen gemessen werden. Sternhelligkeiten lassen sich in verschiedenen Wellenlängenbereichen definieren. Der Einsatz der Photographie führte zur Einführung der „photographischen Helligkeiten" (Blauhelligkeiten), da die ersten Photoemulsionen nur für kurzwellige Strahlung bis etwa 490 nm empfindlich waren. Die Differenz zweier in unterschiedlichen Wellenlängenbereichen gemessener Größen eines Sterns ergibt den Farbindex, ein Maß dafür, um wieviel stärker ein Stern zum Beispiel im Blauen als im Grünen strahlt. Ein solcher Farbindex ist ein einfaches Maß für die Farbe beziehungsweise die Energieverteilung eines Sterns.

Die Farbe eines Sterns ist also definiert als

$$m(\lambda_2) - m(\lambda_2) = -2,5 \log(a\,\Phi_2/b\,\Phi_1), \tag{8}$$

wobei λ_1 und λ_2 den effektiven Wellenlängen entsprechen, bei denen die Strahlungsströme Φ_1 und Φ_2 gemessen wurden. a und b sind für das Meßgerät charakteristische Konstanten.

Die Verwendung leistungsfähiger Photometer war begleitet von der Entwicklung astronomischer Farbsysteme: das Licht eines Sterns wird, bevor es auf eine Photozelle fällt, nacheinander oder simultan[3] durch ein System von Farbfiltern gelenkt, die ein mehr oder weniger breites Wellenlängenintervall passieren lassen. Präziser gesagt, die Kombination von Teleskop, Filter und Empfindlichkeitsfunktion des Strahlungsempfängers definiert einen Durchlaßbereich (Passband). Ein Satz unterschiedlicher Farbfilter definiert bei Berücksichtigung des Teleskoptyps und der Art des Empfängers ein Farbsystem.

---

[3] Nach Vorzerlegung durch ein Prisma oder ein dichroitisches Filter.

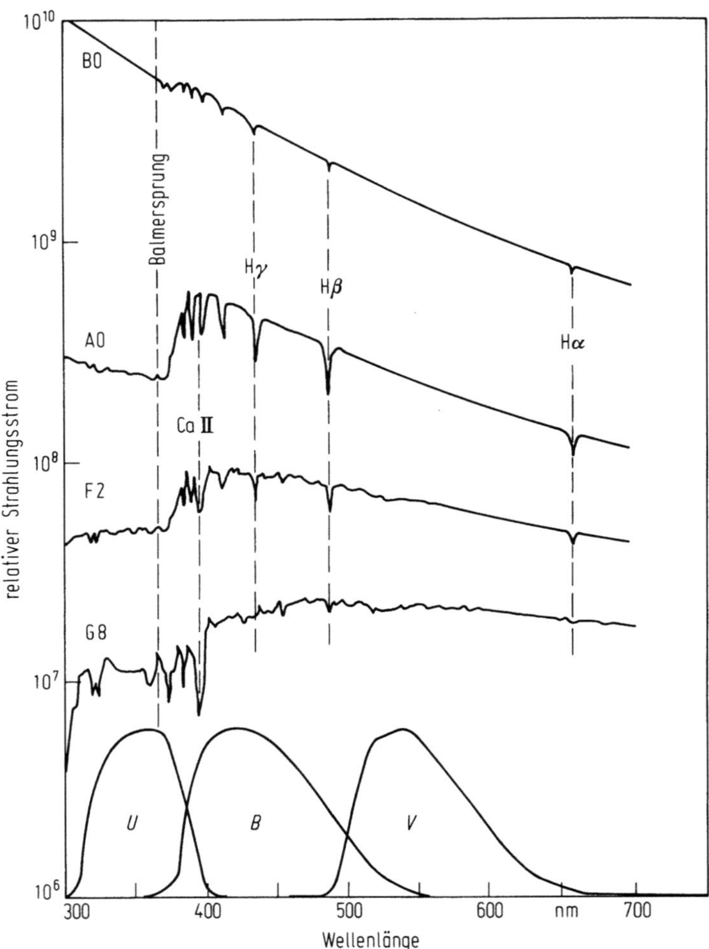

Abb. 6. Durchlaßkurven der U, B und V-Filter des Johnsonschen UBV-Systems (unten), und Strahlungsflüsse von Hauptreihensternen verschiedener Spektraltypen (oben). Man erkennt, daß die durch die Oberflächentemperatur bestimmte Steigung des Sternkontinuums durch den (B-V)-Farbindex bestimmt werden kann, während der Balmer-Sprung, der – bei gleicher Temperatur – von der Leuchtkraft abhängig ist, durch den (U-B)-Farbindex bestimmt wird. Aus [8]

Es gibt Breitbandsysteme (Bandbreiten typisch 100 nm), Intermediär-Bandsysteme (30 nm) und Schmalbandsysteme (10 nm). Jede Art hat in der Astronomie spezifische Anwendungsbereiche. Die bekanntesten, die hier erwähnt werden sollen, sind das von H. L. Johnson entwickelte UBV-System, das später zu größeren Wellenlängen (R, I, J, K, L, M, . . .) hin erweitert wurde (Abb. 6, Tabelle 2), und das von B. Strömgren entwickelte uvby-System.

Im UBV-System ist die Helligkeit im V-Bereich der visuellen Helligkeit vergleichbar; man bezeichnet diese Helligkeit mit V. Die B-Helligkeit ist annähernd gleich der photographischen Helligkeit, und U ist die Ultravioletthelligkeit, zu deren Bestim-

Tabelle 2. Eigenschaften des UBVRI-Systems [18]

Filter	Farbglas	Kathode	λ_{eff} (nm)	$\Delta\lambda$ (nm)
U	Corning No. 9863	S4	366,0	70
	oder			
	UG2 (2 mm)	S4		
	oder			
	UG12 (2 mm) + BG18 (2 mm)	S20ext		
	oder			
	UG2 (1 mm) + $CuSO_4$-Lösung	S1		
B	Corning No. 5030 + GG13 (2 mm)	S4	440,0	97
	oder			
	BG12 (1 mm) + GG13 (2 mm)	S4		
	oder			
	BG12 (4 mm) + BG18 (2 mm) + GG4 (1 mm)	S20ext		
	oder			
	BG12 (1 mm) + BG18 (1 mm) + GG385 (2 mm)	S1		
V	Corning No. 3384	S4	553,0	85
	oder			
	GG11 (2 mm)	S4		
	oder			
	GG14 (3 mm) + BG18 (2 mm)	S20ext		
	oder			
	GG495 (2 mm) + BG18 (1 mm)	S1		
R	OG550 (2 mm) + RG6 (1 mm)	S20ext	700,0	21
	oder			
	OG570 (2 mm) + KG3 (2 mm)	S1		
I	BG3 (1 mm) + RG610 (2 mm)	S20ext	880,0	22
	oder			
	RGN9 (3mm)	S1		

mung möglichst ein Reflektor verwendet werden sollte. Die gebräuchlichen Farbindizes (s. Gleichung (8)) des UBV-Systems sind $U-B$ und $B-V$.

Die Standard-UBV-Filter in Tabelle 2 sind für die Verwendung eines Spiegelteleskops und einer PMT mit S-4-Kathodenempfindlichkeit ausgelegt. Das U-Filter kann, insbesondere bei der Beobachtung von roten Sternen, eine zusätzliche Transmission im roten Bereich („red leak") aufweisen. Die Transmission des ursprünglichen V-Filters wird zu langen Wellenlängen hin durch die S-4-Charakteristik begrenzt. Will man mit der gleichen PMT auch Rot- und Infrarothelligkeiten messen, muß man die langwellige Transparenz der Standard-UBV-Filter durch zusätzliches Farbglas reduzieren, wie in Tabelle 2 angegeben. Dabei ist für den U-Bereich ein Flüssigkeitsfilter, bestehend aus einer Lösung von Kupfersulfat, in Gebrauch. Alle Filter, soweit nicht anders angegeben, wurden von der Firma Schott, Mainz geliefert, allerdings sind nicht mehr alle im Programm, zum Beispiel muß UG2 näherungsweise durch UG1 ersetzt werden. Manchmal tragen sie neue Bezeichnungen, zum Beispiel GG13 = GG385 und GG11 = GG495. Im Zweifelsfall konsultiere man den Schott-Farbglaskatalog und leite für den eigenen Empfänger und Farbglaskombinationen Äquivalentwellenlängen ab, die den oben angegebenen effektiven Wellenlängen λ_{eff} entsprechen. Die Äquivalentwellenlänge berechnet sich aus

$$\lambda_{\text{äq}} = \int \lambda \cdot \varphi(\lambda)\, d\lambda / \int \varphi(\lambda)\, d\lambda. \tag{9}$$

wobei $\varphi(\lambda)$ die Transmissionskurve der betrachteten Farbglaskombination ist.

Helligkeiten und Farben ausgewählter Sterne im UBVRI-System siehe Band 2, Tabelle 28, Seite 622 ff im Anhang. Weiterführende Kataloge sind:

A. A. Henden, R. H. Kaitchuck: *Astronomical Photometry*. (Van Nostrand Reinhold Co., New York, 1982). Tabelle C1/C2, S. 292 ff. UBV-Helligkeiten von über 150 teils hellen, teils schwachen Sternen.

B. Iriate, H. L. Johnson, R. I. Mitchell, W. K. Wisniewski: Five Color Photometry of Bright Stars: The Arizona-Tonantzintla Catalogue. Magnitudes and Colors of 1325 Bright Stars. Sky and Telescope *30*, 21 (1965). Dieser Katalog enthält Helligkeiten und Farben heller Sterne des Nord- und Südhimmels.

A. A. Hoag, H. L. Johnson, B. Iriate, R. I. Mitchell, K. L. Hallam, S. Sharpless: Photometry of Stars in Galactic Cluster Fields. Publications of the US Naval Observatory (Washington), Second Series, *17*, Part 7 (1961). Dieser Katalog enthält UBV-Photometrie von Sternen in 70 offenen Sternhaufen und zusätzlich Aufsuchkarten.

V. M. Blanco, S. Demers, G. G. Douglass, P. M. Fitzgerald: Photoelectric Catalogue. Magnitudes and Colors of Stars in the U, B, V and U_c, B, V Systems. Publications of the US Naval Observatory (Washington), Second Series, *21* (1968). Dieser Katalog enthält UBV-Daten von 20 705 Sternen.

B. Nicolet: Catalogue of Homogeneous Data in the UBV Photoelectric Photometric System. Astronomy and Astrophysics Supplement Series *34*, 1 (1978). Dieser Katalog enthält UBV-Daten von 53 000 Sternen.

In den meisten heute verwendeten Breitbandsystemen ist die Größenklasse von α Lyrae (Wega) bei allen Wellenlängen gleich Null. Die Farbenindizes von Wega in diesen Farbsystemen sind somit ebenfalls gleich Null. Es ist zu beachten, daß ein überall gleicher Farbenindex nicht einer konstanten Energieverteilung entspricht.

Aus den Farbindizes $(U-B)$ und $(B-V)$ eines normalen Sterns lassen sich seine Temperatur und sein Spektraltyp, mit Einschränkungen auch seine Leuchtkraftklasse bestimmen. Die interstellare Verfärbung E_{B-V} ändert die Farbindizes der Sterne. Ist E_{B-V} bekannt, lassen sich die „Eigenfarben" $(U-B)_0$ und $(B-V)_0$ eines Sterns berechnen:

$$(B-V)_0 = (B-V) - E_{B-V} \tag{10}$$

$$(U-B)_0 = (U-B) - 0{,}72 \cdot E_{B-V}. \tag{11}$$

Die interstellare Absorption beträgt im V-Bereich

$$A_v = 3{,}2\, E_{B-V}. \tag{12}$$

Aus den gemessenen Farbindizes läßt sich eine durch normale interstellare Verfärbung unbeeinflußte Größe Q berechnen:

$$Q = (U-B) - 0{,}72\,(B-V).$$

Tabelle 3. Eigenfarben und Q-Werte von Sternen verschiedener Spektraltypen und Leuchtkraftklassen (nach [19])

Spektraltyp	Leuchtkraftklasse	$(U-B)_0$	$(B-V)_0$	Q
O5	I	$-1{,}15$	$-0{,}33$	$-0{,}91$
	III	$-1{,}15$	$-0{,}33$	$-0{,}91$
	V	$-1{,}15$	$-0{,}33$	$-0{,}91$
B0	I	$-1{,}09$	$-0{,}23$	$-0{,}92$
	III	$-1{,}09$	$-0{,}30$	$-0{,}87$
	V	$-1{,}08$	$-0{,}30$	$-0{,}86$
B5	I	$-0{,}77$	$-0{,}09$	$-0{,}70$
	III	$-0{,}59$	$-0{,}16$	$-0{,}48$
	V	$-0{,}57$	$-0{,}17$	$-0{,}45$
A0	I	$-0{,}25$	$0{,}01$	$-0{,}35$
	III	$-0{,}06$	$-0{,}02$	$-0{,}05$
	V	$-0{,}02$	$-0{,}02$	$-0{,}01$
A5	I	$-0{,}08$	$0{,}09$	$-0{,}14$
	III	$0{,}13$	$0{,}15$	$0{,}02$
	V	$0{,}09$	$0{,}15$	$-0{,}02$
F0	I	$0{,}16$	$0{,}20$	$0{,}02$
	III	$0{,}10$	$0{,}28$	$-0{,}11$
	V	$0{,}02$	$0{,}30$	$-0{,}21$
F5	I	$0{,}32$	$0{,}39$	$0{,}03$
	III	$0{,}09$	$0{,}43$	$-0{,}25$
	V	$-0{,}01$	$0{,}44$	$-0{,}36$
G0	I	$0{,}48$	$0{,}75$	$-0{,}18$
	III	$0{,}15$	$0{,}65$	$-0{,}39$
	V	$0{,}06$	$0{,}58$	$-0{,}42$
G5	I	$0{,}88$	$1{,}08$	$-0{,}16$
	III	$0{,}63$	$0{,}86$	$-0{,}14$
	V	$0{,}20$	$0{,}68$	$-0{,}39$
K0	I	$1{,}34$	$1{,}35$	$-0{,}07$
	III	$0{,}86$	$1{,}01$	$-0{,}10$
	V	$0{,}45$	$0{,}82$	$-0{,}29$
K5	I	$1{,}86$	$1{,}60$	$0{,}04$
	III	$1{,}80$	$1{,}51$	$0{,}17$
	V	$1{,}12$	$1{,}15$	$0{,}00$
M0	I	$1{,}93$	$1{,}69$	$-0{,}03$
	III	$1{,}88$	$1{,}56$	$0{,}16$
	V	$1{,}23$	$1{,}44$	$-0{,}20$
M5	I	$1{,}60$	$1{,}80$	
	III	$1{,}45$	$1{,}56$	$-0{,}04$
	V	$1{,}24$	$1{,}58$	$-0{,}49$

Tabelle 3 gibt für Sterne verschiedener Spektraltypen und Leuchtkraftklassen die Eigenfarben $(U-B)_0$ und $(B-V)_0$ und die Q-Werte.

Man kann aus dem Q-Wert eines Sterns mögliche Spektraltypen und Leuchtkraftklassen ermitteln. Bei der Entscheidung, welcher Typ tatsächlich vorliegt, helfen Plausibilitätsbetrachtungen: helle Hauptreihensterne (Leuchtkraftklasse *V*) sind wenig verfärbt, schwache Überriesen (Leuchtkraftklasse *I*) dagegen sehr.

10.4 Die Technik und Planung von Beobachtungen

Zunächst ist die Frage zu klären, ob die Genauigkeit, die mit dem gegebenen Photometer erreicht werden kann, zur Bearbeitung des Problems hinreicht (spektrale Auflösung, Zeitauflösung, Photometriergenauigkeit), und in welchem Farbsystem, das heißt mit welchen Filtern die Beobachtung sinnvollerweise durchgeführt werden soll. Man vergesse dann nicht, auch Standard-Sterne oder -Felder zusammen mit den eigentlichen Programmsternen zu beobachten. Bei Sternbedeckungen oder Minima und Maxima von Veränderlichen ist die genaue Registrierung der Zeit von entscheidender Bedeutung. Auf jeden Fall gehört zu jeder photometrischen Messung auch eine Zeitmessung, um später eine Korrektur wegen des Einflusses der Erdatmosphäre vornehmen zu können.

Generell läßt sich sagen, daß um so mehr Effekte berücksichtigt werden müssen, je größer die Genauigkeit der Messungen ist, zum Beispiel die differentielle Extinktion oder der Lichtzeiteffekt. Die Qualität der atmosphärischen Bedingungen spielt eine entscheidende Rolle; deswegen sind die großen nationalen und internationalen Sternwarten in abgelegenen Gebieten der Erde errichtet worden. Aber zum Trost des Amateurs kann gesagt werden, daß dort dem einzelnen Beobachter nur wenige Nächte zur Verfügung gestellt werden, während der Amateur, der ein Teleskop sein eigen nennt, den großen Vorteil hat, Langzeitprogramme durchführen oder mit einem mobilen Gerät spezielle Ereignisse verfolgen zu können: nicht nur hat jedes Teleskop „seinen Himmel", auch jedes photometrische Arbeitsprogramm hat „seine Sterne".

10.4.1 Punktphotometrie – Flächenphotometrie

Man kann zwei unterschiedliche Klassen photometrischer Beobachtungen unterscheiden, die Punktphotometrie und die Flächenphotometrie. Bei der Punktphotometrie (typisches Anwendungsgebiet: lichtelektrische Sternphotometrie) wird eine Meßblende zur Definition eines „Punkts" am Himmel verwendet. Dabei kann diese Blende ein beträchtliches Himmelsgebiet überdecken, ohne es jedoch aufzulösen. Bei der Flächenphotometrie wird ein Himmelsgebiet mit einer bestimmten Auflösung abgetastet, wobei die „Fläche" zwei- oder eindimensional sein kann. Sie ist abhängig von der Größe der Meßblende, der Größe der Bildelemente des Detektors oder der Auflösung des Teleskops.

Die am meisten verbreiteten Meßmethoden der Punktphotometrie sind die Absolutphotometrie, die differentielle Photometrie, die Photometrie hoher Zeitauflösung („high speed-Photometrie"), die Photometrie von Bedeckungen und die Interferometrie. In der Folge werden die in der Amateurastronomie wichtigsten Verfahren behandelt.

10.4.2 Visuelle Photometrie: Differentielle Beobachtung

Das bekannteste Verfahren zur visuellen Schätzung von Sternhelligkeiten ist die Argelandersche Stufenschätzungsmethode. Man bestimmt die Helligkeit eines Sterns (im allgemeinen eines Veränderlichen) durch Vergleich mit anderen Sternen im Feld, die

Tabelle 4. Erforderliche Öffnungsdurchmesser zur Helligkeitsschätzung von Veränderlichen. Die Grenzgröße liegt etwa 1^{m} über der jeweils noch gerade sichtbaren Grenzgröße (nach [20, 21, 22])

Helligkeit des Veränderlichen (in Größenklassen)	Öffnungsdurchmesser des Beobachtungsinstruments
$0^{\mathrm{m}}\!.5 - \ 4^{\mathrm{m}}\!.5$	7 mm (Auge)
$2^{\mathrm{m}}\!.5 - \ 6^{\mathrm{m}}\!.5$	20 mm (Opernglas)
$4^{\mathrm{m}}\!.5 - \ 8^{\mathrm{m}}\!.5$	50 mm (Zweizöller/Feldstecher)
$6^{\mathrm{m}}\!.5 - 10^{\mathrm{m}}\!.5$	100 mm (Vierzöller)
$8^{\mathrm{m}}\!.5 - 12^{\mathrm{m}}\!.5$	250 mm (Zehnzöller)

ähnliche Helligkeiten haben. Im folgenden sei der Veränderliche mit a, ein Vergleichstern mit b bezeichnet. Man sollte den Veränderlichen, dessen Helligkeit geschätzt werden soll, im Instrument möglichst so hell sehen wie einen Stern von $0^{\mathrm{m}}\!.5$ bis $3^{\mathrm{m}}\!.5$ mit bloßem Auge (Fechner-Bereich). In Tabelle 4 sind die dafür erforderlichen Öffnungsdurchmesser des Beobachtungsinstruments angegeben.

Der Helligkeitsunterschied der beiden Sterne wird in „Stufen" angegeben, die nach Argelander folgendermaßen definiert sind:

Stufe 0. „Erscheinen mir beide Sterne immer gleich hell oder möchte ich bald den einen, bald den anderen ein wenig heller schätzen, so nenne ich sie beide gleich hell und schreibe a 0 b."

Stufe 1. „Kommen mir auf den ersten Blick zwar beide Sterne gleich hell vor, erkenne ich aber bei aufmerksamer Betrachtung und wiederholtem Übergang von a zu b und b zu a entweder immer oder doch nur mit sehr seltenen Ausnahmen a für eben bemerkbar heller, so nenne ich a um eine Stufe heller als b und bezeichne dies durch a 1 b; ist dagegen b der hellere, durch b 1 a, so daß immer der hellere vor, der schwächere hinter der Zahl steht."

Stufe 2. „Erscheint der eine Stern stets und unzweifelhaft heller als der andere, so wird dieser Unterschied für zwei Stufen angenommen und durch a 2 b bezeichnet, wenn a, hingegen durch b 2 a, wenn b der hellere ist."

Stufen 3 und 4. „Eine auf den ersten Augenblick ins Auge fallende Verschiedenheit gilt für drei Stufen und wird durch a 3 b oder b 3 a bezeichnet. Endlich bedeutet a 4 b eine noch auffallendere Verschiedenheit."

Mehr als vier oder fünf Stufen zu schätzen, ist grundsätzlich nicht sinnvoll.

Man sollte immer mindestens zwei Vergleichsterne auswählen, von denen einer (b) heller, der andere (c) schwächer als der Veränderliche sein sollte. Eine Stufe entspricht etwa einer zehntel Größenklasse.

Man notiert Datum [4], Uhrzeit [5], Objekt-/Vergleichsterne und b s_1 a s_2 c, wobei s_1 und s_2 Stufenwerte sind. Bei der visuellen Beobachtung von Veränderlichen sind

---

[4] Um spätere Unklarheiten auszuschließen, notiert man im Beobachtungsprotokoll das Datum in der folgenden Art: „1987 Juni 5/6 Sa/So".
[5] Man vermerke, ob die Zeitangaben in MEZ, MESZ oder in Universalzeit (UT) gegeben sind. Die Verwendung der Universalzeit ist zu empfehlen. Eine Stundenzählung über 24.00 hinaus (1.00 am Morgen des neuen Tages = 25.00 des alten Tages) ist oft praktisch.

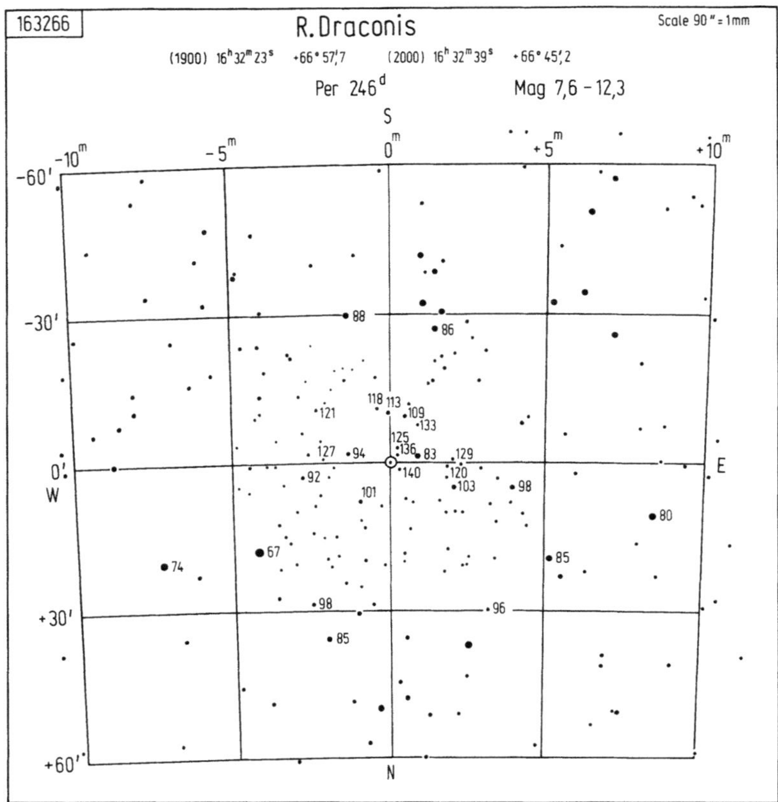

Abb. 7. AAVSO-Suchkarte des Mirasterns R Dra. Das Feld hat eine Größe von etwa 2 × 2 Grad, Süden ist oben. Der Veränderliche ist im Zentrum der Karte; Helligkeitsangaben der Vergleichsterne sind auf zehntel Größenklassen angegeben; Dezimalpunkte werden weggelassen, um eine Verwechslung mit Sternen zu vermeiden. Nach [21] mit freundlicher Genehmigung von J. A. Mattei, Director of AAVSO

spezielle Suchkarten mit der Identifikation des Veränderlichen und der Angabe der visuellen Helligkeiten von Vergleichsternen eine große Hilfe. Eine solche Karte ist in Abbildung 7 gezeigt.

Hat man den Veränderlichen a zwischen zwei Vergleichsternen b, c bekannter Helligkeit mit Hilfe der Stufenschätzmethoden eingeordnet und ist m_1 die Größe des helleren Sterns b, m_2 die des schwächeren Vergleichsterns c, kann die Größe des Veränderlichen, m_v, nach folgender Formel berechnet werden:

$$m_v = m_1 + \frac{m_2 - m_1}{s_1 + s_2} s_1 ; \tag{13}$$

oder, wie sich durch einfache Umformung ergibt,

$$m_v = m_2 - \frac{m_2 - m_1}{s_1 + s_2} s_2 . \tag{14}$$

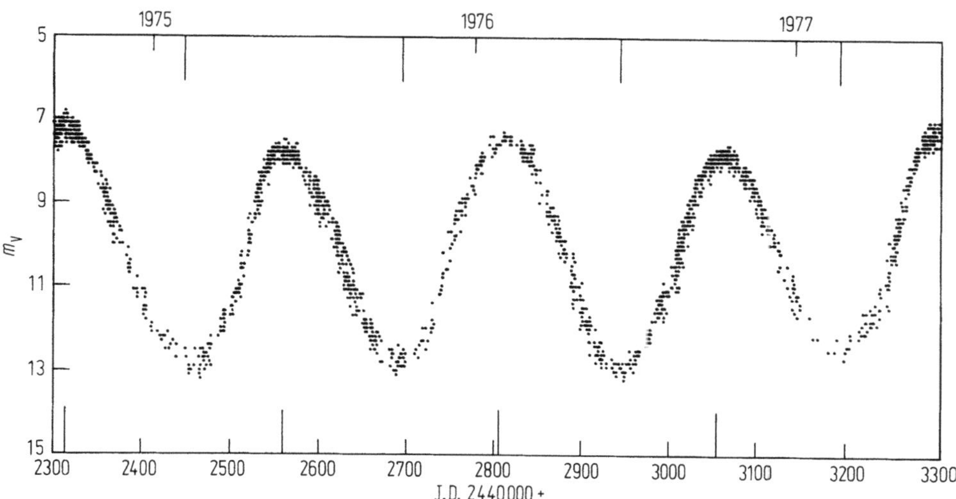

Abb. 8. Lichtkurve des Mirasterns R Dra, abgeleitet aus visuellen Beobachtungen von Mitgliedern der AAVSO. Aus [24] mit freundlicher Genehmigung von J. A. Mattei, Director of AAVSO

Der „Stufenwert", dessen reziproker Wert in den Gleichungen als „Steigung" auftritt, ist also $(s_1 + s_2)/(m_2 - m_1)$.

Ein aufwendigeres rechnerisches Verfahren bei Verwendung von vier Vergleichsternen findet sich bei Jahn [20]; ein graphisches Verfahren bei Verwendung von fünf Vergleichsternen gibt Hoffmeister [23].

Die aus visuellen Beobachtungen von Mitgliedern der American Association of Variable Star Observers (AAVSO) abgeleitete Lichtkurve des Mirasterns R Dra ist in Abbildung 8 dargestellt.

Sammlungen von Karten zur visuellen Schätzung veränderlicher Sterne sind:

Karten der American Association of Variable Star Observers (AAVSO), 25 Birch Street, Cambridge, MA 02138, USA (Aufsuchkarten für etwa 2000 Veränderliche mit visuellen Helligkeitsskalen zur Stufenschätzung);
Karten der Berliner Arbeitsgemeinschaft für veränderliche Sterne e. V. (BAV), Munsterdamm 90, 1000 Berlin 41 (Aufsuchkarten für etwa 700 Bedeckungsveränderliche; weitere Karten für kurz- und langperiodische pulsierende Veränderliche);
„Charts for Southern Variables", veröffentlicht von Astronomical Research Ltd., P.O. Box 3093, Greerton, Tauranga, New Zealand.

Ein nützlicher Sternatlas für diese Zwecke ist:

E. Scovil: AAVSO *Variable Star Atlas* (Cambridge, MA, USA: Sky Publishing Corporation 1981), der alle veränderlichen Sterne enthält, die im Maximum heller als 9^m5 (visuell) sind und Amplituden größer als 0^m5 haben.

Eine ausführliche Darstellung der Techniken und Möglichkeiten der visuellen Beobachtung findet sich in [22].

10.4.3 Lichtelektrische Photometrie: Differentielle Beobachtung

Dies ist die einfachste Art und Weise, sinnvolle Beobachtungen mit einem lichtelektrischen Photometer durchzuführen und wesentliche Ergebnisse zu erhalten, insbesondere bei der Beobachtung veränderlicher Sterne relativ kurzer Periode und kleiner Amplitude. Die Methode läßt sich bei allen Arten von Photometern anwenden.

Man wählt sich einen Veränderlichen und zwei Sterne in seiner Nachbarschaft, die etwa folgende Kriterien erfüllen sollen:

- Ihr Abstand vom Veränderlichen soll möglichst so gering sein, daß sie gleichzeitig mit dem Veränderlichen im Sucher des Teleskops gesehen werden können.
- Sie sollen möglichst ähnliche Farben und Helligkeiten wie der Veränderliche besitzen. Bei der Wahl von Vergleichsternen tut ein Sternatlas, der die Spektren (Farben) der Sterne angibt, wie der Atlas Borealis/Eclipticalis/Australis von Antonin Becvar (zuletzt herausgegeben von Sky Publishing Corporation, Cambridge, MA, USA) gute Dienste.
- Sie sollten nicht veränderlich sein. Da dies oft nicht von Anfang an bekannt ist, benutzt man zwei Vergleichsterne, die man gegenseitig vergleichen kann.

Bezeichnet man den Veränderlichen mit V und die beiden Vergleichsterne mit C_1 und C_2, kann man folgende Meßsequenz (wenn gewünscht, mit verschiedenen Filtern) durchführen:

$$(H) - C_1 - V - (H) - V - C_1 - C_2 - (H) - C_2 - C_1 - V - (H) - V - C_1 - \ldots$$

H bedeutet in diesem Fall eine Messung des Himmels. Wegen der Symmetrie in der Beobachtungsfolge kann man aus den Verhältnissen benachbarter Meßergebnisse die Größenklassendifferenzen bilden:

$$\Delta m(V - C_1) = -2{,}5 \log_{10} \frac{(V + V - 2H)}{(C_1 + C_1 - 2H)} \tag{15}$$

und

$$\Delta m(C_2 - C_1) = -2{,}5 \log_{10} \frac{(C_2 + C_2 - 2H)}{(C_1 + C_1 - 2H)} \tag{16}$$

Die symmetrische Anordnung der Messungen bewirkt, daß langsame atmosphärische Änderungen sich nicht stark bemerkbar machen, da sie Veränderlichen und Vergleichstern gleichmäßig beeinflussen. Jeweils zwei Messungen von zwei Sternen liefern *eine* Größenklassendifferenz. Würde man aus jeder Veränderlichen-Messung eine Größenklassendifferenz ermitteln, indem man zum Beispiel die Zählrate der Vergleichsternmessungen zeitlich interpoliert, sind beide Größenklassendifferenzen nicht mehr voneinander unabhängig. Es ist oft besser und bequemer, mit weniger Messungen höherer Genauigkeit zu arbeiten, statt viele Messungen mit höherer Streuung zu haben. Allerdings gibt es Ausnahmen, wie die Beobachtung rasch veränderlicher, zum Beispiel kataklysmischer, Objekte.

An die nach diesem Verfahren berechneten Resultate sind noch die differentielle Extinktion 1. und eventuell 2. Ordnung (s. Abschnitt 10.5.1) und die Lichtgleichung (s. Abschnitt 10.5.4) anzubringen.

Besitzt man ein Zweikanalphotometer, wird man in den einen Kanal den Veränderlichen und in den anderen einen Vergleichstern bringen und ab und zu das Photometer den dunklen Himmel messen lassen. Da die Messungen simultan erfolgen, erübrigt sich die Angabe einer Meßsequenz. Der Einfluß der differentiellen Extinktion ist zu berücksichtigen.

Ein BASIC-Programm zur Reduktion differentieller lichtelektrischer Messungen geben E. F. Guinan, G. P. McCook und J. P. McMullin [18].

10.4.4 Absolute lichtelektrische Photometrie

Dieses Arbeitsgebiet ist in Amateurkreisen sicherlich wesentlich weniger attraktiv, da im allgemeinen keine vorzeigbaren Ergebnisse gewonnen werden können. Es ist sehr wichtig und schwierig zugleich, die Messungen vom eigenen (instrumentellen) Farbsystem in ein Standardsystem zu transformieren. Hierbei sind sehr hohe Anforderungen an die Stabilität der Himmelstransparenz und der photometrischen Anlage zu stellen. Da Sterne und Sternhaufen bis zu recht schwachen Helligkeiten im allgemeinen schon bearbeitet sind, bleibt fast nur noch das „Nachprüfen" zum Beispiel des Farben-Helligkeits-Diagramms eines offenen Sternhaufens [25].

10.4.5 Bedeckungsphotometrie

Wenn die zu untersuchenden Helligkeitsänderungen in Zeitskalen von Sekunden bis Millisekunden ablaufen und nicht periodisch sind, ist man gezwungen, auf Vergleichsmessungen zu verzichten, es sei denn, man hat ein Mehrkanal-Photometer zur Verfügung. Solch rasche Helligkeitsänderungen treten auf, wenn ein Körper des Sonnensystems einen Stern oder ein anderes Objekt des Sonnensystems bedeckt. Anstelle des fehlenden Vergleichsterns hat man zwei Referenzhelligkeiten: außerhalb der Bedeckung die kombinierte Helligkeit von bedeckendem und bedecktem Objekt und während der Bedeckung die Resthelligkeit des bedeckenden Objekts.

Bedeckende Objekte sind vorzugsweise Mond, Planeten, Planetoiden; bedeckte Objekte sind Planeten, Planetoiden, Fixsterne. Der Leser sei besonders auf Kapitel 14, Sternbedeckungen durch den Mond, hingewiesen. Die Geschwindigkeit der scheinbaren Bewegung der bedeckenden Körper und die Durchmesser der bedeckten Objekte bestimmen die Schnelligkeit, mit der die Phänomene auftreten. Typische Daten sind:

Bewegung des Mondes:	0,5 Bogensekunde/Sekunde
Bewegung von Planetoiden:	0,01 × Mondgeschwindigkeit
Bewegung des Neptun:	0,001 × Mondgeschwindigkeit
Durchmesser eines Planeten:	10 Bogensekunden
Durchmesser eines hellen Planetoiden:	0,1 Bogensekunde
Durchmesser eines Fixsterns:	< 0,05 Bogensekunde (Antares)

Bei der Bedeckung eines Sterns durch einen Planeten mit Atmosphäre oder durch einen Kometen ist die Struktur der Lichtkurve von Interesse, da sie zeigt, wie unterschiedliche atmosphärische Schichten vom Stern durchstrahlt werden. Bedeckungszeitpunkte sind dann nur bedingt definiert.

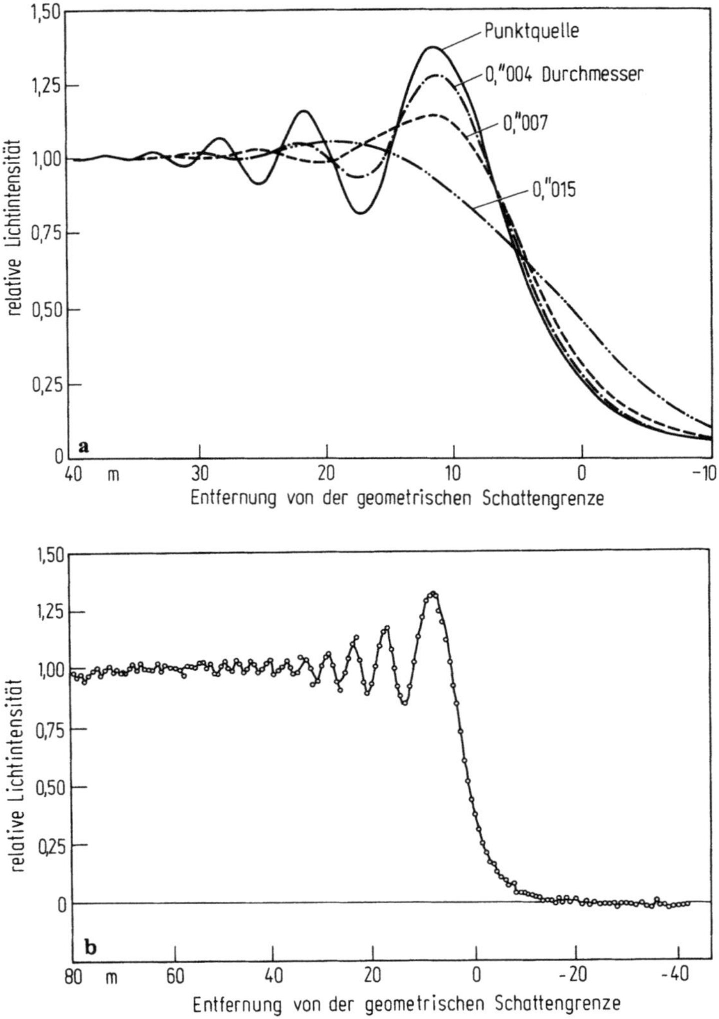

Abb. 9. a Theoretische Beugungsmuster für Bedeckungen von Sternen verschiedener Winkeldurchmesser durch den Mond. Je kleiner der Winkeldurchmesser des Sterns ist, um so größer ist die Amplitude der Oszillation. **b** Lichtelektrische Beobachtung der Bedeckung von β Sco durch den Mond. Aus dem Beugungsmuster kann durch eine genaue Analyse abgeleitet werden, daß der Stern ein Doppelstern mit einer Distanz von 0,0006 Bogensekunden ist. Aus [26]

Auch bei atmosphärelosen Körpern wie Erdmond und Planetoiden können während des Ein- oder Austritts eines Sterns lichtkurvenartige Strukturen gemessen werden, die durch Beugungserscheinungen hervorgerufen werden. Beim Mond treten die Beugungsminima im hellen Teil der Bedeckungslichtkurve im typischen Abstand von 0,01 Bogensekunden vom Bedeckungskontakt auf. Zwischen dem ersten und zweiten Beugungsminimum vergehen bei zentraler Bedeckung zirka 20 Millisekunden. Die Amplitude der Helligkeitsschwankungen beträgt bis zu $0^{m}\!.5$ (Abb. 9). Wegen der größeren Entfernung der Asteroiden sind trotz langsamerer scheinbarer Bewegung die Zeitskalen der Beugungserscheinungen von der gleichen Größenordnung.

Wenngleich die Beobachtung von Mondbedeckungen vor etwa 10 Jahren noch eine Domäne der professionellen Astronomie war und es nur ganz wenige Photometer und Zusatzeinrichtungen gab, Photometrie mit einer Zeitauflösung von weniger als 10 Millisekunden durchzuführen, hat sich die Situation in letzter Zeit wesentlich geändert. P. C. Chen [27] beschreibt ein tragbares Photometer, das auf diesem Gebiet eingesetzt werden kann.

Bedeckt ein kreisrunder Planet einen Stern zentral, kann mit einem Photometer der sogenannte „zentrale Blitz" des bedeckten Sterns gemessen werden, wenn der Stern genau hinter der Planetenmitte steht. Auch er ist durch die Lichtbeugung oder Lichtbrechung am Planetenrand begründet. Ein Flächenphotometer, das den Planetenrand auflösen kann, würde während des zentralen Blitzes einen hellen Ring entlang des Planetenrandes nachweisen.

In manchen Fällen sind Bedeckungen durch planetare Körper von unerwarteten Phänomenen wie Bedeckungen durch noch unbekannte Satelliten oder Ringe begleitet. Es lohnt sich also in vielen Fällen, die Messungen nicht nur auf die Zeit eines vorausberechneten „normalen" Bedeckungsvorgangs zu beschränken.

Einige Abschätzungen zur erreichbaren Genauigkeit: mit einem 0,2 m-Teleskop mit lichtelektrischem Photometer kann man bei Meßintervallen von 10 Millisekunden bei Sternen und bedeckenden Planetoiden von $6\overset{m}{.}5$ einen Fehler von 5 % erwarten, bei Objekten der Helligkeit $10\overset{m}{.}5$ und Meßintervallen von 1 s einen Fehler von 3 %.

Bedeckungen am Taghimmel sind wegen des geringen Kontrastes am leichtesten visuell am Teleskop zu verfolgen. Benutzt man ein Photometer mit einem Meßblendendurchmesser von 30″ und beobachtet bei einer Himmelshelligkeit von 2^m pro Quadratbogensekunde, beträgt der beobachtete Helligkeitssprung bei der Bedeckung eines Sterns von 0^m nur $0\overset{m}{.}01$, was an der Grenze der Meßbarkeit liegt.

Bedingt kann man also auch noch mit visuellen Beobachtungen Beiträge leisten. Das Ziel ist meistens die Bestimmung von Bedeckungsanfang oder -ende. Man verwendet oft ein Tonbandgerät zur Registrierung der Zeitsignale eines Zeitzeichenempfängers und eines im Augenblick des Ereignisses von Hand betätigten akustischen Signals. Spezielle Zeitzeichenempfänger sind im Handel erhältlich. Oft reicht ein Radio mit Kurzwellenbereich aus, um die Zeitzeichensender bei 5, 10, 15 oder 20 MHz zu empfangen. Die persönliche Reaktionszeit sollte als Korrektur an die erhaltenen Meßwerte angebracht werden. Sie ist sicher abhängig von der Tageszeit, den Kontrastverhältnissen und davon, ob es sich um den Anfang oder das Ende der Bedeckung handelt. Zur Ermittlung dieser Korrektur ist einige Übung nötig.

Mit einem lichtelektrischen Photometer lassen sich genauere Messungen durchführen. Das Signal vom Photometer wird beispielsweise über einen schnellen Verstärker auf einen Analog-Schreiber übertragen. Die Zeitsignale können über einen zweiten Eingang dazugemischt oder über einen zweiten Kanal ausgegeben werden.

Werden die Daten mit einem Mikrocomputer erfaßt, sind voll digitalisierte Messungen möglich, aber es sind auch Anordnungen mit gemischten analogen und digitalen Registrierungen möglich. Ein Beispiel: das Photometersignal wird über einen Spannungs-Frequenzwandler analogisiert und zusammen mit dem Analogsignal eines Zeitzeichenempfängers auf einem Stereo-Kassetten-Tonbandgerät festgehalten. Die Aufzeichnung kann danach mit Hilfe eines Analog-Digital-Wandlers analysiert werden.

10.4.6 Visuelle, photographische und elektronische Flächenphotometrie

Ob ein gegebenes Photometer die für ein Beobachtungsprojekt erforderliche Winkelauflösung und die erforderliche Mindestwinkelüberdeckung gewährleistet, ist eine Frage der vorgeschalteten Optik und weniger eine Frage des Detektors. In vielen Fällen kann eine größere Fläche des Himmels durch ein „Mosaik" von Einzelbeobachtungen überdeckt werden.

Problematisch kann dabei die zeitliche und örtliche Veränderlichkeit der photometrischen Bedingungen sein. Bei verschiedenen Wellenlängen ist das Auflösungsvermögen verschieden. Möglichkeiten und Probleme sind in diesem Zusammenhang sehr komplex, so daß hier nur einige Beispiele besprochen werden sollen:

1. Der Schweif eines hellen Kometen soll in seiner Gesamtheit gemessen werden. Komet West zum Beispiel hatte eine maximale Fläche von 500 bis 1000 Quadratgrad. Mögliche Lösung: Wenn möglich, vergrößere man die Fläche der Meßblende, zum Beispiel durch eine verkleinernde Zwischenabbildung unter Zuhilfenahme eines Kollimators, und „homogenisiere" die Flächenhelligkeit durch Defokussieren, um Auswahleffekte durch Hintergrundsterne zu vermeiden. Dann sind einzelne Punkte oder Linien durch das Schweifgebiet in gleichen Abständen zu messen. Die Extinktion und die Hintergrundhelligkeit erhält man durch Messung eines kometenfreien Himmelsgebiets und durch eine spätere Messung des Schweifgebiets, wenn der Komet sich von dort entfernt hat, an exakt den gleichen Positionen wie vorher.
2. Man möchte Helligkeitsmessungen an Doppelsternen durch abtastende Photometrie durchführen. Bei kleinen Teleskopen läßt sich die Auflösung durch Messen bei möglichst kurzen Wellenlängen (sofern mit dem vorgegebenen Teleskop sinnvoll) und durch vergrößernde Zwischenabbildungen steigern. Auch hilft der Einsatz einer spaltförmigen Meßblende oder einer Schneide, die entweder im Photometer beweglich ist oder durch Feinbewegung des Teleskops über das Objekt hinweggeführt wird [28, 29, 30].

Die erforderliche Genauigkeit hängt von der Helligkeit der zu messenden Sterne ab. Je größer der Teleskopdurchmesser ist, desto dichter stehen in einem Teleskop Sterne seiner jeweiligen Grenzhelligkeit. Für kleine Teleskope, wie sie im Amateurbereich üblich sind, stellt das allerdings noch kein Problem dar, weil die hierfür kritische Grenze bei der 20. Größenklasse liegt. Erst für schwächere Sterne reicht im Mittel die durch Luftunruhe und Teleskopoptik begrenzte Auflösung nicht mehr aus, um zu vermeiden, bei jeder photometrischen Messung auch einen unerwünschten Nachbarstern mitzumessen.

10.5 Reduktionsmethoden

10.5.1 Allgemeine Reduktion photometrischer Messungen

Kein direkt am Photometer, am Irisblendenphotometer abgelesener Zahlenwert oder visuell geschätzter Wert ist eine „Sternhelligkeit". Man muß diesen registrierten Hel-

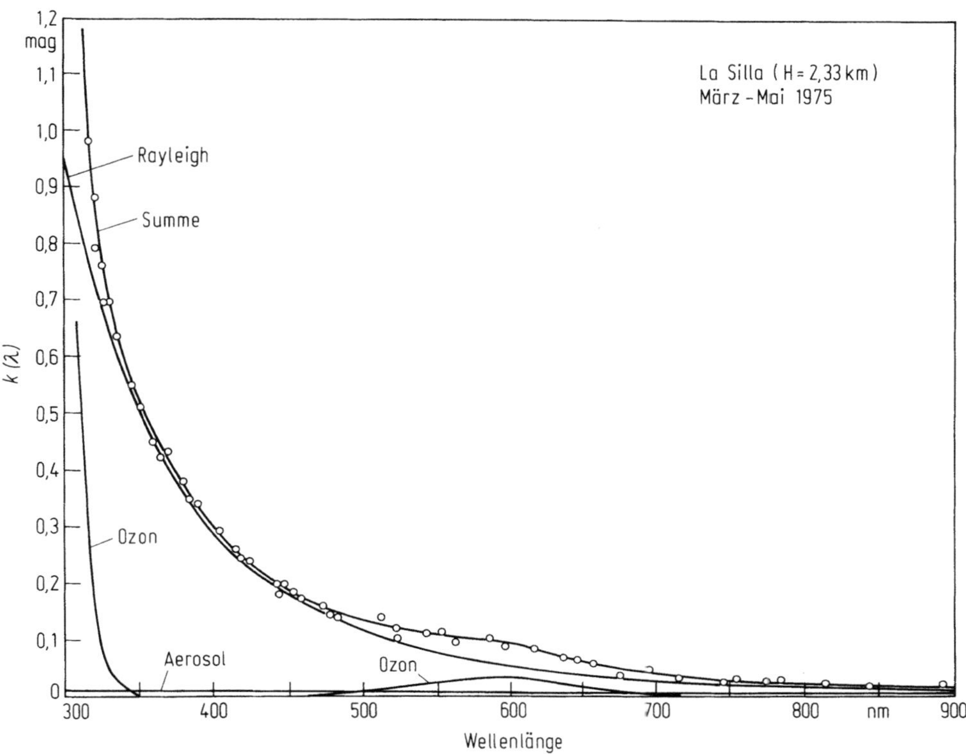

Abb. 10. Koeffizient k der atmosphärische Extinktion als Funktion der Wellenlänge (in Å) für den Beobachtungsort La Silla (2400 Meter über dem Meeresspiegel). Man beachte, daß sich die Extinktion aus verschiedenen Komponenten zusammensetzt: aus kleinen, neutral absorbierenden Staubteilchen (Aerosolen), breiten Molekülbanden (vorzugsweise von Ozon), und Luftmolekülen, die Rayleighstreuung (proportional λ^{-4}) verursachen. Die Extinktion nimmt nach kürzeren Wellenlängen hin stark zu; die Verwendung breitbandiger Filter liefert mittlere Werte von k (nach [1])

ligkeitsmeßwert (und auch den dazugehörigen Zeitpunkt, vgl. Abschnitt 10.5.4) von verfälschenden lokalen Einflüssen befreien.

Hier ist vor allem der schon in Abschnitt 10.2 erwähnte Einfluß der Erdatmosphäre und das Verhalten der Meßapparatur zu berücksichtigen. Das Sternlicht wird in der Atmosphäre gestreut und absorbiert und dies um so mehr, je länger der Weg in der Atmosphäre ist (der Astronom redet von „Luftmasse") und je kürzer die betrachtete Wellenlänge des Lichts ist (Abb. 10).

Man mißt also unterschiedliche Helligkeiten eines Sterns, je nachdem, wie hoch er am Himmel steht. Aus einer Serie von Beobachtungen, die bei verschiedenen Höhen (bzw. Zenitdistanzen) gemacht wurden, kann man bestimmen, wie hell der Stern ohne den verfälschenden Einfluß der Erdatmosphäre erscheinen würde. Man macht den Ansatz

$$m^0 = m - (k' + k'' \cdot c) X \, , \tag{16}$$

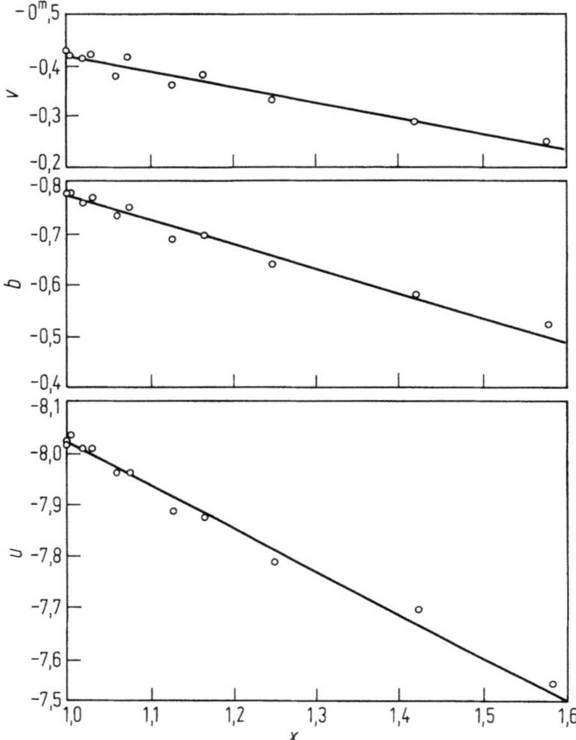

Abb. 11. Extinktion (in Größenklassen) in Abhängigkeit von der Luftmasse X für die Farbbereiche U, B und V. Aus [8]

wobei m die gemessene Helligkeit eines Sterns, m^0 die Helligkeit des Sterns außerhalb der Erdatmosphäre, k' der Extinktionskoeffizient erster Ordnung (Abb. 11), k'' der Extinktionskoeffizient zweiter Ordnung, c der Farbindex des Sterns und X die Luftmasse sind. Im Zenit ist die Luftmasse $X = 1,0$, außerhalb der Erdatmosphäre $X = 0,0$. Als gute Näherung gilt

$$X = \sec z, \tag{17}$$

wobei z die Zenitdistanz des Sterns ist; die Winkelfunktion sec (Sekans) ist das Inverse des Cosinus. Aus der Formel für die Zenitdistanz folgt

$$X = \frac{1}{\sin \varphi \sin \delta + \cos \varphi \cos \delta \cos H}, \tag{18}$$

wobei φ die geographische Breite des Beobachtungsortes, δ die Deklination des Sterns und H der Stundenwinkel des Sterns ist (H = Sternzeit − Rektaszension des Sterns). Wir sehen, daß die Luftmasse eines Sterns am geringsten bei dem Stundenwinkel = 0 ist , das heißt, wenn die Sternzeit gleich der Rektaszension ist. Dann steht der Stern auf dem Meridian. Zur Bestimmung der Extinktionskoeffizienten sind aber Beobachtungen der Extinktionssterne weit entfernt vom Meridian unbedingt notwendig, während man Programmsterne (z. B. Veränderliche) oft nur nahe dem Meridiandurchgang beobachtet, wo Messungen von höherer photometrischer Genauigkeit möglich sind.

Um wahre Sternfarben und -helligkeiten zu bestimmen, muß eine Vielzahl von Extinktionssternen unterschiedlicher Farbe bei guten atmosphärischen Bedingungen (gute Transmission der Atmosphäre, kein Dunst, kein Cirren oder gar Wolken) gemessen werden. Die Tabelle 28, Seite 622 ff im Anhang von Band 2 dieses Handbuchs bietet eine Auswahl von UBVRI-Helligkeiten von nicht zu hellen, über den ganzen Himmel verteilten Sternen unterschiedlicher Farbe. Man erhält so ein System von Beziehungen (16) für die einzelnen Sterne und ermittelt daraus, zum Beispiel graphisch (Abb. 11) oder durch eine lineare Ausgleichung (s. Kapitel 8, in diesem Band), die extraterrestrischen Helligkeiten m^0 im Instrumentalsystem. Hat man eine Reihe von Sternen bekannter Farbe und Helligkeit in einem Farbsystem gemessen, lassen sich Transformationsgleichungen der Art

$$m^{\mathrm{st}} = m^0 + \beta c + \gamma \tag{19}$$

aufstellen (mit m^{st} = Kataloghelligkeit), die es erlauben, die Instrumentalhelligkeit in eine Standardhelligkeit umzurechnen. c ist der Farbindex eines Sterns im Standardsystem (da dieser für einen Programmstern zunächst nicht bekannt ist, kann man diesen nur iterativ ermitteln). β und γ sind Farbkoeffizient und Nullpunktkonstante des Instrumentalsystems.

Transformationsprogramme für UBV-Photometrie in der Programmiersprache BASIC sind in den Büchern von Henden und Kaitchuck [8], S. 339, und Ghedini [31], S. 20, enthalten.

Die Korrektur bezüglich differentieller Extinktion zwischen Veränderlichem V und Vergleichstern C läßt sich für jeden Stundenwinkel des Veränderlichen berechnen, indem man für beide Sterne aus (18) die Luftmassen bestimmt, die Differenz ΔX bildet und in Anlehnung an (16) die Korrektur berechnet:

$$\Delta m = (k' + k'' \cdot \Delta c)\,\Delta X\,. \tag{20}$$

Der zweite Term kann oft vernachlässigt werden; in manchen Fällen muß er nicht nur berücksichtigt werden, sondern er ist noch zeitabhängig, dann nämlich, wenn ein veränderlicher Stern seine Farbe stark ändert, zum Beispiel beim tiefen Minimum eines Algolsystems.

Diese Korrektur ist an alle in Abschnitt 10.4.3 beschriebenen Helligkeitsdifferenzen anzubringen.

10.5.2 Allgemeine Reduktion photographischer Messungen

Ähnlich wie man bei der lichtelektrischen Photometrie Standardsterne beobachtet, die bei der Beobachtung irgendwo am Himmel stehen, aber nach einem Plan mitbeobachtet werden, ist auch bei der photographischen Photometrie die Beobachtung einer „Helligkeitssequenz", das heißt einer Gruppe von Sternen bekannter Helligkeit nötig, sofern man an der Bestimmung von Sternhelligkeiten interessiert ist. Ideal ist es, wenn die Photographie des interessierenden Sternfeldes auch eine solche Sequenz enthält (z. B. die Polsequenz (vgl. 1. und 2. Auflage dieses Handbuchs), einen gutbeobachteten offenen Sternhaufen oder ein „Selected Area" [32]). Oft wird dies jedoch nicht der Fall sein, so daß man für das Übertragen einer Helligkeitsskala zwei Belichtungen machen muß, die folgende Kriterien erfüllen sollten:

- gleiche photographische Emulsion (aus der gleichen Platte bzw. Film geschnitten oder aus der gleichen Plattenkiste);
- gleiches Instrument;
- gleiche Belichtungszeit; möglichst unmittelbar hintereinander belichtet;
- unter gleichen Bedingungen entwickelt;
- möglichst gleiche Luftmasse (der günstigste Beobachtungszeitpunkt für Feld und Skalenfeld kann bei der Vorbereitung der Beobachtungen leicht mittels (18) ausgerechnet werden);
- gleicher Himmelshintergrund (kein Mondlicht, keine Wolken!).

Meßmethoden der photographischen Photometrie sind, geordnet nach zunehmender Genauigkeit:

1. visuelle Helligkeitsschätzung der Sternbilder auf dem Negativ (analog der Argelandermethode der visuellen Photometrie);
2. Durchmesserbestimmung auf einer kontrastreichen, stark vergrößerten Kopie (oder von Äquidensitenringen auf einer Konturfilmkopie); bei der Herstellung ist auf die homogene Ausleuchtung des Feldes zu achten!
3. Ausmessen der Platte auf einem Irisblendenphotometer (z. B. nach W. Becker [33]) oder einem Mikrodensitometer. Solche Geräte sind allerdings nur in einigen astronomischen Instituten vorhanden, wenngleich es auch im Amateurbereich schon Ansätze gibt, mit selbstgebauten „Scannern", die aus einer Schrittmotor-gesteuerten rotierenden Trommel und einer ebenso gesteuerten, entlang einer Achse beweglichen Photozelle bestehen, Photographien oder Filme abzutasten [34]. Eine andere Anordnung zum Abtasten von eindimensionalen Bildern (vorzugsweise Spektren) in Verbindung mit einem C-64 Computer wird in [35] beschrieben.

Für manche Arbeiten benötigt man keine exakte Größenklassenskala. Für die Ableitung von Veränderlichenlichtkurven und -perioden genügt oft eine relative Skala (in „Stufen"), die durch verschiedene Sterne in der Nachbarschaft des Veränderlichen definiert wird. Der Veränderliche wird dann auf einer Reihe von Platten zum Beispiel mit Hilfe der Argelanderschen Methode (Abschn. 10.4.1) „eingeschätzt". Zur groben Bestimmung der Stufengrößen genügt dann eine Aufnahme eines Feldes mit bekannten Sternhelligkeiten, die mit der gleichen Apparatur aufgenommen wurde.

10.5.3 Allgemeine Reduktion digitaler Bilder
(unter Mitarbeit von V. Gericke und M. Nolte)

Bilder können nur dann effektiv bearbeitet werden, wenn sie in digitaler Form vorliegen. Die Methode der Digitalisierung ist abhängig von der Art des verwendeten Detektors. Beim Einsatz eines CCDs muß das Videosignal über einen Digitalisierer ausgelesen werden. Steht ein Papierbild oder ein Film eines astronomischen Objekts zur Verfügung, muß die Bildinformation mittels eines „Scanners" digitalisiert werden. Eine amateurmäßige Realisierung eines Scanners ist bei Peelen [34] beschrieben.

Ein digitalisiertes Bild besteht also aus einer Anordnung diskreter Punkte, den sogenannten Bildpunkten oder Pixels (abgeleitet aus *picture elements*). Jedem Pixel entspricht ein Zahlenwert, so daß ein digitalisiertes Bild als eine Matrix aus $X \times Y$ Zahlen aufgefaßt werden kann. Ein solches Bild kann auf einem Heim- oder Personalcomputer bearbeitet werden. Die Speicherkapazität des Rechners bestimmt dabei die maximal verarbeitbare Bildgröße.

Jede Zielsetzung der Bildverarbeitung verlangt nach anderen, speziell für den jeweiligen Zweck ausgerichteten Computerprogrammen, so daß es im Rahmen dieses Buchs unmöglich ist, konkrete Programme aufzulisten. Die folgenden Beschreibungen sollen daher lediglich als eine Art Anregung dienen:

1. Untergrundsubtraktion. Von allen Werten wird ein konstanter Wert subtrahiert, so daß der Himmelshintergrund im Mittel auf null gesetzt wird. Wurde das Bild mit einem CCD erhalten, ist die Summe der auf den Himmelshintergrund null reduzierten Zahlenwerte eines Sterns ein direktes Maß für die Sternhelligkeit. Bei der Abtastung von Photos müssen die „Schwärzungssummen" von Sternen bekannter Helligkeit zur Ableitung einer Eichkurve verwendet werden.

2. Sternpositionen. Hier werden Marginalsummen in x und y eines Sterns gebildet, das heißt, in einem kleinen Zahlenquadrat, das die Stern-Helligkeitsdaten enthält, werden die Daten zeilen- und spaltenweise aufsummiert. Diese x- und y-Histogramme werden durch Gaußfits approximiert. Die Zentralkoordinaten der Gaußfits ergeben die x- und y-Koordinaten des betrachteten Sterns, die dann mittels Transformationsgleichungen in Himmelskoordinaten umgerechnet werden können (s. Abschnitt 8.4 in diesem Band).

3. Filtern. Jedes Bild ist verrauscht, das heißt, es werden nicht nur die Signale des interessierenden astronomischen Objekts aufgezeichnet, sondern auch statistisch verteilte Störungen. Die Ursachen dieser Störungen können sehr vielseitig sein. Fluktuationen des Seeings während der Beobachtung, Spannungsschwankungen der Aufzeichnungselektronik sind nur zwei von vielen möglichen Ursachen. Diese Störungen können mathematisch „herausgefiltert" werden. Zu diesem Zweck werden nicht die Originalzahlen unserer $X \times Y$ großen Matrix verarbeitet, sondern jedem Pixel wird ein neuer Zahlenwert zugeordnet. Diese neuen, gefilterten Werte erhält man, indem man jedem Pixel einen Mittelwert aus dem ursprünglichen Wert und den Werten der ihn umgebenden Pixel zuordnet. Zur Verdeutlichung betrachten wir ein eindimensionales Bild mit 1×10 Pixel:

```
Pixel:  1  2  3  4  5  6  7  8  9  10
Wert:   2  3  5  6  9  6  9  4  2  1
```

Nun filtern wir dieses Bild, indem wir jedem Pixel das arithmetische Mittel aus dem Wert des Pixel selbst und seiner beiden Nachbarn zuordnen. Dabei stoßen wir sofort auf eine Schwierigkeit, die bei jeder Filterung auftaucht: Bildpunkte am Rand des Bildes können nicht gefiltert werden. In unserem Beispiel sieht das gefilterte Bild (gerundet auf ganze Zahlen) so aus:

```
Pixel:  1  2  3  4  5  6  7  8  9  10
Wert:      3  5  7  7  8  6  5  2
```

Man erkennt deutlich, daß das Bild auf diese Art und Weise „geglättet" wird. Die Werte steigen bis zum Pixel 6 monoton an und fallen dann monoton ab.

Diese Filterung ist selbstverständlich nicht auf diese eine Weise beschränkt, sondern kann in höchst unterschiedlicher Form erfolgen. So können weitere Nachbarpixel bei der Mittelbildung berücksichtigt werden. Die Nachbarn können auch gewichtet werden, indem nähere Nachbarn bei der Mittelbildung stärker gewichtet werden als weit entfernte. Für die Wichtungsfunktion selbst können viele verschiedene Funktionen verwendet werden. Es besteht zum Beispiel die Möglichkeit, hierfür eine Treppenfunktion oder eine Gaußkurve zu benutzen.

Für welche Möglichkeit der Filterung man sich entscheidet, ist wiederum ganz vom Problem der Bildverarbeitung abhängig. Es besteht sogar die Gefahr, daß man zu stark filtert und letzten Endes durch die Filterung Information verliert.

4. Isodensitenplots. Alle Empfänger und Wiedergabegeräte haben einen bestimmten dynamischen Bereich. Ist der dynamische Bereich des Bildschirms nicht besonders zufriedenstellend, kann eine Isophotendarstellung von Nutzen sein.

Ist der Pixelwert eine 8-bit-Zahl, sind insgesamt 256 (gleich 2^8) Graustufen zu unterscheiden. Hat der Bildschirm aber nur 16 Graustufen zur Verfügung, wird sehr viel Detail verschenkt. Es ist dann möglich, dem Originalbild bei den ersten 16 Graustufen die des Bildschirms direkt zuzuordnen, bei der nächsten allerdings wieder bei der Graustufe 0 anzufangen. Ein solches Bild mit „Sägezahnkontur" sieht wie eine photographische Äquidensitendarstellung aus (Abb. 12).

Eine Beschreibung von Möglichkeiten der Bildverarbeitung mit Heimcomputern findet sich bei Peelen [34].

10.5.4 Die Reduktion der Zeit: heliozentrische Korrektur

Die Beobachtungszeit wird während der Beobachtung mit Hilfe einer Uhr notiert oder, bei computerunterstützter Datenerfassung, zusammen mit den Meßdaten abgespeichert. Der Uhrstand wird vor und nach der Beobachtung bestimmt; die Korrektur wird nachträglich an den registrierten Zeiten angebracht. Will man zum Beispiel das Eintreten eines Helligkeitsminimums eines Bedeckungsveränderlichen ermitteln, ist es wichtig, die Zeitpunkte der Messungen mit hoher Genauigkeit zu ermitteln. Die Angabe des Zeitpunkts eines außerhalb (und auch innerhalb) unseres Sonnensystems eingetretenen Ereignisses wird sinnvollerweise nicht in Universalzeit gegeben: Durch die Bewegung der Erde um die Sonne werden Ereignisse auf der Erde einmal früher, einmal später registriert, je nachdem, auf welcher Seite der Sonne die Erde sich befindet. Dies ist natürlich auf die Endlichkeit der Lichtgeschwindigkeit zurückzuführen, und in der Tat hat O. Römer (1676) die Beobachtung der Verfinsterungen der Jupitermonde bei verschiedenen Stellungen der Erde zur Bestimmung der Lichtgeschwindigkeit benutzt. Um Lichtlaufeffekte zu beseitigen, muß man die Beobachtungszeit auf die Zeit eines fiktiven Beobachters, der sich im Mittelpunkt der Sonne befindet, umrechnen. Diese bezeichnet man als heliozentrische Zeit.

Bei Beobachtungen eines veränderlichen Sterns, die sich über viele Monate oder Jahre erstrecken, werden die Zeitangaben sinvollerweise (statt mit Jahr, Monat, Tag, Uhrzeit des Gregorianischen Kalenders) in eine Zeitangabe nach der Julianischen Periode umgewandelt. Diese begann am 1. Januar des Jahres − 4712 (4713 v. Chr.) um 12 Uhr Weltzeit mit dem Tag 1. Die Tageszeit der Beobachtung wird in Bruchteilen

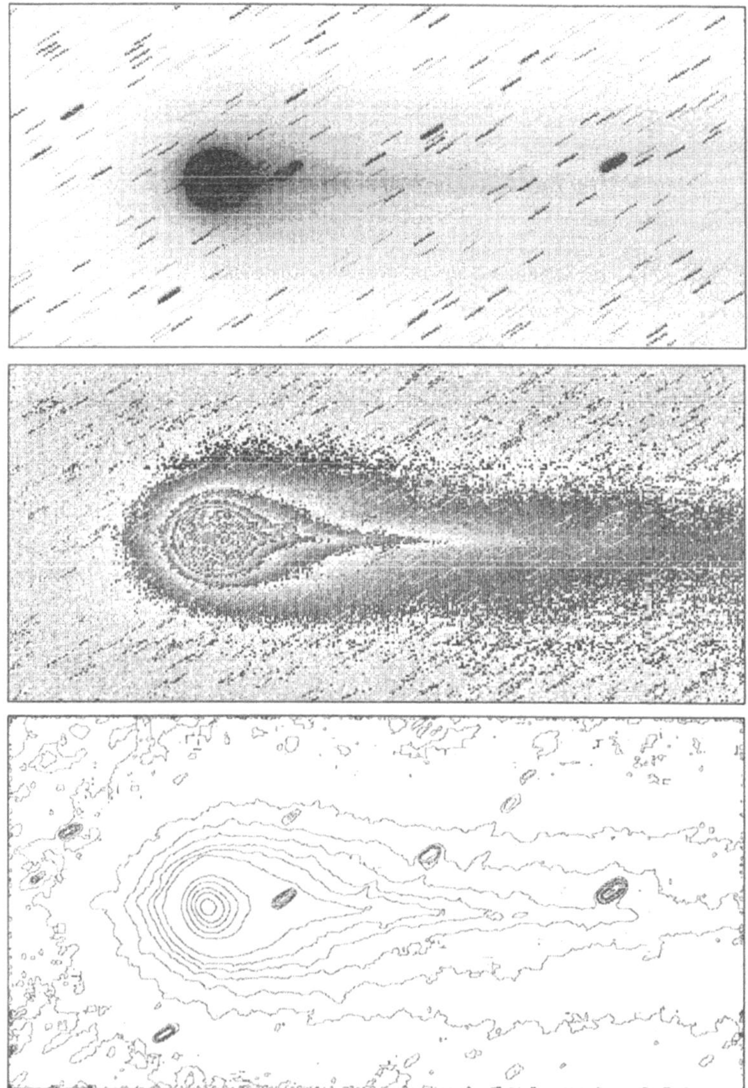

Abb. 12. Computer-bearbeitete Bilder des Kometen Halley, abgeleitet aus einer photographi-schen Aufnahme mit dem 0,40 m-GPO Astrographen der Sternwarte ESO La Silla, digitalisiert mit dem PDS-Mikrodensitometer des Astronomischen Instituts Münster. Von oben nach unten: Darstellung mit acht Schwärzungsstufen, Darstellung mit „Sägezahn-Konturen", Darstellung mit Linien gleicher Intensität

des Tages der Julianischen Periode angegeben. Tabelle 9, S. 600 im Anhang von Band 2 ist bei der Umwandlung des Datums in die Tagesnummer der Julianischen Periode nützlich.

Die Reduktion der Zeiten auf „heliozentrisches Julianisches Datum (JD Hel.)" geschieht wie folgt:

— entweder durch Tafeln (R. Prager: Tafeln der Lichtgleichung. Kleine Veröffentlichungen der Univ.-Sternwarte Berlin-Babelsberg *12* (1932); A. U. Landold und K. L. Blondeau: Tables of the heliocentric correction, Publications of the Astronomical Society of the Pacific *84*, 784 (1972))
— durch folgendes leicht programmierbare Schema (L. E. Doggett, G. H. Kaplan, P. K. Seidelmann: *Almanac for Computers for the Year* 1978. Nautical Almanac Office, Washington, D.C. (1978); A. A. Henden und R. M. Kaitchuck [8]).

Für den Beobachtungstag entnehme man das Julianische Datum (JD) aus Tabelle 8, S. 599 im Anhang von Band 2 dieses Handbuchs.

a. Universalzeit: UT = MEZ − 1 h
   beziehungsweise UT = MESZ − 2 h
b. Berechnen der Zeit als Bruchteil eines Tages:
   UT (in Stunden und Bruchteilen von Stunden)/24
c. Berechnen des Julianischen Datums JD. Dabei ist zu beachten, daß der Julianische Tag um 12 Uhr mittags anfängt. Man subtrahiert also 0,5 vom Bruchteil des Tages.

Man berechne das relative Julianische Jahrhundert durch

$$T = (\mathrm{JD} - 2\,415\,020)/365\,256\,. \tag{21}$$

Man erhält die mittlere Sonnenlänge aus

$$L = 279°696678 + 36\,000°76892\,T + 0{,}000303\,T^2 - p\,, \tag{22}$$

wobei

$$p = [1°396041 + 0°000308\,(T + 0{,}5)]\,[T - 0{,}499998]. \tag{23}$$

Der Wert von p ist die Präzession von 1950 bis zum Beobachtungsdatum und wird von der aktuellen Länge abgezogen, um die Länge für 1950.0 zu erhalten.

Die mittlere Anomalie der Sonne ist

$$G = 358°475833 + 35\,999°04975\,T - 0°00015\,T^2\,. \tag{24}$$

Die Hilfsgrößen X und Y (für 1950) ergeben sich durch die Reihenentwicklungen

$$
\begin{aligned}
X = {}& 0{,}99986 \cos L - 0{,}025127 \cos(G - L) + 0{,}008374 \cos(G + L) \\
& + 0{,}000105 \cos(2\,G + L) + 0{,}000063\,T \cos(G - L) \\
& + 0{,}000035 \cos(2\,G - L)\,, \tag{25}
\end{aligned}
$$

$$
\begin{aligned}
Y = {}& 0{,}917308 \sin L + 0{,}023053 \sin(G - L) + 0{,}007683 \sin(G + L) \\
& + 0{,}000097 \sin(2\,G + L) - 0{,}000057\,T \sin(G - L) \\
& - 0{,}000032 \sin(2\,G - L)\,. \tag{26}
\end{aligned}
$$

Dann ist, mit $\alpha =$ Rektaszension und $\delta =$ Deklination des Objekts.

$$\Delta t \text{ (in Tagen)} = - 0{,}0057755\,[(\cos\delta\cos\alpha)\,X$$
$$+ (\tan\varepsilon\sin\delta + \cos\delta\sin\alpha)\,Y], \qquad (27)$$

wobei ε die Schiefe der Ekliptik bedeutet und zeitlich veränderlich ist:

$$\varepsilon = 23{.}4523 - 0{.}0130125\,T. \qquad (28)$$

Damit ergibt sich das heliozentrische Julianische Datum

$$\text{JD hel.} = \text{JD} + \Delta t. \qquad (29)$$

10.5.5 Minimumszeit- und Periodenbestimmung

Die Minimumszeitbestimmung dient sowohl der genauen Periodenbestimmung als auch der Suche nach Periodenänderungen bei Bedeckungsveränderlichen, was für Überlegungen zur Doppelsternentwicklung von großer Bedeutung ist. Der gleiche Formalismus dient auch der Bestimmung von Maximumszeiten von pulsierenden Sternen. Amateurorganisationen sind hier in besonderem Maße tätig, wie die BAV, die BBSAG (= Bedeckungsveränderlichen-Beobachter der Schweizerischen Astronomischen Gesellschaft) und die AAVSO.

Die (visuelle, photographische, photoelektrische …) Beobachtung liefert für das Lichtkurvenminimum oder -maximum N Zahlenpaare t_i, m_i, $i = 1 \ldots N$, heliozentrische Zeiten und Größenklassen (bzw. Größenklassendifferenzen). Für den Fall, daß die Helligkeitsschätzungen in Stufen vorliegen, ist das Verfahren ebenfalls anwendbar. Der zeitliche Abstand der Messungen kann bei kurzperiodischen Bedeckungsveränderlichen oder RR-Lyrae-Sternen im Bereich von Minuten liegen, bei Mira-Sternen im Abstand von einigen Tagen. Diese Beobachtungsserie kann mittels verschiedener Verfahren bearbeitet werden, die zum Teil auch in Abbildung 13 dargestellt sind.

a) Die Kurvenhalbierende (Pogson-Verfahren)
Man trägt auf Millimeterpapier die Helligkeiten auf der y-Achse gegen die Zeit (x-Achse) auf und verbindet die aufeinanderfolgenden Punkte durch Linien. Durch eine Anzahl horizontaler Linien (ihre Zahl sollte nicht größer als $N/2$ sein) verbindet man den ab- und aufsteigenden Ast der Lichtkurve. Der x-Wert des Mittelpunkts jeder dieser Linien wird bestimmt. Streuen alle diese Werte um einen mittleren Wert, wird der Mittelwert als Zeitpunkt des Minimums angenommen. Seine Standardabweichung stellt eine recht gute Fehlerabschätzung dar. Ergibt sich ein systematischer Trend der Punkte, ist die Lichtkurve asymmetrisch; hier ist der Schnittpunkt einer durch lineare Ausgleichung (s. Kapitel 9) oder nach Augenmaß bestimmten Linie durch die Mittelpunkte mit der Lichtkurve im Minimum die gesuchte Minimumszeit. Ein BASIC-Programm zu dieser Methode wird in Ghedini [31], S. 64, angegeben.

b) Die Kwee-van Woerden-Methode
Diese früher weitverbreitete Methode ist etwas außer Gebrauch gekommen, weil sie zeitlich äquidistante Datenpunkte erfordert (die man oft nur durch Interpolation

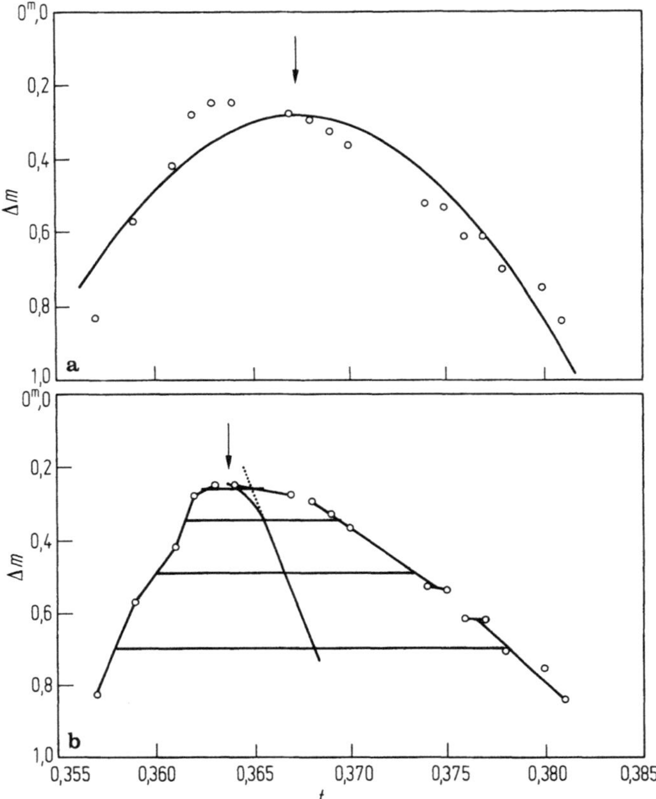

Abb. 13 a, b. Methodik, Objektivität und Grenzen bei Extremwertbestimmungen von Lichtkurven: **a** Kurvenhalbierende, **b** Annäherung durch Polynom dritter Ordnung. Die Schwierigkeiten der Darstellung werden durch das stark asymmetrische Lichtkurvenprofil (RR Lyrae-Stern CY Aqr) hervorgerufen. Die Zeitpunkte des Maximums sind durch Pfeile entsprechend den normalen Bestimmungen gekennzeichnet

erhält) und bei der Programmierung Schwierigkeiten bereiten kann. Der interessierte Leser sei auf die Originalarbeit [36] verwiesen.

c) Der Polynomfit

Mathematisch problemlos ist die „Best Fit" Methode, bei der die Meßpunkte durch ein Polynom *n*-ten Grades approximiert werden, also einer Funktion der Form $y = \Sigma\, a_i\, x^i$, $i = 0, \ldots, n$. Der *x*-Wert des Minimums der approximierten Kurve ist dann die gesuchte Minimumszeit. Sind die Kurventeile im Minimumsbereich bezüglich des Minimums symmetrisch, genügt oft die Approximation durch eine Parabel ($n = 2$); Asymmetrien werden durch die ungeraden Terme, das heißt die Potenzen x^3, $x^5 \ldots$ erfaßt.

Ein BASIC-Programm, das automatisch den besten Grad des zu verwendenden Polynoms bestimmt und die Approximation durchführt, ist bei Ghedini [31], S. 53, beschrieben.

d) Der Polygonfit

Dieses Verfahren, das vor allem bei einer ungleichmäßigen Verteilung von Datenpunkten auf beiden Ästen der Minimums Vorteile bietet, ist bei Ghedini [31], S. 59, beschrieben.

e) Allgemeines zur Periodenbestimmung

Wenn man eine Minimumszeit bestimmt hat, liegt der Vergleich mit anderen Minima des gleichen Objekts nahe. Die Minima eines Bedeckungsveränderlichen sollten regelmäßig auftreten, wenn keine periodenändernden physikalischen Prozesse (Massefluß von der einen zur anderen Komponente, Masseverlust aus dem System, gravitativer Einfluß eines dritten Sterns) vorhanden sind. Auch in anderen photometrischen Messungen finden sich immer wieder periodisch eintretende Ereignisse, wobei die Periodizitäten manchmal nach einiger Zeit (Minuten ... Jahre) verschwinden (Beispiele: Rotationslichtwechsel von Asteroiden, Flickering bei kataklysmischen Veränderlichen). Solange die Periode konstant ist und die Extremwerte der Helligkeit mit einem Zeitfehler gemessen werden, der im Vergleich zur Periodenlänge klein ist, ist die Periode durch den größten gemeinsamen Teiler der Intervallängen gegeben, der sich aus den Kombinationen aller vorliegenden Extremwertzeitpunkte ergibt. Man kann die Periode durch „Probieren" oder durch Ausgleichsrechnung bestimmen. Für ein einzelnes Intervall ist die Periode der Quotient aus Intervallänge und Zahl der in diesem Intervall liegenden Perioden (= Epochendifferenz). Eine Rechenvorschrift zur klassischen Berechnung eines größten gemeinsamen Teilers eignet sich normalerweise nicht wegen der üblichen Fehler, mit denen die verwendeten Minimumszeiten behaftet sind, oder wegen einer häufig vorliegenden leichten Periodenänderung. Man hüte sich auch vor Scheinperioden, insbesondere wenn die tatsächliche Periode in einem einfachen Verhältnis zur Tageslänge oder zur Wiederholungsperiode der Messungen liegt. Schwierigkeiten können auch bei „Schwebungen" durch mehrere sich überlagernde Perioden (z.B. bei pulsierenden Veränderlichen des δ-Scuti-Typs) auftreten. Manchmal ist es für die Periodenfindung hilfreich, wenn nicht nur die Extremwerte, sondern auch einige andere charakteristische Teile der Lichtkurve in die Analyse einbezogen werden. Die Genauigkeit der Periodenbestimmung ist zum einen durch die Funktion

$$\text{Gesamtdauer } G = f(\text{Anzahl der Perioden } E) \tag{30}$$

gegeben, deren Steigung die Periode ist. Sie ist ebenfalls abhängig von der Anzahl der Stützstellen, von der Gesamtintervallänge und von der Genauigkeit der einzelnen Stützstellen (= Zeiten der Helligkeitsextrema).

Liegen große Intervalle ohne Beobachtungen vor, ist die Verbindung einzelner Beobachtungsserien schwierig, da die Anzahl der in der Beobachtungslücke verflossenen Perioden unbekannt ist. Hier hilft systematisches Probieren mit Hilfe eines Computers. Haben die Fehler, die (O−C)-Werte (s.u.) der einzelnen Stützstellen bei einer so gefundenen Periode eine periodische Struktur, ist die Periodenbestimmung wahrscheinlich noch fehlerhaft. Ein kritischer Vergleich von mehreren ähnlich guten Lösungen ist geboten.

Weitere Literatur: [37]

Ghedini [31], S. 95, gibt zwei BASIC-Programme zur Periodenanalyse. Das erste beruht auf der Lafler-Kinman-Methode [38] und sucht die beste, nach Phasen geordnete Anordnung der Beobachtungen, das heißt diejenige, die dem Polygonzug kleinster Länge durch die Beobachtungspunkte entspricht; das zweite beruht auf der Fourieranalyse.

f) Allgemeines zum Periodenverhalten

Wenn die Elemente des Lichtwechsels eines veränderlichen Sterns, die Periode P und die Nullepoche E_0, bekannt sind, können die Zeiten (in JD hel.) der eintretenden Maxima (bei pulsierenden Sternen) und Minima (bei Bedeckungsveränderlichen) für

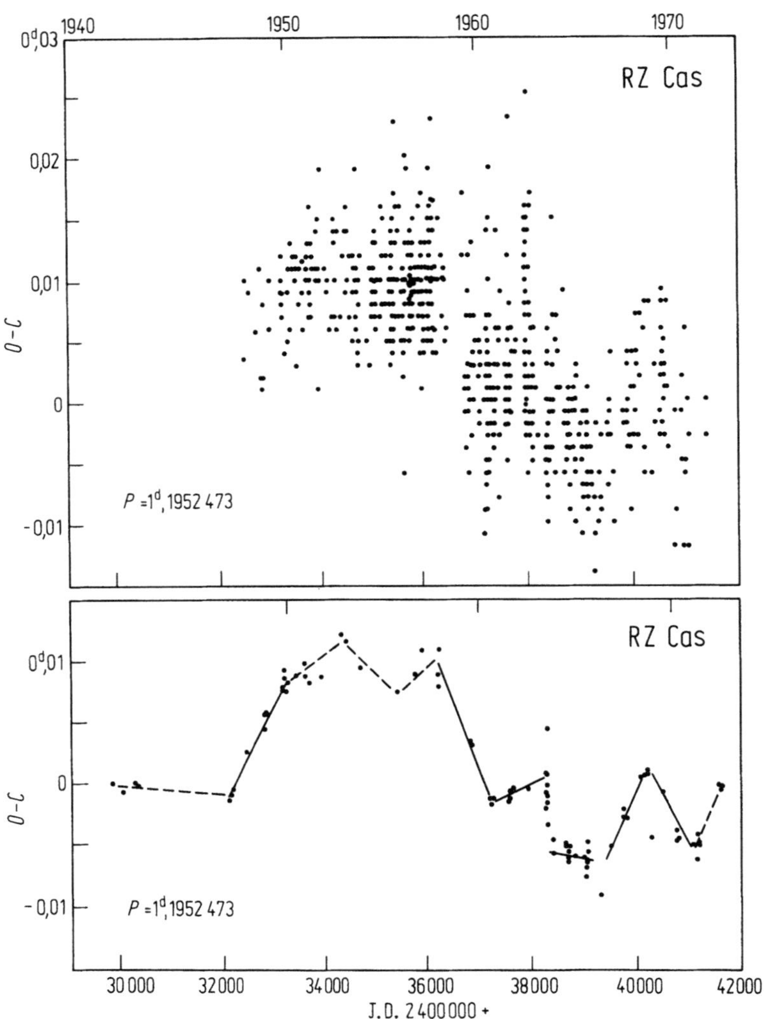

Abb. 14. O−C-Diagramm des Algolsterns RZ Cas für die Jahre 1940–1973. Im oberen Bild sind die Resultate aus visuellen Minimumszeitbestimmungen gegeben, im unteren die aus lichtelektrisch beobachteten. Die Periode ist instabil und weist sprunghafte Verkürzungen und Verlängerungen auf. Aus [40]

alle Epochen zurück- und vorausberechnet werden:

$$E_n = E_0 + n \cdot P, \tag{31}$$

wobei E_0 und P aus dem Veränderlichenkatalog [39] entnommen werden können.

Lohnt sich die Beobachtung und Bestimmung einer Maximums- oder Minimumszeit auch in einem solchen Fall? Ganz gewiß, denn all diese „himmlischen Uhren" zeigen Unregelmäßigkeiten, ihre Minima und Maxima können einmal früher, einmal später eintreffen. Zur Untersuchung der „Ganggenauigkeit" eines Veränderlichen bedient man sich eines (B−R) oder (O−C)-Diagramms: Man vergleicht die *beobachtete* (*observed*) Minimumszeit mit der *rechnerisch* nach der obigen Formel ermittelten Zeit (*calculated*). Hat man viele solche Minimumszeiten beobachtet (oder aus der Literatur zusammengetragen), kann man die Zeitdifferenzen in einem (O−C)-Diagramm als Funktion der Zeit (man verwendet im allgemeinen das Julianische Datum) oder der Epoche E darstellen. Der Verlauf der Differenzen sagt uns etwas über die Elemente des Lichtwechsels:

1. Geht die Punktfolge durch den Ursprung und zeigt sie eine aufsteigende (oder abfallende) Tendenz, so ist die Ausgangsepoche zwar korrekt, die Periodenlänge jedoch zu kurz (zu lang).
2. Geht die Punktfolge nicht durch den Ursprung, zeigt sie aber einen waagerechten Verlauf, so ist die Ausgangsepoche verbesserungswürdig, die Periode aber korrekt.
3. Zeigt die Punktfolge einen Verlauf, der sich nicht durch eine Gerade annähern läßt, so sind die Elemente des Lichtwechsels des Sterns veränderlich, und zwar:
   wenn die Punkte näherungsweise auf einer Parabel liegen, so ändert sich die Periode ständig um den gleichen Betrag; sie kann durch Hinzunahme eines quadratischen Terms $a \cdot P^2$ in (31) berücksichtigt werden;
   wenn die Punkte sich näherungsweise durch einen Polygonzug darstellen lassen, so ändert sich die Periode sprunghaft (oft folgen Periodenverlängerungen und -verkürzungen in unregelmäßiger Folge aufeinander);
   wenn die Punktfolge einen treppenförmigen Verlauf zeigt, so weist der Stern eine konstante Periode, jedoch Phasensprünge auf.

Als Beispiel ist in Abbildung 14 ein (O−C)-Diagramm des Bedeckungsveränderlichen RZ Cas dargestellt. Dieser zeigt sprunghafte Periodenänderungen, wie die aus lichtelektrischen Beobachtungen bestimmten Minimumszeiten erkennen lassen. Die aus visuellen Beobachtungen abgeleiteten Minimumszeiten sind wegen ihrer geringeren Genauigkeit nicht aussagekräftig.

Eine ausführliche Diskussion des (O−C)-Diagramms findet sich bei L. A. Willson [41].

10.6 Prinzipielles zur Photometrie verschiedener astronomischer Objekte

10.6.1 Photometrie von Objekten des Sonnensystems

a) Allgemeines
Entsprechend vielfältig wie die Objekte des Sonnensystems sind die Möglichkeiten, photometrische Messungen an ihnen durchzuführen. Mit Ausnahme des Fluoreszenz-

leuchtens der Kometenmaterie und der Strahlung von den in die Erdatmosphäre eindringenden Meteoriten mißt man dabei immer reflektiertes Sonnenlicht. Es trägt die Information über die Reflexionseigenschaften der Oberflächen der Körper in sich. Man unterscheidet folgende geometrische Größen:

Die Polorientierung (gegeben durch die Koordinaten des planetaren Himmelsnordpols) und die planetozentrischen Koordinaten des Subsolar- und des Sub-Erdpunktes. Die durch diese drei Punkte definierten Koordinaten und die zwischen ihnen gebildeten Winkel bestimmen mit den jeweiligen Entfernungen (Sonne – Objekt und Erde – Objekt) die Geometrie des Reflexions- und Streuvorgangs. Sie ist bei den meisten großen Körpern des Sonnensystems bekannt. Man beschreibt sie zum Beispiel durch den Positionswinkel der Rotationsachse des Planeten, die Rotationsphase, die Beleuchtungsphase, den Einstrahlwinkel und den Aspekt. Zu jeder Helligkeitsmessung gehört eine Gleichung, die als bekannte Größen die geometrischen Parameter und den Meßwert enthält, als unbekannte Größen die physischen Reflexionseigenschaften wie die Form des Körpers, die Albedo und das Streuverhalten (Rauhigkeit der Fläche in allen Größenordnungen). Ist, wie bei Asteroiden und den weit entfernten kleinen Planetenmonden, die Geometrie der Reflexion nicht vollständig bekannt, so treten zum Beispiel Rotationsphase und Polachsenposition (Präzession?) als zusätzliche Unbekannte auf. Diese Parameter müssen dann durch eine Vielzahl unabhängiger Messungen bestimmt werden. Man sollte nicht erst bei der Auswertung, sondern bereits bei der Planung derartiger Beobachtungen versuchen, herauszufinden, inwieweit die geplanten Beobachtungen „neu" sind und welche Beobachtungszeiten besonders informationsträchtig sind.

Treten jahreszeitliche oder langfristige Änderungen der Reflexionseigenschaften auf (besonders bei atmosphäretragenden Planeten und Monden, durch Sandstürme auf Mars, durch Vulkanismus auf Io usw.), wird eine morphologische Untersuchung entsprechend schwierig oder sogar unmöglich. Eine photometrische Meßreihe kann dann jedoch zum Beispiel zu meteorologischen Untersuchungen genutzt werden (z. B. bei Titan, Uranus).

Als wichtigste Ursachen für Helligkeitsänderungen bei Objekten des Sonnensystems sind also zu nennen:

1. Entfernungseffekte,
2. Rotationslichtwechsel durch Hell-Dunkel-Oberflächenkontraste und/oder unregelmäßige Form,
3. Phaseneffekte.

Der Einfluß der Entfernung auf die zu messende Helligkeit muß natürlich berücksichtigt werden. Die Helligkeiten werden auf eine mittlere heliozentrische Oppositionsentfernung (r_0) umgerechnet, um direkt miteinander verglichen werden zu können. Diese Entfernung beträgt für Jupiter und seine Satelliten 5,208 AE, für Saturn 10,539 AE, für Uranus 19,191 AE und für Neptun 30,071 AE. Um diese Korrektur zu berechnen, wird die geozentrische Entfernung (d) und die heliozentrische Entfernung (r) zur Zeit der Beobachtung benötigt, die in dem jährlichen *Astronomical Almanac* tabelliert sind. d findet sich in Abschnitt E unter „True Geocentric Distance", r unter „Radius Vector". Die Entfernungskorrektur der Helligkeit berechnet sich zu:

$$\Delta m \text{ (in m)} = 5 \left[\log(r_0) + \log(r_0 - 1,0) - \log(d) - \log(r) \right]. \tag{32}$$

Alle Entfernungen sind in AE gegeben.

Phaseneffekte sind beim Erdmond sehr leicht an der unterschiedlichen Gesamthelligkeit bei Voll- und Neumond zu erkennen, aber auch etwas feiner an den unterschiedlichen Flächenhelligkeiten der beleuchteten Seite bei Voll- und beispielsweise Halbmond. Siehe auch Band 2, Kapitel 3.

Korrekturen der Phasenwinkelkorrektur der vier großen Jupitermonde, der Saturnmonde Titan und Rhea und der Planeten Uranus und Neptun gibt G. W. Lockwood [42].

Würde der Mond nicht gebunden rotieren, könnten wir einen Rotationslichtwechsel zwischen „unserer" an dunklen Maregebieten reichen Mondseite und der vorwiegend hellen Mondrückseite beobachten. Nehmen wir an, der Mond besäße als einziges Dunkelgebiet das Mare Imbrium, würde das Gesamtlicht der Mondseite, die das Mare zentral enthält, um $0^{\text{m}}02$ schwächer erscheinen. In derartigen Größenordnungen liegen wegen ähnlicher Ursachen die Amplituden des Rotationslichtwechsels von Merkur, Mars und der größten, regelmäßig geformten Kleinplaneten (s. Tabelle 19, S. 612 im Anhang von Band 2). Bei den Jupitermonden Europa, Ganymed, Callisto und dem Saturnmond Japetus sind die Effekte zum Teil erheblich merklicher wegen des größeren Unterschieds in der Flächenhelligkeit von Eis und Gestein (Abb. 15).

b) Zur Photometrie der Kleinplaneten

Der größte der Asteroiden, (1) Ceres, hat einen Durchmesser von 950 km und ist in der Opposition 1,77 AE von der Erde entfernt. Er erscheint dann von der Erde aus unter dem Blickwinkel von 0,6 Bogensekunden. Asteroiden werden im allgemeinen als punktförmige Objekte wahrgenommen und können wie Fixsterne photometriert werden, abgesehen von der Tatsache, daß sie ihren Ort am Himmel ständig ändern und daß sie ein unterschiedliches Szintillationsverhalten haben: Die einfache empirische Tatsache „Planeten funkeln nicht" spiegelt wider, daß die statistischen Schwankungen der Szintillation über die ausgedehnten Planetenscheiben hinweg gemittelt werden. Deutliche Effekte sind dabei schon bei den großen Asteroiden zu beobachten. Die Amplitude der Szintillation von Ceres (Abb. 16) beträgt rund ein Drittel derjenigen eines punktförmigen Objekts. Siehe auch Band 2, Kapitel 7.

Wegen der wechselnden Entfernung eines Asteroiden von der Erde und der Sonne sind einige Korrekturen an die photometrische Beobachtung anzubringen. Zu diesen benötigt man die folgenden Größen, von denen die erste wiederum dem *Astronomical Almanac*, die übrigen der Planetoiden-Ephemeride (*Efemeridy Malykh Planyet*) entnommen wurden:

R = Entfernung Erde–Sonne (AE),

d = Enfernung Erde–Asteroid (AE),

r = Entfernung Sonne–Asteroid (AE),

r_0 = große Halbachse der Asteroidenbahn (AE).

Die Lichtzeit. Das Licht legt die Strecke von 1 AE in 8,317 Minuten und die Entfernung Planetoid–Erde in 8,317 Minuten $\cdot\, d/R$ zurück. Um die Zeit zu erhalten, in der der Asteroid die beobachtete Helligkeit besaß, ist deshalb von der Beobachtungszeit der Betrag 8,317 Minuten $\cdot\, d/R$ abzuziehen.

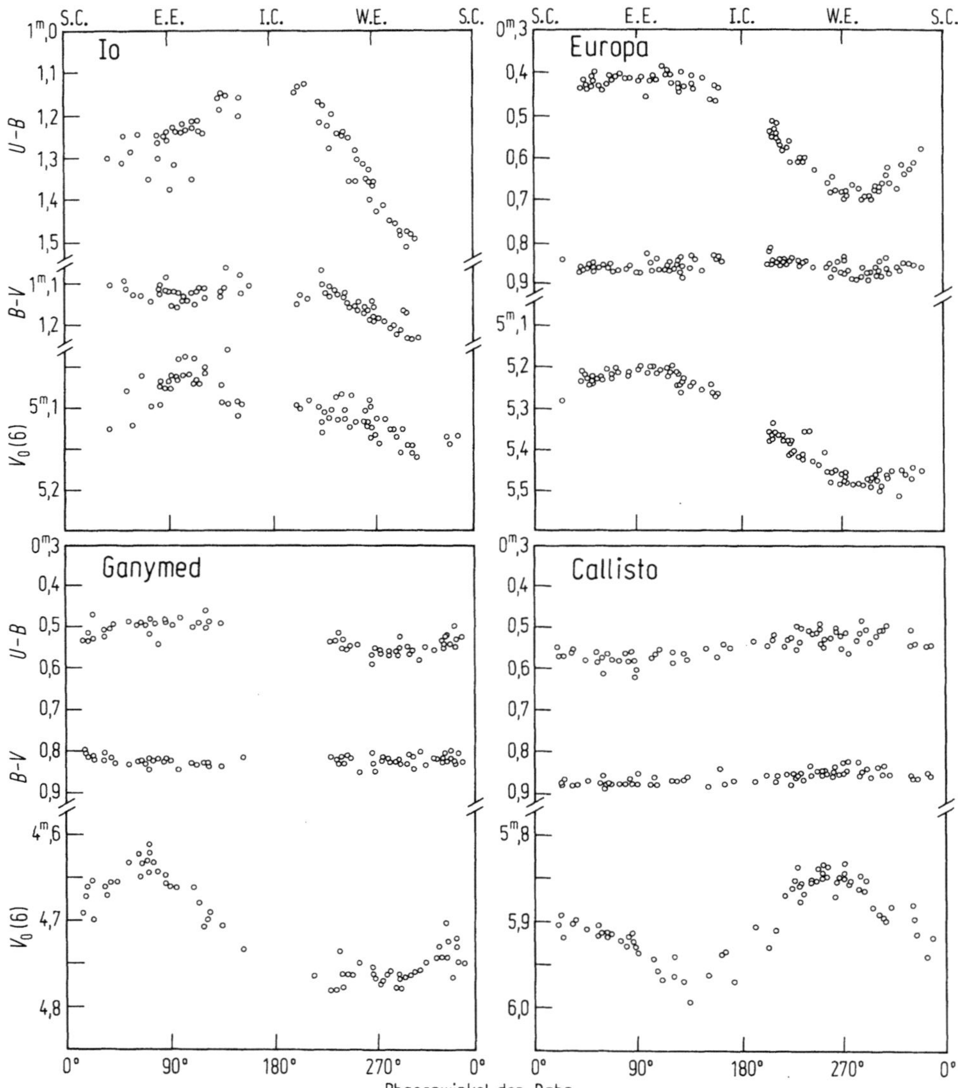

Abb. 15. V-Helligkeiten und (U-B)- und (B-V)-Farbindizes der vier hellen Jupitermonde, korrigiert auf mittlere Oppositionsentfernung und einen Phasenwinkel $\alpha = 6°$, als Funktion des Phasenwinkels θ der Bahn. Aus der Reproduzierbarkeit der Lichtkurven wurde geschlossen, daß die Satelliten gebunden rotieren. Die Messungen wurden mit verschiedenen Teleskopen von 0,53 m bis 1,07 m Öffnung des Lowell-Observatoriums erhalten. Man beachte die starke Streuung und die rote Farbe des Mondes Io! Aus [43]

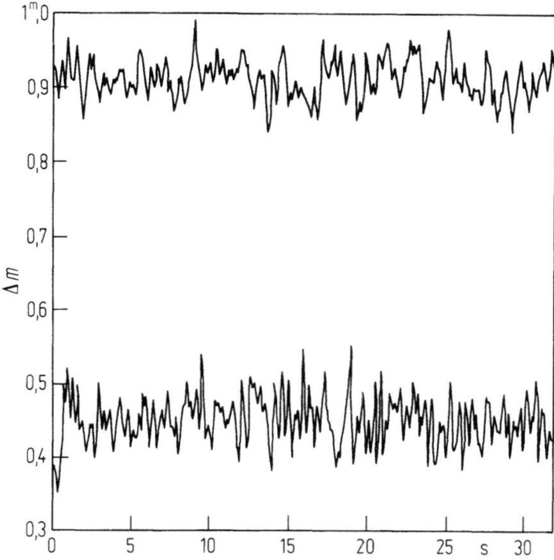

Abb. 16. Die Amplitude der Szintillation des Scheibchens des Asteroiden Ceres (oben) beträgt nur etwa ein Drittel derjenigen eines Fixsterns gleicher Helligkeit (unten)

Die Reduktion auf einheitliche Entfernung. Die beobachtete Helligkeit eines Asteroiden ist von d und r abhängig. Um vergleichbare Helligkeiten eines Asteroiden zu verschiedenen Zeiten oder von Asteroiden untereinander zu erhalten, werden die beobachteten Helligkeiten m_b in diejenige umgerechnet, die der Asteroid in der Entfernung $d = 1$ und $r = 1$ hätte. Diese reduzierte Helligkeit m_r ergibt sich aus

$$m_r = m_b - 5(\log r + \log d).\tag{33}$$

Zuweilen werden die beobachteten Helligkeiten m_b auf die mittlere Oppositionsentfernung $(r_0 - 1)$ reduziert. Man erhält dann die Helligkeit m_0 aus

$$m_0 = m_b - 5(\log r + \log d) - \log(r_0(r_0 - 1)).\tag{34}$$

Die Berücksichtigung des Phasenwinkels. Der Phasenwinkel α ist der Winkel am Asteroiden im Dreieck Sonne–Asteroid–Erde. Er errechnet sich aus

$$\cos\alpha = \frac{d^2 + r^2 - R^2}{2rd}\tag{35}$$

oder, mit größerer Genauigkeit, aus der Formel für $\tan(p/2)$ (Abschnitt 8.5 in diesem Band).

Trägt man die bezüglich Lichtzeit korrigierten und auf eine einheitliche Entfernung reduzierten Helligkeiten in Abhängigkeit von α auf, zeigt sich im allgemeinen eine Zunahme der Helligkeit bei abnehmendem Phasenwinkel. Die Extrapolation der Helligkeitskurve liefert die Helligkeit für den Phasenwinkel $\alpha = 0°$. Man kann die

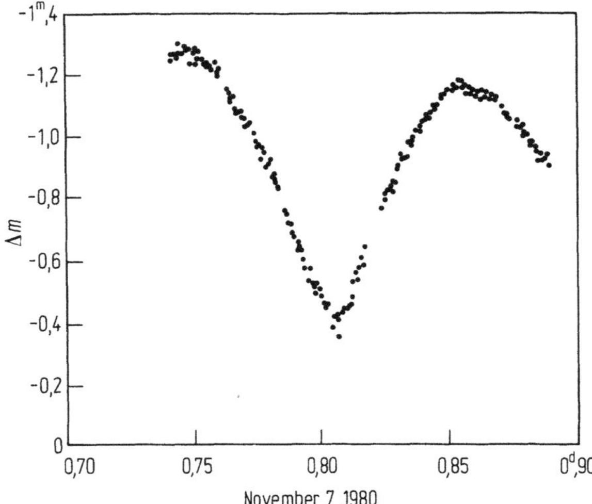

Abb. 17. B-Lichtkurve des Asteroiden (216) Kleopatra, erhalten mit einem Zweikanalphotometer am 1 m-Teleskop der Sternwarte Hoher List. Die Periode beträgt 5,4 Stunden, die Amplitude 0^{m}87. Aus [45]

Helligkeit durch linearen Ausgleich als Funktion des Phasenwinkels α darstellen. Als Ansatz verwendet man

$$m_0 (\alpha = 0°) + \alpha \cdot \varphi = m_0 (\alpha). \tag{36}$$

Die Konstante φ wird Phasenkoeffizient genannt. Sie liegt zwischen 0,09 und 0,03. Der gut beobachtete Helligkeitsverlauf mancher Asteroiden zeigt, daß die Helligkeit nicht nur vom Phasenwinkel abhängt, sondern wegen der unregelmäßig geformten Oberfläche auch von der Rotation. Die Perioden liegen bei einigen Stunden, die Amplituden können bis zu einigen zehntel Größenklassen betragen (Abb. 17). Sowohl Lang- als auch Kurzzeitprogramme für Asteroidenphotometrie sind also von Interesse.

Weiterführende Literatur: [44].

c) Zur Photometrie der großen Planeten

Als Faustregel geben wir in Tabelle 5 einige typische Flächenhelligkeiten (visuelle Größenklassen pro Quadratbogensekunde) und Leuchtdichten (sb) an.

Das Auge besitzt die Fähigkeit, auch sehr geringe Unterschiede in den Leuchtdichten heller Flächen wahrzunehmen, und eignet sich gut für die Photometrie und Strukturerkennung kleiner Gebiete der Planetenscheiben. Abbildung 18 zeigt, wie groß der Helligkeitskontrast mindestens sein muß, damit er vom Auge empfunden werden kann.

Die vom Auge empfundenen Leuchtdichten kann man mittels der Fernrohrvergrößerung vergrößern oder verkleinern: je stärker die Vergrößerung, desto geringer ist die Leuchtdichte, die von einer beleuchteten Fläche auf unserer Netzhaut erzeugt wird. Es ist also zweckmäßig, durch passende Wahl der Vergrößerung die Leuchtdichten in das Gebiet größter Kontrastempfindlichkeit zu bringen. Siehe auch Band 2, Kapitel 7.

Tabelle 5. Flächenhelligkeiten von Objekten des Sonnensystems

Objekt	$m_v/('')^2$	B (sb)
Sonne:	$-10\overset{m}{.}5$	
Merkur:	1.5 bis 4.5	0,6
Venus:	0.5 bis 1.5	2,0
Mond:	3 bis 7	0,6 (Vollmond)
		0,1 (erstes und letztes Viertel)
Erdlicht	14 (auf dem Neumond)	
Erdlicht	22 (auf Venus bei der unteren Konjunktion)	
Mars:	4 bis 5	0,2
Jupiter:	5 bis 5.5	0,070
Saturn:	6.5 bis 7	0,028
Uranus:	8	0,0037

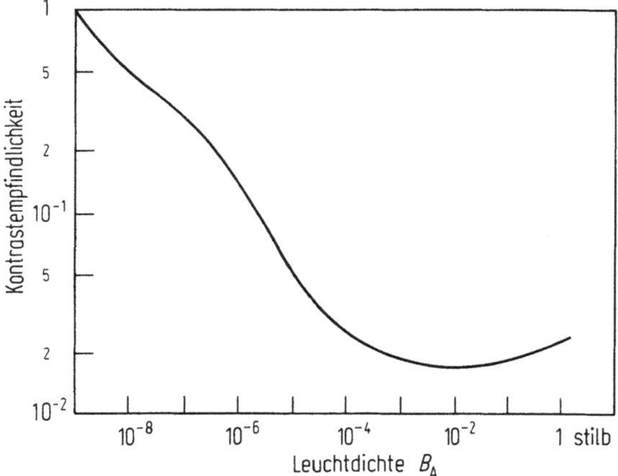

Abb. 18. Kontrastempfindlichkeit des Auges in Abhängigkeit von der Leuchtdichte B_A. Leuchtdichten der Größenordnung 10^{-3} bis 10^{-1} gestatten es, Helligkeitskontraste von 0,018 Größenklassen zu erkennen

d) Zur Photometrie des Mondes

Quantitative Helligkeitsmessungen der Mondoberfläche mittels lichtelektrischer Photometrie erscheinen trotz der sehr genauen Kenntnis einiger Mondgebiete (durch die Mondlandungen) von Interesse. Insbesondere geht es darum, bekannte Gebiete mit noch nicht besuchten farb- und intensitätsmäßig zu vergleichen. Siehe auch Band 2, Kapitel 3.

Mondphotometrie besteht also – falls man keinen flächenauflösenden Detektor einsetzt – aus der Messung einzelner „Gegenden". Die Meßblenden sollten im allgemeinen bei 5 Bogensekunden liegen.

Jede Gegend hat eine „Helligkeitsfunktion", die vom Phasenwinkel α abhängt. Die Helligkeit (engl. radiance, Strahlung einer projizierten Einheitsfläche in den Einheitsraumwinkel in Erdrichtung) einer Gegend wird also bestimmt:

- von der Albedo, das heißt der geologischen und Oberflächen-Beschaffenheit (Albedo = gesamtes, in alle Richtungen reflektiertes Licht/gesamtes einfallendes Licht),
- vom Phasenwinkel (Winkel zwischen Sonne und Erde, gemessen am beobachteten Punkt),
- von der Länge (Winkel zwischen Erde und Oberflächen-Normale, gemessen am beobachteten Punkt in der durch Sonne und Erde bestimmten Ebene).

Verschiedene Projekte können durchgeführt werden:

- allgemeine Albedo-Kartierung (in verschiedenen Farben),
- Bestimmung von Helligkeitsfunktionen von ungewöhnlichen Gegenden,
- Suche nach vorübergehenden Phänomenen (transient lunar phenomena, LTP).

Die Helligkeiten der Gegenden, die mit einer Blende mit bekanntem Durchmesser (in Quadratbogensekunden) gemessen werden, können durch Beobachtung eines geeigneten Fixsterns (Spektraltyp nahe G2) in Größenklassen pro Quadratbogensekunde umgerechnet werden (absolute Mondphotometrie). Eine andere Möglichkeit besteht darin, ein „Standard-Gebiet" in der Nähe mitzubeobachten (relative Mondphotometrie).

Weiterführende Beiträge stammen von P. Hedervari [46] und J. E. Westfall [47].

e) Zur Photometrie der Sonne

Sonnenphotometrie ist gleichzeitig einfach und kompliziert. Im allgemeinen stehen keine Vergleichsterne zur Verfügung, so daß man nur differentiell einzelne Gebiete auf der Sonne miteinander vergleichen kann. Da genügend Licht zur Verfügung steht, kann man ein kleines Teleskop und einen relativ unempfindlichen Detektor, zum Beispiel eine PIN-Photodiode, verwenden.

In einem Übersichtsartikel von G. A. Chapman [48] werden zwei für den Amateurastronomen lohnenswerte Arbeitsgebiete vorgeschlagen: das Studium der Sonnenaktivität, insbesondere die Beobachtung von Sonnenflecken, und das Studium der Randverdunklung der Sonne.

Die Photometrie des Intensitätsverlaufs von Sonnenflecken in verschiedenen Farbbereichen läßt sich mit einem Teleskop mit großem Abbildungsmaßstab und mittels eines Photometers kleiner Eintrittsblende (bei ruhendem Teleskop) oder – noch besser – mit einem flächenhaften Empfänger wie einem CCD oder Reticon durchführen. Die Umbra hat eine Flächenhelligkeit von 10 bis 20 % der ungestörten Sonnenoberfläche. Die Lichtstreuung in der Sonnen- und Erdatmosphäre und im Teleskop muß berücksichtigt werden.

Analog kann die Randverdunklung der Sonne in verschiedenen Farben bei ruhendem Teleskop mit einem Punktphotometer untersucht werden. Die Datenerfassung geschieht in beiden Fällen mit einem Papierstreifenschreiber oder durch digitale Datenerfassung.

f) Zur Photometrie von Kometen, Meteoren, des Zodiakallichts und von Verfinsterungen planetarer Körper

Im Gegensatz zu den relativ scharfrandigen Scheibchen von Planeten, Planetenmonden und vor allem der Asteroiden ist die Helligkeitsmessung der anderen Objekte des Sonnensystems durch ihr ausgedehntes, oft diffuses Erscheinungsbild sehr erschwert. Das gilt für Kometen, Meteore und das Zodiakallicht.

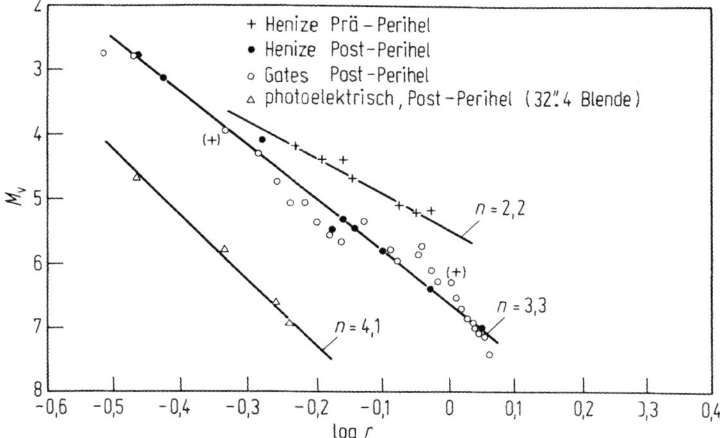

Abb. 19. Absolute Helligkeiten M_v (bezogen auf eine Entfernung von 1 AE von der Erde) des Kometen Kohoutek (1973f) als Funktion der Sonnenentfernung r. Der Helligkeitsverlauf vor (Kreuze) und nach (Kreise und Punkte) dem Perihel ist unterschiedlich. Dreiecke geben licht-elektrische Beobachtungen des Kometenkerns nach dem Perihel an. Aus [49]

Bei Kometen werden zwei Helligkeiten definiert: die Gesamthelligkeit und die Kernhelligkeit. Visuelle Schätzungen der Gesamthelligkeit werden trotz aller Unzulänglichkeiten veröffentlicht. Auch wenn sie von erfahrenen Beobachtern durchgeführt werden, sind Differenzen von zwei Größenklassen für einen gegebenen Zeitpunkt durchaus anzutreffen. Die Schätzungen der Flächenhelligkeit hängen besonders stark von den Durchmessern von Ein- und Austrittspupille des Instruments ab, und die Schweifhelligkeiten weisen oft keinen regelmäßigen Helligkeitsabfall in Abhängigkeit von der Entfernung zum Kern auf. Deshalb werden leicht schwache, aber wegen ihrer Ausdehnung wesentlich zur Gesamthelligkeit beitragende Schweifteile übersehen. Die Gesamthelligkeit schweifloser Kometen kann relativ leicht durch Unscharfstellen eines Vergleichsterns geschätzt werden. Bei photoelektrischen Messungen muß die Größe der verwendeten Meßblende (in Bogensekunden) angegeben werden, ebenso die Daten des verwendeten Teleskops.

Als Illustration zeigen wir visuelle und lichtelektrische Helligkeitsbestimmungen des Kometen Kohoutek (Abb. 19).

Die Kernhelligkeit ist für erd- beziehungsweise sonnennahe Kometen (Sonnenentfernung $\leq$ 1 AE) praktisch nicht bestimmbar, da der Kern dann stets in die hell leuchtende Koma eingebettet ist.

Eine gründliche Einführung in die Photometrie der Kometen gibt M. F. A'Hearn [50], insbesondere auch eine Liste von speziell für die Kometenphotometrie geeigneten Filtern. Siehe auch Band 2, Kapitel 8.

Die Helligkeit von Meteoren ist nicht nur schwer zu bestimmen; ihre Interpretation leidet dazu noch unter Vieldeutigkeiten (Material, Porosität, Eintrittsgeschwindigkeit, Eintrittswinkel, Zerbrechen in Einzelstücke). Visuelle Schätzungen liefern relativ gute Ergebnisse. Photographische Aufnahmen erfassen meist nur helle Objekte; mit einer rotierenden Sektorenblende kann die Winkelgeschwindigkeit bestimmt werden. Zu etwas schwächeren Objekten kann man gelangen, wenn man die Kamera mit einer für Meteore eines zu untersuchenden Stromes typischen Winkelgeschwindigkeit vom Radianten wegrotieren läßt (restlichen Raumwinkel dabei ausblenden).

Da sich das Zodiakallicht mit noch meßbarer Helligkeit über nahezu den gesamten Himmel erstreckt, besteht das Hauptproblem darin, die terrestrischen und stellaren Beiträge zur Himmelshelligkeit genau zu bestimmen und zu berücksichtigen. Eine Möglichkeit der Nullpunktbestimmung ergibt sich mit Hilfe der dunklen Mondseite (Streulicht der hellen Mondseite und Erdlicht berücksichtigen!). Den Beitrag der stellaren Komponente gewinnt man durch Messungen in verschiedenen Jahreszeiten. In der Nähe heller Stadtbeleuchtungen reicht das nicht aus, da das Streulicht, auch abhängig von Wetter und Jahreszeit, stark vom Azimut abhängt. Das Streulicht einer 100 000-Einwohner-Stadt ist noch bis zu einer Entfernung von 100 km nachweisbar.

Gegenseitige Verfinsterungen planetarer Körper seien hier nur insoweit erwähnt, als durch sie die Gesamthelligkeit des verfinsterten Körpers um einen gewissen Betrag sinkt. Beispiele: Auf der Erde wird die Sonnenstrahlung durch einen Venusdurchgang um $0\overset{m}{.}001$ vermindert. Ein Jupiterdurchgang für Saturn, der in den nächsten Jahrzehnten nicht stattfinden wird, würde die Saturnhelligkeit um $0\overset{m}{.}03$ senken. Der Schatten von Ganymed verringert die Jupiterhelligkeit um weniger als $0\overset{m}{.}002$. In dem seltenen Fall, daß Io, Ganymed und Kallisto gleichzeitig Schattenwürfe auf Jupiter verursachen (nächste derartige Phänomene in den Jahren 1997, 2004, 2032, 2038), sinkt die Jupiterhelligkeit um $0\overset{m}{.}004$.

In seltenen Fällen sind Verfinsterungen von Asteroiden durch Planeten möglich. Bei einer Passage durch den Schattenkegel in einem Abstand von 0,01 AE zum Planeten ergeben sich folgende Abschwächungen: Merkur $0\overset{m}{.}02$, Venus $0\overset{m}{.}57$, Erde $2\overset{m}{.}11$, Mars $0\overset{m}{.}89$, Ceres $0\overset{m}{.}04$. Bei einer solchen Entfernung würde ein Planetoid fast noch die Kernschattenspitze der Erde erreichen können. Bei einem Abstand von 0,1 AE würden Planetoiden durch die Schatten von Venus, Erde und Mars ca. $0\overset{m}{.}01$ schwächer erscheinen.

Die Beobachtungen von Bedeckungen von Körpern im Sonnensystem wurde bereits in Abschnitt 10.4.6 besprochen. Es sei außerdem auf die Beiträge von R. L. Millis [51] über Bedeckungen von Planeten und Planetenmonden, A. W. Harris [52] über Bedeckungen von Asteroiden und von G. L. Blow [53] sowie auf Kapitel 5, Band 2 dieses Handbuchs über Mondbedeckungen hingewiesen.

10.6.2 Sternphotometrie

Wie schon erwähnt, ist absolute Photometrie in definierten Farbsystemen eine für den Amateur wenig aussichtsreiche Tätigkeit.

Über ein Projekt zur Gewinnung von (visuellen) Skalen für die visuelle Untersuchung von Veränderlichen berichten A. A. Henden und R. M. Kaitchuck [8], S. 241.

Das Hauptgebiet der photometrischen Arbeit an Sternen wird die Untersuchung veränderlicher Sterne sein [54]. Verschiedene Projekte bieten sich an (siehe auch Band 2, Kapitel 12):

a) Überwachung von Flare-Sternen
Hier sollte eine (mechanisch wie elektrisch) relativ stabile Apparatur unter möglichst guten Himmelsbedingungen eingesetzt werden. Die meiste Zeit wird die Helligkeit des

Flare-Sterns (möglichst im UV- oder Blaubereich) mit kurzer Zeitauflösung untersucht (Registrierstreifen oder Pulszählung mit großer Speicherkapazität), unterbrochen von kurzfristigen Messungen der Himmelshelligkeit und eines Vergleichsterns im gleichen Farbbereich. Flares treten im allgemeinen selten auf, mehrere Nächte Beobachtung sind für ein Objekt anzusetzen, um ein statistisch signifikantes Ergebnis zu erreichen. Leider sind die meisten Flare-Sterne relativ schwach.

b) Kurzperiodische Veränderliche: δ Sct-*Sterne, Zwergcepheiden,*
   RR Lyr-*Sterne und Cepheiden*

Hier genügen in den ersten drei Objektklassen nur wenige Stunden, um eine komplette Lichtkurve zu erhalten (Abb. 20). Diese Objekte zeigen oft dramatische Änderungen der Lichtkurven-Form und Amplitude (Beat-Phänomen), eine längerfristige Beobachtungsserie ist von Vorteil.

c) Langperiodische Veränderliche: RV-Tau-*Sterne, Mirasterne*

Hier liegt das Schwergewicht noch auf den visuellen Beobachtungen einer großen Anzahl von Amateuren, über die ganze Welt verteilt, um Lücken wegen schlechten Wetters möglichst zu vermeiden. Eine schöne Sammlung von solchen zusammengesetzten Lichtkurven von Mirasternen enthält der AAVSO-Report Nr. 38 [24] (siehe Abb. 8).

Eine Möglichkeit, solche im roten und infraroten Bereich oft recht hellen Veränderlichen mit einem Photometer zu beobachten, beschreibt R. F. Wing [56].

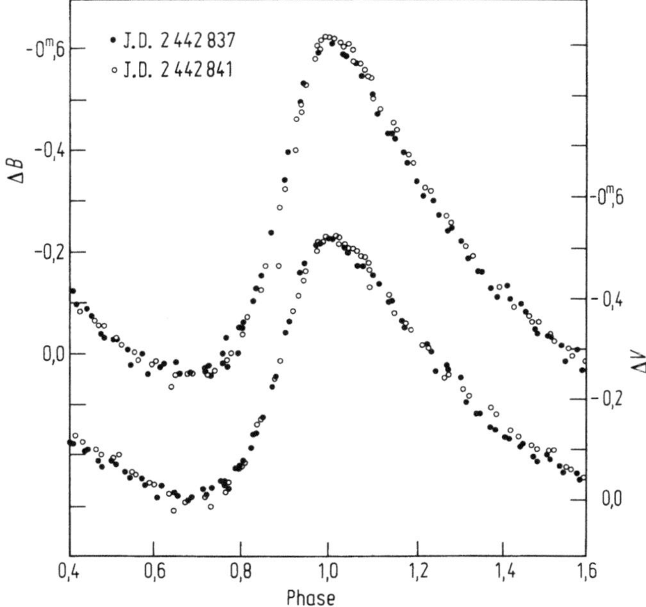

Abb. 20. B- und V-Lichtkurven des Zwergcepheiden SZ Lyn, erhalten mit dem 0,36 m-Teleskop mit lichtelektrischem Photometer der Sternwarte Hoher List. Die Amplitude im blauen Farbbereich ist größer als die im visuellen. Aus [55]

d) Bedeckungsveränderliche

Hier unterscheiden wir zwischen den kurzperiodischen W UMa-Sternen (s. Abb. 21) und den mittel- bis langperiodischen β Lyr- und Algolsystemen. 3546 Bedeckungsveränderliche sind katalogisiert in [56].

Oft gelingt es, von einem W UMa-Stern in einer einzigen Nacht eine „instantane" Lichtkurve zu erhalten. Bei anderen Systemen kann es Wochen, Monate oder Jahre dauern, bis man eine Lichtkurve über alle Phasen hinweg komplett mit Beobachtungen überdeckt hat. Sorgfältige Beobachtungen zeigen, daß Lichtkurven geringen, aber bedeutsamen Änderungen unterworfen sind. Ein Vergleich von instantanen Lichtkurven eines W UMa-Systems kann sehr interessant sein; eine zusammengestückelte Lichtkurve eines Algol-Sterns, bei der die einzelnen Beobachtungssätze nicht glatt ineinander übergehen, kann ärgerlich sein.

Unter den Algol-Systemen gibt es eine Untergruppe, die RS CVn-Sterne, mit Perioden von unter einem bis zu einigen Tagen. Sie zeigen in ihren Lichtkurven eine breite Depression von etwa $0^{m}\!.1$ auf, die sich langsam in Phase verschiebt. Sie kann als Fleckentätigkeit auf einer nicht perfekt synchron rotierenden Komponente interpretiert werden.

Kann man aus Zeitgründen nicht eine ganze Lichtkurve beobachten, ist die Beobachtung einer kompletten Bedeckung ein sehr interessantes Projekt: man kann daraus die Minimumszeit ableiten. Dies ist im Detail in Abschnitt 10.5.5 beschrieben. Voraussagen über die im Laufe eines Jahres eintretenden Minima von Bedeckungs-

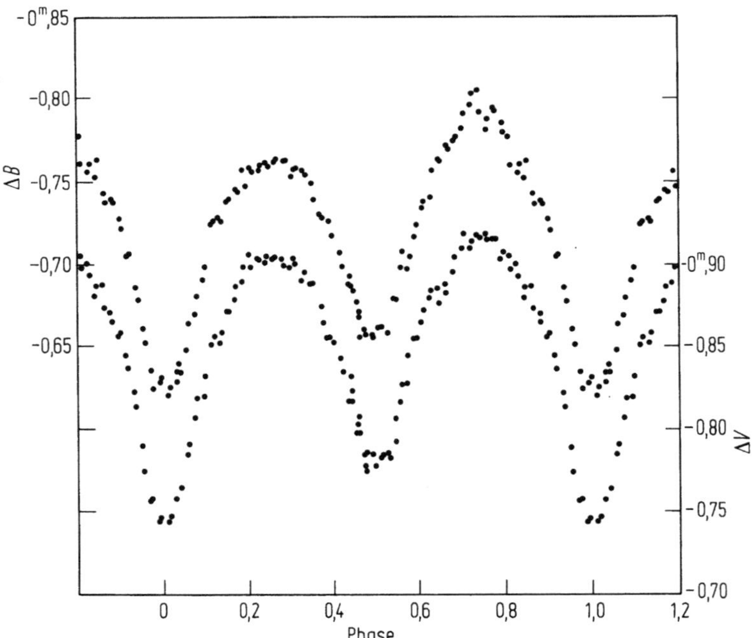

Abb. 21. B, V-Lichtkurven des W UMa-Systems i Boo, erhalten mit dem 0,36 m-Teleskop mit lichtelektrischem Photometer der Sternwarte Hoher List. Die Lichtkurven in den unterschiedlichen Farben weisen deutliche Unterschiede auf. Aus [57]

veränderlichen (und auch Maxima von RR-Lyrae-Sternen) gibt der jährlich erscheinende *Rocznik Astronomiczny Obserwatorium Krakowskiego* (begründet von T. Banachiewicz, herausgegeben von K. Rudnicki und Mitarbeitern, Obserwatorium Astronomiczne Uniwersytetu Jagiellonskiego, ul. Orla 171, 30-244 Krakow, Polen).

Hat man eine vollständige Lichtkurve eines Bedeckungsveränderlichen erhalten, kann man daran gehen, die Lichtkurve zu analysieren, das heißt, die Systemkonstanten zu ermitteln. Diese sind:

1. die Radien der beiden Komponenten A und B, r_α und r_b, in Einheiten des Bahnradius,
2. die Leuchtkräfte der Komponenten, L_a und L_b, im beobachteten Farbbereich,
3. die Bahnneigung i (in °),
4. die Randverdunklungskoeffizienten auf den Oberflächen der beiden Komponenten, u_a und u_b.

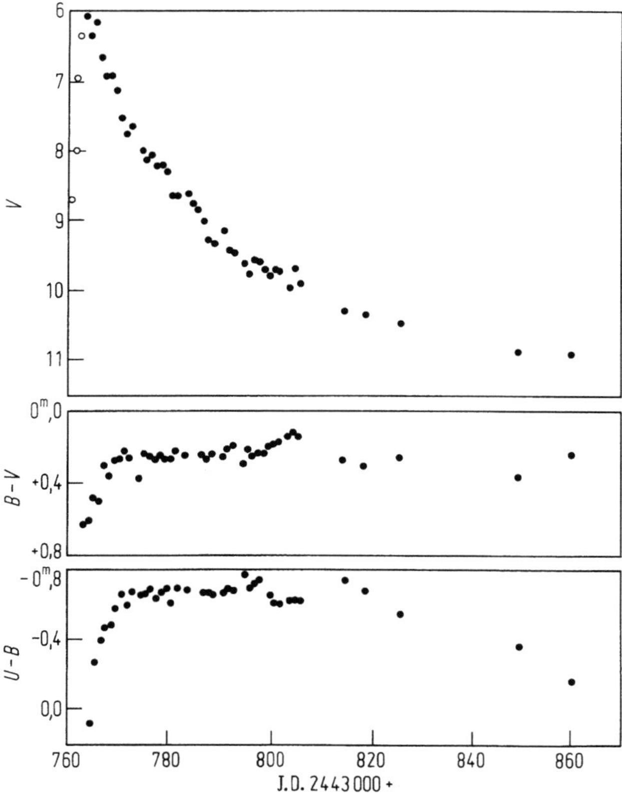

Abb. 22. V-Lichtkurve und (B-V)- und (U-B)-Farbindizes der Nova V1668 Cyg (1978), erhalten mit dem 0,36 m-Teleskop mit lichtelektrischem Photometer der Sternwarte Hoher List. Deutlich erkennt man, daß das Maximum der Helligkeit mit besonders großen Farbindizes (= niedrige Temperatur) zusammenfällt. Aus [58]

Es gibt klassische Verfahren, von denen vor allem das von Russell und Merrill zu erwähnen ist, und moderne Verfahren („synthetische Lichtkurven"). Es sei auf weiterführende Arbeiten verwiesen:

W. D. Heintz: *Doppelsterne* (Wilhelm Goldmann Verlag, München 1971);
H. E. Fröhlich: Berechnung der Systemkonstanten und Zustandsgrößen bedeckungsveränderlicher Sterne. Sterne *45*, 37 (1969);
S. Ghedini [31], S. 146.

e) Eruptive Veränderliche: Novae, Zwergnovae und Supernovae
Diese Objekte sind besonders interessant, weil sie „einzigartige" Ausbrüche zeigen: Die Supernovae ohnehin, die Novae (Abb. 22) auf historischen Zeitskalen und die Zwergnovae zumindest in der Art, daß kein Ausbruch perfekt einem andern gleicht. Hier können wirklich wichtige Beobachtungen gemacht werden, visuelle, photographische und lichtelektrische, die oft eine wertvolle Ergänzung bei der Interpretation von spektroskopischen Untersuchungen oder Daten in anderen Wellenlängenbereichen (Infrarot, Ultraviolett, Röntgenbereich) darstellen.

10.6.4 Flächenphotometrie

Flächenphotometrie ausgedehnter Objekte (Planeten, Doppelsterne, Milchstraße, Galaxien) kann sowohl mit einem Einkanal-Photometer, das fixiert ist oder programmiert ein Himmelsgebiet abtastet, mit einem speziellen Flächenphotometer (Area Scanner) [18], oder mit einem ein- oder zweidimensionalen Empfänger (photographische Platte, CCD) durchgeführt werden.

10.7 Bau oder Erwerb von Empfängern und Auswertegeräten

Der an der astronomischen Photometrie interessierte Amateur hat viele Möglichkeiten, sein Hobby zu realisieren; entweder er macht Schätzungen mit dem Auge in Verbindung mit einem kleineren oder größeren Teleskop, oder er führt lichtelektrische Beobachtungen durch. Mittlerweile gibt es eine ganze Reihe von kommerziell erhältlichen Photometern, Pläne zum Selbstbau, Bausätze, überdies Vereinigungen, die Informationen über den Bau, Betrieb und den sinnvollen astronomischen Einsatz von Photometern und photometrischen Teleskopen verbreiten.

Hier ist an allererster Stelle die International Amateur-Professional Photoelectric Photometry Association (I.A.P.P.P.) zu nennen, die Bücher, Konferenzberichte und Zirkulare über alle Aspekte astronomischer Photometrie herausgibt. Die Mitgliedschaft kostet $ 15 im Jahr; das Publikationsorgan sind die I.A.P.P.P. Communications (Subskriptionen: R. C. Reisenweber, Rolling Ridge Observatory, 3621 Ridge Parkway, Erie, PA 16510, USA; Herausgeber: Dr. D. S. Hall, Dyer Observatory, Vanderbilt University, Nashville, Tennessee 37235, USA).

10.7.1 Hinweise zum Erwerb von Photometern

Folgende Photometer sind kommerziell erhältlich:

Optec Solid-State-Photometer SSP-3 (Abb. 23)
Literatur: [60, 61, 62]
Das SSP-3 Photometer benutzt eine PIN-Photodiode als Strahlungsempfänger. Ihre spektrale Empfindlichkeit reicht von etwa 300 nm bis 1100 nm. Die Blauempfindlichkeit ist gering; das Empfindlichkeitsmaximum liegt im Infraroten bei 850 nm.

Über einen Nebenwiderstand (Shunt-Widerstand) von 50 G Ohm wird eine Ausgangsspannung erzeugt, die über einen Analog-Digital-Konverter in eine Frequenz umgewandelt wird. Diese wird von einem im Photometer eingebauten Zähler angezeigt. Durch einen Schieber können Filter (Johnson B-, V-Filter werden serienmäßig mitgeliefert) in den Strahlengang gebracht werden. Die Spannungsversorgung erfolgt durch eine eingebaute Batterie.

Mit einem 30 cm-Teleskop können ohne Schwierigkeiten Sterne vom Blau- bis zum Infrarot-Bereich bis 10^m gemessen werden, im Ultraviolett-Bereich bis 8^m. Die Kosten des Geräts liegen bei etwa 900 $. Die Anschrift des Herstellers ist: Optec, Inc., 199 Smith, Lowell, MI 49331, USA.

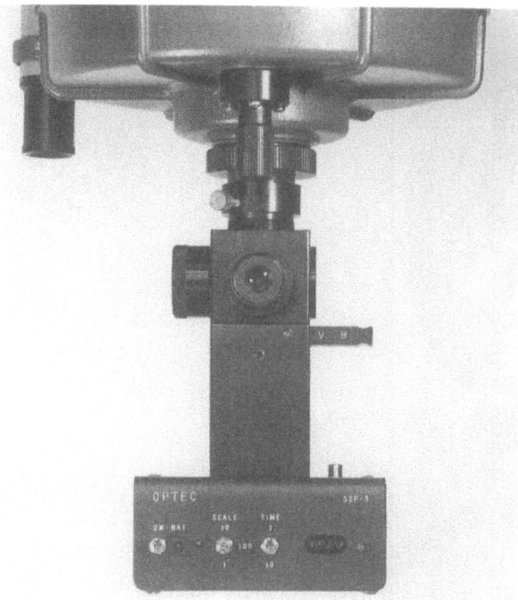

Abb. 23. Das SSP-3 Solid-State Photometer der Optec, Inc. Von oben nach unten sind zu sehen: Okular/Klappspiegel, Filterschieber, darunter das Gehäuse der PIN-Photodiode, im Kästchen darunter Schalter für Verstärkung und Integrationszeit, Digitalanzeige und darüber Ausgang für die Datenerfassung. Mit freundlicher Genehmigung von G. Persha, Optec Inc

EMI GENCOM, Inc. Starlight-1 photonenzählendes Photometer

Literatur: [63]

Dieses Gerät ist ein komplettes photonenzählendes Photometer mit einer EMI 9924A PMT, Spannungsversorgung, Pulsverstärker und -Diskriminator, 10 MHz-Zähler mit Analog- und Digitalausgang und einem Blendenrad und einem Satz von UBV-Filtern.

HPO-Photometer (Abb. 24)

Literatur: [64]

Das Hopkins-Phoenix Observatory (J. L. Hopkins, Hopkins Phoenix Observatory, 7812 West Clayton Drive, Phoenix, Arizona 85033, USA) liefert Bauteile für ein kompaktes photonenzählendes Photometer für kleinere Teleskope. Mr. Hopkins berät auch beim Eigenbau von Photometern.

Ein Bauplan für ein lichtelektrisches Photometer findet sich bei:

A. Schnitzer, Lichtelektrische Photometrie veränderlicher Sterne für Astro-Amateure. Eine Bau-Anleitung mit Maßzeichnungen, Schaltschemen und Beschreibungen zur Herstellung einer bewährten Lichtmeßeinrichtung. Zu beziehen über: Berliner Arbeitsgemeinschaft für Veränderliche Sterne (BAV), Geschäftsstelle, Munsterdamm 90, 1000 Berlin 41. Bausätze werden von Zeit zu Zeit in begrenzten Serien aufgelegt, zuletzt von der Photometergruppe Hannover.

Abb. 24. Das Hopkins-Phoenix-Observatory PEPH-101 Photometer, ein selbstgebautes pulszählendes Photometer, hier in Verbindung mit einem Celestron C-8 Teleskop. Mit freundlicher Genehmigung von J. L. Hopkins, Hopkins Phoenix Observatory

10.7.2 Hinweise zum Bau von Photometern

Für Bastler liefern die Bücher von Hall und Genet [65] und von Henden und Kaitchuck (1982) sowie Beiträge in den meisten anderen im Anhang erwähnten Werken genügend Informationen zum Selbstbau des Photometerkopfs, der Elektronik (Pulsverstärker und -former) und der Datenerfassung. Es sei hier nur auf die prinzipiellen Punkte eingegangen.

An Hand des Schnitzerschen Photometers (Abb. 25) ist es leicht, sich den allgemeinen Aufbau eines solchen Meßgeräts zu veranschaulichen.

Im allgemeinen besteht das Photometer, das nahe der Fokalebene des Teleskops angebracht wird, aus einer optischen Einrichtung zur Betrachtung des Sternfeldes, einschließlich eines Fadenkreuzes zum Zentrieren des zu messenden Objekts, zumeist mit Hilfe eines Klappspiegels. Wird der Spiegel zur Seite gekippt, fällt das Licht des zu messenden Sterns durch eine Blende, ein Filter und eine Fabry-Linse schließlich auf die lichtempfindliche Zelle, im allgemeinen eine PMT. Der Einbau weiterer Schieber, die den Strahlengang blockieren, zum Beispiel vor dem Photometer und besonders vor der lichtempfindlichen Röhre, ist empfehlenswert, um das Photometer bei Nichtbenutzung vor Staub und hellem Licht zu schützen.

Falls man nicht eine einzige Blende benutzen will, die als eine Bohrung in einem Eingangsblech ausgelegt ist, kann man auf einem in eindeutig bestimmten Positionen

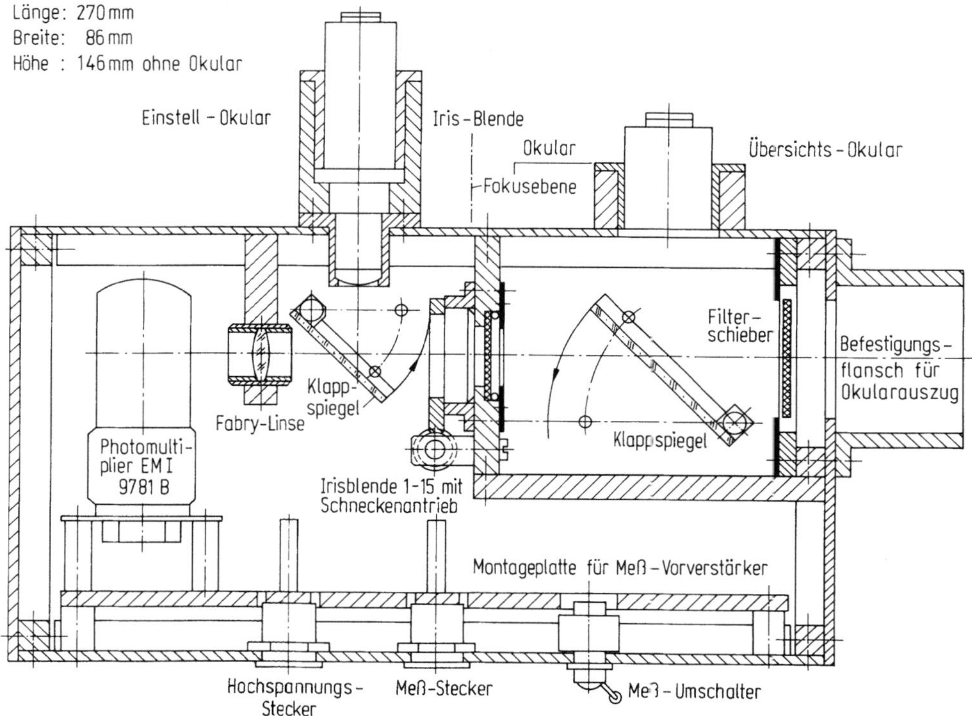

Abb. 25. Schnitt durch das Schnitzer-Photometer (Erläuterungen s. Text)

einrastbaren Schieber Bohrungen mit verschiedenen Durchmessern einbringen. Diese können je nach Brennweite des Teleskops, Güte der Nachführung und mittlerer Bildruhe des Beobachtungsorts angelegt sein; Durchmesser von 20, 30 und 40 Bogensekunden am Himmel sind sicherlich eine gute Wahl. Es gilt näherungsweise:

$$\text{Blendendurchmesser } d \text{ (mm)} = \frac{\text{Blendendurchmesser } d'' \, ('')}{206\,265} \times \text{Brennweite } f \text{ (mm)} \tag{37}$$

Die Fabry-Linse hat die Aufgabe, das Objektiv des Teleskops auf die Empfängerfläche (im allgemeinen die Kathode der PMT) abzubilden. Das Sternbild bildet so einen gleichförmig beleuchteten Fleck auf der Kathode.

Im Fernrohr ist der Hauptspiegel oder das Objektiv die „Eintrittspupille". Um die Helligkeit des Himmelshintergrunds zu reduzieren, wird das Gesichtsfeld des Photometerempfängers durch die Blende limitiert, die sich in der Brennebene des Objektivs befindet. Wird eine Linse hinter diese Blende gesetzt, ist die Austrittspupille des optischen Systems das Bild des Objektivs, das durch diese Blende gebildet wird. Jeder Strahl, der durch die Eingangspupille fällt, passiert den dazu gehörigen Punkt in der Austrittspupille; ein Detektor in der Austrittspupille „sieht" einen von der Bildbewegung nicht beeinflußten Lichtfleck.

Die geometrischen Beziehungen sind in Abbildung 26 gezeigt und sind durch die Beziehungen

$$\frac{1}{F} = \frac{1}{s_1} + \frac{1}{s_2} \tag{38}$$

und

$$\frac{b}{D} = \frac{s_2}{s_1} \tag{39}$$

gegeben. D ist der Objektivdurchmesser, F die Brennweite der Fabry-Linse, b der Durchmesser des Flecks auf dem Empfänger ($=$ Austrittspupille), s_1 ist die Entfernung Objektiv–Fabry-Linse, s_2 ist die Entfernung Fabry-Linse–Empfänger. Im allgemei-

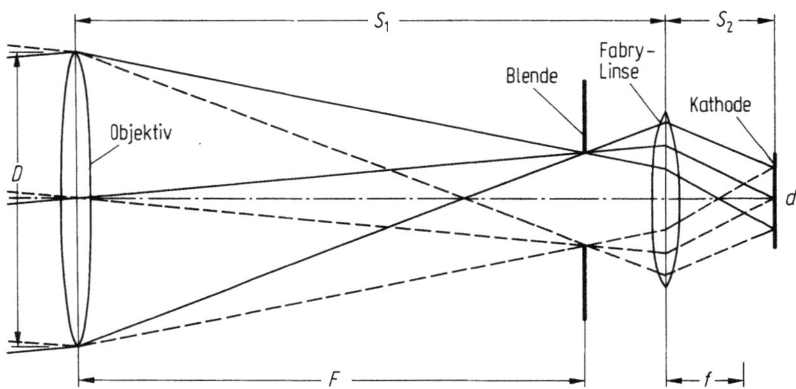

Abb. 26. Zur Konfiguration der Fabry-Linse (Erläuterungen s. Text)

nen befindet sich die Fabry-Linse nahe der Meßblende, und es gilt $b/D \ll 1$. Damit ist $s_1 \approx f$ und $s_2 \approx F$. Näherungsweise gilt

$$F = b\,\frac{f}{D} \tag{40}$$

für die Brennweite der Fabry-Linse.

Bei der Anschaffung einer solchen Linse sollte auf UV-Transparenz geachtet werden (Quarzlinse verwenden). Um die Funktion einer solchen Linse zu testen, sollte man einen hellen Stern über eine große Meßblende bewegen und die Registrierung prüfen; sie sollte ein gut ausgeprägtes Plateau aufweisen [65, S. 5–24, und 66].

Das Ausgangssignal der PMT kann auf verschiedene Weise weiterverarbeitet werden:

1. in einem Stromverstärker; Datenausgabe auf einem Papierstreifenschreiber.
   Der Verstärker (Elektrometer) sollte von guter Qualität sein. Bauanleitungen wurden von Henden und Kaitchuck [8], S. 184, und bei Oliver [67] gegeben. Der Papierstreifenschreiber ist recht kostspielig, so daß diese Art der Datenerfassung, vor allem auch wegen der späteren zeitraubenden Reduktionsarbeit (Ausmessen von Papierstreifen und gegebenenfalls Eintippen der Zahlen in einen Rechner) etwas aus der Mode gekommen ist.
2. in einem Stromverstärker und einem Spannungs-Frequenz-Wandler; Datenausgabe auf einem Zähler.
   Näheres bei Henden und Kaitchuck [8], S. 195, und bei Oliver [68].
3. in einem Impulsverstärker und -former; Datenausgabe auf einem Zähler.
   Diese Methode wird in der professionellen Astronomie fast ausschließlich verwendet und findet auch in der Amateurastronomie immer mehr Verbreitung. Bauhinweise finden sich bei Henden und Kaitchuck [8], S. 167, bei Hall und Genet [65], bei Hopkins [64] und bei Simons [69].

Je nach verwendeter Elektronik weisen pulszählende Photometer bei hellen Sternen und hohen Zählraten Zählverluste auf. Für eine solche Anlage muß die „Totzeit" bestimmt werden, das heißt die Zeit, in der ein zweiter registrierter Impuls von einem vorhergehenden nicht mehr aufgelöst und als separates Ereignis gezählt worden ist. Man mißt die Zählrate n (Ereignisse/s), und die wahre Zählrate N ist N (Ereignisse/s). Es gilt:

$$n = N\,\mathrm{e}^{-tN}, \tag{41}$$

wobei t die Totzeit ist.

Die Totzeit wird oft durch die Verwendung eines Graufilters bestimmt, das man in den Strahlengang bringen kann und das die Strahlung um den Faktor $1/b$ abschwächt. Mißt man verschiedene Objekte unterschiedlicher Helligkeit mit und ohne Filter, erhält man die beobachteten Zählraten n_F und n_0. Ein Vergleich der beobachteten Zählrate n_0 mit $b \cdot n_F$ liefert ein Maß für die Totzeit. Ein Diagramm von $\log(b \cdot n_F/n_0)$ als Funktion von $b \cdot n_F$ liefert eine Gerade mit der Steigung t. Man kann mit der oben angegebenen Formel iterativ die wahre Zählrate N bestimmen.

Weitere Informationen finden sich in [8] und [70].

Der Aktivität auf dem Gebiet der Photometrie sind keine Grenzen gesetzt. Vielleicht mag ein Beobachter im nicht allzu guten mitteleuropäischen Klima am Bau

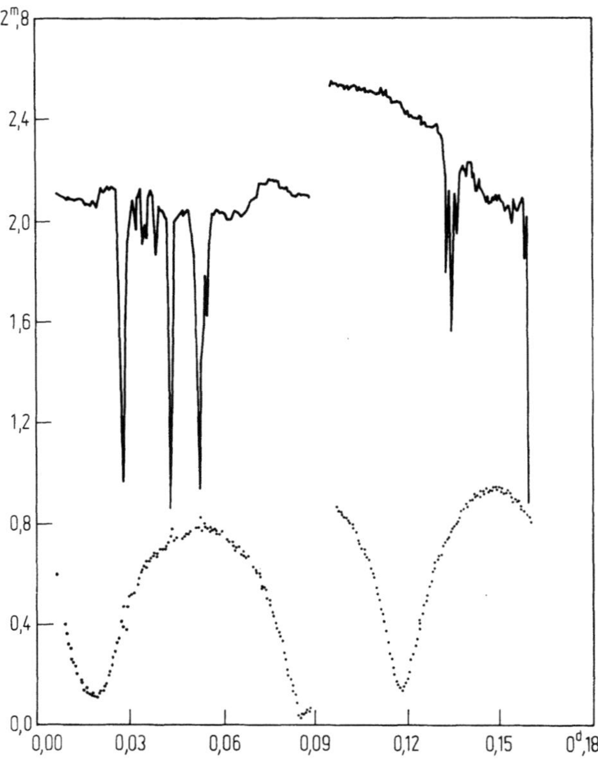

Abb. 27. Wirkungsweise des Zweikanalphotometers am 1 m-Teleskop der Sternwarte Hoher List. Die oberen Lichtkurven zeigen die Helligkeitsfluktuationen des im ersten Kanal gemessenen Vergleichsterns, die durch vorüberziehende Wolken und Dunst verursacht wurden. Da der im zweiten Kanal gemessene Veränderliche praktische den gleichen Durchsichtsschwankungen unterworfen ist, ergeben die differentiellen Helligkeiten eine Lichtkurve, die durch die widrigen Beobachtungsbedingungen praktisch nicht beeinflußt ist (unten). Die Einheit der Helligkeitsskala beträgt $0\overset{m}{.}2$

eines Zweikanalphotometers interessiert sein, das einen Veränderlichen und einen Vergleichstern simultan mißt und somit Transparenzschwankungen der Atmosphäre gut zu kompensieren vermag (Abb. 27). Oder er plant vielleicht ein automatisches Teleskop mit Photometer, das im Laufe einer Nacht ein Beobachtungsprogramm ohne die Hilfe eines anwesenden Astronomen abarbeitet (Abb. 28, [71]). Ein Blick in die aktuellen Zeitschriften genügt, um zu sehen, was in der Amateurastronomie gerade in Mode ist. Aber man sollte neben der Weiterentwicklung des Instrumentariums nicht das Beobachten vergessen – die Beobachtungsergebnisse sind es, die ihre Bedeutung im Lauf der Zeit nie verlieren werden.

Abb. 28. Der Weg in die Zukunft: Die Amateurastronomen L. J. Boyd und R. M. Genet haben völlig automatisierte photoelektrische Teleskope (APTs) entwickelt. Drei Teleskope dieser Art, die lichtelektrische Beobachtungen von Sternen des Sonnentyps, von RS CVn-Doppelsternen und anderen Veränderlichen durchführen, sind auf dem Mt. Hopkins in Süd-Arizona aufgestellt. Mit freundlicher Genehmigung von R. M. Genet, Fairborn Observatory

10.8 Literatur

1 Tüg, H., White, N. M.. Lockwood, G. W.: Absolute Energy Distributions of α Lyrae and 109 Virginis from 3295 Å to 9040 Å. Astron. Astrophys. *61*, 679 (1977)

2 Schnapf, J. L., Baylor, D. A.: How photoreceptor cells respond to light. Scientific American *256*, Nr. 4 (April 1987), 32

3 Hecht, S., Shlaer, S., Pirenne, M. H.: Energy, quanta, and vision. J. Gen. Physiol. *25*, 819 (1942)

4 Lukas, R.: Was kann man visuell noch beobachten? Sterne und Weltraum *22*, 424 (1983)

5 Seitter, W. C., Budell, R.: Kurze Einführung in die astronomische Photographie. Mitteilungen der Astronomischen Gesellschaft *62*, 162 (1984)

6 James, T. H.: The Theory of the Photographic Process, 4th ed. New York: Macmillan, 1977

7 Furenlid, I.: „Signal-to-Noise of Photographic Emulsions", in: Modern Techniques in Astronomical Photography, ed. by West, R. M., Heudier, J. L. (Geneva, ESO Proceedings, 1978) p. 153

8 Henden, A. A., Kaitchuck, R. H.: Astronomical Photometry. New York: Van Nostrand 1982

9 Lallemand, A.: „Photomultipliers", in: Astronomical Techniques, Stars and Stellar Systems Vol. 2, ed. by Hiltner, W. A., Chicago The University of Chicago Press 1962, p. 126

10 Johnson, H. L.: „Photoelectric Photometers and Amplifiers". in: Astronomical Techniques, Stars and Stellar Systems Vol. 2, ed. by Hiltner, W. A., Chicago: The University of Chicago Press, 1962, p. 157

11 Young, A. T.: „Photomultipliers: Their Cause and Cure", in: Methods of Experimental Physics: Astrophysics, Vol. 12 A, ed. by Carleton, N., New York: Academic 1974, p. 1

12 Wolpert, R. C., Hall, D. S., Reisenweber, R. C.: IAPPP Communication No. 14, Special I.R. & Solid-State Photometry Issue, December 1983

13 Kristian, J., Blouke, M.: Charge-coupled devices in astronomy. Scientific American *247*, No. 4, 48 (Oktober 1982)

14 Mackay, C. D.: „Charge-coupled devices in astronomy", in: Annual Review of Astronomy and Astrophysics 24. Palo Alto: Annual Reviews Inc. 1986, p. 255

15 Harris, C.: Silicon eye: a CCD imaging system. Sky and Telescope *71*, 407 (April 1986)

16 Buil, C.: A charge-coupled device for amateurs. Sky and Telescope *69*, 71 (January 1985)

17 Bickel, W.: Ein CCD-Versuch. Sterne und Weltraum *25*, 40 (1986)

18 Guinan, E. F., McCook, G. P., McMullin, J. P.: „Acquisition, Reduction and Standardisation of Photoelectric Observations", in: The Study of Variable Stars Using Small Telescopes, ed. by Percy, J. R., Cambridge: Cambridge University Press 1986, p. 79

19 Straizys, V.: Multicolor Stellar Photometry (russ. mit engl. Kurzfassung). Vilnius: Mokslas Publishers 1977

20 Jahn, W.: „Die Photometrie von Fixsternen und Planeten", in: Handbuch für Sternfreunde, 2. Aufl., Hsgr. Roth, G. D., Berlin, Heidelberg: Springer 1967, S. 374

21 Mayall, M. W.: Manual for Observing Variable Stars, Rev. Ed. Cambridge, MA, USA: American Association of Variable Star Observers 1970

22 Hübscher, J.; Braune, W., Fernandes, M., Broemme, A.: Einführung in die visuelle Beobachtung veränderlicher Sterne, 2. Aufl. Berlin: Berliner Arbeitsgemeinschaft für Veränderliche Sterne 1983

23 Hoffmeister, C.: Veränderliche Sterne, 2. Aufl. Berlin, Heidelberg: Springer 1984

24 Mattei, J. A. (Ed.): Observations of Long Period Variables. Cambridge, MA, USA: American Association of Variable Star Observers 1983

25 Hörber, E., van Stephoudt, H., Veldscholten, W.: Photometrische Messungen in der Schule. Sterne und Weltraum *22*, 24 (1983)

26 Evans, D. S.: Photoelectric observing of occultations – II. Sky and Telescope *54*, 289 (October 1977)

27 Chen, P. C.: „Portable High Speed Photometer Project", in: Solar System Photometry Handbook, ed. by Genet, R. M., Richmond, VA: Willmann-Bell 1983, p. 10-1

28 Rakos, K. D.: Photoelectric area scanner. Appl. Opt. *4*, Nr. 11, 1453 (1965)

29 Fritze, K.: Untersuchungen zur lichtelektrischen Photometrie enger Doppelsterne. Veröffentlichungen der Sternwarte Berlin-Babelsberg *14*, Heft 5 (1963)

30 Smak, J.: CE Cas a, CE Cas b, and CF Cas in NGC 7790. Acta Astronomica *16*, 11 (1966)

31 Ghedini, S.: Software for Photoelectric Photometry. Richmond, VA: Willmann-Bell 1982

32 Vehrenberg, H., Brun, A.: Atlas of the Harvard-Groningen Selected Areas. Düsseldorf: Treugesell-Verlag 1965

33 Becker, W.: Astronomische Übungsgeräte. Sterne und Weltraum *12*, 145 (1973)

34 Peelen, R.: Image processing with an Apple computer. Sky and Telescope *67*, 177 (February 1984)

35 Dohnke: Der Commodore C-64 als Registrierphotometer. Sterne und Weltraum *25*, 478 (1986)

36 Kwee, K. K., van Woerden, H.: A method for computing accurately the epoch of minimum of an eclipsing variable. Bulletin of the Astronomical Institutes of the Netherlands *12*, 327 (1956)

37 Fullerton, A. W.: „Searching for Periodicity in Astronomical Data" in: The Study of Variable Stars Using Small Telescopes, ed. by Percy, J. R., Cambridge: Cambridge University Press 1986, p. 201

38 Lafler, J., Kinman, T. D.: An RR Lyrae Star survey with the Lick 20-inch astrograph. II. The calculation of RR Lyrae periods by electronic computer. Astrophys. J. Suppl. *11*, 216 (1964)

39 Kholopov, P. N. (Ed.): General Catalogue of Variable Stars, 4th Ed. Moscow: Nauka 1985 ff.

40 Herczeg, T., Frieboes-Condé, H.: The Period of RZ Cassiopeiae. Astron. Astrophys. *30*, 259 (1974)

41 Willson, L. A.: „The (O−C) Diagram – A Useful Tool". in: The Study of Variable Stars Using Small Telescopes, ed. by Percy, J. R., Cambridge: Cambridge University Press 1986, p. 219

42 Lockwood, G. W.: „Photometry of Planets and Satellites", in: Solar System Photometry Handbook, ed. by Genet, R. M., Richmond, VA: Willmann-Bell 1983, p. 2-1

43 Millis, R. L., Thompson, D. T.: UBV photometry of the Galilean satellites. Icarus *26*, 408 (1975)

44 Binzel, R. P.: „Photometry of Asteroids", in: Solar System Photometry Handbook, ed. by Genet, R. M., Richmond, VA: Willmann-Bell 1983, p. 1-1

45 Grossmann, M., Hoffmann, M., Duerbeck, H. W.: Photometric measurements of 216 Kleopatra. The Minor Planet Bulletin *8*, No. 2, 14 (1981)

46 Hedervari, P.: „Lunar Photometry", in: Solar System Photometry Handbook, ed. by Genet, R. M., Richmond, VA: Willmann-Bell 1983, p. 4-1

47 Westfall, J. E.: An invitation to Lunar photometry. I.A.P.P.P. Communication No. 14, 64 (1983)

48 Chapman, G. A.: „Solar Photometry", in: Solar System Photometry Handbook, ed. by Genet, R. M., Richmond, VA: Willmann-Bell 1983, p. 5-1

49 Angione, R. J., Gates, B., Henize, K. G., Roosen, R. G.: The light curve of comet Kohoutek. Icarus *24*, 111 (1975)

50 A'Hearn, M. F.: „Photometry of Comets", in: Solar System Photometry Handbook, ed. by Genet, R. M., Richmond, VA: Willmann-Bell 1983, p. 3-1

51 Millis, R. L.: „Occultations by Planets and Satellites", in: Solar System Photometry Handbook, ed. by Genet, R. M., Richmond, VA: Willmann-Bell 1983, p. 7-1

52 Harris, A. W.: „Asteroid Occultations", in: Solar System Photometry Handbook, ed. by Genet, R. M., Richmond VA: Willmann-Bell 1983, p. 8-1

53 Blow, G. L.: „Lunar Occultations", in: Solar System Photometry Handbook, ed. by Genet, R. M., Richmond, VA: Willmann-Bell 1983, p. 9-1

54 Fernandes, M.: Lichtelektrische Photometrie veränderlicher Sterne. Sterne und Weltraum *22*, 408 (1983)

55 Duerbeck, H. W.: New B, V light curves of SZ Lyncis. Information Bulletin on Variable Stars 1171 (1976)

56 Wing, R. F.: „Observation of Variable Stars in the Infrared", in: The Study of Variable Stars Using Small Telescopes, ed. by Percy, J. R., Cambridge: Cambridge University Press 1986, p. 127

57 Duerbeck, H. W.: The variable light curve of 44 i Boo – observations and implications. Astron. Astrophys. Suppl. *32*, 361 (1978)

58 Wood, F. B., Oliver, J. P., Florkowski, D. R., Koch, R. H.: A finding list for observers of interacting binary stars (5th ed.). Publications of the Department of Astronomy, University of Florida, Vol. I and Publications of the University of Pennsylvania, Astronomical Series XII. Philadelphia: University of Pennsylvania Press 1980

59 Duerbeck, H. W., Rindermann, K., Seitter, W. C.: A UBV light curve of Nova Cygni 1978. Astron. Astrophys. *81*, 157 (1980)

60 Persha, G., Sanders, W.: „The SSP-3 Photometer", in: Advances in Photoelectric Photometry, Vol. I, ed. by Wolpert, R. C., and Genet, R. M., Fairborn, OH: Fairborn Observatory 1983, p. 130

61 Persha, G.: „Photodiode Detectors", in: Photoelectric Photometry of Variable Stars, ed. by Hall, D. S., and Genet, R. M., Fairborn, OH: International Amateur-Professional Photoelectric Photometry 1982, p. 4–26

62 Optec, Inc.: Manual for Model SSP-3 Solid-State Photometer (Lowell, MI, USA: Optec, Inc. 1982/1984); Optec, Inc.: SSP-3 Card User's Manual Rev. 1.0 (Lowell, MI, USA: Optec, Inc. 1987); D. F. Figer: The Automated Photometry Data Reduction Template (Lowell, MI, USA: Optec, Inc.)

63 Wolpert, R. C.: „A Photon-Counting Stellar Photometer", in: Photoelectric Photometry of Variable Stars, ed. by Hall, D. S., and Genet, R. M., Fairborn, OH: International Amateur-Professional Photoelectric Photometry 1982, p. 4–54

64 Hopkins, J. L.: „Low-Speed Equipment", in: Solar System Photometry Handbook, ed. by Genet, R. M., Richmond, VA: Willmann-Bell 1983, p. 6-1

65 Hall, D. S., Genet, R. M.: Photoelectric Photometry of Variable Stars. Fairborn, OH: International Amateur-Professional Photoelectric Photometry 1982

66 Kämper, B.-C.: Zur Funktionsweise der Fabry-Linse. BAV Rundbrief 34, Nr. 1, 28 (1985)

67 Oliver, J. P.: „DC Amplifiers", in: Photoelectric Photometry of Variable Stars, ed. by Hall, D. S., and Genet, R. M., Fairborn, OH: International Amateur-Professional Photoelectric Photometry 1982, p. 5–10

68 Oliver, J. P.: „Voltage-to-Frequency Conversion", in: Photoelectric Photometry of Variable Stars, ed. by Hall, D. S., and Genet, R. M., Fairborn, OH: International Amateur-Professional Photoelectric Photometry 1982, p. 5–21

69 Simons, D.: A lightweight pulse-counting photometer. Sky and Telescope *72*, 295 (September 1986)
70 Africano, J., Quigley, R.: Deadtime. Journal of the American Association of Variable Star Observers *6*, No. 1, 53 (1977)
71 Hall, D. S., Genet, R. M., Thurston, B. L. (Eds.): Automatic Photoelectric Telescopes (IAPPP Communication No. 25). Mesa, AZ: The Fairborn Press 1986

11 Die irdische Atmosphäre und ihre Wirkung

F. Schmeidler

11.1 Allgemeine Bemerkungen über die Erdatmosphäre

Die Atmosphäre der Erde hat eine Reihe von ungünstigen Auswirkungen auf die astronomischen Beobachtungsmöglichkeiten sowohl des Amateurs als auch des Fachastronomen. In manchen Fällen ist es durch die Hilfsmittel der modernen Technik möglich, sich von diesen Einflüssen teilweise oder ganz frei zu machen, zum Beispiel auf Bergobservatorien oder bei Beobachtungen aus Flugzeugen, Raketen oder Raumflugkörpern. Für den Amateurastronomen kommen solche Möglichkeiten nur in Ausnahmefällen in Frage. Aus diesem Grund müssen alle Wirkungen der Atmosphäre auf astronomische Beobachtungen berücksichtigt werden. Man kann unterscheiden zwischen Einflüssen, die von der Wetterlage abhängen, und solchen, die bei jeder Wetterlage in etwa gleicher Weise vorhanden sind.

Außer Betracht sollen hier die Einflüsse gelassen werden, die die irdische Atmosphäre auf radioastronomische Beobachtungen ausübt. Sie sind zwar durchaus vorhanden und teilweise den Wirkungen der Atmosphäre im optischen Bereich sehr ähnlich, teilweise aber auch völlig verschieden. Sie werden in zusammenhängender Weise im Abschnitt über Radioastronomie (s. Kapitel 5 in diesem Band) behandelt.

11.2 Wetterabhängige Erscheinungen

Von überragender Wichtigkeit ist zunächst die Wetterlage selbst, da es von ihr abhängt, ob eine astronomische Beobachtungsmöglichkeit im optischen Bereich besteht. Bei geschlossener Wolkendecke sind nur radioastronomische Beobachtungen durchführbar. Aber auch bei wolkenlosem beziehungsweise geringfügig bewölktem Himmel wird unter Umständen durch besondere Erscheinungen die astronomische Beobachtung beeinträchtigt oder ganz unmöglich gemacht.

11.2.1 Die Beurteilung der Wetterlage

Die Frage, ob in einer bestimmten Nacht mit der Möglichkeit astronomischer Beobachtungen gerechnet werden kann, hängt in erster Linie von der Wetterlage ab. Leider besteht keine eindeutige Korrelation mit der aus der Wetterkarte ersichtlichen geographischen Verteilung von Hoch- und Tiefdruckgebieten, aber gewisse Anhaltspunkte lassen sich doch angeben, bei denen im Einzelfall allerdings Abweichungen

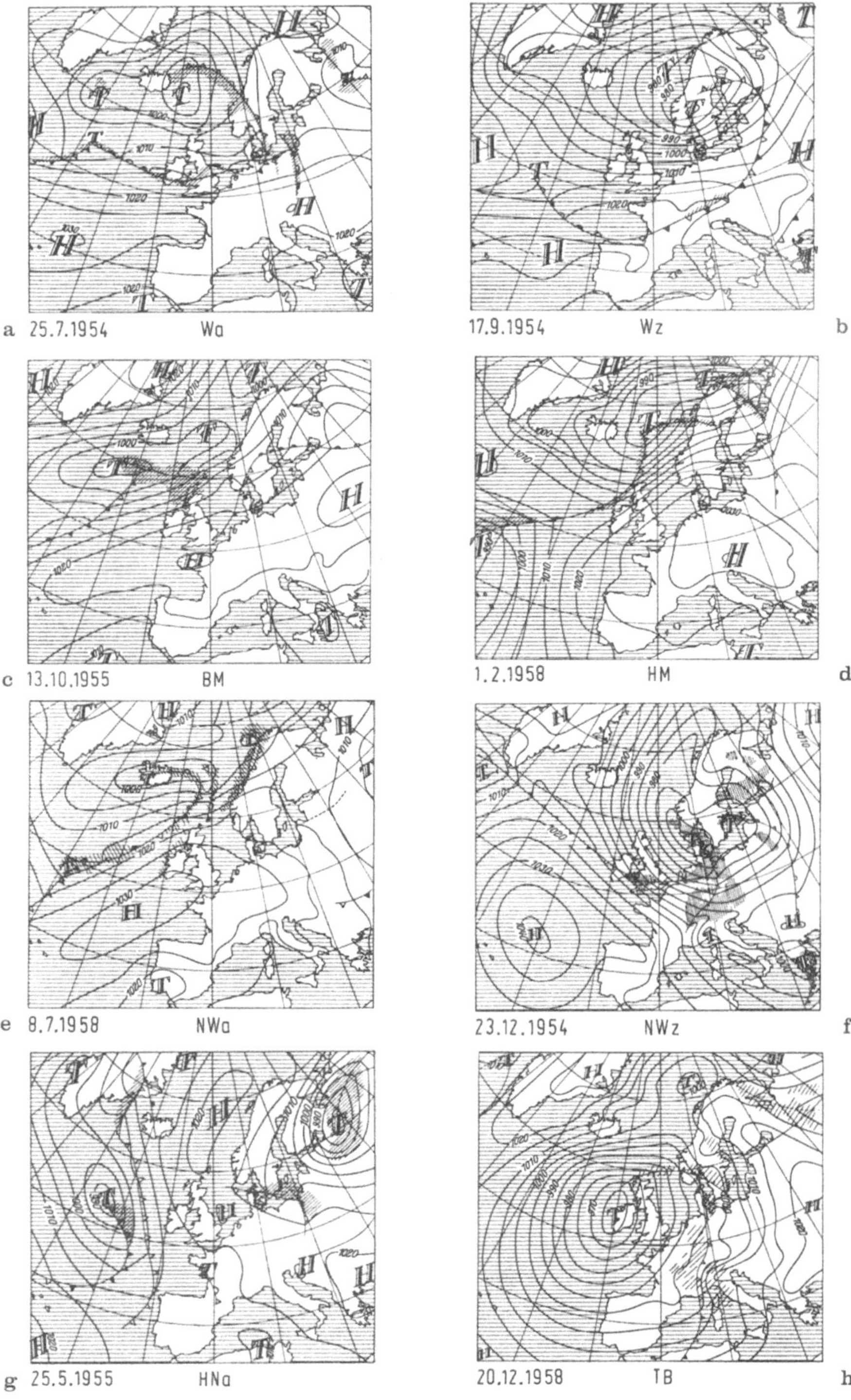

a   25.7.1954   Wa
17.9.1954   Wz   b
c   13.10.1955   BM
1.2.1958   HM   d
e   8.7.1958   NWa
23.12.1954   NWz   f
g   25.5.1955   HNa
20.12.1958   TB   h

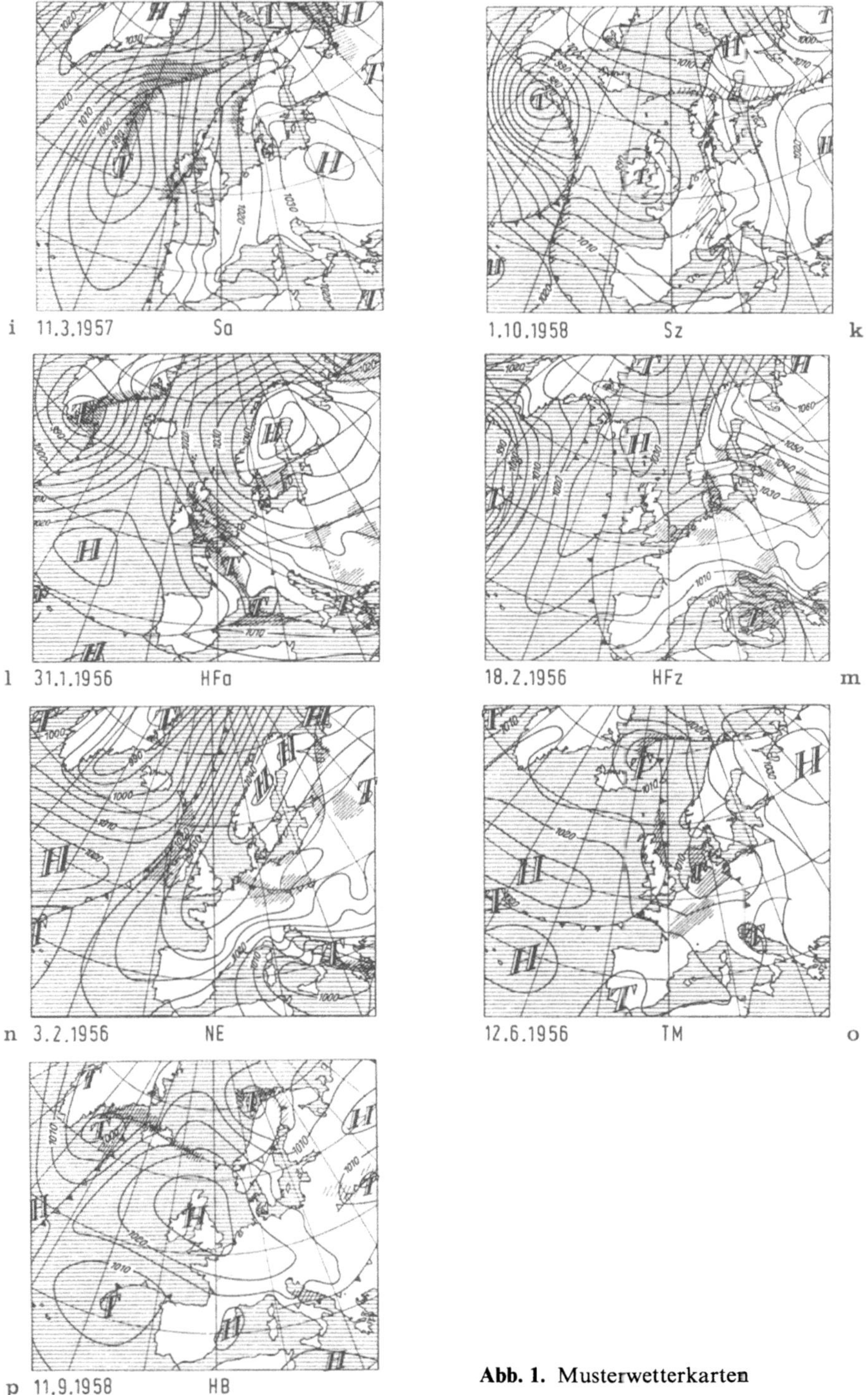

Abb. 1. Musterwetterkarten

möglich sind. Der Deutsche Wetterdienst unterscheidet 18 typische Großwetterlagen
für Mitteleuropa; diese sind:

W	Westwetter
BM	Hochdruckbrücke über Mitteleuropa
HM	Zentralhoch über Mitteleuropa
SW	Südwestlage, Hoch im Südosten, Tief über dem Nordatlantik
NW	Nordwestlage, Hoch über Westeuropa
HN	Hoch über dem Nordmeer
HB	Hoch über den britischen Inseln
N	Nordlage, Hoch über der Nordsee, Tief über Osteuropa
TrM	Trog über Mitteleuropa
TM	abgeschlossenes Tief über Mitteleuropa
TB	abgeschlossenes Tief über den britischen Inseln
TrW	Trog über Westeuropa
S	Südlage, Hoch über Osteuropa, Tief über Westeuropa
SE	Südostlage, Hoch über Osteuropa, Tief über dem Mittelmeer
HF	abgeschlossenes Hoch über Fennoskandien
HNF	abgeschlossenes Hoch über Fennoskandien und dem Nordmeer
NE	Nordostlage, Hochdruckbrücke von den Azoren bis Fennoskandien
Ww	Winkelwestlage.

Die Lagen BM, HM und HB sind in Mitteleuropa stets antizyklonal, die Lagen
TrM, TM, TB, TrW und Ww stets zyklonal, bei allen anderen Lagen kann die Isoba-
renführung über Mitteleuropa entweder zyklonal oder antizyklonal sein; die beiden
Fälle werden durch die angehängten Buchstaben a beziehungsweise z unterschieden,
so daß man in Wirklichkeit 28 verschiedene Wetterlagen vor sich hat. Nähere Einzelheiten können den Veröffentlichungen von P. Hess und H. Brezowsky [1] oder von
G. D. Roth [2] entnommen werden (vgl. Abb. 1 a – p).

Eine statistische Betrachtung zeigt, daß bei keiner dieser Großwetterlagen eine
Garantie für wolkenloses Wetter besteht, daß solches aber auch bei keiner dieser
Lagen a priori ausgeschlossen ist. Am günstigsten sind, wie zu erwarten, die Lagen
HM und BM, am ungünstigsten gewisse zyklonale Lagen wie NWz und SEz. Nach
einer, allerdings nur für München repräsentativen Auszählung des Verfassers könnte
man etwa wie folgt in drei Gruppen unterteilen:

Astronomisch günstig sind:	HM, BM, Wa, HNa, SWz, TB, HB, NEa;
Astronomisch durchschnittlich:	SWa, Na, SEa, HFa, HNFa, TrW, HFz, Ww;
Astronomisch ungünstig sind:	alle übrigen Großwetterlagen.

Dabei sind lokale Unterschiede sehr zu berücksichtigen. Zum Beispiel ist die hohe
Häufigkeit heiteren Wetters in München bei gewissen Westlagen (etwa Wa, SWz oder
TB) zweifellos eine Folge des am Nordrand der Alpen auftretenden Föhns.

Die Verteilung heiterer Nächte auf die verschiedenen Jahreszeiten dürfte in ganz
Deutschland der gleichen Regel folgen, daß im Spätsommer und Herbst die besten und
im frühen Winter die schlechtesten Bedingungen herrschen. Die Gesamtzahl heiterer
Nächte pro Jahr liegt erfahrungsgemäß zwischen 80 und 100, wenn Nächte mit
kurzfristigen Wolkenlücken nicht mitgerechnet werden; dabei sind im allgemeinen die
Bedingungen im norddeutschen Küstengebiet etwas schlechter und in Südwest-
deutschland etwas besser.

11.2.2 Luftunruhe und Szintillation

Auch bei völlig heiterem Himmel herrscht ein gewisses Maß an Luftunruhe, welche ein Zittern der Bilder im Fernrohr bewirkt; die Unruhe kann so stark sein, daß sie bei hellen Sternen auch dem unbewaffneten Auge auffällt. Ihre Ursache sind kleine lokale Unterschiede der Dichte und Temperatur in der Atmosphäre, denen Unterschiede des Brechungsindex entsprechen; wenn noch dazu lebhafte Luftbewegung herrscht, ist die Erscheinung rasch veränderlich und gibt zu stark flimmernden Bildern Anlaß. Prinzipiell handelt es sich um den gleichen Vorgang, den man an heißen Sommertagen über dem Erdboden, besonders stark über erhitztem Asphalt, beobachtet. In Einzelheiten sind die optischen Ursachen in dem Buch von G. Dietze [3] beschrieben.

Die Luftunruhe wirkt sich einerseits als Ortsveränderung und andererseits als Helligkeitsveränderung der Sterne aus. Man unterscheidet deswegen oft zwischen Richtungsszintillation und Helligkeitsszintillation; weit verbreitet ist aber auch der Sprachgebrauch, daß unter Szintillation allein die durch Luftunruhe bedingten Helligkeitsschwankungen der Sterne verstanden werden. Die Richtungsszintillation kann sich ihrerseits wieder entweder als Schwankung des Sterns als Ganzes um eine mittlere Lage oder durch diffuses Aussehen des im ganzen ruhigen Bildes äußern. Nach manchen Autoren soll bei kleinen Objektivöffnungen die Ortsschwankung, bei großen Öffnungen die Diffusität vorherrschen, doch werden diese Angaben nicht von allen Beobachtern bestätigt. Im ganzen sind die gemachten Erfahrungen so unterschiedlich, daß man sie kaum auf einen gemeinsamen Nenner bringen kann.

Wie stark die Luftunruhe astronomische Beobachtungen behindert, hängt vom *Beobachtungszweck* ab. Am stärksten werden visuelle Ortsmessungen (astrometrische Beobachtungen) betroffen, zum Beispiel Messungen von Positionswinkel und Distanz enger Doppelsterne; auch Beobachtungen von Details auf Planetenoberflächen sind gegen Luftunruhe sehr empfindlich. Es gibt Nächte, in denen Beobachtungen dieser Art völlig zwecklos sind. Etwas weniger kritisch ist die Sache bei photometrischen Beobachtungen, und bei photographischen Himmelsaufnahmen ist die Luftunruhe nur dann störend, wenn mit einigermaßen langer Brennweite (mindestens zwei Meter) gearbeitet wird. Wenn allerdings, wie es bei Aufnahmen von Sonne, Mond oder Planeten unbedingt notwendig ist, mit langer Brennweite oder zusätzlicher Vergrößerung gearbeitet werden muß, ist die Luftunruhe die gefährlichste Störungsquelle für die astronomische Photographie. Praktisch ohne jeden störenden Einfluß ist die Szintillation bei Beobachtungen ohne Fernrohr (z. B. Meteore, Zodiakallicht u. a.).

Die Stärke der Luftunruhe hängt von den verschiedensten äußeren Umständen ab. Zunächst ist sie selbstverständlich in Horizontnähe größer als im Zenit, aber selbst diese an sich triviale Regel ist nicht immer erfüllt; es gibt Nächte, in denen die Luftunruhe vom Zenit zum Horizont nur wenig oder überhaupt nicht zunimmt, und Nächte, in denen diese Zunahme erheblich ist. Eindeutige Kriterien, wann der eine und wann der andere Fall eintritt, sind bisher nicht bekannt.

Im statistischen Durchschnitt besteht eine starke Abhängigkeit der Luftunruhe von der Tageszeit. Daß sie in der Mittagsstunde am größten ist, versteht sich von selbst, ebenso das beobachtete Minimum der Szintillation vor Sonnenaufgang und nach Sonnenuntergang. Weniger erwarten würde man aber die Tatsache, daß nach übereinstimmenden Erfahrungen zahlreicher Beobachter ein sekundäres Maximum der Luftunruhe *um Mitternacht*, manchmal etwas früher und manchmal etwas später, eintritt. Es ist verursacht durch ein entsprechendes sekundäres Maximum der atmosphärischen Turbulenz um Mitternacht, das aus den physikalischen Gesetzen des Massenaustausches in der Atmosphäre folgt. So zeigt die regelmäßige Erfahrung des visuellen Beobachters, daß in den Stunden nach Sonnenuntergang zunächst die Bildqualität im Fernrohr langsam besser wird, dann aber ein bis zwei Stunden vor Mitternacht wieder nachläßt.

Von diesen mittleren Verhältnissen kann der Einzelfall erheblich abweichen. Wie immer bei meteorologischen Problemen dieser Art gibt es keine festen Regeln, sondern nur Anhaltspunkte, wann man mit günstigen und wann mit ungünstigen Verhältnissen zu rechnen hat. In der Regel verursacht Wind, selbst wenn er nur schwach ist, eine erhebliche Verstärkung der Luftunruhe, aber selbst von dieser anschaulich unmittelbar einleuchtenden Korrelation gibt es häufig Ausnahmen. Hohe Luftfeuchtigkeit hat fast immer einen bildverbessernden Einfluß, der so weit geht, daß man bei Beobachtungen durch *Nebel* häufig sehr gute Bildruhe hat, sofern man den Stern überhaupt noch sieht.

Die Variation der Luftunruhe mit der Jahreszeit scheint lokal sehr verschieden zu sein. Beobachter im norddeutschen Raum berichten, daß die besten Bildqualitäten in den Frühjahrsmonaten auftreten; demgegenüber ist in München die Erfahrung gemacht worden, daß in den Monaten August, September und Oktober die geringste Luftunruhe eintritt. Die Gründe dieser Unterschiede sind noch ungeklärt.

Die in Abschnitt 11.2.1 erwähnten Großwetterlagen zeigen eine, allerdings sehr schwache Korrelation mit der Szintillation. Sie besagt in Kürze, daß die antizyklonalen Wetterlagen günstiger sind als die zyklonalen. Statistisch gesehen sind am günstigsten die Hochdrucklagen BM und HM, letztere allerdings mit bemerkenswerten Ausnahmen, die zu Beginn und gegen Ende einer längerdauernden Hochdrucklage eintreten. Im ganzen gilt die leicht verständliche Faustregel, daß die astronomische Bildbeschaffenheit um so günstiger ist, je stabiler der großräumige Zustand der Atmosphäre ist. Darüber hinaus können lokale Einflüsse mikroklimatischer Art (Stadtklima oder Waldnähe!) zusätzliche Einflüsse verursachen, die das Bild völlig verändern.

Im ganzen ist die Gesamtheit aller Umstände, von denen die Bildqualität eines bestimmten Abends abhängt, so komplex, daß man nur mit sehr großer *lokaler Erfahrung* in mehr als 50 % aller Fälle eine leidlich richtige Prognose treffen kann.

11.2.3 Halos, Regenbögen und ähnliche Erscheinungen

Die in diesem Abschnitt behandelten Erscheinungen sind nicht eigentlich astronomischer Natur, fallen aber aus verständlichen Gründen dem astronomischen Beobachter so oft auf, daß eine kurze Beschreibung der wesentlichen Tatsachen über sie angebracht erscheint. Ein Halo ist eine (meist) ringförmige Lichterscheinung um eine helle Lichtquelle, etwa um Sonne oder Mond; seine Entstehung verdankt er der Brechung oder Spiegelung des Lichts an atmosphärischen Eiskristallen. Nur wenn solche in irgendeiner Höhe in der Atmosphäre vorhanden sind, kann ein Halo zustandekommen; die Erscheinung ist also an bestimmte Wetterlagen gebunden.

Je nach Art, Verteilung und geometrischer Gestalt der Eiskristalle gibt es die verschiedensten Halos; außerdem muß auch ihre Anordnung eine Vorzugsrichtung aufweisen, weil bei gleicher Häufigkeit aller möglichen Achsenrichtungen das Licht nach allen Richtungen gleichmäßig verteilt wird und überhaupt keine spezifische Leuchterscheinung auftreten kann.

Relativ am häufigsten tritt als Halo ein schwach leuchtender Ring im Abstand von 22° um die Sonne (bzw. den Mond) auf, dessen Innenrand deutlich rote Farbe hat. Statt dessen kann auch der sogenannte große Ring mit einem Radius von 46° auftreten. Der sogenannte Horizontalkreis geht parallel zum Horizont durch die Sonne; da wo er den eigentlichen Halo schneidet, treten manchmal besonders helle Lichtflecke, die sogenannten Nebensonnen auf.

Eine physikalische Erklärung der verschiedenen Erscheinungen kann hier nicht gegeben werden. Sie ist in dem oben schon erwähnten Buch von G. Dietze [3] in Einzelheiten zu finden. Auch der Artikel von Ch. Leinert [6] gibt viele aufschlußreiche Hinweise. Zu erwähnen ist noch, daß die für die Entstehung von Halos aller Art erforderliche Existenz von Eiskristallen in der Atmosphäre sich meist durch Cirruswolken anzeigt und daß man deshalb die Halos am häufigsten bei solcher Bewölkung sieht.

Im Gegensatz zu den Halos ist die Erscheinung des Regenbogens auch dem breiten Publikum bekannt. Er beruht auf ähnlichen optischen Ursachen wie die Halos, nur wird die Lichtbrechung durch Wassertropfen statt durch Eiskristalle verursacht. Da bei flüssigem Wasser nur eine einzige symmetrische Gestalt, nämlich die Kugelgestalt möglich ist, gibt es beim Regenbogen auch nicht die verwirrende Mannigfaltigkeit von äußeren Erscheinungen, sondern nur zwei Formen; der Hauptregenbogen umgibt den Gegenpunkt der Sonne in einem Winkelabstand von 42°, während bei dem sehr seltenen Nebenregenbogen dieser Winkelabstand gleich 51° ist. Am besten sind beide zu sehen, wenn die Sonne am Horizont steht.

Die Farberscheinungen bei den Regenbögen sind auffällig und haben die sprichwörtliche Redewendung von den „sieben Regenbogenfarben" hervorgerufen. Beim Hauptbogen liegt Rot außen und Violett innen, beim Nebenbogen ist es umgekehrt. An beide Bögen schließen sich gelegentlich schwache sekundäre Bögen an.

Natürlich treten Regenbögen nur dann auf, wenn Wassertropfen in der Atmosphäre von Sonne oder Mond beschienen werden. Das ist zum Beispiel dann der Fall, wenn bei Regen ein kleines Gebiet an der Himmelskugel, in dem die Sonne steht, zufällig wolkenfrei ist. Man kann aber auch Regenbögen sehen, wenn man bei völlig wolkenlosem Himmel in der Nähe einer stark sprühenden Wasserfontäne (Springbrunnen!) steht. Die durch Mondlicht verursachten Regenbögen sind meist farblos, weil bei ihrer geringen Helligkeit das menschliche Auge nicht imstande ist, die an sich vorhandenen Farben zu erkennen.

Schließlich treten unter geeigneten Bedingungen hinsichtlich Art, Verteilung und Dichte der Wolken Lichthöfe (Kränze) und Glorien durch Sonne und Mond auf; letztere sind farbige Ringe kleinen Durchmessers um den Gegenpunkt der Sonne. Wegen näherer Einzelheiten muß wiederum auf das Buch von Dietze [3] verwiesen werden; interessante Informationen über alle in diesem Abschnitt beschriebenen Erscheinungen geben auch die Artikel von B. Albers [4] und Ch. Leinert [5]. Siehe auch Kapitel 10 in Band 2 dieses Handbuches.

11.3 Stets vorhandene Erscheinungen

Im Gegensatz zu den bisher behandelten wetterabhängigen Erscheinungen gibt es eine Reihe von atmosphärischen Einflüssen, die bei jeder beliebigen Wetterlage und insbesondere bei völlig heiterem Himmel stets vorhanden sind. Ihre Wirksamkeit muß also bei astronomischen Beobachtungen in jedem Fall berücksichtigt werden, sofern es die Natur der Sache erfordert.

11.3.1 Die Refraktion

Wie jedes physikalische Medium hat auch die atmosphärische Luft einen Brechungsindex, so daß Lichtstrahlen in ihr eine gewisse, wenn auch kleine Richtungsänderung erleiden. Naturgemäß spielt diese Erscheinung nur da eine Rolle, wo die Richtung, aus der das Licht kommt, das heißt der Ort eines Himmelskörpers an der Sphäre wesentlich ist. Der Betrag der Refraktion, welche stets eine scheinbare Hebung der Lichtquelle nach sich zieht, hängt ab von der Höhe (bzw. Zenitdistanz) des Objekts und von der Farbe des Lichts. Die Tatsache, daß zwei am Himmel benachbarte Objekte infolge ihres geringen Unterschieds an Zenitdistanz eine verschieden große Refraktion erleiden, bezeichnet man als *differentielle Refraktion*; die Tatsache, daß das Licht einer Lichtquelle in genügend großer Zenitdistanz infolge der Wellenlängenabhängigkeit des atmosphärischen Brechungskoeffizienten in ein Spektrum auseinandergezogen wird, bezeichnet man als *atmosphärische Dispersion*.

Die allgemeine Refraktion ist selbstverständlich bei Objekten im Zenit gleich Null und nimmt nach dem Horizont hin zu; über das Gesetz dieser Zunahme sind ausführliche Theorien aufgestellt worden. Bis zu 75° Zenitdistanz hängt der Betrag der Refraktion praktisch überhaupt nicht von der Schichtung der Atmosphäre, das heißt dem Gesetz der Abnahme von Dichte und Temperatur mit der Höhe ab (Satz von Oriani und Laplace). Einen für Zwecke des Amateurastronomen ausreichend guten Näherungsausdruck für die Refraktion kann man durch die (selbstverständlich unzutreffende) Annahme gewinnen, daß die irdische Atmosphäre mit konstanter Dichte bis zu einer gewissen oberen Grenze reicht und daß der aus dem Weltenraum kommende Lichtstrahl an dieser Stelle eine einmalige Brechung erleidet. Dann ist die Richtung des Lichtstrahls nach der Brechung gleich der am Boden beobachteten, scheinbaren Zenitdistanz z, während er vor der Brechung gleich $z + R$ war, unter R den Betrag der Refraktion verstanden. Nach dem Brechungsgesetz ist also, wenn μ den Brechungskoeffizienten der atmosphärischen Luft bedeutet,

$$\sin(z + R) = \mu \sin z;$$

da R ein kleiner Winkel ist, kann man $\cos R = 1$ und $\sin R = R$ setzen und findet wegen $\sin(h + R) = \sin z \cos R + \cos z \sin R$

$$R = (\mu - 1)\tan z.$$

Das ist das bekannte Gesetz, daß die Refraktion proportional dem Tangens der Zenitdistanz ist; die Proportionalitätskonstante ist sehr nahe gleich 1', und daraus folgt die Faustregel: Der Betrag der Refraktion in Bogenminuten ist gleich dem $\tan z$.

Erst in großen Zenitdistanzen oder bei Anforderung äußerster Genauigkeit versagt dieses Gesetz. Die genaue Theorie beweist, daß die Refraktion als eine Reihe dargestellt werden kann, die nach ungeraden Potenzen von $\tan z$ fortschreitet. Die ausführlichsten Tafeln für die genaue Berechnung der Refraktion berücksichtigen noch die 13. Potenz des $\tan z$.

Der Betrag der Refraktion hängt außerdem noch von Luftdruck und Lufttemperatur ab, da der Brechungsindex eine Funktion der beiden Größen ist. Bezeichnet man die „mittlere", das heißt bei 0 °C und bei 760 mm Hg = 1013 mb (= millibar) gültige Refraktion mit R_0, dann ist

$$R = \frac{b}{1013} \; \frac{1}{1 + T/273} \; R_0,$$

wenn b der Luftdruck in Millibar und T die Temperatur in Celsiusgraden ist.

Völlig unbrauchbar wird die erwähnte Entwicklung der Refraktion nach ungeraden Potenzen von $\tan z$ in der Nähe des Horizonts, weil dort $\tan z \to \infty$ wird. Die Berechnung der Horizontalrefraktion ist daher ein besonderes Problem jeder Refraktionstheorie, bei dem dann auch die vertikale Schichtung der Atmosphäre eine Rolle spielt. Aus Beobachtungen folgt, daß die Refraktion am Horizont einen Betrag von etwa 34 Bogenminuten hat; ein Stern, der scheinbar gerade untergeht, steht also in Wirklichkeit bereits über einen halben Grad unter dem Horizont.

Eine Wirkung dieser Tatsache ist die Verlängerung des Tages. Anfang und Ende des Tages sind durch Auf- und Untergang des oberen Randes der Sonnenscheibe definiert. Da der scheinbare Radius der Sonne 16′ beträgt, steht also im Augenblick des Sonnenaufgangs der Mittelpunkt der Sonnenscheibe in Wirklichkeit noch 34′ + 16′ = 50′ unter dem Horizont. In Mitteleuropa macht die dadurch bedingte Verlängerung des Tages ungefähr zehn Minuten aus, in polaren Gegenden kann sie wesentlich größer sein.

Ebenfalls eine Folge der Refraktion (und zwar der differentiellen Refraktion) ist die *scheinbar* elliptische Gestalt von Sonne und Mond in Horizontnähe. Da der untere Rand der Scheibe tiefer steht als der obere Rand, erleidet er eine stärkere Hebung durch Refraktion, so daß der scheinbare vertikale Durchmesser der Sonne verkürzt wird. Natürlich tritt die Erscheinung auch bei beliebigem Sonnenstand auf, ist aber nur in Horizontnähe auffällig genug, um vom Auge wahrgenommen zu werden.

Bei extremen atmosphärischen Verhältnissen können starke Verzerrungen der Scheiben von Sonne und Mond auftreten; daß es bei anomaler Refraktion zu Luftspiegelungen und der in der Wüste nicht seltenen Erscheinung einer Fata Morgana kommen kann, sei nur am Rande vermerkt.

11.3.2 Die Extinktion

Die Schwächung (Extinktion) des Lichts der Sterne durch die Erdatmosphäre hat zwei physikalisch ganz verschiedene Ursachen; zum Teil wird das Licht durch die Luftmoleküle absorbiert, das heißt in Wärme verwandelt, und zum Teil wird es aus seiner Richtung abgelenkt, das heißt gestreut. Der gesamte Lichtverlust setzt sich also aus den Anteilen der Absorption und der Streuung zusammen.

Ein Maß für den Betrag der Extinktion gibt der sogenannte *Extinktionskoeffizient*, an dessen Stelle manchmal auch der sogenannte *Transmissionskoeffizient* verwendet wird. Der Extinktionskoeffizient gibt an, welcher Prozentsatz einfallender Strahlung bei senkrechtem Einfall (Stern im Zenit!) absorbiert wird, der Transmissionskoeffizient gibt an, welcher Prozentsatz der Strahlung unten noch ankommt. Beide Größen sind abhängig vom Trübungszustand der Atmosphäre, außerdem in sehr starkem Maß von der Wellenlänge des Lichts. Streng genommen hat sogar die getroffene Definition physikalischen Sinn nur für monochromatisches Licht; man begeht aber nur einen sehr geringen Fehler, wenn man die Extinktion für polychromatisches Licht einfach durch einen über den betreffenden Spektralbereich gebildeten mittleren Extinktions- beziehungsweise Transmissionskoeffizienten beschreibt. Der Transmissionskoeffizient der Atmosphäre ist unter durchschnittlichen atmosphärischen Verhältnissen und wol- kenlosem Himmel etwa gleich 0,8, das heißt ein Stern im Zenit wird um etwa 20 % seiner Helligkeit geschwächt. Dieser Wert gilt aber nur im visuellen Spektralbereich, im photographischen Bereich ist die Extinktion meist um 50 bis 100 % größer und außerdem wesentlich stärker vom atmosphärischen Zustand abhängig. Außerdem hängt die Extinktion noch von der Farbe des Sterns ab.

Selbstverständlich nimmt der Betrag der Extinktion nach dem Horizont hin zu. In sehr guter Näherung ist die Schwächung des Sternlichts proportional dem Secans der Zenitdistanz. Da man eine gemessene Sternhelligkeit meist nicht ganz vom Einfluß der Erdatmosphäre befreit, sondern aus naheliegenden Gründen die Helligkeit angibt, die der Stern im Zenit hätte, hat man für die „Reduktion auf Zenit" den Betrag

$$\Delta m = 2{,}5 \log p \, (\sec z - 1) \quad p = \text{Transmissionskoeffizient}$$

anzubringen; dabei ist der Faktor $- 2{,}5 \log p$ bei visuellen Messungen etwa $0\overset{m}{.}25$ bis $0\overset{m}{.}30$, bei photographischen Messungen etwao $0\overset{m}{.}40$ bis $0\overset{m}{.}60$. Wegen der damit ver- bundenen, nur selten erfaßbaren Schwierigkeiten ist es dringend ratsam, photome- trische Messungen nur in sehr geringen Zenitdistanzen (möglichst unter $30°$) zu ma- chen und außerdem die Messungen stets so anzulegen, daß zwei Sterne möglichst gleicher Zenitdistanz verglichen werden und nur die geringe Extinktionsdifferenz bestimmt werden muß.

Selbstverständlich ist die atmosphärische Extinktion auf hohen Bergen wesentlich geringer. Die gegebenen Zahlen gelten für normale Seehöhen von wenigen hundert Metern; auf Bergstationen kann der Extinktionsbetrag bis auf den zehnten Teil herun- tergehen, muß aber selbstverständlich in jedem Einzelfall eigens bestimmt werden.

Messungen von Arsenijevic [7] haben vor wenigen Jahren ergeben, daß auf der in der Adria gelegenen Insel Hvar der Extinktionskoeffizient erhebliche Schwankungen in verschiedenen Jahreszeiten aufweist. Ob es sich dabei um eine überall gültige oder nur an diesem einen Ort auftretende Erscheinung handelt, ist vorläufig ungeklärt. Jedenfalls besteht Grund, bei photometrischen Messungen regelmäßig den Extink- tionskoeffizienten zu prüfen.

Die Abhängigkeit der Extinktion von der Wellenlänge des Lichts (selektive Extink- tion) ist wichtig für eine Reihe von bekannten Erscheinungen. Ganz allgemein wird kurzwelliges Licht stärker geschwächt als langwelliges. Aus diesem Grund sehen Sonne, Mond und Sterne am Horizont viel röter aus als im Zenit. Eine weitere Folge dieser Tatsache ist die blaue Farbe des Tageshimmels. Sie kommt durch die Streuung des Sonnenlichts am atmosphärischen Staub zustande. Der rote Anteil des direkten

Sonnenlichts wird nur wenig gestreut, der blaue hingegen stark; infolgedessen ist dasjenige Licht, welches Staubteilchen in großer Winkelentfernung von der Sonne zugestreut erhalten und ihrerseits wieder zum Beobachter streuen, ganz überwiegend von blauer Farbe. Wenn es keine Atmosphäre oder wenn es zwar eine Atmosphäre, aber in ihr keine Streuung gäbe, würde der Himmel auch am Tag tiefschwarz sein und nur da, wo die Sonne beziehungsweise der Mond steht, das direkte Licht zu sehen sein.

Das mathematische Gesetz der Abhängigkeit der Extinktion von der Wellenlänge ist für die verschiedenen beteiligten physikalischen Vorgänge sehr verschieden. Am einfachsten ist das von Rayleigh aufgestellte Streuungsgesetz an Luftmolekülen, bei dem der Betrag des durch Streuung verlorengegangenen Lichts umgekehrt proportional zur vierten Potenz der Wellenlänge (also $\sim \lambda^{-4}$) ist. Da aber die Atmosphäre nicht nur aus Luftmolekülen, sondern auch aus Staubteilchen verschiedenster Größe und Beschaffenheit besteht, sind die wirklichen Verhältnisse viel komplizierter und außerdem zeitlich variabel. Im großen und ganzen kann man für die durch Staub verursachte Extinktion eine Proportionalität zu λ^{-1} bis $\lambda^{-1,5}$ annehmen. Die wirklichen Verhältnisse setzen sich dann aus den beiden Anteilen in einer Weise zusammen, die von Fall zu Fall verschieden ist.

11.3.3 Die Dämmerung

Das Phänomen der Dämmerung ist eine Folge der Streuung des Lichts in der Atmosphäre und kann daher sinnvollerweise im Anschluß an die Extinktion behandelt werden. Auch nach Ende der Dämmerung wird der Himmel nicht absolut dunkel, sondern behält eine geringe eigene Helligkeit. Wenn es keine atmosphärische Lichtstreuung gäbe, würde bei Sonnenuntergang der Tag sofort in völlig dunkle Nacht übergehen; tatsächlich erfolgt dieser Übergang in der Wüste bei (normalerweise) extrem staubreiner Luft sehr schnell. Der physikalische Vorgang besteht darin, daß nach Sonnenuntergang (natürlich ebenso vor Sonnenaufgang) zwar keine direkte Sonnenstrahlung mehr zum Beobachter gelangt, wohl aber in die höheren Schichten der Atmosphäre; an den dort befindlichen Luftmolekülen wird das Licht gestreut, und ein entsprechender Anteil gelangt nach ein- oder mehrmaliger Streuung in das Auge des Beobachters am Erdboden.

Zwei begriffliche Definitionen der Dämmerung sind zu unterscheiden. Die *bürgerliche Dämmerung* ist die Zeit, in der man bei wolkenlosem Himmel im Freien noch ohne Schwierigkeiten lesen kann; sie endet (bzw. beginnt), wenn die Sonne 6° unter dem Horizont steht. Die *astronomische Dämmerung* endet, wenn die Sonnenhöhe − 18° beträgt und bezeichnet den Zeitpunkt, von dem an keine Spur von gestreutem Sonnenlicht mehr zu sehen ist. Gelegentlich findet man auch den Begriff der *nautischen Dämmerung*, deren Ende bei einer Sonnenhöhe von − 12° liegt. Selbstverständlich ist die wirkliche Dämmerung bei bewölktem Himmel wesentlich kürzer.

An sehr klaren Tagen kann man während der Abenddämmerung am Osthimmel den Erdschatten als relativ scharfe Grenze zwischen dunklem und noch etwas aufgehelltem Himmel sehen, entsprechend natürlich während der Morgendämmerung am Westhimmel.

Die Dauer der bürgerlichen Dämmerung beträgt in unseren Breiten (+ 50°) zwischen 30 und 40 Minuten, und zwar ist sie am längsten im Sommer und Winter und am kürzesten in den Übergangsjahreszeiten. Die Dauer der astronomischen Dämmerung beträgt im Herbst, Winter und Frühjahr in + 50° Breite ziemlich gleichmäßig zwei Stunden, während im Sommer ganz unterschiedliche Verhältnisse herrschen. In der Breite von + 49° beginnt die Zone der sogenannten „weißen Nächte", in welcher eine gewisse Zeit während des Sommersolstitiums in der ganzen Nacht astronomische Dämmerung herrscht, weil die Sonne niemals tiefer als − 18° steht. Je nördlicher der Beobachtungsort liegt, um so länger ist dieser Zeitraum. Er dauert

in + 49° Breite vom 11. 6. bis 3. 7.
in + 52° Breite vom 21. 5. bis 23. 7.
in + 55° Breite vom 9. 5. bis 5. 8.
in + 58° Breite vom 29. 4. bis 15. 8.

Der Übergang in die Breitenzone der weißen Sommernächte ist so scharf, daß man schon in + 48° Breite (München und Wien) so gut wie nichts mehr von einer Mitternachtsdämmerung bemerkt. In einzelnen Jahren beziehungsweise Nächten können die Verhältnisse je nach dem atmosphärischen Staubgehalt von den mittleren Bedingungen abweichen.

Eine Reihe von interessanten Farberscheinungen, die unter günstigen äußeren Umständen während der Dämmerung gesehen werden können, brauchen wegen ihrer ausschließlich meteorologischen Bedeutung hier nicht besprochen zu werden; außerdem ist für die meisten unter ihnen eine befriedigende Erklärung noch nicht gefunden. Wegen Einzelheiten sei auf das schon mehrfach genannte Buch von G. Dietze verwiesen [3].

Für den Astronomen ist die Dämmerung wichtiger als die Zeit am Tag, in der die Sterne beginnen sichtbar zu werden und die Beobachtung begonnen werden kann. Bei welcher Himmelshelligkeit eine bestimmte Beobachtung schon möglich ist, hängt fast ausschließlich vom Beobachtungszweck ab; allgemein gesprochen sind photometrische Messungen nur bei völlig dunklem Himmel möglich, während astrometrische Messungen gemacht werden können, sobald der betreffende Stern überhaupt nur zu sehen ist.

Damit verwandt ist die Frage der Sichtbarkeit von Sternen am Tag. Mit unbewaffnetem Auge und genauer Kenntnis der Position kann man am Tageshimmel den Planeten Venus in größter Helligkeit (− 4^{m}3) noch sehen; schwächere Sterne sind am Tag ohne Fernrohr unsichtbar, und die oft aufgestellte Behauptung, daß man am Boden eines tiefen Schachts tagsüber helle Sterne wie am Nachthimmel sehen könne, ist eine Sage. Im Fernrohr wird hingegen die Flächenhelligkeit des Himmels die Sichtbarkeit von Sternen um so weniger stören, je größer der Objektivdurchmesser ist, und man kann daher Fixsterne nicht allzu geringer Helligkeit am Tag im Fernrohr sehen. Bei einwandfreien Bedingungen und voller Tageshelligkeit zeigt ein zweizölliges Fernrohr noch Sterne der Helligkeit 1^m, ein vierzölliges noch Sterne bis fast 3^m. Auf Bergstationen sind die Verhältnisse günstiger. Dagegen ist die Beobachtung von Planeten mit merklicher Scheibengröße (Mars, Jupiter, Saturn!) am Tag so gut wie hoffnungslos, weil die an sich beträchtliche Helligkeit sich auf eine gewisse Fläche verteilt; bei Venus und Merkur hängen die Beobachtungsbedingungen mit Fernrohr am Tageshimmel erheblich von der Phasengestalt ab, außerdem natürlich von der gewählten Vergrößerung. Erwähnt werden darf, daß sogar der Mond am Tag im Fernrohr nur mit größter Mühe zu beobachten ist.

11.3.4 Die Helligkeit des Nachthimmels

Die schwache Helligkeit, die der Nachthimmel nach dem Ende (bzw. vor dem Beginn) der astronomischen Dämmerung aufweist, setzt sich aus verschiedenen Anteilen zusammen. Selbstverständlich soll von demjenigen Streulicht, das von terrestrischen Lichtquellen (z. B. Straßenbeleuchtung) herrührt, abgesehen beziehungsweise vorausgesetzt werden, daß solches Licht nicht vorliegt. Auch unter dieser Voraussetzung ist die Intensität des Nachthimmelslichts noch zeitlichen und wetterabhängigen Schwankungen unterworfen.

Diese mittlere Gesamthelligkeit des nächtlichen Himmels entspricht etwa der eines Sterns der Helligkeit 22^m pro Quadratbogensekunde. Damit ist der astronomischen Beobachtung schwacher Flächenhelligkeiten eine prinzipielle Grenze gesetzt, die selbstverständlich nur für große Teleskope eine praktische Bedeutung hat.

Im einzelnen läßt sich die Helligkeit des Nachthimmels auf die folgenden Ursachen zurückführen:

a) Reste der normalen Dämmerung,
b) Rekombinationsleuchten von Luftmolekülen,
c) Zodiakallicht,
d) Schwache Sterne und extragalaktische Nebel,
e) Streulicht der unter b) bis d) genannten Lichtquellen.
f) Zeitweise Polarlichter oder leuchtende Nachtwolken.

Die unter a), b), e) und f) genannten Ursachen liegen in der Atmosphäre selbst, die unter c) und d) genannten Ursachen sind extraterrestrischer Natur. Die Farbe des gesamten Nachthimmelslichts ist leicht rötlich, doch ist das Auge natürlich wegen der Schwäche des Lichteindrucks nicht in der Lage, die Farbe wahrzunehmen. Wirkliche Störungen für den Amateurbeobachter entstehen durch das Nachthimmelslicht nicht.

11.3.5 Die Polarisation des Himmelslichts

Das diffuse Streulicht des Himmels ist zu einem mehr oder minder erheblichen Prozentsatz polarisiert, das heißt, die Schwingungsrichtung der elektromagnetischen Schwingungen liegt in der zum Lichtstrahl senkrechten Ebene nicht beliebig, sondern ist in einer bestimmten Richtung orientiert. Obgleich diese Tatsache für astronomische Beobachtungen meist bedeutungslos ist, gehört sie zu einer vollständigen Diskussion aller mit der Erdatmosphäre verbundenen optischen Erscheinungen.

Ursache der Polarisation des Himmelslichts ist die Streuung an den Luftmolekülen. Die Gesetze der Optik lehren, daß bei den Vorgängen der Reflexion, der Brechung und der Streuung ein gewisser Teil der Lichtwellen polarisiert wird. Der Prozentsatz polarisierten Lichts relativ zum Gesamtlicht, der sogenannte Polarisationsgrad, ist dabei von den äußeren Umständen wie dem Einfallswinkel oder der Teilchengröße abhängig.

Das menschliche Auge ist nicht imstande, zwischen polarisiertem und nichtpolarisiertem Licht zu unterscheiden. Manche Tiere (z. B. Bienen) haben diese Fähigkeit von der Natur mitbekommen. Der Mensch kann die Erscheinung der Polarisation in der Regel nur so beobachten, daß er das eintreffende Licht durch ein

Polarisationsfilter betrachtet. Wenn dieses gedreht wird, hat man bei unpolarisiertem Licht in jeder Stellung die gleiche Helligkeit, bei polarisiertem Licht hat man die größte Helligkeit in derjenigen Stellung, bei der die Schwingungsrichtung des Filters identisch mit der Schwingungsrichtung des eintreffenden Lichts ist.

Der Polarisationsgrad des diffusen Himmelslichts ist verschieden und hängt von der Position des betrachteten Gebiets am Himmel relativ zur Sonne ab. Am wolkenlosen Himmel findet man einige (meist drei) Stellen, an denen überhaupt keine Polarisation auftritt; alle drei Punkte liegen im Vertikal der Sonne und sind

der Arago-Punkt: 20° über dem Gegenpunkt der Sonne
der Babinet-Punkt: 10° über der Sonne
der Brewster-Punkt: 15° unter der Sonne.

Der Arago-Punkt liegt nur dann über dem Horizont, wenn die Sonne ziemlich tief steht. Die Höhenangaben der drei Punkte sind mittlere Werte und können je nach der Trübung der Atmosphäre und der Beschaffenheit der Erdoberfläche variieren.

Den größten Wert (meist 60 bis 80%) erreicht der Polarisationsgrad an derjenigen Stelle des Sonnenvertikals, die 90° von der Sonne entfernt ist. Auch hier ist der Grad der Polarisation und in geringem Ausmaß auch der Ort stärkster Polarisation abhängig von der Trübung der Atmosphäre. Ganz allgemein kann die Variation des Polarisationsgrades am Himmel durch das Zusammenwirken von zwei Gesetzen beschrieben werden: Der Polarisationsgrad nimmt mit wachsendem Sonnenabstand bis 90° zu und dann wieder ab, und zweitens nimmt der Polarisationsgrad nach dem Horizont hin ab.

Wer nähere Einzelheiten über das Thema wissen will, sei wiederum auf das Buch von Dietze verwiesen [3].

11.3.6 Die scheinbare Form des Himmelsgewölbes

Die Tatsache, daß das Himmelsgewölbe dem menschlichen Auge nicht wie eine Halbkugel, sondern abgeplattet erscheint, hat zwar an sich mit der Atmosphäre nichts zu tun; dennoch dürfte es sinnvoll sein, diese Erscheinung an dieser Stelle kurz zu besprechen. Der Beobachter hat den Eindruck, daß der Horizont von ihm weiter entfernt ist als der Zenitpunkt des Himmels. Natürlich handelt es sich um kein echtes Phänomen, denn der Himmel als solcher hat an keiner Stelle eine „Entfernung" vom Beobachter; der Blick reicht an jeder Stelle im Prinzip bis in unendliche Entfernung. Die Erscheinung ist physiologischer Natur und hängt mit der Struktur des menschlichen Auges zusammen. Man erkennt das daraus, daß dem auf dem Boden liegenden Beobachter der Zenitpunkt des Himmels viel weiter entfernt erscheint als einem stehenden Beobachter.

Eine wichtige Konsequenz dieser Eigenart des menschlichen Auges besteht darin, daß Höhenwinkel meist erheblich falsch geschätzt werden; die Größe des Fehlers ist individuell sehr verschieden. Folgende Zahlen können als durchschnittliche Werte gelten:

wahre Höhe:	0°	15°	30°	45°	60°	75°	90°
geschätzte Höhe:	0°	30°	50°	65°	75°	84°	90°

Die Höhe eines Objekts wird also in Horizontnähe bis zu 20° zu groß geschätzt. In der Nacht ist der Effekt kleiner als am Tag.

Infolge dieser Überschätzung von Höhenwinkeln in Horizontnähe erscheinen Sonne und Mond beim Aufgang (bzw. Untergang) scheinbar größer als im Zenit. Das gleiche gilt für Sternbilder. Ebenfalls eine Folge der besprochenen Eigentümlichkeit des menschlichen Auges ist es, daß Sterne fast im Zenit zu stehen scheinen, auch wenn ihre wahre Zenitdistanz 10° oder 20° ist. Bei jeder Schätzung von Sternhöhen muß der besprochene Effekt berücksichtigt werden.

11.4 Die Auswahl des Standorts für astronomische Beobachtungen

In den letzten Jahrzehnten hat es in der astronomischen Fachwelt Diskussionen darüber gegeben, welche Standorte für die Errichtung von Sternwarten die günstigsten Bedingungen bieten. Anlaß dafür war der Bau einer größeren Zahl von großen Instrumenten, deren hohe Kosten nur bei optimaler Nutzung gerechtfertigt werden können. In dieser Form dürfte sich das Problem dem Amateurastronomen höchstens in seltenen Ausnahmefällen stellen. Aber auch auf dem Amateurniveau kann es vorkommen, daß für die Aufstellung eines Fernrohrs mehrere Orte in Frage kommen; dann kann es zweckmäßig sein, für die letzte Entscheidung diejenigen Kriterien zu berücksichtigen, die anläßlich der „Sichtbeobachtungen" für die Aufstellung von Großteleskopen gewonnen wurden. Selbstverständlich können an dieser Stelle nur die atmosphärisch bedingten Kriterien erörtert werden; Fragen anderer Art. wie zum Beispiel verkehrstechnische Erreichbarkeit eines Ortes, sind oft ebenso wichtig, gehören aber nicht in den hier behandelten Rahmen.

Von wesentlicher Bedeutung ist selbstverständlich Häufigkeit und Art der Bewölkung eines für die Aufstellung von astronomischen Geräten in Frage kommenden Ortes; zur Information darüber sind Auskünfte der nächstgelegenen meteorologischen Beobachtungsstation geeignet. Es muß aber beachtet werden, daß schon in diesem Punkt oft nahe benachbarte Orte erhebliche Unterschiede aufweisen, vor allem in gebirgigen Gegenden; daher ist es ratsam, an Ort und Stelle Beobachtungen anzustellen. Außerdem ist aber geringe Bewölkung allein noch kein Argument, das einen bestimmten Ort besonders geeignet für astronomische Beobachtungen macht; es muß zusätzlich auch geprüft werden, welche Luftunruhe dort unter durchschnittlichen Bedingungen zu erwarten ist. Auch der Staubgehalt der Atmosphäre spielt wegen der damit verbundenen Trübung des Lichts der Sterne eine Rolle.

Eine zusammenfassende Auswertung der bei Untersuchungen dieser Art gemachten Erfahrungen liegt zur Zeit noch nicht vor; es wird vermutlich auch schwierig sein, eine solche zu erhalten, weil offensichtlich die Verhältnisse in jedem Einzelfall von schwer übersehbaren Faktoren abhängen. Deswegen gibt es nicht mehr als einige sehr grobe Anhaltspunkte. Selbstverständlich ist es in jedem Fall wünschenswert, die Nähe von Großstädten und Industriezentren zu vermeiden. Andererseits hat sich die Errichtung von Sternwarten im Hochgebirge, die Anfang dieses Jahrhunderts oft empfohlen wurde, nicht in allen Fällen bewährt; zwar ist im Hochgebirge die Durchsichtigkeit der Atmosphäre besser als im Flachland, aber wegen der starken Winde und der großen örtlichen und zeitlichen Temperaturunterschiede ist meist auch die Luftunruhe groß.

Unter diesen Überlegungen erscheint der beste Kompromiß zwischen der anzustrebenden Vermeidung sowohl der Trübung als auch der Unruhe der Atmosphäre eine gleichmäßige Hochebene in möglichst großer Höhe über dem Meer. Tatsächlich weisen die bei astronomischen Beobachtungen in Chile und in Südwestafrika gemachten Erfahrungen auch in diese Richtung. Ein anderer Fall, in dem sich die Verhältnisse als günstig erwiesen haben, liegt vor bei Orten, die von möglichst vielen Seiten her von Wasser umgeben sind, zum Beispiel auf Inseln; die thermische Trägheit großer Wassermassen unterbindet die Ausbildung starker Temperaturunterschiede in der Luft und damit die Entstehung großer Luftunruhe.

Ergänzende Informationen über den Einfluß der lokalen atmosphärischen Bedingungen auf astronomische Beobachtungsmöglichkeiten gibt ein Artikel von M. F. Walker [8]. Darin sind auch nähere Angaben über die physikalischen Vorgänge in der Atmosphäre gemacht, die zu Störungen der Beobachtungen Anlaß geben. Der Artikel enthält auch einige nützliche Hinweise, wie man mit einfachen Hilfsmitteln die Verhältnisse wenigstens qualitativ prüfen kann.

11.5 Literatur

1 Hess, F., Brezowsky, H.: Berichte des deutschen Wetterdienstes, Band 15, Nr. 113. Offenbach 1969
2 Roth, G. D.: Wetterkunde für alle. 3. Aufl. München 1985
3 Dietze, G.: Einführung in die Optik der Atmosphäre. Leipzig 1957
4 Albers, B.: Sterne und Weltraum *12*, 137 (1973)
5 Leinert, C.: Sterne und Weltraum *25*, 18–22 (1985)
6 Leinert, C.: Sterne und Weltraum *25*, 136–142 (1985)
7 Arsenijevic, J.: Publications de l'Observatoire astronomique de Belgrade, Nr. 33, 36–40 (1985)
8 Walker, M. F.: Sky and Telescope *71*, 139–143 (1986)

12 Geschichte der modernen Astronomie

G. D. Roth

12.1 Einführung

Zweierlei hat die Menschen früher Zeiten bewogen, sich mit den Sternen zu beschäftigen: erstens die Verbindung der Gestirne mit religiösen Vorstellungen und zweitens der alltägliche Bedarf der Zeitbestimmung und Zeiteinteilung. Geräte und Beobachtungsmethoden sind bis in die Neuzeit weitgehend gleich geblieben. Die Lehre von der Bewegung der Himmelskörper war das Hauptarbeitsgebiet der Sternkundigen der Antike und des Mittelalters. Das änderte sich mit der Erfindung des Fernrohrs im frühen 17. Jahrhundert. Jetzt war es den Astronomen möglich, die einzelnen Himmelskörper physisch zu erforschen.

Die Entwicklung der Astronomie zur Fachwissenschaft setzte im 19. Jahrhundert ein. Mit Einführung der Spektralanalyse, Photometrie und Photographie wurde Astrophysik ein wesentlicher Teil der Astronomie. Die Grenzen der optischen Astronomie wurden dann im 20. Jahrhundert überwunden. Radioteleskope und instrumentenbestückte Raumsonden machen heute den Astronomen das ganze Spektrum der elektromagnetischen Wellen zugänglich.

Die Geschichte der modernen Astronomie kann in folgendem nur stichwortartig vorgestellt werden. Auf die ausführlichen Gesamt- und Einzeldarstellungen macht das Literaturverzeichnis (s. Abschnitt 12.9 S. 459 und 13.2 S. 461). aufmerksam. Das gilt auch für die Bereiche Archäoastronomie und antike Astronomie, die in diesem Kapitel nicht behandelt werden.

Am Ende dieses Kapitels befindet sich ein Abschnitt (12.8), der Anregungen für astronomiegeschichtliche Arbeiten gibt, die auch der Amateurastronom durchführen kann.

12.2 Das heliozentrische Weltbild

Das Jahr 1543 ist als das Geburtsjahr der modernen Astronomie anzusehen. In diesem Jahr erschien das revolutionäre Buch von Nikolaus Kopernikus (1473–1543), in dem der polnische Domherr ein neues Weltbild veröffentlichte. Mittelpunkt der Planetenbewegungen ist nicht die Erde, sondern die Sonne. Was man als jährliche Bewegung der Sonne um die Erde beobachtet, ist in Wirklichkeit die Bewegung der Erde um die Sonne. Die Drehung der Erde um ihre Achse bewirkt die tägliche Umdrehung des Sternhimmels, und Eigentümlichkeiten der Planetenbewegungen werden verständlich, wenn man in Betracht zieht, daß die Beobachtungen von der sich ständig in Bewegung befindlichen Erde aus gemacht werden.

Mit den Planetenbewegungen näher befaßt hat sich der deutsche Astronom Johannes Kepler (1571–1630). Er studierte aufmerksam die Marsbeobachtungen von Tycho Brahe (1546–1601) und entdeckte die Bewegung der Planeten in elliptischen Bahnen um die Sonne. Noch Kopernikus war in der Tradition der Antike stehen geblieben und anerkannte die Kreisbewegung als die Himmelskörpern angemessene an.

Die drei Gesetze von Kepler über die Bewegungen der Planeten um die Sonne sind erste Dokumente jener Naturgesetzlichkeit, die für die Astronomie sprichwörtlich geworden ist:

1. Jeder Planet bewegt sich in einer Ellipse um die Sonne, die sich in einem der beiden Brennpunkte dieser Kurve befindet.
2. Die Geschwindigkeit der Bahnbewegung ist in den sonnennahen Teilen der Bahn größer als in den sonnenfernen. Sie ändert sich so, daß der von der Sonne zum Planeten führende Fahrstrahl in gleichen Zeiten gleich große Flächen überstreicht.
3. Das Verhältnis zwischen den Quadraten der Umlaufszeiten und den dritten Potenzen der mittleren Abstände von der Sonne ist für alle Planeten dasselbe.

Während Kepler noch ohne Fernrohrbeobachtungen zu seinen Gesetzen gekommen ist, war es der Italiener Galileo Galilei (1564–1642), der im Jahre 1610 erstmals das Fernrohr für astronomische Beobachtungen benützt und Beweise für das heliozentrische System erbracht hat. Galilei entdeckte die vier hellen Jupitermonde und beobachtete die Phasen des Planeten Venus. Sein Eintreten für das Weltbild des Kopernikus führte zum Konflikt mit der Kirche. Die römische Inquisition strengte den Prozeß gegen Galilei an, gegen den Verfechter einer Lehre, die nicht nur für die Vertreter der Kirche in jener Zeit unglaublich erscheinen mußte.

Ein Einwand gegen das heliozentrische System blieb fast drei Jahrhunderte unwiderlegt. Wenn sich die Erde um die Sonne bewegt, warum bleibt dann der Fixsternhimmel scheinbar unveränderlich? Kritiker des Systems bemängelten die notwendige jährliche Veränderung der Fixsternörter. Anhänger des Systems brachten als Gegenargument die vermutete große Entfernung der Fixsterne vor. Die Suche nach der jährlichen Sternparallaxe war fortan ein Ansporn für Beobachter und Instrumentenbauer, mit genaueren Meßwerkzeugen zum gesuchten Ergebnis zu kommen. Aber erst 1838 war es soweit: Friedrich Wilhelm Bessel bestimmte in Königsberg die Parallaxe von 61 Cygni, fast gleichzeitig Wilhelm Struve in Pulkowo diejenige von Alpha Lyrae (Wega) und Thomas Henderson auf der Kapsternwarte diejenige von Alpha Centauri.

Zu dem Zeitpunkt war das heliozentrische System bereits Allgemeingut. Die ersten Messungen von Sternparallaxen bildeten keinen Schlußstrich unter eine alte Streitsache, vielmehr bedeuteten sie den Beginn eines neuen Vorstoßes in den Kosmos mit modernen Mitteln.

12.3 Weiterentwicklung der Bewegungslehre

Ahnung von einer Kraft, die von der Sonne ausgeht und die Planeten steuert, hatte bereits Kepler. Der englische Mathematiker und Physiker Isaac Newton (1643–1727) formulierte ein allgemeingültiges mechanisches Prinzip, das nicht nur für die Planetenbewegungen Gültigkeit hat:

Zwei Massen ziehen sich mit einer Kraft an, die dem Produkt der Masse direkt, dem Quadrat ihrer Entfernung indirekt proportional ist.

Dieses Gravitationsgesetz von Newton machte es möglich die Bewegungen der Körper des Sonnensystems zu verstehen. Newton lieferte die Lösung des Zweikörperproblems (z. B. Bewegung eines Planeten um die Sonne). Schwieriger wurde die mathematische Lösung des Vielkörperproblems. Die großen Mathematiker des 18. Jahrhunderts waren damit beschäftigt: der Schweizer Leonard Euler (1707–1783), die Franzosen Joseph Lagrange (1736–1813) und Pierre Simon Laplace (1749–1827). Unter dem Einfluß des Gravitationsgesetzes entwickelte sich die Himmelsmechanik im 18. und 19. Jahrhundert auf einen hohen Stand.

Die Entdeckung des Planeten Uranus durch Sir William Herschel (1738–1822) im Jahre 1781 und des ersten Kleinen Planeten durch den Italiener G. Piazzi (1746–1826) im Jahre 1801 belebte die Beschäftigung mit den Bewegungen der Körper des Sonnensystems. Carl Friedrich Gauß (1777–1855) veröffentlichte 1809 seine „Theorie der Bewegung von Himmelskörpern, welche die Sonne in Kegelschnitten umlaufen", die den Astronomen ein bequemes Hilfsmittel war, um schon aus wenigen Beobachtungen zum Beispiel die Ephemeriden eines Kleinen Planeten genau zu berechnen. Praxisbezogen war auch die von dem Bremer Arzt Wilhelm Olbers (1758–1840) entwickelte Methode, „die Bahn eines Kometen aus einigen Beobachtungen zu berechnen".

Die Entdeckungen im Sonnensystem regten zur weiteren Suche nach Planeten an. Das Auffinden des Planeten Neptun 1846 durch Johann Gottfried Galle (1812–1910) war der große Erfolg der Himmelsmechaniker, des Franzosen Urbain Leverrier (1811–1877) und des Engländers John Couch Adams (1819–1892), die den Ort des unbekannten Planeten vorausberechnet hatten. 1930 wurde der Planet Pluto entdeckt.

12.4 Katalogisierung des Sternhimmels

Bereits im 17. und 18. Jahrhundert sind die ersten Sternkataloge der Neuzeit angefertigt worden:

1603 Uranometria Nova von Bayer;
1661 Sternverzeichnis von Hevel;
1679 Erstes Sternverzeichnis des Südhimmels von Halley;
1725 Verzeichnis aller im nördlichen Europa sichtbaren Sterne bis zur 7. Größenklasse von Flamsteed;
1762 Sternkatalog von Bradley.

Im 18. Jahrhundert erscheinen auch das Verzeichnis von 103 nebligen Objekten von Charles Messier (1730–1817) und zwei Kataloge mit je 1000 neuentdeckten Nebeln und Sternhaufen von W. Herschel (1786 und 1789), nachdem der Deutsch-Engländer 1782 bereits einen Katalog mit 269 Doppelsternen vorgelegt hatte.

Weil astronomisches Forschen von einer genügend großen Zahl von Beobachtungsdaten abhängig ist, beschlagnahmten Durchmusterungen des Himmels, Datensammlungen und Katalogveröffentlichungen im 19. und 20. Jahrhundert einen nicht unwesentlichen Teil der Arbeitskapazität. Das Muster für alle Durchmusterungen auf dem Gebiet der Positionsastronomie wurde die in den Jahren 1852 bis 1859 entstandene „Bonner Durchmusterung" unter Leitung von Friedrich Wilhelm Argelander (1799–1875) und unter Mitarbeit von Adalbert Krüger (1832–1896) und Eduard Schönfeld (1828–1891).

Verbesserte Instrumente und verfeinerte Beobachtungsmethoden waren die Voraussetzungen für die Erfolge der Positionsastronomie im 19. Jahrhundert, deren großer Vertreter der deutsche Astronom Friedrich Wilhelm Bessel (1784–1846) geworden ist. Seine Ortsbestimmungen von rund 32 000 Fixsternen in den Jahren 1821 bis 1835 bildeten die Grundlage der meisten folgenden Arbeiten.

Mehr Präzision der Fernrohre und größere Öffnungen förderten auch die Entwicklung von speziellen Beobachtungsgebieten, zum Beispiel die Doppelsternforschung. Beispielhaft zu nennen ist hier Friedrich Wilhelm Struve (1793–1864) in Dorpat, sowohl als Entdecker von Doppelsternen wie als Herausgeber von Katalogen mit genauen Daten über Doppelsterne.

Sammlung von Beobachtungsdaten und ihre katalogmäßige Aufbereitung haben schnell jene neuen Gebiete erfaßt, die als Grundlagen der Astrophysik gelten: Photometrie und Spektroskopie. Visuelle Arbeiten kennzeichneten nur noch die Anfangsphase der „neuen Astronomie". Die photographische Methode eroberte in der 2. Hälfte des 19. Jahrhunderts die gesamte Datenerfassung. Trotzdem sind in dieser Zeit einige bedeutende Helligkeitskataloge mit Hilfe visueller photometrischer Verfahren entstanden. Berühmte Beispiele:

Cordoba Durchmusterung des Südhimmels, begonnen 1885, erste Veröffentlichungen
    ab 1892;
Harvard Revised Photometry, begonnen 1879, veröffentlicht 1907;
Potsdamer Durchmusterung, begonnen 1886, veröffentlicht 1907.

Im Gefolge dieser Datenerfassung gewann ein anderes Spezialgebiet große Bedeutung: die Entdeckung und Beschreibung veränderlicher Sterne.

Die Zahl der bekannten veränderlichen Sterne hat sich in den letzten 200 Jahren rasch vergrößert [1]:

Jahr	*Zahl der Veränderlichen*
1786	12
1844	18
1890	175
1896	393
1912	4000
1970	22 650

Karl Schwarzschild (1873–1916) leitete mit seiner Göttinger Aktinometrie in den Jahren 1904 bis 1908 die photographische Sternphotometrie ein.

Mit der Einführung der Spektroskopie gewannen die Spektralklassifikation der Sterne und die Anfertigung von Spektralkatalogen schnell an Bedeutung. Der erste Katalog stammt von dem italienischen Pater Angelo Secchi (1818–1878), enthält 316 Sterne und ist 1867 erschienen. Das große Unternehmen zu Beginn des 20. Jahrhunderts ist die Spektraldurchmusterung geworden, die im Henry-Draper-Katalog (mit 225 300 Sternen) ihren Niederschlag gefunden hat. Betreut von der Harvard-Sternwarte (USA) erschien der Katalog in den Jahren 1918 bis 1924. Weitere Informationen über Kataloge und Karten siehe Abschnitt 1.3 in diesem Band und Kapitel 11, Band 2, sowie das allgemeine Literaturverzeichnis.

12.5 Astrophysik

12.5.1 Sternphotometrie

In der 2. Hälfte des 19. Jahrhunderts bekam die Messung der scheinbaren Helligkeiten von Sternen eine solide Basis. Das erste visuelle Sternphotometer konstruierte im Jahre 1861 Karl Friedrich Zöllner (1834–1882) in Berlin [2]. Mit Photographie und Photozelle wurde die Meßgenauigkeit ständig verbessert [3]:

Zeit	*Methode*	*Genauigkeit*
Um 1850	Schätzung (visuell)	$0^{m}\!.2$
Um 1870	Messung (visuell)	$0^{m}\!.1$
Um 1912	Messung (lichtelektrisch)	$0^{m}\!.01$
Um 1970	Messung (Photodetektoren)	$0^{m}\!.001$

So wurde es möglich, Sternhelligkeiten sehr präzise in bestimmten Wellenlängenbereichen von Ultraviolett bis Infrarot zu messen und die Farbenindizes zu ermitteln.

12.5.2 Spektroskopie der Sonne und der Sterne

Grundlage der Spektralanalyse ist die Erkenntnis von Gustav Robert Kirchhoff (1824–1887) und Robert Bunsen (1811–1899), daß jedes chemische Element sein typisches Spektrum hat. Sammlung von Daten über Sternspektren und anderer Himmelskörper kennzeichnet die erste Phase der astronomischen Spektroskopie. Sehr bald schon wurden photographische Aufnahmen vom Sonnenspektrum und von Sternspektren gemacht [4]. Eine weitere Aufgabe war die Messung der Radialgeschwindigkeiten von Sternen nach dem Prinzip von Doppler [5]. Die ersten photographischen Radialgeschwindigkeitsmessungen gelangen Hermann Carl Vogel (1841–1907) im Jahre 1888.

Von den verschiedenen Spektraleinteilungen der Sterne hat sich die Harvard-Spektralklassifikation von Edward Charles Pickering (1846–1919) und Annie Cannon (1863–1941) international durchgesetzt. Offizielle Anerkennung durch die „International Astronomical Union" erhielt das System 1922.

Besonders intensiv war noch in den letzten Jahrzehnten des 19. Jahrhunderts die Erforschung des Sonnenspektrums. Die 1892 nach Erfindung des Spektroheliographen möglich gewordene Photographie der Sonnenoberfläche im Licht einzelner Spektrallinien war der große Fortschritt für die Sonnenphysik.

Eine wichtige Verbindung astrophysikalischer Methoden ist diejenige der Photometrie und Spektroskopie geworden. Sie führte zur Spektralphotometrie, zur Messung der Intensitätsverteilung in Sternspektren.

12.5.3 Himmelsphotographie

Im Jahre 1841 entstand das erste Mondphoto (von J. W. Draper auf Daguerreplatten). Die älteste wissenschaftlich brauchbare Aufnahme war diejenige von der totalen Sonnenfinsternis vom 18. Juli 1851 [6]. Erste Fixsternaufnahmen lieferte 1857 W. C. Bond. Der astrophotographische Durchbruch gelang mit der Erfindung der Trockenplatte 1871 (R. L. Maddox).

Die Stärke der photographischen Methode demonstrierten zunächst die Aufnahmen der Milchstraße, Sternhaufen und Nebel. Der Amerikaner Edward Emerson Barnard (1857–1923) und der Deutsche Max Wolf (1863–1932) haben auf diesem Gebiet Pionierarbeit geleistet.

Aber in allen Bereichen der Himmelsforschung bewährte sich bald die Photographie. Insbesondere in Verbindung mit den astrophysikalischen Arbeitsmitteln Photometrie und Spektroskopie. Die Entwicklung lichtstarker Fernrohre war das nächste Glied im technischen Fortschritt.

12.5.4 Großteleskope

Die Entwicklung der Astronomie in den vergangenen einhundert Jahren war abhängig von den Möglichkeiten, die der Instrumentenbau angeboten hat. Fraunhofers achromatisches Objektiv begründete im 19. Jahrhundert eine lebhafte Produktion immer größerer Refraktoren [7]: angefangen mit dem Dorpater Refraktor von Joseph von Fraunhofer (1787–1826), Objektivöffnung 24,3 cm, Brennweite 4,11 m, Baujahr 1824, bis hin zum Refraktor des Yerkes Observatory von Clark, Warner & Swasey, Objektivöffnung 102 cm, Brennweite 19,4 m, Baujahr 1897 (bis heute der größte Refraktor der Welt).

Trotz Konstruktion besonderer „Photographischer Refraktoren" für die Himmelsphotographie [8] förderte die Nachfrage nach größeren, lichtstarken Teleskopen den Bau von Spiegelfernrohren mit beachtlichen Dimensionen ab 1900:

Öffnung	*Baujahr*	*Sternwarte*
152 cm	1908	Mt. Wilson Observatory, USA
254 cm	1917	Mt. Wilson Observatory, USA
508 cm	1948	Mt. Palomar Observatory, USA
610 cm	1976	Selentschukskaja, UdSSR

Großes Bildfeld und großes Öffnungsverhältnis vereint die von Bernhard Schmidt (1879–1935) in den Jahren 1930 und 1931 entwickelte Optik („Schmidt-Kamera"). Die mit 134 cm Öffnung größte Schmidt-Kamera steht im Karl-Schwarzschild-Observatorium in Tautenburg, DDR, und wurde 1960 in Betrieb genommen.

Ohne das technische Zubehör zum Nachweis und zur Messung der Strahlung von Himmelskörpern wären die Großteleskope für die Forschung unbrauchbar: photographische Platte, Photometer, Spektrograph und anderes. Immer lichtempfindlichere Strahlungsempfänger (Detektoren) steigern die Informationsausbeute bei kürzeren Belichtungszeiten. Erstmals führte Paul Guthnick (1879–1947) im Jahre 1913 lichtelektrische Verfahren in die Sternphotometrie ein. Großteleskope für spezialisierte

Aufträge wurden entwickelt (z.B. 3,8-m-Infrarot-Teleskop auf dem Mauna Kea, Hawaii, 1980).

Die Mehrzahl der Großteleskope steht aus klimatischen Gründen auf Bergen. Zur Erforschung des Südhimmels wurden eigens Sternwarten eingerichtet. Eine der ersten war die Kap-Sternwarte in Südafrika (1820). Seit 1969 Europäische Südsternwarte (ESO) in Chile.

12.6 Sternentwicklung und Sternsysteme

12.6.1 Sternentwicklung

Die großen Entdeckungen der letzten 75 Jahre in der Astronomie sind auf dem Gebiet Aufbau und Entwicklung der Fixsterne gemacht worden [9]. Mit der Erkenntnis, daß die Kernenergie die Energiequelle der Sterne ist, entstanden die heute gültigen Modelle über die Sternentwicklung. Wichtige Stationen auf diesem Weg:

1906 Theorie des Strahlungsgleichgewichts der Sonnenatmosphäre (K. Scharzschild);

1913 Oberflächentemperatur-Leuchtkraft-Beziehung (Hertzsprung-Russell-Diagramm);

1919 Masse-Leuchtkraft-Beziehung (E. Hertzsprung);

1925 Buch „Stellar Atmospheres" (C. H. Payne);

1926 Buch „Der Innere Aufbau der Sterne" (A. S. Eddington);

1930 Theorie der konvektiven Strömungen in Sternatmosphären (A. Unsöld);

1934 Hypothese der Neutronensterne (W. Baade, F. Zwicky);

1938 Kernprozesse Energiequellen der Sterne (H. Bethe, K. F. v. Weizsäcker);

1951 Bildung von Kohlenstoff im Sterninneren (E. J. Öpik, E. E. Salpeter);

1955 Neue Berechnungen zur Sternentwicklung unter Berücksichtigung der durch Kernprozesse veränderten Materie im Sterninneren (F. Hoyle, M. Schwarzschild).

12.6.2 Sternsysteme

Die Erforschung der Milchstraße und Galaxien, der Sternsysteme, machte mit Inbetriebnahme der großen Spiegelteleskope in der ersten Hälfte des 20. Jahrhunderts schnell Fortschritte. Ein an Einzelheiten reiches Bild der Milchstraße entstand. Es wurde mit Einführung radioastronomischer Beobachtungen ab 1951 weiter verbessert. Die Auflösung extragalaktischer Systeme (z. B. Andromedanebel) zunächst in den Randpartien in Einzelsterne bestätigte bekannte Objekte der Milchstraße (z. B. Cepheiden) in den Galaxien. Untersuchungen an Spiralnebeln und der Milchstraße lassen sich „zu einem Bild" [10] vereinen. Wichtige Stationen der Erforschung der Sternsysteme sind:

1895 Erforschung des Baus des Milchstraßensystems mit stellarstatistischen Methoden (J. Kapteyn, H. v. Seeliger);

1918 Photometrische Entfernungsmessungen in der Milchstraße mittels Cepheiden (H. Shapley);

1924 Auflösung der Randpartien des Andromedanebels und anderer Spiralnebel in Einzelsterne (E. Hubble);

1926 Erklärung der Kinematik und Dynamik des Milchstraßensystems (B. Lindblad, J. Oort);

1929 Rotverschiebung der Spektren extragalaktischer Systeme proportional ihrer Entfernung (E. Hubble);

1930 Entdeckung der interstellaren Absorption und Verfärbung (R. J. Trümpler);

1937 Erstes interstellares Molekül durch Absorption im sichtbaren Spektrum entdeckt;

1943 Außergewöhnliche Spektren von extragalaktischen Systemen, die durch thermische Emission allein nicht erklärt werden können (C. K. Seyfert);

1951 21-cm-Strahlung des neutralen Wasserstoffs entdeckt (Ewen und Purcell);

1952 Neue Entfernungsbestimmung im Kosmos beseitigt Diskrepanz zwischen Milchstraße und Galaxien (W. Baade);

1958 Theorie von der Entstehung der Milchstraße explosionsartig aus einer kompakten Urgalaxie (V. A. Ambarzumian);

1964 Dichtewellentheorie zur Erklärung der Spiralstruktur der Milchstraße und Galaxien (Lin und Shu).

12.7 Astronomie aller Wellenlängen

Bis 1930 bestimmte die von den Himmelskörpern auf die Erde gelangende sichtbare Strahlung den astronomischen Kenntnisstand. Es war das „optische Fenster" des elektromagnetischen Spektrums. Dieses Spektrum reicht aber von den Gamma- und Röntgenstrahlen über Ultraviolett, das sichtbare Gebiet bis ins Infrarot und in die Radiostrahlung. Ein Teil dieser Bereiche kann von der Erdoberfläche wegen der Wirkung der irdischen Atmosphäre nicht erfaßt werden. Radioastronomie und extraterrestrische Beobachtungsmöglichkeiten haben die Astronomie zur Allwellenastronomie [11] gemacht. Die Schaffung extraterrestrischer Beobachtungsmöglichkeiten mit den Hilfsmitteln der Raumfahrt und Satellitentechnik hat nach 1945 zu zahlreichen neuen Entdeckungen im Planetensystem geführt. Wichtige Stationen auf diesem Weg sind:

1931 Radiofrequenzstrahlung in der Milchstraße entdeckt (K. G. Jansky);

1939 Beobachtung einer Konzentration der Radiostrahlung zur galaktischen Ebene und zum galaktischen Zentrum hin (G. Reber);

1942 Entdeckung galaktischer und extragalaktischer Komponenten der Radiofrequenzstrahlung (J. S. Hey, J. Southworth);

1954 Entdeckung von Radiogalaxien;

1957 Erster künstlicher Erdsatellit (Sputnik 1, UdSSR);

1960 Röntgenstrahlung der Sonnenkorona festgestellt (Aerobee-Rakete);

1961 Erste Raumsonde zum Planeten Venus (Venera 1, UdSSR);

1963 Erster Quasar entdeckt (M. Schmidt);

1965 Kosmische Röntgenquellen entdeckt (E. T. Byram, H. Friedman, T. A. Chubb);

1967 Pulsare entdeckt (Bell und Hewish);

1969 Menschen auf dem Mond (Apollo 11, USA);

1970 160 Röntgenquellen im Weltraum entdeckt (UHURU-Röntgensatellit, USA);

1976 Raumsonden landen auf Mars (Viking 1 und 2, USA);

1979 Vorbeiflug der Raumsonden Voyager 1 und 2, USA, an Jupiter und Weiterflug zum Saturn (1980/81), Voyager 2 zum Uranus (1986) und Neptun (1989).

Die sehr umfangreichen Raumfahrtprogramme der UdSSR und der USA in den Jahren seit 1957 werden in Spezialveröffentlichungen ausführlich beschrieben [12]. Dazu kommen zahlreiche Zeitschriftenaufsätze, zum Beispiel in „Sterne und Weltraum" oder „Sky and Telescope".

12.8 Praktische Astronomiegeschichte

12.8.1 Aufgabenstellung

Die Beschäftigung mit der Geschichte der Astronomie kann über die Lektüre geschichtlicher Darstellungen hinaus zu eigenen geschichtswissenschaftlichen Arbeiten führen. Eine Beschäftigung mit den Problemen astronomischer Forschung [13] und die Darstellung von Teilgebieten [14] wird immer Aufgabe von fachwissenschaftlich Ausgebildeten sein. Biographische Darstellungen reichen oft über das rein Fachliche hinaus und reizen historisch Interessierte, sich dem Lebenswerk eines Forschers zu nähern und biographisch aufzubereiten [15–17].

Neben meist umfangreicheren Buchveröffentlichungen sind es vor allem Zeitschriftenaufsätze, die geschichtliche Zusammenhänge erläutern. Hier bieten sich auch immer wieder Gelegenheiten, um über die Geschichte der Amateurastronomie und der astronomischen Volksbildung zu berichten. Sei es über die Beobachtungen eines Einzelbeobachters [18], die Arbeit eines populärwissenschaftlich Vortragenden [19] oder einer amateurastronomischen Gemeinschaft [20].

Die Aufgabenstellung kann verschiedenen Zwecken dienen. Da ist einmal die für die Fachwissenschaft bestimmte Untersuchung. Daneben steht die Veröffentlichung, die einen größeren Leserkreis über Astronomiegeschichtliches informieren will. Die Arbeit kann auch mit allgemeinen historischen Zielen verbunden sein, zum Beispiel einer heimatgeschichtlichen oder schulgeschichtlichen Untersuchung.

12.8.2 Quellen

Jede geschichtliche Arbeit ist vom Umfang und der Güte der Informationen abhängig, die die zur Verfügung stehenden Quellen anbieten.

12.8.2.1 Primärquellen. Für den Historiker sind Studien der Primärquellen Mittelpunkt seiner Arbeit. Sie beziehen sich auf die unmittelbare Dokumentation des Geschehens und stammen in der Regel aus der Zeit der Ereignisse. Dazu zählen: Personalakten, Gründungsurkunden, Tagebücher, zeitgenössische Berichte aller Art, wie man sie zum Beispiel auch in alten Druckerzeugnissen (Institutsbeschreibungen, Firmenschriften, Zeitungsaufsätzen) finden kann.

Zugang zu Primärquellen bieten öffentliche und private Archive und Museen, sodann kommunale und staatliche Bibliotheken.

12.8.2.2 Sekundärquellen. Darunter versteht man in erster Linie bereits veröffentlichte Ergebnisse zum Thema: Dissertationen, Diplom- und Magisterarbeiten, Buchveröffentlichungen und Zeitschriftenaufsätze, Manuskripte verschiedenster Art. Diese Veröffentlichungen weisen in der Regel oft sehr weitgehend auf benützte Primärquellen hin, eingeschlossen Zitate aus diesen Quellen. Universitäts- und andere Hochschulbibliotheken sind neben den kommunalen und staatlichen Bibliotheken wichtige Sammelstellen für Sekundärquellen.

Für astronomiegeschichtliche Darstellungen ab 1800 sind die Fachzeitschriften (z. B. „Astronomische Nachrichten" ab 1821) und populäre Zeitschriften (z. B. „Sirius"/ „Die Sterne" ab 1868) wichtige Informationsquellen. Das gilt selbstverständlich auch für Buchveröffentlichungen aus der Zeit. Originalveröffentlichungen hier haben den Charakter von Primärquellen.

12.8.2.3 Allgemeine historische Bibliographie. Wer sich in Bibliotheken auf die Suche nach Material begibt, beachte folgende Gruppierungen:

Bibliographische Werke (z. B. Astronomischer Jahresbericht)

Einführungen (z. B. Grundrisse zur allgemeinen Geschichte und speziell zur Astronomiegeschichte)

Quellenkunde (z. B. Literatur über Geschichtsquellen)

Urkunden- Register- und Quellenwerke (z. B. gedruckte Briefe und Akten, auch nachgedruckte Originalarbeiten)

Darstellungen (z. B. Handbücher, Lehrbücher, abgeschlossene geschichtliche Darstellung einer Epoche oder eines Sachgebiets, beispielsweise Spektroskopie)

Genealogien (z. B. Stammtafeln einer Familie)

Zeitschriften und Schriftenreihen (z. B. Journal of the History of Astronomy)

Wörterbücher (z. B. Grimm J. u. W., Deutsches Wörterbuch)

Biographien und Nachschlagwerke (z. B. Allgemeine (ADB) und Neue (NDB) Deutsche Biographie)

12.8.3 Die Bearbeitung

Die Zieldefinition (z. B. wissenschaftliche Untersuchung oder journalistisch aufbereitete populäre Darstellung) bestimmt weitgehend die Recherchen und Quellenstudien. Allgemeinwissenschaftliche Arbeitsmethoden wie zum Beispiel Befragungen, Exkursionen, Literaturstudium und Nachschlagen in Lokalzeitungen müssen unter Umständen breit angelegt werden, um gewünschte Informationen zu gewinnen. Speziell die „Spurensicherung" amateurastronomischer Tätigkeit ist im Einzelfall oft schwierig. Oft reichen Lebensbeschreibungen nur für eine allgemeine Darstellung, weitere Recherchen scheitern, weil die Primärquellen ungenügend sind [21].

Bei der Bearbeitung empfiehlt es sich, vom Zugänglichen und Bekannteren zum Ferneren und Unbekannteren zu gehen:

Vorarbeiten (Sichten von örtlichen Chroniken, Familienbüchern, Gemeindeprotokollen etc.)

Bibliotheksarbeit (Studium der Fachliteratur und des Nachschlageschrifttums)

Archivarbeit (örtliches Archiv, Bezirksarchiv, Staatsarchive)

Auswertungsarbeit (Zusammenfassung der am besten auf Karteikarten – DIN A 6 bis DIN A 5 – oder im PC festgehaltenen Ergebnisse der vorhergehenden Arbeitsstufen)

Jede Darstellung gewinnt, wenn dem Leser in guter Auswahl Aussagen von Zeitzeugen und zeitgenössische Dokumente in Wort und Bild präsentiert werden [22]. Beschränkung auf Fußnoten und Auflistung von Titeln in einem Literaturverzeichnis findet man in erster Linie in wissenschaftlichen Untersuchungen (Hochschularbeiten). Jede für die größere Öffentlichkeit bestimmte Darstellung soll so umfassend wie möglich das Zeitgenössische dokumentieren.

In steigendem Umfang werden Zusammenhänge der allgemeinen Entwicklung von Wissenschaft, Technik und Sozialwelt deutlich gemacht. Darauf soll auch jede astronomiegeschichtliche Arbeit mehr denn je Rücksicht nehmen. Das Zusammenwirken aller gesellschaftlichen Kräfte hat immer schon Astronomen, Sternwarten und Forschungsprogramme beeinflußt. Das muß bei jeder Bearbeitung beachtet werden [23].

12.9 Literatur

1 Roth, G. D.: Kosmos Astronomie-Geschichte. Stuttgart: Franckh'sche Verlagshandlung 1987, S. 72
2 Herrmann, D. B.: Karl Friedrich Zöllner und die „Potsdamer Durchmusterung". Versuch einer Rekonstruktion. Die Sterne *50*, 170 (1974)
3 Siehe [1], S. 82
4 Seitter, W.: Aus der Geschichte der astronomischen Spektroskopie, 2. Teil. Sterne und Weltraum *8*, 231 (1969)
5 Herrmann, D. B.: Geschichte der modernen Astronomie. Berlin: VEB Deutscher Verlag der Wissenschaften 1984, S. 102f.
6 Siehe [1], S. 35
7 Van Helden, A.: Telescope building, 1850–1900, in: The General History of Astronomy, Vol. 4, Part A: Astrophysics and Twentieth-Century Astronomy to 1950. Cambridge: Cambridge Univesity Press 1984, S. 40f.
8 Learner, R.: Das Teleskop. München: Christian Verlag 1982, S. 88
9 Schürer, M.: Die Entwicklung der Astronomie in den letzten 50 Jahren. Orion *185*, 110 (1981)
10 Unsöld, A.: Der neue Kosmos. Berlin, Heidelberg, New York: Springer 1967, S. 202
11 Siehe [9], S. 110
12 Engelhardt, W.: Planeten, Monde, Ringsysteme. Kamerasonden erforschen unser Sonnensystem. Basel, Boston, Stuttgart: Birkhäuser 1984
13 Zinner, E.: Astronomie, Geschichte ihrer Probleme. Freiburg, München: Karl Alber 1951

14 Hearnshaw, J. B.: The Analysis of Starlight. One Hundred and Fifty Years of Astronomical Spectroscopy. Cambridge: Cambridge University Press 1986

15 Dorschner, J.: Leben und Werk des Eichsfelder Astronomen Anton Thraen (1843–1902). Die Sterne *61*, 209 (1985)

16 Freisesleben, H. C.: Max Wolf. Der Bahnbrecher der Himmelsphotographie 1863–1932. Stuttgart: Wissenschaftliche Verlagsgesellschaft 1962

17 Roth, G. D.: Die „Entdeckungen" des Münchner Astronomen Franz von Paula Gruithuisen. Bayerland Nr. *1*, 26 (1985)

18 Dick, W. R.: Zur Auffindung des Planeten Neptun an der Berliner Sternwarte im September 1846. Die Sterne *62*, 251 (1986)

19 Krug, E.: Der Traum von der Urania. Dr. Wilhelm Meyers Leben und Werk. Sterne und Weltraum *8*, 8 (1969)

20 Roth, G. D.: 25 Jahre „Vereinigung der Sternfreunde". Sterne und Weltraum *17*, 4 (1978)

21 Ashbrook, J., Krieger, J. N.: The Moon Half-Won, in: The Astronomical Scrapbook von J. Ashbrook. Cambridge (USA): Sky Publishing Corporation 1984. Anmerkung: Weitere Nachforschungen über das Leben von Krieger von München aus bis heute ergebnislos.

22 Ashbrook, J.: Astronomical Scrapbook. Cambridge (USA): Sky Publishing Corporation 1984

23 Brandt, L.: Landgraf Wilhelm IV. – seine Instrumente und Beobachtungsmethoden. Sterne und Weltraum *25*, 517 (1986)

13 Allgemeines Literaturverzeichnis

Hinweise für den Benutzer:

1. Literaturhinweise finden sich auch am Ende eines jeden Kapitels in diesem Handbuch. Dort sind Buchtitel und Zeitschriftenaufsätze angegeben.
2. Die Liste der nachfolgenden Veröffentlichungen erhebt nicht Anspruch auf Vollständigkeit. Das Literaturverzeichnis will nur einige Anregungen geben, wo man noch weitere Informationen findet. Die zitierten Buchtitel enthalten zum Teil selbst wieder umfangreiche Buch- und Zeitschriftenhinweise. Aktuelle Informationen bieten die Buchbesprechungen in den bekannten astronomischen Zeitschriften.
3. Bewußt sind im nachfolgenden Literaturverzeichnis ältere Titel belassen worden, die bereits in den letzten Auflagen dieses Handbuchs aufgeführt waren. Wenn nicht antiquarisch, so bekommt man leihweise ältere Bücher bestimmt in großen Bibliotheken (z. B. in den Staatsbibliotheken auf dem Weg der Fernleihe). Zum besseren Verständnis manchen astronomischen Problems ist es unerläßlich, auch die ältere Literatur zu Rate zu ziehen.
4. Naturwissenschaftlich-technisch orientierte Fachbuchhandlungen (Universitäts-Buchhandlungen) bringen in einem bestimmten Turnus (z. B. jährlich) Fachbuchverzeichnisse (z. B. „Mathematik, Physik") heraus, die meistens auch einschlägige astronomische Titel (Neuerscheinungen!) enthalten.
5. Mit Blick auf die 1987 in der Zeitschrift für Astronomie „Sterne und Weltraum" begonnene Rubrik „Literaturquellen, die nicht jeder kennt" sei auch an dieser Stelle der Leser auf Veröffentlichungen aufmerksam gemacht, die staatliche Stellen (z. B. US-Regierung), Forschungsinstitute (z. B. Deutsche Forschungs- und Versuchsanstalt für Luft- und Raumfahrt) und astronomische Organisationen (z. B. Astronomische Gesellschaft) herausgeben und die für die praktische astronomische Arbeit hilfreich sein können.

13.1 Bibliographie über alle Gebiete der Astronomie

Astronomy and Astrophysics Abstracts. Berlin, Heidelberg, New York: Springer Verlag zweimal jährlich. Nachweis der astronomischen und astrophysikalischen Literatur, die alljährlich auf der Welt erscheint. Ein internationales Standardwerk, das die Nachfolge des Astronomischen Jahresberichts angetreten hat.
    Lusis, A.: Astronomy and astronautics: an enthusiast's guide to books and periodicals. London: Mansell Publishing Limited 1986
    Seal, R. A.: A guide to the literature of astronomy. Littleton, Libraries Inc. 1977

13.2 Biographie und Geschichte

Abbott, D. (ed.): The biographical dictionary of scientists: Astronomers. London: Frederick Muller (Blond Educational) 1984
Aratea. Faksimile-Edition der berühmtesten astronomischen Bilderhandschrift aus der Zeit der Karolinger. 200 Seiten im Originalformat 20 × 22,5 cm. Kommentarband 160 Seiten. Luzern: Faksimile-Verlag 1987

462 Allgemeines Literaturverzeichnis

Ashbrook, J.: The astronomical scrapbook: Skywatchers, pioneers and seekers in astronomy. Cambridge, MA 1984

Balss, H.: Antike Astronomie. München: Heimeran 1949
Aus griechischen und lateinischen Quellen mit Text, Übersetzung und Erläuterungen geschichtlich dargestellt

Becker, F.: Geschichte der Astronomie. Bonn: Universitäts-Verlag 1980
Eine knappe, übersichtliche, historische Einführung. (4. Aufl.)

Blunck, J.: Götter in Planeten und Monden. Verlag Harri Deutsch, Frankfurt/M., Thun 1987

Bronsart, H. v.: Kleine Lebensbeschreibung der Sternbilder. Stuttgart: Franckh'sche Verlagshandlung 1963
Sternbildersagen und Geschichte der Sternbildernamen

Büdeler, W.: Geschichte der Raumfahrt. Thalwil: Verlag Sigloch, Edition 1979

Bühler, K.: Gauß. Eine biographische Studie. Springer: Berlin 1987

Buttmann, G.: John Herschel. Lebensbild eines Naturforschers. Stuttgart: Wissenschaftliche Verlagsgesellschaft 1965

Buttmann, G.: Wilhelm Herschel. Leben und Werk des Astronomen. Stuttgart: Wissenschaftliche Verlagsgesellschaft 1961

Chandrasekhar, S.: Eddington: The most distinguished astrophysicist of his time. Cambridge: Cambridge University Press 1983

Christianson, G. E.: In the presence of the creator: Isaac Newton and his times. New York: Macmillan 1984

Cornell, J.: The first stargazers: An introduction to the origins of astronomy. New York: Scribner's 1981

Crowe, M. J.: The Extraterrestrial Life Debate 1750–1900. The Idea of a Plurality of Worlds from Kant to Lowell. Cambridge: Cambridge University Press 1986

DeVorkin, D. H.: The history of modern astronomy and astrophysics: A selected and annotated bibliography. New York: Garland 1982

Dorschner, J., Friedmann, Ch., Marx, S., Pfau, W.: Astronomie vom Altertum bis heute. Frankfurt: Umschau-Verlag 1975

Eberhard, W.: Sternkunde und Weltbild im alten China: Chinese Materials and Research Aids Service Center, Serie No. 5, 1970
16 gesammelte Aufsätze zur Astronomie im alten China, besonders die Han-Zeit betreffend (Teilweise unter Mitarbeit von Robert Henseling und Rolf Müller)

Eelsalu, H., Hermann, D.: Johann Heinrich Mädler. Berlin: Akademie-Verlag 1985

Forbes, E. G., Howse, D., Meadows, A. J.: Greenwich Observatory 1675–1975 (3 Bände). London: Taylor & Francis 1975

Freiesleben, H. Ch.: Galileo Galilei. Physik und Glaube an der Wende zur Neuzeit. Stuttgart: Wissenschaftliche Verlagsgesellschaft 1956

Freiesleben, H. Ch.: Trügen die Sterne? Stuttgart: Kreuz 1963
Beitrag zur Geschichte der Astrologie

Freiesleben, H. Ch.: Max Wolf. Der Bahnbrecher der Himmelsphotographie. Stuttgart: Wissenschaftliche Verlagsgesellschaft 1962

Fritze, K.: Der Halleysche Komet im Jahre 1910. Kometen, Weltuntergangsprophezeiungen und der Halleysche Komet. Leipzig: Zentralantiquariat der DDR 1985

Gerlach, W.: Johannes Kepler und die Copernicanische Wende, 2. Aufl. Leipzig: J. A. Barth 1978

Gingerich, O. (ed.): Astrophysics and twentieth-century astronomy to 1950; Part A: The general history of astronomy, Vol. 4. Cambridge: Cambridge University Press 1984

Griesser, M.: Die Kometen im Spiegel der Zeiten. Bern: Hallwag 1985

Gundel, W.: Sternglaube, Sternreligion und Sternorakel, 2. Aufl. Heidelberg: Quelle & Meyer 1959
Aus der Geschichte der Astrologie. Eine kulturgeschichtliche Arbeit, die dem historisch interessierten Sternfreund zu empfehlen ist

Hall, A. R.: Die Geburt der naturwissenschaftlichen Methode 1630–1720. Gütersloh: Sigbert Mohn Verlag 1965

Hamel, J.: Astrologie – Tochter der Astronomie? Leipzig, Jena, Berlin: Urania-Verlag 1987

Hawkins, G. S.: Stonehenge decoded. New York: Doubleday and Co. Inc. 1965
Eine aufsehenerregende verständlich dargestellte Geschichte der Steinsetzung und Gedanken zu

ihrer himmelskundlichen Ausrichtung. Eine Arbeit, die wegen ihrer Hypothese ,,Stonehenge a Neolithic Computer" sehr kritisch diskutiert wurde

Hearnshaw, J. B.: The analysis of starlight. One hundred and fifty years of astronomical spectroscopy. Cambridge: Cambridge University Press 1986

Herrmann, D. B.: Geschichte der Astronomie von Herschel bis Hertzsprung. Berlin: VEB Deutscher Verlag der Wissenschaften 1975

Herrmann, D. B.: Vom Schattenstab zum Riesenspiegel. 2000 Jahre Technik in der Himmelsforschung. Berlin: Verlag Neues Leben 1978

Herrmann, D. B.: Kosmische Weiten. Geschichte der Entfernungsmessung im Weltall, 2. Aufl. Leipzig: J. A. Barth 1981

Herrmann, D. B.: Geschichte der modernen Astronomie. Berlin: VEB Deutscher Verlag der Wissenschaften 1984

Hermann, D. B.: The history of astronomy from Herschel to Hertzsprung. Cambridge: Cambridge University Press 1984

Hermanowski, G.: Nikolaus Kopernikus. Zwischen Mittelalter und Neuzeit. Graz: Styria 1985

King, H. C.: The history of the telescope. London: Charles Griffin 1955
Eine umfassende historische Darstellung. Nachdruck bei Dover 1979

Kopal, Z.: Of stars and men. Reminiscences of an astronomer. Bristol, Boston: Adam Hilger 1986

Krafft, F. (Hrsg.): Große Naturwissenschaftler. Biographisches Lexikon, zweite, neubearbeitete und erweiterte Auflage. Düsseldorf: VDI 1986

Krupp, E. C. (Ed.): Astronomen, Priester, Pyramiden. München: C. H. Beck 1980
Archäoastronomie: Megalithe, Astronomische Bauwerke in Nord- und Mittelamerika, Ägyptische Astronomie

Krupp, E. C.: Echoes of the ancient skies: The astronomy of lost civilizations. New York: Harper & Row 1983

Lang, K. R., Gingerich, O.: A source book in astronomy and astrophysics, 1900–1975. Cambridge Mass.: Harvard University Press 1979

Learner, R.: Das Teleskop. Die Geschichte der Astronomie seit Galilei. München: Christian Verlag 1982

Leopold, J. H.: Astronomen, Sterne, Geräte. Landgraf Wilhelm IV. und seine sich selbst bewegenden Globen. Luzern: Edition Joseph Fremersdorf 1986

Moore, P.: Patrick Moore's history of astronomy, 6th ed. London: Macdonald 1983

Müller, P.: Sternwarten; Architektur und Geschichte der Astronomischen Observatorien. Bern, Frankfurt: Verlag H. u. P. Lang 1975

Müller, R.: Der Himmel über den Menschen der Steinzeit. Berlin: Springer 1970

Müller, R.: Sonne, Mond und Sterne über dem Reich der Inka (Verständliche Wissenschaft, 110. Band). Berlin: Springer 1972
Von der Vermessung und dem Besuch früher und später Inkakulturen

Müller, R., Fritz Zwicky: Leben und Werk des großen Schweizer Astrophysikers, Raketenforschers und Morphologen. Glarus: Baeschlin 1987

Neugebauer, O.: Astronomy and History. Selected Essays. Berlin: Springer 1983

Osterbrock, D. E.: James E. Keeler: Pioneer American astrophysicist. Cambridge: Cambridge University Press 1984

Pannekoek, A.: A history of astronomy. London: George Allen and Unwin Ltd. 1961
Viele historische Informationen!

Reiners, L.: Steht es in den Sternen? Wahrheit und Irrtum der Astrologie. München: List-Verlag 1951
Eine geistreiche Veröffentlichung, die uneingeschränkt zu empfehlen ist

Roth, G. D.: Joseph von Fraunhofer. Handwerker – Forscher – Akademiemitglied 1787–1826. Stuttgart: Wissenschaftliche Verlagsgesellschaft 1976

Roth, G. D.: Kosmos Astronomie Geschichte. Astronomen, Instrumente, Entdeckungen. Stuttgart: Franckh'sche Verlagshandlung 1987
Besonders die Entwicklung der ,,Neuen Astronomie" von der Mitte des 19 Jh. bis zur Gegenwart

Schmeidler, F.: Nikolaus Kopernikus. Stuttgart: Wissenschaftliche Verlagsgesellschaft 1970

Schröder, W. (Hrsg.): Historical events and people in geosciences. Frankfurt: Peter Lang 1985

Sexl, R., Meyenn, K. v. (Hg.): Galileo Galilei. Dialog über die beiden hauptsächlichsten Weltsysteme, das ptolemäische und das kopernikanische. Stuttgart: Teubner 1982

Smith, R. W.: The expanding universe: Astronomy's great debate 1900–1931. Cambridge: Cambridge University Press 1982

Stephenson, F. R., Houlden, M. A.: Atlas of Historical Eclipse Maps. Cambridge: Cambridge University Press 1986

Sullivan, W. T., III (ed.): The early years of radio astronomy: Reflections fifty years after Jansky's discovery. Cambridge: Cambridge University Press 1984

Swarup, G., Bag, A. K., Shukla, K. S. (Hrsg.): History of Oriental Astronomy. Cambridge: Cambridge University Press 1987

Thewes, A.: Oculus Enoch ... Ein Beitrag zur Entdeckungsgeschichte des Fernrohrs. Oldenburg: Verlag Isensee 1983

Thom, A.: Megalithic Sites in Britain. Oxford: Clarendon Press 1967
500 megalithische Steindenkmäler werden auf ihre astronomische Ortung und ihren geometrischen Aufbau untersucht. (Sonnen- und Mondortungen). Ein Standardwerk, dem weitere Arbeiten des Verfassers folgten

Véron, Ph., Ribers, J. C.: Les comètes d'antiquité à l'ève spatiale. Paris: Hachette 1979

Wattenberg, D.: Johan Gottfried Galle. Leben und Wirken eines deutschen Astronomen. Leipzig: J. A. Barth 1963

Wright, H.: James Lick's monument. The saga of Captain Richard Floyd and the building of the Lick Observatory. Cambridge: Cambridge University Press 1987

Yataro, S, Elliot, H. (eds): Early History of Cosmic Ray Studies. Astrophysics and Space Science Library Volume 118. Dordrecht: D. Reidel 1985
Persönliche Erinnerungen mit alten Photographien.

Zinner, E.: Astronomie, Geschichte ihrer Probleme. Freiburg, München: Verlag K. Alber 1951
Das wissenschaftliche Anliegen der Forscher einzelner Epochen wird dargestellt an Hand der zugehörigen Originaldokumente. Mit umfangreicher Bibliographie

Zinner, E.: Deutsche und niederländische astronomische Instrumente des 11.–18. Jahrhunderts, 2. Aufl. München: C. H. Beck 1967

13.3 Populäre Gesamtdarstellungen und Nachschlagewerke

Acker, A.: Formes et couleurs dans l'univers. Paris: Masson 1987

Alter, D., Cleminshaw, C. H., Phillips, J. G.: Pictorial astronomy, 5th ed. New York: Harper & Row 1983

Asimov, I.: The universe: From Flat earth to quasar, 3rd ed. New York: Walker 1980

Audouze, J., Israel, G. (Hrsg.): The Cambridge Atlas of Astronomy. Cambridge: Cambridge University Press 1985

Audouze, J, Israel, G. (Hrsg.): Der große JRO Atlas der Astronomie. München: IRO Kartografische Verlagsanstalt 1987

Baker, D., Hardy, D. A.: Der Kosmos-Sternführer. Planeten, Sterne, Galaxien. Stuttgart: Franckh'sche Verlagshandlung 1979

Beatty, J. K., O'Leary, B., Chaikin, A. (Hrsg.): Die Sonne und ihre Planeten – Weltraumforschung in einer neuen Dimension. Weinheim: Verlag, Physik 1983

Boslough, J.: Jenseits des Ereignishorizontes Reinbek: Rowohlt 1985
Das Buch entstand aus Diskussionen mit S. Hawking, der sich mit den Themen Urknall, Quarks, Quasare und schwarze Löcher beschäftigt

Breuer, R.: Kontakt mit den Sternen. Frankfurt: Umschau 1978

Büdeler, W.: Blick ins Weltall. München: Mosaik Verlag 1978

Büdeler, W.: Faszinierendes Weltall. Stuttgart: Deutsche Verlags-Anstalt 1981

Bürgel, B. H.: Aus fernen Welten. Berlin: Ullstein 1958

Burdakow, W. P., Siegel, F. J.: Raumfahrt und Weltraumforschung. Grundlagen und Aspekte. Berlin: Akademie-Verlag 1979

Cattermole, P., Moore, P.: The Story of the Earth. Cambridge: Cambridge University Press 1985

Dixon, T.: Dynamic astronomy, 4th ed. Englewood Cliffs, NJ: Prentice-Hall 1984
Elsässer, H.: Weltall im Wandel. Die neue Astronomie. Stuttgart Deutsche Verlags-Anstalt 1985
Field, G. B., Chaisson, E. J.: Das unsichtbare Universum. An den Grenzen der modernen
    Astrophysik. Bearbeitet und übersetzt von Bernhard P. Koch. Basel: Birkhäuser 1986
Fritzsch, H.: Vom Urknall zum Zerfall. Die Welt zwischen Anfang und Ende. München: Piper
    Verlag 1983
Gerstenberger, M.: Astronomie des Alltags. Stuttgart: Franckh'sche Verlagshandlung 1976
Goldsmith, D., Owen, T.: Auf der Suche nach Leben im Weltall. Stuttgart: Hirzel Verlag 1984
    *Das Buch berichtet jenseits unseriöser Spekulationen von den wissenschaftlichen Anstrengungen
    Lebensformen im Kosmos festzustellen*
Gondolatsch, F., Groschopf, G., Zimmermann, O.: Astronomie I: Die Sonne und ihre Planeten.
    Stuttgart: Klett 1978
Gondolatsch, F., Groschopf, G., Zimmermann, O.: Astronomie II: Fixsterne und Sternsysteme.
    Stuttgart: Klett 1979
Greenstein, G.: Der gefrorene Stern – Pulsare, Schwarze Löcher und das Schicksal des Alls.
    Düsseldorf, Wien: Econ 1985
Harrison, E. R.: Kosmologie – Die Wissenschaft vom Universum (Übersetzt durch H. und G.
    Schwarz). Darmstadt: Verlag Darmstädter Blätter 1983
Heckmann, O.: Sterne, Kosmos, Weltmodelle. Erlebte Astronomie. München, Zürich: Piper-
    Verlag 1976
Henbest, N., Marten, M.: Die neue Astronomie. Basel: Birkhäuser 1984
Herder Lexikon: Weltraumphysik – Sachwörterbuch der Astronomie, 2. Aufl.
Herrmann, J.: Das falsche Weltbild. Stuttgart: Franckh'sche Verlagshandlung 1962
    *Kritische Untersuchung über Astrologie, Welteislehre, Hohlwelttheorie, Bewohnbarkeit der
    Sonne, fliegende Untertassen und andere Irrlehren*
Herrmann, J.: Tabellenbuch für Sternfreunde, 2. Aufl. Stuttgart: Franckh'sche Verlagshandlung
    1986
    Eine nützliche Ergänzung zum ,,Handbuch für Sternfreunde''
Herrmann, J.: Astronomie – Wissenschaft aktuell. München: Mosaik 1981
Herrmann, J.: Astronomie – Eine Einführung in die Welt des Kosmos. Lexikothek 1981
Herrmann, J.: Großes Lexikon der Astronomie. München: Mosaik 1982
Herrmann, J.: Die Kosmos-Himmelskunde. Stuttgart: Franckh/Kosmos Verlagsgruppe 1986
Illingworth, V.: The Facts on File Dictionary of Astronomy. New York: Facts on File 1979
Kasten, V.: Faszinierende Astronomie. Vom Sonnensystem bis an den Rand des Weltalls.
    Stuttgart: Franckh'sche Verlagshandlung 1988
Kippenhahn, R.: Hundert Milliarden Sonnen. München: Piper 1984
    Geburt, Leben und Tod der Sterne
Kippenhahn, R.: Licht vom Rande der Welt. Stuttgart: Deutsche Verlags-Anstalt 1984
    Das Universum und sein Anfang
Kippenhahn, R.: Unheimliche Welten. Stuttgart: Deutsch Verlags-Anstalt 1987
    *Planeten, Monde und Kometen. Die Bücher von Kippenhahn vermitteln in fesselnder Schreib-
    weise modernste Erkenntnisse*
Köhler, H. W.: Klipp und klar – 100 × Raumfahrt. Mannheim-Wien-Zürich: Bibliographisches
    Institut 1978
Komarrow, W. N.: Neue unterhaltsame Astronomie. Frankfurt: Harri Deutsch 1977
Krause, A.: Himmelskunde für Jedermann; 8. Aufl. Stuttgart: Franckh'sche Verlagshandlung
    1978
    Volkstümliche Darstellung. Der Hauptteil ist der Einführung und dem Sonnensystem gewidmet
Krug, E.: Bürgels Himmelskunde – Entdeckungsreisen zu fernen Welten. Berlin: Bertelsmann 1975
    Neubearbeitung des populären Werkes ,,Aus fernen Welten'' von Bruno H. Bürgel
Laustsen, S., Madsen, C., West, R. M.: Entdeckungen am Südhimmel. Ein Bildatlas der Euro-
    päischen Südsternwarte (ESO). Berlin: Springer und Basel: Birkhäuser 1987
Lewis, R. S.: The Voyages of Columbia. The First True Spaceship. New York: Columbia
    University Press 1984
Littrow, J. J. v.: Die Wunder des Himmels, 11. Aufl. Bonn: Ferd. Dümmler Verlag 1963
    *Der berühmte ,,Littrow'', einst Standardwerk der populären Astronomie. Von historischem
    Interesse*

Malin, D., Murdin, P.: Farbige Welt der Sterne. Weinheim: VCH Verlagsgesellschaft
Mitton, S. (Hrsg.): Cambridge Enzyklopädie der Astronomie. Gütersloh: Bertelsmann Lexikon Verlag 1978
Moore, P.: The new atlas of the universe, 3rd ed. London: Mitchell Beazley 1984
Moore, P., Zimmer, H.: Guinness Buch der Sterne. Frankfurt/M.: Ullstein 1985
Narlikar, J.: Introduction to cosmology. Boston Jones and Bartlett 1983
Newcomb-Engelmann: Populäre Astronomie, 8. Aufl. Leipzig: J. A. Barth 1948
   Dieses Werk, einst unbestrittenes Standardwerk der populären Himmelskunde, ist heute sachlich an vielen Stellen überholt. Von historischem Interesse
Ronan, C., Dunlop, S. (eds.): Astronomie heute; Theorie und Praxis für den Sternfreund. Stuttgart: Franckh'sche Verlagshandlung 1985
Sagan, C.: Unser Kosmos – Eine Reise durch das Weltall. München: Droemer 1982
Schaifers, K.: Meyers Sternbuch für Kinder. Petra lernt den Himmel kennen. Mannheim: Bibliographisches Institut 1964
   Spannende Geschichten vermitteln bereits den Acht- bis Zwölfjährigen grundlegende astronomische Kenntnisse
Schaifers, K., Traving, G.: Meyers Handbuch Weltall. 6. Aufl. Mannheim, Wien, Zürich: Bibliographisches Institut 1984
Schaifers, K.: Geschwister der Sonne – Methoden und Erkenntnisse der modernen Stellarastronomie. Hamburg: Hoffmann und Campe 1976
Smoluchowski, R.: Das Sonnensystem. Ein G2 V-Stern und neun Planeten. Heidelberg: Spektrum der Wissenschaft 1985
Störig, Hans J.: Knaurs moderne Astronomie. 1983
   Aus dem Inhalt. Einführung in kosmische Dimensionen, Sonne, Sonnensystem, Fixsterne, Doppelsterne und Veränderliche, Neue Fenster ins Weltall, Milchstraßensystem, Geburt und Tod der Sterne, Extragalaktische Systeme
Thomas, O.: Astronomie – Tatsachen und Probleme, 7. Aufl. Salzburg: Verlag „Das Bergland-Buch" 1956
   Ausführliche Darstellung aller astronomischen Gebiete. Eigenwillige Diktion. Veraltet. Von historischem Interesse
Waldmeier, M.: Panoptikum der Sterne. Bern, Stuttgart: Hallwag 1976
Weigert, A., Zimmermann, H.: ABC der Astronomie, 3. Aufl. Hanau: Dausien 1971
   Astronomisches Lexikon
Wilhelm, F. (Hrsg.): Der Gang der Evolution. Die Geschichte des Kosmos, der Erde und des Menschen. München: C. H. Beck 1987
Zimmer, H.: Astronomie 2000. Das neue Weltbild der Astrophysik. Berlin, Wien, Frankfurt: Ullstein 1979

13.4 Wissenschaftliche Einführungen und Nachschlagewerke

Allen, C. W.: Astrophysical Quantities, 3. Aufl. London: The Athlone Press 1973
   Vielbenutztes Standardwerk für astrophysikalische Daten über Sonne, Mond, Planeten, Fixsterne usw.
Ambarzumian, V. A. (Hrsg.): Probleme der Modernen Kosmogonie. Basel: Birkhäuser 1976
Bernhard, H., Lindner, K., Schukowski, M.: Wissensspeicher Astronomie. Das Wichtigste in Stichworten und Übersichten. Frankfurt/Main: Verlag Harri Deutsch 1987
Cadogan, P.: From Quark To Quasar. Cambridge: Cambridge University Press 1985
Davies, J. K.: Satellite Astronomy. The Principles and Practice of Astronomy from Space. Chichester: John Wiley and Sons 1988
Deutsche Forschungsgemeinschaft (Hrsg.): Denkschrift Astronomie. Weinheim: VCH Verlagsgesellschaft 1987
   Eine Bestandsaufnahme über den Stand der astronomischen Forschung und wichtige neue Programme
Falk, G., Ruppel, W.: Mechanik, Relativität, Gravitation. Berlin: Springer 1973

Field, G. B., Chaisson, E. J.: Das unsichtbare Universum. An den Grenzen der modernen Astrophysik. Basel: Birkhäuser 1986

Flügge, S. (Hrsg.): Handbuch der Physik. Gruppe XI. Astrophysik (5 Bände). Berlin: Springer 1958–1960
Fachwissenschaftliches Standardwerk

Gehrels, T. (Hrsg.): Planets, stars and nebulae studied with photopolarimetry. Tucson: The University of Arizona Press 1974

Giese, R.-H.: Einführung in die Astronomie. Darmstadt: Wissenschaftliche Buchgesellschaft 1981. Lizenzausgabe Bibliographisches Institut Mannheim

Goldberg, H. S., Scadron, M. D.: Physics of Stellar Evolution and Cosmology. New York: Gordon und Breach Publishers, 1981

Henkel, H. R.: Astronomie – Eine Einführung für Schulen, Volkshochschulen und zum Selbststudium. Frankfurt: Harri Deutsch 1984

Kafatos, M. C., Harrington, R. S., Maran, St. P., (Hrsg.): Astrophysics of Brown Dwarfs. Cambridg: Cambridge University Press 1986

Kanitscheider, B.: Kosmologie. Geschichte und Systematik in philosophischer Perspektive. Stuttgart: Reclam 1984

Kaufmann, W. J., III ed.: Universe. New York: Freeman and Co. 1985

Kiesl, W.: Kosmochemie. Wien: Springer 1979

Kippenhahn, R., Möllenhoff, C.: Elementare Plasmaphysik. Mannheim, Wien, Zürich: Bibliographisches Institut 1975

Kitchin, C. R.: Astrophysical Techniques. Bristol: Adam Hilger Ltd. 1984
Überlick über moderne Methoden der beobachtenden Astronomie

Kleczek, J.: Astronomisches Wörterbuch. Prag: Tschechoslowakische Akademie der Wissenschaften 1961
Astronomische Fachausdrücke in den Sprachen: Englisch, Russisch, Deutsch, Französisch, Italienisch und Tschechisch

Klinger, J., Benest, D., Dollfus, A., Smoluchowski, R. (Hrsg.): Ices in the Solar System. NATO Advanced Science Study Institute, Reihe 4, Band 156. Dordrecht: D. Reidel 1985

Kosmologie. Struktur und Entwicklung des Universums, mit einer Einführung von Immo Appenzeller. Heidelberg: Spektrum der Wissenschaft 1984

Kühn, L.: Das Milchstraßensystem. Bauplan und Entwicklung unseres Sternsystems. Stuttgart: Wissenschaftliche Verlagsgesellschaft 1978

Landolt-Börnstein: Zahlenwerte und Funktionen aus Naturwissenschaft und Technik, Neue Serie, Gruppe VI: Astronomie, Astrophysik und Weltraumforschung. Berlin: Springer 1982

Lang, K. R.: Astrophysical Formulae 2. Aufl. Berlin: Springer 1986
Referenzbuch – Fachbuch

Lüst, R.: Extraterrestrische Astronomie. Berlin: Springer 1984

Manchester, R. N., Taylor, J. H.: Pulsars. San Francisco: Freeman and Co. 1977

Mihalas, D.: Stellar Atmospheres. San Francisco: Freeman and Co. 1971

Misner, C. W., Thorne, K. S., Wheeler, J. A.: Gravitation. San Francisco: Freemann and Co. 1974

Mitton, S.: Die Erforschung der Galaxien. Berlin: Springer 1978

Murdin, P., Murdin, L.: Supernovae. Cambridge: Cambridge University Press 1985

Osterbrock, D. E.: Astrophysics of gaseous nebulae. San Francisco: Freeman and Co. 1974

Pasachoff, J. M.: Contemporary astronomy, 3rd ed. Philadelphia: Saunders 1985

Payne-Gaposchkin, C.: Stars and clusters. Cambridge (USA), London: Harvard University Press 1979

Priest, E. R. (Hrsg.): Solar System Magnetic Fields. Dordrecht: D. Reidel 1985

Ramana Murthy, P. V., Wolfendale, A. W.: Gamma-ray Astronomy. Cambridge: Cambridge University Press 1986

Reges, E. Jr. (Hrsg.): Extraterrestrials. Science and alien intelligence. Cambridge: Cambridge University Press 1985

Rowan-Robinson, M.: The Cosmological Distance Ladder. Distance and time in the Universe. New York: Freeman 1985

Roy, A. E., Clarke, D.: Astronomy: Structure of the universe, 2nd ed. Bristol: Adam Hilger 1982

Roy, A. E., Clarke, D.: Astronomy: Principles and practice, 3nd ed. Bristol: Adam Hilger, 1988

Sautter, H.: Astrophysik – eine Einführung, 2. Aufl. Stuttgart: G. Fischer Verlag 1984

Schäfer, H.: Elektromagnetische Strahlung. Informationen aus dem Weltall. Braunschweig: Vieweg 1985

Schäfer, H.: Astronomische Probleme und ihre physikalischen Grundlagen, 2. Aufl. Wiesbaden. F. Vieweg & Sohn 1980

Scheffler, H., Elsässer, H.: Physik der Sterne und der Sonne. Mannheim: Bibliographisches Institut 1974

Scheffler, H., Elsässer, H.: Bau und Physik der Galaxis. Mannheim, Wien, Zürich: Bibliographisches Institut 1982

Schmeidler, F.: Alte und moderne Kosmologie. Berlin, München: Duncker und Humblot 1962
Vorzüglicher Überblick über den astronomischen und philosophischen Problemkreis der Kosmologie dem Stand der Zeit entsprechend

Setti, G., Fazio, G. (Hrsg.): Infrared astronomy. Dordrecht: Reidel 1978

Sexl, R., Sexl, H.: Weiße Zwerge – schwarze Löcher. Eine Einführung in die relativistische Astrophysik, 2. Aufl. Wiesbaden: Vieweg 1979

Shapland, D., Rycroft, M.: Spacelab, Research in Earth Orbit. Cambridge: Cambridge University Press 1984. Deutsche Ausgabe: Spacelab, Forschung im Weltraum. Weinheim: VCH Verlagsgesellschaft 1986

Shklovsky, I. S.: Supernovae. Wiley and Sons 1968

Shu, F. H.: The physical universe: An introduction to astronomy. Mill Valley, CA: University Science Books 1982

Siedentopf, H.: Grundriß der Astrophysik. Stuttgart: Wissenschaftliche Verlagsgesellschaft 1950

Siedentopf, H.: Mensch und Weltall. Stuttgart: Wissenschaftliche Verlagsgesellschaft 1966
Auswahl von interessanten Aufsätzen und Vorträgen

Struve, O.: Astronomie. Einführung in ihre Grundlagen. Berlin: de Gruyter 1962

Stumpff, K.: Himmelsmechanik, 2 Bände. Berlin: VEB Deutscher Verlag der Wissenschaften 1959 und 1965, 3. Band 1974

Swarup, G., Kapahi, V. K. (Hrsg.): Quasars. Dordrecht: D. Reidel 1986

Taylor, R. J.: Sterne, Aufbau und Entwicklung. Braunschweig: Vieweg 1985

Taylor, R. J.: Galaxien, Aufbau und Entwicklung. Braunschweig: Vieweg 1986

Thorne, A. P.: Spectrophysics London: Chapman and Hall Science Paperbacks 1974
Überblick über die Methoden der experimentellen Spektroskopie

Unsöld, A.: Physik der Sternatmosphären. Berichtigter Nachdruck der 2. Aufl. Berlin: Springer 1968

Unsöld, A., Baschek, B.: Der neue Kosmos. Berlin: Springer 1981

Unsöld, A., Baschek, B.: The new cosmos, 3rd ed. New York: Springer 1983

Vardya, M. S., Tarafdar, S. P., (Hrsg.): Astrochemistry. Dordrecht: D. Reidel 1987

Véron, P., Engel, R.: Die Quasare. Stuttgart: DVA 1975

Voigt, H. H.: Abriß der Astronomie. 4. Aufl. Mannheim: BI. Wissenschaftsverlag 1987

Weedman, D. W.: Quasar Astronomy. Cambridge: Cambridge University Press 1986

Weigert, A., Wendker, H. J.: Astronomie und Astrophysik – ein Grundkurs. Weinheim: Verlag Physik 1982

Zombeck, M. V.: Handbook of Space Astronomy and Astrophysics. Cambridge: Cambridge University Press 1982
Tabellenwerk!

13.5 Radioastronomie

Christiansen, W. N., Högbom, J. A.: Radiotelescopes, 2. Aufl. Cambridge: Cambridge University Press 1985

Hachenberg, O., Vowinkel, B.: Technische Grundlagen der Radioastronomie. Mannheim, Wien, Zürich: Bibliographisches Institut 1982

Hey, J. S.: Das Radiouniversum. Weinheim: Verlag Chemie 1974
Allgemeinverständliche Einführung und Übersicht ohne Formeln und Tabellen. Übersetzung der

englischen Ausgabe von 1971. Dritte verbesserte englische Auflage: Oxford, Pergamon Press, 1983

Kraus, J. D.: Radio astronomy. New York: McGraw Hill 1966
Grundlegendes Lehrbuch der Radioastronomie. In Bezug auf Beobachtungsergebnisse (Astrophysik) veraltet

Krüger, A.: Introduction to solar radio astronomy and radio physics. Dordrecht: Reidel 1979
Neue Übersicht über die vielfältigen Phänomene der Radiosonne, Fachbuch

Meeks, M. L. (Hrsg.): Methods of experimental physics, Vol. 12, Part B. Radio telescopes. New York: Academic Press 1976
Modernes wissenschaftliches Handbuch

Meeks, M. L. (Hrsg.): Methods of experimental physics, Vol. 12, Part C: Radio observations. New York: Academic Press 1976
Modernes wissenschaftliches Handbuch

Rohlfs, K.: Radioastronomie; Instrumente, Meßmethoden, Ergebnisse. Darmstadt: Wissenschaftliche Buchgesellschaft 1980

Rohlfs, K.: Tools of Radioastronomy. Berlin: Springer 1986

Sickels, R. M.: Radio astronomy handbook. Fort Pierce, FL: Radio Astronomy Systems 1984

Swenson, G. W.: Amateur radio telescope. Tucson: Parchart Publication House 1980

Verschuur, G. L.: The invisible universe. New York: Springer 1974
Persönlich engagierte, allgemeinverständliche Übersicht über die radioastronomische Forschung

Verschuur, G. L., Kellermann, K. I.: Galactic and extra-galactic radio astronomy. Berlin: Springer 1974
Sammlung von Übersichtsartikeln zur Radioastronomie von Mitarbeitern des „National Radio Astronomy Observatory", für Leser mit naturwissenschaftlicher Vorbildung

13.6 Ratgeber für den Beobachter

Ahnert, P.: Kleine praktische Astronomie, Hilfstabellen und Beobachtungsobjekte. 3. Aufl. Leipzig: J. A. Barth 1986
Nützliche Tabellen und Übersichten

Arnold, H. J. P.: Night Sky Photography. London: George Philip 1988

Baker, D., Hardy, D. A.: Der Kosmos-Sternführer. Planeten, Sterne, Galaxien. Stuttgart: Franckh'sche Verlagshandlung 1979

Beneke, E.-J.: Was sehe ich am Himmel? Ein Begleiter durch den nördlichen und südlichen Sternenhimmel. Stuttgart: Franckh/Kosmos Verlagsgruppe 1986

Block, D.: Astronomie als Hobby. Sternbilder und Planeten erkennen und benennen. Niederhausen: Falken-Verlag 1982

Brandt, R.: Himmelswunder im Feldstecher, 8. Aufl. Leipzig: J. A. Barth 1968
Voll wertvoller Anregungen; für den angehenden Amateurastronomen

Brandt, R., Müller, B., Splittgerber, E.: Himmelsbeobachtungen mit dem Fernglas, 2. Aufl. Frankfurt: Harri Deutsch 1984

Dick, J.: Praktische Astronomie an visuellen Instrumenten. Leipzig: J. A. Barth 1963
Die Theorie der astronomischen Winkelmeßinstrumente und ihre Anwendung

Dunlop, S.: Astronomy: A step by step guide to the night sky. Feltham: Hamlyn 1985

Ekrutt, J.: Sterne-Kompaß, Ausgabe 1987–1989. München: Gräfe und Unzer 1986

Hartung, E. J.: Astronomical objects for southern telescopes. With an addendum for northern observatories. A handbook for amateur astronomers. Cambridge: Cambridge University Press 1984

Heiser, E.: Der gläserne Himmel. Eine phantastische Reise zu den Sternen durch computersimulierte zwei- und dreidimensionale Bilder. Lengerich: Polaris Publications 1985

Henden, A. A., Kaitchuk, R. H.: Astronomical photometry. New York: Van Nostrand 1982

Herrmann, J.: Der Amateurastronom. Stuttgart: Franckh'sche Verlagshandlung 1976

Herrmann, J.: Sterne. Der nördliche Himmel in Farbe. Stuttgart: Franckh'sche Verlagshandlung 1988

Jones, K. G. (Hrsg.): Webb Society Deep-Sky Observer's Handbook, Vol. 1: Double stars; Vol. 2: Planetary and gaseous nebulae Vol. 3: Open and globular clusters; Vol. 4: Galaxies; Vol. 5: Clusters of Galaxies; Vol. 6: Anonymous Galaxies; Vol. 7: The Southern Sky. Hillside: Enslow Publishers 1979, 1980, 1981

Liller, B., Meyer, B.: The cambridge astronomy guide: An introduction to practical astronomy. Cambridge: Cambridge University Press 1985

Menzel, D. H., Pasachoff, J. M.: A field guide to the stars and planets, 3rd ed. Boston: Houghton Mifflin 1983

Meurers, J.: Astronomische Experimente (Scientia Astronomica, Band 3). Berlin: Akademie-Verlag 1956
Eine interessante Publikation über die Möglichkeit, die astronomische Forschung an Laborversuchen zu bestätigen. Mit umfangreichem Literaturverzeichnis

Muirden, J.: Astronomy with binoculars, 2nd ed. London: Faber 1976

Muirden, J.: Astronomy with a small telescope. London: George Philip 1985

Oberndorfer, H.: Schau mal in die Sterne, 3. Aufl. Stuttgart: Kosmos-Verlag 1988

Peltiers, L.: Guide to the Stars. Exploring the Sky with Binoculars. Cambridge: Cambridge University Press 1986

Ridpath, I., Tirion, W.: Der große Kosmos-Himmelsführer. Stuttgart: Kosmos Verlag 1987

Ronan, C. A., Dunlop, S., Jones, B.: Der Himmel bei Tag und Nacht: Erkennen – Beobachten – Fotografieren. Stuttgart: Franckh/Kosmos 1986

Roth, G. D. (Hrsg.): Astronomy: A Handbook. Berlin: Springer 1975
Englische Ausgabe einer überarbeiteten Version der 2. Auflage des „Handbuches für Sternfreunde"

Roth, G. D.: BLV Himmelsführer Sterne und Planeten. Sterne erkennen, Sterne beobachten, 5. Aufl. München, Bern, Wien: BLV Verlagsgesellschaft 1989

Roth, G. D.: The amateur astronomer and his telescope, 2. Aufl. London: Faber and Faber 1972

Schroeder, W.: Praktische Astronomie für Sternfreunde, 7. Aufl. Stuttgart: Franckh'sche Verlagshandlung 1976
Belehrung und Beobachtung mit einfachsten Hilfsmitteln. Pädagogisch wie sachlich sehr interessant!

Schweizerische Astronomische Gesellschaft (Hrsg.): Orion-Sondernummer 1980. Luzern: Schweizerische Astronomische Gesellschaft 1980
Vorträge der 1. Burgdorfer Astro-Tagung 1979

Seymour, P.: Astronomie ganz einfach. Bauen und Beobachten von der Sonnenuhr zum Spiegelfernrohr. Stuttgart: Kosmos 1985

Sidgwick, J. B.: Amateur Astronomer's Handbook, 4. Aufl. Hillside: Enslow Publishers 1980
Alle Beobachtungsobjekte des Amateurs ausführlich behandelt. Eine sehr reiche Bibliographie führt in die englischsprachige Literatur ein

Stiftung Jura-Sternwarte (Hrsg.) 1976–1886. 10 Jahre Jura-Sternwarte Grenchen. Grenchen: Stiftung Jura-Sternwarte 1986

Vehrenberg-Blank: Handbuch der Sternbilder, 3. Aufl. Düsseldorf: Treugesell-Verlag 1977
Praktische Beobachtungshilfe; den Sternkarten auf den rechten Buchseiten sind links die Daten der wichtigsten Sterne und Objekte gegenübergesetellt

Vehrenberg, H.: Atlas der schönsten Himmelsobjekte, 4. Aufl. Düsseldorf: Treugesell-Verlag 1978
Neuauflage von „Mein Messier-Buch". Photographische Darstellung von mehr als 400 Himmelsobjekten

Vehrenberg, H.: Atlas of Deep-Sky Splendors. 4. ed. Cambridge: Cambridge University Press 1983

Widmann, W., Schütte, K.: Welcher Stern ist das? 20. Aufl. Stuttgart: Franckh'sche Verlagshandlung 1977

13.7 Instrumentenkunde und Beobachtungsverfahren

Astro-Amateur, Fernrohr-Selbstbau für Fortgeschrittene, Beobachtungsprobleme und Möglichkeit. Zürich-Stuttgart: Rascher Verlag 1962

Verschiedene Autoren behandeln Themen des Amateur-Instrumentenbaues wie: Schmidt-Kamera, Schiefspiegler, Protuberanzen-Fernrohr, Montierungsbau u.a.m.

Berek, M.: Grundlagen der praktischen Optik. Berlin, New York: W. de Gruyter & Co. 1970
Nahezu unveränderter Nachdruck der 1. Auflage 1930

Berry, R. (ed.): How to build a Dobsonian telescope, 2nd ed. Milwaukee, WI: AstroMedia 1983

Binnendijk, L.: Properties of Double Stars. Philadelphia: University of Pennsylvania Press 1960
Eine gut verständliche Einführung in alle Aspekte der Doppelsternforschung, unter besonderer Berücksichtigung der Auswertung von lichtelektrischen Beobachtungen

Born, M.: Optik. Ein Lehrbuch der elektromagnetischen Lichttheorie, 2. Aufl. Berlin: Springer 1965
Standardwerk für Studierende der Physik und Optikrechner

Cagnet. M., Francon, M., Thrierr, J. C.: Atlas der optischen Erscheinungen. Berlin: Springer 1962
Ausgezeichnete Veröffentlichung! Für passionierte Fernrohrbauer ebenso zu empfehlen wie für Physiklehrer und überhaupt Schulen

Carleton, N. (Hrsg.): Astrophysics Part A: Optical and Infrared, Vol. 12 of Methods of Experimental Physics. New York, London: Academic Press 1974
Mit drei Beiträgen von A. T. Young über Photomultiplier, Photometer, und die Reduktion lichtelektrischer Beobachtungen; hohes Niveau

Covington, M.: Astrophotography for the Amateur. Cambridge: Cambridge University Press 1985

Erbrich, K.: Präzisionspendeluhren. München: Georg D. W. Callwey 1978

Flügge. J., Hartwig, G., Weiershausen, W.: Studienbuch zur technischen Optik. Göttingen 1985

Gelder. E., Hirschmann, W.: Schaltungen mit Halbleiterbauelementen, Band I, 6. Aufl. Berlin-München: Verlag Siemens Aktiengesellschaft
Auf leicht verständliche Weise werden verschiedene Konverterschaltungen behandelt. Mit praktischen Beispielen

Genet, R. M. (Hrsg.): Solar System Photometry Handbook. Richmond, VA: Willmann-Bell 1983
Eine vorzügliche Sammlung von Aufsätzen über alle Aspekte der Photometrie von Sonne, Mond, Planeten und Planetoiden, Kometen und Sternbedeckungen durch Mond, Planeten und Planetoiden

Genet, K. M., Genet, R. M., Genet, D. R.: The Photoelectric Photometry Handbook. Mesa, AZ: The Fairborn Press 1987

Ghedini, S.: Software for Photoelectric Photometry. Richmond, VA: Willmann-Bell 1982
Eine Sammlung von BASIC-Rechenprogrammen für fast alle Aspekte der Photometrie, insbesondere von Veränderlichen

Gordon, B.: Astrophotography, 2nd ed. Richmond, VA: Willmann-Bell 1985

Gramatzki, H. J.: Probleme der konstruktiven Optik und ihre mathematischen Hilfsmittel, 2. Aufl. Berlin: Akademie-Verlag 1957
Ein gutes Buch für den Sternfreund, der sich mit der Berechnung optischer Systeme befaßt

Griesser, M.: Himmelsphotographie. Technik und Hilfsmittel der Astrophotographie. Bern, Stuttgart: Hallwag Verlag 1974

Hall, D. S., Genet, R. M.: Photoelectric Photometry of Variable Stars. Fairborn, OH: IAPPP Communications 1982
Eine hervorragende Einführung in den Photometerbau und den Einsatz von Photometern zur Veränderlichenbeobachtung

Hall, D. S., Genet, R. M., Thurston, B. L. (Hrsg.): Automatic Photoelectric Telescopes. Mesa, AZ: The Fairborn Press 1986
Eine Sammlung von Beiträgen über den Bau und den Einsatz von automatischen lichtelektrischen Teleskopen, auch von Amateurastronomen

Hardie, R. H.: Photoelectric Reductions, in: Hiltner, W. A. (Hrsg.): Stars and Stellar Systems II: Astronomical Techniques, S. 178. Chicago: University of Chicago Press 1962

Hearnshaw, J. B., Cottrell, P. L. (Hrsg.): Instrumentation and Research Programmes For Small Telescopes. Dordrecht: Reidel 1986

Henden, A. A., Khaitchuk, R. H.: Astronomical Photometry. New York: Van Nostrand Reinhold Co. 1982
Eine hervorragende Einführung in den Bau von Photometern und ihren Einsatz

Holzmann, G., Meyer, H., Schumpich, G.: Technische Mechanik in 3 Bänden, 3. Aufl. Stuttgart: B. G. Teubner 1976
Gute und nicht zu komplizierte Einführung in die technische Mechanik
Horward, E. G.: Handbook for telescope making. London: Faber & Faber 1969
Hübner, E.: Technische Schwingungslehre in ihren Grundzügen. Berlin: Springer 1957
Gute Einführung in die technische Schwingungslehre. Behandelt eingehend die elektrischen Analogien mechanischer Schwinger
Hübscher, J., Braune, W., Fernandes, M., Broemme, A.: Einführung in die visuelle Beobachtung Veränderlicher Sterne. Berlin: BAV-Berliner Arbeitsgemeinschaft für Veränderliche Sterne e.V. 1983
Eine hervorragende Einführung in die visuelle Photometrie mit vielen ausgearbeiteten Beispielen, auch zum Selbststudium bestens geeignet
Hütte, „Des Ingenieurs Taschenbuch", Physikhütte, Band I Mechanik, 29. Aufl. Berlin, München, Heidelberg: Verlag W. Ernst & Sohn 1971
Standard-Nachschlagewerk des Ingenieurs mit Formelsammlung, zahlreichen Tabellen und Berechnungshinweisen. Sehr komprimierter Stoff, umfangreiches Literaturregister
Ingalls, A. G.: Amateur telescope making I, II, III. New York: Scientific American 1953/1961
Das umfassendste Werk seiner Art. Unerschöpfliche Fundgrube über sämtliche Fragen der Herstellung aller Instrumente eines Amateur-Observatoriums, Nachdruck 1969 Book three
Johnson, H. L.: Photoelectric Photometers and Amplifiers, in: Hiltner, W. A. (Hrsg.): Stars and Stellar Systems II: Astronomical Techniques, S. 157 Chicago: University of Chicago Press 1962
Karkoschka, E., Merz, R., Treutner, H.: Astrofotografie. Stuttgart: Franckh'sche Verlagshandlung 1980
Wie fotografiere ich Sonne, Mond, Planeten, Sterne, Kometen und Satelliten? Geräte, Verfahren, Objekte
Knapp, W., Hahn, H. M.: Astrofotografie als Hobby. Herrsching/Ammersee: vwi Verlag Gerhard Knülle 1980
Eine Anleitung für Amateur-Astronomen
Klotter, K.: Technische Schwingungslehre, 2 Bände. Berlin: Springer 1960
Deutschsprachiges Standardwerk über mechanische Schwingungen
König, A., Köhler, H.: Die Fernrohre und Entfernungsmesser. Berlin: Springer 1959
Alles Wichtige über die theoretischen Grundlagen, die konstruktive Gestaltung und die Prüfung von Fernrohren
Kuiper, G. P., Middlehurst, B. M.: Telescopes, Volume I of Stars and Stellar Systems. Chicago, London: The University of Chicago Press 1960
Verschiedene Autoren behandeln Großteleskope und ihre Hilfseinrichtungen
Kutter, A.: Der Schiefspiegler. Biberach: F. Weichardt 1953
Umfassende elementar-mathematische Theorie und Praxis des sehr empfehlenswerten Instrumentes für den Amateur
Kutter, A.: Bau-Anleitung für den Kosmos-Schiefspiegler. Stuttgart: Franckh'sche Verlagshandlung 1964
Montagebeschreibung eines 110-mm-Schiefspieglers, dessen vorgefertigte Bauelemente die Franckh'sche Verlagshandlung liefert
Maksutow, D. D.: Technologie der astronomischen Optik. Berlin: Verlag Technik 1954
Der führende Optiker der UdSSR schreibt anregend und gibt praktische Vorschläge
Martinez, P.: Astrophotographie. Ein Leitfaden für den Amateurastronomen. Verlag Darmstädter Blätter 1985
Oberndorfer, H.: Fernrohr-Selbstbau, 5. Aufl. München: Verlag Sterne und Weltraum 1985
Praktische Anleitung mit Bauplänen für Freunde des Sternhimmels und solche, die es werden wollen
Percy, J. R. (Hrsg.): The Study of Variable Stars Using Small Telescopes. Cambridge: Cambridge University Press 1986
Eine gute Sammlung von Konferenzbeiträgen
Pittroff, H.: Beitrag zur Theorie und Konstruktion von Hauptspindellagerungen spanender Werkzeugmaschinen. Werkstatt u. Betrieb 96 (1963) 221–231
Grundlegende Arbeit über alle Aspekte der genauen und steifen Lagerung von Werkzeugmaschinenspindeln. Zahlreiche, auch für den Amateurmontierungsbau relevante Hinweise

Pittroff, H., Wiche, E.: Laufgüte von Werkzeugmaschinenspindeln. Werkstatt u. Betrieb *102* (1969) 547–559
Grundlegende Arbeit mit Nomogrammen und Berechnungshinweisen für die steife Lagerung von Wellen
Pittroff, H., Pittroff, H.: Auslegung von Werkzeugmaschinenspindeln. Maschinenmarkt *76* (1970) 1675–1679
Arbeit über die steife Gestaltung und Lagerung von Werkzeugmaschinenspindeln
Rieker, R.: Fernrohre und ihre Meister. Berlin: VEB Verlag Technik 1957
Eine Entwicklungsgeschichte der Fernrohrtechnik. Ein Nachschlagewerk für viele Fragen auf dem Gebiet des Fernrohrbaus
Rohr, H.: Das Fernrohr für jedermann, 5. Aufl. Zürich: Orell-Füssli 1972
An Hand dieses Buches schleift jeder mit Sicherheit einen guten Spiegel! Mit Literaturhinweisen und einem Beitrag von H. G. Ziegler über Montierungsbau
Roloff, H., Matek, W.: Maschinenelemente, Normung – Berechnung – Gestaltung, 7. Aufl. Braunschweig: Fried. Vieweg & Sohn 1976
Bekanntes Standardwerk mit vielen Tabellen, Zahlenwerten und praktischen Berechnungsbeispielen. Gutes Nachschlagewerk für den Konstrukteur und ernsthaften Montierungsbauer
Roth, G. D. (Hrsg.): Refraktor-Selbstbau, 2. Aufl. München: Uni-Verlag 1977
34 Konstruktionstafeln mit erläuterndem Text für den Selbstbau eines 2-Zoll-Refraktors, eines sechszölligen Schaer-Refraktors und einer kleinen Astrokamera
Roth, G. D. (Hrsg.): Astronomische Zusatzgeräte für Sternfreunde. München: Uni-Druck 1976
Sidgwick, J. B.: Amateur astronomer's handbook, 4. Aufl. London: Pelham Books 1979
Ein ausführliches Handbuch (über 500 Seiten), das sich der Fernrohrkunde und dem Instrumentarium des Amateurs widmet. Standardwerk des englischen Sprachgebietes. Mit gutem Literaturverzeichnis
Sonnefeld, A.: Die Hohlspiegel. Berlin: VEB Verlag Technik 1957
Das Buch enthält wertvolle Ausführungen über astronomische Spiegeloptik
Staus, A.: Fernrohrmontierungen und ihre Schutzbauten für Sternfreunde, 3. Aufl. München: Uni-Druck 1971
Bekanntes deutschsprachiges Werk mit Bauhinweisen und Konstruktionszeichnungen für 4 leicht herstellbare Amateurmontierungen („Flori-", „Ronny-", „Staku-" und „Siegfried-Montierung"). Behandelt zudem verschiedene Schutzbauten. Mit Ergänzungen von A. Kutter
Szàbo, I.: Einführung in die technische Mechanik. Berlin: Springer 1959
Bekanntes Werk zur technischen Mechanik
Taylor, H. D.: The adjustment and testing of telescope objectives, 5th ed. Bristol: Adam Hilger 1983
Teleskope Making, published by Astro Media, Kalmbach Publishing Co., 1027 N, Milwaukee. The magazine for, by and about telescope makers.
Für den Amateur-Instrumentenbau wichtiges Periodical mit zahlreichen Montierungsbeispielen (Dobson-Teleskope), Beiträgen zur Optik und allen zugeordneten Gebieten
Texereau, J.: How to make a telescope, 2nd ed. Richmond, VA: Willmann-Bell 1984
Timoshenko, S.: Vibration problems in engineering, 3. Aufl. New York: Van Nostrand 1955
Bekanntes englischsprachiges Werk über mechanische Schwingungen
Trueblood, M., Genet, R. M.: Microcomputer control of telescopes. Richmond, VA: Willmann-Bell 1984
Walker, G.: Astronomical Observations – An Optical Perspective. Cambridge: Cambridge University Press 1987
Das Buch beschreibt Prinzipien und Meßmethoden von photometrischen, spektroskopischen und anderen Geräten
Wenske, K.: Spiegeloptik, 4. Aufl. München: Verlag Sterne und Weltraum 1984
Entwurf und Herstellung astronomischer Spiegelsysteme
Weyren, Th., Brandt, O., Paulsen, E.: Einführung in die Phototechnik, 2 Bände. Hamburg: Technischer Verlag Herbert Cram 1952, 1956
Vor allem der 1. Band gibt die physikalischen, chemischen und technischen Grundlagen und einen Anhang über deutsche Hochleistungsobjektive
Wiche, E.: Radiale Federung von Wälzlagern bei beliebiger Lagerluft. Konstruktion *19* (1967) 184–192

Grundlegende Arbeit über die radiale Steifigkeit von Wälzlagern, in der der Einfluß des Lager-spieles und der radialen Vorspannung auf die Steifigkeit von Wälzlagern behandelt wird. Eine für wälzgelagerte Teleskopachsen wichtige Arbeit

Wolpert, R. C., Genet, R. M.: Advances in Photoelectric Photometry, Vol. 1. Fairborn, OH: Fairborn Observatory 1983
Eine Sammlung von Beiträgen aus dem Amateurbereich, mit vielen Tips zum Selbstbau, Daten-erfassung durch Heimcomputer usw.

Wood, F. B. (Hrsg.): Astronomical Photoelectric Photometry. Washington, D.C.: AAAS 1953
Eine Sammlung von Beiträgen über verschiedene Aspekte der astronomischen Photometrie, zum Teil stark veraltet

Wood, F. B.: Photoelectric Photometry for Amateurs. New York: Macmillan 1963
Ein recht veraltetes Lehrbuch, das aber noch einige nützliche Beiträge enthält

Wurzburg, H.: Voltage regulator handbook, theory and practice; sowie: The ABC's of DC to AC Inverters, Application Note AN-222. By Motorola Semiconductor Products Inc.

13.8 Sonnenuhren

Loske, L. M.: Die Sonnenuhren (Verständliche Wissenschaft, 69. Band). Berlin: Springer 1959

Peitz, A.: Sonnenuhren, Tabellen und Diagramme zur Berechnung. München: Georg D. W. Callwey 1978

Schilt, H.: Ebene Sonnenuhren verstehen und planen, berechnen und bauen. Selbstverlag. Erhältlich beim Autor, Höhenweg 5, CH-2502 Biel

Schumacher, H.: Sonnenuhren, eine Anleitung für Handwerk und Liebhaber. Gestaltung Kon-struktion, Ausführung. München: Georg D. W. Callwey 1973

Zenkert, A.: Faszination Sonnenuhr. Frankfurt: Verlag Harri Deutsch 1985

Zinner, E.: Alte Sonnenuhren an europäischen Gebäuden. Wiesbaden: Franz Steiner Verlag 1964

13.9 Rechnende Astronomie

Acker, A., Jaschek, C.: Astronomical Methods and Calculations. New York: John Wiley & Sons 1986

Ahnert, P.: Astronomisch-chronologische Tafeln für Sonne, Mond und Planeten, 3. Aufl. Leip-zig: J. A. Barth 1965
Moderne Hilfstafeln zur astronomischen Chronologie

Burgess, E.: Celestial basic: Astronomy on your computer. Berkeley, CA: Sybex 1982

Dick, J.: Grundtatsachen der Sphärischen Astronomie. Leipzig: J. A. Barth 1956
Das Buch ist als Einführung gedacht und für den Amateur besonders empfehlenswert

Dneprowsky, N.: Refraction tables of Poulkovo Observatory, 4. Aufl. Moskau: 1956

Duffett-Smith, P.: Practical astronomy with your calculator, 2nd ed. Cambridge: Cambridge University Press 1981

Eichel, H.: Ortsbestimmung nach Gestirnen. Stuttgart: Franckh'sche Verlagshandlung 1962
Grundlagen und Methoden der astronomischen Navigation

Försterling, H. D.: Mathematik für Naturwissenschaften. Braunschweig: Vieweg 1975

Green, R. M.: Spherical Astronomy. Cambridge: Cambridge University Press 1985

Hempe, K., Molt, J.: Sterne im Computer, Berechnungsprogramme für den Hobby-Astrono-men. Köln: Rudolf Müller 1986

Interpolation and allied tables. Prepared by H. M. Nautical Almanac Office. London: H. Majesty's Stationary Office 1956

Klein, F.: Pocket computer programs for astronomers: A collection of 13 programs for obser-vers. astro-photographers and dobsonians. Los Altos, CA: Klein Publications 1983

Meeus, J.: Astronomical formulae for calculators, 2nd ed. Richmond, VA: Willmann-Bell 1982

Mucke, H. (Hrsg.): Himmelskunde und Kleinrechner. Seminarpapiere vom 13. Sternfreunde-
seminar 1985 im Planetarium der Stadt Wien. Zu beziehen bei: Astronomisches Büro,
Hasenwartgasse 32, A-1238 Wien
Peterseim, S.: Einfache Rechenbeispiele für Sternfreunde. Westfälisches Museum für Natur-
kunde, Münster. Planetarium. Landschaftsverband Westfalen-Lippe. Sentruper Straße 285,
4400 Münster.
Riedwyl, H.: Graphische Gestaltung von Zahlenmaterial. Berlin: Paul Haupt Verlag 1975
Schmidt, W. F.: Astronomische Navigation. Ein Lehr- und Handbuch für Studenten und Prakti-
ker. Berlin: Springer 1983
Schneider, M.: Himmelsmechanik. Mannheim/Wien/Zürich: Bibliographisches Institut 1979
Schütte, K.: Index mathematischer Tafelwerke, 2. Aufl. München: Oldenbourg 1966
Sigl, R.: Geodätische Astronomie, 3. Aufl. Köln: Wichmann 1984
Steinert, K.-G.: Sphärische Trigonometrie. Leipzig: BSB B. G. Teubner Verlagsgesellschaft 1977
Stumpff, K.: Geographische Ortsbestimmung. Berlin: VEB Deutscher Verlag der Wissenschaf-
ten 1955
Waldmeier, M.: Leitfaden der Astronomischen Orts- und Zeitbestimmung. Aarau: Verlag H. R.
Sauerländer & Co. 1958
Wepner, W.: Mathematische Hilfsmittel für Studierende und Freunde der Astronomie, 3. Aufl.
Düsseldorf: Treugesell-Verlag 1982
Werner, H.: Vom Polarstern bis zum Kreuz des Südens, 3. Aufl. Stuttgart: Verlag von Gustav
Fischer 1960
*Eine allgemeinverständliche Einführung in die Astronomie der Himmelskugel und Anleitung zur
Orientierung im Gelände nach Gestirnen auf der ganzen Erde*
Zimmermann, O.: Astronomische Aufgaben für den Physikunterricht. Mannheim: Bibliogra-
phisches Institut 1966
Aufgabensammlung für die höhere Schule
Zimmermann, O.: Astronomisches Praktikum I und II, 4. Aufl. München: Verlag Sterne und
Weltraum 1987

13.10 Verwandte Wissenschaften (Mathematik, Meteorologie, Physik)

Hinweise: Es gibt mehrere Taschenbuchreihen (z. B. Sammlung Göschen), die Titel über fast alle
wichtigen naturwissenschaftlichen und technischen Sachgebiete enthalten. Wer schnell Überblick gewinnen will, bekommt hier das preiswerte Fachbuch

Ballif, Dibble: Anschauliche Physik für Studierende der Ingenieurwissenschaften, Naturwissen-
schaften und Medizin sowie zum Selbststudium, 2. Aufl. Berlin: de Gruyter 1987
Bartsch, H.-J.: Taschenbuch mathematischer Formeln, 7.–9. Aufl. Frankfurt: H. Deutsch 1986
Berber, Kacher, Meyer: Formeln und Tabellen zur Physik, 3. Aufl. Stuttgart: Teubner 1987
Böge, A.: Physik. Grundlagen, Versuche, Aufgaben, Lösungen, 4. Aufl. Wiesbaden: F. Vie-
weg & Sohn 1975
Bont, G. de: Wolkenatlas. Wolken und Wetter. Stuttgart: Ulmer 1987
Bosse, W.: Einführung in das Programmieren mit ALGOL W. Mannheim, Wien, Zürich: Biblio-
graphisches Institut 1976
Brachner, A.: Mit den Wellen des Lichts. Ursprünge und Entwicklung der Optik im süddeut-
schen Raum. München: G. Olzog Verlag 1987
Brandenburg, R.-J.: Messen und Auswerten mit dem Computer: mehrbändig. Bonn: F. Dümm-
ler
Brauch, W.: Programmierung mit FORTRAN, 4. Aufl. Stuttgart: B. G. Teubner 1979
Bromm, U.: Programmierbare Taschenrechner in Schule und Ausbildung. Wiesbaden: F. Vieweg & Sohn 1979
Bullrich, K.: Die farbigen Dämmerungserscheinungen. Basel-Boston-Stuttgart: Birkhäuser
1982

Dietze, G.: Einführung in die Optik der Atmosphäre. Leipzig. Akad. Verlagsgesellschaft 1957
  Eine sehr empfehlenswerte Einführung in dieses Spezialgebiet für den Sternfreund
Dieudonné, J.: Geschichte der Mathematik 1700–1900. Wiesbaden: Vieweg 1985
Dirschmid, H. J., Kummer, W., Schweda, M.: Einführung in die mathematischen Methoden der
  theoretischen Physik. Wiesbaden: F. Vieweg & Sohn 1976
Ebert, H. (Hrsg.): Physikalisches Taschenbuch, 5. Aufl. Wiesbaden: F. Vieweg & Sohn 1976
Falke, H.: Anlegung und Ausdeutung einer geologischen Karte. Berlin: de Gruyter 1975
Flügge, J.: Studienbuch zur technischen Optik, 2. Aufl. Göttingen: Vandenhoeck und Rupprecht
  1985
Gericke, H.: Mathematik in Antike und Orient. Berlin: Springer 1984
Graf, U.: Formeln und Tabellen der angewandten mathematischen Statistik, 3. Aufl. Berlin:
  Springer 1987
Großmann, S.: Mathematischer Einführungskurs für die Physik, 2. Aufl. Stuttgart: G. Teubner
  1976
Haake, F.: Einführung in die theoretische Physik. Weinheim: Verlag Physik 1983
Häckel, H.: Meteorologie. Stuttgart: Ulmer 1985
Haferkorn, H.: Optik. Physikalisch-technische Grundlagen und Anwendungen. Frankfurt: H.
  Deutsch 1981
Haferkorn, H.: Bewertung optischer Systeme. Berlin: Deutscher Verlag der Wissenschaften 1986
Hake, G.: Kartographie. Kartenaufnahme, Netzentwürfe, Gestaltungsmerkmale, topographi-
  sche Karten, 6. Aufl. Berlin: de Gruyter 1982
Hake, G.: Kartographie. Thematische Karten, kartenverwandte Darstellungen, Kartentechnik,
  Automation, Kartengeschichte, 3. Aufl. Berlin: de Gruyter 1985
Hermann, A.: Lexikon Geschichte der Physik A–Z, 3. Aufl. Köln: Aulis-Verlag 1987
Hess, P., Brezowsky, H.: Katalog der Großwetterlagen Europas. Berichte des Deutschen Wetter-
  dienstes, Bd. 15, Nr. 113. Offenbach 1969
Hilbert, A.: Taschenbuch mathematisches Grundwissen, 2 Bände. Frankfurt: H. Deutsch 1985
Hilbert, D.: Grundlagen der Geometrie, 12. Aufl. Stuttgart: B. G. Teubner 1977
Hildebrand, S.: Feinmechanische Bauelemente, 4. Aufl. München: Hanser 1983
Höfling, O., Mirow, B., Becker, G.: Physik. Lehrbuch für Unterricht und Selbststudium,
  15. Aufl. Bonn: Ferd. Dümmlers Verlag 1987
Hoschek, J.: Mathematische Grundlagen der Kartographie, 2. Aufl. Mannheim: Bibliographi-
  sches Institut 1984
Hund, F.: Grundbegriffe der Physik, 2 Bände. Mannheim, Wien, Zürich: Bibliographisches
  Institut 1979
Können, G. P.: Polarized Light in Nature. Cambridge: Cambridge University Press 1985
Kreul, H.: Moderner Vorkurs der Elementarmathematik, 6. Aufl. Frankfurt: H. Deutsch 1986
Krug, G.: Mechanische Uhren. Berlin: Verlag Technik 1987
Kuntz, E.: Kartennetzentwurfslehre. Köln. Wichmann 1984
Lorenzen, P.: Die Entstehung der exakten Wissenschaften. Berlin: Springer 1960
Malberg, H.: Meteorologie und Klimatologie. Berlin: Springer 1985
Meschkowski, H., Laugwitz, D.: Meyers Handbuch über die Mathematik, 2. Aufl. Mannheim,
  Wien, Zürich: Bibliographisches Institut
Meschkowski, H.: Einführung in die moderne Mathematik, 3. Aufl. Mannheim, Wien, Zürich:
  Bibliographisches Institut 1971
Meyers Großer Rechenduden. Mannheim: Bibliographisches Institut 1961–1965 (4 Bände)
  *Anleitungen und Regeln für einfache und schwierige Rechenvorgänge. Tabellen, Funktions-
  tafeln, Formeln und ein Lexikon mathematischer Begriffe*
Möller, F.: Einführung in die Meteorologie, 2 Bände. Mannheim, Wien, Zürich: Bibliographi-
  sches Institut 1973
Moroney, M. J.: Einführung in die Statistik, 2 Bände. München: R. Oldenbourg Verlag 1970
  und 1971
Naumann, Schröder: Bauelemente der Optik, Taschenbuch für Konstrukteure, 5. Aufl. Mün-
  chen: Hanser 1987
Pohl, R. W.: Einführung in die Physik, 3 Bände. Berlin: Springer 1975, 1976, 1983
Precht, M., Voit, K.: Mathematik für Nichtmathematiker, 2 Bände, 3. Aufl. München: R.
  Oldenbourg Verlag 1983

Putnam, W. C.: Geologie. Einführung in ihre Grundlagen. Berlin: de Gruyter 1969
Rast, H.: Vulkane und Vulkanismus, 3. Aufl. Stuttgart: Enke 1987
Reuter, H.: Die Wissenschaft vom Wetter, 2. Aufl. Berlin: Springer 1978
Richter, D.: Allgemeine Geologie, 3. Aufl. Berlin: de Gruyter 1986
Rock, I.: Wahrnehmung. Vom visuellen Reiz zum Sehen und Erkennen. Heidelberg: Verlag
    Spektrum der Wissenschaft 1986
Rocznik, K.: Wetter und Klima in Deutschland, 2. Aufl. Stuttgart: S. Hirzel Verlag 1986
Roth, G. D.: BLV Wetterführer Wetterkunde für alle die wandern, bergsteigen, segeln, fliegen,
    jagen, fischen, säen, ernten, 3. Aufl. München: BLV-Verlag 1985
Rottmann, K.: Mathematische Formelsammlung, 3. Aufl. Mannheim: Bibliographisches Insti-
    tut 1984
Scherhag, R.: Wetteranalyse und Wetterprognose. Berlin: Springer 1948
Schlenker, K. C.: Uhren bauen leicht gemacht. Köln: R. Müller 1984
Schmetterer, L.: Einführung in die mathematische Statistik. Wien, New York: Springer 1965
Schmidt, H.: Messen und Experimentieren mit Stecksystemen und anderen einfachen Hilfsmit-
    teln, mehrbändig. Bonn: F. Dümmler
Schöpfer, S.: Wie wird das Wetter? 5. Aufl. Stuttgart: Franckh'sche Verlagshandlung 1976
Schreier, W. (Hrsg.): Geschichte der Physik. Berlin: Deutscher Verlag der Wissenschaften 1988
Schumny, H.: Taschenrechner Handbuch, 2. Aufl. Wiesbaden: F. Vieweg & Sohn 1977
Smolek, G., Weissenböck, M.: Einführung in die EDV von A bis Z. Paderborn: Ferd. Schöningh
    1977
Wagner, K.: Kartographische Netzentwürfe. Mannheim: Bibliographisches Institut 1962
    Zuverlässiger Ratgeber und Nachschlagewerk über das Gebiet Kartenentwurfslehre
Weizel, W.: Lehrbuch der theoretischen Physik, 2 Bände, 3. Aufl. Berlin: Springer 1963 und 1965
Wellers, H.: Formelsammlung Physik, 3. Aufl. Düsseldorf: Cornelsen, Schwann-Girardet 1983
Westphal, W. H.: Physik, 25./26. Aufl. Berlin: Springer 1970
    Unter den Physiklehrbüchern ein Standardwerk

13.11 Objekte der Beobachtung in Einzeldarstellungen (Monographien und Hinweise auf Spezialliteratur)

Anmerkung: In den meisten unter „Populäre Gesamtdarstellungen und Nachschlagewerke" und
„Wissenschaftliche Einführungen und Nachschlagewerke" im Literaturverzeichnis aufgeführten
Publikationen werden bereits die nachfolgenden Objekte der Beobachtung mehr oder minder
ausführlich dargestellt. Die Einzeldarstellungen bringen die notwendige Ergänzung und Vertiefung des Stoffes. Siehe auch Literaturhinweise am Ende eines jeden Kapitels in diesem Handbuch.

Sonne

Abetti, G.: The sun. London: Verlag Faber and Faber 1955
Baxter, W. M.: The Sun and the amateur astronomer. London: Lutterworth Press
Beck, R., Hilbrecht, H., Reinsch, K., Völker, P. (Hrsg.): Handbuch für Sonnenbeobachter.
    Berlin: Vereinigung der Sternfreunde e.V. 1982
Bray, R. J., Loughhead, R. E.: Sunspots. London: Chapman and Hall 1964
Bray, R. J., Loughhead, R. E.: The Solar Chromosphere London: Chapman and Hall 1974
Bruzek, A., Durrant, C. J.: Illustrated Glossary for Solar and Solar-Terrestrial Physics. Dord-
    recht: D. Reidel 1977
Doebel, G.: Die Sonne. Stuttgart: Franckh'sche Verlagshandlung 1975
Durrant, C. J.: The atmosphere of the Sun. Bristol, Philadelphia. Adam Hilger 1988
Eddy, J. A. (Hrsg.): A new sun. The solar results from skylab. Washington: National Aeronau-
    ties and Space Administration 1979
Giovanelli, R. G.: Geheimnisvolle Sonne. Weinheim: VCH Verlagsges. 1987
Gleissberg, W.: Die Häufigkeit der Sonnenflecken (Scientia Astronomica, Band 2). Berlin:
    Akademie Verlag 1952

Ein Buch, das neben nützlichen Beobachtungsanweisungen Abschnitte zur Positionsbestimmung enthält. Mit Literaturhinweisen
Kiepenheuer, K. O.: Die Sonne (Verständliche Wissenschaft, Band 68). Berlin: Springer 1957
Klüber, H.: Über Voraussagen zum Sonnenfleckenmaximum (in Henseling Himmelskalender 1947). Berlin: Condor-Verlag 1947
Für den Amateur als Anleitung geschrieben
Kuiper, G. P.: The sun. Chicago: The University of Chicago Press 1953
Menzel, D. H.: Our sun. Philadelphia: Harvard Books on Astronomy 1949
Newton, H. W.: The face of the sun. Harmondsworth: Penguinbooks A 422 Ltd, 1958
Ein leicht verständlich geschriebener Leitfaden über die Sonnenforschung von Galileis Zeiten an
Noyes, R. W.: The sun, our star. Cambridge, MA and London: Harvard University Press 1982
Sonne, Mitteilungsblatt der Amateursonnenbeobachter. Mit Sammlung der Relativzahlen, Erfassung von Beobachtungsdaten und Archiv von Amateurveröffentlichungen. Kontaktadresse. Peter Völker, Wilhelm-Foerster-Sternwarte, Munsterdamm 90, D-1000 Berlin 41
Stix, M.: The Sun (Astronomy and Astrophysics Library). Berlin: Springer 1989
Svestka, Z.: Solar Flares. Dordrecht: D. Reidel 1976
Tandberg-Hanssen, E.: Solar Prominences. Dordrecht: D. Reidel 1974
Übelacker, E.: Die Sonne (Reihe „Was ist Was", Bd. 76). Hamburg: Tessloff Verlag 1986
Waldmeier, M.: Sonne und Erde. Zürich: Verlag Gutenberg 1946
Waldmeier, M.: Tabellen zur heliographischen Ortsbestimmung. Basel: Birkhäuser 1950
Ausschließlich auf Positionsbestimmung ausgerichtet mit Formeltextteil, Tafeln und Diagrammen
Waldmeier, M.: Ergebnisse und Probleme der Sonnenforschung, 2. Aufl. Leipzig: Akademische Verlagsgesellschaft 1955
Enthält mehrere Abschnitte mit eingehender Darstellung der Positionsbestimmung und der Ableitung der Rotationsgesetze der Sonne. Mit Literaturhinweisen

Sonnenfinsternisse

Mahler, E.: Die centralen Sonnenfinsternisse des XX. Jahrhunderts. Wiener Akademie 1885
Meens, J., Grosjean, C. C., Vanderleen, W.: Canon of solar eclipses. Oxford: Pergamon Press 1966
Oppolzer, Th. von: Canon der Finsternisse. Wiener Akademie 1887
Solar Eclipses and the Ionosphere, hrsg. v. Beynan und Brown. London: Pergamon Press 1956
Berichtet über die Beziehungen zwischen Sonnenfinsternissen und Ionosphäre. Dort auch weitere Fachliteratur
Anläßlich der totalen Sonnenfinsternisse erschienen z. T. ausführliche Berichte in den auf S. 488 genannten Zeitschriften

Mond

Arthur, D. W. G.: Contributions to Selenography No. 1–4 im Selbstverlag des Verfassers. Nachweis über das Sekretariat der BAA
Arthur befaßt sich vor allem mit Positionsmessungen und ihrer Reduktion. Die Schriften sind Beispiel dafür, was ernsthafte Amateurarbeit zu leisten vermag
Arthur, D. W. G., Agnieray, A. P.: Lunar designations and positions. Tucson: the University of Arizona Press 1964
Eine vorzügliche Übersichtskarte, bestehend aus 4 Blättern mit sehr exakten Positionen und der neuen, von der IAU festgelegten Mondnomenklatur. Monddurchmesser auf der Karte 1 m
Baldwin, R. B.: The measure of the moon. Chicago: The University of Chicago Press 1963
Umfangreiches Beobachtungsmaterial ist hier verarbeitet worden zur Deutung der Einzelheiten auf der Mondoberfläche
Baldwin, R. B.: The moon – a fundamental survey. New York: McGraw-Hill 1965
Büttner, W.: Die Monduhr. Immerwährender Mondphasenzeiger. Würzburg: Astro Media-Verlag 1985
Cadogan, P. H.: The Moon – our sister planet. Cambridge: Cambridge University Press 1981
Callatay, Vincent de: Goldmanns Mondatlas. Herausgegeben und bearbeitet von W. Jahn. München: Wilhelm Goldmann Verlag 1962

Mit allen Grundlagen über die Mondbahn etc. im Textteil. Gute Mondphotos vom Pic du Midi. Bibliophiles Werk

Communications of the Lunar and Planetary Laboratory, Vol. 3, Nr. 50. Tucson: The University of Arizona 1965
Beschreibung aller Mondkrater mit Durchmessern von 3,5 km an im 3. Mondquadranten
Der Katalog enthält 5200 Objekte und ist illustriert mit einer Karte, bestehend aus 11 Sektionen
Weitere Kataloge von den übrigen Quadranten sind inzwischen erschienen
Das Institut veröffentlicht laufend über Mond und Planeten

Elger, T.: The moon-map of its principal physical features. London: 1950
Eine sehr handliche und übersichtliche Karte zur Orientierung. Monddurchmesser ca. 45 cm

Falk-Mondbildkarte. Hamburg, Berlin, Den Haag: Falk-Verlag 1959
Farbige Reliefkarte, Monddurchmesser 56 cm

Fauth, Ph.: Mond-Atlas. Bremen: Olbers-Gesellschaft 1964
Die zeichnerisch wie topographisch außergewöhnliche Karte im Maßstab 1:1 Million ist vom Sohn Hermann Fauth zur Veröffentlichung vorbereitet worden. Die Karte besteht aus 25 Blättern, einer Übersichtskarte und einer Erläuterung

Fielder, G.: Structure of the moon's surface. London: Pergamon Press 1961

Guest, J. E., Greeley, R.: Geologie auf dem Mond. Stuttgart: Ferdinand Enke Verlag 1979

Güttler, A., Petri, W.: Der Mond. Heidelberg: Heinz Moos Verlag 1962
Kulturgeschichte und Astronomie des Mondes

Hopmann, J.: Ermittlung von Höhen auf dem Monde. Wien: Springer 1963

Hopmann, J.: Die Genauigkeit der Angaben von relativen Höhen auf dem Monde. Wien: Springer 1965
Neue Werte für 163 Punkte

Klepesta, J., Luckas, L.: Mondkarten. Stuttgart: Franckh'sche Verlagshandlung
Zweifarbige Reliefkarten 60 × 84 cm mit Textheft

Kopal, Z.: The Moon. Dordrecht: D. Reidel 1969

Kopal, Z.: Klepešta, J., Rackham, Th. W.: Photographic atlas of the moon. New York, London: Academic Press 1965

Kopal, Z., Carder, R. W.: Mapping of the Moon. Past and Present. Dordrecht: D. Reidel 1974
Wichtiges Werk über die Kartographie der Mondoberfläche

Kuiper, G. P. (Hrsg.): Photographic lunar atlas based on photographs taken at the Mount Wilson, Lick, Pic du Midi, McDonald and Yerkes observatories. Chicago: The University of Chicago Press 1960
Standardwerk unter den modernen photographischen Mondatlanten von hohem wissenschaftlichem Wert. Monddurchmesser 2,5 m

Link, F.: Der Mond. Berlin: Springer 1969

Lohrmann, W. G.: Mondkarte in 25 Sektionen. 2. Auflage herausgegeben von Paul Ahnert. Leipzig: J. A. Barth 1963
Sehr gute und handliche Karte für Amateure mit kleinen und mittleren Instrumenten

Masursky, H., Colton, G. W., Farouk El-baz (eds): Apollo over the moon: A view from orbit. Washington, DC: NASA 1978

Middlehurst, Kuiper: The moon, meteorites, and comets. The solar system. Vol. IV. Chicago: The University of Chicago Press 1963
Wichtiges Sammelwerk mit umfassender Information nach dem Stand der Forschung damals

Miyamoto, S., Hattori, A.: Photographic atlas of the moon. Second Edition 1964. Contributions from the Institute of Astrophysics and Kwasan Observatory University of Kyoto (Japan) Nr. 137. Kyoto: 1964

The Moon, Nachrichtenblatt der Mondsektion in der „British Astronomical Association"
Eine Schrift, die ausschließlich für den Praktiker am Fernrohr gedacht ist und in der die Diskussion über aktuelle Beobachtungsfragen stattfindet. Näheres Sekretariat der BAA

Moore, P.: The moon. London: Mitchell Beazley, 1981; New York: Rand McNally, 1981

Moore, P.: Der Mond – Ein Atlas des Mondes. Freiburg: Herder 1982

Protokolle der Sitzungen der Gruppe Berliner Mondbeobachter. Herausgegeben von der Wilhelm-Foerster-Sternwarte, Munsterdamm 90, D-1000 Berlin 41

Rükl, A.: Maps of lunar hemispheres. Dordrecht: D. Reidel 1972

Rükl, A.: Mond – Mars – Venus, Taschenatlas der erdnächsten Himmelskörper. Hanau: Verlag Werner Dausien 1977
Schwinge, W.: Fotografischer Mondatlas. Leipzig: F. A. Barth 1983
Spurr, J. E.: Geology applied to selenology, Vol. 3. Rumford Press 1948
Spurr, J. E.: Geology applied to selenology, Vol. 4. Rumford Press 1949
Stein, W. (Hrsg.): 1. und 2. Sonderheft Mondkarten, Nachrichten der Olbers-Gesellschaft Bremen, Nr. 60 und 63, 1964 und 1965. Herausgegeben aus Anlaß der Herausgabe der Großen Mondkarte von Philipp Fauth. Zu beziehen über die Olbers-Gesellschaft, Bremen, Seefahrtschule
Zahlreiche nützliche Hinweise für Mondbeobachter
Tasch, J. H.: The Moon. Sudburry: Tasch Associates 1974
Überlacker, E.: Der Mond („Was ist Was", Bd. 21) Hamburg: Tessloff 1985
US Air Force (Hrsg.): Charts of the moon. Washington: The Superintendent of Documents, Government Printing Office
Die Karte ist im Maßstab 1:1000000 angelegt und umfaßt 84 Einzelblätter im Format 55 × 73 cm
Voigt, A., Giebler, H.: Berliner Mondatlas, 3. Aufl. Berlin: Wilhelm-Foerster-Sternwarte 1989
Wilkins, H. P.: Map of the moon, 3. Aufl. London 1951
Wilkins, H. P., Moore, P.: The moon. London: Faber and Faber Ltd. 1955
Das Buch enthält die Große Mondkarte von H. P. Wilkins in verkleinertem Format auf 25 Seiten, dazu Text, der die sichtbare Mondoberfläche beschreibt. Im Anhang befindet sich ein ausgezeichneter Aufsatz von E. A. Whitaker über Mondphotographie
Whitaker, E. A., u. a.: Rectified lunar atlas. Supplement Number two to the photographie lunar atlas. Tucson: The University of Arizona Press 1963
Der Atlas stellt in 30 Karten (Maßstab 1:3,5 Mill.) die Mondoberfläche „entzerrt" dar
Wolf, H.: Erdmond, Vorderseite – Rückseite. Kosmos-Handkarte. Stuttgart: Franckh'sche Verlagshandlung o. J.

Mondfinsternisse

Link, F.: Die Mondfinsternisse (Probleme der kosmischen Physik, Bd. 28). Leipzig: Akad. Verlagsgesellschaft 1956
Der Autor zeigt die Beziehung zur Physik der Atmosphäre und zur Sonnenphysik. Mit reichhaltigem Literaturverzeichnis!
Meeus, J., Mucke, H.: Canon of Lunar Eclipses, −2002 to +2525. Wien: Astronomisches Büro 1978

Sternbedeckungen

Vorausberechnungen für Mitteleuropa werden veröffentlicht in:
a) Sterne und Weltraum (s. S. 488).
b) Deutschprachige Himmelskalender (s. S. 489).

Künstliche Erdsatelliten

Von den sehr zahlreichen Veröffentlichungen in Buchform seien genannt zur allgemeinen Unterrichtung:

Allen, J. A. van: Scientific uses of earth satellites. London: Chapmann and Hall 1956
Bohrmann, A.: Bahnen künstlicher Erdsatelliten. Mannheim: Bibliographisches Institut 1966
Cormier, L. N., Goodwin, N., Squires, R. K.: IGY World Data Center A, National Academy of Sciences, Satellite Report Series No. 7. Washington 1959
Gail, O. W., Petri, W.: Weltraumfahrt – Physik, Technik, Biologie. München: Hanns Reich Verlag 1958
Hartmann, G.: Bestimmung wichtiger Satellitenpositionen mit Hilfe graphischer Darstellungen. Lindau (Harz): Max-Planck-Institut für Aeronomie 1965
King-Hele, D., Observing Earth Satellites, Macmillan, 1983
King-Hele, D. G., Pilkington, J. A., Hiller, H., Walker, D. M.C., Winterbottom, A. N.: The rae table of earth satellites 1957–1982, 2nd. ed. London: Macmillan 1983

Miles, H. (Hrsg.): Artificial satellite observing and its applications. London: Faber 1974
Petri, W.: Künstliche Erdsatelliten und Raumsonden. In: Landolt-Börnstein: Zahlenwerte und Funktionen... Neue Serie, Gruppe VI, Band I: Astronomie und Astrophysik (Hrsg.: H. H. Voigt). Berlin: Springer 1965
Priester, W., Hergenhahn, G.: Bahnbestimmung von Erdsatelliten aus Doppler-Effekt-Messungen. Köln, Opladen: Westdeutscher Verlag 1958
Rousseau, P.: Satellites artificiels. Paris 1957
Sklovskij, I. S., Ščeglov, P. V.: Optische Beobachtungen künstlicher Erdsatelliten. In: Künstliche Ersatelliten. Berlin: Akademie-Verlag 1959
Veis, G.: Optical tracking of artificial satellites. In: Space Science Reviews 2 No. 2 Dordrecht: D. Reichel 1963
Vertregt, M.: Principles of astronautics, 2nd edition. Amsterdam, London, New York: Elsevier Publishing Company 1963
Vilbig, F.: Nachrichtenübertragung mit Hilfe von Satelliten. Frankfurt a. M.: Akademische Verlagsgesellschaft 1962

Kometen

Gerstenberger, M.: Kometen – Außenseiter am Himmelszelt (Kosmos-Bändchen). Stuttgart: Franckh'sche Verlagshandlung 1951
   Populäre Einführung in die Kometenforschung
Högner, W., Richter, N.: Isophotometrischer Atlas der Kometen. Leipzig: J. A. Barth 1969
Hoffmeister, C.: Photographische Aufnahmen von Kometen. Berlin: Akademie-Verlag 1956
   58 Bildtafeln mit Aufnahmen, die auf der Sternwarte Sonneberg gewonnen worden sind. Interessante Vergleichsmöglichkeiten über die Veränderung einzelner Objekte
Krishna Swamy, K. S.: Physics of comets. Singapore: World Scientific Publishing 1986
   Beschränkt sich im wesentlichen auf die physikalischen Prozesse in und um Kometen
Marsden, G. B.: Catalogue of cometary orbits. Cambridge, MA: Smithsonian Astrophysical Observatory 1982
   Von Zeit zu Zeit revidierter Katalog von Bahnelementen. Derzeit Eintragungen für 710 Kometen
Moore, P.: Guide to comets, 2nd ed. Guildford: Lutterworth Press 1977
Porter, J. G.: Comets and meteor streams (The International Astrophysics Series, Band 2). London: Verlag Chapman and Hall Ltd; New York: John Wiley and Sons Inc. 1952
   Insbesondere Zusammenhang zwischen Kometen und Meteorströmen, dabei Behandlung der Kometenbahnen, Tabellen ihrer Elemente, Bahnbestimmung und Ephemeridenrechnung mit Rechenbeispielen
Reichstein, M.: Kometen – kosmische Vagabunden. Thun, Frankfurt/Main: H. Deutsch 1985
Richter, N. B.: Statistik und Physik der Kometen. Leipzig: J. A. Barth 1954
   Eine wissenschaftliche Monographie, die für den interessierten Amateur als Standardwerk zu bezeichnen ist
Schmidt, E. (Hrsg.): Halleyscher Komet – eine Motivliste Astronomie & Philatelie. Zu beziehen über den Herausgeber, Postfach 4616, 8500 Nürnberg 1
Seargeant, D. A.: Comets: Vagabonds of space. New York: Doubleday 1982
Wilkening, L. L. (ed.): Comets. Tucson: The University of Arizona Press 1982
   Überblick über alle Bereiche der Kometenforschung
Whipple, F. L.: The Mystery of Comets. Cambridge: Cambridge University Press 1985
Wurm, K.: Die Kometen (Verständliche Wissenschaft, Bd. 53). Berlin: Springer 1954
   Weitergehende, aber immer noch gemeinverständliche Einführung in das Gesamtgebiet

Meteore

Heide, F.: Kleine Meteoritenkunde (Verständliche Wissenschaft, Band 23). Berlin: Springer 1934
Hoffmeister, C.: Meteorströme. Leipzig: J. A. Barth 1948
   Ein Standardwerk für den Meteorbeobachter
Lovell, A. C.: Meteor astronomy. Oxford: Clarendon Press 1954
McSween, H. Y.: Meteorites and their parent planets. Cambridge: Cambridge University Press 1987

Mucke, H. u. a.: Die Meteore. Schrift des 14. Sternfreunde-Seminars 1986 im Planetarium der Stadt Wien. Enthältlich beim Astronomischen Büro, Hasenwartgasse 32, A-1238 Wien

Sfoutouris, S.: Kometen, Meteore, Meteoriten. Geschichte und Forschung. Rüschlikon, Zürich: Albert Müller Verlag 1986

Whipple, F. L.: The Harvard photographie meteor program. Sky and Telescope Band 8, 90 (1949)

Planeten und Planetoiden

Alexander, A. F. O'D.: The Planet Saturn. London: Faber and Faber 1962; Reprint New York: Dover 1980

Alexander, A. F. O'D.: The Planet Uranus. London: Faber and Faber 1965

Antoniadi, E. M.: La Planète Mars. Paris: Hermann 1930

Baker, V. R.: The Channels of Mars. Bristol: Adam Hilger 1982

Batson, R. M., Bridges, P. M., Inge, J. L.: Atlas of Mars. Washington: National Aeronautics and Space Administration 1979

Beatty, J. K., O'Leary, ChaiKin, A. (Hrsg.): Die Sonne und ihre Planeten – Weltraumforschung in einer neuen Dimension. Weinheim: Verlag Physik 1983

Blunck, J.: Mars and its Satellites, 2. Aufl. New York: Exposition Press 1982

Briggs, G., Taylor, F.: The Cambridge Photographic Atlas of the Planets. Cambridge: Cambridge University Press 1982
Photo- und Forschungsergebnisse der Raumfahrt in einer Zusammenfassung

Briggs, G., Taylor, F.: Cambridge Photoatlas der Planeten – Das neue Bild des Sonnensystems. Stuttgart: Franckh'sche Verlagshandlung 1984

Bronshten, V. A. (ed.): The Planet Jupiter. Translation from the Russian, Israel Program for Scientific Translations, Jerusalem 1969

Bourge, P., Dragesco, J., Dargery, Y.: La Photographie Astronomique d'Amateur. Paris: Publications Photo-Cinéma Paul Montel 1977
Mit Abschnitten über Mond- und Planetenphotographie

Carr, M. H.: The Surface of Mars. New Haven, London: Yale University Press 1981
Photos und Forschungsergebnisse der Viking-Mission

Chamberlain, J. W.: Theory of Planetary Atmospheres – An Introduction to Their Physics and Chemistry. International Geophysics Series, Vol. 22. New York, San Francisco, London: Academic Press 1978

Dessler, A. J. (Hrsg.): Physics of the Jovian Magnetosphere. Cambridge: Cambridge University Press 1983

Doherty, P.: Atlas of the planets. Hightstown: McGraw-Hill Book Company 1980

Dollfus, A.: Moon and Planets. Amsterdam: North Holland 1967

Dollfus, A.: Surfaces and Interiors of Planets and Satellites. London, New York: Academic Press 1970

Eccles, M. J., Sim, M. E., Tritton, K. P.: Low light detectors in astronomy. Cambridge: Cambridge University Press 1983

Eelsalu, H., Hermann, D.: Johann Heinrich Mädler. Berlin: Akademie-Verlag 1985

Ekrutt, J. W.: Die Kleinen Planeten. Kosmos-Buchbeigabe Nr. 296. Stuttgart: Franckh'sche Verlagshandlung 1977

Engelhardt, W.: Planeten, Monde, Ringsysteme, Kamerasonden erforschen unser Sonnensystem. Basel: Birkhäuser 1984

Gehrels, T.: Jupiter. Tucson, AZ: The University of Arizona Press 1976

Gehrels, T. (Hrsg.): Asteroids. Tucson: University of Arizona Press 1979

Gehrels, T., Shapley, M. (Hrsg.): Saturn. Tucson AZ: The University of Arizona Press. 1984

Greeley, R.: Planetary Landscapes. London: Allen & Unwin 1985

Grosser, M.: Entdeckung des Planeten Neptun. Frankfurt/M.: Suhrkamp 1970

Guest, J. et al.: Planetary geology. Newton Abbot: David & Charles 1979

Guest, J. (Hrsg.): Planeten-Geologie. Mond, Merkur, Mars, Venus und Jupitermonde. Freiburg: Herder 1981

Hahn, H.-M.: Zwischen den Planeten. Stuttgart: Franckh'sche Verlagshandlung 1984

Henderson-Sellers, A.: The Origin and Evolution of Planetary Atmospheres. Bristol: Adam Hilger Ltd., 1983

Heuseler, H.: Zwischen Sonne und Jupiter. Stuttgart: Franckh'sche Verlagshandlung 1975
Hoyt, W. G.: Planets X and Pluto. Tucson: University of Arizona Press 1980
Hunt, G.: Uranus and the outer planets. Cambridge: Cambridge University Press 1982
Hunt, G., Moore, P.: Jupiter. Freiburg: Herder 1982
Hunt, G. E. (Hrsg.): Recent Advances in Planetary Meteorology. Cambridge: Cambridge University Press 1985
Hunt, G. E., Moore, P.: Saturn – Ein Atlas des Saturn. Freiburg: Herder 1983
Köhler, H. W.: Der Mars – Bericht über einen Nachbarplaneten. Braunschweig: Vieweg 1978
Köhler, H. W.: Die Planeten, Braunschweig: Vieweg 1983
Kopal, Z.: The realm of the terrestrial planets. New York: John Wiley and Sons 1979
Mitteilungen für Planetenbeobachter (Neue Folge). Erscheinungsweise zweimonatlich. Herausgeber H. Haug und C. Kowalec. Arbeitskreis Planetenbeobachter, Wilhelm-Foerster-Sternwarte, Munsterdamm 90, D-1000 Berlin 41
Kowal, Ch. T.: Asteroids their nature and utilization. Chichester: Ellis Horwood 1988
Ksanfomaliti, Leonid W.: Planeten – Neues aus unserem Sonnensystem. Frankfurt/M: H. Deutsch 1986 (Deutsche Lizenzausgabe, aus dem Russischen)
Kuiper, G. P., Middlehurst, B. M.: Planets and Satellites. Chicago: The University of Chicago Press 1971
Löbering, W.: Jupiterbeobachtungen von 1926 bis 1964. Nova Acta Leopoldina. Leipzig: J. A. Barth 1969
Lopez, E., Escalante, F. J.: El Planeta Marte (spanisch). Mexico 1963
  Ein umfassendes Werk (656) Seiten!) mit zahlreichen Abbildungen über Mars-Beobachtungen auf mexikanischen Sternwarten in den Jahren 1907 bis 1956
Mädlow, E.: Zwölf Jahre Jupiterbeobachtungen 1938–1949, Mitteilungen der Archenhold-Sternwarte. Berlin-Treptow 1952
Meeus, J.: Planetary phenomena 1976–2005. Brüssel: Vereniging voor Sterrenkunde 1977
Meeus, J.: Tables des Petites Planètes. Kessel-Lo: J. Meeus, Koningsstraat 33, Kessel-Lo, Belgien
Meeus, J.: Astronomical Tables of the Sun, Moon, and Planets. Richmond: Willmann-Bell 1983
Michaux, C. M.: Handbook of the Physical Properties of the Planet Jupiter Washington, D.C.: NASA Scientific and Technical Information Division 1967
Michaux, C. M.: Handbook of the Physical Properties of the Planet Mars. Washington, D.C.: NASA 1967
Michaux, C. M.: Handbook of the Physical Properties of the Planet Venus. Washington, D.C.: NASA 1967
Moore, P.: Guide to the planets. London: Eyre & Spottiswoode 1955
Moore, P.: The Planet Neptune. Chichester: Ellis Horwood 1988
Moore, P., Hunt, G.: Atlas des Sonnensystems. Freiburg, Basel, Wien: Herder 1985
Morrison, D., Samz, J.: Voyage to Jupiter. Washington: US Government Printing Office 1980
Morrison, D.: Voyages to Saturn. Washington: US Government Printing Office 1982
Muller, J.-P.: The International Jupiter Voyager Telescope Observations Program – Detailed Set of Notes. London 1978
Muller, J.-P., Haug, H., Kowalec, Ch.: The International Saturn Voyager Telescope Observations Programme. Berlin 1980
Muller, J.-P., Haug, H., Kowalec, Ch.: Longitudinal Oscillations of Jupiter's Red Spot in 1978/79 (IJVTOP Results Part I), interne Veröffentlichung, 1983
Murray, B. C., Malin, M., Greeley, R.: Earthlike Planets. San Francisco: W. H. Freeman 1981
Peek, P. M.: The Planet Jupiter. London: Faber and Faber 1958
Pesek, R., Pesek, P., Pesek, L.: Solar System. New York: Viking Press 1978
Planetary astronomy. Herausgegeben von Sam S. Mims, P. O. Box 15854, Baton Rouge, LA 70895 (USA)
Rétyi, A: Jupiter und Saturn. Ergebnise der Planetenforschung. Stuttgart: Franckh'sche Verlagshandlung 1985
Roth, G. D.: The System of Minor Planets. London: Faber and Faber 1962
Roth, G. D.: Handbook for Planet Observers. London: Faber and Faber 1970
Roth, G. D.: Taschenbuch für Planetenbeobachter, 3. Aufl. München, Verlag Sterne und Weltraum 1987
  Ein Leitfaden für Amateurbeobachter und solche, die es werden wollen

Rükl, A.: Taschenatlas Mond, Mars, Venus. Hanau: Verlag Werner Dausien 1977
Sandner, W.: The planet Mercur. London: Faber and Faber 1963
Sandner, W.: Satellites of the solar system. London: Faber and Faber 1965
Sandner, W.: Trabanten im Sonnensystem. Mannheim: Bibliographisches Institut 1966
Sandner, W.: Planetengeschwister der Erde. Weinheim: Verlag Chemie 1971
Sharonov, V. V.: The Nature of the Planets. Translated from Russian, Israel Program for Scientific Translations, Jerusalem 1964
Slattery, W. L.: The Structure of the Planets Jupiter and Saturn. University Microfilms International 1978 (Dissertation)
Slipher, C.: The photographic story of Mars. Cambridge: Sky Publishing Corporation 1962
Slipher, C.: A photographic study of the brighter planets. Flagstaff/AZ: Lowell Observatory; Washington, D.C.: National Geographic Society 1964
   Eine hervorragend ausgestattete Zusammenstellung photographischer Aufnahmen der großen Planeten mit ausführlichem Text
Stanek, B.: Planetenlexikon, 2. Aufl. Bern, Stuttgart: Hallwag 1980
The Journal of the Association of Lunar and Planetary Observers. The Strolling Astronomer. P.O. Box 16131 San Francisco, CA 94116, USA
Strom, R. G.: Mercury. The Elusive Planet. Cambridge: Cambridge University Press 1987
The Minor Planet Bulletin. Anschrift: Richard P. Binzel, Dept. of Astronomy, University of Texas, Austin, Tex. 78712, USA
Vaucouleurs, G. de: The planet Mars. London: Faber and Faber 1951
   Eine kurzgefaßte Darstellung des damaligen Standes der Marsforschung
Vaucouleurs, G. de: Physics of the planet Mars. London: Faber and Faber 1954
   Das wichtigste Mars-Werk der 50er Jahre
Wattenberg, D.: Mars, der rote Planet. Leipzig/Jena: Urania-Verlag 1956
   Eine seinerzeit ausgezeichnete Gesamtdarstellung mit zahlreichen, z. T. seltenen Abbildungen. Literatur-Angaben (auch russische Literatur)
Whyte, A. J.: The planet Pluto. Oxford: Pergamon Press 1980
Wolf, H.: Mars. Westliche und östliche Hemisphäre. Kosmos-Handkarte. Stuttgart: Franckh'-sche Verlagshandlung o. J.

Veränderliche Sterne

Berliner Arbeitsgemeinschaft für veränderliche Sterne e. V. (Hrsg.): Katalog der veränderlichen Sterne des BAV-Programms. Berlin: BAV, 1000 Berlin 48, Buckower Chaussee 15
Campbell, L., Jacchia, L.: The story of variable stars (The Harvard Books on Astronomy). Philadelphia: The Blakiston Company 1945
Duerbeck, H. W., Seitter, W. C.: Variable Stars. In: Schaifers, K., Voigt, H. H. (Hrsg.): Landolt-Börnstein, Neue Serie, Gruppe VI, Band 2b (Astronomie und Astrophysik). Berlin: Springer 1982, S. 197
General Catalogue of Variable Stars, fourth Edition. Kholopov, P. N. (Hrsg.): Moskau: Sternberg Astronomical Institute, Nauka Publishing House 1985
Glasby, J. S.: Variable Stars. Cambridge, MA: Harvard University Press 1969
Güssow, K.: Ein vollständiges Verzeichnis der helleren Plejadensterne. In: Die Sterne *28* (1952) 104
   Wichtiges Prüffeld für die visuelle und photographische Photometrie (s. auch Band 2, S. 655)
Hoffmeister, C.: Verzeichnis von 1440 neuen veränderlichen Sternen mit Angaben über die Art ihres Lichtwechsels. Berlin: Akademie-Verlag 1949
Hoffmeister, C., Richter, G., Wenzel, W.: Veränderliche Sterne, 2. Aufl. Berlin: Springer 1984
Mucke, H.: Veränderliche Sterne; 15. Sternfreunde-Seminar 1987. Zu beziehen beim Astronomischen Büro, Hasenwartgasse 32, A-1238 Wien
Petit, M.: Variable Stars. Chichester: John Wiley & Sons 1987
Pringle, J. E., Wade, R. A.: Interacting Binary Stars. Cambridge: Cambridge University Press 1985
Sahade, J., Wood, F. B.: Interacting Binary Stars. Oxford: Pergamon Press 1978
Schiller, K.: Einführung in das Studium der veränderlichen Sterne. Leipzig: J. A. Barth 1923
   Ausführliche Anleitung zur Beobachtung und Auswertung der Beobachtungen

Schneller, H.: Einfache Methode zur Bestimmung der Systemkonstanten bei Bedeckungsveränderlichen. Berlin: Akademie-Verlag 1949
Scovil, C. E.: AAVSO Variable Star Atlas. Cambridge, Mass.: Sky Publishing Corporation 1980
Strohmeier, W.: Variable Stars. Oxford: Pergamon Press 1972
Supernovae: Branch, D. in: Encyclopedia of Physical Sciences and Technology. Academic Press
Supernova SN 1987 A: Jahrbuch 1988 der Encyclopedia of Physical Sciences and Technology
Tsesevich, V. P., Kazanasmas, M. S.: Atlas of finding charts of variable stars. Moskau: Verlag Izdateljstvo Nauka 1972
Tsesevittch, V. P.: Eclipsing Variable Stars. New York: John Wiley and Sons 1973

Stellarastronomie, Milchstraße, extragalaktische Objekte
Becker, W.: Sterne und Sternsysteme, 2. Aufl. Leipzig: Th. Steinkopff Dresden 1950
    Wissen und Methoden der Stellarastronomie, mit vorbildlicher Materialsammlung
Bohren, C. F., Huffman, D. R.: Absorption and scattering of light by small particles. New York: J. Wiley & Sons 1983
Bok, B. J., Bok, P. F.: The milky way. Cambridge, Mass.: Harvard University Press 1981
Clark, D.: Superstars. London: Dent 1979; New York: McGraw-Hill 1984
Eichhorn, H.: Astronomy of star positions. A critical investigation of star catalogues, the methods of their construction, and their purpose. New York: Frederick Ungar Publ. Co. Inc. 1974
Ferris, T.: Galaxien. Basel: Birkhäuser 1983
Greenstein, G.: Frozen star. New York: Freundlich Books 1983; London: Macdonald 1984
Heintz, W. D.: Double stars. Dordrecht: D. Reidel 1978
Hodge, P. W. (compiler): The universe of galaxies. New York: Freeman 1984
Hoyle, F.: The quasar controversy resolved Cardiff: University College Cardiff Press 1981
Kaplan, S. A.: Physik der Sterne. Leipzig: Teubner 1980
Kruse, W., Dieckvoss, W.: Die Wissenschaft von den Sternen (Verständliche Wissenschaft, Band 43). Berlin: Springer 1954
    Gute Darstellung der Stellarastronomie
Kaufmann III., W. J.: Galaxies and quasars. San Francisco. Freeman and Co. 1979
Meyer, W.: Sternhaufen und Nebel, Teil 1 und Teil 2. Berlin: Wilhelm-Foerster-Sternwarte 1976
Mihalas, D.: Stellar atmospheres. San Francisco: Freeman and Co. 1978
Mihalas, D., Binney, J.: Galactic astronomy – structure and kinematics. San Francisco: Freeman and Co. 1981
Mitton, S.: Die Erforschung der Galaxien. Berlin: Springer 1978
Nowikow, I. D.: Schwarze Löcher im All. Frankfurt: H. Deutsch 1986
Saslaw, W. C.: Gravitational Physics of Stellar and Galactic Systems. Cambridge: University Press 1985
Scheffler, H., Elsässer, H.: Bau und Physik der Galaxis. Mannheim: Bibliographisches Institut 1982
Sersic, J. L.: Extragalactic Astronomy Dordrecht: Reidel 1982
Sexl, R., Sexl, H., Weiße Zwerge – Schwarze Löcher. Einführung in die relativistische Astrophysik. Braunschweig, Wiesbaden: Vieweg 1979
Shipman, H. L.: Black Holes, Quasars, and the Universe. Boston: Houghton Mifflin Co. 1980
Spitzer, L.: Physical processes in the interstellar medium. New York: J. Wiley & Sons 1978
Tayler, R. J.: Galaxies: Structure and evolution. London: Wykeham 1978
Vogt, H.: Die Spiralnebel. Heidelberg: Carl Winter Universitätsverlag 1946
Wepner, W.: 291 Doppelstern-Ephemeriden für die Jahre 1975–2000. Düsseldorf: Treugesell Verlag 1976
Woerden, H. van, Allen, R. J., Burton, W. B. (Hrsg.): The Milky Way Galaxy. Symposium No. 106 der International Astronomical Union. Dordrecht: D. Reidel 1985
Wurm, K.: Die Planetarischen Nebel. Scientia Astronomica, Band 1. Berlin: Akademie-Verlag 1951
Zeilik, M., Gibson, D. M. (Hrsg.): Cool Stars, Stellar Systems and the Sun. Lecture Notes in Physics, Vol. 254. Berlin: Springer 1986

Leuchtende Nachtwolken, Polarlichter und Zodiakallicht

Borst, W.: Geheimnisvolles Polarlicht. In: Physik unserer Zeit *9* (1978) 3
Kaila, K.: Polarlichter, Orion *35* (1977) 18
Schröder, W.: Zur Geschichte der Polarlichtforschung. In: Acta Geodaetica, Geophysica et Montanistica, Acad. Sci. Hung. 15, 1980
Störmer, C.: Quelques résultats des observations et des mesures photographiques d'aurore boréales dans la Norvège meridionale depuis 1911. Göteborg: Gumperts Förlag 1949
Süring, R.: Die Wolken. Leipzig: Akademische Verlagsgesellschaft 1941
Wichtige Hinweise mit genauer Literaturangabe finden sich ferner in den FIAT-Bänden (Naturforschung und Medizin in Deutschland 1939–1946)
Nr. 17 (Geophysik, Teil I, herausgegeben von J. Bartels) und
Nr. 19 (Meteorologie und Physik der Atmosphäre, herausgegeben von R. Mügge). Wiesbaden: Diederich'sche Verlagsbuchhandlung 1948

13.12 Sternkarten, Zeitschriften und Jahrbücher

Karten

Bečvář, A.: Atlas Coeli 1950.0. Cambridge, Mass.: Sky Publishing Corp
Der Atlas umfaßt Sterne bis zur visuellen Größe 7,75, weiterhin bis zur selben Größe Doppelsterne, Veränderliche (Maximum gleich oder heller, 7,75 Größenklasse), dann Nebel und Sternhaufen. Zum Atlas gehört ein Katalog von 290 Seiten, der Verzeichnisse für sämtliche im Atlas dargestellten Objekte gibt. Ein sehr gutes Kartenwerk für den Amateur!
Beneke, E. J.: Was sehe ich am Himmel? Ein Begleiter durch den nördlichen und südlichen Sternenhimmel. Stuttgart: Franckh'sche Verlagshandlung 1986
Beyer, M., Graff, K.: Sternatlas, enthaltend alle Sterne bis zur 9. Größe sowie die helleren Sternhaufen und Nebel zwischen dem Nordpol und 23° südlicher Deklination für 1855, 3. Aufl. Bonn: F. Dümmler 1950
Ein Standardwerk für den Amateurbeobachter!
Callatay, V. de: Goldmanns Himmelsatlas, hrsg. von W. Jahn. München: W. Goldmann 1959
Sterne bis 5^{m}5. Einprägsame Figuren mit Text und Tabellen
Dunlop, St., Tirion, W.: Der Kosmos-Sternatlas. Alle mit bloßem Auge sichtbaren Sterne der nördlichen und südlichen Hemisphäre. Stuttgart: Franckh'sche Verlagshandlung 1985
Felsmann, G., Kohl, O.: Atlas des gestirnten Himmels für das Äquinoktium 1950. Berlin: Akademie-Verlag 1956
Ein handlicher, übersichtlich gezeichneter Sternatlas für Sterne bis zur Größenklasse 6.25
Klepesta, J.: Himmelskarten. Stuttgart: Franckh'sche Verlagshandlung
Zwei mehrfarbige Karten 76 × 87,5 cm mit Sternen bis 5^{m}1
Die neuen Kosmos-Himmelskarten. Nördlicher und südlicher Sternenhimmel für das Äquinoktium 2000.0. Aus dem Tschechischen übersetzt von Walter Kraus Stuttgart:
Zwei Karten 88 × 75,3 cm^2, gefalzt 22 × 25,1 cm^2, einseitig mehrfarbig bedruckt, ein Textheft in der Größe der gefalzten Karten. Franckh/Kosmos Verlagsgruppe 1986
Marx, S., Pfau, W.: Drehbare Sternkarte. Leipzig: J. A. Barth 1975
Marx, S., Pfau, W.: Sternatlas für das Äquinoctium 1975.0. Leipzig: J. A. Barth 1974
Moore, P.: The Mitchell Beazley new concise atlas of the universe. London: Mitchell Beazley Publishers Ltd. 1978
Neckel, T., Vehrenberg, H.: Atlas Galaktischer Nebel/Atlas of Galactic Nebulae, Teil I und II. Düsseldorf: Treugesell-Verlag 1987
Norton, A. P.: Star Atlas and Reference Handbook. London: Gall and Inglis 1954
Karten gut, Text merklich überholt
Ridpath, I., Tirion, W.: Der große Kosmos-Himmelsführer. Der nördliche und südliche Sternenhimmel. Stuttgart: Franckh'sche Verlagshandlung 1987
Roth, G. D.: BLV Naturführer Sterne und Sternbilder. Die wichtigsten Sternbilder des Nord- und Südhimmels erkennen, 2. Aufl. München: BLV Verlag 1985
Schaifers, K.: Himmelsatlas (Tabulae caelestes) (8. Aufl.). Mannheim: Bibliographisches Institut 1960

Neubearbeitung des bekannten „Schurig-Götz". Sterne bis 6. Größenklasse
Schütte, K.: Jahressternkarten. Stuttgart: Franckh'sche Verlagshandlung 1972
Suter, H.: Sirius, Drehbare Sternkarte für das Äquinoktium 2000.0 Bern: Hallwag 1979
  Kleines Modell 21,5 × 21,5 cm. Großes Modell 38 × 38 cm. Sehr empfehlenswerte Präzisions-Drehkarte
Thomas, O.: Atlas der Sternbilder, 2. Aufl. Salzburg: Verlag „Das Bergland-Buch" 1952
  Ein Kartenwerk, das mit den Sternbildern vertraut macht. Sterne bis 5^m
Tiriow, W.: Sky Atlas 2000.0. Cambridge: Cambridge University Press 1981
Vehrenberg, H.: Photographischer Sternatlas. Düsseldorf: Treugesell-Verlag 1977
  428 Karten im DIN A 4-Format mit Sternen und Objekten bis zur 13. Größe, dazu Gradnetzschablonen zur Positionsbestimmung. Nordteil (Pol bis −26°) und Südteil (−14° bis Südpol)
Vehrenberg, H.: Atlas Stellarum 1950.0. Düsseldorf: Treugesell-Verlag 1965
  Photographischer Sternatlas mit Sternen und Objekten bis zur 15. Größe. 450 Karten im Format 36 × 36 cm mit Gradnetzschablonen und Konversionstabellen für die Äquinoktien 1855.0 bis 2000.0
Vehrenberg, H., Brun, A.: Atlas der Selected Areas. Düsseldorf: Treugesell-Verlag 1965
  206 gezeichnete Karten der Kapteynschen Eichfelder mit eingetragenen Sterngrößen bis ca. 16. Größe nach dem Katalog von Harvard-Groningen (Harvard Annals, Bd. 101−103). Nordteil (bis −30°) und Südteil
Widmann, W.: Neue Kosmos-Sternkarte. Stuttgart: Franckh'sche Verlagshandlung
  Eine drehbare Sternkarte des nördlichen Sternhimmels, ⌀ 27 cm, mit Planetenzeiger
Widmann, W.: Nachtleuchtende Sternkarte für Jedermann. Stuttgart: Franckh'sche Verlagshandlung
  Die wichtigsten Sternbilder und ihre Namen erscheinen selbstleuchtend
Widmann, W., Schütte, K.: Welcher Stern ist das? 60 Sternkarten zum Bestimmen der Sternbilder in allen Jahreszeiten, 22. Aufl. Stuttgart: Franckh'sche Verlagshandlung 1985

Katalogwerke (s. auch Band 2, S. 338 und 541)

In Klammern die gebräuchlichen Abkürzungen. Diese Kataloge sind Fachpublikationen und z.T. nicht im Handel.

Acker, A. (Hrsg.): Catalogue des étoiles les plus brillantes. Observatoire de Strasbourg Centre de Données Stellaires, Rue de l'Observatoire, F-67000 Strasbourg (France) 1984
Bonner Durchmusterung (BD) von Argelander und Schönfeld: Genäherte Örter für 1855 von 458 000 Sternen bis etwa 9,5te Größe und −23° Deklination. Ein wichtiger Referenzkatalog. Für den Südhimmel ergänzen ihn die Cordoba-Durchmusterung (CD) und die Cape Photographic Durchmusterung (CPD)
  Die BD liegt als Katalog wie als Kartenwerk vor (Bonn: Dümmler-Verlag)
Carte du Ciel = Photographische Himmelskarte. − Verzeichnis der Sterne bis 11. oder 12. Größe; über 150 Bände
  Das vor 100 Jahren in internationaler Zusammenarbeit begonnene Unternehmen ist durch die Zeitereignisse noch nicht völlig abgeschlossen. Bisher über 150 Bände
Catalog of 3539 Zodiacal stars (NZC) von J. Robertson (Astronomical Papers of the American Ephemeris, Bd. 10 II). Katalog für Sternbedeckungs-Berechnungen
Catalogue of Bright Stars (BS). 3. Ausgabe. New Haven 1964, Yale University Observatory. Angaben über alle Sterne bis zur Helligkeit 6^{m}5
Duerbeck, H. W.: A Reference Catalogue and Atlas of Galactic Novae. Space Science Reviews, 45 (1987) 1−2
General Catalogue of Trigonometric Stellar Parallaxes von L. Jenkins, Yale 1952, nebst Ergänzung 1963
Geschichte und Literatur des Lichtwechsels der veränderlichen Sterne (GuL), 1. Ausgabe 1918−1922. − 2. Ausgabe von R. Prager und H. Schneller, Berlin 1934−1963, in 5 Bänden, davon Band V (3 Teilbände) mit Literatur bis 1958
Henry Draper Catalogue (HD), 9 Bände (Harvard Annals 91−99) nebst Ergänzungen: Helligkeiten und Spektra von 250 000 Sternen über der 10. Größe
Hirshfeld, A., Sinnott, R. W. (Hrsg.): Sky Catalogue 2000.0. Volume 1: Stars to Magnitude 8.0. Volume 2: Double Stars, Variable Stars and Nonstellar Objects. Cambridge: Cambridge University Press & Sky Publishing Corporation 1982 and 1985

Hoffleit, D., Jaschek, C.: The bright star catalogue, Fourth revised edition. New Haven, Connec.: Yale University Observatory 1982
Hoffleit, D., Saladyga, M., Wlasuk, P.: A supplement to the bright star catalogue. New Haven, Connec.: Yale University Observatory 1983
Index Catalogue of Visual Double Stars, 1961.0 (IDS). Publ. Lick Observatory Vol. XXI, 1963 (2 Bände). Doppelsternverzeichnis nach dem Stand von 1960
New General Catalogue of Nebulae and Clusters (NGC) von Dreyer (Memoirs RAS Bd. 49) nebst Nachtrag (IC = Index Catalogue, in 2 Teilen, Bd. 51 und 59). 7840 + 5386 Sternhaufen, galaktische und extragalaktische Nebel
Obschtschij katalog peremennych swosd (Generalkatalog veränderlicher Sterne). 3. Ausgabe, Moskau 1969–71, 3 Bände, nebst Nachtrag 1960. Kurze Hinweise über alle Veränderlichen nach neuem Stand
Smithsonian Astrophysical Observatory Star Catalog (SAOC). Washington 1966 (4 Bände). – Genaue Positionen von 258 997 Sternen, etwa bis 9. Größe. Zu beziehen durch Treugesell-Verlag, Düsseldorf
Sulentic, J. W., Tifft, W. G.: The revised new general catalogue of nonstellar astronomical objects. Tucson: The University of Arizona Press 1973
Vierter Fundamentalkatalog (FK4): Genaueste Örter von 1535 meist hellen Sternen. Von diesen Fundamentalsternen werden jährlich scheinbare Örter publiziert. Sie liegen der Orts- und Zeitbestimmung zugrunde. Karlsruhe: G. Braun 1963
Werner, H., Schmeidler, F.: Synopsis der Nomenklatur der Fixsterne. Synopsis of the Nomenclature of the Fixed Stars. Stuttgart: Wissenschaftliche Verlagsgesellschaft mbH 1986

Zeitschriften

Astronomische Zeitschriften (Die Organisationen auf S. 713 (Band 2) geben z. T. auch Zeitschriften heraus)
Astronomia, via Nino Bixio 30, I-20129 Milano, Italien
The Astronomical Journal, published for the American Astronomical Society by the American Institute of Physics, 335 East 45th Street, New York, N.Y. 10017, USA
Astronomie in der Schule, Verlag Volk und Wissen, Krausenstr. 50, DDR-1086 Berlin
Astronomie und Raumfahrt, Kulturbund der DDR, Straße der Jugend 8, DDR 9630 Crimmitschau
Astronomisk Tidsskrift, herausgegeben von Astronomisk Selskab, Kopenhagen, Norsk Astronomisk Selskap, Oslo; Svenska Astronomiska Sällskapet, Stockholm. Astronomisk Institŭt, Aarhŭs Universitet, DK-8000 Aarhŭs C
Astronomische Nachrichten, Akademie-Verlag, DDR-108 Berlin, Leipziger Str. 3–4
Astronomy, AstroMedia Corp., 625 E. St. Paul Avenue, PO Box 92788, Milwaukee, Wi53202, USA
The Astrophysical Journal, published by the University of Chicago Press for the American Astronomical Society. The University of Chicago Press, 5801 S. Ellis Avenue, Chicago Ill. 60637, USA
Ciel et fusées, Zeitschrift für Sternfreunde in Frankreich und zur Förderung der populären Astronomie. Redaktion: Observatoire de Saint-Aubin-de-Courteraie (Orne), Frankreich
Ciel et Terre, Bulletin de la Société Royale Belge d'Astronomie, de Météorologie et Physique dŭ Globe. Ave Circŭlaire 3, B-1180 Bruxelles
Coelum, Osservatorio Astronomico Universitario. Casella Postale 596, I-40100 Bologna, Italien
Deep Sky, the magazine for deep-sky observers and astrophotographers. Astromedia, 1027 North 7th Street, Milwaukec, Wi 53233, USA
Icarus, international Journal of Solar System Studies. Academic Press Inc. New York-London
Journal of the British Astronomical Association. The British Astronomical Association, Burlington House, Piccadilly, London SW8 ISZ England
Journal for the History of Astronomy, Cambridge, England, Churchill College, 3mal jährlich seit 1970
The ·Observatory, a Review of Astronomy. Royal Greenwich Observatory, Herstmonceux Castle, Hailsham Sussex, BN27 IRP England
Orion, Zeitschrift der Schweizerischen Astronomischen Gesellschaft (SAG), Zentralsekretariat, Hirtenhofstr. 9, CH-6005 Luzern, Schweiz
Planetary and Space Science, Oxforf, New York, Paris, Frankfurt: Pergamon Press

Populär Astronomik Tidsskrift, Stockholms Observatorium, Saltsjöbaden, Schweden

Publication of the Astronomical Society of the Pacific, The Astronomical Society of the Pacific, 1290 24th Avenue, San Francisco, CA 94122, USA

Pulsar, Zeitschrift der Société d'Astronomie Populaire, 1, avenue Camille Flammarion, F-31500 Toulouse, Frankreich

Sky and Telescope. Sky Publishing Cooperation, 49 Bay State Road, Cambridge. Mass. 02238-1290, USA

Die Sterne, J. A. Barth, DDR-7010 Leipzig, Salomonstr, 18 b

Sterne und Weltraum. Zeitschrift für Astronomie. Mit VdS-Nachrichten. Verlag Sterne und Weltraum Dr. Vehrenberg GmbH, Portiastraße 10, D-8000 München 90

Der Sternenbote, Österreichische Astronomische Monatsschrift. Astronomisches Büro, Hasenwartgasse 32, A-1238 Wien, Österreich

Urania, polnische Monatsschrift für populäre Astronomie. Anschrift der Redaktion: Warszawa, Al. Ujazdowskie 4, Polen

Zenit, populair-wetenschappelijk maandblad over sterrenkunde, weerkunde, ruimtevaart, ruimte-onderzoek en aanverwante wetenschappen en technieken. Stichting De Koepel, Nachtegaalstraat 82 bis, Utrecht, The Netherlands

Naturwissenschaftliche Zeitschriften mit astronomischen Beiträgen

Die Naturwissenschaften, Berlin: Springer

Kosmos, Stuttgart: Franckh'sche Verlagshandlung

Naturwissenschaftliche Rundschau, Stuttgart: Wissenschaftliche Verlagsgesellschaft m.b.H.

Physikalische Blätter, Weinheim: Physik-Verlag

Physik in unserer Zeit, Weinheim: Verlag Chemie

Anmerkung: In allen genannten Zeitschriften erscheinen auch Buchbesprechungen über astronomische Neuerscheinungen

Veröffentlichungen der Internationalen Astronomischen Union

Transactions, dreijährlich erscheinende Berichte, *Telegramme und Circulars,* The Central Bureau for Astronomical Telegrams Smithsonian Observatory, Cambridge, Mass. 02138. USA
   Kommen nur für Beobachter an größeren Instrumenten in Betracht

Das *Astronomer's Handbook* (erschienen als Vol. XII C of the Transactions cf the IAU, London – New York: Academic Press 1966) gibt einen Überblick über die internationale Organisation der Astronomie

Jahrbücher und Kalender

Astronomical Phenomena for the year .... Washington, DC: US Government Printing Office

Das Himmelsjahr, verfaßt von H.-U. Keller. Stuttgart: Franckh'sche Verlagshandlung
   Ein sehr populär gehaltener Kalender

Der Sternhimmel, gegründet von R. A. Naef, herausgegeben von E. Hügli, H. Roth und K. Städeli. Aarau (Schweiz): Verlag Sauerländer & Co.
   Ein kleines astronomisches Jahrbuch für Sternfreunde von bewährter Qualität. Enthält viele nützliche Hinweise für den Beobachter

Himmelskalender, redigiert von H. Mucke. Wien: Astronomischer Verein

Kalender für Sternfreunde, gegründet von P. Ahnert. Leipzig: J. A. Barth
   Unter den deutschsprachigen Kalendern zum Standardwerk geworden, kann er jedem beobachtenden Sternfreund warm empfohlen werden

Observer's Handbook. 1907-(annual). Toronto: Royal Astronomical Society of Canada

The Astronomical Almanac [1], herausgegeben vom Royal Greenwich Observatory (England) in Zusammenarbeit mit dem Naval Observatory Washington (USA)

---

[1] *Anmerkung:* Beginnend mit dem Jahrgang 1960 erschienen die beiden Jahrbücher von Washington und London *The American Ephemeris* und *The Nautical Almanac* (neuer Titel: *The Astronomical Ephemeris.* Neuerliche Titeländerung ab 1981 in *The Astronomical Almanac,* s. auch S. 8) mit identischem Inhalt. Als 2. Band dieses einheitlichen Jahrbuchs gibt das *Astronomische Recheninstitut* in Heidelberg die *Apparent Places of Fundamental Stars* heraus, welche die scheinbaren Örter aller Sterne des FK 4 einschließlich der Zusatzsterne enthalten.

Ein wissenschaftliches Jahrbuch. Die Beobachter finden dort besonders die wichtigen Daten für die Sonnen-, Mond- und Planetenbeobachtung
The Handbook of the British Astronomical Association, herausgegeben von Cameron Dinwoodie. Hounslow West: British Astronomical Association, 303 Bath Rd., Hounslow West, Middlesex, England
Yearbook of Astronomy, von P. Moore. London: Sidgwick and Jackson

13.13 Astronomische Lehrmittel

Siehe dazu den Beitrag 16.2 von A. Kunert, Berlin, auf Seite 656, Band 2.

MIX
Papier aus verantwortungsvollen Quellen
Paper from responsible sources
FSC® C105338